高等学校风景园林教材
Textbooks for Landscape Architecture

风景园林树木学
Landscape Dendrology

南方本

◎主编　廖飞勇

中国林业出版社

图书在版编目（CIP）数据

风景园林树木学．南方本／廖飞勇 主编．
-- 北京：中国林业出版社，2016.1（2021.1 重印）
ISBN 978-7-5038-8275-3

Ⅰ．①风… Ⅱ．①廖… Ⅲ．①园林树木－高等学校－教材 Ⅳ．① S68

中国版本图书馆 CIP 数据核字（2015）第 291230 号

中国林业出版社
责任编辑：李　顺　马吉萍
出版咨询：（010）83143569

出 版：中国林业出版社（100009 北京西城区刘海胡同 7 号）
网 站：http://www.forestry.gov.cn/lycb.html
印 刷：河北京平诚乾印刷有限公司
发 行：中国林业出版社
电 话：（010）83143500
版 次：2017 年 2 月第 1 版
印 次：2021 年 1 月第 2 次
开 本：889mm × 1194mm　1 / 16
印 张：53.25
字 数：500 千字
定 价：128.00 元

编委会

主　编：廖飞勇

主　审：陈月华

编　者

廖飞勇　颜玉娟　魏　薇

连艳芳　蒋　慧　夏青芳　陈永贵

蔡思琪　黄琛斐　晏　丽（吉首大学）

前 言

《园林树木学》是风景园林专业和园林专业重要的专业基础课之一。在园林规设计、园林施工和园林绿地养护过程中，都必需具备园林树木学的知识。随着行业的快速发展，园林树木种类也在不断增加，特别是近年来从国外引入不少新的种类，同时也驯化了不少乡土树木种类，因而为了能更好地应用这些树木我们编写了本教材。

教材分为总论和各论。总论分为九章，绪论介绍了园林树木及园林树木学的概念、种质资源特点、研究内容、学习方法和发展趋势；第一章介绍了园林树木的分类基础知识和分类方法；第二章介绍了园林树木的生长发育规律；第三章介绍了温度、水、光照、空气、土壤、风等因子对树木的影响，简介了植物的地理分布规律和城市环境特点；第四章介绍了园林树木群体的概念、组成、命名及动态；第五章介绍了园林树木对环境的保护、改善和美化作用；第六章介绍了城市园林绿化树种的调查与规划；第七章 园林中各种用途树木的选择要求、应用及养护。各论介绍了 102 科大约 670 种（不包括品种及变种）树木的形态特征、生态习性、分布（包括自然分布及栽培范围）、观赏特征、园林应用、植物文化及其它的内容等。为了学生便于使用，附录增加了植物分类基础知识、中英文索引。

能够在园林中应用的种类较多，实际应用的种类也不少，且各地区差异较大。本教材中的树木种类以中南地区为主，增加了部分热带和南亚热带种类。本书的裸子植物分类系统采用郑万钧的分类系统，被子植物采用克朗奎斯特系统。

在编写过程中，文字资料主要参考了《中国植物志》、陈有民先生主编的《园林树木学》和其他学者的相关资料。由于收集的时间较久，无法一一查明出处，感谢原作者辛勤的劳动，并致谢！同时，在本书的编写过程中，得到了中南林业科技大学教务处的资助和中南林业科技大学风景园林学院沈守云教授的大力支持，十分感谢！

由于水平所限，书中不妥之处在所难免，恳请广大读者提出宝贵意见和建议，以臻更加完善。

编者

2015 年 6 月于中南林业科技大学

绪 论

一、园林树木与园林树木学

《辞海》中对于园的定义为“四周常围有恒篱，种植树木果树、花卉或蔬菜等植物和饲养展出动物的绿地”。该定义中明确了园中必定有植物，而且是绿地。

对于园林，国内外有着不同的定义。国内相近的词有：园、囿、苑、园亭、庭园、园池、山池、池馆、别墅、山庄等。美英各国相近的词有Garden、Park、Landscape Architecture。在这些名词中有共同的特点：即在一定的地段范围内，利用并改造天然山水地貌或者人为地开辟山水地貌，结合植物的栽植和建筑的布置，从而构成一个供人观赏、游憩、居住的环境。其中植物是必不可少的要素之一。

广义上的园林植物包括所有的高等植物（苔藓、蕨类和种子植物），但是主要是种子植物；种子植物根据其茎是否木质化分为草本花卉(茎草质)和园林树木（茎木质化）。本课程只研究木本的园林树木。园林树木是指凡适合于各种风景名胜区、休疗养胜地和城乡各类型园林绿地中应用的木本植物，包括在庭园、公园、林间、路旁、水溪、岩际、地面、盆中供观赏的木本植物。园林树木是园林要素之一，而且是最具活力且变化最明显的要素。园林设计的特色常表现在园林树木的应用。没有树木，园林中也就没有了生气，没有了活力。园林树木学则是指系统研究园林树木的分类、习性、分布及其园林应用的科学。其中的分布主要侧重研究其现状而不是其祖先，分布范围包括其原产地和栽培地，更精确地说就是园林树木现在园林绿地中的分布范围和使用现状。

二、园林树木学研究的内容

园林树木学研究的内容包括绪论、总论和各论。

绪论介绍园林树木与园林树木学的定义、园林树木学研究的内容、园林树木种质资源、园林树木的观赏特性、园林树木的景观作用、园林树木学与专业、其它课程的关系、园林树木学的学习方法和园林树木学的发展趋势。

总论讲授理论，包括园林树木的分类（树木学的系统分类、园林应用中的分类法）、园林树木的生长发育规律（树木的生命周期、树木的年周期和树木各器官的生长发育）、园林树木的生态习性（温度因子、水分因子、光照因子、空气因子、土壤因子对园林植物的影响，植物的自然分布、城市环境特点）、园林树木群体（植物群体的概念及其在园林建设中的意义、植物的生活型和生态型、植物群体的组成及命名和群体的动态)、园林树木对环境的保护和改善作用(园林树木改善环境的作用、园林树木保护环境的作用和园林树木的美化作用)、城市园林绿化树种的调查与规划(园林树种调查与规划的意义、园林树种调查和园林树种的规划)、园林中各种用途树木的选择要求、应用及养护(行道树、园路树、庭荫树、园景树、风景林、树林、防护林、水边绿化、绿篱及绿雕、基础种植、地被植物、垂直绿化、专类园、特殊环境绿化、盆栽及盆景观赏15类的作用、环境特点、选择要求、常见种类、应用和养护管理)。

各论讲授树木的别名、形态特征、生态习性、分布及栽培范围、繁殖方法、观赏特征、园林应用、生态功能、文化和其它。按类别、科、属和种逐一论述。

三、园林树木种质资源

树木种质资源指携带一定可利用价值的遗传物质，表现为一定的优良性状，通过生殖细胞或体细胞能将其遗传给后代的树木的总称。树木种质资源包含三个层次：一是种与品种，包括野生种、变种、变型及人工选育或杂交的品种；二是器官和组织，包括种子、块根、块茎、鳞茎、叶、花、果实、鳞片、珠芽、愈伤组织、分生组织、花粉、合子等；三是细胞和分子，包括原生质体、染色体和核酸片段等。西方人称中国为“世界园林之母”，是因为我国是园林植物的主要分布中心之一。我国的园林树木种质资源具有以下特点：

1. 种类繁多

中国被子植物总数有3万多种，为世界第三，仅次于巴西和马来西亚。原产乔灌木约7500种。大多数分布在西南山区，是世界著名园林树种的分布区之一。与中国相比，其它的一些大的国家原产种类要少得多，如原产美国和加拿大的约600种，原产欧洲的有250种。现在欧洲和美洲园林中的许多种类都是从我国引种的。

据陈嵘教授统计，我国原产的乔灌木种类比全世界其它温带区地所产的总数还多，非我国原产的乔木种仅10个属(悬铃木属、刺槐属、金樱子属、落羽杉属、北美红松属、南洋杉属、罗汉柏属等)。中国有239个特有属，527个特有种(吴征镒2011)，如山茶，世界总数为220种，中国有189种，中国种占世界的88.6%。其它种类如表0–1。

表0–1 我国部分树木属的种类占世界种类的百分比

中名	拉丁学名	世界总数	国产数	百分比
山茶	*Camellia*	220	195	88.6
蔷薇	*Rosa*	200	80	40
龙胆	*Gentiana*	400	230	59.5
金粟兰	*Chloranthus*	15	15	100
杜鹃	*Rhododendron*	900	530	58.9
槭	*Acer*	200	150	75

2. 子遗植物多

第四纪冰川对中国山区的影响相对要小一些，因而还有部分植物遗留到现在。银杏科在第三纪冰川前有15属，现在仅存一属一种。水杉在第三纪冰川前分布很广，现被称为中国“活化石”。银杉、水松、穗花杉、鹅掌楸、珙桐(在欧洲已灭绝)都是孑遗植物，在中国都有自然分布。

3. 特产树种多

只原产中国(国外从中国引种)的树种有银杏、金钱松、银杉、水杉、杜仲、梅、桂、月季、栀子、白皮松、粗榧、柏木等。有些品种是中国经过人为培育后所形成的品种，也是丰富多彩，杜鹃花千姿百态，变化万千，世界总数为900种，中国总数为530种，中国种占世界总数的58.9%。梅有231个品种，有直枝、垂枝和曲枝等变异，花有洒金、台阁、绿萼、朱砂、纯白、深粉等变异。在宋朝就已有杏梅类的栽培品种，以后形成的品种达到300多个，其品种类型丰富、姿态各异。在木本花卉中是很少见的。

桃花在中国栽培有3000多年历史，有直枝桃、垂枝桃、寿星桃、洒金桃、五宝桃、绯桃、碧桃、绛桃等多种类型和品种。杏花、樱花等也有类似的变异类型和品种。中国牡丹已有1000多个品种；桂花等更是丰富多彩、名品繁多，深受中国人民的喜爱。

4. 贡献大

观赏月季品种达3万个，在欧美进行反复的杂交而成，其中最关键的就是引种中国的月月红。世界各国大量引种我国的映山红，其中美国最多，因而有“没有中国的杜鹃就不成为美国的园林”之说。山茶属220种，我国原产195种，杂交育种得到了各种的性状的茶花品种，有的花香、有的耐寒。胡先啸发表的金花茶(*Camellia chrysantha*)为我国的特有种。

5. 优良遗传品质突出

(1) 多季开花的种与品种多

多季开花的植物主要表现为一年四季或三季能开花不断。这是培育周年开花新品种的重要基因资源及难得的育种材料。四季开花的种类如月季及其品种‘月月红’、‘月月粉’、‘月月紫’、‘微球月季’、‘小月季’等；香水月季(*Rosa× odarata*)及其品种‘彩晕香水月季’、‘淡黄香水月季’。这些种或品种在温度适合时，四季开花不断。除此之外，四季开花的还有米兰品种“四季米兰”(*Aglaia odorata* 'Macrophylla')、桂花品种“四季桂”(*Osmanthus fragrans* 'Everflorus')。多季开花的有四季丁香(*Syringa microphylla*)、四季玫瑰(*Rosa rugosa* 'Semperflora')、石榴的品种“四季小石榴”(*Punica granathum* 'Nana')。

(2) 早花种类及品种多

早花类的植物多在冬季或早春较低温度条件下开花，这是一类培育低能耗花卉品种的重要基因资源与育种的材料，具有重要的经济价值。

我国早春开花的有梅花(*Armeniaca mume*)其花粉可在0～2℃发芽，在6～8℃可完成授精过程。低温开花的还有蜡梅(*Chimonanthus praecox*)、迎春(*Jasminum nudiflorum*)、山桃(*Prunus davidiana*)、瑞香(*Daphne odora*)、玉兰(*Maglnolia denudata*)、木兰(*Magnolia liliflora*)、蜡瓣花(*Corylopsis spp*)、连翘(*Forthysia spp*)、冬樱花(*Prumus majestica*)等。

(3) 珍稀黄色的种类与品种多

黄色种类或品种是培育黄色花系列品种的重要基因来源。很多植物的科或属缺少黄色的种，因此这些黄色的种和品种被世界视为极为珍贵植物资源，而中国有着很多重要黄色基因资源。如中国的金花茶及其相关的20余个黄色的山茶花种类，现今存在的黄色山茶花品种‘黄河’(*Camellia japonica* 'Yellow River')就是从中国流入美国的。

黄色的梅花‘黄香梅’在我国宋代就已存在，是极为珍贵的品种，现在我国的安徽仍有黄色的梅花品种。黄色的种类还有黄牡丹(*Paeonia lutea*)、大花黄牡丹(*Paeonia lutea var. ludlowii*)、蜡梅(*Chimonanthus praecox*)、黄色的香水月季(*Rosa × odorata* 'Ochroleusinensis')、黄色的月季花(*R. chinensis*)和新培育的黄花玉兰等。这些黄色花卉的资源对我国乃至世界花卉新品种育种起到了重要作用。

(4) 奇异类型和品种多

月季品种‘姣容三变’在我国1000多年前就已产生，该品种在一天之中有三种颜色的变化，从粉白色、粉红色到深红色。我国还有牡丹、木槿、荷花、石榴、扶桑、蜀葵等的变色品种。此外，天然龙游品种、枝条天然下垂的品种、微型品种、巨型种类或品种都很多，如小月季的株高仅10～20厘米，四季开花；巨型种类如巨花蔷薇(*Rosa gigantea*)，其藤蔓长可达25米，花径12厘米左右；微型杜鹃仅20厘米，大树杜鹃株高达20多米，干茎达150厘米。

6. 对世界的贡献大

(1) 对世界城市园林绿化建设的影响

公元300年，中国的桃花传到伊朗，以后传到欧洲各国。山茶花于公元7世纪传入日本，又从日本又传入欧洲和美国。罗伯特福琼曾在1839年到1890年四次来华考察收集花卉种子、球根、插穗、植株等，将中国大量的植物引种到英国。如：秋牡丹、金钟花、枸骨、石岩杜鹃、柏木、阔叶十大功劳、榆叶梅、榕树、溲疏、12～13个牡丹栽培品种和云锦杜鹃。云锦杜鹃在英国近代杂种杜鹃中起了重要作用。享利·威尔逊(Wilson)1899年至1911年四次到中国，采集湖北、四川的植物的种子，球根、插穗及苗木共达3500号、1000余种、70000份植物标本。首次来华除了引种珙桐外，还有巴山冷杉、血皮槭、猕猴桃、醉鱼草、小木通、铁线莲、矮生栒子、山玉兰、湖北海棠、金老梅等。1913年发表了《A naturalist in western China》，1929年发表了《China，the Mother of Gardens》。

(2) 对世界植物育种及其产业的贡献

现代月季亲本大约由15个原种组成，其中来源于中国的原种有10个。欧洲人进行了几百年的月季育种，但在1800年以前仍然是只培养了一季花或一季半开花的品种，花色花型单调。1791年、1789、1809年和1824年先后从中国引种月季‘月月红’、‘月月粉’、‘彩晕香水月季’、‘淡黄香水月季’，从而开启多品种月季的时代。世界月季育种家们承认，没有中国的月季就没有世界的现代月季，“现代月季品种的血管里流着中国月季的血”。

7. 存在问题

虽然我国种质资源丰富，但是具有以下不足之处：①良种失传，濒于灭绝，一些好的植物种类或品种没有得到良好地保护或开发，由于多种原因正逐渐消失；②对于现有资源，不能合理开发利用，科研相对滞后，对于一些现有野生植物资源的保护与开发不合理，对它们习性的不了解和科研的滞后，导致了开发利用不合理，甚至人为引起灭绝；③现有的法律法规中还没有专门针对植物资源开发利用的法规律，监管缺失。

四 园林树木的观赏特性

1. 园林树木的动态及生命特性

在园林要素中，只有树木是具有生命特征。随着四季更替，树木发芽、生长、开花、结果和落叶，随着树木的四季变化，树木的观赏性也在不断发生变化。苗木阶段只能观叶，到了青壮年期就可观花、观果和观树形，不同时期观赏性不一样。

2. 园林树木的色彩丰富

树木种类极多，可观赏的色彩也十分丰富。叶片的绿色就有深绿、浅绿、灰绿、茶绿、橄榄绿、草地绿、墨绿、暗绿、青绿、蓝绿。同样，红色、黄绿的不同明亮程度也十分丰富。

3. 园林树木的季相变化明显

随着四季的更替，树林木四季景观发生变化，落叶树的季相景观变化明显，如图 0-1 为复羽叶栾树春、夏、秋季不同的季节景观。

4. 园林树木的形态变化大

树木形态变化极大，有的很高大，如北美红杉高可达 100 米以上；有的很矮小，如雀舌栀子，高度只有 0.2 米。树木果的形态差异也很大，如榴莲重达 20kg，六月雪的果只有几克。

5. 园林树木构成的空间多样

园林树木本身的高度变化很大，周围的建筑、水体、地形等因素更是多变，不同因子相结合构建的空间多样。

春夏季景观

夏秋季景观

图 0-1 复羽叶栾树的季相变化（秋季景观）

五、园林树木学与专业、其它课程的关系

《园林树木学》是专业基础课，为其它课程的学习打下基础。《园林树木学》是园林规划设计的基础，不懂园林树木无法完成园林植物的配置。同时园林树木又以其它课程为基础，如《植物学》《植物生理学》《遗传学》《气象学》《土壤学》《园林植物病虫害》《苗圃学》《生态学》为基础。《园林树木学》与园林植物的其它课程密切相关，如与《花卉学》《园林规划设计》《园林工程学》《园林建筑学》相联系，并涉及到植物生理生态学方面的内容。因而将《园林树木学》课程定位为专业基础课是十分准确的。

六、园林树木学的学习方法

园林树木学的课程学习与其它课程不一样，实践性很强，因而它的学习方法也有其独特之处。

1. 树木的识别有对比的进行

树木种类多，许多种类非常相似，因而对它们必需进行对比记忆，便于区分。对于同属不同种之间的差异更是如此;同属不同种或形态相似的种，其区别往往不止一处，但识别时只需要记住一个易识别的特征就行。比如小蜡和小叶女贞，主要的区别是其叶上是否有毛，有毛的是小蜡；石楠与椤木石楠主要的区别是否有枝刺，有的是椤木石楠；枫香与三角枫的区别看叶的着生方式，对生的是三角枫，互生的是枫香 (如图 0–2)。

图 0–2 枫香 (叶三裂向后) 和三角枫 (叶三裂向前)

2. 要牢固掌握植物分类基础知识

植物分类的基础知识是园林树木识别，特别是科属识别的重要基础，掌握这些知识更容易识别到科，如蝶形花冠是蝶形花科的特征 (图 0–3 左图)，柑果是芸香科的典型特征 (图 0–3 右图)，荚果是含羞草科、苏木科和蝶形花科的特征 (图 0–3 中图)；有环状托叶痕的大部分植物是木兰科的植物 (桑科榕属也有) 等。还有一些植物通过闻气味也易于识别，包括科、属、种，如樟科的植物都有特殊的香气，气味与香樟的十分相近；香椿的嫩叶气味十分特别，只要将叶片揉碎，很容易识别；同样，八角叶的香味就同八角的果一样。这些特征有助于我们对于植物的识别。

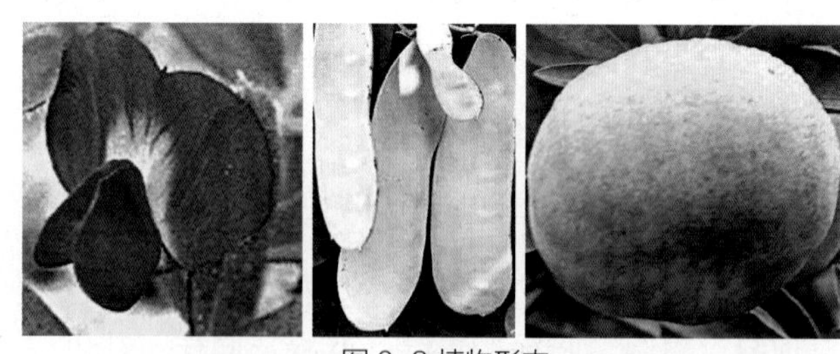

图 0–3 植物形态
图左蝶形花冠，图中荚果，图右柑果

另一方面，必需牢记常见植物的拉丁学名，由于中文名称特别是地方名较多，不同区域植物的名字也有所不同，而拉丁学名是识别植物最准确的依据，同时也是与同行交流的基础，因而必需熟记常见树木的拉丁学名。

3. 掌握树木的生态习性

园林树木的应用并达到最好的景观效果的前提是树木生长达最佳状态。树木要生长达到最佳状态必需满足它对环境的要求，因而在树木在应用过程中，必需了解其生态习性的要求，充分发挥其优势，达到最佳的景观效果。如乌桕、重阳木耐水湿，在干旱地带也能生长，但是效果就要差很多，自然界中它们生长的环境也是土壤中水分较多的地段，如水边、溪边、沟边等。

4. 注意树木的季相变化

一年四季气候的变化，树木也在不断变化，一般落叶树是春花秋实冬落叶，但不同种类差异很大。有些树木是秋天开花，如木锦；有些是冬天开花，如蜡梅；而有些是夏天开花；如六月雪。因而关注树木的开花时间也是较好应用园林树木的前提。

5. 注重树木的应用与配置

对园林树木的识别不是目的，其目的是它们在园林中的应用，因而我们要明确学习《园林树木学》的目的是为了在园林中的应用。当然树木的应用不是单一的，往往是多种树木巧妙搭配形成特殊的景观效果，因而在学习时应注意哪些树木搭配在一起比较合适。

6. 随时收集资料

对于园林树木资料需要日积月累，因而要随时拍照片、画草图，同时准备好工具和工具书，做好自己的数据库。《园林树木学》的特点是描述性强、涉及的树木种类多、名词术语多、需要记忆的内容多、树种的拉丁学名难记。兴趣是学习树木学的最佳方法，同时，将课堂教学与现场教学结合起来，通过课程实习得到巩固。

7. 成立学习小组

通过成立学习小组，经过相互讨论，集体学习，能很快掌握一些细微的识别特征，达到快速认识和应用园林树木的目的。

八、园林树木学的发展趋势

随着社会的不断发展，对于园林树木学提出了更高的要求。一是对树木种类的要求，要求更多、观赏性更强、更独特的种类在园林中应用；二是要求对于所使用树木种类的习性要求更加了解，在应用过程中能满足其对习性的要求，以营造更美的景观和减少后期维护成本；三是树木应用时不单是考虑单个个体，要从群落的角度综合考虑，包括相互之间的影响、景观，后续演替等；四是树木的应用不仅考虑景观，还要综合考虑经济效益、社会效益等多个方面；五园林的发展日益与国际上的风景园林范围逐渐相近，园林树木应用过程中所考虑的因素也逐渐增多。

思考题

园林树木学的定义，其内容包括哪些内容?

园林树木学与其它课程有什么关系?

园林树木具有哪些作用?

园林树木种质资源有什么特点?

如何更好地学习园林树木学?

目 录

第八章

第九章

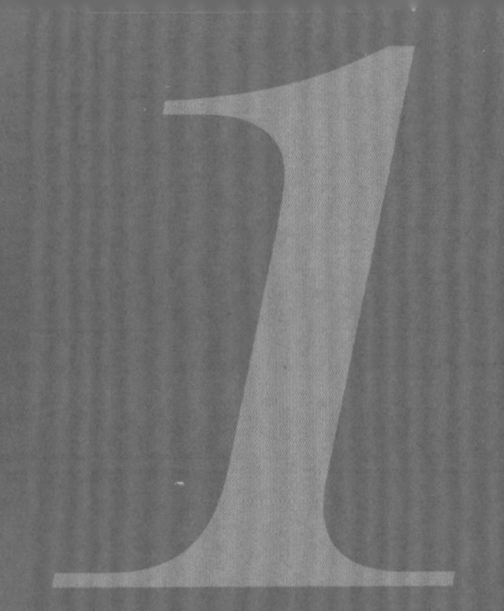

第一章

园林树木的分类

由于自然环境的复杂性及对植物习性的不了解，地球上现存的植物种类还没有完全一致与确切的数字，而且随着人类对于植物认知程度地不断加大，植物种类也在不断地增加。到目前为止，已知世界种子植物大约 286720 种（其中被子植物 286000 种，裸子植物约 720 种）。相对于自然界中丰富的植物种类，在园林中应用的植物种类无论是种类还是数量都很少。对植物在园林的应用注重于两方面：一是引种、驯化、挖掘和培育新的植物种类（包括品种、变种和变型）并服务于园林，以满足人们对于植物新品种的需求和观赏性强植物品种的需求；二是对已栽培的植物种类的研究，了解和熟悉它们的习性，根据它们的习性更加合理地利用这些植物，最大程度地发挥它们的综合效益.

植物应用的基础是对它们的认知，因而对园林树木的分类是园林应用的基础。植物分类学包括植物的调查采集、鉴定、分类、命名以及进行科学的描述，也包括研究植物的起源与进化规律等研究。植物分类学是各类植物应用的基础学科，也是园林植物应用的基础。

第一节 植物学分类方法

一、植物学分类的等级

等级又名阶层，植物学分类的等级主要包括界、门、纲、目、科、属、种七个等级。如果各等级的范围较大或者各等级内部间存在较大的差异，有时在各阶层之间分别加入亚门、亚纲、亚目、亚科、族、亚属等以示区分。对应的每一等级都有拉丁名，以玉兰为例，其分类等级如表日常生活接触最多的玫瑰，其分类等级如表 1-1、1-2。

二、分类最基本单元—种

植物学分类的等级中，种是最基本的分类单元，在分类上再无下级的分类单元。

1. 种的概念及特征

种是具有相似的形态特征，表现一定的生物学特性并要求一定生存条件的所有个体的总和。对于种的概念主要有两种：一是形态学上的种，强调不同物种间形态方面的差别，如果一个物种的形态差别与其它种较大，从形态学上可以认定其为新的一个物种，也正因为如此，同属不同种间的差异往往较小，甚至于只在于枝干上有没有绒毛，果是否扭曲；二是生物学种，强调物种间的生殖隔离，也就是不同种间由于受粉类型、开

表 1-1 玉兰的分类等级

中文	拉丁文	英文	中文	拉丁文
界	Regnum	Kingdom	植物界	Regnum vegetabile
门	Divisio	Division	被子植物门	Angiospermae
纲	Classis	Class	双子叶植物纲	Dicotyledoneae
目	Ordo	Order	木兰目	Magnoliales
科	Familia	Family	木兰科	Magnoliaceae
属	Gennus	Genus	木兰属	*Magnolia*
种	Species	Species	玉兰	*Magnolia denudata*

表 1-2 玫瑰的分类等级

中文	拉丁文	英文	中文	拉丁文
界	Regnum	Kingdom	植物界	Regnum vegetabile
门	Divisio	Division	被子植物门	Angiospermae
纲	Classis	Class	双子叶植物纲	Dicotyledoneae
目	Ordo	Order	蔷薇目	Rosales
科	Familia	Family	蔷薇科	Rosaceae
亚科	Subfamilia	Subfamily	蔷薇亚科	Rosoideae
属	Gennus	Genus	蔷薇属	*Rosa*
种	Species	Species	玫瑰	*Rosa rugosa* Thunb

花时间的不一致而导致不同种间不能相互授粉。在园林中，大部分还是从形态上进行区分，如果有形态上不能区分，再从生物学上进行区分。另外，随着科学技术的不断发展，对于相似种可以从分子水平的 DNA 组成来区分，这样结果十分精确，但是鉴定成本相对较高，只有在非常必要的情况下才进行。

植物的物种具有以下几个特征：一是种在自然界客观存在，不管人类有没有发现；许多未被发现的物种的存在是人类不断探索的目的和兴趣，而且许多植物由于其生长环境的特殊性，还没有被人们发现。二是种具有一定的稳定性同时又具有变化，植物在一代代繁殖过程中，保持着相对稳定性，但是由于环境的变化特别是植物被传播到一个新的环境中后，其外在形态可能会逐渐发生变化，当这种变化达到一定程度时，可能就成为了一个新种。三是物种是由很多形态类似的群体所组成，来源于共同的祖先并能正常地繁育后代，不同的种具有明显的形态上的间断或生殖上的隔离 (杂交不育或能育性降低)，这种特性一方面能保证不同区域种的变化，又能保证种的纯净性。

2 种的各种变化

植物与环境之间相互影响，一方面植物改变局部的微环境，另一方面环境也会影响植物的形态和习性。因而，随着植物生长环境变化，植物会分化为不同的生态型、生物型及地理型，分类学家根据其表型差异划分出种下的等级，这些等级只是为了方便区别种中一些变化，并不是分类学的分类单元。

(1) 亚种 (Subspecies)：指那些在形态上已有比较大的变异类型。如生长在尼泊尔的柳叶沙棘 Hippophae salicifilia D. Don，在我国就有许多亚种，山西的中国沙棘 (*Hippophae salicifolia* subsp.sinensis Rousi)，云南的云南沙棘 (*Hippophae salicifolia* subsp.yannanensis Rousi)，哈萨克斯坦的中亚沙棘 (*Hippophae salicifolia* subsp. turkestanica Rousi)，都是它的亚种。

(2) 变种 (Varietas)：指已分化的不同生态型。有时变种与地方种有些接近，一般其种内有形态变异且比较稳定，分布范围比亚种小得多。如华北紫丁香 (*Syringa oblata* Lind) 就有变种白丁香 (*Syringa oblata var. affinis* Lingelsh)，其花色由紫色变为了白色。

(3) 变型 (Forma)：在群体内形态上发生较小变异的一类个体。有形态变异，但看不出有一定的分布区，而是零星分布的个体。比如园林中应用较多的鸡爪槭 *Acer palmatum* Thunb，它的一个变型紫叶鸡爪槭 (红枫) (*Acer palmatum f. atropurpureum* Vanhout)，叶片终年红色，十分漂亮，在园林广泛应用。

(4) 品种 (cultivar)：由人工培育而成的栽培植物，它们在形态、生理、生化等方面具有相异的特征，这些特征通过有性和无性繁殖得以保持，且这类植物达到一定数量而成为生产资料时，则可称为该种植物的“品种”。如圆柏的栽培品种龙柏 (*Sabina chinensis* (L.) Ant. 'Kaizuka')。由于品种是人工培育出来，植物分类学科并不把它作为自然分类系统的对象。在生产上特别是农业生产品种特别多，同样是柑橘，有些品种较甜，有些较酸，有些果红色，有些果则是桔色等。

三、植物的命名

1. 命名的历史

有些植物由于适应性比较强，因而分布的范围比较广，在信息和交流不是很方便的时代人们给不同植物取了名字，随着交流的增加，人们发现同一植物在不同地方的名字不一样，同时同一名字在不同地代表的植物不一样，也就是出现了同名异物和异物同名的现象。如白玉兰，河南叫白玉兰，浙江叫迎春花，江西叫望春花，四川峨眉叫木花树。

这两种现象不利于学术交流及生产实践上的应用。因此，1867 年召开了国际植物学会，制定了植物统一科学名称—拉丁学名，在不同国家和地区交流过程或者在学术刊物上发表学术论文时，植物名称后面必须附上拉丁学名。

2. 拉丁学名的命名方法

拉丁学名的命名方法有两种：一是双命名法，即属名 + 种加词 + 命名人；二是三命名法，即属名 + 种名 + 命名人 + 品种或变种名 + 命名人。

(1) 双命名法。林奈的“双名法”由属名 + 种名 + 命名人的名字 (一般情况下省写)。如山楂的拉丁学名为: *Malus pumila* Mill.，其中 *Malus* 为属名为苹果属；*pumila* 表示苹果的种加词；Mill 为其命名人奈。玫瑰拉丁学名为 *Rosa rugosa* Thunb.，其中 *Rosa* 表示月季属，*rugosa* 为玫瑰的种加词，Thunb 表示其命名人。一般情况下，拉丁学名中的命名人省略，如银杏 *Ginkgo biloba*。

(2) 三命名法。即属名 + 种名 + 命名人 + 品种或变种名 + 命名人。如红枫的拉丁学名为 *Acer palmatum* Thunb. *f. atropurpureum* (Van Houtte) Schwerim，其中 *Acer* 为槭树属，*palmatum* 为种加词；Thunb. 为种的命名人，*f. atropurpureum* 为变种名；Schwerim 为变种命名人。

(3) 命名人。完整的拉丁学名要求在双名之后附上命名人的姓氏缩写 (第一字母应大写) 和命名年份，但是一般使用时，均将命名人略去。有些植物的拉丁学名是由两个人命名的，这时应将二人的缩写字均附上而在其间加上连词”et”或”&”符号。如果某种植物由一人命名但是由另一人代为发表的，则应先写命名人的缩写，再写一前置词 ex 表示“来自”之意，最后再写代为发表论文的作者姓氏缩写。也有些植物的学名附上二个缩写人名，而前一人名包括在括号之内，这表示括号内的人是原来的命名人，但后者经研究而更换了属名。

(4) 拉丁学名之后经常可以看到有 syn 的缩写，其后又写有许多学名。这是因为原则上任何植物只有一个拉丁学名，但实际上有的有几个学名，所以就将符合《命名法则》的作为正式学名而将其余的作为异名 (Synonymus)。由于某些原则，有些异名在某些地区或国家用得比较普遍，所以为了避免造成“同物异名”的误会，在正式学名后附上缩写字 syn.，再将其余的异名附上。此外，在文献中还可以见到 ssp.(subspecies 的缩写) 和 sp.，sp. 表示某个属的某一种，而 spp. 则表示某个属后许多种；

(5) 变种在种名后加缩写字 var. (variety 的缩写) 后，再写上拉丁变种名；对变型加 f. (forma 的缩写) 后再写变型名，最后写缩写的命名人。如大叶三七的拉丁学名为 *Panax pseudoginseng* Wall. *var. japonicus* (C. A.Mey) Hoo et Tseng；龙爪槐 *Sophora japonica var. pendula*、白丁香 *Syringa oblata* Lindal *var. alba*；无叶槐 *Sophora japonica f. oligophulla*；

(6) 栽培品种，则在各名后加写大写或正体写于单引号内，首字母均用大写，其后不必附命名人，如垂枝雪松的拉丁名为 *Cedrus deodara* (Roxb.) G. Don 'Pendula'；紫花槐 *Sophora japonica* 的拉丁名为 *Sophora japonica* 'Violacea'；

(7) 在生产上还有一类通过人工授粉等手段，同属不同种杂交培育出来的植物品种，通常称为杂交种，其拉丁学名需要属名后加上“×”，如美人梅 *Prunus* × *bliriana* 'Meiren'；

(8) 拉丁学名中属名和种加词的来源

①属名的意义和来源

来自古拉丁或希腊名称，如苏铁 *Cycas revoluta*；[(希)kykas 一种在埃及生长的棕榈，指外形似棕榈]；

来自植物土名，如银杏 *Ginkgo biloba* [(日)ginkgo 金果；bi-lobus 二浅裂的]；

表植物特征，如八仙花 *Hydrangea macrophylla* [(希)hydor 水 +angeion 容器，指果的形状似水壶；macro-phyllus 大叶的]；

以植物最初发现的产地命名，如圆柏 *Sabina chinensis* [(地)sabine 属意大利地方，指模式种产地]；

以纪念某人命名，人名末尾要添某些字母，如含笑 *Michelia figo* [(人)pietro Antonio Micheli，1679 ~ 1737，意大利植物学家]；紫藤 *Wisteria sinensis* [(人)Casper Wister, 1761 ~ 1818，美国植物解剖学教授]；

②种加词(种名)的意义和来源

表形态、特征、性状、颜色，如石榴 *Punica granatum* ((拉)punica 石榴，granatus 多籽的)，榕树 *Ficus microcarpa* (micro-carpus 小果的)，葡萄 *Vitis vinifera*((拉)vitis 藤蔓植物，vini-fer, -fera, -ferum 产葡萄酒的)，白兰花 *Michelia alba*(白色的)，毛白杨 *Populus tomentosa*(多毛的)；

表生态习性，如柏木 *Cupressus funebris* [funebris 表示生于墓地的]；

表产地，如紫荆 *Cercis chinensis* ((希)kerkis 一种白杨]，黄杨 *Buxus sinica* (sinicus 中国的)，鹅掌楸 *Liriodendron chinense* (中国产的)(chinensis)；

表用途，如天竺葵 *Pelargonium hortorum* (hort-orum(众数所有格名词)园圃的)；厚朴 *Magnolia officeinalis*(药用)；

表示纪念某人，如秦氏石楠 *Plotinia chingiana*, *chingiana* 为“秦氏的”。

表示地方的土名，如柿树 *Diospyros kaki* (柿子日本土名)。

3. 植物中文名称的命名法则

植物的中名也有命名规则：

一种植物只有一个全国通用的中文名称；至于其它各地的地方名称，可任其存在而称为地方名；

一种植物的通用中文名称，应以属名为基础，再加上说明其形态、生境、分布等的形容词，如卫矛、华北卫矛，但已广泛使用的正确名称仍保留，如丝棉木；

中文属名是植物中名的核心，在拟定属名时，应采用通俗易懂、形象生动、使用广泛、与形态、生境、用途有联系又不引起混乱的中名作为属名；

集中分布于少数民族地区的植物，宜采用它们所惯用的名称；

名称中有古僻字或显着迷信色彩而带来不良影响的可不用，但如“王”、“仙”、“鬼”等字，如已广泛使用，可酌情保留；

凡纪念中外古人、今人的名称尽量取消，但已广泛使用的经济植物名称，可酌情保留。

四、植物分类系统

对植物的分类可以分为人为分类系统和自然分类系统。人为分类系统是根据人们的使用习惯或经济用途等的分类，与植物之间的亲缘关系没有任何关系。自然分类系统是根据植物的形态特征、亲缘关系、代谢产物等进行的分类。植物分类系统应便于识别、查询和应用植物种类。园林中使用的植物分类系统多为自然分类系统，由于依据不同，不同分类系统间有差异，常见的分类系统有：恩格勒系统、哈钦松系统、塔赫他间系统和柯朗奎斯特系统。

1. 恩格勒植物分类系统

由德国分类学家恩格勒 (A. Engler) 和勃兰特 (K. Pranti) 于 1897 年在其《植物自然分科志》巨著中所使用的系统，它是分类学史上第一个比较完整的系统，它将植物界分 13 门，第 13 门为种子植物门，再分为裸子植物和被子植物两个亚门，被子植物亚门包括单子叶植物和双子叶植物两个纲，并将双子叶植物纲分为离瓣花亚纲 (古生花被亚纲) 和合瓣花亚纲 (后生花被亚纲)。

恩格勒系统将单子叶植物放在双子叶植物之前，将合瓣花植物归并一类，认为是进化的一群植物，将柔荑花序植物作为双子叶植物中最原始的类群，而把木兰目、毛茛目等认为是较为进化的类群，把豆目归为蔷薇目下的一个科等等，这些观点为现代许多分类学家所不赞同 (系统图如图 1-1)。

恩格勒系统几经修订，在 1964 年出版的《植物分科志要》第十二版中，已把双子叶植物放在单子叶植物之前。共有 62 目，344 科，其中双子叶植物 48 目，290 科，单子叶植物 14 目，54 科。这个系统在世界各国影响极大。在我国，多数植物研究机关、大学生物系标本馆和出版的分类学著作中被子植物分科多按恩格勒系统第 11 版排列，如中国植物志、秦岭植物志、内蒙古植物志、河北植物志、北京植物志等。

总的来看，该系统有如下的特点：

(1) 认为单性而无花被是较原始的特征；

(2) 认为单子叶植物较双子叶植物为原始；

(3) 目与科的范围较大。

2. 哈钦松植物分类系统

英国植物学家哈钦松 (J. Hutchinson) 于 1926 年和 1934 年在其《有花植物科志》I、II 中所建立的系统。在 1973 年修订的第三版中，共有 111 目，411 科，其中双子叶植物 82 目，342 科，单子叶植物 29 目，69 科 (系统图如图 1-2)。

该分类系统的主要特点有：

(1) 认为两性花比单性花原始，花部分离，多数，螺旋状排列的比花各部合生、定数、轮生的进化，虫媒比风媒原始。在现代被子植物中，多心皮类包括木兰目和毛茛目是最原始的；

(2) 单被花和无被花是次生的，来源于双被花类；柔荑花序类群较进化，起源于金缕梅目；

(3) 单子叶植物和双子叶植物有共同的起源，木本植物起源于木兰目，草本植物起源于毛茛目；

(4) 认为单子叶植物比较进化，故排在双子叶植物之后；

(5) 单叶和叶呈互生排列现象属于原始性状；

(6) 将木本植物与草本植物分开，并认为乔木为原始性状，草本为进化性状；

(7) 分科比较小，较易运用和掌握。

目前在我国，建立较晚的标本室，如中国科学科院昆明植物所、中国科学院华南植物所、中国科学院广西植物所、福建、贵州的经济植物标本室等多用哈钦松系统。南方的高等院校植物标本室也多采用哈钦松系统排列标本。

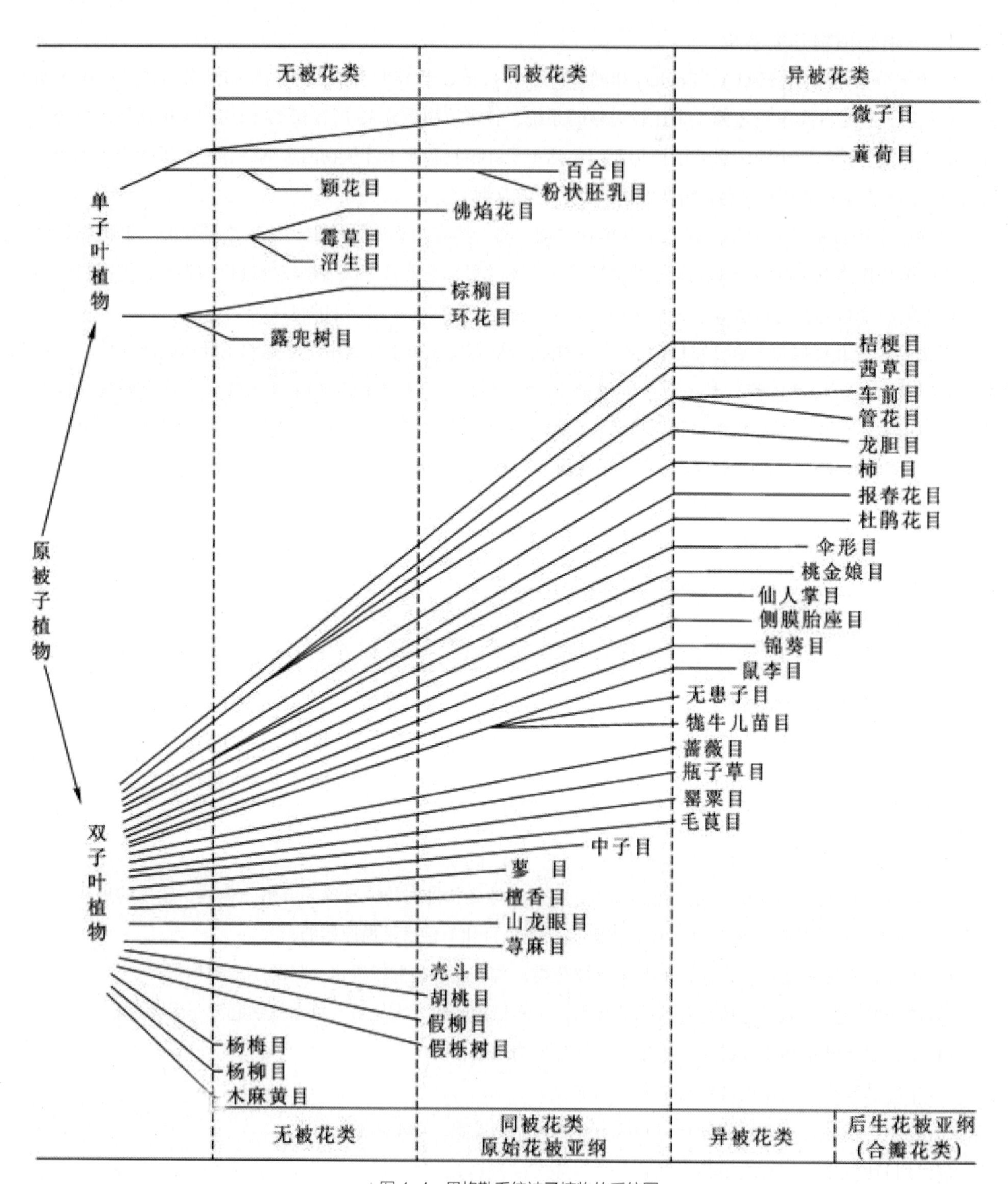

▲图 1-1 恩格勒系统被子植物的系统图

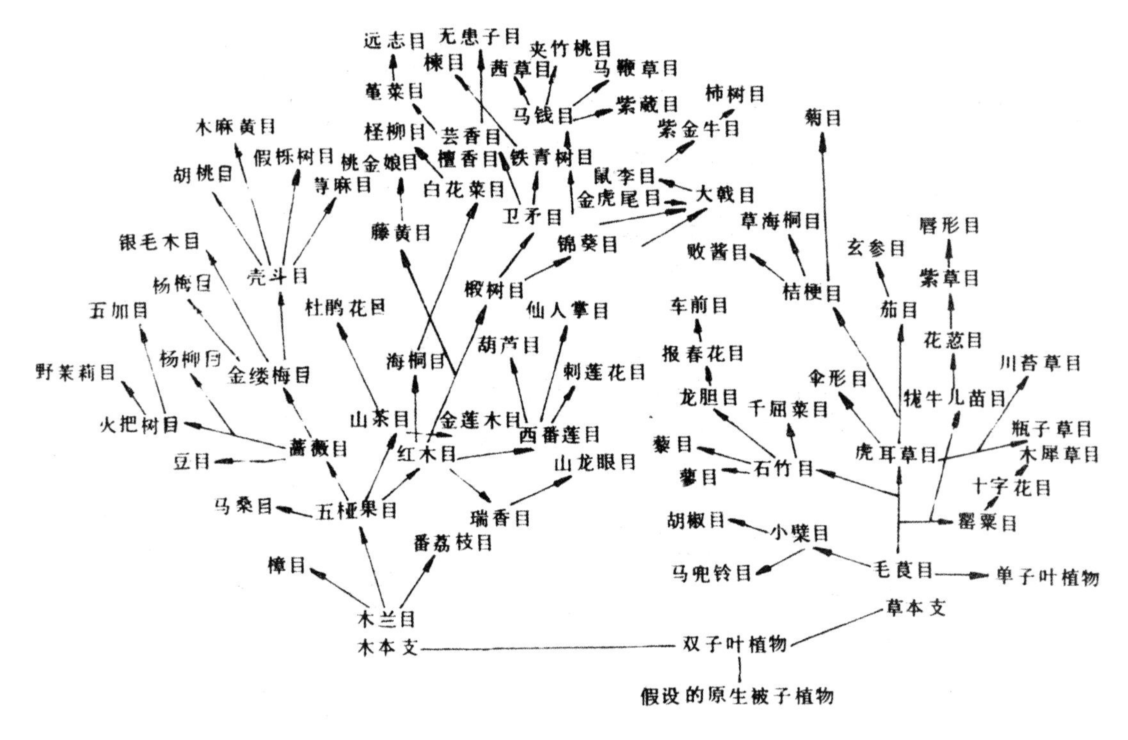

▲图 1-2　哈钦松系统被子植物的系统图

有人认为 1973 年版比原版更不好用，比如有些双子叶植物科本来关系较接近，如唇形目与马鞭草目用草本支、木本支为标准在系统树很早被分开，但实际上关系很近，五加科与伞形科亦是如此。人们宁可用旧版而不用它的新版系统，认为新版加重二元思想的色彩。

3. 塔赫他间植物分类系统

这是前苏联植物学家塔赫他间 (A. Takhtajan) 于 1954 年在其《被子植物起源》一书中公布的系统，这一学说是在真花说的基础上建立起来的。该系统打破了传统把双子叶植物分为离瓣花亚纲和合瓣花亚纲的分类；在分类等级上增设了“超目”一级分类单元。将原属毛茛科的芍药属独立成芍药科等，这些都和当今植物解剖学、孢粉学、植物细胞分类学和化学分类学的发展相吻合，在国际上得到共识。

塔赫他间系统经过多次修订，在 1980 年修订版中，共有 28 超目，92 目，416 科，其中双子叶植物 (木兰纲)20 超目，71 目 333 科，单子叶植物 (百合纲)8 超目，21 目，77 科，显得较繁锁 (系统图如图 1-3)。

该系统具有以下特点：

(1) 被子植物起源于拟苏铁类；

(2) 由木本植物演化出草本植物，因此木本植物为原始的类型；

(3) 单子叶植物起源于水生双子叶植物类的睡莲目中的莼菜科

(4) 他主张单元起源。由木兰目演化出毛茛目及睡莲目，草本单子叶植物起源于睡莲目；木本单子叶植物则木兰目直接演化而来。柔荑花序类各目起源于金缕梅目。

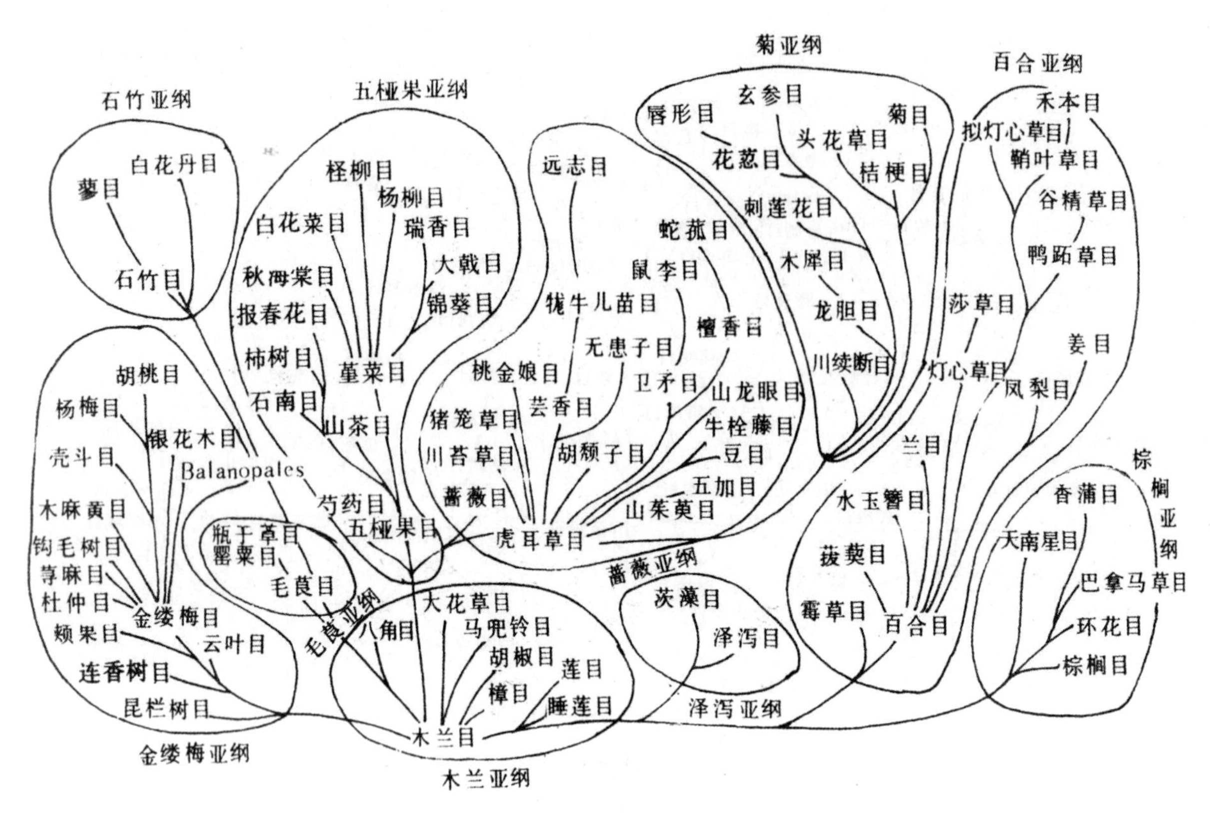

▲图 1-3　塔赫他间系统被子植物的系统图

4. 克朗奎斯特植物分类系统

克朗奎斯特分类法是由美国学者阿瑟·克朗奎斯特最早于 1958 年发表的一种对有花植物进行分类的体系，1981 年在他的著作《有花植物的综合分类系统》中最终完善。包括 64 个目和 383 个科，16.5 万种植物。木兰纲 (即双子叶植物)：包含 6 亚纲，64 目，318 科。即木兰亚纲、石竹亚纲、金缕梅亚纲、蔷薇亚纲、五桠果亚纲、菊亚纲。百合纲 (即单子叶植物纲)：包括 5 亚纲，19 目，65 科约 6 万种植物。即泽泻亚纲、槟榔亚纲、鸭跖草亚纲、姜亚纲、百合亚纲 (系统图如图 1-4)。这个系统近年在我国有较大影响，各级分类系统的安排上较为合理，科的数目及范围较适中，有利于教学使用。近年来高校一些植物学教科书中，被子植物的讲授多数采用该系统。

该分类系统亦采用真花学说及单元起源的观点，认为有花植物起源一类已经绝灭的种子蕨；木兰目是被子植物的原始类型；柔荑花序类各目起源于金缕梅目。

本书的被子植物采用了此系统。裸子植物采用了邓万钧等的分类系统。

5. 被子植物 APG 分类法

《被子植物 APG 分类法》是 1998 年由被子植物种系发生学组（APG）出版的一种对于被子植物的现代分类法。这种分类法和传统的依照形态分类不同，是主要依照植物的三个基因组 DNA 的顺序，以亲缘分支的方法分类，包括两个叶绿体和一个核糖体的基因编码。虽然主要依据分子生物学的数据，但是也参照其他方面的理论，例如将真双子叶植物分支和其他原来分到双子叶植物纲中的种类区分，也是根据花粉形态学

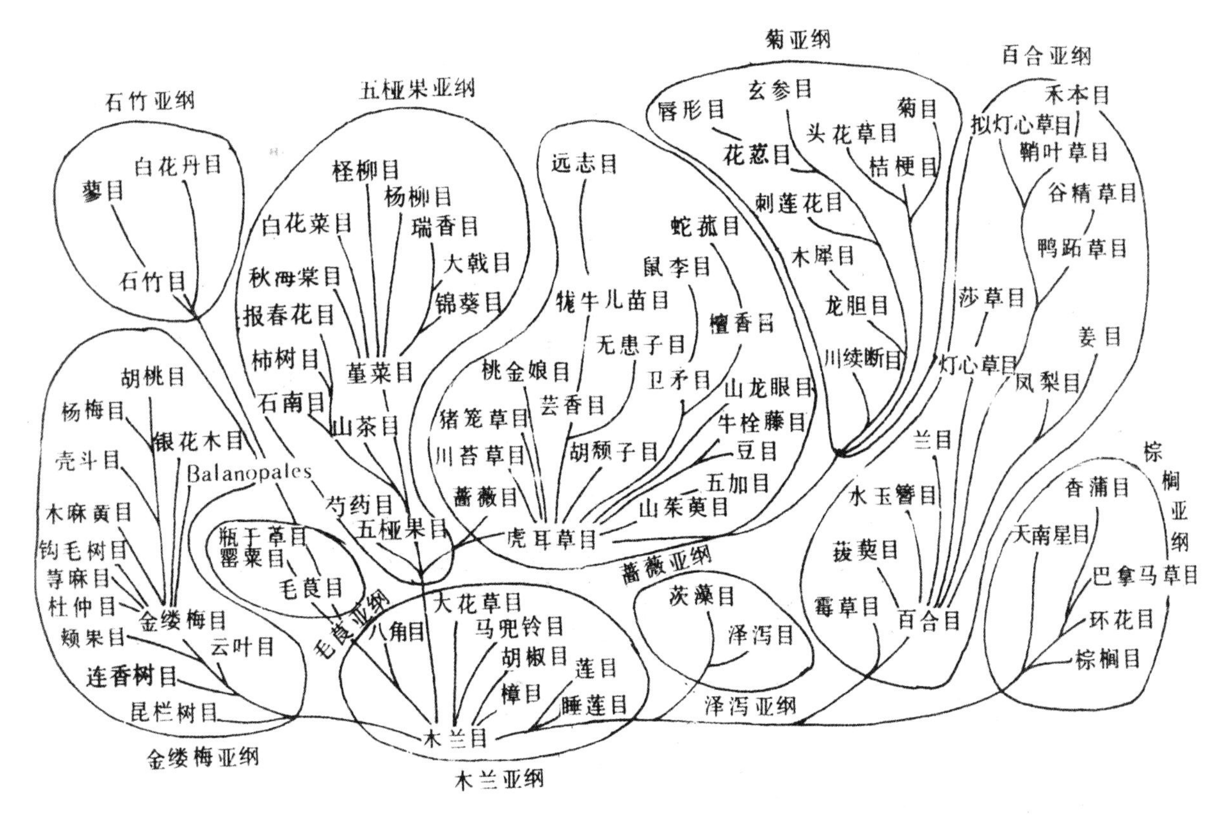

▲图 1-4 克朗奎斯特系统被子植物的系统图

的理论。

APG 系统下设分类包括 40 个目和 462 个科。有的科分布地域非常狭小或新分出的科，尚未有通用的汉语译名。

五、植物分类的依据

1. 按植物形态学进行分类

根据植物器官的外部形态特征，如根、茎、叶、花、果实、种子等，作为分类的重要依据。在形态学分类的依据中，花及果的特征最为分类学家看重，因为它们的性状最为稳定，变异较小。

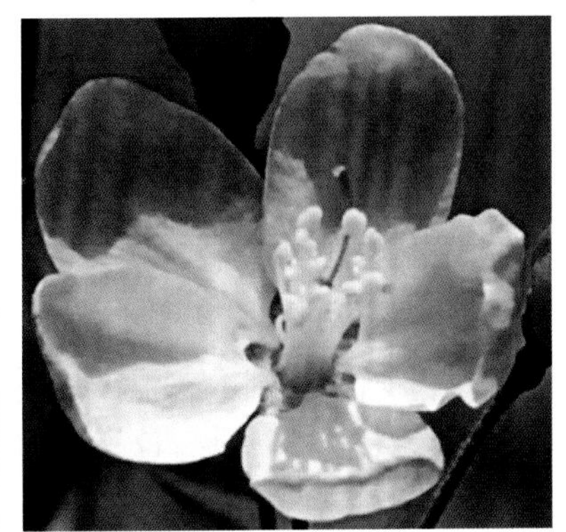

▲图 1-5 壳斗科的果（左）、蝶形花科的花（中）和蔷薇科的花（右）

植物的外部形态非常直观，实践应用过程中也最为容易，因而许多的植物分类检索表多以此为依据。就目前园林中对园林树木的分类而言,基本上是采用形态分类法。如蝶形花科的蝶形花冠,蔷薇科的蔷薇花冠(图1-5)等；豆目三科的荚果，壳斗科的坚果及果苞等。随着放大镜等光学显微镜的使用，很多表皮附属物等的微小形态也成了分类的重要依据，如茸毛、星状毛等。

2. 按植物的解剖特征进行分类

利用显微镜对植物体内部组织结构进行观察比较，多用于较高等级分类单元的鉴别。如松属树木针叶的维管束数、树脂道位置及数目为重要的分种特重征。一般情况下，植物解剖学的应用是在形态特征十分相似的情况下进行的。

3. 按孢子和花粉进行分类

研究植物的孢子和花粉，并以此作为分类依据。孢粉形态不易受外界环境的影响，是很好的分类证据。特别是扫描电镜的运用，可对花粉壁饰纹形态、沟孔、极性、对称性等进行观察，但是成本较高，往往只是其它分类方法的补充。

4. 按细胞的特征进行分类

主要对细胞中染色体数目、结构、形态及行为进行研究，即染色体组型和核型分析。染色体为遗传物质的载体，性状稳定，因而受到分类学家的重视。染色体资料对于验证形态分类结果、分析亲缘关系、识别杂种等具有重要意义。如牡丹属 (Paeonia) 为毛茛科植物，但其形态与其它种的一般特征有较大区别，后发现其染色体基数 x=5，而该科其它属 x=6 ～ 10，13，据此，有的学者将其从毛茛科中分出成立了牡丹科。

5. 根据植物的化学成分进行分类

以植物化学成分依据来解决分类学问题。原因是亲缘关系近的植物类群会有相似的化学成分和产物，故可根据化学成分研究植物类群分类的合理性，分析其亲缘关系。如红豆杉植物含紫杉类生物碱而三尖杉属植物含粗榧碱和刺桐类生物碱，二者化学成分不同，产生途径各异，因而将该属与红豆杉科分开独立成科。

6. 根据植物基因组成进行分类

根据植物基因组成的分类其本质是分子分类，广义上的分子分类包括同工酶分析与蛋白质分析。狭义的分子分类是以 DNA 多态性为基础的分类方法，目前用于揭示 DNA 多态性的分子标记有限制性片段长度多样性 (RFLP)、随机扩增多态性 DNA、扩增片段长度多态性 (RAPD)、扩增片段长度多态性 (AFLP)、简单重复序列 (SSR) 等。

从理论上讲，直接测定植物 DNA 序列进行比较，从而进行分类及进化生物学研究是最彻底、最直接的手段，但高等植物 DNA 极为庞大、难以进行全序列测定，目前某些基因已广泛应用，如叶绿体基因组 cpDNA、核基因组 nrDNA、线粒体基因组 mtDNA 等。

六、植物分类检索表

野外观察到一种不认识的植物如何确定它的种名？常用的工具就是检索表。检索表是用来鉴别植物种类的工具。鉴别植物时，利用检索表从两个相互对立的性状中选择一个相符的，放弃一个不符的，依序逐条检索，直到查出植物所属科、属、种。常用的检索表有两种，分别是定距检索表和平行检索表。

1. 定距检索表

把相对的两个性状编为同样的号码，并且从左边同一距离处开始，下一级两个相对性状向右退一定距离开始，逐级下去，直到最终。

如木兰科 4 个属的定距检索表如下：

1 叶不分裂；聚合蓇葖果
　2 花顶生
　　3 每心皮 4 ～ 14 胚珠，聚合果常球形 ……………………………… 1 木莲属 *Manglietia*
　　3 每心皮具 2 胚珠，聚合果常为圆柱形 ……………………………… 2 木兰属 *Magnolia*
　2 花腋生 ……………………………………………………………… 3 含笑属 *Michelia*
1 叶常 4 ～ 6 裂，聚合小坚果具翅 ……………………………………… 4 鹅掌楸属 *Liriodendron*

2. 平行检索表

每一组相对性状的描写紧紧并列以便进行比较，在一种性状描写之末即列出植物的名称或是一个数字。此数字重新列于较低的一行之首，与另一组相对性状平行排列，如此继续下去直至查出所需植物名称为止。

如上述木兰科 4 个属定距检索表可编制如下：

1 叶不分裂；聚合骨突 ……………………………………………………… 2
1 叶常 4 ～ 6 裂，聚合小坚果具翅 ……………………………………… 1 鹅掌楸属 *Liriodendron*
2 花顶生 ……………………………………………………………………… 3
2 花腋生 ……………………………………………………………………… 2 含笑属 *Michelia*
3 每心皮 4 ～ 14 胚珠，聚合果常球形 ………………………………… 3 木莲属 *Manglietia*
3 每心皮具 2 胚珠，聚合果常为圆柱形 ………………………………… 4 木兰属 *Magnolia*

3. 编制检索表注意事项

(1) 应选择那些容易观察的表型性状，最好是仅用肉眼及手持放大镜就能看到的性状；

(2) 性状的区别最好比较大，不要选择那些模棱两可的特征，如叶大、叶小等不能选用；

(3) 性状选择时最好选择花或果比较稳定的性状，因为叶的性状很容易随环境而变化；

(4) 编制时，应把某一性状可能出现的情况均考虑进行，如叶序为对生、互生或轮生。而且在编制植物中每一组相对的特征必须是真正对立的；不能上边描述的是叶的性状，下边用的是果的性状；

(5) 检索表多用二歧法，即非此即彼，因而在检索表中每个数字 (也可用字母，但建议用数字) 只能而且必需出现两次，也就是必需成对出现。

4. 检索表编制方法

(1) 先将给定的树种按某一性状分为两类，用大括号分开；

(2) 对某一类，再按某一性状分为两类，再用大括号分开；

(3) 依次进行一去，直至所有的种类都完成。

5. 植物检索表示例

(1) 豆目三个科的分科检索表

① 分析

Ⅰ 根据性状“花冠是是左右对称还是辐射对称“，将三个科分为两大类：一类是左右对称，包括蝶形花科、苏木科；一类是辐射对称的含羞草科；

Ⅱ 根据性状“花冠是蝶形花冠还是非蝶形花冠”，将蝶形花科、苏木科区分开来。

② 编写如下：

定距检索表如下：

1 花较大，花冠左右对称或略左右对称

  2 花冠左右对称，为蝶形花冠…………………………………………………… 1 蝶形花科

  2 花冠略左右对称，非蝶形花冠………………………………………………… 2 苏木科

1 花小，花冠辐射对称……………………………………………………………… 3 含羞草科

平行检索表如下：

1 花较大，花冠左右对称或略左右对称…………………………………………… 2

1 花小，花冠辐射对称……………………………………………………………… 1 含羞草科

  2 花冠左右对称，为蝶形花冠…………………………………………………… 2 蝶形花科

  2 花冠略左右对称，非蝶形花冠………………………………………………… 3 苏木科

(2) 五种植物的检索表

五种植物分别是：柑橘、二球悬铃木、桂花、槐树、梅

① 分析

Ⅰ 这五种植物根据是否落叶可以分为两类，一是落叶植物，包括二球悬铃木、槐树、梅；一是常绿植物，包括柑橘和桂花；

Ⅱ 落叶植物根据其果是否荚果，可以分为两类，一类是荚果，为槐树；一类的果实为非荚果，包括二球悬铃木和梅；

Ⅲ 二球悬铃木和梅可以根据其小枝是否绿色开；

Ⅳ 常绿的柑橘和桂花根据叶是对生还是互生可以分开。

②编写定距检索表如下

1 常绿

  2 叶互生……………………………………………………………………… 1 柑橘

  2 叶对生……………………………………………………………………… 2 桂花

1 落叶

3 果为荚果……………………………………………………………………………… 3 槐树

3 果不为荚果，为核果或小坚果

4 小枝为绿色…………………………………………………………………………… 4 梅

4 小枝为褐色…………………………………………………………………………… 5 二球悬铃木

同样是定距检索表,同样的植物也可以是其它形式,如上面的五种植物,也可以编写成以下定距检索表:

1 叶为复叶

2 羽状复叶，植物体无刺，荚果…………………………………………………… 1 槐树

2 单身复叶，植物体有刺，柑果…………………………………………………… 2 柑橘

1 叶为单叶

3 叶互生，单芽

4 叶掌状分裂，头状果序，柄下芽 ……………………………………………… 3 二球悬铃木

4 叶不分裂，核果，腋芽 ………………………………………………………… 4 梅

3 叶对生，芽叠生………………………………………………………………………… 5 桂花

6、编写检索表中常用到的性状总结

在编写检索表时，掌握一些常用性状，有利于快速编写植物检索表，常用的性状如下表 1-3。

表 1-3　　编写检索表中常用性状

序号	性状	序号	性状
1	1 胚珠裸露　（裸子植物） 1 胚珠被子房壁包裹（被裸子植物）	8	1 叶为单叶　1 叶为复叶
2	1 植物为常绿植物　1 植物为落叶植物	9	1 叶为奇数羽状复叶　1 叶为偶数羽状复叶
3	1 植物为大乔木　1 植物低矮灌木（要明确是不是）	10	1 叶为掌状复叶　1 叶为羽状复叶
4	1 植株先花后叶　1 植株先叶后花或花叶同放	11	1 花为红色　1 花为白色（或其它）
5	1 叶对生　1 叶互生或轮生	12	1 果为单果　1 果为复果
6	1 叶全缘　1 叶缘有齿	13	1 叶为针叶　1 叶为阔叶
7	1 枝上有环状托叶痕　1 枝上无环状托叶痕	14	1 枝髓中空　1 枝髓片状

其它的一些性状还有：枝叶有乳汁；枝上有丝状物；叶异形；花、果、枝干等的颜色、形态；开花时间；果成熟时间；……等。

第二节 园林中树木的分类法

一、根据树木的生长习性分类

根据树木的生长习性，可以将树木分为乔木、灌木、铺地和藤本四类。

1. 乔木类

乔木类植物一般树体高大，具明显主干者，树木高度在6米以上。根据树木的高度可分为伟乔木（树高>30米）、大乔木（树高20米~30米）、中乔木（树高10米~20米）及小乔木（树高6米~10米）等。树木的高度在植物景观设计起着重要的作用，因而对树木的高度必须比较熟悉。如北美红杉，称为长叶世界爷，其高度可以达到100米（图1-6）。

此外，乔木根据其生长速度可分为速生树、中速树、慢生树；根据是否落叶可分为常绿乔木和落叶乔木；根据叶的宽窄可以为针叶乔木和阔叶乔木。

图1-6 乔木（左图为北美红杉；右图左为水杉，右图右为柳杉）

2. 灌木类

灌木根据其有无主干可以分为两种类型：一类是树体矮小(<6米)、主干低矮，如玫瑰、杜鹃、牡丹、小檗、黄杨等(图1-7，图1-8)；另一类树体矮小，无明显主干，茎干自地面生出多数，而呈丛生状，又称丛生灌木类，如绣线菊、千头柏等。

图1-7 灌木（左图为杜鹃，右图为红檵木）

图 1-8　灌木 (左图为月季，右图为金钟)

3. 铺地类

铺地类植物实际上是灌木，但其形态比较独特，枝干均铺地生长，与地面接触部分生出不定根，是园林中比较独特的一类植物，如铺地柏、砂地柏 (图 1-9) 等。

图 1-9　铺地植物 (左图为砂地柏，右图为铺地柏)

4. 藤蔓类

藤蔓植物既不属乔木、也不属灌木，因而将它作为层外植物单独列为一类，藤蔓植物的地上部分不能直立生长，须攀附于其它支持物向上生长。根据其攀附方式，可分为：

(1) 缠绕类：依靠茎在其它植物或物体上的缠绕，而不断向上生长。缠绕方向有顺时针、也有逆时针方向的。园林中常见种类有：葛藤、紫藤 (图 1-10 左图) 等；

图 1-10　藤本植物 (左图为紫藤，右图为爬山虎)

(2) 钩刺类：植株借助于藤蔓上的钩刺攀附，或以蔓条架靠他物而向上生长。在园林中应用时，常需有人工引导辅以必要措施，如木香、藤本月季等；

(3) 卷须叶攀类：借助卷须、叶柄等卷攀他物而使植株向上生长。卷须多由腋生茎或气生根变态而成；长而卷曲，单条或分叉。茎变态而成的茎卷须，如葡萄科植物；还有些植物靠叶柄攀附他物而向上生长的；

(4) 吸附类：吸附器官多不一样，如凌霄是借助吸附根攀缘，爬山虎(图1-10右图)借助吸盘攀缘。在城市绿化空间越来越小的今天，这类用于垂直绿化的植物日益受到重视。

二、依树木对环境因子的适应能力分类

1. 依据气温因子分类

依据树木最适应的气温带进行分类，可分为热带树种、亚热带树种、温带树种及寒带树种等几类。在进行树木引种时，明确树种的分布范围十分重要，它直接决定了影响的成功与否，如不能将凤凰木、木棉等热带树种引到中亚热带、温带地区，如果引种则肯定会失败。

当然，每种树木对温度的适应能力是不一样的，有的适应能力强，这类植物称为广温树木，如银杏、爬山虎等，这类树木往往分布较广，比如银杏、臭椿，从北京到广州都可以生长。有的则对温度较敏感，适应能力弱，称为狭温植物。狭温植物的分布范围往往较窄，许多热带分布的树木都是狭温植物。在生产实践中，各地还依据树木的耐寒性分为耐寒树种、半耐寒树种、不耐寒树种等，不同地域的划分标准不一样。

2. 依据水因子分类

依据对水因子的适应性和要求，可以将植物分为湿生植物、旱生植物、中生植物和水生植物。

(1) 湿生树种：需要生长在湿润环境中的植物，在干燥环境下常生长不良，甚至死亡。根据实际的生态环境又可分为两种类型：

Ⅰ阳性湿生植物：生长在阳光充足、土壤水分经常饱和的立地条件。这类树种长期淹水的条件下，树干基部膨大，叶面光滑无毛，叶薄，表皮和角质层均不发达，渗透压低，一般8 ~ 12个大气压，常见的阳性湿生树种有：水松、池杉、落羽杉、水杉、枫杨、柳、杜梨、苦楝等。木本湿生植物的根系不发达，有些种类树干基部膨大，长出呼吸根、膝状根、支柱根。

Ⅱ阴性湿生植物：生长在光照弱，空气湿度高，土壤潮湿环境条件下。热带雨林的下层植物属于此类。

(2) 旱生树种：常在土壤水分少、空气干燥的条件下能生长的树种，具有极强的耐旱能力，这类树种有三个特点：一是根系通常极为发达；二是叶片针状或退化为膜质鞘状，一般叶面具有发达的角质层或腊质，即使长时间干旱也不枯萎；三是渗透压较高，一般有40 ~ 60个大气压。如相思树、马尾松、侧柏、栎属、枣、泡桐、皂荚、紫穗槐等。

(3) 中生树种：介于两者之间的大多数树种。土壤和空气中过湿或过干都不能生长。大部分植物都是中生树种。

(4) 水生植物：指那些能够长期在水中正常生活的植物。根据水生植物的生活方式，一般将其分为以下几大类：挺水植物、浮水植物、漂浮植物和沉水植物。

Ⅰ挺水植物 挺水型水生植物植株高大，花色艳丽，绝大多数有茎、叶之分；直立挺拔，下部或基部沉于水中，根或地下茎扎入泥中生长，上部植株挺出水面。

Ⅱ浮水植物 浮水植物的根状茎发达，花大，色艳，无明显的地上茎或茎细弱不能直立，叶片漂浮于水面上，其根在水下土壤中。

Ⅲ漂浮植物 这类植株的根不生于泥中，植株体漂浮于水面之上，随水流、风浪四处漂泊，多数以观叶为主，为池水提供装饰和绿荫。

Ⅳ沉水植物 沉水型水生植物根茎生于泥中，整个植株沉入水中，具有发达的通气组织，利于进行气体交换。叶多为狭长或丝状，能吸收水中部分养

分，在水下弱光的条件下也能正常生长发育。对水质有一定的要求，因为水质浑浊会影响其光合作用。花小，花期短，以观叶为主。

同温度因子一样，不同树种对水分条件的适应能力不一样，有的适应幅度较大，有的则较小，如池杉能耐短期水淹，也较耐旱；双荚决明耐旱，也能耐三个月的水淹。

3 依据光照因子分类

可分为阳性植物、喜光植物、耐荫植物、喜半荫植物和喜荫植物。

(1) 阳性植物：这类植物在强光条件下，生长健壮，形态好，不存在光照过强的情况；而在遮荫的环境条件下，其生长不良。在自然条件下先锋植物都是典型的阳性植物，一些自然生长在山南坡中上部的植物大多也是阳性植物。

(2) 喜光植物：要求充分的直射阳光才能生长良好的植物，但幼年阶段外不能忍受上方的庇荫。它一般具有枝叶稀疏、天然整枝良好、生长较快、林内明亮、叶内栅栏组织比较发达等特点。

(3) 耐荫植物：光照条件好的地方生长好，但也能耐受适当的荫蔽，或者在生育期间需要较轻度的遮荫的植物。对光的需要介于阳生和阴生植物之间，它们所需的最小光量约为全光照的 1/15 ~ 1/10。它们在形态和生态上的可塑性很大，也介于上述两类型之间。如青岗属、山毛榉、云杉、侧柏、胡桃等。

(4) 喜半荫植物：这类植物在全光照或全遮荫的环境下往往生长较差，而在有半天光照或半天遮荫的环境条件下生长最好，这类植物在园林中相当多的数量，如八角金盘、红翅槭等。

(5) 喜荫植物：这类植物需要在全荫的环境下种植，只需要有少量光直射下来或有较强的散射光就能较好的生长，在强光条件下，植株生长不良，甚至死亡。多生长于林下及阴坡，常见有洒金东瀛珊瑚、八角属、桃叶珊瑚等。

4 依据空气因子分类

根据对空气中各因子可以将树木分为多种，如抗风树种、抗污染树种、防尘树种、卫生保健树种等。抗风树种一般要求有一定的枝叶、根系深，能较好地阻挡和降低风速，常见的种类有海岸松、黑松、木麻黄等。抗污染类树种根据对污染物种类的不同，又可以分为各个类型，如抗 SO_2 树种有银杏、白皮松、圆柏、垂柳、旱柳等；抗氟化物树种有白皮松、云杉、侧柏、圆柏、朴树、悬铃木等；此外，还有抗氯化物、氟化物树种等。防尘树种一般叶面粗糙、多毛，分泌油脂，总叶面积大，常见的种类有松属植物、构树、柳杉等。

卫生保健类树种一般能分泌杀菌素，净化空气，有一些分泌物对人体具保健作用，如松柏类常分泌芳香物质，还有樟树、厚皮香、臭椿等。国际流行的园艺植物治疗作用就是这类植物的应用。

5. 依据土壤因子分类

依据对土壤酸碱度的适应，可分成喜酸性土植物、喜碱性土植物。喜酸性土植物一般为南方的乡土树种，如杜鹃、山茶科的植物；喜碱性土植物，往往是北方的乡土树种，如柽柳、红树、椰子等。当然，许多植物对土壤的适应性较强，如柽柳在南方种植也能生长。

依据对土壤肥力的适应能力可划分为耐瘠薄植物、喜肥植物。耐瘠薄土植物往往是一些先锋植物或具有根瘤菌的植物，如马尾松、油杉、刺槐、相思等。

还有一类受重视的水土保护类植物，一般它们常根系发达，耐旱瘠，固土能力强，如刺槐、紫穗槐、沙棘等。

三、依树木的观赏特性分类

依据植物的观赏特性，可以将植物分为观形树木、观花树木、观叶树木、观果树木、观根树木、观杆树木 6 个类型。当然，许多植物的观赏性不仅只有一个方面，可能具有多个方面的观赏性，如火棘，早春观白花、秋季观红果；如石榴，开花时红色的花十分漂亮，果成熟后观赏性也相当好，这些植物被认为是多类型观赏植物。

图 1-11　塔形的雪松 (左图) 和水杉 (右图)

1. 观形树木

观形树木指形体及姿态有较高观赏价值的一类树木， 姿态不同，应用场所也不同。园林中树木的形态多种多样，常见的树木形态有：

尖塔形、圆锥形：这类植物能形成严肃、端庄的氛围，一般在陵园中应用较多，如侧柏、桧柏、雪松、水杉 (图 1-11)；

柱形：如落羽杉、木麻黄、塔柏、钻天杨 (图 1-12)；

图 1-12　圆柱形的钻天杨 (左图) 和塔柏 (右图)

球形：如五角枫、榆、梅等；

伞形：如合欢、龙抓槐、南洋松等；

钟形：如山毛榉 (科) 的植物；

丛生形： 部分灌木都是丛生形的；

曲枝形：枝条扭曲，如龙爪柳、梅、紫荆等；

垂枝形：枝条下垂，如垂柳，能形成优雅、和平气氛、萧洒的氛围；

拱枝形：枝条向上拱起再下垂，如连翘、迎春、金钟；

匍匐形：枝条依地匍匐向前生长，如铺地柏、平枝栒子。

2. 观花树木

观花树木指花色、花香、花形等有较高观赏价值的一类树木，如梅花、蜡梅、月季、牡丹、白玉兰、桂花、广玉兰、栀子花、山茶等。一般要来说，观花树木的花色艳丽，或者花朵较大，或者花香，在园林绿地中种植能引人注意。

(1) 花色

花色是主要的观赏要素，在众多的花色中，白、黄、红为花色的三大主色，这三种颜色的花种类最大。花色可分为以下几类：

① 红色系花(包括红色、粉红、水粉)：常见的植物有海棠花、杏、梅、樱花、蔷薇、玫瑰、月月红、贴梗海棠、石榴、红牡丹、山茶、锦带花、夹竹桃、合欢、粉花绣线菊、紫薇、凤凰木、榆叶梅、桃(图 1-13)等。

图 1-13 红色系花(左边为桃，右边为榆叶梅)

② 黄色系花(包括黄、浅黄、金黄)：常见的植物有迎春、连翘、金钟花、桂花、黄刺玫、黄蔷薇、黄瑞香、黄牡丹、金丝桃、金丝梅、腊梅、黄蝉、金银花、锦鸡儿、黄花夹竹桃、小檗、金花茶、金雀儿、棣棠(图 1-14)等。

图 1-14 黄色系花(左边为金雀儿，右边为棣棠)

③ 蓝紫色系花：常见的植物有紫藤、紫丁香、杜鹃、木兰、木槿、紫花泡桐、八仙花、醉鱼草、香花崖豆藤、常春油麻藤(图 1-15)等。

图 1-15 紫色系花(左边为香花崖豆藤，右边为常春油麻藤)

④ 白色系花：常见的植物有茉莉、白牡丹、白山花、溲疏、女贞、荚蒾、琼花、玉兰、甜橙、珍珠梅、广玉兰、栀子花、梨、白碧桃、白玫瑰、白杜鹃、刺槐、白木槿、络石、白花夹竹桃、火棘、绣线菊 (图 1-16) 等。

图 1-16　白色系花 (左边为火棘，右边为中华绣线菊)

(2) 花相

花序的形式很重要，虽然有些种类的花朵很小，但排成庞大的花序后，反而比具有大花的种类还要美观，如石楠单朵花很小，但是其群体效果相当好看。花的观赏效果，不仅受花色、花香、花形的影响，而且还与其在树上的分布、叶的陪衬、着花枝条的生长习性密切有关。

花或花序着生在树冠上的整体表现形貌，称为"花相"。根据开花时有无叶陪衬，可以分为纯式花相和衬式花相。纯式花相指开花时，叶片尚未展开，全树只见花不见叶所呈现的花相。衬式花相指常绿植物或落叶植物先展叶后开花所呈现的花相，全树花叶相衬，称为衬式花相。除此外，根据植物开花时所呈现的景观，可以分为以下的类型：

① 干生花相：花着生于茎干上所呈现的花相。种类不多，大多产于热带湿润地区，在亚热带和温带地区也有少数种类，如紫荆、常春油麻藤 (图 1-15 右图)、槟榔、鱼尾葵、可可、木菠萝等。

② 密满花相：花或花序密生全树各小枝上，使树冠形成一个整体大花团，花感最为强烈。如榆叶梅、火棘 (图 1-17)、樱花、毛樱桃等。

③ 覆被花相：花或花序着生于树冠的表层、形成覆伞状。常见的植物有栾树、合欢、泡桐、广玉兰、七叶树、珍珠梅、接骨木等。

图 1-17　火棘的密满花相

④ 团簇花相：花朵或花序大而多，就全树而言，花感较强烈，但每朵或每个花序的花簇仍能充分表现其特色。常见的植物有玉兰、木本绣球 (图 1-18)、木兰等。

⑤ 星散花相：花朵或花序数量较少，且散布于全树冠各部。常见衬式花相的外貌是在绿色的树冠底色

图 1-18　团簇花相（左图为玉兰，右图为木本绣球）

上，零星散布着一些花朵，有丽而不艳、秀而不媚之效，如白兰花、鹅掌楸、凹叶厚朴。

⑥ 线条花相：花排列在小枝上，形成长形的花枝。由于枝条生长习性的不同，有呈拱状花枝的，有呈直立剑状的，或短曲如尾状的等。本类花相枝条较稀，枝条个性突出。如金钟花、木姜子 (图 1-19) 等。

图 1-19　线条花相（左图木姜子，右图金钟花）

⑦ 独生花相：种类较少，如苏铁。

(3) 花的芳香

花的芳香的分类目前尚无统一的分类标准，但可分为清香 (如茉莉)、甜香 (如桂花、含笑)、浓香 (如白兰、栀子)、淡香 (如玉兰) 等。不同的芳香对人会引起不同的反应，有的引起观赏者兴奋，有的引起反感。由于芳香不受视线的限制，常使芳香树成为"芳香阁""夜香园"的主题，达到引人入胜的效果。

3. 观叶树木

这类树木叶的色彩、形态、大小等有独特之处，可供观赏，如银杏、鸡爪槭、黄栌、七叶树、椰子等都极具观赏价值。

(1) 叶片颜色的观赏

叶的颜色有极大的观赏价值，叶色变化丰富但难以描述，园林中常见的叶的颜色有以下几类：

① 绿色类：树木的基本色为绿色，由于受植物种类、生长环境及其它环境因子如光照的影响，叶的绿色也有变化，有的墨绿、深绿 (图 1-20 左图)、浅绿 (图 1-20 右图)、黄绿、亮绿等，且随季节的变化而变化。各类树木的绿色由深至浅大致为常绿针叶树、常绿阔叶树、落叶树。

图 1-20　深绿的山茶叶（左）和浅绿的金钱松叶（右）

由于常绿针叶树叶片吸收的光大于折射光，因此叶色多呈暗绿色，显得朴实、端庄、厚重。常绿阔叶树叶片反光能力较常绿针叶树强，叶色以浅绿色为主。落叶树种叶片较薄，透光性强，叶绿素含量较少，叶色多呈黄绿色，不少种类在落叶前变为黄褐色、黄色或金黄色，表现出明快、活泼的视觉特征。

Ⅰ 叶色呈深浓绿色者 如油松、圆柏、雪松、云杉、青杄、侧柏、山茶、女贞、桂花、构、榕、构树等。

Ⅱ 叶色呈浅淡绿色者 水杉、落羽松、落叶松、金钱松、七叶树、玉兰等。

② 春色叶类：树木的叶色常因季节的不同而发生变化，例如金叶女贞早春嫩叶呈金黄色，夏季恢复为绿色（图 1-21 左图），红叶石楠在早春嫩叶呈红色，夏季呈现为绿色（图 1-21 右图）；月季早春嫩叶为红色，夏天恢复为绿色；花叶柳早春嫩叶为浅粉红色，夏天恢复为绿色。

图 1-21　金叶女贞（左）和红叶石楠（右）的春色叶

③ 秋色叶类：在秋季叶子能有显著变化的树种，称为秋色叶植物。园林中对秋色叶植物十分重视。秋色叶植物整体上有两大类：

Ⅰ秋叶呈红色或紫红色 如鸡爪槭、五角枫、枫香、地锦、五叶地锦、南天竹、乌桕、石楠、山楂、卫矛（图 1-22 左图）、蓝果树（图 1-22 右图）、檫木、紫薇等。

Ⅱ秋叶呈金黄色或黄褐色 如银杏、白蜡、梧桐、槐、无患子、紫荆、悬铃木、水杉、金钱松、黄连木、樱花、鹅掌楸（图 1-23 左图）、复羽叶栾树（图 1-23 右图）等。

④彩叶植物：有些植物的变型或变种，其叶常年成异色或叶片有各种斑点，称为彩叶植物。如紫叶小檗、紫叶桃、紫叶李、花叶大叶黄杨、花叶爬行卫矛（图 1-24 左图）、花叶蔓长春花（图 1-24 右图）、金叶女贞、金

图 1-22 秋色叶为红色的植物（左图为卫矛，右图蓝果树）

图 1-23 秋色叶为黄色的植物（左图为马褂木，右图复羽叶栾树）

图 1-24 花叶植物（左图为花叶爬行卫矛，右图为花叶蔓长春花）

叶桧柏、变叶木、红檵木、洒金东瀛珊瑚、洒金桃叶珊瑚等。

⑤ 双色叶类：部分植物其叶背与叶表的颜色显著不同，在微风中就形成特殊的闪烁效果，这类树种称为双色叶树。如银白杨、胡颓子、金叶含笑（图 1-25 左图）、红背桂（图 1-25 右图）等。

(2) 叶的质地

叶的质地不同，产生不同的质感，观赏效果也就大为不同。革质的叶片具有较强的反光能力，叶片较厚、颜色较浓暗，有光影闪烁的效果，因而看上去叶表发亮，给人以厚重的感觉。纸质、膜质叶片，常呈半透明状，常给人以恬静之感。至于粗糙多毛的叶片，往往看上去比较粗放，多富于野趣。

图 1-25 双色叶植物（左图为金叶含笑，右图为红背桂）

由于叶片质地的不同，再与叶形联系起来，使整个树冠产生不同的质感，例如绒柏的整个树冠有如绒团，具有柔软秀美的效果，而枸骨则具有坚硬多刺，给人以紧张的效果，不同的效果适应的地点和环境往往会有很大的变化。

(3) 叶的大小

植物叶片的大小变化很大，叶长者达 40 厘米以上，如凹叶厚朴、芭蕉的叶，这些植物往往原产于热带和亚热带湿润气候；叶小的只有 1 厘米左右，如金边六月雪的叶片，叶小的植物大多原产寒冷干燥地区。大的叶片给人以豪迈的感觉，纤细的叶片给人以飘逸的感觉，因而不同地带因景观的需要往往需要选择不同叶片大小的植物。

(4) 叶的形状

树木的叶形，变化万千，各有不同，从观赏特性的角度可以将植物归纳为以下几种基本类型：

①单叶的形状

针叶类 包括针形叶及凿形叶，如油松、雪松、柳杉等 (图 1-26 左一)。

圆形类 包括圆形及心形叶，如山麻杆、紫荆、泡桐等 (图 1-266 二)。

心形类 如紫荆等 (图 1-26 左三)。

椭圆形类 如金丝桃、天竺桂、柿等 (图 1-26 左四)。

披针形类 如柳、杉、夹竹桃等及倒披针形如黄瑞香、鹰爪花等 (图 1-27 左图)。

三角形叶 如扛板归的叶 (图 1-27 中图)。

条形叶 (线形状) 如冷杉、紫杉、水仙花等 (图 1-27 右图)。

卵形类 包括卵形及倒卵形叶，如女贞、玉兰、紫楠等 (图 1-28 左图、右图)。

图 1-26 针形叶片 (左一)、圆形叶片 (左二) 、心形叶 (左三) 和椭圆形叶片 (左四)

图 1-27　披针形叶片(左)、三角形叶片(中)和条形叶片(右)

图 1-28　卵形叶片(左)、刀形叶片(中)和倒卵形叶片(右)

图 1-29　三回羽状复叶(左)、一回羽状复叶(中)和掌状复片(右)

刀叶类 如大叶相思(图 1-28 中图)

掌状类 如五角枫、掌叶梁王茶、刺楸、梧桐等。

奇异形 包括各种引人注目的形状，如鹅掌楸、羊蹄甲、变叶木和银杏的叶等。

② 复叶的形状

Ⅰ 羽状复叶 包括奇数羽状复叶和偶数羽状复叶，以及二回或三回羽状复叶，如刺槐、锦鸡儿、合欢、南天竹(图 1-29 左图)、十大功劳(图 1-29 中图)。

Ⅱ 掌状复叶 小叶排列成指掌形，如七叶树等(图 1-29 右图)。

不同形状和大小的叶片具有不同的观赏特性，如棕榈科植物的叶片给人以热带情调，大型的掌状叶给人以素朴的感觉，大型的羽状叶给人以轻快、洒脱的感觉；产于温带的合欢和热带的凤凰木，因叶形的相似而产生轻盈秀丽的效果。

4. 观果树木

果实不仅具有很高的经济价值，也具有较高的观赏价值和药用价值。园林中为了观赏的目的，往往注重果实的形态和色彩两个方面。

(1) 果实的形态

果实形状的观赏体现在“奇”“巨”和“丰”上。奇是指果实的形状比较独特，如青钱柳的果实成串如同一串铜钱(图 1-30 左图)，因而该树也称摇钱树；猴耳环的果如同一个耳朵(图 1-30 右图)；秤锤树的果实如秤锤一样；紫珠的果实宛若许多晶莹透体的紫色小珍珠；其它的植物有的象元宝等，有些种类不仅果实可以观赏，而且富有诗意，如王维的“红豆生南国，春来发几枝，愿君多采撷，此物最相思”诗中的红豆树。巨是指单体的果形较大，如柚(图 1-31 左图)、榴莲(图 1-31 右图)等。丰是指全株上果实的数量较多，满树的果实观赏效果极佳，如满树的樱桃、满树的柿子等，都具有很强的观赏性。

图 1-30　青钱柳(左)和薄叶猴耳环(右)的果

图 1-31　柚子(左)和榴莲(右)的果

(2) 果实的色彩

果实的颜色丰富多彩，变化多端，有的艳丽夺目，有的平淡清香，有的玲珑剔透，具有很强的观赏意义。常见不同果色的植物有：

① 果实呈红色植物：桃叶珊瑚、小檗类、平枝栒子、山楂、冬青、枸杞、火棘、樱桃(图 1-32 左图)、毛樱桃、郁李、枸骨、金银木、南天竹、紫金牛、柿(图 1-32 右图)、石榴等。

② 果实呈黄色植物：银杏、梅、杏、柚(图 1-32 左图)、甜橙、香圆、佛手、金柑、枸桔、梨、木瓜、贴梗海棠、沙棘等。

图 1-32　樱桃（左）和柿子（右）的果

图 1-33　阔叶十大功能（左）和葡萄（右）紫色的果

图 1-34　五加黑色的果

图 1-35　红瑞木白色的果

③ 果实呈蓝色植物：紫珠、十大功劳（图 1-33 左图）、葡萄（图 1-33 右图）、李、桂花、白檀等。

④ 果实呈黑色植物：小叶女贞、小蜡、刺楸、五加（图 1-34）、常春藤、金银花、黑果栒子等。

⑤ 果实呈白色植物：红瑞木（图 1-35）、芫花、雪果、湖北花楸、西康花楸、乌桕（种子外有白色腊质）等。

5. 观枝干树木

树木的枝条、树皮、树干以及刺毛的颜色、类型都具有一定的观赏性，尤其是在落叶后，枝干的颜色更加明显，那些枝条具有美丽色彩的园林树木称为观枝树种，如红瑞木、青榨槭、白皮松等。

(1) 干皮的形状

树皮的开裂方式也具有一定的观赏价值，主要类型有：

① 光滑树皮：表现平滑无裂，多数幼年树皮均无裂，也有老年树皮不裂，如青桐（图 1-36 左图）、桉树类。

② 横纹树皮：表面呈浅而细的横纹，如山桃（图 1-36 中图）、桃、白桦。

图 1-36 梧桐（左）山桃（中）和白皮松（右）的树皮

③ 片裂树皮：表面呈不规则的片状剥落，斑驳状如白皮松(图1-36右图)、悬铃木。

④ 丝裂树皮：表面呈纵而薄的丝状脱落，如青年期的柏类。

图 1-37 黄连木（左）核桃（中）和木棉（右）的树皮

⑤ 纵裂树皮：表面呈不规则的纵条状或近人字状的浅裂，多数树种属本类。

⑥ 纵沟树皮：表面纵裂较深，呈纵条或近人字状的深沟，如老年期的核桃(图1-37中图)、板栗等。

⑦ 长方块裂纹树皮：表面呈长方裂纹，如柿、黄连木(图1-37左图)等。

⑧疣突树皮：表面具不规则的疣突，如木棉(图1-37右图)、山皂荚、刺楸表面具刺。

(2) 干皮的颜色

树干的颜色对于植物配置能起很大的作用。不同颜色的树干能产生不同的效果。常见不同显著颜色的树种有：

图 1-38 红瑞木红色的枝干

图 1-39 紫竹紫色的枝干

① 呈暗紫色：如紫竹(图1-39)。

② 呈红褐色：如马尾松、杉木、山桃(图1-36中图)、红瑞木(图1-38)等。

③ 呈黄色：如金竹、黄桦、黄枝槐(图1-40)等。

④ 呈灰褐色：一般常见树种。

⑤ 呈绿色：如竹、梧桐(图1-36左图)、青榨槭等。

图 1-40 黄枝槐黄色的枝干

图 1-41 黄金间碧玉的枝干

⑥ 呈斑驳色彩：如黄金间碧玉竹(图1-41)、碧玉间黄金竹、木瓜等。

⑦ 呈白或灰色：如白皮松、白桦、核桃、毛白桃、悬铃木、柠檬桉等。

(3) 树干的形态

树干除了常规的圆柱表，还有些形态十分独特，典型的有龙游型 (图 1-42) 和垂枝型 (图 1-43)。

图 1-42　龙游形枝干

图 1-43　垂枝型枝干

6. 观根树木

大部分植物的根位于地下，但也有少数植物的根裸露于空气中且具有较高的观赏价值。一般而言，树木达老年期以后，均可或多或少表现出露根美，常见的树种有：松、榆、朴、梅、榕树类、腊梅、山茶、银杏、广玉兰、落叶松等。

除了常见的植物的根外，还有少数植物的根具较强的观赏价值，特别是榕树的气生根，池杉呼吸根的观赏性相当强 (图 1-44)。

图 1-44　池杉的呼吸根

三、按用途分类

根据树木在园林中的主要用途可分为：行道树、园路树、庭荫树、园景树、风景林、树林、防护林、水边绿化、绿篱及绿雕、基础种植、地被植物、垂直绿化、专类园、特殊环境绿化、盆栽及盆景观赏 15 个类型，对各类型的具体要求及养护见第七章。

1. 行道树　应用于城市道路、国道、省道及县乡级公路两侧，以遮荫、美化为目的的乔木树种。行道树由于立地条件的特殊性，因而对它的要求在所有园林绿化树种中要求是最严的。

2. 园路树　应用于城市中附属绿地，如校园、机关、医院等范围内的道路两边种植的高大乔木，也是以遮荫、美化为目的。与行道树相比，其种类较多，其相求相对要低一些。

3. 庭荫树　称绿荫树、庇荫树。早期多在庭院中孤植或对植，以遮蔽烈日，创造舒适、凉爽的环境。后发展到栽植于园林绿地以及风景名胜区等远离庭院的地方。其作用主要在于形成绿荫以降低气温；并提供良好的休息和娱乐环境；同时由于庭荫树一般均枝干苍劲、荫浓冠茂，无论孤植或丛植，都可形成美丽的景观。

4. 园景树　指个体形态较漂亮，往往单株种植，或三、五株种植形成景观的树木。

5. 风景林　指大片种植，在早春或秋天具有明显的群体季相景观变化的林分，其往往通过一定距离进行观赏，如隔水观赏。风景林以满足人类生态需求，美化环境为主要目的的，分布在风景名胜区、森林公园、度假区、狩猎场、城市公园、乡村公园及游览场所内的森林、林木和灌木林。

6. 树林　一般是指在城市局部环境中，小范围内大量种植一种或几种树木，主要起到提供荫蔽处、改善局部微气候、形成景观的作用。

7. 防护林　主要起着防风、防火、滞尘、隔离等防护作用的林分，也包括水源涵养林。水源涵养林　指以调节、改善、水源流量和水质的一种防护林。也称水源林。涵养水源、改善水文状况、调节区域水分循环、防止河流、湖泊、水库淤塞，以及保护可饮水水源为主要目的森林、林木和灌木林。主要分布在河川上游的水源地区，对于调节径流，防止水、旱灾害，合理开发、利用水资源具有重要意义。在风景园林学中主要针对于自然保护区的规划设计中有。

8. 水边绿化　指植物具有能耐短期水淹、耐水湿或具有特殊的形态或观赏效果，种植在水边能形成特殊的植物景观的树木。

9. 绿篱及绿雕　由灌木或小乔木以近距离的株行距密植，栽成单行或双行，紧密结合的规则的种植形式，称为绿篱、植篱、生篱。因其可修剪成各种造型并能相互组合，从而提高了观赏效果。绿雕则是多年生小灌木（实际应用中也包括一年生或多年生草本植物）应用于特殊形态或图案的钢架结构上以形成特定景观以达到供人观赏的一类植物应用形式。

10. 基础种植　指紧靠建筑立面与地面的交接处，此处的植物种植。用灌木或花卉在建筑物或构筑物的基础周围进行绿化、美化栽植。种植的植物高度一般低于窗台——建筑基础种植常采用的方式有花境、花台、花坛、树丛、绿篱等。

11. 地被植物　株丛密集、低矮，经简单管理即可用于代替草坪覆盖在地表、防止水土流失，能吸附尘土、净化空气、减弱噪音、消除污染并具有一定观赏和经济价值的植物。主要是一些适应性较强的低矮、匍匐型的灌木和藤本植物，也包括多年生低矮草本植物。

12. 垂直绿化　在各类建筑物和构筑物的立面、屋顶、墙面、地下和上部空间进行多层次、多功能的绿化和美化，以改善局地气候和生态服务功能、拓展城市绿化空间、美化城市景观的生态建设活动。

13. 专类园　在一定范围内种植同一类观赏植物供游赏、科学研究或科学普及的园地。如月季园、牡丹园、梅园、兰园、茶花园等。

14. 特殊环境绿化　包括陵园、墓地的绿化；石灰岩山地绿化；矿山恢复绿化；具有特殊的园艺治疗的绿化等。

(1) 陵园、墓地的绿化：虽然其土壤无特殊的要求，但是由于环境要求营造一种庄严、肃穆和缅怀先烈的气氛，以表达后人对它们的敬仰和怀念，因而配置的植物往往是个体形态优美，而且四季常青的松科、柏科的植物。

(2) 石灰岩山地绿化：石灰岩经以溶蚀为先导的喀斯特作用，形成地面坎坷嶙峋，地下洞穴发育的特殊地貌。由于石灰岩山地植被发育缓慢，所以一旦破坏，恢复缓慢，水土也将流失殆尽。同时，其土壤的碱性限制了植物的种类和生长。因而石灰岩山地绿化中植物的种类在南方是比较独特的一类。

(3) 矿山恢复绿化：通过植物的吸收、吸附和贮存，将土壤中的一些重金属等有毒有害物质的浓度的数量降低，通过一段时间的改良作用，使得土壤中的各种矿质营养物质的浓度恢复到正常水平。

(4) 具有特殊的园艺治疗的绿化：近年来国际上利用植物生长过程中所产生的次生代谢物质来治疗一些慢性疾病或通过色彩、形态等来调节病人的心情等一类绿化方式。

15. 盆栽及盆景观赏

许多植物虽然有较强的观赏性，但是自然种植在园林绿地中，其移动性较差，因而为了扩大其种植和应用范围，许多观赏性强的种类往往用各种种植盆种植，应用于室内外各种环境中，以达到观赏的目的。

盆景是呈现于盆器中的风景或园林花木景观的艺术缩制品。多以树木、花草、山石、水、土等为素材，经匠心布局、造型处理和精心养护，能在咫尺空间集中体现山川神貌和园林艺术之美，成为富有诗情画意的案头清供和园林装饰，常被誉为“无声的诗，立体的画”。因而，盆景中的植物种类也十分重要。

四、依树木的主要经济用途分类

园林树木除了观赏价值以外，还有经济用途。根据其应用目的，可以分为果树类、淀粉类、油料类、菜用类、药用类、香料类、纤维类、饲料类、薪炭材类、树胶类、蜜源类等。

虽然园林树木具有许多经济用途，但是在园林中种植的树木主要是以观赏为主，而要达到较好的观赏效果，需要保持树木的完整性，因而树木不能被采伐，果也不能摘走。这样，就达不到树木的主要经济用途。

当然，作为园林中的树木的不同品种，可以在其它环境中种植，从而实现其经济用途。如金银花，园林中种植为观赏较好的一些品种，为了观赏是不能采摘，但是在荒山荒地种植就可以，实现其经济价值。

思考题

1 植物分类的等级主要包括哪些?

2 种有哪些特点?

3 植物的命名怎样组成?

4 植物分类的依据有哪些?

5 定距检索表和平行检索表有什么区别?

6 园林树木在园林应用中有哪些分类法?

第二章

园林树木的生长发育规律

树木是多年生的木本植物，所有的树木从繁殖开始，无论是实生苗还是营养繁殖苗，或长或短都要年复一年地经过多年的生长才能进入开花结实并完成其生命过程。在树木一生的生长发育过程中，有两个生长发育周期，分别是生命周期和年周期。生命周期指树木从种子萌发开始，长高、长大，然后开花、结实，再到衰老和死亡的过程。年周期是指一年中随着四季的更替，树木出现的生长、开花、结实、休眠等的变化规律。

研究树木的生长发育周期，对于在规划设计中正确选用树种和制定栽培技术，有预见性地调节和控制树木的生长发育，做到快速育好苗，使其移植成活并健壮生长，充分发挥园林绿化功能，具有十分重要的意义。

第一节 树木的生命周期

一、树木生命周期的各个阶段

树木的生命周期根据其形态和生理活动，可分为种子时期、幼年期、青年期、壮年期和衰老期五个阶段。

1. 种子时期

指由受精卵开始，至种子萌发时为止的这段时间。种子时期的长短变化较大，往往随种类不同而变化，有些树木的种子成熟悉后，只要条件适宜就能马上发芽，如白榆；有些树种的种子成熟后，必须经过一段时间的休眠后才能发芽，给予适宜的条件也不能立即发芽，因为它们的种子有一个后熟过程，如女贞、银杏等。因而，在通过播种育苗时，应根据树木种子的习性采取合适的播种时间，提高其发芽率。如红花七叶树，9月份成熟后可以马上播种，到第二年五月再播种，很多种子就会失去发芽能力。

2. 幼年期

指从种子萌发开始到第一次出现花芽前为止。幼年期的时间的长短与树种遗传特性有关。除少数园林树种如紫薇、月季当年播种当年开花外，绝大多数树木需要较长时间，一般为3～5年以上，有的时间则较长，如银杏达40年以上，苏铁则更长。园林绿化中，常用多年生大规格苗木，其幼年期均有一段时间或全部在苗圃内度过。

3. 青年期

指自第一次开花至花、果性状逐渐稳定为止。青年期生命力旺盛，但花和果尚未达到本品种固有的标准性状，能年年开花结实，但数量较少。遗传性状已渐稳定，机体可塑性大为降低。

4. 壮年期

指树木生长势自然减慢到树冠外缘出现干枯时为止。壮年期树木的根系和树冠都已扩大到最大限度，植株粗大，每年的花、果的数量达到最多，花果性状完全稳定，树冠已定型，是观赏的盛期。也是采种的最佳生长时期。园林中在应用大苗最好采用壮年期大苗，以达到最好的观赏效果和较强的恢复能力。

5. 衰老期

指树木生长发育显著衰退到死亡为止。树木生长势减弱，出现明显的秃裸和截顶现象。开花结实能力大为减少，对逆境的抵抗力差，极易遭受病虫害为害。衰老期的时间长短差异较大，有的物类能生长慢，能存活几百上千年，有的种类则只有几十上百年。同一物种，个体的衰老时间也存在较大的差异，如北海公园外的油松，已存活了300多年的时间，而一般的个体只有几十年。

总的来说，植物生命周期的五个阶段各有自己的特点，但其培养和养护而言，更长的时间则是幼年期和青年期，进入壮年期后，其养护则要少得多。

二、树木生命周期中生长与衰亡规律

树木在生命周期的生长过程中，会有一些生长的规律，这些规律反映了植物与环境间的相互关系。这些规律典型的有离心生长、离心秃裸、自然打枝、根系自疏、向心更新和向心枯亡等。

1. 离心生长

根向地而茎背地向上生长不断扩大其空间的生长规律称为离心生长。树木的离心生长受遗传性、树体生理以及所处土壤条件等的影响，因而其生长程度一般是有限的，也就是根系和树冠只能达到一定的大小和范围。但其离心生长往往有较大的变化，表现在外形上面有大的乔木、小的灌木，如北美红杉其高度可以达 70 ~ 80 米，而一些小的灌木如六月雪则不到 2 米。

除此之外，木本植物生长的过程中还有一类特殊的藤本植物，其茎虽然不能直立，但依附于其它物体或植物上，可以达 10 米以上。

2. 离心秃裸

根系在生长过程中，随着年龄的增长，骨干根上早年形成的须根，由基部向根端方向出现衰亡，这种现象称为自疏。这是植物为了适应土壤中养分元素逐渐被吸收完而促使根向前生长的应对措施。

树木在向上生长的过程中，侧生小枝逐年由骨干枝基部向枝端方向出现枯落，这种现象叫自然打枝。自然打枝较严重的往往是那些郁闭度或遮光较为严重的个体，如果是孤植的树木，其枝叶往往较茂密。枯落的枝干往往由于得不到光照，叶片脱落，它们不能为植物转换能量，它们的存在对树木来说更多的是一种负担，因而让其自然死亡更多的是一种生存策略。

树体在离心生长过程中，以离心方式出现的根系自疏和树冠的自然打枝统称为离心秃裸。离心秃裸对于植物来说是一种生存策略，其目的是减少能量的浪费，保证植物的生长。

3. 向心更新和向心枯亡

树木由树冠外向内，由顶部向下部直至根颈的更新，称为向心更新。树木由树冠外向内，由顶部向下部直至根颈的枯亡，称为向心枯亡。

当离心生长到达某一年龄阶段时则生长势减弱，具潜伏芽地树种，常于主枝弯曲高位处，萌生直立旺盛的徒长枝开始进行树冠的更新称为“向心更新”

随着向心更新徒长枝的扩展，加上主枝和中心干的先端出现枯梢，全树由许多徒长枝形成新的树冠，逐渐代替原来衰亡的树冠，这种由外向内，由下而上直至根颈的枯亡现象称为向心枯亡。

随着树龄的增加，由于离心生长与离心秃裸，造成地上部分大量的枝芽生长点及其产生的叶、花、果都集中在树冠外围，由于受重力影响，骨干枝角度变得开张，枝端重心外移，甚至弯曲下垂。离心生长造成分布在远处的吸收根与树冠外围枝叶间的运输距离增大，使枝条生长势减弱。当树木生长接近其最大树体时，某些中心干明显的树种，其中心杆延长枝发生分叉或弯曲，称为“截顶”或“结顶”。

4. 不同类别树木的更新特点

(1) 藤本：木质藤本先端离心生长比较快，因而一般情况下其茎的长度较长，主蔓的基部易光秃。

(2) 灌木类：离心生长时间较短，地上部枝条衰亡较快，寿命多不长。但是大部分具有较强萌芽性，枝条被剪后许多种类很快能萌发出新枝。

(3) 乔木类：乔木类的更新可以分为两类，一类为有潜伏芽的种类，一类是无潜伏芽的种类。

有潜伏芽的乔木，有向心更新，但是潜伏芽寿命直接影响其更新的能力。潜伏芽寿命短的难以更新，枝干被截后可能导致直接死亡。潜伏芽寿命长的乔木具有较强的更新能力，如湖南花木市场上大量使用的香樟，其潜伏芽的寿命较长，芽的萌发性也较好，因而被截干后其还能发出新枝，从而成活。无潜伏芽的乔木则无向心更新，如松科的许多植物都是这样，一旦被截杆，植株可能就会死亡。

第二节 树木的年周期

随着地球围着太阳的公转和地球的自转，地球与太阳的距离发生了较明显的变化，导致了地球表面光照和温度的变化，表现为气候的变化，出现了春夏秋冬的更替，伴随着四季的更替，植物也出现了春花秋实的现象。人们在长期的生活中，认识到植物在一年中生长规律与气候有着明显的联系，因而人们在观察植物的年生长变化的过程中，也通过植物生命活动的动态变化来认识气候的变化，人们称为物候期。

根据树木是否冬天大量保留有生命力的叶片可以将树木分为常绿树木和落叶树木。落叶树一般在秋天一定时间内集中落叶，但也有少数树木秋天叶黄了春季再落叶如樟科的山胡椒、壳斗科的北美红栎等。常绿树上的叶子也会落下，但是其叶片是分批进行，一年四季植株上总有绿色的叶片。也正因为这样，落叶树和常绿树的物候期不一样，其景观效果也不同。

一、树木的物候期

1. 落叶树的年周期

落叶树在一年四季中变化可分为四个时期，分别是休眠转入生长期、生长期、生长期转入休眠期、相对休眠期。

(1) 休眠转入生长期：一般日平均气温达 3℃即开始结束休眠，树木开始生长，但此时树木的抵抗力较差，如果遇到再次突然降温，树木容易受到冻害。先年种植的树木在第二年遭受冻害时容易死亡，给生产带来巨大的损失。因而生产上有倒春寒时，苗木易受伤害。

(2) 生长期・即整个生长季节。在此期间树木随季节变化发生明显的变化，如萌芽、抽枝展叶、开花、结实等。虽然所有树木的生长规律一样，但是生长期的长短有明显的变化，如梧桐秋季落叶特别草，黄檀早春展叶特别迟，这些都影响它们生长期的时间长短。

(3) 生长期转入休眠期：落叶树秋季落叶是树木转入休眠的重要标志。影响树木进入休眠的因素主要是日照长短的变化，其变短导致植物休眠，其次是气温降低。因而如果日照时间没变，但是气温变低了，植物往往还没有进入休眠状态，容易受害。常绿植物进入休眠期外表无太大的变化，但生理变化明显，如光合作用停止，代谢减弱等。

(4) 相对休眠期：秋季正常落叶到第二年春天树体开始生长 (以萌芽为准)。

落叶休眠是树木在进化过程中对冬季低温环境形成的一种适应性，因为植物进入休眠后对外界的抵抗能力明显增强，特别是在温带和寒带地区，如果没有这种适应性将难以越冬，而且还会受早霜的危害。

休眠根据其能否自动结束分为自然休眠和被迫休眠。自然休眠是由于树木生理过程所引起的或由树木遗传性所决定的。进入休眠后要在一定的低温条件下经过一段时间后才能结束；在未结束时即使提供适合条件也不能结束。被迫休眠是指通过自然休眠后，如果外界缺少生长所需的条件时，仍不能生长，而被迫处于休眠状态，一旦条件合适，就会结束休眠，开始生长。如冬季植物结束了其自然休眠，但是外界温度过低，植物依然不能恢复生长，这就是被迫休眠。

2. 常绿树的物候期

对于常绿树，根据其生长环境和叶片形态，可以分为常绿针叶树和常绿阔叶树。常绿针叶树的生长物候期一般以北方的最为典型。生长在北方的常绿针叶树，每年发枝一次或以上，松属有些先长枝，后长针叶；其果实的发育有些是跨年的。

热带、亚热带的常绿阔叶树木，其各器官的物候动态表现极为复杂。各种树木的物候差别很大，难以归纳。有些树在一年中能多次抽梢，如有春梢、夏梢和秋梢；有些树木一年内能多次开花，如四季桂、月季中的月月红等，一年开花的次数能达 4 次以上，月季在长沙能达 6 ~ 8 次。

二、园林树木的物候期观测法

学习园林树木的目的在于它们的园林应用，园林树木应用的前提是对植物的了解，而观察树木在不同地点、不同时间的年变化规律无疑会为其园林应用提供理论指导。

1. 目的和意义

掌握树木的物候规律，可以为植物景观设计提供不同的合适植物种类，能按设计者要求形成各种景观，达到不同的景观要求。同时，也为园林树木栽培和养护提供生物学依据，明确不同时期如繁殖期、养护管理期、催延花期等的养护管理措施。为选育新品种提供理论指导，在物候观察过程中，会发现一些观赏性强和突变的品种，如果观赏性状稳定，可能通过无性繁殖的方法来选育新的品种。

2. 观测项目与特征

物候的观测包括根、芽、叶、枝梢、花、果等的年变化规律。

(1) 根系生长周期：一般情况下根的生长被土覆盖，因而很难用肉眼直接观察到，特殊的植物如果需要，一般用观察窖方法进行观察。

(2) 树液流动开始期：温度回升后，树木结束休眠的标志是树液的流动。树液的流动与否可以通过观察人工形成伤口是否出现水滴状分泌液为准。如果有则说明树液已经开始流动，气温也达到树木生长的生物学零度。

(3) 萌芽期：树木枝、叶、花的生长都是从芽开始，芽分为花芽和叶芽，但不论哪种，都必需观察它的生长。萌芽期分为以下几个时期：

①芽膨大开始期：由于树种开花类别不同，芽萌动有先后，有些开始是花芽 (包括混合芽)，有些则是叶芽先。芽的膨大，裸芽植物看芽的大小来判断；鳞芽植物看鳞片间显示出淡色部分；松属鳞片开裂反卷；有些阔叶树出现各种毛，如榆树芽鳞边缘出现绒毛，枣树冬芽上显示棕黄色绒毛，栗树芽上出现黄色毛，木槿芽上出现白色毛等。

②芽开放期或显蕾期：芽顶部出现新鲜颜色的幼叶或花蕾时，为芽开放期。此时在园林中有些已有一定观赏价值，给人带来春天的气息。芽开放期为芽的鳞片开裂，顶端出现鲜绿色。如果芽膨大与开放期不易分辨，就记为芽开放期。有些树种具纯花芽，如一些早春开花的树木山桃、杏、李、玉兰等；而有些则是具混合芽，如海棠、苹果、梨等。

(4) 展叶期　叶芽膨大到一定程度就会展开，形成叶。展叶期可以分为始期、盛期、春色叶呈现始期和变色期。

①展叶开始期：出现第一批有 1~2 片平展叶时为开始期；

②展叶盛期：阔叶树以其半数枝条上的小叶完全平展时为展叶盛期；

③春色叶呈现始期：以春季所展之新叶整体上开始呈现有一定观赏价值的特有色彩时为春色叶呈现始期。

④春色叶变色期：以春色叶特有色彩整体上消失时为准。

(5) 开花期

①开花始期：当树上开始出现第一朵完全开放的花时为开花始期；

②开花盛期：有一半以上的花完全展开或松散下垂为开花盛期。

③开花末期：当树上只剩下极少数花，柔荑花序停止散出花粉，或大部分花萼脱落时为开花末期。

④多次开花：树木在一年中可能会出现多次开花的现象，这种多次开花有的是经常性的，而有的是偶尔进行的，因而必需对它们进行新录，并判断是偶尔多次开花还是有规律地多次开花。如果是新出现的并能保持稳定，则可以作为新品种或变种进行培育。

(6) 果实生长发育和落果期：可分为五个时期：幼果出现期、果实生长期、生理落果期、果实或种子成熟期和果实脱落期。

①幼果出现期：指子房开始膨大 (苹果、梨果直径达 0.8 厘米) 的时间；

②果实生长期：选定幼果，每周测量其纵、横径或体积，直到采收或成熟脱落时为止，每隔一段时间就进行记录；

③生理落果期：座果后，树下出现一定数量脱落之幼果。有多次落果的，应分别记载落果次数，每次落果数量、大小。

④果实或种子成熟期：有一半的果实或种子成熟即进入了成熟期，根据成熟的数量又可分为初成熟期和全成熟期；

⑤果实脱落期：根据脱落的数量又可以分为开始脱落期、脱落末期 (基本上脱完)。

(7) 新梢生长周期：新梢生长周期由叶芽萌动开始，至枝条停止生长为止。新梢的生长分为一次梢、二次梢 (夏梢、秋梢或副梢) 和三次梢 (秋梢)。

⑥新梢开始生长：新的枝梢开始生长算起。

⑦枝条生长周期：对选定枝上顶部的枝梢定期观测其长度和粗度，以便确定延长生长与加粗生长的周期、生长快慢时期及特点。

⑧新梢停止生长期：以所观察的营养枝形成顶芽或枝梢端不再生长为止。二次以上枝梢生长的类推记录。

(8) 花芽分化期：对于花芽是否分化，一般很难用肉眼看得见，所以一般用徒手切片或剥芽法进行观察和记录。

(9) 叶秋季变色期：指由于正常季节变化，树木叶片出现变化，其颜色不再消失，并且新变色叶在不断增多至全部变色的时期。可分为秋叶开始呈色期，秋叶全部变色期和可供观秋色叶期。

①秋叶开始色期：全株约有 5% 开始呈现秋色叶时。

②秋叶全部变色期：全株所有的叶片完全变色时，为秋叶全部变色期。

③可供观秋色叶期：以部分 (约 30%~50%) 叶片所呈现的秋色叶，有一定观赏效果的起止日期为准。

(10) 落叶期　指秋季树木的自然落叶，也分为三个时期。

①落叶始期：约有 5% 的叶子脱落时期。

②落叶盛期：全株约有 30~50% 的叶片脱落，为落叶最集中的时间段。

③落叶末期：树上的叶片几乎全部 (约 90~95%) 脱落。但如果当秋冬突然降温至零度或零度以下时，叶子还未脱落，有些冻枯于树上，应注明，并查找原因。

三、物候观测的注意事项

1. 选择合适的个体

同一区域中植物种类可能较多，应选择那些生长、形态良好的个体，以确保其物候与同区域的相一致，否则会有较大的差异。比如，建筑物南边的木莲和北边的木莲，其物候期可能相差 10 天以上。树木生长较差，如受到干旱胁迫的个体的物候期可能会提前几天。个体的选择还要求个体已开花结实三年以上，以保证数据的准确性。

对于雌雄异株的植物的物候期，应当分开记录；为保证数据的准确性，一般要求 3 ~ 5 株的植株数量。

2. 选择合适的部位

乔木往往个体较高大，观测时有条件的应选择向阳的和上部的枝条，或采用一定的工具如用望远镜进行观察，这时可以选取上部枝条的叶、花、果进行观察；也可以高枝剪剪下小枝观察；如果没条件，可以选择下部向阳的枝条进行观察。

3. 观测的时间

对树木物候的观测需要常年进行，不能间断；而且为了使物候观测的准确性，应当记录降水、气温、湿度等的变化，以便于分析造成物候变化的原因。

4. 观测的距离

物候观测时应当近距离进行观测，不可远站粗略估计进行判断。

(1) 每树种的观察数量不少于 10 株，10 株以下全数观察，春季 1 ~ 2 天观察一次，夏、秋季 5 ~ 7 天观察一次，连续 3 ~ 5 年。

(2) 观察的几项基本内容

①萌动期：芽开始膨大，裸芽植物看芽的大小来判断；鳞芽植物看鳞片间显示出淡色部分；松属鳞片开裂反卷；有些阔叶树出现各种毛，如偷树芽鳞边缘出现绒毛，枣树冬芽上显示棕黄色绒毛，栗树芽上出现黄色毛等。芽开放期为芽的鳞片开裂，顶端出现鲜绿色。如芽膨大与开放期不易分辨，就记为芽开放期。

②展叶期：展叶始期即观测植株上第 1 片叶子完全展开的日期。展叶盛期为树上半数枝条完全展开

③开花期：当树上开始出现第一朵完全开放的花时为开花始期，当树上半数以上的花开放，花序散出花粉或柔黄花序松散下垂时为开花盛期；当树上只剩极少数花，柔荑花序停止散出花粉，或大部分脱萼时为开花末期；根据果实的颜色变为成熟颜色或采摘要求时为果熟期

④叶变色期：树木秋季第一批叶子开始变黄或红时为开始变色期，达到全部变色时为全部变色期。但应注意与干旱、炎热、病虫害等原因引起的非季节性时变色分开。

⑤落叶期 记树木秋季开始落叶的日期和树上的叶子几乎全部脱落的日期。

物候观测记录卡Ⅰ

序号　　　　树种　　　　　树龄　　　　　日期　　　　填表人

地点　　　　北纬　　东经　海拔　　米　　生境　　　　地形

同生植物　　小气候　　　　养护情况

树种	树液开始流动	花芽开始膨大期	花芽开放期	叶芽开始膨大期	叶芽开放期	展叶始期	展叶盛期	春色叶呈现期	春色叶变绿期	开花始期	开花盛期	开花末期	最花起止日	再充开花期	2次梢开花期	3次梢开花期	幼果出现期	生理落果期	果实成熟期	果实开始脱落期	果落末期	可供观果起止日	春梢始长期	春梢停止生长期	2次梢始长期	2次梢停长期	3次梢始长期	3次梢停长期	秋色叶开始期	秋叶全部变色期	秋叶全部变色期	落叶开始期	落叶盛期	落叶末期	可供观秋色叶期	最佳观秋色叶期	备注

物候观测记录卡Ⅱ

序号　　填表人　　日期
树种　　树龄　　地点
北纬　　东经　　海拔　米　　生境
地形　　小气候　　养护情况

序号	记录项目	备注
1	叶形	
1-1	初生叶	
1-2	真叶	
1-3	叶色	
2	花	
2-1	花序：雌　　雄	
2-2	花形：雌　　雄	
2-3	花色：雌　　雄	
3	始花年龄：雌　　雄	
4	果	
4-1	形状	
4-2	果皮颜色	
4-3	果实大小：长　宽　厚　厘米	
5	种子	
5-1	形态	
5-2	颜色	
5-3	种子大小：长　宽　厚　厘米	

第三节 树木各器官的生长发育

一、根系的生长

1. 影响根系生长的因素

影响植物根系生长的主要因素主要有土壤中的环境状况(包括土壤的温度、湿度、通气状况和土壤中的营养状况)和树体的状况。

(1) 土壤温度的影响

土壤温度对于根系的影响主要通过以下几个方面体现出来：一是温度直接影响根系中酶的活力，从而影响其新陈代谢。在冬季土壤温度较低时，酶活性较低从而使植物处于休眠状态；当土壤温度回升时，酶活性增强，树液开始流动；二是影响各种物质的运输速率，从而影响植物的生长，温度较高，水分和有机质的运输速率都较快；三是影响土壤中氧气的含量，温度较高时土壤中溶解氧气也变多。

另一方面，根系在土壤中的变化与土壤深度有着直接关系。随着土壤深度的增加，其温度逐渐保持稳定，但是土壤中通气状况较差。

(2) 土壤湿度

土壤湿度与根系生长紧密相关，当土壤含水量达最大持水量的60%~80%时，最适合根系的生长。当土壤中温度较低时，也就是土壤中的含水量较低，容易造成根系的木栓化和自疏。土壤中过湿则意味着土壤中的含水量过高，会导致土壤中氧气含量的下降，抑制根系的呼吸作用，造成生长停止或发生无氧呼吸而烂根。

(3) 土壤通气

土壤中的通气状况主要是影响土壤中的氧气的浓度，当氧气浓度不足时，根系通过有氧呼吸产生的能量不足以满足根系新陈代谢所需要的能量时，根系会通过无氧呼吸来解决，短时间无氧呼吸所产生的酒精植物可以通过新陈代谢解决，但是长时间无氧呼吸会导致酒精浓度的积累，从而造成烂根。

(4) 土壤营养

植物所需要各种矿质营养都是通过根系吸收的，如果土壤中矿质营养不足，导致植物生长受阻，会同时影响植株地上和根系的生长，甚至导致植物衰老。

(5) 树体有机养分

植物根系吸收矿质营养元素，其它的养分元素来源地上部分，因而树体本身贮存有机养分影响根系的生长。如果树体有机养分充足，根系所需在养分元素充足，根系生长旺盛；如果成分不足，则根系生长受阻。

2. 根系的年生长动态

根系在一年中的生长是有周期性的，而且与地上枝叶的生长密切相关。其原因就是因为树木所积累的养分在一定时间内是相对固定的，其养分一段时间内只能优先供应一部分器官的生长。因而根系的生长与地上部分紧密相关，但又不相同；其生长与地上部分往往交错进行，较为复杂。也就是地上部分旺盛生长的时候，根系往往暂时停止生长；地上部分生长相对较缓时，根系往往快速生长。一般根的生长比地上部分开始早，停止较晚。

总体来看，由于根系的生长在地下，可见性差，对其研究还缺乏系统性，对其规律还有待进一步研究。

3. 根系的生命周期

不同类别树木以一定的发根方式(侧生式或二叉式)进行生长。幼树根系生长很快，一般都超过地上部分的生长速度，进入青壮年期，根系的生长相对较慢，其范围与地上的冠幅垂直投影范围基本一致。

在整个生命过程中，根系始终发生局部的自疏与更新。吸收根死亡的现象，从根系开始生长一段时间后就发生，逐渐木栓化。根系的生长发育，很大程度上受土壤环境的影响，各树种、品种根系生长的深度和广度是有限的，受地上部分生长状况和土壤环境影响。根系达到最大幅度后，也发生向心更新。

二、枝条的生长与树体骨架的形成

1. 树木的枝芽特性

(1) 芽的早熟性

不同树木芽形成的时间不同。有些种类形成芽的时间为先年秋天，有些形成的时间为当年的春天。有些树木早春形成的芽，当年就能萌发(如桃等)，有的一年多达 2~4 次梢，具有这种特性的芽叫早熟性芽。已形成的芽，需要一定的低温时期来解除休眠，到第二年春才能萌发的芽，叫做晚熟性芽。

(2) 芽的异质性

植物的枝条在生长发育过程中，由于受内部营养状况和外界环境条件的影响，不同时期、不同部位所形成的芽在质量上有很大差异，这种质量差异，就叫芽的异质性。芽的异质性和修剪有密切关系。为了扩大树冠或复壮枝条时，需要在枝条的饱满芽处短截，为了控制生长，促生花芽，往往利用弱芽带头，另外还可以人为地改变和利用芽的异质性，如通过夏季摘心、扭梢，能提高枝条上芽的质量，有的品种还能形成腋花芽。

(3) 萌芽力与成枝力

在枝条上，不是所有的芽都能萌发，也不是所有萌发的芽都能长成枝条。母枝上芽的萌发能力，叫萌芽力，通常用百分比来表示。母枝上芽能萌发生长成枝条的能力，叫成枝力，通常也用百分比来表示。

(4) 芽的潜伏力

当枝条受到某种刺激(上部或近旁受损，失去部分枝叶时)或树冠外围枝处于衰弱时，能由潜伏芽形成新梢的能力，称为芽的潜伏力。

芽的潜伏能力直接影响受损树木的更新。芽潜伏力强的树种利于更新复壮，潜伏能力弱的往往很难更新。比如香樟，其芽的潜伏能力很强，因而在高枝截杆后，其茎上的潜伏芽都能萌发，最终形成新的树冠。相反，一些松柏科的植物，其芽的潜伏能力弱，因而顶芽受伤后，其更新十分困难，也就再难以长高。

2 枝茎习性

(1) 枝的生长类型

根据茎的直立与否可以将茎分为直立茎、攀缘茎、匍匐茎和缠绕茎。对应的，其茎的生长类型就是直立生长、攀缘生长、匍匐生长和缠绕生长四个类型。

①直立生长　主杆明显，直立向上生长，根据其茎的形态可以分为紧抱型、开张型、下垂型、龙游型等类型；

②攀缘生长　茎长得细长柔软，自身不能直立，但具有攀附它物的器官(卷须、吸附气根、吸盘等)。园林上称为木质藤本。

③匍匐生长　茎蔓细长，自身不能起立，又无攀附器官的藤木或无直立主干之灌木，常匍匐于地生长。如铺地柏。

④缠绕生长　指茎本身缠绕于其他的支柱上升，缠绕的方向有左旋(逆时针方向)，如：牵牛、马兜铃和菜豆等；有右旋(顺时针方向)，如：忍冬等；有的可以左右旋的，称中性缠绕茎，如：何首乌。

(2) 分枝方式

①总状分枝式　枝的顶芽具明显的生长优势，能形成通直的主干或主蔓，同时，依次发生侧枝；再形成次级侧枝。许多植物具有总状分枝方式，如园林中应用较多的雪松、水杉等植物的分枝方式都是总状分技。

②合轴分枝式　枝的顶芽经过一段时间的生长后，先端分化成花芽或自枯，而由邻近的侧芽生长所接替，形成叉状侧枝，以后如此继续。典型的有

桃、李、桔、梨、苹果等。

③假二叉分枝式 具对生芽的植物，顶芽自枯或分化为花芽，由其下对生芽同时萌枝生长所接替，形成叉状侧枝，以后如此继续。其外形上似二叉分枝。如丁香、梓树、泡桐等。

(3) 顶端优势

植物的顶芽优先生长而侧芽受抑制的现象。顶优势产生的原因比较接受的观点是由顶芽形成的生长素向下运输，使侧芽附近生长素浓度加大，由于侧芽对生长素敏感而被抑制；同时，生长素含量高的顶端，夺取侧芽的营养，造成侧芽营养不足。

大多数植物都有顶端优势现象，但表现的形式和程度因植物种类而异。顶端优势强的植物，几乎不生分枝，如向日葵的许多品种。番茄等植物顶端优势弱，能长出许多分枝。灌木顶端优势极弱，几乎没有主茎与分枝的区别。多数植物属中间类型，如稻、麦等。顶端对侧芽的抑制程度，随距离增加而减弱。因此对下部侧芽的抑制比对上部侧芽的轻。许多树木因此形成宝塔形树冠。顶端优势强弱与表现方式的不同，造成植物生长姿态的差异。顶端优势在匍匐茎、块茎、球茎、鳞茎和根的生长上也有明显表现。顶端优势的强弱随植株年龄而变化，同时受营养和环境条件的影响。幼龄植物顶端优势强，老龄时减弱；光强过低，土壤通气不良或水分亏缺，顶端优势增强；氮素供应充足，顶端优势减弱。

顶端优势的原理在果树整枝修剪上应用极为普遍，人工切除顶芽，就可以促进侧芽生产，增加分枝数。在生产实践中经常根据顶端优势的原理，进行果树整枝修剪，茶树摘心，棉花打顶，以增加分枝，提高产量。

(4) 树的干性和层性

树木中心干的强弱和维持时间的长短，简称为“干性”。顶端优势明显的树种，中心干强而持久。凡中心干坚硬，能长期处于优势生长者，叫干性强。许多用材树种的干性都十分强，所以材质好。

树木的层性是指中心干上的主枝、主枝上的侧枝在分层排列的明显程度。层性是顶端优势和芽的异质性共同作用的结果。从整个树冠看，在中心干和骨干枝上有若干组生长势强的枝条和生长势弱的枝条交互排列，形成了各级骨干枝分布的成层现象。有些树种的层性，一开始就很明显，如油松等；而有些树种则随年龄增大，弱枝衰亡，层性才逐渐明显起来，如雪松、马尾松、苹果、梨等。具有明显层性的树冠，有利于通风透气。层性能随中心主枝生长优势保持年代长短而变化。

3. 枝的生长

包括加长生长和加粗生长。

(1) 枝的加长生长

指新梢的延长生长。由一个叶芽发展成为主枝，并不是匀速的，而是按慢—快—慢这一规律生长。可分为三个时期：Ⅰ开始生长期；Ⅱ旺盛生长期；Ⅲ 缓慢与停止生长期。

①开始生长期 叶芽幼叶伸出芽外，随之节间伸长，幼叶分离。此期生长主要依靠树体贮藏营养。新梢开始生长慢，节间较短，所展之叶，为前期形成的芽内幼叶原始体发育而成，故又称“叶簇期”。其叶面积小，叶形与以后长成的差别较大，叶脉较稀疏，寿命短，易枯黄；其叶腋内形成的芽也多是发育较差的潜伏芽。

②旺盛生长期 通常从开始生长期后随着叶片的增加很快就进入旺盛生长期。所形成的节间逐渐变长，所形成的叶，具有该树种或品种的代表性；叶较大，寿命长，含叶绿素多，有很高的同化能力。此期叶腋所形成的芽较饱满；有些树种在这一段枝上还能形成腋花芽。此期的生长由利用贮藏营养转为利用当年的同化营养为主。故春梢生长势强弱与贮藏营养水平和此期水肥条件有关。此期对水分要求严格，如水不足，则会出现提早停止生长的“旱象”，通常果树栽培上称这一时期为“新梢需水临界期”。

③缓慢与停止生长期 新梢生长量变小，节间缩短，有些树种叶变小，寿命较短。新梢自基部而向

先端逐渐木质化，最后形成顶芽或自枯而停长。枝条停止生长的时间，因树种、品种部位及环境条件而异，与进入休眠时间的早晚不同。具早熟性芽的树种，在生长季节长的地区，一年有 2 ～ 4 次的生长。北方树种停止生长早于南方树种。同树同品种停止生长的时间因年龄、健康状况、枝芽所处部位而不同。幼年树结束生长晚，成年树早；花、果木的短果枝或花束状果枝，结束生长早；一般外围枝比内膛枝晚，但徒长枝结束最晚。

枝条的加长生长与环境中的多种因素有关，其中与土壤养分、水分、光照及植物体内贮藏的养分最为密切。土壤养分缺乏，透气不良，干旱均能使枝条提早 1 ～ 2 个月结束生长；氮肥多，灌水足或夏季降水过多均能延迟，尤以根系较浅的幼树表现最为明显。在栽培中应根据目的 (作庭荫树还是矮化作桩景材料) 合理调节光、温、肥、水，来控制新梢的生长时期和生长量。人们常根据枝上芽的异质性进行修剪，来达到促、控的目的。

(2) 枝的加粗生长

树干及各级枝的加粗生长都是形成层细胞分裂、分化、增大的结果。在新梢伸长生长的同时，也进行加粗生长，但加粗生长高峰稍晚于加长生长，停止也较晚。

新梢由下而上增粗。形成层活动的时期、强度依据枝条的生长周期、树龄、生理状况、部位及外界温度、水分等条件而不同。落叶树形成层的活动稍晚于萌芽。春季萌芽开始时，在最接近萌芽处的母枝形成层活动最早，并由上而下，开始微弱增粗。此后随着新梢的不断生长，形成层的活动也持续进行。

新梢生长越旺盛，则形成层活动也越强烈，且时间也越长。秋季由于叶片积累大量光合产物，因而枝干明显加粗。级次越低的骨干枝，加粗的高峰越晚，加粗量越大。每发一次枝，树就增粗一次。树木春季形成层活动所需的养分，主要消耗先年贮藏的营养。一年生实生苗的粗生长高峰靠中后期；二年生以后所发的新梢提前。幼树形成层活动停止较晚，而老树较早。同一树上新梢形成层活动开始和结束均较老枝早。大枝和主干的形成层活动，自上而下逐渐停止，而以根颈结束最晚。健康树较受病虫害的树活动时期要长。

在枝条年轮的形成中会出现快速生长，然后是慢速生长，再然后是快速生长的规律，反映在枝条的加粗生长上，在茎的横切面上，出现了一圈圈的纹理，也就是年轮。对于一年只抽梢一次的树木，年轮能准确反映树龄；但是对一年多次发枝的树木，一圈年轮，并不是一年生粗生长的真正年轮，而是要除以一个系数，但是考虑到实际的环境条件的变化，其反映的年龄会有一定的变化。

4. 影响新梢生长的因素

影响新梢生长的因素中，除决定于树种和品种自身的特性外，还受其它因素的影响，如砧木种类、有机养分状况、内源激素的高低、环境与栽培技术条件等。

(1) 砧木

嫁接植株新梢的生长受砧木根系的影响；同一树种和品种嫁接在不同砧木上，其生长势有明显差异，并使整体上呈现出乔化或矮化。农业生产上为了使果树便于采摘和管理，往往通过嫁接使果树矮化。

(2) 树木体内所贮藏养分

树木贮藏养分的多少对新梢生长有明显影响。贮藏养分少，营养不够，发梢比较纤细；春季先花后叶类树木，如果开花结实过多，消耗大量贮藏营养，新梢生长就差，新梢生长较差又使树木当年积累的养分较少，第二年开花时的花的数量会明显减少，结果量减少，这样就出现了明显的大小年现象。

(3) 母枝所处部位与状况

母枝所处的部位与状况直接影响到母枝的营养状况。母枝处于树冠外围，枝直立，光照好，生长旺盛，积累的养分就多，新梢生长粗壮；如处于树冠下部和内膛，由于芽质较差、有机养分少、光照差，所发新梢一般较细弱。但潜伏芽所发的新梢常为徒长枝。母枝强弱和生长状态对新梢生长影响很大。

(4) 内源激素的高低

叶片除合成有机养分外，还产生激素。新梢加长生长受到成熟叶和幼叶所产生的不同激素的综合影响。幼嫩叶内产生类似赤霉素的物质，能促节间伸长；成熟叶产生的有机营养(碳水化合物和蛋白质)与生长素类配合引起叶和节的分化；成熟叶内产生休眠素可抑制赤霉素。摘去成熟叶可促新梢加长，但并不增加节数和叶数。摘除幼嫩叶，仍能增加节数和叶数，但节间变短而减少新梢长度。

(5) 环境与栽培条件

温度高低与变化幅度、生长季长短、光照强度与光周期、养分水分供应等环境因素对新梢生长都有影响。气温高、生长季长的地区，新梢年生长量大；低温、生长季热量不足，新梢年生长量则短。光照不足时，新梢细长而不充实。同时，人们的养护管理也影响树木新梢的生长，如施氮肥和浇水过多或修剪过重，都会引起生长过旺。一切能影响根系生长的措施，都会间接影响到新梢的生长。应用人工合成的各类激素物质，都能促进或抑制新梢的生长。

5. 树木生长的大周期

树木生长过程中其速度并不是恒定的，而是先慢、后快，再慢，直至最后完全停止的树木生长过程，称为生长大周期。

不同树木在一生中生长高峰出现的早晚及延续时间不同。一般阳性树，其寿命较短，生长较快，如油松、落叶松、杉木、毛白杨、旱柳，其最快生长速度出现的时期多在15年前后，以后逐渐减慢。而耐荫树种，其寿命长，生长较慢，如红松、华山松、云杉、紫杉等，其最快的生长高峰多在50年以后出现。

三、树木开花

当花粉粒和胚囊发育成熟，花萼与花冠展开，称为开花。树木开花往往是景观最为漂亮的时间，更是人们欣赏的最佳时间。但由于种类的不同，树木开花有许多不同的特点。

1. 开花的顺序性

(1) 树种间开花先后顺充

一个地区树木年开花时间有一定顺序性，如北京地区早春树木开花的顺序为：银芽柳、毛白杨、榆、山桃、侧柏、桧柏、玉兰、加杨、小叶杨、杏、桃、绦柳、紫丁香、紫荆、核桃、牡丹、白蜡、苹果、桑、紫藤、构树、栓皮栎、刺槐、苦楝、枣、板栗、合欢、梧桐、木槿、槐等。长沙开花的先后顺序：山茶、醉香含笑、蜡梅、梅花、阔瓣含笑、檫木、木姜子、深山含笑、白玉兰、福建山樱花、榆叶梅，……。

(2) 不同品种开花早晚不同

同一物种的不同品种开花的时间也有较大的差异，如早花白碧桃3月下旬开，亮碧桃于4月下旬开。栽培品种较多的植物特别是果树类，一般都分为早花、中花和晚花三类品种。

(3) 雌雄同株开花顺序

雌雄同株的树木开花的顺序与种类有较大的差异，有的同时开花，有的先开雌花，有的先开雄花。

(4) 不同部位枝条花序开放先后

同一树体上不同部位枝条开花早晚不同，一般短花枝先开，长花枝和腋花芽后开。向阳面比背阴面的花枝先开。

2. 开花类别

(1) 先花后叶类

树木开花时只有花，而没有叶，早春有较多的植物都是先开花后长叶，如上面提到的蜡梅、梅花、白玉兰、檫木、木姜子、福建山樱花、榆叶梅、银芽柳、迎春、连翘、山桃、杏、李、紫荆等都是先花后叶类型。

(2) 花、叶同放类

树木开花的同时，叶片也长出，如垂丝海棠、苹果、核桃等。

(3) 先叶后花类

这类植物先长叶，叶片成熟后再开花，常见的种类有葡萄、柿子、枣、木槿、紫薇、凌霄、槐、桂花、珍珠梅等，这其中有许多常绿树木。

3. 花期延续时间

(1) 因树种与类别不同而不同

不同树木开花持续的时间差异较大，有的很长，有的很短，月季可达 240 天，茉莉花 112 天，短的只有 7 ~ 8 天，白丁香 6 天。同一树木的花期在同一地区持续的时间不一样，与其生长环境有密切的关系，桃可延续 11 ~ 15 天，苹果可延续 5 ~ 15 天，梨可延续 4 ~ 12 天，枣 21 ~ 37 天。

(2) 同树种因树体营养、环境而异

青壮年树比衰老树的开花期长而整齐。树体营养状况好，开花延续时间长。相反，营养状况差，花量少，开花延续时间短。

4. 树木每年开花次数

(1) 因树种与品种而异

多数树木每年只开一次花，但有些可多次开花。如茉莉花、月季、柽柳、四季桂、佛手、柠檬等，这类一年能多次开花的种类在园林中十分受欢迎，而且广泛应用。

(2) 再 (二) 度开花

树木再度开花可能有三种情况所导致，一是部分花芽延迟到春末夏初才开；二是秋季再次开花 (可由不良条件引起，也可由条件的改善而引起)；三是树木个体的变异。因而在对树木进行物候观测时，遇到这种再度开花的情况应当详细记录，并且第二、三年都要记录是否能稳定下来，如果稳定，经过人工繁殖，可能就是一个新的变种。

第四节 树木的整体性及其生理特点

一、树木各部分的相关性

1. 各器官的相关性

(1) 顶芽与侧芽

一般情况下，顶芽的存在会抑制侧芽的生长。因而幼苗、青年期树木的顶芽通常生长旺盛，侧芽相对较弱或生长较缓慢，表现出明显的顶端优势。如果除去顶芽，则优势位置下移，侧芽生长旺盛，这样树体通常会侧枝增多。生产上为了促进植物的长粗，通过几次去掉顶芽，抑制高的生长，促进侧芽，从而使树体形态更加丰满，在果树生产上应用最多。

(2) 根顶端与侧根

根的顶端生长对侧根的形成有抑制作用。切断主根先端，能促进侧根生长，切断侧生根，可多长侧生须根。利用这种关系，在古树名木的复壮中，切断主根和部分侧生根，促使树木生长出侧根和侧生须根，同时施适量的肥料，就可以达到复壮的目的。

(3) 果与枝

正在发育的果实，需要较多的养分，所以果枝与营养枝竞争作用比较强，会对营养枝的生长、花芽分化的抑制作用。如果树木结实过多，会对全树的长势和花芽分化起抑作用。这样，造成第二年开花数量的减少，从而出现“大小年”现象。

(4) 营养器官与生殖器官

营养器官与生殖器官的形成都要光合产物，生殖器官所需的营养物质和某些特殊物质都由营养器官供给。扩大营养器官的生长是多开花、结实的前提。营养器官的本身也要消耗大量养分，因而它们的关系比较复杂。只有营养器官和生殖器官的比例合适才能保证其生长较好，花果产量较多。

2. 根系与地上部分的相关

“本固则枝荣”说明了根系与地上部分的相关性。根系能合成二十多种氨基酸、三磷酸腺苷、磷脂、核苷酸、核蛋白以及激素(如激动素)等多种物质，其中有些是促使枝条生长的物质。根系生命活动所需的营养物质和某些特殊物质，主要是由地上部叶子进行光合作用所制造的。在生长季节，如果在一定时期内，根系得不到光合产物，就可能因饥饿而死亡，因而必须经常地进行上下的物质交换。

(1) 地上部分与根系间的动态平衡

树木的冠幅与根系的分布范围有密切关系。在青壮龄期，一般根的水平分布都超过冠幅，而根的深度小于树高。树冠和根系在生长量上常持一定的比例，称为根冠比(一般多在落叶后调查，以根系和树冠鲜重，计算其比值)。根冠比值大者，说明根的机能活性强。但根冠比常随土壤等环境条件而变化。

当地上部遭到自然灾害或经较重修剪后，表现出新器官的再生和局部生长转旺，以建立新的平衡。移植树木时，常伤根很多，如能保持空气湿度，减少蒸腾以及在有利生根的土壤条件下，可轻剪或不剪树冠，利用萌芽后生长点多、产生激素多，来促进根系迅速再生而恢复。但在一般条件下，为保证成活，多对树冠行较重修剪，以保持水分的平衡。地上部分或地下部分任何一方受到太大损伤，都会削弱另一方，从而影响整体。

(2) 枝与根的对应

地上部分主杆上的大骨干枝与地下部分的大骨干根有局部的对应关系。主杆矮的树，这种对应关系更明显。即在树冠同一方向，如果地上部分的枝叶量多，则相对应的根也多。俗话说“那边枝叶旺，那边根就壮”。这是因为同一方向根系与枝叶间的营养交换，有对应关系。

(3) 地上部分与根系生长节奏交替

地上部分与根系间存在着对养分相互供应和竞争关系。但树体能通过调节各生长高峰错开，来自动调节这种矛盾。根常在较低温度下比枝叶先行生长。当新梢旺盛生长时，根生长缓慢；当新梢渐趋停长时，根的生长则趋达高峰；当果实生长加快，根生长变缓慢；秋后秋梢停长和采果后，根生长又常出现一个小的生长高峰。

二、树木的生理特点

1. 年周期中树体营养变化规律

(1) 营养代谢类型的变化

植物生长过程中，同化作用，特别是碳素同化和氮素同化十分重要。碳素同化是指叶绿素吸收光能，将二氧化碳和水合成碳水化合物的过程。氮素同化是指通过根系吸收的氮素在细胞中变成含氮物质，进而合成蛋白质的过程。树木同化的有机营养贮藏于各级枝干和根系中，落叶植物在冬天特别典型。

树木在年周期的营养代谢中，碳素代谢和氮素代谢随着季节而变化。在营养生长前期，对氮素的吸收和同化作用很强，以细胞分裂为主的枝叶建造，其营养需求很大；而光合生产还处于逐渐增强之中，因而这一时期为氮素代谢时期。此时期内消耗有机营养多，积累少，对肥、水要求较高。随着新梢生产趋于缓慢，光合生产不断增强，树体积累营养增加，枝条转入组织分化，此时，氮素和碳素代谢均十分旺盛。当大部分枝叶建造完成，转为主要进行碳水化合物的生产时，氮素代谢变慢，进入了积累营养为主的时间，称为碳素代谢时期。后期表现为贮藏型代谢，将营养物质贮藏于枝干、根中，为第二年或下一季节的生长做好准备。如果碳素和氮素代谢失调，常有两种现象：一是枝条徒长，建造期长，消耗多，积累少，不利于花芽分化，影响来年的生产；二是枝叶生长衰弱，整体营养水平低下，同化产物的量少，也不利于分化和生长。

(2) 营养物质的运输与分配

①运输的途径　根系吸收的水分和无机营养，主要通过木质部的导管向上运输。碳水化合物等有机物质则通过树皮韧皮部的筛管运输。有机物的运输为双向运输，也就是可以向上运输，也可以向下运输。如果要促进枝条的成花或提高座果率，则要阻断其养分向下运输，典型的方法是枝条基部进行环状剥皮，但不能过宽，以利日后愈合。

②养分运转分配　养分运转分配的规律是由源运输到库。但树体营养运送到各个部分的量不是均衡的，一般是代谢旺盛、优势位置的部分运送的多，使生长更旺盛；而劣势位置、代谢活动弱的部分运送的少，其生长往往受抑制。不同生长时期，代谢旺盛的部位不一样，如根快速生长时期根为代谢旺盛中心；枝条形成期枝条为代谢旺盛中心；开花、成果成熟时其为代谢旺盛中心。

(3) 营养物质的积累与消耗

树木各部分的生长发育、组织分化和呼吸作用都要消耗大量的营养物质。如果枝叶生长过旺，不仅消耗过量的营养物质，同时也影响花芽分化和果实发育，导致开花数量和果实较少。同时，枝叶过多、过密会导致光照条件恶化，使部分叶片得不到光照而不能进行光合作用，但呼吸正常进行，导致营养的被大量消耗。

树体营养物质的积累，主要决定于已经停止生长的健全叶片同化功能的强弱和各器官消耗养分的多少。生长前期，形成大型叶片较多，同化能力强，则有利物质的积累和其他器官的形成。秋季气温低，其它器官的生长发育近于停止，呼吸消耗也较少，而叶片的光合效能保持较高的水平，因而营养物质积累较多。

2. 树木生命周期的营养特点

贮藏营养是木本植物不同于一、二年生植物的重要特点，因为其营养可被连续利用。树木营养的贮藏，既有季节性贮藏，也有常备贮藏。常备贮藏是多年积累，属经常性的营养水平，多贮于木质部和枝髓中。

幼龄树木，特别是实生苗，要经过一定时间的生长，其目的是逐渐积累贮藏营养，才能为开花结实提供物质基础。幼龄树木的生长常有两种表现：一是生长过旺，根系、新梢和叶片形成期长，光合作用强的大型叶片比较小，消耗大，积累水平低，影响分化，不易开花结实，常备贮藏水平较低，适应越冬能力差。另一种是环境较差，特别是土壤条件，使根系和叶面积小，光合能力较差，整体贮藏的营养少，生长受到抑制，也影响分化，典型的如长沙附近的杉木就是如此，被当地群众称为“小老头树”。

成年树营养期短，光合功能强的大型叶片多，积累多，适应性和开花结实能力均强。其营养生长和生殖生长同时进行，表现为多重性。成年树营养的贮藏，不仅为生长发育提供物质基础，而且可以调节和缓冲供需关系间的矛盾。如果贮藏营养水平低，可能会造成开花、结实出现“大小年”现象。

3. 树木的生理与栽培

树木养分的贮藏不仅保证树木的生长，而且影响器官建造功能的稳定性，同时影响其适应能力及健康状况。在年动态变化中，保证贮藏养分的及时消长，并使常备贮藏养分水平年年有增长是养护好树木的前提。根据碳素代谢和氮素代谢的特点，以“无机营养的吸收促进有机养分的积累，有机养分的积累促进无机养分的吸收”。也就是在年周期中，前期氮素代谢增强，形成大量有高效能的叶面积；中期扩大和稳定贮藏代谢，使其水平显著提高；后期使贮藏养分数量进一步提高，使不同时期的营养水平相对稳定，使树木格部分协调发展，促进其健康生长。

1 植物的生命周期可分为哪几个时期？

2 什么叫物候期？对园林树木的物候期的目的和意义是什么？观察内容有哪些？

3 树木开花的顺序性有哪几种类型？

4 开花类别有哪几类？

5 各器官的相关性中顶芽与侧芽、根端与侧根、果与枝、营养器官与生殖器官有何相关性？

第三章

园林树木的生态习性

园林中具体的环境直接影响着园林树木种类的选择和应用，但是环境又多变，因而在具体的园林设计过程中，必需对具体的环境因子进行分析，依据它们对树木的影响营建合适的植物景观。

环境中的温度、水分、光照、土壤、空气等因子都对植物的生长发育产生严重的影响，因此，研究环境中各因子与植物的关系是园林植物应用的理论基础。某一植物长期生长在特定环境中，受到该环境条件的影响，通过新陈代谢形成了对某些生态因子的特定需求，这就是其生态习性。植物虽然对环境因子的忍受范围相当广，但是有一定的适应范围，因而要植物生长正常且发挥它们最佳的景观和观赏效果，就必须了解植物的生态习性。

第一节 环境因子对园林树木的作用

一、相关概念

植物具体生存的小环境称为生境。生境是一个具体的环境，包括具体的温度、湿度、光照、土壤和与其它生物的关系。

环境中对植物有直接和间接影响的因子称为生态因子。生态因子包括对植物直接影响的温度、湿度、光照、土壤、生物间的相互关系等，而且还包括对植物有间接影响的各种因子，如地形、生长非必需元素等。

生态因子是指环境中对生物生长、发育、生殖、行为和分布有直接或间接影响的环境要素。生态因子中生物生存所不可缺少的环境条件，称为生物的生存条件。所有的生态因子构成生物环境。具体的生物个体和群体生活地段上的生态环境称为生境。生态因子影响着生物的生长、发育、生殖和行为；同时，生物能够从形态、生理、发育或行为各个方面进行调整，以适应特定环境中的生态因子及其变化。

生态因子中对植物的生存属必需的因素称为生存条件。生存条件中去掉了那些对植物影响较少和间接影响的因子。通过生存条件的分析，可以明确影响植物生长的主要因素，从而为园林植物的引种、驯化和应用提供理论指导。

影响园林植物生长、发育的主要生态因子有光照、水分、温度、土壤、空气等。

二、生态因子对植物影响的特点

1. 综合作用

各生态因子间彼此联系、互相促进和互相制约，多个生态因子的作用往往是相互联系的，最终的结果是多因子综合作用的结果，仅有一个因子影响植物在自然界中不存在，如夏天植物遭受胁迫往往是高温、强光、干旱、低湿度等因子综合作用的结果，而不仅仅是某一个因子，从而导致了不耐高温和强光的植物往往会生长不良甚至死亡。如果只有高温，湿度较高，水分充足，植物一般是不会受到日灼现象而死亡；正因为多个因子的综合胁迫作用才导致了植物生长的不良。综合作用在污染物对植物的影响中更为突出，复合污染对于植物的影响得到了许多研究者的验证。

2. 主导因子作用

众多因子中有一个对植物起决定作用的生态因子为主导因子。不同植物在不同环境条件下的主导因子不同。如生长在沙漠中的植物其主导因子为水因子，如在立交桥下影响植物应用的主要因子是光，而立交桥上主要是温度因子。抓住主导因子后，进行植物选择和配置时，往往能进行合理配置，达到理想的景观效果。

3. 直接作用和间接作用

不同因子对树木作用方式不一样，有些是直接作用，有些是间接作用。直接作用的生态因子一般是植物生长所必需的生态因子，如光照、水分、矿质营养元素等，它们的大小、多少、强弱都直接影响植物的生长甚至生存。间接作用的生态因子一般不是植物生长过程中所必需的因子，但是它们的存在间接影响其它必需的生态因子而影响植物的生长发育，如火不是植物生长中的必需因子，但是由于火的存在而使大部分植物被烧死而不能生存；如地形因子，也不是植物生长所必需的，但是它影响光、水分等而间接影响植物的生长。

4. 阶段性作用

阶段性作用指生态因子对植物生长的不同阶段影响不一样，在某些阶段可能是主导因子，而在某些阶段又不是主导因子。如水分对树木的影响中，不同生长阶段影响不一样。植物开花时缺水明显会影响其开花的数量和质量，如果下雨则会明显降低受粉的数量。

5. 不可替代性和补偿作用

生态因子之间的不可替代性一般是指植物生长过程中的必需因子，如植物所需的光就没有其它因子可替代。生态因子的补偿作用是指当某一个因子不足时，其它因子的存在减轻该因子的影响，这种作用称为补偿作用。如植物体内缺 K^+ 时，Na^+ 元素的存在可以缓解植物缺钾的症状。

三、生态因子的限制性作用

1. 各生态因子的生态幅

各种植物对生存条件及生态因子变化强度的适应范围有一定的限度，超出这个限度就会引起死亡，该限度叫生态幅。不同植物及同一植物不同阶段同一因子的生态幅差异较大。

生态幅直接影响植物的引种驯化和园林应用。在树木的自然分布区域内且海拔相差不大的区域，大部分树木经过简单的驯化后就能直接在园林中应用，乡土植物的驯化和园林应用就是如此。

2. 限制因子

某些生态因子的量(强度)过低或过高都限制着植物的生长、繁殖、数量和分布，这些因子叫限制因子。限制因子会限制植物的生长、发育，甚至引起植物的死亡。

园林植物培育和景观设计中，限制因子是主要的考虑因素之一。其应用的成功与否很大程度上取决于对限制因子的把握。如在长沙种植鱼尾葵，由于不能忍受低温，所以全部死亡了。

3. Shelford 耐性定律

美国生态学家 V. E. Shelford 于 1913 年指出，一种生物能够存在与繁殖，要依赖一种综合环境的全部因子的存在，只要其中一项因子的量和质不足或过多，超过该生物的耐性限度，则使该物种不能生存，甚至灭绝。这一规律被称为 Shelford 耐性定律。耐性定律是植物引种驯化的一个基础。

当然，植物对于环境因子的耐受能力远比理论上的要复杂，其原因就是因为我们对于植物适应能力的不了解，也就是在不同生长状态下其耐性的差异较大。

四、环境因子直接影响植物的分布

环境因子中，对植物是必需的环境因子往往影响植物的分布。温度因子是影响植物分布的主要因子之一。棕榈科中绝大部分种类都要求生长期在温度较高的热带和亚热带南部地区的气候条件下，如椰子、散尾葵、假槟榔等；棕榈科在湖南的乡土植物只有棕榈和棕竹，其中棕榈的分布范围最广，北到陕西南部都分布，纬度再增加，但再往北则很难生长。到了寒冷的北方或高海拔处则生长着落叶松、云杉、冷杉等植物。

光因子也是影响植物生长和分布的因素之一。荫蔽的生长环境下则生长着紫金牛等；强光环境下往往生长一些群落先锋植物，如枫香、马尾松、湿地松等植物。

土壤的盐碱性、酸碱性和土壤中的含水量直接影响植物的分布。如北方的乡土植物其自然土壤是碱性土壤，而南方乡土植物生长的土壤则是酸性土壤。南树北移和北树南移中，植物对于土壤的适性就是一个要克服的难题。植物对于土壤盐碱性的适应能力也直接影响植物的生长，如盐碱土一般生长着柽柳、碱蓬等耐盐碱植物。如果土壤被水淹，那么其中生长的植物则与陆地会有明显不同，如在湖泊、池塘中则生长着莲、睡莲、菱、萍蓬草等。

环境除了影响植物种类，还会影响植物的新陈代谢，表现为影响植物体内有机物质的形成和积累，如很多植物从野生变为栽培后变化很大。金鸡纳在高温干旱条件下，奎宁含量较高，而在土壤湿度过大环境中，奎宁含量就显著降低，甚至不能形成；杜仲向阳的叶片含杜仲胶60%左右，而阴面的叶片含胶量仅为3%～4%。一般认为在气候温和、湿润地区野生植物和栽培植物各部分的物质形态是以淀粉、碳水化合物的总量较多。相反，在空气和土壤比较干燥、光线充足的地区，有利于蛋白质和相近似的物质的形成，不利于碳水化合物和油脂的形成。

五、植物适应和改变环境

植物并不是单向地适应环境，植物也会对环境产生影响。如在一片火烧过后的裸地上，最先入侵的是一年生草本、先锋的乔木如枫香、马尾松等，因为火烧迹地的环境只有这些植物能够生长。但是在植物生长一段时间后，整个土壤变得肥沃、林地的光线发生了变化，整个小环境变得不更利于多年生草本和大的灌木生长，这时是一年生草本被取代，这是植物改变环境的一个典型实例。

植物改变环境另一个实例是植物改变局部环境的外貌，也就是改变了景观。这个在园林中体现十分明显，原来光秃秃的土地，经过人工设计并种植物以后，配以园林小品、建筑和水体，成了环境优美的公园。

城市园林绿地中由于有了植物的存在，也会改变局部环境。最简单的道路分车带中，由于有了植物的落叶，其土壤中的有机质在逐渐增加，土壤颜色逐渐由黄色变为黄褐色，经过较长一段时间后会变成黑褐色，也说明由于有植物的存在，改变了土壤的理化性质。

第二节 温度因子对园林树木的影响

温度是植物极其重要的生态因子之一。地球表面温度变化很大。空间上，温度随海拔升高、纬度的北移而降低（北半球）；随海拔的降低、纬度的南移而升高。时间上，一年有四季的变化，一天有昼夜的变化。

温度对于植物的影响主要是影响植物体内酶的活性，从而影响植物的新陈代谢，最后影响植物的生长。温度的高低和变化速率直接影响植物的生长速率和能否存活。

一、植物的温度三基点

植物的温度三基点指植物生长的最低温度、最适温度和最高温度。

最低温度一般指植物生长发育和生理活动所能忍受的最低温度。最高温度一般指植物生长发育和生理活动所能忍受的最高温度。最适温度是生物生长发育和生理活动最佳的温度。一般来说植物最适温度中白天和晚上的温度是不一样的。一般植物为20℃ ~ 30℃。耐荫植物 10℃ ~ 20℃。高山植物与耐荫植物相同。温暖气候生长的树木和喜光草本植物，光合作用的最适温度均在 20℃ ~ 30℃间。除热生境的 C4 植物外，多数植物 CO_2 吸收的最低温度界限是 0℃以上下。而多数植物光合作用的最高温度界限是 40℃ ~ 50℃。

温度三基点是植物生长发育过程中最重要的三个指标。不同生物的“三基点”不同：水稻种子发芽的最适温度 25℃ ~ 35℃，最低温度 8 ℃，45℃中止活动，46.5 ℃就要死亡；雪球藻和雪衣藻只能在冰点温度范围内生长发育；而生长在温泉中的生物可耐受 100℃的高温。

对于城市园林树木而言，亚热带乡土植物的最适温度大多为 20 ~ 26℃，因而在室内实验中，一般白天设定的温度为 26℃，而晚上的温度为 20℃。

二、季节性变温对植物的影响

地球上除了南北回归线之间及极圈地区外，根据一年中温度因子的变化，可分为四季。四季的划分是根据每五天为一“候”的平均温度为标准。凡是每候的平均温度为 10 ~ 22℃的属于春、秋季，在22℃以上的属夏季，在 10℃以下的属于冬季。不同地区的四季长短是有差异的，其差异的大小受其它因子如地形、海拔、纬度、季风、降水量等因子的综合影响。该地区的植物，由于长期适应于这种季节性的变化，就形成一定的生长发育节奏，即物候期。物候期不是完全不变的，随着每年季节性变温和其它气候因子的综合作用而有一定范围的波动。

在园林建设中，必须对当地的气候变化以及植物的物候期有充分的了解，才能发挥植物的功能以及进行合理的栽培管理。同时，园林中的植物随着季节性的变温，形成春花秋实的季相变化，这正是园林中景观四季变化的基础。

三、昼夜变温对植物的影响

气温的日变化中，在接近日出时气温达最低，在14:00 时左右达最高。一天中的最高值与最低值的差称为“日较差”或“气温昼夜变幅”。植物对昼夜温度变化的适应性称为“温周期”。温周期对园林植物影响较大，表现在多个方面：

1. 种子的发芽

多数种子在变温条件下发芽良好，而在恒温条件下反而发芽略差。这是植物适应自然环境的结果，因为自然界中昼夜温差是明显存在的，不管是热带、温带还是寒带。

2. 植物的生长

大多数植物均表现为在昼夜变温条件下比恒温条件下生长良好。这种变化也是适应环境的结果，除此之外，白天温度高，各种酶活性高，植物光合作用强，积累的能量多，体现在生物量也多；反之，晚上气温低，植物的代谢就弱，消耗的能量少，这种昼夜的变化使得植物净积累的能量多，植物生长自然较好。

3. 植物的开花结实

在变温和一定程度的较大温差下，开花较多且较大，果实也较大，质量也较好。这种现象也是植物长期适应环境的结果，并且经过长期的筛选而适应下来。

除此之外，植物的温周期特性与植物的遗传性和原产地日温变化的特性有关。一般言之，原产于大陆性气候地区的植物在日变幅为 10 ～ 15℃条件下，生长发育最好，原产于海洋性气候区的植物在日变幅为 5 ～ 10℃条件下生长发育最好，一些热带植物能在日变幅很小的条件下生长发育良好。

四、突变温度对植物的影响

对植物来说，如果气温缓慢变化，会有一个适应和锻炼的过程，大部分情况下植物能适应并能渡过不良环境。但是如果气温的变化十分剧烈，植物来不及调整体内的代谢和适应机制，使得短时间内植物受到伤害。

根据温度的高低，突然变温可以分为突然低温和突然高温两大类型。

1. 突然低温

突然低温对植物的影响中，根据温度的高低及影响的效果，可以分以冷害、霜害、冻害、冻拔、冻裂和生理干旱 6 大类型。

(1) 冷害

0℃以上的低温对植物体产生的伤害。冷害一般是耐寒较差的植物在遇到低温时所产生的伤害。如薇甘菊在5℃时就会产生冷害,引起植株体的死亡。热带树木轻木的致死低温是也是 5℃。冷害是喜温植物北移时的主要障碍。

(2) 霜害

由于霜降出现而造成的植物的伤害称霜害。霜害往往发生在秋天无云的夜晚，由于地面辐射强烈，气温降到零度以下，引起空气中的水汽在植物表面凝结后对植物体造成伤害。

(3) 冻害

当植物体温降到冻点以下时，植物组织发生冰冻而引起的伤害为冻害 (图 3-1)。不同植物对冻害的忍受能力不同。在我国北方地区，冻害是主要的低温伤害形式。

(4) 冻拔

冻拔是间接的低温伤害，由土壤反复、快速冻结和融化引起。强烈的冷却使土壤从表层向下冻

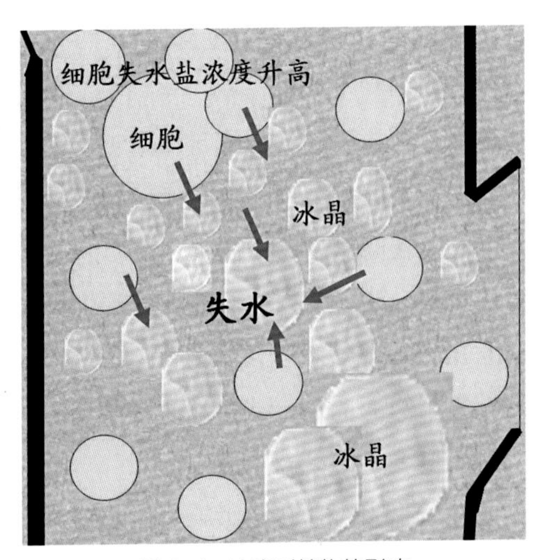

图 3-1 冻害对植物的影响

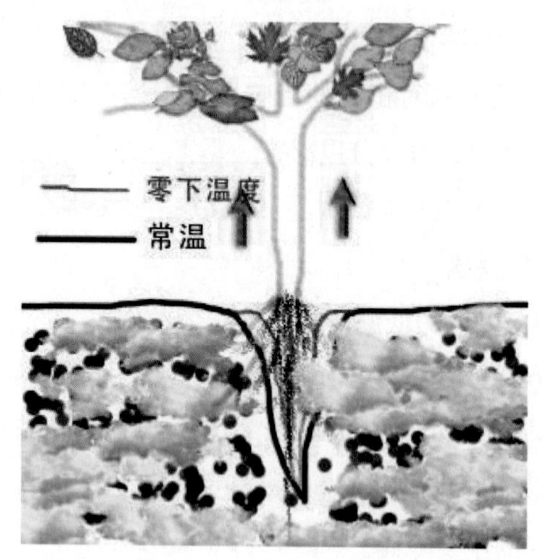

图 3-2　冻拔对植物的影响

结，升到冰冻层的水继续冻结并形成很厚的垂直排列的冻晶层。针状冻能把冻结的表层土、小型植物和栽植苗抬高 10 厘米，冰融化后下落，从下部未冻结土层拉出的植物根不能复原到原来的位置。经过几次冰冻、融化的交替，树苗会被全部拔出土壤 (图 3-2)。遭受冻拔的植物易受风、干旱和病原危害。冻拔是寒冷地区植物受害的主要方式。

(5) 冻裂

多发生在日夜温差大的西南坡上的林木。下午太阳直射树干，温度迅速升高；入夜气温迅速下降，由于木材导热慢，造成树干西南侧内热胀、外冷缩的弦向拉力，使树干纵向开裂。通常南坡的林缘木、孤立木或疏林易受害。防止冻裂的方法通常是采用树干涂白等措施，以减小温差的变化。

(6) 生理干旱

又称冻旱，指土壤水分充足但由于土壤低温或土壤溶液盐分浓度高而使植物根系吸收不到水分，地上部分因气温较高却不断蒸腾失水所引起的水分失调使叶片变黄、枝条受损甚至整株苗木生长受抑制乃至死亡的现象。低温还能伤害芽和一年生枝顶端，从而影响树型和干型，甚至使乔木变为灌木状。

2. 突然高温对植物的影响

植物生活中，其温度范围有最高点，当温度高于最高点就会对植物造成伤害直至死亡。其原因主要是破坏了新陈代谢作用，温度过高时可使蛋白质凝固及造成物理伤害，如树皮被烧伤等。

一般而言，热带的高等植物有些能忍受 50 ~ 60℃的高温，但大多数高等植物的最高点是 50℃左右，其中被子植物较裸子植物略高，前者近 50℃，后者约 46℃。

高温对园林植物的影响中，常见的症状有两类，分别是根茎灼伤和树皮烧伤。

① 根茎灼伤 土表温度增高，灼伤幼苗弱根茎。松柏科幼苗当土表温度达 40℃就受害。夏季中午强烈的太阳辐射，常使苗床或采伐迹地土表温度达 45℃以上而造成根茎灼伤。

② 树皮灼烧 强烈的太阳辐射，使树木形成层和树皮组织局部死亡。多发生于树皮光滑树种的成年树木上，如成熟、过熟的冷杉常受此害。受害树木树皮呈斑状死亡或片状剥落，给病菌的侵入创造条件。

五、植物对极端温度的适应

1. 植物对低温环境的适应

在形态上，北极和高山植物的芽和叶片常受到油脂类物质的保护，芽具有鳞片，植物体表面有蜡粉和密毛，植物矮小成匍匐状、垫状或莲座状，有利于保持较高的温度。在寒冷的冬季，植物通过落叶进入休眠来提高对于环境的适应能力。在生理上，植物减少细胞中的水分含量和增加细胞中糖类、脂肪和色素等有机物质来降低植物的冰点。

2. 植物对高温环境的适应

在形态上，植物有密毛和鳞片，能过滤部分阳光；有些植物体为白色、银白色，叶革质发亮，反射部分阳光，使植物体免受热伤害；有些植物叶片垂直排列使叶缘向光或在高温条件下折迭，减少光的吸收面积；还有有些植物的树干或根茎生有很厚的木栓层，具有绝热和保护作用。

在植物的生理适应上，通过降低细胞含水量，增加糖或盐的浓度，减缓代谢速率和增加原生质的抗凝结力；其次是靠旺盛的蒸腾作用避免使植物体因过热受害。还有一些植物具有反射红外线的能力，夏季反射的红外线比冬季多，这也是避免植物体受到高温伤害的一种适应。

六、温度与植物分布

温度成为限制性因子时就会限制植物的分布。把木棉、凤凰木、鸡蛋花、白兰等热带、亚热带的树木种到北方就会冻死，把苹果等北方树种引种到亚热带、热带地方，就生长不良、不能开花结实，甚至死亡。这主要是因为温度因子影响了植物的生长发育从而限制了植物的分布范围。关于植物的自然分布情况将在另外论述。

在园林建设中，由于经常要在不同地区应用各种植物，所以应当逐步熟悉各地区所分布的植物种类及其生长发育状况。各种植物的遗传性不同，对温度的适应能力有很大差异。有些种类对温度变化幅度的适应能力特别强，因而能在广阔的地域生长、分布，对这类植物称为“广温植物”或广布种；对一些适应能力小，只能生活在很狭小温度变化范围的种类称为“狭温植物”。

植物除对温度的变幅有不同的适应能力因而影响分布外，它们在生长发育的生命过程中尚需要一定的温度量即热量。根据这一特性，又可将各种植物分为大热量种(其中又可按照水分状况分为两类)、中热量种、小热量种以及微热量种。

当判别一种植物能否在某一地区生长时，从温度因子出发来讲，过去通常的习惯做法是查看当地的年平均温度，这种做法只能作为粗略的参考数字，实际上是不能作为准确的根据。比较可靠的办法是查看当地无霜期的长短，生长期中日平均温度的高低、某些日平均温度范围时期的长短、当地变温出现的时期以及幅度的大小、当地的积温量以及当地最热月和最冷月的月平均温度值及极端温度值和此值的持续期长短，这种极值对植物的自然分布有着极大的影响。

园林绿化中，常常需突破植物的自然分布范围而引种许多当地所没有的奇花异木。当然，在具体实践中，不应只考虑到温度因子本身，而且尚需全面考虑所有因子的综合影响，才能获得成功。

七、生长期积温

植物在生长期中高于某温度数值以上的昼夜平均温度的总和，称为该植物的生长期积温。依同理，亦可求出该植物某个生长发育阶段的积温。积温又可分为有效积温与活动积温。有效积温是指植物开始生长活动的某一段时期内的温度总值。其计算公式为：

$$S=(T-T_o)\times N$$

式中 T—生长期间的日平均温度；To—生物学零度；N—生长的天数；S—有效积温。

生物学零度为某种植物生长活动的下限温度，低于此则不能生长活动。例如某树由萌芽至开花经 15 天，其间的日平均温度为 18℃，其生物学零度为 10℃，则 S=(18-10)×15=120℃。即从萌芽到开花的有效积温为 120℃。

生物学零度是因植物种类、地区而不同的，但是一般为方便起见，常概括地根据当地大多数植物的萌动物候期及气象资料，有个大概的规定。在温带地区，一般用 5℃作为生物学零度；在亚热带地区，常用 10℃；在热带地区多用 18℃作为生物学零度。

活动积温则以物理零度为基础。计算时极简单，只需将某一时期内的平均温度乘以该时期的天数即得活动积温，亦即逐天的日平均温度的总和。

对于新引种的植物，对其不同生长期温度的计算，可以估计在不同气候条件下期物候的变化规律。简单的，如果冬天气温低，其早春开花的时间肯定向后推迟；如果冬季气温高，其早春开花的时间提早。

八、物候节律

季节明显地区，植物适应与气候条件的节律性变化，形成与之相适应的植物发育节律，称为物候。植物发芽、生长、现蕾、开花、结实、果实成熟、落叶休眠等生长、发育阶段的开始和结束称为物候期。研究生物季节性节律变化与环境季节变化关系的科学称为物候学。

物候期受纬度、经度和海拔高度的影响，因为这三者是影响气候的重要因素。植物的物候现象是同周围环境条件紧密相关的，是适应过去一个时期内气候和天气规律的结果，是比较稳定的形态表现。因此，通过长期的物候观赏可以了解园林植物生长发育规律，为更好地观赏园林的形态提供依据。

美国霍普金斯 (Hopkins) 根据大量研究得出：北美洲温带，每向北移动纬度 1°，或者向东移动经度 5°，或海拔上升 124 米，植物在春天和初夏的阶段发育 (物候期)，将各延迟 4 天；秋天恰好相反，即向北移动纬度 1°，或者向东移动经度 5°，或海拔上升 124 米 都要提早 4 天，这是有名的霍普金斯物候定律。该定律在其它地区应用时应予修正。我国东南部等物候线几乎与纬度相平行，从广东沿海直到北纬 26° 的福州、赣州一带，南北相距 5 个纬度，物候相差 50 天之多，即每一纬度相差 10 天；该区以北情况复杂，北京与南京纬度相差 7° 多，3、4 月间，桃、李始花相差只有 9 天，每纬度平均约差 2.7 天；但到 4、5 月间，柳絮飞、刺槐盛花时，两地物候相差只有 9 天，平均 1.3 天左右。这种差别的原因是我国冬季南北差异大，而夏季相差很小。造成我国物候线纬度差异的原因之一是受冬季和早春的强冷空气入侵影响。物候的东西差异是受大陆性气候强弱的影响，凡是大陆性气候较强的地方，冬季严寒、夏季酷暑；反之，海洋性气候地区，则冬春温凉、夏秋暖热等。

九、温度调控在园林中的应用

1. 温度调控与园林植物引种

引种成功与否除了光照是否相似外，其中温度是一个重要的因素。一些北方种植的种类往往由于适应不了南方的夏季高温而死亡，南方的种在向北引种过程中往往受不了北方的严寒而被冻死。因而园林植物引种过程中，必须注意引种地的温度变化范围是否是在植物温度三基点范围内，如果是，植物引种成功的可能比较大，如果不是，可能要考虑经过驯化后再引种。

2. 温度调控与种子的萌发及休眠

种子发芽需要一定的温度，因为种子内部营养物质的分解与转化，都要在一定的温度范围内进行。温度过低或过高都会造成种子伤害，甚至死亡。变温处理出苗比较缓慢的种子，可加快出苗速度，提高苗木的整齐度。如金银花在播种前应进行催芽。先用温水浸种，待种子膨胀后，平摊在纱布上，然后盖上湿纱布，放入恒温箱内，保持 25℃ ~ 30℃的温度，每天用温水连同纱布冲洗 1 次，待种子萌动后立即播种。

3. 温度调控与园林植物的开花

温度对园林植物的生长发育尤其是开花有着极为重要的影响。有的花卉在低温下不开花，有的则要经过一个低温阶段 (春化作用) 才能开花，否则处于休眠状态，不开花。因而对不同的园林植物应采取不同的措施以促进或延迟园林植物的开花。

升高温度能促进部分园林植物的开花。一些多年生花卉如在入冬前放入高温或中温温室培养，一般都能提前开花，如月季、茉莉、米兰常采用这种方法催花；正在休眠越冬但花芽已形成的花卉，如牡丹、杜鹃、丁香、海棠植物在早春开花的的木本花卉，经霜雪后，移入室内，逐渐加温打破休眠，温度保持在 20℃ ~ 35℃，并经常喷雾，就能提前开花，可将花期提前到春节前后。

降低温度，延长休眠期，可推迟园林植物开花的时间。一些春季开花的较耐寒、耐荫的晚花品种花卉，春暖前将其移入 5℃的冷室，减少水分的供应，可推迟开花。在冷室中存放时间的长短，要根据预定的开花时间和花卉习性来决定，一般需提前

30天以上移至室外，出室后注意避风、遮荫，逐渐增加光照。

对于植物的开花，温度只是其中一个方面，仅有部分花卉通过单纯的调温处理可提前或延后开花。大部分花卉，要采取综合措施才能调整花期。

4. 温度调控与防寒

冬季，多数盆栽花卉搬进室内，管理时要注意对温度等环境因子的满足。花卉的生长习性不同，对温室要求也不同，一般根据植物对温度的要求可将其分为四种：冷室花卉，如棕竹、蒲葵等，冬季在1℃～5℃的室内可越冬；低温温室花卉，如海棠等，最低温度在5℃～8℃才能越冬；中温温室花卉，最低温度8℃～15℃才能越冬；高温温室花卉，如变叶木等，最低温度在15℃～25℃才能越冬。因此，对于不同的花卉类型，采取不同的温度配置，使其安全越冬。

第三节 水分因子对园林树木的影响

水是生命存在的先决条件，生命是从水体中形成和演化的。因而园林植物的生长发育与水有着密切的关系。

一、水因子的生态作用

1. 水是植物生存的重要条件

水具有独特的物理和化学性质，一切生物有机能都离不开水，水是生命存在的先决条件，生命从水体中形成和演化的。

水是构成植物体的主要成分之一。从活细胞到树木种子，都含有不同比例的水，原生质平均含水量达 85% ~ 90%；根和茎端的生长部分含水约占其鲜重的 90%；新伐木材含水量约占 50%。植物的生命活动需要水，水是光合作用的原料。有机物的水解作用需要有水参与反应。水使植物和树木组织保持膨压，维持器官的紧张度，使其具有活跃的功能。水的比热和潜值高，可使植物体温度趋于稳定，水的高比热具有缓冲能力，当植物受热时，其体温变化相当小。同时，水也是维持地球表面温度不剧烈变化的重要原因，因为地球表面 3/4 的部位都被水覆盖，水的比热较高，即使白天受到太阳直射水体温度也不会升得很高，相反，晚上水体温度也不会下降很多。同时，水也是养分的溶剂。水对植物具有的多种功能，所以区域性的水分状况、水的可利用性决定了植物的生产。植物对水分条件的不同适应，形成了各种各样的生态类型及适应方式。

2. 水对植物生长发育的影响

水量对植物的生长也有一个最高、最适和最低 3 个基点。低于最低点，植物萎焉、生长停止；高于最高点，根系缺氧、窒息、烂根；只有含水量处于最合适的范围内，才能维持植物的水分平衡，以保证植物有最优的生长条件。种子萌发时，需要较多的水分，因水能软化种皮，增强透性，使呼吸加强，同时水能使种子内凝胶状态的原生质转变为溶胶状态，使生理活性增强，促使种子萌发。水分还影响植物的其它生理活动。实验表明，植物在萎蔫前蒸腾量减少到正常水平的 65% 时，同化产物减少到正常水平的 55%；相反，呼吸却增加到正常水平的 62%，从而导致植物生长基本停止。

3. 水对植物数量和分布的影响

降雨量受地理位置、海拔高度、地形等的影响，随着降水量的不同 (表 3-1)，植被类型也发生变化，以植物为食的动物种类也发生变化。我国从东南到西北，可以分为 3 个等雨量区，因而植物类型也可分为 3 个区，即湿润森林区、干旱草原区及荒漠区。即使是同一山体，迎风坡和背风坡，也因降水的差异各自生长着不同的植物，伴随分布着不同的动物。水分与动植物的种类和数量存在着密切的关系。在降水量最多的赤道，热带雨林中植物达 52 种 /hm^2，而降水量较少的大兴安岭红松林群落中，仅有植物 10 种 /hm^2，在荒漠地区，单位面积植物种类更少。

表 3-1 降雨量与植物类型关系

年降雨量毫米	0 ~ 24.5	24.5 ~ 73.5	73.5 ~ 1225	>1225
植物类型	荒漠	草原	森林	湿润森林

二、依据水分对园林植物的分类

依据植物对水分的忍受程度，可以将植物分为旱生植物、中生植物、湿生植物和水生植物。

1. 旱生植物

旱生植物能较长期忍受干旱而正常生长发育。根据其忍受机制的不同，可以分为少浆植物或硬叶植物、多浆植物或肉质植物、冷生植物或干矮植物三大类。

(1) 少浆植物或硬叶植物

少浆植物或硬叶植物一般体内的含水量很少，而且在丧失 1/2 含水量时仍不会死亡。它们往往具以下的形态特征：Ⅰ 叶面积小，多退化成鳞片状或针状或刺毛状；Ⅱ叶表具有厚的蜡层、角质层或毛茸，防止水分的蒸腾；Ⅲ 叶的气孔下陷并在气孔腔中生有表皮毛，以减少水分散失；Ⅳ 当体内水分降低时，叶片卷曲或呈折迭状，如卷柏；Ⅴ 根系极发达，能从较深的土层内和较广的范围内吸收水分；Ⅵ 细胞液的渗透压极高，叶片失水后不萎凋变形；Ⅶ 气孔数较多。

整体来看，少浆或硬叶植物通过减少水分的散失而生存下来，其所有形态特征的变化都是围绕这一点而进行的变化。

(2) 多浆植物或肉质植物

这类植物体内有薄壁组织形成的储水组织，体内含有大量的水分。其形态结构具有以下特点：Ⅰ 茎或叶具有发达的贮水组织而多肉；Ⅱ 茎或叶的表皮有厚角质层，表皮下有厚壁细胞层，这种结构可减少水分的蒸腾；Ⅲ 大多数种类的气孔下陷，气孔数目不多；Ⅳ 根系不发达，属于浅根系植物；Ⅴ 细胞液的渗透压很低。

多浆类植物适应环境的对策为在有水的条件下充分吸收水分，然后贮藏起来保证其生理的需要，同时减少水分消耗以渡过不良环境。

(3) 冷生植物或干矮植物

本类植物具有旱生植物的旱生特征，但又有自己的特征。其生长环境依水条件可分为两种：一种是土壤干旱而寒冷，植物具有旱生性状，生长于高山地区；二是土壤多湿而寒冷，植物亦呈旱生状性，土壤有水但不能吸收，表现为生理干旱。常见于寒带、亚寒带地区，是温度与水分因子综合影响所致。

2. 中生植物

中生植物不能忍受过湿或过干的环境，这类植物种类众多，因而对于干旱和湿润的忍受程度差异较大。园林中大部分植物属于中生类型植物。

3. 湿生植物

湿生植物需要生长在潮湿的环境中，在干燥的环境中则生长不良，在过干的环境则可能死亡。根据其对光的需求，可以分为阳性湿生植物和阴性湿生植物。

(1) 阳性湿生植物

生长在阳光充足，土壤水分经常饱和或仅有较短的干旱期地区的湿生植物为阳性湿生植物，如鸢尾、落羽杉、池杉、水松等。

(2) 阴性湿生植物

生长在光线不足，空气湿度较高，土壤潮湿环境下的湿生植物为阴性湿生植物，如热带雨林或亚热雨林中、下层的许多种类，蕨类、秋海棠等。

4. 水生植物

水生植物指生长在水中的植物。根据其茎与水面的距离，将水生植物分为挺水植物、浮水植物和沉水植物。

(1) 挺水植物

植物体的大部分露在水面以上的空气中，如芦苇、香蒲等。这类植物在滨水景观和湿地公园中广泛应用，所形成的景观在夏季具有极强的观赏性，如杭州西湖十景中的曲院风荷就是以观赏挺水植物荷花为主。

(2) 浮水植物

叶片飘浮在水面的植物，根据其根是否与水中的土壤接触可以分为半浮水植物和全浮水植物。

半浮水植物指植物的根生于水下泥中，而叶浮于水面，典型的植物如睡莲，这类植物的应用需要有一个相对稳定的水位，急剧变化的水位不适合于这类植物的生长，因而睡莲的应用一般是小的池塘中，且水位比较稳定。全浮水植物指植物体完全浮于水面，如凤眼莲、浮萍、满江红等。这类植物随着水位的升降而升降。

(3) 沉水植物

植物体完全沉没在水中，如金鱼藻、苦草等。由于水对光线有反射、吸收的功能，因而沉水植物一般生长在水质较好的环境中，或者生长在很浅的水域中。

三、耐旱植物

植物种类不同，对于土壤中的缺水的敏感性不一样，根据植物对缺水的敏感性及生长情况，可以将植物分为五大类型，分别是：

1. 耐旱力最强的树种

这类植物能经受2个月以上的干旱高温，不采取抗旱措施树木能缓慢生长，常见的树种有：雪松、黑松、获荚、响叶杨、加杨、旱柳、杞柳、化香、小叶栎、白栎、苦槠、榔榆、构树、柘树、小檗、山胡椒、狭叶山胡椒、枫香、桃、枇杷、石楠、光叶石楠、火棘、山槐、合欢、葛藤、胡枝子类、黄檀、紫穗槐、紫藤、鸡眼草、臭椿、楝树、乌桕、野桐、算盘子、黄连木、盐肤木、飞蛾槭、野葡萄、木芙蓉、芫花、君迁子、秤锤树、夹竹桃、栀子花、水杨梅等。

2. 耐旱能力较强的树种

这类树木经受2个月以上的干旱高温，不采取抗旱措施，树木能缓慢生长，但有叶黄落下及枯梢现象，常见的种类有：马尾松、油松、赤松、湿地松、侧柏、千头柏、圆柏、柏木、龙柏、偃柏、毛竹、水竹、棕榈、毛白杨、滇杨、龙爪柳、青钱柳、麻栎、青冈栎、板栗、锥栗、白榆、朴树、小叶朴、榉树、糙叶树、桑树、崖桑、无花果、薜荔、南天竹、广玉兰、香樟、溲疏、豆梨、杜梨、沙梨、杏树、李树、皂荚、云实、肥皂荚、槐树、杭子稍、波氏槐蓝、枸桔、香椿、油桐、千年桐、山麻杆、重阳木、黄杨、瓜子黄杨、野漆、枸骨、冬青、丝棉木、无患子、复羽叶栾树、马甲子、扁担杆、木槿、梧桐、杜英、厚皮香、柽柳、柞木、胡颓子、紫薇、银薇、石榴、八角枫、常春藤、羊踯躅、柿树、粉叶柿、光叶柿、白檀、桂花、丁香、雪柳、水曲柳、常绿白蜡树、迎春、毛叶探春、醉鱼草、粗糠树、枸杞、凌霄、六月雪、黄栀子、金银花、六道木、忍冬、红花忍冬、短柄忍冬、木本绣球等。

3. 耐旱力中等的树种

树木能忍受2个月以上的干旱高温不死，但有较重的落叶和枯梢现象，常见种类有：罗汉松、日本五针松、白皮松、落羽杉、刺柏、香柏、银白杨、小叶杨、钻天杨、杨梅、胡桃、核桃楸、桦木、桤木、大叶朴、木兰、厚朴、桢楠、八仙花、山梅花、蜡瓣花、海桐、杜仲、悬铃木、木瓜、樱桃、樱花、海棠、郁李、梅、绣线菊属部分种类、紫荆、刺槐、龙爪槐、柑桔、柚、橙、朝鲜黄杨、锦熟黄杨、三角枫、鸡爪槭、五叶槭、枣树、枳椇、葡萄、椴树、茶、山茶、金丝桃、喜树、梓树、灯台树、楤木、刺楸、杜鹃、野茉莉、白蜡树、女贞、小蜡、水蜡树、连翘、金钟花、黄荆条、大青、泡桐、梓树、黄金树、钩藤、水冬瓜、接骨木、绣球花、荚蒾、锦带花等。

4. 耐旱力较弱的树种

树木能忍受干旱高温一个月以内不致死亡，但有严重落叶枯梢现象，生长几乎停止，如旱期再延长而不采取抗旱措施就会逐渐枯死，常见种类有有：粗榧、三尖杉、香榧、金钱松、华山松、柳杉、鹅掌楸、玉兰、八角茴香、腊梅、大叶黄杨、青榨槭、糖槭、油茶、结香、珙桐、四照花、白辛树等。

5. 耐旱力最弱的树种

树木忍受高温干旱一月左右即死亡，在相对湿度降低，气温达40℃以上时死亡最为严重，常见树木种类有：银杏、杉木、水杉、水松、日本花柏、日本扁柏、白兰花、檫木、珊瑚树等。

四、耐淹树种

植物种类不同，对于土壤被水淹的敏感性不一样，根据植物被水淹后的敏感性及生长情况，可以将植物分为五大类型，分别是：

1. 耐淹力最强的树种

树木能耐3个月以上的深水浸淹，当水退后生长正常或略见衰弱，树叶有黄落的现象，有时枝梢枯萎；如花叶柳、垂柳、旱柳、龙爪槐、榔榆、桑、柘、豆梨、杜梨、柽柳、紫穗槐、双荚决明、落羽杉等。

2. 耐淹力较强的树种

树木能耐2个月肥上的深水浸淹，当水退后生长衰弱，树叶常见叶片变黄脱落。如水松、棕榈、栀子、麻栎、枫杨、榉树、山胡椒、狭叶山胡椒、沙梨、枫香、悬铃木属3种、紫藤、楝树、乌桕、重阳木、柿、葡萄、雪柳、白蜡、凌霄等。

3. 耐淹力中等的树种

树木能耐较短(1～2个月)的水淹，水退后必呈衰弱，时间久即趋枯萎，即使有一定萌芽力也难以恢复生长，如侧柏、千头柏、圆柏、龙柏、水杉、水竹、紫竹、竹、广玉兰、酸橙、夹竹桃、木香、李树、苹果、槐树、臭椿、香椿、卫矛、紫薇、丝棉木、石榴、喜树、黄荆、迎春、枸杞、黄金树等。

4. 耐淹力弱的树种

仅能忍耐2～3周短期水淹，超过时间即趋枯萎，一般经短期水淹后生长显然衰弱。如罗汉松、黑松、刺柏、樟树、枸桔、花椒、冬青、小蜡、黄杨、胡桃、板栗、白榆、朴树、梅、杏、合欢、皂荚、紫荆、南天竹、溲疏、无患子、刺楸、三角枫、梓树、连翘、金钟花等。

5. 耐淹力最弱的树种

此类树木最不耐淹，水仅浸淹地表或根系一部至大部时，经过不到一周的短暂时期即趋枯萎而无恢复生长。本类树木有：马尾松、杉木、柳杉、柏木、海桐、枇杷、石楠、栾树、木芙蓉、木槿、梧桐、泡桐、楸树、绣球花等。

五、耐旱、耐涝植物的特点

由上述的耐旱、耐淹力分级情况来看，可概括出树木的几个特点：

1. 对阔叶树而言，一般情况是耐淹力强的树种，其耐旱力也表现得很强，例如柳类、桑、柘、榔榆、梨类、紫穗槐、紫藤、夹竹桃、乌桕、楝、白蜡、雪柳、柽柳、山胡椒等。

2. 深根性树种大多较耐旱，如松类、栎类、樟树、臭椿、乌桕、构树等，但檫木为一例外。浅根性树种大多不耐旱，如杉木、柳杉、刺槐等。

3. 树种的耐力与其原产地生境条件有关。

4. 在针叶树类(包括银杏)中，其自然分布较广及属于大科、大属的树木比较耐旱，如多种松科、柏科的树种。反之，自然分布较狭及属于小科、小属，如仅为一科一属一种或仅有几种者，其耐旱力多较弱，如银杏科、三尖杉科、红豆杉科及杉科等。在阔叶树类中，也有上述趋势，但非必然。在耐水力方面，不论针叶树或阔叶树，其为常绿者常不如落叶者耐涝，而松科、木兰科、杜仲科、无患子科、梧桐科、锦葵科、豆目三科(紫穗槐、紫藤等例外)、蔷薇科(梨属例外)等大多是耐淹性较差。

5. 就某个具体树种而言，其分布区域广大者，常具有较强的耐性。

六、水分的其它形态对树木的影响

1. 雪

降雪可覆盖大地，增加土壤水分，保护土壤，防止土温过低，有利植物越冬。但大雪较大的地区，使树木受到雪压，甚至折断树干。

2. 冰雹

冰雹大小会对树木造成不同程度的损害，如果冰雹较大，会对树木造成毁灭性的影响。

3. 雨淞

雾淞 雨淞和雾松会在树枝上形成一层冻壳，严重时，会使树枝折断，一般受害以乔木较多，草本和灌木较少。

4. 雾

雾伴随着大的湿度，虽然能影响光照，但是对草木的繁茂有利。但如果雾中有着各种污染物质，则对植物的生长有害。

七、水与滨水植物景观类型

“仁者乐山，智者乐水。”因而在城市大型的园林绿地中，水因子是十分受关注和欢迎的。也正因为如此，园林中滨水植物景观的设计是人们关注和研究的热点。

滨水植物景观的设计中，人们往往根据与水体距离的远近和空间的围合进行分类，其景观可以分为以下几个类型：

1. 开敞植被带景观

开敞植被带景观是指由地被和草坪覆被的大面积平坦地或缓坡地所形成的景观。场地上基本无乔、灌木，或仅有少量的孤植风景树，空间开阔明快，通透感强，构成了岸线景观的虚空间。它是水陆物质和能量交换的通道，方便了水域与陆地空气的对流，可以改善陆地空气质量、调节陆地气温。另外，这种开敞的空间也是欣赏风景的透景线，对滨水沿线景观的塑造和组织起到重要作用。

由于空间开阔，适于游人聚集，所以开敞植被带往往成为滨河游憩中的集中活动场所，满足集会、户外游玩、日光浴等活动的需要。

2. 稀疏型植物景观

稀疏型植物景观是指由稀疏乔、灌木组成的半开敞型植物景观。乔、灌木的种植方式，或多株组合形成树丛式景观；或小片群植形成分散于绿地上的小型林地斑块。在景观上，构成岸线景观半虚半实的空间。稀疏型林地具有水陆交流功能和透景作用，但其通透性较开敞植被带稍差。不过，正因为如此，在虚实之间，创造了一种似断似续，隐约迷离的特殊效果。

稀疏型林地空间通透，有少量遮荫树，尤其适合于炎热地区开展游憩、日光浴等户外活动。

3. 郁闭型植物景观

郁闭型植物景观是由乔、灌、草组成的结构紧密的林地，郁闭度在0.7以上。这种林地结构稳定，有一定的林相外貌，往往成为滨水绿带中重要的风景林。在景观上，构成岸线景观的实空间，保证了水体空间的相对独立性。

密林具有优美的自然景观效果，是林间漫步、寻幽探险、享受自然野趣的场所。在生态效益上，郁闭型密林具有保持水土、改善环境、提供野生生物栖息地等作用。

4. 湿地植被景观

湿地是指介于陆地和水体之间，水位接近或处于地表又或有浅层积水的过渡性地带。湿地具有保护生物多样性、蓄洪防旱、保持水土、调节气候等作用。其丰富的动植物资源和独特景观吸引了大量游客和专家学者前来观光、游憩，或进行科学考察等活动。湿地上植物类型多样，如海滨的红树林及湖泊带的水杉林、落羽杉林等。湿地植被景观往往由植物、驳岸、水体所共同构成。

第四节 光照因子对园林树木的影响

太阳光是地球上一切生物的能源，园林树木必须通过光合作用将光能变为稳定的化学能贮存于体内，用于其自身的生长，植物个体才能不断增高、长粗。此外，光除了作为能量来源外，还是一种信号，其照射时间和周期性的变化都影响植物的生长。

光因子对植物的影响包括光照强度、光质、光照时间、光的周期性变化等因子。

一、光质对植物的影响

光质对植物的影响是指不同波长的光对植物的影响。植物对不同波长的光吸收不一样，对植物的光合作用而言，其光谱范围只是可见光区(380 ~ 760nm)，其中红、橙光主要被叶绿素吸收，对叶绿素的形成有促进作用；蓝紫光也能被叶绿素和类胡萝卜素所吸收，我们将这部分辐射称为生理有效辐射。而绿光则很少被吸收利用，称为生理无效辐射。实验表明，红光有助于叶绿素的形成，促进CO_2的分解与糖的形成。蓝光有助于有机酸和蛋白质的形成。

青兰紫光对植物的加长生长有抑制作用，对幼芽的形成和细胞的分化均有重要作用，它们还能抑制植物体内某些生长激素的形成，因而抑制了茎的伸长，并产生向光性。它们还能促进花青素的形成，使花朵色彩鲜丽。紫外线也具有同样的功能。因而高山上生长的植物，节间均短缩而花色鲜艳。红光和红外线都能促进茎的加长生长和促进种子及孢子的萌发。

二、光周期对植物的影响

1. 光周期现象

Garner 等人 (1920) 发现明相暗相的交替与长短对植物的开花结实有很大的影响。这种植物对自然界昼夜长短规律性变化的反应，称光周期现象。

根据植物开花所需要的日照长短，可以将植物区分为：长日照植物、短日照植物、中日照植物和中间型植物。

(1) 长日照植物

较长的日照条件下促进开花的植物，日照短于一定长度不能开花或推迟开花。通常植物需要 14h 以上的光照才能开花。用人工方法延长光照时间可提前开花。

(2) 短日照植物

较短日照条件下促进开花的植物，日照超过一定长度便不开花或明显推迟开花。一般需要 14h 以上的黑暗才能开花。深秋或早春开花的植物多属此类，用人工缩短光照时间，可使这类植物提前开花。

(3) 中日照植物

花芽形成需要中等日照时间的植物。例如，甘蔗开花需要 12.5h 的日照。

(4) 中间性植物

凡完成开花和其它生命史阶段与日照长短无关的植物。

植物的光周期具有控制生长、诱导休眠、调节开花和打破休眠的作用。但木本植物的开花结实不仅受光周期控制，而且还有其它影响因素，如营养的积累和光照强度等。目前，对树木光周期反应的研究不够深入，光周期如何控制成年树木繁殖了解更少，许多树种的开花似乎属于日中性型。树木在黑暗或连续光照条件下打破休眠，表明休眠的结束不是光调节现象，温度常是光周期反应的重要补充因子。

2. 光周期现象和植物地理起源

植物在发育上要求不同的日照长度，这种特征主要与其原产地生长季节中的自然光照的长短密切相关，一般来说短日照植物起源于南方，其原产地生长季日照时间短；长日照植物起源于北方，如温带和寒带，夏季生长发育旺盛，一天受光时间长。经济价值高的植物多是长日照植物。如果把长日植物向南移，即北树南移，由于光周期或日照长度的改变，树木会出现两种情况：一是枝条提前封顶，缩短生长期、生长缓慢、抗逆性差，容易被淘汰；另一种情况是出现二次生长，延长生长期。把短日植物向北移，其生长时间比原产生地长，这是因为日照时间较长和诱导休眠所需要的短日照直到晚夏或秋季才出现。因为休眠的延后，可能在初霜前尚未进入休眠，故常受霜害。了解植物的光周期现象对植物的引种驯化工作非常重要，引种前必须特别注意植物开花的光周期要求。

3. 光周期对园林植物的影响

(1) 影响园林植物的开花

在长期与环境的适应中，植物形成了固定的开花规律，这就是我们在园林中看到植物的自然开花，但是由于观赏的需要，我们往往希望植物能够按照我们的希望在一些特殊的节假日开花，如春节、端午节、中秋节、国庆节等，还有在一些盛大的活动时间也能开花，如在举办奥运会期间。如果能调节植物的生长，使它们在固定的时间开花，除了使它们营养生长旺盛，具备了开花的基本条件外，还要通过控制对植物的光照来实现了。如短日照植物可以通过在晚上间隔照光半小时来打断它的暗期而使其无法开花，使开花的时间推迟；如果要它提早开花则人工缩短光照时间，通过这种方式则可使花卉按照我们的要求随时开花。当然，植物的营养生长要基本结束，积累的营养物质能满足开花的需求。对长日植物也是一样，通过人为地延长或缩短日照时间，就能使植物的开花提前或推迟。

（2）影响植物的休眠

光周期是诱导植物进入休眠的信号，植物一般短日照促进休眠。进入休眠后植物对于不良环境的抵抗力增强；如果由于某种原因使植物进入休眠的时间推迟，则植物往往就会受到冻害的危胁。如在城市中路灯下的植物，由于晚上延长其光照的时间，使得一些落叶植物落叶的时间也后延，其进入休眠的时间后延，这时如果气温突变，会使植物受到冻害。例如对一些不耐寒的落叶植物在温室中可以通过缩短光照时间来使植物提早进入休眠状态，以提高植物对低温的抵抗能力。

除以上几方面外，光周期还影响植物的生长发育，影响植物花色性别的分化，影响植物地下贮藏器官的形成和发育等方面。

三、光照强度对植物的影响

1. 光强度对植物生长发育的影响

光照强度对植物细胞的增长、分化、体积增长和重量增加有影响；光还促进组织和器官的分化，制约着器官的生长发育速度，使植物各器官和组织保持发育上的正常比例。如植物的黄化现象，是光与形态建成的各种关系中最极端的例子，黄化是植物对黑暗环境的特殊适应，因为植物叶肉细胞中的叶绿必须在一定的光强条件下才能形成。在种子植物、裸子植物、蕨类植物和苔藓植物中都可产生黄化现象。

光合作用的环境因子，主要决定于光照强度、CO_2浓度和温度等。各种植物的光合作用曲线说明：光照强度由弱到强，先是 CO_2 的吸收随光强度的增加而按比例提高，最后很缓慢地达到最高值。在弱光区，这条曲线表现为 CO_2 的释放，这是因为呼吸作用放出的 CO_2 比光合作用固定的要多。当光合作用固定的 CO_2 恰与呼吸作用释放的 CO_2 相等时的光照强度，称为光补偿点 (CP)。呼吸速率高的植物达到补偿点要比呼吸速率低的植物需要更强的光。光强一旦超过补偿点，CO_2 吸收量迅速增加，随着光照

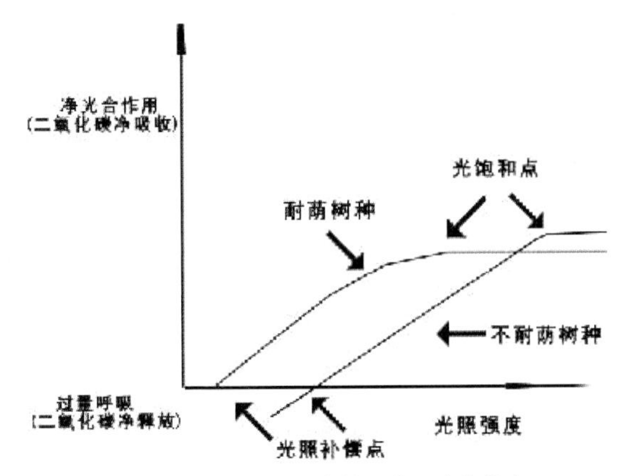

图 3-3 不同植物的光饱和点和光补偿点

强度进一步增加，净光合速率又减慢，直到光合产物不再增加时的光照强度，称为光饱和点 (SP)。

不同的植物，同种的不同个体，同一个体不同部分和不同条件下，CP、SP 差别很大。耐荫植物在较弱的光强下就达到光补偿点，达到光饱和点的光强也较弱。而不耐荫树种，特别是阳性树种，其光补偿点较高，光饱和点也较高 (图 3-3)。植物的 CP 和 SP 还受其它生态因子的影响，如 CO_2 浓度、养分和水分等。光照强度和净光合作用的关系，并不总是净光合随着光强度的日进程而同步变化。晴朗的天气，净光合通常上午有一高峰，随后中午下降，下午又出现第二个高峰。净光合在中午的下降，可能是由以下一个或几个因素所引起，如叶片过热，过度的呼吸，水分缺乏，光合产物在叶子中的积累，色素和酶的光氧化作用，气孔关闭和围绕林冠周围大气中 CO_2 的耗尽等。针叶树的净光合曲线，有时为双峰，有时为单峰。影响光合作用的植物因子是：叶龄、叶的光环境或树冠中叶的位置 (如阳生叶和阴生叶)。北美黄杉天然林中，最有生产力的叶子位于树冠上部从向阳条件逐渐过渡到遮荫条件交界处者。下部荫蔽，长期处于光补偿点以下的叶片，通常呼吸率高，光合产物极少。影响光合作用的环境因子有：光照强度、养分状况 (尤其是 N 和 P)，光合作用的温度范围是 -5 ～ 35 (40)℃，最适温度是 18 ～ 25℃; 此外，昼夜温度、叶温和土温也很重要。由于温度与水气压差有密切关系，从而使温度对光合的影响更为复杂，叶部水势影响气孔开闭，净同化速率与叶部水势密切相关。夏季不利的水分条件是苗木死亡的主要因素。影响光合作用的环境因子还有 CO_2 浓度及日变化和季节变化的规律。野外条件下，光合作用通常受浓密叶丛内 CO_2 供应不足的限制，提高 CO_2 浓度，可使光合速率增加 2 ～ 3 倍。因 CO_2 较空气重，土壤呼吸放出的 CO_2 多集中在林地表面，这种情况在夏季雨后更为明显，所以森林下层或林地表面 CO_2 浓度较高，这对处于森林下层的林木、幼苗幼树、林下植物的光合有重要意义。

2. 光照强度与水生植物

太阳辐射在水中比在大气中更为强烈地被减弱。太阳高度大时，平静水面发散入射光的 6%，波动水面为 10%，太阳高度低时，平静水面发散入射光的 20 ～ 25%，波动水面为 50 ～ 70%。光在水中的穿透性限制着植物在海洋中的分布，只有在海洋表层的透光带内，植物的光合作用量才能大于呼吸量。在透光带的下部，植物的光合作用量刚好与植物的呼吸消耗相平衡之处，就是所谓的补偿点处。如果海洋中的浮游藻类沉降到补偿点以下或者被洋流携带到补偿点以下而又不能很快回升表层时，这些藻类便会死亡。在一些特别清澈的海水和湖水中 (特别是在热带海洋)，补偿点可以深达几百米；在浮游植物密度很大的水体或含大量泥沙颗粒的水体中，透光带可能只限于水面下 1 米处；而在一些受到污染的河流中，水面下几厘米处就很难有光线透入了。

由于植物需要阳光，所以，扎根海底的巨型藻类通常只能出现在大陆沿岸附近，这里的海水深度一般不会超过 100 米。生活在开阔大洋和沿岸透光带中的植物主要是单细胞的浮游植物，以浮游植物为食的小型浮游动物也主要分布中这里。光照强度在水中分布还受环境因素的影响，如水中的杂质等。

3. 植物对光照强度的适应类型

依植物对光照强度的需求，可以将植物分为阳性植物、阴性植物和耐荫植物。

(1) 阳性植物

在全日照条件生长良好且不能忍受荫蔽的植物。例如落叶松属、松属、水杉、桦木属、桉属、杨属等。

(2) 阴性植物

在较弱的光照条件下生长良好。例如许多生长在潮湿、阴暗密林中的植物，木本植物很少有严格的阴性植物，而绝大多数为耐荫植物。

(3) 中性植物（耐荫植物）

在充足的阳光下生长最好，但亦有不同程度的耐荫能力，在高温干旱时全光照条件下生长受抑制。木本植物耐荫能力因种类不同而有很大的差别。中性偏阳的有：朴树、榆属、榉树、中性稍耐荫：七叶树、元宝树、五角枫等；耐荫力强的树种有：八角金盘、山茶、杜鹃、罗汉松、紫楠等。

4. 树木耐荫力的判断

(1) 判断树木耐荫力的意义

对树木耐荫力的判断，能为园林规划提供依据，特别是较长期的规划。因为耐荫力的大小与生长速度呈比例关系。

园林植物景观设计的基础是对植物的了解，而光对植物的影响很大，为了能合理的应用植物，必需了解其对光的适应性，也是其耐荫力。

(2) 判断方法

对植物耐荫力的确定可以分为定性和定量两个方面，如果能定量当然最好，没有仪器的条件下，也根据其自然生长状态来初步判断其耐荫力。常用方法有：

①生理指标法

方法一是测定植物的光补偿点和光饱和点。使用现在比较广泛使用的光合仪，根据人工设定的各种光强下其光合速率，然后做出光曲线，根据其变化，求出植物的光补偿点和光饱和点。根据其值的高低直接判断其耐荫力。耐荫力强的树种的光补偿点和光饱和点较低，分别为 2 ~ 6 $\mu mol.m^{-2}.s^{-1}$ 和 100 ~ 500 $\mu mol.m^{-2}.s^{-1}$；而强光性树种的值分别为 20 $\mu mol.m^{-2}.s^{-1}$ 和 1000 $\mu mol.m^{-2}.s^{-1}$ 以上。当然，植物的耐荫力因其生长环境的不同而有变化，同一株植物测定不同部位叶片的光补偿点和光饱和点会有变化。

方法二是测定叶片中色素含量 同样也可以用定量和定性两个方面。定量可以通过分光光度法进行准确测定，得出具体的值，包括各类型色素的含量；定性的测定可以用便携式叶绿素仪测定，知道其大概的变化。一般来说，单位面积叶绿素含量较高者为耐荫树种。较低者则为阳性树。这是植物适应环境的结果。

②形态指标法

根据形态指标进行耐荫性测定是一种定性测定，根据其外在形态来判断其耐荫性，主要判断指标有：A 树冠呈伞形者多为阳性树，树冠呈锥形而枝条紧密者多为耐荫树种；B 树干下部侧枝早行枯落者多为阳性树，下枝不易枯落而且繁茂者多为耐荫树；C 树冠的叶幕稀疏透光，叶片色淡而薄，如果是常绿树，其叶片寿命较短者为阳性树；D 常绿性针叶树的叶呈针状者多为阳性树，叶呈扁平或呈鳞状而表、背区别明显者为耐荫树；E 阔叶常树全为耐荫树，而落叶树种多为阳性树或中性树。

四、光因子对园林植物的影响

1. 光辐射强度与园林植物的应用

(1) 影响园林植物的分布

根据植物其对光照需求可分为阳性植物、阴性植物和中性植物。在光辐射强度不同的地方，影响不同植物的分布。这在园林植物景观设计的过程中，是首先要考虑的，如果强阳性植物置于阴蔽条件下，植物生长不好，可能死亡；相反如果阴性植物置于强光下，植物生长也不好，也可能死亡。强光也是影响野生植物资源不能在园林中应用的主要原因之一，如著名观赏植物珙桐，由于不能忍受强光直射和高温，基本上只能在高山应用，在大中城市中还较难应用，但是在局部小气候如有遮蔽、能避免阳光直射的情况下生长还可以。

图 3-4 长沙黄栌秋天的叶

图 3-5 同植株上阳生叶（左）和阴生叶（右）

另外，光照也是影响园林植物引种和驯化的一个十分重要的因素，北方的观红叶植物黄栌引种到长沙后，春夏生长不错，但到了秋天后由于光照、温度和湿度的变化，叶片出现严重的病害，不仅达不到观赏红叶的要求，而且还给景观还来负面的影响，使景观美观性下降(图 3-4)。而在北京的香山的黄栌叶特别漂亮，是香山的主要秋景植物之一。

(2) 影响园林植物的生长发育

有些植物的发芽需要光照，如桦树；有些需要荫蔽条件，如百合科植物。在群落中通过光对幼苗能否发芽而影响群落的演替，如果幼苗能在荫蔽的条件下生长，则该种群能自然更新；相反，如果不能在荫蔽的条件下发芽、生长，则该群落的主要优势种就会被其它的植物所取代，这也是顶极群落能维持和群落不断发生演替的原因。

光强影响植物茎干和根系的生长，通过影响光合强度而影响干物质的积累而影响生长。光强也影响植物的开花和质量。一般来说，作为园林中应用的植物观花的种类较多，而开花是需要大量消耗营养的，营养的积累则是植物通过光合作用完成的，光强直接影响光合速率的高低，从而影响植物的开花数量和质量。光照充足的条件下，植物开花的数量多、颜色艳；而在光照不足的条件下，植物花朵的数量少，颜色浅，从而影响植物的观赏性。

(3) 影响园林植物的形态

光的强弱影响植物叶片的形态，阳生叶叶片较小、角质层较厚、叶绿素含量较少；阴生叶则叶片较大、角质层较薄、叶绿素含量较高。这与植物的环境是相一致。在荫蔽的条件下，植物的光强较弱，为了满足植物的生长，植物组织增加了色素的含量和叶面积，尽可能将到达的光能捕获；而在强光的条件下，到达的光能很多，往往超过了植物的需求，所以植物只需少量的色素和较小的叶面积吸收的光能就能满足植物生长的需求(图 3-5)。

光强影响树冠的结构。喜光树种树冠较稀疏、透光性较强，自然整枝良好，枝下高较高，树皮通常较厚，叶色较淡；耐荫树种树冠较致密、透光度小，自然整枝不良，枝下高较矮，树皮通常较薄，叶色较深。而中性树种介于两者之间。植物树冠形态的变化也与植物对光的需求相一致。

2. 光辐射时间对园林植物的影响

(1) 影响园林植物的开花

在长期与环境的适应中，植物形成固定的开花规律，这就是我们在园林中看到植物的自然开花，但是由于观赏的需要，我们往往希望植物能够按照我们的希望在一些特殊的节假日开花，如春节、端午节、中秋节、国庆节等，还有在一些盛大的活动中能开花，如在举办奥运会、园博会期间，如果调节植物的生长，使它们在固定的时间开花，除了使它们营养生长旺盛，具备了开花的基本条件外，主要是通过控制对植物的光照来实现了。如短日照植物可以通过在晚上间隔照光半小时来打断它的暗期而使其无法开花，使开花的时间推迟；如果要它提早开花则人工缩短光照时间，通过这种方式则可使花卉按照我们的要求随时开花。当然，植物的营养生长要基本结束，积累的营养物质能满足开花的需求。对长日植物也是一样，通过人为地延长或缩短日照时间，就能使植物的开花提前或推迟。

(2) 影响植物的休眠

光周期是诱导植物进入休眠的信号，植物一般短日照促进休眠。进入休眠后植物对于不良环境的抵抗力增强；如果由于某种原因使植物进入休眠的时间推迟，则植物往往就会受到冻害的危胁。如在城市中路灯下的植物，由于晚上延长其光照的时间，使得一些落叶植物落叶的时间也后延，其进入休眠的时间后延，这时如果气温突变，会使植物受到冻害。如果对一些不耐寒的落叶植物在温室中可以通过缩短光照时间来使植物提早进入休眠状态，以提高植物对低温的抵抗能力。

(3) 影响植物的其它方面

影响植物的生长发育，如短日植物置于长日照下，长得高大；长日植物置于短日条件下，节间缩短；影响植物花色性别的分化，如苎麻在温州生长雌雄同株，在 14 小时的长日下仅形成雄花，8 小时短日下形成雌花；影响植物地下贮藏器官的形成和发育，如短日照植物菊芋，长日照条件下形成地下茎，但并不加粗，而在短日条件下，则形成肥大的茎。

3. 利用光因子促进园林植物的生长

(1) 提高园林植物的光能利用率

植物对太阳光的利用率由于多种原因，一般只有 1.5% ~ 3%，这也是现在作物产量较低的原因；相反一些对光能利用率较高的植物，如桉树，则生长十分迅速。提高园林植物对光能的利用率则可以增加园林系统中能量的积累，有利于保持系统的稳定性。

要提高园林植物的光能利用率，有以下几种方法：第一，就必须增加单位面积上的有效光合叶面积，较好的方法就是乔、灌、草的多层次搭配，使得进入风景园林生态系统的能量在垂直方向上不断地被吸收，增加光能的吸收率。第二，就是对现有的园林植物进行品种选育，培育出高光合速率和高观赏特性的园林植物品种。第三，就是在种植时注意植物之间的株行距，使得植物大部分叶片都变成光合有效叶片，减少不能进行光合作用的叶片的数量，以减少植物呼吸的消耗，以提高植物对光能的利用率。提高植物对光能的利用率，能加快植物的生长，对于营造景观，提高植物的观赏性都有一个良好的基础。

(2) 利用太阳辐射调整园林植物的生长发育

通过人为措施，调整太阳辐射时间，控制人工栽培条件下，如温室中园林植物的花期和休眠 (主要在花卉上)。根据长日植物、短日植物和日中性植物开花所需日照时数的特点，人为调节光照周期，促使它们提早或延迟开花。

第五节 土壤因子对园林树木的影响

一、土壤因子的生态作用

1. 土壤的生态意义

土壤是重要的生态因子。植物的根系与土壤有着极大的接触面，在植物和土壤之间进行着频繁的物质交换，彼此有着强烈的影响，因此通过控制土壤因素可影响植物的生长和产量。 土壤是所有陆地生态系统的基底或基础，土壤中的生物活动不仅影响着土壤本身，而且也影响着土壤上面的生物群落。生态系统中的许多重要过程都是在土壤中进行的，其中特别是分解和固氮过程。生物遗体只有通过分解过程才能转化为腐殖质和矿化为可被植物再利用的营养物质，而固氮过程则是土壤氮肥的主要来源。这两个过程都是整个生物圈物质循环所不可缺少的过程。土壤对于植物具有重要的意义，体现在以下几方面：

(1) 固定作用

生长在石质山地上的树木，根系可扎到岩隙或风化岩石的 20 米深以下，十分抗风倒。密林中的树木，根系、树冠相互交织在一起，在根系不足支撑地上部分的情况下，可增加树木的稳定性。一旦森林遭受破坏，在强风中就往往发生成片风倒的现象。

(2) 水分的供应

土壤能吸水和储水，无土壤的地方也无植被，其中主要一个原因是没有水分储存。保水能力极差的土壤 (如粗糙的砾质土) 无植被生长或只生有稀疏耐旱植物。土壤水分过多对大多数植物生长也不利，因为缺少根呼吸所需的氧气。排水良好且生长季内保持湿润的土壤，一般有茂盛植被且生产力很高。只有在土壤水气比例适当时，植物才能获得最佳生长状况。有机质含量多的土壤也会产生过湿的问题，如泥炭藓类形成的土壤总是常年处于水分过饱和状态，绝大多数对水敏感的植物难以生存。

(3) 养分的供应

植物生长可通过多种途径获取养分，如从土壤溶液、大气、矿物风化物、有机质分解以及体内养分内部再分配等，其中从土壤中是最主要的。此外，菌根共生营养也十分重要。

2. 土壤质地和结构

土壤质地和结构是土壤最重要的物理性质。土壤质地是指组成土壤的矿质颗粒，即石砾、沙、粉沙、粘粒的相对含量。也是影响水分、通气、肥力和生产力的重要因素。土壤中粘粒含量对肥力影响最大，粘粒具有胶体性质，表面的负电荷有吸收阳离子的作用，可保护养分 (Ca、Mg、K、Na 等) 不受淋溶，从而维持土壤肥力。

土壤结构是指土壤颗粒排列状况，如团粒状、片状、柱状、块状、核状等。团粒结构是林木生长最好的土壤结构形态，它使土壤水分、空气和养分关系协调，改善土壤理化性质，是土壤肥力的基础。林地死被物所形成的腐殖质可与矿物颗粒互相粘结成团聚颗粒，能促进良好结构的形成。

3. 土壤中的水分和空气

土壤中的水分和空气主要取决于降水、土壤的质地和土壤结构。

降水使土壤中的水分饱和后，大孔隙中的水受重力作用下排，经过 2 ~ 5 天重力水排完。因重力水容易排掉，且仅在下降过程中，与根系接触才被利用，故对植物的水分供应是有限的。重力水下渗后，土壤所持有的水，称为田间持水量。这时土壤持有的可移动水分主要是毛管水。毛管水移动缓慢，溶解有植物所需的养分，是对植物生长发育最重要的有效水。水分不足影响植物幼苗的存活、树高、胸径的生长。温带地区，生长季缺乏水分，不仅影响树木的新梢生长，也会影响直径的生长。土壤空气也是植物生长发育的重要因素。它影响根系呼吸及生理活动，也影响土壤微生物的种类、数量及分解活动。不同树种，对土壤空气中氧气含量的适应性有很大的差别。松树和云杉，在土壤含氧量10%时生长显著受到抑制。少数树种在土壤含氧量2%时仍能生长。

4. 土壤温度

土壤温度直接影响根系生长、吸水力，从而影响全株生长。土温还制约着土壤中多种理化和生物作用的速率，而间接影响植物生长。土壤温度影响植物的吸水力和水分在土壤中的粘滞性。植物从温暖土壤中吸水要比冷凉土中吸水更容易。温度低时，植物原生质对水的透性降低而减少吸水，低温使根生长速度变慢，减少了吸收表面和利用水的能力。许多草本和木本植物，零上几度的温度就会大大降低水分的吸收，如温暖地区的菜豆、黄瓜等当温度低于5℃即停止吸水。

5. 土壤的化学性质

(1) 土壤酸度

pH值影响土壤的理化性质和微生物的活动，进而影响土壤肥力和植物生长。化学风化作用，在酸性条件下最强。腐殖化作用和生物活性在微酸和中性条件下最旺盛。很酸的土壤里，许多养分元素被淋失，而使有效性降低。pH值小于6，固氮菌活性降低，pH大于8，硝化作用受抑制，使有效氮减少。

(2) 土壤养分元素

土壤养分元素源于矿物风化所释放的养分，如Ca、K、Mg、P、Fe、B、Cu、Mn、Mo、Zn等。以有机态形式积累和贮藏在土壤中的N、P、S等，它们在土壤中的含量与有机质含量及微生物活性密切相关。由于土壤有机质的分解比岩石风化速度快，所以土壤有机质提供养分元素所占的比例也较大。依据植物对于养分元素的适应性不同，可分为耐瘠薄树种和不耐瘠薄树种，如马尾松、蒙古栎等耐贫瘠；而槭树、杉木、乌桕等为不耐贫瘠树种，一般根据树木对养分元素的吸收状况来说明其对养分的需要量。

(3) 土壤有机质

土壤有机质是由植物、动物、微生物遗体、分泌物、排泄物及它们的分解产物组成的。死地被物层覆盖在土壤矿质层的最上面，它的数量直接影响到土壤中有机质的数量和土壤的结构。死地被物层可分为凋落物层、半腐质层和腐殖质层。

6. 土壤肥力

土壤肥力是土壤为植物生长提供养分、水分和空气的能力。从物质和能量转化观点来认识，土壤肥力是其内在的，可被植物利用、转化的物质和能量。凡地表物质具有能被植物利用转化的物质和能量，就能生长植物，就具有肥力。

不同土壤类型对植物的供养能力不同。植物长期适应于特定的土壤养分状况形成其特定的适应。按照植物对土壤养分的适应状况将其分为两种类型：耐瘠薄植物和不耐瘠薄植物。

不耐瘠薄植物对养分的要求较严格，营养稍缺乏就能影响它的生长发育。

耐瘠薄植物是对土壤中的养分要求不严格，或者能在土壤养分含量低的情况下正常生长。对园林植物的选择，必须考虑园林绿地的土壤特点、园林植物与土壤的适应性，才能合理进行配置。

二、植物对土壤酸碱性的适应

按照植物对土壤酸碱性的适应程度将植物分为酸性土植物、中性土植物和碱性土植物。

1. 酸性土植物

在酸性或微酸性土壤的环境下生长良好或正常的植物，如红松、马尾松、杜鹃、山茶、广玉兰等。

2. 中性土植物

在中性土壤环境条件下生长良好或生长正常的植物，如丁香、银杏、雪松、龙柏、悬铃木、樱花。

3. 碱性植物

在碱性或微碱性土壤条件下生长良好或正常的植物，如柽柳、紫穗槐、沙枣、柳、杨、槐树、榆叶梅、牡丹等。

三、土壤中的含盐量及植物的适应

1. 土壤盐渍化

土壤盐渍化是指易溶性盐分在土壤表层积聚的现象或过程，土壤盐渍化主要发生在干旱、半干旱和半湿润地区。按照植物对土壤盐渍化的适应程度可将其分为耐盐植物和不耐盐植物。一般认为盐分对植物的危害程度为：$MgCl_2 > Na_2CO_3 > NaCl > CaCl_2 > MgSO_4 > Na_2SO_4$

2. 植物的耐盐能力

根据植物对于盐分的耐受力可将植物分为喜盐植物、抗盐植物、耐盐植物和碱土植物四大类。

(1) 喜盐植物

喜盐植物分为旱生喜盐植物(干旱的盐土地区)和湿生喜盐植物(沿海)。喜盐植物可吸收大量的盐并积聚在体内，细胞的渗透压可达40 ~ 100个大气压。

(2) 抗盐植物

抗盐植物也有分布于干旱或湿地的种类。植物根细胞膜对盐类的透性小，很少吸收土壤中的盐类。其高渗透压不是由于体内积盐而是由于体内含有较多的有机酸、氨基酸或糖类所形成。

(3) 耐盐植物

亦有分布于干旱或湿地的种类。有泌盐作用，也就是能将根系吸收的盐再分泌出去。

(4) 碱土植物

能适应 pH8.5 以上和物理性质极差的土壤，如藜科的一些植物。

3. 耐盐植物的应用

在不同盐碱土地区，常用耐盐植物来造景、绿化或改良土壤。常用的耐盐碱树种有：柽柳、白榆、加杨、小叶杨、桑、杞柳、旱柳、枸杞、楝树、臭椿、刺槐、紫穗槐、白刺花、黑松、皂荚、国槐、美国白蜡、白蜡、杜梨、桂香柳、乌桕、杜梨、合欢、枣、复叶槭、杏、钻天杨、胡杨、君迁子、侧柏、黑松等。

第六节 空气因子对园林树木的影响

一、大气的组成

大气由恒定部分、可变部分和不定部分组成，每部分的物质组成不一样，其来源也不一样 (表 3-2)，作用更是不相同。

表 3-2 大气组成

大气组成	物　质	来　源	备　注
恒定部分	氮气、氧气、稀有气体	来自大气组成的最初，在近地表大气中，含量几乎不变	由恒定部分和正常状下的可变部组成的大气，称为洁净大气。洁净大气去掉水蒸汽称为干洁大气
可变部分	二氧化碳、水蒸气等	来自最初大气组成。通常 CO_2 含量为 0.02 ~ 0.04%，水蒸汽为 4% 以下，它们的含量随季节、气象的变化以及类人类的活动而变化	
不定部分	尘埃、S、H_2S、S_xO_y、N_xO_y、盐类及气体	自然界的火山爆发、森林火灾、海啸、地震等暂时性灾害所引起	造成局部性和暂时性污染
	煤烟、尘埃、S_xO_y、N_xO_y 等	由于人类社会的发展、城市增多与扩大，人口密集或由于城市工业布局不合理、环境管理不善等人为因素造成	是造成大气污染的主要来源

二、二氧化碳的生态作用

1. CO_2 浓度的高低直接影响温室效应

大气中的 CO_2 与其它气体通常吸收红外辐射等可以维持整个大气层保持在一个恒定的温度范围内。CO_2、CH_4、H_2O 等形成了一道无形的玻璃墙。大气辐射的热量可进入，而地球辐射热量却不能通过，从而保持地球表面气温的恒定，这种现象被称为温室效应。

温室气体有许多，CO_2 是其中的主要成分，其显著特点是吸收太阳辐射少，吸收地面辐射多。因而 CO_2 浓度高低直接影响地表温度。

2. CO_2 是植物光合作用的主要原料

CO_2 是光合作用的主要原料，当 CO_2 浓度升高时，光合产量增加，而当 CO_2 浓度下降时，光合产量降低。据估测，当水分、温度及其它养分因子适宜时，大气 CO_2 每增加 10% 就可使净初级生产增加 5%。因而在生产上特别是在温室大棚中，增加大气 CO_2 浓度能明显增加作物产量，因而反季节蔬菜中，往往施 CO_2 施肥以增加产量。

三、氧气的生态作用

1. 氧气是生物呼吸的必需物质

如果缺氧，生物体中有机质的氧化不彻底，造成能量利用效率较低。对植物而言，短时间内可以忍受，通过无氧呼吸产生酒精释放能量以补充能量的不足，长时间氧气不足植物体就会死亡。对动物而言，缺氧则很快死亡；短时间不足往往通过无氧呼吸产生乳酸以补充能量的不足，但不能时间太长。

2. 土壤空气中的氧气含量对植物及土壤生物有重要意义

土壤中氧气含量在 10% 以上时，一般不会对植物根系造成伤害，一般排水良好的土壤中其氧气含量也在 10% 以上。充足的氧气能保证根系对氧气的需求，保证根系对矿质营养物质的吸收，从而加快植物体的生长。土壤中缺氧时呼吸作用受阻，根系生理机能衰退，会造成烂根、死亡。

3. 氧气是很多植物种子萌发的必备条件

种子在萌发过程中，需要氧化有机物质提供能量，能量的提供需要氧气，因而当氧气不足时植物种子的萌发受到抑制。

4. 氧气是氧化过程的参与者

植物体内有机物的氧化需要在氧气的作用下将碳水化合物氧化为二氧化碳和水，同时释放大量的热量。当氧气不足时，动、植物均能短时间进行无氧呼吸，但是对于有机物的氧化不彻底，释放的能量不多，而且产生的代谢产物对于本身有害，长期忍受无氧呼吸会导致植物生长不良，甚至死亡。

5. 氧分子与氧原子在紫外辐射下生成臭氧

氧气和臭氧均由氧原子构成，大气中氧气和臭氧之间维持着平衡，它们之间的相互转化主要是氧气在紫外线照射下转化为臭氧，臭氧在紫外线的作用下也转化为氧气。

四、氮气的生态作用

1. 氮气是植物的重要氮源

蛋白质是构成生物体必需的营养元素，蛋白质构成的必需元素之一是氮。植物体内的氮元素的来源有三种：一是通过根系吸收土壤中的氮元素；一是共生菌的固氮作用提供；一是来源于人工施肥。

2. 氮素是植物体的必需元素

虽然大气中氮元素的含量较多，但是只占植物干重的 1 ~ 3%，是植物体内许多化合物的组份。缺乏时植物矮小，老叶衰老快，果实发育不充分。

3. 氮过多产生负面效应

施氮过多会增加大气污染、水体富营养化、生物多样性减少等。这些变化都会影响到全人类的生活、生存环境，影响十分巨大。

五、大气污染对园林植物的影响

1. 污染物质的形成

(1) 大气污染是指大气中的有害物质过多，超过大气及生态系统的自净能力，破坏了生物和生态系统的正常生存和发展的条件，对生物和环境造成危害的现象。

(2) 污染物的形成有自然原因和人为原因。一般自然原因所产生的污染物种类较少，浓度也低，在一定时间后可得到恢复，如自然林火、火山爆发等。人为原因是造成大气污染的主要原因，特别是人类工业生产和生活，是形成污染物的主要因素。

2. 主要污染物质

大气中的主要污染物质有硫化物、氮氧化物、碳氧化物、光化学烟雾和颗粒污染物等五个方面，具体如表 3-3。

表 3-3　主要大气污染物质

名称	成　分	主要来源
SO_x	SO_2 和 SO_3	燃烧含硫的煤和石油等燃料
NO_x	NO 和 NO_2	矿物燃料的燃烧、化工厂及金属冶炼厂所排放的废气、汽车尾气等
CO_x	CO 和 CO_2	燃料燃烧、汽车尾气、生物呼吸等
光化学烟雾	参与光化学反应的物质、中间产物和最终产物及烟尘等多种物质的浅蓝色的混合物	光化学反应，即氮氧化物和碳氢化合物在太阳光的作用下，反应生成 O_3、醛类、过氧乙酰硝酸酯和多种自由基
颗粒污染物	降尘、飘尘、气溶胶等	燃料不完全燃烧的产物、采矿、冶金、建材、化工等多种工业

3、主要污染物质对园林植物的危害

(1)SO_2 对园林植物的伤害

主要来源：火山爆发、居民生活用煤、工业生产排放。

对植物的伤害：

危害同化器官叶片，降低和破坏光合生产效率从而降低生产量，使植株枯萎死亡；

SO_2 通过叶片呼吸进入组织内部后积累到致死浓度时使细胞酸化中毒，叶绿体破坏，细胞变形，发生质壁分离，细胞崩溃，从而在叶片的外观形态上表现出不同程度的受害症状。

大部分阔叶树，受 SO_2 危害后在叶片的脉间出现大小不等形态不同的坏死斑，因树种不同而呈现出褐色、棕色或浅黄色。受害部分与健康组织之间界限明显。

表 3-4　SO_2 对植物叶片的伤害程度(曝露浓度为 1.5mol/L)

树种	症状出现时间 /h	症状	受害程度
侧柏	8	叶片未出现可见症状	轻
白皮松	8	叶片未出现可见症状	轻
卫矛	7	叶缘和中脉间出现轻微褪绿斑	轻
沙松	6	针叶先端出现褪绿斑	较轻
京桃	5	叶片出现褪绿斑	较轻
小叶朴	4	全部叶片叶脉间出现黄褐色斑	重
油松	3	2/3 的针叶先端褪绿	重
连翘	2	开始出现褪绿斑，继而发展为褐色斑	重

针叶树受害后的典型症状是叶色褪绿变浅，针叶顶部出现黄色坏死斑或褐色环状斑并逐渐向叶基部扩展至整个针叶，最后针叶枯萎脱落。受害最重的是当年发育完全的成熟叶，老叶和未成熟的叶受害较轻。

一般 SO_2 浓度超过 0.3mol/L 时植物就表现出伤害症状，但不同植物受伤害的浓度不同，出现症状的时间也不同(表 3-4)。

(2) 氯气的来源及对园林植物的伤害

氯气的来源　主要来源于化工、制药、化纤等生产中的工业排放，如电解食盐生产烧碱、盐酸、漂白粉、氯乙烯，自来水消毒等。

对植物的伤害：

氯气使原生质膜和细胞壁解体，叶绿体受到破坏。树木受到氯气危害后主要症状为出现水渍斑，在低浓度时水渍斑消退，出现色褐斑或褪绿斑，褪绿多发生在脉间。

针叶树受害后叶片颜色褪绿变浅，针叶顶端产生黄色或棕褐色伤斑，随症状发展向叶基部扩展，最后针叶枯萎脱，与 SO_2 所产生症状较相似。

阔叶树受氯气危害后，症状最重的是枝下部老叶及发育完全、生理活动旺盛的功能叶、枝顶部未完全展开的幼叶受害轻或不受害。

氯气对植物毒性较高，一般空气中的最高允许浓度为 0.03mol/L，危害多是急性类型。1972 年沈阳市新华大街落叶松行道树 300 余株，栽植当年经受几次氯气和 SO_2 为主的有害气体为害后，当年死亡率达 80% 以上。

不同植物受氯气伤害的浓度不同，出现症状的时间也不同 (表 3-5)。

表 3-5　　氯气对植物叶片的伤害程度 (浓度 0.5mol/L)

树种	症状出现时间 /h	症状	受害程度
桧柏	8	未出现可见症状	轻
旱柳	8	部分叶片出现水渍斑	轻
卫矛	8	部分叶片褪绿有少量褐色斑	轻
云杉	8	二年生针叶顶端出现褪绿斑	轻
白皮松	8	针占先端褪绿变黄	中等
山梨	2	叶片出现水渍斑，继之出现褐色斑	重
雪柳	1	部分叶片出现褐色斑，8h 时全部叶片出现褐色斑	重
落叶松	2	针叶先端褪绿，8h 全部叶出现褐色斑	重

(3) 氟化氢的来源及对园林植物的伤害

氟化氢的来源　无色有毒气体，具有强烈的刺激性和腐蚀性，大气中的氟化氢主要来自冶金工业的电解铝和炼钢，化学工业的磷肥和氟塑料生产。

氟化氢地植物的伤害：

毒性强，对环境造成很大危害，氟化氢毒性约为 SO_2 的几十到几百倍，一般 0.003mol/L 可使植物受毒害。

使组织产生酸性伤害，原生质凝缩，叶绿素破坏。浓度较低时叶尖和叶缘处出现褪绿斑，有时也出现在叶脉间。部分树木受害后在叶片背面沿叶脉出现水渍斑。

针叶树对氟化物十分敏感，在受氟化氢危害后，针叶尖端出现棕色或红棕色坏死斑，与健康组织界限明显，随症状发展而逐渐向叶基部扩展，最后干枯脱落。因而一般情况下，有氟化物的地方，很少有针叶树生长。阔叶树受害后一般枝条顶端的幼叶受害最重，枝条中部以下的叶片受害较轻。氟化氢对植物的危害较重，一般在低浓度下，较短时间内就会出现受害症状。

(4) 其它污染物对园林植物的伤害

① O_3 一般O_3浓度超过0.05mol/L时就会对植物造成伤害。植株叶片表现出有褐色、红棕色或白色斑点，斑点较细，一般散布整个叶片。

② 大气飘尘和降尘 堵塞植物叶表气孔，如果粉尘中含重金属则会毒害植物。

③ 氮氧化物 氮氧化物抑制光合作用，长期高浓度下会对植物产生急性伤害。

4. 影响污染物质危害园林植物的因素

(1) 内部因素影响大气污染物对植物的伤害

不同植物对同一污染物的抗性不同，同一植物对不同污染物质的抗性不同。相同条件下，同种植物的不同个体及同一个体的不同生长发育阶段对大气污染的抗性不同。

(2) 环境因素影响大气污染对植物的伤害

光照、温度、湿度、粉尘、降雨、土壤状况、风、地形等因素都影响大气污染对植物的影响。

五、园林植物对大气污染的净化作用

1. 维持碳氧平衡

植物吸收二氧化碳、释放氧气，整个环境中的碳氧平衡就是通过植物来达到的。

2. 吸收有害气体

在低浓度下的慢性污染，植物的持久净化功能效果较显著。植物对污染物的吸收除了与种类有关外，还与叶片年龄、生长季节以及外界环境因素有关。复杂结构的植物群体对污染物的吸收要比单株植物强得多。

3. 滞尘效果

园林植物对空气中的颗粒污染物有吸收、阻滞、过滤等作用，使空气中的灰尘含量下降，从而起到净化空气的作用。

4. 杀菌效应

一方面，空气中的尘埃是细菌等的生活载体，园林植物的滞尘效应可以减少空气中的细菌总数；另一方面，许多园林植物可分泌杀物质，如酒精、有机酸和萜类等物质。

5. 减噪效果

不同园林植物外部形态不同，减噪效应不同。植物的叶子重迭排列、大而健壮种类减噪效应最好，而分枝和树冠都多的树种比分枝和树冠都高的减噪效应好 (表 3-6)。

阔叶树的树冠能吸收其上面声能的 26%，反射和散射 74%，而且有关研究指出，森林能更强烈地吸收和优先吸收对人体危害最大的高频噪声和低频噪声。

表 3-6 各种乔、灌木减噪功效

减噪范围 (dB)	树种
4 ~ 6	鹿角桧、金银木、欧洲白桦、李叶山楂、灰桤木、欧洲红瑞木、光叶槭、红瑞木、加拿大杨、高加索枫杨、金钟连翘、心叶椴、西洋接骨木

6 ~ 8	毛叶山梅花、构骨叶冬青、欧洲鹅耳枥、欧洲水青冈、杜鹃花属
8 ~ 10	中东杨、山枇杷、欧洲荚蒾、大叶椴
10 ~ 12	假桐槭

6. 增加空气中的负离子

空气中的负离子主要以负氧离子含量最多，对人体作用最明显，因此空气中负离子常以空气中的负氧离子为代表。

① 负离子能改善人体的健康状况 负离子有调节大脑皮质功能、振奋精神、消除疲劳、降低血压、改善睡眠、使气管黏膜上皮纤毛运动加强、腺体分泌增加、平滑肌张力增高、有改善肺的呼吸功能和镇咳平喘的功效。空气负离子能增强人体的抵抗力，抑制葡萄球菌、沙门氏菌等细菌的生长速度，并能杀死大肠杆菌。

② 空气负离子具有显著的净化空气作用 空气负离子有除尘作用；空气负离子具有抑菌、除菌作用；空气负离子还具有除异味作用；空气负离子具有改善室内环境的作用。

六、园林植物对大气污染的抗性

1. 二氧化硫

在长江中下流地区对二氧化硫抗性强的树种有：夹竹桃、女贞、广玉兰、香樟、蚊母树、珊瑚树、构骨、山茶等。

对二氧化硫抗性中等的有：大叶黄杨、八角金盘、悬铃木等。

对二氧化硫抗性弱的有：雪松。

2. 光化学烟雾

园林植物中对光化学烟雾抗性极强的园林植物有银杏、柳杉、日本扁柏、日本黑松、樟树、海桐、青冈栎、夹竹桃、日本女贞等。

抗性强的园林植物有悬铃木、连翘、冬青、美国鹅掌楸等。

抗性一般的园林植物有日本赤松、东京樱花、锦绣杜鹃。

抗性弱的园林植物有日本杜鹃、大花栀子、大八仙花、胡枝子。

抗性极弱的园林植物有木兰、牡丹、垂柳、白杨、三裂悬钩子。

3. 氯及氯化氢

耐毒能力最强的园林植物有木槿、合欢、五叶地锦等。

耐毒能力强的园林植物有黄檗、胡颓子、构树、榆、接骨木、紫荆、槐、紫穗槐等。

耐毒能力中等的园林植物有皂荚、桑、加拿大杨、臭椿、青杨、侧柏、复叶槭、丝棉木、文冠果等。

耐毒能力弱的园林植物有香椿、枣、黄栌、圆柏、洋白蜡、金银木等。

耐毒能力很弱的园林植物有海棠、苹果、槲栎、小叶杨、油松等。

不耐毒易死亡的园林植物有榆叶梅、黄刺玫、胡枝子、水杉、雪柳等。

4. 氟化物

抗性强的园林植物有国槐、臭椿、泡桐、龙爪柳、悬铃木、胡颓子、白皮松、侧柏、丁香、金银花、小檗、女贞、大叶黄杨等。

抗性中等的园林植物有刺槐、桑、接骨木、桂香柳、火炬松、君迁子、杜仲、文冠果、紫藤、华山松等。

抗性弱的园林植物有榆叶梅、山桃、李、葡萄、白蜡、油松等。

第七节 风因子

一、风的主要类型

风的主要类型有季风、干热风、热带气旋、水陆风、山谷风和焚风等。

季风：全年变向两次，夏季从海洋吹向陆地，冬季相反，这是我国典型季风气候的特征。

干热风：春夏之交，欧亚大陆北部南下的冷空气，沿途经过已增暖的下垫面和大面积干热沙漠后，出现又干又热的干热风天气。多数地区最高气温可大于25℃、相对温度小于30 ~ 40%、风速大于4 ~ 5 m/s。我国淮河以北、华北、西北、东北和内蒙古等地常有不同程度的干热风。

热带气旋常在西太平洋发展成为台风。我国是西太平洋沿岸国家中，受台风袭击最严重的国家之一，每年7 ~ 9三个月是台风在我国登陆盛期，其中强者每年平均3 ~ 4次。我国有4/5的省区均能受到西北太平洋和南海登陆台风的影响。

水陆风：发生在海岸和湖岸地区，白天从水体吹向陆地，夜间相反。

山谷风：白天风从山谷吹向山顶，夜间从坡上吹向山谷。

焚风：由于气流下沉而变得又干又热的风。

二、风对园林植物的生态作用

1. 适度的风是园林植物生长发育的必要因素

适度的风可以保持园林植物的光合作用和呼吸作用。适度的风可以加快空气的流通，使得由于光合作用降低的二氧化碳浓度升高，促进光合作用的进行。也可以补充由于呼吸作用降低的氧气的浓度，满足植物进行呼吸对氧气的需求。

适度的风促进地面蒸发和植物蒸腾，散失热量，因而能降低地面和植物体温度，提高植物对养分、水分的吸收效率。从而营造局部特殊的小气候，使得在园林的局部地方，可以栽种不同的植物。有时也会使得物候期提前或推迟。如位于风口的腊梅，由于有风的作用，其开花的时间提前了7 ~ 10天；而位于背风面的腊梅的开花时间则要后延。而一些需要较高温度下开花的植物则出现相反的情况。

适度的风有助于花粉或种子的扩散。园林中许多风媒花植物其花粉的传播需要有风的条件下才能完成，无风则不能完成其传粉，导致植物不能结果其结果率大大降低。

适度的风可保持植物群落内树木枝叶间适宜的相对湿度，避免湿度的过高，从而抑制病虫害发生，促进植物的健康生长。

2. 风对植物的危害

风会传播一些病原菌等造成植物受害。如孢子囊、子囊菌等一些病原菌等都是由于风的作用而在大气中传播的。还会使一些检疫性的病虫害大面积爆发，如2002年深圳大面积爆发的薇甘菊，其传播主要是由于种子十分轻，随风传播后大范围扩散，导致了在深圳大面积的为害。加拿大一枝黄花的爆发也是因为种子随发扩散。

风速过大会对植物形态、发育等方面产生不利影响，会导致茎叶枯损，如生长在高山的植物由于风速过大，往往造成树枝的偏向一边生长。

山地或沿海的大风，常使树干向主风方向弯曲，形成偏冠、树木矮化、长势衰弱等。

其它环境因子与强风重叠，可对园林植物造成复合伤害。如干热风，使植物蒸腾和土壤蒸发加剧，即使在水分充足的条件下，植物水分平衡失调和正常生理活动受阻，使植株在较短时间内受到危害或死亡。

沙尘暴对植物具严重的破坏作用，不但造成严重的机械损伤，其夹杂的污染物质加重了伤害的程度。

三、风对园林绿地的影响

1. 风是物质气态循环的主要动力

一些气态物质来说，其循环的主要动力就是风，如氮、硫、碳等。没有风的影响，这些物质可能在局部积累，同时会使系统需要的物质无法得到供应，如在林地内部，如果没有风，会造成二氧化碳的积累，而植物呼吸所需要的氧气则得不到供应。也正因为有了风，使得林地内部积累的二氧化碳被稀释，同时将外部的氧气输入林地内部，从而保证了林地内部植物对于氧气的需求。对于城市生态系统来说，由于其自身的不完善，需要周围乡村生态系统供应物质和能量才能使城市生态系统的正常运转，其中城市生态系统本身所生产的氧气远远不能满足高密度人群和动物的需要，所以只能通过风的作用将远处的氧气带来，再将城市生态系统产生的二氧化碳带离，从而维持城市生态系统的碳氧平衡。

2. 携带污染物质

污染物质在生态系统中的传播往往是通过风的作用来完成的。如城市生态系统中的尘埃的传播是风的作用下向四周扩散的。垃圾场的垃圾也是在风的作用下，扩大其污染范围。

3. 通过风向生态系统传送营养物质

由于风的作用，不同生态系统能不断接收到其它生态系统传送来的营养物质，使得部分生态系统的营养物质不断地积累。

4. 通过风倒、风折对生态系统产生干扰

在大风或强风的作用下，对生态系统产生许多影响。如影响树木的形态、使得迎风面树枝较少，而背风面的树枝较多、生长旺盛。

四、园林植物对风的影响及适应

1. 植物对风的影响

园林树木能在冬季降低风速20%，减缓冷空气的侵袭。园林绿化可调节冬季积雪量，密植绿化可产生窄而厚的雪堆，随着透风系数的增大，雪堆则变得浅薄。园林植物可减少风沙天气。园林植物在夏季由于降温效应引起它与非绿地之间产生温差，在它们之间形成小环流。配置良好的植物，可造成有益的峡谷效应，使夏季居住环境获得良好通风。

园林植物降低风速主要决定于园林植物形体大小、枝叶繁茂程度等。乔木好于灌木，灌木又好于草本；阔叶树好于针叶树，常绿树又好于落叶阔叶树。

2. 常见防风林结构

防风林根据树木的密度可以分为紧密结构型、稀疏结构型和透风结构型。

紧密结构

树木密度较大，纵断面很少透风，一般是风向上抬升后再越过林分。背风面，近林带边缘风速降低到最大，随后逐渐恢复到旷野风速。因而林带背后降低风速明显，但防风范围小。

稀疏结构

林冠和下部均透风，风速降低较小，林带边缘附近风速逐渐加强。

透风结构

林带较窄，树冠不透风或很少透风，但下部透风，背风面，林带边缘附近，风速降低小，随后风速缓慢减弱，减风效应远。

防风林带结构的设计，应考虑风的状况、庇护作物类型和土地经营者的愿望。落叶阔叶林树林带，不能阻挡冬季的风来庇护家畜，因其背风林带处风速大。紧密的针叶林带不能阻挡夏季风，保护农作物受危害，因背风面的湍流和只有短距离风速的降低。

第八节　植物地理分布的规律

一、我国的植被分布简况

我国植被分布的地带性规律也取决于温度和湿度条件，但由于青藏高原、北部寒潮和东南季风的影响，使得主要植被分布的方向，既不像原苏联的从北到南，也不像美国的从东到西，而是从东南向西北延伸，依次出现森林、草原、荒漠三个基本植被地带（图 3-6）。

从大兴安岭—吕梁山—六盘山—青藏高原东缘一线，将我国分为东南和西北两个半部，东南半部是季风区，发育各种类型的中生性森林，西北半部季风影响微弱，为无林的旱生性草原和荒漠。东南半部森林区，自北而南，随着热量递增，植被的带状分布比较明显，它们依次为寒温性针叶林带、温带针阔叶混交林带、暖温带落叶阔叶林、亚热带常绿阔叶林、热带季雨林带、赤道雨林带。除上述植被随纬度的变化外，由于受夏季东南季风的作用，从东南向西北，植被出现近乎经度方向的更替。而且北部的温带及暖温带地区较南部的亚热带、热带地区表现的更加明显。

二、植物水平分布的规律性

我国从东南到西北受海洋季风和湿润气流的影响程度逐渐减弱，依次有湿润、半湿润、半干旱、干旱和极端干旱气候出现，相应地我国的植被水平分

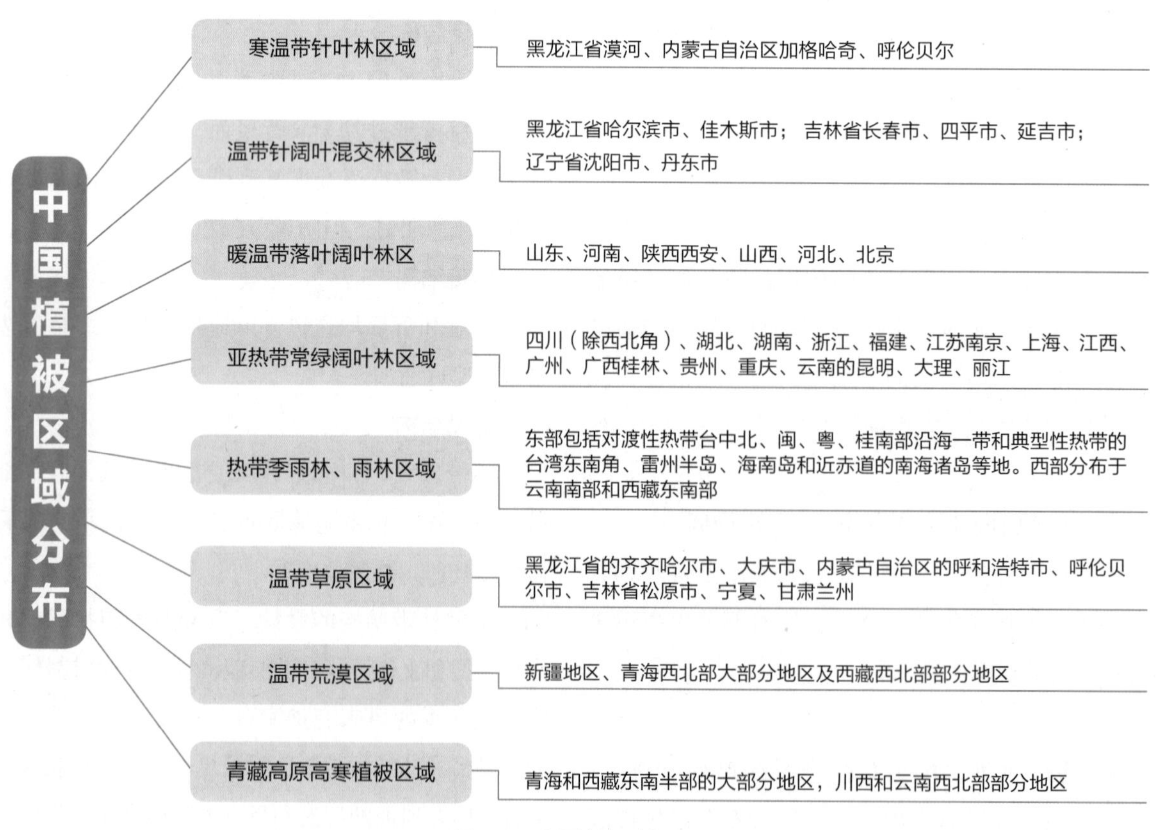

图 3-6　中国植被区域图

布规律，由东南向西北顺序出现各类的森林、草原和荒漠植被。

我国东部自北向南的各气温带植被水平分布由于特殊的地形，有很明显的规律。最北部寒温带大兴安岭因受北冰洋气流影响，形成极端寒冷而雨量不多的气候，出现落叶针叶林。华北暖温带丘陵山地因受夏季东南季风的影响，受不到暖洋流的影响，所以出现旱性的落叶阔叶林。长江以南亚热带和热带地区主要受太平洋季风和海洋性气流的影响，气候湿润而温暖，出现世界上特有的亚热带常绿阔叶林、针叶林和竹林，热带也有季雨林和小片雨林。

我国以昆仑山、秦岭、淮河一线为界，大致可分为南北两部分：北部属于温带范围，只有大兴安岭北部才有小片寒温带。亚热带东部因受太平洋季风影响，气候湿润，典型植被为各类森林。西部的青藏高原，因距离洋溢较远，夏季东南季风的影响向西逐渐减弱，由高原边缘东部向西沿着季风方向依次出现硬叶常绿阔叶灌丛和矮林、高寒草甸、高寒草原和高寒荒漠。

1. 温带地区植被水平分布的径向变化

中国的温带分典型温带和暖温带，从东到西，即从湿润区、半湿润区、半干旱区到干旱区，植被类型有显著的差异。

（1）典型温带植被水平分布的经向变化

典型温带的湿润区的东部年雨量600~700毫米，在暗棕壤上的典型植被是没有山毛榉的落叶阔叶林，在阳坡或较干燥生境下分布着蒙古栎林，而在较阴湿的生境或山谷中则有槭、椴、枍、榆、桦等的杂木林。栎林破坏后形成次生的榛子、胡枝子灌丛。

典型的温带半湿润区的东北平原，年雨量450 ~ 550毫米，在壤质黑钙土上分布着山杏、大油芒、线叶菊或贝尔针茅草以及含极丰富杂类草的羊草草原。在黑钙土型沙土上有榆树疏林。向西到了气温较低的半湿润区的内蒙古高原东部，在暗栗钙土上生长贝加尔针茅和羊草，草原不含山杏、大油芒。沙丘或沙地上则分布有草原化樟子松疏林。再向西则到了内蒙古高原的半干旱区，年雨量260 ~ 350毫米，在壤质栗钙土上以大针茅、克氏针茅草原为代表，沙土或沙丘上则生长着锦鸡儿、柳、蒿类灌丛。继续向西到内蒙西部，年降雨量只有170 ~ 250毫米，那里棕钙土上含冷蒿、多根的沙生针茅、戈壁针茅，而沙丘上则为油蒿、白沙蒿、猫头刺沙漠。

(2) 暖温带植被水平的径向变化

暖温带湿润区的辽东半岛、山东半岛和华北丘陵山地的年雨量600 ~ 700毫米，近海边雨量可达1000毫米。在微酸性或中酸性森林土上分布着各种落叶栎类林：辽东栎林见于海拔较高处，槲树林和槲栎林见于较低处，而栓皮栎和麻栎林则分布在较暖的最低处阳坡或海滨丘陵上。栎林破坏后多次生

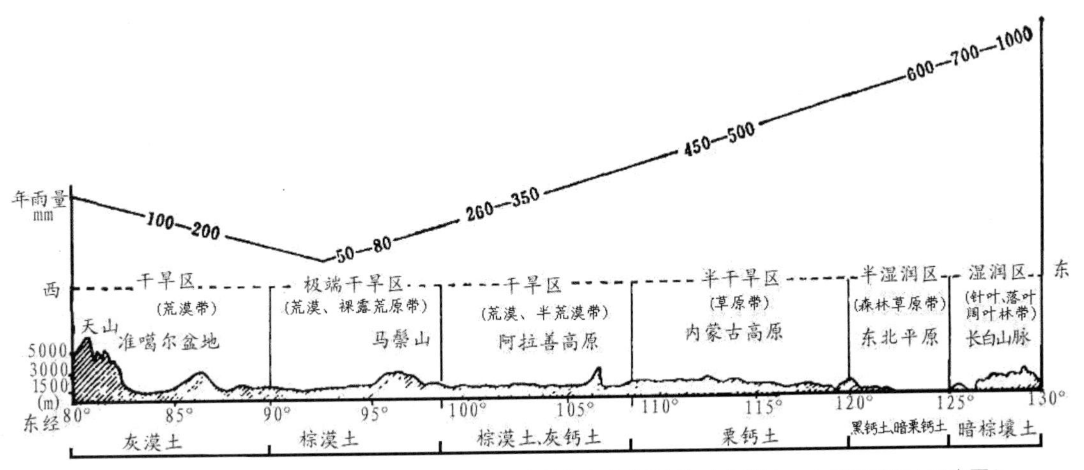

图3-7　中国温带（北伟40-45°）植被水平分布的经向变化及其与大气降水、土壤的关系（示意图）

为松林，内陆为油松林，海滨为赤松林。在石灰性或中性褐土上分布着灌木层含有黄栌、鼠李科、榆科的树种、黄连木杂木林，阔叶林破坏后阳坡上则次生或栽有侧柏疏林。

暖温带半湿润区的黄土高原东南部，年雨量约为 450 ~ 550 毫米，在田硬、路旁或荒坡上，分布着喜暖的白羊草、黄背草、杂类草原草。向西到了年降水量 250 ~ 400 毫米的半干旱区的黄土高原灰褐土上，则以本氏针茅、短花针茅草原为代表。在较干旱(年雨量 200 ~ 250 毫米)生境下则出现荒漠化草原，黄土高原西北部有短花针茅、黄亚菊草原，内蒙古和宁夏南部有短花针茅、冷蒿草原，因多已开垦，它们实际所占的面积都不大。

阿拉善高原和河西走廊属干旱地区，年降水量不超过 80 ~ 170 毫米，且 60% 集中在夏季。在阿拉善东部戈壁上，分布小片特有的沙东青、四合木和川青锦鸡儿等。马丹吉林、腾格里一带沙丘上则主要为白沙蒿、沙拐枣沙漠和梭梭柴沙漠。河西走廊和阿拉善的洪积扇上则为珍珠猪毛菜、琵琶柴沙漠。

2. 亚热带（包括西藏高原）植被水平分布的径向变化

亚热带(包括西藏高原)植被水平分布的径向变化如图 3-8。

亚热带分东西两部，东部亚热带包括江南丘陵、四川盆地、鄂黔山原，这一带年雨量 1000 ~ 2000 毫米，旱季较不显著；偏东和偏南部雨量较高。在强酸性黄壤上，一般分别以青冈栎、甜槠、柯等所组成的常绿栎类林为代表，偏南则为栲树、樟科、茶科、金缕梅科所组成的杂木林，林内含有喜湿的落叶阔叶的山毛榉。常绿阔叶林破坏后次生为映山红、乌饭树、檵木、齿叶柃木、白栎灌丛。

西部亚热带包括云南高原和横断山脉。云南高原的年雨量约 800 ~ 1000 毫米，旱季较为显著。酸性红壤上的典型植被为较旱的滇青冈、高山栲、白皮柯等组成的常绿栎类林，林内不含喜湿的山毛榉，破坏后次生为云南松林或华山松林、化香、黄连木、滇青冈、茶砚等组成的落叶阔叶林、常绿阔叶林混交林。

横断山脉位于滇西北和川西高原西南部，一般年雨量 600 ~ 700 毫米，旱季更为突出。那里从

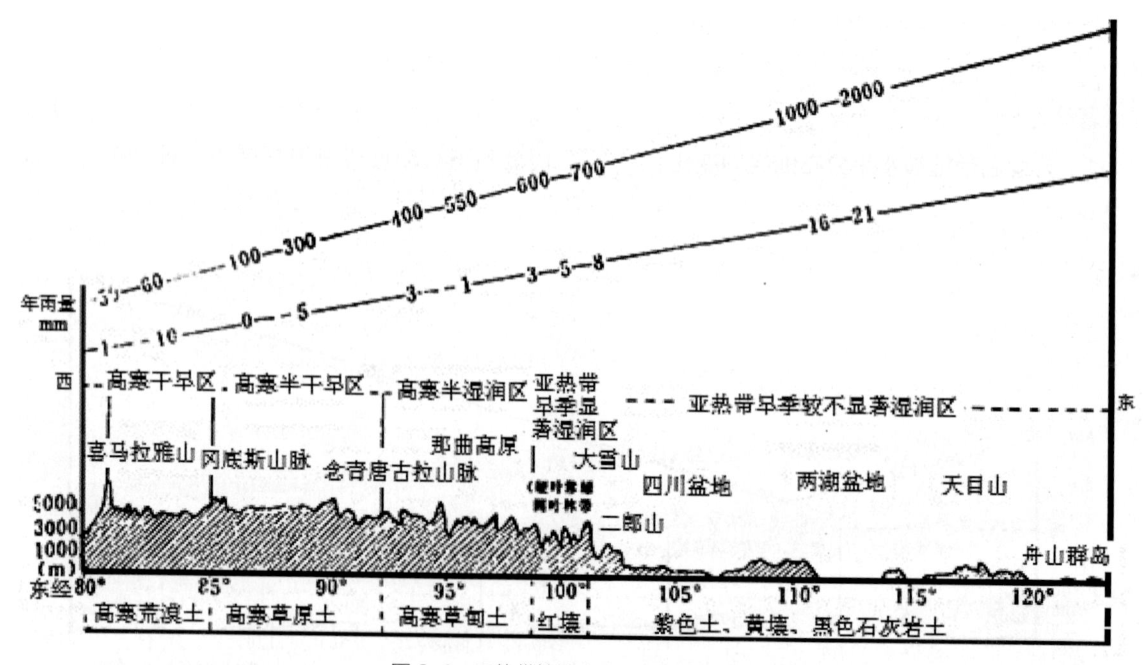

图 3-8　亚热带植被水平分布的径向变化

山谷到山顶，阴坡与阳坡，植被类型非常复杂。除了山谷底部有旱生常绿肉质有刺灌丛外，从低到高阳坡上依次一般出现云南松林、华山松林、川西云杉林、鳞皮冷杉林、红杉林等。位于亚热带西部的青藏高原西一般海拔 4000 ~ 5000 米。在唐古拉山东段一带，河谷海拔 4000 ~ 4300 米，年雨量 450 ~ 550 毫米，属半湿润区的高寒草甸带的边缘；阴坡是高山杜鹃灌丛，阳坡是高寒嵩草草甸和圆柏灌丛。向西河谷海拔达 4300 ~ 4500 米，多宽谷，植被以高山蒿草、矮生蒿草为主。再向西到了海拔 4500 米的羌高原，年降雨量 150 ~ 300 毫米，植被以紫花针茅、羽柱针茅为主的高寒草原为代表。

三、中国植被水平分布的纬向变化

纬向的变化分为两组说明，一组是最东部沿海湿润区因温度带不同，相应地出现不同类型的针叶林、阔叶林及其次生灌丛以及不同农业植被。另一组是最西部距海洋较远的大陆性干旱区，因山脉、高原、纬度所联系的气温和大气水分的复杂状况而形成不同类型的荒漠带和草原带。

1. 中国东部湿润区植被水平分布的纬向变化

中国东部湿润区植被水平分布的纬向变化如图 3-9。

(1) 寒温带落叶针叶林带

位于大兴安岭北部鄂伦春以北，年均温 -2.2℃ ~ -5.5℃，年积累为 1100 ~ 1700℃，年雨量约为 500 毫米；分布着大面积的兴安落叶松林，间或混有樟子松林。针叶林破坏后为白桦林，局部低处有山杨林。再破坏即成为绣线菊、虎榛子灌丛。

(2) 温带针叶、落叶、阔叶林带

包括沈阳以北到东北张广才岭、小兴安岭一带，年均温 2 ~ 7℃，年积温 1700 ~ 3200℃，年雨量约 600 ~ 700 毫米，最东部可达 800 ~ 900 毫米。在阴湿生境中分布着槭、椴、榆、桦等落叶阔叶杂木林，在排水良好、阳光充足的生境则分布着蒙古栎林，间或有成片的红松林，但红松多与前述杂木林混交。阔叶林破坏后次生为榛子、胡枝子、蒙古栎灌丛。

(3) 暖温带落叶阔叶林带

淮河以北和沈阳以南的大平原以及辽东半岛、山东半岛、华北山地等。年均温 7 ~ 14℃，年积温

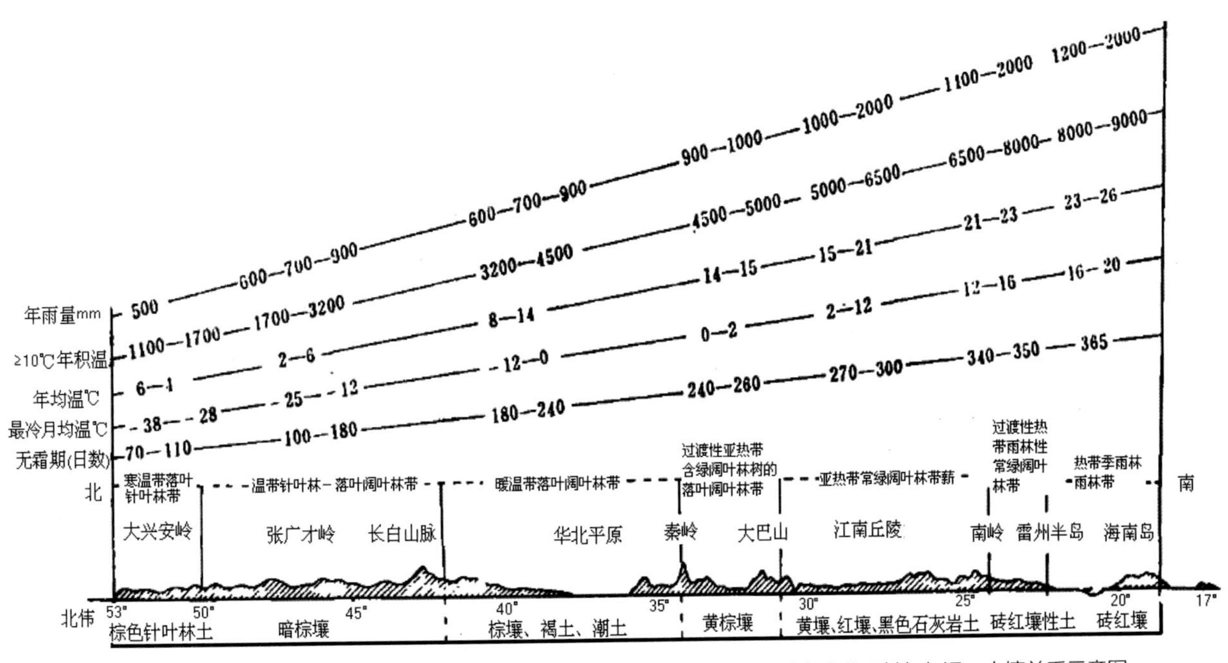

图 3-9　中国东部自东北到华南（东经约 110°　-120°　）植被水平分布的纬向变化及其与气温、土壤关系示意图

3200 ~ 4500℃，年雨量 600 ~ 700 毫米。在微酸性或中酸性棕壤上分布着多种落叶栎林。海边或南坡山麓为栓皮栎林、麻栎林。阔叶林破坏后海滨次生赤松林，内陆为油松林以及荆条、酸枣灌丛。在黄土或石灰岩土上分布有榆科植物、黄连木等落叶阔叶林，破坏后次生或栽培有侧柏疏林、并有次生黄栌、鼠李、酸枣灌丛。

(4) 半亚热带含常绿成分的落叶阔叶林带

包括秦巴山区和长江中下流，年均温 14 ~ 15 ℃，年积温 4500 ~ 5000 ℃，年雨量 900 ~ 1000 毫米。在酸性黄棕壤上分布有落叶的枹树林和半常绿的孛孛栎林，还含有亚热带常绿树种的栓皮栎、麻栎林等；阔叶林破坏后次生或栽培马尾松林和引进的黑松林，后者破坏后次生为侧柏林和白鹃梅、连翘、栓皮栎、化香灌丛。在石灰岩土上长有含箬竹、南天竹、小叶女贞等常绿灌木和化香、枫香等榆科、黄连木落叶阔叶混交林。混交林破坏后次生为荆条、马桑、黄栌、化香灌丛。

(5) 亚热带常绿阔叶林带

东部旱湿季较不显著，雨量较多；西部旱季显著、雨量较少。东部亚热带包括江南丘陵、浙闽山地、广西北部、四川盆地、黔鄂山原，平均温 15 ~ 20℃，年积温 5000 ~ 6000℃，年雨量由东到为 2000 ~ 1000 毫米，在酸性黄壤上以常绿栎类为主，有青冈栎林、甜槠林、苦槠林、柯林或它们的混交林，偏南为常绿栎类、樟科、茶科、金缕梅科所组成的杂木林；它们都含喜湿的山毛榉。阔叶林破坏后，在排水良好、阳光充足处，广泛次生有地被物为密茂铁芒萁的马尾松林和毛竹林。在石灰岩上分布着落叶阔叶树、常绿阔叶树混交林，而不是常绿阔叶林；落叶阔叶树多属榆科、胡桃科、漆树科、山茱萸科、桑科、槭树科、豆目三科、无患子科等，以榆科种类最为突出；常绿阔叶树以壳斗科的青冈栎最有代表性。偏南混交林中出现许多喜暖的树种，以落叶阔叶树种有大戟科的圆叶乌桕、漆树科的南酸枣，常绿阔叶树种有桑科的榕属和芸香科的野黄皮等最为突出。石灰岩混交林破坏后次生为柏木林及南天竹、檵木、竹叶椒、蔷薇、荚蒾等有刺灌丛，偏南还有龙眼、红背山麻杆等植物。西部亚热带包括云南高原、川西南高原，年均温 15 ~ 17℃，年积温为 4500 ~ 5500℃，年雨量 800 ~ 1000 毫米。在酸性红壤上为滇青冈、高山栲、白皮柯等常绿栎林，破坏后次生为云南松林、华山松林、滇油杉林。在石岩土上则为落叶阔叶树、常绿阔叶树混交林。横断山脉年雨量一般为 600 ~ 700 毫米，而气温随高度而递减。阳坡的硬叶常绿的高山栎灌丛、矮林可作为水平分布的代表性植被。

(6) 半热带雨林性常绿阔叶林带

包括闽、粤、桂、滇的南部以及台湾中北部。年均温为 21 ~ 24℃，年积温为 6500 ~ 8000℃，年雨量东部较高可达 2000 ~ 3000 毫米，而西部只有 1200 毫米。在半热带的酸性砖红壤性土壤上，生长着含有大戟科、罗汉松科、壳斗科栲属、樟科、山茶科杂木林，其中小乔木层和灌木层几乎全属热带松木类植物。阔叶林破坏后，东部次生为马尾松疏林及桃金娘、岗松、野牡丹、大沙叶灌丛，西部次生为思茅松林及滇大沙叶、展毛野牡丹、柔毛木荷灌丛。半热带的石灰岩土上为半常绿季雨林，主要由榆科、楝科、山竹子科、无患子科、大戟科、梧桐科、桑科等一些喜热好钙树种组成，如蚬木、木棉、金丝李等。这些树种有常绿性的或半常绿性的，其中有些有明显的板状根，这是亚热带同科树木所没有的特征。

(7) 热带季雨林、雨林带

包括广东的雷州半岛、海南岛和南海诸岛、台湾南部以及滇南和西藏东南部的局部地区，年均在 24 ~ 28℃，年积温为 8000 ~ 9000℃以上，年雨量 1200 ~ 2000 毫米。在热带的开阔谷地或丘陵酸性砖红壤上有梧桐科、漆树科、楝科、柿树科、豆科、大戟科、榆科、桑科等树种所组成的半常绿季雨林。常绿阔叶雨林仅局部地见于湿润小环境，其中乔木层树种为樟科、大戟科、桑科、桃金娘科、番荔枝科、夹竹桃科、梧桐科、山榄科、棕榈科、茜草科和紫金牛科等。在海南岛季雨林破坏后次生为南亚松林和桃金娘、岗松、野牡丹、大沙叶灌丛。在热带近赤道带的南海诸岛的珊瑚石灰土上，常因风大，加以受海水浸渍的影响，植被具有旱生和盐生的特征；所以出现肉质常绿阔叶矮林，一般高 4 ~ 5 米，最高可达 10 ~ 15 米，群落可分乔木、灌木、草本三层，树种有 16 ~ 18 种。在外貌和种类成分上较半热带复杂。

2. 中国西部干旱、半干旱区植被水平分布的纬向变化

中国西部干旱、半干旱区植被水平分布的纬向变化示意图如图 3-10。

中国西部位于亚洲内陆腹地，在强烈的大陆性气候笼罩下，从北到南出现一系列东西走向的巨大山系。南部因有西藏高原的隆起，打破了太阳辐射及其所联系的热量受纬度的影响，结合着南北不同来源的海洋气流的影响，使得植被水平分布的纬向变化规律性趋于非常复杂化。西部从北到南的植被水平分布的纬向变化如下：温带半荒漠、荒漠带 → 暖温带荒漠带 → 高寒荒漠带 → 高寒草原带 → 高寒山地灌丛草原带。

(1) 温带半荒漠、荒漠带

北疆准噶尔盆地海拔 300 ~ 500 米，因受西风带和北大西洋气流余波的影响，年降水量约 150 ~ 200 毫米，各季分布均匀，冬雪、春雨较多。由于伟度高，又是寒潮通道，年均温 3.0 ~ 7.0℃，≥10℃的年积温约 3000 ~ 5000℃。北部有草原矮半灌木荒漠，即含有沙生针茅的盐生假木贼、小蓬沙漠。中部有大面积的白梭梭沙漠和梭梭柴沙漠，两种梭梭常有规律地构成复合群落，多少都混生有短期生植物。在天山北麓以及伊犁、塔城谷地还有蒿属、短期生草类。

(2) 暖温带荒漠、裸露荒漠带

南疆塔里木盆地海拔 1000 ~ 2500 米，年雨量约 20 ~ 50 毫米，多集中夏季，最低只有 10 毫米左右，盆地中心甚至全年无雨，是世界上极端干旱区之一。年均温度 0 ~ 12℃，≥10℃的年积温约 4000 ~ 5000℃。分布着大面积的无植被流动沙丘和裸露沙漠。在山前洪积扇上有生长极稀疏的膜果麻黄、泡泡刺、沙拐枣、树柳等植物。低山上有超旱生的矮半灌木的合头草、戈壁藜等。地下水位较高处有盐爪爪、盐穗木、树柳灌丛。沿河两岸有大面积走廊式胡杨疏林。

(3) 高寒荒漠带

喀喇昆仑山和昆仑山之间的羌塘北部的高原，海拔 5000 ~ 5300 米，气候高寒而极端干旱，年均温

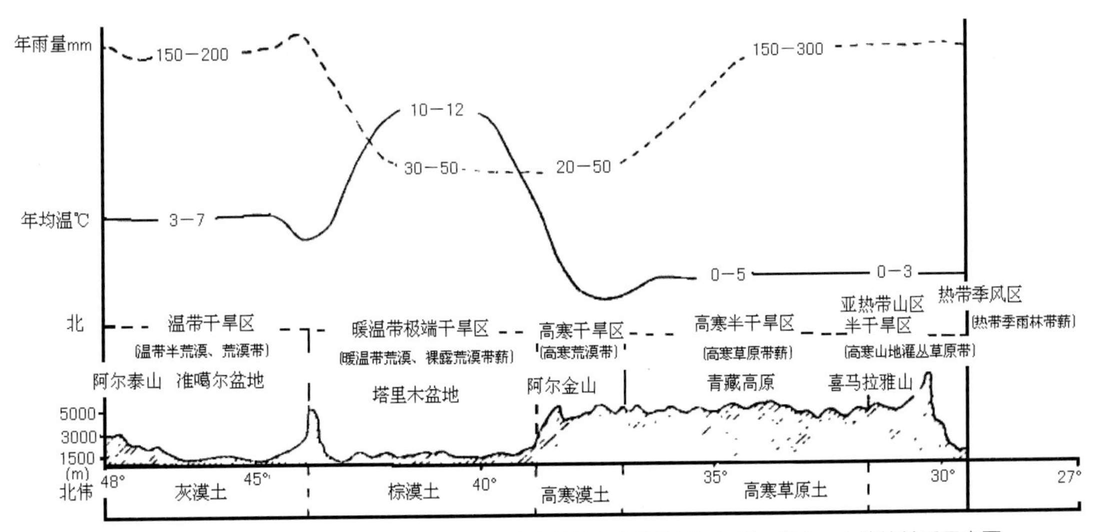

图 3-10 中国西部干旱、半干旱区植被水平分布的纬向变化及其与气温、降水、土壤的关系示意图

约 -10℃，最暖月每夜都有冰冻，年降水量 20 ~ 50 毫米。在宽谷湖盆的沙壤质土上，稀疏地分布着高约 8 ~ 15 厘米的垫状驼绒藜的高寒荒漠，盖度约 10% 以下，有的地方仅 1 ~ 3%。无农业植被。

(4) 高寒草原带

西藏北部的羌塘高原位于昆仑山与岗底斯山之间，高原湖面、台原和低山丘陵海拔 4500 ~ 4800 米，年均温为 -0.1℃，≥ 10℃积温为 1500℃，降水量约 150 ~ 300 毫米，多集中于 6 ~ 9 月。植物以紫花针茅、羽状针茅为主，组成了高寒草原。

(5) 高寒山地灌丛草原带

位于喜马拉雅山北坡和岗底斯山—拉达克山南坡之间的河谷，南北高山超过 6000 米，河谷海拔 3600 ~ 3800 米，年降水量 168 毫米，冬春有积雪，年均温 3℃，≥ 10℃的积温约 2200℃。那里有以川青锦鸡儿和驼绒藜为主的旱生灌丛、沙生针茅和变色锦鸡儿的山地灌丛草原。

四、植被的垂直分布规律

植被分布的地带性规律，除纬向和经向规律外，还表现出因高度不同而呈现的垂直地带性规律，它是山地植被的显著特征。一般来说，从山麓到山顶，气温逐渐下降，而湿度、风力、光照等其它气候因子逐渐增强，土壤条件也发生变化，在这些因子的综合作用下，导致植被随海拔升高依次成带状分布。其植被带大致与山体的等高线平行，并有一定的垂直厚度，这种植被分布规律称为植被分布的垂直地带性。在一个足够高的山体，从山麓到山顶更替着的植被带系列，大体类似于该山体所在的水平地带至极地的植被地带系列。例如，在西欧温带的阿尔卑斯山，山地植被的垂直分布和自温带、寒温带到寒带的植被水平带的变化大体相似。有人认为，植被的垂直分布是水平分布的“缩影”。而两者间仅是外貌结构上的相似，而绝不是相同。如亚热带山地垂直分布的寒温性针叶林与北方寒温带针叶林，在植物区系性质、区系组成、历史发生等方面都有很大差异。这主要因亚热带山地的历史和现代生态条件与极地极不相同而引起的。

山地植被垂直带的组合排列和更替顺序构成该山体植被的垂直带谱。不同山体具有不同的植被带谱，一方面山地垂直带受所在水平带的制约，另一方面也受山体的高度、山脉走向、坡度、基质、局部气候等因素影响。总之，位于同一水平植被带中的山地，其垂直地带性总是比较近似的 (图 3-11)。

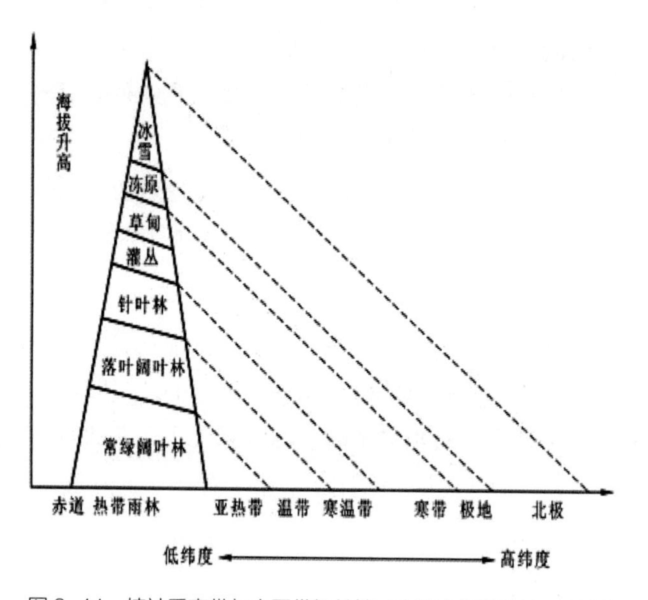

图 3-11　植被垂直带与水平带相关性示意图 (仿董世林，1994)

五、植被区划

植被区划的意义 植被区划是植被研究中的一个重要理论性问题和实际任务。它是关于地区植被地理规律性的总结，是在研究植被区系、植被与环境间的生态关系、植被的历史和动态，以及植被分类的基础上，对植被的空间结构和地理特征的进一步研究。同时，由于植被是自然地理素中的重要组成部分，故植被区划对于综合自然区划和生物圈的研究也具有很大意义。

植被区划是植物学为生产实践服务的重要方面。它不仅可以提供出植被资源空间分布及其生产潜力的基本数据，并且为合理利用自然资源、发展农业、改造自然、保护环境，提供科学依据。

植被区划的原则和依据 植被类型是植被区划

的主要依据。但植被区划不同于植被分类，它依植被类型及其地理分布的特征划分出若干个彼此有区别、但在内部又相对一致的植被地理区。

植被分布的“三向地带性”是形成地球陆地上植被类型分布区域和地带性分异的普遍规律，是决定植被分布格局的函数式，因而也是植被区划最根本的原则。

在具体分区时，应依据植被本身的特征，即各级植被的分类单位及其种类组成。并且还应参考其它各自然要素的区划。占优势的植被类型是分区的主要标志，并根据一定的植被类型的组合作为分区的依据。栽培植被也可作为分区的参考指标，但因素比较复杂，应予注意。

总之，植被的三向地带性和非地带相结合是植被区划的原则，而植被本身的特征（类型组合和植物区系）则是分区的具体依据。目前尚未建立公认的全球分区系统和划分标准。

根据上述的区划原则和依据，我国植被区划的单位，从高级至低级的顺序如下：

植被区域—植被地带—植被区—植被小区

在各级单位内均可划分出“亚级”，如亚区域，亚地带等。各区划单位的内容和划分依据如下：

植被区域 (region)：

区划的高级单位。具有一定水平地带性的热量水分综合因素所决定的一个或数个“植被型”占优势的区域。区域内具有一定的占优势的植物区系成分。如温带草原区域，亚热带常绿阔叶林区域等。

植被地带 (zone)：

在植被区域或亚区域内，由于南北向的水、热变化，或由于地势高低所引起的热量分异而表现出“植被型”的差异，可划分为“地带”或“亚地带”。如亚热带常绿阔叶林东部亚区域可分为：北亚热带夏绿、常绿阔叶混交林地带，中亚热带常绿阔叶林地带和南亚热带季风常绿阔叶林地带。

植被区 (province)：

区划的中级单位在植被地带内，由于内部的水热状况，尤其是由地貌条件造成的差异，可根据占优势的中级植被分类单位，划分出若干植被区。

植被小区 (district)：

在植被区内，根据优势的基本植被类型单位（群丛组），划分出小区。

根据上述原则、依据和单位，我国的植被分区可划分出 8 个植被区域，22 个植被地带。

Ⅰ 寒温带针叶林区域
Ⅰ1 南寒温带落叶针叶林地带
Ⅱ 温带针阔叶混交林区域
Ⅱ 1 温带针阔叶混交林地带
Ⅲ 暖温带落叶阔叶林区域
Ⅲ 1 暖温带落叶阔叶林地带
Ⅳ 亚热带常绿阔叶林区域
Ⅳ A 东部（湿润）常绿阔叶林亚区域
Ⅳ A1 北亚热带常绿落叶阔叶混交林地带
Ⅳ A2 中亚热带常绿阔叶林地带
Ⅳ A3 南亚热带季风常绿阔叶林地带
Ⅳ B 西部（半湿润）常绿阔叶林亚区域
Ⅳ B1 中亚热带常绿阔叶林地带
Ⅳ B2 南亚热带季风常绿阔叶林地带
Ⅴ 热带季雨林、雨林区域
Ⅴ A 东部（偏湿性）季雨林、雨林亚区域
Ⅴ A1 北热带半常绿季雨林、湿润雨林地带
Ⅴ A2 南热带季雨林、湿润雨林地带
Ⅴ B 西部（偏干性）季雨林、雨林亚区域
Ⅴ B1 北热带季节雨林、半常绿季雨林地带
Ⅴ C 南海珊瑚岛植被亚区域
Ⅴ C1 季风热带珊瑚岛植被地带
Ⅴ C2 赤道热带珊瑚岛植被地带
Ⅵ 温带草原区域
Ⅵ A 东部草原亚区域
Ⅵ A1 温带草原地带
Ⅵ B 西部草原亚区域
Ⅵ B1 温带草原地带

Ⅶ 温带荒漠区域

Ⅶ A 西部荒漠亚区域

Ⅶ A1 温带半灌木、小乔木荒漠地带

Ⅶ B 东部荒漠亚区域

Ⅶ B1 温带半灌木、灌木荒漠地带

Ⅶ B2 暖温带灌木、半灌木荒漠地带

Ⅷ 青藏高原高寒植被区域

Ⅷ A 高原东南部山地寒温性针叶林亚区域

Ⅷ A1 山地寒温性针叶林地带

Ⅷ B 高原东部高寒灌丛、草甸亚区域

Ⅷ B1 高寒灌丛、草甸地带

Ⅷ C 高原中部草原亚区域

Ⅷ C1 高寒草原地带

Ⅷ C2 温性草原地带

Ⅷ D 高原西北部荒漠亚区域

Ⅷ D1 高寒荒漠地带

Ⅷ D2 温性荒漠地带

第九节 城市环境特点

与自然环境不同，城市是一个人工环境，是人类在开发利用、干预改造自然环境的过程中构造出来的有别于原有自然环境的新环境。中由于人口密度远超过自然中的生物密度，因而城市环境的特点发生了很大的变化。

一、城市气候特点

由于城市化使得城市区域形成一种特殊的局地气候状况和特点。城市的发展，改变和破坏了原来的自然条件。如绝大部分的自然植被被建筑物、沥青或水泥马路所代替；人们的生产活动和生活活动增加了额外的热源；城市工业排放出的大量烟尘和气溶胶等。气候发生了一些微小的变化。呈现出了城市气候。

城市气候是城市地理环境的重要组成要素。在生产力水平还十分低下的时代，农业文明基础上的城市与自然环境基本保持和谐共生的状态，城市气候未表现出受人类活动影响的明显特殊性。工业革命后，城市工业的发展以及规模的扩张，造成原有的城市空间结构解体。城市下垫面的改变、人为热的释放以及大气污染都是特殊城市气候产生的条件与根本原因。现代城市环境和原始状态的自然环境与古代城市环境相比发生了巨大的改变，使得城市内部的风、气温等方面的特性都发生了巨大的改变。具有以下几个特征：

1. 气温高

由于城区地面反射率小于农村，以水泥、砖石、沥青为主的下垫面具有较大的导热率和热容量，房屋等建筑物又增大了受热面积，这样，在白天使城区比农村吸收并积蓄了更多的太阳辐射能；城市排水好，下垫面大都不吸水、不透水，地面含水量小，这使城市的蒸发耗热小；城市风速小；城市生产和生活排放热量等。这些因素，超过了由于城市上空烟尘较多使太阳辐射减弱的效应，使城市气温比周围农村高，形成了"城市热岛"。一般大城市年平均气温比郊区高 0.5 ~ 1.0℃，冬季平均最低气温高出 1 ~ 2℃，尤其在晴夜小风的天气条件下，一般可以高出 6℃，个别情况下，可高出 12 ~ 13℃。所以城区的严寒日数和霜冻比郊区少，无霜期比郊区长 10% 左右，有时还发生市区降雨而郊区降雪的情况。

2. 白天湿度低，夜晚湿度大

城市中由于下垫面多为建筑物和不透水的路面，蒸发量、蒸腾量小，所以城市空气的平均绝对湿度和相对湿度都较小。但由于城市下垫面热力特性，边界层湍流交换以及人为因素均存在日变化，因此，城市绝对湿度的日振幅比郊区大，白天城区绝对湿度比郊区低，形成"干岛"，夜间城市绝对湿度比郊区大，形成"湿岛"。

3. 风速小

城市的建筑群增大了地面粗糙度，因此风速一般小于郊区。例如年平均风速一般比郊区小 20 ~ 30%，最大阵性风速减少 10 ~ 20%，静风频率则增加 5 ~ 20%。此外，由于热岛效应，市区的气压比郊区低，因而在没有其它天气系统的影响下，一般大城市周围多出现由郊区向市区辐合的特殊风系，称热岛环流，又称城乡风。热岛环流的风速一般不大。以北京地区为例，如果冬春季风速达

5 ~ 6m/s、夏季达 2 ~ 3m/s 时，则热岛环流被淹没而不明显。

4. 太阳辐射弱

由于城市上空烟尘杂质较多，使年平均太阳辐射总量大约比郊区减少 10 ~ 15%，在太阳高度角较低的情况下，大城市市区的紫外线甚至可减少 30%，日照时数大约减少 5 ~ 15%。

5. 能见度差

城市大气中由于大量烟尘粒子对光线的散射和吸收，以及城区大气凝结核浓度大，雾日多，均使大气能见度降低。城市多雾，虽然雾中的相对湿度偏低，但因为城市大气中含有较多的吸湿性微粒，所以甚至在 70% 左右的相对湿度下，也能使水汽在其上发生凝结。据上海市的统计，市区的雾中相对湿度只有 80 ~ 86%，甚至有时低达 67%，而郊区的相对湿度一般在 98% 以上。但有些观测证明，因为城区相对湿度低，凝结核多，不易形成大雾滴，因此浓雾日数反而有所减少。

6. 降水多

城市的热岛效应增强了空气的热对流，城市的粗糙地面增强了大气湍流，它们都使城市空气的上升运动加强；城市大气中具有较多的能起冰核作用的凝结核；这些都是增加城市降水的有利条件。但是，也有人认为，城市大气中一般的凝结核和起冰核作用的凝结核太多时，水汽过于分散，云内只能形成大量的小云滴，使形成大雨滴的碰并作用削弱，不利于形成足以降到地面的大雨滴，这是降水的不利条件。不过，多数人认为，总的说来，城市是增加降水量的。例如：根据欧洲和北美洲的研究结果，许多大城市的雨量，约比郊区多 5 ~ 10%，小于 5 毫米的降水日数增加 10%。而由于城市气温较高，降雪比郊区少 5 ~ 10%。城市雨量最多的地区，常常发生在盛行气流的下风方向。

城市气候条件的变化，使得自然生长的部分植物不能在城市环境中生长。因而在城市园林绿地中的植物必需进行驯化和实验，才能在园林绿地中推广和应用。

二、城市土壤特点

城市土壤的形成是人类长期活动的结果，主要分布在公园、道路、体育场馆、城市河道、郊区、企事业和厂矿周围，或者简单地成为建筑、街道、铁路等城市和工业设施的“基础”而处于埋藏状态。城市土壤与自然土壤、农业土壤相比，既继承了原有自然土壤的某些特征，又由于人为干扰活动的影响，使得土壤的自然属性、物理属性、化学属性遭到破坏，原来的微生物区系发生改变，同时使一些人为污染物进入土壤，从而形成不同于自然土壤和耕作土壤的特殊土壤，具有以下特征：

1. 城市土壤结构凌乱

城市土壤土层变异性大，呈现出不连续特性，这导致不同土层的结构、质地、有机质含量、pH 值、容重及与其有关的通气性、排水性、持水量和肥力状况有显著差异。城市土壤土层变异性大，土层排列凌乱，许多土层之间没有发生联系。此外城市生产和生活中常产生一些废物，如建筑和家庭废弃物、碎砖块、沥青碎块、混凝土块等，需要进行处理，其中填埋是处理废物的常用方法，其和自然土壤发生层的土壤碎块混合在一起，改变了土层次序和土壤组成，也影响了土壤的渗透性和生物化学功能。

2. 城市土壤紧实度大，通透性差

紧实度大是城市土壤的重要特征。城市中由于人口密度大，人流量大，人踩车压，以及各种机械的频繁使用，土壤密度逐渐增大，特别是公园、道路等人为活动频繁的区域，土壤容重很高，土壤的孔隙度很低，在一些紧实的心土或底土层中，孔隙度可降至 20% ~ 30%，有的甚至小于 10%。压实导

致土壤结构体破坏、容重增加、孔隙度降低、紧实度增加，持水量减少。

此外，土壤紧实度大还会对溶质移动过程和生物活动等产生影响，从而对城市的环境产生显著的影响。如城市公园游人较多，地面受到践踏，土壤板结，透气性降低，有的树干周围铺装面积过大，仅留下很小的树盘，影响了地上与地下的气体交换，使植物生长环境恶化。城市土壤容重大、硬度高、透气性差，在这样的土壤中根系生长严重受阻，根系发育不良甚至死亡，使园林植物地上部分得不到足够的水分和养分，长期这样下去，必然导致树木长势衰弱，甚至枯死。

城市地面硬化造成城市土壤与外界水分、气体的交换受到阻碍，使土壤的通透性下降，大大减少了水分的积蓄，造成土壤中有机质分解减慢，加剧土壤的贫瘠化；根系处于透气、营养及水分极差的环境中，严重影响了植物根系的生长，园林植物生长衰弱，抗逆性降低，甚至有可能导致其死亡。

3. 城市土壤 pH 值偏高

城市土壤向碱性的方向演变，pH 值比城市周围的自然土壤高，并以中性和碱性土壤所占比例较大。土壤反应多呈中性到弱碱性，弱碱性土不仅降低了土壤中铁、磷等元素的有效性，而且也抑制了土壤中微生物的活动及其对其他养分的分解。例如河南太昊陵内由于土壤中含有石灰及香灰等侵入物，许多古柏根部土壤的 pH 值在 8.5 左右，使古柏长势衰弱；而某些工业区附近可出现土壤的强酸性反应。

4. 城市土壤固体入侵物多，有机质含量低，矿质元素缺乏

由于城市土壤很多是建筑垃圾土，建筑土壤中含有大量建筑后留下的砖瓦块、砂石、煤屑、碎木、灰渣和灰槽等建筑垃圾，它们常会使植物的根无法穿越而限制其分布的深度和广度。土壤中固体类夹杂物含量适当时，能在一定程度上提高土壤（尤其是粘重土壤）的通气透水能力，促进根系生长；但含量过多，会使土壤持水能力下降，缺少有机质。例如卓文珊等对广州市 7 个功能区绿地土壤肥力进行了研究，结果表明与自然土壤相比，城市土壤有机质和全氮含量偏低，磷含量则略高，土壤肥力以新居住区为最好，其次为公园，其后依次为老工业区、新开发区、老居住区、交通区，商业区。

5. 城市土壤生物减少

城市化的发展使得原有自然生境消失，取而代之的是沥青、混凝土地面和建筑物等人工景观。城市土壤表面的硬化、生物栖息地的孤立、人为干扰与土壤污染的加重等，造成城市土壤生物群落结构单一，多样性水平降低，生物的种类、数量远比农业土壤、自然土壤少，且受到病原生物的浸染，危害人体健康。其中大的野生动物基本没有，只有少量小型动物。

6. 城市土壤污染严重

工业废气、废液、废渣的排放，人们乱排污水，乱倒垃圾，乱堆水泥、石灰、炉渣等废物残渣，导致土壤酸化、盐碱化，理化性质变坏，土壤污染日益严重，直接影响土壤的组分和性质。城市污染物主要有污水、污泥和固体废物等。污水成分复杂，其含有的悬浮物、有机物、可溶性盐类、合成洗涤剂、有机毒物、无机毒物、病原菌、病毒、寄生虫等成分，进入土壤后可以改变土壤水的性质或成为土壤的组分，影响土壤水分功能的发挥，抑制生物种群数量和生物活性及物质循环。固体废弃物大都含有重金属，甚至含有放射性物质，这些物质经过长期暴露，被雨水冲洗和淋溶后，溶入水中，通过地表径流进入水体从而对土壤造成污染，长期以往将导致城市土壤污染日益严重。

城市土壤环境决定了城市中植物的生长更艰难，城市园林绿地中除了筛选一些适应性的植物种类外，有时还需要在局部对土壤进行改良，使其更

适合植物的生长。

三、城市水环境特点

水是一切经济建设的命脉，是城市建设与发展的关键。世界上各大城市无不依水而建，傍水而兴。在城市化的进程中，随着社会、经济的发展，人口增加，产业集中，对水的需求日益增长，而城市化建设使地面的不透水区域大幅增加，而绿化面积减少。科学保护、利用和治理城市水是实现城市可持续发展的保障，而对城市水环境的了解是其基础，总的来说，城市水环境具有以下特点：

1. 需求量大，要求高

城市用水主要为生活及工业用水，供水要求质量高、水量大、水量稳定、供水保证率高，且在区域上高度集中，在时间上相对均匀，年内分配差异小，仅在昼夜间有差别。

2. 城市供水对外依赖性强，人均水量少

由于城市本身地域狭小，本地水资源量十分有限，可利用的程度低，且城市用水量大，一般本地水源难以满足，因此，城市供水主要依靠现有的城区外围水源地或调引其它区域的水源。例如山西省的太原市主要依靠城郊的兰村、西张水源地及汾河水库供水，大同则主要依靠城北、城西等几个水源地供水，山东省的济南、青岛及鲁北各城市引用黄河水较多，天津则主要依靠引滦入津工程等等。这种依赖再加上人多，造成了人均水量低。

3. 城市的水环境条件脆弱

由于城市的空间范围有限，人口密集、工业生产发达，人类的社会活动影响集中，如果没有合适的废污水处理排放系统，城市水环境将日趋恶化。同时，城市的废气、废渣排放量也很大，易于造成大气污染，形成酸雨，进而影响地表水和地下水，并危及人类健康。

4. 城市化改变了降水条件

城市规模的不断扩大，在一定程度上改变了城市地区的局部气候条件，又进一步影响到城市的降水条件。在城市建设过程中，地表的改变使其上的辐射平衡发生了变化，空气动力糙率的改变影响了空气的运动。工业和民用供热、制冷以及机动车大量增加了大气中的热量，而且燃烧把水汽连同各种各样的化学物质送入大气层中。建筑物能够引起机械湍流，城市作为热源也导致热湍流。因此城市建筑对空气运动能产生相当大的影响。一般来说，强风在市区减弱而微风可得到加强，城市与其郊区相比很少有无风的时候。城市上空形成的凝结核、热湍流以及机械湍流可以影响当地的云量和降雨量。

5. 城市化改变了地表水的分配

城市化使地表水停留时间缩短，下渗和蒸发减少，径流量增加；使地下水减少、且得不到补偿。随着城市化的发展，工业区、商业区和居民区不透水面积不断增加，树木、农作物草地等面积逐步减小，减少了蓄水空间。由于不透水地表的入渗量几乎为零，使径流总量增大，使得雨水汇流速度大大提高，从而使洪峰出现时间提前。地区的入渗量减小，地下水补给量相应减小，枯水期河流基流量也将相应减小。而城市排水系统的完善，如设置道路边沟、密布雨水管网和排洪沟等，增加了汇流的水力效率。城市中的天然河道被裁弯取直、疏浚和整治，使河槽流速增大，导致径流量和洪峰流量加大。

6. 城市水资源供需矛盾日益尖锐

随着城市经济的不断发展，工业企业规模不断扩大，人口不断增加，生活水平不断提高，需水量大幅度提高，而城市供水能力却不能同步增大，且城市人均占有水资源量逐渐减少，从而造成城市水资源供需矛盾日益尖锐。

7. 城市开发不合理，水质恶化

20世纪70、80年代，在城市发展过程中，大量工业、生活污水直排入河，水环境遭到严重破坏。近几年，各大城市虽然不同程度地开展了污水处理，水环境污染程度逐渐有所好转，但水环境污染范围却有不断扩大的趋势。

8. 河道淤积严重，影响城市防洪能力

城市开发建设，造成水土流失；居民生活垃圾、建筑垃圾等随意倾倒，使得河道淤积严重，降低了城市河道行洪能力，给城市防洪带来不利。

9. 缺乏合理规划，盲目开采水源，破坏了水环境

部分城市忽视水文规律，肆意开采本地地下水，造成本地地下水超采，补源困难；不经过科学论证，盲目引用邻域水源，造成邻域水源缺乏，同时影响本域补源。城市地下水超采，形成大面积漏斗区，地面沉陷。

10. 水资源浪费严重

目前，我国工业万元产值用水量是发达国家的5～10倍。许多城市几乎没有中水利用措施，全部为一次性用水，重复利用率低，浪费了大量优质水源。城市水资源供给和使用过程中跑冒滴漏现象也相当严重，多数城市用水器具和自来水管网的漏失率估计在20%以上。

城市一方面缺水，另一方面生长的大量植物需要人工灌溉，也就是需有要大量的水。要协调这两方面的矛盾，一方面是筛选一些耐旱的植物种类，尽量不需要人工灌溉；二是通过植物的作用减少水的流失，使地表水回灌地下水；三是通过各种措施利用污水，如生活污染通过处理后作为灌溉用水；四是合理配置植物，为各种植物的生长提供合理的小生境，减少水分的不合理消耗。

四、城市的大气污染

我国是一个发展中国家，城市化正在加快发展，由于过去对环境保护认识不足，城市大气污染还十分突出。

1. 大气污染特点

(1) 城市废气中总悬浮颗粒物和可吸入颗粒物含量高。现阶段，我国城市空气中主要污染物虽然减排增速加快，空气质量恶化趋势有所减缓，但总悬浮颗粒物和可吸入颗粒物称为影响

城市空气质量的主要污染物，部分地区尤其是西部地区二氧化硫污染严重，少数大城市氮氧化物浓度较高。

(2) 煤烟型城市大气污染严重。我国能源结构中煤炭占76.12%，工业能源结构中燃煤占73.9%，在工业燃煤的设备中又以中小型为主。据预测表明：我国国内生产总值每增加1%，废气排放量即增加0.55%。

(3) 大气含菌量大，城市人均绿地面积小，人口密度大，大气中细菌含量高。个别城市街道每立方米空气中含菌量达数十万个，商场每立方米空气中含菌量数达到百万个。

(4) 新兴城市和小城市大气污染也日益严重 由于前几年一些小城市和新兴城市，在追求经济增长速度的同时，没有把环境保护放在同等重要的地位。搞粗放经营，浪费资源，耗能过大，污染严重。尤其是二氧化硫和悬浮颗粒物严重超标，甚至出现了酸雨情况。

(5) 部分城市污染转型　随着城市机动车辆的迅猛增加，我国一些大城市的大气污染正在由煤烟型向汽车尾气型转变。有资料报导，我国多数大城市中，机动车排放造成的污染已占城市大气污染的60%以上。以上海和广州为例上海机动车排放污染分担率CO为86%。NOx为56%；广州CO为89%，NOx为79%。以上资料表明，机动车排放污染已成为部分大气染的主要来源。

此外，我国城市大气污染还具有北方比南方严

重；冬季重于夏季且差距正在缩小；产煤区重于非产煤区；大城市污染最严重，特大城市次之，中等城市和小城市再次之的特点。

2. 造成我国城市大气污染的主要原因

(1) 能源结构和工业布局不合理　由于我国大多城市工业布局、工业结构、能源结构不合理，技术水准落后，导致大量烟尘粉尘、二氧化硫、氮氧化物进入大气。目前，我国的能源结构主要以煤炭为主，能源的总消耗量中煤炭占 72%。

(2) 机动车尾气排放管理滞后　近几年我国主要大城市机动车的数量大幅度增长，而道路建设相对滞后，导致交通拥挤机动车辆尾气污染程度加大，成为城市大气污染的主要来源。

(3) 环境监督管理没有完全到位　一些地方政府变相干预环保部门执法，批准建设短期经济效益好但能源资源消耗大，大气污染严重的工业项目。不执行国家环境影响评价制度和建设项目环境管理"三同时"制度，盲目建设了一些布局不合理、污染物超标排放的项目。受到执法机构、人员不全和执法经费不足的限制，环境执法机构不能很好的开展对污染点源污染物的监测及排污单位的监理，从而削弱了环保部门对排污单位和污染源的正常监督管理，导致没有污染治理设施的单位长期无污染治理设施，有治污设施的单位污染物处理设施运行率低，污染物超标排放。

3. 城市的大气污染对园林植物的影响

城市的大气污染使得植物种类的选择更加严格，特别是污染较重的地段植物的选择要求更难。也正因为这样，人们通过筛选一些植物吸收大气污染物质，从而净化城市大气环境。

五、城市光环境

1. 城市光环境的特点

随着城市化和人口的大量聚集，城市的夜生活更加丰富，因而城市中夜晚照明增加，并成为了城市景观之一，相对地，增加城市光照时间和光照强度。光照时间和强度的增加引起整个城市光环境发生了变化。

灯光为夜晚空间环境提供所需的必备机能，如：商业机能、娱乐机能、休闲机能、交通机能等等，并通过各种高科技演光手段对城市夜间景观环境进行二次审美创造，为市民夜生活提供必要、舒适的休闲、娱乐、购物及交往的人工照明环境。

城市夜晚景观可以表现自我，也可以通过城市夜间的各种物质组成要素间接展现出来，如：建筑、广告、橱窗、小品、绿化等。如果说城市夜晚景观的灯光塑造是舞台背景，那么社会文化活动则是夜晚景观的主题，背景始终是为了主题的展现而烘托气氛，并随着主题的展开而不断变换。它通过人的各种夜生活行为来展现，如：商业活动、娱乐活动、交通活动、节日活动等等。高质量的城市夜景观环境可以通过它的夜间照明水平来体现，但现代城市夜景观环境不仅仅包括高质量的城市照明体系，它更与城市居民的活动体系交融在一起。

2. 城市人工光照的作用

(1) 提高夜晚环境质量

城市的夜晚因天然照明不足，一切陷于黑暗中，人们的活动受到限制。路灯创造了人工的照明环境，满足了市民活动的需要，使城市的夜晚因此而活跃起来。首先，增加了人们夜晚的能见度，提高安全感，创造夜晚舒适怡人的社会活动、交往空间。其次，保证车辆和行人夜晚活动的安全，减少夜间交通事故和犯罪、暴力事件的发生。最后，满足城市不同区域的功能需要，为各分区的活动和相互间的交通、联系提供照明条件。

(2) 美化城市形象

道路照明能明晰城市结构，将城市亮点有机联系在一起，表现城市夜晚整体格局，勾勒出城市夜晚的轮廓线，产生良好的艺术效果。

(3) 促进经济繁荣

城市照明使城市经济活动时间增长，促进了旅游与消费，对比北京王府井、上海南京路、广州上下九等商业街照明所带来的经济效益就可知道。

3. 城市光照对植物的影响

除了自然条件下光照对植物的影响，由于增加了光照和光强，城市中光对植物的影响更加明显，主要体现在作为信号影响植物。由于增加了光照，因而部分路段植物不能及时进入休眠状态，当寒流来时植物容易受害。

生态因子对植物的影响有哪些？

什么是温周期？突变温度对植物的伤害有哪些类型？

园林植物对城市气温的调节作用体现在哪些方面？

水对植物的作用体现在哪些方面？耐淹、耐旱树种有哪些特点？

依植物对光照强度的适应可分类哪些类型？

判断树木耐荫力有何意义？如何提高植物对光的利用效率？

依土壤中的含盐量植物适应的类型有哪些？

我国植被的水平分布和垂直分布有哪些规律？

城市环境中常见污染物质有哪些？抗性较强的植物有哪些？

城市中气候、土壤、水有哪些特点？

第四章

园林树木群体

第一节 植物群体的概念及其在园林建设中的意义

一、植物群体的概念

“植物群体”是生长在一起的植物集体。按其形成和发展中与人类栽培活动的关系，可分为两类：一类是植物自然形成的，称为自然群体或植物群落；另一类是人工形成的，称为人为群体或栽培群体。

自然群体(植物群落)是由生长在一定地区内,并适应于该区域环境综合因子的许多互有影响的植物个体所组成，它有一定组成结构和外貌，它是依历史的发展而演变的。在环境因子不同的地区，植物群体组成成分、结构关系、外貌及演变发展过程等就都有所不同。一个植物群体应被视为与该地区各种条件密切相关的植物整体，它的发生、发展与该地区的环境因子、植物的习性及各植物体间的相互关系等综合影响有极其密切的关系。

栽培群体是完全由人类的栽培活动而创造的。它的发生、发展总规律虽然与自然群体相同，但是它的形成与发展的具体过程、方向和结果都受人的栽培管理活动支配。

二、植物群体在园林建设中的意义

在自然界中，有各类型的自然植物群体，例如在高山及纬度较高地区的针叶林和针、阔叶混交林，在沙漠地区的旱生植物群落和在低湿地区的沼泽植物群落等。

在园林中,有各种树丛、防护林、林荫道、绿篱,以及苗圃中的苗木、公园中的花坛、花境、草坪等，这些都是栽培群体。在园林建设工作中，为了充分发挥园林绿化的多种功能，保证园林植物能按照人们的目的要求来充分发挥其作用，则必须深入掌握园林植物群体的发展规律。

群体虽然是由个体组成，但其发展规律却不能完全以个体的规律来代替。至今，对群体的研究工作尚不全面，尤其是在园林中的人工群体方面。

第二节 植物的生活型和生态型

一、植物的生活型

生活型是植物对所在环境综合条件长期适应而表现在外貌上的类型。它是植物体与环境之间相互影响的反映。生活型与分类学中的分类单位无关，例如同为蔷薇科植物，有的是乔木生活型，有的是灌木或藤本等不同的生活型。反之，亲缘关系很远的且属于不同科的植物却可以表现为相同的生活型。具有相同生活型的各种植物，表示它们对环境的适应途径和方式是相同的。

丹麦生态学家饶基耶尔 (Raunkier) 将高等植物分为五个大的生活型类群，即高位芽植物、地上芽植物、地面芽植物、隐芽植物及一年生植物，为了更好地应用，再根据植物的高度、芽鳞的有无、常绿或落叶、草本或木本、旱生形态与肉质等特征进行细分。其后，瑞士学者布铙 - 布朗喀 (Brau-Blanquet) 又提出一个系统；本文则将两者综合概括为一个大体系如下：

（一）树上的附生植物

（二）高位芽植物

1. 常绿的、裸芽植物

(1) 大高位芽植物 (巨型：即高度 30 米以上)。

(2) 中高位芽植物 (中型：即高度 8 ～ 30 米)。

(3) 小高芽位植物 (小型：即高度 2 ～ 8 米)。

(4) 矮高位芽植物 (矮型：即高度 0.25 ～ 2 米)。

2. 常绿的、麟芽的植物 (芽具保护的)

(5) 大高位芽植物 (巨型)。

(6) 中高位芽植物 (中型)。

(7) 小高位芽植物 (小型)。

(8) 矮高位芽植物 (矮型)。

3. 落叶的、裸芽的植物

(9) 大高位芽植物 (巨型)。

(10) 中高位芽植物 (中型)。

(11) 小高位芽植物 (小型)。

(12) 矮高位芽植物 (矮型)。

4. 落叶的、麟芽的植物 (芽具保护的)

(13) 大高位芽植物 (巨型)。

(14) 中高位芽植物 (中型)。

(15) 小高位芽植物 (小型)。

(16) 矮高位芽植物 (矮型)。

5. 攀援藤本的植物

(17) 常绿藤本高位芽植物。

(18) 落叶藤本高位芽植物。

6. 肉茎 (多浆汁) 的植物

(19) 肉茎高位芽植物

7. 草质茎的植物

(20) 多年生草本高位芽植物。

（三）地上芽植物

1. 亚灌木地上芽植物
2. 蔓生的灌木和亚灌木地上芽植物
3. 乔木型地上芽植物
4. 泥炭藓型地上芽植物
5. 垫状地上芽植物
6. 肉叶地上芽植物 (肉叶植物)
7. 匍匐地上芽植物
8. 地衣地上芽植物 (枝状地衣)
9. 匍匐苔藓地上芽植物

（四）地面芽植物

在对植物不利季节，植物体的上部一直死亡到土壤水平面上，仅仅有被死地被物或土壤保护的植物体下部仍然存活并在地面处有芽。

1. 叶状体地面芽植物

包括固着的藻类（生于地面、树皮上或岩石上）、壳状地衣及叶状体苔藓植物。

2. 生根的地面芽植物

包括莲座状及半莲座状地面芽植物、直茎地面芽植物（具有带叶的茎）、草丛地面植物、攀援爬行地面植物。

（五）地下芽植物

在恶劣环境下以埋在土表以下的芽渡过不利环境。

1. 真地下芽的植物

(1) 根茎地下芽植物

(2) 块茎地下芽植物

(3) 块根地下芽植物

(4) 鳞茎地下芽植物

(5) 球茎地下芽植物

(6) 根地下芽植物

2. 其他地下芽的植物

(7) 寄生的地下芽植物（根寄生）。

(8) 真菌地下芽植物：包括根菌（子实体在地下）、气生菌（子实体在地上）。

（六）水生植物

1. 生根水生植物包括水生地下芽植物、水生地面芽植物、水生一年生植物。

2. 固着水生植物包括苔类、藓类、藻类、真菌。

3. 漂浮水生植物。

（七）一年生植物

一年生是以种子的形式渡过恶劣环境的。

1. 一年生种子植物包括匍匐一年生植物、攀援一年生植物、直立一年生植物。

2. 蕨类一年生植物

3. 苔藓一年生植物

4. 叶状体一年生植物（黏菌和霉菌）

（八）内生植物

1. 动物体内植物生活在动物体内的微生物，往往是病原性的。

2. 植物体内植物生活在植物体内的植物。

3. 石内植物生活在岩石里的地衣、藻类、菌类。

（九）土壤微生物

1. 好气型土壤微生物

2. 嫌气型土壤微生物

（十）浮游植物

1. 大气浮游植物

2. 水中浮游植物

3. 冰雪浮游植物

二、植物的生态型

瑞典生物学家杜尔松 (Turesson) 认为，生态型是“一个种对某一特定生境发生基因型反应的产物”。换言之，生态型是同一种植物由于长期适应不同环境而发生的变异性和分化性的个体群，这些个体群在形态、生态特征和生理特征上均有稳定性并有遗传性。一个植物种，分布区愈广，就常具有较多的生态型。不同生态型间的区别是否明显，则视其生境的变化是否具有连续性以及授粉方式而异。如果生境变化大而且不连续，授粉方式不是异花授粉和风媒花，而是自花授粉的种类，则其不同生态型间的区别就明显，否则就不太明显而不易被区别开来。同一个植物种的不同生态型，即使种植在同一环境中时，仍能保持一定的形态、生态和生理、遗传上的特征；当然，若经长期的、多世代的生长在同一环境内，则这些区别特征会变小以致消失。

生态型根据其所以形成的主要影响因子，可

分为：

（一）气候生态型

主要是长期在不同气候因子（日照、温度、降水量等）的影响下形成的。例如，北美的糖槭树可分为北部、中部和南部3个生态型。北部生态型耐寒，不耐旱，强日照能伤其叶；南部生态型不耐寒，耐旱，喜日照；中部生态型在几方面都介乎二者之间。又如艾在美国可分为在海滨、内陆及平原上生长的3个生态型。

（二）土壤生态型

主要是长期在不同土壤条件的影响下形成的。例如，蛇纹岩土壤是散在世界各处的一种特殊土壤，它缺钙，有些还缺氮、磷和钼，而富含镁、铬、镍，后两种含量接近对一般生物有毒的水平。因而，在这种土壤上生长的植物发育受阻，与非蛇纹岩土壤上生长的同种植物明显不同，形成独特的生态型。再如草本植物头花吉尔草、欧夏枯草和小酸模等种类有耐蛇纹岩的土壤生态型。有些植株体内所含的铬量可以是不耐蛇纹岩生态型植株体内含量的1万倍。在废矿堆和矿山附近也常分布有耐毒土的生态型，如羊茅有耐铅的生态型，细弱剪股颖有耐多种金属的土壤生态型。

（三）生物生态型

主要是在生物因子的长期作用下形成的。有的种长期生长在不同的群落中，由于植物之间竞争等关系的不同，可分化为不同的生态型。例如，稗可分为长在稻田和非稻田中的两种生态型：前者秆直立，常与水稻同高，几乎同时成熟；后者秆较矮，开花期迟早不等。还有些是专门的区系生态型，如牧场区系中的生态型，因长期受特定动物的啃食和践踏，多具有矮小、丛生或呈莲座状或具匍匐茎，再生力较强，无性繁殖较盛，提早成熟等特性。

（四）品种生态型

作物的品种生态型是由于人为因素（引种、扩种等活动）使作物在新生境的长期影响下形成的。例如，水稻栽培在由热带到寒温带的辽阔区域里，经受复杂的气候和土壤条件，在长期的自然选择和人工培育下，形成了很多适应于不同气候、土壤的品种生态型，如有籼、粳稻等温度生态型，早、中、晚稻等光照生态型，水、陆稻等土壤生态型等。

园林工作者不但能培育和栽培好不同的生态型植物，而且善于应用不同生态型的植物去创造出不同的、丰富多彩的园林景观，取得非凡的园林艺术效果。

第三节 植物群体的组成结构

一、自然群体的组成结构

各种自然群体均由一定的植物所组成，并有其形貌上的特征。

（一）群体的组成

群体的成分是由不同植物种类(成分)所组成,但各个种类在数量上并不是均等的，在群体中那种数量最多或数量虽不太多但所占面积却最大的主要成分，即称为“优势种”。优势种可以是一种或一种以上(有的生态学家称为“建群种”)。优势种是本群体的主导者，对群体的影响最大。

（二）群体的外貌

1. 优势种的生活型

群体的外貌主要取决于优势种的生活型。例如一片针叶树群体，其优势种为云杉时，则群体的外形呈现尖峭突立的林冠线，若优势种为偃柏时，则形成一片贴伏地面的、低矮的、宛如波涛起伏的外貌。

2. 密度

群体中植物个体的疏密程度与群体的外貌有着密切的关系。例如，稀疏的松林与浓郁的松林有着不同的外貌。此外，具有不同优势种的群体，其所能达到的最大密度也极不相同，例如沙漠中的一些植物群落常表现为极稀疏的外貌，而竹林则呈浓密的丛聚外貌。

群体的“疏密度”一般均用单位面积上的株数来表示。与“疏密度”有一定关系的是树冠的“郁闭度”和草本植物的“覆盖度”，它们均可用“十分法”来表示。以树木而论，树木中完全不见天日者为10，树冠遮荫面积与露天面积相等者为5，其余则依次按比例类推。

3. 种类的多寡

群体中种类的多少，对其外貌有很大的影响。例如单纯一种树木的林丛常形成高度一致的线条，而如果是多种树木生长在一起时，则无论在群体立面或平面上的轮廓、线条，都可有不同的变化。

4. 色相

各种群体所具有的色彩形相称为色相。例如针叶林常呈蓝绿色，柳树林呈浅绿色，银白杨树林呈碧绿与银光闪烁的色相。

5. 季相

由于季节的不同，在同一地区所产生不同的群落形相就称为季相。例如春季在山旁、岸边到处可见堇菜、二月兰等蓝色的花朵，不久则蒲公英黄色花朵布满各处。入夏则羊胡子的新穗形成一片褐黄色浮于绿色的叶丛上，暮秋则银白的白茅迎风飞舞，即是在一年四季之中表现为不同的形、色。

以同一个群体而言，一年四季由于优势种的物候变化以及相应的可能引起群体组成结构的某些变化，也都会使该群体呈现有季相的变化。

6. 植物生活期的长短

由于优势种的寿命长短的不同，亦可影响群体外貌。例如多年生树种和一、二年生或短期生草本植物的多少，可以决定季相变化的大小。

7. 群体的分层现象

各地区各种不同的植物群体，常有不同的垂直结构“层次”。“层次”少的如荒漠地区的植物通常只有一层；“层次”多的如热带雨林中常达六、七层以上。这种“层次”的形成是依植物种的高矮及不同的生态要求而形成的。除了地上部分的分层现象外，在地下部分，各种植物的根系分布深度也是有着分层现象的。

在热带雨林中，藤本植物和附生、寄生植物很多。它们不能自己直立而是依附于各层中的直立植物，不能独立地形成层次，这些就被称为“层间植物”或“填空植物”。

8. 层片

“层片”与上述分层现象中的“层次”概念较易混淆。“层次”是指群体从结构的高低来划分的，即着重于形态方面，而“层片”则是着重于从生态学方面划分的。在一般的情况下，按较大的生活型类群划分时，则层片与层次是相同的，即大高位芽植物层片即为乔木层，矮高位芽植物层片即为灌木层。但是，当按较细的的生活型单位划分时，则层片与层次的内容就不同了，例如在常绿树和落叶树的混交群体中，从较细的生活型分类来讲，可分为常绿高位芽植物与落叶高位芽植物 2 个层片，但从群体形态结构高度来讲均属于垂直结构的第一层次，即二者属于同一层次。从植物与环境间的相互关系来讲，层片则更好地表明了其生态作用，因为落叶层片与常绿层片对其下层的植物及土壤的影响是不同的。由于层片的水平分布不同，在其下层常形成具有不同习性植物形成小块组群的镶嵌状的水平分布。

二、栽培群体的组成结构

栽培群体完全是人为创造的，其中有采用单纯种类的种植方式，亦采用间种、套种或立体混交各种配植方式；因此，其组成结构的类型是多种多样的。栽培群体所表现的形貌亦受组成成分、主要的植物种类、栽植的密度和方式等因子所制约。

三、植物自然群体的分类和命名

（一）植物自然群体的分类

植物自然群体分类是个非常复杂的问题，许多国家均有不同的分类法，现在尚没有大家公认的分类系统。

1969 年联合国教科文组织曾以群落外貌和结构为基础发表一个“世界植被分类提纲”。它将世界植被分为 5 个群系纲，即密林、疏林、密灌丛、矮灌丛和有关群落及草本植被。中国植被编辑委员会经过多年的工作，在 1980 年出版的《中国植被》一书中，对植被的分类采用了三级制，即高级单位为“植被型”，中级单位为“群系”，基本单位为“群丛“。又在每级单位之上，各设一个辅助单位，即植被型组、群系组、群丛组。此外，又可根据需要，在每级主要分类单位之下设亚级，如植被亚型、亚群系等。因此，其分类系统可简介如下：

植被型组：

凡是建群种生活型相近而且群落的形态外貌相似的的植物群落联合为植被型组。全中国的植被型组共计 10 个，其中除 1 个栽培植物植被型组外，其他 9 个型组为针叶林、阔叶林、竹林、灌丛及灌草丛、草原及稀树草原、荒漠（包括肉质刺灌丛）、冻原及高山植被、草甸和沼泽及水生植被。

植被型：

是在植被型组内，把建群种生活型 (1 或 2 级) 相同或近似而同时对水热条件生态关系一致的植物群落联合为植被型。全中国共分为 29 个植被型，例如在针叶林型组下可分为寒温性针叶林、温性针叶林、温性阔叶混交林、暖性针叶林和热性针叶林等 5 型；在阔叶林型组下可分为落叶阔叶林、常绿与落叶阔叶混交林、常绿阔叶林、硬叶常绿阔叶林、季雨林、雨林、珊瑚岛常绿林和红树林等 8 型。

植被亚型：

这是植被型的辅助或补充单位，是在植被型内根据优势层片或指示层片的差异进一步划分为亚型的。例如在落叶阔叶林型中可分为 3 亚型，即典型的落叶阔叶林、山地杨桦林和河岸落叶阔叶林。

群系组：

是根据建群种亲缘关系近似（同属或相近的属）、生活型 (3 或 4 型) 近似或生境相近而分为群系组，但划入同一群系组的各群系，其生态特点一定是相似的。例如温性常绿针叶林亚型中，可分为温性松林、侧柏林等群系组。

群系：

这是最重要的中级分类单位。凡是建群种或共建种相同（在热带或亚热带有时标志种相同）的植物群落联合为群系。如辽东的栎林、兴安落叶松林等。全国共划分了560余个群系。

亚群系：

这是在生态幅度比较广的群系内的辅助单位，是根据次优势层片及其所反映的生境条件而划分的。但大多数群体系来讲是无需划分亚群系的。

群丛组：

这是将层片结构相似并且其优势片层与次优势片层的优势种或标志种相同的植物群落联合而称的。例如兴安落叶松林群系内又可分为兴安—杜鹃花群丛组。

群丛：

这是植被分类的基本单位，是所有层片结构相同，各层片优势种或标志种相同的植物群落联合为群丛。例如在兴安落叶松—杜鹃花群丛组中，可分为兴安落叶松—杜鹃花—越橘群丛和兴安落叶松—杜鹃花—红花鹿蹄草群丛。

（二）植物自然群体（自然群落）的命名

通常应用的命名法有2种，即：

1. 分层记载法

在命名时写出各层次优势种的名称，并在其间连以横线。如果同一层次中有几个优势种，则均应写出，但须在其间附以“+”号。例如樟子松 (Pinus)—越橘 (Vaccinium)—藓 (Pleurozium) 群落。

2. 简要记载法

在群体中选出2种优势种来代替该群体。当使用学名时表示时，应在最重要的种类之后加字尾“-etum”，在另一种类后加“-osum”字尾。例如云杉—蕨类群落可写为 Piceetum dryopterosum。

在一般应用上，多采用分层记载法，因为它可给人们以较明确的组成结构内容。

第四节 群体的动态

群体是由个体组成的。在群体形成的最初阶段，尤其是在较稀疏的情况下，每个个体所占空间较小，彼此间有一定的距离，它们之间的关系是通过其对环境条件的改变而发生相互影响的间接关系。随着个体植株的生长，彼此间地上部的枝叶愈益密接，地下部的根系也逐渐相互扭接。如此，则彼此间的关系就不再仅为间接的，而是有生理上及物理上的直接关系了。例如营养的交换，根分泌物质的相互影响以及机械的挤压、摩擦等。

群体是个紧密相关的集体，是个整体。研究群体的生长发育和演变的规律时，既要注意组成群体的个体状况，也要从整体的状况以及个体与集体的相互关系上来考虑。

关于群体内个体间通过环境因子而产生的彼此影响，已在生态环境因子部分中讲到，所以现在仅从整体的角度来讲其生长发育和演替的规律。但由于群体与个体以及和环境因子是彼此紧密相关的，故在论述作为一个整个的群体规律时，必然要涉及个体及环境因子等方面的问题。

群体的生长发育可以分为以下几个时期，即：

一、群体的形成期（幼年期）

这是未来群体的优势种在一开始就有一定数量的有性繁殖或无性繁殖的物质基础，例如种子、萌蘖芽、根茎等。自种子或根茎开始萌发到开花前的阶段属于本期。在本期内不仅植株的形态与以后各个时期不同，而且在生长发育的习性上亦有不同。在本期中植物的独立生活能力弱，与外来其他种类的竞争能力较小，对外界不良环境的抗性弱，但植株本身与环境相统一的遗传可塑性却较强。一般言之，处于本期的植物群体要比其它时期都有较强的耐荫能力或需要适当的荫蔽和较良好的水湿条件。例如许多极喜日光的树种如松树等，在头一二年也是很耐荫的。一般的喜光树或中性树种的幼苗在完全无荫蔽的条件下，由于综合因子变化的关系，反而会对生长不利。随着幼苗年龄的增长，其需光量逐渐增加。至于具体的由需荫转变为需光的年龄，则因树种及环境的不同而异。就群体的形成与个体的关系来讲，较多的个体数量对群体的形成有利的。在自然群体中，对于相同生活型的植物而言，哪个植物种能在最初具有大量的个体数量，它较易成为该群体的优势种。在形成栽培群体的农、林及园林绿化工作中，人们也常采取合理密植、丛植、群植等措施以保证该种植物群体的顺利发展。如个体的数量较少，群体密度较小时，植物个体常分枝较多，个体高度的年生长量较少；反之，群体密度大时，则个体的分枝较少，高生长量较大，但密度过大时，易发生植株衰弱、病虫孳生，因而在生产实践中应加以控制，保持合理的密度。

二、群体的发育期（青年期）

这是指群体中的优势种从开始开花、结实到树冠郁闭后的一段时期，或先从形成树冠（地上部分）的郁闭到开花结实时止的一段时期。在稀疏的群体中常发生前者的情况，在较密的群体中则常发生后的情况。开花结实期的时间，在相同的气候、土壤等环境下，生长在郁闭群体中的个体常比生长在空旷处的单株（孤植数）个体为迟，开花结实量也较少，结实的部位常在树冠的顶端和外围。依据生长状况，群体中的个体较高，主干上下部的粗细变化较小，而生于空旷处的孤植树则较矮，主干下部粗而上部细，即所谓“削度”大，枝干的机械组织也较发达，树冠较庞大而分枝点低。该段时间内由于植株间树冠彼此密接形成郁闭状态，因而大大改变了群体内的环境条件。由于光照、水分、肥分等因素的关系，使个体发生下部枝条的自枯现象。这种现象在喜光树种表现得最为明显，而耐阴树种则较少。后者常呈现长期的适应现象，但在生长量的增加方面却较缓慢。

在群体中的个体之间，由于营养的争夺结果，有的个体表现生长健壮，有的则生长衰弱，渐处于被压迫状态以至于枯死，即产生了群体内部同种间的自疏现象，而留存适合于该环境条件的适当株数。与此同时，群体内不同种类间也继续进行着激烈的斗争，从而逐渐调整群体的组成与结构的关系。

三、群体的相对稳定期（成年期）

群体的相对稳定期是指群体经过自疏及组成成分间的生存竞争后的相对稳定阶段。虽然在群体的发展过程中始终贯穿着生理生态上的矛盾，但是在经过自疏及种间斗争的调整后，已形成大体上较稳定的群体环境和大体上的适应于该环境的群体结构和组成关系（虽然这种作用在本期仍然继续进行着，但是基本上处于相对稳定的状态）。这时群体的形貌，多表现为层次结构明显，郁闭度高等。各种群体相对稳定期的长短是有很大差别的，它又根据群体的结构、发展阶段以及外界环境因子等而异。

四、群体的衰老期及群体的更新与演替（老年及更替期）

由于组成群体主要树种的衰老与死亡以及树种间斗争继续发展的结果，乃使整个群体不可能永恒不变，而必然发生群体的演变现象。由于个体的衰老，形成树冠的稀疏，郁闭状态被破坏，日光透入树下，土地变得较干，土温亦有所增高，同时由于群体使其内环境的改变，例如植物的落叶等对于土壤理化性质的改变等。总之，群体所形成的环境逐渐发生巨大的变化，因而引起与之相适应的植物种类和生长状况的改变，因此造成群体优势种演替的条件。例如在一个地区上生长着相当多的桦树，在树林下生长有许多桦树、云杉和冷杉幼苗；由于云杉和冷杉是耐阴树，桦树是强喜光树，所以前者的幼苗可以在桦树的保护下健壮生长，又由于桦树寿命短，经过四五十年就逐渐衰老，而云杉与冷杉却正是转入旺盛生长的时期。所以一旦当云杉与冷杉挤入桦树的树冠中逐渐高于桦木后，由于树冠的愈益郁闭，形成透光很少的阴暗环境，不论对大桦木或其幼苗都极不利，但云杉、冷杉的幼苗却有很强的耐阴性，故最终会将喜强阳光的桦木排挤掉，而代之为云杉与冷杉的混交群落了。

这种树种更替的现象，是由于树种的生物学特性及环境条件的改变而不断发生的。但每一个演替期的长短是很不相同的，有的仅能维持数十年（即少数世代），有的则可呈长达数百年的（即许多世代）长期稳定状态。对此，有的生态学家曾主张植物群落演替到一定种类的组成结构后就不再变化了，故有称为“顶级群落”的理论。

一个群体相对稳定期的长短，除了因本身的生物习性及环境影响等因子外，与其更新能力亦有密切的关系。群体的更新通常用两种方式进行，即种子更新和营养繁殖更新。在环境条件较好时，由大量种子可以萌生多数幼苗，如环境对幼苗的生长有利，则提供了该种植物群落能较长期存在的基础。树种除了能用种子更新外，还可以用产生根蘖、发生不定芽等方式进行营养繁殖更新，尤其当环境条件不利于种子时更是如此。例如在高山上或寒冷处，许多自然群体常不能产生种子，或由于生长期过短，种子无法成熟，因而形成从水平根系发出大量根蘖而得以更新和繁衍的现象。由种子更新的群体和有营养繁殖更新的群体，在生长发育特性上有许多不同之点，前者在幼年期生长的速度慢但寿命长，成年后对于病虫害的抗性强；后者则由于有强大的根系，故生长迅速，在短期内即可成长，但由于个体发育上的阶段性较老，故易衰老。园林工作者应分别情况，按不同目的的需要采取相应措施，以保证群体的个体的更新过程的顺利进行。

总之，通过对群体生长发育和演替的逐步了解，园林工作者的任务即在于掌握其变化的规律，改造自然群体，引导其有利于我们需要的方向变化。对于栽培群体，则在规划设计之初，就要能预见其发展过程，并在栽培养护过程中保证其具有较长期的稳定性。但是，这是一个相当复杂的问题，应在充分掌握种间关系和群体演替等生物学规律的基础上，进行能满足园林的“改造防护、美化和适当结合生产”的各种功能要求。例如有的城市曾将速生树与慢长树混交，将钻天杨与白蜡、刺槐、元宝枫混植而株行距又过小、密度很大，结果在这个群体中的白蜡、元宝枫等越来越受到抑制而生长不良，致使配置效果欠佳。若采用乔木与灌木相结合，按其习性进行多层次的配植，则可形成既稳定而生长繁茂又能发挥景观上层次丰富、美观的效果。例如人民大会堂绿地中，以乔木油松、元宝枫与灌木珍珠梅、锦带花、迎春等配植成层次分明又符合植物习性的树丛，则是较好的例子。

思考题

1 什么是植物群体？有哪些类型？对于园林建设有何意义？

2 什么是生活型？根据芽所在位置的高低可将植物分类哪几个类型？

第五章

园林树木对环境的保护、改善和美化作用

第一节 园林树木改善环境的作用

随着对地球资源的过度开发利用，环境出现了许多变化：草原退化，水土流失，森林锐减，气温上升，冰川溶化，海平面上升，物种濒危，地球所受到的污染和破坏已演变成环境的极度恶化，使人类陷入了前所未有的生态危机。因而如何使人、生物、自然界之间建立稳定平衡的生态系统，达到生态效益、经济效益、社会效益统一协调发展，提高城市可持续发展能力，已成为城市发展的迫切要求。城市作为一个人工生态系统，园林植物是城市生态环境的主要组成成分之一，在改善空气质量，除尘降温，增湿防风，蓄水防洪，以及维护生态平衡，改善生态环境中起着主导和不可替代的作用，因此只有了解植物的生态习性，根据实际情况合理地配置植物，才能更好地发挥植物的城市绿化功能，改善我们的生存环境。

一、对空气质量的改善

大气中含 N_2 含量为78%，O_2 含量为21%，稀有气体含量为0.68%，CO_2 含量为0.32%。对人类生产、生活影响最大的为 CO_2 和 O_2 的含量，人们对它们的关注程度也最大。由于氧气的含量相对稳定，因而现在关注程度最大的是 CO_2，它是导致大气温室效应的主要因子，也是人们通过努力可以在一定程度上控制的因子，其中植物起着决定性的作用。

植物对空气质量的改善体现在以下几方面：

1. 吸收 CO_2 释放 O_2

大气中的 CO_2 平均浓度为385μg/g，但是不同地点不同时间其浓度有较大的变化。小范围而言，室内的浓度明显高于室外，晚上高于白天。较大范围内，植被丰富的森林中其浓度较低，而城市中的浓度较高。其主要原因是植物通过光合作用能吸收大量的二氧化碳，同时释放出氧气；城市中植被较少，同时大量使用了化石燃料，导致了城市中的二氧化碳浓度一直较高。以北京市为例，输入城市的空气中的 CO_2 浓度较低，而输出的则较高(表5-1)。氧气含量的变化则相反。

从卫生角度而言，当 CO_2 深度达到500μg/g时，人的呼吸就会感到不舒适，如果达到2000～6000μg/g时就会有明显的症状，通常是头疼、耳鸣、血压增高、呕吐、脉博过缓，而浓度达10%以上则会造成死亡。在城市中，由于人口密集和工厂大量排放 CO_2，使大气中 CO_2 的体积分数高达500μg/g~700μg/g。空气中 CO_2 含量的多少，是衡量空气是否新鲜的主要指标之一(其它因子是空气中负离子含量、粉尘含量、细菌含量、氧气含量)。

表5-1　北京的空气流(万吨)

	输入	输出	差值
空气	28.39×10^4	28.39×10^4	0
O_2	65580.9	65542.7	-38.2
CO_2	130.59	182.64	52.05

光合作用中每吸收44克 CO_2 放出32克 O_2。植物光合作用释放的 O_2 是所消耗的 O_2 量的20倍。我们在森林公园、城市公园、河边或草坪上散步时，会感到这里的空气比城区高楼大厦及商业区中新鲜，原因之一是在这些小环境中氧气含量或空气负氧离子含量比高楼商业区高而二氧化碳相对含量较少。

一个体重75kg的成年人，每天呼吸 O_2 量为

表 5-2　　不同植物单位叶面积 (m^2) 吸收 CO_2 放出 O_2 量

植物种	凌霄	刺槐	丰花月季	紫荆	垂柳	银杏
年吸 CO_2/g	2350	2265	2097	2041	1596	703
年放出 O_2/g	1709	1647	1525	1484.	1161	511

0.75kg，排出 CO_2 0.9kg. 通常每公顷森林每天可消耗 1000kgCO_2，放出 730kg CO_2 。根据 1996 年德国柏林中心大公园实验结果，综合满足呼吸平衡，每人若有 10 m^2 的森林即使满足氧气的需求，而绿地面积则需要 30 ~ 40m^2。这组数据说明一方面，森林的固碳释氧的能力比草坪要强，另一方面也说明不同植物的固碳释氧能力有较大的差异。

不同树种光合作用强度不同，并且差异较大 (表 5-2)。实验测定表明，气温 18 ~ 20℃全光照条件，1g 重的新鲜落叶松针叶在 1 小时内能吸收 CO_2 3.4mg，松树 3.3mg，柳树 8.0mg，椴树 8.3mg。根据植物对 CO_2 的吸收规律，一般情况下一天中 CO_2 浓度最高的时间为日出前，而最低的浓度时间为日落前，因而从氧气含量的角度，下午才是最佳的散步时间。

2. 分泌杀菌素

生活在森林公园中，人们会感觉空气十分清新，且很少生病，主要原因是公园中的细菌数量较少，而城市中的细菌数量多 (表 5-3)。一般城镇闹市区空气里的细菌比公园绿地中多 7 倍以上，这是公园绿地植物能分泌多种杀菌素，从而达到杀灭细菌的缘故。

很多植物能分泌具有强烈芳香的挥发物质，如丁香酚、桉油、松脂、肉桂油、柠檬油等，这些物质能杀死大量细菌，如松树、香樟、桉树、肉桂、柠檬、万寿菊等都含有芳香油。据研究 1 公顷圆柏林在 24 小时内，能分泌出 30kg 的杀菌素。这些物质从种类和作用效果可以分为三类：一类是芳香类，如桉树，肉桂，柠檬等树木体内含有芳香油而具有杀菌力；第二类是广谱类植物，具有杀灭细菌，真菌，原生动物的效果，如侧柏，柏木，圆柏等；第三类是选择类植物，如稠李叶捣碎物 5 ~ 30 秒，最多 3 ~ 5 分钟可杀死苍蝇，柠檬桉林中蚊子较少，夜香树具有驱虫作用。园林中具有杀灭细菌、真菌和原生动物能力的主要树种：侧柏、柏木、圆柏、雪松、柳杉、盐肤木、大叶黄杨、胡桃、月桂、欧洲七叶树、合欢、金链花、女贞、日本女贞、刺槐、银白杨、垂柳、复羽叶栾树及一些蔷薇科植物。

在实际生活中，植物杀菌效果被人们接受，并应用于生活中。如植物园、草园或森林中生活的人们很少感病，很大的一个原因是植物能分泌杀菌素和杀虫素。这在 20 世纪 30 年代被科学家所证实的。人们对于树木有益于人的健康的认识在中国具有很悠久的历史的。我国 3000 多年前人们就利用艾蒿沐浴熏香，以洁身去秽和防病。20 世纪八十年代风靡一时的 505 神功元气袋、药枕、香包等都是利用花卉能放出一些具有香气的物质来达到杀菌、驱病、防虫、醒脑、保健等功能。我国皇家园林和寺庙园林中种植有大量的松柏树，这里的空气新鲜，在这种

表 5-3　　不同立地类型空气中的含菌量

立地类型	油松林	水榆、蒙古栎林	路旁草坪	公园	校园	道路	闹市区
树木覆盖度	95	95	0	60	50	10	5
草被覆盖度	林下 85	林下 70	100	总 75	总 65	30	0
空气含菌量 (个 /m^3)	903	1264	4000 ~ 6000	900 ~ 4000	1000 ~ 10000	>30000	>35000

环境里能健康长寿。松树林中的空气对人类呼吸系统有很大的好处。欧洲曾有过报道，在感冒流行的季节，德国和瑞士有一些大工厂工人患病率极高，几乎全部病倒。但是在某些专门使用萜品油、萜品醇和萜品烯制成溶液的工厂里的工人们却非常健康，根本不发生流感。这是因为松树枝干上流出的松脂即松节油精含有多种碳氢化合物以及萜品油、萜品醇和萜品油烯。具有杀菌功能和防腐功能的"松树维生素"就存在于这些物质及其化合物之中，它可杀死寄生在呼吸系统里的能使肺部和支气管产生感染的各种微生物。工人不得病是因为这些工厂的空气中有松节油精散发的芳香物质，工人们无意的吸入了这些芳香类物质而没有生病。

有一些花卉的挥发性物质对昆虫也有一定的影响，有很强的驱虫作用。如四川洪雅县瓦屋山国家森林公园度假村建立在柳杉林中，这里整个夏天都没有蚊虫，而其它地方蚊虫相当多。因为柳杉能释放出杀菌素，有强力的驱虫作用。

3. 吸收有毒气体

由于工业的发展，人们合成了许多新的产品，在生产过程中，还产生了许多有毒有害气体(表5-4)，这些气体散发到大气中，直接影响人们的生活和健康。因而如何降低这些物质的含量而又能生产人们所需的各种物质是关注的焦点。其中一种有效的方法就是通过植物的新陈代谢来降低空气中各种有害物质的含量。

(1) 对二氧化硫的吸收

大气中的二氧化硫主要来源于燃料燃烧和化肥、硫酸等工业产生的废气。二氧化硫具有较强的氧化作用，长期接触二氧化硫气体，大部分金属都会生锈，同时影响人们的呼吸系统，并导致病变。植物的叶片在吸收 SO_2 后在中片中形成亚硫酸和毒性极强的亚硫酸根离子，亚硫酸根离子能被植物本身氧化转变成为毒性小30倍的硫酸根离子，因此达到解毒作用而不受害或受害减轻。通过这种变化，可以将有毒的二氧化硫转变为无毒的物质。

当大气中的二氧化硫浓度达到 0.2 ~ 0.3μg.g^{-1} 并持续一定时间的情况，有些敏感植物可能受到危害，达到1μg.g^{-1} 时有些树木出现受害症状，特别是针叶树则出现明显的受害症状。达到2~10μg.g^{-1} 时，一般树木均发生急性受害。通过有关部门试验，认为抗性强的植物主要有侧柏、白皮松、云杉、香柏、臭椿、榆树等近80种草木对二氧化硫的抗性较强。抗性中等的植物主要有20余种，如华山松、北京杨、欧美杨、枫杨、桑等。抗性弱的植物有合欢、黄金树、五角枫等。

一般的松林每天可从1平方米的空气中吸收20mg的 SO_2，每公顷柳杉林每年可吸收720kgSO_2；每公顷垂柳在生长季节每月能吸收10kgSO_2；忍冬在每小时每平方米吸收250 ~ 500mgSO_2；锦带花、山桃每平方米可吸收160 ~ 250mg的SO_2；连翘、丁香、山梅花、圆柏等每平方米能吸收100 ~ 160mgSO_2。

(2) 对氟及氟化氢的吸收

氟化氢主要来自化肥、冶金、电镀等工业产生的废气。氟化氢使植物受害的原因主要是积累性中毒，接触时间的长短是危害植物的重要因素。植物对氟化氢抗性强的植物主要有40余种，如白皮松、松柏、侧柏、银杏、构树、胡颓子等。

由于树叶、蔬菜、花草等植物都能吸收大量的氟，人食用了含氟量高的粮食、蔬菜就会引起中毒，牲畜食用了含氟量高的饲料，蚕吃了含氟量高的桑叶也会引起中毒。所以，在氟化氢污染比较严重的地区，不宜种植食用植物，而适于种植多种非食用的

表5-4　城市大气中部分有毒气体污染物的浓度表

污染物	CO_2	CO	SO_3	NO_x	CH_4	O_3	氯化物	氨
浓度(容积%)	300 ~ 1000	1 ~ 200	0.01 ~ 8	0.01 ~ 1	0.01 ~ 1	0 ~ 0.8	0 ~ 0.8	0 ~ 0.21

树木、花草等植物。

一些观赏植物对氟有一定的吸收能力。如大叶黄杨、梧桐、女贞、榉树、垂柳等。氟化氢对人体的毒害作用比二氧化硫大20倍。昆明主要的行道树银桦吸收氟的量为630μg/g，乌桕能过420μg/g；蓝桉达到250μg/g；石榴达到225μg/g；桃花达到100μg/g。

(3) 对氯气的吸收

氯是一种具有强烈臭味的黄绿色气体，主要来自化工厂、制药厂和农药厂。根据有关试验说明，氯气的浓度为2μg/g作用6小时，朝鲜忍冬即有25%的叶面积受害，小叶女贞三天之后30%的叶面积受害，而侧柏、桧柏、大叶黄杨、鸢尾等均不受害。

国外有人用0.1μg/g氯气作试验，能使抗性弱的植物如萝卜和一些十字花科植物受害。桃树用0.56μg/g的氯气熏气3小时便受害，松树以1μg/g熏气3小时，针叶就出现明显的受害症状。对氯抗性强的植物主要有桧柏、侧柏、白皮松、皂荚、刺槐、银杏等近30种；抗性中等的植物主要有华山松、垂柳、构树、白蜡树、泡桐、桑等；抗性弱的植物主要有油松、紫微、火炬树、雪柳、苹果等。

植物对氯气有一定的吸收和积累能力。在氯气污染区生长的植物，叶中含氯量往往比非污染区高几倍到几十倍，每万平方米植物的吸氯量为：柽柳140kg、皂荚80kg、刺槐42kg、银桦35kg、兰桉32.5kg、华山松30kg、桂香柳26kg、构树20kg、垂柳9kg、旱柳和美青杨10kg、水蜡、卫矛、花曲柳、忍冬可达7.5至10kg。

(4) 植物对其他有害气体的吸收情况

汞蒸气附近植物叶中的含汞量为：夹竹桃96μg/g、棕榈84μg、樱花、桑树均为60μg、大叶黄杨为52μg、美人蕉为19.2μg、广玉兰和月桂均为6.8μg，……，而所有清洁对照点的植物中都不含汞。国外报道烟草叶片吸汞量可高达0.47%，即使吸收了如此数量的汞，也只出现轻微症状，结果表明类烟草是净化汞蒸的极好植物，但吸汞后的烟草由于含汞量高不宜再供人吸用。有人曾测定铅烟环境下植物叶中的含铅量，每克干重叶中的含铅量为：大叶黄杨为42.6μg，女贞、榆树为36.1μg，石榴、构树为34.7μg，刺槐为35.6μg。以上这些植物达到上述含铅量后均未表现受害症状。试验还说明，大多数植物都能吸收臭氧，其中银杏、柳杉、樟树、青冈栎、夹竹桃、刺槐等10余种树木净化臭氧的作用较大。

4. 阻滞尘埃

尘埃包括粉尘和飘尘，是空气中的主要固体污染物，易引起呼吸类疾病或导致其它疾病，近几年的沙尘暴对环境的影响更大。

(1) 园林植物的滞尘机理

树木滞尘的方式有停着、附着和粘着三种。园林植物覆盖地表，可减少空气中粉尘的出现和移动，特别是一些结构复杂的植物群体对空气污染物的阻挡，使污染物不能大面积传播，有效地杜绝了二次扬尘。园林植物特别是木本植物繁茂的树冠，有降低风速作用，空气中携带的大颗粒灰尘随风速降低下沉到树木的叶片或地面，而产生滞尘效应。

叶片光滑的树木其吸尘方式多为停着；叶面粗糙、有绒毛的树木，其吸尘方式多为附着。叶或枝干分泌树脂、粘液等，其吸尘方式为粘着。园林植物叶片表面有的多绒毛，有的叶分泌黏性的油脂和汁液等，能吸附大量的降尘和飘尘。沾满灰尘的叶片经雨水冲刷，又可恢复吸滞灰尘的能力。园林植物叶片在光合作用和呼吸作用过程中，通过气孔、皮孔等吸收一部分包含重金属的粉尘。

(2) 园林植物单位叶面积滞尘效果

园林植物的滞尘效益受到多种因素影响，既有本身内在因素，也有外界因素。外因方面，植物周围的环境状况、尘缘距离、车流量、风速、温度、湿度、降雨量及其频率等因素会对植物滞尘能力产生影响；内因方面，植物的种类、高度、树冠大小、疏密度、配植方式、分泌物、叶片大小、叶面粗糙程度及结构等也对其滞尘能力有影响。园林植物种类繁多，生物学特性和生长习性的不尽相同，也决定了其所发挥的滞尘效应的多样性和差异性。

不同类型植物的滞尘能力研究中，因植物所处位置、环境差异及受研究者主观因素等影响，导致结论不同，甚至有较大差异。如郑少文等研究表明认为不同植物类型的滞尘能力有较大区别，单位面积落叶乔木的滞尘量要大于灌木。Souch 等在研究不同类型植物滞尘作用时提出：高大的乔木可大大降低绿地及周围的风速，为有效截留并吸收空气中的粉尘提供有利条件。周晓炜等分析了不同类型植物的滞尘能力，认为植物类型不同其滞尘效果也不同，其顺序为：针叶植物＞草本植物＞灌木＞藤本＞落叶乔木。韩敬等研究了临沂市滨河大道主要绿化植物滞尘能力，得出与周晓炜等相反的结论，认为不同类型绿化植物滞尘能力的顺序为：乔木＞灌木＞草本。王蓉丽等分析了金华市常见园林植物综合滞尘能力，认为园林植物的综合滞尘能力为：常绿乔木＞常绿灌木＞落叶灌木＞落叶乔木＞草坪植物；杨瑞卿等认为不同类型树种的滞尘能力存在较大差异，其大小顺序为：灌木＞常绿乔木＞落叶乔木。吴中能等测定了合肥 15 种常见绿化树种滞尘能力，认为阔叶乔木滞尘量能力顺序：广玉兰＞女贞＞棕榈＞悬铃木＞香樟，这些差异主要是树种生物学特性和所处的环境引起的。姜红卫对苏州高速公路的绿化植物的滞尘能力进行了研究，认为乔木中滞尘能力最好的是广玉兰，灌木中滞尘能力最好的是夹竹桃。陈玮等认为不同的针叶树滞尘能力排序为沙松冷杉＞沙地云杉＞红皮云杉＞东北红豆杉＞白皮松＞华山松＞油松。宋丽华等测定了银川市西夏区 4 种针叶树种春季的滞尘能力，指出了其滞尘能力顺序为：侧柏＞白皮松＞桧柏＞云杉。

在乔、灌、草等植物滞尘能力的研究中，还没有得出统一的定论，但总体上认为常绿树种的滞尘能力要大于落叶树种的滞尘能力，故在城市绿化中可考虑适当增加常绿植物的比例；在某一类型的植物滞尘能力研究中，植物滞尘效益与其树种也有很大的关系，植物不同滞尘能力不同。但不同树种滞尘能力不同（表 5-5)，相差可达 6 倍之多。

(3) 群落的滞尘效益效果

园林植物不仅单株有滞尘效益，其群落组合将发挥更佳的滞尘能力。郑少文等指出绿地具有滞尘作用，绿地中总悬浮颗粒物（TSP) 值显著低于非绿地，不同类型绿地的减尘率依次为：乔灌草复合型 38%，灌草型 31%，草坪 7%，裸地 2.6%，乔灌草型绿地的滞尘效应最大，灌草型绿地次之，草坪最小。Baker 研究也表明，乔灌草型的绿地组合具有相对较好的滞尘作用，也是目前较为理想的绿地类型。

罗英等研究了淮安市的绿地的群落滞尘效应，认为植物群落对空气中的粉尘有显著的截留和吸滞作用，街道绿地群落的滞尘效应最显著，以雪松为上层乔木的群落配置方式滞尘效应大于其他配置。刘坚对扬州古运河风光带不同绿地植物配置模式的滞尘能力进行了研究，指出香樟—罗汉松＋垂丝海棠＋瓜子黄杨的群落结构滞尘效应较强，槐树—海桐＋瓜子黄杨的群落模式的滞尘效应要优于香椽—夹竹桃＋云南黄馨的群落配置模式。

(4) 园林植物滞尘能力的经济效益

园林植物不仅具有净化大气污染的生态效益，还能在一定程度上带来可观的经济效益，关于滞尘经

表 5-5 单位面积树木的滞尘量 (g/m^2)

植物	榆树	朴树	木槿	广玉兰	重阳木	女贞	大叶黄杨	刺槐	楝树
滞尘量	12.27	9.37	8.13	7.10	6.81	6.63	6.63	6.37	5.89
植物	构树	三角枫	紫薇	悬铃木	五角枫	乌桕	樱花	腊梅	栀子
滞尘量	5.87	5.52	4.42	3.37	3.45	3.39	2.75	2.42	1.47

济效益的研究主要集中在城市植被总体滞尘量的经济效益上。

邱媛等测定了惠州不同功能区 4 种主要绿化乔木的滞尘能力，用遥感影像技术估算植被的地面总生物量及叶总生物量，推算出惠州建成区植被的地面生物量为 3.2×10^5t，叶面积总量为 808.4 km^2，全年滞尘量达 4430.7 t。冯朝阳等通过测定常绿乔木、落叶阔叶乔木、灌木以及草地 4 种植物类型的平均滞尘能力，再与遥感方法估算的叶面积指数及植被统计数据结合，得出门头沟区自然植被的年滞尘量为 3.947×10^5t，滞尘效益价值为 6.710×10^7 元。吴耀兴等研究了广州市城市森林净化大气的功能价值，指出全市绿地平均滞尘率为 39.93%，城市森林的滞尘总量为 60760t/a，它的滞尘功能价值为 191.03 万元。

二、具有降低温度改善小环境功能

1. 改变温度

俗语说：“大树低下好乘冷”。为什么在大树底下人会感觉比在阳光下凉爽？其原因有以下几方面：一是庭荫树能在夏季降低温度，树冠阻拦阳光而减少辐射热，给人带来舒适的感受；二是植物的树冠对太阳辐射有再分配的功能。太阳辐射是光和热的来源。投射到树冠上的太阳辐射有 10 ~ 15% 被树冠反射，36 ~ 80% 被树冠吸收，透入林内的光照只有 10 ~ 20% 左右；三是植物的蒸腾需要吸收大量的热，每公顷生长旺盛的森林，每年要向空中蒸腾 8000 吨水，消耗 40 亿卡热量。所以植物具有很好的降温作用。

当然，植物对改变环境温度的影响程度受多个因素的影响，由于树冠的大小不同，叶片的疏密度、质地等不同，所以不同树种的遮荫能力也是不同的。遮荫力愈强，降低辐射热的效果愈显著。据测定 15 种合肥城市庭荫树结果显示，夏天树荫下平均能降低温度 4℃左右，而以银杏、刺槐、悬铃木等为好。

在城市中，大量的树木花卉、草坪均能降低温度，改变小环境的气候。当树木成片成林栽植时，不仅能降低林内的温度，而且由于林内，林外的气温差而形成对流的微风，即林外的热空气上升而由林内的冷空气补充，这样就使降温作用影响到林外的周围环境。微风对降低人体皮肤温度，促使人体水分蒸发，而使人感到舒服。这也是现代城市中十分注重植物综合应用的原因。

2. 改变水中成分

一般情况下，从森林中流出的水十分清彻，水中所含的泥沙和各种矿质元素含量很低，而城市中的河流往往泥沙含量相当高，各种矿质元素特别是重金属元素的含量较高。其原因主要有几下几方面：

水体的污染主要是因为水中污染物质的浓度超过了水体自身净化的功能。如果有其它的因子能吸收水中的各种污染物质，那么它们就是对水质能起到净化作用，显然植物通过根系的吸收作用能对水中杂质和重金属等污染物有一定的吸收，从而起到净化作用。

根系与土壤构成了污水的综合处理系统。污水经过植物和土壤的层层过滤、吸附，然后转入深层土壤，经过植物和土壤后流出后成为良好的饮用水。因而在植被覆盖良好的区域中，小河中的水质十分清澈，各种污染物质的含量相当低，即使下的是酸雨也一样。同时根系分泌的杀菌素又可杀灭水中的细菌。污水通过 30 ~ 40 米宽的绿带后，单位体积水中所含细菌量减少 50%。大肠杆菌的数量只有 1/10。

城市自来水经过消毒处理后其综合溶解物质 >1%；而森林植被流出的溪水溶解物质含量只有 0.6%。

3. 对环境的增湿作用

树木的增湿作用与降温作用同时进行，主要与树木的蒸腾、覆盖和降低风速有关。由于树木的存在，一方面增加了大气中的水的含量；另一方面林冠覆盖阻滞了蒸腾水蒸气的及时散出，提高了瞬时小环境的空气湿度。据测定，1 ha 松林整个夏季可向空气中散出 2130 吨水，可使其周围 200 ~ 300 米的范围内气温下降 3~ 4℃，使空气湿度增加 15~20%。

4. 改变光照

阳光投射到植物上，一部分被吸收，一部分被反射，一部分被散射，还有一部分透过叶片。总的来说，植物对于光能的吸收效应是比较低的，只有太阳光总量的 1 ~ 3%，其中吸收的大部分光波是红橙光和蓝紫光，因而测定叶片中叶绿素含量时，测定吸收值的测定波长也是红橙光和蓝紫光。植物叶片反射的部分大部分是绿光，因而植物叶片呈现为绿色。

从光质 (波长) 来讲，林中和草坪上的光线具有大量的绿色波段的光，这种光线对眼睛保健有良好的作用。特别在夏季，由于大面积的草坪和树木花卉，能使人在视觉上避免强光的刺激，因而人们觉得观看草坪十分舒服，这也是人们喜爱植物，享受自然的原因之一。

5. 减弱噪音和吸滞放射性物质

绿色植物还有减弱噪声的作用。试验表明，40 米宽的林带可以减低噪声 10 ~ 15dB；城市公园中成片林带可把噪声减少到 26 ~ 43dB，使之对人接近无害的程度。比较好的减弱噪音的树种有：雪松、桧柏、龙柏、水杉、悬铃木、梧桐、垂柳、云杉、山核桃、柏木、臭椿、樟树、榕树、柳杉、栎树、桂花、女贞等。

我国南京地区的试验测定表明，用绿色植物减弱噪音的效果与防护林带的宽度、高度、位置、配置方式以及树种等有密切的关系：林带宽度在城市中以 6 ~ 15 米为宜，在郊区以 15 ~ 30 米为宜，如能建立多条窄林带则效果更好。林带中心的高度最好在 10 米以上。林带应靠近声源，而不要靠近受声区，一般林带边缘至声源的距离在 6 ~ 15 米之间效果最好。如快车道上的汽车噪音，在穿过 12 米宽的悬铃木冠到达其后面的三层楼窗户时，减弱 3~5 dB；公路上 20 米宽的多层行道树可减少 5~7 dB；30 米宽的杂树林与距离的空旷地相比，可减弱噪音 8~10 dB；4 米 宽的枝叶浓密的绿篱墙可减少 6 dB。林带以乔木、灌木和草地相结合，形成一个连续、密集的障碍带，效果会更好。

绿色植物也具有吸滞放射性物质的作用。试验表明，在有辐射性污染的厂矿周围，设置一定宽度的绿化林带，可明显地防止和减少放射性物质的危害；杜鹃花科的一种乔木在中子 - 伽玛混合辐射剂量超过 15000 拉德时，仍能正常生长，这说明绿色植物抗辐射的能力是很强的。

第二节 园林树木保护环境的作用

园林树木保护环境的作用体现在以下几个方面：涵养水源、保持水土、防风固沙、监测大气污染和其它防护作用。

一、涵养水源保持水土

由于缺乏植被的覆盖，使我国的水土流失面积已达 150 万 km^2，每年损失的土壤达 50 亿多吨。例如黄河由于上、中游森林植被的破坏，造成每年流失土壤约达十六亿吨，其中大部分都是表层耕种的土壤，它们的流失一方面降低了水质，另一方面降低了土质，还增加了河流途中抗击洪水的难度和费用。据研究，森林在小流域中可拦蓄洪水量的 41.20% ~ 100%，可阻挡土壤流失的 79%。

在有植被的地方，大气中的降水并不能全部达到地面，总有一部分被植物的枝叶等阻截。被阻截的降水附着在植物体的表面上，大部分被直接蒸发成为水蒸汽，因此植被特别是森林中的空气经常都是湿润的。植被对降水的阻截作用，导致降雨或降雪只能通过林冠的孔隙处落到地面、或从枝叶上、茎干上往下流到地面，大大削弱了降水对地面的溅击侵蚀。植被的枯枝落叶和地被层在地表构成了一层松软疏松的保护层，水分能迅速渗入土壤中并转化为地下水。同时，植物的基部以及地上根系（如板根等）能机械地阻挡水流和吸收水分，因此，群落中在地表流淌的水是很少的，土壤中蓄积着大量的水分，溪流的潺潺流水便是由森林供给的，既使是在大旱之年，也能细水长流，这就防止了江河的暴涨暴跌。另外植被中的植物以其强大的根系把土壤牢牢地固着在自己的周围，枯枝落叶层和地被层覆盖在土壤上，从而防止了土壤被雨水冲刷。植被中涵蓄的水分除了供给自身需要外，多余的水便源源不断地流入了江河湖泊。

据各地测定，在东北红松林树冠可截留降水量的 30% ~ 73%，在福建的杉木林中，杉木可截留 70% ~ 24%，陕西的油松林可截留 37% ~ 100%。这个百分数与降水量的大小有关，降水量愈大则截留率反而会降低。树种不同，其截留率也不同，一般枝叶稠密、叶面粗糙的树种，其截留率大，针叶树比阔叶树大，耐荫树种比喜光树种大，林冠的截留量约为降水总量的 15% ~ 40%。由于树冠的截流、地被植物的截流以及死地被的吸收和土壤的渗透作用。就减少和减缓了地表径流量和流速，因而起到了水土保持作用。

在涵养水源、保持水土方面以森林最为显著。一般，森林地面径流仅达 13%，草原地面径流可达 28 ~ 32%，土壤坚实的空旷地面径流竟达 50%。同时森林群落可以将春季融雪所造成的最大流量减少 50%。

在园林绿地中，为了达到涵养水源保持水土的目的，应选植树冠厚大，郁闭度强，截留雨量能力强，耐荫性强而生长稳定和能形成富于吸水性落叶层的树种。根系深广也是选择的条件之一，因为根系广、侧根多，可加强固土和固定岩石的作用，根系深则有利于水分渗入土壤的下层。常用种类有：柳、槭树类、胡桃、枫杨、水杉、云杉、冷杉、圆柏等乔木，榛、夹竹桃、胡枝子、紫穗槐等灌木。在土石易于流失、塌陷的冲沟处，最宜选择根系发达，萌蘖性强、生长迅速而又不易生病虫害的树种，如乔木中的旱柳、山杨、青杨、侧柏、白檀等，灌木中的杞柳、沙棘、胡枝子、紫穗槐等，藤本中的紫藤、南蛇藤、葛藤、蛇葡萄等。

二、防风固沙

树木还有降低风速和降低风中沙尘的作用。当风遇到树林时，在树林的迎风面和背风面均可降低风速，但以背风面降低的效果最为显著，所以在为了防风的目的而设置防风林带时，应将被防护区设在林带背面。防风林带的方向应与主风方向垂直。

一般种植防风林带多采用3种种植结构，即紧密不易透风的结构、疏透结构和通风结构。究竟以何种结构的防风效果最好呢？中国科学院林业土壤研究所于1973年进行了研究，结果如表5-6。

表5-6表明，疏透结构和通风结构的防护距离要比紧密结构的为大，减弱风速的效率也较好。紧密结构的林带因形成不透风的墙，造成回流，所以防护范围反而小了。

根据风洞试验，当林带结构的疏透度在0.5时，其防护距离最大，可达林带高度的30倍，但在实际营造防护带时，其有效的水平防护距离多按林带高度的15 ~ 25倍来计算，一般则采用20倍的距离为标准。

为了防风固沙而种植防护林带时，在选择树种时应注意选择抗风力强、生长快且生长期长而寿命亦长的树种，最好是最能适应当地气候土壤条件的乡土树种，其树冠最好呈尖塔形或柱形而叶片较小的树种。在东北和华北的防风树常用杨、柳、榆、桑、白蜡、紫穗槐、桂香柳、柽柳等。在南方可用马尾松、黑松、圆柏、榉树、乌桕、柳、台湾相思、木麻黄、假槟榔、桄榔等。

三、其他防护作用

在地震较多地区的城市以及木结构建筑较多的居民区，为了防止火灾蔓延，可应用不易燃烧的树种作隔离带，既起到美化作用又有防火作用。对防火树种日本曾作过许多研究，常用的抗燃防火树有：苏铁、银杏、青冈栎、栲属、槲树、榕属、珊瑚树、棕榈、桃叶珊瑚、女贞、红楠、柃木、山茶、厚皮香、交让木、八角金盘等。总之以树干有厚木栓层和富含水分的树种较抗燃。

美国近年发现酸木树具有很强的抗放射性污染的能力，如种于污染源的周围，可减少放射性污染的危害。此外，用栎属树木种植成一定结构的林带，也有一定的阻隔放射性物质辐射的作用，可起到一定程度的过滤和吸收作用。俄罗斯经多年的研究表明，落叶阔叶树林所具有的净化放射性污染的能力与速度要比常绿针叶林大得多。

在多风雪地区可以用树林形成防雪林带以保护公路、铁路和居民区。在热带海洋地区可于浅海泥滩种植红树作防浪林。在沿海地区亦可种植防海潮风的林带以防盐风的侵袭。

四、监测大气污染

对大气中有毒物质具有较强抗性和一些能吸毒净化有毒物质的植物在园林绿化有较多的应用，但是一些对有毒物质没有抗性和解毒作用的“敏感”植物在园林绿化中也很有作用，我们可以利用它们对大气中有毒物质的敏感性作为监测手段以确保人民能生活在合乎健康标准的环境中。监测植物的选择一般选用草本或萌芽力强的植物，以便于更换和降低成本。

表5-6 不同结构林带的防风效果（平均风速(%)）

林带结构	0 ~ 5倍树高	0 ~ 10倍树高	0 ~ 15倍树高	0 ~ 20倍树高	0 ~ 25倍树高	0 ~ 30倍树高
紧密结构	25	37	47	54	60	65
疏透结构	26	31	39	46	52	57
通风结构	49	39	40	44	49	54

1. 对二氧化硫的监测

二氧化硫的浓度达到 1 ~ 5 mg/L 时人才能感到其气味，当浓度达到 10 ~ 20mg/L 时，人就会有受害症状，例如咳嗽、流泪等现象。但是敏感植物在浓度为 0.3mg/L 时经几小时就可在叶脉之间出现点状或块状的黄褐斑或黄白色斑，而叶脉仍为绿色。

监测植物有：杏、山丁子、紫丁香、月季、枫杨、白蜡、连翘、杜仲、雪松、红松、油松（草本有：地衣、紫花苜蓿、菠菜、胡萝卜、凤仙花、翠菊、四季秋海棠、天竺葵、锦葵、含羞草、茉莉花）。

2. 对氟及氟化氢的监测

F 及 HF 的浓度在 0.002 ~ 0.004mg/L 时对敏感植物即可产生影响。叶子的伤斑最初多表现在叶端和叶缘，然后逐渐向叶的中心部扩展，浓度高时会整片叶子枯焦而脱落。

监测植物有：榆叶梅、葡萄、杜鹃花、樱桃、杏、李、桃、月季、复叶槭、雪松（草本有：唐菖蒲、玉簪、郁金香、大蒜、锦葵、地黄、万年青、萱草、草莓、玉蜀黍、翠菊）。

3. 对氯及氯化氢的监测

氯气及氯化氢可使植物叶子产生褪色点斑或块斑，但斑界不明显，严重时全叶褪色而脱落。监测植物有：石榴、竹、复叶槭、桃、苹果、柳、落叶松、油松（草本有：波丝菊、金盏菊、凤仙花、天竺葵、蛇目菊、硫华菊、锦葵、四季秋海棠、福禄考、一串红）。

4. 光化学烟雾的监测

光化学烟雾中占 90% 的是臭氧。人在浓度为 0.5 ~ 1 mg/L 的臭氧下 1 ~ 2h 就会产生呼吸道阻力增加的症状。臭氧的嗅阀值是 0.02mg/L，在浓度为 0.1mg/L 中短时间的接触，眼睛会有刺激感。若长期处于 0.25mg/L 下，会使哮喘病患者加重病情。在 1mg/L 中 1h，会使肺细胞蛋白质发生变化，接触 4h 则 1d 以后会出现肺水肿。

光化学烟雾中的臭氧可抑制植物的生长以及在叶表面出现棕褐色。黄褐色的斑点。

监测：蔷薇、丁香、牡丹、木兰、垂柳、三裂悬钩子、美国五针松、银叶槭、梓树、皂荚、葡萄（草本有：菠菜、莴苣、西红柿、兰花、秋海棠、矮牵牛）等。

5. 其他有毒物质的监测

对空气中有毒物质的监测最好是用自动仪表，但在设备不足情况下采用绿化植物监测法仍是简便易行的有效方法。对汞的监测可用女贞；对氨的监测可用向日葵；对乙烯的监测可用棉花。

第三节 园林树木的美化作用

观赏植物的美在于其色、香、姿、韵。这简单的四个字包含有观赏植物极为丰富多彩的内涵。

一、树木的色彩美化环境

色彩为观赏植物极为重要的组成部分，鲜艳的花色给人最直接最强烈的印象（图 5-1)，色彩能对人产生一定的生理和心理作用，有些色彩能使人兴奋，有的色彩能使人产生平静，有的色彩能使人顿生庄严正感，而有的色彩能使人感到愉快和舒畅。人们看到一种花卉的色彩时，往往会联想到与其有关的一些事物，影响人的情感和情绪。红色能使人兴奋、激动，看到红色能使人的心跳加快，充满活力，使人能积极向上；黄色是明快的色彩，能使人感到愉快，是一种表现光明，带有至高无上的权威和宗教的神秘感；绿色是一种最为宁静的色彩，是一种生理安全的色彩。绿色会使人过分兴奋的神经得以抑制；橙色是一种温暖而欢乐颜色。是带有力量、饱满、决心与胜利的感情色彩，甜蜜而亲切。

植物的色彩是极其丰富而又富于变化的，不同的花卉种类具有不同色彩，如杜鹃殷红、棣棠金黄、梨花雪白等。同一花卉种内的不同品种其花色也足以构成一个万紫千红的世界，月季花就有2万个品种，植物的叶、花、果、枝杆的色彩类型及变化见第一章第二节。

色彩和感情是一个非常复杂和微妙的问题。绝不是一成不变的。因人、因时、因地及情绪条件等不同而呈现出差异。我国劳动人民习惯是将大红大绿作为吉祥如意的象征，因此红黄等暖色系花卉在喜庆场合就特别受人喜欢。文人雅士则喜欢清逸素雅的色彩，如将梅花中的绿萼梅、兰花中的绿云视为高贵品种。但绝大多数的人们是喜欢色彩绚丽的花色的。

二、树木的形态美化环境

观赏植物形态的多样性是任何其它经济作物不能相比的，如吊兰，其叶似兰，叶色清翠，临风轻荡，别具飞动飘逸之美；文竹叶色碧绿，枝片重叠，纤秀文雅；松树挺拔，竹类刚直潇洒。不同树木的形态、叶形的观赏性见第一章第二节。

观赏植物的花形是观赏植物中较为丰富的观赏

图 5-1　花的色彩美化环境

部分；有的花形似仙鹤，有的花形似荷包、有的花形似兔耳、有的花形似拖鞋、有的花形似蝴蝶等等。

三、树木的季相变化美化环境

植物在不同季节表现的外貌。植物在一年四季的生长过程中，叶、花、果的形状和色彩随季节而变化。开花时，结果时或叶色转变时，具有较高的观赏价值。园林植物配置要充分利用植物季相特色。

植物的季相变化是植物对气候的一种非凡反应，是生物适应环境的一种表现。如大多数的植物会在春季开花，发新叶；秋季植物坚固，而叶子也会由绿变黄或其它颜色。杨柳会早于其它的植物发芽，预示春天的到来；梧桐早凋，一叶知秋。植物的季相变化成为园林景观中最为直观和动人的景色，正如人们经常看到的文字描述象梨云、海棠雨、丁香雪、紫藤风、莲叶田田的荷塘、夏日百日红遍的紫薇等。这些景色无不为人们的生活增添了色彩，叫人留恋，难以忘怀。

植物季相景观也可以反映某个地方的季节特色，如享誉天下杭州西湖“苏堤春晓”“平湖秋月”、北京西山的“香山红叶”以及苏州拙政园的“海棠春坞”等等。亦有些地方将季节性的景观合理开发成为传统的节日，如北京植物园的“桃花节”、湖北武汉及江苏无锡等地的“梅花节”，洛阳的“牡丹花会”，上海和杭州等地的“桂花节”，还包括全国性的专类花卉节日，如“郁金香节”(图 5-2) 等。

图 5-2　湖南省森林植物园的郁金香节

图 5-3　松竹梅在园林中的应用

植物的季相景观受地方季节变化的制约。如北方的一年四季季节变化明显，植物的季相变化也突出，尤其是北方的春天来得迟，春季非常短暂，百花争艳，爆发似的花季，半个月之后便是浓密的绿荫了，更显得春的珍贵；北方的秋天高挂在层林尽染的山野，恍若置身于七彩般的神话世界。而在我国南方，如广东、广西、福建和海南一带，就难以感受到四季的变化，植物的季相变化也就不是十分明显了。

植物的季相景观在被赋予人格化后，更易为人们所认同。如“松、竹、梅”成为岁寒三友 (图 5-3)，春天盛开的牡丹为富贵花，初夏小荷才露尖尖角，不畏霜寒的菊花满身尽带黄金甲。因此，对植物季相特色的理解，更大程度上是一种文化的沉淀，是几千年来历代文人骚客对自然对生活最为细致入微的观察和升华。对自然的欣赏，不仅在一个春日艳阳天气，而是要在任何一个季节，将目中的景色变成美的境地。作为游客，则要专心去体会自然的细微变化，体验诗情画意，感受时间的流淌和生命的真实，为自然界如此神奇和绝妙的变化所震撼和触动，如“绿杨影里，海棠亭畔，红杏梢头”“小红桥外小红亭，小红亭畔，高柳万蝉声”“停车坐爱枫林晚，霜叶红于二月花”“已是悬崖百丈冰，犹有花枝俏”。大量的诗词作品中，季相景观被永久地记录下来，为世人所传诵。

园林植物配置利用有较高观赏价值和鲜明特色的植物的季相，能给人以时令的启示，增强季节感，表现出园林景观中植物特有的艺术效果。如春季山花烂熳，夏季荷花映日，秋季硕果满园，冬季腊梅飘香等。要求园林具有四季景色是就一个地区或一个公园总的景观要求；在局部景区往往突出一季或两季特色，以采用单一种类或几种植物成片群植的方式为多。如杭州苏堤的桃、柳是春景，曲院风荷是夏景，满觉陇桂花是秋景，孤山踏雪赏梅是冬景。为了避免季相不明显时期的偏枯现象，可以用不同花期的树木混合配置、增加常绿树和草本花卉等方法来延长观赏期。如无锡梅园在梅花丛中混栽桂花，春季观梅，秋季赏桂，冬天还可看到桂叶常青。杭州花港观鱼中的牡丹园以牡丹为主，配置红枫、黄杨、紫薇、松树等，牡丹花谢后仍保持良好的景观效果。

四、植物的香味美化环境

1. 常见香味植物种类

花卉的香气可以刺激人的嗅觉，给人以一种无形的美感和精神上的享受。因而这样，香花植物在园林绿地中广泛，甚至建立了香花植物专类园，在开花时间，环境中弥漫着或浓或淡的香气，让人十分舒服，典型的香花植物有：梅花、兰花、桂花、水仙、荷花、玫瑰、文珠兰、腊梅、米兰、栀子花。不同植物香气不一样，桂花：香味清雅、浓郁超凡；梅花：香气幽雅、独具一格；兰花：一枝在室，清香四溢；水仙：花香清幽；文珠兰：花香醇和、持久；腊梅：香气似梅、芬芳宜人；米兰：花香似惠兰；玫瑰：芳香诱人；荷花：清馨宜人；栀子花：香味甜香、持久。

除了以上香味植物外，还有香樟、白玉兰、薰衣草、垂丝海棠、紫玉兰、广玉兰、合欢、八仙花、小叶栀子、柠檬马鞭草、银杏、香樟、月桂、月季、迷迭香、茶梅等，还有许多植物也具有香味。

2. 香味植物的作用

(1) 挥发抑菌物质，净化空气，阻止疾病传播

如香莳萝、丁香、金银花等可通过杀灭细菌，净化空气，阻止疾病的传播。

(2) 辅助治疗某些疾病

菊花含有龙脑、菊花环酮等芳香物质，被人吸入后，能改善头痛、感冒和视力模糊等症状；茉莉花香味可以减轻头痛、鼻塞、头晕等症状；松节油，薄荷油被吸入人体后能刺激器官起消炎、利尿作用。

(3) 缓解压力，改善心情

百合、兰花的气味会使人的头脑产生兴奋感；天竺葵花香有镇定神经、消除疲劳、促进睡眠的作用；兰花的幽香，能解除人的烦闷和忧郁，使人心情爽朗。

3. 芳香植物在园林中的应用

(1) 芳香植物专类园

以芳香为主题进行城镇密集区公园设计，配合优美的意境，为游客提供一场嗅觉盛宴。例如，江苏江阴五星公园，该园以植物造景为主，将整个园区划分为五大区块：视觉园、触觉园、味觉园、嗅觉园、听觉园。嗅觉园以丰富的植物，按春、夏、秋、冬排列组合，互相渗透，不同的季节不同的香味给人芳香四溢、沁人心脾、令人陶醉的感觉。

春园：香樟、白玉兰、薰衣草、垂丝海棠、紫玉兰等；夏园：广玉兰、合欢、八仙花、小叶栀子、柠檬马鞭草等；秋园：银杏、香樟、月桂、丹桂、金桂、月季等；冬园：香樟、黑松、腊梅、花梅、迷迭香、茶梅等。

(2) 夜游园

夜晚，随着人们的视觉器官功能的减弱，其它感官就会逐渐变得敏感。夜游园能使人们在不能“观景”的时候“嗅景”。在夜游园中应选用明度大的白色系或黄色系的植物，如月见草、待宵草、晚香玉、玉簪、桂花、栀子、含笑、瑞香，还可以考虑营造适合某些昆虫栖息的环境，如蟋蟀，萤火虫等。需要注意的是，这类游园最好不要有太强的灯光布置，以便于让明度大的芳香植物本身和萤火虫等昆虫营造模糊、梦幻的视觉效果，加上嗅觉上的芳香体验和蟋蟀等昆虫带来的听觉享受，给生活在城镇密集区的居民以室外桃源般的感觉。

(3) 香花蝴蝶园

利用植物的芳香特性，集中种植蝴蝶授粉的芳香植物，放养蝴蝶，营造蝴蝶园。蝴蝶是会飞的“花朵”，不仅为园林增色，还能帮助香花植物进行授粉。然而近几年，这些有益又美丽的生物正在锐减。建立香花蝴蝶园，不仅增加了园林的灵动性，还有助于保护蝴蝶这类昆虫的多样性。一般而言，蝴蝶喜欢三类植物：一是花朵色彩鲜艳的植物，例如，蝴蝶比较喜欢红、粉、紫等颜色鲜艳的花朵；二是花期与蝴蝶成虫基本一致的植物，如十字花科类的植物；三是有香气的植物，如大花凤蝶喜欢花椒树，因为花椒树含有芳香物质。

(4) 居住区的保健绿地

居住区内一般都设有老年运动中心，老年人喜欢太极拳、气功等运动方式。面对某些特定的植物进行呼吸锻炼，具有一定的医疗保健作用。如：练功时面对松类植物（雪松、马尾松、油松、云南松）呼吸，对关节酸痛等疾病有一定疗效；在银杏树前练功，呼吸时会感到清香，对一些气喘病、高血压、动脉硬化性心脏病患者有敛肺、益心的作用；在樟树林中锻炼活动会得到祛风湿、行气血等自然健体的好疗效。因此，可以用这些不同作用的芳香植物将老年运动中心分割成不同功能的小块保健绿地，以适合不同身体状况的老人在其中锻炼。

(5) 服务于特殊人群的芳香绿地

学校专为学生建设的以菊花、薄荷等作为主要配置材料的芳香园，激发学生的智慧和灵感；企业为从事脑力劳动的人建立的芳香绿地，以减轻大脑疲劳，提高工作效率；社会专为盲人而建的芳香园，可以选择气味相异的能够识别的不同植物品种组成，例如美国布鲁克林植物园中的芳香园就是美国第一个为盲人设计的花园，这里种植着各种芳香花卉，盲人可以通过不同的香味辨别出不同的植物。

(6) 遮盖不雅环境的难闻气味

由于居民生活的需求，城镇密集区域通常会存在较大密度的不雅环境，常常使用植物来进行遮盖。然而，单是视觉上的屏蔽并不能掩盖难闻的气味，给游览和休憩带来不便。因此，可以考虑在散发不良气味的环境中配置芳香植物。如厕所，垃圾暂存处，化粪池等地，可散植一些香味浓郁的植物，并忽略其观赏性。

五、树木文化美化环境

植物文化是花卉文化的一个部分，人们在欣赏花卉时常进行移情和联想，将花卉情感化和情格化。这是自然美以外的范畴。

1. 植物文化的象征意义

(1) 花与四季

不同季节有着典型的代表植物，长久以来就形成一一对应的关系：兰花 - 春季 (春兰)、荷花 - 夏季 (夏荷)、菊花 - 秋季 (秋菊)、梅花 - 冬季 (冬梅)。

(2) 不同农历月份与花的开放

同不同季节有着不同的代表一样，不同月份也有不同的植物：

一月：迎春花 (春月)　二月：杏 花 (杏月)
三月：桃 花 (桃月)　四月：槐 花 (槐月)
五月：石榴花 (榴月)　六月：荷 花 (荷月)
七月：楝 花 (楝月)　八月：桂 花 (桂月)
九月：菊 花 (菊月)　十月：檀 花 (檀月)
十一月：芦花 (芦月)　十二月：蜡梅 (蜡月)

(3) 植物与内涵

梅花—代表有骨气有节气

荷花—代表清白沌洁

松树—象征长寿和坚贞

红豆—相思、恋念

柳树—依依不舍、绵绵不断的情感

玫瑰—爱情

石榴树—象征多子

竹子—中国画和诗歌的母题

苹果—富有营养的水果，象征平安

白头翁—象征长寿

杏— 象征春天的美好和美好的祝福

菊花—象征长寿

芭蕉—文人的十四件宝贵东西之一

桂花—折桂

枣树—象征“快”或“早”

佛手—象征福寿

芙蓉—象征荣华富贵和美貌

枫叶—象征红运

水仙—象征来年走运

桃树—最常见的长寿象征树

牡丹—象征富贵与繁荣

柿树—象征“事”，谐音“师”

木兰 — “万把木笔写春秋”，”势欲书空映朝霞”

菊花—清高

(4) 植物与名称

颜色方面: 红梅、橙子、黄连、绿豆、梨、蓝靛、紫罗兰

五行方面：金针菜、木兰、水杨梅、火麻仁、土庄花

数字方面：一品红、二乔木兰、三春柳、四季海棠、五福花、六道木、七叶树、八仙花、九重阁、十大功花、百里香、千年健、万寿菊

气象与方位：雨久花、雪里红、风轮草、霜红藤 、露珠香菜、东方蓼、西来榉、南天竹、北极花

西瓜 南瓜 北瓜 冬瓜 (瓠瓜)

2. 植物文化对植物景观设计的影响

在构景过程中，往往要考虑树木的文化，以便营造更好的景观，其中最常考虑的植物有：

松—刚强高洁　梅—坚挺孤高　竹—刚直清高

菊—傲雪凌霜　兰—超凡绝俗　荷—清白无染

紫罗兰—忠实永恒　百合花—纯洁　牡丹花—富贵

杏 花—幸福

3. 植物景观设计中文化的应用

(1) 学校

槐树、皂荚、木笔、柿树、桃树、李树、芭蕉

(2) 医院

合欢 (又名“普天乐”)、栾树 (无患子科)、紫荆 (又名“团结树”有“母不离子，子不离母的象征)

(3) 陵墓

柏树 银杏 (象征“子子孙孙，绵延不断”的公孙树)、桑树和梓树 (故乡的代名词“桑，梓”)

(4) 宗教胜地

悬铃木 (净土树)、莲花、菩提树、青檀 (无忧树) 取“寡欲无忧无虑”之意

1 园林树木的改善环境的作用体现在哪些方面?

2 园林树木的保护环境的作用体现在哪些方面?

3 园林树木的美化功能体现在哪些方面?

第六章

城市园林绿化树种的调查与规划

第一节 园林树种调查与规划的意义

随着城市化的快速发展，城市绿地面积总量在不断增加，如长沙市的中远期绿地系统规划中，到2020年绿地率达42%，人均公园绿地面积达14.87%。在城市总面积不断增大的同时，总绿地面积率也在不断增加，大面积的园林绿地对于园林树木提出了挑战：一是园林树木数量需求的增加，虽然现在物流发达，但是如果所有城市都是通过大量的物流配送来解决所有的苗木，将会产生很大的冲突，也没有自己的特色；二 树木的质量需求的增加，表现为苗木生长质量要求的提高，树形观赏性较差的苗木一般很少能售出；三是对苗木种类需求的增加，随着园林行业的发展和对外交流的增多，人们不再局限于原有一些种类，希望看到不同类型，观赏性更强的种类。

实事上，许多城市为了配合城市建设和促进当地农村经济的发展，都建立了不少苗圃，在城市园林绿地中也种植了不少树木，但是在已建成的苗圃和园林绿地中，存在不少问题：一 园林绿地中植树数量多，但保存率较低，特别是生长好的苗木则更不多；二盲目长距离购进不能生长成活的苗木，特别是有些不适合跨区存活的苗木的引进，比如在长沙种植鱼尾葵，第二年所有苗木全部死亡；三是苗木种类贫乏，缺少适合各种类型用途的规格 在长沙市园林绿地中使用的苗木种类大概在300种左右，使用频率高的苗木更少，另一方面同种苗木中不同规格的苗木缺乏，使得在使用中木不就使用小苗，要不就使用大苗，满足不了园林绿地中的实际要求。

要解决上述问题，必需做好以下工作：一是做好当地的树种调查工作，摸清家底，总结本市的优势和不足；二 总结各种树种在生长，管理及绿化应用方面的成功经验和失败的教训；三 根据不同类型的园林绿地对树种的要求制订出规划；四 苗圃按规划进行育苗，引种和培育各种规格的苗木。

第二节 园林树种调查

通过具体的现状调查，对当地过去和现有树木的种类、生长状况、与生境的关系、绿化效果功能的表现等各方面作综合的考察，为下一步科学决策提供依据和指导。

一、组织与培训

组织与培训的程序如下：挑选业务水平高、工作认真的人员组成调查组 → 学习树种调查方法和具体要求 → 分析全市园林类型和生境条件 → 各选一个标准点作示范 → 讨论并统一认识 → 分小组分片包干调查 (一般 3-5 人一组)

二、调查项目

一般事先印制记录卡片或调查表，以便于调查和现场记录。表格内容包括以下：

编号、树种名称、学名、科名、类型、栽植地点、来源、树龄、冠形、干形、展叶期 、花期、果期、落叶期、生长势、其它重要性状、调查株数、最大树高、最大胸围、最大冠幅、平均树高、平均胸围、栽植方式、繁殖方式、栽植要点、园林用途、生态环境、适应性、绿化功能、抗有毒气体能力、其他功能、评价等。

三、园林树木调查的总结

1. 前言

调查目的、意义、组织情况及参加工作人员、调查方法、步骤等内容。

2. 本市的自然环境情况

包括城市的自然地理位置、地形地貌、海拔、气象、水文、土壤 、污染情况及植被情况等。

3. 本市的性质及社会经济简况

包括本城市的定位，社会经济发展简况。

4. 本市园林绿化现况

根据城市建设环境保护所规定的绿地类别分别进行叙述，包括面积、分布、现状等，近期规划等。

5. 树种调查情况表

(1) 行道树表 包括树名、配植方式、高度 (米)、胸围 (厘米)、冠幅 (东西米、南北米) 、行株距 (米)、栽植年代、生长状况 (强、中、弱)、主要养护措施及存在问题等栏目。

(2) 公园中现有树种表 包括园林用途类树种 (附学名)、高度、胸围、冠幅、估计年龄、生长状况 (强、中、弱) 存在问题及评价等栏目。

(3) 本地抗污染树种表 包括树名、高度、胸围、冠幅、估算年龄、生长状况、生境、备注 (主要养护管理措施，存在问题及评价等) 。

(4) 城市及近郊的古树名木资源表 包括树名 (学名)、高度、胸围、冠幅、估算年龄及根据、生境及地址和备注等栏目。

(5) 边缘树种表 生长分布上的边缘地区 包括树名 (学名)、高度、胸围、冠幅、估算年龄、生长状况、生境、地址和备注等栏目。

(6) 本地特色树种表 包括树名、高度、胸围、冠幅、年龄、生长状况、生境、备注 (特点及存在问题)。

(7) 树种调查统计表 (乔木部分)。

(8) 树种调查统计表 (藤灌丛木部分)。

6. 经验教训

总结本市园林绿化实践中成功与失败的经验教训和存在的问题以及解决办法 (有风景区的城市应提出风景区树种的调查总结)

7. 群众意见

当地群众及国内外专家们的意见和要求

8. 参考图书、资料文献

9. 附件

有关的图片、蜡叶标本名单 (特殊珍稀的植物、独特的种类要求保留蜡叶标本和照片)。

第三节 园林树种的规划

一、规划的原则

1. 符合自然规律，充分发挥人的主观能动性

规划必须考虑该市或地区的各种因素如气候、土壤、地理位置、自然和人工植被等因素。特别应注意最适条件和极限条件，避免由于不适应气候而造成树木的死亡。在选择规划树种时，不仅要重视当地分布树种，而且应以积极态度发掘引用有把握的新的树种资源，丰富园林绿化建设的形式和内容，形成新的景观。

2. 符合城市的性质特征

一个城市由于其发展历程不一样，城市建设过程中的定位也不一样，也就是城市的性质会不同。好的树种规划，应体现出不同性质城市的特点和要求，所形成的景观与城市环境相协调。如南京、杭州、西安、延安，都为历史名城，这些城市的树种规划应反映历史名城市的特点。

3. 重视“适地适树”原则

适地适树的基本原则是选用乡土树种。但并非所有的乡土树种都适合做园林绿化用，必须选择，只有其中一小部分能在城市中使用。适地适树除了注意生态方面的内容外，还应包括符合园林综合功能的内容。既应注意乡土树种，又应注意已成功的外来树种并积极扩大外来树种。如天津，地下水位高，土质不良，盐碱土太多，树种规划时应选择抗涝盐碱的树种，如乔木有槐树 、白蜡、毛白杨、刺槐等，灌木有海棠、榆叶梅、丁香、碧桃、月季、木槿等。

4. 注意特色的表现

20 世纪 90 年代初全国大江南北都用悬铃木作行道树，株洲、长沙、南京、无锡、上海等。虽然悬铃木是优良的行道树，但千篇一律产生了单调感。每个城市应有自己的特色。地方特色树种一般以当地著名、人们所喜爱的树种来表示。如北京将白皮松作为特色树种在城市绿地中广泛应用。四川省西昌市大量种置了蓝花楹，形成了极具特色蓝色景观。

5. 应注意园林建设实践上的要求

实践上要考虑到快长树和缓生树，一般绿化用树种和能起重要作用的主要树种（骨干树种）、以及落叶树与常绿树，乔木、灌木、藤本以及具有各种抗性和功能的树种，既要照顾到目前又要考虑到长远的需要。

二、树种规划的内容

树种规划包括城市重点树种和其他树种的规划，包括提出基调树种名单和骨干树种名单。基调树种：指各类园林绿地均要使用、数量最大、能形成全城统一基调的树种，一般以 1 ~ 4 种为宜。骨干树种：在对城市影响最大的道路、广场、公园的中心点、边界等地应用的孤赏树、绿荫树及观花树木。骨干树种能形成全城市的绿化特色，一般以 20-30 种为宜。基调树和骨干树也可结合。但最终都要提出各种园林用途树种名单，区分主次。

有学者提出了长沙市园林绿地系统规划中树种规划：

1. 基调树种

常绿树种：樟树、乐昌含笑、桂花、山杜英、红檵木；

落叶树种：银杏、复羽叶栾树、玉兰、水杉。

2. 骨干树种

猴樟、樟树、广玉兰、乐东拟单性木兰、火力楠、木莲、深

山含笑、阔瓣白兰、秃瓣杜英、木荷、女贞、雪松、龙柏、日本扁柏、湿地松、杂交马褂木、无患子、南酸枣、香椿、重阳木、合欢、枫香、枫杨、水杉、池杉、雄株构树、珊瑚树、夹竹桃、海桐、山茶花、栀子花、红檵木、杜鹃、木槿、紫薇、木芙蓉。

3. 不同用途的主要绿化树种

(1) 行道树

乐昌含笑、猴樟、闽楠、广玉兰、樟树、水杉、池杉、银杏、独杆女贞、重阳木、秃瓣杜英、复羽叶栾树、意杨、杂交马褂木、金钱松、枫杨、无患子；

(2) 抗污染绿化树

苏铁、罗汉松、女贞、枇杷、棕榈、柑橘、大叶黄杨、夹竹桃、珊瑚树、胡颓子、枳、栀子、海桐、泡桐、苦楝、银杏、栾树、喜树、枣、花椒、枫杨、木槿、紫穗槐；

(3) 水旁绿化树

水杉、柳杉、枫杨、喜树、桤木、木芙蓉、夹竹桃、栀子、迎春；

(4) 公园、名胜、机关、单位、医院、学校、宅院、庭院绿化树种：

国槐、合欢、青桐、苹果、桃、李、樱花、朴树、核桃、皂荚、梨、柿、无花果、桂花、柑橘、小琴丝竹、慈竹、桧柏、日本黑松、湿地松、千枝柏、侧柏、蜡梅、木绣球、海仙花、火炬松、罗汉松、丝兰、迎春、金丝桃、月季、杜鹃；

(5) 绿篱与花篱树种

栀子、珊瑚树、十大功劳、海桐、红檵木、黄杨、雀舌黄杨、枸骨、金丝桃、胡颓子、八角金盘、小叶女贞、夹竹桃、火棘、含笑、南天竹、紫叶小檗、蜡梅、紫荆、木槿、木芙蓉、紫薇、石榴、杜鹃、云南黄馨、溲疏、西府海棠、碧桃、紫叶李、月季、月月红、紫玉兰；

(6) 垂直绿化攀缘植物

金银花、爬山虎、常春藤、常春油麻藤、木香、爬蔓蔷薇、凌霄、紫藤、葡萄、钩藤、络石、风车子、鸡血藤、南五味子；

(7) 地被草坪植物

铁线草、麦冬、鸢尾、天鹅绒草、剪股颖、野牛草、龙牙草、紫茉莉和蕨类。

4. 试用或暂时留用树种

(1) 试用树种

经过初步研究使用表现好的种类为试用树种，如毛脉卫矛、红果榆、梓叶槭、灯台树等。

(2) 暂时留用树种

过去大量使用，要逐步淘汰而暂时留用的，有银桦、桉树、榆树、泡桐等。

5. 建议繁殖应用树种

美洲皂荚、红叶李、流苏树、紫红鸡爪槭、红椿、马褂木、七叶树、毛刺槐、巴豆、蚊母树、石楠、木莲、乐昌含笑、台湾杉、落羽松、山梅花、红千层、厚皮香、驳骨树、白鹃梅、素馨、三角枫、澳洲金合欢、含笑。

思考题

1 园林树种调查与规划有何意义？

2 园林树种的规划的原则有哪些？

3 园林树种规划的内容有哪些？

7

第七章

园林中各种用途树木的选择要求、应用及养护

根据树木在园林中的主要用途可分为：行道树、园路树、庭荫树、园景树、风景林、树林、防护林、水边绿化、绿篱及绿雕、地被植物、基础种植、立体绿化、植物专类园、特殊环境绿化、盆栽及盆景观赏等 15 个类型。每个类型的作用、选择要求、园林应用和养护管理要求不同，现分述如下。

第一节 行道树

一、行道树的作用

行道树是指应用于城市道路、国道、省道及县乡级公路两侧，以遮荫、美化为目的的乔木树种。应用于公园、居住区或附属绿地中的道路两旁种植的乔木不属于行道树的范畴。行道树由于立地条件的特殊性，因而对它的要求最严。

行道树的作用体现在下几方面：

1. 提高行车安全

经由适当配置规划之行道树，具有诱导视线、遮蔽眩光等做用，使道路交通得以缓冲，增加行车安全。

2. 庇荫行人和车辆

炎炎夏日里，行道树可遮阻烈日辐射，行人和车辆得以免受日晒。

3. 美化环境

道路两旁的楼房，颜色辉暗生冷，线条粗硬，行走其中，犹如置身水泥丛林，感受不到生命的活力与欢乐气氛，而行道树外貌俊俏挺拔、风姿绰约，是市容景观之表徵，除可绿化、美化环境，软化水泥建物的生硬感觉外，更能为都市增添美丽之风致，令人留下深刻印象，永远不能忘怀。

4. 降低噪音

噪音是城市的公害之一，不仅使人心理紧张、容易疲劳、影响睡眠，严重的甚至危及听觉器官。行道树可由树体本身（枝、干、叶摇曳摩擦）或生活在期间的野生动物（鸟、虫）所发出的声音来消除部分噪音，或遮住噪音源达到减轻噪音的心理感受。另外，林木枝叶摇曳、虫鸣鸟叫的自然乐章，因为有韵律节奏，亦可转移人们对市区噪音的厌恶感。

5. 提供鸟兽栖息、取食及迁移通道

山坡地的大量开发利用，让野生动物失去了它们的家，而行道树的宽广枝叶、花蜜果实，为野生动物建造了另一个生活空间。

6. 补充氧气、净化空气

行道树可以进行光合作用，吸收二氧化碳、放出氧气；而林木的叶面可以粘著及截留浮游尘，并能防止以沉积之污染物被风吹扬，故有过滤浮尘、净化空气的作用。据研究指出，树木的叶沉积浮游尘的最大量可达每公顷三十至六十八公吨。

7. 调节局部气候

行道树的树冠可以阻截、反射及吸收太阳辐射，也会经由林木的蒸发作用而吸收热气，藉此调节夏天的气温。此外，林木蒸发的水分可增高相对湿度；环流使都市四郊凉爽洁净的空气流入市区等，均利于微气候的改善。

8. 提高空气中的负离子数量

研究指出，瀑布、溪水、喷泉的四溅水花，植物光合作用制造的新鲜氧气以及太阳的紫外线等，均能产生负离子。负离子对人体健康很有帮助，可以镇静神经、消除失眠、头痛、焦虑等、促进血液循环、预防血管硬化等。负离子多的环境，空气显得格外清新，让人感觉非常的舒适。

9. 散发芬多精

苏俄及日本的科学家先后发现：植物散发的挥发性物质芬多精 (phytoncid) 可杀死空气中的细菌、害虫以及病原菌。不同树种的芬多精可杀死不同的病菌。如樟树能杀菌、杀虫等；松树能杀死流行性感冒病毒、化痰、防虫等；杜鹃能杀死金黄葡萄球菌、百日咳杆菌；桧柏能镇静、止咳、消炎。

10. 陶冶性情、增进精神健康

近代都市急速发展，人口膨胀，空间日蹙，都市居民对绿资源之需求愈益殷切；规划完善之行道树，生机昌茂、绿意盎然，其壮丽景色透过视觉感官，能引起愉悦情绪：树叶的颜色与形状加上花香鸟语等大自然的一切，令人心旷神怡，恢复自然韵律，对人类知性与感性生活皆极有助益。

11. 为珍贵的乡土文化资产

历经数十年漫长岁月培育才能茁然有成的林荫大道，是饱经风霜、走过时间、走过历史的见证人，与我们社会的发展、生活作息密切相关，其种植之背景、事迹与地方特色更是最宝贵的乡土文化之一部分。

二、行道树的环境特点

行道树为公路或城市道路两侧，其环境具有如下特点：

1. 土壤贫瘠

由于城市长期不断地建设，完成破坏了土壤的自然结构。有的绿地上是旧建筑的基础、旧路基或废渣土；有的土层太薄，不能满足所有植物生长对土壤的要求。有些地方土壤由于人为踩、压，出现板结、透气性差，不利于植物的生长发育。

2. 部分地段烟尘严重

车行道上行驶的机动车辆和城市中的废气是街道上烟尘的主要来源，街道绿地距烟尘来源近，受害较大。烟尘能降低光照强度和光照时间，从而影响植物的光合作用，烟尘、焦油落在植物叶上可堵塞气孔，降低植物的呼吸作用。研究表明，汽车尾气中含有上百种不同的化合物，其中的污染物有固体悬浮微粒、一氧化碳、二氧化碳、碳氢化合物、氮氧化合物、铅及硫氧化合物等。一辆轿车一年排出的有害废气比自身重量大 3 倍。英国空气洁净和环境保护协会曾发表研究报告称，与交通事故遇难者相比，英国每年死于空气污染的人要多出 10 倍。

3. 有害气体浓度大

机动车排出的有害气体中主要是氮氧化物、硫化物、一氧化碳，这些有害气体直接影响植物的生长。由于植物的生活力降低造成其对外界环境适应能力也降低，因而易受病虫危害。

4. 日照强度受建筑影响较大

街道上的植物，有许多是处在建筑物一侧的阴影范围内，遮荫大小和遮荫时间长短与建筑物的高低和街道方向有密切关系，特别是北方城市，东西向街道的南侧有高层建筑时，街道北侧行道树由于处在阳光充沛的地段，生长茂盛，街道南侧的行道树由于经常处在建筑的阴影下而生长瘦弱，甚至造成偏冠。

5. 风速不均

道路分车带的宽度和植物种类多样，城市街道走向多变且风速不同，有建筑物的遮挡时风小，有的地方由于建筑物的影响使风力加强。强风可使植物迎风面枝条减少，导致树冠偏斜，甚至将植物连根拔起，造成一些次生灾害。

6. 人为机械损伤和破坏严重

道路绿地上街道上人流和车辆繁多，往往会碰坏树皮、折断树枝或摇晃树干，有的重车还会压断树根。北方街道在冬季下雪时喷热风和喷洒盐水，渗入绿带内，对树木生长也造成一定影响。

7. 地上地下管线很多

绿地中上各种植物与管线虽有一定距离到限制，特别是架空线和热力管线，但树木不断生长，仍会受到限制，架空线下的树木要经常修剪。管线使土壤温度升高，对树木的正常生长有一定影响。

三、行道树的选择要求

根据行道树的环境特点、其作用，要选择行道树时应当满足以下要求：

1. 树形高大、冠幅开展、枝叶茂密、枝下高较高

只有这样的乔木，才能在保证安全的基础上，为车辆和行人提供遮荫。而且提供遮荫的时间越长，遮荫面积越大，越受欢迎，效果也越理想。

2. 发芽早、落叶迟、生长迅速、寿命长、耐修剪、根系发达

植物的生长状态是植物应用的重要依据。植物发芽早、落叶迟，乔木所提供的遮荫效果时间长；生长迅速、耐修剪则是能在很快的时间内迅速形成宽大的树冠；寿命长则树木可以生长很长的时间，能较持久的提供遮荫功能；由于分车带的土壤层较贫瘠，所以需要有发达的根系才能不断从深层土壤中吸收营养和水分，满足植物自身的生长。

图 7-1　行道树枫香（左）、杜英（中）和桂花（右）

图 7-2　行道树合欢（左）和香樟（右）

图 7-3　行道树二球悬铃木（左）和绦柳（右）

图 7-4　行道树复羽叶栾树（左）和银杏（右）

3. 不易倒伏，抗逆性强，病虫害少，无不良污染物，抗风，大苗栽植易成活

由于乔木树体高大，往往易受到大风的影响，所以要不易倒伏；同时由于生长环境的恶劣，所以植物生长往往受到影响，如果抗逆性差，不仅生长不好，而且容易受到病虫害的为害；在道路分车带旁由于人流和车流很多，如果植物生长过程中有污染物会引起大量为害；另外，分车带上的植物绝大部分是移植的，因为道路在修建过程中，很少是树林，因而大部分乔木必须耐移植，很多观赏性的植物由于不耐移植而较少在园林中应用。

四、常见种类

道路分车带中常见的行道树有二球悬铃木、香樟、重阳木、女贞、洋玉兰、复羽叶栾树、合欢、枫香、国槐、毛白杨、银桦、椴树、栾树、白蜡树、杂交马褂木、榕树、蓝花楹、天竺桂、红花羊蹄甲、银杏、榕树等。

五、应用

行道树距车行道边缘的距离不应少于 0.7 米，以 1 ~ 1.5 米为宜，树距建筑的距离不宜小于 5 米，树间距离实际以 8 ~ 12 米为宜，慢生树种可在其间加植一株，待适当大小时移走。树池通常为 1.5 平方米的正方形。新植乔木应立支架保证树干垂直地面。

六、养护管理

常年管理是要注意树形完美，有利美化街景和遮荫作用及保持树木的正常生长发育。每年应及时修除干基萌蘖、树冠中的病枯枝、杂乱枝，注意枝条与电线的安全距离，防治病虫害。适时的肥水管理、涂白及越冬前的管理。

第二节 园路树

一、作用

园路树指应用于城市中公园、附属绿地如校园、机关、医院等范围内的道路两边种植的高大乔木，也是以遮荫、美化为目的。

与行道树相比，其种类较多，对其相求相对要低一些。其作用除了行道树的作用外，还有一些特殊的地方，因为园路树的种植环境有了较大的变化。与行道树相比，园路树所形成的景观往往十分漂亮，甚至在一定条件下能形成有影响力的景点，如武汉大学的园路树樱花开花时的景观就十分漂亮。

二、环境特点

1. 土壤相对贫瘠

与自然的土壤相比，园路树种植的环境差了许多，大部分园路树的四周也是混凝土地，上面一般有大理石，种植池的大小一般行道树的相差不大。种植池里面的土壤一般在种植是适当更换，但是其底层土壤较差，而且相对贫瘠，不利于植物的生长发育。

2. 植被人为影响较大

与行道树相比，园路树的生长受人为影响较大，特别是人为的养护管理。园路树种植各类型绿地中，大部分情况下由绿地所属单位养护。随着人们对于环境的要求越来越高，对园路树的养护也日益重视，因而大部分园路树都生长较好。

当然在部分绿地中，特别是一些人流量的公共绿地中，人为因素对园路树的损失较大，特别是开花和果熟的时间段。

三、选择要求

与行道树相比，园路树最基本的功能还是遮荫、美化为目的。因而其选择标准基本与行道树相同，但园路树的选择要求相对来说要低一些，因为其环境相对要好一些，具体如下：

(1) 树形高大、冠幅开展、枝叶茂密、枝下高较高

(2) 发芽早、落叶迟、生长迅速，寿命长，耐修剪，根系发达

(3) 不易倒伏，抗逆性强，病虫害少，无不良污染物，抗风，大苗栽植易成活

(4) 具有较强的观赏性 园路树除了行道树的基本功能外，还要求有较强的观赏性，花、果漂亮，最好是能形成特色的景观。

四、常见种类

园路树中，常见的种类有银杏、复羽叶栾树、杂交马褂木、乐昌含笑、洋玉兰、合欢、红花羊蹄甲、木棉、二球悬铃木、香樟、重阳木、女贞、枫香、国槐、毛白杨、银桦、椴树、栾树、白蜡树、榕树、天竺桂、椴树、白榆、七叶树、喜树、青桐、杨树、柳树、槐树、池杉、水杉等。随着人为引种驯化的力度的加大，园路树的种类在不断地增加。

五、养护管理 基本同行道树

图 7-5 乐昌含笑作为园路树

第三节 庭荫树

一、作用

庭荫树也称绿荫树、庇荫树。早期多在庭院中孤植或对植，以遮蔽烈日，创造舒适、凉爽的环境。现发展到栽植于园林绿地以及风景名胜区等远离庭院的地方。

根据其概念，庭荫树具有以下的作用：

1. 提供绿荫

庭荫树主要依靠植物的枝叶形成绿荫，以降低气温，在炎热的夏季形成一个相对凉爽的小气候环境。

2. 提供良好的休息和娱乐环境

大面积的绿荫和凉爽的小气候环境适合于人们休息和娱乐，因而，在庭荫树生长良好的地方，夏天是人们纳凉、健身的好地方，最爱人们的欢迎。

3. 形成独特景观

庭荫树一般均枝干苍劲、荫浓冠茂，无论孤植或丛植，都可形成美丽的景观。落叶树木秋季的景观往往十分独特和美丽。

二、环境特点

庭院相对城市园林绿地的其它环境，具有以下特点：

(1) 气温高，空气湿度大，风速小，水分蒸发少。

(2) 庭院光照条件差异较大。

(3) 受人们生产、生活活动的影响，庭院环境中的二氧化碳浓度相对较高，

(4) 庭院果树可利用工作、生活的空隙时间来进行管理，

(5) 庭院土壤质地不匀，建园栽树应改良土壤，若条件允许，可将园地 80 厘米厚的土壤全部换成熟土，也可挖深 80 厘米宽 100 厘米的定植穴或定植沟，将穴或沟内的土壤换成熟化土壤。

(6) 病虫害的发生种类、数量、程度均高于自然环境，必须加强病虫害防治。要注意选择使用农药的种类，避免使用毒性强、高残毒、异味重的农药。

三 选择要求

庭荫树的选择最好能全部满足以下条件：

1. 树冠高大，枝叶密茂荫浓，遮荫效果好，冠幅大

这样的树木遮盖的范围就广，提供荫蔽的范围大，才能达到预期的效果。

2. 无不良气味，无毒

庭荫树种植的地方是庭院，与人近距离的接触，因而不能有不良气味和有毒。

3. 病虫害少

病虫害少一方面是减少养护成本，另一方面是不会因为病虫害而影响日常生活。

4. 根蘖较少

庭荫树要求的是树体高大，如果根蘖多，树木会长成丛生灌木状，达不到遮荫的效果。

5. 根部耐践踏或耐地面铺装所引起的通气不良条件

由于种植在庭荫中，人为活动较多，因而树的基部往往有较多的人为践踏；另一方面，由于庭院空间有限，为了增加人为活动空间，在庭院地面往往进行铺装，铺装后引起了树木根系的通气不良，因

而庭荫树必需能忍受这种条件。

6. 生长较快，适应性强，管理简易，寿命较长

一般种植庭荫树后希望能迅速长成大的乔木；对各种极端情况具有较强的适应性；而且不需有要较多的养护；树木存活的时间要较长；当然这些都是理想状况，实际选择的庭荫树的性状往往介于中间。

7. 树形或花果有较高的观赏价值

庭院是活动的主要场所，因而庭荫树除了遮荫外，观赏价值高的花、果、树形也是人们所期望的。

8. 热带和南亚热带地区多选常绿树种，寒冷地区以选用落叶树为主

我国的气候具有明显的特点，热带和南亚热带地区四季温暖，需有要常绿树四季遮荫，因而选择常绿树较好。中亚热带、北亚带带、温带和寒冷地区，夏季气温较高，而冬季寒冷，因而遮荫树的选择应以落叶树为主，这样庭荫树夏季能遮荫，秋季落叶后不影响庭荫的采光，且秋景一般较漂亮。

9. 以乡土树种为主

乡土植物长期适应了本地环境，与周围的生物形成协同进化的关系，因而不会造成大面积的病虫害的爆发而导致系统的崩溃，也不会对当地生态系统造成毁灭性的影响。

10. 不宜选用易于污染衣物的树木类

如果女贞的果掉衣服上易污染衣服，会严重影响日常生活。

四、常见种类

种类极多。适合当地应用的行道树，一般也都宜用作庭荫树。中国常见的庭荫树，东北、华北、西北地区主要有毛白杨、加拿大杨、青杨、旱柳、白蜡树、紫花泡桐、榆树、槐、刺槐、白皮松、合欢等；华中地区主要有香樟、悬铃木、梧桐、银杏、喜树、泡桐、榉、榔榆、枫杨、垂柳、三角枫、无患子、枫香、桂花、合欢等；华南、台湾和西南地区主要有樟树、榕树、橄榄、桉树、金合欢、木麻黄、红豆树、楝树、楹树、蓝花楹、凤凰木、木棉、蒲葵、马褂木等。

五、应用

庭荫树可孤植、对植或3 ~ 5株丛植。在园林中多植于路旁、池边、廊. 亭前后或与山石建筑相配，或在局部小景区三、五成组地散植各处，形成有自然之趣的布置；亦可在规整的有轴线布局的地区进行规则式配植；由于最常用于建筑形式的庭院中，故习称庭荫树。晋代大诗人陶渊明所说的“方宅十余亩,草屋八九间。榆柳荫后檐,桃李罗堂前。”指的就是庭荫树的配植。在庭院中最好勿用过多的常绿庭荫树，否则易致终年阴暗有抑郁之感，距建筑物窗前亦不宜过近以免室内阴暗。又应注意选择不易得病虫害的种类，否则会导致人感到不舒服。

在配置上应细加考虑，充分发挥各种庭荫树的观赏特性，对常绿树和落叶树比例避免千篇一律。配植方式根据面积大小，建筑物的高度、色彩等而定。如建筑物高大雄伟的，宜选高大树种；矮小精致的宜选小巧树种。树木与建筑物的色彩也应浓淡相配。庭荫树与建筑之间的距离不宜过近，否则会影响建筑物的基础和采光。具体种植位置，应考虑树冠的荫影在四季和一天中的移动对四周建筑物的影响。一般以夏季午后树荫能投在建筑物的向阳面为标准来选择种植点。

六、养护管理

养护管理上应按照不同树种的习性分别施行，而不应如目前某些园林所采用的“一刀切”办法来一律对待。对其中的边缘树种或有特殊要求的树种应当用特殊的养护管理办法。整体应从以下几方面把握：维持其良好的形态，以保证其良好的遮荫效果；去掉病死枯枝，以避免病虫害的发生；合理地施肥、浇水、杀虫等日常养护；维持其合理的密度等。

第四节　园景树

一、概念及作用

园景树指个体形态较漂亮，往往单株种植，或三、五株种植形成景观的树木，包括乔木和灌木。

园景树是园林绿化中应用种类最为繁多、形态最为丰富、景观作用最为显著的骨干树种。树种类型，既有观形、赏叶，又有观花、赏果。树体选择，既有参天伴云的高大乔木，也有株不盈尺的矮小灌木。常绿、落叶相宜，孤植、丛植可意，不受时空影响，不拘地形限制。看似随意洒脱、信马由缰，意却主题鲜明、功能清晰。园景树种的选择是否恰当，最能反映绿地建设的水平；应用是否得体，最能鉴赏景观布局的品位；综合效果评价，最能反映设计、施工者的独具匠心。园林绿化树种的应用，更重姿态、写画意；"窗外花树一角，即折枝尺幅；庭中古树三五，可参天百丈。"如苏州拙政园的"梧竹幽居"位于水池尽端，对山面水，后置一带游廊，广栽梧、竹，即构成"凤尾森森，龙吟细细"的幽静之意。而广东大良清辉园月洞门外有株大的木棉树，骄阳紫荫洒满地，得名"紫园"，深感气势非凡，花香可浴；出月洞门回眸，幽静小径，旁植一池秀竹，取名"竹苑"，顿觉水绮竹韵，月明影倩。一刚一柔，两番情趣；一张一弛，双重意境，园景树的妙用表达得极为酣畅。

从广义上讲，园林绿化树种除却其环保和经济效能之外，均有增添园林景观的作用。但究其主要功用，在狭义范围内，园景树的景观效应更为显著，应用原则更显灵活。

二、选择要求

园景树应当尽量符合以下要求：

1. 树形姿态优美

树形高大、姿态优美是首要标准。如世界著名的五大园景树种，雪松、金钱松、日本金松、南洋松和巨松，树高均达 20 至 30 米。主干挺拔，主枝舒展，树冠端庄，景观气派雄伟。此外，耐水湿条件的水松，也是湖滨湿地的优良园景树种；而白皮松为我国特有珍贵三针松，苍枝驳干，自古以来即为宫廷、名园所青睐。阔叶树种中的香樟、桂花、银杏、榕树、木棉等，均具有优美的观形效果。

2. 具有明显的季相变化

叶色的季相变化是园景树种选择与应用的又一重要体征。其中，以红叶季相景观最为壮丽。著名的入秋红叶树种有三角枫、元宝枫、黄栌、重阳木、乌桕等；而入秋叶转金黄的则数银杏、金钱松、水杉、梧桐等。

3. 花果具有较强的观赏性

观花树种在现代园林景观绿化中的作用愈显突出，其中以春花类应用最为广泛，如玉兰、樱花、桃花、迎春等，花开满树，灿若云霞；夏花类的紫薇、石榴、锦带、合欢等，热烈奔放，如火如荼；秋桂送香，冬梅傲雪，皆为世人所赞赏。而观果树种的应用，则给园林景观绿化增添一道亮丽的风景。冬青、火棘、南天竹等，红果缀枝，艳若珠玑；柿子、石榴、柑橘、枇杷等，玲珑可爱，象征富贵吉祥。而秀叶俊丽的棕榈科树种，又尽显南国风情。它们或植株高大雄伟，孤植如猿臂撑天，给人以力的启迪；或茎干修直挺秀，群置似重峦叠嶂，给人以美的震撼。

图 7-6　罗汉松的造型

4. 耐修剪，易成形

部分园景树通过修剪后，能形成一些特殊的图案或形态，具有极强的观赏性。典型的如罗汉松、桧柏、小蜡等。

三、常见种类

园景树的种类主要有以下几类：

1. 树形姿态优美

常见的种类有雪松、金钱松、日本金松、南洋松、巨松、水松、白皮松、香樟、桂花、银杏、榕树、木棉、水杉等乔木，紫玉兰等灌木；

2. 季相变化明显的树木

常见的有鸡爪槭、三角枫、元宝枫、黄栌、重阳木、乌桕、银杏、金钱松、水杉、梧桐等；

3. 观赏性较强的树木

常见的有玉兰、樱花、桃花、迎春、紫薇、石榴、锦带、合欢、桂花、梅花、冬青、火棘、南天竹、柿子、石榴、柑橘、枇杷、棕榈科植物等；

4. 修剪成形的树木

常见的有罗汉松、桧柏、小蜡、红檵木等。

四、养护管理

园景树注重的是它有景观效果，因而在日常维护中，要注意以下几个方面：

1. 注意保持特定的形态

园景树中有部分经过了人工处理所形成的形态，要维持这种特殊的景观效果，需要不断地进行养护，如龙柏花瓶，如果不修剪维持形状，就没有花瓶的形状了；

2. 注意树木生长所需的小生境

如光照、水分、养护等；

3. 满足其开花、结果所需的条件，以达到观赏的效果

4. 注意病虫害的防治

较严重的病虫害影响其观赏性。

第五节 风景林

一、概念

风景林指大片种植，在早春或秋天具有明显的群体季相景观变化的林分，其往往通过一定距离进行观赏，如隔水观赏。以满足人类生态需求，美化环境为主要目的，分布在风景名胜区、森林公园、度假区、狩猎场、城市公园、乡村公园及游览场所内的森林、林木和灌木林。

世界上许多国家政府建立了一些风景名胜区或国家公园，保护本国的自然风景资源和人文景观资源，使风景资源免遭破坏，让全世界人们有机会欣赏到大自然的美景和辉煌的历史古迹，风景林是这些风景绿地的重要组成部分，它由不同类型的森林植物群落组成，是森林资源的一个特殊类型，一般保护较好，不能随意采伐，主要以发挥森林游憩、欣赏和疗养为经营目的。风景林具有调节气候、保持水土、改善环境、蕴藏物种资源等综合的生态效益，对恢复大自然的生态平衡起着重要的作用。优美的风景林分布于世界各地，如美国的黄石国家公园、阿凯迪国家公园、喷火口湖国家公园、沼泽地国家公园、雾腾山岳国家公园、科罗拉多大峡谷风景区；加拿大的落基山国家公园、班夫国家公园、约荷国家公园；澳大利亚的蓝山自然风景区等。

中国地域辽阔，地形复杂，南北气候差异大，所以从北到南的风景名胜区都有独特的风景林。如东北大小兴安岭有一望无际的红松林；长白山自然保护区有大片的樟子松林、落叶松林和桦木林；华北避暑山庄有万树园，北京香山有以黄栌为主的红叶林；泰山孔庙有侧柏古林；南京栖霞山有以枫香为主的红叶林；安徽黄山有黄山松林；西南地区有云南松林；海南岛有槟榔、椰子林；井冈山有竹海等。

二、类型

1. 常绿针叶树风景林

树种组成以常绿针叶树为主，如安徽的黄山松林，在海拔 700 ~ 2000 米处，形成大面积纯林，蔚为壮观。黄山十大名松如迎客松、送客松、卧龙松、探海松、团结松、姐妹松、麒麟松、黑虎松等，均为黄山松各具奇特姿态的景观。其他如庐山、天目山大片的柳杉林，秦岭华山松林及长江以南地区的杉木林、马尾松林等，都属于典型的常绿针叶风景林。

2. 落叶针叶树风景林

主要由落叶针叶树组成，如东北的落叶松林，江南的金钱松林以及水杉、池杉、落羽杉林的广泛分布，形成了山岳、平川的自然美景。

3. 落叶阔叶树风景林

由落叶阔叶树构成林地的主要树种，在我国主要分布于北方地区。这类风景林林相景现较多，季相色彩变化丰富，夏季绿荫蔽日，冬季则呈萧疏寒林景象。常见的落叶阔叶林有栎类林、枫香林、乌桕林、槭树林、榆树林、白桦林、银杏林、槐树林等，各具特色。

4. 常绿阔叶树风景林

主要由常绿阔叶树组成，特点是四季常青，郁密而浓绿，花果期有丰富的色彩变化。这类风景林在我国多分布于南方，如竹林、楠木林、青冈栎林、木荷林、花榈木林等。例如竹类风景林，具有独特景现，色调一致，林相整齐，并且有独特的韵味。竹林远观如竹海，声响如竹涛，起伏似竹浪，雨后有清韵，日出有清音，幽篁环绕，万玉森森，其景象浩瀚壮观，秀丽清雅，漫山遍野，青翠挺拔。竹类风景林在我国南方多以丛生竹为主，长江流域及其以北地区多为散生竹，高山地区则有华箬竹、玉山竹及箭竹等。

5. 花灌木风景林

在山林植被景观中，不同季节的花灌木点缀林地，令人赏心悦目。如江南低山丘陵的映山红，每当春日盛花期，满山红遍，层林尽染；檵木灌丛花开时节，则满山白色；冬季金黄幽香的腊梅花开满山坳，景色迷人。此外，还有梅花山、桃花坞、油茶林、山茶坡、杏花林，每至花期，一片烂漫景色，显示出山林风光多姿多彩。

三、风景林的作用和功能

生态风景林在调节气候、环境保护、水源涵养、水土保持、防风固沙、观赏游憩、美化环境方面发挥着重要作用。

1. 调节气候和保护环境

生态风景林具有蒸腾作用，一株成年树一天可蒸散400kg的水，可以减轻干热，抑制热岛效应。配置合理、结构和树种得当的生态风景林可增加空气相对湿度45%。生态风景林通过树冠阻挡阳光而减少辐射热量，对局部环境有冬暖夏凉的作用。生态风景林具有净化空气、防毒除尘、降低噪音等功能。还可以增加空气负离子，分泌杀菌素，使空气清新宜人。生态风景林在防灾、减灾和维持生态平衡方面作用巨大。生态风景林的根系能分泌粘液，固结土壤，有效地防止水蚀、风蚀和温差巨变。调洪补枯效益加强，水质趋于稳定。

2. 观赏功能

风景林地有两方面的观赏效果，其一是林区内部，在林冠层下漫步观赏；其二是林区外部，可以看到作为大园林一部分的森林外貌。

(1) 内部观赏特征

除了处于深山峡谷的风景林外，一般风景林是可从内部去欣赏它的景色，并使人们产生完全融人其内之感。在接近成熟、密集而高大的林冠之下，这种感觉尤为真切。通过在林内配植不同叶色、不同质感的植物，可以组成这种丰富的林内景观。

(2) 外部观赏特征

到了高大郁闭的密林外部，视野豁然开朗，眼前是一片未经开垦的土地，间杂着一片片小树林，这真是一种无法比拟的美的享受。自然对风景林外的要求应考虑到风景林坐落的位置、形状和林木组成。由于风景林在园林中是一个体现立体感的实体，因此它的种植形式必须与该地的地貌和周围环境的总风景格调相协调。它们的色彩、结构和外型都决定着其景观外貌。

四、常见种类

理想的树种有雪松、罗汉松、油松、白皮松、樟子松、柳杉、池杉、水杉、塔柏、侧柏、龙柏、银杏、木麻黄、樟树、楠木、桉树、银桦、白杨、垂柳、喜树、悬铃木、龙爪槐、冬青、女贞、竹类以及其它观赏树种等。

五、风景林的设计及管理

1. 风景林的结构影响其价值

风景林的观赏价值和游憩价值主要取决于树种的组成及其在水平方向和垂直方向上的结构情况。由不同树种有机组成的和谐群体会呈现出多姿多彩的林相及季相变化，显得自然而生动活泼。水平结构上的疏密变化会带来相应的光影变化和空间形态上的开合变化。竖向的结构变化则取决于树种和树龄的变化。同属一个龄阶的纯林只形成一层林冠，其林冠线呈水平走向，因此表现为林相单调、缺少变化，异龄林混交林则呈现为复层的林冠结构，不同的林冠层是高低错落的，林冠线表现为起伏变化。因而层次丰富，耐人欣赏。

2. 把握不同尺度以明确其景观效果

在可以种植多种植物并因此而使生物区系相当丰富的一片沃野中，可以将不同树龄及不同种类的树木混合种植形成一定规模的风景林。这种林地丰富多变，且易于同四周环境协调一致。但它们往往缺乏林分的显著特色，也不能取得大面积单树种所带来的气势。因此在一定的区域内需营造单一树种或形态特征相似的几个树种组成的风景林，这类风景林能显示出树木特有的美丽风姿。如澳大利亚的蓝山风景林，主要由桉树组成，在强烈阳光照射下按树油挥发形成一层蓝色的云雾，体现出一幅波澜壮阔的景观。又如北京香山的风景林，主要以黄栌和元宝枫、火炬树等秋色叶为红色的树种组成、在金秋时节，红叶覆盖满山，形成独有的自然景观。

3. 演替是其景观变化的核心

风景林也是由一定的群落所组成，但与城市园林中的群落有区别。城市园林中的人工群落一般管理较精细，不易被其他外来树种侵入，而风景林中的群落面积较大，与大自然紧密相连，极易发生群落的演替。因此在营造风景林时应充分考虑并科学运用这一规律。

植物群落的演替是有方向性的。演替理论运用于风景林营造之中，就是要首先选择一个地区适应强的树种或草本植物，作为某一荒漠的入侵种，待入侵种具有一定的规模后，就相应地创造出了其他植物适宜的生存空间，这时可以利用这些环境条件栽植园林景观所需要的树种，同时对优先入侵种采取间伐的方法使之逐渐淘汰。

4. 生态安全是其永续的基础

风景林边沿处的种植宜适当稀疏，以便本地树种生长成林，并使其自然过渡到与四周的园林风景融为一体。这样配置还有助于建立一个抗风的林地边缘，并可形成野生动物的集中栖息地。风景林在需要采伐时，必须考虑到沿开阔边缘区的林地、林间小道两旁的林地、陡峭的山谷和岩石裸露的山脊上的林地不能采伐，使之形成一个永久性的覆盖网络。这种在生态上丰富的网络，无论作为自然保护区，还是优美的风景园林区，均有重大的现实意义。

第六节 树林

一、概念

树林一般是指在城市局部环境中，小范围内大量种植一种或几种树木，主要起到提供荫蔽处、改善局部微气候、形成景观的作用。树林多用于大面积公园安静区、风景游览区或疗养区及卫生防护林带。

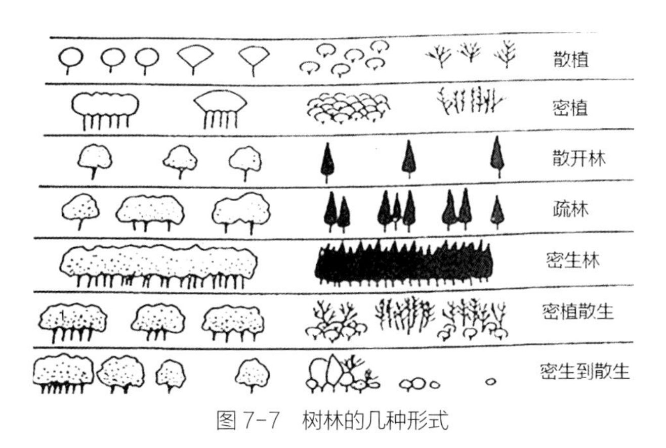

图 7-7 树林的几种形式

二、类型

树林根据其郁闭度、不同个体间的距离，可以分为密林和疏林两种形式，当然实际应用过程中，还有两种结合起来的混合式。

1. 密林

密林的郁闭度在 0.7 ~ 1.0 之间，阳光很少透入林下，所以土壤湿度很大，地被植物含水量高、组织柔软脆弱，经不起踩踏、容易弄脏衣服，不便游人活动。

根据树木的种类，又可分为单纯密林和混交密林。

(1) 单纯密林

由一个树种组成，它没有垂直郁闭景观美和丰富的季相变化。为了提高林下景观效果，水平郁闭度不可太高，最好在 0.7 ~ 0.8 之间，以利地下植被正常生长和增强可见度。

(2) 混交密林

混交密林是一个具有多层结构的植物群落，大乔木、小乔木、大灌木、小灌木、高草、低草等根据自己生态要求和彼此相互依存的条件，形成不同的层次，因而季相变化比较丰富。

2. 疏林

疏林的郁闭度在 0.4 ~ 0.6 之间，常与草地相结构，故又称草地疏林。草地疏林是园林中应用最多的一种形式，不论是鸟语花香的春天，浓荫蔽日的夏天，或是晴空万里的秋天，游人总是喜欢在林间草地上休息、游戏、看书、摄影、野餐、观景等活动，即使是白雪皑皑的严冬，草地疏林内仍然别具风味。

三、选择要求

1. 乔木的选择要求

乔木主要用作上层，同时考虑景观和后续的演替，因而在种类选择方面应注意以下事项：

(1) 上层树木应选择树体高大的种类，喜阳，且具有明显的季相变化景观；常见的有落叶松属、松属、水杉、桦木属、桉属、栎属、臭椿、乌桕、泡桐等。

(2) 中层乔木能耐荫，种子能在荫蔽环境下发芽，在生长壮年期能忍受较强的光照；而且相对来说，幼苗期喜荫，成年时耐荫，强光下生长较好，如北美红杉、粗榧、榉树、苦茶槭、冷杉、青冈栎、日本扁柏、三尖杉、深山含笑等。

(3) 下层乔木喜半荫，在半遮荫的环境下能较好生长，叶色浓绿；如园林中观赏性较强的竹柏、红翅槭等。

2. 灌木和地被植物的选择要求

由于风景林往往面积较大，而且个体数量多，因而灌木和地被植物种类的选择依据郁闭度而进行选择。

疏林下的灌木和地被植物应选择一些耐荫的种类，同时考虑有观赏性，如观花或观果，园林中常见的观赏灌木都可以，如木槿、木芙蓉、月季、火棘等。

密林下的灌木和地被植物应选择喜荫的种类(包括草本)，同时考虑有观赏性，如观花或观果。玉簪花、绣球花、杜鹃花、三色堇、香雪球、蛇目菊、铃兰、六倍利、缠枝牡丹、风铃花、常春藤、铁线蕨等。

四、树林在园林中的应用

树林在园林各类型绿地中都有应用，但是最多的还是一些综合性公园、风景名胜区等类型中。应用时应注意尽量少用大面积纯林，以避免严重病虫害的爆发。

五、养护管理

主要是注意病虫害的大爆发，及时清理病死植株，及时补充水分等。

第七节 防护林

防护林主要起着防风、防火、滞尘、隔离等防护作用的林分，防护林分为水源涵养林、水土保持林、防风固沙林、农田牧场防护林、护路林、护岸林等。

一、水源涵养林

水源涵养林是指以调节、改善、水源流量和水质的一种防护林。也称水源林。涵养水源、改善水文状况、调节区域水分循环、防止河流、湖泊、水库淤塞，以及保护饮水水源为主要目的的森林、林木和灌木林。主要分布在河川上游的水源地区，对于调节径流，防止水、旱灾害，合理开发、利用水资源具有重要意义。

1. 作用

(1) 调节坡面径流

调节坡面径流，削减河川汛期径流量。一般在降雨强度超过土壤渗透速度时，即使土壤未达饱和状态，也会因降雨来不及渗透而产生超渗坡面径流；而当土壤达到饱和状态后，其渗透速度降低，即使降雨强度不大，也会形成坡面径流，称过饱和坡面径流。但森林土壤则因具有良好的结构和植物腐根造成的孔洞，渗透快、蓄水量大，一般不会产生上述两种径流；即使在特大暴雨情况下形成坡面径流，其流速也比无林地大大降低。在积雪地区，因森林土壤冻结深度较小，林内融雪期较长，在林内因融雪形成的坡面径流也减小。森林对坡面径流的良好调节作用，可使河川汛期径流量和洪峰起伏量减小，从而减免洪水灾害。

(2) 调节地下径流

调节地下径流，增加河川枯水期径流量。中国受亚洲太平洋季风影响，雨季和旱季降水量十分悬殊，因而河川径流有明显的丰水期和枯水期。但在森林覆被率较高的流域，丰水期径流量占30 ~ 50%，枯水期径流量也可占到20%左右。森林增加河川枯水期径流量的主要原因是把大量降水渗透到土壤层或岩层中并形成地下径流。在一般情况下，坡面径流只要几十分钟至几小时即可进入河川，而地下径流则需要几天、几十天甚至更长的时间缓缓进入河川，因此可使河川径流量在年内分配比较均匀。提高了水资源利用系数。

(3) 水土保持功能

水源林可调节坡面径流，削减河川汛期径流量。

一般在降雨强度超过土壤渗透速度时，即使土壤未达饱和状态，也会因降雨来不及渗透而产生超渗坡面径流；而当土壤达到饱和状态后，其渗透速度降低，即使降雨强度不大，也会形成坡面径流，称过饱和坡面径流。但森林土壤则因具有良好的结构和植物腐根造成的孔洞，渗透快、蓄水量大，一般不会产生上述两种径流；即使在特大暴雨情况下形成坡面径流，其流速也比无林地大大降低。在积雪地区，因森林土壤冻结深度较小，林内融雪期较长，在林内因融雪形成的坡面径流也减小。森林对坡面径流的良好调节作用，可使河川汛期径流量和洪峰起伏量减小，从而减免洪水灾害。结构良好的森林植被可以减少水土流失量90%以上。

(4) 滞洪和蓄洪功能

河川径流中泥沙含量的多少与水土流失相关。水源林一方面对坡面径流具有分散、阻滞和过滤等作用；另一方面其庞大的根系层对土壤有网结、固持作用。在合理布局情况下，还能吸收由林外进入林内的坡面径流并把泥沙沉积在林区。

降水时，由于林冠层、枯枝落叶层和森林土壤的生物物理作用，对雨水截留、吸持渗入、蒸发，减小了地表径流量和径流速度，增加了土壤拦蓄量，将地表径流转化为地下径流，从而起到了滞洪和减少洪峰流量的作用。

(5) 改善和净化水质

造成水体污染的因素主要是面源污染，即在降水径流的淋洗和冲刷下，泥沙与其所携带的有害物质随径流迁移到水库、湖泊或江河，导致水质浑浊恶化。水源涵养林能有效地防止水资源的物理、化学和生物的污染，减少进入水体的泥沙。降水通过林冠沿树干流下时，林冠下的枯枝落叶层对水中的污染物进行过滤、净化，所以最后由河溪流出的水的化学成分发生了变化。

(6) 调节气候

森林通过光合作用可吸收二氧化碳，释放氧气，同时吸收有害气体及滞尘，起到清洁空气的作用。森林植物释放的氧气量比其他植物高 9~14 倍，占全球总量的 54%，同时通过光合作用贮存了大量的碳源，故森林在地球大气平衡中的地位相当重要。林木通过抗御大风可以减风消灾。另一方面森林对降水也有一定的影响。多数研究者认为森林有增加降水的效果。森林增加降水是由于造林后改变了下垫面状况，从而使近地面的小气候变化而引起的 。

(7) 保护野生动物

由于水源涵养林给生物种群创造了生活和繁衍的条件，使种类繁多的野生动物得以生存，所以水源涵养林本身也是动物的良好栖息地。

2. 营造技术

包括树种选择、林地配置、经营管理等内容。

(1) 树种选择和混交

在适地适树原则指导下，水源涵养林的造林树种应具备根量多、根域广、林冠层郁闭度高 (复层林比单层林好)、林内枯枝落叶丰富等特点。因此，最好营造针阔混交林，其中除主要树种外，要考虑合适的伴生树种和灌木，以形成混交复层林结构。同时选择一定比例深根性树种，加强土壤固持能力。在立地条件差的地方、可考虑以对土壤具有改良作用的豆目三科树种作先锋树种；在条件好的地方，则要用速生树种作为主要造林树种。

(2) 林地配置与整地方法

在降水量多、洪水为害大的河流上游，宜在整个水源地区全面营造水源林。在因融雪造成洪水灾害的水源地区，水源林只宜在分水岭和山坡上部配置，使山坡下半部处于裸露状态，这样春天下半部的雪首先融化流走，上半部林内积雪再融化就不致造成洪灾。为了增加整个流域的水资源总量，一般不在干旱半干旱地区的坡脚和沟谷中造林，因为这些部位的森林能把汇集到沟谷中的水分重新蒸腾到大气中去，减少径流量。总之，水源涵养林要因时、因地、因势设置。

(3) 经营管理

水源林在幼林阶段要特别注意封禁，保护好林内死地被物层，以促进养分循环和改善表层土壤结构，利于微生物、土壤动物 (如蚯蚓) 的繁殖，尽快发挥森林的水源涵养作用。当水源林达到成熟年龄后，要严禁大面积皆伐，一般应进行弱度择伐。重要水源区要禁止任何方式的采伐。

二、水土保持林

水土保持林是为防止、减少水土流失而营建的防护林。是水土保持林业技术措施的主要组成部分。主要作用表现在：调节降水和地表径流。通过林中乔、灌木林冠层对天然降水的截留，改变降落在林地上的降水形式，削弱降雨强度和其冲击地面的能量。

1. 作用

(1) 调节地表径流

配置在流域集水区，或其他用地上坡的水土保持林，借助于组成林分乔、灌木林冠层对降水的截留，改变落在林地上的降水量和降水强度，从而有利于减少雨滴对地表的直接打击能量，延缓降水渗透和径流形成的时间。林地上形成的松软的死地被物层，包括枯枝落叶层和苔藓地衣等低等植物层，及其下的发育良好的森林土壤，具有大的地表粗糙度、高的水容量和高的渗透系数，发挥着很好的调节径流作用。这样，一方面可以达到控制坡面径流泥沙的目的，另一方面有利于改善下坡其他生产用地的土壤水文条件。

(2) 固持土壤

根据各种生产用地或设施特定的防护需要，如陡坡固持土体，防止滑坡、崩塌，以及防冲护岸等，通过专门配置形成一定结构的水土保持林，依靠林分群体乔、灌木树种浓密的地上部分及其强大的根系，以调节径流和机械固持土壤。至于林木生长过程中生物排水等功能，也有着良好的稳固土壤的作用。水土保持林和必要的坡面工程、护岸护滩、固沟护坝等工程相结合，往往可以取得良好的效果。

(3) 改善局部小气候

通过水土保持林在各种生产用地上及其邻近地段的配置，发挥着改善局部小气候条件（如气流运动、气温、湿度、蒸发蒸腾等）的作用，从而使这些生产用地处于相对良好的生物气候环境之中。

2. 营造

(1) 配置

水土保持的综合治理一般以小流域为基本单元。水土保持林的配置，根据不同地形和不同防护要求，以及配置形式和防护特点，可细分为分水岭地带防护林、护坡林、护牧林、梯田地坎防护林、沟道防蚀林、山地池塘水库周围防护林和山地河川护岸护滩林等。不同的水土保持林种可因地制宜、因害设防地采取（林）带、片、网等不同形式。在一个水土保持综合治理的小流域范围内，要注意各个水土保持林种间在其防护作用和其配置方面的互相配合、协调和补充，还要注意与水土保持工程设施相结合，从流域的整体上注意保护和培育现有的天然林，使之与人工营造的各个水土保持林种相结合，同时又注意流域治理中水土保持林的合理、均匀的分布和林地覆盖率问题。

(2) 营造技术

由于大多数水土流失地区的生物气候条件和造林地土壤条件都较差，水土保持林的营造和经营上有如下特点：选择抗性强和适应性强的灌木树种，同时注意采用适当的混交方式。在规划施工时注意造林地的蓄水保土坡面工程。可采用各种造林方法，以及人工促进更新和封山育林等。造林的初植密度宜稍大，以利提前郁闭。

三、防风固沙林

防风固沙林是指在沙漠、戈壁的边缘或临近流动沙丘地带，为防止风沙等灾害对耕地、牧区、居民点、道路及渠系等的侵袭和危害而营造的以防止风沙危害，固定流沙为目的的人工防护林。其中包括防沙林和固沙林。林带结构一般有通风、紧密和稀疏三种。

防风固沙林的实质是通过营造具有一定走向、配置结构和宽度的防护林带，来影响气流的运动速度、方向及其流场，进而控制流沙，以达到理想的防风固沙效果。

1. 作用

(1) 通过建立防风固沙林，增加了地面粗糙度，减少了风速，从而减少了风沙流的携沙量，降低了输沙率，从而达到防风固沙的目的；

(2) 由于林木的滤沙作用，气流含沙量减少，从而减少了气流对土壤的侵蚀；

(3) 防风固沙林建立后，会对局部的气象因子发生影响，可降低风速，提高空气湿度，缓和空气温度和地温；

(4) 能加强沙地土壤成土过程，使土壤肥力有所提高；

(5) 可减少或控制沙面的流动性，改善环境，使沙地植被向种类繁多、结构复杂且稳定，功能多样的良性方向发展。

(6) 缓解了木材供求矛盾 通过对其合理地采伐更新，可获得部分木材；

(7) 促进农业及其他副业的发展 通过治沙造林，原来的荒滩成为有林地，林下长满杂草，成林后可以放牧。由于林木的屏障作用，促进了农业的高产稳产。

2. 树种选择

(1) 适生沙地环境，耐风蚀沙埋；

(2) 抗干旱、耐贫瘠，生长稳定，寿命长；

(3) 根系发达，易繁殖，早期生长快，萌生能力强；

(4) 有足够的高度，树冠稠密，阻沙力强；

(5) 有一定的经济效益。

单一树种不可能包括这些属性，因而多个树种在不同密度下的混交往往能起到良好的防风固沙效果。常见的防风固沙树种有：樟子松、油松、胡杨、银白杨、小青杨、加杨、榆、旱柳、树柳、沙柳、紫穗槐、杨柴、柠条、花棒、沙枣、沙棘、梭梭等。

3. 应用

(1) 大面积营造防风固沙林 在固定或半固定的平缓沙地，一般水分和肥力条件较好，可进行全面造林，既能防风固沙，又能生产木材，沙地全面造林应适当密植和乔、灌混交，以适应防风固沙要求；

(2) 块状营造防风固沙林 沙地局部地形起伏，风蚀状况、理化性质在同一个沙丘的不同部位也不尽相同。因此，最好在不同部位选择不同的树种进行块状造林；

(3) 带状营造防风固沙林 根据营造目的和作用可分为两种，即防沙林带和沙区护田林网。防沙林带营造可分为三种：一是四面包围的防沙林带，即在一定范围内的流动沙丘群周围营造 10 ~ 30 米宽的防风阻沙林带，然后对沙丘逐渐进行固定；第二在流动沙地和沙丘入侵的前哨地带，营造宽度 30 ~ 50 米或达 100 米的较大规模的防风固沙林带；第三在大面积流少入侵绿洲的前哨地营造 100 ~ 150 米的宽旗，长度视防风固沙效果而定。

沙区护田林带，采用窄林带小网格的配置方式，主带与主风方向垂直。林带的有效防护距离按树高的 15 ~ 20 倍计算，沙区乔木树高一般为 10 ~ 15 米，主带距离为 150 ~ 200 米，副带距离 200 ~ 400 米，采用乔灌混交的疏透结构，带宽 9 ~ 12 米，株行距离 1 × 1.5 米。

4. 养护管理

(1) 采取综合防治措施，预防和控制森林火灾、森林有害生物、人畜破坏的发生。

(2) 抚育 符合下列条件之一的林分应进行抚育：郁闭度 0.8 以上，林下植被光照不良的中幼林；密度过大，竞争激烈，林木分化明显的林分；影响风景游憩需求的林分；遭受病虫、火灾、雪压、风折等严重自然灾害，受害木中幼林株数达到 10% 以上、成近熟林株数达到 5% 以上的林分；结构不符合防护要求的林带。

抚育的方法：以间伐为主，在不影响防护效益的前提下，根据树种、林分密度、郁闭度、林层、林带结构等进行抚育。

(3) 幼林管护：松土除草连续进行 3 ~ 5 年，每年 1 ~ 2 次。间苗、除蘖定株、修枝。加强幼林管护，防止人畜破坏。

(4) 符合下列条件之一的林分应进行改造：林木分布不均、林隙大，郁闭度 < 0.3；近中龄林生长发育不良，郁闭度 < 0.4；单层纯林尤其是单一针叶树种的纯林，林下植被盖度 < 20%；低效多代萌生林，达不到防护效果的林分；连续缺带 20 米以上的林带；病虫害或其他自然灾害严重，病腐木超过 20% 的林分。

改造主要采取补植和疏伐进行。

四、农田牧场防护林

1. 概念及作用

田牧场防护林指以降低风速，防止或减缓风蚀，固定沙地，以及保护耕地。保护农田、牧场免受风沙侵袭为主要目的的森林、林木和灌木林。同防风固沙林基本相似。

为改善农田小气候和保证农作物丰产、稳产而营造的防护林。由于呈带状，又称农田防护林带；林带相互衔接组成网状，也称农田林网。在林带影响下，其周围一定范围内形成特殊的小气候环境，能降低风速，调节温度，增加大气湿度和土壤湿度，拦截地表径流，调节地下水位。

2. 结构

结构因林带宽度，行数，乔、灌木树种搭配和造林密度而有差异，并表现为透光度与透风系数的变化。透光度，又称疏透度，是林带纵断面的透光面积与其纵断面的总面积的比值。确定的方法是站在距林带 30 ~ 40 米处，目测林带纵断面的透光面积占总面积的比值。透风系数是林带背风面离林缘 1 米处林带高度范围内的平均风速与空旷地相应高度处的平均风速的比值。确定的方法是实测林带背风面距林带 1 米的林冠顶部、林冠中部和距地表 1 米高处的风速，并算出平均值；然后实测空旷地区相应 3 个高度的风速，并算出平均值。二者相除的系数为透风系数。

因透光度和透风系数不同，林带结构可分 3 种：

(1) 紧密结构。

带幅较宽，栽植密度较大，一般由乔、灌木组成。生长期间从林冠到地面，上下层都密不透光。透光度为零或几等于零，透风系数在 0.3 以下。在林带背风面近距离处的防护效果大。在相当于树高 5 倍 (5H) 的范围内，风速为原来的 25%，10H 范围内为 37%，到 20H 范围，则达 54%。由于紧密结构的林带内和背风林缘附近，有一静风区，容易导致林带内及四周林缘积沙，一般不适用于风沙区。

(2) 疏透结构。

带幅较前者窄，行数也较少。一般由乔木组成两侧或仅一侧的边行，配置一行灌木，或不配置灌木，但乔木枝下高较低。最适宜的透光度为 0.3 ~ 0.4，透风系数为 0.3 ~ 0.5。其防护效果，在 5H 范围内风速为旷野的 26%，10H 范围内为 31%、20H 范围内为 46%。其防护效果大于紧密结构，防护距离小于通风结构，适用于风沙区。

(3) 通风结构。

林带幅度、行数、栽植密度，都少于前两者。一般为乔木组成而不配置灌木。林冠层有均匀透光孔隙，下层只有树干，因此形成许多通风孔道，林带内风速大于无林旷野，到背风林缘附近开始扩散，风速稍低，但仍近于旷野风速，易造成林带内及林缘附近处的风蚀。生长期间的透光度为 0.4 ~ 0.6，透风系数大于 0.5。其防护效果在 5H 范围内为原来风速的 29%，10H 范围内为 39%，20H 范围内为 44%，30H 范围内始达 56%。防护距离最远。适用于风速不大的灌溉区，或风害不严重的壤土农田或无台风侵袭的水网区。

3. 构建技术

(1) 林带设置

农田防护林宜与农田基本建设同时规划，以求一致。平原农区的田块多为长方形或正方形，道路则和排灌渠与农田相结合而设置。据此，林带宜栽植在呈网状分布的渠边、路边和田边的空隙地上，构成纵横连亘的农田林网。每块农田都由四条林带所围绕，以降低或防御来自任何方向的害风。

(2) 网格大小

因带距大小而有不同，而带距又受树种、高生长和害风的制约。一般土壤疏松且风蚀严重的农田，或受台风袭击的耕地，主带距可为 150 米，副带距约 300 米，网格约 4.5 公顷。有一般风害的壤土或砂壤土农区，主带距可为 200 ~ 250 米，副带距可为 400 米左右，网格约 8 ~ 10 公顷。风害不大的水网区或灌溉区，主带距可为 250 米，副带距 400 ~ 500 米，网格约 10 ~ 15 公顷。

(3) 树种选择

宜选择高生长迅速、抗性强、防护作用及经济价值和收益都较大的乡土树种，或符合上述条件而经过引种试验、证实适生于当地的外来树种。可采取树种混交，如针、阔叶树种混交，常绿与落叶树种混交，乔木与灌木树种混交，经济树与用材树混交等。采用带状、块状或行状混交方式。

(4) 造林密度

一般根据各树种的生长情况，及其所需的正常防护面积而定。如单行林带的乔木，初植株距 2 米。双行林带株行距 3 × 1 米或 4 × 1 米。3 行或 3 行以上林带株行距 2 × 2 米或 3 × 2 米。视当地的气候、土壤等环境条件和树种生物学特性而异。

(5) 抚育管理

在新植林带内需除草、灌水和适当施肥。幼林带郁闭后进行必要的抚育。但修枝不可过度，应使枝下高约占全树高的 1 / 4 左右，成年林带树木的枝下高不宜超过 4 ~ 5 米。间伐要注意去劣存优、去弱留强、去小留大的原则，勿使林木突然过稀。幼林带发现缺株或濒于死亡的受害木时应及时补植。

五、护路林

护路林指的是在道路旁、城市毗连处，为防止飞沙、积雪以及横向风流等对道路或行驶车辆造成有害影响而种植的林带。具体是以保护铁路、公路免受风、沙、水、雪侵害为主要目的的森林、林木和灌木林。包括铁路、国道、高速公路、省道两旁自然地形第一层山脊以内(陡坡地段)或平地 100 米以内、市县两旁各 50 米范围的森林、林木和灌木林。

1. 作用

(1) 美化、绿化公路环境

由于有了植物，所以公路呈现出了四季景观的变化，植物的春花、夏绿、秋实、冬雪呈现生命的四季变化；

(2) 净化空气

植物的叶片通过吸收有毒气体净化空气中各种有毒有害物质的含量；

(3) 防止尘土飞扬

通过植物降低风速，能降低风中尘土的含量；同时，植物通过叶片可以降低空气中的粉尘；

(4) 减少交通噪音

植物叶片吸收噪音，可以降低汽车行驶过程中的噪音；

(5) 消除乘客的旅途疲劳

护路林通过景观的变化可以使旅客产生兴趣，消除疲劳；

(6) 有利于车辆行驶安全

林木的存在，调节气温，使驾驶员心情愉快；

(7) 保护路面、紧固路堤、增加公路的使用年限

护路林的存在使路、堤不容易使路面垮塌，延长路面使用年限。

2. 植物种类的选择

(1) 乔木树种

主要选择树冠吸收和反射太阳辐射强、遮荫效果好的树种，有杨、榆树、柞、椴树、丁香、樟子松等；

(2) 灌木

主要选择抗风能力强，吸附能力强的树种，常用种类有榆树、沙棘等；

(3) 草本

主要选择固土能力强，生存能力强，抗风能力强的种类；

(4) 花卉

主要选择色泽鲜艳、抗疲劳的种类。

同时，应当将各种类型的植物合理搭配，以达到最佳的效果。如路边坡地可栽植花卉、草本植物，最外层应栽植抗风能力强的深根性树种和适宜的灌木、草本，这样层次感十分明显。

3. 养护管理

主要是加强人工抚育管理及保护，及时松土除草、灌溉施肥、病虫害防治，并最大程度上减少人畜危害，使其最好地发挥防护效能。

六、护岸林

1. 作用

护岸林是指栽种在渠道、河流两岸使免受冲刷的防护林。

护岸林具有如下作用：

(1) 树冠的遮蔽作用

河流生态系统中水温的变化直接影响着水中的一切生物，特别是鱼类。护岸林在抑制河流水温上升有着重要的作用。特别是在夏季，树冠遮蔽日光，因而有护岸林的流域成为了鱼类繁衍生息最重要的场所。

(2) 枯枝落叶的供给

护岸林每年产生的大量的枯枝落叶(常绿、落叶植物每年都有)，这些枯枝落叶分解成昆虫的食料和巢料；

(3) 净化水质

在河流、溪畔生长着的树木起着吸收各种营养和清除、过滤由上游农土所形成的各种污染物质；

(4) 形成独特的景观

一些具有季相变化的植物，如乌桕、池杉在秋季能形成独特的景观。

(5) 生态走廊作用

护岸林的存在将同一水系内的各流域有机联系起来，通过这些实现动植物的移动和分散，有利于种群个体的维持和扩大，移动、分散能力低的植物种类。使植物种群的重新分布和扩大成为可能；

(6) 减少水流对堤、岸的冲击

树木通过根系使堤、岸的土壤、石块更加紧密联系在一起，增加了对水流的冲击的抵抗能力。

2. 植物种类的选择

(1) 根系要发达

这样才能起到较好的抗水流冲击的效果，如柳树、水团花等；

(2) 冠大荫浓

一方面为鸟类提供特殊的生态位，另一方面为水中的生物提供遮荫的环境，如二球悬铃木、重阳木、香樟等；

(3) 大部分植物耐水湿

由于临近水边，因而土壤中的含水量一般较大，因而植物耐水湿更有利于植物的生长，如乌桕、重阳木、枫杨；

(4) 部分植物要耐水淹

部分地段由于地势较低，因而植物涨水时会使植株被水淹，因而这些地段的植株应能耐短时间的水淹，如垂柳、旱柳、龙爪槐、榔榆、桑、柘、豆梨、杜梨、柽柳、紫穗槐、落羽杉。

(5) 植物有较好的经济效益和景观效果

落羽杉、乌桕、银杏等。

3. 养护管理

主要是加强人工抚育管理及保护，病虫害防治，并最大程度上减少人畜危害，使其最好地发挥防护效能。

第八节 水边绿化

一、概念及作用

水边绿化指植物具有能耐短期水淹、耐水湿或具有特殊的形态或观赏效果，种植在水边能形成特殊的植物景观的树木及其景观。

水边绿化具有以下作用：

(1) 能形成特殊的景观

滨水区域植物种类要有一些要求，同时植物在水中所形成的倒影，特别是植物的季相变化所形成的景观，具有特殊的观赏效果；

(2) 生态效益

植物的大量应用有巨大的生态效益，典型的如吸收二氧化碳，释放氧气；

(3) 形成休闲、游憩的场所

通过植物的大量应用，形成大的休闲、游憩的场所，典型的如长沙的湘江风光带，是夏季市民纳凉、休闲的场所；

(4) 产生经济效益

滨水区域是现在市民的休闲、娱乐场所，许多是典型的景点，如长沙市的橘洲公园、湘江风光带就带动了长沙的旅游。

二 环境特点

滨水区环境复杂，特别是土壤中的含水量变化很大。部分地段土壤中含水量较低，部分地段土壤中含水量一般，部分地段土壤中含水量较高，部分地段(水边或水中)土壤中水分含量极高。光环境也极为复杂，从强光到较弱的光，遮荫、半遮荫环境都有。

三 选择要求

(1) 易繁殖、生长快、根系发达，并有一定经济价值的树种。

(2) 植物配植必须确保不阻碍游人的视线

(3) 固土能力强，对某些立地条件，还应选耐旱、耐瘠薄的树种。

(4) 应注重生物的群落关系，考虑水体的自净和生态平衡，防止水体的富营养化。

四 常见种类

1. 水生植物种类

包括沉水、浮水和挺水植物，其中大部分为草本。只有少量为木本植物有少量能耐较长时间水淹，但不能一直种植在水中，如池杉、落羽杉、垂柳、水松、湿地松、乌桕、枫杨、墨西哥落羽杉、意杨、旱柳、银叶柳、老鸦柿等。

2. 滨水(湿生)植物种类

水松、蒲桃、小叶榕、高山榕、水翁、紫花羊蹄甲、木麻黄、椰子、蒲葵、落羽松、池杉、水杉、大叶柳、垂柳、旱柳、水冬瓜、乌桕、苦楝、悬铃木、枫香、枫杨、三角枫、重阳木、柿、榔榆、桑、拓、梨属、白蜡属、海棠、香樟、棕榈、无患子、蔷薇、紫藤、南迎春、连翘，棣棠、夹竹桃、桧柏、丝棉木等。

3. 陆地植物种类

与其它园林植物种类差异不大，因地制宜选择种类。

五 养护管理

主要是加强人工抚育管理及保护，病虫害防治，并减少人畜危害，使其最好地发挥防护效能。

第九节 绿篱及绿雕

一、绿篱

1. 绿篱概念及类型

由灌木或小乔木以近距离的株行距密植，栽成单行或双行，紧密结合的规则的种植形式，称为绿篱、植篱、生篱。可修剪成各种造型并能相互组合，从而提高观赏效果。

绿篱的类型

(1) 根据高度可分：绿墙　高 1.6 米以上，能够完全遮挡住人们的视线；高绿篱　在 1.2 至 1.6 米之间，人的视线可以通过，但人不能跨越而过，多用于绿地的防范、屏障视线、分隔空间、作其它景物的背景；中绿篱　高 0.6 至 1.2 米，有很好的防护作用，多用于种植区的围护及建筑基础种植；矮绿篱　0.5 米以下，花境镶边、花坛、草坪图案花纹。

(2) 根据功能要求与观赏要求可分：常绿绿篱、花篱、观果篱、刺篱、落叶篱、蔓篱与编篱等；例如花篱，不但花色、花期不同，而且还有花的大小、形状、有无香气等的差异而形成情调各异的景色；至于果篱，除了大小、形状色彩各异以外，还可招引不同种类的鸟雀。

(3) 依作用可分为隔音篱、防尘篱、装饰篱；

(4) 依生态习性可分为常绿篱、半常绿篱、落叶篱；

(5) 依修剪整形可分为不修剪篱和修剪篱，即自然式和整形式，前者一般只施加少量的调节生长势的修剪，后者则需要定期进行整形修剪，以保持体形外貌。在同一景区，自然式植篱和整形式植篱可以形成完全不同的景观，必须善于运用。

(6) 按种植方式可分为单行式和双行式，中国园林中一般为了见效快而采用品字形的双行式，有些园林师主张采用单行式，理由是单行式有利于植物的均衡生长，双行式不但不利于均衡生长，而且费用高，又容易滋生杂草。

2. 绿篱的功能

总的来说具有减弱噪声，美化环境，围定场地，划分空间，屏障或引导视线于景物焦点，作为雕像、喷泉、小型园林设施物等的背景

(1) 围护作用

园林中常以绿篱作防范的边界，可用刺篱、高篱或绿篱内加铁刺丝。绿篱可以组织游人的游览路线，按照所指的范围参观游览。不希望游人通过的可用绿篱围起来。

(2) 屏障视线

园林中常用绿篱或绿墙进行分区和屏障视线，分隔不同功能的空间。这种绿篱最好用常绿树组成高于视线的绿墙。如把儿童游戏场、露天剧场、运动场与安静休息区分隔开来，减少互相干扰。在自然式布局中，有局部规则式的空间，也可用绿墙隔离，使强烈对比、风格不同的布局形式得到缓和。

(3) 作为分界线

以中篱作分界线，以矮篱作为花境的边缘、花坛和观赏草坪的图案花纹。采取特殊的种植方式构成专门的景区。近代又有“植篱造景”，是结合园景主题，运用灵活的种植方式和整形修剪技巧，构成有如奇岩巨石绵延起伏的园林景观。

(4) 作背景

园林中常用常绿树修剪成各种形式的绿墙，作为喷泉和雕像的背景，其高度一般要与喷泉和雕像的高度相称，色彩以选用没有反光的暗绿色树种为宜，作

为花境背景的绿篱，一般均为常绿的高篱及中篱。

(5) 美化挡土墙

在各种绿地中，在不同高度的两块高地之间的挡土墙，为避免立面上的枯燥，常在挡土墙的前方栽植绿篱，把挡土墙的立面美化起来。

3. 选择要求及常见种类

通常应选用枝叶浓密、耐修剪、生长偏慢的木本种类。

(1) 普通绿篱

通常用锦熟黄杨、黄杨、大叶黄杨、女贞、圆柏、海桐、珊瑚树、凤尾竹、白马骨、福建茶、九里香、桧柏、侧柏、罗汉松、小腊、雀舌黄杨、冬青等。

(2) 刺篱

一般用枝干或叶片具钩刺或尖刺的种类，如枳、酸枣、金合欢、枸骨、火棘、小檗、花椒、柞木、黄刺玫、枸桔、蔷薇、胡颓子等。

(3) 花篱

一般用花色鲜艳或繁花似锦的种类，如扶桑、叶子花、木槿、棣棠、五色梅、锦带花、栀子、迎春、绣线菊、金丝桃、月季、杜鹃花、雪茄花、龙船花、桂花、茉莉、六月雪、黄馨，其中常绿芳香花木用在芳香园中作为花篱，尤具特色。

(4) 果篱

一般用果色鲜艳、累累的种类，如小檗、紫珠等。

(5) 彩篱

一般用终年有彩色叶或紫红叶斑叶的种类，如洒金东瀛珊瑚、金边桑、洒金榕、红背桂、紫叶小檗、矮紫小檗、金边白马骨、彩叶大叶黄杨、金边卵叶女贞、黄金榕、变叶木、假连翘。此外，也可用红瑞木等具有红色茎杆的植物，入冬红茎白雪，相映成趣。

(6) 落叶篱

由落叶树组成。北方常用，如榆树、丝绵木、紫穗槐、柽柳、雪柳等。

(7) 蔓篱

由攀缘植物组成。在建有竹篱、木栅围墙或铅丝网篱处，可同时栽植藤本植物，攀缘于篱栅之上，另有特色。植物有叶子花、凌霄、常春藤、茑萝、牵牛花等。

(8) 编篱

植物彼此编结起来而成网状或格状的形式。以增加绿篱的防护作用。常用的植物有木槿、杞柳、紫穗槐等。

3. 绿篱的构建

(1) 高绿篱或绿墙

常用来分隔空间、屏障山墙、厕所等不宜暴露之处。用以防噪音、防尘、分隔空间为主，多为等距离栽植的灌木或半乔木，可单行或双行排列栽植。其特点是植株较高，群体结构紧密，质感强，并有塑造地形、烘托景物、遮蔽视线的作用。高篱形成封闭式的透视线，远比用墙垣等有生气。作为雕像、喷泉和艺术设施景物的背景，尤能造成美好的气氛。高度一般在 1.5 米以上，可在其上开设多种门洞、景窗以点缀景观。造篱材料可选择构树、柞木、法国冬青、大叶女贞、桧柏、榆树、锦鸡儿、紫穗槐等。

(2) 中绿篱

中绿篱在园林建设中应用最广，栽植最多。其高度不超过 1.3 米，宽度不超过 1 米，多为双行几何曲线栽植。中绿篱可起到分隔大景区的作用，达到组织游人活动、增加绿色质感、美化景观的目的。常用于街头绿地、小路交叉口，或种植于公园、林荫道、分车带、街道和建筑物旁；多营建成花篱、果篱、观叶篱。造篱材料依功能可栽植栀子、含笑、木槿、红桑、吊钟花、变叶木、金叶女贞、金边珊瑚、小叶女贞、七里香、火棘、茶树等。

(3) 矮绿篱

矮绿篱主要用途是围定园地和作为草坪、花坛的边饰，多用于小庭园，也可在大的园林空间中组字或构成图案，其高度通常在 0.4 米以内，由矮小的植物带构成，游人视线可越过绿篱俯视园林中的花草景物。矮绿篱有永久性和临时性两种不同设置，植物材料有木本和草本多种。常用的植物有月季、黄杨、六月雪、千头柏、万年青、彩色草、红叶小檗、茉莉、杜鹃等。

4. 养护管理

保持篱的完整而勿使下枝空秃，注意修剪时期与树种生长发育的关系以及预防病虫蔓延、避免与周围树种病菌有生活史上的联系。其中修剪最为关键。

(1) 修剪的原则

对整形式植篱应尽可能使下部枝叶多见阳光，以免因过分荫蔽而枯萎，因而要使树冠下部宽阔，愈向顶部愈狭，通常以采用正梯形或馒头形为佳。从小到大，多次修剪，线条流畅，按需成型。一般的绿篱设计高度为 60 ~ 150 厘米，超过 150 厘米的为高大绿篱（也叫绿墙），起隔离视线用。

(2) 始剪修剪的技术要求

绿篱生长至 30 厘米高时开始修剪。按设计类型 3 ~ 5 次修剪成雏型。

(3) 修剪的时间

当次修剪后，清除剪下的枝叶，加强肥水管理，待新的枝叶长至 4 ~ 6 厘米时进行下一次修剪，前后修剪间隔时间过长，绿篱会失形，必需进行修剪。中午、雨天、强风、雾天不宜修剪。

(4) 修剪的操作

目前多采用大篱剪手工操作，要求刀口锋利紧贴篱面，不漏剪少重剪，旺长突出部分多剪，弱长凹陷部分少剪，直线平面处可拉线修剪，造型（圆型、磨茹型、扇型、长城型等）绿篱按型修剪，顶部多剪，周围少剪。

(5) 定型修剪

当绿篱生长达到设计要求定型以后的修剪，每次把新长的枝叶全部剪去，保持设计规格形态。多数绿篱是按一定形状修剪的，但对生长缓慢的树种，以及高式竹篱和以观花为目的的花篱，多不作修剪，或只作高部枝条的调整。对于需要修剪的绿篱，可营建成以下几种形式：一是修剪成同一高度的单层式绿篱；二是由不同高度的两层组合而成的二层式绿篱；三是二层以上的多层式绿篱。从遮蔽效果来讲，以二层式及多层式为佳，多层式在空间效果上更富于变化。通过刻意修剪，能使绿篱的图案美与线条美结合，还能使绿篱不断更新，长久保持生命活力及观赏价值。

(6) 绿篱的修剪时期及次数

绿篱修剪的时期，要根据不同的树种灵活掌握。对于常绿针叶树种绿篱，因为它们每年新梢萌发得较早，应在春末夏初之际完成第一次修剪，同时可一并获得扦插材料。立秋以后，秋梢又开始旺盛生长，这时应进行第二次全面修剪，使株丛在秋冬两季保持整齐划一，并在严冬到来之前完成伤口愈合。对于大多数阔叶树种绿篱，在春、夏、秋季都可根据需要随时进行修剪。为获得充足的扦插材料，通常在晚春和生长季节的前期或后期进行。用花灌木栽植的绿篱不大可能进行规整式的修剪，修剪工作最好在花谢以后进行，这样即可防止大量结实和新梢徒长而消耗养分，又能促进新的花芽分化，为来年或以后开花做好准备。

二、绿雕

绿雕则是多年生小灌木（实际应用中也包括一年生或多年生草本植物）应用于特殊形态或图案的钢架结构上以形成特定景观以达到供人观赏的一类植物应用形式。

1. 植物种类选择要求

(1) 要求枝叶细小、植株紧密、耐修剪。枝叶粗大的材料不易形成精美纹样，在小面积造景中尤其不适合使用。

(2) 要求植物生长缓慢，以便能观赏更长时间。同时，可选植株低矮、花小而密的花卉作图案的点缀等。

(3) 要求植株的叶形细腻，色彩丰富，富有表现力。

(4) 要求植株适应性强。由于绿雕改变了植物原有的生长环境，为在短时间内达到最佳的观赏效果，就要求植物材料容易繁殖，病虫害少。

2. 养护管理

水肥适当控制，注意保持体形完整。及时进行病虫害防治。

第十节 地被植物

一、作用

地被植物指株丛密集、低矮，经简单管理即可用于代替草坪覆盖在地表、防止水土流失，能吸附尘土、净化空气、减弱噪音、消除污染并具有一定观赏和经济价值的植物。主要是一些适应性较强的低矮、匍匐型的灌木和藤本植物。

地被植物具有以下作用：

1. 利用空间和环境资源，改善人工群落的立地环境

园林绿地中设计组成的人工植物群落与自然群落相比，它的分层性更为明显，结构层次少。构建地被景观层后提高了绿化率，增加了单位面积的叶面积指数，更加充分利用上层乔木、灌木未能吸收的太阳光能。地被植物根系浅而庞大，能疏松表层土壤，调节地温，增加腐殖质，对上层植物的生长发育有促进作用。

2. 增加绿地群落层次，提高景观效果

构建地被景观层最直接的效果是覆盖地面，达到“黄土不露天”的基本目标。同时地被植物的种类很多，景观特色各异，不同的叶色、花色和果色，不同季节会展现不同的景观效果。叶色深绿的常春藤和龟甲冬青，黄绿色的珍珠菜和金露，开紫花的二月兰和麦冬，开粉红色花的红花酢浆草，开白花的葱兰等，地被植物大面积成片栽植，气势恢弘，与上层的乔、灌木的不同季相配合，不仅群落层次丰富，而且景观效果也增色不少。

3. 提供天敌栖息场所，构建绿色生态景观

园林植物群落较之农业和林业的植物群落更具多样性，创造了多样的生态环境，为天敌提供栖息地，抑制有害生物的过度发展，保持基本生态平衡。园林植物群落在不用（或少用）化学杀虫剂的条件下，害虫和天敌能稳定在不对园林植物造成严重危害的程度上，使植物与植物间、植物与其他生物间有序和谐地共存，构建绿色生态景观。

4. 提高人工植物群落的经济效益

地被植物除了观赏和景观效果外，大多数具有经济价值。地被植物与上层的乔木、灌木相比，具有数量多、产量大、易更替的特点。种植经济型的地被植物，对群落的稳定性也不会有很大的影响。

5. 提高园林绿地的环保和生态功能

地被植物覆盖地面后，具有减少尘土发生、吸附尘土、降低噪声、增加人工群落内部空气湿度和改良土壤条件的良好作用.

二、选择要求及种类

1. 选择要求

地被植物要求具有以下特点：

(1) 繁殖容易，生长迅速，覆盖力强，耐修剪。

(2) 具有匍匐性或良好的可塑性。

(3) 植株相对较为低矮。在园林配置中，植株的高矮取决于景观的需要，可以通过修剪人为地控制株高，也可以进行人工造型。其高度可有 30 厘米以下、50 ~ 60 厘米、70 ~ 80 厘米、80 ~ 100 厘米等几种。使用灌木时，应选用生长缓慢或耐修剪者，修剪后萌芽、分枝力强，枝叶稠密。

(4) 具有发达的根系。有利于保持水土，提高根

系对土壤中水分和养分的吸收能力，或者具有多种变态地下器官，如球茎、地下根茎等，以利于贮藏养分，保存营养繁殖体，从而具有更强的更新能力。

(5) 维护的低成本。包括更新、病虫害的防治成本都比较低。

(6) 良好的观赏和景观效果 具有美丽的花朵或果实，而且花期越长，观赏价值越高；具有独特的株形、叶形和叶色的季相变化，给人绚丽多彩的感觉；群体效果好。

(7) 良好的安全性 植株无毒、无异味；种群容易控制，不会泛滥成灾。

2. 常见种类

根据其生物学、生态学习性，地被植物类别及常见种类如下：

(1) 灌木类地被植物 园林中比较多，如栀子、雀舌栀子、六月雪、红檵木、杜鹃、小蜡、龙船花等；

(2) 藤本及攀缘地被植物：如常春藤、爬山虎、金银花等；

(3) 矮生竹类地被植物：如箬竹、菲白竹、凤尾竹、鹅毛竹等。

三、应用

园林中植物群落类型多、差异大，因而地被植物的配置无固定模式，但在配置实践中，应遵循“因地选择、注重功能、层次分明、目的在景”等原则来进行配置。

1. 因地选种，突出生物学特性与环境的一致性

注意地被植物适应的地域性，选择适应当地气候、土壤环境条件的物种。如适应华南地区南部的黄榕，在长江流域以北地区就不能适应，同理，温凉地区的常春藤在广州、深圳作地被也不合适。

在小环境中，因地制宜是地被植物配置适当与否的关键。要选择适应种植地光、温、水、土、气等环境条件的种类，如在林下、房屋背阳处及大型立交桥下，应该多选用耐荫的地被植物，如八角金盘、洒金珊瑚、十大功劳等。对于不同的植物群落，上层乔木、灌木的种类不同，疏密程度不同，群落层次的多少不同，造成下层生境的不同，应选用不同耐阴性的地被植物。岸边、溪水旁则宜选用耐水湿的湿地植物作地被。选择地被种类应注意与上层景观植物在色彩、季相变化上的一致性。

2. 注重功能，突出地被景观与环境的和谐

地被景观与绿地类型的和谐。一般开放式的活动场地可用草坪覆盖形成开阔、舒适的空间，使人心旷神怡；封闭式的景区如观赏区、水池旁、雕塑前配置地被应以整齐一致、枝叶稠密、观赏价值高的开花种类为好；而在偏僻的林带边、树丛下，则可以配置些可少修剪或不修剪的地被植物覆盖地面，不但节约人工，还富有野趣。

3. 高度适当，突出景观层次

地被植物配置力求群落层次分明，突出主体。地被植物起衬托作用，不能喧宾夺主。如层次不清，会显得杂乱无章。绿地人工植物群落最下层是地被植物，应与上层乔木和灌木组合错落有致，搭配高度适当。当上层乔木分枝点较高时，下面选用的地被植物可选择适当高一些的种类而上层植株或分枝点低，地被植物应选用低矮或匍匐生长的种类。

地被中应充分考虑植物的生态习性及环境条件的要求，合理配置。根据其高低层次和色彩的变化，可配置成各种景观图案。地被植物的应用常见的应用形式包括：① 常与乔、灌、草配置形成立体的群落景观；② 可植于林缘、林下、空旷地，丰富景观层次；③ 与山石、水体搭配，点缀景物，丰富视觉色彩。

四、养护管理

1. 抗旱浇水

地被植物一般为适应性较强的抗旱品种，除出

现连续干旱无雨天气，不必人工浇水。当年繁殖的小型观赏和药用地被植物，应每周浇透水 2 ~ 4 次，以水渗入地下 10 ~ 15 厘米处为宜。浇水应在上午 10 时前和下午 4 时后进行。

2. 增加土壤肥力

地被植物生长期内，应根据各类植物的需要，及时补充肥力。常用的施肥方法是喷施法，因此法适合于大面积使用，又可在植物生长期进行。此外，亦可在早春、秋末或植物休眠期前后，结合加土进行微施法，对植物越冬很有利。还可以因地制宜，充分利用各地的堆肥、厩肥、饼肥及其他有机肥源。施用堆肥必须充分腐熟、过筛，施肥前应将地被植物的叶片剪除，然后将肥料均匀撒施。

3. 防止水土流失

栽植地的土壤必须保持疏松、肥沃，排水一定要好。一般应每年检查 1 ~ 2 次，尤其暴雨后要仔细查看有无冲刷损坏。对水土流失情况严重的部分地区，应立即采取措施，堵塞漏洞，防止扩大蔓延。

4. 修剪平整

一般低矮类型品种，不需经常修剪，以粗放管理为主。但对开花地被植物，少数残花或花茎高的，须在开花后适当压低，或者结合种子采收适当整修。

5. 更新复苏

在地被植物养护管理中，常因各种不利因素，成片地出现过早衰老。此时应根据不同情况，对表土进行刺孔，使其根部土壤疏松透气，同时加强肥水。

6. 地被群落的配置调整

地被植物栽培期长，但并非一次栽植后一成不变。除了有些品种能自行更新复壮外，均需从观赏效果、覆盖效果等方面考虑，人为进行调整与提高，实现最佳配置。首先注意花色协调，宜醒目，忌杂乱。如在绿茵似毯的草地上适当种植些观花地被，其色彩容易协调。其次注意绿叶期和观花期的交替衔接。如在成片的常春藤、蔓长春花、五叶地锦等藤本地被中，添种一些铃兰、水仙等观花地被，可以在深色的背景层内，衬托出鲜艳的花。

第十一节 基础种植

一、概念及作用

基础种植指紧靠建筑立面与地面的交接处，此处的植物种植。用灌木或花卉在建筑物或构筑物的基础周围进行绿化、美化栽植。种植的植物高度一般低于窗台。建筑基础种植常采用的方式有花境、花台、花坛、树丛、绿篱等。

基础种植具有以下作用：

1. 美化环境

通过植物的应用和植物的观赏性，能使环境变得更加漂亮、美丽；

2. 突显建筑风格

建筑基础种植常采用的方式有花境、花台、花坛、树丛、绿篱等。花境一般较为低矮，且色彩丰富，多为多年生花卉，季相变化明显，故适合种植于低矮建筑的主要立面基础处；花台可以适应多高差变化的建筑，虽地形而建构阶梯式花台，不同高度的花台选择不同高度的植物，结合植物的花色、叶色，创造出丰富的建筑景观；花坛则多应用于商展性建筑入口立面处的基础种植，多以模纹花坛为主，以表达喜庆、繁荣的景象；

3. 改善环境

基础中树丛则多种植于高大建筑物的基础处，或者在临街道建筑周围形成树屏，与道路隔离，且能有效防止噪音。

二、选择要求及常见种类

见各相关部分。

第十二节 垂直绿化

一、概念及作用

立体绿化，也称垂直绿化，指充分利用不同的立地条件，选择攀援植物及其它植物栽植并依附或者铺贴于各种构筑物及其它空间结构上的绿化方式，包括墙面及墙体绿化、阳台绿化、棚架绿化、篱笆绿化、坡面绿化、屋顶绿化、室内绿化等形式。

垂直绿化具有以下作用：

1. 改善城市人居环境

我国城市发展的重要特征集中表面在建筑层次的逐步增高和建筑密度的不断加大，导致了绿化土地的逐渐被吞噬。垂直绿化的主体—植物，由于其依附其它物质向上生长，可有效地缓解可用地少和绿化率亟待提高的矛盾，有效地改善了城市环境；

2. 丰富城市景观

植物生长过程中有着四季不同的变化，即使是常绿植物也有着变化，因而植物的季相及植物覆盖建筑等物体上，形成了特殊的景观，典型的如爬墙虎秋天红色叶在墙体所形成的植物十分漂亮；

3. 保护城市建筑物

垂直绿化对于所依附的建筑物客观上还起着保护作用，原本裸露的建筑物墙体在繁枝密叶的覆盖下，犹如笼上了一层绿色的墙罩，受日晒雨淋、风霜冰雪侵袭的机会被极大地削弱，起到了一定的保护作用。

二、墙面及墙体绿化

1. 墙体绿化的特点

墙体绿化是立体绿化中占地面积最小、而绿化面积最大的一种形式，泛指用攀援或者铺贴式方法以植物装饰建筑物的内外墙和各种围墙的一种立体绿化形式。墙面绿化的植物配置应注意三点：

(1) 墙面绿化的植物配置受墙面材料、朝向和墙面色彩等因素制约。粗糙墙面，如水泥混合沙浆和水刷石墙面，则攀附效果最好；墙面光滑的，如石灰粉墙和油漆涂料，攀附比较困难；墙面朝向不同，选择生长习性不同的攀缘植物。

(2) 墙面绿化的植物配置形式有两种，一种是规则式；一种是自然式。

(3) 墙面绿化种植形式大体分五种：

①地栽：一般沿墙面种植，带宽 50 ~ 100 厘米，土层厚 50 厘米，植物根系距墙体 15 厘米左右，苗稍向外倾斜；

②种植槽或容器栽植：一般种植槽或容器高度为 50 ~ 60 厘米，宽 50 厘米，长度视地点而定，其形状或图案根据需要可自行设计；

③骨架 + 花盆，通常先紧贴墙面或离开墙面 5 ~ 10 厘米搭建平行于墙面的骨架，辅以滴灌或喷灌系统，再将事先绿化好的花盆嵌入骨架空格中，其优点是对地面或山崖植物均可以选用，自动浇灌，更换植物方便，适用于临时植物花卉布景；不足是需在墙外加骨架，厚度大于 20 厘米，增大体量可能影响表观；因为骨架须固定在墙体上，在固定点处容易产生漏水隐患，骨架锈蚀等影响系统整体使用寿命；滴灌容易被堵失灵而导致植物缺水死亡。

④模块化墙体绿化 其建造工艺与骨架 + 花盆防水类同，但改善之处是花盆变成了方块形、菱形等几何模块，这些模块组合更加灵活方便，模块中的植物和植物图案通常须在苗圃中按客户要求预先定

制好，经过数月的栽培养护后，再运往现场进行安装；其优点是对地面或山崖植物均可以选用，自动浇灌，运输方便，现场安装时间短，系统寿命较骨架 + 花盆更长，不足是也需在墙外加骨架，厚度大于 20 厘米，增大体量可能影响表观；因为骨架须固定在墙体上，在固定点处容易产生漏水隐患，骨架锈蚀等影响系统整体使用寿命；滴灌容易被堵失灵而导致植物缺水死亡，价格较相对高。

⑤铺贴式墙体绿化 其无需在墙面加设骨架，是通过工厂工业化生产：将平面浇灌系统、墙体种植袋复合在一层 1.5 厘米厚高强度防水膜上，形成一个墙面种植平面系统，在现场直接将该系统固定在墙面上，并且固定点采用特殊的防水紧固件处理，防水膜除了承担整个墙面系统的重量外还同时对被覆盖的墙面起到防水的作用，植物可以在苗圃预制，也可以现场种植。其优点是是对地面或山崖植物均可以选用，集自动浇灌，防水、超薄（小于 10 厘米）、长寿命、易施工于一身；缺点是价格相对较高。

2. 墙体绿化的植物种类

爬山虎、紫藤、常春藤、凌霄、络石，以及爬行卫茅等植物价廉物美，有一定观赏性，可作首选。在选择时应区别对待，凌霄喜阳，耐寒力较差，可种在向阳的南墙下；络石喜荫，且耐寒力较强，适于栽植在房屋的北墙下；爬山虎生长快，分枝较多，种于西墙下最合适。也可选用其他植物垂吊于墙面，如紫藤、葡萄、爬藤蔷薇、木香、金银花、木通、西府海棠。

三、阳台绿化

1. 阳台绿化的特点

阳台是建筑立面上的重要装饰部位，既是供人休息、纳凉的生活场所，也是室内与室外空间的链接通道。阳台绿化是利用各种植物材料，包括攀缘植物，把阳台装饰起来，在绿化美化建筑物的同时，美化城市。阳台绿化是建筑和街景绿化的组成部分，也是居住空间的扩大部分。既有绿化建筑，美化城市的效果，又有居住者的个体爱好以及阳台结构特色的体现。

2. 植物的选择

阳台的植物选择要注意三个特点：

(1) 要选择抗旱性强、管理粗放、水平根系发达的浅根性植物。以及一些中小型草木本攀缘植物或花木。

(2) 要根据建筑墙面和周围环境相协调的原则来布置阳台。除攀缘植物外，可选择居住者爱好的各种花木。

(3) 适于阳台栽植的植物材料有：地锦、爬蔓月季、十姐妹、金银花等植物。

四、棚架绿化

1. 棚架绿化的特点

用刚性材料构成一定形状的格架供攀缘植物攀附的园林设施，又称棚架、绿廊。花架可作遮荫休息之用，并可点缀园景。现在的花架，有两方面作用。一方面供人歇足休息、欣赏风景；一方面创造攀援植物生长的条件。因此可以说花架是最接近于自然的园林小品了。

花架的形式有：①廊式花架。最常见的形式，片版支承于左右梁柱上，游人可入内休息。②片式花架。片版嵌固于单向梁柱上，两边或一面悬挑，形体轻盈活泼。③独立式花架。以各种材料作空格，构成墙垣、花瓶、伞亭等形状，用藤本植物缠绕成型，供观赏用。

花架常用的建筑材料有：①竹木材：朴实、自然、价廉、易于加工，但耐久性差。竹材限于强度及断面尺寸，梁柱间距不宜过大。②钢筋混凝土：可根据设计要求浇灌成各种形状，也可做成预制构件，现场安装，灵活多样，经久耐用，使用最为广泛。③石材：厚实耐用，但运输不便，常用块料作花架柱。④金属材料：轻巧易制，构件断面及自重均小，采用时要注意使用地区和选择攀缘植物种类，以免炙伤嫩枝叶，并应经常油漆养护，以防脱漆腐蚀。

2. 植物的选择

棚架绿化的植物布置与棚架的功能和结构有关：

(1) 棚架从功能上可分为经济型和观赏型。经济型选择要用的植物类，如葫芦、茑萝等；或生产类，如葡萄、丝瓜等；而观赏型的棚架则选用开花观叶、观果的植物。

(2) 棚架的结构不同，选用的植物也应不同。砖石或混凝土结构的棚架，可选择种植大型藤本植物，如紫藤、凌霄等；竹、绳结构的棚架，可种植草本的攀缘植物，如牵牛花、啤酒花等；混合结构的棚架，可使用草、木本攀缘植物结合种植。

五、篱笆绿化

篱笆绿化是篱笆和栅栏是植物借助各种构件攀援生长，用以维护和划分空间区域的绿化形式。主要作用是分隔道路与庭院、创造幽静的环境、或保护建筑物和花木不受破坏。

栽植的间距以 1 ~ 2 米为宜。若是临于做围墙栏杆，栽植距离可适当加大。一般装饰性栏杆，高度在 50 厘米以下，则不需种攀缘植物。而保护性栏杆一般在 80 ~ 90 厘米以上，可选用常绿或观花的攀缘植物，如藤本月季、金银花、蔷薇类等。

六、坡面绿化

坡面绿化指以环境保护和工程建设为目的，利用各种植物材料来保护具有一定落差的坡面的绿化形式。坡面绿化应注意两点：

(1) 河、湖护坡有一面临水、空间开阔的特点，应选择耐湿、抗风的，有气生根且叶片较大的攀援类植物，不仅能覆盖边坡，还可减少雨水的冲刷，防止水土流失。例如适应性强、性喜阴湿的爬山虎，较耐寒、抗性强的常春藤等。

(2) 道路、桥梁两侧坡地绿化应选择吸尘、防噪、抗污染的植物。而且要求不得影响行人及车辆安全，并且要姿态优美的植物。如叶革质、油绿光亮、栽培变种较多的扶芳藤，枝叶茂盛、一年四季又都可以看到成团灿烂花朵的三角梅等。

七、屋顶绿化

1. 屋顶绿化的特点

屋顶绿化是指在建筑物、构筑物的顶部、天台、露台之上进行的绿化和造园的一种绿化形式。屋顶绿化有多种形式，主角是绿化植物，多用花灌木建造屋顶花园，实现四季花卉搭配。

屋顶绿化对增加城市绿地面积，改善日趋恶化的人类生存环境空间；改善城市高楼大厦林立，改善众多道路的硬质铺装而取代的自然土地和植物的现状；改善过度砍伐自然森林，各种废气污染而形成的城市热岛效应，沙尘暴等对人类的危害；开拓人类绿化空间，建造田园城市，改善人民的居住条件，提高生活质量，以及对美化城市环境，改善生态效应有着极其重要的意义。

2. 植物的选择

植物种类宜选择姿态优美、矮小、浅根、抗风力强的花灌木、小乔木、球根花卉和多年生花卉。由于多年生木本植物根系对防水层穿透力很强，因此，应根据覆土厚度来确定种植植物品种。覆土厚 100 厘米可植小乔木；厚 70 厘米可植灌木；若覆土 50 厘米厚，可以栽种低矮的小灌木，如蔷薇科、牡丹、金银藤、夹竹桃、小石榴树等；若覆土厚 30 厘米，宜选择一年生草本植物，如草花、药材、蔬菜。

通过植物的选择，可以营造四季景观，如春天的榆叶梅、春鹃、迎春花、栀子花、桃花、樱花；夏天的紫藤、夏鹃、石榴、含笑；秋天的海棠、菊花、桂花；冬天的茶花、蜡梅、茶梅等。

此外，也可在屋顶进行廊架绿化，利用盆栽种植等卷须类植物，当主茎攀援至设置的廊架顶时则长势非常好，枝繁叶茂，起到遮阳而不挡花的作用；花架植物可选择牵牛花、茑萝、金银花、藤本月季等。

八、室内绿化

1. 室内绿化特点

室内绿化是利用植物与其他构件以立体的方式装饰室内空间，室内立体绿化的主要方式有：

(1) 悬挂：可将盆钵、框架或具有装饰性的花篮，悬挂在窗下、门厅、门侧、柜旁，并在篮中放置吊兰、常春藤及枝叶下垂的植物。

(2) 运用花搁架：将花搁板镶嵌于墙上，上面可以放置一些枝叶下垂的花木，在沙发侧上方，门旁墙面，均可安放花搁架。

(3) 运用高花架：高花架占地少，易搬动，灵活方便，并且可将花木升高，弥补空间绿化的不足，是室内立体绿化理想的器具。

(4) 室内植物墙：主要选择多年生常绿草本及常绿灌木，依据光照条件适当选择开花类草木本搭配，需能保持四季常绿，花叶共赏。

2. 植物种类的选择

(1) 应根据室内空间环境的大小及采光条件选择植物。要少而精，突出重点，有主有次；要多选用喜阴的室内观叶植物。

(2) 要按室内的不同色彩来选择植物。叶片及花的大小、不同颜色和形状会给人不同的感受。如大叶片会给人丰满、厚实的形象，细叶片则使人感到潇洒秀丽；橙红的花色有热烈奔放之意，紫的花色则显得素静幽雅；叶形纤细，轻盈飘洒，盘根虬枝，刚劲古奇；绿色或茶色玻璃不宜配置深绿色植物，否则阴气沉沉。故应该按各房间使用功能上对绿化的要求来选择适宜的植物，以做到合理配置。

(3) 室内植物设计形式应根据建筑空间分隔的形式而灵活多样。如客厅绿化力求朴素美观，可在沙发茶几上摆设株形秀雅的观叶或观花植物；若安放一盆广东万年青、花叶芋之类，则凭添南国风光。墙角的空间配以高脚花架，上摆棕竹、龙舌兰、龟背竹等中型观叶植物，顿觉美观典雅。但要注意简洁协调，植物品种不宜过多、过杂，并及时淘汰劣种。

(4) 室内植物配置要合理。配饰中心要选择最佳视线的位置，即任何角度看来都顺眼的位置。一般最佳视觉效果是在距地面高度 2.1~2.3 米的视线位置。同时要讲究植物的排列、组合，如前低后高，前叶小色明、后型大浓绿等。为表现房间深度，可在角落采用密植式布置，产生丛林气氛。另外，绿化尺度处理要贴切于实际空间范围。

(5) 在大空间里布置植物，多要与山石、亭台、小桥、流水相互结合，以在大空间中创造出相对独立的小空间。这样既有大空间的自由感，又有小空间的安定感。植物可疏密相间，用花草陪衬，以创造出自然环境，使之既有室内感，又有室外感。使人置身其中，尤如重归自然。

3. 常用室内绿化种类

(1) 室内光照度在 10 $\mu mol.m^{-2}.s^{-1}$ 以内者，一般是在靠北窗，仅有些亮光，而几乎没有阳光光照的地方，应选择耐阴性能最强的植物种类，例如：龙血树及其变种、龙胆属、花叶万年青、黄柏属、广东万年青、南洋杉、棕竹、榕树；

(2) 室内光照度在 30 $\mu mol.m^{-2}.s^{-1}$ 以内者，如室内东、西窗的位置，除可选择上面植物以外，还可选择：印度橡皮树、散尾葵属、鱼尾葵属、刺葵属、杜鹃属、变叶木、棕榈、洒金珊瑚、红背桂、丝兰、黄杨及其变种、常春藤、金边六月雪、鸳鸯茉莉、罗汉松、大叶黄杨、八角金盘等。

(3) 室内光照度在 60 $\mu mol.m^{-2}.s^{-1}$ 以内者，如室内南窗位置，除可选择上述两类植物以外，还可选择：南洋杉属、八仙花属、扶桑、夹竹桃属、三角梅、红千层、桅子、金合欢、相思树、红桑等。

九、养护管理

(1) 定期观察植物生长状态，判定土壤水分状况及时浇灌，补充土壤水分以保障植物生长；

(2) 根据不同的植物配置适时适量施肥；

(3) 拔除杂草和刮风、飞鸟等种出的乔木树苗。有的植物还要定期修剪，以平衡树势、调节养分、整理树形，使树冠疏密适宜，通风透光，防止倒伏，减少病虫害发生。本着“去大留小”的原则，控制树高，缩小树冠，控制其生长速度；

(4) 在植物生长时期病虫害防治以预防为主，要定期喷洒高效、低毒、低残留药剂，最好选择生物制剂；

(5) 根据需要进行搭风障或包裹树干等防寒保护；

(6) 雨季注意定期检查雨水观察口，以确定建筑屋面排水系统无堵塞现象；

(7) 经常检查配电系统，防止老化或毁坏而发生漏水漏电情况；

具体不同植物的养护要根据其习性采取措施，不得凭主观意志。无论植物修剪、给水、排水、施肥、除草、补植、防寒、防风、基质补充、覆土、病虫害防治等，都要讲究科学。园林附属设施的维护也不能大意，要特别关注排水的日常管理，尤其在雨季时，应经常检查排水口、排水沟、雨落口检查箱等排水设施，及时疏通排水管道，防止枝叶、泥土堵塞；应保持园林建筑及构筑物外观整洁，构件和各项设施完好无损；各种铺装面、绿地围挡等应保持平整完好，无损缺、无积水。

第十三节 植物专类园

一、概念及作用

植物专类园是指在一定范围内种植同一类观赏植物供游赏、科学研究或科学普及的园地。如月季园、牡丹园、梅园、兰园、茶花园等。

植物专类园具有以下作用：

(1) 对植物种质资源多样性进行保护 植物专类园作为植物专类收集区，对专类植物进行集中收集和栽培研究，还可以通过专类园建立植物的种质资源库和植物 DNA 基因库来达达保护作用。

(2) 具有科普教育、观赏休憩等作用 专类园中的植物都挂有植物标识牌，上面有植物的科、属、种名、拉丁名及产地，专类园中还有植物进化系统专类园、地域性植物专类园、药草专类园等，这让游人在观赏植物的同时更多地了解植物，起到科普教育的作用。

(3) 展示城市文脉、地域文化 植物专类园中植物的选择一般都是所在地的具有地域性的代表植物，在一定程度上能反映当地的植物种类，此类物种一般都会与地方文化有一定的联系。因而也成了展示地方文化的窗口。

植物专类园的地点有一定的名胜古迹，或者历史上有过类似的植物专类布置形式，专类园的所在地的历史文化也成为该类专类园一个建园的特色所在。

(4) 部分植物专类园的建立促进了一定的经济发展 有些植物专类园的设立一般都是选择具有一定的生产规模和具有丰富品种的地域建立的植物专类园，并且该类植物具有较好的观赏性。

(5) 植物专类园极大的提高了城市绿化植物物种多样性 城市绿化常用的植物种类不多，北方城市常用的就 60 种左右，长江中下流地区常见种类就 200 多种。这与中国丰富的植物物种资源极不相符合。植物专类园的科研培育可以增加相同科、属、种相似物种的培育与繁殖，可以提供更多与常用树种相似的其它适应树种，从而为城市物种的丰富度方面发挥作用。

(6) 辅助教学、科研 为科研提供材料和实验基地。

(7) 使乡村景观建设更具有特色 乡村景观的建设可以结合本地的植物特产、主要花卉产业等，以植物专类园的形式配置，这样不仅可以形成具有明显地域特色的乡村景观，还可以对本乡村的经济植物、花卉产业起到宣传作用，容易树立品牌，产生经济效益。

二、植物专类园的类型

主要类型有：

1. 体现亲缘关系的植物专类园

将具有亲缘关系（如同种、同属、同科或亚科生境）的植物作为专类园主题题，配置丰富的其它植物，营造出自然美的园林。此类植物专类园可以分为几下几类：

(1) 同种植物的专类园

此类型的植物专类园的主题植物明确而单一，景观变化由该种植物的不同品种及变种来表现，从而达到形态、色彩的丰富性，其他的植物、建筑、小品等都是为了突出主题植物而配置。古典园林中，同种植物的专类园的面积不大，但主题植物往往有较高的观赏价值，典型的如梅园、菊圃、牡丹园、芍药园、荷园、桂花园、樱花园等。国外同样也有此类专类园。

(2) 同属植物的专类园

这类植物专类园的植物选择仍控制在亲缘关系比较近的范围内。适合这一类型专类园的植物大多有很发达的种属系统，一个属的多种植物都有较高的观赏性，并有相似的外表性状、观赏特性，在花期、果期上也达到了相对统一。我们常见的有丁香园、蔷薇(属)园、绣线菊园、山茶(属)园、小檗园等。国外如英国爱丁堡皇家植物园中的杜鹃属专类园等。

(3) 同科(亚科)植物的专类园

同科(亚科)植物在亲缘关系上要较远，选用植物的范围更大。同科的植物除了一些科属共同的特殊外，在形态上会有比较大的差异，这种差异更能丰富园林景观。在满足人们观赏要求的同时，也为植物资源保护研究、引种驯化提供了材料和场地，如苏铁园、蔷薇园、木兰园、竹类园等。更大类别，也可以指不同科的植物也可以形成专类园，如松柏园、松杉园、蕨类园等。

2. 展示生境的植物专类园

此类专类园的主题不是某种植物，而是某一生境类型。用适合在同一生境下生长的植物造景，表现此类生境的特有景观。典型的如盐生园、湿生园、岩石园、荫生植物园等。它除了能让人们观赏、了解到各种生境景观，还能通过对一些特殊生境进行展示、美化，使其既能保持原有特色，又能满足人类欣赏的要求，对环境保护也能起到积极作用。如我国1934年庐山植物创建了岩石园。国外此类专类园比较成熟，如十五世纪法国巴黎自然历史博物馆植物园中、十六世纪英国的邱园就有岩石园。

3. 突出观赏特点的植物专类园

有相同观赏特点的植物并不一定具有亲缘关系，只要是符合植物专类园所确定的观赏主题，这些植物就可以配置在一起，它的观赏内容可以是树皮颜色、树叶颜色、树叶形状、气味等。不具有特定观赏特点的植物作为该园之外的补充，数量不占少数。典型如芳香植物园—收集、配置具有芳香的植物种类，形成一个以嗅觉欣赏为主要特色的植物专类园，也可以成为特殊的“盲人感官园”。比如色叶植物专类园—展现植物除了绿色之外的丰富色彩；盆景园—展示植物人工方法创造的姿态，体现了人工艺术与植物形态的结合。其它的还有观果、藤本、地被植物等专类园。

在国内现已建成的专类园中，盆景园、色叶园、芳香园和草花园最为普遍。

4. 注重经济价值的植物专类园

植物为人类生活的原料直接影响人类社会的发展。17世纪以前植物园主要是栽培药用植物，其目的不是观赏，而是进行医药教学和研究，发展成药用植物园后其观赏功能逐步得到了提高。经济植物除了药用植物外，还有纤维植物、鞣料植物、油脂植物、蜜源植物、香料植物、栲胶材等。经济植物专类园与其他类型的专类园一样，也应注重植物景观营造，并开放供人游览，但它有更为重要的经济作用。现在的经济植物专类园大多存在于植物园中，如杭州植物园就有经济植物区，其中著名的百草园则以搜集、展示药用植物为根本目的。

5. 展示植物栽培技术的专类园

展示高新的栽植技术的专类园有技术或设施为依托。为新型的无土栽培，立体栽培的植物专类园(如墙体垂直绿化示范园、立体花园、植物造型园等)。

6. 展示植物的社会意义为主题的植物专类园

此专类园以某类特殊的事件为主题，如以对濒危物种的保护为主题的专类园，以某一历史事件或节日为主题的植物专类园，以某一名木古树为主题展开的专类园，以名人植树为主题的专类园等。典型的如民族植物园(如西双版纳的民族植物园、乌鲁木齐的民族药用植物园)、纪念园(庐山植物中的国际友谊杜鹃园、福州植物园的名人植物园)等。

7. 以展示植物的植被类型为主题的植物专类园

我国的植被分为8个分区：寒温带针叶林区，温带针阔叶混交林区，亚热带常绿阔叶林区，热带雨林、季雨林区，内蒙、东北温带草原区，西北温带荒漠区域，高寒草甸、草原区，高寒荒漠区。在一些区域选择建立部分植被类型的专类题。

8. 展示植物原产地的植物专类园

以植物的原产地为主题布置的专类园，收集来自某些特定地区的植物，多以原产地命名，展示原产地的植被风貌。如德国柏林的大莱植物园中应用了许多以植被源产地为主题的专类园，近三分之一面积引种了代表大洋洲、亚洲、美洲、欧洲的植物，并且各个洲中又以国别为依据进行栽植。

三、应用

植物专类园一般在植物园中广泛应用，而在一般面积较小的园林绿地中较少应用，而一些大型的综合性公园中则有应用。

四、养护管理

主要根据不同种类的习性本着能充分发挥其观赏效果满足设计意图的要求为原则来进行水、肥管理和修剪整形、越冬、过夏，以及更新复壮、防治病虫害等工作。

第十四节 特殊环境绿化

一、概念及类型

特殊环境绿化包括陵园、墓地的绿化，石灰岩山地绿化，矿山废弃地恢复绿化，园艺疗法的绿化，高速公路边坡绿化等。

陵园、墓地的绿化 虽然其土壤无特殊的要求，但是由于环境要求营造一种庄严、肃穆和缅怀先烈的气氛，以表达后人对它们的敬仰和怀念，因而配置的植物往往是个体形态优美，而且四季常青的松科、柏科的植物。

石灰岩山地绿化 石灰岩经以溶蚀为先导的喀斯特作用，形成地面坎坷嶙峋，地下洞穴发育的特殊地貌。由于石灰岩山地植被发育缓慢，所以一旦破坏，恢复缓慢，水土也将流失殆尽。同时，其土壤的碱性限制了植物的种类和生长。因而石灰岩山地绿化中植物的种类在南方是比较独特的一类。

矿山恢复绿化 通过植物的吸收、吸附和贮存，将土壤中的一些重金属等有毒有害物质的浓度的数量降低，通过一段时间的改良作用，使得土壤中的各种矿质营养物质的浓度恢复到正常水平。

园艺疗法的绿化 近年来国际上利用植物生长过程中所产生的次生代谢物质来治疗一些慢性疾病或通过色彩、形态等来调节病人的心情等，从而达到辅助治疗的效果。

高速公路及边坡的绿化 指高速公路中央分隔带、路肩、边坡、互通立交匝道区、隔离栅内侧与边沟外缘土台等区域通过人工种植植物进行绿化和美化，以达到改善、美化环境，提高行车效率的目的。

二、陵园、墓地的绿化

1. 植物的作用

(1) 烘托主题

烈士陵园因而其特定的文化特点，在植物配置时就要求植物与纪念的文化氛围相适应，以此烘托纪念主题，渲染纪念氛围。不同的植物种类、树形、色彩、质感、种植方式以及与其它要素的组合搭配，都是主题特征的重要表达。如以修剪为锥形的柏树全长为围篱，通过松柏凝重的色彩、规则的造型，给人以宁静、严重、沉重的感受，以烘托烈士宁肯死不屈、万古长青的革命精神。

(2) 作为背景

烈士陵园中的雕塑、建筑都具有特定的纪念性或是功能性，为了突出其特定意义或整体效果，常以植物为背景，将其限定在一定的空间范围内，或延展其空间和层次，从而更好地吸引人们的注意力，增强其表现作品的主题。

(3) 延缓情感

在我国的传统中，人们习惯利用植物来传承历史和回忆过去，从而使情感得以延续。如松柏被寓以万古长青，竹子则寓以虚心有节，栽植含笑表达人们祝愿先烈们含笑九泉，杜鹃象征先烈们大无畏牺牲精神，菊花表示高风亮节，植物的垂枝形态暗示一种悲伤、怀念的情绪氛围。

2. 环境特点

陵园及墓地一般地址在相对较偏远的地方，因而其环境总体来说与综合性公园的环境基本一致，特别是土壤环境，总体来说相对较好。

3. 选择要求及种类

(1) 常绿树种的选择

常绿树种有坚强和万古长青的寓意。目前我省各地的墓园多以松柏类为主，由于树种单调，显得过于肃穆，不能体现纪念性园林绿地的游览休息的功能。常绿树木包括引种栽培的有可供墓园绿化选择较多，有黑松、白皮松、华山松、赤松、塔柏、龙柏、侧柏、蜀桧、球柏、北美香柏、翠柏、火棘、石楠、黄杨、匙叶黄杨、海桐、大叶黄杨、胡颓子、桂花、女贞、小叶女贞、小蜡树、栀子、南天竹、凤尾兰、刚竹、马尾松、雪松、日本冷杉、日本五针松、日本扁柏、铅笔柏、罗汉松、广玉兰、樟树、枇杷、日本珊瑚树、蚊母树、迎夏、夹竹桃、棕榈、阔叶十大功劳。在长江以南地区，则可在以上树种基础上加选柳杉、刺柏、三尖杉、粗榧，南方红豆杉、榧树、木莲、深山含笑、紫楠、红润楠、石栎、绵槠、青冈、细叶青冈、山茶等。

(2) 树木形态的选择

墓园树木体态各异，凡具有尖塔状及圆锥形的，多具有严肃端庄的效果，具有柱状较狭窄树冠者，多有高耸静谧的效果，具有圆钝、卵形树冠者，多有雄伟、深厚的效果，而拱形及垂枝类型者，常可以表示哀悼和悲痛。尖塔状、圆锥状的树种常用的有雪松、金钱松、南洋杉、水杉、圆柏、刺柏、日本冷杉等。柱状的树种有龙柏、铅笔柏、池杉、塔柏等。在公墓最具象征意义的垂枝和拱形的树种中常绿性的有垂枝雪松、柳杉、线柏、柏木、刺柏等；落叶性的有垂枝桃、龙爪槐、垂柳、龙爪柳、绦柳、垂枝白榆、龙爪枣、柽柳、迎春、南迎春等。

(3) 树木花色的选择

墓园一般多选用白色系、黄色系、蓝色系的花，因为白色象征着纯洁，黄色象征着高贵，蓝色象征着幽静。在春季开白色花的树种，常见的有深山含笑、玉兰、含笑、望春花、白鹃梅、李叶绣线菊、石楠、白花贴梗海棠、白花垂丝海棠、梨树、白木香、白月季、鸡麻、白桃花、白梅花、李、木绣球、白樱花、稠李、荚迷、油桐、白杜鹃、白丁香、白牡丹、白花泡桐等。夏季开白色花的树种常见的有木莲、广玉兰、天女花、厚朴、白兰、含笑、三裂绣线菊、麻叶绣线菊、火棘、珍珠梅、山楂、白木香、白蔷薇、白月季、白玫瑰、金樱子、山刺莓、鸡麻、稠李、刺槐、山梅花、溲疏、四照花、忍冬、金银木、珊瑚树、木绣球、荚迷、陕西荚迷、琼花、天目琼花、白花九重葛、白花木槿、木荷、赛山梅、垂珠花、野茉莉、玉玲花、白檀、华白檀、八角枫、厚皮香、猕猴桃、白花石榴、七叶树、流苏、雪柳、茉莉、女贞、小蜡树、白花夹竹桃、栀子、六月雪等。秋季开白色花的树种主要有白兰、白月季、八角金盘、白花木槿、白芙蓉、茶树、油茶、南天竹、白薇等；冬季开白色花的树种主要有枇杷、白花瑞香、一品白、白山茶、茶梅等。黄色系花的树种用于墓地，往往表示人们对故者的崇敬。春季开黄色花的树种常见的有黄木香、黄月季、棣棠、蜡瓣花、结香、金缕梅、连翘、金钟花、春花、云南迎春等；夏季开黄色花的树种有鹅掌楸、黄木香、黄月季、黄蔷薇、山槐、槐树、锦鸡儿、忍冬、闹羊花、迎夏花、梓树等；秋季开黄色花的树种有黄月季、黄芙蓉、栾树、黄山栾树、桂花、十大功劳等；冬季主要是腊梅花。蓝色系花包括紫色，春季常见的有紫玉兰、紫荆、紫藤、天目木兰、紫丁香、毛泡桐；夏季开花的有紫穗槐、八仙花、木槿、多花木蓝、华东木蓝、楝树、海州常山、紫花泡桐等；秋季开花的有紫花木槿、紫薇；冬季开花的有瑞香等。

4. 养护管理

进行正常的修剪和病虫害防治。

三、石灰岩山地绿化

1. 环境特点

石灰岩山地一般土层浅薄，土壤中含钙量高，有效水供应严重不足，导致植物绿化技术难度大，水土流失严重，蓄水保水能力较弱，荒山荒地较多，乔木稀疏，灌木也多散生。

2. 植物的作用

(1) 改善局部环境

通过植物的生长，增加了土壤中有机质和矿质营养元素的含量；固定土壤，截留降水，增加空气中湿度，降低气温等多方面；

(2) 形成特定的景观

通过植物的四季变化，形成景观的四季变化；

(3) 提供林产品，促进当地经济的发展。

3. 植物选择要求和种类

(1) 植物选择要求

①能适应石灰岩山地的环境条件，特别是适应高钙、干旱的环境特点，这样才能较好地生长；

②优先考虑乡土植物 选用乡土植物更能适应当地自然条件，能够更快地恢复到或接近当地的天然森林植被。除此之外，乡土植物没有潜在的风险；

③具有较高的经济价值种类 对石灰岩山地的绿化最终目的是为了促进了当地经济的发展，因而有较高的经济价值的植物种类更受到当地居民的欢迎，种植数量，也会较多；

④应提倡乔灌草物种的合理搭配 在以往的造林实践中，大多采用乔木来恢荒山植被。乔木具有寿命长、覆盖面积大、成林后对环境改善效果明显等优点，但是乔木对立地条件的要求较高，并非所有的荒山都适合直接种植乔木，因而首先采用灌木、藤本和草本先恢复地层植物，等环境条件改善后再引入乔木。

(2) 常见种类

侧柏、刺槐、火炬树、元宝槭、红叶黄栌、山槐、臭椿、楸树、车梁木、核桃、柿树、旱柳、山杨、油松、黑松、麻栎、鹅耳枥、蒙古栎、黄连木、君迁子、大叶白蜡、栾树、旱榆、小叶朴、山杏、山桃、青檀、黄檀、花椒、构树等乔木。

黄荆、酸枣、紫穗槐、柘树、锦鸡儿、胡枝子、扁担杆、葛藤、多花胡枝子、花木蓝、叶底珠、小叶鼠李、南蛇藤、菝葜、鸡桑、郁李等灌木。金银花、爬山虎等藤本。

4. 养护管理

主要根据不同种类的习性本着能充分发挥其观赏效果满足意图的要求为原则来进行水、肥管理和修剪整形、越冬、过夏，以及更新复壮、防治病虫害等工作。

四、矿山废弃地恢复绿化

1. 环境特点及恢复目标

(1) 环境特点

通过人为对矿山的开采，破坏了表土和植被，废弃物堆放占用了大量土地，破坏环境，矿石、废渣等弃物中含酸性或碱性、毒性、放射性或重金属成分，通过地表水体径流、大气飘尘，污染周围环境。

矿山废弃地土壤结构偏差，有机质含量及植物必需的养分缺乏，重金属含量偏高，pH 值低或土壤盐碱化等；植物环境被破坏，生物种类减少，多样性丧失，不利于动植物生长和活动。

(2) 恢复目标

①改良土壤结构，增加土壤中的矿质营养元素和有机质含量，有利于植物生长；

②增加生物种类，特别是植物种类，增加生物多样性，使整个生态系统的结构更加稳定，使生态系统进入正演替；

③消除地质灾害隐患 通过治理，对露天采矿区、尾矿堆、高陡边坡、深采坑进行清除治理，采用平整、削坡和护坡方法，消除地质灾害隐患，保证当地群众的生命财产安全；

④使地表被破坏的土地得到恢复，增加其生产力；

⑤减少地表有毒、有害物质的浓度，使植物能大量在被污染地表生长；

⑥改变和增加景观类型，使可观赏的景观类型更加丰富，美化矿山；

⑦适当增加经济收入，促进当地经济发展。

2. 植物的选择要求及种类

(1) 植物的选择要求

生长迅速，抗逆性强、适应性好，根系发达；播种栽植较轻易，种子发芽力强；优先选择固氮植物；当地优良的乡土品种优于外来速生品种；先锋植物应落叶丰硕，易于分解，以使较快形成松软的枯枝落叶层，进步泥土的保水保肥能力；树种选择应凸起生态功能，弱化经济价值。

(2) 常见种类

长江中下流一带常见的种类有：菝葜、白背叶、白鹃梅、白栎、大青、冬青、饭汤子、枫香、刚竹、格药柃、光叶石楠、红果钓樟、化香、黄连木、黄山栾树、檵木、荚蒾、矩形叶鼠刺、栲树、苦木、苦槠、阔叶箬竹、蓝果树、老鼠矢、连蕊茶、马尾松、马醉木、美丽胡枝子、米饭花、木荷、拟赤扬、青冈栎、球核荚蒾、忍冬、软条七蔷薇、山苍子、山合欢、山槿、山莓、石斑木、石栎、硕苞蔷薇、溲疏、算盘子、甜槠、铁黑汉条、乌饭树、乌岗栎、乌药、小构树、小果冬青、小果蔷薇、小叶石楠、新木姜子、盐肤木、野漆树、野蔷薇、野桐、映山红、硬斗石栎等。

3. 养护管理

主要根据不同种类的习性本着能充分发挥其观赏效果满足意图的要求为原则来进行水、肥管理和修剪整形、越冬、过夏，以及更新复壮、防治病虫害等工作。

五、园艺疗法的绿化

1. 概念及作用

园艺疗法 (Horticulture Therapy，园艺治疗)，一种辅助性的治疗方法 (职能治疗、代替医疗)，借由实际接触和运用园艺材料，维护美化植物或盆栽和庭园，接触自然环境而舒解压力与复健心灵。

园艺疗法包括：植物疗法、芳香疗法、花疗法、园艺疗法、药草疗法、艺术疗法之一 (插花、押花，组合花园制作等)。目前园艺疗法运用在一般疗育和康复健医学方面，例如精神病院、教养机构、老人和儿童中心、医疗院所或社区。

园艺疗法具有以下作用：

(1) 精神方面

在医院病房周围种植草木，病人于其中散步或通过门窗眺望；或投身于园艺活动中，可以消除不安心理与急躁情绪、增加活力、张扬气氛、培养创作激情、抑制冲动、培养忍耐力与注意力、增强行动的计划性、增强责任感、树立自信心等作用。

(2) 社会方面

通过参加集体性的园艺疗法活动，病人以花木园艺为话题，产生共鸣，促进交流，可以提高社交能力、增强公共道德观念等作用。

(3) 身体方面

植物的色、形对视觉，香味对嗅觉，可食用植物对味觉，植物的花、茎、叶的质感 (粗燥、光滑、毛茸茸) 对触觉都有刺激作用。同时，园艺活动每时每刻都在使用眼睛，同时头、手指、手、足都要运动，亦即它为一项全身性综合运动。残疾人、卧病在床者以及高龄老人容易引起精神、身体的衰老，而园艺活动是防止衰老的最好措施之一。

2. 植物选择要求及常见种类

由于园艺疗法的范围广，因而对植物的种类没有严格要求，只要能达到疗养效果就行。但最好能同时兼顾观赏、食用和经济效益。

六、高速公路及边坡绿化

1. 作用

高速公路绿化是公路景观设计的一个方面，也是国土绿化的重要组成部分，其目的及作用一般可概括为：固坡、减少污染、降低噪音、视线诱导、防眩、美化、环境保护；并使用路者产生赏心悦目、心情舒畅的感觉，减轻行驶中的视觉污染、精神疲劳，预防和控制交通事故发生；并能弥补由于公路修建而破坏的自然景观，使之与周围环境相谐调或有所改善；特殊条件下还具有防风、防沙、防雪、防水害的作用。

2. 植物的选择原则

(1) 因地制宜，因路制宜，因段制宜。选择的植物品种不但适应当地气候、土壤条件，还应具有耐寒、耐旱、耐高温、耐瘠薄、抗污染、病虫害少、管理粗放等特点。

(2) 乔、灌、花、草合理搭配，做到三季有花，四季常绿。

(3) 突出成片、成段、大色块，注重色彩变化，达到特色鲜明、景色各异的效果。

(4) 做到绿化与美化相结合，绿化与行车安全相结合。绿化与匝道圈经济效益相结合，绿化与自然景观、人文景观相结合，防护与观赏相结合。

(5) 植物绿化效果要体现见效快，生命周期长，造价低。

3. 绿化模式及植物品种选择

(1) 中央分隔带

做好绿化与防眩相结合的文章，植物防眩与防眩板相比有着不可替代的优越性，适宜建植的苗木以圆柏、龙柏、侧柏为最好，女贞、紫叶李、丰花月季等次之；型式有单墙式、百叶窗式；间距根据防眩型式 1 ~ 6 米不等；苗木修剪高度 1.6 ~ 1.8 米；色块长度大于 2km；从视觉、经济美观、使用效果看，百叶窗式最好。

(2) 路肩、边坡

边坡在路域可绿化的面积中所占的比例最大，最适宜创造一个具有地带性特点的植物群落。应用植被恢复的理论体系建立公路边坡绿化植被恢复体系，力图建立一个利用当地物种资源，通过撒播与管理，逐步恢复的公路边坡植被。其中有两种特殊的边坡绿化：

①岩石边坡绿化 岩石边坡一般属高陡边坡，无植物生长的条件，绿化时需要客土。对于节理不发育，稳定性良好的岩坡，可考虑藤本植物绿化。方法是在边坡附近或坡底置土，在其上栽种藤本植物，植物生长、攀援、覆盖坡面。对于节理发育的岩坡，应充分考虑坡面防护。一般采用植生砼绿化，方法是先在岩坡上挂网，在采用特定配方的含有草种的植生砼，用喷锚机械设备及工艺喷射到岩坡上，植生砼凝结在岩坡上后，植物从中长出，覆盖坡面。

②高硬度土质边坡绿化，当土壤抗压强度大于 15kg/cm^2 时，植物根系生长受阻，植物生长发育不良，这时可采用钻孔、开沟客土改良土壤硬度。也可以用植生砼绿化。

(3) 互通立交匝道区

不受视线限制的范围，建成苗圃，管理粗放，既有绿化、美化的效果，又具有一定的社会、经济、生态效益；也可建成经济果林园，种植桃树、杏树、柿树、枣树、葡萄、李子、核桃、石榴等。靠近城区的互通立交区及对视线有要求的区域，可选用瓜子黄杨、龙柏球、金叶女贞、红叶小蘗、冬青、丰花月季等花灌木，组成不同的大型植物图案，并配置花草、植物造型、小品等，并根据需要配置乔木，要以美化为主，形成景观观赏区。

(4) 隔离栅内侧与边沟外缘土台

栽植蔷薇、连翘等，2 ~ 3 年后出现明显效果，不但起到阻止攀越隔离栅的作用，而且还可抑制杂草的生长。特别是春季，黄、白、红花盛开，形成一道高速公路独特的亮丽风景线。高速公路路基填土高度大都大于 3 米，隔离栅外侧植树带宽度一般 10 米以上，为尽快形成其带状绿化景观，一般要求栽植速生乔木，如：杨树、柳树、泡桐、香椿、臭椿等，株距 3 ~ 4 米，行距 2 ~ 3 米；栽植时不宜在较长路段中采用同一绿化品种，应分段轮换栽植不同品种，以减少病虫害的传播和蔓延。

第十五节 盆栽及盆景

一、盆栽

1. 概念及作用

盆栽是将植物种于盆中，以供四时观赏、审美的对象，其枝叶、花朵、果实等漂亮的一种种植方式。盆栽有以下作用：

(1) 及时美化环境

由于盆栽移动方便，因而往往能迅速美化环境，以达到烘托出热烈、节日的氛围。

(2) 净化空气

许多盆栽植物都能吸收室内的有毒有害气体，因而达到净化环境的效果。如吊兰能吸收空气中 95% 的一氧化碳和 85% 的甲醛。橡皮树是一个消除有害物质的多面手，对空气中的一氧化碳、二氧化碳、氟化氢等有害气体有一定抗性，橡皮树还能消除可吸入颗粒物污染，对室内灰尘能起到有效的滞尘作用。仙人掌是减少电磁辐射的最佳植物。鸭脚木叶片可以从烟雾弥漫的空气中吸收尼古丁和其他有害物质，并通过光合作用将之转换为无害的植物自有的物质。另外，它每小时能把甲醛浓度降低大约 9 毫克。

(3) 增加空气湿度

植物通过蒸腾作用向空气中大量散发水蒸汽从而增加了空气中的湿度。

(4) 缓解疲劳

2. 环境特点

现在的盆栽大多采用无土栽培方式，基质为有机机质或无机机质，因而病虫害相对较少，管理也十分方便。

3. 种类选择要求

(1) 植物的适应性强

如果是室内盆栽植物应当喜荫，室内选择阳性种类；

(2) 植物的耐性广

虽然盆栽植物人为养护管理较为精细，但是如果天气比较极端（如夏天极端高温，冬天持续的低温），则往往会导致植物死亡。因而植物的耐性范围要求广；

(3) 生长相对较慢

由于盆栽观赏的时间相对较长，因速生植物观赏期短，因而盆栽植物的生长速度一般相对较慢；

(4) 有较强的观赏性

观赏性可以是根、茎、叶、花和果；

(5) 耐修剪、病虫害较少

为了调整植物的生长势，经常需要对植株的茎、叶进行修剪，因而盆栽的植株要能耐修剪。为了不污染或减少污染，一般盆栽植株不施用农药，因而要求植株的病虫害少。

4. 常见种类

(1) 常绿阔叶类：榕树、象牙树、罗汉松、月橘。

(2) 针叶植物类：黑松、赤松、锦松、五叶松、杜松、桧柏、扁柏、木麻黄、云杉、龙柏、黄金柏、苏铁。

(3) 花木类：梅花、杜鹃、花石榴、紫藤、山茶、木瓜、合欢、梅、马醉木、海棠、杏花、紫薇。

(4) 果实类：梨、石榴、栀子、佛手、桑、毛柿、苹果、金豆柑、樱桃。

(5) 观叶类：枫、槭、黄栌、黄连木、榉、榆、朴、银杏、金柳、垂柳、柽柳、石梅、雀梅。

(6) 竹类：墨竹、方竹、凤尾竹、孟宗竹、孟元竹、金丝竹、葫芦竹、人面竹、桂竹、斑世竹、棕竹。

5. 应用

盆栽植物的应用分为两大类，一类是室内盆栽植株，一类是室外盆栽植株。室内应用较多，也是人们最为关注的，常见的一些种类很也受人们欢迎，典型的如鸭脚木、印度榕等，这类植株往往喜荫。

室外盆栽植株种类较多，往往更多的是一些商业街，主干道等地进行摆设。

盆栽植株的实际应用中，种类往往比露地栽培的种类较多，因而部分植株通过无土栽培后，其实际使用时间只有几个月，如印度榕在湖南不能过冬，在室外应用时间也就几个月。

6. 养护管理

(1) 掌握干湿度

家养盆栽最为重要的就是掌握好干湿度，一般以“不干不浇(水)，浇则透”为原则。所谓干，就是盆面表土将要发白，手捻无粘性、起灰，就表明需要浇水了。浇水量以五分之二盆的容积量为好，一般盆栽表土以上到盆口都有一定的盛水空间，一次浇满，待不见存水后再浇一次为好。春秋季约三到四天一次，夏季每天一次，冬季一周甚至更长时间一次，具体视水分蒸发量而定。通常浇水时间在上午八九点为好。放在露天的盆栽雨季要注意及时清理积水，以防植株根部缺氧造成窒息死亡。

(2) 合理的光照度

春夏秋季，室外盆栽必须放在阳光充足的地方(盛夏为避免强光直射间断性的遮阴除外)，为了家居陈设需要放在室内的盆栽也必须至少三天放到阳台一天，冬季室内放置必须有充足的漫射光以维持植株正常的光合作用。

(3) 适宜的环境温度

一般盆景适宜的环境温度在20℃到35℃，15℃以下植株进入冬眠期，停止生长。低于5℃会发生冻害，南方植物在此环境温度下基本无法存活。有暖气的地方要注意水分的补充。超过35℃有的植物也会发生夏眠现象。盆栽进入温室的时间要把握好，秋天进房可以在霜降后十天左右，植株在受过一两次轻微霜冻后进房有利于来年的萌发和开花。春季出房在谷雨前后，过早出房会因冷暖交替明显而造成春冻。

(4) 形态控制

一般情况下，需要对徒长枝条和病虫枝进行修剪。修剪季节主要在夏秋两季。

(5) 盆土改良

盆栽植株要茁壮成长，离不开土壤肥效，室内观赏盆景虽不需要像商品化生产那样进行大补，但少量的施肥必不可少，可以将平常杀鸡宰鱼的下脚料少量埋进盆土，一年两到三次即可，喜酸的植物可以用吃剩的食醋倒进去一点，有条件的可以用豆饼泡水并做好密封处理，待其充分发酵后用其汁液加十倍的清水稀释薄施，一周一次。注意：宁可少施，不可多施，以免造成肥害，施肥时间在傍晚为宜。盆栽长期生长在有限的空间，土壤的矿物质需要补充，因此必须最多每3年就要换一次盆土，也使土壤不至过于板结，这对盆景的生长大有好处。

(6) 一般病虫害防治

如果发现叶片卷曲、大小异常、颜色泛淡变黄、发焦发白发黑等，都说明植株有了病害或虫害。病害大多与土壤有关，氮、磷、钾、铁、锌等营养元素的缺失都可能引发病害，可购买喷施宝进行叶面喷施，复合花肥进行根施。

(7) 开花盆栽的处理

根据盆栽欣赏角度的不同，我们需在植株开花的时节做好对花的处理，以利于植株更好地吸收养分。如罗汉松，瓜子黄杨，一旦开花，花蕾特别密，果实种子没有很好的观赏性却会消耗大量的营养，这时就必须人工摘除。如果确实想观赏花和果，则需按照不同的观赏部位和要求进行取舍摘除。对于红枫等观叶植物，摘除旧叶以更好地观赏新叶，例如，想要她在国庆期间绽放满树红叶，可以算好时间提前十天摘除旧叶，届时就能得到红色烂漫的效果。

二、盆景

1. 概念及作用

盆景是以植物和山石为基本材料在盆内表现自然景观的艺术品。盆景源于中国，盆景一般有树桩盆景和山水盆景两大类，盆景是由景、盆、几(架)三个要素组成的，它们之间相互联系，相互影响的统一整体。人们把盆景誉为“立体的画”和“无声的诗”。

盆栽及盆景具有以下作用：

(1) 陶冶情趣，丰富生活

欣赏盆景可以提高人们的艺术修养，培养人们热爱大自然的情趣，丰富人们的精神生活。特别是亲手培育的盆景，朝夕相对，倍感亲切，趣味无穷。同时，盆景的制作与欣赏可以提高人们的艺术修养，培养们热爱自然的情趣，丰富人们的生活内容。

(2) 改善人们生活环境

一方面盆景可以改善环境的艺术质量，因为盆景是立体的画，室内置一、二盆盆景，效果更好于风景画。另一方面，盆景中的绿色植物可以制造氧气，增加空气湿度，明显改善环境质量。

(3) 教育作用

盆景作为一门艺术，对思想情操起到感染和教育作用。盆景还有一定的普及科学知识的作用。同时，还可识别植物种类，了解其习性及栽培技术，增加对山石种类的识别。

(4) 经济效益

发展盆景有利于搞活经济，增加农民收入。伴随着我国花卉产业的发展，我国的盆景已发展成相对独立的产业，在国际市场上具有很强的竞争力。

(5) 增进国际友谊

我国盆景多次参加世界性园艺展览并获奖项，扩大了中国盆景的影响，增进了同各国人民之间的友谊。

2. 环境特点

盆景可采用无土栽培或土壤栽培，因而其土壤环境相对复杂。光、水、营养等都是人为管理，因而其相对较好。

3. 植物选择要求及种类

树桩盆景类植物一般只要植株矮，易生根，适应性强，生长慢，叶子小，根干奇，耐修剪，易造型，就能成为盆景材料。根据不同形态特征及欣赏要求，可分为以下几类：

(1) 观根类

要求根蟠曲隆屈于地面，或似鹰爪龙掌，给人以坚实之感。如六月雪、迎春、榕树等。

(2) 观枝干类

要求枝干古怪奇异，姿态优美，易扎成形。如干皮布满鳞片的黑松。而竹类则光滑多节，各富情趣。另外，半枯朽的树干与欣欣向荣的枝叶形成对比，给人以“枯木逢春”之感。如五针松、罗汉松、榔榆、黄荆等。

(3) 观叶类

要求叶片色彩富有变化，叶形奇特有趣，如苏铁、银杏、枫、常春藤、松柏类等。

(4) 观果类

要求果实丰满，果色悦目，果与叶、干之间比例恰当。留宿枝头时间要长，最好赏、食均可。如果石榴、金桔、枸杞、火棘、佛手、南天竹、胡颓子等。

(5) 观花类

要求花时繁茂、花色鲜艳、花期长久，具芳香。如五彩缤纷的杜鹃、展翅欲飞的金雀、红艳似火的石榴、高洁素雅的梅花，还有蜡梅、茶花、桃花、桂花、紫藤等。

4. 应用

树桩盆景逐渐被应用于百姓日常生活之中。

较早应用的是公园盆景。过去是公众休闲娱乐观花赏景的主要场所，为适应公园自身建设和满足游客观赏层次，一些公园备有盆景，以飨游客。园艺水平较高的公园内，设有专门的的盆景园，更吸引人们的注意。公园盆景是早期人们接触盆景的主要形式，它在普及宣传盆景中，起了实物示范的启蒙作用，开始使众人认识了树桩盆景。公园盆景给了人们更丰富的休闲娱乐内容，是盆景应用最普遍的场所。

随着社会经济的发展，藏之深闺的盆景逐步走向了街头。首先在重要的闹市区，商业区、金融区，有少量的大型树桩出现。让来往奔忙于生活工作的人们，在匆忙中感觉到了树的另外一种高级形式的存在。使人们对树的典型的姿态美、古老美，有了更多的感受，了解了人对古老树桩的技艺处理的作用，被众多的大众认识。街头盆景增添了街区环境功能，树立了更好的城市形象，人们流连其中，吸引更多人来人往。新兴街区、商业区，现在已经十分注意用树桩点缀布置环境，树立良好的形象，吸引客源。

宾馆大楼是早期应用盆景，增加环境功能，吸引顾客的场所。在盆景发达地区，如成都锦江宾馆、金牛宾馆，地栽树桩树姿优美，体态硕大，与宾馆的地位、建筑般配，幽雅华贵，成为吸引客源的著名宾馆。现在雨后春笋般发展起来的商业大楼和企业公司，一些机关团体学校，也比较重视树桩盆景的应用。大门两旁，大楼两侧，厅堂前，大门的照壁，都注意应用大型树桩或山石盆景。显示了其与众不同的地位、实力和眼光，增强了企业的形象。良好的环境让人心情舒畅，工作愉快，身心健康。对提高知名度，提高工作效率，增强企业凝聚力，不无益处。是一种潜在的投资，不失为明智之举。

作为百姓居家过日子，有希望生活美好的愿望，是人们从事各种活动的动力。美好的生活是多方面的，在物质条件基本满足人们的要求后精神上的需求大起来。树桩盆景能愉悦人的心情，它有生命美、造型美、山林野趣，收藏观赏价值，休闲益智益健康，可增加交流内容，使人的智力、创造力得到开发。达到人的自我价值的实现。满足人们的一些欲望，拥有、交往、人与植物的交流。陶冶情操，磨练性格，培养爱美的心灵，在物质文明上铸造精神文明。因而成为一部分人喜闻乐见的消费娱乐方式，许多普通百姓，走入了盆景欣赏、制作的队伍，培育诞生了盆景市场。百姓的阳台、窗台、屋顶甚至室内出现了不少树桩盆景，是应用树桩盆景功能的有生力量。

盆景作为礼品、收藏品都有前景。盆景作为礼品，在国家级的交往中，中国送给埃塞俄比亚、英国，日本送给美国，都曾以盆景为国家级礼品。

盆景的应用随着社会的发展，会更加普遍，中小型化了的树桩盆景将会大量被生产出来。高档盆景作艺术品，中低档作商品，高档有利盆景的提高，低档者有利普及与应用，并能以较低的价格供应市场。树桩盆景的管理方法、管理材料、工具、盆钵也会配套供应，方便人们应用与掌握，也方便购买。盆景的书刊也越来越多，质量也有提高，实用技术得到普及。树桩盆景必定能在人民生活中更多得到应用，其应用前景必定辉煌。

5. 养护管理

同盆栽的养护管理。

(1) 盆土

盆土对所种植物有固定植株，供给营养，水分和空气的刚好。要求含较多腐殖质，疏松肥沃，排水良好，保水力强，透气性能好，酸碱度适宜的：土壤为宜，配制培养土的材料主要有以下几种，如腐殖土，炉灰，粗砂，砂壤土，山林腐叶土，骨粉，复合肥料，腐蚀鸡鸽粪等。盆土使用前最好曝晒消毒，敲碎过筛备用。

(2) 上盆

上盆是指将桩景定植于盆内．桩景上盆不仅应考虑其成活情况，还应看到其艺术性的一面．上盆前应对植物原根系认真检查，并适当修剪，除去伤根，孔根，衰老根，注意与留枝叶多少相对应，否则根少叶多，植株难以成活．上盆前应将盆底垫好，用瓦片或塑料纱窗垫好排水孔．钵底放少量粗炉灰渣块，再放少量土，把植株根系理顺放在盆内，一手握住植株，一手加土，加土至3/5时，将根桩略向上提，使根系伸直，再继续加土至离口2 ~ 3厘米，填好后用手轻压，使盆土松紧适宜，上盆完毕应淋透落根水，以排水孔有水渗出为止．也可用浸水法，将盆浸于水中，使盆土湿润为止．一上盆后数日宜勤浇水，以确保成活。

(3) 浇水

浇水是盆景的主要管理工作之一，浇水与植物利，类品种，季节变化，生长期(如开花，休眠)，天气变化等有关。浇水应掌握不干不浇，浇则浇透的原则.浇水方法有三种，根部浇水法，叶片喷水法(为针叶类，竹类，苏铁类)，浸水法。

(4) 施肥

施肥应根据季节变化，树种特性及不同生长季节需要来把握施肥种类，数量。一般春末夏初，生长旺盛期宜多施肥。入秋后生长速度缓慢应少施肥，冬季进人休眠除结合上盆加基肥外，一般不施肥。此外一般观叶盆景多施氮肥，观花果盆景多施磷钾肥。施肥时应薄肥熟肥勤施，刚上盆的盆景不宜施肥。施肥方式上宜重施基肥如腐熟饼肥，复合肥料，厩肥等；勤施追肥如人粪尿，熟饼肥块；并结合叶面施肥，用0.25%KH2P04+0.3%尿素喷观叶类植株，观果类植株采用0.2%KHP0喷洒有促进开花结果，提高座果率，增加花果色泽等作用。

(5) 光照

光照是绿色植物进行光合作用的能量源泉，不同种类植物对光照需求不同进行调整。

(6) 温度

花木的生长发育，开花结果与温度密切相关.根据花木对温度的要求，将其分为三大类。

①耐寒花木：能耐0 ~ -10℃低温，如柽柳。

②半耐寒花木：南方能露地越冬，如月季，葡萄等。

③不耐寒花木：不能室外越冬，如叶子花，福建茶等。

(7) 翻盆

翻盆的目的主要是为了更换盆土和盆钵，提高盆景观赏价值.一般幼树生长快，一年需翻盆1次，且每次均需换大一号盆，已成形花木则每2年一次，老树2年一次.花果类盆景最好每年1次.松柏类生长慢，3年一次.翻盆一般在春季尚未发芽前进行，佛肚竹在5月或9月，梅花则在谢花后为宜.翻盆一般结合换盆，换土，根系修剪，浇水等工作进行，翻盆后的盆景应先放在荫蔽处放置10天左右，再在半荫处放3 ~ 5天就可以置于阳光下养植了。

(8) 桩景搁置场及防寒

盆景放置场地要便于日常管理，适于观赏，还要有利于植物的生长.一般应放置在光线适宜，通风良好，四周清洁的环境中.盆景越夏应注意遮荫防雨增湿；冬季应对盆景采取防寒措施，对耐寒花木移人背风向阳处或将盆埋入地下，树干高时也可在干上缠上稻草，薄膜以防寒.对中等耐寒花木移入低温温室(0 ~ 5℃)越冬，对不耐寒花木移入高温温室越冬(10 ~ 20℃)。

第八章

裸子植物门

一、苏铁科 Cycadaceae

常绿乔木，单生或丛生，一回羽状复叶，雌花雄花均著生于干顶，雌雄异株，高可达三公尺。叶生于顶部，向四方开展，叶暗绿色，有光泽，硬质，先端尖，雄花顶生，成圆锥形，雌花半球状，头状花序。叶痕螺蛇状排列，像盔甲包围树干，耐火性强，小叶横剖面反卷。种子扁平到卵形，外种皮朱红色。一般用作观赏。

共 10 属，110 种，分布于热带、亚热带地区。我国 1 属 10 种。

科识别特征：常绿木本棕榈状，树干直立不分枝。叶片螺旋生干顶，羽状深裂柄宿存。雌雄异株花单性，大小孢子叶不同。种子无被核果状，种皮三层多胚乳。

（一）苏铁属 *Cycas* L.

主干柱状。营养叶羽状，羽状裂片（羽片）坚硬革质，中脉显著。花序球形状，单生茎顶；雄球花序的小孢子叶呈螺旋状排列，小孢子叶扁平鳞片状或盾状；雌球花序的大孢子叶呈扁平状，全体密被黄褐色绒毛，上部羽状分裂在中下部的两侧各生 1 个或 2 ～ 4 个裸露的直生胚珠。本属约 17 种，分布于亚、非、澳及中国南部地区，中国有 14 种。园林中常见栽培的 1 种。常用作园景树、盆景等用。干髓含淀粉，可供食用，种子及叶药用。

分种检索表

1 叶的羽状裂片不再分裂

　　2 叶脉两面或只有一面显著隆起，叶脉上面的中央无凹槽 ……………………1 苏铁 *C. revoluta*

　　2 叶脉两面显著隆起，上面叶脉中央常有一条凹槽 ……………………………2 篦齿苏铁 *C. peectinata*

1 叶呈二叉状二回羽状深裂，叶部的羽状裂片宽 2 ～ 2.5 厘米 ……………………3 叉叶苏铁 *C. micholitzii*

1. 苏铁 *Cycas revoluta* Thunb

【别名】凤尾蕉、避火蕉、凤尾松、铁树

【形态特征】常绿棕榈状小乔木，高可达 5 米。茎干园柱状，不分枝。茎部密被宿存的叶基和叶痕，并呈鳞片状。叶螺旋状排列，从茎顶部生出，有营养叶和鳞叶 2 种；营养叶羽状，大型；鳞叶短而小。小叶线形，初生时内卷，后向上斜展，微呈“V”字形，边缘显著向下反卷，厚革质，坚硬，有光泽，先端锐尖，叶背密生锈色绒毛，基部小叶成刺状。雌雄异株，6 ～ 8 月开花，雄球花圆柱形，黄色，密被黄褐色绒毛，直立于茎顶；雌球花扁球形，上部羽状分裂，其下方两侧着生有 2 ～ 4 个裸露的胚球。我国南方热带和亚热带南部 10 年年以上树木几乎每年开花结实。种子 10 月成熟，种子大，卵形而稍扁，熟时红褐色或橘红色（图 8-1）。

【生态习性】喜温暖、湿润气候；不耐寒 (0℃即受冻)；喜排水良好、通气好的土壤，忌盐碱化和粘质土；不耐水湿。生长慢，寿命长达 200 年以上。可用油粕肥等有机肥，使其叶浓绿。

【分布及栽培范围】为世界上生存最古老的植物之一。原产我国华南。分布于福建、台湾、广东、海

图 8-1　苏铁

南。湖南、江西、贵州、四川东部、浙江、上海等省均有栽培。日本、印尼及菲律宾亦有分布。

【繁殖】可用播种、分蘖、埋插等法繁殖。

【观赏】树形古雅，主干粗壮，坚硬如铁；羽叶洁滑光亮，四季常青，为珍贵观赏树种。

【园林应用】园景树、盆栽观赏。主要用于庭前阶旁、草坪内、花坛中心，也布置于庭院屋廊及厅室，反映南国风光（图 8-2）。

【文化】苏铁从前叫做铁树。传说苏铁是被苏东坡从海南岛带到内地，而将其称为苏铁。

【其它】苏铁树干髓心含淀粉，食用需慎重，有一定毒性；嫩叶可作蔬菜。种子含油和丰富的淀粉，微有毒，供食用和药用，有治痢疾、止咳和止血之效。苏铁的叶可以作为插花的材料。苏铁在中生代曾经是恐龙赖以生存的食物。

图 8-2　苏铁在园林中的应用

2. 篦齿苏铁 *Cycas pectinata* Griff.

【形态特征】常绿乔木。单生或丛生，一回羽状复叶，雌花雄花均着生于干顶。树干圆柱形，高达 3 米。羽状叶长 1.2 ~ 1.5 米，叶轴横切面圆形或三角状圆形，柄长 15 ~ 30 厘米，两侧有疏刺，羽状裂片 80 ~ 120 对，条形或披针状条形，厚革质，坚硬，直或微弯，边缘稍反曲，两侧不对称，下延生长，上面深绿色，中脉隆起，脉的中央常有一条凹槽，中脉显著隆起。雄球花长圆锥状圆柱形，长约 40 厘米，径 10 ~ 15 厘米，有短梗，小孢子叶楔形，长 3.5 ~ 4.5 厘米，宽 1.2 ~ 2 厘米，密生褐黄色绒毛；大孢子叶密被褐黄色绒毛，宽 6 ~ 8 厘米，边缘有 30 余枚钻形裂片，裂片长 3 ~ 3.5 厘米，无毛，顶生的裂片较大，长 4 ~ 5 厘米，边缘常疏生锯齿或再分裂，长 3 ~ 7 厘米。种子卵圆形或椭圆状倒卵圆形，长 4.5 ~ 5 厘米，径 4 ~ 4.7 厘米，熟时暗红褐色（图 8-3）。我国一级保护植物。

图 8-3　篦齿苏铁

【生态习性】耐旱忌水，要求光照良好。分布区地处云南高原亚热带南部季风常绿阔叶林区域。年平均温度 16 ~ 20 摄氏度，年降水量 1000 ~ 1500 毫米，集中于雨季降落，干季较长。土壤为砖红壤，pH 值 4.5 ~ 6.0。常生于以厚缘青冈、毛叶青冈、峨眉木荷为优势的常绿阔叶林中，或在余甘子、毛果算盘子为标志的次生灌丛中。

【分布及栽培范围】分布于云南南部的景洪、红河、思茅市翠云区和西双版纳地区的常绿阔叶疏林下或次生灌丛间（海拔 1500 米以下）。此外，印度、尼泊尔、不丹、孟加拉、缅甸、越南、老挝、泰国均有分布。

【繁殖】种子繁殖。

【观赏】树姿优美奇特。

【园林应用】园景树、专类园、盆栽观赏(图8-4)。主要用于庭前阶旁、草坪内、花坛中心,也布置于庭院屋廊及厅室,反映南国风光。

【其它】根、叶、花入药,四季可采根和叶,夏季采花,冬季采种子洗净晒干备用。叶含Cycasin,有毒,并有抗癌作用,苏铁种子和茎顶部树心有毒,用时宜慎。

图 8-4 篦齿苏铁在园林中的应用

3. 叉叶苏铁 *Cycas micholitzii* Dyer

【别名】龙口苏铁、叉叶凤尾草、虾爪铁

【形态特征】多年生常绿乔木或灌木(盆栽株高一般1 ~ 2.5米)。主干柱状,大型羽状叶,丛生于茎顶部,羽片坚硬,中脉显著,羽片作二叉分歧,羽片20 ~ 40对。小羽片长20 ~ 40厘米,宽1.7 ~ 2.5厘米,叶全缘。花序球形,单生茎顶。雄球花序的小孢子叶扁平鳞片状或盾状,呈螺旋状排列;雌球花序的大孢子叶扁平状,全体密被黄褐色绒毛,上部呈羽状分裂,在中下部的两侧各生1个或2 ~ 4个裸露的直生胚珠。种子成熟时黄色,长约2.5厘米(图8-5)。

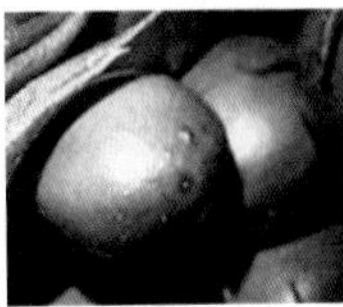

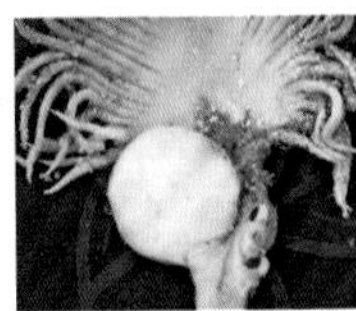

图 8-5 叉叶苏铁

【生态习性】分布区位于热带北部季风区。为喜钙植物,通常生长在石灰岩低峰丛石山中下部,生于海拔130 ~ 175米,土壤为石灰岩土,中性至微碱性反应。主要伴生植物有蚬木、东京桐、海芋等。

【分布及栽培范围】濒危种。分布于广西龙州、大新、崇左及云南弥勒。越南北部也有。我国许多地区有栽培。在长江中下流地区局部环境下能露地过冬。

【繁殖】分蘖、播种繁殖。

【观赏】叶形独特,是良好的观叶植物。

【园林应用】园景树、专类园、盆栽观赏(图8-6)。

【其它】花、叶、根、种子均可入药。花期采花,果熟时采果,叶、根随时可采,晒干备用或鲜用。

图 8-6 叉叶苏铁在园林中的应用

二、泽米粃铁科 Zamiaceae

叶一回羽状深裂，中脉不明显。雌雄异株，雄球花圆柱形，雌球花球形。种子辐射状对称。共有 8 属约 200 种，分布在美洲、大洋洲和撒哈拉沙漠以南非洲的热带和亚热带地区。

（一）泽米铁属 *Zamia* L.

常绿木本；羽状复叶，小叶具多条平行的纵脉或 2 叉状细脉，但无中脉，基部有关节；大孢子叶外侧呈六角形。约 60 余种。我国引入 2 种。

1. 鳞粃泽米 *Zamia furfuracea* Ait.

【别名】南美苏铁、墨西哥苏铁、泽米铁、鳞粃泽米铁

【形态特征】多为单干，干桩高 15 ~ 30 厘米，少有分枝，有时呈丛生状，粗圆柱形，表面密布暗褐色叶痕，多年生植株的总干基部茎盘处，常着生幼小的萌蘖；叶为大型偶数羽状复叶，丛生于茎顶，长 60 ~ 120 厘米，硬革质，叶柄长 15 ~ 20 厘米，疏生坚硬小刺，羽状小叶 7 ~ 12 对，小叶长椭圆形，两侧不等，基部 2/3 处全缘，上部密生钝锯齿，顶端钝渐尖，边缘背卷，无中脉，叶背可见明显突起的平行脉 40 条；雌雄异株，雄花序松球状，长 10 ~ 15 厘米，雌花序似掌状（图 8-7）。

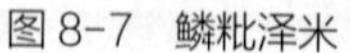
图 8-7　鳞粃泽米

【生态习性】喜强光，不耐荫（喜光照充足）。喜湿润的土壤。稍耐寒，能耐 -5 ~ 0℃低温。

【分布及栽培范围】原产于墨西哥东部韦拉克鲁斯州（Veracruz）东南部。

【繁殖】播种或分株繁殖。

【观赏】四季常青，叶形漂亮，为珍贵观赏树种。

【园林应用】园景树、盆栽及盆景观赏。

【文化】鳞粃泽米因为其生长习性表面上近似于棕榈树，因此常在英语中称为 'Cardboard Palm(大意为‘硬纸板棕榈树’)'。在中文中又称鳞粃泽米铁、南美苏铁、美叶凤尾铁、墨西哥苏铁等（南美苏铁、墨西哥苏铁有时也指 *Zamia pumilia*）。鳞粃泽米铁的拉丁学名 'zamia' 意为“松果”；而 'furfuracea' 意为“粉状的”或“屑状的”。

三、银杏科 Ginkgoaceae

落叶乔木，高达 40 米；树皮淡灰色，老时纵直深裂。有长、短枝之分，长枝上叶互生，短枝叶簇生。本科曾有 15 属，现单属单种。为我国特有的树种，著名的孑遗植物。被称为植物界的“活化石”（植物活化石还有有银杉、水杉、水松、穗花杉、鹅掌楸、珙桐等）。

科识别特征：单属单种古孑遗，落叶乔木茎直立。枝分长短叶扇形，长枝互生短簇生。

叶脉平行端二歧，雌雄异株分公母。雄花具梗葇荑状，雌花长梗端二叉。

1. 银杏 *Ginkgo biloba* Linn.

【别名】白果、公孙树、白果树、公孙果、子孙树

【形态特征】落叶大乔木，胸径可达4米，幼树树皮近平滑，浅灰色，大树之皮灰褐色，不规则纵裂，有长枝与生长缓慢的距状短枝。叶互生，在长枝上辐射状散生，在短枝上3～5枚成簇生状，有细长的叶柄，扇形，在宽阔的顶缘多少具缺刻或2裂，宽5～8厘米。雌雄异株，球花单生于短枝的叶腋；雄球花成葇荑花序状；雌球花有长梗，梗端常分两叉，常1个胚珠发育成发育种子。4月开花，10月成熟，种皮白色，种子为橙黄色的核果状，直径1.5～2厘米；假种皮肉质，被白粉，成熟时淡黄色或橙黄色。因种子外黄软如杏，内坚如银而名(图8-8)。

银杏雌雄异株，区分雌雄株可参考以下特征：雄株主枝与主干间的夹角小；树冠稍瘦，且形成较迟；叶裂刻较深，常超过叶的中部；秋叶变色期较晚，落叶较迟；着生雄花的短枝较长(约1～4厘米)。雌株主枝与主干间的夹角较大；树冠宽大，顶端较平，形成较早；叶裂刻较浅，未达叶的中部；秋叶变色期及脱落期均较早；着生雌花的短枝较短(约1～2厘米)。

图8-8 银杏

银杏的变种、变型及品种较多，常见的变型或栽培品种有：黄叶银杏(f. aurea)、塔状银杏(f. fastigiata)、裂银杏('lacinata')、垂枝银杏('Pendula')、斑叶银杏(f. variegate)等。

【生态习性】阳性喜光树木；深根性；对气候、土壤适应性强，在酸性或碱性土壤(pH4.5～8.0)上均生长良好；较耐干旱；耐低温，能在冬季达-32.9℃低温地区存活，但生长不良；耐高温多雨环境；不耐积水和盐碱。生长慢，寿命可达千年以上。在条件适宜且精心管理的条件下，7年生树木高7米，胸径6厘米。实生苗开始结实年龄为15～20年，40年进入结果盛期；嫁接苗可提前5～6年结实。

【分布及栽培范围】我国仅浙江天目山有野生状态的树木。栽培很广，从辽宁到广洲，浙江到云南等21省均有栽培，以江苏、安徽、浙江为栽培中心。朝鲜、日本、欧美各国均有引栽栽培。各地栽培区有几百上千年的古树，中国5000年以上的银杏大约12棵，其中贵州有9棵。世界上最大的银杏树在贵州的福泉，有6000年历史，基径5.8米，2001年载入上海吉尼斯纪录。

【繁殖】一般采用播种、分蘖、插条、嫁接等方法进行繁殖。

【观赏】叶形奇特，秋叶金黄；果实橙黄色；树形雄伟壮丽，而且枝叶密集；具极强的观赏性。被称为中国园林三宝的树中之宝，世界五大行道树之一(其它四种是：悬铃木、椴树、七叶树、鹅掌楸)。

【园林应用】行道树、庭荫树、园路树、园景树、风景林、树林、防护林、盆栽及盆景观赏。

在各类型园林绿地中广泛应用(图8-9)。行道树应选雄株，雌株落果污染衣物。大面积应用时可多用雌株，果成熟时观赏性好，同时将雄株应用于上风带，以利于授粉。

【生态功能】具有保持水土、涵养水源、净化空气(抗污染、抗烟火、抗尘埃)的功能，同时银杏具有杀死农作物病虫之功能，尤其对棉花、叶螨、桃蚜、二化螟虫等尤其有效。在农业区周围种植银杏，为作物虫害提供天敌，以保护农作物。

【文化】对银杏的诗词歌赋较多，典型的有：(1) 乾隆的《银杏王》："古柯不计数人围，叶茂枝孙绿荫肥，世外沧桑阅如幻，开山大定记依稀。"(2) 李清照的《瑞鹧鸪·双银杏》："风韵雍容未甚都，尊前甘桔可为奴。谁怜流落江湖上，玉骨冰肌未肯枯。谁叫并蒂连枝摘，醉后明皇倚太真。居士擘开真有意，要吟风味两家新。"(3) 张无尽(北宋)的《咏银杏》："鸭脚半熟色犹青，纱囊驰寄江陵城。城中朱门韩林宅，清风明月吹帘笙。玉纤雪腕白相照，烂银破壳玻璃明。"等。

【其它】银杏具有较高的药用价值：白果有降痰、清毒、杀虫之功能，可治疗"疮疥疽瘤、乳痈溃烂、牙齿虫龋、小儿腹泻、赤白带下、慢性淋浊、遗精遗尿等症"。

银杏木材优质，价格昂贵，素有"银香木"或"银木"之称。银杏木材质具光泽、纹理直、结构细、易加工、不翘裂、耐腐性强、易着漆，并有特殊的药香味，抗蛀性强。银杏木除可制作雕刻匾及木鱼等工艺品，也可制作成立橱、书桌等高级家具。银杏木具共鸣性、导音性和富弹性，是制作乐器的理想材料。可制作测绘器具、笔杆等文化用品，也是制作棋盘、棋子、体育器材、印章及小工艺品的上等木料。

图 8-9　银杏在园林中的应用

四、南洋杉科 Araucariaceae

常绿乔木，大枝轮生、平展。叶螺旋状互生，披针形、针形或鳞形。雌雄异株，稀同株。雄球花圆锥形，单生或簇生叶腋或枝顶，雄蕊多数，螺旋状排列，上部鳞片状，呈卵形或披针形；雌球花单生枝顶，椭圆形或近球形，螺旋状排列，每珠鳞有 1 倒生胚珠。球果大，直立，卵圆形或球形；种鳞木质，球果 2 ~ 3 年成熟，有 1 粒种子，种子扁平。

原产澳洲及南美，华南可露地种植，以北盆栽。我国引入 2 属约 4 种。常见的种类为南洋杉和大叶南洋杉。

分属检索表

1 种子同苞鳞合生，无翅或两侧有与苞鳞合生的翅 ························ 1 南洋杉属 *Araucaria*

1 种子同苞鳞离生，仅一侧具翅 ··· 2 贝壳杉属 *Agathis*

（一）南洋杉属 *Araucaria* Juss.

常绿乔木，枝轮生。叶互生，披针形、鳞形、锥形或卵形。雌雄异株，罕同株；雄球花单生或簇生叶腋，或生枝顶；雌球花单生枝顶，胚珠与珠鳞基部结合。球果大，2 ~ 3 年成熟，熟时种鳞脱落；每种鳞内有一扁平种子，种子有翅或无翅，子叶 2，罕 4。

约 18 种。中国引入 3 种。

分种检索表

1 叶形小，钻形、卵形或三角状；种子先端不肥大，不显露………………… 1 南洋杉 *A. cunninghamii*

1 叶形宽大，卵状披针形；种子先端肥大而显露……………………………… 2 大叶南洋杉 *A. bidwillii*

1. 南洋杉 *Araucaria cunninghamii* Sweet.

【别名】鳞叶南洋杉、尖叶南洋杉、南洋杉

【形态特征】常绿乔木，高 60 ~ 70 米，胸径 1 米以上，树冠尖塔形，层次分明，老树平顶状。大枝轮生，侧生小枝密生，平展或下垂。叶锥、针形、镰形或三角形，长 7 ~ 17 毫米，基部宽约 2.5 毫米，排列疏松，开展。大树及球花枝之叶卵形、三角状卵形或三角形。球果卵形或椭圆形，长 6 ~ 10 厘米，直径 4.5 ~ 7.5 厘米；苞鳞刺状且尖头向后强烈弯曲，种子两侧有翅 (图 8-10)。

图 8-10 南洋杉

图 8-11 南洋杉在园林中的应用

【生态习性】喜光，稍耐荫，喜半遮荫的生长环境；喜温暖、高湿气候；喜肥沃土壤；不耐干旱和寒冷；较抗风，生长迅速；再生能力强，砍伐后易生萌蘖。

【分布及栽培范围】原产大洋洲东南沿海地区。我国海南、福建、广东、台湾等地有栽培；长江流域及以北地区常见盆栽。

【繁殖】播种、扦插繁殖。

【观赏】树形高大，姿态优美，具有极强的观赏价值。与雪松、日本金松、金钱松、巨杉合称为世界五大公园树种。

【园林应用】园景树、园路树、庭荫树、盆栽观赏及特殊环境绿化 (图 8-11)。常孤植、列植、丛植，与草坪配合。

【其它】南洋杉材质优良，是澳洲及南非重要用材树种，可供建筑、器具、家具等用。

2. 大叶南洋杉 *Araqucaria bidwillii* Hook.

【别名】披针叶南洋杉、澳洲南洋杉

【形态特征】常绿乔木，树冠塔形，原产地高达 50 米，胸径达 1 米。树皮暗灰褐色，成薄条片脱落。大枝平展，侧生小枝密生，下垂；小枝绿色，光滑无毛。叶卵状披针形、披针形或三角状卵形，扁平或微内曲，厚革质，无主脉，具多数并列细脉；下面有多条气孔线；花果枝，老树及小枝两端的叶排列较密，长 0.7 ~ 2.8 厘米。雄球花单生叶腋，圆柱形。球果大，宽椭圆形或近圆球形，长达 30 厘米，径 22 厘米，中部的苞鳞矩圆状椭圆形或矩圆状卵形，先端肥厚，具明显的锐脊，中央有急尖的三角状尖头，尖头向外反曲；舌状种鳞的先端肥大而外露；种子长椭圆形，无翅(图 8-12)。花期六月，球果第三年秋后成熟。

图 8-12　大叶南洋杉

【生态习性】喜光；稍耐荫，喜半遮荫的生长环境；喜温暖、高湿气候；喜肥沃土壤；不耐干旱和寒冷；较抗风，生长迅速；再生能力强，砍伐后易生萌蘖。

【分布及栽培范围】原产澳大利亚沿海地区。我国福建、厦门、广州等地有栽培。长江流域及北方城市常盆栽观赏，温室越冬。

【繁殖】播种或扦插繁殖。

【观赏】树形高大，姿态优美，具有极强的观赏价值。

【园林应用】园景树、园路树、庭荫树、盆栽观赏及特殊环境绿化。其应用方式常为孤植、列植、丛植，与草坪配合，盆栽，及室内绿化。

【其它】材质优良，可供建筑、器具、家具等用。

(二) 贝壳杉属 *Agathis* Salisb.

常绿大乔木，多树脂；幼树枝条常轮生，在成年树上则不规则着生，小枝脱落后留有圆形枝痕。冬芽小，圆球形。叶在干枝上螺旋状着生，在侧枝上对生或互生，幼时玫瑰色或带红色，后变深绿色，革质，上面具多数不明显的并列细脉，叶形及其大小在同一树上和同一枝条上有较大的变异，叶柄短而扁平，叶脱落后枝上面留有枕状叶痕。通常雌雄同株，雄球花硬直，雄蕊排列紧密，圆柱形，单生叶腋。球果单生枝顶，圆球形或宽卵圆形；苞鳞排列紧密，扇形，顶端增厚，熟时脱落；种子生于苞鳞的下部，离生，一侧具翅，另一侧具一小突起物，稀发育成翅；子叶 2 枚。

约 21 种，分布于菲律宾、越南南部、马来半岛及大洋洲，中国引入有贝壳杉 1 种

1. 贝壳杉 *Agathis dammara* (Lamb.) Rich

【别名】新西兰贝壳杉、昆士兰贝壳杉、斐济贝壳杉、东印度贝壳杉

【形态特征】乔木，在原产地高达 38 米，胸径达 45 厘米以上。树皮厚，带红灰色；树冠圆锥形，枝条微下垂，幼枝淡绿色，冬芽顶生，具数枚紧贴的鳞片。叶深绿色，革质，矩圆状披针形或椭圆形，长 5 ~ 12 厘米，宽 1.2 ~ 5 厘米(果枝上的叶常较小)，具多数不明显的并列细脉，边缘增厚，反曲或微反曲，先端通常钝圆，稀具短尖，叶柄长 3 ~ 8 毫米。雄球花圆柱形，长 5 ~ 7.5 厘米，径 1.8 ~ 2.5 厘米。球果近圆球形或宽卵圆形，长达 10 厘米；苞鳞宽 2.5 ~ 3 厘米，先端增厚而反曲；种子倒卵圆形，长约 1.2 厘米，径

图 8-13 贝壳杉

约 7 毫米，种翅只在种子的一侧发育，膜质，近矩圆形，上部较下部为宽，最宽处宽约 1.2 厘米 (图 8-13)。

【生态习性】幼苗喜半荫，大树喜阳光。喜排水良好的腐殖土，越冬温度不低于 10℃。

【分布及栽培范围】原产马来半岛和菲律宾。我国厦门、福州等地引种栽培。

【繁殖】播种繁殖。

【观赏】树形高大，姿态优美，具有极强的观赏价值。

图 8-14 贝壳杉在园林中的林应用

【园林应用】园景树、专类园。其应用方式常为孤植、列植、丛植，与草坪配合 (图 8-14)。

【其它】木材可供建筑用，也用作大型桶具、缸、木制机械、船具、建筑施工、连接用木构件、细木家具、油脂容器、搅拌器和模板制作。树干含有丰富的树脂，为著名的达麦拉树脂，在工业上及医药上有广泛用途。

松杉柏三科的分科检索表

1 球果的种鳞与苞鳞离生 (仅基部合生) ························ 1 松科 Pinaceae

1 球果的种鳞与苞鳞半合生或完全合生

  2 种鳞与叶均螺旋状排列，稀交互对生 ························ 2 杉科 Taxodiaceae

  2 种鳞与叶均为交互对生或轮生 ························ 3 柏科 Cupressaceae

五、松科 Pinaceae

常绿或落叶乔木，稀灌木。有树脂。叶呈扁平条形、螺旋状、针状排列或假两列状或簇生，针状排列中常 2,3 或 5 针一束。雌雄同株或异株，雄球花长卵形或圆柱形，有多数雄蕊。球果有多数脱落或不脱落的木质或纸质种鳞。每种鳞有 2 粒种子。种子上端常有一膜质的翅，罕无翅或近无翅。

松科是裸子植物中最大的科，含有 3 亚科 10 属 230 多种，主产北半球。我国有 10 属 117 种及近 30 个变种，其中引入 24 种及 2 变种。该科分布全国，大多数为森林树种和用材树种，有些种类可供采脂、提炼松节油等原料，有的种子可食或药用，有些作园林绿化树种。

科识别特征：高大乔木稀草本，常有树脂枝轮生。线形叶扁互或簇，也有2、3、5成束。雌雄同株花单性，裸子代表花球形。雄蕊螺旋相互生，雌花珠鳞两胚珠。球果成熟常开裂，种子具翅胚乳多。

分属检索表

1 叶条形或针形，条形叶扁平或具四棱，螺旋状着生，或在短枝上端成簇生状，均不成束
  2 叶条形扁平或具四棱，质硬，枝仅具一种类型；球果当年成熟
    3 球果成熟后种鳞自宿存的中轴上脱落，生叶腋……………………………………1 冷杉属 *Abies*
    3 球果成熟后（或干后）种鳞宿存
      4 球果生于枝顶；小枝节间生长均匀，上下等粗，叶在枝节间均匀着生
        5 球果直立，形大；种子连同种翅几与种鳞等长……………………………2 油杉属 *Keteleeria*
        5 球果通常下垂，稀直立，形小；种子连同种翅较种鳞为短
          6 小枝有微隆起叶枕或叶枕不明显，叶扁平，有短柄
            7 苞鳞伸出于种鳞之外，先端 3 裂 ……………………………………3 黄杉属 *Pseudotsuga*
            7 苞鳞不露出，稀微露出，先端不裂或 2 裂 …………………………4 铁杉属 *Tsuga*
          6 小枝有显著隆起的叶枕，叶四棱状或扁菱状条形 ………………………5 云杉属 *Picea*
      4 球果生于叶腋；叶条形扁平，上面中脉凹下 ………………………………6 银杉属 *Cathaya*
  2 叶条形扁平、柔软，或针状、坚硬；枝分长枝与短枝
    8 叶扁平、柔软，倒披针状条形或条形，落叶性；球果当年成熟
      9 雄球花单生于短枝顶端；种鳞革质，成熟后不脱落…………………………7 落叶松属 *Larix*
      9 雄球花数个簇生于短枝顶端；种鳞木质，成熟后脱落……………………8 金钱松属 *Pseudolarix*
    8 叶针形、坚硬，常具三棱，或背腹明显而呈四棱状针形，常绿性 ………9 雪松属 *Cedrus*
1 叶针形，通常 2、3、5 针一束，常绿性…………………………………………………10 松属 *Pinus*

（一）冷杉属 *Abies* mill.

常绿乔木，树干端直。枝条轮生，小枝对生，基部有宿存的芽鳞，叶脱落后枝上留有圆形或近圆形的吸盘状叶痕。常具树脂。叶条形，扁平，上面中脉凹下，稀微隆起而横切面近菱形，下面中脉隆起，每边有1条气孔带。雌雄同株，球花单生于去年枝上的叶腋；雄蕊多数，螺旋状着生，花药2；雌球花直立，短圆柱形，珠鳞腹面基部有2枚胚珠。球果当年成熟，直立；种鳞木质，排列紧密，常为肾形或扇状四边形，腹面有2粒种子，背面托一基部结合而生的苞鳞；种子上部具宽大的膜质长翅；子叶3 ~ 12(多为4 ~ 8）枚。

本属约50种，我国有19种3变种。引人栽培1种。分布于东北、华北、西北、西南及浙江、台湾各省。多为耐寒的耐荫性较强的树种，常生于气候凉润、雨量较多的高山地区。

1. 日本冷杉 *Abies firma* Sieb. et Zuce.

【形态特征】常球大乔木。高达50米，主干挺拔，枝条纵横，形成阔圆锥形树冠。树皮灰褐色。常龟裂，幼枝淡黄灰色，凹槽中密生细毛。叶线形，扁平，基部扭转呈两列，向上成V形，表面深绿色而

有光泽，先端钝，微凹或二叉分裂（幼龄树均分叉），背面有两条灰白色气孔带。花期3～4月，球果筒状，直立。10月成熟，褐色，种鳞与种子一起脱落（图8-15）。

【生态习性】高山树种，耐荫性强。具有耐寒、抗风特性。喜凉爽湿润气候。适于土层深厚、肥沃含沙质的酸性（pH5.5～6.5）灰化黄壤；栽植于丘陵或平原有林之处也能适应，唯生长不如山区快速。幼苗生长缓慢，畏炎热。易受日灼，越夏必须遮阴；长大后喜光。对烟害抗性弱。生长速度中等，寿命不长，达300年以上者极少见。

【分布及栽培范围】原产日本。我国大连、青岛、南京、江西庐山、浙江莫干山以及台湾等地引种栽培。

【繁殖】播种繁殖。

【观赏】树形优美，秀丽可观。树冠参差挺拔。

【园林应用】园路树、园景树、专类园（图8-16）。适于公园、陵园、广场或建筑物附近成行配植。园林中在草坪、林缘及疏林空地中成群栽植，极为葱郁优美，如在其老树之下点缀山石和观叶灌木、则形成形、色俱佳之景。

【其它】木材白色，不分心材与边材。材质轻松，纹理直，易于加工。是建筑、家具、造纸的优良材料，也可供枕木、电柱、板材等用材。

图8-15　日本冷杉

图8-16　日本冷杉在园林中的应用

（二）油杉属 *Keteleeria* Carr.

常绿乔木。枝条不规则互生，小枝基部有宿存芽鳞。叶线形或线状披针形，扁平，革质，在侧枝上通常因基部扭转而成2列，中脉在表面凸起，下面有两条气孔带；叶内有2个边生树脂道。叶脱落后留有圆形叶痕。球花单性同株；雄球花4～8个簇生于当年生枝叶腋或侧枝顶端。雄蕊多数；花粉有气囊；雌球花单生侧枝顶端，直立，由无数螺旋排列的珠鳞与苞鳞组成，珠鳞生于苞鳞之上，二者基部合生，每苞鳞有胚珠2枚。球果直立，一年成熟；种鳞木质，宿存；苞鳞长为种鳞的1/2～3/5，先端3裂，中裂窄长；种子具宽大的厚膜质种翅，种翅几乎与种鳞等长。子叶2～4枚。

分种检索表

1 当年生枝淡黄色或灰色，2～3年生枝灰色 ………………………… 1 铁坚油杉 *K. davidiana*

1 当年枝黄色，2～3年生枝呈淡黄灰色或灰色 ……………………… 2 黄枝油杉 *K. calcarea*

1. 铁坚油杉 *Keteleeria davidiana* (Bertr.) Beissn.

【别名】铁坚杉

【形态特征】乔木，高达 50 米，胸径达 2.5 米；树皮暗深灰色，深纵裂；大枝平展或斜展，树冠广圆形。一年生枝有毛或无毛，淡黄灰色、淡黄色或淡灰色，2 ~ 3 年枝灰色或淡褐灰色，常有裂纹或裂成薄片，冬芽卵圆形，先端微尖。叶条形，长 2 ~ 5 厘米，宽 3 ~ 4 毫米，先端圆钝或微凹，幼树或萌生枝之叶先端有刺状尖头，上面光绿色，下面淡绿色，中脉两侧各有气孔线 10 ~ 16 条，微被白粉，两面突起。球果圆柱形，长 8 ~ 21 厘米，径 3.5 ~ 6 厘米；中部种鳞卵形或近斜方状卵形，上部圆或窄长而反曲，边缘外曲，有细齿，背面露出部分无毛或疏生短毛 (图 8-17)。花期 4 月，球果 10 月成熟。

【生态习性】喜光；喜温暖湿润气候；耐寒性较强；生于由沙岩、石灰岩发育的酸性，中性或微石灰性土壤。常散生于海拔 600 ~ 1500 米地带。

图 8-18　铁坚油杉在园林中的应用

【分布及栽培范围】产甘肃东南部、陕西南部、四川北部、东部及东南部、湖北本部及西南部、湖南西北部、贵州西北部。

图 8-17　铁坚油杉

【繁殖】播种繁殖。

【观赏】树冠塔形，枝叶开展，叶色常青，观赏性较强。

【园林应用】园景树、专类园 (图 8-18)。

【其它】木材淡黄褐色，有树脂，硬度适中，纹理斜，耐久用，可供建筑、桥梁、枕木、家具等用。

2. 黄枝油杉 *Keteleeria calcarea* Cheng et L.K.Fu

【形态特征】常绿乔木，高 28 米，胸径可达 1.3 米。树皮灰褐色或暗褐色；纵裂，呈片状剥落。当年生枝无毛或近于无毛，黄色；2 ~ 3 年生枝呈淡黄灰色或灰色。叶线形，在侧枝上排成两列，长 1.5 ~ 4 厘米，宽 3.5 ~ 4.5 毫米，两面中脉隆起，先端钝或微凹，基部楔形，上面绿色，下面沿中脉两侧各有 18 ~ 21 条白粉气孔线，有短柄。球果圆柱形，直立，长 11 ~ 14 厘米，直径 4 ~ 5.5 厘米；种鳞斜方状圆形或近圆，长 2.5 ~ 3 厘米，宽 2.5 ~ 2.8 厘米，先端反曲，基部两侧耳状；苞鳞长约种鳞的 2/3，先端三裂，上部边缘有不规则的细齿；种翅厚膜质（图 8-19）。花期 3 ~ 4 月，种子 10 ~ 11 月成熟。

【生态习性】中亚热带树种。对土壤要求不严，但多见于石灰岩钙质土，能耐石山干旱生境。喜光。天然更新良好，大树砍伐后，仍能萌蘖。常见伴生树种有圆叶乌桕、菜豆树、黄连木、青檀等阳性树种。

【分布及栽培范围】广西东北部至北部，湖南西南江永和贵州东南部县。

【繁殖】播种繁殖。

图 8-19　黄枝油杉

【观赏】树冠塔形，枝叶开展，叶色常青，观赏性较强。

【园林应用】园景树、专类园。

【其它】木材可供建筑、家具等用。

（三）黄杉属 *Pseudotsuga* Carr.

常绿乔木，树干端直。小枝具略隆起之叶枕；无树脂。叶条形，扁平，排成假二列状，上面中脉凹下，下面有 2 条白色或灰绿色的气孔带；叶内有维管束 1 及边生树脂道 2。雌雄同株，球花单性；雄球花性单生叶腋，雌球花单生于侧枝顶端。球果下垂；种鳞木质，宿存；苞鳞显著突出，先端三裂。

本属约 18 种，我国产 5 种，引入栽培 2 种。产西南、中南、东南至台湾。

1. 黄杉 *Pseudotsuga sinensis* Dode

【别名】短片花旗松、罗汉松

【形态特征】常绿乔木，高达 50 米。树干高大通直，树皮裂成不规则块状；小枝淡黄色绿色，或灰色，主枝通常无毛，侧枝被灰褐色短毛，叶条形短柄，长 1.3 ~ 3 厘米，宽约 2 毫米，先端凹缺，上面中脉凹陷，下面中脉隆起，有两条白色气孔带，整个叶呈黄绿色，先端有小微凹。球果下垂，卵圆形或椭圆状卵圆形，长 4.5 ~ 8 厘米，熟时褐色，中部种鳞长约 2.5 厘米；宽约 3 厘米，基部两侧有凹缺，鳞背密生短毛，苞鳞长而外露，先端三裂，反曲（图 8-20）。花期 4 ~ 5 月，球果 10 ~ 11 月成熟，熟后开裂。

图 8-20　黄杉

【生态习性】喜温暖、湿润气候；要求夏季多雨；喜光；耐干旱（特别是能耐冬、春干旱）；耐瘠薄；抗风力强；病虫害少。对土壤、气候等因子的适应幅度较宽，具有较强的生态适应特性。浅根性，侧根特别发达，长可达 10 米。自然群落林下灌木层主要有直角荚迷、金丝桃、小叶杜鹃、滇榛等，草本层主要有车前草、求米草、火绒草。层间植物有菝葜、悬钩子、云南鸡屎藤。天然更新能力强。海拔分布范围为 800 ~ 2800 米。常生于针阔混交林中。

【分布及栽培范围】我国的云南、四川、陕西、湖北、湖南及贵州的亚热带山地，多零星分布，贵州是黄杉主要分布区之一。

【繁殖】播种繁殖。

【观赏】树姿优美，具较强的观赏性。

【园林应用】园景树、专类园。

【其它】木材优良。黄杉为我国特有，对研究植物区系和黄杉属分类、分布有学术意义，亦是树木育种中难得的种质资源,可作为分布区的造林树种。

（四）铁杉属 *Tsuga* Carr.

常绿乔木；树皮深纵裂。小枝细，常下垂，有隆起的叶枕。叶条形、扁平，排成假二列状，有短柄，上面中脉凹下，多无气孔线；下面中脉隆起，每边有一条灰白或灰绿色气孔；叶内有树脂道 1，位于维管束下方。球花单性，雌雄同株；雄球花单生叶腋，雌球花单生枝端。球果下垂，较小。种子上端有翅。子叶 3 ~ 6。

本属约 16 种，分布于北美和亚洲东部。我国有 7 种 1 变种，产秦岭以南及长江以南各省区，为珍贵用材树种，可作产区山地森林更新或荒山造林的树种。

1. 南方铁杉 *Tsuga tchekiangensis* Flous (*T. chinensis var. tchekiangensis* Flous)

【别名】浙江铁杉、华东铁杉

【形态特征】常绿乔木，高达 30 米。大枝平展，枝稍下垂；树皮灰褐色，片状脱落；1 年生枝较细，叶枕之间多少被毛；无树脂。叶螺旋状排列，基部扭转排成二列，线形，维管束下具一个树脂道，长 1.2 ~ 2.7 厘米，宽 2 ~ 2.5 毫米，先端有凹缺，上面中脉凹陷，下面沿中脉两侧有白色气孔带，有短柄。雄球花单生叶腋，花粉无气囊；雌球花单生侧枝顶端，珠鳞大于苞鳞。球果下垂，有短梗，卵圆形成长卵圆形，长 1.5 ~ 2.7 厘米，直径 1.2 ~ 2.7 厘米，成熟时黄褐色；苞鳞小，不露出，先端二裂（图 8-21）。花期 4 ~ 5 月，果成熟 10 月。

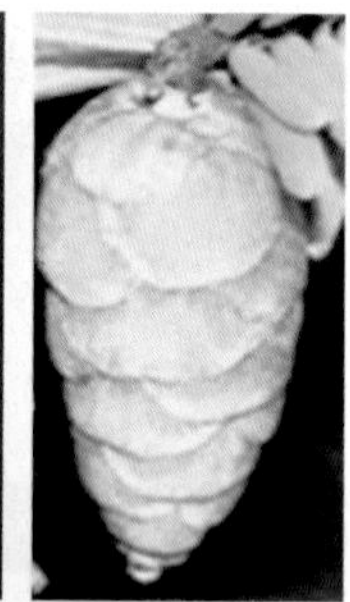

图 8-21　南方铁杉

【生态习性】喜凉润气候、酸性山地，最适深厚肥土；耐荫，在强度郁闭的林内天然良好；抗风雪能力强。

【分布及栽培范围】我国特有树种，产于浙江、安徽黄山、福建武夷山、江西武功山、湖南莽山、广东乳源、广西兴安及云南麻栗坡海拔 600 ~ 1200 米地带。

【繁殖】播种繁殖。

【观赏】树干通直，树体高大，姿态优美。

【园林应用】园景树、风景林。

【其它】珍贵用材。

（五）银杉属 *Cathaya* Chun et Kuang

我国特有属，1958年首次发表，仅银杉一种，属特征见种特征。

1. 银杉 *Cathaya argyrophyll* Chun et Kuang

【形态特征】常绿乔木，高达20米，胸径通常达40厘米。树干通直，树皮暗灰色，裂成不规则的薄片；小枝浅黄褐色，无毛，具微隆起的叶枕。叶螺旋状排列，在小枝上端和侧枝上排列较密，线形，微曲或直通常长4～6厘米，宽2.5～3毫米，先端圆或钝尖，基部渐窄成不明显的叶柄，上面中脉凹陷，深绿色，下面沿中脉两侧有明显的白色气孔带，边缘微反卷，横切面上有2个边生树脂道。雌雄同株，雄球花通常单生于2年生枝叶腋；雌球花单生于当年生枝叶腋。球果卵圆形，长3～5厘米，直径1.5～3厘米，熟时淡褐色或栗褐色；种鳞13～16枚，木质，近圆形，腹面基部着生两粒种子，宿存；苞鳞小，不露出；种子倒卵圆形，长5～6毫米，种翅长10～15毫米（图8-22）。

图8-22 银杉

图8-23 银杉在园林中的应用

【生态习性】中亚热带植物。阳性树，喜雾、耐寒、耐旱、耐土壤瘠薄和抗风等，喜温暖、湿润气候和排水良好的酸性土壤。

【分布及栽培范围】中国特有树种。产广西龙胜花坪林区，四川南川全佛山和柏枝山，湖南新宁盖富山，贵州道真县沙河林区。海拔920～1800米。

【繁殖】播种繁殖。

【观赏】银杉姿态优雅，刚健秀美，线形叶下面有两条银白色的气孔带，宛若碧玉片上镶嵌的银包的花边，和风吹拂，银光闪烁，明丽多姿，极富风情。

【园林应用】驯化后可用作园景树(图8-23)。

【其它】银杉是国家一级重点保护树种；它的发现受到全世界植物学家高度重视，被植物界公认为世界上最珍贵的植物之一，有“林海珍珠”之誉。

（六）云杉属 *Picea* Dietr.

常绿乔木。树皮鳞片剥裂；树冠尖塔形或圆锥形；枝条轮生。小枝上有显著的叶枕；各枕间由深凹槽隔开，叶枕顶端呈柄状，宿存。针叶条形或锥棱状，无柄，生于叶枕上，呈螺旋状排列，上下两面中脉隆起，棱形叶四面均有气孔线，扁平的条形叶则只叶上面有 2 条气孔线，背面无毛。雌雄同株，球花顶生或腋生；雄球花黄色或红色，单生当年生枝叶腋，椭圆形或圆柱形，雄蕊多数。花粉有气囊；雌球花单生枝顶，椭圆状圆柱形，红紫色。球果当年成熟，下垂，椭圆柱形或圆柱形；种子倒卵圆形或卵圆形，具膜质长翅，子叶 4 ~ 9。

本属约 50 种，我国 20 种及 5 变种，另引种栽培 2 种。分布东北、华北、西北、西南及台湾等地。在北方城市和西南山区的园林中也有应用。

分种检索表

1 一年生枝无白粉，小枝基部宿存芽鳞不反曲

  2 叶先端尖，罕锐尖 ………………………………………………… 1 云杉 *P. asperata*

  2 叶先端略钝或钝 ………………………………………………… 2 白扦 *P. meyeri*

1 一年生枝有白粉或无，小枝基部宿存芽鳞或多或少向外反曲 ………… 3 青扦 *P. wilsonii*

1. 云杉 *Picea asperata* Mast.

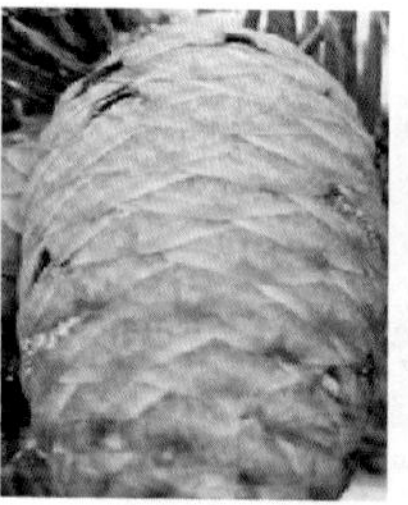

图 8-24　云杉

【别名】大果云杉、茂县云杉、大云杉、白松

【形态特征】乔木，高达 45 米，胸径达 1 米。树皮裂成不规则鳞片或稍厚的块片脱落。主枝之叶辐射伸展，侧枝上面之叶向上伸展，下面及两侧之叶向上方弯伸，四棱状条形，长 1 ~ 2 厘米，宽 1 ~ 1.5 毫米，微弯曲，先端微尖或急尖，横切面四棱形，四面有气孔线，上面每边 4 ~ 8 条，下面每边 4 ~ 6 条。球果圆柱状矩圆形或圆柱形，上端渐窄，成熟前绿色，熟时淡褐色或栗褐色，长 5 ~ 16 厘米，径 2.5 ~ 3.5 厘米；苞鳞三角状匙形，长约 5 毫米；种子倒卵圆形，长约 4 毫米，连翅长约 1.5 厘米（图 8-24）。花期 4 ~ 5 月，球果 9 ~ 10 月成熟。

【生态习性】耐荫、耐寒、喜欢凉爽湿润的气候；生长缓慢，浅根性树种；喜肥沃深厚、排水良好的中性和微酸性沙质土壤。

【分布及栽培范围】我国特有树种，产四川、陕西、甘肃海拔 2400 ~ 3600 米山区。常与紫果云杉、岷江冷杉、紫果冷杉混生。

图 8-25　云杉在园林中的应用

【繁殖】播种繁殖。

【观赏】云杉的树形端正，枝叶茂密，具有较强的观赏性。

【园林应用】园景树，树林，盆栽观赏(图8-25)。可各应用于各类型绿地。

【其它】木材通直，切削容易，无隐性缺陷。可作电杆、枕木、建筑、桥梁用材；还可用于制作乐器、滑翔机等。

2. 白杆 *Picea meyeri* Rehd.et wils.

【别名】白杄、红扦、白儿松、钝叶杉、红扦云杉、刺儿松

【形态特征】常绿乔木，高可达30米，胸径60厘米以上。树冠初为阔圆锥形，中老年树冠呈不规则状。树皮灰褐色，薄片状剥落。大枝伸展，当年生枝黄褐色。叶线形，长1.3～3厘米，宽约0.2厘米，先端钝尖，横切面菱形，有白色气孔线，叶螺旋状排列在小枝上，小枝上有木质叶枕。球果卵圆柱形，长4～8厘米，径3厘米左右，初绿色(图8-26)。花期5月上中旬，10月种子成熟。

【生态习性】寿命长，生长缓慢。幼树耐荫性强，耐寒，喜生长在冷凉、湿润、肥沃、排水良好的微酸性、中性棕壤土或森林腐殖土中。根系浅，抗风能力差。在高温、干旱瘠薄、土质密实环境生长不良，忌水涝。稍耐盐碱土壤。垂直分布在海拔1600～2700米，与华北落叶松、白桦、红桦、黑桦及山杨等组成混交林。

【分布及栽培范围】河北雾灵山、小五台山，山西五台山、管涔山、关帝山、恒山，内蒙古大青山等地。北纬37° 41’为其分布南界。

【繁殖】播种繁殖。

【观赏】树冠整齐，幼时从地面分枝呈阔圆锥形，在适当环境中可保持此形五十年，中年树下部叶干枯，显出挺拔主干，树冠渐变为不规则状。是优良的常绿园林观姿树种。

图8-26 白扦

图8-27 白杆在园林中的应用

【园林应用】园景树(图8-27)。应用于庭园和各类型绿地。

【其它】木材通直，切削容易，无隐性缺陷。可作电杆、枕木、建筑、桥梁用材；还可用于制作乐器、滑翔机等，并是造纸的原料。云杉针叶含油率约0.1～0.5%，可提取芳香油。树皮含单宁6.9～21.4%可提取。

3. 青杆 *Picea wilsonii* Mast.

【别名】魏氏云杉、细叶云杉、刺儿松、细叶松

【形态特征】常绿乔木，高达50米，胸径1.3米。树冠阔圆锥形，老年树冠呈不规则状。树皮淡黄色，浅裂或不规则鳞片状剥落。枝细长开展，淡灰色或淡黄色，光滑。芽卵圆形，栗褐色，小枝基部宿存芽鳞紧贴枝干。叶线形、坚硬，长0.8～1.3厘米，宽约0.1～0.2厘米，先端尖，粗细多变异，横断面菱形，各面均有白色气孔线4～6条。球果卵状圆柱形，长4～8厘米，径2.5～4厘米，初绿色，成熟后褐色。种子连翅总长1.2～1.5厘米(图8-28)。花

图 8-28　青杆

期 4 月下旬至 5 月上旬，果熟期 10 月。

【**生态习性**】生长缓慢，在适宜条件下生长树龄可达200年以上。幼树耐荫，渐喜光，喜气候冷凉、湿润、土层深厚及排水良好的微酸性、中性土壤。耐寒，尚耐瘠薄，忌高温干旱、水涝及盐碱土。根系浅，抗风性差，不宜修剪。其海拔范围为 1400 ~ 2300 米。常与白杆、黑桦、白桦及山杨等组成混交林。

【**分布及栽培范围**】陕西、湖北、四川、山西、甘肃、河北及内蒙古等省。

【**繁殖**】播种繁殖。

【**观赏**】树冠整齐，幼时从地面分枝呈阔圆锥形，在适当环境中可保持此形五十年，中年树下部叶干枯，显出挺拔主干，树冠渐变为不规则状。是优良的常绿园林观姿树种。

【**园林应用**】园景树 (图 8-29)。应用于各类型园林绿地。

【**其它**】木材淡黄白色，较轻软，纹理直。可供建筑、土木工程、家具等用材。

图 8-29　青杆在园林中的应用

（七）落叶松属 *Larix* mill.

落叶乔木。枝有长枝和短枝。叶在长枝上螺旋状散生，在短枝上呈簇生状，倒披针状窄条形，扁平，柔软，上面平或中脉隆起，下面中脉隆起，两侧各有数条气孔线，横切面有 2 个树脂道，常边生。球花单性，雌雄同株，雄球花和雌球花均单生于短枝顶端，春季与叶同时开放，基部具膜质苞片；雄球花具多数雄蕊，雄蕊螺旋状着生，花药 2。球果当年成熟，直立，具短梗；种鳞革质，宿存；种子上部有膜质长翅。

本属 18 种，我国 10 种 1 变种，引入栽培 2 种。分布于东北、河北、山西、陕西、甘肃、四川、云南、西藏及新疆等地。

1. 日本落叶松 *Larix kaempferi* (Lamb.) Carr.

【**形态特征**】落叶针叶乔木，高达 30 米，干皮暗褐色纵裂，鳞片状剥落。枝平展，有长枝、短枝之分，长枝上叶螺旋状散生，短枝上叶簇生。当年生长枝淡红褐色或紫褐色，被白粉和褐色柔毛，后转灰褐色，毛渐脱落，短枝环痕明显，叶扁平条形，长1.5 ~ 3.5厘米，背面中脉隆起，有明显的气孔线5 ~ 8条。雌雄同株异花。球花均单生于短枝顶端，球果小，卵圆形，种鳞薄革质，种鳞上部边缘明显向外反曲。种子倒卵圆形，具膜质种翅(图8-30)。花期4 ~ 5月，果熟秋季。

【生态习性】喜光，喜肥，喜水，喜温暖湿润的气候环境；抗风力差；不耐干旱也不耐积水。枝条萌芽力较强，耐寒性。

【分布及栽培范围】原产日本。在山东、河北、河南、湖南、江西以及北京、天津、西安等地均有栽培。

【繁殖】播种繁殖。

【观赏】树干端直，干皮暗褐色，树冠塔形，姿态优美，小枝淡红褐色或紫褐色，叶片扁平翠绿，是一个良好的园林绿化点缀树种。

图8-30 日本落叶松

【园林应用】园景树，风景林，树林，盆栽及盆景观赏等。适合公园、附属绿地中的机关、居住区等类型绿地。

（八）金钱松属 *Pseudolarix* Gord.

本属全世界仅一种，为中国所特产。

1. 金钱松 *Pseudolarix amabilis* (Nelson)Rehd

【别名】金松、水树、落叶松

【形态特征】落叶乔木，高可达40米，胸径达1.5米，树干通直，树冠宽塔形。树皮粗糙，深裂成不规则鳞状块片，大枝平展，一年生长枝淡红褐色或淡红黄色，无毛。有光泽，2 ~ 3年生长枝淡黄灰色或淡褐色。叶长2 ~ 5.5米，宽1.5 ~ 4毫米、上部稍宽，先端锐尖或尖。绿色，秋后呈鲜艳的金黄色，叶在长枝上螺旋状排列，散生，在短枝上簇生状，辐射平展半圆盘形、条形叶，柔软；雄球花簇生于短枝顶端，雌球花单生短枝顶。花期4 ~ 5月，球果当年10 ~ 11月成熟。种子卵圆形，下部有宽大的翅（图8-31）。

【生态习性】喜温凉湿润气，喜深厚肥沃、排水良好的酸性或中性土壤。能耐短时间的-18℃低温，但不耐干旱瘠薄，也不适应盐碱地和积水的低洼地。喜光。深根性，抗风性强。金钱松有较强的抗火性，在落叶期间如遇火灾，即使枝条烧枯，主干受伤，次年春天主干仍能萌发新梢，恢复生机。

图8-31 金钱松

【分布及栽培范围】产江苏南部，浙江、安徽南部及大别山区，福建北部、江西、湖南、湖北利川至四川万县交界地，垂直分布在海拔 1500 米以下山地，散生于针阔叶树混交林。

【繁殖】扦插或种子繁殖。

【观赏】金钱松是世界著名的五大公园树种之一，因叶在短枝上簇生成圆形如铜钱。又深秋叶色金黄，故名。树姿挺拔雄伟，叶色多变。树冠丰满，雅致悦目。与南洋杉、雪松、日本金松和巨杉合称为世界五大公园树种。

【园林应用】庭荫树、园景树、风景林、树林、盆栽及盆景观赏（图 8-32)。孤植、丛植或组成纯林式树丛均其得体。采用对称式配置，若与阔叶林搭配、其下衬以耐荫的常绿灌木、组成有层次的景观、效果尤佳。

【其它】木材黄褐色，结构粗略，但纹理通直，又耐潮湿，可供建筑、桥梁、船舶、家具等。根皮亦可药用，可治疗食积，抗菌消炎、止血，疥癣瘙痒、抗生育和抑制肝癌细胞活性等症用材。金钱松的种子可榨油。树根可作纸胶的原料。

图 8-32　金钱松在园林中的应用

（九）雪松属 *Cedrus* Trew.

常绿乔木；树皮裂成不规则的鳞状块片；枝平展或微斜展或下垂；树冠尖塔形；叶生于幼枝上的单生，互生，生于老枝或短枝上的丛生，针状，常为 8 棱形或 4 棱形；球花单性同株或异株；雄球花直立，圆柱形，长约 5 厘米，由多数螺旋状着生的雄蕊组成，每雄蕊有 2 花药，药隔鳞片状，花粉无气囊；雌球花卵圆形，淡紫色，长 1 ~ 1.3 厘米，由无数珠鳞与苞鳞组成，苞鳞小，二者基部合生，每珠鳞内有 2 胚珠；球果直立，卵圆形至卵状长椭圆形，成熟时珠鳞发育为种鳞，增大，木质，并从中轴脱落；种子有翅；子叶 6 ~ 10 枚。

1. 雪松 *Cedrus deodara* (Roxb) Loud.

【别名】香柏、宝塔松、番柏、喜马拉雅山雪松、喜马拉雅杉、喜马拉雅松

【形态特征】常绿乔木，高可达 50 米，树皮灰褐色、裂成鳞片，老时剥落。大枝一般平展、为不规则轮生，小枝略下垂。叶在长枝上为螺旋状散生，在短枝上簇生，叶针状、质硬，先端尖细，叶色淡绿至蓝绿，叶横切面呈三角形。雌雄异株，稀同株，花单生枝顶，10 ~ 11 月开花，雄球花比雌球花花期早 10 天左右。球果翌年 10 月成熟，椭圆至椭圆状卵形，成熟后种鳞与种子同时散落，种子具翅（图 8-33)。

【生态习性】阳性树种，喜温暖、湿润的环境，要求土壤肥沃、深厚，在强酸、强碱地生长不良，抗污染能力不强，对有害气体如二氰化硫、氯气及烟尘均不适应，忌低洼积水。浅根性树种，易遭风倒。

【分布及栽培范围】原产喜马拉雅山地区，广布于不丹、尼泊尔、印度及阿富汗等国家，垂直分布高度为海拔 1300 ～ 3300 米，我国于 1920 年引种栽培，现广泛栽培于南北各地园林中。

【繁殖】用播种、扦插、嫁接繁殖。

【观赏】雪松树体高大，树形优美，雪松长年不枯，能形成繁茂雄伟的树冠。冬季降雪时可形成银色金字塔，为世界著名的观赏树。印度民间视为圣树。

【园林应用】园景树 (图 8-34)。最宜孤植于草坪中央、建筑前庭中心、广场中心或主要大建筑物的两旁及园门的入口等处。列植于园路的两旁，形成通道，亦极壮观。

【文化】雪松是黎巴嫩的国树。Cedar 是闪族语，意指精神的力量，它还是闪族恒久信仰的象征。人类最早使用的芳香物质之一，常被用为寺庙中的焚香，因而使人对它存有神秘的印象。雪松也是我国南京市、青岛，三门峡，晋城，蚌埠，淮安等城市的市树。

【其它】雪松木材坚实，纹理致密，供建筑、桥梁、枕木、造船等用。雪松是“世界五大庭园树木”，《圣经》中称之为“植物之王”或神树。

名贵的药用树木。雪松精油有抗菌、收敛、利尿、柔软、化痰、杀霉菌、杀虫、镇静、补身等功能。

图 8-33 雪松

图 8-34 雪松在园林中的应用

(十) 松属 *Pinus* L.

常绿乔木，稀灌木。大枝轮生。叶有两种，一种为原生叶，呈褐色鳞片状，单生于长枝上，除在幼苗期外，退化成为苞片；另一种为次生叶，针状，2、3 或 5 针一束，每束基部为芽鳞的鞘所包围，叶鞘宿存在或早落。雌雄同株，花单性；雄球花腋生，簇生于幼枝的基部，多数成穗状花序状；雌球花侧生或近顶生，单生或成束，由无数螺旋排列的珠鳞和苞鳞所组成；球果的 2 年成熟，木质；种子有翅或无翅；子叶 3 ～ 18 枚。

共 80 余种，我国 22 种 10 变种，引入 16 种 2 变种。

分种检索表

1. 叶鞘早落，针叶基部鳞叶不下延，叶内有 1 条维管束，种子无翅或有翅

2. 针叶 5 针一束；种鳞的鳞脐顶生

3. 针叶 3 ~ 6 厘米，当年生枝有毛，冬芽黄褐色 ……………………1 日本五针松 *P. parviflora*

3. 针叶 3.5 ~ 7 厘米，当年生枝无毛，冬芽茶褐色 ………………2 华南五针松 *P. kwangtungensis*

2. 针叶 3 针一束；种鳞的鳞脐背生；树皮呈白色斑纹 ………………3 白皮松 *P. bungeana*

1. 叶鞘宿存，针叶基部的鳞叶下延，叶内具 2 条维管束，种子上部具长翅

4. 枝条每年生长 1 轮；一年生小球果生于近枝顶

5. 针叶 2 针一束，叶长 12 ~ 20 厘米，细长质软，叶内树脂道边生

6 针强细软而较短，长 5 ~ 12 厘米；球果成熟时栗褐色 ………4 马尾松 *P. massoniana*

6 针叶粗硬，长 10 ~ 15 厘米，球果成熟时淡黄或淡褐色………5 油松 *P. tabulaeformis*

5. 针叶 2 针一束，叶长 6 ~ 12 厘米，粗硬，叶内树脂道中生 …6 日本黑松 *P. thunbergii*

4. 枝条每年生长 2 至数轮，一年生小球果生于小枝侧面 …………7 湿地松 *P. elliottii*

1. 日本五针松 *Pinus parviflora* Sieb.et Zucc

【别名】日本五须松、五钗松

【形态特征】常绿乔木，自然生长在原产地时高可达 30 米，树冠圆锥形，老时广卵形。树皮幼时淡灰色而平滑。老时深灰色呈鳞状裂，枝条斜上展出，小枝绿褐色，有疏毛。针叶 5 针一束，长仅 5 厘米左右，在枝上着生 3 ~ 4 年后脱落。4 ~ 5 月开花，球果翌年成熟，卵形，长 4 ~ 7 厘米，种子有翅（图 8-35）。

【生态习性】温带阳性树种，但耐荫蔽。喜深厚、肥沃而湿润土壤，但要求排水良好、忌湿热、生长缓慢、嫁接后均为灌木状。

【分布及栽培范围】原产日本，我国青岛、长江流域许多城市园林中均有栽培和应用。

【繁殖】用播种、嫁接或扦插繁殖。但因种子不易采得，一般采用嫁接繁殖，砧木用 3 年生黑松实生苗。

【观赏】干苍枝劲、翠叶葱龙，秀枝疏展，偃盖如画，有松类树种之气、骨、色、神等优点。

【园林应用】园景树、水边绿化、绿雕和盆栽及盆景观赏（图 8-36）。最宜与奇山怪石配置成景，或以牡丹为伴，或与杜鹃为友，或伴梅花为侣，或配红枫点缀，皆给庭园风景增添古趣。可孤植为中心树或作为主景树列植园路两旁，也可作盆景点缀，是盆景制作材料中的佳品。

【生态功能】具有是保健功能，特别是分泌杀菌素。

图 8-35 日本五针松

图 8-36 日本五针松在园林中的应用

2. 华南五针松
Pinus kwangtungensis Chun ex Tsiang

【别名】日本五须松、五钗松

【形态特征】常绿乔木，自然生长在原产地时高可达30米，树冠圆锥形，老时广卵形。树皮幼时淡灰色而平滑。老时深灰色呈鳞状裂，枝条斜上展出，小枝绿褐色，有疏毛。针叶5针一束，长仅5厘米左右，在枝上着生3～4年后脱落。4～5月开花，球果翌年成熟，卵形，长4～7厘米，种子有翅(图8-37)。

【生态习性】喜生于气侯温湿、雨量多、土壤深厚、排水良好的酸性土及多岩石的山坡与山脊上，常与阔叶树及针叶树混生。

【分布及栽培范围】为我国特有树种，产于湖南南部(宁远、宜章、莽山)、贵州独山、广西(金秀、融水、龙胜)、广东北部(乐昌、乳源山区)及海南五指山海拔700-1600米地带。

【繁殖】用播种、嫁接或扦插繁殖。

【观赏】干苍枝劲、翠叶葱龙，秀枝疏展，偃盖如画，有松类树种之气、骨、色、神等优点。

【园林应用】园景树、水边绿化、绿雕和盆栽及盆景观赏(图8-36)。最宜与奇山怪石配置成景，或以牡丹为伴，或与杜鹃为友，或伴梅花为侣，或配红枫点缀，皆给庭园风景增添古趣。可孤植为中心。

图8-37 华南五针松的叶

3. 白皮松 *Pinus bungeana* Zucc.

【别名】白骨松、三针松、白果松、虎皮松、蟠龙松

图8-38 白皮松

图8-39 白皮松在园林中的应用

【形态特征】常绿乔木，高达30米，胸径1米余，树冠阔圆锥形，卵形或圆头形。树皮淡灰绿色或粉白色，呈不规则鳞片状剥落，一年生小枝灰绿色，光滑无毛。大枝自近地面处斜出，冬芽卵形赤褐色。针叶3针一束，长5～10厘米，边缘有细锯齿，基部叶鞘早落。树脂道边生。雄球花序长约10厘米，鲜黄色，球果圆锥状卵形，长5～7厘米，径约5厘米，成熟时淡黄褐色(图8-38)。花期4～5月，翌年9～11月球果成熟。

【生态习性】阳性树种。略耐半荫，能忍耐-30℃低温。喜生于排水良好而又适当湿润的土壤上。耐干旱。有一定抗二氧化硫及烟尘污染的能力。

【分布及栽培范围】山东、山西、河北、陕西、四川、湖北、甘肃等省，自然生长者以湖北及陕西山区为多。栽培分布于辽宁南部、北京、曲阜、庐山、南京、苏州、上海、杭州、武汉、衡阳、昆明、西安等地。

【繁殖】播种繁殖。

【观赏】树姿优美；树皮白色或褐白相间，白干碧叶，宛若银龙，极为美观；老时姿态愈加优美。

【园林应用】园路树、园景树、树林、水边绿化、盆栽及盆景观赏（图 8-39）。种植方式往往采用孤植、列植或三五株群植均具高度观赏价值。自古以来即配植于宫廷、寺院以及名园及墓地。北京园林中名贵的观赏树种。

【文化】张著写有《白松》一首，“叶坠银钗细，花飞香粉乾。寺门烟雨里，混作白龙干。”

【其它】可供房屋建筑、家具、文具等用材；种子可食。纹理直，轻软，加工后有光泽和花纹，供细木工用。

4. 黑松 *Pinus thunbergii* Parl.

【别名】日本黑松

【形态特征】常绿乔木，高可达 30 米，胸径可达 2 米。树皮黑灰色，呈不规则鳞片状剥落。小枝橙黄色，枝条横展，形成广圆锥形树冠。冬芽银白色。叶 2 针一束，叶色深绿，质坚硬，长 6 ~ 11 厘米，树脂道 6 ~ 11 个，中生。球果圆锥状卵形至卵圆形，有短梗。向下弯垂。栗褐色。鳞盾突起，鳞脐微凹，种子倒卵状椭圆形 (图 8-40)。花期 4 ~ 5 月，球果翌午 9 ~ 10 月成熟。

【生态习性】阳性树种，但幼苗期较有耐荫。喜温暖湿润的海洋气候，抗风抗海雾力强。耐干旱瘠薄，除重盐碱土及钙质土外、在海拔 600 米以下的荒山、荒地、河滩均能适应，根系发达，穿透力强，并有菌根共生。其侧根外伸可达树冠的 2 ~ 3 倍，幼苗阶段生长缓慢，后逐渐加快，25 年后趋向衰老，出现秃顶现象。

【分布及栽培范围】原产日本及朝鲜南部海岸地区。我国辽东半岛、山东、江苏、上海、杭州、武汉及台湾引种栽培后，现构成为野生状态，尤其在沿海地区。现各地园林均有栽培。

【繁殖】播种繁殖，也可扦插繁殖。

图 8-40　黑松

图 8-41 黑松在园林中的应用

【观赏】黑松为著名海岸湖滨绿化树种。其树姿优雅，叶色深绿，树冠葱郁，干枝苍劲。

【园林应用】园景树、树林、防护林 (图 8-41)。种植方式为孤植、丛植、群植、片植。可以大片山坡林地及路旁空地，作为背景树则浓荫蔽日，顿觉清新。亦可孤植或丛植于庭园、游园广场角落，点缀四景。若置于山岩隙地，则颇富山林之野趣，黑松还可十分相宜地与梅、兰、竹、菊及枫树搭配构成别致的风景小区，如松竹梅小景。在海滨地区，大片栽植成为风景林，可起到防风、防潮之功效，黑松是制作五针松盆景的理想嫁接砧木。

【其它】黑松木材有松脂，纹理直或斜，结构中至粗，材质较硬或较软，易施工。可供建筑、电杆、枕木、矿柱、桥梁、舟车、板料、农具、器具及家具等用，也可作木纤维工业原料。树木可用以采脂，树皮、针叶、树根等可综合利用，制成多种化工产品，种子可榨油。

5. 湿地松 *Pinus elliottii* Engelm.

【别名】爱氏松

【形态特征】常绿大乔木。原产地可高达 30 米，胸径 90 厘米。树皮灰褐色，纵裂成鳞状大片剥落。枝条每年生长 3 ~ 4 轮，小枝粗壮。冬芽红褐色，粗壮，圆柱状，光端渐窄。针叶 2 针一束与 3 针一束并存，长 18 ~ 30 厘米，粗硬，深绿色，腹背均有气孔线，边缘具细踞齿。球果常 2 ~ 4 枚聚生，圆锥形（图 8-42）。开花 3 月中旬，果熟翌年 9 月。

【生态习性】亚热带树种，适生于夏雨冬旱的亚热带气候地区，但对气温适应性较强。在低洼沼泽地边缘尤佳，故名湿地松。也较耐旱，在干旱贫瘠的低山丘陵地，能旺盛生长。抗风力强，在 12 级台风袭击下很少受害，其根系可耐海水灌溉。

【分布及栽培范围】原产美国南部暖带潮湿的 600 米以下低海拔地区。我国 20 世纪 40 年代引种栽培于北至山东平原，南迄海南岛，东起台湾省，西达成都的广大地区。

【繁殖】播种繁殖。

【观赏】湿地松树姿挺秀，叶翠荫浓，苍劲而速生，是营造风景林和水上保持林的优良树种。

【园林应用】园景树、树林、防护林。宜配植于山间坟地、溪地池畔，可成丛、成片栽植，也适宜于庭院、草地孤植、丛植作庇荫树或背景树，若与梅、竹于近水处配植，形成三友之景，倒映水中，景趣倍添。

【生态功能】可作风景林区荒山造林先锋树种。

图 8-42 湿地松

【其它】很好的经济树种，松脂和木材的收益率都很高，一般栽植后十年就可达到平均年收益每亩 2000 元左右的收益。

6. 马尾松 *Pinus massoniana* Lamb.

【别名】青松

【形态特征】树高可达 45 米，树冠壮年期呈狭圆锥形，老年期则开张如伞状；树皮红褐色。针叶 2 针 1 束，罕 3 针 1 束，质软，长 12 ~ 20 厘米（图 8-43）。

【生态习性】强阳性树；耐干旱瘠薄；为荒山荒地先锋树种，与栎属、枫香、黄檀、化香、木荷、杉木、毛竹等混植；挥发性物质杀菌能力强。

【分布及栽培范围】分布极广，北自河南及山东南部，南至两广、台湾，东自沿海。西至四川中部及贵州，遍布于华中华南各地。一般在长江下游海拔 600 ~ 700 米以下，中游约 1200m 以上，上游约 1500 米以下均有分布。

【繁殖】播种繁殖。

【观赏】树干端直，针叶深绿。

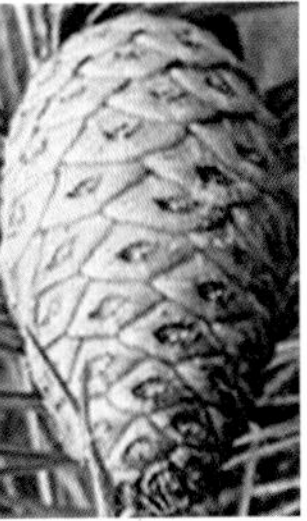

图 8-43 马尾松

图 8-44　马尾松林

【园林应用】风景林、防护林 (图 8-44)。

【生态功能】具有杀菌、涵养水源、水土保护功能。

【其它】可作药用价值，松油脂及松香、叶、根、茎节、嫩叶等入药。马尾松放入水中煮，饮用汤汁可清热解毒、美容养颜，对糖尿病也有特殊疗效。

具有较高的经济价值高。用途广，松木是工农业生产上的重要用材，主要供建筑、枕木、矿柱、制板、包装箱、火柴杆、胶合板等使用。木材极耐水湿，有"水中千年松"之说，特别适用于水下工程。马尾松也是我国主要产脂树种，松香是许多轻、重工业的重要原料。

7. 油松 *Pinus tabuliformis* Carrière

【别名】短叶马尾松、红皮松、东北黑松

【形态特征】常绿乔木，高达 30 米，胸径可达 1 米。树皮下部灰褐色，裂成不规则鳞块；大枝平展或斜向上，老树平顶；小枝粗壮。针叶 2 针一束，暗绿色，较粗硬，长 10 ~ 15(20) 厘米，径 1.3 ~ 1.5 毫米，边缘有细锯齿，两面均有气孔线，横切面半圆形，叶鞘初呈淡褐色，后为淡黑褐色。雄球花柱形，长 1.2 ~ 1.8 厘米，聚生于新枝下部呈穗状；当年生幼球果卵球形，黄褐色或黄绿色，直立。球果卵形或卵圆形，长 4 ~ 7 厘米，成熟后黄褐色，常宿存几年；鳞盾肥厚、有光泽。种子长 6 ~ 8 毫米 (图 8-45)。花期 5 月，球果第二年 10 月上、中旬成熟。

图 8-45　油松

图 8-46　油松在园林中的应用

【生态习性】适应性强，根系发达，有良好的保持水土和美化环境的功能。常与元宝枫、栎类、桦木、侧柏等伴生。

【分布及栽培范围】中国北方广大地区最主要的造林树种之一。

【繁殖】播种繁殖。

【观赏】树干挺拔苍劲，四季常春，不畏风雪严寒。独立的个体姿态非常优美，人们习惯把生长在岩石峭壁上的称'望人松'。

【园林应用】园景树、园路树和树林 (图 8-46)。适于庭院观赏，行道树和荒山造林。

【生态功能】有良好的保持水土功能。

【其它】具有药用价值，松节、针叶及花粉可入药。具有较高的经济价值，木材富含松脂，耐腐，适作建筑、家具、枕木、矿柱、电杆、人造纤维等用材。树干可割取松脂，提取松节油，树皮可提取栲胶。

六、杉科 Taxodiaceae

常绿或落叶乔木，极少为灌木。树干端直，树皮裂成长条片脱落，大枝轮生或近轮生；树冠尖塔形或圆锥形，叶鳞状，披针形、钻形或条形，多螺旋状互生，很少交叉对生。雌雄同株。雄球花单生、簇生或成圆锥花序状、雄蕊有花药 2 ~ 9；雌球花单生顶端，其球鳞与苞鳞结合着生或无苞鳞，每珠鳞有直立胚珠 2 ~ 9。球果当年成熟，每种鳞有种子 2 ~ 9；种子有窄翅。

本科共 10 属 16 种，分布于东亚、北美及大弹洲塔斯马尼亚岛。我国产 5 属 7 种，引入栽培 4 属 7 种。

科识别特征：乔木常有树脂生，皮富纤维长条脱。螺旋生叶似对生，雌雄同株花单性。雄花顶生或腋生，螺旋交叉花药多。雌花仅在枝顶长，苞鳞珠鳞紧密合。单年球果熟时裂，拥有孑遗好木材。

分属检索表

1 叶常绿性；无冬季脱落性小枝
  2 叶由 2 叶合生，两面中央有 1 纵槽，生于鳞状叶之腋部 ………………… 1 金松属 *Sciadopitys*
  2 叶单生，在枝上螺旋状散生，稀对生
    3 种鳞扁平、革质
      4 叶条状披针形，缘有锯齿 ………………… 2 杉木属 *Cunninghamia*
      4 叶鳞状钻形或钻形，全缘 ………………… 3 台湾杉属 *Cryptomeria*
    3 种鳞盾形，木质
      5 叶钻形，球果近无柄，直立 ………………… 4 柳杉属 *Cryptomeria*
      5 叶条形或鳞形；球果有柄，下垂 ………………… 5 北美红杉属 *Sequoia*
1 叶为落叶性；冬季有脱落性小枝
      6 叶和种鳞均为螺旋状着生 ………………… 6 落羽杉属 *Taxodium.*
      6 叶和种鳞无业对生；叶条形，排成二列 ………………… 7 水杉属 *Metasequoia*

（一）金松属 *Sciadopitys* Sieb. et Zucc.

属特征见种特征。产日本。我国引入栽培。

1. 金松 *Sciadopitys verticillata* (Thumb) Sieb.et Zucc.

【别名】日本金松

【形态特征】常绿乔木，在原产地高达 40 米，胸径 3 米；枝短、平展；枝近轮生，水平展开，树冠尖圆塔形。叶有二型：一种形小，膜质，散生于嫩枝上，呈鳞片状，称鳞状叶；另一种聚簇枝梢，呈轮生状，每轮 20 ~ 30，呈扁平条状，长 5 ~ 16 厘

图 8-47　金松

图 8-48　金松在园林中的应用

米，宽 2.5 ~ 3.0 毫米，上面亮绿色，下面有 2 条白色气孔线，上下两面均有沟槽，称完全叶，生于鳞叶腋部的退化短枝顶上，辐射开展，在枝端呈伞形。雌雄同株，雄球花约 30 个聚生枝端，呈圆锥花序，黄褐色；雌球花长椭圆形，单生枝顶。珠鳞内面有胚珠 5 ~ 9 枚，苞鳞半合生于珠鳞背面。球果卵状长圆形，长 6 ~ 10 厘米；球果有短梗，第二年成熟，珠鳞发育成种鳞，木质，种子扁，有狭翅（图 8-47）。

【生态习性】喜光，有一定的耐寒能力，在庐山、青岛及华北等地均可露地过冬，喜生于肥沃深厚壤土上，不适于过湿及石灰质土壤。

【分布及栽培范围】原产日本。中国青岛、庐山、南京、上海、杭州、武汉等地有栽培。

【繁殖】播种繁殖，但发芽率低；也可扦插或分株繁殖。移栽成活较易。

【观赏】为世界五大公园树之一，是名贵的观赏树种。

【园林应用】庭园树、园景树（图 8-48）。

【其它】著名的防火树，日本常于防火道旁列植为防火带。木材供建筑、桥桩、造船等用。

（二）杉木属 *Cunninghamia* R. Br.

常绿乔木；叶坚挺，螺旋排列，线形或线状披针形；球花单性同株，簇生于枝顶；雄球花圆柱状，由无数的雄蕊组成，每一雄蕊有 3 个倒垂、一室的花药生于鳞片状药隔的下面；雌球花球形，由螺旋状排列的珠鳞与苞鳞组成，二者中下部合生；珠鳞小，先端 3 裂，内面有胚珠 3 枚；苞鳞革质，扁平，宽卵形，或三角状卵形，结实时苞鳞增大，不脱落；种子有窄翅；子叶 2 枚。本属有 2 种及 2 栽培变种，产于我国秦岭以南、长江以南温暖地区及台湾山区。

1. 杉木 *Cunninghamia lanceolata* (Lomb.) Hook

【别名】刺杉、杉

【形态特征】常绿乔木，高达 30 米，胸径 2.5 ~ 3 米。大树为广圆锥形，树皮褐色。树皮裂成长条片状脱落；小枝对生或轮生，常成 2 列状。叶披针形或条状披针形，常略弯而呈镰状，硬革质，边缘有极细的齿。深绿而有光泽，长 2 ~ 6 厘米，宽 3 ~ 5 毫米，亦常有反卷状，枯叶宿存不落；球果卵圆形至圆球形，长 2.5 ~ 5 厘米，径 2 ~ 4 厘米，熟时苞鳞革质；种子长卵形或长圆形，扁平，长 6 ~ 8 毫米。暗褐色，两侧有狭翅（图 8-49）。花期在 4 月，球果 10 月下旬成熟。

【生态习性】阳性树，喜温暖湿润气候。不耐寒，绝对最低温度气候以不低于 -9℃为宜。最喜深厚、肥沃、排水良好的酸性土壤 (pH4.5 ~ 6.5)，但亦可在微碱性土壤中生长。

图 8-49 杉木

【分布及栽培范围】分布广，北自淮河以南，南至雷州半岛，东自江苏、浙江、福建沿海，西至青藏高原东南部河谷地区均有分市。

【繁殖】播种繁殖。

【观赏】主干端直。

【园林应用】园路树、树林。常以列植或以树林方式种植。

【其它】材质优良，轻软而耐腐，易加工，最宜供建筑、家具、造船用，为我因南方重要用材树种之一。

（三）台湾杉属 *Taiwania* Hayata

大枝平展，小枝细长，下垂；冬芽形小。叶二型，螺旋状排列，基部下延；老树之叶鳞状钻形，在小枝上密生，并向上斜弯，先端尖或钝，横切面三角形或四棱形，背腹面均有气孔线；幼树和萌芽枝的叶钻形，较大，微向上弯曲，镰状，两侧扁平，先端锐尖。雌雄同株；雄球花数个簇生于小枝顶端，雄蕊多数、螺旋状排列，花药 2 ~ 4，卵形，药室纵裂，药隔鳞片状；雌球花单生小枝顶端，直立，苞鳞退化，珠鳞多数、螺旋状排列，珠鳞的腹面基部有 2 枚胚珠。球果形小，种鳞革质，扁平，鳞背尖头的下方有明显或不明显的圆形腺点，露出部分有气孔线，边缘近全缘，微内弯，发育种鳞各有 2 粒种子；种子扁平，两侧有窄翅，上下两端有凹缺；子叶 2 枚。

本属有 2 种，分布于我国台湾、湖北、贵州、云南等省。

1. 台湾杉 *Taiwania cryptomerioides* Hayata

【别名】秃杉

【形态特征】常绿乔木，高约 40 米，胸径达 2 米，树皮淡灰褐色，裂成不规则长条形，树冠成锥形，大枝平展或下垂，小枝下垂。大树之叶棱状钻形，排列紧密，长 2 ~ 5 毫米，两侧宽 1 ~ 1.5 毫米，直或上端微弯，先端尖或钝，幼树及萌芽枝之叶钻形，两侧扁平，直伸或稍向内弯曲，先端锐尖。球花单性同株，雄球花 2 ~ 7 个簇生于小枝顶端，雌球花单生于枝顶，无苞鳞。球果圆柱形或长椭圆形，长 1.5 ~ 2.5 厘米，直径约 1 厘米，熟时褐色，种子长椭圆形或倒卵形，两侧边缘具翅 (图 8-50)。

图 8-50 台湾杉

【生态习性】幼树耐荫，大树喜光，在全光照条件下生长也比较迅速。寿命长，主干发达，浅根性。

【分布及栽培范围】云南、湖北、湖南、四川、贵州、台湾及缅甸北部局部地区。长江中下游地区有栽培。

【繁殖】播种繁殖。

【观赏】树形圆整高大，绿叶婆娑。

【园林应用】园景树、庭荫树、风景林、防护林(图8-51)。常以孤植、群植、树林的方式应用。

【其它】为我国台湾的主要用材树种之一，心材紫红褐色，边材深黄褐色带红，纹理直，结构细、均匀。可供建筑、桥梁、电杆、舟车、家具、板材及造纸原料等用材。也是台湾的主要造林树种。

图 8-51 台湾杉在园林中的应用

(四) 柳杉属 *Cryptomeria* D. Don

常绿乔木；叶锥尖，螺旋排列，基部下延至枝上球花单性同株；雄球花为顶生的短穗状花序状；雄蕊多数，螺旋状排列，每雄蕊有花药 3 ~ 5 个；雌球花单生或数个集生于小枝之侧，球状，由多数螺旋状排列的珠鳞组成，每一珠鳞内有胚珠 3 ~ 5 颗苞鳞与珠鳞合生；果球形，成熟时珠鳞发育为种鳞，增大，木质，盾状，近顶部有尖刺 3 ~ 7 枚；种子有狭翅；子叶 2 枚。

本属有 2 种，分别是柳杉和日本柳杉，分布于我国及日本。

1. 柳杉 *Cryptomeria fortunei* Hooibrenk ex Otto et Dietr.

【别名】长叶孔雀松

【形态特征】常绿乔木，高达 40 米。树冠塔圆锥形，树皮红棕色，裂成长条片。大枝斜展，小枝细长下垂。叶钻形，端略向内弯曲。球果近球形，深褐色，种鳞较少，20 枚左右，每种鳞有种子 2 粒(图8-52)。花期 4 月；果熟期 10 ~ 11 月。

图 8-52 柳杉

图 8-53 柳杉在园林中的应用(右侧)

【生态习性】喜光树种，略耐荫；有一定耐寒性，喜温暖湿润气候；喜深厚肥沃及排水良好的酸性土；畏炎热干旱，耐水性较差，积水时根易腐烂。根系较浅，抗风能力不强。

【分布及栽培范围】我国特有树种。产于长江以南地区。栽培应用较少，一些历史较长的工厂、学校内偶有栽种。

【繁殖】播种繁殖为主，也可扦插繁殖。

【观赏】树形圆整高大，绿叶婆娑。叶入冬转为红褐色，来春又转为绿色。

【园林应用】风景林、防护林、园路树、园景树及特殊环境绿化(图 8-53)。通常孤植、群植种植，也可大量种植用于卫生防护林，在江南多用作墓道树。

【生态功能】具有杀蚊的效果。因而柳杉林中很少蚊子。具抗污染性和杀菌能力。

【其它】植物柳杉的根皮或树皮药用，叶具有清热解毒的功能。材质轻软，纹理直，结构细，加工略差于杉木，可供建筑、桥梁、造船、造纸等用。

(五) 北美红杉属 *Sequoia* Endl.

仅 1 种北美红杉，属特征见种特征。

1. 北美红杉 *Sequoia sempervirens* (D. Don) Endl.

【别名】长叶世界爷、红杉

【形态特征】常绿针叶大乔木。树干挺直，树皮红褐色，纵裂，树冠圆锥形，大枝平展。树高 100 米，胸径 10 米，为世界第一大树，叶卵形，鳞状钻形螺旋状着生，下部贴生小枝，小叶背面有灰绿色气孔带 2 条。球花雌雄同株；雄球花单生枝顶或叶腋；雄蕊多数；雌球花单生枝顶，下有多数鳞状叶；珠鳞 15 ~ 20 枚；苞片与珠鳞合生；球果卵状长椭圆形(图 8-54)。

图 8-54　北美红杉

【生态习性】喜温暖湿润和阳光充足的环境，不耐寒，耐半阴，不耐干旱，耐水湿，短期可耐 -10℃低温，土壤以土层深厚、肥沃、排水良好的壤土为宜。

【分布及栽培范围】原产美国加利福尼亚州海岸，中国上海、南京、杭州有引种栽培。

【繁殖】播种和扦插繁殖。

【观赏】树姿雄伟，枝叶密生，生长迅速。

【园林应用】园路树、园景树、水边绿化(图 8-55)。适用于湖畔、水边、草坪中孤植或群植，景观秀丽，也可沿园路两边列植，气势非凡。

【其它】材质轻软，纹理直，结构细，可供建筑、桥梁、造船、造纸等用。

图 8-55　北美红杉在园林中的应用

（六）落羽杉属 *Taxodium* Rich.

落叶或半常绿乔木。小枝有两种：主枝宿存，侧生小枝冬季脱落。叶螺旋状排列，基部下延生长，二型：钻形叶在主枝上斜上伸展，或向上弯曲而靠近小枝，宿存；条形叶在侧生小枝上列成二列，冬季与枝一同脱落。雌雄同株；雄球花卵圆形，在球花枝上排成总状花序状或圆锥花序状，生于小枝顶端；雌球花单生于去年生小枝的顶端，由多数螺旋状排列的珠鳞所组成，每珠鳞的腹面基部有 2 胚珠，苞鳞与珠鳞几全部合生。球果球形或卵圆形；发育的种鳞各有 2 粒种子。

本属园林中常用的有落羽杉和池杉。

检索表

1 叶钻形，不成二列；大枝向上伸展……………………………………………1 池杉 *T. ascendens*

1 叶条形，扁平，排列成二列，呈羽状；大枝水平开展……………………2 落羽杉 *T. distichum*

1. 落羽杉 *Taxodium distichum* (Linn.) Rich.

图 8-56　落羽杉

【别名】落羽松

【形态特征】落叶大乔木，高达 50 米，树冠幼年呈圆锥形，老年则开展成伞形；树干尖削度大，基部通常膨大，具膝状呼吸根。树皮棕色，裂成长条片剥落。大枝近平展，一年生小枝褐色，侧生短枝二列。叶条形，长 1 ~ 1.5 cm，排成二列，羽状。球果圆球形或矩圆状球形，有短梗，向下斜垂，熟时褐黄色（图 8-56）。花期 3 ~ 4 月，球果 10 月成熟。呼吸根很明显。

【生态习性】强阳性树；极耐水湿，耐干旱。世界上独特的海岸、河岸沼泽地带的沼生乔木。

【分布及栽培范围】原产北美东南部，中国广州、杭州、上海、南京、武汉均引种栽培。

【繁殖】以播种为主，亦可扦插。

【观赏】树姿优美，叶又似羽毛状；入秋叶转为古铜色。

【园林应用】水边绿化、风景林、防护林（图 8-57）。应用于水滨沼泽、河流沿岸低湿地，常丛植、群植、林植。

图 8-57　落羽杉在园林中的应用

【生态功能】在我国大部分地区都可做工业用树林和生态保护林。其种子是鸟雀、松鼠等野生动物喜食的饲料，因此对加强森林公园、维护自然保护区生物链，水土保持，涵养水源等均起到很好的作用。

【其它】木材重，结构粗，纹理直，硬度适中，耐腐力强，可作建筑、家具等用材。在我国大部分地区都可做工业用树林和生态保护林。

2. 池杉 *Taxodium ascendens* Brongn.

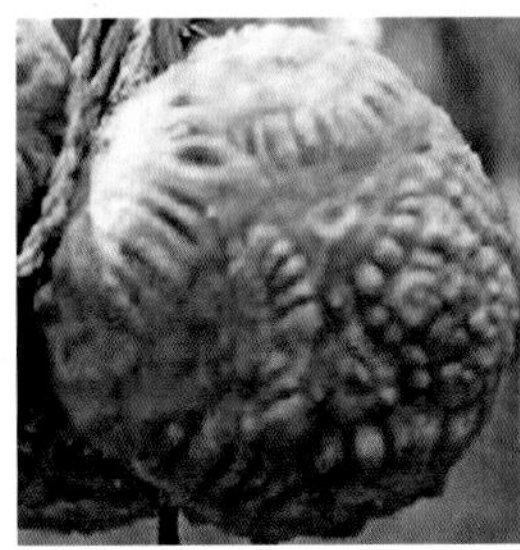

图 8-58　池杉

【形态特征】落叶乔木，在原产地高达 25 米。树干基部膨大，常有屈膝状的吐吸根，在低湿地生长者“膝根”尤为显着。树皮褐色，纵裂，成长条片脱落；枝向上展，树冠常较窄，呈尖塔形。当年生小枝绿色，细长，常略向下弯垂。叶多钻形，略内曲，常在枝上螺旋状伸展，下部多贴近小枝，基部下延。叶上面中脉略隆起，下面有棱脊，每边有气孔线 2 ~ 4。球果圆球形，有短梗，向下斜垂，熟时褐黄色。种子不规则三角形，略扁，红褐色 (图 8-58)。花期 3 ~ 4 月，球果 10 ~ 11 月成熟。

【生态习性】强阳性树种，不耐荫；喜温暖湿润气候，耐水湿，耐寒，也耐干旱，对耐盐碱土不适应。抗风力强。萌芽力强，生长速度快。

【分布及栽培范围】原产北美东南部沼泽地区，为古老的孑遗植物之一。我国 20 世纪初引种，长江南北水网地区广为栽培。

【繁殖】播种和扦插繁殖，播种繁殖为主。

【观赏】池杉树姿优美。

【园林应用】园路树、风景林、防护林 (图 8-59)。

图 8-59　池杉在园林中的应用

【生态功能】具有水土保持、涵养水源、抗风的作用。池杉树冠狭窄，极耐水湿，抗风力强，又是平原水网区防护林、防浪林的理想树种。

【其它】木材纹理通直，结构细致，具有丝绳光泽，不翘不裂，是造船、建筑、枕木、家具、车辆的良好用材；由于韧性强，耐冲击，故亦为制作弯曲木和运动器材的原料。

（七）水杉属 *Metasequoia* Miki ex Hu et Cheng

只有 1 种。属特征见种特征。

1. 水杉 *Metasequoia glyptostroboides* Hu et Cheng

【形态特征】落叶乔木。树高达 35 米，胸径 2.5 米；干基常膨大，幼树冠塔形，老树则为广圆头形。树皮灰褐色，大枝近轮生，小枝对生。叶交互对生，叶基扭转排列 2 列，呈羽状，条形，扁平，长 0.8 ~ 3.5 厘米，冬季与无芽小枝一同脱落，雌雄同株，单性；

雄球花单生于枝顶和侧方，排列成总状或圆锥花序状，雌球花单生于上年生枝顶或近枝顶，交叉对生，每珠鳞有 5 ~ 9 胚珠。球果近球形，长 1.8 ~ 2.5 厘米，熟时深褐色，下垂 (图 8-60)。花期在 2 月，球果当年 11 月成熟。

【生态习性】喜光，喜温暖湿润气候。有一定的抗寒性。喜深厚、肥沃的酸性土，不耐涝。

【分布及栽培范围】产于四川东部、湖北西部。国内、国外多有栽培。

【繁殖】播种和扦插繁殖。

【观赏】树冠呈圆锥形，姿态优美，叶形秀美，秋叶由嫩绿转棕褐色。

【园林应用】园路树、庭荫树、园景树、风景林、水边绿化 (图 8-61)。在园林中常丛植、列植或孤植，也可片植，是城郊及风景区绿化的重要树种。

【生态功能】水杉对二氧化硫有一定的抵抗能力，是工矿区绿化的优良树种。

【其它】水杉素有"活化石"之称。它对于古植物、古气候、古地理和地质学，以及裸子植物系统发育的研究均有重要的意义。为武汉市的市树。

图 8-60　水杉

图 8-61　水杉在园林中的应用

水杉的经济价值很高，材质淡红褐色，心材紫红，轻软，美观，但不耐水湿，可供建筑、板料、造纸、制器具、造模型及室内装饰，是造船、建筑、桥梁、农具和家具的良材。

七、柏科 Cupressaceae

常绿乔木或灌木。叶鳞形或刺形，鳞形叶交互对生，刺形叶 3 叶轮生。球花单性，雌雄同株或异株；雄蕊和珠鳞交互对生或 3 枚轮生，雌球花具珠鳞 3 ~ 18，珠鳞各具 1 至数个直生胚珠，苞鳞与珠鳞合生，仅尖头分离。球果熟时开裂或肉质结合而生。种子具窄翅或无翅。

共 22 属约 150 种；我国 8 属 30 种，6 变种；另引栽 1 属 15 种。本科的植物大部分都具有杀菌的功能。

科识别特征：乔木灌木叶常绿，鳞片针刺叶两型。雄球花小雄蕊多，苞鳞珠鳞有结合。球果种子数不定，子叶 2 枚或更多。常伴清香易成活，木材枝叶用处多。

分属检索表

1 球果的种鳞木质或近革质，熟时张开，种子通常有翅，稀无翅

　2 种鳞扁平或鳞背隆起，薄或较厚，但不为盾形；球果当年成熟

　　3 鳞叶长 4 ~ 7 毫米，下面有宽白粉带；种鳞有 3 ~ 5 枚有翅种子……1 罗汉柏属 *Thujopsis*

　　3 鳞叶长 4 毫米以内，下面无明显的白粉带；每种鳞各具 2 枚种子

　　　4 鳞叶小枝平展或近平展；种子有窄翅……………………………2 崖柏属 *Thuja*

4. 鳞叶小枝直展或斜展；种子无翅 ……………………………………………… 3 侧柏属 *Platycladus*

2 种鳞盾形，球果翌年或当年成熟

5 鳞叶长 2 毫米以内；球果具 4 ~ 8 对种鳞；种子两侧具窄翅

6 生鳞叶的小枝不排成平面，每种鳞各有 5 至多枚种子 ………………… 4 柏木属 *Cupressus*

6 生鳞叶小枝排列成平面；每种鳞具 2 ~ 5(通常 3）枚种子………… 5 扁柏属 *Chamaecyparis*

5 鳞叶长 3 ~ 6 毫米；球果具 6 ~ 8 对种鳞；种子上部具两个等的翅 … 6 福建柏属 *Fokienia*

1 球果肉质，熟时不张开，或仅顶部微张开，种子无翅

7 叶全为刺叶或鳞叶，或同一株上两者兼有，刺叶基部无关节…… 7 圆柏属 *Sabina*

7 叶全为刺叶，基部有关节，不下延生长 ……………………………… 8 刺柏属 *Juniperus*

（一）罗汉柏属 *Thujopsis* Sieb. et Zucc.

仅 1 种，属特征见种特征。

1. 罗汉柏 *Thujopsis dolabrata* Sieb. et Zucc.

【别名】蜈蚣柏

【形态特征】常绿乔木，高达 15 米。生鳞叶的小枝平展。鳞叶质地较厚，叶鳞片状，对生，在侧方的叶略开展，卵状披针形，略弯曲，叶端尖；在中央的叶卵状长圆形，叶端钝；叶表绿色，叶背有较宽而明显的粉白色气孔带，叶长 4 ~ 7 毫米，宽 1.5 ~ 2.2 毫米。球果近圆形，径 1.2 ~ 1.5 厘米，种鳞 6 ~ 8，木质，扁平，每种鳞有种子 3 ~ 5 粒；种子椭圆形，灰黄色，两边有翅（图 8-62）。

有金叶 'Aurea'(新枝叶黄色)、斑叶 'Variegata' (叶黄白色斑，灌木状) 等栽培变种。

图 8-62 罗汉柏

图 8-63 罗汉柏在园林中的应用

【生态习性】喜光树，喜生长于冷凉湿润土地。幼苗生长极慢，10 年生实生苗高仅 60 厘米左右，此后逐渐加速，而 20 年左右植株生长最快，至老年期则又缓慢。在适宜环境下，大树下部的枝条与地面接触部分能发出新根，可与母株分离成新植株。

【分布及栽培范围】原产日本的本州岛及九州岛。我国青岛、庐山、井冈山、南京、上海、杭州、福州、武汉、南岳等地均有引种。

【繁殖】可用播种、扦插或嫁接法。

【观赏】树姿美丽，鳞叶绿白相映。

【园林应用】盆栽及盆景观赏，园景树；幼苗期可以用作地被、绿篱（图 8-63）。

（二）崖柏属 *Thuja* L.

常绿乔木，有树脂；小枝扁平；叶鳞片状，幼叶针状，球花小，单生于枝顶；雄球花黄色，有 6 ~ 12 个交互对生的雄蕊，每雄蕊 4 个花药；雌球花有珠鳞 8 ~ 12，珠鳞成对对生，仅下面 2 ~ 3 对的珠鳞内面有胚珠 2 颗；球果卵状长椭圆形，直立；珠鳞发育为种鳞，薄革质，扁平；背面有厚脊或顶端有脐凸；种子薄而有翅或厚而无翅。

本属 6 种，我国产 2 种，引入栽培 3 种。

1. 北美香柏 *Thuja occidentalis* L.

【别名】美国侧柏、香柏

【形态特征】乔木，高 20 米，胸径 2 米。枝开展，树冠圆锥形。鳞叶先端突尖，表面暗绿色，背面黄绿色，有透明的圆形腺点，鳞叶揉碎有浓烈的苹果芳香。球果长椭圆形 (图 8-64)。

品种很多。有金叶 'Aurea'、金斑 'Aurea-variegata'、银斑 'Columbia'、球形 'Globosa'、金球 'Golden Globe'、塔形 'Pyramidalis'、伞形 'Umbraculifera'、垂枝 'Pendula'、垂线 'Filiformis'、矮生 'Pumila' 等栽培变种。

【生态习性】阳性，有一定耐荫力，耐寒，喜湿润气候。

【分布及栽培范围】原产北美。我国青岛、庐山、南京、上海、浙江南部、杭州、武汉、长沙等地引种栽培，生长良好或较慢。

【繁殖】采用播种或扦插繁殖。苗木移栽带土球，成活容易。

图 8-64　北美香柏

图 8-65　香柏在园林中的应用

【观赏】树形优美，具有特殊的香气。

【园林应用】园景树、盆栽、盆景观赏、特殊环境绿化，多用于整形式园林中 (图 8-65)。

【生态功能】在日常生活可代樟脑丸，置于衣橱驱虫。

【其它】材质坚韧，结构细致，有香气，耐腐蚀性强。可供器具、家具等用材。

（三）侧柏属 *Platycladus* Spach

本属仅一种，属特征见种特征。

1. 侧柏 *Platycladus orientalis* (L.)Franco

【别名】扁柏、扁松、香树

【形态特征】常绿乔木，树高达20米。树皮淡褐色；细条状纵裂，叶、枝扁平，排成一平面，两面同型，枝条向上伸展或斜展。鳞叶小，鳞叶长1 ~ 3毫米，先端微钝，背面有腺点。雌雄同株，球花单生枝顶。球果当年成熟，开裂，种鳞木质，厚，背部顶端下方有一反曲的钩状尖头，最下部一对种鳞很小，不发育，中部2对种鳞各具种子1 ~ 2；种子长卵圆形无翅(图8-66)。花期3 ~ 4月，种熟期9 ~ 10月。常见的栽培变种有：千头柏等。

【生态习性】喜光，能适应干冷及暖湿气候，喜深厚、肥沃、湿润、排水良好的钙质土壤，但在酸性、中性或微盐碱性土上均能生长，在含盐量2%土壤上亦能适应。不耐积水，在排水不良的低洼地易烂根而死、浅根性，侧根发达，萌芽性强，耐修剪。寿命长，抗烟尘。抗二氧化硫、氯化氢等有害气体。

【分布及栽培范围】中国特产。除青海、新疆外，全国均有分布。人工栽培遍及全国。

【繁殖】播种繁殖。

【观赏】幼树树冠尖塔形，老树广圆锥形，枝条斜展，排成若干平面。

【园林应用】特殊环境绿化、园路树、园景树（图8-67）。自古以来多栽于庭园、寺庙、墓地等处。北京中山公园就有辽代古柏；在山东泰山岱庙的汉柏，相传为汉武帝所植。在园林中须成片种植的。从生长的角度而言，以与圆柏、油松、黄栌、臭椿等混交为佳。在风景区和园林绿化中要求艺术效果较高时，可与圆柏混交，能形成较统一而有如纯林又优于纯林的效果，且有防止病虫蔓延之效。侧柏还可用于道路庇荫或作绿篱，植于观风景区之道旁，加以整形，颇为美观。也可用于工厂和“四旁”绿化。也可在花坛中心栽植，装饰建筑、雕塑、假山石及对植入口两侧均较合适。

图8-66 侧柏

图8-67 侧柏在园林中的应用

【生态功能】具有较强的杀菌功能，抗烟尘，抗二氧化硫、氯化氢等有害气体。

【文化】北京市的市树。

【其它】叶和枝入药，可收敛止血、利尿健胃、解毒散瘀；种子有安神、滋补强壮之效。

木材可供建筑和家具等用材。

2. 千头柏 *Platycladus orientalis* cv. *Sieboldii*

【别名】凤尾柏、扫帚柏、子孙柏

【形态特征】无主干，树冠紧密，近球形；小枝片明显直立排列。叶鳞片状，先端微钝，对生(图8-68)。

【生态习性】喜光，稍耐荫；较耐干旱瘠薄；耐修剪。

【分布及栽培范围】华北、西北至华南。

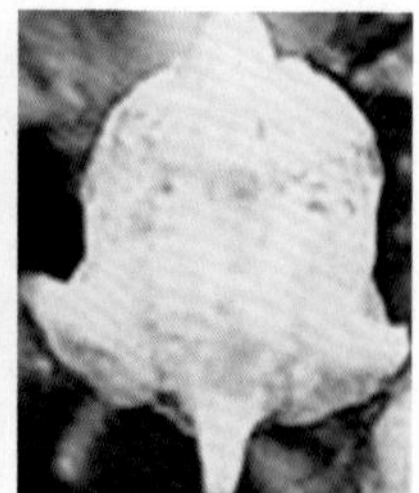

图 8-68　千头柏

图 8-69　千头柏在园林中的应用

【繁殖】播种法繁殖。

【观赏】叶黄绿色，小枝片状直立。

【园林应用】绿篱、模纹花坛，与其它树群植（图 8-69）。

（四）柏木属 *Cupressus* L.

常绿乔木；小枝上着生鳞叶而成四棱形或圆柱形，稀扁平，叶鳞形，交互对生，或生于幼苗上或老树壮枝上的叶刺形；球花雌雄同株，单生枝顶，雄球花长椭圆形，黄色，有雄蕊 6 ~ 12，每雄蕊有花药 2 ~ 6 枚，药隔显着，鳞片状；球果球形，第 2 年成熟，熟时种鳞木质，开裂；种子有翅；子叶 2 ~ 5 枚。

本属 20 种以上，我国有 5 种，产秦岭以南及长江流域以南各省。

1. 柏木 *Cupressus funebris* Endl.

【别名】柏树、垂丝柏、扫帚柏、柏香树、柏、柏木树

【形态特征】高达 30 米，胸径 2 米；树皮淡灰褐色。生鳞叶小枝扁平。排成一平面，细长下垂。鳞叶长 1 ~ 2 毫米，两面同型，先端锐尖。球果近球形，径 0.8 ~ 1.2 毫米；种鳞 4 对，顶部为不规划的五角形或近方形，发育种鳞具 5 ~ 6 种子。种子近圆形，长约 2.5 毫米，淡褐色（图 8-70)。花期 3 ~ 5 月，球果翌年 5 ~ 6 月成熟。

图 8-70　柏木

【生态习性】喜光，喜温暖湿润的气候条件。对土壤要求不严，抗含盐量 0.2% 的土壤。耐高温、浅根性，萌芽性强。为中亚热带石灰钙质土的指示植物。浅根性，但侧根发达，萌芽性强、耐修剪、寿命长，抗烟尘，抗二氧化硫、氯化氢等有害气体。天然更新能力强。垂直分布海拔长江流域 1000 米以

下，西南 2000 米以下。

【分布及栽培范围】产于秦岭北坡以南，向南至广东、广西北部，西至四川、贵州、云南，以四川、贵州、湖南、湖北为中心产区。各地普遍栽培。

【繁殖】播种繁殖。

【观赏】树冠浓密，枝叶下垂，树姿优美。

【园林应用】园景树、防护林、特殊条件下绿化(石灰岩山地绿化)(图 8-71)。常栽于庭园、陵园、风景区。

【其它】球果、根、枝叶入药，主治发热烦躁、小儿高烧、吐血。木材淡黄褐色，细致，有芳香，供建筑、造船、车厢、家具等用。

图 8-71　柏木在园林中的应用

(五) 扁柏属 *Chamaecyparis* Spach

常绿乔木；树皮鳞片状或有纵槽；小枝扁平；叶鳞片状，交互对生，密覆小枝，侧边鳞叶对折，幼苗上的交互针状；球花小，雌雄同珠，单生枝顶；雄球花长椭圆形，有 3 ~ 4 对交互对生的雄蕊，每雄蕊有 3 ~ 5 花药；雌球花球形，珠鳞 3 ~ 6 对，交互对生，每珠鳞内有直立的胚珠 2 颗，稀 5 颗；球果直立，当年成熟，有盾状的种鳞 3 ~ 6 对，木质；种子有翅。本属和 *Cupressus* 属很相近，惟小枝扁平，果于当年成熟，且每一种鳞内有种子 1 ~ 5(通常 3) 粒。

本属 6 种，我国有 1 种及 1 变种，另引入栽培 4 种。

分种检索表

1 叶背气孔线白色，呈 Y 形 ……………………………………………1 日本扁柏 *C. obtusa*

1 叶背气孔线白色，呈蝴蝶形 …………………………………………2 日本花柏 *C. pisifera*

1. 日本扁柏 *Chamaecyparis obtusa* (Sieb et Zucc.)Endl.

【别名】钝叶扁柏、扁柏、白柏

【形态特征】常绿乔木，在原产地树高达 40 米，树皮鳞片状或有纵槽。树冠尖塔形。鳞叶较厚，先端钝，两侧之叶对生成 Y 形，且较中间之叶大。生鳞叶小枝背面微有白粉，背面的白色气孔线呈“Y”字形；鳞叶紧贴小枝排成一平面，稀刺形。雌雄同抹，球花单生枝顶；雄球花长椭圆形；雌球花球形，具 3 ~ 6 对珠鳞。球果径 8 ~ 10 毫米，开裂(图 8-72)。花期 4 月，种熟期 10 ~ 11 月。

【生态习性】较耐荫，喜温暖湿润的气候，能耐 -20℃低温，喜肥沃、排水良好的土壤。

【分布及栽培范围】我国青岛、南京、上海、庐山、河南鸡公山、杭州、广州及台湾等地引种栽培。

【繁殖】扦插，播种繁殖。

【观赏】树姿优美。

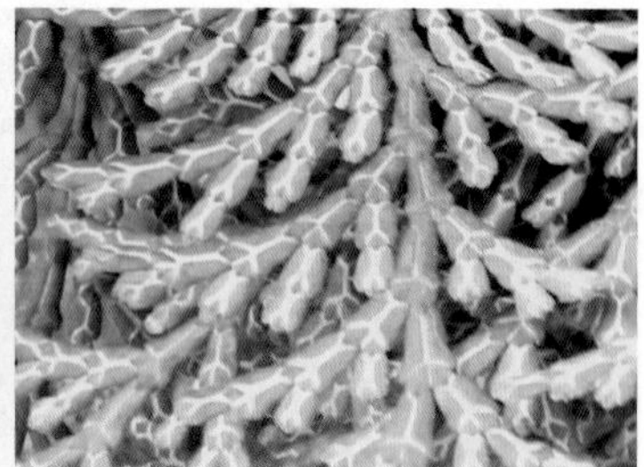

图 8-72　日本扁柏

图 8-73　日本扁柏在园林中的应用

【园林应用】园景树、园路树、树林、绿篱、基础种植材料及风景林 (图 8-73)。

【其它】木材坚韧耐腐芳香，供建筑、造纸等用。

2. 日本花柏 *Chamaecyparis pisifera* (Sieb et Zucc.)Endl.

【别名】花柏、五彩松

【形态特征】树冠尖塔形。生鳞叶小枝下面白粉显着，鳞叶先端锐尖，略开展，两侧叶较中间叶稍长，鳞叶背面气孔线呈"蝴蝶形"。球果径约 6 毫米，种鳞 5 ~ 6 对；种子三角状卵形。两侧有宽翅 (图 8-74)。花期 3 月，种熟期 11 月。

变种、栽培变种有：(1) 线柏 'filifera'　灌木或小乔木，树冠球形，小枝细长下垂，鳞叶形小，端

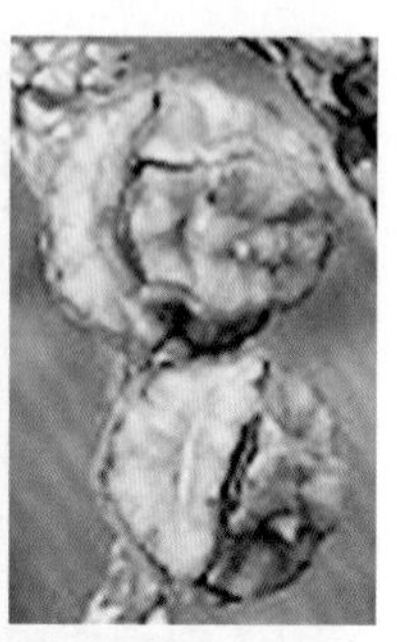

图 8-74　日本花柏

图 8-75　日本花柏的变种线柏 (上) 和绒柏 (下)

锐尖 (图 8-75 上图)。(2) 绒柏 'Squarrosa'　灌木或小乔木，树冠塔形，小枝不规则着生，枝叶浓密，叶全为柔软的线形刺叶，背面有 2 条白色气孔带 (图 8-75 下图)。(3) 羽叶花伯 'Plumosa'　灌木或小乔木。树冠圆锥形；枝叶紧密。小枝羽状，鳞叶刺状，柔软开展，长 34 毫米，表面绿色，背面粉白色。

【生态习性】中性而略耐荫，喜温暖湿润气候，喜湿润土壤，适应平原环境能力较强，较耐寒、耐修剪。

【分布及栽培范围】原产日本；我国华东、湖南、北京等地园林中有栽培。

【繁殖】播种、扦插繁殖。

【观赏】枝叶细柔，姿态婆娑，栽培变种姿态

奇特。

【园林应用】园景树、风景林、树林、特殊环境绿化(图8-75右图)。可于公园、庭园、机关、学校中孤植、丛植、群植于假山石畔、花坛或花境处，都可取得良好观赏效果。植于通道、纪念性建筑物周围亦颇雄伟壮观。

【其它】种子可榨取脂肪油；木材坚硬致密，耐腐力强，可供建筑、工艺品、室内安装等用。

(六) 福建柏属 *Fokienia* Henry et Thomas

仅一种，属特征见种特征。

1. 福建柏 *Fokienia hodginsii* Herry et Thomas

【别名】建柏、滇柏、滇福建柏

【形态特征】乔木，高达20米，树皮紫褐色，浅纵裂。三出羽状分枝。叶、枝扁平，排成一平面。鳞叶2型，中央的叶较小，两侧的叶较长，明显成节。雌雄同株，球花单生枝顶，雌球花具6～8对珠鳞，各具2个胚珠。球果翌年成熟，球果径2～2.5厘米，熟时褐色。种鳞6～8对，熟时开裂；发育的种鳞各具2粒种子(图8-76)。花期3～4月，果熟期10～11月。

【生态习性】喜光，浅根性的阳性树种，主根不明显，侧根发达；稍耐荫；喜温暖多雨气候及酸性土壤。能耐一定的干旱。散生于针阔混交林中。伴生树种在低海拔处主要有马尾松、杉木、栲、木荷等；在高海拔处有长苞铁杉、金毛柯、甜槠、银木荷等。

【分布及栽培范围】亚热带至南亚热带，局部产区可伸入北热带，要求极端低气温高于-12℃，年降水量1200毫米以上。我国二级保护树种。

图8-76 福建柏

【繁殖】播种繁殖。

【观赏】树形优美。

【园林应用】园景树、风景林、防护林。通常孤植、片植、列植或树林方式种植。

【其它】心材药用，主治脘腹疼痛；噎膈；反胃；呃逆；恶心呕吐。木材心材深褐色，纹理细致，坚实耐用，是建筑、家具、细木工和雕刻的良好用材。

(七) 圆柏属 *Sabina* mill.

常绿乔木或灌木；幼树之叶全为刺形，老树之叶刺形或鳞形或二者兼有；刺形叶常3枚轮生，稀交互对生，基部下延，无关节，上面凹下，有气孔带；鳞叶交互对生，稀三叶轮生，菱形；球花雌雄异株或同株，单生短枝顶；雄球花长圆形或卵圆形；雌球花有4～8对交互对生的珠鳞，或3枚轮生的珠鳞；球果当年、翌年或三年成熟 。

本属50种，我国15种，引入栽培2种。

分种检索表

1 叶二型，有鳞叶和刺叶 ………………………………………………………… 1 桧柏 *S. chinensis*

1 叶只有一种类型

  2 叶全为刺叶 ……………………………………………………………… 2 铺地柏 *S. procumbens*

  2 叶全为鳞叶 ……………………………………………………………… 3 沙地柏 *S. vulgalis*

1. 桧柏 *Sabina chinensis* (L.) Ant.

【别名】圆柏、刺柏

【形态特征】乔木。高达20米，胸径达3.5米；树冠尖塔形或圆锥形，老树则成广卵形、球形或钟形。树皮灰褐色，呈浅纵条剥离，有时呈扭转状。老枝常扭曲状，小枝直立或斜生，亦有略下垂者。叶有两种，鳞叶交互对生，多见于老树或老枝上，刺叶常3枚轮生，叶上面微凹，有2条白色气孔带。雌雄异株；雄球花黄色，对生，雌球花有珠鳞6～8，对生或轮生。球果球形，径6～8毫米，熟时暗褐色，被白粉，球果有1～4种子(图8-77)。花期4月下旬；球果次年10月～11月成熟。

图8-77　桧柏

变种和品种　圆柏栽培历史悠久，有变种、变型和丰富多彩的品种，已记载的圆柏品种约100个，我国已知的栽培、记载的品种50余个(图8-78)。主要有：

偃柏('sargentii')　常绿匍匐灌木，大枝匍地生，小枝上升成密丛状，幼树叶多为刺形，常交互对生，鲜绿或蓝绿色，老叶多为鳞叶，蓝绿色，球果蓝色，被白粉。

垂枝圆柏('pendula') 别名垂条桧。乔木，小枝细长，下垂，叶具刺叶、鳞叶两种；产陕西、甘肃南部，北京、 大连、沈阳等地有栽培。

龙柏('Kaizuca') 叶全为鳞叶，枝干扭曲

金叶桧('Aurea') 常绿灌木，树冠阔圆锥形，高3～5米，有刺叶和鳞叶，鳞叶初为金黄色，后渐变为绿色。

鹿角桧('Pfitezeriana')　常绿丛生灌木，主干不发达，大枝自地面向上斜展，叶通常全为鳞形，灰绿色。

匍地龙柏('Kaizuce Procumbens')　匍匐灌木，由龙柏侧枝扦插培育之品种。

图8-78 桧柏在园林中的应用

万峰桧('Wanfengkuai')　常绿直立灌木，树冠球形或卵圆形，枝密生，叶刺形。

塔柏('Pyramidalis')　乔木，树冠圆柱形状塔形，枝向上直展，密生；叶几全为刺形，华北及长江流域栽培。

丹东桧('Dandongkuai') 树冠圆柱尖塔形，圆锥形，侧枝生长势强，冬季叶色深绿。树皮灰褐色，呈

浅纵条剥离。主枝生长弱势，侧枝生长势强。

【生态习性】喜光、耐荫耐寒耐热，生长于酸性、中性、石灰质土壤上，石灰岩山地常见树种。

【分布及栽培范围】分布甚广，北自内蒙古、辽宁，南至两广北部，西到四川、西藏，东达华东，均有栽培。

【繁殖】种子繁殖。

【观赏】树形优美。

【园林应用】园景树、盆栽及盆景观赏、树林、防护林、绿雕（图 8-78）。桧柏的变种繁多，如龙柏等，均宜制作盆景。桧柏盆景，树干扭曲，势若游龙，枝叶成簇，叶如翠盖，气势雄奇，姿态古雅如画，最耐观赏。桧柏老桩景，寿命可达数百年，虬干曲枝，古朴浑厚，四季耸翠，终年皆宜欣赏。

【其它】材质致密，坚硬，桃红色，美观而有芳香，极耐久，故宜供作图板、棺木、铅笔、家具或建筑材料。种子可榨油，或入药。

2. 铺地柏 *Sabina procumbens* (Endl.) Iwata et Kusaka

【别名】矮桧、匍地柏、偃柏

【形态特征】常绿匍匐灌木。枝干贴近地面伸展，小枝密生。叶均为刺形叶，先端尖锐，3 叶交互轮生，表面有 2 条白粉带，气孔带常在上部汇合，绿色中脉仅上部明显，不达叶之先端。匍匐枝悬垂倒挂，古雅别致，是制作悬崖式盆景的良好材料。

【生态习性】喜光，稍耐荫，适生于滨海湿润气候，耐瘠薄，对土质要求不严，在砂地及石灰质壤土上生长良好，耐寒力、萌生力均较强。

【分布及栽培范围】原产日本。我国黄河流域至长江流域广泛栽培。

【繁殖】扦插繁殖。

【观赏】枝叶翠绿，婉蜒匍匐，颇为美观。在春季抽生新傲枝叶时，观赏效果最佳。

【园林应用】地被、特殊环境绿化、基础种植、盆栽及盆景观赏等 (图 8-79)。铺地柏盆景可对称地陈放

图 8-79　铺地柏在园林中的应用

在厅室几座上，也可放在庭院台阶上或门廊两侧，生长季节不宜长时间放在室内，可移放在阳台或庭院中。

3. 砂地柏 *Sabina vulgaris* Ant.

【别名】叉子圆柏、新疆圆柏

【形态特征】匍匐状灌木，高不及 1 米。幼树常为刺叶，交叉对生；壮龄树几乎全为鳞叶；叶揉碎后有不愉快的香味，3 枚轮生，灰绿色，顶端有角质锐尖头，背面沿中脉有纵槽。球果倒三角形或叉状球形。花期 4 ~ 5，果期 9 ~ 10 月。

【生态习性】喜光，耐干旱。适应性强，常生于多石山坡及沙丘地；宜护坡固沙，作水土保持及固沙造林用树种，是华北、西北地区良好的水土保持及固沙造林绿化树种。

【分布及栽培范围】内蒙古、陕西、新疆、宁夏、甘

图 8-80　砂地柏在园林中的应用

肃、青海等地。

【繁殖】播种、扦插繁殖，亦可压条繁殖。

【观赏】植株低矮匍匐有姿，叶色深绿。

【园林应用】地被植物、特殊环境绿化(岩石园)、基础种植(图8-80)。常植于坡地观赏及护坡，或作为常绿地被和基础种植，增加层次。

【生态功能】具有防止水土流失、净化空气的作用，是良好的环保树种。

【其它】果入药。功效：祛风清热；利小便。主治：头痛；眼目迎风流泪；视物不清；小便不利。

(八)刺柏属 *Juniperus* L.

常绿乔木或灌木；小枝圆柱形或四棱形；叶刺形，3枚轮生，基部有关节，不下延生长，上面平或凹下，有1～2条气孔带，背面有纵脊；球花雌雄同株或异株，单生叶腋；雄球花黄色，长椭圆形，雄蕊5对，交互对生；雌球花卵状，淡绿色，小，由3枚轮生的珠鳞组成；全部或一部的珠鳞有直立的胚珠1～3颗；果为一浆果状的球果，2～3年成熟，成熟时珠鳞发育为种鳞，肉质，种子通常3粒，无翅。

约10余种，我国产3种，引入栽培1种，分布极广。

1. 刺柏 *Juniperus formosana* Hayata

【别名】台湾柏、璎珞柏、山刺柏

【形态特征】常绿乔木。树皮褐色，纵裂成长条薄片脱落。大枝斜展或直伸，小枝下垂，三棱形。3叶轮生，全为披针形，长12～20毫米，宽1.2～2毫米，先端尖锐，基部不下延。表面平凹，中脉绿色而隆起，两侧各有1条白色孔带，较绿色的边带宽(图8-81)。

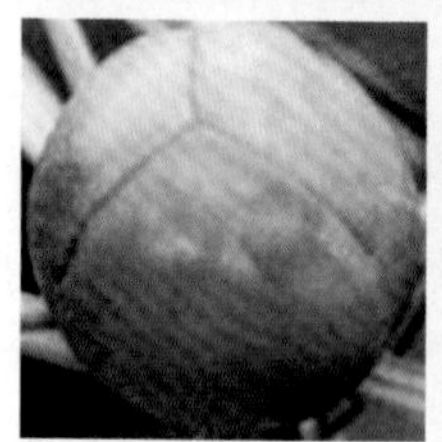

图8-81　刺柏

【生态习性】喜光，耐寒，耐旱，主侧根均发达，在干旱沙地、向阳山坡以及岩石缝隙处均可生长。在自然界常散见于海拔1300～3400米地区，但不成片。

【分布及栽培范围】产于台湾中央山脉、江苏南部、安徽南部、浙江、福建西部、江西、湖北西部、湖南南部、陕西南部、甘肃东部、青海东北部、西藏南部、四川、贵州、云南中部、北部及西北部。

【繁殖】播种繁殖。

【观赏】树形美丽，叶片苍翠，冬夏常青，果红褐或蓝黑色，极具观赏价值。

【园林应用】园景树、风景林、盆栽及盆景观赏等。可孤植、列植形成特殊景观。在北方园林中可搭配应用。是良好的海岸庭园树种之一。是制作盆景的好素材。树姿优美，小枝细弱下垂；树干苍劲，针叶细密油绿；红棕色或橙褐色的球果经久不落。

【其它】材质致密而有芳香，耐水湿，心材红褐色，纹理直，结构细，可作船底、铅笔、家具、桥柱以及工艺品等用材。刺柏根、树皮、果实可药用，具有清热、解毒、杀虫的效果，用于低热不退，皮肤癣症。

八、罗汉松科（竹柏科）Podocarpaceae

常绿乔木或灌木。叶鳞状，针叶条形、披针形或卵圆形。常 雌雄异株，稀同株。雄球花顶生或腋生、单生、簇生或穗状分枝，雄蕊多数，螺旋状互生。雌球花腋生或顶生，具数珠鳞，顶端或部分珠鳞具 1 倒生胚珠。种子球形或卵形，外皮多为肉质，基部多由不孕性珠鳞和种柄顶端结合发育而成肉质的种托。

共含 8 属，约 130 种以上。分布于热带、亚热带及南温带地区。中国产 2 属 14 种 3 变种。

科识别特征：常绿高大为木本，叶形多变常互生。雄花穗状生腋顶，雌花具苞独自生。胚珠倒生 12 枚，种子包于套被中。肉质种托有无柄，子叶 2 枚胚乳丰。成熟种子挂枝头，恰似念经罗汉僧。

（一）罗汉松属 *Podocarpus* L' H' er ex Pers.

常绿乔木或灌木。叶线形、披针形、椭圆形或鳞形，螺旋状排列，近对生或对生，有时基部扭转排成两列。雌雄异株，雄球花穗状或分枝，单生或簇生叶腋，雌球花通常单生叶腋或苞腋；苞片发育成肥厚或稍肥厚的肉质种托。种子核果状，全部为肉质假种皮所包，生于肉质种托上或梗端。

罗汉松属约约 100 种，我国有 13 种 3 变种。

分种检索表

1 叶有明显的中脉，叶条形或狭披针形 ·· 1 罗汉松 *P. macrophyllus*

1 叶无明显中脉，有多数平等脉

  2 叶较短，约 3 ~ 9 厘米，宽 1.5 ~ 2.5 厘米 ································ 2 竹柏 *P. nagi*

  2 叶较长，约 8 ~ 18 厘米，宽 2.2 ~ 4.2 厘米 ······························ 3 长叶竹柏 *P. fleuryi*

1. 罗汉松
Podocarpus macrophyllus (Thunb.)D.Don

【别名】罗汉杉、长青罗汉杉、土杉

【形态特征】乔木，高达 20 米。树冠广卵形；树皮灰褐色，薄片状脱落。 叶条状披针形，螺旋状着生，长 7 ~ 12 厘米，先端尖，两面中脉明显。雄球花 3 ~ 5 族生叶腋，雌球花单生叶腋。种子卵圆形，熟时假种皮紫黑色，被白粉，着生在红色肉质圆柱形的种托上，梗长 1 ~ 1.5 厘米 (图 8-82)。花期 4 ~ 5 月，种熟期 8 ~ 9 月。

主要变种有：狭叶罗汉松 (var. *angustitolius* Bl.)，叶条状而细长，通常长 5 ~ 9 厘米，宽 3 ~ 6 毫米，先端渐窄成长尖头，基部楔形。产川、黔、赣。短叶罗汉松 (var. *maki* Siev. & Zucc.)，别名小罗汉松、土杉，常呈灌木状，叶呈螺旋状簇生排列，单叶为短条带状披针形，先端钝尖，基部浑圆或楔形，叶革质，浓绿色，中脉明显，叶柄极短。江、浙有栽培。

相似或相近的种有：

小叶罗汉松 (*P.brevifolius* Foxw.)，又称雀舌罗汉松、雀舌松、短叶土杉，呈灌木状，叶短而密生，多着生于小枝顶端，背面有白粉。

图 8-82 罗汉松

图 8-83　罗汉松在园林中的应用

大理罗汉松(*Podocarpus forrestii* Craib et W.W.)，灌木状，叶较大。产云南大理苍山，可作盆景。

海南罗汉松(*Podocarpus annamiensis* N.E.Gray)，叶螺旋状排列，辐射状散生，长 4 ~ 10.5 厘米，宽 5 ~ 10 毫米，先端圆或钝尖。种子近球形或卵圆形，两侧对称，种托柱状椭圆形长于种子或与种子等长。零星分布于海南南部。

兰屿罗汉松 (*Podocarpus costalis* Presl.) 叶生枝端，披针形，先端圆钝，硬革质，浓绿有光泽。原产台湾兰屿，兰屿罗汉松叶簇生，四季常青，风姿朴雅，可盆栽，亦可加以整形成高级盆景。

【生态习性】喜光，耐半荫，喜温暖湿润气候，耐寒性差，喜肥沃、湿润、排水良好的沙壤土。萌芽力强，耐修剪，抗病虫害及多种有害气体，寿命长。

【分布及栽培范围】江苏、浙江、福建、安徽、江西、湖南、四川、云南、贵州、广西、广东等省区。

【繁殖】播种或扦插繁殖。

【观赏】树姿秀丽葱郁，绿色种子之下有比它大 1 倍的红色种托，好似许多披着红色架族正在打坐的罗汉，惹人喜爱。

【园林应用】园路树、庭荫树、园景树、树林、绿篱及绿雕、盆栽及盆景观赏 (图 8-83)。适于孤植在院落角隅作庭荫树，对植、列植于建筑物的厅前或门庭入口处及路边，亦可丛植、群植草坪边缘及山石岩坡的树丛林缘作下木。用于假山、石肌之中为常绿背景树。耐修剪，可作绿篱。亦可作树桩盆景材料。适于工厂及海岸绿化。经常用于造型。

【其它】材质细致均匀，易加工。可作家具、器具、文具及文具等用。

2. 竹柏 *Podocarpus nagi* (Thunb)O.Kuntge

【别名】罗汉柴、大果竹柏

【形态特征】树高达 20 米。树冠广圆锥形。叶对生或近对生，卵形至椭圆状披针形，厚革质，长 3.5 ~ 9 厘米，无中脉，具多数平行细脉。雄球花穗状圆柱形，单生叶腋，常呈分枝状；雌球花单生叶腋。种子球形，熟时假种皮暗紫色，被白粉，种托干瘦，木质 (图 8-84)。花期 3 ~ 4 月，种熟期 9 ~ 10 月。

【生态习性】喜温暖湿润气候，适生于深厚肥沃疏松的沙质壤土，在贫瘠干旱的土壤生长极差，不耐修剪。耐荫树种。在阳光强烈的阳坡根颈常发生日灼枯死现象。

【分布及栽培范围】产浙江、福建、江西、湖南、

图 8-84　竹柏

图 8-85　竹柏在园林中的应用

广东、广西、四川等地，长江流域有栽培。

【繁殖】播种或扦插繁殖。

【观赏】叶形如竹，挺秀美观。

【园林应用】园路树、园景树、风景林、水边绿化(图 8-85)。适合于建筑物南侧、门庭入口、园路两边配植。在公园绿地中，可丛植于树丛、林边、池畔及疏林草地之中。亦可与其它针叶、阔叶树种混交、或于山崖石旁孤植。

【其它】叶、树皮药用，止血；接骨。主治外伤出血；骨折。著名木本油料树钟。

3. 长叶竹柏 *Podocarpus fleuryi* Hick.

【别名】桐叶树

【形态特征】常绿乔木，高 20 ~ 30 米。树干通直，树皮薄片状脱落。叶交叉对生，质地厚，革质，宽披针形或椭圆状披针形，无中脉，有多数并列细脉，长 8 ~ 18 厘米，宽 2.2 ~ 5 厘米，先端渐尖，基部窄成扁平短柄，上面深绿色，有光泽，下面有多条气孔线。雌雄异株，雄球花状，常 3 ~ 6 穗簇生叶腋，有数枚苞片，上部苞腋着生 1 或 2 ~ 3 个胚株，仅一枚发育成种子，苞片不变成肉质种托。种子核果状，圆球形，为肉质假种皮所包，径 1.5 ~ 1.8 厘米；梗长 2.3 ~ 2.8 厘米(图 8-86)。3 ~ 4 月开花，10 ~ 11

图 8-86　长叶竹柏

图 8-87　长叶竹柏在园林中的应用

月种子成熟。

【生态习性】中性偏阴树种，散生于山地雨林常绿阔叶林中，喜深厚、疏松、湿润、多腐殖质的砂壤土或轻粘土。常具根瘤。生于海拔 800 ~ 900 米的山地林中。

【分布及栽培范围】分布于广东高要、龙门、增城，海南踩罗山、坝王岭、尖峰岭、黎母岭，广西合浦，云南蒙自、屏边等地。

【繁殖】播种、扦插或压条繁殖。

【观赏】叶形如竹，挺秀美观。

【园林应用】园路树、园景树、风景林、水边绿化（图 8-87）。

【其它】木材纹理直，结构细而均匀，材质较软轻，不开裂、不变形。为高级建筑、上等家具、乐器、器具、雕刻等用材；种子含油量 30%。

九、三尖杉科 Cephalotaxaceae

叶线形或线状披针形，交互对生，在侧枝上扭转成 2 列。孢子叶球单性异株，稀同株；小孢子叶球 6 ~ 11 聚生成头状，每个小孢子叶有 2 ~ 4 花粉囊；大孢子叶变态为囊状珠托，生于小枝基部腋内，成对组成大孢子叶球。种子第二年成熟，核果状，全部包于珠托发育而来的肉质假种皮中，外种皮质硬，内种皮薄膜质。

本科仅 1 属 9 种，我国产 7 种 3 变种，引入 1 栽培变种。

科识别特征：乔木灌木叶常绿，芽鳞宿存枝基部。叶片螺旋披针形，中脉隆起 2 孔带。单性花多异株生，雄花叶腋花序成。雌花长梗多基生，双胚直立苞片中。肉质珠被将种包，子叶出土有两枚。

（一）三尖杉属 *Cephalotaqxus* Sieb. Et Zucc

属特征同科特征。

分种检索表

1 叶长 4 ~ 13 厘米，先端渐尖成长尖头 ……………………………………………1 三尖杉 *C. fortune*

1 叶较短，长 1.5 ~ 5 厘米，先端微急尖、急尖或渐尖 …………………………2 粗榧 *C. sinensis*

1. 三尖杉 *Cephalotaxus fortune* Hook.f.

【别名】三尖松、山榧树、头形杉、桃松

【形态特征】常绿乔木，树皮红褐色或褐色，片状开裂。叶螺旋状着生，基部扭转排成二列状，近水平展开，披针状条形，常略弯曲，长约 5 ~ 8 厘米，宽 3 ~ 4 毫米，约由中部向上渐狭，先端有渐尖的长尖头，基部楔形，上面亮绿色，中脉隆起，下面有白色气孔带，中脉明显。雄球花 8 ~ 10 枚聚生成头状，花梗长 4 ~ 7 毫米，雌球花生于小枝基部，总梗长 1 ~ 2 厘米。种子椭圆状卵形，长 2 ~ 3 厘米，未熟时绿色，外被白粉，熟后变成紫色或紫红色（图 8-88）。

图 8-88　三尖杉

【生态习性】适应亚热带湿润季风气候，半湿润的高原气候。喜偏酸性的山地黄壤、黄棕壤、黄红壤。不耐寒。能适应林下光照强度较差的环境条件。其伴生树种有钩栲、丝栗栲、青榨槭、大果蜡瓣花，水青冈、多花泡花树等。海拔范围 800 ~ 2000 米。

【分布及栽培范围】贵州、甘肃、陕西、四川、云南、河南、湖北、湖南、广西、广东、安徽、江西、浙江、福建等省区也有分布。

【繁殖】种子或扦插繁殖。

【观赏】叶长色绿，树形优美，果实成熟后红色，极具观赏价值。

图 8-89 三尖杉在园林中的应用

【园林应用】园景树 (图 8-89)。

【其它】由于其叶、枝，种子及根等可提取多种植物碱，可治疗癌症。木材黄褐色，纹理细致，材质坚实，韧性强，有弹性，可供建筑、桥梁、舟车、家具、农具等用材。种仁可榨油，供工业用。

2. 粗榧 *Cephalotaxus sinensis* (Rehd.et Wils.)Li.

【别名】中国粗精榧、粗榧杉、鄂西粗榧

图 8-90 粗榧

【形态特征】灌木或小乔木，高达 12 米；树皮灰色或灰褐色，呈薄片状脱落，叶片条状披针形，枝叶繁密耐修剪。表面深绿色有光泽，背面有两条气孔带。叶条形，通常直，很少微弯，端渐尖，长 2 ~ 5 厘米，宽约 3 毫米，先端有微急尖或渐尖的短尖头，基部近圆或广契形，几无柄，上面绿色，下面气孔带白色，较绿色边带约宽 3 ~ 4 倍。4 月开花；种子次年 10 月成熟，2 ~ 5 个着生于总梗上部，卵圆、近圆或椭圆状卵形 (图 8-90)。

【生态习性】阳性树，喜温暖，耐荫，较耐寒。喜生于富含有机质之壤土内，抗虫害能力很强。生长缓慢，萌芽力较强，耐修剪，但不耐移植。有一定耐寒力，近年在北京引种栽培成功。在海南常与红花天料木、鸡毛松、八角枫、长叶竹柏和桄榔等混生。自然散生于海拔 700 ~ 1200 米山地雨林或季雨林区的沟谷、溪涧旁或山坡。

【分布及栽培范围】我国特有树种。产于江苏南部、浙江、安徽南部、福建、江西、河南、湖南、湖北、陕西南部、甘肃南部、四川、云南东南部、贵州东北部、广西、广东西南部。

【繁殖】播种繁殖。

【观赏】叶色浓厚，果具有较强的观赏价值。

【园林应用】园景树。通常多宜与他树配植，作基础种植用，或在草坪边缘，植于大乔木之下。其园艺品种又宜供作切花装饰材料。

【其它】其叶、枝、种子及根可提取多种植物碱，对治疗白血病等有一定疗效。种子可榨油，供外科治疮疾，也可用于制皂、润滑油。

十、红豆杉科 Taxaceae

常绿乔木或灌木。叶条形，少数为条状披针形。雌雄异株，罕同株；雄球花单生或成短穗状花序，生于枝顶，雄蕊多数，每雄蕊有花药 3 ~ 9，雌球花单生叶腋，顶部的苞片着生 1 个直立胚珠。种子于当年或次年成熟，全包或部分包被于杯状或瓶状的肉质假种皮中，6 胚乳，子叶 2。

共 5 属 23 种，有 4 属分布于北半球，1 属分布于南半球。我国有 4 属 12 种 1 变种及 1 栽培种。

分属检索表

1 叶上面有明显中脉；种子生于杯状或囊状假种皮中，上部或顶端尖头露出

  2 小枝不规则互生 …………………………………………………… 1 红豆杉属 *Taxus*

  2 小枝近对生或近轮生 ………………………………………………… 2 白豆杉属 *Pseudotaxus*

1 叶上面中脉多不明显；种子全部包于肉质假种皮中 ……………………… 3 榧树属 *Torreya*

（一）红豆杉属（紫杉属）*Taxus*. L.

常绿乔木或灌木；小枝不规则互生，基部有多数或少数宿存的芽鳞，稀全部脱落。叶条形，螺旋状着生，基部扭转排成二列，直或镰状，下延生长，上面中脉隆起，下面有两条淡灰色、灰绿色或淡黄色的气孔带，叶内无树脂道。雌雄异株，球花单生叶腋；雌球花几无梗，基部有多数覆瓦状排列的苞片，上端 2 ~ 3 对苞片交叉对生，胚珠直立，单生于总花轴上部侧生短轴之顶端的苞腋，基部托以圆盘状的珠托，受精后珠托发育成肉质、杯状、红色的假种皮。种子坚果状，当年成熟，生于杯状肉质的假种皮中，种脐明显，成熟时肉质假种皮红色，有短梗或几无梗；子叶 2 枚，发芽时出土。

约 11 种，我国 4 种 1 变种。

1. 红豆杉 *Taxus chinensis* Rehd

【别名】红豆树、观音杉

【形态特征】乔木，高达 20 米。树皮有浅列纹，树冠阔卵形成倒卵形，叶长 1.5 ~ 3.2 厘米，通带微弯，排成 2 列，中脉带上密生微小圆形角质乳头状突起。种子卵圆形，上部具 2 钝脊，种脐近圆形或椭则形。上面绿色，有光泽，下面有 2 条淡黄绿色气孔带，中脉带上无角质的乳头状突起。种子卵圆形，紫红色，有光泽，上部常具 3 ~ 4 钝脊，种脐三角形或四方形。假种皮杯状，红色。花期 5 ~ 6 月，种熟悉期 9 ~ 10 月。为特有的第三纪孑遗植物。

其变种南方红豆杉 var. *mairei* 在南方广泛应用。其主要特征为叶常较宽，多呈弯镰状，通常长 2 ~ 3.5 厘米，宽 3 ~ 4 毫米 (图 8-91)。

【生态习性】极耐荫，喜生于肥沃、湿润、疏松、排水良好的棕色森林土上，在积水地、沼泽地、岩石裸露地生长不良。浅极性，寿命长。常生于海拔 1000 ~ 1200 米以下山林中，星散分布。

【分布及栽培范围】产安徽、湖南、湖北、广西、

图 8-91 南方红豆杉

四川、贵州、云南、陕西、甘肃、山西等地。

【繁殖】播种或扦插繁殖。

【观赏】枝叶茂密，浓绿如盖；树形优美。假种皮红色，十分漂亮。

【园林应用】树林、园景树、盆栽及盆景观赏。应用于庭园、公园、草地上，孤植、群植、列植作隐蔽、背景之用。其枝叶茂而不易枯疏，可修剪成各种绿篱。

【其它】国家Ⅰ级重点保护野生植物。从红豆杉树皮和枝叶中提取的紫杉醇是世界上公认的抗癌药。紫杉醇用于治疗晚期乳腺癌、肺癌、卵巢癌及头颈部癌、软组织癌和消化道癌。红豆杉枝叶用于治疗白血病、肾炎、糖尿病以及多囊性肾病。种子含油量较高，是驱蛔、消积食的珍稀药材。

材质坚硬，刀斧难入，有"千枞万杉，当不得红榧一枝桠"的俗话。边材黄白色，心材赤红，质坚硬，纹理致密，形象美观，不翘不裂，耐腐力强。可供建筑、高级家具、室内装修、车辆、铅笔杆等用。

图 8-92 东北红豆杉

2. 东北红豆杉 *Taxus cuspidata* Sieb. et Zucc

【别名】紫杉

【形态特征】乔木，高达20米。树皮红褐色，有浅裂纹。枝条平展或斜上直立，密生。一年生枝绿色，秋后呈淡红褐色，二、三年生枝呈红褐色或黄褐色。叶排成不规则的二列，斜上伸展，约成45度角，条形，通常直，稀微弯，长1～2.5厘米，宽2.5～3毫米，稀长达4厘米，基部窄，有短柄，先端通常凸尖，上面深绿色，有光泽，下面有两条灰绿色气孔带，气孔带较绿色边带宽二倍，干后呈淡黄褐色，中脉带上无角质乳头状突起点。雄球花有雄蕊9～14枚，各具5～8个花药。种子紫红色，有光泽，卵圆形，长约6毫米，上部具3～4钝脊，顶端有小钝尖头，种脐通常三角形或四方形，稀矩圆形。花期5～6月，种子9～10月成熟。

其品种较多，如矮紫杉（枷罗木）var. umbraculifera(图 8-92)、'微型'紫杉 'minima' 等。

【生态习性】荫性树，生长迟缓，浅根性，侧根发达，喜生于富含有机质之潮润土壤中，性耐寒冷，在空气湿度较高处生长良好。

【分布及栽培范围】产于吉林老爷岭、张广才岭及长白山区海拔500～1000米，气候冷湿，酸性土地带，常散生于林中。山东、江苏、江西等省有栽培。日本、朝鲜、苏联也有分布。

【繁殖】播种或扦插繁殖。

【观赏】假种皮红色、树形端正，极具观赏价值。

【园林应用】绿篱、园景树、盆栽及盆景观赏。

【其它】其茎、枝、叶、根可入药，主要成分含紫杉醇、紫杉碱、双萜类化合物，有抗癌功能，并有抑制糖尿病及治疗心脏病的效用。种子可榨油等。

（二）白豆杉属 *Pseudotaxus* Cheng

本属仅有白豆杉 1 种，为我国特产。

1. 白豆杉 *Pseudotaxus chienii* (Cheng) Cheng

【别名】短水松

【形态特征】常绿灌木；枝条通常轮生；小枝近对生或近轮生，基部有宿存的芽鳞。叶条形，螺旋状着生，基部扭转排成两列，直或微弯，先端凸尖，基部近圆形，下延生长，两面中脉隆起，下面有两条白色气孔带，有短柄，叶内无树脂道。雌雄异株，球花单生叶腋，无梗；雄球花圆球形；雌球花基部有 7 对交叉对生的苞片，排列成 4 列，每列 3 ~ 4 枚，花轴顶端的苞腋有 1 直立胚珠着生于圆盘状珠托上。种子坚果状，当年成熟，生于杯状肉质假种皮中，卵圆形，微扁，上部露出，顶端具突起的小尖头，成熟时假种皮白色，有短梗或几无梗 (图 8-93)。花期 3 ~ 5 月，种子当年 10 月成熟。

图 8-93 白豆杉

【生态习性】喜荫。生于亚热带林下，气候温凉湿润，云雾重，光照弱。土壤为强酸性，pH 值 4.2 ~ 4.5，有机质含量 5.4 ~ 18.4%。群落外貌多为常绿 - 落叶阔叶混交林。

【分布及栽培范围】产浙江南部龙泉昂山及凤凰山、江西井冈山同、湖南莽山及西北部到江垭、广东北部乳源、广西临桂四明山、七分山及上林县大明山等高山上部。

【繁殖】播种或扦插繁殖。

【观赏】树形优美，假种皮白色，别致可观。

【园林应用】绿篱、树林、园景树、盆栽及盆景观赏。

【其它】木材纹理均匀，结构细致。可作雕刻及器具等用材。

（三）榧树属 *Torreya* Arn.

常绿乔木，枝轮生；小枝近对生或近轮生，基部无宿存芽鳞。叶交叉对生或近对生，基部扭转排列成两列，条形或条状披针形，坚硬，先端有刺状尖头，基部下延生长，上面微拱凸，中脉不明显或微明显，下面有两条较窄的气孔带，横切面维管束之下方有 1 个树脂道。雌雄异株，稀同株；雄球花单生叶腋，椭圆形或短圆柱形，有短梗；雌球花无梗，两个成对生于叶腋，胚珠 1 个，直立，生于漏斗状珠托上，通常仅一个雌球花发育，受精后珠托增大发育成肉质假种皮。种子第二年秋季成熟，核果状，全部包于肉质假种皮中，基部有宿存的苞片，胚乳略内皱或周围向内深皱，或胚乳具两条纵槽而周围向内深皱。发芽时子叶不出土。

本属 7 种，我国产 4 种，另引入栽培 1 种。

1. 榧树 *Torreya grandis* Fort.

【别名】榧、野杉、凹叶榧、大圆榧、米榧、王榧

【形态特征】树高达 25 米。树皮淡灰黄色，纵裂，树冠广卵形。叶条形，直伸，长 1.1 ~ 2.5 厘米，上面亮绿色，下面淡绿色。种子熟时假种皮淡紫褐色，外被白粉。花期 4 月，种子翌年 10 月成熟 (图 8-94)。

栽培变种较多，果形和大小不一，有榧、芝麻榧、米榧、栾泡榧、圆榧、大圆榧、细圆榧等，以香榧最佳 (图 8-95)。

【生态习性】喜光，耐荫；喜温暖湿润多雾气候；耐寒，喜酸性土。肉质根怕湿、怕积水。不耐旱和瘠薄。浅根性树种，侧根、须根很发达。寿命长。耐修剪，生长慢。对病虫害、煤烟抗性皆较强。

【分布及栽培范围】江苏南部、浙江、福建北部、安徽南部以及湖南新宁等地，而以浙江为分布中心。

【繁殖】播种繁殖和嫁接繁殖。

【观赏】榧树树冠整齐，枝叶浓郁蔚然成荫。

【园林应用】园景树、庭荫树、园路树、风景林。常孤植或列植。大树宜孤植作庭荫树或与石榴、海棠等花灌木配置作背景树，色彩优美。可在草坪边缘丛植，大门入口对植或丛植于建筑周围，是优良的工厂区绿化树种。

图 8-94　榧树

【其它】木材结构紧密，纹理细致，坚实耐用，耐水湿，抗腐性强。可作土木建筑及家具等用材；榧树的种子“香榧”为著名的干果，亦可榨油供食用。

第九章

被子植物门

第一节　双子叶植物纲 Dicotyledoneae

I 木兰亚纲 Magnoliidae

十一、木兰科 Magnoliaceae

木本；叶互生、簇生或近轮生，单叶不分裂，罕分裂。花顶生、腋生、罕2~3朵的聚伞花序。花被片通常花瓣状；雄蕊多数，子房上位，心皮多数，离生，罕合生，虫媒传粉，胚珠着生于腹缝线，胚小。

18属，约335种，主要分布于亚洲东南部、南部；北美东南部、中美、南美北部及中部较少。我国有14属，约165种，主要分布于我国东南部至西南部。

科识别特征：木本植物叶互生，枝上托叶留环痕。花被一般不分化，柱状花托雌雄多。花被分离3基数，螺旋排列原始性，子房上位心皮离，果实常为聚合果。

分属检索表

1 花两性

2 叶全缘，聚合蓇葖果

3 花顶生、雌蕊群无柄

4 每心皮具2胚珠……………………………………1 木兰属 *Magnolia*

4 每心皮具4以上胚珠……………………………………2 木莲属 *Manglietia*

3 花腋生，雌蕊群显具柄

5 蓇葖果离生，部分心皮不发育……………………………………3 含笑属 *Michelia*

5 蓇葖果愈合，果皮厚，木质；聚合果形大……………………………………4 观光木属 *Tsoongiodendron*

2 叶有裂片，聚合带翅坚果……………………………………5 鹅掌楸属 *Liriodendron*

1 花两性或杂性（雄花两性花异株）……………………………………6 拟单性木兰属 *Parakmeria*

（一）木兰属 *Magnolia* Linn.

乔木或灌木，树皮通常灰色，光滑，或有时粗糙具深沟，通常落叶，少数常绿；小枝具环状的托叶痕，髓心连续或分隔；芽2型；营养芽腋生或顶生，具芽鳞2，膜质，镊合状合成盔状托叶，与叶柄连生。混合芽顶生具1至数枚次第脱落的佛焰苞状苞片，包着1至数个节间，每节间有1腋生的营养芽，末端2节膨大，顶生着较大的花蕾；花柄上有数个环状苞片脱落痕。叶膜质或厚纸质，互生，有时密集成假轮生，全缘，稀先端2浅裂；托叶膜质，贴生于叶柄，在叶柄上留有托叶痕，幼叶在芽中直立，对折。花通常芳香，大而美丽，雌蕊常先熟，为甲壳虫传粉，单生枝顶，很少2~3朵顶生，两性，落叶种类在发叶前开放或与叶同时开放；花被片白色、粉红色或紫红色，很少黄色，9~21(45)片，每轮3~5片，近相等，有时外轮花被片较小，带绿色或黄褐色，呈萼片状；雄蕊早落，花丝扁平；雌蕊群和雄蕊群相连接，无雌蕊群柄。心皮分离，每心皮有胚珠 2 颗。聚合果成熟时通常为长圆状圆柱形，卵状圆柱形或长圆状卵圆形。成熟蓇葖革质或近木质，互相分离，很少互相连合，沿背缝线开裂，全部宿存于果轴。种子 1~2 颗，外种皮橙红色或鲜红色，肉质。

约 90 种，产亚洲东南部温带及热带。我国约有 31 种，分布于西南部、秦岭以南至华东、东北。

分种检索表

1 先花后叶或花叶近同放；外轮与内轮花被片形态近相似
　2 花叶同时开放，托叶痕约为叶柄长的一半 ………………………………… 1 紫玉兰 *M.liliiflora*
　2 花先叶开放，托叶痕约为叶柄长的 1/4~1/3
　　3 花白色，基部常带粉红色 ………………………………………………… 2 玉兰 *M.denudata*
　　3 花浅红色至深红色 ……………………………………………………… 3 二乔玉兰 *M.soulangeana*
1 先叶后花；花被片近相似，外轮花被片不退化为萼片状
　　4 托叶与叶柄离生，叶柄上无托叶痕 ……………………………………… 4 荷花玉兰 *M.grandiflora*
　　4 托叶与叶柄连生，叶柄上有托叶痕
　　　5 叶柄长 4~11 厘米 ………………………………………………………… 5 山玉兰 *M.delavayi*
　　　5 叶柄长 0.5~2.5 厘米
　　　　6 叶先端具短急尖或圆钝 ……………………………………………… 6 厚朴 *M.officinalis*
　　　　6 叶先端凹缺，成两钝圆的浅裂片 ………………………… 7 凹叶厚朴 *M.officinalis subsp. biloba*

1. 紫玉兰 *Magnolia liliiflora* Desr.

【别名】木兰、辛夷、木笔

【形态特征】落叶灌木，高达 3 米，常丛生，树皮灰褐色，小枝绿紫色或淡褐紫色，叶椭圆状倒卵形或倒卵形，长 8~18 厘米，宽 3~10 厘米，先端急尖或渐尖，基部渐狭沿叶柄下沿至托叶痕，上面深绿色，幼嫩时疏生短柔毛，下面灰绿色，沿脉有短柔毛。花蕾卵圆形，披淡黄色绢毛，花叶同时开放，瓶形，直立于粗壮、披毛的花梗上，稍有香气，花被片 9~12，外轮 3 片萼片状，紫绿色，披针形，常早落，内两轮肉质，外面紫色或紫红色，内带白色，花瓣状，椭圆状倒卵形，雄蕊紫红色，雌蕊淡紫色，无毛。聚合果深紫褐色，圆柱形，成熟蓇葖果近圆球形，顶端具短喙(图 9-1)。花期 3~4 月，果期 8~9 月。

常见栽培品种有：小木兰 'Gracilis' 灌木，枝较细；叶狭，花瓣也较细小，外侧淡紫色，内侧白色；开花较迟，与叶同放。

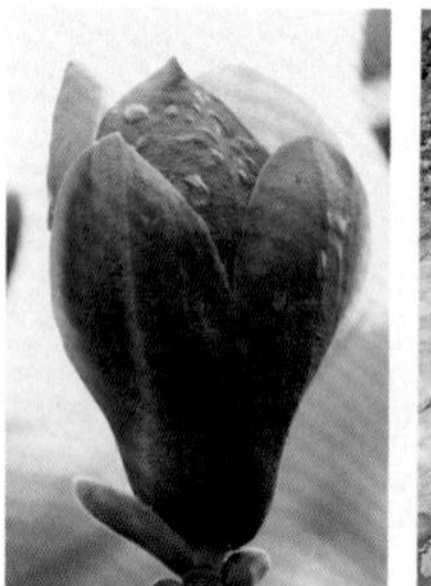

图 9-1　紫玉兰

【生态习性】喜光，不耐荫；较耐寒，喜肥沃、湿润、排水良好的土壤，忌黏质土壤，不耐盐碱；肉质根，忌水湿；根系发达，萌蘖力强。

【分布及栽培范围】中国福建、湖北、四川、云南西北部。中国各大城市都有栽培，并已引种至欧美各国都市。

图 9-2　紫玉兰在园林中的应用

【繁殖】分株、压条和播种繁殖。

【观赏】早春观赏花木，早春开花时，满树紫红色花朵，幽姿淑态，别具风情。

【园林应用】园景树、水边绿化、基础种植、盆栽及盆景观赏 (图 9-2)。应用于山坡、林缘，适用于古典园林中厅前院后配植，可孤植或散植于庭院内。

【文化】唐白居易《题令狐家木兰花》"腻如玉指涂珠粉，光似金刀剪紫霞。从此时时春梦里，应添一枝女郎花。" 宋陆游《杂咏》" 女郎花树新移种，官长梅园亦探租。作尽人间儿戏事，谁知空橐一钱无？"

【其它】树皮、叶、花蕾均可入药，花蕾入药称"辛夷"，系名贵中药材，开花前 1~2 周采摘晾干即得，气味芳香，味辛辣，具有降压、镇疼、收敛、杀菌等功效。

2. 玉兰 *Magnolia denudata* Desr.

【别名】白玉兰、望春花、玉兰花

【形态特征】落叶乔木，高可达 21 米。树皮淡灰褐色或黑褐色，小枝淡黄褐色，后变灰色，无毛。叶纸质，倒卵形，长 10~18 厘米，宽 4.5~10 厘米，先端急尖或急短渐尖，基部楔形，上面仅沿中脉及侧脉疏披平伏毛，下面初具平伏细柔毛，叶柄托叶痕细小。花蕾直立，披淡灰黄色绢毛；花先叶开放，杯状，有芳香，外面白色，花丝紫红色，宽扁，雄蕊群圆柱形，淡绿色，花柱玫瑰红色。聚合果圆柱形，蓇葖果扁圆成熟时褐色 (图 9-3)。花期 2~3 月，果期 8~9 月。

图 9-3　玉兰

图 9-4　玉兰在园林中的应用

【常见栽培品种有】①多瓣玉兰 (' 长安玉灯 ') 'Multitepala' 花朵将开时形如灯泡，花瓣多达 20~30 片，纯白色。②红脉玉兰 'Red Nerve' 花被片 9，白色，基部外侧淡红色，脉纹色较浓。③黄花玉兰 (' 飞黄 ')'Feihuang' 花淡黄至淡黄绿色，花期比玉兰晚 15~20 天。

【生态习性】喜光，较耐寒。喜干燥，忌低湿，栽植地渍水易烂根。喜肥沃、排水良好而带微酸性的砂质土壤，在弱碱性的土壤上亦可生长。

【分布及栽培范围】产长江流域，现在庐山、黄山、峨眉山等处尚有野生。全国各大城市园林中广泛栽培。

【繁殖】嫁接、压条、扦插、播种等方法繁殖。

【观赏】花外形极像莲花，盛开时，花瓣展向四方，使庭院青白片片，白光耀眼，具有很高的观赏价值；

再加上清香阵阵，沁人心脾，实为美化庭院之理想花型。

【园林应用】园路树、庭院树、园景树(图9-4)。古时多在亭、台、楼、阁前栽植。现多见于园林、厂矿中孤植，散植，或于道路两侧作行道树。北方也有作桩景盆栽。

【生态功能】玉兰花对有害气体的抗性较强。玉兰是大气污染地区很好的防污染绿化树种，用二氧化硫进行人工熏烟，1公斤干叶可吸硫1.6g以上。

【文化】感辛夷花曲(明代朱曰藩)"新诗已旧不堪闻，江南荒馆隔秋云。多情不改年年色，千古芳心持增君"。还有"千干万蕊，不叶而花，当其盛时，可称玉树"、"色白微碧，香味似兰"、"紫粉笔尖含火焰，红胭脂染小莲花。芳情相思知多少？恼得山僧悔出家！"

【其它】其花瓣可供食用，玉兰花含有挥发油，其中主要为柠檬醛、丁香油酸等，还含有木兰花碱、生物碱、望春花素、癸酸、芦丁、油酸、维生素A等成分，具有一定的药用价值。玉兰花性味辛、温，具有祛风散寒通窍、宣肺通鼻的功效。可用于头痛、血瘀型痛经、鼻塞、急慢性鼻窦炎、过敏性鼻炎等症。玉兰花对常见皮肤真菌有抑制作用。

3. 二乔玉兰 *Magnolia × soulangeana* (Lindl.) Soul.-Bod.

【别名】朱砂玉兰、紫砂玉兰

【形态特征】高6~10米。为玉兰和木兰的杂交种。形态介于二者之间。小枝紫褐色。叶倒卵形表面中脉基部常有毛，背面多少被柔毛，叶柄多柔毛。花外面淡紫色，里面白色，有香气。叶倒卵形、宽倒卵形，先端宽圆，1/3以下渐窄成楔形。花大而芳香，花瓣6，外面呈淡紫红色，上部褐边缘常为白色，内面白色，萼片3，花瓣状，稍短。聚合蓇葖果长约8厘米，卵形或倒卵形，熟时黑色，具白色皮孔(图9-5)。花期2~3月；果期9~10月。

图9-5 二乔玉兰

图9-6 二乔玉兰在园林中的应用

常见品种有：①紫二乔玉兰'Purpurea' 花被片9，紫色；北京颐和园有栽培。②长春二乔玉兰'Semperflorens' 一年能几次开花。③'红远'玉兰'Red Lucky' 花被片6~9，花鲜红或紫色，能在春夏秋三次开花。④'紫霞'玉兰'Chameleon' 叶倒卵状长椭圆形，花蕾长卵形，花被片桃红色。⑤'红霞'玉兰'Hongxia' 花被片9，近圆形，深红色至淡紫色。⑥'丹馨'玉兰'Fragrant Cloud' 植株矮壮；叶倒卵形至近圆形，厚纸质。花蕾卵圆形，花被片9，较短圆，外面桃红至紫红色，内面近白色，芳香；4月和7月可两次开花，花朵密集。

【生态习性】喜光、温暖湿润的气候。能在-20℃条件下安全越冬。不耐积水，低洼地与地下水位高的地区都不宜种植。最宜在酸性、富含腐殖质而排水良好的地域生长，微碱土也可。

【分布及栽培范围】原产我国，华北、华中及江苏、陕西、四川、云南等均栽培。

【繁殖】嫁接、压条、扦插或播种繁殖。

【观赏】花大色艳，观赏价值高。

【园林应用】园路树、园景树、水边绿化、基础种植、盆栽及盆景观赏 (图 9-6)。应用于公园、绿地和庭园等孤植观赏。在国内外庭院中普遍栽培。

【其它】二乔玉兰花可以提制芳香浸膏；花蕾入药，有散风寒、止痛、通窍、清脑之功效；树皮可治腰痛、头痛等症状。

4. 荷花玉兰 *Magnolia grandiflora* L.

【别名】广玉兰、洋玉兰

【形态特征】常绿大乔木，高 20~30 米。树皮淡褐色或灰色，呈薄鳞片状开裂。枝与芽有铁锈色细毛。叶卵状长椭圆形，厚革质，长 10~20 厘米，宽 4~10 厘米，先端钝或渐尖，基部楔形，上面深绿色，有光泽，下面淡绿色，有锈色细毛，侧脉 8~9 对。花芳香，白色，呈杯状，开时形如荷花；花梗精壮具绒毛；花被 9~12，倒卵形，厚肉质；雄蕊多数，花丝扁平，紫色；雌蕊群椭圆形，密被长绒毛，花柱呈卷曲状。聚合果圆柱状长圆形或卵形，密被褐色或灰黄色绒毛。种子椭圆形或卵形 (图 9-7)。花期 5~6 月，果期 9~10 月。

【常见栽培品种有】狭叶广玉兰 'Exmouth' ('Lanceolata') 叶较狭，背面苍绿色，毛较少；树冠也较窄。上海、杭州等地有栽培。

【生态习性】喜光，幼时稍耐荫。喜温暖湿润气候，有一定的抗寒能力。适生于肥沃、湿润与排水良好的微酸性或中性土壤，在碱性土种植时易发生黄化，忌积水和排水不良。

【分布及栽培范围】原产南美洲，分布在北美洲以及中国大陆的长江流域及以南。

【繁殖】嫁接繁殖、播种繁殖。

【观赏】叶厚而有光泽，花大而香，树姿雄伟壮丽，四季常青。蓇葖果成熟后开裂露出红色种子也颇为美观。

图 9-7 荷花玉兰

图 9-8 荷花玉兰的园林应用

【园林应用】行道树、园路树、庭荫树、园景树、防护林、专类园 (图 9-8)。应用于庭园、公园、游乐园、墓地均可采用。大树可孤植草坪中，或列植于通道两旁；中小型者，可群植于花台上。

【生态功能】耐烟、抗风，对二氧化硫等有毒气体有较强抗性，可用于净化空气保护环境。

【文化】“翠条多力引风长，点破银花玉雪香。韵友自知人意好，隔帘轻解白霓裳”。这是清朝沈同的《咏玉兰》里描述广玉兰的诗句，现在更是被世人冠以“芬芳的陆地莲花”的美誉。“广”字，寓指昆山海纳百川、博采众长的胸襟和气度；“玉”字，寓指“昆山有玉，玉在其人”的城市品格；“兰”字则寓指“百戏之祖”的昆曲这朵“戏苑幽兰”。且这三个字基本上属于开口音，音调优美。

【其它】材质致密坚实，可做装饰物运动器具及箱柜等。叶入药，主治高血压。自花、叶、嫩梢又可提取挥发油。

5. 山玉兰 *Magnolia delavayi* Franch.

【别名】优昙花

【形态特征】常绿乔木，高达12米。树皮灰色或灰黑色，粗糙而开裂。嫩枝榄绿色，被淡黄褐色平伏柔毛，老枝粗壮，具圆点状皮孔。叶厚革质，卵形，卵状长圆形，先端圆钝，基部宽圆，有时微心形，边缘波状，中脉在叶面平坦或凹入，叶背密被交织长绒毛及白粉，后仅脉上残留有毛；侧脉每边11~16条，网脉致密；托叶痕几达叶柄全长。花梗直立，花芳香，杯状；花被片9~10，外轮3片淡绿色，长圆形，向外反卷，内两轮乳白色，倒卵状匙形，内轮的较狭；雌蕊群卵圆形，顶端尖，被细黄色柔毛。聚合果卵状长圆体形，背缝线两瓣全裂（图9-9）。花期4~6月，果期8~10月。

常见栽培品种有：红花山玉兰 f. rubra K. M. Feng 花粉红色至红色；花期6~8月。近年在云南牟定新发现，生于海拔1000~1900米次生常绿林中。昆明等地已广为栽培。

【生态习性】阳性，稍耐荫，耐干旱，忌水湿，生长慢。喜生于海拔1500~2800米的石灰岩山地阔叶林中或沟边较潮湿的坡地。

【分布及栽培范围】四川西南部、贵州西南部、云南。

【繁殖】播种、压条、扦插繁殖。

【观赏】常绿阔叶，花奶油白色，微香。

【园林应用】园路树、庭荫树、园景树、专类园。

【文化】山玉兰称之为佛教圣花，它同佛门结下了不解之缘。在那庄重肃穆，香火燎绕的古刹寺庙入口处或大院里，人们经常就会见到树姿雄伟壮丽，枝繁叶茂，叶大浓荫，在绿叶丛中开出碗口大的乳白色花朵，花大如荷，9枚花被片平展，中间直立着圆柱状的聚合果，恰似释迦牟尼佛端坐在莲座上。

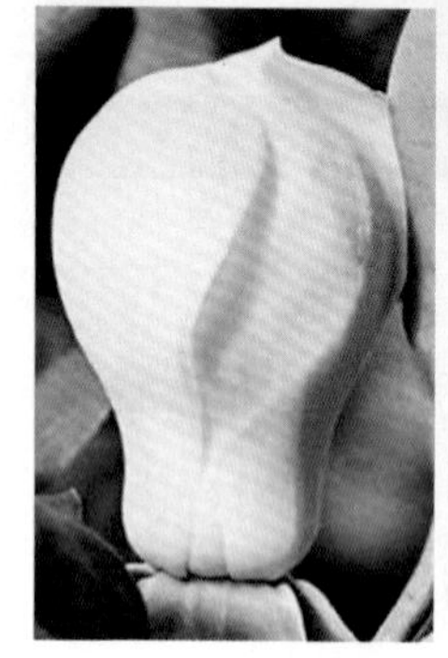

图9-9　山玉兰

【其它】树皮具有温中理气，健脾利湿的效果。花具有宣肺止咳的效果，用于鼻炎，鼻窦炎，支气管炎，咳嗽。

6. 厚朴 *Magnolia officinalis* Rehd.et Wils.

【别名】厚皮

【形态特征】落叶乔木，高达20米。树皮厚，褐色，不开裂。叶大，近革质，7~9片聚生于枝端，长圆状倒卵形，长22~45厘米，宽10~24厘米，先端具短急尖或圆钝，基部楔形，全缘而微波状，上面绿色，无毛，下面灰绿色，被灰色柔毛，有白粉；叶柄粗壮，托叶痕长为叶柄的2/3。花白色，芳香；花梗粗短，被长柔毛，离花被片下1厘米处具苞片脱落痕，花被片9~12(17)，厚肉质，外轮3片淡绿色，长圆状倒卵形，盛开时常向外反卷，内两轮白色，倒卵状匙形，基部具爪，花盛开时中内轮直立；雄蕊约

图9-10　厚朴

72枚，花丝红色；雌蕊群椭圆状卵圆形。聚合果长圆状卵圆形(图9-10)。花期5下6月，果期8~10月。

【生态习性】喜光，喜凉爽、湿润、多云雾、相对湿度大的气候环境。喜土层深厚、肥沃、排水良好的微酸性或中性土壤。生于海拔300~1500米的山地林间。

【分布及栽培范围】陕西南部、甘肃东南部、河南东南部、湖北西部、湖南西南部。广西北部、江西庐山及浙江有栽培。

【繁殖】播种子、压条和扦插繁殖。

【观赏】常叶大荫浓，花大美丽，可作绿化观赏树种。

【园林应用】庭荫树、园景树、风景林、专类园。

【其它】树皮、根皮、花、种子及芽皆可入药，以树皮为主，为著名中药。子可榨油，可制肥皂。木材供建筑、板料、家具、雕刻、乐器、细木工用。

7. 凹叶厚朴 *Magnolia officinalis* Rehd.et Wils.subsp. *biloba* (Rehd. et Wils.) Law

【形态特征】落叶乔木，高达20米。树皮厚，褐色，不开裂。叶大，近革质，7~9片聚生于枝端，长圆状倒卵形，长22~45厘米，宽10~24厘米，叶先端凹缺，成2钝圆的浅裂片(但幼苗之叶先端钝圆，并不凹缺)，基部楔形，全缘而微波状，上面绿色，无毛，下面灰绿色，被灰色柔毛，有白粉；叶柄粗壮，托叶痕长为叶柄的2/3。花白色，芳香；花梗粗短，被长柔毛，离花被片下1厘米处具苞片脱落痕，花被片9~12(17)，厚肉质，外轮3片淡绿色，长圆状倒卵形，盛开时常向外反卷，内两轮白色，倒卵状匙形，基部具爪，花盛开时中内轮直立；雄蕊约72枚，内向开裂，花丝红色；雌蕊群椭圆状卵圆形。聚合果长圆状卵圆形(图9-11)。花期4~5月，果期10月。

【生态习性】喜温凉、湿润气候；喜酸性、肥沃而排水良好的砂质土壤上。生于海拔300~1400米的林中。

【分布及栽培范围】安徽、浙江西部、江西(庐山)、福建、湖南南部、广东北部、广西北部和东北部。

【繁殖】播种、压条和扦插繁殖。

【观赏】常叶大荫浓，花大美丽，可作绿化观赏树种。

【园林应用】庭荫树、园景树、专类园。

【其它】花及皮可以入药，主治胸腹胀满，吐泻等症。

图9-11　凹叶厚朴

（二）木莲属 *Manglietia* Bl.

常绿乔木。叶革质，全缘，幼叶在芽中对折；托叶包着幼芽，下部贴生于叶柄，在叶柄上留有或长或短的托叶痕。花单生枝顶，两性，花被片通常 9~13，3 片 1 轮，大小近相等，外轮 3 片常较薄而坚，近革质，常带绿色或红色；花药线形，内向开裂，花丝短而不明显，药隔伸出成短尖，雌蕊群和雄蕊群相连接；雌蕊群无柄；心皮多数，腹面儿全部与花托愈合，背面通常具 1 条或在近基部具数条纵沟纹，螺旋状排列，离生，每心皮具胚珠 4 颗或更多。聚合果紧密，球形、卵状球形、圆柱形、卵圆形或长圆状卵形，成熟蓇葖近木质，或厚木质，宿存，沿背缝线开裂，或同时沿腹缝线开裂，通常顶端具喙，具种子 1 至 10 数颗。

约 30 余种，分布于亚洲热带和亚热带，以亚热带种类最多。我国有 22 种，产于长江流域以南，为常绿阔叶林的主要树种。

分种检索表

1 花梗或果梗长 3.5 厘米以下；花后果直立
　2 花外轮花被片绿色
　　3 叶革质，边缘无波状 ……………………………………1 木莲 *M.fordiana*
　　3 叶薄革质，边缘波状 ……………………………………2 海南木莲 *M.hainanensis*
　2 花外轮花被片红色或紫红色 ……………………………………3 红花木莲 *M.insignis*
1 花梗或果梗长 3.5~10 厘米，花直立或花后果下垂 …………………4 桂南木莲 *M.chingii*

1. 木莲 *Manglietia fordiana* (Hemsl.)Oliv.

【别名】黄心树

【形态特征】乔木，高达 20 米。叶革质、狭倒卵形、狭椭圆状倒卵形，或倒披针形；先端短急尖，通常尖头钝，基部楔形，沿叶柄稍下延，边缘稍内卷，下面疏生红褐色短毛；侧脉每边 8~12 条；叶长 1~3 厘米，基部稍膨大；托叶痕半椭圆形，长 3~4 毫米。花被片纯白色，每轮 3 片，外轮 3 片质较薄，近革质，凹入；内 2 轮的稍小，常肉质，倒卵形。聚合果褐色，卵球形，长 2~5 厘米，蓇葖露出面有粗点状凸起；种子红色（图 9-12）。花期 5 月，果期 10 月。

【生态习性】幼年耐荫，成长后喜光。喜温暖湿润气候及深厚肥沃的酸性土。在干旱炎热之地生长不良。根系发达，但侧根少。耐 -7.6~6.8℃低温。不耐酷暑。

【分布及栽培范围】亚热带树种，分布于长江中

图 9-12　木莲

下游地区，为常绿阔叶林中常见的树种。

【繁殖】播种繁殖主，扦插、嫁接辅之。

【观赏】木莲树冠浑圆，枝叶并茂，绿荫如盖，典雅清秀，初夏盛开玉色花朵，秀丽动人。

【园林应用】庭荫树、园景树、专类园。应用于草坪、庭园或名胜古迹处孤植、群植。

【其它】木莲茎枝可作药材治。

2. 红花木莲 *Manglietia insignis* Bl.

【别名】红色木莲

【形态特征】常绿乔木，高达 30 米。叶革质，倒披针形，长圆形或长圆状椭圆形，长 10~26 厘米，宽 4~10 厘米，先端渐尖，自 2/3 以下渐窄至基部，

图 9-13　红花木莲

上面无毛，下面中脉具红褐色柔毛或散生平伏微毛。花芳香，花梗粗壮，直径 8~10 毫米，离花被片下约 1 厘米处具 1 苞片脱落环痕，花被片 9~12, 外轮 3 片褐色，腹面染红色或紫红色，倒卵状长圆形长约 7 厘米，向外反曲，中内轮 6~9 片，直立，乳白色染粉红色，倒卵状匙形，长 5~7 厘米，1/4 以下渐狭成爪；雄蕊长 1~18 毫米；雌蕊群圆柱形，长 5~6 厘米。聚合果鲜时紫红色，长 7~12 厘米；蓇葖背缝全裂，具乳头状突起 (图 9-13)。花期 5~6 月，果期 8~9 月。

【生态习性】耐荫，喜湿润、肥沃的土壤。生于海拔 900~1 200 米的林间。

【分布及栽培范围】产于湖南西南部、广西、四川西南部、贵州、云南、西藏东南部。尼泊尔、印度东北部、缅甸北部也有分布。

【繁殖】播种繁殖。

【观赏】国家二级保护珍稀树种。其树叶浓绿、秀气，树形繁茂优美，花色艳丽芳香。

【园林应用】庭荫树、园景树、专类园。应用于草坪、庭园或名胜古迹处孤植、群植，能起到绿荫庇夏，寒冬如春的功效。

【其它】木材是优良的装饰用材和胶合板材树种，是我国北纬 34° 以南经济价值很高的珍稀濒危树种之一，对古植物学和植物系统发生学有重要的科研价值。

3. 桂南木莲 *Manglietia chingii* Dandy

【别名】南方木莲

【形态特征】常绿乔木，高达 20 米；树皮灰色，光滑。芽、幼枝有红褐色毛。叶革质，倒披针形或窄倒卵状椭圆形，长 12~15 厘米，宽 2~5 厘米，先端短渐尖或钝，基部窄楔形或楔形，上面深绿色，有光泽，下面灰绿色，幼时被短硬毛，稍被白粉，侧脉 12~14 对；叶柄长 2~3 厘米；上面具窄沟，初被平伏柔毛，托叶痕长 3~5 毫米。花梗较细，向下弯垂，长 4~7 厘米；花被片 9~11，外轮较薄，椭圆形，长 4~5 厘米，中、内两轮肉质，倒卵状椭圆形，长 3.8~4

图 9-14　南方木莲

厘米，宽 1.8~2 厘米；雄蕊长约 1.3 厘米，药隔顶端伸出三角形；雌蕊群卵形，长 1.5~2 厘米。聚合果卵形，长 4~5 厘米；蓇葖具疣状凸起 (图 9-14)。花期 5~6 月，肥水条件较好时 10~11 月可第二次开花。

【生态习性】抗寒、抗旱、耐贫瘠、对土壤要求不严。垂直分布于海拔 700 至 1300 米。喜肥沃湿润的山地黄壤，pH 值 5 至 6。常与浙江柿、毛红椿、天师栗、猴欢喜、阔瓣含笑、紫楠、陀螺果、山茉莉、白辛树等树种混生。

【分布及栽培范围】云南、贵州、湖南、广西、广东等省。

【繁殖】播种繁殖。

【观赏】枝叶浓密，四季常青，芽与嫩枝密生红褐色毛，像披上一件金色的绒衣，十分醒目。花开在新梢顶端，雅致秀丽，盛花时，好像千万盏小巧“银钟”挂满枝头，又似上千只小白鸽振翅欲飞，令人称奇。

【园林应用】庭荫树、园景树、专类园。应用于草坪、庭园或名胜古迹处孤植、群植，能起到绿荫庇夏，寒冬如春的功效。

【其它】供建筑、家具、细木工用。

4. 海南木莲 *Manglietia hainanensis* Dandy

【别名】龙楠树、绿楠、绿兰

【形态特征】乔木，高达 20 米，芽和小枝多少残留红褐色平伏短柔毛。叶薄革质，倒卵形；狭椭圆状倒卵形，长 10~16 厘米，宽 3~6 厘米，边缘波状起伏，先端急尖或渐尖，基部楔形，沿叶柄稍下延，上面深绿色，下面较淡，疏生红褐色平伏微毛；稍凸起，叶柄细弱，长 3~4 厘米，托叶痕半圆形。花梗长 0.8~4 厘米。佛焰苞状苞片薄革质，阔圆形，长 4~5 厘米，宽约 6 厘米，顶端开裂；花被片 9，每轮 3 片；外轮的薄革质，倒卵形；外面绿色，长 5~6 厘米，宽 3.5~4 厘米，顶端有浅缺，内 2 轮的纯白色。雄蕊群红色，雄蕊长约 1 厘米；雌蕊群长 1.5~2 厘米。聚合果褐色，卵圆形或椭状卵圆形，长 5~6 厘米 (图 9-15)。花期 4~5 月，果期 9~10 月。

图 9-15　海南木莲

【生态习性】生于海拔 300~1200 米的溪边、向阳山坡杂木林中。生于向阳山坡杂木林中。

【分布及栽培范围】海南特产植物。长江流域各地也有栽培，热带亚热带地区广为栽培。

【繁殖】播种繁殖。

【观赏】树干通直，树冠伞形，枝繁叶茂，花大美丽，初夏开白花清香远溢，秋季果实红艳夺目。花形美丽，略有香味，是优良的绿化树种。

【园林应用】庭荫树、园景树、专类园。应用于草坪、庭园或名胜古迹处孤植、群植，能起到绿荫庇夏，寒冬如春的功效。

【其它】材质坚硬，列为海南一类木材。适用于细木工用材，可作乐器和极其小巧的工艺品，并可作胶合板用材。药用：用于治疮和消炎。

（三）含笑属 *Michelia* Linn.

常绿乔木或灌木。叶革质，单叶，互生，全缘；托叶膜质，盔帽状，两瓣裂，与叶柄贴生或离生，脱落后，小枝具环状托叶痕。如贴生则叶柄上亦留有托叶痕。幼叶在芽中直立、对折。花蕾单生于叶腋，具 2~4 枚次第脱落的，佛焰苞状苞片所包裹，花梗上有与佛焰苞状苞片同数的环状的苞片脱落痕。如苞片贴生于叶柄，则叶柄亦留有托叶痕。很少一花蕾内包裹的不同节上有 2~3 花蕾，形成 2~3 朵花的聚伞花序。花两性，通常芳香，花被片 6~21 片，3 或 6 片一轮，近相似，或很少外轮远较小，雄蕊多数，药室伸长，侧向或近侧向开裂，花丝短或长，药隔伸出成长尖或短尖，很少不伸出；雌蕊群有柄，腹面基部着生于花轴，上部分离，通常部分不发育，花柱近着生于顶端，柱头面在花柱上部分或近末端。聚合果为离心皮果，常因部分蓇葖不发育形成疏松的穗状聚合果；成熟蓇葖革质或木质，全部宿存于果轴。

约 50 余种，分布于亚洲热带、亚热带及温带。我国约有 41 种，主产西南部至东部，以西南部较多；适宜生长于温暖湿润气候、酸性土壤，为常绿阔叶林的重要组成树种。

分种检索表

1 托叶与叶柄连生，在叶柄上留有托叶痕；花被近同形
　2 叶柄比较长，长 5 毫米以上；花被片外轮较大，3~4 轮 ······ 1 白兰 *M.alba*
　2 叶柄较短，长 5 毫米以下；花被片外轮较小，常 2 轮
　　3 花淡黄色，边缘有时有红色或淡紫色 ······ 2 含笑 *M.figo*
　　3 花紫红色或深紫红色 ······ 3 紫花含笑 *M.crassipes*
1 托叶与叶柄离生，在叶柄上无托叶痕；花被片同形或不同形
　　4 花被片大小近相等，6 片，排成 2 轮 ······ 4 乐昌含笑 *M.chapensis*
　　4 花被片大小不相等，9 片或 9~12 片，很少 15 片，排成 3~4 轮，很少 5 轮
　　　5 花冠杯状，花被片倒卵形、宽倒卵形、倒卵状长圆形 ······ 5 金叶含笑 *M.foveolata*
　　　5 花冠狭长，花被片扁平，匙状倒卵形，狭倒卵形或匙形
　　　　6 芽枝无毛，被白粉 ······ 6 深山含笑 *M.maudiae*
　　　　6 芽，嫩枝被红褐色短绒毛或绢毛
　　　　　7 叶革质，叶背密被绒毛 ······ 7 醉香含笑 *M.macclurei*
　　　　　7 叶薄革质，叶背有少量柔毛 ······ 8 阔瓣含笑 *M.platypetala*

1. 白兰 *Michelia alba* DC.

【别名】白兰花

【形态特征】落叶乔木，高达 17~20 米，盆栽通常 3~4 米高，也有小型植株。树皮灰白，幼枝常绿，叶片长圆，单叶互生，青绿色，革质有光泽，长椭圆形。其花蕾好像毛笔的笔头，瓣有 8 枚，白如皑雪，生于叶腋之间。花白色或略带黄色，花瓣肥厚，长披针形，有浓香(图 9-16)。花期长，6~10 月开花不断。

【生态习性】喜光，不耐寒。喜干燥，忌低湿，栽植地渍水易烂根。喜肥沃、排水良好而带微酸性的砂质土壤。

【分布及栽培范围】原产印度尼西亚爪哇，现广植于东南亚。我国福建、广东、广西、云南等省区栽培极盛，长江流域各省区多盆栽，在温室越冬。

【繁殖】嫁接繁殖为主，也可压条繁殖。

【观赏】株形直立有分枝，落落大方。花朵洁白，香如幽兰。

【园林应用】行道树、园路树、庭荫树、园景树、树林、专类园、盆栽（图 9 — 17）。古时多在亭、台、楼、阁前栽植。现多见于园林、厂矿中孤植，散植，或于道路两侧作行道树。北方也有作桩景盆栽。北方盆栽，可布置庭院、厅堂、会议室。中小型植株可陈设于客厅、书房。因其惧怕烟熏，应放在空气流通处。

图 9-16　白兰

图 9-17　白兰在园林中应用

【生态功能】白兰花含有芳香性挥发油、抗氧化剂和杀菌素等物质，可以美化环境、净化空气、香化居室。如将此花栽在有二氧化硫和氯气污染的工厂中，具有一定的抗性和吸硫的能力。用二氧化硫进行人工熏烟，1 公斤干叶可吸硫 1.6 克以上。因此，白兰花是大气污染地区很好的防污染绿化树种。

【其它】白兰花可供作熏茶、酿酒或提炼香精。现在好些表现白兰香型的香水、润肤霜、雪花膏都常用白兰花为配料。整个花也可以直接入药。

2. 含笑 *Michelia figo* (Lour.) Spreng.

【别名】香蕉花、含笑花、含笑梅、笑梅

【形态特征】常绿灌木，高 2~3 米。芽、嫩枝，叶柄，花梗均密被黄褐色绒毛。叶革质，狭椭圆形或倒卵状椭圆形，长 4~10 厘米，宽 1.8~4.5 厘米，先端钝短尖，基部楔形或阔楔形，上面有光泽，无毛；叶柄长 2~4 毫米，托叶痕长达叶柄顶端。花径 2~3 厘米，花瓣乳白色或淡黄色，常为六片，边缘常带紫

图9-18 含笑

晕，花瓣常微张半开，有如含笑之美人；花香袭人，浸人心脾，有香蕉的气味。聚合果长2~3.5厘米（图9-18）。花期3~5月，果期9月。

【生态习性】喜暖热湿润，不耐寒，适半荫，不耐烈日曝晒。不耐干燥瘠薄，怕积水，喜排水良好、肥沃的微酸性壤土。

【分布及栽培范围】原产华南南部各省区，广东鼎湖山有野生，生于阴坡杂木林中，溪谷沿岸尤为茂盛。现广植于全国各地。

【繁殖】扦插、高压法和嫁接法等方式繁殖。

【观赏】含笑叶绿花香，树形、叶形俱美，是重要的园林花木。栽培历史悠久。

【园林应用】园景树、专类园、盆栽。陈设于室内或阳台、庭院等较大空间内。因其香味浓烈，不宜陈设于小空间内。亦可适于在小游园、花园、公园或街道上成丛种植，可配植于草坪边缘或稀疏林丛之下。使游人在休息之中常得芳香气味的享受。

【文化】在我国，含笑花古来即为众人熟稔喜爱的香花植物，宋赋在《含笑赋》序中曾撰曰“南方花木之美，莫若含笑；绿叶素荣，其香郁然…”。宋陈善《扪虱新话·论南中花卉》：“南中花木有北地所无者，茉莉花、含笑花、阇提花、鹰爪花之类……含笑有大小。小含笑有四时花，然惟夏中最盛。又有紫含笑，香尤酷烈。”清孙枝蔚《思归》诗：“出门欲化杜鹃鸟，抵舍仍为含笑花。”《明珠缘》第三回：“含笑花堪画堪描，美人蕉可题可咏。”苏曼殊《绛纱记》：“亭午醒，则又见五姑严服临存，将含笑花赠余。”

【其它】是极佳的天然香料，得用以轧炼出芬芳的香油，尚可采摘其花卉供作为制茶时佐用的香料。

3. 紫花含笑 *Michelia crassipes* Law

【别名】粗柄含笑

【形态特征】小乔木或灌木，高2~5米。嫩枝、叶柄、花梗均密被红褐色或黄褐色长绒毛。叶革质，狭长圆形、倒卵形或狭倒卵形，长7~13厘米，宽2.5~4厘米，先端长尾状渐尖或急尖，基部楔形或阔楔形，上面深绿色，无毛；叶柄长2~4毫米；托叶痕达叶柄顶端。花梗长3~4毫米，花极芳香；紫红色或深紫色，花被片6，聚合果长2.5~5厘米，具蓇葖10枚以上；蓇葖扁卵圆形或扁圆球形(图9-19)。花期4~5月，果期8~9月。

【生态习性】喜雨量充沛、湿润环境和酸性山地黄壤。耐荫、较耐寒，且栽培容易，生长迅速。生于海拔300~1000米的山谷密林中。

【分布及栽培范围】广东北部、湖南南部、广西东北部。

【繁殖】播种、嫁接和扦插繁殖。

【观赏】枝叶浓绿，姿态优美，花芳香。

【园林应用】园景树、专类园。应用于草坪、庭园或名胜古迹处孤植、群植，能起到绿荫庇夏，寒冬如春的功效。可植于林下、庭园、配置假山，可丛植、列植或孤植，并适合作盆栽常年使用。

【其它】花含笑具有多途。花可提取香精，是的香料和药用植物。木理直，结构细，质轻软腐朽，

9-19 紫花含笑

图 9-20 乐昌含笑

图 9-21 乐昌含笑在园林中的应用

可供板材、家具、细木工等用材。

4. 乐昌含笑 *Michelia chapensis* Dandy

【**别名**】景烈白兰

【**形态特征**】常绿乔木，高 15~30 米。叶薄革质，倒卵形，狭倒卵形或长圆状倒卵形，长 6.5~15 厘米，宽 3.5~6.5 厘米，先端骤狭短渐尖，或短渐尖，尖头钝，基部楔形或阔楔形，叶表面深绿色，有光泽，叶脉下陷；叶缘略呈波浪状；叶柄长 1.5~2.5 厘米，无托叶痕。花梗长 4~10 毫米；花被片淡黄色，6 片，芳香，2 轮；雄蕊长 1.7~2 厘米；雌蕊群狭圆柱形，长约 1.5 厘米。聚合果长约 10 厘米，果梗长约 2 厘米；蓇葖长圆柱形或卵圆形，长 1~1.5 厘米，宽约 1 厘米；种子红色（图 9-20）。花期 3~4 月，果期 8~9 月。

【**生态习性**】喜温暖湿润的气候，能抗 41℃的高温，亦能耐寒。喜光。喜土壤深厚、疏松、肥沃、排水良好的酸性至微碱性土壤。能耐地下水位较高的环境，在过于干燥的土壤中生长不良。

【**分布及栽培范围**】我国江西、湖南、广东、广西、贵州等地。

【**繁殖**】种子繁殖。

【**观赏**】树形优美，枝叶翠绿。夏日，它的翠绿能给人以清凉之感，使人顿生忘暑之情；冬季，又能保持浓绿，呈现一片生机。春天，满树黄白色花朵似兰花般清香，随风远飘，沁人肺腑，令人心旷神怡。

【园林应用】行道树、园路树、庭荫树、园景树、树林、防护林、专类园（图 9-21）。可孤植、丛植或林植。

5. 金叶含笑 *Michelia foveolata* Merr.ex Dandy

图 9-22 金叶含笑

【形态特征】常绿乔木，高达 30 米。芽、幼枝、叶柄、叶背、花梗、密被红褐色短绒毛。叶厚革质，长圆状椭圆形，长 17~23 厘米，宽 6~11 厘米，先端渐尖或短渐尖，基部阔楔形，圆钝或近心形，通常两侧不对称，上面深绿色，有光泽，下面被红铜色短绒毛，侧脉每边 16~26 条，末端纤细，直至近叶缘开叉网结，网脉致密；叶柄长 1.5~3 厘米，无托叶痕。花梗具 3~4 苞片脱落痕；花被片 9~12 片，淡黄绿色，基部带紫色，外轮 3 片阔倒卵形，长 6~7 厘米；雄蕊约 50 枚；雌蕊群长 2~3 厘米，雌蕊长约 5 毫米。聚合果长 7~20 厘米；蓇葖长圆状椭圆体形（图 9-22）。花期 3~5 月，果期 9~10 月。

常见栽培变种有：灰毛金叶含笑 var.*cinerascens* Law et Y. F. Wu 叶背毛为灰色；比原种生长快，对二氧化硫有一定抗性。已在淮河以南地区推广种植。

【生态习性】喜光、喜温暖气候，喜酸性土壤。生于海拔 500~1 800 米的阴湿林中。

【分布及栽培范围】贵州东南部、湖北西部、湖南南部、江西、广东、广西南部、云南东南部。越南北部也有。

【繁殖】播种、嫁接繁殖。

【观赏】树干通直圆满、高大挺拔、形端庄秀美，叶色奇特，花大芳香，果鲜红欲滴，观赏性极强。

【园林应用】园路树、园景树。常列植道路，但群植或孤植用于园林配景，并不失其形、色、香、韵之妙；若将之与落叶树种间种或混栽，则常绿与落叶互补，金黄与绿色相映，更显得妩媚动人和妙趣横生。

【其它】金叶含笑木材质地坚韧，花纹美观，也是优良的用材树种。

6. 深山含笑 *Michelia maudiae* Dunn

【别名】光叶白兰、莫氏含笑

【形态特征】乔木，高达 20 米。芽、嫩枝、叶下面、苞片均被白粉。叶革质，长圆状椭圆形，很少卵状椭圆形，长 7~18 厘米，宽 3.5~8.5 厘米，先端骤狭短渐尖或短渐尖而尖头钝，基部楔形，上面深绿色，有光泽，下面灰绿色，被白粉，侧脉每边 7~12 条，直或稍曲，至近叶缘开叉网结、网眼致密。叶柄长 1~3 厘米，无托叶痕。花被片 9 片，纯白色，基部稍呈淡红色，外轮的倒卵形，长 5~7 厘米，宽 3. 5~4 厘米，顶端具短急尖，基部具长约 1 厘米的爪。聚合果长 7~15 厘米（图 9-23）。花期 2~3 月，果期 9~10 月。

【生态习性】喜温暖、湿润环境，能耐 -9℃低温。喜光。抗干热，对二氧化硫的抗性较强。喜土层深厚、疏松、肥沃而湿润的酸性砂质土。根系发达，萌芽

图 9-23　深山含笑

图 9-24　深山含笑在园林中的应用

力强。生于海拔 600~1500 米的密林中。

【分布及栽培范围】浙江南部、福建、湖南、广东、广西、贵州。

【繁殖】播种、扦插、压条、嫁接繁殖。

【观赏】枝叶茂密，冬季翠绿不凋，树形美观。

【园林应用】庭荫树、园景树、专类园（图 9-24）。

【其它】木材纹理直，结构细，易加工，供家具、板料、绘图版、细木工用材。

7. 醉香含笑 *Michelia macclurei* Dandy

【别名】火力楠

【形态特征】乔木，高达 30 米。芽、嫩枝、叶柄、托叶及花梗均被紧贴而有光泽的红褐色短绒毛。叶革质，倒卵形，长 7~14 厘米，宽 5~7 厘米，先端短急尖或渐尖，基部楔形或宽楔形，上面初被短柔毛，后脱落无毛，下面被灰色毛杂有褐色平伏短绒毛，侧脉在叶面不明显，网脉细，蜂窝状；叶柄无托叶痕。花蕾内有时包裹不同节上 2~3 小花蕾，形成 2~3 朵的聚伞花序，花被片白色，通常 9 片，匙状倒卵形或倒披针形，长 3~5 厘米；雄蕊长 1~2 厘米，花丝红色；雌蕊群长 1.4~2 厘米。聚合果长 3~7 厘米；蓇葖长 1~3 厘米，宽约 1.5 厘米（图 9-25）。花期 3~4 月，果期 9~11 月。

常见变种有：展毛含笑 var. *sublanea* Dandy 芽、幼枝、叶柄上的毛展开，而非紧贴平伏；叶较小，卵状披针形；花黄白色，很多。常作行道树。

【生态习性】喜温暖湿润的气候，忌干旱，喜光稍耐荫，喜土层深厚的酸性土壤。耐旱耐瘠，萌芽力强，生长迅速，寿命长（百年以上）。耐寒性较强，还具有一定的耐荫性和抗风能力。

【分布及栽培范围】我国广东、广西南亚热带地

图 9-25　醉香含笑

方。常混生于常绿阔叶林中。

【繁殖】播种繁殖、压条繁殖、移栽。

【观赏】树形美观，枝叶繁茂，花香浓郁，花色洁白，富有香味。果实鲜红色。

【园林应用】园路树、庭荫树、园景树、专类园。适宜广场绿化、庭院绿化、道路绿化及工矿区绿化。

【生态功能】优良的防火树种；与杉木、马尾松等混交造林还能富集养分，改良土壤，防治杉松多代连作造成的地力衰退，保持水土，涵养水源，调节气候。

【其它】木材有光泽，耐腐性较好，是建筑、装修、制浆、造纸材好树种。用醉香含笑栽培香菇，不仅产量高，而且品质好，营养成分高。

8. 阔瓣含笑 *Michelia platypetala* Hand.-Mazz.

【别名】阔瓣白兰花、云山白兰

【形态特征】乔木，高达20米。嫩枝、芽、嫩叶均被红褐色绢毛。叶薄革质，长圆形、椭圆状长圆形，长1l~ 18厘米，宽4~6米，先端渐尖，或骤狭短渐尖，基部宽楔形或圆钝，下面被灰白色或杂有红褐色平伏微柔毛；叶柄长1~3厘米，被红褐色平伏毛。花被片9，白色，外轮倒卵状椭圆形或椭圆形，

图9-26 阔瓣含笑

长5~5.6厘米，宽2~2.5厘米。聚合果长5~15厘米；蓇葖无柄，长圆柱形；种子淡红色（图9-26）。花期3~4月，果期8~9月。

【生态习性】喜光、耐半荫。喜温暖湿润气候；能耐40℃的酷暑和-10℃ ~-15℃的低温。喜土层深厚、疏松、肥沃、排水良好、富含有机质的酸性至微碱性土壤。

【分布及栽培范围】湖北西部、湖南西南部、广东东部、广西东北部、贵州东部。

【繁殖】播种或嫁接繁殖。

【观赏】主干挺秀，枝茂叶密，开花素雅，花期可长达5周。

【园林应用】庭荫树、园景树、专类园、盆栽观赏。孤植、丛植均佳。

（四）观光木属 *Tsoongiodendron* Chun

我国特有属，仅有1种。属特征见种特征。

1. 观光木 *Tsoongiodendron odorum* Chun

【别名】香花木、香木楠、宿轴木兰

【形态特征】常绿绿木，高达25米。小枝;芽叶柄、叶下面和花梗均被黄棕色糙状毛。叶互生，全缘，椭圆形或倒卵状椭圆形，长8~15厘米，宽8~40厘米，先端渐尖或钝，基部楔形，上面绿色，有光泽，中脉被小柔毛；托叶与叶柄贴生，叶柄长1.2~2.5厘米。托叶痕几达叶柄中部。花两性，单生叶腋，淡紫红色，芳香。花梗长约6毫米，花被片9，3轮，窄倒卵状椭圆形，外轮的最大，长1.7~2厘米。聚合蓇葖果长椭圆形，下垂，长10~18厘米，径7~9厘米，厚木质，成熟时沿背缝线开裂。种子具红色假种皮(图9-27)。花期3~4月，果期9~10月。

【生态习性】喜温暖湿润气候及深厚肥沃的土

壤。弱阳性，幼龄耐荫，长大喜光，根系发达。垂直分布一般在海拔300~600米。主要伴生树种有杜英、冬青、枫香、南酸枣等。

【分布及栽培范围】云南、贵州、广西、湖南、福建、广东和海南等属于热带到中亚热带南部地区。

【繁殖】播种繁殖。

【观赏】树干挺拔俊秀，枝密，呈阔圆锥状。叶表面光泽，叶柄金黄色，色相丰富耀眼。芳香宜人，方圆百米可闻，别称香花木。

【园林应用】庭荫树、园景树、专类园。孤植和群植均成景观；也可在山上大面积造林作优质材用。

【生态功能】根系发达，涵养水源效果明显。

【其它】观光木因纪念中国植物学家钟观光而得名。花可提取芳香油，种子榨油，供工业用。木材为散孔材，纹理直，结构细，易加工，少开裂，供建筑、乐器、家具及细木工用材。

图 9-27　观光木

（五）鹅掌楸属 *Liriodendron* Linn.

落叶乔木，树皮灰白色，纵裂小块状脱落；小枝具分隔的髓心。卵形冬芽为2片粘合的托叶包围，幼叶在芽中对折。叶互生，具长柄，托叶与叶柄离生，叶片先端平截或微凹，近基部具1对或2列侧裂。花无香气，单生枝顶，与叶同时开放，两性，花被片9~17，3片1轮，近相等，药室外向开裂；雌蕊群无柄，心皮多数，分离，最下部不育，每心皮具胚珠2颗。聚合果纺锤状，成熟心皮木质，种皮与内果皮愈合，顶端延伸成翅状；种子1~2颗。

本属在日本、格陵兰、意大利、法国找到它的化石，到新生代第三纪还有10余种，广布于北半球温带地区，第四纪冰期大部绝灭。2种。我国1种，北美1种。

分种检索表

1 叶近基部每边具1侧裂片，老叶下面被乳头状的白粉点 ………………………… 1 鹅掌楸 *L.chinense*

1 叶近基部每边具2侧裂片，叶下面无白粉点 ………………………………………… 2 北美鹅掌楸 *L.tulipifera*

1. 鹅掌楸 *Liriodendron chinense* (Hemsl.) Sargent.

【别名】马褂木

【形态特征】落叶乔木，树高达40米。小枝灰色或灰褐色，叶互生，长4~18厘米，宽5~19厘米，每边常有2裂片，背面粉白色；叶柄长4~8厘米。叶形如马褂——叶片的顶部平截，犹如马褂的下摆；

图 9-28 鹅掌楸

叶片的两侧平滑或略微弯曲，好像马褂的两腰；叶片的两侧端向外突出，仿佛是马褂伸出的两只袖子。故鹅掌楸又叫马褂木。花单生枝顶，花被片 9 枚，外轮 3 片萼状，绿色，内二轮花瓣状黄绿色，基部有黄色条纹。聚合果纺锤形，长 6~8 厘米，直径 1.5~2 厘米。小坚果有翅(图 9-28)。花期 5~6 月，果期 9 月。

【生态习性】喜光及温和湿润气候，可忍受 -15℃低温。喜深厚肥沃而排水良好的酸性土壤，干旱土地上生长不良，也忌低湿水涝。海拔 600~1500 米之间的低山地零星生长。江南自然风景区中可与木荷、山核桃，板栗等行混交林式种植。

【分布及栽培范围】长江流域以南地区，西直至云南省金平县，北界为陕西省紫阳县，再向南一直可延伸到越南北部。

【繁殖】种子繁殖。

【观赏】树形端正，叶形奇特，是优美的庭荫树和行道树种，与悬铃木、椴树、银杏、七叶树并称世界五大行道树种。秋叶呈黄色，很美丽，在因其花形酷似郁金香，故被称为“中国的郁金香树”(Chinese Tulip Tree)。

【园林应用】行道树、园路树、庭荫树、园景树、风景林、水边绿化、专类园。孤植、列植以及混植于庭院中。

【生态功能】本树种对空气中的 SO_2 气体有中等的抗性，可在大气污染较严重的地区栽植。

【文化】鹅掌楸为古老的孑遗植物，为东亚与北美洲际间断分布的典型实例，对古植物学系统学有重要科研价值。

【其它】材淡结构细致，轻而强韧，是胶合板的理想原料，也是制家具、缝纫机板、收音机壳与室内装修的良材，但抗腐力弱。树皮入药，祛水湿风寒。

2. 北美鹅掌楸 *Liriodendron tulipifera* L.

【别名】美国马褂木、郁金香树

【形态特征】落叶大乔木，株高 60 米，胸径 3 米，小枝褐色。叶鹅掌形，或称马褂状，两侧各有 1~3 浅裂，先端近截形。花浅黄绿色，郁金香状。与鹅掌楸的主要区别点是其叶较宽短，侧裂较浅，近基部常有小裂片，叶端常凹入，幼叶背面有细毛，花较大而形似郁金香，花瓣淡黄绿色而内侧近基部橙红色（图 9-29）。

近似种：杂种鹅掌楸 *L. tulipifera* 为上述两种鹅掌楸杂交种。树皮紫褐色，皮孔明显；叶形介于两

图 9-29 北美鹅掌楸

者之间；花被外轮 3 片黄绿色，内两轮黄色。具有明显的杂种优势，生长快，适应平原能力增强；耐寒性较强，北京能露地生长。

【生态习性】喜光，能耐 -17℃低温。生长较快，喜温暖湿润气候及深厚肥沃的酸性土壤。栽培土质以深厚、肥沃、排水良好的酸性和微酸性土壤为宜，喜温暖湿润和阳光充足的环境。

【分布及栽培范围】原产于美国东南部。我国青岛、庐山、南京、杭州、昆明等地有栽培。

【繁殖】播种、扦插、压条繁殖。

【观赏】树形端正雄伟，叶形奇特，花大而美丽。

【园林应用】行道树、园路树、庭荫树、园景树、风景林、水边绿化、专类园。丛植、列植或片植于草坪、公园入口处，均有独特的景观效果，对有害气体的抗性较强，也是工矿区绿化的优良树种之一。

【其它】木材可以做家具、胶合板等。

（六）拟单性木兰属 *Parakmeria* Hu et Cheng

常绿乔木，各部无毛。小枝节间密而呈竹节状；顶芽鳞分裂为2瓣。叶全缘，具骨质半透明边缘下延至叶柄；托叶不连生于叶柄，叶柄上无托叶痕。花单生枝顶、紧接花被片下具 1 佛焰苞状苞片，两性或杂性。花被片 9~12，外轮 3 片，近革质，有纵脉纹，内 2 或 3 轮肉质，近同形而向内渐小；雄蕊 10~75 枚，着生于圆锥状花托上，花丝短，花药线形，两药室分离，内向开裂，药隔伸出成短尖头，花谢后，花梗与花托脱落；两性花：雄蕊与雌花同而较少；雌蕊 10~20 枚，具明显的雌蕊群柄，心皮发育时全部互相愈合，每心皮具 2 胚珠。聚合果椭圆形或倒卵形，有时因部分心皮不育而形状不一，雌蕊群柄形成的短果梗，不伸长。蓇葖木质，沿背缝及顶端开裂。种子 1~2 颗。外种皮红色或黄色、内种皮硬骨质。

约 5 种。分布于我国西南部至东南部。

1. 乐东拟单性木兰 *Parakmeria lotungensis* (Chun et C. Tsoong) Law

【别名】乐东木兰

【形态特征】常绿乔木，高达 30 米。当年生枝绿色。叶革质，狭倒卵状椭圆形、倒卵状椭圆形或狭椭圆形，长 6~11 厘米，宽 2~3.5 厘米，先端尖而尖头钝，基部楔形；上面深绿色，有光泽；叶柄长 1~2 厘米。花杂性，雄花两性花异株；雄花：花被片 9~14，外轮 3~4 片浅黄色，倒卵状长圆形，长 2.5~3.5 厘米，宽 1.2~2.5 厘米，内 2~3 轮白色；雄蕊 30~70 枚；有时具 1~5 心皮的两性花、雄花花托顶端长锐尖、有时具雌蕊群柄。两性花，花被片与雄花同形而较小，雄蕊 10~35 枚，雌蕊群卵圆形，绿色，具雌蕊 10~20 枚。聚合果卵状长圆形体或椭圆状卵圆形，长 3~6 厘米，外种皮红色 (图 9-30)。花期 4~5 月，果期 8~9 月。

【生态习性】喜光，喜温暖湿润气候，能抗 41℃的高温和耐 -12℃的严寒。喜土层深厚、肥沃、排水良好的土壤。国家三级重点保护树种。生于海拔 700~1400 米的温湿常绿阔叶林中。

【分布及栽培范围】我国海南、广东、广西、贵州、湖南、江西、福建、浙江等地。

【繁殖】种子繁殖或扦插繁殖。

【观赏】树干通直，叶厚革质，叶色亮绿，春天新叶深红色，初夏开白花清香远溢，秋季果实红艳夺目。花形美丽，略有香味。

【园林应用】庭荫树、园景树、专类园 (图 9-31)。适于公园、四旁种植，是布置庭园的优良树种，无论孤植、丛植或作行道树，均十分合适。

【生态功能】对有毒气体有较强的抗性。

图 9-30　乐东拟单性木兰

图 9-31　乐东拟单性木兰的园林应用

【其它】木林心材明显，供建筑、家具等用。国家三级保护渐危种。

十二、番荔枝科 Annonaceae

乔木或灌木，有时攀援状；木质部通常有香气。单叶互生，全缘；羽状脉，有叶柄，无托叶。花两性，稀单性，通常单生，生于叶腋或腋外生，与叶对生或茎生花，下位花，辐射对称，花被由 3 轮组成，每轮 3 片，外轮形成花萼，萼片离生或在下部合生，镊合状排列，内面 2 轮形成花瓣，花瓣通常 9，稀 3 或 4 片，镊合状排列，在花被上方，有大而隆起或稀凹陷的花托，花托上螺旋地排列着多数雄蕊，中央着生多数心皮；雄蕊较特殊，有一短而粗的花丝，花丝上方有一对外向的花药，倒生胚珠通常多数，在心皮腹缝上排成 2 列。成熟心皮离生，少数合生成一肉质的聚合浆果；种子通常具假种皮。

共约 120 余属，2100 种，广布于世界热带、亚热带地区，尤以东半球为多，中国有 24 属，103 种，6 变种，分布于西南部至台湾，大部产华南，少数分布于华东。

分属检索表

1 乔木或直立灌木……………………………………………………… 1 暗罗属 *Polyalthia*

1 攀援灌木……………………………………………………………… 2 鹰爪花属 *Artabotrys*

（一）暗罗属 *Polyalthia* Bl.

乔木或灌木。叶互生，有柄；羽状脉。花两性，少数单性，腋生或与叶对生，单生或数朵丛生，有时生于老干上；萼片 3，通常小形，镊合状或近覆瓦状排列；花瓣 6 片，2 轮，每轮 3 片，镊合状排列，少数近覆瓦状排列，内外轮花瓣几等大，少数为内轮比外轮的长。内轮花瓣在开花时全部展开；雄蕊极多数，楔形；药隔突出于药室外，扩大而呈截平形或近圆形；心皮多数，稀少数，每心皮有胚珠 1~2 颗，基生或近基生，成熟时浆果状，圆球状或长圆状或卵圆状，有柄，内有种子 1 颗，少数为 2 颗。

本属约 120 种，分布于东半球的热带及亚热带地区。中国有 17 种，分布于台湾、广东、广西、云南和西藏等省区。

1. 垂枝长叶暗罗 *Polyalthia longifolia* (Sonn.) Thwaites 'Pendula'

图 9-32　垂枝长叶暗罗

【别名】垂枝暗罗

【形态特征】常绿乔木，株高可达 8 米。下垂的枝叶甚密集，树冠整洁美观，呈锥形或塔状，风格独特，故又名塔树；主干高耸挺直，侧枝纤，细下垂；叶互生，下垂，狭披针形，叶缘具波状。3 月中旬开花，花黄绿色，味清香 (图 9-32)。

【生态习性】喜高温、高湿和强光环境，耐热、耐干旱、耐贫瘠土壤，成株较耐风，但不耐荫。

【分布及栽培范围】原产印度、巴基斯坦等地。现全国各地均有栽培。

【繁殖】播种繁殖。即采即播。

【观赏】枝叶甚密，树冠整洁美观，呈锥形或塔状，风格独特。

【园林应用】行道树、园景树、绿篱、盆栽观赏等 (图 9-33)。主要用于庭院、校园、公园、庙宇、风景区的美化。

【文化】在佛教盛行的地方，垂枝长叶暗罗被当成神圣的宗教植物，种于寺庙周围。寓意为像和尚那样与世无争。印度阿育王为弘扬佛法，於世界各地广建佛塔供养舍利，因此垂枝长叶暗罗亦被称为“阿育王树”。

图 9-33　垂枝长叶暗罗在园林中的应用

（二）鹰爪花属 *Artabotrys* R. Br. ex Ker

攀援灌木，常借钩状的总花梗攀援于它物上。叶互生，幼时薄膜质，渐变为纸质或革质；羽状脉，有叶柄。两性花，花通常单生于木质钩状的总花梗上，芳香；萼片 3，小，镊合状排列，基部合生；花瓣 6，2 轮，镊合状排列，扩展或稍向内弯，基部凹陷，在雄蕊之上收缩，外轮花瓣与内轮花瓣等大或较大；花托平坦或凹陷；雄蕊多数，紧贴，长圆形或楔形，药隔顶端突出或截平，有时外围有退化雄蕊；心皮 4~ 多数，每心皮有胚珠 2 颗。成熟心皮浆果状，椭圆状倒卵形或圆球状，离生，肉质，聚生于坚硬的果托上，无柄或有短柄。

本属约 100 种，我国产 4 种，分布于西南部至福建和台湾。

1. 鹰爪花 *Artabotrys hexapetalus* Bhand.

图 9-34 鹰爪花

【别名】鹰爪、鹰爪兰、五爪兰、莺爪

【形态特征】常绿攀援灌木，高达 4 米。单叶互生，叶矩圆形或广披针形，长 7~16 厘米，宽 3~5 厘米，先端渐尖。花朵 1~2 朵生于钩状的花序柄上，淡绿或淡黄色，极香。萼片绿色，卵形。花瓣 6，2 轮，雄蕊多数，花药长圆形。浆果卵圆形，长 2.5~4 厘米，数个簇生 (图 9-34)。花期 5~8 月，果期 5~12 月。

【生态习性】喜温和气候和较肥沃的排水良好的土壤，喜光，耐荫，耐修剪，但不耐寒。

【分布及栽培范围】原产印度、菲律宾、印尼、马来西亚及中国华南地区。泰国、越南、印度尼西亚等地有分布。

【繁殖】播种、扦插繁殖，但以播种为主。

【观赏】枝叶四季青翠，花极香，且花期长达四个月。

【园林应用】绿篱及绿雕、垂直绿化、盆栽观赏等。可用于庭园花架、花墙，也可与假山石配植，以增加山林野趣。

【其它】鲜花含芳香油 0.75~1.0% 左右，可提制鹰爪花浸膏，用于高级香水化妆品和皂用的香精原料，亦供熏茶用。根可药用，治疟疾。

十三、蜡梅科 Calycanthaceae

落叶或常绿灌木；小枝四方形至近圆柱形；有油细胞。鳞芽或芽无鳞片而被叶柄的基部所包围。单叶对生，全缘或近全缘；羽状脉；有叶柄；无托叶。花两性，辐射对称，单生于侧枝的顶端或腋生，通常芳香，黄色、黄白色或褐红色或粉红白色，先叶开放；花梗短；花被片多数，未明显地分化成花萼和花瓣，成螺旋状着生于杯状的花托外围，花被片形状各式，最外轮的似苞片，内轮的呈花瓣状；雄蕊两轮，外轮的能发育，内轮的败育，发育的雄蕊 5~30 枚，螺旋状着生于杯状的花托顶端，花丝短而离生，药室外向，2 室，纵裂，，退化雄蕊 5~25 枚，线形至线状披针形；心皮少数至多数，离生，着生于中空的杯状花托内面，每心皮有胚珠 2 颗；花托杯状。聚合瘦果着生于坛状的果托之中，瘦果内有种子 1 颗。

共 2 属，7 种，2 变种。我国有 2 属，4 种，1 栽培种，2 变种，分布于山东、江苏、安徽、浙江、江西、福建、湖北、湖南、广东、广西、云南、贵州、四川、陕西等省区。

科识别特征:木本单叶具短柄，对生全缘无托叶。单生辐射花两性，蜡质花朵味芳香。花被多数为同形，数轮排列覆瓦状。生于壶形花托外，雄蕊 5 - 30 枚。子房上位仅 1 室，瘦果包于花托内。

分属检索表

1 芽不具鳞片，而藏于叶柄基部之内；花顶生 …………………………… 1 夏蜡梅属 *Calycanthus*

1 芽具鳞片，不藏于叶柄基部之内；花腋生 …………………………… 1 蜡梅属 *Chimonanthus*

（一）夏蜡梅属 *Calycanthus* Linn.

落叶直立灌木；枝条四方形至近圆柱形。芽不具鳞片，被叶柄基部所包围。无托叶。叶膜质，单叶对生，通常叶面粗糙；羽状脉；有叶柄。花顶生，褐红色或粉红白色，通常有香气，直径 1~8 厘米；花被片 15~30，肉质或近肉质，形状各式，覆瓦状排列，基部螺旋状着生于杯状的花托外围；雄蕊 10~19，长圆形至线状长圆形，花丝短，被短柔毛，药室外向，2 室，花药背面通常被短柔毛，退化雄蕊 11~25，被短柔毛；心皮多数（10~35），离生，每心皮有胚珠 2 颗，倒生。果托梨状、椭圆状或钟状，被短柔毛或无毛；瘦果长圆状椭圆形，内有 1 颗种子。

本属约 4 种，1 变种，产于我国和北美洲；世界各地有栽培。我国产 1 种及 1 栽培种。

1. 夏蜡梅 *Calycanthus chinensis* Cheng et S. Y. Chang

【别名】夏梅、牡丹木、大叶柴、蜡木、黄梅花

【形态特征】高 1~3 米；树皮灰白色或灰褐色，皮孔凸起；小枝对生，无毛或幼时被疏微毛；芽藏于叶柄基部之内。叶宽卵状椭圆形、卵圆形或倒卵形，长 11~26 厘米，宽 8~16 厘米，基部两侧略不对称，叶缘全缘或有不规则的细齿，叶面有光泽，略粗糙，无毛，叶背幼时沿脉上被褐色硬毛，老渐无毛；叶柄长 1.2~1.8 厘米。花无香气，直径 4.5~7 厘米；花梗长 2~2.5 厘米，着生有苞片 5~7 个，苞片早落。果托钟状或近顶口紧缩，长 3~4.5 厘米，直径 1.5~3 厘米；瘦果长圆形（图 9-35）。花期 5 月中、下旬，果期 10 月上旬。

【生态习性】喜温暖湿润和半荫的环境。较耐寒，怕强光暴晒，怕干旱。冬季温度不低于 -5℃。土壤为肥沃、疏松和排水良好的砂质壤土。生于海拔 600~1000 米山地沟边林荫下。

图 9-35　夏蜡梅

【分布及栽培范围】浙江昌化及天台等地。

【繁殖】播种、扦插、压条、分株等方法繁殖。

【观赏】枝繁叶茂，花大色白，特别夏季开花，十分诱人。配植于林下或窗前，花时清香秀丽，给人以舒爽适宜的感觉。

【园林应用】园景树、基础种植、专类园、盆栽观赏。主要用于公园、庭院、学校、住宅区等。

（二）蜡梅属 *Chimonanthus* Lindl.

直立灌木；小枝四方形至近圆柱形。叶对生，落叶或常绿，纸质或近革质，叶面粗糙；羽状脉，有叶柄；鳞芽裸露。花腋生，芳香，直径 0.7~4 厘米；花被片 15~25，黄色或黄白色，有紫红色条纹，膜质；雄蕊 5~6，着生于杯状的花托上，花丝丝状，基部宽而连生，通常被微毛，花药 2 室，外向，退化雄蕊少数至多数，长圆形，被微毛，着生于雄蕊内面的花托上；心皮 5~15，离生，每心皮有胚珠 2 颗或 1 颗败育。果托坛状，被短柔毛；瘦果长圆形，内有种子 1 个。

本属 3 种，我国特产。日本、朝鲜及欧洲、北美等均有引种栽培。

分种检索表

1 叶椭圆形至宽椭圆形或卵圆形，落叶……………………………………………… 1 蜡梅 *C. praecox*

1 叶卵状披针形，常绿……………………………………………………………… 2 亮叶蜡梅 *C. nitens*

1. 蜡梅 *Chimonanthus praecox* (L.) Link

【别名】腊梅、蜡木、素心蜡梅、荷花蜡梅、梅花、石凉茶、黄金茶、黄梅花、磬口蜡梅

【形态特征】落叶灌木，高达 4 米；幼枝四方形，老枝近圆柱形。叶纸质至近革质，卵圆形、椭圆形、宽椭圆形至卵状椭圆形，有时长圆状披针形，长 5~25 厘米，宽 2~8 厘米，顶端急尖至渐尖，有时具尾尖，基部急尖至圆形，叶上着生向前的硬毛。花着生于第二年生枝条叶腋内，先花后叶，芳香，直径 2~4 厘米；花被片圆形、长圆形、倒卵形、椭圆形或匙形，长 5~20 毫米，宽 5~15 毫米，无毛，内部花被片比外部花被片短，基部有爪；雄蕊长 4 毫米，花丝比花药长或等长，花药向内弯，无毛，药隔顶端短尖，退化雄蕊长 3 毫米；心皮基部被疏硬毛，花柱长达子房 3 倍，基部被毛。果托近木质化，坛状或倒卵状椭圆形（图 9-36）。花期 11 月至翌年 3 月，果期 4~11 月。

图 9-36　蜡梅

常见栽培品种有：①素心蜡梅 'Concolor' 花被片纯黄色，内部不染紫色条纹，花径 2.6~3 厘米，香味稍淡。②大花素心蜡梅 'Luteo-grandiflorus' 花大，宽钟形，径达 3.5~4.2 厘米，花被片全为鲜黄色。③馨口腊梅 'Grandiflorus' 花较大，径达 3~3.5 厘米，花被片近圆形，深鲜黄色，红心；花期早而长；叶也较大，长可达 20 厘米。④虎蹄腊梅 'Cotyiformus' 是河南鄢陵的传统品种，因花之内轮花被片中心有形如虎蹄的紫红色斑而得名，径 3~3.5(4.5) 厘米。⑤小花腊梅 'Parviflorus' 花特小，径常不足 1 厘米，外轮花被片淡黄色，内轮被片具紫色斑纹。⑥狗牙蜡梅（狗蝇蜡梅）*var. intermedius* Mak. 花小，香淡，花瓣狭长而尖，红心；多为实生苗或野生类型。

图 9-37　蜡梅在园林中的应用

【生态习性】喜光，略耐侧荫。耐寒。肥沃排水良好的生长最好，碱土，重粘土生长不良；喜肥，耐干旱，忌水湿。耐修剪。病虫害少，寿命可达百年以上。

【分布及栽培范围】华北、华东、华中、西南等省。广西、广东等省区均有栽培。日本、朝鲜和欧洲、美洲均有引种栽培。

【繁殖】播种、压条、分根等方法繁殖。

【观赏】花开于寒月早春，花黄如蜡，清香四溢，花期长达 3 个月，是具有中国特色的冬季花木。

【园林应用】园景树、基础种植、专类园、盆栽观赏 (图 9-37)。主要用于公园、庭院、住宅区等。可孤植、对植于假山、河岸旁，或与凤尾竹、五针松组成“岁寒三友”小品。可孤植、对植、丛植、群植配置于园林与建筑物的入口处两侧和厅前、亭周、窗前屋后、墙隅及草坪、水畔、路旁等处。

【生态功能】抗氯气，二氧化硫污染能力强。

【文化】《梅》王安石：墙角数枝梅，凌寒独自开。遥知不是雪，为有暗香来。《江梅》唐 · 杜甫：梅蕊腊前破，梅花年后多。绝知春意好，最奈客愁何？雪树元同色，江风亦自波。故园不可见，巫岫郁嵯峨。《杂咏》唐 · 王维：已见寒梅发，复闻啼鸟声。心心视春草，畏向玉阶生。

【其它】根、叶可药用，理气止痛、散寒解毒，治跌打、腰痛、风湿麻木、风寒感冒，刀伤出血；花解暑生津，治心烦口渴、气郁胸闷；花蕾油治烫伤。

2. 山蜡梅 *Chimonanthus nitens* Oliv.

【别名】臭蜡梅、岩马桑、铁筷子、秋蜡梅、毛山茶、小坝王、亮叶蜡梅、香风茶、野蜡梅

【形态特征】常绿灌木，高 1~3 米；幼枝四方形。叶纸质至近革质，椭圆形至卵状披针形，少数为长圆状披针形，长 2~13 厘米，宽 1.5~5.5 厘米，顶端渐尖，基部钝至急尖，叶面略粗糙，有光泽，基部有不明显的腺毛，叶背无毛，或有时被短柔毛；叶脉在叶面扁平，在叶背凸起，网脉不明显。花小，直径 7~10 毫米，黄色或黄白色；花被片长 3~15 毫米，宽 2.5~10 毫米，外面被短柔毛，内面无毛；雄蕊长 2 毫米，花丝短，被短柔毛，退化雄蕊长 1.5 毫米；心皮长 2 毫米，基部及花柱基部被疏硬毛。果托坛状，长 2~5 厘米，直径 1~2.5 厘米，口部收缩，成熟时灰褐色，被短绒毛，内藏聚合瘦果 (图 9-38)。花期 10 月 ~ 翌年 1 月，果期 4~7 月。

【生态习性】喜疏松砂壤土，也可以在多种土壤中生长。生于山坡沟谷、林中或灌丛中，石灰岩山坡。

图 9-38　山蜡梅

海拔 100~1100(2700) 米。

【分布及栽培范围】安徽、浙江、江苏、江西、福建、湖北、湖南、广西、云南、贵州和陕西等省区。日本、朝鲜、欧洲、北美均有栽。

【繁殖】可用播种、嫁接、压条、分株等方法繁殖。

【观赏】四季常青，株丛紧密，花时淡黄，花朵在常绿叶丛间，相映成趣。

【园林应用】园景树、水边绿化、基础种植、专类园、盆栽观赏。可孤植、丛栽，主要用于公园、庭院、住宅区、学校等。

【其它】根可药用，治跌打损伤、风湿、劳伤咳嗽、寒性胃痛、感冒头痛、疔疮毒疮等。种子含油脂。

十四、樟科 Lauraceae

大多为乔木或灌木，仅有无根藤属为缠绕寄生草本；常有含油或粘液的细胞。樟科的起源较早，第三纪的古新世发现了最古老的樟科植物化石。互生，对生，近对生或轮生，革质，有时为膜质或纸质，全缘，极少分裂，羽状脉，三出脉或离基三出脉，小脉常为密网状；无托叶，为茜草型，局限于下表面且常凹陷。

共约 45 属，2000~2500 种，分布于热带，但有些种类分布到亚热带甚至暖温带。中国约有 20 属 (其中鳄梨属和月桂属为引种栽培)，423 种，43 变种和 5 变型。主要分布在云南、四川、广西、广东及台湾等省区，只有少数落叶种类 (木姜子属和山胡椒属) 分布较北。

分属检索表

1 花序通常圆锥状，疏松，具梗，但亦有成簇状的，均无明显的总苞

　2 果着生于由花被筒发育而成的或浅或深的果托上，果托只部分地包被果

　　3 花序在开花前有小而早落的苞片 ································ 1 樟属 *Cinnamomum*

　　3 花序在开花前有大而非交互对生的迟落的苞片 ··············· 2 檫木属 *Sassafras*

　2 果着生于无宿存花被的果梗上，若花被宿存时，则绝不成果托

　　　4 果时花被直立而坚硬，紧抱果上 ································ 3 楠木属 *Phoebe*

　　　4 果时花被脱落，若宿存则绝不紧抱果上 ························ 4 润楠属 *Machilus*

1 花序成假伞形或簇状，其下承有总苞，总苞片大而常为交互对生，常宿存

　5 花 3 基数，即花各部为 3 数或为 3 的倍数

　　　　6 花药 4 室 ·· 5 木姜子属 *Litsea*

　　　　6 花药 2 室 ·· 6 山胡椒属 *Lindera*

　5 花 2 基数，即花各部为 2 数或为 2 的倍数 ······························ 7 新木姜子属 *Neolitsea*

(一) 樟属 *Cinnamomum* Trew

常绿乔木或灌木；叶互生、近对生或对生，有时聚生于枝梢，离基三出脉或三出脉，亦有羽状脉；花小或中等大，两性，稀为杂性，组成腋生或近顶生、顶生的圆锥花序，由 3 至多花的聚伞花序所组成；花被裂片 6，近等大，花后完全脱落，或上部脱落而下部留存在花筒的边缘上；能育雄蕊 9，稀较少或较多，排成三轮，第一、二轮无腺体，第三轮近基部有 2 个具柄或无柄的腺体，花药 4 室，稀第三轮的为 2 室，第一、二轮的内向，第三轮的外向；退化雄蕊 3，位于最内轮，心形或箭头形，具短柄；花柱与子房等长，纤细，

柱头头状或盘状，有时 3 圆裂；果肉质，其下有果托；果托杯状、钟状或圆锥状，截平或边缘波状，或有不规则小齿，有时有由花被裂片基部形成的平头裂片 6 枚。

本属约 250 种，分布于热带亚洲、澳大利亚至太平洋岛屿和热带美洲，我国约有 46 种，主产南方各省区，北达陕西及甘肃南部，种数最多是云南，其次是广东和四川。

分种检索表

1 果时花被片完全脱落……………………………………………………1 樟树 *C. camphora*

1 果时花被片宿存，或上部脱落下部留存在花被筒的边缘上

2 叶两面尤其是下面幼时明显被毛…………………………………………2 肉桂 *C.cassia Presl*

2 叶两面尤其是下面幼时无毛或略被毛

3 果托边缘截平，波状或不规则的齿裂……………………………………3 天竺桂 *C. japonicum*

3 果托具整齐 6 齿裂，齿端截平、圆或锐尖…………………………………4 阴香 *C. burmanni*

1. 樟树 *Cinnamomum camphora* (L.) Presl

【别名】香樟、芳樟、油樟、樟木、乌樟、瑶人柴、栳樟、臭樟

【形态特征】常绿大乔木，高可达 30 米。枝、叶及木材均有樟脑气味。叶互生，卵状椭圆形，长 6~12 厘米，宽 2.5~5.5 厘米，先端急尖，基部宽楔形至近圆形，边缘全缘，软骨质，有时呈微波状，具离基三出脉，中脉两面明显；叶柄纤细，长 2~3 厘米，腹凹背凸，无毛。圆锥花序腋生，长 3.5~7 厘米，具梗，总梗长 2.5~4.5 厘米。花绿白或带黄色，长约 3 毫米；花梗长 1~2 毫米，无毛。果卵球形或近球形，直径 6~8 毫米，紫黑色；果托杯状，长约 5 毫米（图 9-39）。花期 4~5 月，果期 8~11 月。

图 9-39 樟树

图 9-40 樟树在园林中的应用

【生态习性】喜光，稍耐荫；喜温暖湿润气候，耐寒性不强，对土壤要求不严，较耐水湿，但不耐干旱、瘠薄和盐碱土。主根发达，深根性，能抗风。萌芽力强，耐修剪。

【分布及栽培范围】南方及西南各省区。越南、朝鲜、日本也有分布，其他各国常有引种栽培。

【繁殖】种子繁殖，应随采随播；也可分蘖繁殖。

【观赏】枝叶茂密，冠大荫浓，树姿雄伟。主干硕壮，叶色浓绿光泽。

【园林应用】行道树、园路树、庭荫树、园景树、

风景林、树林、防护林、水边绿化、特殊环境绿化等（图9-40）。主要用于道路、公园、庭院、住宅区、厂矿区等。配植池畔、水边、山坡等。在草地中丛植、群植、孤植或作为背景树。

【生态功能】有很强的吸烟滞尘、涵养水源、固土防沙。此外抗海潮风及耐烟尘和抗有毒气体能力，并能吸收多种有毒气体，较能适应城市环境。

【其它】木材及根、枝、叶可提取樟脑和樟油，樟脑和樟油供医药及香料工业用。果核含脂肪，含油量约40%，油供工业用。根、果、枝和叶入药，有祛风散寒、强心镇痉和杀虫等功能。

2. 肉桂 *Cinnamomum cassia* Presl

【别名】桂、桂枝、桂皮、筒桂、玉桂

【形态特征】常绿乔木，植株高12~17米，全株有芳香气。树皮灰棕色，幼枝略呈四棱形；叶互生或近对生，长椭圆形至近披针形，长8~16(34)厘米，先端稍急尖，基部急尖，革质，有光泽，离基三出脉，侧脉近对生，嫩叶呈紫红色，老叶背面深绿色；圆锥花序腋生或近顶生，长8~16厘米，花白色，长约4.5毫米；花梗长3~6毫米。浆果椭圆形，长约1厘米，初为绿色，成熟时为黑紫色（图9-41）。花期6~8月，果期至10~12月。

【生态习性】喜温湿，气温低于20℃则停止生长，能忍耐短期-2℃的温度，但遇上6天以上霜冻受伤至死亡。充足的阳光可促进成龄树韧皮部形成油层。喜土层深厚、质地疏松、有机质丰富、磷、钾含量高的酸性沙壤土或壤土。

【分布及栽培范围】原产我国，现广东、广西、福建、台湾、云南等省区的热带及亚热带地区广为栽培，尤以广西最多。印度、老挝、越南至印度尼西亚等地有人工栽培。

【繁殖】播种繁殖，随采随播。也可分蘖、扦插繁殖。

【观赏】株形整齐、美观大方，四季常青，嫩叶紫红色，全株有芳香味。

图9-41 肉桂

【园林应用】行道树、园路树、庭荫树、园景树、盆栽观赏等。主要用道路、公园、庭院、住宅区等。幼树盆栽，适合布置厅堂、宾馆及其人口处，清新富有绿意，有迎送宾客之意。也适合客厅、会议室摆设，青翠素雅，有置身于自然之中的感觉。

【其它】肉桂的树皮、叶及“桂花”（初结的果）均有强烈的肉桂味，其中以桂花最浓，依次为花梗、树皮及叶。枝、叶、果实、花梗可提制桂油，用作化妆品原料，亦供巧克力及香烟配料，药用作矫臭剂、驱风剂、刺激性芳香剂等，并有防腐作用。入药因部位不同，药材名称不同，树皮称肉桂。

3. 天竺桂 *Cinnamomum japonicum* Sieb.

【别名】大叶天竺桂、竺香、山肉桂、土肉桂、土桂、山玉桂

【形态特征】常绿乔木，高10~15米。枝具香气。叶近对生或在枝条上部者互生，卵圆状长圆形至长圆状披针形，长7~10厘米，宽3~3.5厘米，先端锐尖至渐尖，基部宽楔形或钝形，革质，离基三出脉，中

图 9-42　天竺桂

图 9-43　天竺桂在园林中的应用

脉直贯叶端，中脉及侧脉两面隆起；叶柄粗壮，腹凹背凸，红褐色，无毛。圆锥花序腋生，长 3~4.5(10) 厘米，总梗长 1.5~3 厘米。花长约 4.5 毫米。果长圆形，长 7 毫米，宽达 5 毫米；果托浅杯状，顶部极开张，宽达 5 毫米 (图 9-42)。花期 4~5 月，果期 7~9 月。

常见栽培品种有：浙江樟 var. *chekiangense* (Nakai)M. P. Tang et yao (*C.chekiangense* Nakai) 枝叶有芳香及辛辣味，叶背面有白粉及细毛。

【生态习性】中性树种。喜温暖湿润气候，在排水良好的微酸性土壤上生长最好。平原引种应注意幼年期庇荫和防寒，在排水不良之处不宜种植。移植时必须带土球。

【分布及栽培范围】江苏、浙江、安徽、江西、福建及台湾。朝鲜、日本也有。

【繁殖】播种和扦插繁殖。

【观赏】树冠伞形或近圆球形，株态优美，分枝低，叶茂密。

【园林应用】行道树、园路树、庭荫树、园景树、风景林、树林、防护林、特殊环境绿化等 (图 9-43)。主要用于道路、公园、庭院、住宅区、厂矿区等。

【生态功能】有较好的隔音、滞尘作用。对氯气和二氧化硫均有较强的抗性，理想的防污绿化树种。

【其它】枝叶及树皮可提取芳香油，供制各种香精及香料的原料。果核含脂肪，供制肥皂及润滑油。根据《中国中药资源志要》记录：天竺桂的根、树皮(桂皮)、枝叶可入药：辛，温。祛寒镇痛，行气健胃。用于风湿痛，腹痛及创伤出血。

4. 阴香 *Cinnamomum burmanni* (C.G. et Th. Nees) Bl.

【别名】桂树、山肉桂、山玉桂、野桂树、山桂、香桂、大叶樟、炳继树、桂秧、小桂皮

【形态特征】乔木，高达 14 米。树皮的内皮红色，味似肉桂。叶互生或近对生，稀对生，卵圆形、长圆形至披针形，长 5.5~10.5 厘米，宽 2~5 厘米，先端短渐尖，基部宽楔形，革质，具离基三出脉，中脉及侧脉在上面明显，下面十分凸起；叶柄长 0.5~1.2 厘米，腹平背凸。圆锥花序腋生或近顶生，比叶短，长 3~6 厘米，少花，疏散，密被灰白微柔毛。花绿白色，长约 5 毫米；花梗长 4~6 毫米。果卵球形，长约 8 毫米，宽 5 毫米；果托长 4 毫米，顶端宽 3 毫米 (图 9-44)。花期主要在秋、冬季，果期主要在冬末及春季。

【生态习性】喜阳光，喜暖热湿润气候及肥沃湿润土壤。常生于肥沃、疏松、湿润而不积水的地方。喜生于海拔 100~1400 米的疏林、密林或灌丛中，或

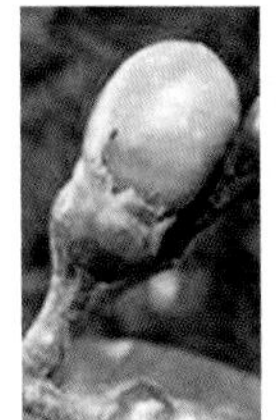

图 9-44　阴香

图 9-45　阴香在园林中的应用

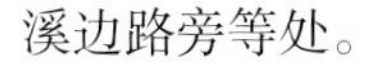
溪边路旁等处。

【分布及栽培范围】广东、广西、云南及福建。印度，经缅甸和越南，至印度尼西亚和菲律宾也有。

【繁殖】播种、扦插、压条等方法繁殖。

【观赏】树冠伞形或近圆球形，株形优美。

【园林应用】行道树、园路树、庭荫树、园景树、风景林、树林、防护林、特殊环境绿化等(图 9-45)。主要用于道路、公园、庭院、住宅区、厂矿区等。

【生态功能】对氯气和二氧化硫均有较强的抗性，为理想的防污绿化树种。

【其它】树皮作肉桂皮代用品。其皮、叶、根均可提制芳香油，从树皮提取的芳香油称广桂油，从枝叶提取的芳香油称广桂叶油，可用于食用香精，亦用于皂用香精和化妆品。叶可代替月桂树的叶作为腌菜及肉类罐头的香料。果核亦含脂肪，可榨油供工业用。

(二)檫木属 *Sassafras* Trew

落叶乔木。顶芽大，具鳞片，鳞片近圆形，外面密被绢毛。叶互生，聚集于枝顶，坚纸质，具羽状脉或离基三出脉，异型，不分裂或 2~3 浅裂。花通常雌雄异株，通常单性，或明显两性但功能上为单性，具梗。总状花序(假伞形花序)顶生，少花，疏松，下垂，具梗，基部有迟落互生的总苞片；苞片线形至丝状。花被黄色，花被筒短，花被裂片 6，排成二轮，近相等，在基部以上脱落。雄花：能育雄蕊 9，着生于花被筒喉部，呈三轮排列，近相等，花药卵圆状长圆形，先端钝但常为微凹。雌花：退化雄蕊 6，排成二轮，或为 12，排成四轮，后种情况类似于雄花的能育雄蕊及退化雄蕊；子房卵珠形，几无梗地着生于短花被筒中，花柱纤细，柱头盘状增大。果为核果，卵球形，深蓝色，基部有浅杯状的果托；果梗伸长，上端渐增粗，无毛。种子长圆形，先端有尖头，种皮薄；胚近球形，直立。

本属约 3 种，亚洲东部和北美间断分布。我国有 2 种。产长江以南各省区及台湾省。

1. 檫木 *Sassafras tzumu* (Hemsl.) Hemsl.

图 9-46　檫木

【别名】檫树、南树、山檫、青檫、桐梓树、梨火哄、梓木、黄楸树、刷木

【形态特征】落叶乔木，高可达 35 米。树皮呈不规则纵裂。叶互生，聚集于枝顶，卵形或倒卵形，长 9~18 厘米，宽 6~10 厘米，先端渐尖，基部楔形，全缘或2~3浅裂,裂片先端略钝,羽状脉或离基三出脉;叶柄长 2~7 厘米，鲜时常带红色。花序顶生，先叶开放，长 4~5 厘米，多花。花黄色，长约 4 毫米，雌雄异株。雄花的花被筒极短，花被裂片 6，披针形，近相等，长约 3.5 毫米。雌花的:退化雄蕊 12，排成四轮。果近球形,直径达 8 毫米,成熟时蓝黑色而带有白蜡粉,着生于浅杯状的果托上,果梗与果托呈红色(图 9-46)。花期 2~3 月，果期 5~9 月。

【生态习性】喜光，喜温暖湿润气候及深厚、肥沃、排水良好的酸性土壤，不耐旱，忌水湿，深根性，生长快。常生于疏林或密林中，海拔 150~1900 米。

【分布及栽培范围】浙江、江苏、安徽、江西、福建、广东、广西、湖南、湖北、四川、贵州及云南等省区。四川乐山及湖南、安徽常有栽培。

【繁殖】播种、分蘖繁殖。

【观赏】春开黄花，且先于叶开放，叶形奇特，秋季变红，花、叶均具有较高的观赏价值。

【园林应用】行道树、园路树、庭荫树、园景树、风景林、树林等。主要用于公园、庭院、住宅区等。也可用于山区造林绿化。

【其它】根和树皮入药，功能活血散瘀，祛风去湿，治扭挫伤和腰肌劳伤；果、叶和根尚含芳香油，根含油 1% 以上，油主要成分为黄樟油素。

(三) 楠木属 *Phoebe* Nees

常绿乔木或灌木；叶互生，通常聚生枝顶，羽状脉；花两性，聚伞状圆锥花序或近总状花序，生于当年生枝中、下部叶腋，少为顶生；花被裂片 6，相等或外轮略小，花后变革质或木质，直立；能育雄蕊 9 枚，三轮，花药 4 室，第一、二轮雄蕊的花药内向，第三轮的外向，基部或基部略上方有具柄或无柄腺体 2 枚，退化雄蕊三角形或箭头形;子房多为卵珠形或球形，花柱直或弯，柱头钻状或头状;果卵珠形、椭圆形及球形，少为长圆形，基部为宿存花被片所包围；宿存花被片紧贴或松散或先端外倾，但不反卷或极少略反卷；果梗不增粗或明显增粗。

本属约 94 种，分布亚洲及热带美洲。我国有 34 种 3 变种，产长江流域及以南地区，以云南、四川、湖北、贵州、广西、广东为多。

分种检索表

1 果长 1.1~1.5 厘米，宿存花被片紧贴于果的基部 ································1 闽楠 *P.bournei*

1 果长 1 厘米以下，宿存花被片多少松散或明显松散 ····························2 紫楠 *P. sheareri*

1. 闽楠 *Phoebe bournei* (Hemsl.) Yang

【别名】兴安楠木、楠木、竹叶楠

【形态特征】常绿大乔木，高达 15~20 米。叶革质或厚革质，披针形或倒披针形，长 7~13(15) 厘米，宽 2~4 厘米，先端渐尖或长渐尖，基部渐窄或楔形，上面发亮，下面被短柔毛，脉上被伸展长柔毛，有时具缘毛，中脉上面下陷，侧脉 10~14 条，网脉致密，在下面呈明显的网格状；叶柄长 0.5~2 厘米。圆锥花序生于新枝中、下部，长 3~7(10) 厘米，紧缩不开展，被毛。果椭圆形或长圆形，长 1.1~1.5 厘米，直径 6~7 毫米（图 9-47）。花期 4 月，果期 10~11 月。

【生态习性】喜湿耐荫。要求温暖、湿度大，风小、雨水丰沛的气候条件和土层深厚、肥沃、湿润、排水良好的土壤，能耐间隙性的短期水浸。常与青冈、丝栗栲、米槠、红楠、木荷等混生。深根性树种。寿命长，病虫害少，能生长成大径材。

【分布及栽培范围】江西、福建、浙江南部、广东、广西北部及东北部、湖南、湖北、贵州东南及东北部。多生于海拔 1000 米以下的常绿阔叶林中，也有栽培。

图 9-47　闽楠

图 9-48　闽楠在园林中的应用

中国特有植物，国家三级保护植物。

【繁殖】播种繁殖。

【观赏】树干通直，树冠浓密，枝条密集，树姿优美，常年翠绿不凋，嫩叶紫红色。

【园林应用】园路树、庭荫树、园景树、风景林、树林（图 9-48）。主要应用于公园、庭院、住宅区等。

【其它】木材芳香耐久，纹理结构美观，为上等建筑、高级家具、雕刻工艺、造船等良材。

2. 紫楠 *Phoebe sheareri* (Hemsl.) Gamble

【别名】黄心楠、金丝楠

【形态特征】常绿大灌木至乔木，高 5~15 米；树皮灰白色。小枝、叶柄及花序密被黄褐色或灰黑色柔毛或绒毛。叶革质，倒卵形、椭圆状倒卵形或阔倒披针形，长 8~27 厘米，宽 3.5~9 厘米，通常长

12~18 厘米，宽 4~7 厘米，先端突渐尖或突尾状渐尖，基部渐狭，中脉和侧脉上面下陷，结成明显网格状；叶柄长 1~2.5 厘米。圆锥花序长 7~15(18) 厘米，在顶端分枝；花长 4~5 毫米；子房球形，无毛。果卵形，长约 1 厘米，直径 5~6 毫米，果梗略增粗，被毛(图 9-49)。花期 4~5 月，果期 9~10 月。

【生态习性】耐荫，喜温暖湿润气候及深厚、肥沃、湿润而排水良好的壤；有一定的耐寒能力。深根性，萌芽性强；生长较慢。多生于海拔 1000 米以下的荫湿山谷和杂木林中。

图 9-49　紫楠

【分布及栽培范围】广泛分布于长江流域及其以南和西南各省。中南半岛亦有分布。

【繁殖】分蘖、扦插、压条法繁殖。播种繁殖主要用于培育新品种，宜随采随播。

【观赏】树形端正美观，叶大荫浓。

【园林应用】园路树、庭荫树、园景树、风景林、树林、防护林等。主要用于道路、公园、庭院、住宅区等。在草坪孤植、丛植，或在大型建筑物前后配植，显得雄伟壮观。

【生态功能】有较好的防风、防火效果，可防护林。

【其它】根、枝、叶均可提炼芳香油，供医药或工业用；种子可榨油，供制皂和作润滑油。叶、根入药。根具有祛瘀消肿效果。

(四) 润楠属 *Machilus* Nees

多为常绿乔木或灌木。芽大或小，常具覆瓦状排列的鳞片。叶互生，全缘，具羽状脉。圆锥花序顶生或近顶生，密花而近无总梗或疏松而具长总梗；花两性，小或较大；花被筒短；花被裂片 6，排成 2 轮，近等大或外轮的较小，花后不脱落(少数种类例外)；能育雄蕊 9 枚，排成 3 轮，花药 4 室，外面 2 轮无腺体，少数种类有变异而具腺体，花丝较长或较短，花药内向，第三轮雄蕊有腺体，腺体有柄，花药外向，有时下面 2 室外向，上面 2 室内向或侧向，第四轮为退化雄蕊，短小，有短柄，先端箭头形；子房无柄，柱头小或盘状或头状。果肉质，球形或少有椭圆形，果下有宿存反曲的花被裂片；果梗不增粗或略微增粗。

约有 100 种，分布于亚洲东南部和东部的热带、亚热带，中国约 68 种 3 变种。

分种检索表

1 花被裂片外面无毛；圆锥花序常顶生或近顶生 ……………………………… 1 红楠 *M.thunbergii*

1 花被裂片外面有绒毛或小柔毛、绢毛；圆锥花序生当年生小枝下端 ………… 2 薄叶润楠 *M.leptophylla*

1. 红楠 *Machilus thunbergii* Sieb et Zucc.

【别名】猪脚楠

【形态特征】常绿中等乔木，通常高 10~15(20) 米。枝条多而伸展，紫褐色，老枝粗糙，嫩枝紫红色，新枝、二、三年生枝的基部有顶芽鳞片脱落后

图 9-50　红楠

的疤痕数环至多环。叶倒卵形至倒卵状披针形，革质，浓绿富光泽，心叶暗红色。花顶生或在新枝上腋生，圆锥花序黄绿色。果扁球形，直径 8~10 毫米，熟时黑紫色；果梗鲜红色（图 9-50）。花期 2 月，果期 6~8 月。

【生态习性】喜温暖湿润气候，能耐 -10℃的短期低温。有较强的耐盐性及抗风能力。喜生于湿润阴坡山谷或溪边，常与壳斗科及樟科等树种混生。一般长在海拔 200~1500 米。

【分布及栽培范围】台湾、中国大陆、日本、南韩和琉球。

【繁殖】播种或扦插法，春、秋两季为适期，播种宜随采随播。

【观赏】树冠浓密优美，树形美观，绿叶浓郁，经冬不凋，富有光泽，嫩梢鲜红，极为壮观艳丽。夏季果熟，长长的红色果柄，顶托着一粒粒黑珍珠般靓丽动人的果实，叫人赏心悦目。

【园林应用】园路树、庭荫树、园景树、风景林、防护林等。可用于道路、公园、庭院、住宅区等。因耐风力强，可作海边的防风树种。

【其它】叶可提取芳香油。种子油可制肥皂和润滑油。树皮入药，有舒筋活络之效。

2. 薄叶润楠 *Machilus leptophylla* Hand.-Mazz.

【别名】大叶楠

【形态特征】高大乔木，高达 28 米。叶常集生枝顶而呈轮生状，倒卵状长圆形，长 14~24(32) 厘米，宽 3.5~7(8) 厘米，幼时下面被平伏的银色绢毛，老时上面深绿，无毛，下面带灰白色，仍有稍疏绢毛；侧脉 14~20(24) 对，略带红色。圆锥花序 6~10 个，聚生嫩枝的基部，长 8~12(15) 厘米，柔弱，多花；果球形，直径约 1 厘米，初时绿色，成熟时变紫黑色；果梗长 5~10 毫米，鲜红色（图 9-51）。

【生态习性】耐荫性强，常生于海拔 450~1200 米的山地阴湿沟谷，喜肥沃湿润的酸性黄壤。

【分布及栽培范围】福建、浙江、江苏、湖南、广东、广西、贵州。

【繁殖】播种、扦插繁殖。成熟果实现采即播，扦插法以春、秋季为适期。

【观赏】树形优美，枝叶深密，叶大而暗绿。

【园林应用】园路树、庭荫树、园景树、风景林、树林等。可用于公园、庭院、住宅区等。

【其它】树皮可提树脂；种子可榨油；叶可提取芳香油。

图 9-51　薄叶润楠

（五）木姜子属 *Litsea* Lam.

落叶或常绿，乔木或灌木。叶互生，很少对生或轮生，羽状脉。花单性，雌雄异株；伞形花序或为伞形花序式的聚伞花序或圆锥花序，单生或簇生于叶腋；苞片 4~6，交互对生，开花时尚宿存，迟落，花被筒长或短；裂片通常 6，排成 2 轮，每轮 3 片，相等或不等，早落，很少缺或 8；雄花：能育雄蕊 9 或 12，很少较多，每轮 3 个，外 2 轮通常无腺体，第 3 轮和最内轮若存在时两侧有腺体 2 枚；花药 4 室，内向瓣裂；退化雌蕊有或无；雌花：退化雄蕊与雄花中的雄蕊数目同；子房上位，花柱显著。果着生于多少增大的浅盘状或深杯状果托（即花被筒）上，也有花被筒在结果时不增大，故无盘状或杯状果托。

本属约 200 种，除不见于非洲与欧洲外，分布于亚洲热带和亚热带，以至北美和亚热带的南美洲。我国约有 72 种 18 变种和 3 变型。

1. 山鸡椒 *Litsea cubeba* (Lour.) Pers.

图 9-52 山鸡椒

【别名】山苍树、木姜子、豆豉姜、山姜子、臭樟子、臭油果树、山胡椒、山苍子

【形态特征】落叶灌木或小乔木，高达 8~10 米；幼树树皮黄绿色，光滑，老树树皮灰褐色。小枝细长，绿色，无毛，枝、叶具芳香味。顶芽圆锥形，外面具柔毛。叶互生，披针形或长圆形，长 4~11 厘米，宽 1.1~2.4 厘米，先端渐尖，基部楔形，纸质，上面深绿色，下面粉绿色，两面均无毛，羽状脉，侧脉每边 6~10 条，纤细，中脉、侧脉在两面均突起；叶柄长 6~20 毫米，纤细，无毛。伞形花序单生或簇生，总梗细长，长 6~10 毫米；苞片边缘有睫毛；每一花序有花 4~6 朵，先叶开放或与叶同时开放；子房卵形，花柱短，柱头头状。果近球形，直径约 5 毫米，幼时绿色，成熟时黑色，果梗长 2~4 毫米（图 9-52）。花期 2~3 月，果期 7~8 月。

【生态习性】喜光或稍耐荫，浅根性。对土壤和气候的适应性较强，但在 pH5~6 的土壤中生长。生于向阳的山地、灌丛、疏林或林中路旁、水边，海拔 500~3200 米。

【分布及栽培范围】我国长江以南各省区、西南直至西藏均有分布。东南亚各国也有分布。

【繁殖】播种、扦插等方法繁殖。

【观赏】树型优美，枝繁叶茂。先花后叶或花叶同放，大片种植可以形成极为壮观的花海景观。枝、叶均具芳香味，是优良的木本芳香植物。

【园林应用】园景树、风景林、树林、基础种植等。主要用于公园、庭院、住宅区等。

【其它】花、叶和果皮主要提制柠檬醛的原料，供医药制品和配制香精等用。根、茎、叶和果实均可入药，有祛风散寒、消肿止痛之效。

（六）山胡椒属 *Lindera* Thunb.

常绿或落叶乔、灌木，具香气。叶互生，全缘或三裂，羽状脉、三出脉或离基三出脉。花单性，雌雄异株，黄色或绿黄色；伞形花序在叶腋单生或在腋生缩短短枝上 2 至多数簇生；总花梗有或无；总苞片 4，交互对生。雌花子房球形或椭圆形，退化雄蕊通常 9，有时达 12 或 15，小，常成条形或条片形，第三轮有 2 个通常为肾形片状无柄腺体着生于退化雄蕊两侧。果圆形或椭圆形，浆果或核果，幼果绿色，熟时红色，后变紫黑色，内有种子一枚；花被管稍膨大成果托于果实基部或膨大成杯状包被果实基部以上至中部。

本属约 100 种，分布于亚洲、北美温热带地区。我国有 40 种 9 变种 2 变型。

分种检索表

1 花、果序具短于花、果梗的总梗……………………………………………………… 1 山橿 *L. reflexa*

1 花、果序不具总梗或具不超过 3 毫米的极短总梗

　2 叶宽卵形至椭圆形，纸质，长 4~9 厘米…………………………………………… 2 山胡椒 *L. glauca*

　2 叶宽椭圆形至圆形或狭卵形，革质，长 3~4 厘米……………………………… 3 乌药 *L. aggregata*

1. 山橿 *Lindera reflexa* Hemsl.

【别名】野樟树、钓樟、甘橿、木姜子、大叶钓樟

【形态特征】落叶灌木或小乔木。幼枝黄绿色，光滑、无皮孔，幼时有绢状柔毛，不久脱落。叶互生，通常卵形或倒卵状椭圆形，有时为狭倒卵形或狭椭圆形，长 (5)9~12(16.5) 厘米，宽 (2.5) 5.5~8(12.5) 厘米，先端渐尖，基部圆或宽楔形，有时稍心形，纸质，羽状脉。伞形花序着生于叶芽两侧各一，具总梗，长约 3 毫米，红色；总苞片 4，内有花约 5 朵。雄花花梗长 4~5 毫米；花被片 6，黄色，椭圆形，长约 2 毫米。雌花花梗长 4~5 毫米；花被片黄色，宽矩圆形，长约 2 毫米。果球形，直径约 7 毫米，熟时红色 (图 9-53)。花期 4 月，果期 8 月。

图 9-53　山橿

【生态习性】多生长在土层深厚、土壤肥沃、半荫凉的环境中。海拔范围为约 1000 米以下。

【分布及栽培范围】河南、江苏、安徽、浙江、江西、湖南、湖北、贵州、云南、广西、广东、福建等省区。

【繁殖】播种繁殖为主。

【观赏】幼枝黄绿色，先花后叶或花叶同放，大片种植可以形成极为壮观的花海景观。花黄果红，冬芽红色，秋季叶片变红色。

【园林应用】园景树、风景林、绿篱、盆栽及盆景观赏等。主要用于公园、庭院、住宅区等。

【其它】根药用，可止血、消肿、止痛。

2. 山胡椒 *Lindera glauca* (Siebold & Zucc.) Blume

【别名】牛筋树、假死柴、野胡椒

【形态特征】落叶灌木或小乔木，高可达 8 米。幼枝条白黄色，初有褐色毛，后脱落成无毛。叶互生，宽椭圆形，长 4~9 厘米，宽 2~4(6) 厘米，上面深绿色，下面淡绿色，被白色柔毛，纸质，羽状脉；叶枯后不落，翌年新叶发出时落下。伞形花序腋生，总梗短或不明显，长一般不超过 3 毫米，生于混合芽中的总苞片绿色膜质，每总苞有 3~8 朵花。雄花花被片黄色，椭圆形；花梗长约 1.2 厘米，密被白色柔毛。雌花花被片黄色，椭圆或倒卵形；子房椭圆形，长约 1.5 毫米，花柱长约 0.3 毫米，柱头盘状；花梗长 3~6 毫米，熟时黑褐色；果梗长 1~1.5 厘米（图 9-54）。花期 3~4 月，果期 7~8 月。

图 9-54　山胡椒

【生态习性】喜光，耐干旱瘠薄，也稍耐荫湿，抗寒力强，对土壤适应性广，以湿润肥沃的微酸性砂质土壤生长最为良好。深根性。生于海拔 900 米左右以下山坡、林缘、路旁。

【分布及栽培范围】山东昆嵛山、陕西郧县、甘肃以南各地区，四川也有分布。印度、朝鲜、日本也有分布。

【繁殖】播种繁殖，也可分株繁殖。

【观赏】干皮灰白平滑，叶表深绿光亮，红色冬叶经久不落，花黄果黑，微有香气。

【园林应用】园景树、风景林、树林等。主要用于道路、公园、庭院、住宅区等。可用作园林点缀树种配植于草坪、花坛和假山隙缝。

【其它】叶、果皮可提芳香油；种仁油含月桂酸，油可作肥皂和润滑油。根、枝、叶、果药用；叶可温中散寒、祛风消肿；根治劳伤脱力、四肢酸麻、风湿性关节炎、跌打损伤。

3. 乌药 *Lindera aggregata* (Sims) Kosterm.

【别名】鳑毗树、铜钱树、天台乌药、斑皮柴、白背树、细叶樟、香叶子

【形态特征】常绿灌木或小乔木，高可达 5 米。幼枝青绿色，具纵向细条纹。叶互生，卵形，椭圆形至近圆形，先端长渐尖或尾尖，基部圆形，革质或有时近革质，上面绿色，有光泽，下面苍白色，三出脉；叶柄长 0.5~1 厘米。伞形花序腋生，无总梗，常 6~8 花序集生于一 1~2 毫米长的短枝上；花梗长约 0.4 毫米，被柔毛。雄花花被片长约 4 毫米，宽约 2 毫米；雌花花被片长约 2.5 毫米，宽约 2 毫米；子房椭圆形，长约 1.5 毫米，被褐色短柔毛。果卵形或有时近圆形，长 0.6~1 厘米，直径 4~7 毫米（图 9-55）。花期 3~4 月，果期 5~11 月。

【生态习性】喜光照。对土壤适应性广，以深厚、肥沃、排水良好的微酸性红壤土为最好。生于海拔

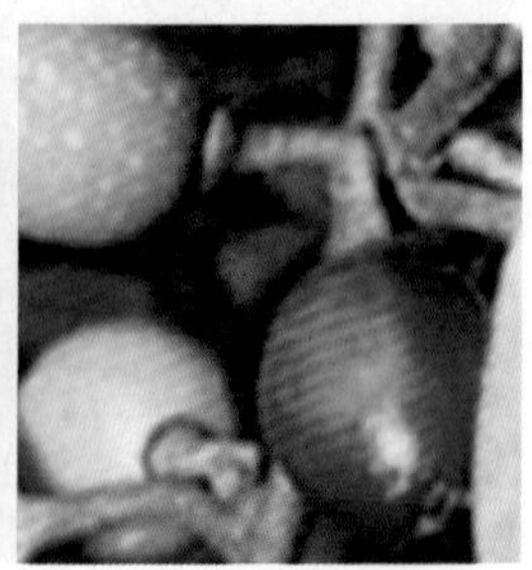

图 9-55　乌药

200~1000 米向阳坡地、山谷或疏林灌丛中。

【分布及栽培范围】浙江、江西、福建、安徽、湖南、广东，广西、台湾等省区。越南、菲律宾也有分布。

【繁殖】播种繁殖。

【观赏】花黄果红，叶、果均有香味，是优良的芳香植物和观果植物。

【园林应用】园景树、绿篱、盆栽观赏等。用于公园、庭院、学校、住宅区等。

【其它】根药用，为散寒理气健胃药。果实、根、叶均可提芳香油制香皂。

（七）新木姜子属 *Neolitsea* Merr.

常绿乔木或灌木。叶互生或簇生成轮生状，很少近对生，离基三出脉，少数为羽状脉或近离基三出脉。花单性，雌雄异株，伞形花序单生或簇生，无总梗或有短总梗；苞片大，交互对生，迟落；花被裂片 4，外轮 2 片，内轮 2 片。雄花：能育雄蕊 6，排成 3 轮，每轮 2 枚；花药 4 室，均内向瓣裂；子房上位，花柱明显，柱头盾状。果着生于稍扩大的盘状或内陷的果托（花被管）上，果梗通常略增粗。

约 85 种 8 变种，分布印度、马来西亚至日本。我国有 45 种 8 变种，产西南、南部至东部。多为灌木，少数为中乔木。

1. 大叶新木姜子 *Neolitsea levinei* Merr.

【别名】厚壳树、土玉桂、假玉桂、大叶新木姜

【形态特征】乔木，高达 22 米。小枝圆锥形，幼时密被黄褐色柔毛，老时毛被脱落渐稀疏。顶芽大，卵圆形，鳞片外面被锈色短柔毛。叶轮生，4~5 片一轮，长圆状披针形至长圆状倒披针形或椭圆形，长 15~31 厘米，宽 4.5~9 厘米，先端短尖或突尖，基部尖锐，革质，离基三出脉，侧脉每边 3~4 条；叶柄长 1.5~2 厘米。伞形花序数个生于枝侧，具总梗；总梗长约 2 毫米；每一花序有花 5 朵。果椭圆形或球形，长 1.2~1.8 厘米，直径 0.8~1.5 厘米，成熟时黑色；果梗长 0.7~1 厘米，密被柔毛，顶部略增粗（图 9-56）。花期 3~4 月，果期 8~10 月。

图 9-56　大叶新木姜子

【生态习性】喜光亦耐荫，喜温暖潮湿环境及深厚肥沃的土壤。生于山地路旁、水旁及山谷密林中，海拔 300~1300 米。

【分布及栽培范围】广东、广西、湖南、湖北、江西、福建、四川、贵州及云南。

【繁殖】播种繁殖为主。

【观赏】树形优美、叶轮生、顶芽苞片锈红色，花黄果黑。

【园林应用】园路树、庭荫树、园景树、风景林、树林等。主要用于公园、庭院、住宅区等。

【其它】本种根可入药，治妇女白带。

十五、八角科 Illiciaceae

常绿小乔木或灌木。单叶互生、有时聚生或假轮生于小枝的顶部，无托叶。花两性，辐射对称，单生或有时 2~3 朵聚生于叶腋或叶腋之上；花被片多数，数轮排列，常有腺体，无花萼和花瓣之分；花托扁平。

约 50 种，分布于亚洲东南部和美洲，但主产地为中国西南部至东部，约 30 种。

（一）八角属 *Illicium* Linn.

常绿乔木或灌木。全株无毛，具油细胞及粘液细胞，有芳香气味，常有顶芽。叶为单叶，互生，常在小枝近顶端簇生，有时假轮生或近对生，革质或纸质，全缘，边缘稍外卷，具羽状脉，中脉在叶上面常凹下，在下面凸起或平坦，有叶柄，无托叶。花芽卵状或球状；花两性，红色或黄色；常单生，有时 2~5 朵簇生，腋生或腋上生，有时近顶生，通常在小枝枝梢花较多；花梗有时具小苞片 1~ 数枚；萼片和花瓣通常无明显区别，花被片 7~33 枚，分离，常有腺点，常成数轮，覆瓦状排列，最外的花被片较小，内面的较大，舌状而膜质，最内面的花被片常变小；雄蕊多枚至 4 枚，数轮至 1 轮，直立；心皮通常 7~15 枚，子房 1 室，有倒生胚珠 1 颗。聚合果由数至 10 余个蓇葖组成，腹缝开裂。

近 50 种，仅分布于北半球，大多数分布在亚洲东部、东南部。我国有 28 种，2 变种，产西南部、南部至东部。

分种检索表

1 雄蕊 6~11 枚，心皮 10~14 枚，蓇葖 10~14 枚轮状排列 ……………………………1 莽草 *I. lanceolatum*

1 雄蕊 11~20 枚，心皮通常 8，先端钝或钝尖 ……………………………………………2 八角 *I.verum*

1. 莽草 *Illicium lanceolatum* A.C. Smith

【别名】红毒茴、披针叶八角、披针叶茴香、红茴香

【形态特征】灌木或小乔木，高 3~10 米；枝条纤细，树皮浅灰色至灰褐色。叶互生或稀疏地簇生于小枝近顶端或排成假轮生，革质，披针形、倒披针形或倒卵状椭圆形，长 5~15 厘米，宽 1.5~4.5 厘米，先端尾尖或渐尖、基部窄楔形；中脉在叶面微凹陷，叶下面稍隆起，网脉不明显；叶柄纤细，长 7~15 毫米。花腋生或近顶生，单生或 2~3 朵，红色、深红色；花梗纤细，花被片 10~15，肉质，最大的花被片椭圆形或长圆状倒卵形，雄蕊 6~11 枚；心皮 10~14 枚。果梗长可达 6 厘米，纤细、蓇葖 10~14 枚轮状排列，顶端有向后弯曲的钩状尖头(图 9-57)。花期 4~6 月，果期 8~10 月。

【生态习性】极耐荫，怕晒。常生于海拔

图 9-57　莽草

300~1500 米的阴湿峡谷和溪流沿岸。有时可单独成纯林。耐一定的干旱瘠薄，抗二氧化硫等有毒气体。

【分布及栽培范围】江苏南部、安徽、浙江、江西、福建、湖北、湖南、贵州。

【繁殖】播种繁殖。

【观赏】肉质花红色或深红色，娇艳可爱；叶厚翠绿，树形优美。

【园林应用】基础种植，群落中层。孤植、丛植于建筑物荫蔽处。

【其它】果和叶有强烈香气，可提芳香油，为高级香料的原料。莽草的和根皮有毒，入药祛风除湿、散瘀止痛，治跌打损伤，风湿性关节炎，取鲜根皮加酒捣烂敷患处。果实有毒。

图 9-58 八角

2. 八角 *Illicium verum* Hook.f.

【别名】大茴香、八角茴香、唛角

【形态特征】常绿乔木，株高 10~15 米。树皮灰色至红褐色。枝密集，成水平伸展。单叶互生，叶片革质，椭圆状倒卵形至椭圆状倒披针形，长 5~11 厘米，宽 1.5~4 厘米。春季花单生于叶，粉红色至深红色。聚合果放射星芒状，直径 3.5 厘米，红褐色；蓇葖顶端钝呈鸟嘴形，每一蓇葖含种子一粒。种子扁卵形，气味香甜。果实形若星状，因而得名（图 9-58）。

【生态习性】喜温暖、潮湿气候，产区多在北纬 25° 以南，海拔需在 500 米至 1000 米之间的山地。成年树喜光。忌强光和干旱，怕强风。以土层深厚、疏松、腐殖质含量丰富、排水良好的偏酸性的壤土或砂质壤土栽培为宜。

【分布及栽培范围】原产亚洲东南部和美洲。我国主产广西、云南、福建南部、广东西部。

【繁殖】播种繁殖。

【观赏】树冠倒卵形，枝叶分节生长，常年叶色翠绿；花形花色独特，花期持久，兼具绿化和观赏的双重效果。

【园林应用】园景树、庭荫树、专类园。公园及庭院内栽植，也可用于城市道路绿化。

【其它】果实入药。有温阳散寒，理气止痛之功效。除作调味品外，八角还可供工业上作香水、牙膏、香皂、化妆品等的原料。

十六、五味子科 Schisandraceae

藤本；叶互生，单叶，常有透明的腺点，托叶缺；花单性，常单生于叶腋内；花被片数至多枚，2 至数轮排列，很相似，但最外和最内的较小而薄；雄蕊 4~80，一部或全部合生成一肉质的雄蕊柱；心皮 12~300，彼此分离，有胚珠 2~5 颗，花时聚生于一短的花托上，但结果时或聚生成一球状的肉质体 (*Kadsura* 属)，或散布于极延长的花托上 (*Schisandra* 属)；种子藏于肉质的果肉内。

2 属，50 种，分布于东亚、东南亚及北美的南部，我国 2 属均产之，约 30 余种，产西南部至东北部，但主产地为西南部和中南部，有些种类入药。

（一）南五味子属 *Kadsura* Kaempf. ex Juss.

木质藤本，小枝具叶柄的基部两侧下延而成纵条纹状或有时呈狭翅状；有长枝和由长枝上的腋芽长出的距状短枝。芽鳞 6~8 枚，覆瓦状排列，外芽鳞三角状半圆形，常宿存，内芽鳞长圆形或圆形，通常早落，有时宿存。叶纸质，边缘膜质下延至叶柄成狭翅，叶肉具透明点；叶痕圆形，稍隆起，维管束痕 3 点。花单性，雌雄异株，少有同株，单生于叶腋或苞片腋，常在短枝上，由于节间密，呈数朵簇生状，少有同一花梗有 2~8 朵花呈聚伞状花序；花被片 5~12(20)，通常中轮的最大，外轮和内轮的较小；雄花：雄蕊 5~60 枚，花丝细长或短，或贴生于花托上而无花丝；药隔狭窄或稍宽，两药室平行或稍分开；雄蕊群长圆柱形、短圆柱形、卵圆形、球形或肉质球形、扁球形；很少花丝与药隔均宽阔，放射状排列成扁平五角星形的雄蕊群。雌蕊 12~120 枚，离生，螺旋状紧密排列于花托上；胚珠每室 2 (3) 颗。成熟心皮为小浆果，排列于下垂肉质果托上，形成疏散或紧密的长穗状的聚合果。种子 2 (3) 粒或有时仅 1 粒发育，肾形。

约 30 种，主产于亚洲东部和东南部，仅 1 种产美国东南部。我国约有 19 种，南北各地均有。

1. 南五味子 *Kadsura longipedunculata* Finet et Gagnep

【形态特征】藤本，各部无毛。叶长圆状披针形、倒卵状披针形或卵状长圆形，长 5~13 厘米，宽 2~6 厘米，先端渐尖或尖，基部狭楔形或宽楔形，边有疏齿，侧脉每边 5~7 条；上面具淡褐色透明腺点，叶柄长 0.6~2.5 厘米。花单生于叶腋，雌雄异株；雄花的花被片白色或淡黄色，8~17 片，中轮最大 1 片，椭圆形，长 8~13 毫米，宽 4~10 毫米；花托椭圆体形；雄蕊群球形，直径 8~9 毫米，具雄蕊 30~70 枚。花梗长 0.7~4.5 厘米；雌花：花被片与雄花相似，雌蕊群椭圆体形或球形，直径约 10 毫米，具雌蕊 40~60 枚。花梗长 3~13 厘米。聚合果球形，径 1.5~3.5 厘米；小浆果倒卵圆形，长 8~14 毫米。种子 2~3，肾形或肾状椭圆体形（图 9-59）。花期 6~9 月，果期 9~12 月。

【生态习性】喜温暖湿润气候。适应性很强，对土壤要求不太严格。

【分布及栽培范围】黄河流域以南，主要分布于华中、西南、华东等地区。

【繁殖】播种繁殖或以地下走茎繁殖。

【观赏】枝叶繁茂，夏有香花，秋有红果。

【园林应用】垂直绿化。用于庭院、公园、假山等地。

【其它】名贵中药，是生产健脑安神、调节神经药品及保健品的首选药材。在酿酒、制果汁等方面也已被广泛利用，被列为第三代果树。

图 9-59　南五味子

十七、毛茛科 Ranunculaceae

多年生或一年生草本，少有灌木或木质藤本。叶通常互生或基生，少数对生，单叶或复叶，通常掌状分裂，无托叶；叶脉掌状，偶尔羽状，网状连结，少有开放的两叉状分枝。花两性，少有单性，雌雄同株或雌雄异株，辐射对称，稀为两侧对称，单生或组成各种聚伞花序或总状花序。萼片下位，4~5，或较多，或较少，绿色，或花瓣不存在或特化成分泌器官时常较大，呈花瓣状，有颜色。花瓣存在或不存在，下位，4~5，或较多，常有蜜腺并常特化成分泌器官，这时常比萼片小的多，呈杯状、筒状、二唇状。退化雄蕊有时存在。心皮分生，在多少隆起的花托上螺旋状排列或轮生；胚珠倒生。果实为蓇葖或瘦果，少数为蒴果或浆果。

约 50 属，2000 余种。我国有 42 属（包含引种的 1 个属，黑种草属），约 720 种，在全国广布。

科识别特征：多数草本无托叶，单叶分裂或复叶。基生互生稀对生，花被原始偶有距。5 数花被雄蕊多，分离雌蕊多心皮。子房上位胚珠多，聚合蓇葖或瘦果。

（一）铁线莲属 *Clematis* L.

多年生木质或草质藤本，或为直立灌木或草本。叶对生，或与花簇生，偶尔茎下部叶互生，三出复叶至二回羽状复叶或二回三出复叶，少数为单叶；叶片或小叶片全缘、有锯齿、牙齿或分裂；叶柄存在，有时基部扩大而连合。花两性，稀单性；聚伞花序或为总状、圆锥状聚伞花序，有时花单生或 1 至数朵与叶簇生；萼片 4，或 6~8，直立成钟状、管状，或开展，花蕾时常镊合状排列，花瓣不存在，雄蕊多数，有毛或无毛，药隔不突出或延长；退化雄蕊有时存在；心皮多数，有毛或无毛，每心皮内有 1 下垂胚珠。瘦果，宿存花柱伸长呈羽毛状，或不伸长而呈喙状。

约 300 种，主要分布在热带及亚热带。我国约有 108 种，全国各地都有分布。

1. 铁线莲 *Clematis florida* Thunb.

【形态特征】木质藤本。蔓茎瘦长，达 4 米。富韧性，全体有稀疏短毛。叶对生，有柄，单叶或 1 或 2 回三出复叶，叶柄能卷缘他物；小叶卵形或卵状披针形，全缘，或 2~3 缺刻。花单生或圆锥花序，钟状、坛状或轮状，由萼片瓣化而成，花梗生于叶腋，长 6~12 厘米，中部生对生的苞叶；梗顶开大型白色花，花径 5~8 厘米；萼 4~6 片，卵形，锐头，边缘微呈波状，中央有三粗纵脉，外面的中央纵脉带紫色，并有短毛；花瓣缺或由假雄芯代替。雄蕊多数，常常变态，花丝扁平扩大，暗紫色；雌蕊亦多数，花柱上有丝状毛或无。一般常不结果，只有雄蕊不变态的才能结实，瘦果聚集成头状并具有长尾毛（图 9-60）。花期 5~6 月。

具多数原种、杂种及园艺品种群，其中有大花品种、小花品种、复瓣或重瓣品种以及晚花品种等。常见栽培品种有：①重瓣铁线莲 'Plena' 花重瓣，雄蕊变为白绿色。②蕊瓣铁线莲 'Sieboldii' 雄蕊有部分变为紫色小花瓣状。

【生态习性】喜肥沃、排水良好的碱性壤土，忌积水或夏季干旱而不能保水的土壤。耐寒性强，可

图 9-60　铁线莲

耐 -20℃低温。生于低山区的丘陵灌丛中。

【分布及栽培范围】广东、广西、江西、湖南等地均有分布。

【繁殖】播种、压条、嫁接、分株或扦插繁殖均可。

【观赏】枝叶扶疏，有的花大色艳，有的多数小花聚集成大型花序，风趣独特。

【园林应用】垂直绿化、地被植物、切花。可种植于墙边、窗前，或依附于乔、灌木之旁，配植于假山、岩石之间。攀附于花柱、花门、篱笆之上；也可盆栽观赏。少数种类适宜作地被植物。有些铁线莲的花枝、叶枝与果枝，还可作瓶饰、切花等。

【其它】以根及全草入药。用于小便不利，腹胀，便闭；外用治关节肿痛，虫蛇咬伤。

十八、小檗科 Berberidaceae

灌木或多年生草本，稀小乔木，常绿或落叶，有时具根状茎或块茎。茎具刺或无。叶互生，稀对生或基生，单叶或 1~3 回羽状复叶；托叶存在或缺；叶脉羽状或掌状。花序顶生或腋生，花单生，簇生或组成总状花序，穗状花序，伞形花序，聚伞花序或圆锥花序；花具花梗或无；花两性，辐射对称，小苞片存在或缺，花被通常 3 基数，偶 2 基数，稀缺如;萼片 6~9，常花瓣状，离生，2~3 轮;花瓣 6，扁平，基部有蜜腺或缺；雄蕊与花瓣同数而对生，花药 2 室，瓣裂或纵裂；子房上位，1 室，花柱结果有时宿存。浆果，蒴果，蓇葖果或瘦果。种子 1 至多数，有时具有假种皮；富含胚乳，胚大或小。

17 属，约有 650 种。中国有 11 属，约 320 种。全国各地均有分布，但以四川、云南、西藏种类最多。

科识别特征：灌木草本叶互生，单叶羽叶至三回。整齐完全花两性，各式花序或单生。花被通常 4~6，离生覆瓦 2~3 轮。部分花瓣有蜜腺，雄蕊同瓣而对生。心皮 1 室房上位，浆果蒴果蓇葖果。

分属检索表

1 单叶，枝具针刺 ······························ 1 小檗属 *Berberis*

1 复叶，枝无针刺

  2 一回羽状复叶，小叶边缘常有刺状齿 ······················ 2 十大功劳属 *Mahonia*

  2 二至三回羽状复叶，小叶全缘 ······················ 3 南天竹属 *Nandina*

（一）小檗属 *Berberis* Linn.

落叶或常绿灌木。枝无毛或被绒毛；通常具刺，单生或 3~5 分叉；老枝常呈暗灰色或紫黑色，幼枝有时为红色，常有散生黑色疣点，内皮层和木质部均为黄色。单叶互生，着生于侧生的短枝上，通常具叶柄，叶片与叶柄连接处常有关节。花序为单生、簇生、总状、圆锥或伞形花序；花 3 数，小苞片通常 3，早落；萼片通常 6,2 轮排列，稀 3 或 9,1 轮或 3 轮排列，黄色；花瓣 6，黄色，内侧近基部具 2 枚腺体；雄蕊 6，与花瓣对生，花药瓣裂，花粉近球形，具螺旋状萌发孔或和为合沟，外壁具网状纹饰，子房含胚珠 1~12，基生，花柱短或缺，柱头头状。浆果球形、椭圆形、长圆形、卵形或倒卵形，通常红色或蓝黑色。种子 1~10，黄褐色至红棕色或黑色。

中国约有 250 种，主产西部和西南部。

分种检索表

1 花序伞形状、总状或圆锥状

2 叶两面网脉不显伞形花序基部 2 枚近靠的腺体 ······························ 1 日本小檗 *B.thunbergii*

2 侧脉和网脉明显穗状总状花序基部具 2 枚分离腺体 ·················· 2 细叶小檗 *B.poiretii*

1 花单生或 2 至多朵簇生

3 叶缘每边具刺齿 25 以上 ·· 3 大叶小檗 *B.ferdinandi-coburgii*

3 叶缘每边具刺齿 20 以下 ·· 4 豪猪刺 *B. julianse*

1. 小檗 *Berberis thunbergii* DC

【别名】日本小檗

【形态特征】落叶灌木，一般高约 1 米。茎刺单一，偶 3 分叉，长 5~15 毫米。叶薄纸质，倒卵形、匙形或菱状卵形，长 1~2 厘米，宽 5~12 毫米，先端骤尖或钝圆，基部狭而呈楔形，全缘，上面绿色，背面灰绿色，中脉微隆起，两面网脉不明显，无毛；叶柄长 2~8 毫米。花 2~5 朵组成具总梗的伞形花序，或近簇生的伞形花序或无总梗而呈簇生状；花梗长 5~10 毫米，无毛；花黄色；外萼片卵状椭圆形，长 4~4.5 毫米，宽 2.5~3 毫米，先端近钝形，带红色；花瓣长圆状倒卵形，基部略呈爪状，具 2 枚近靠的腺体；雄蕊长 3~3.5 毫米；子房含胚珠 1~2 枚。浆果椭圆形，长约 8 毫米，直径约 4 毫米，亮鲜红色，无宿存花柱（图 9-61）。花期 4~6 月，果期 7~10 月。

常见栽培品种有：①紫叶小檗 'Atropurpurea' 在阳光充足的情况下，叶常年紫红色，为观叶佳品。北京等地常见栽培观赏。②矮紫叶小檗 'Atropurpurea Nana' 植株低矮，高约 60 厘米，叶常年紫色。③金边紫叶小檗 'Golden Ring' 叶紫红并有金黄色的边缘，在阳光下色彩更好。④花叶小檗 'Harleguin' 叶紫色，密布白色斑纹。⑤粉斑小檗 'Red Chief' 叶绿色，有粉红色斑点。⑥银斑小檗 'Kellerilis' 叶绿色，有银白色斑纹。⑦桃红小檗 'Rose Glow' 叶桃红色，有时还有黄、红褐等色的斑纹镶嵌。⑧金叶小檗 'Aurea' 在阳光充足的情况下，叶常年保持黄色。

图 9-61 小檗

【生态习性】喜光，稍耐荫，耐寒，对土壤要求不严，而以在肥沃而排水良好之沙质壤土上生长最好。萌芽力强，耐修剪。

【分布及栽培范围】原产日本。我国大部分省区有栽培。

【繁殖】播种、扦插、压条等法繁殖。

【观赏】枝细密而有刺，春季开小黄花，入秋则叶色变红，果熟后亦红艳美丽。

【园林应用】基础种植、绿篱、盆栽观赏等。丛植于庭院前方，草地中或作绿篱、盆栽观赏等。

【其它】根和茎含小檗碱，可供提取黄连素的原料。民间枝、叶煎水服，可治结膜炎；根皮可作健胃剂。

2. 细叶小檗 *Berberis poiretii* Schneid.

【形态特征】落叶灌木，高1~2米。茎刺缺或单一，有时三分叉，长4~9毫米。叶纸质，倒披针形至狭倒披针形，长1.5~4厘米，宽5~10毫米，先端渐尖或急尖，具小尖头，基部渐狭，上面深绿色，中脉凹陷，背面淡绿色或灰绿色，中脉隆起，侧脉和网脉明显，两面无毛，叶缘全缘，偶中上部边缘具数枚细小刺齿；近无柄。穗状总状花序具8~15朵花，长3~6厘米；花黄色；苞片条形，长2~3毫米；萼片2轮，外萼片椭圆形或长圆状卵形，长约2毫米，宽1.3~1.5毫米；花瓣倒卵形或椭圆形，长约3毫米，宽约2毫米，先端锐裂，基部微缢缩，略呈爪，具2枚分离腺体；雄蕊长约2毫米。浆果长圆形，红色，长约9毫米，直径约4~5毫米（图9-62）。花期5~6月，果期7~9月。

【生态习性】耐寒，对土壤要求不严，耐旱。生于山地灌丛、砾质地、山沟或林下。海拔600~2300米。

【分布及栽培范围】吉林、辽宁、内蒙古、青海、陕西、山西、河北。朝鲜、蒙古、俄罗斯。

图9-62　细叶小檗叶

【繁殖】播种、扦插、压条等法繁殖。

【观赏】花黄色，果亮红色。

【园林应用】基础种植。常植于庭院中观赏。

【其它】根和茎入药，可作黄连代用品。

3. 大叶小檗 *Berberis ferdinandi-coburgii* Schneid.

【形态特征】常绿灌木，高约2米。老枝具棱槽，散生黑色疣点；茎刺细弱，三分叉，长7~15毫米，腹面具槽。叶革质，椭圆状倒披针形，长4~9厘米，宽1.5~2.5厘米，先端急尖，具1刺尖，基部楔形，上面栗色，有光泽，背面棕黄色，中脉和侧脉叶上面，下面隆起；叶缘平展，每边具35~60刺齿；叶柄长2~4毫米。花8~18朵簇生；花梗细弱，长1~2厘米，无毛；花黄色；小苞片红色长约1.5毫米；萼片2轮，外萼片披针形，长约3毫米，宽约1毫米，先端急尖，内萼片卵形，长约5毫米，宽约3毫米；花瓣狭倒卵形，长3.5~4.5毫米，宽1.5~2.5毫米，先端缺裂，基部缢缩呈爪，具2枚分离腺体；雄蕊长约3毫米，药隔先端平截；胚珠单生近无柄。浆果黑色，椭圆形或卵形，长7~8毫米，直径5~6毫米，顶端具明显宿存花柱，不被白粉或有时微被白粉（图9-63）。果期6~10月。

【生态习性】生于山坡及路边灌丛中。海拔100~2700米。

【分布及栽培范围】云南。

【繁殖】播种、扦插、压条等法繁殖。

图9-63　大叶小檗

【观赏】枝细密而有刺，春季开小黄花，入秋则叶色变红，果熟后亦红艳美丽。

【园林应用】基础种植、绿篱、盆栽观赏等。丛植于庭院前方，草地中或作绿篱、盆栽观赏等。

【其它】根含小檗碱，可代黄连药用，用于各种热症和炎症。

4. 豪猪刺 *Berberis julianse* Schneid.

【别名】三颗针

【形态特征】常绿灌木，高 1~3 米。茎刺粗壮，三分叉，腹面具槽，长 1~4 厘米。叶革质，椭圆形，披针形或倒披针形，长 3~10 厘米，宽 1~3 厘米，先端渐尖，基部楔形，上面深绿色，中脉凹陷，侧脉微显，背面淡绿色，中脉隆起，侧脉微隆起或不明显，叶缘平展，每边具 10~20 刺齿;叶柄长 1~4 毫米。花 10~25 多簇生；花梗长 8~15 毫米；花黄色，小苞片卵形，长约 2.5 毫米，宽约 1.5 毫米；萼片 2 轮，外萼片卵形，长约 5 毫米，宽约 3 毫米，先端急尖；花瓣长圆状椭圆形，长约 6 毫米，宽约 3 毫米，先端缺裂，基部缢缩呈爪，具 2 枚长圆形腺体。浆果长圆形，蓝黑色，长 7~8 毫米，直径 3.5~4 毫米，顶端具明显宿存花柱，被白粉(图 9-64)。花期 3 月，果期 5~11 月。

【生态习性】生于山坡、沟边、林中、林缘、灌丛中或竹林中。海拔 1100~2100 米。

图 9-64　豪猪刺

【分布及栽培范围】湖北、四川、贵州、湖南、广西。

【繁殖】播种、扦插、压条等法繁殖。

【观赏】枝细密而有刺，春季开小黄花，入秋则叶色变红，果熟后亦红艳美丽。

【园林应用】基础种植、绿篱、盆栽观赏等。丛植于庭院前方，草地中或作绿篱、盆栽观赏等。

【其它】根可做黄色染料。根部可供药用，有清热解毒，消炎抗菌的功效。

(二) 十大功劳属 *Mahonia* Nutt.

常绿灌木或小乔木，高 0.3~8 米。枝无刺。奇数羽状复叶，互生，无叶柄或具叶柄，叶柄长达 14 厘米；小叶 3~41 对，侧生小叶通常无叶柄或具小叶柄;小叶边缘具粗疏或细锯齿、或具牙齿，少有全缘。花序顶生，由 3~18 个簇生的总状花序或圆锥花序组成，长 3~35 厘米，基部具芽鳞；花梗长 1.5~2.4 毫米；苞片较花梗短或长；花黄色；萼片 3 轮，9 枚；花瓣 2 轮，6 枚，基部具 2 枚腺体或无；雄蕊 6 枚，花药瓣裂；子房含基生胚珠 1~7 枚，花柱极短或无花柱，柱头盾状。浆果，深蓝色至黑色。2n=28。

约 60 种，分布于东亚、东南亚、北美、中美和南美西部。中国约有 35 种，主要分布四川、云南、贵州和西藏东南部。

分种检索表

1 小叶 5~9 枚，狭披针形，缘有刺齿 6~13 对……………………………1 十大功劳 *M.fortunei*

1 小叶 7~15 枚，卵形或卵状椭圆形，缘有刺齿 2~5 对………………2 阔叶十大功劳 *M.bealei*

1. 十大功劳 *Mahonia fortunei* (Lindl.) Fedde

【别名】狭叶十大功劳

【形态特征】灌木，高 0.5~2 米。叶倒卵圆形至倒卵状披针形，长 10~28 厘米，宽 8~18 厘米，具 2~5 对小叶，最下一对小叶外形与往上小叶相似，距叶柄基部 2~9 厘米，上面暗绿色至深绿色，叶脉不明显，背面淡黄色，叶脉隆起；小叶无柄或近无柄，狭披针形至狭椭圆形，长 4.5~14 厘米，宽 0.9~2.5 厘米，基部楔形，边缘每边具 5~10 刺齿。总状花序 4~10 个簇生，长 3~7 厘米；花梗长 2~2.5 毫米；苞片卵形，长 1.5~2.5 毫米，宽 1~1.2 毫米；花黄色；花瓣长圆形，长 3.5~4 毫米，宽 1.5~2 毫米，基部腺体明显，先端微缺裂，裂片急尖；雄蕊长 2~2.5 毫米。浆果球形，直径 4~6 毫米，紫黑色，被白粉 (图 9-65)。

图 9-65　狭叶十大功劳

图 9-66　十大功劳在园林中的应用

花期 7~9 月，果期 9~11 月。

【生态习性】耐荫，喜温暖气候及肥沃、湿润、排水良好的土壤，耐寒性不强。生于山坡沟谷林中、灌丛中、路边或河边。海拔 350~2000 米。

【分布及栽培范围】广西、四川、贵州、湖北、江西、浙江。各地有栽培。在日本、印度尼西亚和美国等地也有栽培。

【繁殖】播种、枝插、根插及分株等法繁殖。

【观赏】嫩叶红色，叶色常绿，花黄色，果紫黑色，被白粉。

【园林应用】绿篱、基础种植、盆栽观赏 (图 9-66)。主要用于庭院、林缘及草地边缘，或作绿篱及基础种植。华北常盆栽观赏，温室越冬。

【其它】全株药用。有清热解毒、滋阴壮阳之功效。

2. 阔叶十大功劳 *Mahonia bealei* (Fort.) Carr.

【别名】土黄柏、土黄连、八角刺、刺黄柏、黄天竹

【形态特征】灌木或小乔木，高 0.5~4 米。叶狭倒卵形至长圆形，长 27~51 厘米，宽 10~20 厘米，

图 9-67 阔叶十大功劳

具 4~10 对小叶，最小一对小叶距叶柄基部 0.5~2.5 厘米，上面暗灰绿色，背面被白霜，有时淡黄绿色或苍白色，两面叶脉不明显，叶轴粗 2~4 毫米；小叶厚革质，硬直，最下一对小叶卵形，长 1.2~3.5 厘米，宽 1~2 厘米，具 1~2 粗锯齿，往上小叶近圆形至卵形或长圆形，长 2~10.5 厘米，宽 2~6 厘米，基部阔楔形或圆形，偏斜，边缘每边具 2~6 粗锯齿，先端具硬尖，顶生小叶较大，长 7~13 厘米，宽 3.5~10 厘米，具柄，长 1~6 厘米。总状花序直立，通常 3~9 个簇生；花瓣倒卵状椭圆形，长 6~7 毫米，宽 3~4 毫米，基部腺体明显；雄蕊长 3.2~4.5 毫米。浆果卵形，长约 1.5 厘米，直径约 1~1.2 厘米，深蓝色，被白粉（图 9-67）。花期 9 月至翌年 1 月，果期 3~5 月。

【生态习性】性强健，耐荫，喜温暖气候及肥沃、湿润、排水良好的土壤，耐寒性不强。生于阔叶林、竹林、杉木林及混交林下、林缘，草坡，溪边、路旁或灌丛中。海拔 500~2000 米。

【分布及栽培范围】浙江、安徽、江西、湖南、湖北、陕西、河南、广东、广西、四川。日本、墨西哥、美国温暖地区以及欧洲等地已广为栽培。

【繁殖】播种、枝插、根插及分株等法繁殖。

【观赏】叶色常绿，颇具特色，花黄色，果深蓝色，被白粉。

【园林应用】园景树、绿篱、基础种植、盆栽观赏（图 9-68）。主要用于庭院、林缘及草地边缘，或作绿篱及基础种植。华北常盆栽观赏，温室越冬。

【其它】全株药用。能清热解毒、消肿、止泻、治肺结核等。

图 9-68　阔叶十大功劳在园林中的应用

（三）南天竹属 *Nandina* Thunb.

仅有 1 种，属特征见种特征。

1. 南天竹 *Nandina domestica* Thunb.

【别名】南天竺

【形态特征】常绿小灌木，茎丛生，高 1~3 米。叶互生，集生于茎的上部，三回羽状复叶，长 30~50 厘米；二至三回羽片对生；小叶薄革质，椭圆形或椭圆状披针形，长 2~10 厘米，宽 0.5~2 厘米，顶端渐尖，基部楔形，全缘，上面深绿色，冬季变红色，背面叶脉隆起，两面无毛；近无柄。圆锥花序直立，长 20~35 厘米；花小，白色，具芳香，直径 6~7 毫米；

萼片多轮，外轮萼片卵状三角形，长 1~2 毫米，向内各轮渐大，最内轮萼片卵状长圆形，长 2~4 毫米；花瓣长圆形，长约 4.2 毫米，宽约 2.5 毫米，先端圆钝；雄蕊 6，长约 3.5 毫米。果柄长 4~8 毫米；浆果球形，直径 5~8 毫米，熟时新红色（图 9-69）。花期 3~6 月，果期 5~11 月。

常见栽培品种有：①玉果南天竹 'Leucocarpa' 果黄白色；叶子冬天不变红。②橙果南天竹 'Aurentiaca' 果熟时橙色。③细叶南天竹（琴丝南天竹）'Capillaris' 植株较矮小；叶形狭窄如丝。④五彩南天竹 'Prophyrocarpa' 植株较矮小；叶狭长而密，叶色多变，嫩叶红紫色，渐变为黄绿色，老叶绿色；果成熟时淡紫色。⑤小叶南天竹 'Parvifolia' 小叶形小；果红色。⑥矮南天竹 'Nana' 矮灌木，冠形紧密球形；叶全年着色。

图 9-69　南天竹

图 9-70　南天竹在园林中的应用

【生态习性】喜半荫。喜温暖气候及肥沃、湿润而排水良好之土壤，耐寒性不强。生长较慢。生于山地林下沟旁、路边或灌丛中。海拔 1200 米以下。

【分布及栽培范围】西南、四川、贵州、长江中下流地区。日本也有分布。北美东南部有栽培。

【繁殖】播种、扦插、分株等法繁殖。

【观赏】嫩叶红色，茎干丛生，枝叶扶疏，秋冬叶色变红，更有累累红果，经久不落，实为赏叶观果佳品。

【园林应用】丛植、基础种植、绿篱、盆栽桩景观赏等（图 9-70）。丛植于庭院前方，草地边缘或园路转角处，亦可点缀山石。

【其它】根、叶具有强筋活血，消炎解毒之效，果为镇咳药。

十九、大血藤科 Sargentodoxaceae

落叶木质藤本。叶互生，具长柄，三出复叶，无托叶。总状花序下垂；花单生，雌雄异株；萼片和花瓣均 6 片，2 轮排列，黄绿色；雄花有雄蕊 6，与花瓣对生；雌花有退化雄蕊 6；心皮多数，离生，螺旋排列，胚珠 1，果实肉质，蓝黑色，有白色粉霜，多个着生于一球形的花托上。种子卵形。

（一）大血藤属 *Sargentodoxa* Rehd. et Wils.

仅 1 种。属特征见种特征。

1. 大血藤
Sargentodoxa cuneata Rehd. Et Wils.

图 9-71 大血藤

【形态特征】落叶木质藤本，长达 10 米。藤径粗达 9 厘米。三出复叶，或兼具单叶；小叶革质，顶生小叶近棱状倒卵圆形，长 4~12.5 厘米，宽 3~9 厘米，先端急尖，基部渐狭成 6~15 毫米的短柄，全缘，侧生小叶斜卵形，先端急尖，基部内面楔形，外面截形或圆形，上面绿色，下面淡绿色，比顶生小叶略大，无小叶柄。雄花与雌花同序或异序，同序时，雄花生于基部；花梗细，长 2~5 厘米；苞片 1 枚；萼片 6，花瓣状，顶端钝；花瓣 6，小，圆形，蜜腺性；雄蕊长 3~4 毫米；雌蕊多数，螺旋状生于卵状突起的花托上。每一浆果近球形，直径约 1 厘米，成熟时黑蓝色（图 9-71）。花期 4~5 月，果期 6~9 月。

【生态习性】喜光，常见于山坡灌丛、疏林和林缘等，海拔常为数百米。

【分布及栽培范围】陕西、四川、贵州、湖北、湖南、云南、广西、广东、海南、江西、浙江、安徽。中南半岛北部（老挝、越南北部）有分布。

【繁殖】播种或扦插繁殖。

【园林应用】垂直绿化。用作荫棚树种

【其它】根和茎可供药用，有强筋壮骨，活血通经之效。主治阑尾炎，关节炎，跌打损伤等症。

二十、木通科 Lardizabalaceae

木质藤本，很少为直立灌木。茎缠绕或攀缘，木质部有宽大的髓射线；冬芽大，有 2 至多枚覆瓦状排列的外鳞片。叶互生，掌状复叶或三出复叶，很少为羽状复叶，无托叶；叶柄和小柄两端膨大为节状。花辐射对称，单性，雌雄同株或异株，很少杂性，通常组成总状花序或伞房状的总状花序，少为圆锥花序，萼片花瓣状，6 片，排成两轮，覆瓦状或外轮的镊合状排列，很少仅有 3 片；花瓣 6，，蜜腺状，远较萼片小，有时无花瓣；雄蕊 6 枚，花丝离生或多少合生成管，花药外向，2 室，纵裂，药隔常突出于药室顶端而成角状或凸头状的附属体；退化心皮 3 枚，在雌花中有 6 枚退化雄蕊；心皮 3，很少 6~9，轮生在扁平花托上或心皮多数，螺旋状排列在膨大的花托上，上位，离生，柱头显著，近无花柱，胚珠多数或仅 1 枚，倒生或直生，纵行排列。果为肉质的蓇葖果或浆果，不开裂或沿向轴的腹缝开裂；种子多数，或仅 1 枚，卵形或肾形，种皮脆壳质，有肉质、丰富的胚乳和小而直的胚。

9 属约 50 种，大部分产于亚洲东部，只有 2 属分布于南美的智利。我国有 7 属 42 种 2 亚种 4 变种，南北均产，但多数分布于长江以南各省区。

（一）木通属 *Akebia* Decne.

落叶或半常绿木质缠绕藤本。冬芽具有多枚宿存的鳞片。掌状复叶互生或在短枝上簇生，通常有小叶3或5片，很少为6~8片；小叶全缘或边缘波状。花单性，雌雄同株同序，多朵组成腋生的总状花序，有时花序伞房状；雄花较小而数多，生于花序上部；雌花远较雄花大，1至数朵生于花序总轴基部；萼片3(偶有4~6)，花瓣状，紫红色，有时为绿白色，卵圆形，近镊合状排列，开花时外向反折;花瓣缺。雄花:雄蕊6枚，离生，花丝极短或近于无花丝;花药外向，纵裂，开花时内弯;退化心皮小。雌花:心皮3~9(12)枚，圆柱形，柱头盾状，胚珠多数，着生于侧膜胎座上。肉质蓇葖果长圆状圆柱形，成熟时沿腹缝开裂；种子多数。

4种，分布于亚洲东部。我国有3种和2亚种。本属大分部种类的根、藤和果实均作药用，有消炎解毒、利尿、除湿镇痛及通经之效。果味甜可食，也可酿酒；种子可榨油。

分种检索表

1 叶通常有小叶5片，有时6~8片，全缘………………………………………… 1 木通 *A. quinata*

1 叶通常有小叶3片，偶有4片或5片，波状缘或全缘……………………… 2 三叶木通 *A. trifoliata*

1. 木通 *Akebia quinata* Decne.

图9-72　木通

【别名】山通草、野木瓜、附支、附通子

【形态特征】落叶木质藤本。长约9米，全体无毛。茎纤细。掌状复叶互生或在短枝上的簇生，通常有小叶5片，偶有3~4片或6~7片；叶柄纤细，长4.5~10厘米;小叶纸质,倒卵形或倒卵状椭圆形,长2~5厘米，宽1.5~2.5厘米，先端圆或凹入，具小凸尖，基部圆或阔楔形，上面深绿色，下面青白色；中脉在上面凹入，下面凸起，侧脉与网脉均在两面凸起；小叶柄纤细，长8~10毫米，中间1枚可长达18毫米。伞房花序式的总状花序腋生，长6~12厘米，疏花，基部有雌花1~2朵，以上4~10朵为雄花；总花梗长2~5厘米；着生于缩短的侧枝上，基部为芽鳞片所包托；花略芳香。雄花：花梗纤细，长7~10毫米；萼片通常有3有时4片或5片，淡紫色,兜状阔卵形,顶端圆形，长6~8毫米，宽4~6毫米；雄蕊6(7)，离生。雌花：花梗细长，长2~4(5)厘米；萼片暗紫色。果孪生或单生，长圆形或椭圆形，长5~8厘米，直径3~4厘米，成熟时紫色（图9-72）。花期4~5月，果期6~8月。

常见栽培品种：多叶木通 *var. polyphyllan* Nakai 小叶多达7枚。

【生态习性】稍耐荫，喜温暖气候及湿润而排水良好的土壤。生于海拔300~1500米的山地灌木丛、林缘和沟谷中。

【分布及栽培范围】长江流域、华南及东南沿海各省区。日本和朝鲜亦有分布。

【繁殖】播种、压条、分株等法繁殖。

【观赏】花、叶秀美可观。

【园林应用】垂直绿化、盆栽桩景观赏等。园林篱垣、花架绿化，或缠绕树木、点缀山石。

【其它】茎、根和果实药用，治风湿关节炎和腰疼；果味甜可食，种子榨油，可制肥皂。

2. 三叶木通 *Akebia trifoliata* (Thunb.)Koidz.

【别名】八月瓜藤、三叶拿藤、活血藤、甜果木通

【形态特征】落叶木质藤本，长达 6 米。掌状复叶互生或在短枝上的簇生；叶柄直，长 7~11 厘米；小叶 3 片，纸质或薄革质，卵形至阔卵形，长 4~7.5 厘米，宽 2~6 厘米，先端通常钝或略凹入，具小凸尖，基部截平或圆形，边缘具波状齿或浅裂，上面深绿色，下面浅绿色；中央小叶柄长 2~4 厘米，侧生小叶柄长 6~12 毫米。总状花序自短枝上簇生叶重抽出，下部有 1~2 朵雌花，以上约有 15~30 朵雄花，长 6~16 厘米；总花梗纤细，长约 5 厘米。雄花：花梗丝状，长 2~5 毫米；萼片 3，淡紫色，阔椭圆形或椭圆形，长 2.5~3 毫米；雄蕊 6，离生；退化心皮 3，长圆状锥形。雌花：花梗长 1.5~3 厘米；萼片 3，紫褐色；心皮 3~9 枚，离生。果长圆形，长 6~8 厘米，直径 2~4 厘米，直或稍弯，成熟时灰白略带淡紫色（图 9-73）。花期 4~5 月，果期 7~8 月。

常见栽培品种有：白木通 ssp. *australis* (Diels) T. Shimizu 小叶 3，全缘或浅波状，近革质。原产长江流域至华南、西南地区。

【生态习性】稍耐荫，喜温暖气候及湿润而排水良好的土壤，通常见于山坡疏林或水田畦畔。生于海拔 250~2000 米的山地沟谷边疏林或丘陵灌丛中。

【分布及栽培范围】河北、山西、山东、河南、陕西南部、甘肃东南部至长江流域各省区。日本有分布。

【繁殖】播种、压条、分株等法繁殖。

【观赏】花、叶秀美可观。

【园林应用】垂直绿化、盆栽桩景观赏等。园林篱垣、花架绿化，或缠绕树木、点缀山石。

【其它】根、茎和果均入药，有舒筋活络之效，治风湿关节痛；果可食及酿酒；种子可榨油。

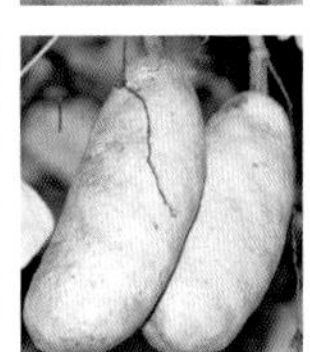

图 9-73　三叶木通

II 金缕梅亚纲 Hamamelidae

二十一、连香树科 Cercidiphyllaceae

落叶乔木，树干单一或数个；枝有长枝、短枝之分，长枝具稀疏对生或近对生叶，短枝有重叠环状芽鳞片痕，有 1 个叶及花序；芽生短枝叶腋，卵形，有 2 鳞片。叶纸质，边缘有钝锯齿，具掌状脉；有叶柄，托叶早落。花单性，雌雄异株，先叶开放；每花有 1 苞片；无花被；雄花丛生，近无梗，雄蕊 8~13，花丝细长，花药条形，红色，药隔延长成附属物；雌花 4~8 朵，具短梗；心皮 4~8，离生，花柱红紫色，每心皮有数胚珠。蓇葖果 2~4 个，有几个种子，具宿存花柱及短果梗；种子扁平，一端或两端有翅。

仅连香树属 1 属，1 种，1 变种。

科识别特征：落叶乔木叶具柄，长枝对生短单生。单性异株无花被，雄蕊 15~20 枚。雌花长梗房上位，心皮下具 1 苞片。内皮木质蓇葖果，种子一端生有翅。

（一）连香树属 *Cercidiphyllum* Sieb. et Zucc.

属特征同科特征。

1. 连香树
Cercidiphyllum japonicum Sieb. et Zucc.

【形态特征】落叶大乔木，高 10~20 米，少数达 40 米；树皮灰色或棕灰色；小枝无毛，短枝在长枝上对生；芽鳞片褐色。叶：生短枝上的近圆形、宽卵形或心形，生长枝上的椭圆形或三角形，长 4~7 厘米，宽 3.5~6 厘米，先端圆钝或急尖，基部心形或截形，边缘有圆钝锯齿，先端具腺体，两面无毛，下面灰绿色带粉霜，掌状脉 7 条直达边缘；叶柄长 1~2.5 厘米，无毛。雄花常 4 朵丛生，近无梗；苞片在花期红色，膜质，卵形；花丝长 4~6 毫米，花药长 3~4 毫米；雌花 2~6（8）朵，丛生；花柱长 1~1.5 厘米，上端为柱头面。蓇葖果 2~4 个，荚果状，长 10~18 毫米，宽 2~3 毫米，褐色或黑色，有宿存花柱；果梗长 4~7 毫米（图 9-74）。花期 4 月，果期 8 月。

有金叶 'Aureum' 和垂枝 'Pendulum' 等品种。

【生态习性】较耐荫，深根性，抗风，耐湿，生长缓慢，结实稀少。萌蘖性强。自然生在山谷边缘或林中开阔地的杂木林中，海拔 650~2700 米。喜冬寒夏凉气候，喜酸性且有机质含量丰富的棕壤和红黄壤，pH5.4~6.1。

【分布及栽培范围】山西西南部、河南、陕西、甘肃、安徽、浙江、江西、湖北及四川。日本有分布。

【繁殖】播种或扦插繁殖。

【观赏】树体高大，树姿优美，叶形奇特，为圆形，大小与银杏叶相似，因而得名山白果；叶色季相变化也很丰富，即春天为紫红色、夏天为翠绿色、秋天为金黄色、冬天为深红色。

【园林应用】园路树、庭荫树、园景树、风景林、水边绿化、盆栽及盆景观赏。

【其它】连香树为第三纪孑遗植物，在中国和日本间断分布，对于研究第三纪植物区系起源以及中国与日本植物区系的关系，有着重要的科研价值。

木材纹理通直，结构细致，耐水湿，是制作小提琴、室内装修、制造实木家具的理想用材，是稀有珍贵的用材树种，并且还是重要的造币树种。叶中所含的麦芽醇在香料工业中常被用于香味增强剂。

图 9-74　连香树

二十二、悬铃木科 Platanaceae

高大的落叶乔木，具大型而掌状裂的叶片，有长叶柄，具叶柄下芽，托叶大，上部平展而张开，下部鞘状。花雌雄同株，头状花序。萼片 3~8；花瓣与萼片同数；雄蕊 3~8；雌花有 3-8 个离生心皮。果为聚合果，由多数狭长倒锥形的小坚果组成，基部围以长毛，每个坚果有种子 1 个。

1属11种，分布于北美、东欧及亚洲西部。中国引种3种，以杂交种二球悬铃木最常见，各地广泛栽培。

科识别特征：落叶乔木有星毛，树皮苍白大片脱。冬芽包于叶柄下，直到早春随风落。长柄互生叶掌裂，雄雌花序不同枝。聚合坚果为球形，枝头摇曳如悬铃。一美二英三法国，数球种类即分明。

（一）悬铃木属 *Platanus* Linn.

属特征同科特征。我国3种，分别是一球悬铃木、二球悬铃木和三球悬铃木，三者的差异不大，园林应用相同，因而只详细介绍二球悬铃木。

分种检索表

1 果球（聚花果）为2个一串 ······························ 1 二球悬铃木 *P. acerifolia*

1 果球（聚花果）为1个或3个一串

  2 果球（聚花果）为1个一串 ······························ 2 一球悬铃木 *P. occidentalis*

  2 果球（聚花果）为3个一串 ······························ 3 三球悬铃木 *P. orientalis*

1. 二球悬铃木 *Platanus* ×*acerifolia* (*P. orientalis* ×*occidentalis*) Willd.

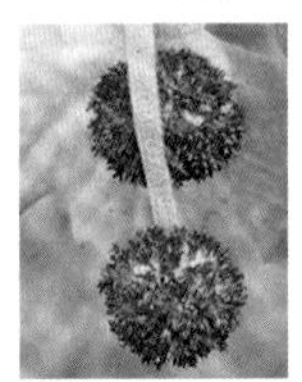

图9-75　二球悬铃木

【别名】英国梧桐、法国梧桐、法桐

【形态特征】高达30~35米；树皮灰绿色，薄片状剥落。剥落后呈绿白色，光滑。叶近三角形，长9~15厘米。3~5掌状裂，缘有不规则大锯齿，幼叶有星状毛，后脱落；托叶长1~1.5厘米。果球（聚花果）常2个一串。宿存花柱刺状（图9-75）。花期5月；果熟期9~10月。

本种是三球悬铃木和一球悬铃木的杂交种。

【生态习性】喜光，不耐荫。喜温暖湿润气候，在年平均气温13~20℃、降水量800~1200毫米的地区生长良好，北京幼树易受冻害，须防寒。对土壤要求不严，耐干旱、瘠薄，亦耐湿。根系浅易风倒，萌芽力强，耐修剪。抗烟尘、硫化氢等有害气体。对氯气、氯化氢抗性弱。

【分布及栽培范围】北自大连、北京、河北，西至陕西、甘肃，西南至四川、云南，南至广及东部沿海各省都有栽培。

【繁殖】播种或扦插繁殖。

图9-76　二球悬铃木在园林中的应用

【观赏】树形优美，冠大荫浓。

【园林应用】行道树、园路树、庭荫树（图9-76）。

【生态功能】夏季具有很好的遮荫降温效果，并有滞积灰尘、吸收硫化氢、二氧化硫、氯气等有毒气体的作用。

【其它】漂浮于空中的花粉和果毛容易进人人们的呼吸道，引起部分人群发生过敏反应，引发鼻炎、咽炎、支气管炎症、哮喘病等诸多病症。

早春修剪鲜叶作牲畜粗饲料；粉碎的二球悬铃木修剪枝叶作食用菌培养基；二球悬铃木早季修剪鲜叶的粗蛋白两倍于稻谷，可与鲜白菜叶媲美，可以采取适宜的方法对其提取叶蛋白，以增加蛋白质的有效供给和改善蛋白质的消费结构等。二球悬铃木枯落叶粉用作治虫烟雾剂的供热剂原料。

二十三、金缕梅科 Hamamelidaceae

乔木或灌木。具星状毛。单叶，互生，具明显的叶柄；多有托叶，线形或为苞片状。花两性或单性而雌雄同株，头状花序、穗状或总状花序。萼筒多少与子房结合，缘部截形，成4~5裂;花瓣与萼片同数或缺;雄蕊4~13，花药2~4室，纵裂或瓣裂，退化雄蕊同数或缺；子房下位，稀上位，2室，上半部分离，各室有1个至数个下垂的胚珠，花柱2，宿存。蒴果，木质化或革质，有2尖喙。种子具翅，有胚乳。

有27属,130余种,主产亚洲的亚热带地区,一半以上集中分布于我国南部地区。我国有17属,约80种。

科识别特征:木本常具星状毛，单叶互生有托叶。雌雄同株或杂性，小花头状或总状。萼筒子房稍合生，缘部截形或几裂。花瓣同数花萼裂，雄蕊4 5或更多。子房下位分2室，中轴胎座柱2枚。

分属检索表

1 胚珠及种子1个，具总状或穗状花序，叶羽状脉

  2 花有花瓣，两性花

    3 花瓣长线形，4或5

      4 花药有4个花粉囊，2瓣裂开 …… 1 檵木属 *Loropetalum*

      4 花药有2个花粉囊，单瓣裂开 …… 2 金缕梅属 *Hamamelis*

    3 花瓣匙形，5数 …… 3 蜡瓣花属 *Corylopsis*

  2 花无花瓣，花性或单性花 …… 4 蚊母树属 *Distylium*

1 胚珠及种子多个，花序呈头状或肉质穗状，叶为掌状脉

  5 花的各部分多于5，头状花序或肉质穗状花序有多朵花

    6 花单性，无花瓣

      7 花柱宿存，常有宿存萼齿 …… 5 枫香树属 *Liquidambar*

      7 花柱脱落，无宿存萼齿 …… 6 蕈树属 *Altingia*

    6 花两性，常有花瓣

      8 花及果排成头状花序 …… 7 红花荷属 *Rhodoleia*

      8 花及果排成肉质穗状花序 …… 8 壳菜果属 *Mytilaria*

  5 花的各部分为5，头状花序只有2朵花 …… 9 双花木属 *Disanthus*

（一）檵木属 *Loropetalum* R. Brown

常绿或半落地灌木或小乔木；幼枝被星毛。叶互生，卵形，基部稍偏斜，被星毛，具短柄；托叶膜质。

花4~8朵聚成短穗状花序，或近乎头状花序，两性，4数，萼筒倒锥形，外侧被星毛，萼齿卵形，脱落；花瓣带状，在花芽时向内卷曲；雄蕊周位着生，花丝极短，花药具4个花粉囊，瓣裂，药隔突出；退化雄蕊鳞片状，与雄蕊互生；子房半下位，2室，花柱2枚，极短；胚珠每室1枚，垂生。蒴果木质，被星毛，两瓣裂开，每瓣2浅裂，果柄极短或缺。种子1枚，长卵形，黑色有光泽，种脐白色。

4种及1变种。我国有3种及1变种，另1种在印度。

分种检索表

1 花白色……………………………………………………………1 檵木 *L. chinense*

1 花红色……………………………………………………………2 红檵木 *L. Chinense var. rubrum*

1. 檵木 *Loropetalum chinense* (R. Br.) Oliver

【别名】白花檵木

【形态特征】灌木，有时为小乔木，多分枝，小枝有星毛。叶革质，卵形，长2~5厘米，宽1.5~2.5厘米，先端尖锐，基部钝，不等侧，上面略有粗毛或秃净，下面被星毛，稍带灰白色，侧脉约5对，在上面明显，在下面突起，全缘；叶柄长2~5毫米；托叶早落。花3~8朵簇生，有短花梗，白色，比新叶先开放，或与嫩叶同时开放；苞片线形，长3毫米；花瓣4片，带状，长1~2厘米，先端圆或钝；雄蕊4个，花丝极短；退化雄蕊4个，鳞片状；子房完全下位。蒴果卵圆形，长7~8毫米，宽6~7毫米（图9-77）。花期3~4月。

品种斑叶檵木 'Variegatum' 叶有白边及斑纹。

图9-77 檵木

【生态习性】稍耐荫，喜温暖气候及酸性土壤。

【分布及栽培范围】中部、南部及西南各省。日本、印度也有。

【繁殖】扦插、播种繁殖。常用作红花檵木的砧木。

【观赏】花繁密而显著。

【园林应用】水边绿化、绿篱及绿雕、园景树、基础种植、绿篱、地被植物、盆栽及盆景观赏。宜植于庭园观赏。丛植地草地、林缘或与山石相配合都很合适，亦可用作风景林之下木。

【其它】根、叶、花、果入药，能解热、止血、通经活络。木材坚实耐用。

2. 红檵木 *Loropetalum chinense* (R. Br.) Oliv var.*rubrum* Yieh

【别名】红花继木、红梽木、红桎木、红檵花

【形态特征】常绿灌木或小乔木，高达10米；小枝、嫩叶及花萼均有锈色星状毛。单叶互生，暗紫色，卵形或椭圆形，长2~5厘米，先端短尖，基部不对称，全缘。花瓣4，带状条形，长1~2厘米，紫红色（因品种不同，花色、叶色略有区别），3~8朵簇生小枝端。花期3~4月（图9-78）。有双面红、透骨红、嫩叶红三大类型。

【生态习性】喜光，稍耐荫，但阴时叶色容易变

绿。适应性强，耐旱。喜温暖，耐寒冷。萌芽力和发枝力强，耐修剪。耐瘠薄，但适宜在肥沃、湿润的微酸性土壤中生长。

【分布及栽培范围】长江中、下游以南，北回归线以北地区。

【繁殖】播种或扦插繁殖。

【观赏】枝繁叶茂，姿态优美，耐修剪，耐蟠扎，可用于绿篱，也可用于制作树桩盆景，花开时节，满树红花，极为壮观。

【园林应用】园景树、水边绿化、绿篱及绿雕、基础种植、绿篱、地被植物、盆栽及盆景观赏（图9-79）。丛植、孤植，与山石相配，风景林之下木。

图 9-78　红檵木

图 9-79　红檵木在园林中的应用

【文化】湖南省株洲市市花。花语：发财、幸福相伴一生。红花檵木为檵木的变种，特产湖南与江西交界罗霄山脉海拔 100~400 米常绿阔叶林地带，由已故著名林学家叶培忠教授于 1938 年春在长沙天心公园发现并命名。据考，其模式标本采集树是该公园于 1935 年春从浏阳大围山移植的野生植株。此树尚存，现树高 5 米，胸径 20 厘米，冠径 42 平方米，树龄约 150 年。

【其它】能解热止血、通经活络。

（二）金缕梅属 *Hamamelis* Gronov. ex Linn.

落叶灌木或小乔木；叶薄革质或纸质，阔卵形，不等侧，羽状脉，全缘或有波状齿缺；托叶早落；花两性，4 数，聚成头状或短穗状花序；萼管与子房多少合生，裂齿卵形；花瓣 4，狭带状，黄色或淡红色；雄蕊 4，与 4 枚鳞片状的退化雄蕊互生；子房近上位或半下位，2 室，胚珠 1 颗，垂生于室内上角；蒴果木质，卵圆形，上半部 2 瓣裂，每瓣复 2 浅裂；种子长圆形。

6 种，分布于北美和东亚，我国有金缕梅和小叶金缕梅 2 种，产中部，供庭园观赏用。

1. 金缕梅 *Hamamelis mollis* Oliv

【别名】木里香、牛踏果

【形态特征】落叶灌木或小乔木，高可达 9 米。细枝密生星状绒毛；裸芽有柄。叶倒卵圆形，长 8~15 厘米，先端急尖，基部歪心形，缘有波状齿，表面略粗糙，背面密生绒毛。花瓣 4 片，狭长如带，长 1.5~2 厘米，淡黄色，基部带红色，芳香；萼背有锈色绒毛。蒴果卵球形，长约 1.2 厘米（图 9-80）。2~3 月叶前开花；果 10 月成熟。

栽培变种橙花金缕梅 'Brevipetala' 花橙色，叶较长。

【生态习性】耐寒力较强。在 -15℃气温下能露地生长。喜光，但幼年阶段较耐荫。能在半荫条件下生长。对土壤要求不严，在酸性、中性土壤中都能生长，尤以肥沃、湿润、疏松，且排水好的砂质土生长最佳。多生于山坡、溪谷、阔叶林缘，灌丛中。垂直分布常在海拔 600~1600 米。生山地次生林中，中亚热带常绿、落叶阔叶林区。

【分布及栽培范围】广西、湖南、湖北、安徽、江西、浙江。

【繁殖】播种、嫁接繁殖。

【观赏】树形雅致，花期早，花期从冬季到早春，正是一年中少花的时期。其花瓣纤细、轻柔，花形婀娜多姿，别具风韵；花色鲜艳、明亮，从淡黄到橙红，深浅不同；先花后叶，香气宜人，树形轻盈，

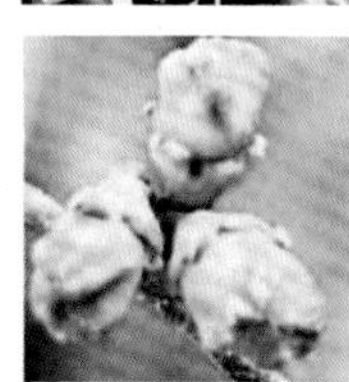

图 9-80 金缕梅

花相靓丽，在冬日庭院中格外醒目。

【园林应用】园景树、树林、盆栽及盆景观赏。在庭院角隅、池边、溪畔、山石间及树丛外缘都很合适。可与多种花木，如梅、桃、杏、樱、蜡梅、结香及紫荆等配置，能收到绿化、花化、香化生态环境的良好效果。

【其它】木材坚实耐用；根、叶、花、果入药，能解热、止血、通经活络。金缕梅内含单宁质多种如 Ellagtannin 和 Hamamlitannin 可以调节皮脂分泌、具保湿及嫩白作用。

（三）蜡瓣花属 *Corylopsis* Sieb. et Zucc.

落叶或半常绿灌木或小乔木；混合芽有多数总苞状鳞片。叶互生，革质，卵形至倒卵形，不等侧心形或圆形，羽状脉最下面的 1 对侧脉有第二次分支侧脉，边缘有锯齿，齿尖突出，有叶柄，托叶叶状，早落。花两性，常先于叶片开放，总状花序常下垂，总苞状鳞片卵形，苞片及小苞片卵形至矩圆形，花序柄基部常有 2~3 片正常叶片；萼筒与子房合生或稍分离，萼齿 5 个卵状三角形，宿存或脱落；花瓣 5 片，匙形或倒卵形，有柄，黄色，周位着生；雄蕊 5 个，花丝线形，花药 2 室，直裂；退化雄蕊 5 个，简单或 2 裂，与雄蕊互生；子房半下位，2 室，柱头尖锐或稍膨大，胚珠每室 1 个。蒴果木质，卵圆形，下半部常与萼筒合生，室间及室背离开为 4 片，具宿存花柱。

约 30 种，分布于东亚，我国有 20 种，主要分布于长江流域及其南部各省。

1. 蜡瓣花 *Corylopsis sinensis* Hemsl.

【形态特征】落叶灌木。叶薄革质，倒卵圆形或倒卵形，有时为长倒卵形，长 5~9 厘米，宽 3~6 厘米；先端急短尖或略钝，基部不等侧心形；下面有灰褐色星状柔毛；最下一对侧脉靠近基部，第二次分支

侧脉不强烈；边缘有锯齿，齿尖刺毛状；叶柄长约1厘米，有星毛；托叶窄矩形，长约2厘米。总状花序长3~4厘米；花序柄长约1.5厘米，被毛，花序轴长1.5~2.5厘米，有长绒毛；总苞状鳞片卵圆形，长约1厘米；苞片卵形，长5毫米，外面有毛；小苞片矩圆形，长3毫米；萼筒有星状绒毛，萼齿卵形；花瓣匙形，长5~6毫米，宽约4毫米；雄蕊比花瓣略短，长4~5毫米。果序长4~6厘米；蒴果近圆球形，长7~9毫米，被褐色柔毛（图9-81）。

【生态习性】喜光，耐半荫，喜温暖湿润气候及肥沃、湿润而排水良好之酸性土壤，有一定耐寒能力，但忌干燥土壤。垂直海拔一般在1200~1800米的山地灌丛。

【分布及栽培范围】湖北、安徽、浙江、福建、江西、湖南、广东、广西及贵州等省。

【繁殖】播种、分株和压条繁殖。

图9-81　蜡瓣花

【观赏】春日先叶开花，花序累累下垂，光泽如蜜蜡，色黄而具芳香，枝叶繁茂，清丽宜人。

【园林应用】园景树、基础种植、盆栽及盆景观赏。适于庭园内配植于角隅，或与紫荆、碧桃混植相互衬托共显春色。

【其它】花枝可作瓶插材料。根皮及叶可入药。

（四）蚊母树属 *Distylium* Sieb. et Zucc.

常绿灌木或小乔木。叶互生，革质，全缘，偶有小齿，羽状脉。花单性或杂性，雄花常与两性花同株，排成腋生的穗状花序；萼管极短，裂齿2~6，卵形或披针形，不等长；花瓣缺；雄蕊4~8，花药2室，纵裂，药隔突出；雌花及两性花的子房上位，2室，每室有胚珠1颗；花柱2，锥尖。蒴果木质，卵圆形，被星状绒毛，上半部2瓣裂，每瓣复2裂，基部无宿存萼管；种子长卵形。

18种，分布于东亚和印度、马来西亚，我国有12种3变种，产西南部至东南部。

分种检索表

1 顶芽、嫩枝及叶下面有鳞垢或鳞毛

　2 叶椭圆形，长度药为宽度两倍……………………………………… 1 蚊母树 *D. racemosum*

　2 叶矩圆形或披针形，长为宽的3~4倍……………………………… 2 杨梅叶蚊母树 *D. myricoides*

1 顶芽及嫩枝有星状绒毛 ………………………………………………… 3 中华蚊母树 *D. chinense*

1. 蚊母树
Distylium racemosum Sieb. et Zucc.

【别名】蚊母、蚊子树

【形态特征】常绿灌木或中乔木，高达9米，栽培常成灌木状。嫩枝及裸芽被垢鳞。单叶互生，倒卵状长椭圆形，长3~7厘米，全缘，或近端略有齿裂状，先端钝或稍圆，侧脉5~6对，在表面不显著；在叶下

图 9-82 蚊母树

图 9-83 蚊母树在园林中的应用

面明显突起，革质而有光泽，无毛。花小而无花瓣，但红色的雄蕊十分显眼；腋生短总状花序，具星状短柔毛（图 9-82）。花期 4~5 月。蒴果端有 2 宿存花拄。

品种斑叶蚊母树 'Variegatum' 叶较宽，具黄白色斑。

【生态习性】喜光，稍耐荫，喜温暖湿润气候，耐寒性不强，对壤要求不严，以排水良好而肥沃、湿润土壤最好。萌芽、发枝力强，耐修剪。对烟尘、多种有毒气体抗生很强。

【分布及栽培范围】福建、浙江、台湾、广东海南岛；亦见于朝鲜及日本琉球。上海、南京一带常栽作城市绿化及观赏树种。

【繁殖】播种或扦插繁殖。

【观赏】蚊母树枝叶密集，树形整齐，叶色浓绿，经冬不凋，春日开细小红花也颇美丽，加之抗性强、防尘及隔音效果好，是理想的城市及工矿区绿化及观赏树种。

【园林应用】园景树、防护林、基础种植、绿篱、地被植物（图 9-83）。植于路旁、庭前草坪上及大树下都很合适，成丛、成片栽栽植分隔空间或作为其它花木之背景效果。若修剪成球形，宜于门前对植或作基础种植材料。

【生态功能】对二氧化硫及氯有很强的抵抗力。

【其它】树皮含鞣质，可制栲胶；木材坚硬，可作家具、车辆等用材。

2. 杨梅叶蚊母树 *Distylium myricoides* Hemsl.

【别名】萍柴

【形态特征】常绿灌木或小乔木。叶革质，矩圆形或倒披针形，长 5~11 厘米，宽 2~4 厘米，先端锐尖，基部楔形，上面绿色，下面无毛；侧脉约 6 对，网脉在上面不明显，在下面能见；边缘上半部有数个小齿突；叶柄长 5~8 毫米，有鳞垢；托叶早落。总状花序腋生，长 1~3 厘米，雄花与两性花同在 1 个花序上，两性花位于花序顶端，花序轴有鳞垢，苞片披针形，长 2~3 毫米；萼筒极短，萼齿 3~5 个，披针形，长约 3 毫米，有鳞垢；雄蕊 3~8 个，花药长约 3 毫米，红色，花丝长不及 2 毫米；子房上位，有星毛，花柱长 6~8 毫米。雄花的萼筒很短，长短不一，无退化子房。蒴果卵圆形，长 1~1.2 厘米，有黄褐色星毛（图 9-84）。

【生态习性】喜温暖湿润气候，抗寒性不是很强。

【分布及栽培范围】四川、安徽、浙江、福建、江西、广东、广西、湖南、贵州东部。

【繁殖】播种或扦插繁殖。

图 9-84 杨梅叶蚊母树

【观赏】蚊母树枝叶密集，树形整齐，叶色浓绿，经冬不凋，春日开细小红花也颇美丽。

【园林应用】园景树。

【其它】有降血压、护肝、软化血管、治疗失眠，抗抑郁等功效。

3. 中华蚊母树 *Distylium chinense* (Fr.) Diels

【形态特征】常绿灌木，高约1米。叶革质，矩圆形，长2~4厘米，宽约1厘米，先端略尖，基部阔楔形，上面绿色，稍发亮；侧脉5对，在上面不明显，在下面隐约可见，肉脉在上下两面均不明显；边缘在靠近先端近有2~3个小锯齿；叶柄长2毫米。雄花穗状花序长1~1.5厘米，花无柄；雄蕊2~7个。蒴果卵圆形，长7~8毫米，外面有褐色星状柔毛，宿存花柱长1~2毫米，干后开裂。种子长3~4毫米（图9-85）。

【生态习性】喜湿润和阳光充足的环境，耐半荫；耐低温高热，耐寒、耐涝，易塑造。抗性强、防尘及隔音效果好。典型的消落带植物，涨水时即使被水没顶，也能在水下休眠数十天；水退后，它便重新苏醒，尽情享受大水带来的充足养分。

【分布及栽培范围】国家二级濒危珍稀植物，原分布在长江三峡、武隆县芙蓉江和乌江流域；如今乌江流域成了中华蚊母集中生长带。

图9-85　中华蚊母

【繁殖】播种繁殖。

【观赏】枝叶密集，树形整齐，叶色浓绿，经冬不凋，春日开细小红花也颇美丽。树型独特，蔸盘粗壮，枝干短曲苍老，根悬露虬曲，奇异古朴，是栽培盆景最理想的材料。

【园林应用】水边绿化、防护林、绿篱、基础种植、盆栽及盆景观赏。植于路旁、庭前草坪上及大树下都很合适，成丛、成片栽栽植作为分隔空章或作为其它花木之背景效果亦佳。

（五）枫香树属 *Liquidambar* Linn.

落叶乔木，树干挺直，高度可达25~40米。叶互生，掌状开裂，螺旋着生，边缘有锯齿，托叶线形，早落。花单性，雌雄同株，无花瓣。雄花多数，排成头状或穗状花序，再排成总状花序，每雄花头状花序有苞片4个。雌花多数，聚生在圆球形头状花序上，有苞片1个，花柱宿存。头状果序圆球形，有蒴果多数，蒴果木质，室间裂开为2片，果皮薄。种子多数。

5种，我国有2种及1变种。

1. 枫香 *Liquidambar formosana* Hance.

【别名】枫树、路路通

【形态特征】乔木。高达30米，胸径1米，树冠广卵形或略扁平。叶互生，长6~12厘米；常3裂，中央裂片较长，先尾状渐尖；两侧裂片平展；基部心形成截形；上面绿色，不发亮，网脉明显可见；缘有锯齿，齿尖有腺状突；幼叶有毛，后渐脱落；

叶柄长达11厘米。头状花序。果（蒴果）序较大，径3~4厘米，宿存花柱长达1.5厘米；刺状萼片宿存（图9-86）。花期3月~4月，10月果成熟。

【生态习性】 喜光，幼树稍耐荫；喜温暖湿润气候及深厚湿润土壤，也耐干旱瘠薄，但较不耐水湿。直分布一般在海拔1000~1500米以下。不耐移植。

【分布及栽培范围】 中国秦岭及淮河以南各省，北起河南、山东，东至台湾，西至四川、云南及西藏，南至广东、海南。亦见于越南北部，老挝及朝鲜南部。

【繁殖】 播种繁殖。

【观赏】 树干通直，树冠宽大。入秋叶色红色，是南方著名的秋色叶树种。

【园林应用】 行道树、园路树、庭荫树、园景树、风景林、树林、防护林（图9-87）。在我国南方低山、丘陵营造风景林很合适。最宜与常绿树配合种植。可于草地孤植、丛植，或于山坡、池畔与其他树木混植。倘与常绿树丛配合种植，秋季红绿相衬，会显得格外美丽。枫香具有较强的耐火性和对有毒气体的抗性，可用于厂矿区绿化。

图9-87 枫香的园林应用

图9-86 枫香

【生态功能】 南方次生林的主木成分。

【其它】 木材稍坚硬，可制家具及贵重商品的装箱。树脂供药用，能解毒止痛，止血生肌；根、叶及果实亦入药，有祛风除湿，通络活血功效。

（六）蕈树属 *Altingia* Noronha

常绿乔木；叶革质，卵形至披针形，不分裂或少有1~2浅裂，羽状脉；花单性同株，无花瓣，组成头状花序或再呈总状花序式排列；雄花有雄蕊极多数，花丝极短，花药2室，纵裂；雌花萼管与子房合生；子房下位，2室，每室有胚珠多数；头状果序近球形，基部截平，由多数蒴果组成；蒴果木质，室间开裂为2瓣，每瓣2浅裂，无宿存萼齿及花柱；种子多数，多角形或略有翅。

本属12种；我国有8种，产东南至西南。

1. 蕈树 *Altingia chinensis* (champ.) Oliver ex Hance

【别名】 阿丁枫

【形态特征】 常绿乔木，高20米。叶革质或厚革质，倒卵状矩圆形，长7~13厘米，宽3~4.5厘米；先端短急尖，有时略钝，基部楔形；上面深绿色；下面浅绿色，无毛；侧脉约7对，在上下两面均突起，网状小脉在上面很明显，在下面稍突起，边缘有钝锯齿，叶柄长约1厘米，无毛；托叶细小，早落。雄花短穗状花序长约1厘米，常多个排成圆锥花序，花序柄有短柔毛；雄蕊多数，近于无柄。雌花头状花序单生或数个排成圆锥花序，有花 15~26 朵，苞片 4~5 片，卵形或披针形，长 1~1.5 厘米；花序柄长 2~4 厘米；萼筒与子房连合，萼齿乳突状。头状果序近于球形，基底平截，宽 1.7~2.8 厘米（图 9-88）。

【生态习性】海拔 600~1000 米的亚热带常绿林。

【分布及栽培范围】海南岛、广东、海南、广西、贵州、云南东南部、湖南、福建、江西、浙江。亦见于越南北部。

【繁殖】播种或扦插繁殖。

【观赏】树形优美，枝叶茂密，早春叶淡红色。

【园林应用】园景树、树林。

【其它】根具有药用价值，具消肿止痛的效果。木材含挥发油，可提取蕈香油，供药用及香料用。木材供建筑及制家具用，在森林里亦常被砍倒作放养香菰的母树。

图 9-88　蕈树

（七）红花荷属 *Rhodoleia* Champ. ex Hook. f.

常绿灌木至小乔木；叶互生，革质，卵形至长圆形，羽状脉，无托叶；花两性，数朵聚合成一紧密、腋生的头状花序；总苞片卵圆形，覆瓦状排列。萼管极短，包围子房基部，齿不明显；花瓣 2~5，红色，匙形至倒披针形，常生于头状花序外侧，使整个花序形如单花；雄蕊 4~10 枚，花丝长；子房半下位，由 2 心皮组成，基部 1 室，上部多少分离而广歧；花柱 2；胚珠每室 12~18；蒴果自顶部室间及室背开裂为 4 果瓣；种子扁平。

9 种，分布于亚洲热带地区，我国有 6 种，产西南部至南部，为美丽的观赏树。

1. 红花荷 *Rhodoleia championii* Hook. f.

【别名】红苞木

【形态特征】常绿乔木高 12 米。叶厚革质，卵形，长 7~13 厘米，宽 4.5~6.5 厘米，先端钝或略尖，基部阔楔形，三出脉，上面深绿色，下面灰白色，无毛；侧脉在两面均明显，网脉不显著；叶柄长 3~5.5 厘米。头状花序长 3~4 厘米，常弯垂；花序柄长 2~3 厘米，有鳞状苞片 5~6 片，总苞片卵圆形，大小不相等，上部的较大，被褐色短柔毛；花瓣匙形，长 2.5~3.5 厘米，宽 6~8 毫米，红色；雄蕊与花瓣等长。头状果序宽 2.5~3.5 厘米，有蒴果 5 个；蒴果卵圆形，

图 9-89　红花荷

长 1.2 厘米，无宿存花柱，干后上半部 4 片裂开（图 9-89）。花期 3~4 月。

【生态习性】中性偏阳树种，成年喜光。耐低温 -4.5℃。适生于红黄壤与红壤。喜土层深厚肥沃的坡地，也耐干旱瘠薄。

【分布及栽培范围】广东中部及西部、香港。

【繁殖】播种或扦插繁殖。

【观赏】花形像吊钟，叶片质感坚硬，光滑无毛，叶面呈深绿色而略带光泽，叶柄带红色。早春开花时满树红花，十分漂亮。

【园林应用】园路树、庭荫树、园景树、盆栽及盆景观赏。

【文化】《红花荷》："天生丽质隐深山，喜有练木知花仙。绿叶连云滴苍翠，红花映日霞染天。滚滚绿浪迎风荡，阵阵清香飘云端。金钟高悬红荷俏，心与阿木永相连。"

【其它】材质较轻，结构细，色泽美观，可做家具、车船、胶合板和贴面板用材。叶具有活血止血的功能。

（八）壳菜果属 *Mytilaria* Lec.

仅有壳菜果 1 种，特征见种。

1. 壳菜果 *Mytilaria laosensis* Lec.

【别名】米老排

【形态特征】常绿乔木，高达 30 米；小枝粗壮，无毛，节膨大，有环状托叶痕。叶革质，阔卵圆形，全缘，或幼叶先端 3 浅裂（幼叶常盾状着生），长 10~13 厘米，宽 7~10 厘米，先端短尖，基部心形；上面有光泽；下面黄绿色，或稍带灰色，无毛；掌状脉 5 条，在上面明显，在下面突起，网脉不大明显；叶柄长 7~10 厘米。肉穗状花序，单独，花序轴长 4 厘米。花多数，紧密排列在花序轴；萼筒藏在肉质花序轴中；花瓣带状舌形；雄蕊 10~13 个，花丝极短；子房下位。蒴果长 1.5~2 厘米，外果皮黄褐色（图 9-90）。

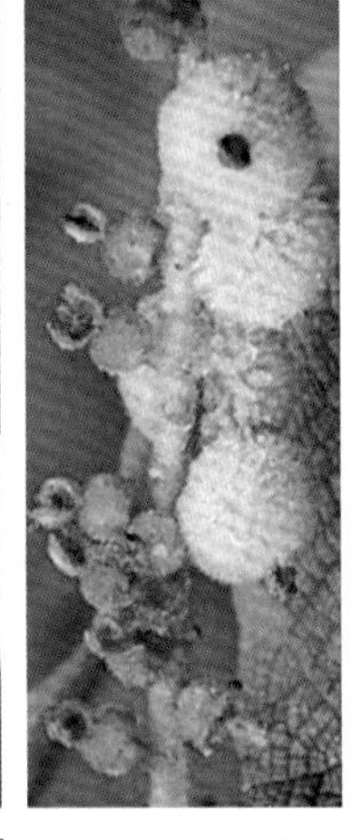

图 9-90　壳菜果

【生态习性】耐半荫，喜暖热气候及酸性土壤；萌芽性强。生于海拔 1100~1800 米的沟谷常绿阔叶林内。

【分布及栽培范围】我国云南、两广；越南、老挝也有。

【繁殖】播种繁殖。

【观赏】叶色常绿，遮荫效果好。

【园林应用】庭荫树、园景树。

【其它】木材红色，白蚁不侵，可作箱柜、家具、房屋板料、造船等用材。为广西上思、宁明一带速生良材之一。

（九）双花木属 *Disanthus* Maxim.

落叶灌木；叶互生，心形或卵圆形，具长柄，全缘，掌状脉；花两性，无花梗，2 朵组成腋生的头状花序；萼 5 裂，萼管短杯状；花瓣 5，线状披针形或狭带形，广展；雄蕊 5，花丝短，花药内向，纵裂；子房上位，2 室，每室有胚珠 5~6，花柱 2，短而粗；蒴果木质，室间开裂，每室有黑色、光亮的种子数颗。

只有双花木 *D. cercidifolius Maxim.* 1 种，原产日本，我国有 *var. longipes* 1 种，产中南部。

1. 长柄双花木

Disanthus cercidifolius Maxim. var. *longipes* (H. T. Chang) K. Y. Pan

【形态特征】落叶灌木，高 2~4 米。小枝曲折。叶互生，卵圆形，长 5~7.5 厘米，宽 6~9 厘米，先端钝圆，基部心形，全缘，掌状脉 5~7；叶柄长 5 厘米。头状花序有两朵对生无梗的花；花序梗长 1~2.5 厘米；花两性；萼筒浅杯状，裂片 5，卵形，长 1~1.5 毫米；花瓣 5，红色，狭披针形，长约 7 毫米；雄蕊 5，花丝短；子房上位，2 室，花柱 2。蒴果倒卵圆形，长 1.2~1.6 厘米，直径 1.1~1.5 厘米，木质，室背开裂；每室有种子 5~6 粒，果柄长 1.5~3.2 厘米（图 9-91）。

【生态习性】耐荫，喜温凉多雨，云雾重，湿度大的环境。喜酸性山地黄壤。忌水淹，易烂根。生于海拔 630~1300 米的高山。

【分布及栽培范围】我国江西省东部的军峰山及湖南省的常宁及道县，以及湘粤交界的莽山。

【繁殖】播种、扦插、压条繁殖。

图 9-91　长柄双花木

【观赏】叶心形。冬季开花，一柄两朵红色花朵，花色鲜红艳丽，小枝曲折多姿，是一种优美的观赏植物，极具观赏性。

【园林应用】园景树、水边绿化、基础种植、盆栽及盆景观赏。

二十四、虎皮楠科（交让木科）Daphniphyllaceae

乔木或灌木，各部无毛；小枝粗壮，常呈紫褐色，具突起小皮孔。叶互生，常聚集于小枝顶端，全缘，多少具长柄。花单性异株，排列成腋生总状花序；花序基部具数个覆瓦状排列的卵形或长卵形苞片，早落；花萼缺或多少发育，3~6 枚或 3~6 裂，宿存或早落；无花瓣；雄花有雄蕊 5~12(~18）枚，花药新月形内弯或卵形至长圆形，先端凸尖或圆形至微凹，无退化雌蕊；雌花具退化雄蕊或无，子房上位，心皮 2，合生，由假隔膜形成不完全的 2 室，每室有自室顶悬垂的倒生胚珠 2 颗，花柱 2，叉开。核果表面干时常呈瘤状突起，先端具宿存花柱，1 室 1 种子。

1 属，约 30 种，分布于亚洲东南部。我国有 10 种，分布于长江以南各省区。

（一）虎皮楠属 *Daphniphyllum* Bl.

属特征同科特征。

分种检索表

1 花萼不育或果时脱落

　2 子房为不发育雄蕊环绕 ……………………………………… 1 交让木 *D. macropodum*

　2 子房无不育雄蕊环绕 ……………………………………… 2 虎皮楠 *D. oldhami*

1 果时花萼明显宿存 ……………………………………… 3 牛耳枫 *D. calycinum*

1. 交让木 *Daphniphyllum macropodum* Miq.

【别名】 山黄树、枸血子、枸色子、水红朴

【形态特征】 灌木或小乔木，高 3~10 米；小枝粗壮，暗褐色。叶革质，长圆形至倒披针形，长 14~25 厘米，宽 3~6.5 厘米，先端渐尖，顶端具细尖头，基部楔形至阔楔形，叶面具光泽，叶背淡绿色，无乳突体，有时略被白粉，侧脉纤细而密两面清晰；叶柄紫红色，粗壮，长 3~6 厘米。雄花序长 5~7 厘米；花萼不育；雄蕊 8~10，花药约 2 毫米，花丝短，长约 1 毫米；雌花序长 4.5~8 厘米；花梗长 3~5 毫米；花萼不育；子房基部具大小不等的不育雄蕊 10；子房长约 2 毫米。果椭圆形，长约 10 毫米，径 5~6 毫米，先端具宿存柱头，暗褐色，有时被白粉，果梗长 10~15 厘米（图 9-92）。花期 3~5 月，果期 8~10 月。

【生态习性】 亚热带树种，喜生于湿润之地，生长较缓。生于海拔 600~1900 米的阔叶林中。

【分布及栽培范围】 云南、四川、贵州、湖南、湖北、江西、浙江、安徽、广西、广东、台湾等省区。日本和朝鲜亦有。

【繁殖】 播种繁殖。

【观赏】 树冠及叶柄美丽。新叶开放时，老叶全部凋落，因有"交让"木之称。

【园林应用】 园景树、树林。植于庭前及草坪间，或与其他树种相群植，均觉蔚然可爱。宜栽植于庇荫之下。与南天竹同植于房屋北侧，则浓荫丹实相映成趣，益著调和之美。

图 9-92 交让木

【其它】 树皮有毒，煎汁可作驱虫药，动物食后可致死。叶和种子可以药用，治疖毒红肿。

2. 虎皮楠 *Daphniphyllum oldhami* (Hemsl.) Rosenth.

【别名】 四川虎皮楠、南宁虎皮楠

【形态特征】 乔木或小乔木，高 5~10 米。叶纸质，长圆状披针形，长 9~14 厘米，宽 2.5~4 厘米，最宽处常在叶的上部，先端急尖或渐尖或短尾尖，基部楔形或钝，边缘反卷，具光泽，叶背通常显著被白粉，具细小乳突体，侧脉纤细，两面突起，网脉在叶面明显突起；叶柄长 2~3.5 厘米，上面具槽。雄花序长 2~4 厘米；花梗长约 5 毫米；花萼小，不整齐 4~6 裂，长 0.5~1 毫米；雄蕊 7~10；雌花序长 4~6 厘米；花梗长 4~7 毫米。果椭圆或倒卵圆形，长约 8 毫米，径约 6 毫米，具不明显疣状突起（图 9-93）。花期 3~5 月，果期 8~11 月。

【生态习性】 生于海拔 150~1400 米的阔叶林中。

图 9-93　虎皮楠

【分布及栽培范围】长江以南各省区。朝鲜和日本也有分布。

【繁殖】播种繁殖。

【观赏】树形美观。

【园林应用】园景树、树林。

【其它】种子榨油供制皂。叶入药，具清热解毒、活血散瘀的功效，主治感冒发热；咽喉肿痛；脾脏肿大；毒蛇咬伤；骨折创伤。

3. 牛耳枫 *Daphniphyllum calycinum* Benth.

【别名】南岭虎皮楠

【形态特征】灌木，高 1.5~4 米。叶纸质，阔椭圆形或倒卵形，长 12~16 厘米，宽 4~9 厘米，先端钝或圆形，具短尖头，基部阔楔形，全缘，略反卷，叶面具光泽，叶背多少被白粉，侧脉在叶面清晰，叶背突起；叶柄长 4~8 厘米。总状花序腋生，长 2~3 厘米，雄花花梗长 8~10 毫米；花萼盘状，径约 4 毫米，3~4 浅裂；雄蕊 9~10 枚，长约 3 毫米；雌花花梗长 5~6 毫米；苞片卵形，长约 3 毫米；萼片 3~4，阔三角形；子房长 1.5~2 毫米，花柱短，柱头 2。果序长 4~5 厘米，密集排列；果卵圆形，较小，长约 7 毫米，被白粉 (图 9-94)。花期 4~6 月，果期 8~11 月。

【生态习性】生于海拔 (60~) 250~700 米的疏林或灌丛中。

【分布及栽培范围】广西、广东、福建、江西等省区。越南和日本也有分布。

【繁殖】播种繁殖。

【观赏】叶柄长，整个形态像牛耳。

【园林应用】园景树、基础种植、盆栽及盆景观赏。

【其它】种子油含有毒性的生物碱，加热后毒性下降，可供作润滑油及肥皂。枝叶入药，主治风湿骨痛、疮疡肿毒、跌打骨折、毒蛇咬伤。

图 9-94　牛耳枫

二十五、杜仲科 Eucommiaceae

落叶乔木。叶互生，单叶，具羽状脉，边缘有锯齿，具柄，无托叶。雌雄异株；无花被；花与叶同时由鳞芽开出；雄花簇生，有柄，由 10 个线形的雄蕊组成，花药 4 室；花粉具 3 孔沟，在每条沟中有 1 未充分发育的孔；雌花具短梗，子房 2 心皮，仅 1 个发育，扁平，顶端有 2 叉状花柱，1 室，胚珠 2，倒生，下垂。翅果。种子有胚乳。

只有杜仲属 *Eucommia* 1 属，1 种，我国特产 。

（一）杜仲属 *Eucommia* Oliver

属特征同科特征。

1. 杜仲 *Eucommia ulmoides* Oliver

【别名】丝棉皮

【形态特征】落叶乔木，高可达 20 米，胸径 50 厘米。树皮灰褐色，粗糙，内含橡胶，折断拉开有多数细丝。植物体各部具白色胶丝。小枝无毛，无顶芽，侧芽具 6~10 芽鳞；髓心隔片状。单叶互生，羽状脉先端渐尖，叶缘具锯齿；基部圆形或宽楔形。幼叶下面脉上有毛；无托叶。花单性，雌雄异株；无花被。翅果扁平顶端微凹，果翅位于周围，熟时棕褐色或黄褐色（图 9-95）。花期 3~4 月，果成熟期 10~11 月。

【生态习性】喜光、喜温和湿润气候，喜深厚疏松、肥沃湿润、排水良好、ph5.5~7.5 的土壤最为适宜。生长快，一年生苗高可达 1 米。垂直分在海拔 300~500 米的低山、谷地或低坡的疏林里。

【分布及栽培范围】陕西、甘肃、河南、湖北、湖南、贵州、云南及浙等省区。现各地广泛栽培。北美洲、英国、法国、日本等国有引种栽培。

【繁殖】播种、扦插，压条及嫁接繁殖。

【观赏】枝叶茂密，树形美观。

【园林应用】园路树、庭荫树。

图 9-95　杜仲

【其它】树皮入药称杜仲，为贵重中药材，治疗高血压，并有强筋骨、补肝肾、益腰膝、除酸痛之功效。杜仲树皮、叶及果实富含杜肿胶，为硬质橡胶，耐酸、耐碱，绝缘性良好，适用于航空工业及制作电工绝缘器材。种子含油率达 27%。

二十六、榆科 Ulmaceae

乔木或灌木；芽具鳞片，稀裸露；顶芽通常早死，由其下的腋芽代替。单叶互生，稀对生，常二列，羽状脉或基部 3 出脉，有柄；托叶常呈膜质，侧生或柄内生，分离或连合，早落。单被花两性、单性或杂性，雌雄异株或同株，少数或多数排成聚伞花序，或因序轴短缩而呈簇生状，或单生，生叶腋或近新枝下部或近基部的苞腋；花被裂片 4~8，常呈覆瓦状排列；雄蕊在蕾中直立，常与花被裂片同数而对生，花药 2 室，纵裂，花粉 2~5(~6) 孔或沟，扁圆形或扁球形；雌蕊由 2 心皮连合而成，花柱极短，柱头 2，子房上位，通常 1 室，具 1 枚倒生胚珠。果为核果或小坚果，有时小坚果具翅或具附属物。

约 16 属 230 种左右；我国有 8 属 46 种，10 变种，引入栽培 3 种。主产温带地区，多为优良用材树种，树皮纤维丰富，可代麻、造纸，适生石灰岩地区。

科识别特征：落叶木本叶互生，叶不对称有锯齿。叶脉羽状或3出，托叶早落花小型。
雌雄同株不同花，子房上位2心皮。翅果核果小坚果，通常有翅如铜钱。

分属检索表

1 叶羽状脉，侧脉7对以上
  2 花两性，翅果，翅在扁平果核周围，叶缘常为重锯齿……………………1 榆属 *Ulmus*
  2 花单性，坚果无翅，小而歪斜，叶缘具整齐之单锯齿…………………2 榉属 *Zelkova*
1 叶三出脉，侧脉6对以下
  3 核果球形
    4 叶基部全缘，常歪斜，侧脉不伸入齿端 ……………………………3 朴属 *Celtis*
    4 叶基部全缘，不歪斜，侧脉达齿端…………………………………4 糙叶树属 *Aphananthe*
  3 坚果周围有翅，叶之侧脉向上弯，不直达齿端 …………………………5 青檀属 *Pteroceltis*

（一）榆属 *Ulmus* L.

乔木，稀灌木；树皮不规则纵裂，粗糙，稀裂成块片或薄片脱落；顶芽早死，枝端萎缩成小距状残存，其下的腋芽代替顶芽，芽鳞覆瓦状。叶互生，二列，边缘具重锯齿或单锯齿，羽状脉直或上部分叉，脉端伸入锯齿，上面中脉常凹陷，侧脉微凹或平，下面叶脉隆起，基部多少偏斜；托叶膜质，早落。花两性，春季先叶开放，叶腋排成簇状聚伞花序、短聚伞花序、总状聚伞花序或呈簇生状，或花自混合芽抽出，散生于新枝基部或近基部的苞片的腋部；花被钟形；雄蕊与花被裂片同数而对生，花丝细直，扁平；子房扁平，1室；花梗较花被为短或近等长，被毛；花后数周果即成熟。果为扁平的翅果，果核部分位于翅果的中部至上部，果翅膜质。

本属30余种，我国有25种6变种，分布遍及全国。另引入栽培3种。

分种检索表

1 枝向上
  2 花春季开花，翅果果核绿色…………………………………………1 榔榆 *U. parvifolia*
  2 花秋季或冬季开放，果核淡红色
    3 果核位于翅果的上部、中上部…………………………………2 红果榆 *U. szechuanica*
    3 果核位于翅果的中部或接近中部………………………………3 榆树 *U. pumila*
1 枝下垂…………………………………………………………………4 垂枝榆 *U. pumila* 'Tenue'

1. 榔榆 *Ulmus parvifolia* Jacq.

【别名】小叶榆、秋榆、掉皮榆、构树榆、红鸡油

【形态特征】落叶乔木，高达25米。树干基部有时呈板状根，树皮灰色或灰褐，裂成不规则鳞状薄片剥落，露出红褐色内皮，近平滑，微凹凸不平。叶质地厚，披针状卵形或窄椭圆形，稀卵形或倒卵形，中脉两侧长宽不等，长1.7~8厘米，宽0.8~3厘米，先端尖或钝，基部偏斜，楔形或一边圆，叶面深绿色，有光泽，中脉凹陷处有疏柔毛，边缘从基部到先端

图 9-96 榔榆

有钝而整齐的单锯齿，细脉在两面均明显，叶柄长2~6 毫米，仅上面有毛。花 3~6 数在叶脉簇生或排成簇状聚伞花序，花被片 4。翅果椭圆形或卵状椭圆形，长 10~13 毫米，宽 6~8 毫米，果梗较管状花被为短（图 9-96）。花果期 8~10 月。

【生态习性】喜光，喜温暖湿润气候，耐干旱瘠薄；深根性，萌芽力强，适应性广，土壤酸碱均可。抗性较强，可作厂矿区绿化树种。

【分布及栽培范围】河北、山东、四川、陕西、长江中下流各省、华南及台湾。日本、朝鲜也有分布。

【繁殖】播种和扦插繁殖。

【观赏】树形优美，姿态潇洒，树皮斑驳雅致，枝叶细密，秋日叶色变红，具有较高的观赏价值。

【园林应用】行道树、园路树、庭荫树、园景树、盆栽及盆景观赏。在庭园中孤植、丛植，或与亭榭、山石配植都很合适。

【其它】根、皮、嫩叶入药有消肿止痛、解毒治热的功效，外敷治水火烫伤。木树坚硬，可供工业用材；茎皮纤维强韧，可作绳索和人造纤维；叶制土农药，可杀红蜘蛛。

2. 红果榆 *Ulmus szechuanica* Fang

【别名】明陵榆

【形态特征】落叶乔木，高达 28 米。树皮不规则纵裂。叶倒卵形、椭圆状倒卵形，长 2.5~9 厘米，宽 1.7~5.5 厘米，先端急尖或渐尖，基部偏斜，楔形、圆或近心脏形，叶面幼时有短毛，沿中脉常有长柔毛，后则无毛，叶背初有疏毛，沿主侧脉有较密之毛，后变无毛，有时脉腋具簇生毛，边缘具重锯齿，侧脉每边 9~19 条，叶柄长 5~12 毫米。花在旧生枝上排成簇状聚伞花序。翅果近圆形或倒卵状圆形，长 11~16 毫米，宽 9~13 毫米，果核部分位于翅果的中部或近中部，果柄淡红色、红色或紫红色（图 9-97）。花果期 3~4 月。

【生态习性】生于平原、低丘或溪涧旁酸性土及微酸性土之阔叶林中。

【分布及栽培范围】安徽南部、江苏南部、浙江北部、江西及四川中部。

【繁殖】播种繁殖。

【观赏】树形优美，姿态潇洒，枝叶细密，秋日叶色变红，具有较高的观赏价值。

【园林应用】园路树、庭荫树、园景树、盆栽及盆景观赏。

【其它】心材红褐色，边材白色，材质坚韧，硬度适中，纹理直，结构略粗。可供制家具、农具、器具等用。树皮纤维可制绳索及人造棉。

图 9-97 红果榆

3. 榆树 *Ulmus pumila* L.

【别名】 榆、白榆、家榆、钻天榆、钱榆、黄药家榆、长叶家榆

【形态特征】 落叶乔木，高达 25 米。树皮不规则深纵裂。叶椭圆状卵形、长卵形、椭圆状披针形或卵状披针形，长 2~8 厘米，宽 1.2~3.5 厘米，先端渐尖或长渐尖，基部偏斜或近对称，一侧楔形至圆，另一侧圆至半心脏形，叶面平滑无毛，叶背幼时有短柔毛，后变无毛或部分脉腋有簇生毛，边缘具重锯齿或单锯齿，侧脉每边 9~16 条，叶柄长 4~10 毫米，通常仅上面有短柔毛。花先叶开放，在去年生枝的叶腋成簇生状。翅果近圆形，长 1.2~2 厘米，除顶端缺口柱头面被毛外，余处无毛，果核部分位于翅果的中部（图 9-98）。花果期 3~6 月。

栽培变种有：(1) 龙爪榆 'Tortuosa' 树冠球形，小枝卷曲下垂。可用榆树作砧木嫁接繁殖。(2) 垂枝榆 'Pendula' 枝下垂，树冠伞形。以榆树为砧木进行高嫁接。(3) 钻天榆 'Pyramidalis' 树干直，树冠窄，生长快。产河南孟县等地。

【生态习性】 阳性树，根系发达，适应性强，能耐干冷气候及中度盐碱，但不耐水湿（能耐雨季水涝）。抗风能力强，寿命长，抗有毒气体，能适应城市环境。喜深厚、肥沃、排水良好的土壤。生于海拔 1000~2500 米以下之山坡、山谷、川地、丘陵及沙岗等处。

【分布及栽培范围】 东北、华北、西北及西南各省区。长江下游各省有栽培。朝鲜、前苏联、蒙古也有分布。

图 9-98　榆树

图 9-99　榆树在园林中的应用

【繁殖】 播种繁殖，也可用分蘖、扦插法繁殖。

【观赏】 树干通直，树形高大，绿荫较浓，适应性强，生长快，是城市绿化的重要树种。

【园林应用】 行道树、园路树、庭荫树、园景树、树林、防护林、绿篱及绿雕、盆栽及盆景观赏（图 9-99）。

【生态功能】 抗有毒气体（二氧化碳及氯气）较强的树种。

【文化】 中国民间有食用榆树种子（榆树钱）的习惯。

【其它】 供家具、车辆、农具、器具、桥梁、建筑等用。幼嫩翅果与面粉混拌可蒸食，老果含油 25%，可供医药和轻、化工业用。树皮、叶及翅果均可药用，能安神、利小便。

4. 垂枝榆 *Ulmus pumila* L. 'Tenue' S.Y.Wang

【别名】 龙爪榆

【形态特征】 落叶小乔木。单叶互生，椭圆状窄卵形或椭圆状披针形，长 2~9 厘米，基部偏斜，叶缘具单锯齿。枝条柔软、细长下垂、生长快、自然造型好、树冠丰满，花先叶开放。翅果近圆形（图 9-100）。

【生态习性】喜光、耐寒、抗旱，喜肥沃、湿润而排水良好的土壤，不耐水湿，但能耐干旱瘠薄和盐碱土壤。主根深，侧根发达，抗风，萌芽力强，耐修剪。

【分布及栽培范围】东北、西北、华北均有分布。

【繁殖】通常用白榆作高位嫁接。

【观赏】垂枝榆枝条下垂，使植株呈塔形。

【园林应用】园景树、盆栽及盆景观赏。宜布置于门口或建筑入口两旁等处作对栽，或在建筑物边、道路边作行列式种植。

图 9-100 垂枝榆

（二）榉属 *Zelkova* Spach, nom. gen. cons.

落叶乔木。叶互生，具短柄，有圆齿状锯齿，羽状脉，脉端直达齿尖；托叶成对离生，膜质，狭窄，早落。花杂性，几乎与叶同时开放，雄花数朵簇生于幼枝的下部叶腋，雌花或两性花通常单生于幼枝的上部叶腋；雄花的花被钟形，4~6 浅裂，雄蕊与花被裂片同数，花丝短而直立；雌花或两性花的花被 4~6 深裂，子房无柄，花柱短，柱头 2，条形，偏生，胚珠倒垂，稍弯生。果为核果，偏斜，宿存的柱头呈喙状。

约 10 种，我国有 3 种，产辽东半岛至西南以东的广大地区。

1. 大叶榉树
Zelkova schneideriana Hand.Mazz.

【别名】榉树、大叶榆、鸡油树

【形态特征】乔木，高达 30 米。树皮深灰色或褐灰色，呈不规则的片状剥落，光滑，老树基部呈小块状薄片剥落；小枝红褐色，被白色柔毛。叶厚纸质，长椭圆状卵形至椭圆状披针形，长 2~10 厘米，先端渐尖或尾状渐尖，基部近圆形，锯齿整齐，近桃形，叶上面粗糙，下面密生淡灰色柔毛。果小，径约 4 毫米（图 9-101）。花期 3~4 月，果期 10~11 月。国家二级保护植物。

【生态习性】喜光，喜温暖气候及肥沃湿润土壤，在酸性、中性及石灰性土壤上均可生长，尤喜石灰性土壤。不耐水湿，不耐干瘠。深根性，侧根发达。抗风力强，耐烟尘。

【分布及栽培范围】陕西南部、甘肃南部、江苏、

图 9-101 榉树

安徽、浙江、江西、福建、河南南部、湖北、湖南、广东、广西、四川东南部、贵州、云南和西藏东南部。

【繁殖】播种或扦插繁殖。

【观赏】树姿高大雄伟，枝细叶美，夏日荫浓如盖，秋日转暗紫红色。

【园林应用】行道树、园路树、庭荫树、园景树、风景林、树林、盆栽及盆景观赏（图 9-102）。常种植于绿地中的路旁，孤值、列植、群植均宜。亦可在庭园或风景林中与常绿树种组成上层骨干树种。桩景的好材料。

图 9-102　榉树在园林中的应用

【其它】木材纹理细，质坚，能耐水，供桥梁、家具用材；茎皮纤维制人造棉和绳索。榉树皮和叶供药用。据《名医别录》记载："榉树皮煎服之夏日作饮去热。"《嘉佑补注本草》云："榉树皮味苦无毒，下水气，止热痢，安胎主妊娠人腹痛。"又云："叶冷无毒，治肿烂恶疮。

（三）朴属 *Celtis* L.

乔木。叶互生，常绿或落叶，有锯齿或全缘，具 3 出脉或 3~5 对羽状脉，，有柄；托叶膜质或厚纸质，早落或顶生者晚落而包着冬芽。花小，两性或单性，有柄，集成小聚伞花序或圆锥花序，或因总梗短缩而化成簇状，或因退化而花序仅具一两性花或雌花；花序生于当年生小枝上，雄花序多生于小枝下部无叶处或下部的叶腋，在杂性花序中，两性花或雌花多生于花序顶端；花被片 4~5，仅基部稍合生，脱落；雄蕊与花被片同数，着生于通常具柔毛的花托上；雌蕊具短花柱，柱头 2，子房 1 室，具 1 倒生胚珠。果为核果。

约 60 种，广布于全世界热带和温带地区。我国 11 种 2 变种，产辽东半岛以南广大地区。

分种检索表

1 果梗短于至 1.5 倍长于其邻近的叶柄 ………………………………………………… 1 朴树 *C. sinensis.*

1 果梗 2~4 倍长于其邻近的叶柄……………………………………………………… 2 黑弹树 *C. bungeana*

1. 朴树 *Celtis sinensis* Pers.

【别名】小叶朴

【形态特征】落叶乔木，高达 20 米。树皮粗糙而不开裂。叶广卵形或椭圆形，先端短渐尖，基部歪斜，边缘上半部有浅锯齿，叶脉三出，侧脉不直达叶缘，叶面无毛，叶脉沿背疏生短柔毛。花期 4 月，花 1~3 朵生于当年生枝叶腋。果 10 月成熟，核果近球形，熟时橙红色，最后变黑色。核果表面有凹点及棱背，单生或两个并生（图 9-103）。

【生态习性】喜光，稍耐荫，耐水湿，有一定的抗寒能力。喜肥沃湿润而深厚的土壤，耐轻盐碱。深根性，抗风力强，寿命较长。对二氧化硫、氯气等有毒气体的抗性强。

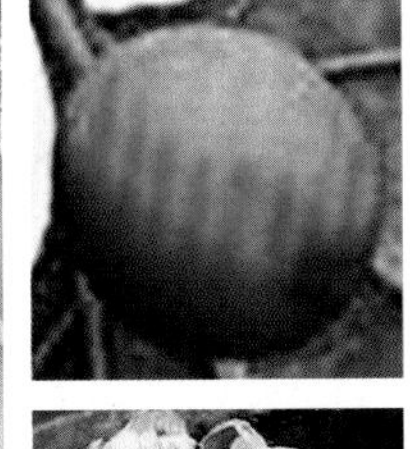

图 9-103 朴树

【分布及栽培范围】淮河流域、秦岭以南至华南各省区，散生于平原及低山区，村落附近常见。

【繁殖】播种繁殖。

【观赏】绿荫浓郁，树冠宽广，是城乡绿化的重要树种。

【园林应用】园路树、庭荫树、园景树、盆栽及盆景观赏。

【生态功能】厂矿区绿化及防风、护堤树种。

【其它】根、皮、嫩叶入药有消肿止痛、解毒治热的功效，外敷治水火烫伤。木树坚硬，可供工业用材；果实榨油作润滑油；茎皮纤维强韧，为造纸和人造棉原料；叶制土农药，可杀红蜘蛛。

2. 黑弹树 *Celtis bungeana* Bl.

【别名】小叶朴、黑弹朴

【形态特征】落叶乔木，高达 10 米。多年生小枝灰褐色。叶厚纸质，狭卵形、长圆形、卵状椭圆形至卵形，长 3~7 厘米，宽 2~4 厘米，基部宽楔形至近圆形，稍偏斜至几乎不偏斜，先端尖至渐尖，中部以上疏具不规则浅齿，有时一侧近全缘，无毛；叶柄淡黄色，长 5~15 毫米，上面有沟槽，幼时槽中有短毛，老后脱净；萌发枝上的叶形变异较大，先端可具尾尖且有糙毛。果单生叶腋，果柄较细软，无毛，长 10~25 毫米，果成熟时兰黑色，近球形，直径 6~8 毫米；核近球形，肋不明显，表面极大部分近平滑或略具网孔状凹陷，直径 4~5 毫米（图 9-104）。花期 4~5 月，果期 10~11 月。

【生态习性】喜光耐荫，耐寒，耐旱，喜黏质土；深根性，萌蘖力强，生长慢，寿命长。多生于路旁、山坡、灌丛或林边。

【分布及栽培范围】辽宁南部和西部、华北、华中、华东、西南、青海、西藏东部等地区。朝鲜也有分布。

【繁殖】播种或扦插繁殖。

【观赏】绿荫浓郁，树冠宽广。

【园林应用】园路树、庭荫树、园景树、盆栽及盆景观赏。

【其它】木材白色，结构中等。树干、树皮或枝条入药，具祛痰、止咳、平喘的功效，用于治疗咳嗽痰喘；根皮入药可防治老年慢性支气管炎。

图 9-104 黑弹树

（四）糙叶树属 *Aphananthe* Planch., nom. gen. cons.

落叶或半常绿乔木或灌木。叶互生，纸质或革质，有锯齿或全缘，具羽状脉或基出 3 脉；托叶侧生，分离，早落。花与叶同时生出，单性，雌雄同株，雄花排成密集的聚伞花序，腋生，雌花单生于叶腋；雄花的花被

5~4 深裂，裂片多少成覆瓦状排列，雄蕊与花被裂片同数，花丝直立或在顶部内折，花药矩圆形，退化子房缺或在中央的一簇毛中不明显；雌花的花被 4~5 深裂，裂片较窄，覆瓦状排列，花柱短，柱头 2，条形。核果卵状或近球状，外果皮多少肉质，内果皮骨质。种子具薄的胚乳或无，胚内卷，子叶窄。

本属约 5 种。我国产 2 种 1 变种，分布西南至台湾。

1. 糙叶树 *Aphananthe aspera* (Thunb.) Planch

【别名】牛筋树

【形态特征】落叶乔木，高达 20 米；叶卵形至狭卵形，三出脉，边缘具单锯齿，两面粗糙，均具粗糙平伏硬毛。花单性，雌雄同株；雄花成伞房花序，生于新枝基部的叶腋;雌花单生新枝上部的叶腋，有梗；花被 5 裂，宿存；雄蕊与花被片同数；子房被毛，1 室，柱头 2。核果近球形或卵球形，长 8~10 毫米，紫黑色，被平伏硬毛（图 9-105）。

图 9-105　糙叶树

【生态习性】喜光，略耐荫，喜温暖湿润气候及潮湿，肥沃 而深厚的酸性土壤。在山区沟谷，溪边及平原地区均能适应。寿命长。

【分布及栽培范围】华东、华南、西南、山西和陕西。

【繁殖】播种繁殖。

【观赏】树体高大雄伟，成龄树显示出古朴的树姿风貌。

【园林应用】行道树、园路树、庭荫树、园景树、防护林。

【其它】叶做土农药，治棉蚜虫。枝皮纤维供制人造棉、绳索用；木材坚硬细密，不易拆裂，可供制家具、农具和建筑用;叶可作马饲料，干叶面粗糙，供铜、锡和牙角器等磨擦用。

（五）青檀属 *Pteroceltis* Maxim.

属特征见种特征。1 种，特产我国东北（辽宁）、华北、西北和中南。

1. 青檀 *Pteroceltis tatarinowii* Maxim.

【别名】翼朴、檀树、摇钱树

【形态特征】乔木，高达 20 米，胸径达 70 厘米以上；树皮灰色或深灰色，不规则的长片状剥落；小枝黄绿色，干时变栗褐色，皮孔明显。叶纸质，宽卵形至长卵形，长 3~10 厘米，宽 2~5 厘米，先端渐尖至尾状渐尖，基部不对称，楔形、圆形或截形，边缘有不整齐的锯齿，基部 3 出脉，侧出的一对近直伸达叶的上部，侧脉 4~6 对，叶面绿；常残留有圆点，光滑或稍粗糙，叶背淡绿，在脉上有稀疏的或较密的短柔毛，脉腋有簇毛；叶柄长 5~15 毫米，被短柔毛。

翅果状坚果近圆形或近四方形，直径10~17毫米，黄绿色或黄褐色（图9-106）。花期3~5月，果期8~10月。

【生态习性】喜光，抗干旱、耐盐碱、耐土壤瘠薄，耐旱，耐寒，-35℃无冻梢。不耐水湿。根系发达，对有害气体有较强的抗性。喜钙，喜生于石灰岩山地，也能在花岗岩、砂岩地区生长。生长速度中等，萌蘖性强，山东等地庙宇留有千年古树。通常生于海拔800米以下。

【分布及栽培范围】黄河及长江流域。

【繁殖】播种或扦插繁殖。

【观赏】树形美观，树冠球形，树皮暗灰色，片状剥落，千年古树蟠龙穹枝，形态各异，秋叶金黄，季相分明，极具观赏价值

【园林应用】园路树、庭荫树、园景树。孤植、丛植于溪边、坡地，适合在石灰岩山地绿化造林。

图9-106 青檀

【其它】树皮是宣纸的优良原料。木材坚实，致密，韧性强，耐磨损，供家具、农具、绘图板及细木工用材。叶治诸风麻痹、痰湿流注、脚膝瘙痒、胃痛及发痧气痛。

二十七、桑科 Moraceae

乔木或灌木，藤本，稀为草本，通常具乳液，有刺或无刺。叶互生稀对生，全缘或具锯齿，分裂或不分裂，叶脉掌状或为羽状，有或无钟乳体；托叶2枚，通常早落。花小，单性，雌雄同株或异株，无花瓣；花序腋生，典型成对，总状，圆锥状，头状，穗状或壶状，稀为聚伞状，花序托有时为肉质，增厚或封闭而为隐头花序或开张而为头状或圆柱状。雄花：花被片2~4枚，宿存；雄蕊通常与花被片同数而对生，退化雌蕊有或无。雌花：花被片4，宿存；子房1，稀为2室，上位，下位或半下位，或埋藏于花序轴上的陷穴中，每室有倒生或弯生胚珠1枚，着生于子房室的顶部或近顶部。果为瘦果、核果状、聚花果、隐花果。

约53属，1400种。多产热带，亚热带。我国约产12属153种和亚种，并有变种及变型59个。其中见血封喉树液有剧毒。

科识别特征：植物通常含乳汁，托叶早落花小型。单性同株或异株，花序密集总类多。葇荑头状圆锥状，隐头花序无花果。果实发育连花序，桑椹复果最常见。

分属检索表

1 柔荑花序或头状花序
  2 雄花与雌花均为柔荑花序
    3 雄花与雌花均为柔荑花序，芽鳞3~6…………………………………………… 1 桑属 *Morus*
    3 雄花为柔荑花序，雌花为头状花序……………………………………………… 2 构属 *Broussoneta*
  2 雄花与雌花均为头状花序
    4 小乔木或灌木，有枝刺 ……………………………………………………… 3 柘树属 *Cudrania*

（一）桑属 *Morus* Linn.

落叶乔木或灌木，无刺；冬芽具 3~6 枚芽鳞，呈覆瓦状排列。叶互生，边缘具锯齿，全缘至深裂，基生叶脉三至五出，侧脉羽状；托叶侧生，早落。花雌雄异株或同株，或 同株异序，雌雄花序均为穗状；雄花，花被片 4，覆瓦状排列，雄蕊 4 枚，与花被片对生，在花芽时内折，退化雌蕊陀螺形；雌花，花被片 4，覆瓦状排列，结果时增厚为肉质，子 房 1 室，花柱有或无，柱头 2 裂，内面被毛或为乳头状突起；聚花果（俗称桑）为多 数包藏于内质花被片内的核果组成，外果皮肉质，内果皮壳质。

约 16 种，主要分布在北温带。中国产 11 种，各地均有分布。

1. 桑树 *Morus alba* L.

【别名】家桑、桑

【形态特征】乔木或为灌木，高 3~10 米或更高。树皮灰色。叶卵形或广卵形，长 5~15 厘米，宽 5~12 厘米，先端急尖、渐尖或圆钝，基部圆形至浅心形，边缘锯齿粗钝，有时叶为各种分裂，表面鲜绿色，无毛，背面沿脉有疏毛，脉腋有簇毛；叶柄长 1.5~5.5 厘米；托叶披针形，早落。花单性，腋生或生于芽鳞腋内，与叶同时生出；雄花序下垂，长 2~3.5 厘米，密被白色柔毛。花被片宽椭圆形，淡绿色。雌花序长 1~2 厘米，被毛，总花梗长 5~10 毫米，被柔毛，雌花无梗，花被片倒卵形，顶端圆钝，外面和边缘被毛，柱头 2 裂。聚花果卵状椭圆形，长 1~2.5 厘米，成熟时红色或暗紫色（图 9-107）。花期 4~5 月，果期 5~8 月。

品种很多，常见栽培的园艺品种有：(1) 龙爪桑 'Tortuosa' 枝条扭曲，状如龙游；(2) 垂枝桑 'Pendula' 枝细长下垂。

【生态习性】喜光，喜温暖湿润气候，耐寒、耐干旱瘠薄、不耐积水。对土壤适应性强，喜土层深厚、湿润肥沃的沙壤。根系发达，有较强抗风力；萌芽力强，耐修剪，易更新。

【分布及栽培范围】原产中国中部和北部，现由东北至西南各省区，西北直至新疆均有栽培。朝鲜、日本、蒙古、中亚各国、俄罗斯、欧洲等地以及印度、越南亦均有栽培。

图 9-107 桑树

【繁殖】播种、扦插、分根、嫁接繁殖。

【观赏】树冠宽阔，树叶茂密，秋季叶色变黄，颇为美观。

【园林应用】庭荫树、园景树、树林、防护林、水边绿化、盆栽及盆景观赏（图 9-108）。

【生态功能】能抗烟尘，适于城市工矿区及“四

图 9-108　桑树在园林中的应用

旁”绿化，或栽作防护林。

【文化】中国古代人民有在房前屋后栽种桑树和梓树的传统，因此常把“桑梓”代表故土、家乡。

【其它】桑叶可疏散风热、清肺、明目的药效，主治风热感冒、风温初起、发热头痛、汗出恶风、咳嗽胸痛、或肺燥干咳无痰、咽干口渴、风热及肝阳上扰、目赤肿痛。树皮可以作药材，造纸。叶为养蚕的饲料。木材坚硬，可制家具、乐器、雕刻等。

（二）构属 *Broussonetia* L' Hert. ex Vent.

乔木或灌木，或为攀援藤状灌木；有乳液，冬芽小。叶互生，分裂或不分裂，边缘 具锯齿，基生叶脉三出，侧脉羽状；托叶侧生，分离，卵状披针形，早落。花单性异株，雄花排列成下垂的柔荑花序；雌花聚集成头状花序。小核果聚集成圆头状肉质的聚花果。 落叶乔木、灌木或蔓生灌木；具锯齿，基脉 3 出；托叶早落。雌雄异株，稀同株；雄柔荑花序下垂，萼 4 裂，裂片镊合状排列，雄蕊 4，花丝在蕾中内折，退化雌蕊小；雌头状花序具宿存苞片，花被管状，3~4 齿裂，宿存，子房具柄，柱头侧生，线形。聚花果球形，肉质，由多数橙红色小核果组成。

本属共 4 种，分布于东亚，我国有 3 种，分布于东南至西南部。

分种检索表

1 高大乔木，聚花果径 1.5~3 厘米 ………………………………………………… 1 构树 *B. papyrifera*

1 小灌木，聚花果径 8~10 毫米 ………………………………………………… 2 楮 *B. kazinoki*

1. 构树 *Broussonetia papyrifera* (L.)Vent.

【别名】谷桑

【形态特征】乔木，高 10~20 米。树皮平滑，小枝密生白色绒毛，叶片卵形，长 7~20 厘米，先端渐尖或短尖，基部圆形或近心形，缘具粗锯齿，叶不裂或 3~5 深裂，两面密被粗毛。叶柄长 2.5~8 厘米，密生粗毛。果熟时桔红色，径约 3 厘米（图 9-109）。花期 5 月，果期 9 月。

【生态习性】喜光，适应性强，能耐北方干冷和南方湿热气候。耐干旱瘠薄又能生长于水边。喜钙质土，也能在酸性、中性土中生长。萌芽力强，生长快，病虫害少。在园林中土质瘠薄、营养较差的地段都可栽种。

【分布及栽培范围】分布极广，主产华东、华中、华南、西南及华北。

【繁殖】播种、埋根、分蘖或扦插。

【观赏】秋季红果。

【园林应用】行道树、园路树、庭荫树、园景树、

图 9-109　构树

防护林、特殊环境绿化。

【生态功能】抗烟尘，对多种有毒气体、粉尘都有较强的抗性。

【其它】以乳液、根皮、树皮、叶、果实及种子入药，种子具补肾、强筋骨、明目、利尿的功效。乳汁具有利水消肿解毒的效果，治水肿癣疾、蛇、虫、蜂、蝎、狗咬。

2. 楮 *Broussonetia kazinoki* Sieb.

【别名】小构树

【形态特征】灌木，高 2~4 米 . 小枝斜上，幼时被毛，成长脱落。叶卵形至斜卵形，长 3~7 厘米，宽 3~4.5 厘米，先端渐尖至尾尖，基部近圆形或斜圆形，边缘具三角形锯齿，不裂或 3 裂，表面粗糙，背面近无毛；叶柄长约 1 厘米；托叶小，长 3~5 毫米，宽 0.5~1 毫米。花雌雄同株；雄花序球形头状，直径 8~10 毫米，雄花花被 4~3 裂，雄蕊 4~3，花药椭圆形；雌花序球形，被柔毛，花柱单生。聚花果球形，直径 8~10 毫米；瘦果扁球形，外果皮壳质，表面具瘤体（图 9-110）。花期 4~5 月，果期 5~6 月。

【生态习性】生长在海拔 200~1700 米的山坡灌丛、溪边路旁、住宅近旁或次生杂木林中。

【分布及栽培范围】台湾、华南、华中、西南、长江中下游各省及陕西。日本、朝鲜也有分布。

【繁殖】播种或扦插繁殖。

【观赏】夏季红果。

【园林应用】水边绿化、园景树。

【其它】树皮纤维细长，是优质的造纸原料，也可制人造棉。果实可生食或酿酒。果及根皮药用，有补肾利尿、强筋骨的功效。乳汁可治癣疮及蛇、虫、蜂、犬等咬伤。

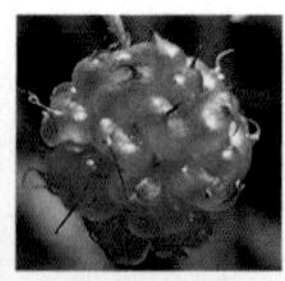

图 9-110　楮

（三）柘树属 *Cudrania* Trec.

乔木或小乔木，或为攀援藤状灌木，有乳液，具无叶的腋生刺以代替短枝。叶互生，全缘；托叶 2 枚，侧生。花雌雄异株，均为具苞片的球形头状花序，苞片锥形，披针形，至盾形，具 2 个埋藏的黄色腺体，常每花 2~4 苞片，附着于花被片上，通常在头状长序 基部，有许多不孕苞片，花被片通常为 4，稀为 3 或 5，分离或下半部合生，每枚具 2 一 7 个埋藏的黄色腺体，覆瓦状排列；雄花：雄蕊与花被片同数，芽时直立，退化雌蕊锥形 或无；雌花，无梗，花被片肉质，盾形，顶部厚，分离或下部合生，花柱短，2 裂或不分 裂；

子房有时埋藏于花托的陷穴中。聚花果肉质；小核果卵圆形，果皮壳质，为肉质花被片包围。

约 6 种。中国产 5 种。

1. 柘树 *Cudrania tricuspidata* (Carr.) Bur. ex Lavallee

图 9-111 柘树

【别名】柘

【形态特征】落叶灌木或小乔木，高 1~7 米。枝有棘刺，刺长 5~20 毫米。叶卵形或菱状卵形，偶为三裂，长 5~14 厘米，宽 3~6 厘米，先端渐尖，基部楔形至圆形，表面深绿色，背面绿白色，侧脉 4~6 对；叶柄长 1~2 厘米。雌雄异株，雌雄花序均为球形头状花序，单生或成对腋生，具短总花梗；雄花序直径 0.5 厘米，雄花有苞片 2 枚，附着于花被片上，花被片 4，肉质，内面有黄色腺体 2 个，雄蕊 4，与花被片对生，退化雌蕊锥形；雌花序直径 1~1.5 厘米，花被片与雄花同数，花被片先端盾形，内卷，内面下部有 2 黄色腺体。聚花果近球形，直径约 2.5 厘米，肉质，成熟时桔红色（图 9-111）。花期 5~6 月，果期 6~7 月。

【生态习性】喜光亦耐荫。耐寒，喜钙土树种，耐干旱瘠薄，多生于山脊的石缝中，适生性很强。根系发达，生长较慢。

【分布及栽培范围】华东、中南及西南及河北南部、山西、陕西各地。

【繁殖】播种或扦插繁殖。

【观赏】叶秀果丽，观赏性较强。

【园林应用】园景树、绿篱、盆栽及盆景观赏。

【生态功能】荒山坡地绿化和水土保持用。

【其它】根皮入药，止咳化痰，祛风利湿，散淤止痛。树皮纤维供造纸及制绳索，叶可饲蚕，果可食用和酿酒。

（四）波罗蜜属（桂木属）*Artocarpus* J.R. et G. Forst.

乔木，有乳液。单叶互生，螺旋状排列或 2 列，革质，全缘或羽状分裂（极稀为羽状复叶），叶脉羽状，稀基生三出脉；托叶成对，大而在叶柄内，抱茎，脱落后形成环状疤痕或小而不抱茎，疤痕侧生或在叶柄内。花雌雄同株，密集于球形或椭圆形的花序轴上，常与圆形盾状或棒状匙形苞片合生。

全世界约 50 种。我国约产 15 种，2 亚种。

1. 波罗蜜 *Artocarpus heterophyllus* Lam.

【别名】木波罗、树波罗、牛肚子果

【形态特征】常绿乔木，高 10~20 米。托叶抱茎环状，痕迹明显。叶革质，螺旋状排列，椭圆形或倒卵形，长 7~15 厘米或更长，宽 3~7 厘米，先端钝

或渐尖，基部楔形，成熟之叶全缘，或在幼树和萌发枝上的叶常分裂；侧脉羽状，每边6~8条，中脉在背面显著凸起；叶柄长1~3厘米；托叶抱茎，卵形，长1.5~8厘米。花雌雄同株；花序生老茎或短枝上，雄花序有时着生于枝端叶腋或短枝叶腋，圆柱形或棒状椭圆形，长2~7厘米，花多数，其中有些花不发育，总花梗长10~50毫米；雄花花被管状，长1~1.5毫米，上部2裂；雌花花被管状，顶部齿裂，基部陷于肉质球形花序轴内，子房1室。聚花果椭圆形至球形，或不规则形状，长30~100厘米，直径25~50厘米，成熟时黄褐色，表面有坚硬六角形瘤状凸体和粗毛；核果长椭圆形，长约3厘米，直径1.5~3厘米（图9-112）。花期2~3月。

【生态习性】喜热带气候，适生于无霜炼、年雨量充沛的地区。喜光，生长迅速，幼时稍耐荫，喜深厚肥沃土壤，忌积水。

【分布及栽培范围】原产印度西。广东、海南、广西、福建、云南（南部）常有栽培。尼泊尔、锡金、不丹、马来西亚也有栽培。

【繁殖】嫁接繁殖。

【观赏】树形整齐，冠大荫浓，果奇特，是优美的庭荫树和园路树。

【园林应用】园路树、庭荫树、园景树。

【其它】营养价值很高，含有碳水化合物、蛋白质、淀粉、维生素、氨基酸以及对人体有用的各种矿物质。有很高的药用价值，能止渴解烦，醒脾益气，还有健体益寿的作用。

图9-112 波罗蜜

（五）榕属 *Ficus* Linn.

常绿、稀落叶，乔木、灌木，有时匍匐或攀援状，稀附生；具气根或无，具乳液。叶互生，稀对生，全缘，稀具锯齿或缺裂，有或无钟乳体；托叶合生，包芽；小枝具环状托叶痕。花单性，雌雄同株或异株，隐头花序为肉质壶形中空的花序托，雌雄同株的花序托内壁，生有雄花、瘿花及雌花；雌雄异株的雄株花序托内壁生有雄花及瘿花，雌花生于雌株的花序托内壁。雄花花被片2~6，雄蕊1~3，稀更多，雄蕊在芽中直伸，无退化雌蕊；雌花花被片与雄花同数，或不完全，或缺，花柱顶生或侧生；瘿花似雌花，为榕小蜂寄生，花柱粗短。榕果腋生或生于老茎，或生于鞭状枝上；口部苞片覆瓦状排列，苞片3。

本属约1000种，主要分布热带、亚热带地区。中国约98种，3亚种，43变种2变型。分布西南部至东部和南部，其余地区较稀少。

分种检索表

1 藤本

  2 榕果大，雌花果球形，径3~5厘米

    3 果微黄色 ………………………………………………… 1 薜荔 *F. pumila*

    3 果绿色，果皮光滑 ………………………………… 2 爱玉子 *F. pumila* var. *awkeotsang*

2 榕果小，雌花果球形，径小于 1.5 厘米 ………………………… 3 珍珠莲 *F. sarmentosa* var. *henryi*
1 乔木或灌木
4 叶掌状分裂 ………………………………………………………… 4 无花果 *F. carica*
4 叶不分裂
5 叶先端尾尖，约等于叶长的 1/3 ……………………………… 5 菩提树 *F. religiosa*
5 叶先端渐尖或尾尖，不达叶长的 1/3
6 落叶小乔木或灌木 …………………………………………… 6 天仙果 *F. erecta* var. *beecheyana*
6 常绿大乔木
7 小枝向下垂 ……………………………………………… 7 垂叶榕 *F. benjamina*
7 小枝向上直伸
8 叶较小，长 4~8 厘米 ………………………………… 8 榕树 *F. microcarpa*
8 叶较大，长 8 厘米以上
9 侧脉平行 ……………………………………………… 9 印度橡皮榕 *F. elastica*
9 侧脉不行平 …………………………………………… 10 高山榕 *F. altissima*

1. 薜荔 *Ficus pumila* Linn.

【别名】凉粉果、凉粉子、木莲、木馒头、冰粉子

【形态特征】攀援或匍匐灌木。叶两型，不结果枝节上生不定根，叶卵状心形，长约 2.5 厘米，薄革质，基部稍不对称，尖端渐尖，叶柄很短；结果枝上无不定根，革质，卵状椭圆形，长 5~10 厘米，宽 2~3.5 厘米，先端急尖至钝形，基部圆形至浅心形，全缘，上面无毛，背面被黄褐色柔毛，基生叶脉延长，网脉 3~4 对，在表面下陷，背面凸起，网脉甚明显，呈蜂窝状；叶柄长 5~10 毫米；托叶 2，披针形。榕果单生叶腋，瘿花果梨形，雌花果近球形，直径 3~5 厘米，基生苞片宿存，榕果成熟黄绿色或微红；总便粗短；雄花，生榕果内壁口部，多数，花被片 2~3，雄蕊 2 枚；瘿花具柄，花被片 3~4；雌花生另一植株榕一果内壁，花被片 4~5。瘦果近球形，有粘液（图 9-113）。花果期 5~8 月。

其变种有：(1) 'Minima' 叶特细小，是点缀假山及矮墙的理想材料；(2) 'Variegata' 绿叶上有白斑；(3) 爱玉子 var. awkeotsang。

【生态习性】喜温暖湿润气候，喜荫而耐旱，耐寒性差。适生于含腐殖质的酸性土壤，中性土也能生长。

【分布及栽培范围】福建、江西、浙江、安徽、江苏、台湾、湖南、广东、广西、贵州、云南东南部、四川及陕西。北方偶有栽培。日本（琉球）、越南北部也有。

【繁殖】播种、扦插、压条繁殖。

【观赏】叶厚革质，深绿发光，经冬不凋。

【园林应用】地被植物、垂直绿化、盆栽及盆

图 9-113　薜荔

图 9-114　薜荔在园林中的应用

景观赏（图 9-114）。可配植于岩坡、假山、墙垣上，或点缀于石矶、主峰、树干之上，郁郁葱葱，可增强自然情趣。

【其它】果、根、枝均可入药，具有祛风除湿、活血通络、解毒消肿的效果。果可食用，做成凉粉。

2. 爱玉子 *Ficus pumila* Linn. var. *awkeotsang* (Makino) Corner

【别名】爱玉

【形态特征】多年生常绿大藤本植物。藤茎分蘖性强，茎节很明显，每节均会生附着根，可爬在其他植物或物体上生长。叶长在普通茎枝上的较小，长在着生花果茎枝上的则较大，呈长椭圆状披针形；新叶颜色淡红，老叶色转为深绿。花雌雄异株，隐头花序，椭圆形。成熟的雄花果内部生满圆粒小果球状的雄花；成熟的雌果里面则充满黄色小瘦果（图 9-115）。花期 5~8 月，果期 9~12 月。寄生蜂授粉。

图 9-115　爱玉子

【生态习性】喜光、温暖湿润气候，不耐寒。喜疏松、肥沃而不积水的土壤。

【分布及栽培范围】台湾、福建、浙江等地有栽培。

【繁殖】扦插繁殖，也可播种、压条等繁殖。

【观赏】叶厚革质，深绿发光。果绿色，十分独特。

【园林应用】庭荫树、园景树、盆栽及盆景观赏。

【其它】爱玉水晶冰以爱玉子作为原料经古法手工制作调制而成的饮品，状如水晶、清凉爽滑似嚼吃的水，在台湾被称之为柠檬爱玉冰。其在台湾有 180 年的历史。爱玉水晶冰除了美味之外，亦具有养生美容、清热解毒、润喉、止咳化痰、平喘、降噪安神、润肺养肤、含热量低等功效。

3. 珍珠莲 *Ficus sarmentosa* Buch.~Ham.ex J.E. Sm. var. *henryi* (King ex Oliv.) Corner

【别名】凉粉树、岩石榴、冰粉树

【形态特征】木质攀援匍匐藤状灌木，幼枝密被褐色长柔毛，叶革质，卵状椭圆形，长 8~10 厘米，宽 3~4 厘米，先端渐尖，基部圆形至楔形，表面无毛，背面密被褐色柔毛或长柔毛，基生侧脉延长，小脉网结成蜂窝状；叶柄长 5~10 毫米。榕果成对腋生，圆锥形，直径 1~1.5 厘米，表面密被褐色长柔毛，成长后脱落，顶生苞片直立，长约 3 毫米，基生苞片卵状披针形，长约 3~6 毫米。榕果无总梗或具短梗（图 9-116）。

【生态习性】喜温暖湿润气候。常生于阔叶林下或灌木丛中，或攀援在岩石斜坡树上或墙壁上。

【分布及栽培范围】西南、华南、华中、华东、台湾、四川、陕西、甘肃。

【繁殖】播种、扦插、压条繁殖。

【观赏】叶厚革质，深绿发光，经冬不凋。

【园林应用】地被植物、垂直绿化。可配植于岩坡、假山、墙垣上，或点缀于石矶、主峰、树干之上，郁郁葱葱，可增强自然情趣。

图 9-116 珍珠莲

【其它】果可食用，经水洗做成凉粉。

4. 无花果 *Ficus carica* L.

【别名】救荒本草

【形态特征】落叶灌木，高 3~10 米。树皮灰褐色，皮孔明显。叶互生，厚纸质，广卵圆形，长宽近相等，10~20 厘米，通常 3~5 裂，小裂片卵形，边缘具不规则钝齿，表面粗糙，背面密生灰色短柔毛，基部浅心形，基生侧脉 3~ 5 条；叶柄长 2~5 厘米；托叶卵状披针形，长约 1 厘米，红色。雌雄异株，雄花和瘿花同生于一榕果内壁，雄花生内壁口部，花被片 4~5，雄蕊 3，瘿花花柱侧生，短；雌花花被与雄花同，花柱侧生，柱头 2 裂。榕果单生叶腋，大而梨形，直径 3~5 厘米，成熟时紫红色或黄色；瘦果透镜状（图 9-117）。花果期 5~7 月。

【生态习性】喜温暖湿润气候，耐瘠，抗旱，不耐寒，不耐涝。以向阳、土层深厚、疏松肥沃。排水良好的砂质壤上或粘质壤土栽培为宜。

图 9-117 无花果

图 9-118 无花果在园林中的应用

【分布及栽培范围】原产地中海沿岸。长江流域、山东、河南、陕西及其以南各地均有栽培，新疆南部也有。

【繁殖】扦插、压条或分株繁殖。

【观赏】叶片宽大，果实奇特，夏秋果实累累，是优良的庭院绿化和经济树种。

【园林应用】庭荫树、园景树、盆栽及盆景观赏（图 9-118）。丛植于园林绿地，亦可作果树成片栽培。

【生态功能】能抵抗一般植物不能忍受的有毒气体和大气污染，是化工污染区绿化的好树种。

【其它】果、根、叶均可入药。用于食欲减退、腹泻、乳汁不足。经济价值：果可食用。

5. 菩提树 *Ficus religiosa* Linn.

【别名】思维树

【形态特征】常绿乔木，高可达 25 米。树皮灰色，分枝广展，树冠大。叶三角状卵形或心脏形，长 9~17 厘米，宽 8~12 厘米，深绿色，革质，有光泽，边缘为波状，基生三出脉，先端骤狭而成一长尾尖，约等于叶长的 1/3。雌雄同株，雄花、瘿花、雌花同生于花序托内壁；雄花少，生于花托入口咱，无柄，花被 2~3 裂，内卷；瘿花具柄，花被 3~4 裂；雌花

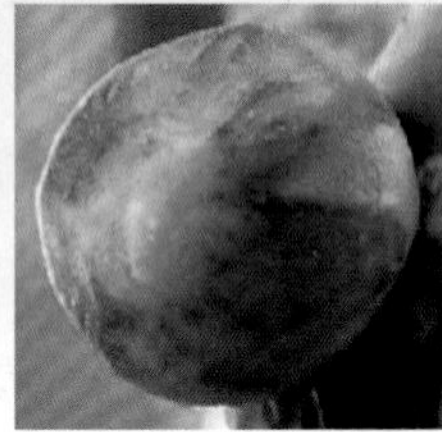

图 9-119 菩提树

无柄，花被片 4，宽披针形。隐花果实球形或扁球形，径 1~1.5 厘米，成熟时红色（图 9-119）。花期 3~4 月，果熟期 5~6 月。

【生态习性】喜光，不耐荫，喜高温，抗污染能力强。对土壤要求不严，但以肥沃、疏松的微酸性砂壤土为好。

【分布及栽培范围】广东、广西、云南多为栽培。日本、马来西亚、泰国、越南、不丹、锡金、尼泊尔、巴基斯坦及印度也有分布，

【繁殖】播种繁殖。

图 9-120 菩提树的园林应用

【观赏】树干粗壮雄伟，树冠亭亭如盖。

【园林应用】园路树、庭荫树、园景树、风景林、树林、水边绿化、盆栽及盆景观赏（图 9-120）。公园、庭园常孤植。

【文化】六祖名句：中国唐朝初年，禅宗六祖慧能写了一首关于菩提树的诗，流传甚广，“菩提本无树，明镜亦非台，本来无一物，何处惹尘埃”。慧能所写的“菩提本无树”这一诗句，是从佛家理论“四大皆空”里作了引伸而已。

【其它】枝杆富含白色乳汁，取出后可制硬性树胶；用树皮汁液漱口可治牙痛；花入药有发汗解热、镇痛之效。

6. 天仙果 *Ficus erecta* Thunb. var. *beecheyana* (Hook. Et Arn.) King

【形态特征】落叶小乔木或灌木，高 1~3 米。叶厚纸质，倒卵状椭圆形，长 7~20 厘米，宽 3~9 厘米，先端短渐尖，基部圆形至浅心形，全缘或上部偶有疏齿，表面较粗糙，疏生柔毛，背面被柔毛，基生脉延长；叶柄长 1~4 厘米，纤细，密被灰白色短硬毛。托叶三角状披针形，膜质，早落。榕果单生叶腋，具总梗，球形或梨形，直径 1.2~2 厘米，顶生苞片脐状，基生苞片 3，卵状三角形，成熟时黄红至紫黑色；雄花和瘿花生于同一榕果内壁，雌花生于另一植株的榕果中；雄花花被片 3 或 2~4，雄蕊 2~3 枚；花被片 3~5，披针形；雌花花被片 4~6，宽匙形（图 9-121）。花果期 5~6 月。

【生态习性】生于山坡林下或溪边。

【分布及栽培范围】广东、广西、贵州、湖北、湖南、江西、福建、浙江、台湾。日本（琉球）、越南也有分布。

【繁殖】播种繁殖。

【观赏】树形优美，果红色。

【园林应用】庭荫树、园景树。

图 9-121 天仙果

图 9-122 垂叶榕

图 9-123 垂叶榕在园林中的应用

7. 垂叶榕 *Ficus benjamina* Linn.

【别名】细叶榕、小叶榕、垂榕、白榕

【形态特征】大乔木，高达 20 米。小枝下垂。叶薄革质，卵形至卵状椭圆形，长 4~8 厘米，宽 2~4 厘米，先端短渐尖，基部圆形或楔形，全缘，一级侧脉与二级侧脉难于区分，平行展出，直达近叶边缘，网结成边脉，两面光滑无毛；叶柄长 1~2 厘米，上面有沟槽；托叶披针形，长约 6 毫米。榕果成对或单生叶腋，基部缢缩成柄。球形或扁球形，光滑，成熟时红色至黄色，直径 8~15 厘米，基生苞片不明显；雄花、瘿花、雌花同生于一榕果内；雄花极少数，具柄，花被片 4，宽卵形，雄蕊 1 枚，花丝短；瘿花具柄，多数，花被片 5~4，狭匙形；雌花无柄，花被片短匙形。瘦果卵状肾形，短于花柱，花柱近侧生，柱头膨大（图 9-122）。花期 8~11 月。

主要品种有：有斑叶 'Variegata'（绿叶有大块黄白色斑）、金叶 'Golden Leaves'（新叶金黄色，后渐变黄绿）、'Golden Princess'（‘金公主’，叶有乳黄色窄边）、'Starlight'（‘星光’，叶边有不规划黄白色斑块）、'Reginald'（‘月光’，叶黄绿色，有少量绿斑）。

【生态习性】喜光，喜高温多湿气候，适应性强，抗风，耐贫瘠，抗大气污染。忌低温干燥环境；对光线要求不太严格；可耐短暂 0℃低温。不耐干旱。耐强度修剪，可做各种造型，移植易活。在云南生于海拔 500~800 米湿润的杂木林中。

【分布及栽培范围】广东、广西、海南、云南。尼泊尔、锡金、不丹、印度、缅甸、泰国、越南、马来西亚、菲律宾、巴布亚新几内亚、所罗门群岛、澳大利亚北部等都有分布。

【繁殖】扦插、压条繁殖。

【观赏】树形优美，果黄色。

【园林应用】园路树、庭荫树、园景树、绿篱及绿雕、基础种植、绿篱、地被植物、盆栽及盆景观赏（图 9-123）。

【生态功能】垂叶榕是十分有效的空气净化器。它可以提高房间的湿度有益于皮肤和呼吸。同时它还可以吸收甲醛、甲苯、二甲苯及氨气并净化混浊的空气。

【其它】气根、树皮、叶芽、果实入药，用于治疗风湿麻木、鼻出血。

8. 榕树 *Ficus microcarpa* L.

【别名】细叶榕

【形态特征】常绿大乔木，高达 15~25 米。老树常有锈褐色气根。叶薄革质，狭椭圆形，长 4~8 厘米，宽 3~4 厘米，先端钝尖，基部楔形，表面深绿色，干后深褐色，有光泽，全缘，基生叶脉延长，侧脉 3~10 对；叶柄长 5~10 毫米；托叶小，长约 8 毫米。榕果成对腋生或生于已落叶枝叶腋，成熟时黄或微红色，扁球形，直径 6~8 毫米，无总梗，基生苞片 3；雄花、雌花、瘿花同生于一榕果内，花间有少许短刚毛；雄花散生内壁，花丝与花 药等长；雌花与瘿花相似，花被片 3，广卵形，花柱近侧生，柱头短，棒形。瘦果卵圆形（图 9-124）。花期 5~6 月，果期 9~10 月。

栽培变种有品种有：(1) 黄金榕 'Golden Leaves' ('Aurea') 嫩叶金黄色，日照食不果愈强烈，叶色愈明艳，老叶渐转绿色。(2) 乳斑榕 'Milky Stripe' 叶边有不规划的乳白色或乳黄色斑，叶下垂。(3) 黄斑榕 'Yellow Stripe' 叶大部分为黄色，间有不规则绿斑纹。(4) 厚叶榕（卵叶榕、金钱榕）var. crassilolia (Shieh) Liao 叶倒卵状椭圆形，先端钝或圆，厚革质，有光泽。产我国台湾，近年福建、广东、深圳等地有引种。

【生态习性】热带季雨林的代表树种。喜温暖多雨气候，为对土壤要求不严。生长快，寿命长。根系发达，地表处根部常明显隆起。对风害和煤烟有一定抗性。

图 9-124　榕树

图 9-125　榕树在园林中的应用

【分布及栽培范围】浙江南部、福建、台湾、江西南部、海南、广东、广西、贵州南部、云南东南部。

【繁殖】扦插繁殖为主，亦可播种。

【观赏】树体高大，冠大荫浓。气势雄伟。

【园林应用】行道树、园路树、庭荫树、园景树、树林、绿篱及绿雕、盆栽及盆景观赏（图 9-125）。在风景林区最宜群植成林，亦适用于河湖堤岸及村镇绿化。

【其它】树根、树皮和叶芽作清热解毒药。树皮纤维可制渔网和人造棉。

9. 印度橡皮榕 *Ficus elastica* Roxb.

【别名】橡皮树、印度胶树

【形态特征】常绿乔木，高可达 30 米。叶片具长柄，互生，厚革质，长椭圆形至椭圆形，长 8~30 厘米，宽 7~9 厘米，顶端圆形，基部圆形，全缘，深绿色，有光泽，侧脉多而明显，平行；托叶单生，披针形，包被顶芽，长达叶的 1/2，紫红色，迟落，脱落后有环状的遗痕。雌雄同株，雄花、瘿花、雌花同生于花序托内壁。果实成对生于已落叶的叶腋，熟悉时带黄绿色，卵状长椭圆形；瘦果卵形，具小瘤状凸体（图 9-126）。在广州地区花期 9 月上旬 ~11 月下旬。

常见栽培变种有：(1) 美丽胶榕（红肋胶榕）'Decora' 叶较宽厚，幼叶背面中肋、叶柄及枝端托叶

图 9-126 印度橡皮榕

皆为红色。(2) 三色胶榕 'Decora Tricolor' 灰绿叶上有黄白色和粉红色斑，背面中肋红色。(3) 黑紫胶榕（‘黑金刚’）'Decora Burgundy' 叶黑紫色。(4) 斑叶胶榕 'Variegata' 绿叶面有黄或黄白色斑。(5) 大叶胶榕 'Robusta' 叶较宽大，长约 30 厘米，芽及幼叶均为红色；热带地区广为栽培。

【生态习性】喜光和温暖、湿润气候，亦能耐荫，耐湿，畏寒，生长迅速。在粘土中生长不良，能耐碱和微酸。喜大水大肥，不耐瘠薄和干旱。要求较高的空气湿度，在干燥空气中叶面粗糙，失去光泽。

【分布及栽培范围】原产印度、马来西亚；中国南部各省区有分布。

【繁殖】扦插繁殖，也可压条繁殖。

【观赏】叶大光亮，四季葱绿，为常见的观叶树种。

【园林应用】行道树、园路树、庭荫树、风景林、盆栽及盆景观赏。庭园、校园、公园、游乐区、庙宇等，均可单植、列植、群植。校园密植具防火、隔音效果。低维护成本。

【其它】治疗风湿痛、闭经、胃痛、疔毒等疾病。乳汁可制硬橡胶。

10. 高山榕 *Ficus altissima* Bl.

【别名】鸡榕 、大叶榕、大青树、万年青

【形态特征】常绿大乔木，高 25~30 米。幼枝绿色，粗约 10 毫米。叶厚革质，广卵形至广卵状椭圆形，长 10~19 厘米，宽 8~11 厘米，先端钝，急尖，基部宽楔形，全缘，两面光滑，无毛，基生侧脉延长，侧脉 5~7 对；叶柄长 2~5 厘米，粗壮；托叶厚革质，长 2~3 厘米，外面被灰色绢丝状毛。榕果成对腋生，椭圆状卵圆形，直径 7~28 毫米，成熟时红色或带黄色，基生苞片短宽而钝；雄花散生榕果内壁，花被片 4，膜质；雌花无柄。瘦果表面有瘤状凸体（图 9-127）。花期 3~4 月，果期 5~7 月。

栽培变种有斑叶高山榕(富贵榕)'Golden Edged' 叶缘有不规则浅绿及黄色斑纹。

【生态习性】阳性，喜高温多湿气候，耐干旱瘠薄，抗风，抗大气污染，生长迅速，移栽容易成活。生于海拔 100 ~ 1600（2000）米山地或平原。

【分布及栽培范围】海南、广西、云南(南部至中部、西北部)、四川。尼泊尔、锡金、不丹、印度（安达曼群岛）、缅甸、越南、泰国、马来西亚、印度尼西亚、菲律宾也有分布。

【繁殖】播种和扦插繁殖。

【观赏】树冠广阔，树姿稳键壮观；叶厚革质，有光泽；隐头花序形成的果成熟时金黄色。

【园林应用】园路树、庭荫树、园景树、盆栽及盆景观赏。

【文化】在云南省西双版纳地区，居民尤其是信仰南传上座部佛教的傣族、布朗族等少数民族，都将高山榕看作神树，倍加崇拜，所以特别喜欢将它种植在村寨或寺庙周围，精心养护，严禁损毁。

图 9-127 高山榕

二十八、胡桃科 Juglandaceae

落叶或半常绿乔木或小乔木，多具芳香树脂。叶互生，羽状复叶(奇数，稀偶数)，无托叶。花单性，雌雄同株。雄花为下垂的葇荑花序，生于去年枝叶腋或新枝基部，花被1~4裂，与苞片合生、或无花被，雄蕊3至多数;雌花单生或数朵合生，组成直立或下垂的葇荑花序，生于枝顶，花被4裂，与苞片和子房合生;子房下位，1室，胚珠1，花柱短，2裂，常为羽毛状。核果或坚果，或具翅坚果。种子无胚乳。

共8属约60种；我国7属27种1变种。

科识别特征:落叶木本叶互生，羽状复叶无托叶。雌雄同株花不同，雄花下垂葇荑状。雌花单一或数朵，组成花序种类多。坚果具翅或包被，皆由苞片发育来。

分属检索表

1 枝髓片状

  2 核果无翅，具鳞芽……………………………………………………… 1 胡桃属 *Juglans*

  2 坚果具翅，具裸芽或鳞芽

    3 果翅向两侧伸展 ……………………………………………………… 2 枫杨属 *Pterocarya*

    3 果翅园盘状 …………………………………………………………… 3 青钱柳属 *Cyclocarya*

1 枝髓实心 ……………………………………………………………………… 4 化香树属 *Platycarya*

(一) 胡桃属 *Juglans* L.

落叶乔木；芽具芽鳞；髓部成薄片状分隔。叶互生，奇数羽状复叶；小叶具锯齿，稀全缘。雌雄同株；雄性葇荑花序具多数雄花，无花序梗，下垂，单生于去年生枝条的叶痕腋内。雄花具短梗；苞片1枚，小苞片2枚，分离，位于两侧，贴生于花托；花被片3枚，分离，贴生于花托，其中1枚着生于近轴方向，与苞片相对生；雄蕊通常多数，4~40枚。雌花序穗状，直立，顶生于当年生小枝，具多数至少数雌花。雌花无梗，苞片与2枚小苞片愈合成一壶状总苞并贴生于子房；花被片4枚；子房下位，2心皮组成，柱头2，内面具柱头面。果序直立或俯垂。果为假核果，不开裂；果核不完全2~4室。

约20种，我国产5种1变种，南北普遍分布。

1. 胡桃 *Juglans regia* L.

【别名】核桃

【形态特征】落叶乔木。高达30米，胸径1米。树冠广卵形至扁球形。树皮灰白色，老则深纵裂。一年生枝绿色，芽近球形。小叶5~9枚，椭圆形至倒卵形，长6~14厘米，基部钝圆或歪斜，全缘（幼叶时有锯齿），表面光滑，背面脉腋有族毛，幼叶背面有油腺点。雄花为柔荑花序，生于上年生枝条，花被6裂，雄蕊20；雌蕊1~3(5)朵成顶生穗状花序。核果球形，径4~5厘米，外果皮薄，中果皮肉质，内果皮骨质（图9-128）。花期4~5月，9~10月果熟。

各地栽培品种很多，有裂叶 'Laciniata' 和垂枝 'Pendula' 等品种。

【生态习性】喜光，喜温暖气候，较耐干冷，耐寒，抗旱、抗病能力强，适应多种土壤生长，喜水、肥，同时对水肥要求不严，落叶后至发芽前不宜剪枝，易产生伤流。深根性，不耐移植，不耐湿热。生于海拔400~1800米之山坡及丘陵地带。

【分布及栽培范围】 原产我国新疆、阿富汗、伊朗等。现各地广泛栽培。东北南到华南、西南。

【繁殖】 嫁接、播种及压条繁殖。

【观赏】 枝叶茂密，树冠球形，整齐，为园林绿化优良树种。

【园林应用】 庭荫树、园景树、防护林。

【其它】 果实是著名水果，种仁含油量及多种营养素，可生食，亦可榨油食用；木材坚实，是很好的硬木材料。

图 9-128　核桃

（二）枫杨属 *Pterocarya* Kunth

落叶乔木。髓部片状分隔。叶互生，常集生于小枝顶端，奇数羽状复叶，小叶的侧脉在近叶缘处相互联结成环，边缘有细锯齿或细牙齿。葇荑花序单性；雄花序长而具多数雄花，下垂，生于叶痕腋内，雄蕊9~15枚。雌花序单独生于小枝顶端，具极多雌花，开花时俯垂，果时下垂。雌花无柄，辐射对称，子房下位，柱头2裂，裂片羽状。果实为干的坚果，基部具1宿存的鳞状苞片及具2革质翅，翅向果实两侧或向斜上方伸展。

共8种，产于北温带。我国产5种，为我国特有。

1. 枫杨 *Pterocarya stenoptera* DC.

【别名】 麻柳

【形态特征】 大乔木，高达30米。小枝髓部片状分隔，具灰黄色皮孔。叶多为偶数或稀奇数羽状复叶，长8~16厘米，叶柄长2~5厘米，叶轴具翅至翅不甚发达；小叶10~16枚，无小叶柄，对生或稀近对生，长椭圆形一至长椭圆状披针形，长约8~12厘米，宽2~3厘米，顶端常钝圆或稀急尖，基部歪斜，边缘有向内弯的细锯齿。雄性葇荑花序长约6~10厘米，单独生于去年生枝条上叶痕腋内，花序轴常有稀疏的星芒状毛。雄花常具1枚发育的花被片，雄蕊5~12枚。雌性葇荑花序顶生，长约10~15厘米，花序轴密被星芒状毛及单毛。果序长20~45厘米，果序轴常被有宿存的毛。果翅狭，条形或阔条形，长12~20毫米，宽3~6毫米（图9-129）。花期4~5月，果熟期8~9月。

【生态习性】 喜深厚肥沃湿润的土壤；喜光，不耐庇荫。耐湿性强，但不耐常期积水和水位太高之地。深根性树种。萌芽力很强，生长很快。对有害气体

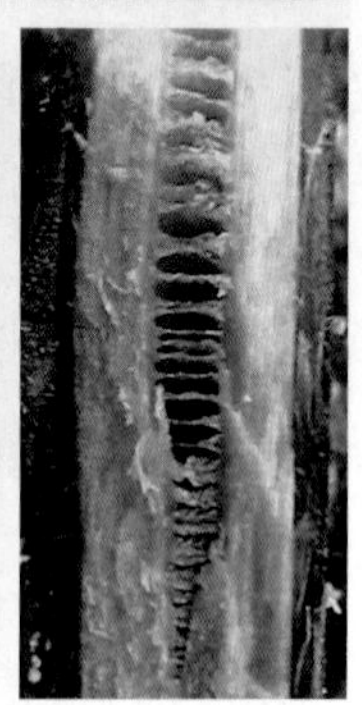

图 9-129 枫杨

二氧化硫及氯气的抗性弱。

【分布及栽培范围】广布于我国东北的南部、华北、华中和华南、西南各省。朝鲜也有分布。

【繁殖】播种繁殖。

【观赏】树冠广展，枝叶茂密。

【园林应用】园路树、庭荫树、防护林、树林。

【生态功能】河床两岸低洼湿地的良好绿化树种，还可防治水土流失。

【其它】木材轻软，不易翘裂，但不耐腐朽，可制作箱板、家具、火柴杆等。树皮富含纤维，可制上等绳索。叶有毒，可作农药杀虫剂。叶入药，主治慢性气管炎，关节痛，疮疽疖肿，疥癣风痒，皮炎湿疹，汤火伤。

（三）青钱柳属 *Cyclocarya* Iljinsk.

属特征见种特征。现存仅 1 种，为我国特有，分布于长江以南各省区。

1. 青钱柳
Cyclocarya paliurus (Batal.) Iljinskaja

【别名】摇钱树、青钱李、山麻柳、山化树

【形态特征】落叶乔木高达 10~30 米。枝条黑褐色，具灰黄色皮孔。芽密被锈褐色盾状着生的腺体。叶互生，奇数羽状复叶；小叶边缘有锯齿。雌雄同株；雌、雄花序均葇荑状。雄花序长 7~18 厘米，3 条或稀 2~4 条成束生于叶痕腋内的花序总梗上，花序总梗常在同一腋内成系列重叠生；雌花序单独顶生，20 朵。雄花辐射对称，具短花梗；苞片小；花被片 4 枚，大小相等；雄蕊 20~30 枚，花粉粒具 3~4 个萌发孔。雌花几乎无梗或具短梗；苞片与 2 小苞片相愈合并贴生于子房下端；花被片 4 枚；子房下位。果序轴

图 9-130 青钱柳

长25~30厘米。果实扁球形，径约7毫米，果梗长约1~3毫米；果实中部围有水平方向的径达2.5~6厘米的革质圆盘状翅(图9-130)。花期4~5月，果期7~9月。

【生态习性】喜光，喜深厚、肥沃的土壤；萌芽性强。常生长在海拔500~2500米的山地湿润的森林中。

【分布及栽培范围】安徽、江苏、浙江、江西、福建、台湾、湖北、湖南、四川、贵州、广西、广东和云南东南部。属国家二级保护树种，我国南方多省均有发现，多以零星分散。

【繁殖】扦插、嫁接、压条、分株、播种繁殖。

【观赏】青钱柳树姿壮丽，枝叶舒展，果如铜钱，悬挂枝间，饶有风趣。

【园林应用】庭荫树、园景树。

【其它】木材轻软，有光泽，纹理交错，结构略细，是家具良材。青钱柳茶，是将青钱柳古树的初春芽叶进行炮制加工而成，是中国名贵滋补保健药材，具有降糖、降脂、降压、提高免疫力等诸多功效。

(四)化香树属 *Platycarya* Sieb. et Zucc.

落叶小乔木；芽具芽鳞；枝条髓实心。叶互生，奇数羽状复叶，小叶边缘有锯齿。雄花序及两性花序共同形成直立的伞房状花序束，排列于小枝顶端，生于中央顶端的1条为两性花序，两性花序下部为雌花序，上部为雄花序(在花后脱落而仅留下雌花序)；生于两性花序下方周围者为雄性穗状花序。雄花的苞片不分裂；雄蕊常8枚。雌花序由密集而成覆瓦状排列的苞片组成，每苞片内具1雌花。雌花具2小苞片；子房1室。果序球果状，直立，有多数木质而有弹性的宿存苞片，苞片密集而成覆瓦状排列。果为小坚果状，较苞片小，背腹压扁状，两侧具由2花被片发育而成的狭翅。

2种，我国有2种，其中1种特有。

1. 化香树
Platycarya strobilacea Sieb.et Zucc.

【别名】花龙树、栲香、山麻柳、板香树、花木香

【形态特征】落叶小乔木，高2~5米。树皮纵深裂，暗灰色，髓实心。奇数羽状复叶互生，长15~30厘米；小叶7~15，长3~10厘米，宽2~3厘米，顶生小叶叶柄较长，薄革质，顶端长渐尖，边缘有重锯齿，基部阔楔形，稍偏斜，表面暗绿色，背面黄绿色，幼时有密毛。花单性，雌雄同穗状花序，直立；雄花序在上，长4~10厘米，有苞片披针形，长3~5毫米，表面密生褐色绒毛，雄蕊8；雌花序在下，长约2厘米，有苞片宽卵形，长约5毫米；柱头2裂。果序球果状，长椭圆形，暗褐色；小坚果扁平，直径约5毫米，有2狭翅(图9-131)。花期5~6月，果期7~10月。

图9-131　化香

【生态习性】喜光、喜温暖湿润气候和深厚肥沃的砂质土壤，对土壤的要求不严。耐干旱瘠薄，深根性，萌芽力强。多生于海拔400~2000米山地。

【分布及栽培范围】华东、华中、华南、西南等省。

【繁殖】播种繁殖。

【观赏】羽状复叶，穗状花序，果序呈球果状，直立枝端经久不落，在落叶阔叶树种中具有特殊的观赏价值。

【园林应用】园景树。

【其它】树皮、叶可供药用，能顺气、祛风、化痰、消肿、止痛、燥湿。根皮、树皮、叶和果实为制栲胶的原料；种子可榨油；树皮纤维能代麻；叶可作农药。

二十九、杨梅科 Myricaceae

常绿或落叶灌木或乔木，常有香气。单叶互生，全缘，有齿缺成分裂；无托叶。花单性，雌雄同株或异株，排成葇荑花序，腋生；无花被；有小苞片；雄花序圆柱状，雄蕊2~16，花丝下部稍合生；雌花序卵状或球状。子房上位，1室，柱头2裂，胚珠1。核果，外果皮有树脂和蜡质形成的小疣体。

2属约50种；我国1属4种。

（一）杨梅属 *Myrica* L.

常绿或落叶，乔木或灌木。幼嫩部分被芳香树脂质盾状圆形腺鳞。单叶，无托叶。雌雄同株或异株；葇荑花序单一或分枝。雄花具雄蕊2~8(~20)；雌花具2~4小苞片，子房被蜡质腺鳞或肉质乳头状凸起。核果，果皮薄，或肉质。种子直立，种皮膜质。

我国4种。

1. 杨梅 *Myrica rubra* (Lour.) Sieb. et Zucc.

【别名】山杨梅、酸梅、酸梅子

【形态特征】常绿灌木或小乔木，高达12米。树冠球形，小枝粗糙，皮孔明显。叶革质、倒卵状披针形至倒卵状长椭圆形，长6~11厘米，全缘，下面密生金黄色小油腺点。雌雄异株；雄花序柔荑状，紫红色，单生叶腋，密生覆瓦状苞片。核果圆球形，径10~15毫米，外果皮内质，有小疣状突起，熟时深红、紫红或白色，味甜酸（图9-132）。花期3~4月。果期6~7月。

【生态习性】喜温暖湿润气候，耐荫，不耐强烈日照。喜排水良好的酸性土壤，微碱性土壤也能适应。不耐寒，深根性、寿命长，萌芽力强。对二氧化硫等有害气体有一定抗性。

图9-132　杨梅

【分布及栽培范围】长江流域以南，西南至四川、云南等地。

【繁殖】播种、嫁接繁殖为主，亦可扦插和压条。

【观赏】材冠球形整齐，枝叶茂密，夏日果熟，红绿或绿白相间，玲珑可爱。

图 9-133　杨梅在园林中的应用

【园林应用】园路树、庭荫树、园景树、盆栽及盆景观赏（图 9-133）。可丛值、列植于草坪、路边，或作分隔空间、隐蔽遮档的绿墙。或点缀门庭、院落中。

【文化】《梁圆吟》（唐，李白）：平头奴子摇大扇，五月不热疑清秋。玉盘杨梅为君设，吴盐如花皎白雪。

《七字谢绍兴帅丘宗卿惠杨梅》（宋，杨万里）梅出稽山世少双，情如风味胜他杨。玉肌半醉红生粟，墨晕微深染紫裳。火齐堆盘珠径寸，酷泉绕齿朽为浆。故人解寄吾家果，未变蓬莱阁下香。

《杨梅》（宋，郭祥正）红实缀青枝，烂漫照前坞。

绿荫翳翳连山市，丹实累累照路隅。未爱满盘堆火齐，先惊探颔得骊珠。斜插宝髻看游舫，细织筠笼入上都。醉里自矜豪气在，欲乘风露扎千株。（宋，陆游）

杨梅初熟烂湖干，接种甘香草种酸。采得金婆最佳果，火齐颗颗泻晶盘。（清，沈堡）。

红似樱桃酸似梅，筠篮分送摘犹才。天生唤作杨家果，只合杨岐山山栽。（清，汪继培）

【其它】根、树皮：散瘀止血，止痛。用于跌打损伤，骨折，痢疾，胃、十二指肠溃疡，牙痛。果：生津止渴。用于口干，食欲不振。著名水果，可生食、制果干、酿酒或浸酒药用。叶可提取芳香油。

三十、壳斗科（山毛榉科）Fagaceae

常绿或落叶乔木，稀灌木。单叶互生，羽状脉，全缘或分裂；托叶早落。花单性，雌雄同株，有时同序；花萼 4~6 裂，无花瓣；雄花多为葇荑花序，稀穗状花序或头状花厅；花萼杯状，雄蕊与萼片同数或为其 2 倍；雌花单生或 2~7 朵生于苞片（花后增大称总苞，果时木质化称壳斗）内，总苞单生或成穗状；子房下位，3~7 室，每室有胆珠 1~2，仅 1 个发行成种子，花柱与子房同数，柱头顶生或测生，宿存于果实顶端。坚果，单生或 2~3(稀 5) 生于同一壳内。果脐近圆形；壳斗上的苞片呈鳞片状、针刺状或粗糙突起，全部或部分包围坚果；种子无胚乳，子叶内质。

共 8 属约 900 种，我国有 7 属 320 余种。

科识别特征：木本落叶或常绿，叶脉羽状叶革质。花序直立呈穗状，雄花花序偶葇荑。雌雄同株无花瓣，苞片发达包雌花。坚果生在总苞内，因而得名称壳斗。

分属检索表

1 雄花序为头状花序，坚果为三角形 …………………………………………… 1 水青冈属 *Fagus*

1 雄柔为葇荑花序或穗状花序

　2 雄花序为穗状花序，直立

　　3 落叶；枝无顶芽 ………………………………………………………………… 2 栗属 *Castanea*

3 落叶，枝有顶芽

4 芽鳞和叶均 2 列状；壳斗全部包围坚果 ………………………………… 3 栲属 *Castanopsis*

4 芽鳞都叶均螺旋状排列；壳斗部分包围坚果 ………………………… 4 石栎属 *Lithocarpus*

2 雄花序为葇荑花序，下垂

5 壳斗苞片鳞片状，覆瓦状排列 ………………………………………… 5 栎属 *Quercus*

5 壳斗苞片结合成同心环带 ……………………………………………… 6 青冈属 *Cyclobalanopsis*

（一）水青冈属 *Fagus* Linn.

落叶乔木，冬芽为二列对生的芽鳞包被，芽鳞脱落后留有多数芽鳞痕，托叶成对，膜质，早落。叶二列，互生，在芽中褶扇状，与花同时抽出。花单性同株；雄二岐聚伞花簇生于总梗顶部，头状，下垂，多花，花被钟状，4~7 裂，被绢质长柔毛，每花有雄蕊 6~12 枚，退化雌蕊线状，1~2 枚，被绢质长柔毛；雌花 (1)2 朵，偶有 3 朵，生于花序壳斗中，壳斗单个顶生于自叶腋或近叶柄旁侧抽出的总梗上，子房 3 室，每室有 2 胚珠，仅 1 室 1 胚珠发育。成熟壳斗 4(仅 1 花时为 3) 瓣裂。每壳斗有坚果 1~2 个，偶有 3 个；坚果通常长过于宽，三棱，脊棱顶部常有狭翅。

约 10 种植物。中国 5 种。

1. 水青冈 *Fagus longipetiolata* Seem.

【别名】 山毛榉

【形态特征】 乔木，高达 25 米；树干通直，分枝高，冬芽长达 2 厘米。叶薄革质，卵形或卵状披针形，长 6~15 厘米，宽 3~6.5 厘米，顶端短尖至渐尖，基部宽楔形至近圆形，略偏斜，边缘具疏锯齿，幼叶背面被贴伏的短绒毛，老时几光滑，侧脉 9~14 对，直达齿端；叶柄长 1~2.5 厘米，萌发枝上的叶柄较短。成熟总苞斗瓣裂，密被褐色绒毛，苞片钻形，长 4~7 毫米；总梗稍粗长，长 1.5~7 厘米，弯斜或向下垂；坚果与总苞近等长或略伸出。每壳斗有 2 坚果 (全包)，坚果三角状（"木葵花子"）(图 9-134)。花期 4~5 月，果熟期 8~9 月。

【生态习性】 喜光，喜温暖气候，适生于年平均气温 15~18 摄氏度，降水量 900~1400 毫米的地区。对土壤适应性强。生于海拔 300~2400 米山地杂木林中，多见于向阳坡地，与常绿或落叶树混生，常为上层树种。

【分布及栽培范围】 秦岭以南、五岭南坡以北各地。

图 9-134　水青冈

【繁殖】 播种繁殖。

【观赏】 秋叶金黄。

【园林应用】 园景树、风景林、防护林。

【其它】 木材纹理直，结构细，材质较坚重，但干燥后易开裂，供农具、家具用材。

（二）栗属 *Castanea* Mill.

落叶乔木，稀灌木，树皮纵裂，无顶芽，冬芽为3~4片芽鳞包被；叶互生，叶缘有锐裂齿，羽状侧脉直达齿尖，齿尖常呈芒状；托叶对生，早落。花单性同株或为混合花序，则雄花位于花序轴的上部，雌花位于下部；穗状花序，直立，通常单穗腋生枝的上部叶腋间，偶因小枝顶部的叶退化而形成总状排列；花被6裂；雄花1~3(5)朵聚生成簇，每簇有3片苞片，每朵雄花有雄蕊10~12枚，中央有被长绒毛的不育雌蕊，花丝细长，花药细小，2室，背着；雌花1~3朵聚生于一壳斗内，子房9或6室，每室仅1室1胚珠发育；壳斗外壁在授粉后不久即长出短刺，刺随壳斗的增大而增长且密集；壳斗4瓣裂，有栗褐色坚果1~3个，通称栗子。

约12~17种。中国有4种及1变种。

分种检索表

1 小枝有毛，壳斗内有坚果2~3个
  2 乔木，叶背有星状毛……………………………………………………1 板栗 *C. molliossima*
  2 灌木，叶背被鳞秕……………………………………………………2 茅栗 *C. seguinii*
1 小枝无毛，壳斗内有坚果1个………………………………………………3 锥栗 *C. henryi*

1. 板栗 *Castanea mollissima* Bl.

【别名】栗、风栗、魁栗

【形态特征】落叶乔木，高15~20米。叶互生，排成2列，卵状椭圆形至长椭圆状披针形，长8~18厘米，宽4~7厘米，先端渐尖，基部圆形或宽楔形，边缘有锯齿，齿端芒状，下面有灰白色星状短绒毛或长单毛，侧脉10~18对，中脉有毛；叶柄长1~1.5厘米；托叶早落。花单性，雌雄同株；雄花序穗状，直立，长15~20厘米，雄花萼6裂，雄蕊10~12；雌花集生于枝条上部的雄花序基部，2~3朵生于一有刺的总苞内，雌花萼6裂，子房下位，6室，每室1~2胚珠，仅1枚发育。壳斗球形，直径3~5厘米，内藏坚果2~3个，成熟时裂为4瓣；坚果半球形或扁球形，暗褐色，直径2~3厘米（图9-135）。花期5月，果期8~10月。

图9-135 板栗

【生态习性】喜光，喜肥沃温润、排水良好的砂质或砾质壤土，对有害气体抗性强。忌积水，忌粘土。深根性，根系发达，萌芽力强，耐修剪，虫害较多。耐寒、耐旱。寿命长。

【分布及栽培范围】辽宁以南各地，除新疆、青海以外，均有栽培，以华北及长江流域各地最为集中，产量最大。

【繁殖】播种繁殖为主，也可嫁接。

【观赏】树冠宽广，枝叶稠密。

【园林应用】园景树、树林。

【文化】中国有句民谚叫："七月杨桃八月楂，九月栗子笑哈哈"。板栗与桃、杏、李、枣并称"五果"，属于健脾补肾、延年益寿的上等果品。

【其它】树皮、壳斗、嫩枝可提取拷胶。栗木非常坚固耐久，不容易被腐蚀，花纹美丽，是非常好的装饰和家具用材。果为著名干果，是园林结合生产的优良树种。

2. 锥栗 *Castanea henryi* (Skan) Rehd. et Wils.

【别名】尖栗、箭栗、榛栗

【形态特征】落叶乔木，高达 30 米。叶互生，卵状披针形，长 8~17 厘米，宽 2~5 厘米，顶端长渐尖，基圆形，叶缘锯齿具芒尖。雄花序生小枝下部叶腋，雌花序生小枝上部叶腋。壳斗球形，带刺直径 2~3.5 厘米；坚果单生于壳斗，1 坚果 / 壳斗 (图 9-136)。

【生态习性】喜光，耐旱，要求排水良好。病虫害少，生长较快。生于海拔 100-1800 米的丘陵与山地，常见于落叶或常绿的混交林中，与响叶杨、灯台树等混生。

【分布及栽培范围】秦岭南坡以南、五岭以北各地，但台湾及海南不产。

【繁殖】播种繁殖，也可嫁接繁殖。

【观赏】树形美观。

【园林应用】园景树、风景林、树林。

【其它】我国重要木本粮食植物之一。果实可制成栗粉或罐头。木材坚实，可供枕木、建筑等用。壳斗木材和树皮含大量鞣质，可提制栲胶。

图 9-136 锥栗

3. 茅栗 *Castanea seguinii* Dode

【别名】野栗子、毛栗、毛板栗

【形态特征】小乔木或灌木状，通常高 2~5 米。小枝暗褐色，托叶细长，长 7~15 毫米，开花仍未脱落。叶倒卵状椭圆形或兼有长圆形的叶，长 6~14 厘米，宽 4~5 厘米，顶部渐尖，基部楔尖至圆或耳垂状，基部对称至一侧偏斜，叶背有黄或灰白色鳞腺，幼嫩时沿叶背脉两侧有疏单毛；叶柄长 5~15 毫米。雄花序长 5~12 厘米，雄花簇有花 3~5 朵；雌花单生或生于混合花序的花序轴下部，每壳斗有雌花 3~5 朵，通常 1~3 朵发育结实，花柱 9 或 6 枚，无毛；壳斗外壁密生锐刺，成熟壳斗连刺径 3~5 厘米，宽略过于高，刺长 6~10 毫米；坚果长 15~20 毫米，宽 20~25 毫米，无毛或顶部有疏伏毛 (图 9-137)。花期 5~7 月，果期 9~11 月。

【生态习性】生于海拔 400~2000 米丘陵山地，较常见于山坡灌木丛中，与阔叶常绿或落叶树混生。

【分布及栽培范围】大别山以南、五岭南坡以北各地。

【繁殖】播种繁殖。

【观赏】果形独特。

【园林应用】园景树。

【其它】坚果含淀粉，可生、熟食和酿酒；壳斗和树皮含鞣质可作丝绸的黑色染料；木材坚硬耐用，制作农具和家具；苗可作板栗的砧木。

图 9-137 茅栗

（三）栲属（锥属）*Castanopsis* (D. Don) Spach

常绿乔木。有顶芽，芽鳞多数。叶常2列互生，全缘或有锯齿，革质，叶背被毛或鳞腺。雄花序直立，花被5~6裂；雌花单生或2~5生于总苞内，子房3室。总苞球形，稀杯状，开裂，稀不裂，全包坚果，外部具刺，稀为瘤状或鳞状；坚果1~3，当年或第二年成熟。

约130种，分布于热带和亚热带地区。我国约63种2变种。

分种检索表

1 一年生枝叶密无红褐色粗糙长绒毛

　2 枝条上纵沟棱不明显

　　3 叶边缘或中部以上全缘或有疏钝齿 ………………………………… 1 甜槠 *C. eyrei*

　　3 叶边缘或中部以上有锐锯齿 ……………………………………… 2 苦槠 *C. sclerophylla*

　2 枝条上纵沟棱明显 ……………………………………………………… 3 罴蒴锥 *C. fissa*

1 一年生枝叶密被红褐色粗糙长绒毛 ………………………………………… 4 毛锥 *C. fordii*

1. 甜槠 *Castanopsis eyrei* (Champ.) Tutch.

【别名】茅丝栗、丝栗、甜锥、反刺槠、小黄橡、锥子、曹槠、槠柴、酸橡槠

【形态特征】乔木，高达20米。叶革质，卵形、卵状披针形至长椭圆形，先端尾尖，基部显著歪斜，全缘或上部有疏钝齿，两面同色或有时叶下面带银灰色或灰白色。壳斗卵形或近球形，连刺径2~3厘米，3瓣裂，刺粗短。分叉或不分叉，有时排成间断的4~6同心环带，果单生（图9-138）。花期4~5月，果期翌年9~11月。

【生态习性】喜土层深厚、肥沃的缓坡、谷地。常与其它针阔叶材种组成混交林或形成小面积纯林。

【分布及栽培范围】长江流域以南各地。

【繁殖】播种繁殖。

【观赏】树干通直，枝叶茂密，四季常绿。

【园林应用】庭荫树、园景树、风景林、树林。宜孤植、丛植或混交栽植。

【其它】果实出仁率约66%，含淀粉及可溶性糖约61.9%，粗蛋白约4.31%，粗脂肪1.03%。可生食，也可作饲料，亦可酿酒。

图9-138　甜槠

2. 苦槠 *Castnopsis sclerophylla* (Lindl.) Schott

【别名】槠栗、血槠、苦槠子

【形态特征】常绿乔木，高达15米。叶厚革质，长椭圆形或卵状椭圆形，长5~15厘米，宽3~6厘米，顶端渐尖或短尖，基部楔形或圆形，边缘或中部以上有锐锯齿，背面苍白色，有光泽，螺旋状排列。壳斗杯形，幼时全包坚果，成熟时包围坚果3/5~4/5，直径12~15毫米；苞片三角形，顶端针刺形，排列成4~6个同心环带，坚果褐色，有毛（图9-139）。

图 9-139 苦槠

图 9-140 黧蒴锥

花期 5 月，10 月果熟。

【生态习性】喜温暖、湿润气候，喜光，也能耐荫；喜深厚、湿润土壤，也耐干旱、瘠薄。深根性，萌芽性强，抗污染，寿命长。生长速度中等。常与杉、樟混生。

【分布及栽培范围】长江以南地区。

【繁殖】播种繁殖为主，也可分蘖繁殖。

【观赏】树干高耸，枝叶茂密，四季常绿

【园林应用】庭荫树、园景树、风景林、树林、防护林。宜庭园中孤植、丛植或混交栽植。

【其它】坚果含淀粉，浸水脱涩后可做豆腐，供食用，称“苦槠豆腐”。苦槠通气解暑，去滞化淤，特别是对痢疾和止泻有独到的疗效；腹泻只要喝上一碗苦槠羹，基本上都能够止住腹泻。材质致密坚韧，有弹性，供建筑、机械等用。

3. 黧蒴锥 *Castanopsis fissa* (Champ. ex Benth.)Rehd. et Wils.

【别名】裂壳锥、大叶槠栗、大叶栎、大叶锥、大叶枹

【形态特征】高约 10。芽鳞、新生枝顶段及嫩叶背面均被红锈色细片状腊鳞及棕黄色微柔毛，嫩枝红紫色，纵沟棱明显。叶形、质地及其大小均与丝锥类同。雄花多为圆锥花序，花序轴无毛。果序长 8~18 厘米。壳斗被暗红褐色粉末状蜡鳞，小苞片鳞片状，三角形或四边形，幼嫩时覆瓦状排列，成熟时多退化并横向连接成脊肋状圆环，成熟壳斗圆球形或宽椭圆形，顶部稍狭尖，通常全包坚果，壳壁厚 0.5~1 毫米，不规则的 2~3 瓣裂，裂瓣常卷曲；坚果圆球形或椭圆形，高 13~18 毫米，横径 11~16 毫米，顶部四周有棕红色细伏毛，果脐位于坚果底部，宽 4~7 毫米（图 9-140）。花期 4~6 月，果当年 10~12 月成熟。

【生态习性】喜光，适应性强，对土壤要求不严，速生，萌芽性强。生于海拔约 1 600 米以下山地疏林中，阳坡较常见，为森林砍伐后萌生林的先锋树种之一。

【分布及栽培范围】福建、江西、湖南、贵州四省南部、广东、海南、香港、广西、云南东南部。越南北部也有分布。

【繁殖】播种繁殖。

【观赏】树形优美，花量极多。

【园林应用】庭荫树、园景树、树林。

【其它】树皮纤维较长，木材弹性大，质较轻软，结构细致，易加工。木材用于放养香菇及其它食用菌类。

4. 毛锥 *Castanopsis fordii* Hance

【别名】南岭栲、毛栲、毛槠

【形态特征】乔木，高达 8~15 米。一年生枝、叶柄、叶背及花序轴均密被棕色或红褐色稍粗糙的长绒毛，二年生枝的毛较少。叶革质，长椭圆形或长圆形，长 9~18 厘米，宽 3~6 厘米，顶端急尖，或甚短尖，基部心形或浅耳垂状，全缘，中脉在叶面明显凹陷，侧脉

每边 14~18 条，在叶面裂缝状凹陷，网状叶脉明显或纤细，叶背红棕色（嫩叶），棕灰色或灰白色（成长叶）；叶柄长 2~5 毫米。雄穗状花序常多穗排成圆锥花序，花密集，雄蕊 12 枚，雌花的花被裂片密被毛，花柱 3 枚，长不及 1 毫米。果序长 6~12 厘米，果序轴与其着生的枝约等粗；壳斗密聚于果序轴上，每壳斗有坚果 1 个，整齐的 4 瓣开裂，刺长 10~20 毫米，被短柔毛，外壁为密刺完全遮蔽；坚果扁圆锥形，密被伏毛（图 9-141）。花期 3~4 月，果次年 9~10 月成熟。

【生态习性】喜光。较速生。生于海拔约 1 200 米以下山地灌木或乔木林中，在河溪两岸有时成小面积纯林，或与刺栲、木荷、甜槠、锥栗、红皮树、豹皮樟等混生。

【分布及栽培范围】浙江、江西、福建、湖南四省南部、广东、广西东南部。

【繁殖】播种繁殖。

【观赏】树形优美。

图 9-141　毛锥

【园林应用】庭荫树、园景树、树林。

【其它】材质坚重，有弹性，纹理直，用于造船，建筑装饰，包装等，且是上等栽培木耳的树木。

（四）石栎属（柯属）*Lithocarpus* Bl.

常绿乔木。枝有顶芽，嫩枝常有槽棱。叶全缘或有裂齿，背面被毛或否，常有鳞秕或鳞腺。穗状花序直立，单穗腋生，常雌雄同序，则雄花位于花序轴上段，雄花序复穗状花序式或穗状圆锥花序；花通常 3~5(7) 一朵聚集成一小花簇散生于花序轴上，或为单朵散生；花被裂片 4~6 片；雄蕊 10~12 枚；雌花每一花簇通常仅 1 或 2 发育结实，不结实的附着于结实的壳斗旁侧，子房 3 室，花柱与子房室同数。每壳斗有坚果 1 个坚果，全包或包着坚果一部分，壳斗外壁有各式变态小苞片。

300 余种，我国已知有 122 种，1 亚种，14 变种。

1. 灰珂 *Lithocarpus henryi* (Seem.) Rehd. et Wils

【别名】长叶石栎、椆壳栗、棉槠石栎

【形态特征】乔木，高达 20 米。当年生嫩枝紫褐色，二年生枝有灰白色薄蜡层，枝、叶无毛。叶革质或硬纸质，狭长椭圆形，长 12~22 厘米，宽 3~6 厘米，顶部短渐尖，基部有时宽楔形，常一侧稍短

图 9-142　灰珂

且偏斜，全缘，侧脉在叶面微凹陷，支脉不明显；叶柄长 1.5~3.5 厘米。雄穗状花序单穗腋生；雌花序长达 20 厘米；雌花每 3 朵一簇，花柱长约 1 毫米，壳斗浅碗斗，高 6~14 毫米，宽 15~24 毫米，包着坚果很少到一半，壳壁顶端边缘甚薄，向下逐渐增厚，基部近木质，小苞片三角形，伏贴，位于壳斗顶端边缘的常彼此分离，覆瓦状排列；坚果高 12~20 毫米，宽 15~24 毫米，顶端圆，常有淡薄的白粉（图 9-142）。花期 8~10 月，果次年同期成熟。

【生态习性】生于海拔 1 400~2 100 米山地杂木林中，常为高山栎林的主要树种。

【分布及栽培范围】陕西南部、湖北西部、湖南西部、贵州东北部、四川东部。

【繁殖】播种繁殖。

【观赏】树形优美。

【园林应用】庭荫树、园景树、树林。

【其它】优质用材。

（五）栎属 *Quercus* Linn.

常绿、落叶乔木，稀灌木。冬芽具数枚芽鳞，覆瓦状排列。叶螺旋状互生；托叶常早落。花单性，雌雄同株；雌花序为下垂柔黄花序，花单朵散生或数朵簇生于花序轴下；花被杯形，4~7 裂或更多；雄蕊与花被裂片同数或较少，花丝细长，花药 2 室，纵裂，退化雌蕊细小；雌花单生，簇生或排成穗状，单生于总苞内，花被 5~6 深裂，子房 3 室，每室有 2 胚珠；花柱与子房室同数，柱头侧生带状或顶生头状。壳斗（总苞）包着坚果一部分稀全包坚果。壳斗外壁的小苞片鳞形，线形，钻形，覆瓦状排列。每壳斗内有 1 个坚果。坚果当年或翌年成熟，坚果顶端有突起柱座，底部有圆形果脐。

约 450 种，我国约 110 种，南北各省均产之。

分种检索表

1 叶缘锯齿具芒刺尖头；壳斗小苞片钻形、锥形、扁条形，先端常反曲
　2 叶两面光无毛，树皮木坚硬，栓皮不发达 ………………………… 1 小叶栎 *Q. chenii*
　2 叶下两密被白色星状毛，树皮厚而软，木栓皮发达 ………………… 2 栓皮栎 *Q. variabilis*
1 叶缘为波状缺裂或粗锯齿，壳斗小苞片三角形
　　3 壳斗小苞片鳞片三角形，平贴
　　　4 叶下面被灰苋色星状绒毛，叶柄长 3~5 毫米 ………………… 3 白栎 *Q. fabri*
　　　4 叶下面无毛，叶柄长 1~3 毫米 ………………………………… 4 槲栎 *Q. aliena*
　　3 壳斗小苞片披针形，伸展或略反曲 ……………………………… 5 槲树 *Q. dentata*

1. 小叶栎 *Quercus chenii* Nakai

【形态特征】落叶乔木，高达 20 米。树皮深灰色，浅纵裂；小枝无毛。叶披针形，长 7~15 厘米，宽 2~2.5 厘米，顶端长尖，基部阔楔形，边缘有锯齿，齿尖成刺芒状，背面绿色无毛；叶柄长 1~1.5 厘米。壳斗杯状；苞片锥形，短刺状，有细毛，包围坚果 1/4~1/3，不反曲；坚果椭圆形，直径 1~1.5 厘米（图 9-143）。花期 5 月，果翌年 10 月成熟。

【生态习性】喜光，喜深厚肥沃的中性至酸性土

图 9-143 小叶栎

壤；生长速度中等。多见于山边溪边。

【分布及栽培范围】长江中下游地区。

【繁殖】播种繁殖。

【观赏】树形优美。

【园林应用】园路树、庭荫树、园景树、风景林。

【其它】果入药，能消乳肿；树皮、叶煎汁治疗急性细菌性痢疾。我国著名的硬阔叶树优良用材树种。种子含淀粉和脂肪油，可酿酒和作饲料，油制肥皂；壳斗、树皮含鞣质，可提取栲胶。木材坚硬、耐磨，供机械用材。

2. 栓皮栎 *Quercus variabilis* Blume

【别名】软木栎

【形态特征】落叶乔木，高达 23 米。树皮灰褐色，深纵裂，木栓层厚而软，深褐色。叶椭圆状披针形或椭圆状卵形，长 8~15 厘米，宽 2~5 厘米，顶端渐尖，基部圆形或阔楔形，边缘有刺芒状细锯齿，背面密生白色星状细绒毛；叶柄长 1.5~2.5(3) 厘米。壳斗杯状，几无柄，包围坚果 2/3 以上，直径 1.9~2.1 厘米；苞片锥形，粗刺状，反曲；坚果近球形或卵形，直径 1.3~1.5 厘米（图 9-144）。花期 4 月，次年 10 月果熟。

【生态习性】喜土层深厚，排水良好的山坡。

【分布及栽培范围】辽宁、河北、山西、陕西、甘肃以南各省区。

【繁殖】播种繁殖。

【观赏】树干通直，枝条广展，树冠雄伟，浓荫如盖，秋季叶色转为橙褐色，季相变化明显。

【园林应用】庭荫树、园景树、风景林、树林、

图 9-144 栓皮栎

防护林。孤植、从植或与它树混交成林。

【其它】果壳入药，主治咳嗽，水泻。外用治头癣。栓皮为软木工业原料；种子含淀粉，可酿酒或作饲料。木材供建筑、车辆等用。

3. 白栎 *Quercus fabri* Hance

【形态特征】落叶乔木或灌木，高达 20 米。小枝密生灰褐色绒毛。叶倒卵形至椭圆状倒卵形，长 7~15 厘米，顶端钝尖基部窄楔形，具波状齿或粗钝齿 6~10 个。下面有灰黄色星状绒毛；叶柄长 3~5 毫米。壳斗杯状，包围坚果 1/3，苞片鳞片状，排列紧密。果圆柱状卵形、果脐略隆起（图 9-145）。花期 4 月，果期 10 月。

【生态习性】喜光，喜温暖气候，较耐荫；喜深厚、湿润、肥沃土壤，也较耐干旱、瘠薄，但在肥沃湿润处生长最好。萌芽力强。排水不良或积水地不宜种植。与其它树种混交能形成良好的干形，但不耐移植。抗污染、抗尘土、搞风能力都较强。寿命长。

【分布及栽培范围】淮河以南、长江流域和华南、西南各地。

【繁殖】播种繁殖。

【观赏】枝叶繁茂、终冬不落。

图 9-145　白栎

【园林应用】庭荫树、园景树、风景林、树林、防护林。草坪中孤植、丛植，或在山坡上成片种植，也可作为其他花灌木的背景树。

【其它】白栎蓓（即果实的虫瘿）入药，秋季采收，用于治疗大人疝气及小儿尿如米泔，火眼赤痛。木材坚硬；树枝可培植香菇。

4. 槲栎 *Quercus aliena* Bl.

【别名】细皮青冈

【形态特征】落叶乔木，高达 30 米。小枝粗，无毛，有条沟。叶长 10~20 (30) 厘米，宽 5~14 (16) 厘米，顶端微钝或短渐尖，基部楔形或圆形，叶缘具波状钝齿，叶背被灰棕色细绒毛，侧脉每边 10~15 条，叶面中脉侧脉不凹陷；叶柄长 1~1.3 厘米。壳斗杯状，包围坚果约 1/2，苞片鳞状，覆瓦状排列 L 紧密，被灰白色柔毛。果椭圆状卵形（图 9-146）。花期 1~5 月，果期 9~10 月。

【生态习性】喜光，稍耐荫，对气候适应性较强，耐寒，耐干旱瘠薄；萌芽性强。

【分布及栽培范围】华东、华中、西南、华北及辽宁。

【繁殖】播种繁殖。

【观赏】叶片大且肥厚，叶形奇特、美观，叶色翠绿油亮、枝叶稠密。

【园林应用】园景树、风景林、树林、防护林。

【其它】种子含淀粉，可酿酒，也可制凉皮、粉条和作豆腐及酱油等，又可榨油。木材坚硬，耐磨力强，可供建筑、家具等使用。

图 9-146　槲栎

5. 槲树 *Quercus dentata* Thunb.

【别名】波罗栎、柞栎

【形态特征】落叶乔木，高达 25 米。树皮暗褐色，深纵裂。小枝粗，具有 5 棱，密被黄褐色星状毛。叶倒卵形或长倒卵形，长 10~30 厘米，顶端钝尖，基部耳形或楔形，叶缘为波状裂片或粗锯齿，叶背密被褐色星状毛，侧脉 4~10 对；托叶线状披针形，叶柄密被棕色绒毛，雄花序长约 4 厘米，轴密被浅黄色绒毛；雌花序长 1~3 厘米。壳斗杯形，包着坚果 1/2~2/3，连小苞片直径 2~5 厘米，小苞片革质，窄披针形，长约 1 厘米，红棕色，被褐色丝毛；坚

图 9-147　槲树

果卵形或圆柱形，径直 1.2~1.5 厘米，高 1.5~2.3 厘米，无毛，有宿存的花柱（图 9-147）。花期 4~5 月；果期 9~10 月。

【生态习性】喜光，耐干旱，常生于向阳的山坡。深根性，对土壤要求不严。抗风、抗烟、抗病虫能力强。与其它栎类、榉树、小叶朴、马尾松、侧柏、油松等混生，有时成纯林。垂直分布华北海拔 1000 米以下，西南可达海拔 2700 米。

【分布及栽培范围】黑龙江至长江流域各地。朝鲜、日本也有分布。

【繁殖】播种繁殖。

【观赏】树干挺直，叶片宽大，树冠广展，寿命较长，叶片入秋呈橙黄色且经久不落。

【园林应用】庭荫树、园景树、风景林、树林。孤植、片植或与其他树种混植，季相色彩极其丰富。

【其它】种子、叶、树皮入药。木材坚实，供建筑、枕木、器具等用，亦可培养香菇。壳斗及树皮可提栲胶，叶可饲柞蚕。坚果脱涩后可食用。

（六）青冈属 *Cyclobalanopsis* Qerst.

常绿乔木，稀灌木，树皮通常平滑，稀深裂。冬芽芽鳞多数，覆瓦状排列。叶螺旋状互生，全缘或有锯齿，羽状脉。花单性，雌雄同株；雄花序为下垂柔荑花序，雄花单朵散生或数朵簇生于花序轴，花被通常 5~6 深裂，雄蕊与花被裂片同数，有时较少，花丝细长，花药 2 室，退化雌蕊细小；雌花单生或排成穗状，雌花单生于总苞内，花被具 5~6 裂片，有时有细小的退化雄蕊，子房 3 室，每室有 2 胚珠，花柱 2~4，通常 3。

该属有 150 种，主要分布在亚洲热带、亚热带，中国有 77 种及 3 变种，分布秦岭、淮河流域以南各省区。

1. 青冈
Cyclobalanopsis glauca (Thunb.) Oerst.

【别名】青冈栎、铁椆

【形态特征】常绿乔木，树高达 20 米。小枝无毛；树皮平滑不裂，枝叶密生，形成广椭圆形树冠。叶厚革质，长椭圆形至倒卵状长椭圆形，长 6~13 厘米，宽 2.5~4.5 厘米，中部以上有疏锯齿，上面深绿色。有光泽，下面灰绿色，有整齐平伏白色单毛。壳斗杯状，包围坚果 1/3~1/2，苞片合生成 5~8 条同心圆环（图 9-148）。花期 4 月，果期 10 月。

【生态习性】幼树稍耐荫，大树喜光，喜温暖湿润气候及肥沃土壤；萌芽力强，具较强的抗有毒气体、隔音和防火能力。

【分布及栽培范围】长江流域与华南诸省。

【繁殖】播种繁殖。

图 9-148 青冈栎

【观赏】枝叶茂密，树姿优美，终年常青，是良好的绿化、观赏及造林树种。

【园林应用】风景林、树林、防护林、绿篱。宜丛植、群植或与其它常绿树混交成林。

【其它】木材坚韧，成为优质木材树种。

三十一、桦木科 Betulaceae

落叶乔木或灌木；小枝及叶有时具树脂腺体或腺点。单叶，互生，叶缘具重锯齿或单齿，较少具浅裂或全缘，叶脉羽状，侧脉直达叶缘或在近叶缘处向上弓曲相互网结成闭锁式；托叶分离，早落，很少宿存。花单性，雌雄同株，风媒；雄花序顶生或侧生，春季或秋季开放；雄花具苞鳞，有花被（桦木族）或无（榛族）；雄蕊 2~20 枚（很少 1 枚）插生在苞鳞内；雌花序为球果状、穗状、总状或头状，直立或下垂，具多数苞鳞（果时称果苞）；子房 2 室或不完全 2 室，每室具 1 个倒生胚珠或 2 个倒生胚珠而其中的 1 个败育；花柱 2 枚，分离，宿存。果序球果状、穗状、总状或头状；果苞由雌花下部的苞片和小苞片在发育过程中逐渐以不同程度的连合而成，木质、革质、厚纸质或膜质，宿存或脱落。果为小坚果或坚果；胚直立，子叶扁平或肉质，无胚乳。

共 6 属，100 余种，主要分布于北温带，中美洲和南美洲亦有 *Alnus* 属的分布。我国 6 属均有分布，共约 70 种，其中虎榛子属 *Ostryopsis* Decne. 为我国特产。

科识别特征：落叶木本叶互生，托叶早落花单性。雌雄同株花不同，雄花下垂葇荑状。

雌花花序圆柱状，聚伞花序集聚成。坚果具翅或无翅，种子 1 枚无胚乳。

分属检索表

1 雄花 2~6 朵生于每一苞鳞的腋间，有 4 枚膜质的花被

  2 果苞革质，具 3 裂片，1 果苞内有 3 枚小坚果 ………………………… 1 桦木属 *Betula*

  2 果苞木质，具 5 裂片，1 果苞内有 2 枚小坚果 ………………………… 2 桤木属 *Alnus*

1 雄花单生于每一苞鳞的腋间，无花被 ………………………………………… 3 鹅耳枥属 *Carpinus*

（一）桦木属 *Betula* L.

落叶乔木或灌木。芽无柄，具数枚覆瓦状排列之芽鳞。单叶，互生，叶下面通常具腺点，边缘具重锯齿，很少为单锯齿，叶脉羽状，具叶柄，托叶分离，早落。花单性，雌雄同株；雄花序 2~4 枚簇生于上一年枝条的顶端或侧生；苞鳞覆瓦状排列，每苞鳞内具 2 枚小苞片及 3 朵雄花；花被膜质，基部连合；雄蕊通常 2 枚，花丝短，顶端叉分；雌花序单 1 或 2~5 枚生于短枝的顶端，圆柱状、矩圆状或近球形，直立或下垂；苞鳞覆瓦状排列，每苞鳞内有 3 朵雌花；雌花无花被，子房扁平，2 室，每室有 1 个倒生胚珠，花柱 2 枚，分离。果苞革质，鳞片状，脱落，由 3 枚苞片愈合而成，具 3 裂片，内有 3 枚小坚果。小坚果小，扁平，具或宽或窄的膜质翅，顶端具 2 枚宿存的柱头。种子单生，具膜质种皮。

约 100 种，主要分布于北温带。我国产 29 种 6 变种。全国均有分布。

分种检索表

1 小枝黄褐色，密被淡黄色短柔毛，疏生树脂腺体………………………1 光皮桦 *B. luminifera*

1 小枝紫红色，无毛，有时疏生树脂腺体………………………………2 红桦 *B. albo-sinensis*

1. 光皮桦 *Betula luminifera* H.Winkl.

【别名】亮叶桦、花胶树

【形态特征】落叶乔木，高可达 20 米。树皮红褐色或暗黄灰色，坚密，平滑。叶矩圆形、宽矩圆形、矩圆披针形、有时为椭圆形或卵形，长 4.5~10 厘米，宽 2.5~6 厘米，顶端骤尖或呈细尾状，基部圆形，有时近心形或宽楔形，边缘具不规则的刺毛状重锯齿，叶上面仅幼时密被短柔毛，下面密生树脂腺点，沿脉疏生长柔毛；叶柄长 1~2 厘米。雄花序 2~5 枚，簇生于小枝顶端或单生于小枝上部叶腋果实单生，长圆柱形，长 3~9 厘米；果苞长 2~3 毫米，背面疏被短柔毛，边缘具短纤毛，中裂片矩圆形、披针形或倒披针形，有时不甚发育而呈耳状或齿状，长仅为中裂片的 1/3~1/4。小坚果倒卵形，长约 2 毫米，膜质翅宽为果的 1~2 倍（图 9-149）。花期 4~6 月，果期 7~9 月。

【生态习性】中等喜光；喜温暖、湿润气候；耐寒冷；喜土层深厚、肥沃、排水良好的黄红壤，耐干旱瘠薄土壤；不耐水湿。常生于海拔 500~2500 米之阳坡杂木林内。

【分布及栽培范围】云南、贵州、四川、陕西、甘肃、湖北、江西、浙江、广东、广西。

【繁殖】播种、扦插、组织培养繁殖。

【观赏】树形修直，主干粗壮；树皮具光泽，皮孔横列有序，花纹斑驳可人，花序累累。

【园林应用】园路树、园景树、树林。主要用于道路及庭院的绿化，荒山造林的先锋树种。

【其它】建筑、家具、工艺品的良好用材；树皮，小枝，叶等均含芳香油，为食品，化妆品的香精原料；树皮可提取桦皮焦油，可治皮肤病；树干是生产食用菌的上好用料。

2. 红桦 Betula albosinensis Burk.

【别名】纸皮桦、红皮桦

【形态特征】落叶大乔木，高可达 30 米。树皮淡红褐色或紫红色，有光泽和白粉，呈薄层状剥落，纸质；枝条红褐色，无毛。叶卵形或卵状矩圆形，长 3~8 厘米，宽 2~5 厘米，顶端渐尖，基部圆形或微心形，较少宽楔形，边缘具不规则的重锯齿，齿尖常角质化，上面深绿色，无毛或幼时疏被长柔毛，下面淡绿色，密生腺点，沿脉疏被白色长柔毛；叶柄长 5~15 厘米，疏被长柔毛或无毛。雄花序圆柱形，长 3~8 厘米，直径 3~7 毫米，无梗；苞鳞紫红色，仅边缘具纤毛。果序圆柱形，单生或同时具有 2~4 枚排成总状，长 3~4 厘米，直径约 1 厘米；序梗长约 1 厘米；果苞长 47 厘米。小坚果卵形，长 2~3 毫米，上部疏被短柔毛，膜质翅宽及果的 1/2（图 9-150）。花期 5~6 月，果期 7~9 月。

【生态习性】喜光，喜湿润空气，较耐荫，耐寒冷；病虫害少，生长速度中等。常生于海拔 1000~3400 米的山坡杂木林中。

【分布及栽培范围】中国特有树种。分布云南、

图 9-149 光皮桦

图 9-150 红桦

四川东部、湖北西部、河南、河北、山西、陕西、甘肃、青海。

【繁殖】播种、扦插繁殖。

【观赏】树冠宽大端丽，树干粗壮光洁且干皮为橘红色。

【园林应用】园景树、树林观赏。用于庭院园林观赏及山体造林。

【其它】优良用材；树皮可作帽子或包装用。

（二）桤木属 *Alnus* Mill.

落叶乔木或灌木；树皮光滑。单叶，互生，具叶柄，边缘具锯齿或浅裂，很少全缘，叶脉羽状，第三级脉常与侧脉成直角相交。花单性，雌雄同株；雄花序生于上一年枝条的顶端，春季或秋季开放，圆柱形；雄花每3朵生于一苞鳞内；小苞片多为4枚；花被4枚，基部连合或分离；雄蕊多为4枚，与花被对生；雌花序单生或聚成总状或圆锥状，秋季出自叶腋或着生于少叶的短枝上；苞鳞覆瓦状排列，每个苞鳞内具2朵雌花；雌花无花被；子房2室，每室具1枚倒生胚珠；花柱短，柱头2。果序球果状；果苞木质，鳞片状，宿存，由3枚苞片、2枚小苞片愈合而成，顶端具5枚浅裂片，每个果苞内具2枚小坚果。小坚果小，扁平，具或宽或窄的膜质或厚纸质之翅；种子单生，具膜质种皮。

共40余种。我国产7种1变种，分布于东北、华北、华东、华南、华中及西南。

1. 江南桤木 *Alnus trabeculosa* Hand.-Mazz.

【形态特征】落叶乔木，高约10米。短枝和长枝上的叶大多数均为倒卵状矩圆形、倒披针状矩圆形或矩圆形，有时长枝上的叶为披针形或椭圆形，长6~16厘米，宽2.5~7厘米，顶端锐尖、渐尖至尾状，基部近圆形或近心形，边缘具不规则疏细齿，上面无毛，下面具腺点，脉腋间具簇生的髯毛；叶柄细瘦，长2~3厘米。果序矩圆形，长1~2.5厘米，直径1~1.5厘米，2~4枚呈总状排列；序梗长1~2厘米；果苞木质，长5~7毫米，基部楔形，顶端圆楔形。小坚果宽卵形，长3~4毫米，宽2~2.5毫米；果翅厚纸质（图9-151）。花期2~3月，果期10~12月。

【生态习性】喜光，喜温暖气候；适生于年平均气温15~18℃，降水量900~1400毫米的丘陵及平原，对土壤适应性强；喜水湿，多生于河滩低湿地；根系发达，固氮能力强。

【分布及栽培范围】安徽、江苏、浙江、江西、福建、广东、湖南、湖北、河南南部。

【繁殖】播种、扦插繁殖。

【观赏】树形优美，主干笔直，树冠宽大，荫厚。

【园林应用】行道树、园路树、园景树、树林。主要用于道路及庭院的绿化，可作为庭荫树，可孤植和丛植；也可作为荒山造林的先锋树种。

【生态功能】发达的根系及根瘤又是护岸固堤，改良土壤和涵养水源的优良树种。

【其它】叶和嫩芽能作药用；木材可以做矿柱，舟船和水桶等用具。

图9-151　江南桤木

（三）鹅耳枥属 *Carpinus* L.

乔木或小乔木。树皮平滑。单叶互生，有叶柄；边缘具规则或不规则的重锯齿或单齿，叶脉羽状，第三次脉与侧脉垂直；托叶早落。花单性，雌雄同株；雄花序生于上一年的枝条上，春季开放；苞鳞覆瓦状排列，每苞鳞内具1朵雄花，无小苞片；雄花无花被，具3~12枚雄蕊，插生于苞鳞的基部；雌花序生于上部的枝顶或腋生于短枝上，单生，直立或下垂；苞鳞覆瓦状排列，每苞鳞内具2朵雌花；雌花基部具1枚苞片和2枚小苞片，三者在发育过程中近愈合(果时扩大成叶状，称果苞)，具花被；花被与子房贴生，顶端具不规则的浅裂；子房下位；果苞叶状。小坚果宽卵圆形、三角状卵圆形、长卵圆形或矩圆形，微扁，着生于果苞之基部，顶端具宿存花被，有数肋；果皮坚硬，不开裂。种子1。

约40种。我国有25种15变种，分布于东北、华、北、西北、西南、华东、华中及华南。

1. 雷公鹅耳枥
Carpinus viminea Wall.var.*viminea*

【形态特征】落叶乔木，高10~20米。叶厚纸质，椭圆形、矩圆形、卵状披针形，长6~11厘米，宽3~5厘米，顶端渐尖、尾状渐尖至长尾状，基部圆楔形、圆形兼有微心形，有时两侧略不等，边缘具规则或不规则的重锯齿，背面沿脉疏被长柔毛；叶柄细，长(10)15~30毫米，多数无毛。果序长5~15厘米，直径2.5~3厘米，下垂；序轴纤细，长1.5~4厘米；果苞长1.5~2.5(3)厘米，内外侧基部均具裂片，近无毛；中裂片长1~2厘米，内侧边缘全缘，直或微作镰形弯曲，外侧边缘具齿牙状粗齿，较少具不明显的波状齿，内侧基部的裂片卵形，外侧基部的裂片与之近相等或较小而呈齿裂状。小坚果宽卵圆形，长3~4毫米，无毛(图9-152)。花期4~5月，果期7~10月。

【生态习性】喜光，稍耐荫；耐寒性较强，能耐-10℃低温；喜肥沃湿润土壤，也耐干旱瘠薄；生于海拔700~2600米的山坡杂木林中。

【分布及栽培范围】西藏南部和东南部、云南、贵州、四川、湖北、湖南、广西、江西、福建、浙江、江苏、安徽。

【繁殖】播种、扦插繁殖。

图9-152 雷公鹅耳枥

【观赏】枝叶茂密，叶形秀丽，果实奇特有趣，果序累累。

【园林应用】园景树、树林。用于庭院的绿化，可孤植于草坪或水边，丛植作为背景树；也可用于山区造风景林。

【其它】木树种木材坚硬，纹理致密，但易脆裂，可制作农具、家具及作一般板材。

三十二、木麻黄科 Casuarinaceae

见属特征。1 属 65 种，主产大洋洲，伸展至亚洲东南部热带地区、太平洋岛屿和非洲东部。

（一）木麻黄属 *Casuarina* Adans.

乔木或灌木；小枝轮生或假轮生，具节，纤细，绿色或灰绿色，形似木贼，常有沟槽及线纹或具棱。叶退化为鳞片状（鞘齿），4 至多枚轮生成环状，围绕在小枝每节的顶端，下部连合为鞘，与小枝下一节间完全合生。花单性，雌雄同株或异株，无花梗；雄花序纤细，圆柱形，通常为顶生很少侧生的穗状花序；雌花序为球形或椭圆体状的头状花序，顶生于短的侧枝上；雄花：轮生在花序轴上，开放前隐藏于合生为杯状的苞片腋间，花被片 1 或 2，早落，长圆形，顶端常呈帽状或 2 片合抱，覆盖着花药；雄蕊 1 枚，2 室，纵裂；雌花；生于 1 枚苞片和 2 枚小苞片腋间，无花被；雌蕊由 2 心皮组成，子房上位，初为 2 室，胚珠 2 颗，侧膜着生。小坚果扁平，顶端具膜质的薄翅，纵列密集于球果状的果序（假球果）上，初时被包藏在 2 枚宿存、闭合的小苞片内，成熟时小苞片硬化为木质，展开露出小坚果。

属约 65 种植物，大部分种类产大洋洲，余分布于亚洲东南部、马来西亚、波利尼西亚及非洲热带地区，中国引进栽培的木麻黄属植物约有 9 种，中国植物志记载较常见的 3 种

1. 木麻黄 *Casuarina equisetifolia* Forst

【别名】驳骨树，马尾树

【形态特征】常绿乔木，高可达 30 米。树皮在幼树上的赭红色，皮孔密集排列为条状或块状；枝红褐色，有密集的节；小枝灰绿色，纤细，直径 0.8~0.9 毫米，长 10~27 厘米，常柔软下垂，初时被短柔毛。鳞片状叶每轮通常 7 枚，少为 6 或 8 枚，披针形或三角形，长 1~3 毫米，紧贴。花雌雄同株或异株；雄花序几无总花梗，棒状圆柱形，长 1~4 厘米；花被片 2；雌花序通常顶生于近枝顶的侧生短枝上。球果状果序椭圆形，长 1.5~2.5 厘米，直径 1.2~1.5 厘米，两端近截平或钝；小苞片变木质；小坚果连翅长 4~7 毫米，宽 2~3 毫米（图 9-153）。花期 4~5 月，果期 7~10 月。

【生态习性】喜光，喜炎热气候；喜钙镁，耐盐碱、贫瘠土壤；耐干旱也耐潮湿，不耐寒，抗风沙；生长迅速，萌芽力强，对立地条件要求不高。寿命短。

图 9-153　木麻黄

【分布及栽培范围】原产澳大利亚和太平洋岛屿，现广西、广东、福建、台湾沿海地区普遍栽植；美洲热带地区和亚洲东南部沿海地区广泛栽植。

【繁殖】播种、扦插等法繁殖。

【观赏】树冠塔形，姿态优雅，为庭园绿化树种。

【园林应用】园景树、防护林。主要用于道路及庭院的绿化，热带海岸防风固砂的优良先锋树种。

【其它】木材坚重，经防腐防虫处理后，可作枕木、船底板及建筑用材。

Ⅲ 石竹亚纲 Caryophyllidae

三十三、紫茉莉科 Nyctaginaceae

草本、灌木或乔木，有时为具刺藤状灌木。单叶，对生、互生或假轮生，全缘，具柄，无托叶。花辐射对称，两性，稀单性或杂性；单生、簇生或成聚伞花序、伞形花序；常具苞片或小苞片，有的苞片色彩鲜艳；花被单层，常为花冠状，圆筒形或漏斗状，有时钟形，下部合生成管，顶端5~10裂，在芽内镊合状或摺扇状排列，宿存；雄蕊1至多数，通常3~5，下位，花丝离生或基部连合，芽时内卷，花药2室，纵裂；子房上位，1室，内有1粒胚珠，花柱单一，柱头球形，不分裂或分裂。瘦果状掺花果包在宿存花被内，有棱或槽，有时具翅，常具腺；种子有胚乳；胚直生或弯生。

约30属300种，分布于热带和亚热带地区，主产热带美洲。我国有7属11种1变种，其中常见栽培或有逸生者3种，主要分布于华南和西南。

科识别特征：单叶对生或互生，辐射花冠呈两性。单生簇生或聚伞，宿存苞片花萼状。单层花被为合生，檐部裂片3~5。子房上位仅1室，1颗胚珠在其中。瘦果表面具棱槽，包于宿存花被中。

（一）叶子花属 *Bougainvillea* Comm. ex Juss.

灌木或小乔木，有时攀援。枝有刺。叶互生，具柄，叶片卵形或椭圆状披针形。花两性，通常3朵簇生枝端，外包3枚鲜艳的叶状苞片，红色、紫色或桔色，具网脉；花梗贴生苞片中脉上；花被合生成管状，通常绿色，顶端5~6裂，裂片短，玫瑰色或黄色；雄蕊5~10，内藏，花丝基部合生；子房纺锤形，具柄，1室，具1粒胚珠，花柱侧生，短线形，柱头尖。瘦果圆柱形或棍棒状，具5棱；种皮薄，胚弯，子叶席卷，围绕胚乳。

分种检索表

1 枝、叶密生柔毛……………………………………………………1 叶子花 *B. spectabilis*

1 枝叶无毛或疏生柔毛………………………………………………2 光叶子花 *B. glabra*

1. 叶子花 *Bougainvillea spectabilis* Willd

【别名】毛宝巾、九重葛、三角花

【形态特征】常绿藤状灌木。枝、叶密生柔毛；刺腋生、下弯。叶片椭圆形或卵形，基部圆形，有柄。花序腋生或顶生；苞片椭圆状卵形，基部圆形至心形，长2.5~6.5厘米，宽1.5~4厘米，暗红色或淡紫红色；花被管狭筒形，长1.6~2.4厘米，绿色，密被柔毛，顶端5~6裂，裂片开展，黄色，长3.5~5毫米；雄蕊通常8；子房具柄。果实长1~1.5厘米，密生毛（图

图9-154 叶子花

图 9-155　叶子花在园林中的应用

9-154）。花期冬春间，南方地区几乎全年开花。

常见园艺品种有：许多，花色多样，有深红、砖红、白色等。叶色有斑叶品种。

【生态习性】喜温暖湿润、阳光充足的环境；耐旱不耐寒，生长适合温度 20℃ ~30℃；不择土壤，土壤以排水良好的砂质壤土最为适宜，忌水涝。

【分布及栽培范围】原产南美洲的巴西。现在中国各地栽培，华南可露地过冬。

【繁殖】可用播种、扦插、高压或嫁接等法繁殖。

【观赏】树形垂蔓，纤细可人，3 枚大型紫红色叶状苞片色泽艳丽，持续时间长，繁花似锦。

【园林应用】垂直绿化，盆栽及盆景观赏，地被，绿篱（图 9-155）。用于庭院，天台，墙垣及室内的绿化。

【其它】花、叶可入药。

2. 光叶子花 *Bougainvillea glabra* Choisy

【别名】宝巾、簕杜鹃、小叶九重葛、三角花、紫三角、紫亚兰、三角梅

【形态特征】常绿藤状灌木。茎粗壮，枝下垂，无毛或疏生柔毛；刺腋生，长 5~15 毫米。叶片纸质，卵形或卵状披针形，长 5~13 厘米，宽 3~6 厘米，顶端急尖或渐尖，基部圆形或宽楔形，上面无毛，下面被微柔毛；叶柄长 1 厘米。花顶生枝端的 3 个苞片内，花梗与苞片中脉贴生，每个苞片上生一朵花；苞片叶状，紫色或洋红色，长圆形或椭圆形，长 2.5~3.5 厘米，宽约 2 厘米，纸质；花被管长约 2 厘米，淡绿色，疏生柔毛，有棱，顶端 5 浅裂；雄蕊 6~8；花柱侧生，线形，边缘扩展成薄片状，柱头尖；花盘基部合生呈环状，上部撕裂状（图 9-156）。花期冬春间（广州、海南、昆明），北方温室栽培 3~7 月开花。

常见栽培品种有：有斑叶 'Variegata'、金叶 'Aurea'、黄花 'Salmonea'、白花 'Snow White'、茄色 'Brazil'、玫红 'Alexandra' 等。

【生态习性】喜光，喜温暖气候，不耐寒；不择土壤，但适当干旱可加深花色。

【分布及栽培范围】原产巴西。广西、广东、福建、台湾沿海地区普遍栽植，已渐驯化。

【繁殖】播种、扦插繁殖。

【观赏】树形垂蔓，纤细可人，3 枚大型紫红色叶状苞片色泽艳丽，持续时间长，繁花似锦。

【园林应用】垂直绿化，盆栽及盆景观赏，地被，绿篱。主要用于庭院，天台，墙垣的绿化。

图 9-156　光叶叶子花

Ⅳ 五桠果亚纲 Dilleniidae

三十四、五桠果科（第伦桃科）Dilleniaceae

直立木本，或为木质藤本，少数是草本。叶互生，偶为对生，具叶柄，全缘或有锯齿，偶为羽状裂；托叶不存在，或在叶柄上有宽广或狭窄的翅。花两性，少数是单性的，放射对称，偶为两侧对称，白色或黄色，单生或排成总状花序，圆锥花序或岐伞花序；萼片多数，覆瓦状排列，宿存，有时为厚革质或肉质，花后有时继续增大；花瓣 5~2 个，覆瓦状排列，；雄蕊多数，排成多轮，离心发育；心皮 1~ 多个，分离或腹面或多或少与隆起的花托合生，胚珠 1~ 多个，倒生，着生于腹缝线上或基部，珠被 2 层，花柱分离，常强烈叉开。果实为浆果或蓇葖状；种子 1 至多个，常有各种形式的假种皮。

13 属共 400 余种。中国有 2 属 4 种，都是生长在云南、广东和广西等地区。

（一）五桠果属 *Dillenia* Linn.

常绿或落叶乔木或灌木。单叶，互生，长达 50 厘米，具羽状脉，侧脉多而密，且相平行，常在上下两面均突起，边缘有锯齿或波状齿；叶柄粗大，基部常略膨大，并有宽窄不一的翅。花单生或数朵排成总状花序，生于枝顶叶腋内，或生于老枝的短侧枝上，白色或黄色，花梗粗壮；苞片早落或缺；萼片通常 5 个，覆瓦状排列，宿存，厚革质或硬肉质；花瓣 5 个，早落，有时或不存在；雄蕊多数，离生，排成 2 轮；心皮 5~20 个，每心皮有胚珠数个至多个。果实圆球形，外有宿存的肥厚萼片包着，成熟心皮有时不裂开，被包在宿萼里，则或沿心皮腹缝裂开，并与宿萼成放射状散射；种子有厚薄不一的假种皮，有时或无假种皮。

约 60 种。我国有 3 种，产广东、广西及云南。

1 五桠果 *Dillenia indica* Linn.

【别名】第伦桃、西湿阿地

【形态特征】常绿乔木高 25 米，胸径宽约 1 米，树皮红褐色，平滑，大块薄片状脱落，有明显的叶柄痕迹。叶薄革质，矩圆形或倒卵状矩圆形，长 15~40 厘米，宽 7~14 厘米，先端近于圆形，有长约 1 厘米的短尖头，基部广楔形，不等侧，上下两面初时有柔毛，不久变秃净，仅在背脉上有毛，侧脉 25~56 对，脉间相隔 5~8 毫米；第二次支脉近于平行，与第一次侧脉斜交，在下面与网脉均稍突起，边缘有明显锯齿，齿尖锐利；叶柄长 5~7 厘米，有狭窄的翅。花单生于枝顶叶腋内，直径约 12~20 厘米；萼片 5 个，肥厚肉质，直径 3~6 厘米；花瓣白色，倒卵形，长 7~9 厘米；花柱线形。果实圆球形，直径 10~15 厘米，不裂开，宿存萼片肥厚（图 9-157）。花期 4~5 月。

图 9-157　五桠果

【生态习性】喜湿润，忌涝，生长适温 23℃ ~32℃；对土壤要求不严，以疏松的微酸性土壤为佳。喜生山谷溪旁水湿地带。

【分布及栽培范围】云南省南部。印度、斯里兰卡、中南半岛、马来西亚及印度尼西亚等地。

【观赏】叶色浓绿，生势旺盛，树形壮观有气势，树冠洁净飒爽，花朵果实硕大诱人，花盛开时散发阵阵清香。

【园林应用】园路树、园景树。用于公园及庭院的绿化（图 9-158）。

【其它】五桠果其果肉味酸，清香，可鲜食。嫩果可腌渍咸菜。果汁和树液可入药，具有收敛，解毒的功效，主要用来治疗疟疾。

图 9-158　五桠果在园林中的应用

三十五、芍药科 Paeoniaceae

灌木或具根状茎的多年生草本。叶互生，为二回三出复叶，无托叶。花大，常单独顶生，两性，辐射对称，通常由甲虫传粉。萼片 5 枚，宿存。花瓣 5~10 片，覆瓦状排列，白色，粉红色，紫色或黄色。雄蕊多数，离心发育，花药外向，长圆形。花盘肉质，环状或杯状。心皮 2~5 枚，分生，子房沿腹缝线有 2 列胚珠，受精后形成具革质果皮的蓇葖果。种子大，红紫色，有假种皮和丰富的胚乳。

仅芍药属 1 属，约 35 种，主要分布于欧亚大陆，少数产北美洲西部。中国有 11 种。

（一）芍药属 *Paeonia* L.

灌木、亚灌木或多年生草本。根圆柱形或具纺锤形的块根。当年生分枝基部或茎基部具数枚鳞片。叶通常为二回三出复叶，小叶片不裂而全缘或分裂、裂片常全缘。单花顶生、或数朵生枝顶、或数朵生茎顶和茎上部叶腋，有时仅顶端一朵开放，大型，直径 4 厘米以上；苞片 2~6，披针形，叶状，大小不等，宿存；萼片 3~5，宽卵形，大小不等；花瓣 5~13(栽培者多为重瓣)，倒卵形；雄蕊多数，离心发育，花药黄色；花盘杯状或盘状，革质或肉质；心皮多为 2~3，稀 4~6 或更多，离生。蓇葖成熟时沿心皮的腹缝线开裂；种子数颗。

约 35 种，分布于欧、亚大陆温带地区。我国有 11 种，主要分布在西南、西北地区。

分种检索表

1 顶生小叶宽卵形，3 裂至中部，裂片不裂或 2~3 浅裂 ································ 1 牡丹 *P. suffruticosa*

1 小叶片宽卵形或卵形，羽状分裂，裂片披针形至长圆状披针形 ·················· 2 紫牡丹 *P. delavayi*

1. 牡丹 *Paeonia suffruticosa* Andr.

【别名】木芍药、洛阳花、花王、富贵花

【形态特征】落叶灌木，高达 2 米。叶通常为二回三出复叶，偶尔近枝顶的叶为 3 小叶；顶生小叶宽卵形，长 7~8 厘米，宽 5.5~7 厘米，3 裂至中部，裂片不裂或 2~3 浅裂，表面绿色，无毛，背面淡绿色，有时具白粉，小叶柄长 1.2~3 厘米；侧生小叶狭卵形或长圆状卵形，长 4.5~6.5 厘米，宽 2.5~4 厘米，不等 2 裂至 3 浅裂或不裂，近无柄；叶柄长 5~11 厘米。花单生枝顶，直径 10~17 厘米；花梗长 4~6 厘米；苞片 5，大小不等；萼片 5，绿色，宽卵形，大小不等；花瓣 5，或为重瓣，玫瑰色、红紫色、粉红色至白色，通常变异很大，倒卵形，长 5~8 厘米，宽 4.2~6 厘米，顶端呈不规则的波状；雄蕊长 1~1.7 厘米；花盘革质，杯状，紫红色，完全包住心皮，在心皮成熟时开裂；心皮 5。蓇葖长圆形，密生黄褐色硬毛（图 9-159）。花期 5 月；果期 6 月。

牡丹品种可分为三类十二型。即单瓣类、重瓣类、重台类。单瓣型、荷花型、菊花型、蔷薇型、托桂型、金环型、皇冠型、绣球型、菊花台阁型、蔷薇台阁型、皇冠台阁型、绣球台阁型。(1) 单瓣型：花瓣 1~3 轮，宽大，雄雌蕊正常。如“黄花魁”“泼墨紫”“凤丹”、“盘中取果”以及所有的野生牡丹种。(2) 荷花型：花瓣 4~5 轮，宽大一致，开放时，形似荷花。如“红云飞片”“似何莲”“朱砂垒”。(3) 菊花型：花瓣多轮，自外向内层层排列逐渐变小，如“彩云”“洛阳红”“菱花晓翠”。(5) 蔷薇型：花瓣自然增多，自外向显著逐渐变小，少部分雄蕊瓣化呈细碎花瓣；雌蕊稍瓣化或正常。如“紫金盘”“露珠粉”“大棕紫”。(6) 托桂型：外瓣明显，宽大且平展；雄蕊瓣化，自外向内变细而稍隆起，呈半球型。如“大胡红”“鲁粉”“蓝田玉”。(7) 金环型：外瓣突出且宽大，中瓣狭长竖直，呈金环型。如“朱砂红”“姚黄”“首案红”。(8) 皇冠型：外瓣突出，中瓣越离花心越宽大，形如皇冠。如“大胡红”“烟绒紫”“赵粉”。(9) 绣球型：雄蕊完全瓣化，排列紧凑，呈球型。如“赤龙换彩”“银粉金鳞”“胜丹炉”。(10)~(12) 可以概括为台阁型：由两朵重瓣单花重叠而成。分为“菊花叠”“蔷薇叠”“皇冠叠”“绣球叠”。如“火炼金丹”“昆山夜光”“大魏紫”等。

图 9-159　牡丹

图 9-160　牡丹在园林中的应用

【生态习性】性喜温暖、凉爽、干燥、阳光充足的环境。喜阳光，也耐半荫，耐寒，耐干旱，耐弱碱，忌积水，怕热，怕烈日直射。适宜在疏松、深厚、肥沃、地势高燥、排水良好的中性沙壤土中生长。酸性或黏重土壤中生长不良。不耐夏季烈日暴晒，开花适温为 17~20℃。

【分布及栽培范围】原产于中国西部及北部。现各地有栽培。

【繁殖】播种、扦插、分株、嫁接、压条等法繁殖。

【观赏】牡丹色、姿、香、韵俱佳，花大色艳，花姿绰约，韵压群芳。通常分为墨紫色、白色、黄色、粉色、红色、紫色、雪青色、绿色等八大色系，按照花期又分为早花、中花、晚花类，依花的结构分为单花、台阁两类，又有单瓣、重瓣、千叶之异。我国传统名花。

【园林应用】园景树、专类园、盆景及盆栽（图9-160）。主要用于庭院，花坛，园路两边的绿化，可孤植，丛植在草坪或水边。

【文化】受到中国文人长久以来的宠爱，关于它的诗词很多，如王维的"绿艳闲且静，红衣浅复深。花心愁欲断，春色岂知心。"等。

【生态功能】监测有毒气体"臭氧"，当臭氧在大气的含量达到百万分之一时，3 个小时后，叶片上会有伤痕。污染程度不同，叶色会显示不同。

2. 紫牡丹 *Paeonia delavayi* Franch.

【别名】滇牡丹、野牡丹

【形态特征】落叶亚灌木，茎高 0.8~1.5 米，无毛；当年生小枝草质，小枝基部具数枚鳞片。叶为二回三出复叶，叶柄长 4~8.5 厘米；小叶片宽卵形或卵形，长 15~20 厘米，羽状分裂，裂片披针形至长圆状披针形，宽 0.7~2 厘米。花 2~5 朵，生枝顶和叶腋，直径 6~8 厘米，苞片 3~4(6)，披针形，大小不等，长 2.5~4 厘米，宽 0.5~1.3 厘米；萼片 3~4，宽卵形，

图 9-161　紫牡丹

长 1~1.3 厘米，宽 1.2~1.5 厘米；花瓣 9~12，红色或紫红色，倒卵形，长 3~4 厘米，宽 1.5~2.5 厘米；雄蕊长 0.8~1.2 厘米，花丝长 5~7 毫米；花盘肉质，包裹心皮约 1/3；心皮 2~5。蓇葖果长 3~3.5 厘米，直径 1.2~2 厘米（图 9-161）。花期 4~5 月，果期 7~8 月。

【生态习性】喜寒忌热，喜干燥忌水涝，不抗风；生海拔 2300~3700 米的山地阳坡及草丛中。

【分布及栽培范围】分布于云南西北部、四川西南部及西藏东南部。

【繁殖】播种、嫁接及扦插繁殖。

【观赏】花瓣紫色，花大，颜色艳丽。

【园林应用】园景树、专类园、盆景及盆栽。主要用于庭院，花坛，园路两边的绿化，可孤植，丛植在草坪或水边，也可做为牡丹专类园，还可以盆栽作为室内绿化。

【其它】根供药用。

三十六、山茶科 Theaceae

乔木或灌木。叶革质，常绿或半常绿，互生，羽状脉，全缘或有锯齿，具柄，无托叶。花两性稀雌雄异株，单生或数花簇生，有柄或无柄，苞片 2 至多片，宿存或脱落，或苞萼不分逐渐过渡；萼片 5 至多片，脱落或宿存，有时向花瓣过渡；花瓣 5 至多片，基部连生，稀分离，白色，或红色及黄色；雄蕊多数，排成多列，稀为 4~5 数，花丝分离或基部合生，花药 2 室，背部或基部着生，直裂，子房上位，稀半下位，2~10 室；胚珠每室 2 至多数，垂生或侧面着生于中轴胎座，稀为基底着坐；花柱分离或连合，柱头与心皮同数。果为蒴果，或不分裂的核果及浆果状，种子圆形，多角形或扁平，有时具翅；胚乳少或缺，子叶肉质。

约 36 属 700 种，广泛分布于热带和亚热带，我国有 15 属 480 余种。

分属检索表

1 蒴果，开裂

  2 种子大，无翅；芽鳞多数…………………………………………… 1 山茶属 *Camellia*

  2 种子小而扁，边缘有翅，芽鳞少数……………………………… 2 木荷属 *Schima*

1 果浆果状，不开裂………………………………………………………… 3 厚皮香属 *Ternstroemia*

（一）山茶属 *Camellia* L.

灌木或乔木。叶多为革质，羽状脉，有锯齿，具柄，少数抱茎叶近无柄。花两性，顶生或腋生，单花或2~3朵并生，有短柄；苞片2~6片，或更多；萼片5~6，分离或基部连生，有时更多，苞片与萼片有时逐渐转变，组成苞被，从6片多至15片，脱落或宿存；花冠白色或红色，有时黄色，基部多少连合；花瓣5~12片，栽培种常为重瓣，覆瓦状排列；雄蕊多数，排成2~6轮，外轮花丝常于下半部连合成花丝管，并与花瓣基部合生；子房上位，3~5室，花柱3~5条或3~5裂；每室有胚珠数个。果为蒴果，种子圆球形或半圆形。

共280种，我国有238种，以云南、广西、广东及四川最多。也产中南半岛及日本。

分种检索表

1 花开不是黄色

  2 花无梗，苞片和萼片密集排列，且向内逐渐增大

    3 全株无毛………………………………………………………………… 1 山茶 *C. japonica*

    3 芽鳞、叶柄、子房、果皮有毛

      4 芽鳞表面有倒生柔毛，叶椭圆形至椭圆状卵形…………………… 2 茶梅 *C. sasanqua*

      4 芽鳞表面有粗长毛，叶卵状椭圆形……………………………… 3 油茶 *C. oleifera*

  2 茶有梗，稀无梗；苞片排列于花梗上，萼片果期宿存…………………… 4 茶 *C. sinensis*

1 花黄色……………………………………………………………………… 5 金花茶 *C.nitiddissima*

1. 山茶 *Camellia japonica* Linn.

【别名】茶花

【形态特征】常绿灌木或小乔木，高9米，嫩枝无毛。叶革质，椭圆形，长5~10厘米，宽2.5~5厘米，先端略尖，或急短尖而有钝尖头，基部阔楔形，上面深绿色，无毛，下面浅绿色，无毛，侧脉叶上下均能见，边缘有细锯齿。叶柄长8~15毫米，无毛。花顶生，无柄；苞片及萼片约10片，组成长约2.5~3厘米的杯状苞被，半圆形至圆形，长4~20毫米，外面有绢毛，脱落；花瓣6~7片，外侧2片近圆形，几离生，长2厘米，内侧5片基部连生约8毫米，倒卵圆形，长3~4.5厘米，无毛；雄蕊3轮，长约2.5~3厘米，外轮花丝基部连生，花丝管长1.5厘米，无毛；内轮雄蕊离生，稍短，子房无毛，花柱长2.5厘米，先端3裂。蒴果圆球形，直径2.5~3厘米，2~3室，每室种子1~2个，3爿裂开，果爿厚木质（图9-162）。花期2~4月，果期9~10月。

茶花品种大约有2000种，可分为3大类，12个花型，2013年中国茶花品种已有306个以上。《花境》载茶花品种有十九个：玛瑙茶、鹤顶红、宝珠茶、蕉萼白宝珠、杨妃茶、正宫粉、石榴茶、一捻红、照殿红、晚山茶、南山茶等。茶花型多，有单瓣、

图 9-162 山茶

半重瓣、重瓣、曲瓣、五星瓣、六角形、松壳型等。花有红、黄、白、粉，甚至白瓣红点等色。

(1) 单瓣类

花瓣 1~2 轮，5~7 片，基部连生，多呈筒状，结实。其下只有 1 个型，即单瓣型。典型的品种有：

Ⅰ大花金心：山茶的栽培品种。叶椭圆形，边缘具细锯齿。花单生，色大红，花朵小。花期 3~4 月。

Ⅱ 垂枝金心：山茶的栽培品种。叶椭圆形。枝条柔软下垂。春季开花，红色。

Ⅲ紫花金心：山茶的栽培品种。花蕾心脏形，花色紫红。花期 2 月。

Ⅳ 赛金光：山茶的栽培品种。叶长椭圆形，卷曲状，叶尖下垂。花复色，白底间桃红条点，偶有桃红色花。花营长椭圆形。花期 12 月至翌年 1 月。

Ⅴ 美人茶：山茶的栽培品种。叶长椭圆形，有光泽，叶缘有钝锯齿，较稀。花色大红或水红，喇叭形，较繁多花期 1~4 月。

(2) 复瓣类

花瓣 3~5 轮，20 片左右，多者近 50 片。其下分为 4 个型，即复瓣型、五星型、荷花型、松球型。典型的品种有：

Ⅰ红牡丹:山茶的栽培品种。叶椭圆形，先端尖，略下垂，叶缘具细锐锯齿。花粉红色或红色。花期 3~4 月。

Ⅱ松子：山茶的栽培品种。嫩枝紫红色。叶椭圆形，探绿色，叶尾突尖。花大红色，略暗些。花期 3~4 月或 12 月至翌年 3 月。

Ⅲ东方亮:山茶的枝培品种。叶深绿色，有光亮，叶缘具钝密锯齿。花韧开肉红色，渐肉白色。花期 1~3 月。

(3) 重瓣类

大部雄蕊瓣化，花瓣自然增加，花瓣数在 50 片以上。其下分为 7 个型，即托桂型、菊花型、芙 蓉型、皇冠型、绣球型、放射型、蔷薇型。典型的品种有：

Ⅰ全盘荔枝：山茶的栽培品种。叶倒卵形，边缘具细密锯齿。花大红色。花期 3~4 月。

Ⅱ白宝珠：山茶旳栽培品种。枝细柔下垂。小叶椭圆形。花纯白色。花期 2~3 月。

Ⅲ花牡丹：山茶的栽培品种。叶深绿，椭圆形，叶面上有黄斑。花鲜红底色，上洒白斑块。花期 11 月至翌年 1 月。

Ⅳ白芙蓉：山茶的拽培品种。花白色，有红色条纹斑，五彩缤纷。花期 2~4 月。

Ⅴ心愿:山茶的栽培品种。新品种。花淡粉红色，重瓣，中型花。

Ⅵ凯夫人：山茶的变种。新叶淡红色，带红斑或云斑。中至大型花，花瓣带小锯齿。

【生态习性】喜半阴、忌烈日；喜温暖气候，生长适温为 18~25℃；略耐寒，一般品种能耐 -10℃的低温耐暑热；喜空气湿度大，忌干燥，宜在年降水量 1200 毫米以上的地区生长；喜肥沃、疏松的微酸性土壤。

【分布及栽培范围】云南、四川、台湾、山东、

图 9-163 山茶在园林中的应用

江西等地有野生种，国内各地广泛栽培，品种繁多。

【繁殖】播种、压条、组织培养、嫁接及扦插等法繁殖。

【观赏】株型美观，花大美丽。

【园林应用】园景树，专类园，盆栽（图 9-163）。主要用于庭院，公园，室内的绿化，如对植，列植于园路或建筑前，也可孤植、丛植花坛或草坪，水边等。

【文化】十大名花之一，种植历史悠久，关山茶的诗词众多，如归有光的"虽是富贵姿，而非妖冶容。岁寒无后凋，亦自当春风。"

【其它】种子榨油，供工业用。根、花入药，具有凉血散瘀，收敛止血的功效。

2. 茶梅 *Camellia sasanqua* Thunb.

【别名】茶梅花

【形态特征】常绿小乔木，嫩枝有毛。叶革质，椭圆形，长 3~5 厘米，宽 2~3 厘米，先端短尖，基部楔形，有时略圆，上面干后深绿色，发亮，下面褐绿色，无毛，侧脉 5~6 对，在上面不明显，在下面能见，网脉不显著；边缘有细锯齿，叶柄长 4~6 毫米，稍被残毛。花大小不一，直径 4~7 厘米；苞及萼片 6~7，被柔毛；花瓣 6~7 片，阔倒卵形，近离生，大小不一，最大的长 5 厘米，宽 6 厘米，红色；雄蕊离生，长 1.5~2 厘米，子房被茸毛，花柱长 1~1.3 厘米。蒴果球形，宽 1.5~2 厘米，1~3 室，果爿 3 裂，种子褐色，无毛（图 9-164）。

图 9-164　茶梅

分为茶梅 (Sasanqua Group)、冬茶梅 (Hiemalis Group，日本亦称寒山茶）和春茶梅 (Oleifera Group) 三个品种群。

常见的品种有：有白花 'Alba'、大白花 'Grandiflora Alba'（花径约 8 厘米）、白花紫边 'Floribunda'（花径达 9 厘米）、玫瑰粉 'Rosea'、玫瑰红 'Rubra Simplex'、变色 'Versicolor'（花瓣白色，其边缘粉红色，花药黄色）、三色 'Tricolor'、红花重瓣 'Anemoniflora'、白花重瓣 'Fujinomine' 等。

【生态习性】喜阴湿，以半荫半阳最为适宜；避免强烈阳光，但要有适当的光照，才能开花繁茂鲜艳；适生于肥沃疏松、排水良好的酸性砂质土壤中，碱性土和粘土不适宜种植茶梅。

【分布及栽培范围】长江以南、日本。现在南方、华东地区多栽培。

【繁殖】播种、嫁接、扦插繁殖。

【观赏】花色多样，花期长，色彩瑰丽，淡雅兼具，树形优美，枝条大多横向扩展，姿态丰满，着花量多。

【园林应用】盆栽、基础种植、地被、绿篱。主要用于园路两边、室内、建筑周边、庭院和公共绿地的林下的绿化。

【其它】种子可以榨油。

3. 油茶 *Camellia oleifera* Abel

【别名】茶子树、白花茶

【形态特征】灌木或中乔木；嫩枝有粗毛。叶革质，椭圆形，长圆形或倒卵形，先端尖而有钝头，有时渐尖或钝，基部楔形，长 5~7 厘米，宽 2~4 厘米，有时较长，上面深绿色，发亮，中脉有粗毛或柔毛，下面浅绿色，无毛或中脉有长毛，侧脉在上面能见，下面不很明显，边缘有细锯齿，有时具钝齿，叶柄长 4~8 毫米。花顶生，近于无柄，苞片与萼片约 10 片，由外向内逐渐增大，阔卵形，长 3~12 毫米，花后脱落，花瓣白色，5~7 片，倒卵形，长 2.5~3 厘米，宽 1~2 厘米，先端凹入或 2 裂，基部狭窄，近于离

图 9-165　油茶

生；雄蕊长 1~1.5 厘米，外侧雄蕊仅基部略连生，偶有花丝管长达 7 毫米的，无毛，花药黄色，背部着生；子房有黄长毛，3~5 室，先端不同程度 3 裂。蒴果球形或卵圆形，直径 2~4 厘米，3 室或 1 室，3 爿或 2 爿裂开，每室有种子 1 粒或 2 粒；果柄长 3~5 毫米（图 9-165）。花期冬春间。

【生态习性】喜温暖湿润气候，喜光；较耐瘠薄土壤，酸性沙质土壤最好，不耐盐碱；多生长于 500~800 米山区及丘陵地带；深根树种，寿命较长。

【分布及栽培范围】长江流域到华南各地广泛栽培。

【繁殖】播种、扦插繁殖。

【观赏】常绿，花色为白，冬春开花。

【园林应用】园景树。主要用与风景林，园路两边，防护林等，可孤植，丛植于水边，草坪，拐角，山石处。

【其它】种子可榨油，可食用。

4. 茶 *Camellia sinensis* L.

【别名】茶树

【形态特征】灌木或小乔木，嫩枝无毛。叶革质，长圆形或椭圆形，长 4~12 厘米，宽 2~5 厘米，先端钝或尖锐，基部楔形，上面发亮，下面无毛或初时有柔毛，侧脉 5~7 对，边缘有锯齿，叶柄长 3~8 毫米，无毛。花 1~3 朵腋生，白色，花柄长 4~6 毫米，有时稍长；苞片 2 片，早落；萼片 5 片，阔卵形至圆形，长 3~4 毫米，无毛，宿存；花瓣 5~6 片，阔卵形，长 1~1.6 厘米，基部略连合，背面无毛，有时有短柔毛；雄蕊长 8~13 毫米，基部连生 1~2 毫米；子房密生白毛；花柱无毛，先端 3 裂，裂片长 2~4 毫米。蒴果 3 球形或 1~2 球形，高 1.1~1.5 厘米，每球有种子 1~2 粒（图 9-166）。花期 10 月 ~ 翌年 2 月。

【生态习性】喜温暖湿润气候，能耐 -6℃以及短期 -16℃以下的低温。在气温超过 35℃时就会出现灼伤的现象。喜酸性、深厚肥沃排水良好的土壤。不耐盐碱。

【分布及栽培范围】原产中国，北自山东南至海南岛都有栽培。以浙江、湖南、安徽、四川、台湾为主要产区。

【繁殖】播种、扦插繁殖。

【观赏】花色白而芳香。

【园林应用】可作绿篱、地被。

【文化】《茶》（作者：元稹）”茶。香叶，嫩芽。慕诗客，爱僧家。碾雕白玉，罗织红纱。铫煎黄蕊色，碗转曲尘花。夜后邀陪明月，晨前命对朝霞。洗尽古今人不倦，将至醉后岂堪夸。”《咏茶十二韵》（作者：齐已）“百草让为灵，功先百草成。甘传天下口，贵占火前名。出处春无雁，收时谷有莺。封题从泽国，

图 9-166　茶

贡献入秦京。嗅觉精新极，尝知骨自轻。研通天柱响，摘绕蜀山明。赋客秋吟起，禅师昼卧惊。角开香满室，炉动绿凝铛。晚忆凉泉对，闲思异果平。松黄干旋泛，云母滑随倾。颇贵高人寄，尤宜别柜盛。曾寻修事法，妙尽陆先生。”

【其它】根可以入药，治肝炎、心脏病及扁桃体炎等症。重要的经济树种。其叶片为茶叶，重要的饮料。茶籽可以榨油。

5. 金花茶 *Camellia nitidissima* Chi

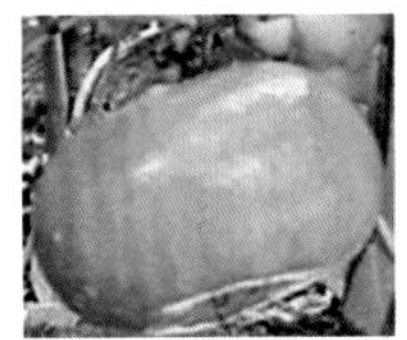

图 9-167　金花茶

【形态特征】常绿灌木，高 2~3 米，嫩枝无毛。叶革质，长圆形或披针形，或倒披针形，长 11~16 厘米，宽 2.5~4.5 厘米，先端尾状渐尖，基部楔形，上面深绿色，发亮，无毛，下面浅绿色，无毛，有黑腺点，中脉及侧脉 7 对，在上面陷下，在下面突起，边缘有细锯齿，齿刻相隔 1~2 毫米，叶柄长 7~11 毫米，无毛。花黄色，腋生，单独，花柄长 7~10 毫米；苞片 5 片，散生，阔卵形，长 2~3 毫米，宽 3~5 毫米，宿存；萼片 5 片，卵圆形至圆形，长 4~8 毫米，宽 7~8 毫米，基部略连生，先端圆，背面略有微毛；花瓣 8~12 片，近圆形，长 1.5~3 厘米，宽 1.2~2 厘米，基部略相连生，边缘有睫毛；雄蕊排成 4 轮，花丝近离生或稍连合，无毛，长 1.2 厘米；花柱 3~4 条，长 1.8 厘米。蒴果扁三角球形，长 3.5 厘米，宽 4.5 厘米，3 爿裂开；果柄长 1 厘米，有宿存苞片及萼片；种子 6~8 粒，长约 2 厘米（图 9-167）。花期 11~12 月。

【生态习性】喜温暖湿润气候，喜排水良好的酸性土壤，耐荫。耐寒性不强。

【分布及栽培范围】原产广西。现栽培华中，西南等区域。

【繁殖】播种、扦插及嫁接繁殖。

【观赏】花大，花色金黄艳丽，具有芳香。

【园林应用】园景树、盆栽及盆景。主要用于园路绿化，庭院，公园等绿化。可孤植，丛植于水边、草坪、拐角、山石处，还可以盆栽进行室内绿化。

（二）厚皮香属 *Ternstroemia* Mutis ex Linn. F.

常绿乔木或灌木，全株无毛。叶革质，单叶，螺旋状互生，常聚生于枝条近顶端，呈假轮生状，全缘或具不明显腺状齿刻；有叶柄。花两性、杂性或单性和两性异株，通常单生于叶腋或侧生于无叶的小枝上，有花梗；小苞片 2，近对生，着生于花萼之下，宿存；萼片 5，稀为 7，基部稍合生，边缘常具腺状齿突，覆瓦状排列，宿存；花瓣 5，基部合生，覆瓦状排列；雄蕊 30~50 枚，排成 1~2 轮；子房上位，2~4 室，稀为 5 室，胚珠每室 2 个，少有 1 个或 3~5 个。果为不开裂的浆果，稀可作不规则开裂；种子每室 2 个，有时仅 1 个，稀 3、4 个，肾形或马蹄形，稍压扁，假种皮成熟时通常鲜红色，有胚乳。

约 90 种，主要分布于泛热带和亚热带地区。我国有 14 种，广布长江以南各省区，多数种类产广东、广西及云南等省区。

1. 厚皮香 *Ternstroemia gymnanther* (Wight et Arn.) Beddome

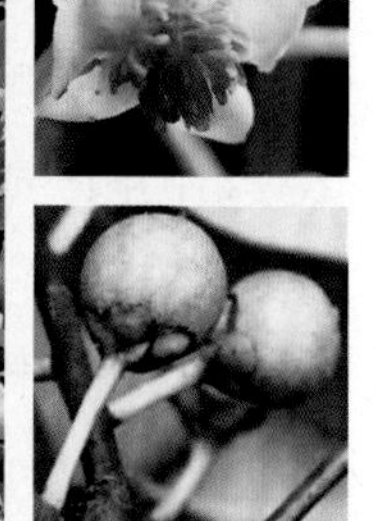

图 9-168　厚皮香

【别名】珠木树、猪血柴、水红树、秤杆红树

【形态特征】灌木或小乔木，高 1.5~10 米。嫩枝浅红褐色或灰褐色，小枝灰褐色。叶革质或薄革质，通常聚生于枝端，呈假轮生状，椭圆形、椭圆状倒卵形至长圆状倒卵形，长 5.5~9 厘米，宽 2~3.5 厘米，顶端短渐尖或急窄缩成短尖，尖头钝，基部楔形，边全缘，齿尖具黑色小点，上面深绿色或绿色，有光泽，下面浅绿色，中脉在上面稍凹下，在下面隆起，侧脉 5~6 对，两面均不明显；叶柄长 7~13 毫米。花两性或单性，开花时直径 1~1.4 厘米，通常生于当年生无叶的小枝上或生于叶腋，花梗长约 1 厘米；两性花，小苞片 2，长 1.5~2 毫米，顶端尖，边缘具腺状齿突；萼片 5，卵圆形或长圆卵形，长 4~5 毫米，宽 3~4 毫米；花瓣 5，淡黄白色，倒卵形，长 6~7 毫米，宽 4~5 毫米，顶端圆，常有微凹；雄蕊约 50 枚。果实圆球形，长 8~10 毫米，直径 7~10 毫米，成熟时肉质假种皮红色（图 9-168）。花期 5~7 月，果期 8~10 月。

图 9-169　厚皮香在园林中的应用

【生态习性】喜温热湿润气候，喜光也较耐荫；较耐寒，能忍受 -10℃低温；抗风力强；多生于海拔 200~1400 米的山地林中、林缘路边或近山顶疏林中。

【分布及栽培范围】西南、华南、长江中下流地区。南方大部分地区都有栽培。

【繁殖】播种、扦插繁殖。

【观赏】树冠浑圆，四季常绿，枝叶层次分明，嫩叶红润，绿叶光亮，花香果红。

【园林应用】盆栽、绿篱、园景树、基础种植（图 9-169）。主要用于道路，庭院，公共绿地，室内的绿化。可孤植、篱植、丛植于道路、水边、山石、草坪等，也可以盆栽作为室内绿化。

【生态功能】对大气污染如氟化氢和氯气有很强的抵抗性。果实鲜艳，是很好的诱鸟树。

（三）木荷属 *Schima* Reinw.

乔木，树皮有不整齐的块状裂纹。叶常绿，全缘或有锯齿，有柄。花大，两性，单生于枝顶叶腋，白色，有长柄；苞片 2~7，早落；萼片 5，革质，覆瓦状排列，离生或基部连生，宿存；花瓣 5，最外 1 片风帽状，在花蕾时完全包着花朵，其余 4 片卵圆形，离生，雄蕊多数，花丝扁平，离生，花药 2 室，常被增厚的药分开，基部着生；子房 5 室，被毛，花柱连合，柱头头状或 5 裂；胚珠每室 2~6 个。蒴果球形，木质，室背裂开；中轴宿存，顶端增大，五角形。种子扁平，肾形，周围有薄翅。

约 30 种，我国有 21 种，其余散见于东南亚各地。

1. 木荷 *Schima superba* Gardn. et Champ.

【别名】何树

【形态特征】大乔木，高 25 米，嫩枝通常无毛。叶革质或薄革质，椭圆形，长 7~12 厘米，宽 4~6.5 厘米，先端尖锐，有时略钝，基部楔形，上面干后发亮，下面无毛，侧脉 7~9 对，在两面明显，边缘有钝齿；叶柄长 1~2 厘米。花生于枝顶叶腋，常多朵排成总状花序，直径 3 厘米，白色，花柄长 1~2.5 厘米，纤细，无毛；苞片 2，贴近萼片，长 4~6 毫米，早落；萼片半圆形，长 2~3 毫米，外面无毛，内面有绢毛；花瓣长 1~1.5 厘米，最外 1 片风帽状，边缘多少有毛；子房有毛。蒴果直径 1.5~2 厘米（图 9-170）。花期 6~8 月。

图 9-170 木荷

【生态习性】喜温暖湿润气候，也耐一定干旱；能耐短期的 -10℃低温；喜光但幼树能耐荫，对土壤适应性很强。

【分布及栽培范围】浙江、福建、台湾、江西、湖南、广东、海南、广西、贵州。

【繁殖】播种繁殖。

【观赏】树形修直，树冠浓郁；新叶红艳，花大而白，且有芳香。

【园林应用】风景林、园景树、树林、防护林。主要用于公共绿地、公园、庭院及风景区的绿化。可丛植、孤植于园路边，草坪，林下，拐角处等。

【生态功能】有耐火功能，可用于营建防火林带。

【其它】在亚热带常绿林里是建群种，在荒山灌丛是耐火的先锋树种。珍贵的木材，可造船及家具等。树皮和树叶可提取单宁供制革等工业用。

三十七、猕猴桃科 Actinidiaceae

乔木、灌木或藤本，常绿、落叶或半落叶；毛被发达，多样。叶为单叶，互生，无托叶。花序腋生，聚伞式或总状式，或简化至 1 花单生。花两性或雌雄异株，辐射对称；萼片 5 片，稀 2~3 片，覆瓦状排列，稀镊合状排列；花瓣 5 片或更多，覆瓦状排列，分离或基部合生；雄蕊 10(~13)，分 2 轮排列，或无数，木作轮列式排列，花药背部着生，纵缝开裂或顶孔开裂；心皮无数或少至 3 枚，子房多室或 3 室，花柱分离或合生为一体，胚珠每室无数或少数，中轴胎座。果为浆果或蒴果；种子每室无数至 1 颗，具肉质假种皮，胚乳丰富。

全球 4 属 370 余种，主产热带和亚洲热带及美洲热带。我国 4 属全产，共计 96 种以上；主产长江流域、珠江流域和西南地区。

科识别特征：攀援灌木有乔木，枝髓实心或片层。单叶互生锯齿多，羽状脉被星毛密。5 枚萼片常宿存，同数花瓣覆瓦排。雄蕊多数离或束，子房上位多珠室。胚珠倒生于中轴，浆果味美奇异果。

（一）猕猴桃属 *Actinidia* Lindl

落叶、半落叶至常绿藤本；无毛或被毛，毛为简单的柔毛、茸毛、绒毛、绵毛、硬毛、刺毛或分枝的星状绒毛；髓实心或片层状。枝条通常有皮孔；冬芽隐藏于叶座之内或裸露于外。叶为单叶，互生，膜质、纸质或革质，多数具长柄，有锯齿，少近全缘，叶脉羽状，多数侧脉间有明显的横脉，小脉网状；托叶缺或废退。花白色、红色、黄色或绿色，雌雄异株，单生或排成简单的或分歧的聚伞花序，腋生或生于短花枝下部，有苞片；萼片5片，间有2~4片的，分离或基部合生，覆瓦状排列，雄蕊多数；子房上位，无毛或有毛，胚珠多数，倒生。果为浆果，秃净，少数被毛，球形，卵形至柱状长圆形，有斑点（皮孔显著）或无斑点（皮孔几不可见）；种子多数，细小，扁卵形，褐色。

全属54种以上，产亚洲。我国是优势主产区，有52种以上。

1. 中华猕猴桃 *Actinidia chinensis* Planch.

【别名】阳桃、羊桃、羊桃藤、藤梨、猕猴桃

【形态特征】落叶藤本。幼枝有毛；花枝短的4~5厘米，长的15~20厘米，直径4~6毫米；隔年枝完全秃净无毛。枝髓白色至淡褐色，片层状。叶纸质，倒阔卵形至倒卵形，长6~17厘米，宽7~15厘米，顶端截平形并中间凹入或具突尖、急尖至短渐尖，基部钝圆形、截平形至浅心形，边缘具脉出的直伸的睫状小齿，腹面深绿色，无毛或中脉和侧脉上有少量软毛或散被短糙毛，背面苍绿色，密被灰白色或淡褐色星状绒毛，侧脉5~8对，常在中部以上分歧成叉状，横脉比较发达，易见，网状小脉不易见；叶柄长3~6厘米。聚伞花序1~3花，花序柄长7~15毫米，花柄长9~15毫米；花初放时白色，放后变淡黄色，有香气，直径1.8~3.5厘米；萼片通常5片；花瓣5片，有时少至3~4片或多至6~7片，阔倒卵形；雄蕊极多；子房球形，径约5毫米。果黄褐色，近球形、圆柱形、倒卵形或椭圆形，长4~6厘米，被茸毛、长硬毛或刺毛状长硬毛，成熟时秃净或不秃净（图9-171）。

图9-171　中华猕猴桃

【生态习性】适应性广，耐旱耐寒，耐瘠薄，也耐半荫；在海拔1000米以下的平原或山地均可种植。土壤要求疏松肥沃，温暖湿润。

【分布及栽培范围】陕西（南端）、湖北、湖南、河南、安徽、江苏、浙江、江西、福建、广东（北部）和广西（北部）等省区。

【繁殖】播种，扦插或嫁接繁殖。

【观赏】覆盖蔓延性强，叶形浑圆，富有野趣。春季花期香气四溢，秋季果实可人。

【园林应用】垂直绿化、专类园。主要用于庭院，墙垣，棚架，专类果园的绿化。

【生态功能】花具有特殊芳香，其自然气息对放松人的神经有一定效果，可用于园艺理疗。

【其它】根，藤，叶药用，果实可生食，制果酱，制果脯等。

三十八、藤黄科（山竹子科）Guttiferae

乔木或灌木，稀为草本，在裂生的空隙或小管道内含有树脂或油。叶为单叶，全缘，对生或有时轮生，一般无托叶。花序各式，聚伞状，或伞状，或为单花；小苞片通常生于花萼之紧接下方，与花萼难予区分。花两性或单性，轮状排列或部分螺旋状排列，通常整齐，下位。萼片 (2)4~5(6)，覆瓦状排列或交互对生，内部的有时花瓣状。花瓣 (2)4~5(6)，离生，覆瓦状排列或旋卷。雄蕊多数，离生或成 4~5(~10) 束，束离生或不同程度合生。子房上位，通常有 5 或 3 个多少合生的心皮，1~12 室，具中轴或侧生或基生的胎座；花柱 1~5 或不存在；柱头 1~12，常呈放射状。果为蒴果、浆果或核果；种子 1 至多颗。

约 40 属 1000 种，分隶属于 5 亚科。主要产热带。我国有 8 属 87 种，分隶属于 3 亚科，几遍布全国各地。

科特征：茎叶常具油腺点，单叶对生或轮生。花序多种与单生，整齐花常性别杂。多体雄蕊常成束，花瓣萼片 2 至 6。子房上位心皮多，心皮花柱相同数。胚珠多数常倒生，侧膜胎座与中轴。

分属检索表

1 果为蒴果，开裂……………………………………………………… 1 金丝桃属 *Hypericum*

1 果不为蒴果，不开裂………………………………………………… 2 藤黄属 *Garcinia*

（一）金丝桃属 *Hypericum* Linn.

灌木或多年生至一年生草本，无毛或被柔毛，具透明或常为暗淡、黑色或红色的腺体。叶对生，全缘，具柄或无柄。花序为聚伞花序，1 至多花，顶生或有时腋生，常呈伞房状。花两性。萼片 (4)5，覆瓦状排列。花瓣 (4)5，黄至金黄色，偶有白色，有时脉上带红色，通常不对称，宿存或脱落。子房 3~5 室，具中轴胎座，或全然为 1 室，具侧膜胎座；花柱离生或部分至全部合生，多少纤细。果为一室间开裂的蒴果。种子小，无假种皮。

约 400 余种，除南北两极地或荒漠地及大部分热带低地外世界广布。我国约有 55 种 8 亚种，几产于全国各地，但主要集中在西南。

分种检索表

1 叶交互对生，花丝长过花冠，花住多少合生…………………… 1 金丝桃 *H. monogynum*

1 叶对生，花丝短于花冠，花柱离生………………………………… 2 金丝梅 *H. patulum*

1. 金丝桃 *Hypericum monogynum* L.

【别名】狗胡花、金线蝴蝶、过路黄、金丝海棠、金丝莲

【形态特征】常绿灌木，高 0.5~1.3 米。茎红色，皮层橙褐色。叶对生，无柄或柄长达 1.5 毫米；叶片倒披针形或椭圆形至长圆形，长 2~11.2 厘米，宽 1~4.1 厘米，先端锐尖至圆形，通常具细小尖突，基部楔形至圆形或上部者有时截形至心形，边缘平坦，坚纸质，上面绿色，下面淡绿但不呈灰白色，主侧脉 4~6 对，常与中脉分枝不分明，叶片腺体小而点状。花序具 1~15(30) 花，近伞房状；苞片小，早落。花直径 3~6.5 厘米，星状。萼片宽或狭椭圆形或长圆形至披针形，先端锐尖至圆形，边缘全缘，中脉分明，细脉不明显，有或多或少的腺体，在基部的线形至条纹状，向顶端的点状。花瓣金黄色至柠檬黄色，

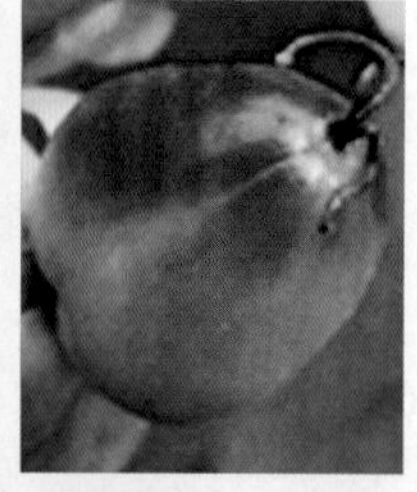

图 9-172 金丝桃

图 9-173 金丝梅

无红晕，开张，三角状倒卵形，长 2~3.4 厘米，宽 1~2 厘米，长约为萼片的 2.5~4.5 倍，边缘全缘，无腺体，有侧生的小尖突，小尖突先端锐尖至圆形或消失。雄蕊 5 束，每束有雄蕊 25~35 枚，最长者长 1.8~3.2 厘米。蒴果宽卵珠形，长 6~10 毫米，宽 4~7 毫米（图 9-172）。花期 5~8 月，果期 8~9 月。

【生态习性】喜光，略耐荫；耐寒性不强，生长适温 15℃~25℃；喜肥沃、排水良好的土壤；生于山坡、路旁或灌丛中，沿海地区海拔 0~150 米，但在山地上升至 1500 米。

【分布及栽培范围】河北、陕西、山东、江苏、安徽、浙江、江西、福建、台湾、河南、湖北、湖南、广东、广西、四川及贵州等省区。

【繁殖】播种、扦插及分株繁殖。

【观赏】枝叶秀丽，花开时为黄色，艳丽喜人。

【园林应用】盆栽、绿篱、园景树、地被。主要用于公园，公共绿地，风景区，庭院，室内的绿化。可篱植、丛植于园路、水边，林缘等处。

【其它】果实及根供药用，可治跌打损伤。

2. 金丝梅 *Hypericum patulum* Thunb.ex Murray

【形态特征】半常绿灌木，高 0.3~1.5 (3) 米，丛状。茎淡红至橙色，具 2 纵线棱，有时呈圆柱形。叶具柄，叶柄长 0.5~2 毫米；叶片披针形或长圆状披针形至卵形或长圆状卵形，长 1.5~6 厘米，宽 0.5~3 厘米，先端钝形至圆形，常具小尖突，基部狭或宽楔形至短渐狭，边缘平坦，不增厚，坚纸质，上面绿色，下面较为苍白色，主侧脉 3 对，中脉在上方分枝，腹腺体多少密集，叶片腺体短线形和点状。花序具 1~15 花，伞房状；花梗长 2~4(7) 毫米。萼片离生，长 5~10 毫米，宽 3.5~7 毫米，先端钝形至圆形或微凹而常有小尖突，边缘有细的啮蚀状小齿至具小缘毛，膜质，常带淡红色，中脉通常分明，小脉不明显或略明显，有多数腺条纹。花瓣金黄色，无红晕，多少内弯，长圆状倒卵形至宽倒卵形，长 1.2~1.8 厘米，宽 1~1.4 厘米，长约为萼片 1.5~2.5 倍，边缘全缘或略为啮蚀状小齿，有 1 行近边缘生的腺点。雄蕊 5 束，每束有雄蕊约 50~70 枚，最长者长 7~12 毫米，长约为花瓣的 2/5~1/2，花药亮黄色（图 9-173）。花期 6~7 月，果期 8~10 月。

【生态习性】喜光，有一定耐寒能力；喜温暖湿润土壤但不可积水。生于山坡或山谷的疏林下、路旁或灌丛中，海拔 450~2400 米。

【分布及栽培范围】陕西、江苏、安徽、浙江、江西、福建、台湾、湖北、湖南、广西、四川、贵州等省区。日本、南部非洲有，其他各国常有栽培。

【繁殖】播种、扦插及分株繁殖。

【观赏】枝叶秀丽，花开时为黄色，艳丽喜人，金黄明快。

【园林应用】盆栽、绿篱、园景树、地被。主要用于公园，公共绿地，风景区，庭院，室内的绿化。可篱植、丛植于园路、水边，林缘等处。

【其它】全株药用，能舒筋活血、催乳、利尿。

（二）藤黄属 *Garcinia* Linn.

乔木或灌木，通常具黄色树脂。叶革质，对生，全缘，通常无毛，侧脉少数，稀多数，疏展或密集。花杂性，稀单性或两性；同株或异株，单生或排列成顶生或腋生的聚伞花序或圆锥花序；萼片和花瓣通常4或5，覆瓦状排列；雄花的雄蕊多数，花丝分离或合生，1~5束，通常围绕着退化雌蕊，有时退化雌蕊不存在；花药2室，稀4室，通常纵裂，有时孔裂或周裂；雌花的退化雄蕊8至多数，分离或种种合生；子房2~12室，花柱短或无花柱，柱头盾形，全缘或分裂；胚珠每室1个。浆果，外果皮革质，光滑或有棱。种子具多汁瓢状的假种皮。子叶微小或缺。

约450种，产热带亚洲、非洲南部及波利尼西亚西部。我国有21种，产台湾南部，福建，广东，海南，广西南部，云南南部、西南部至西部，西藏东南部，贵州南部及湖南西南部。

分种检索表

1 幼枝压扁状四棱……………………………………………1 金丝李 *G. paucinervis*

1 小枝具有4~6棱……………………………………………2 菲岛福木 *G. subelliptica*

1. 金丝李 *Garcinia paucinervis* Chun et How

图9-174　金丝李

【别名】埋贵、米友波、哥非力郎

【形态特征】常绿乔木，渐危种，高3~15(25)米。幼枝压扁状四棱形，暗紫色。叶片嫩时紫红色，膜质，老时近革质，椭圆形，椭圆状长圆形或卵状椭圆形，长8~14厘米，宽2.5~6.5厘米，顶端急尖或短渐尖，钝头、基部宽楔形，稀浑圆，下面淡绿或苍白，中脉在下面凸起，侧脉5~8对，两面隆起，至边缘处弯拱网结；叶柄长8~15毫米，幼叶叶柄基部两侧具托叶各1枚，托叶长约1毫米。花杂性，同株。雄花的聚伞花序腋生和顶生，有花4~10朵，总梗极短；花梗粗壮，长3~5毫米，基部具小苞片2；花萼裂片4枚，近圆形，长约3毫米；花瓣卵形，长约5毫米，顶端钝，边缘膜质；雄蕊多数，雌花通常单生叶腋，比雄花稍大。浆果成熟时椭圆形或卵珠状椭圆形，长3.2~3.5厘米，直径2.2~2.5厘米，基部萼片宿存，果柄长5~8毫米（图9-174）。花期6~7月，果期11~12月。

【生态习性】喜荫，耐寒力弱，耐旱性强，早年生长较慢，30至40年时变快。多生于石灰岩山较干燥的疏林或密林中，海拔 300~800 米。

【分布及栽培范围】广西西部和西南部，云南东南部。

【繁殖】播种繁殖。

【观赏】树形笔直，树冠荫浓，新叶嫩红，果实累累，持续时间长。

【园林应用】园景树、树林。主要用于公园，公共绿地，风景区，庭院的绿化，可孤植、丛植作为园景树和背景树。

【其它】我国季风型气候、石灰岩地形地区的特有珍贵用材树种，心边材明显，材质坚而重，结构细致均匀，适于水工建筑和梁柱等用材。

图 9-175 菲岛福木

2. 菲岛福木 *Garcinia subelliptica* Merr.

【别名】福木、福树

【形态特征】常绿乔木，高可达 20 米。小枝具 4~6 棱。叶片厚革质，卵形，卵状长圆形或椭圆形，稀圆形或披针形，长 7~14(20) 厘米，宽 3~6(7) 厘米，顶端钝、圆形或微凹，基部宽楔形至近圆形，上面深绿色，具光泽，下面黄绿色，中脉在下面隆起，侧脉纤细，两面隆起，至边缘处联结，网脉明显；叶柄粗，长 6~15 毫米。花杂性，同株，5 数；雄花和雌花通常混合在~起，簇生或单生于落叶腋部，有时雌花成簇生状，雄花成假穗状，长约 10 厘米；雄花萼片近圆形，革质，边缘有密的短睫毛，内方 2 枚较大，外方 3 枚较小；花瓣倒卵形，黄色，雄蕊合生成 5 束，每束有 6~10 枚，雌花通常具长梗。浆果宽长圆形，成熟时黄色（图 9-175）。

【生态习性】喜高温，耐旱；生育适温为 23~32 摄氏度；土质以中性土壤为佳；日照需充足，半日照亦可。生于海滨的杂木林中。

【分布及栽培范围】我国台湾南部，台北市亦见栽培。日本的琉球群岛、菲律宾、斯里兰卡、印度尼西亚也有。

【繁殖】播种、高条等法繁殖。

【观赏】树干笔直，枝叶繁茂，根系发达。

【园林应用】园路树、防护林、园景树、盆栽。主要用于道路，公共绿地，庭院的绿化，在华中华东地区可盆栽作为室内绿化，在华南可用于滨海道路绿化和抗风设计。

【其它】能耐暴风和怒潮的侵袭，根部巩固，枝叶茂盛，是我国沿海地区营造防风林的理想树种。

三十九、杜英科 Elaeocarpaceae

常绿或半落叶木本。叶为单叶，互生或对生，具柄，托叶存在或缺。花单生或排成总状或圆锥花序，两性或杂性；苞片有或无；萼片 4~5 片，分离或连合，通常镊合状排列；花瓣 4~5 片，镊合状或覆瓦状排列，有时不存在，先端撕裂或全缘；雄蕊多数，分离，生于花盘上或花盘外，花药 2 室，顶孔开裂或从顶部向下直裂，顶端常有药隔伸出成喙状或芒就状，有时有毛丛；花盘环形或分裂成腺体状；子房上位，2 至多室，花柱连合或分离，胚珠每室 2 至多颗。果为核果或蒴果，有时果皮外侧有针刺；种子椭圆形，有丰富胚乳，胚扁平。

12 属，约 400 种，分布于热带和亚热带地区，未见于非洲。我国有 2 属，51 种，分布于云南、广西、广东、四川、贵州、西藏、台湾、湖南、湖北、浙江、福建和江西。

分属检索表

1 花排成总状花序；花瓣常撕裂………………………………… 1 杜英属 *Elaeocarpus*

1 花单生或数朵腋生；花瓣先端全缘或齿状裂……………………… 2 猴欢喜属 *Sloanea*

（一）杜英属 *Elaeocarpus* Linn.

乔木。叶通常互生，边缘有锯齿或全缘，下面或有黑色腺点，常有长柄；托叶存在，线形，稀为叶状，或有时不存在。总状花序腋生或生于无叶的去年枝条上，两性，有时两性花与雄花并存；萼片 4~6 片，分离，镊合状排列；花瓣 4~6 片，白色，分离，顶端常撕裂，稀为全缘或浅齿裂；雄蕊多数，10~50 枚，稀更少，花丝极短，花药 2 室，顶孔开裂，药隔有时突出成芒刺状，有时顶端有毛丛；花盘常分裂为 5~10 个腺状体，稀为环状；子房 2~5 室，花柱简单线形，每室有胚珠 2~6 颗，常垂生于子房内上角。果为核果，1~5 室，内果皮硬骨质，表面常有沟纹；种子每室 1 颗，胚乳肉质，子叶薄。

约 200 种，分布于东亚，东南亚及西南太平洋和大洋洲。我国产 38 种，6 变种。

分种检索表

1 核果长 2~3 厘米

2 核果椭圆形或近球形

3 叶披针形，薄革质，叶边缘有浅锯齿………………………… 1 杜英 *E. decipiens*

3 叶倒卵形，革质，叶边缘有疏细锯齿………………………… 2 长芒杜英 *E. apiculatus*

2 核果纺锤形………………………………………………… 3 水石榕 *E. hainanensis*

1 核果长不超过 1.5 厘米

4 叶柄顶端膨大，叶下有黑色腺点…………………………… 4 中华杜英 *E. chinensis*

4 叶柄顶端不膨大，叶下无黑色腺点

5 嫩枝无棱………………………………………………… 5 山杜英 *E. sylvestris*

5 嫩枝有棱………………………………………………… 6 秃瓣杜英 *E. glabripetalus*

1. 杜英 *Elaeocarpus decipiens* Hemsl.

【别名】胆八树

【形态特征】常绿乔木，高 5~15 米。叶革质，披针形或倒披针形，长 7~12 厘米，宽 2~3.5 厘米，上面深绿色，下面秃净无毛，先端渐尖，尖头钝，基部楔形，常下延，侧脉 7~9 对，在上面不很明显，在下面稍突起，网脉在上下两面均不明显，边缘有小钝齿；叶柄长 1 厘米，初时有微毛，在结实时变秃净。总状花序多生于叶腋及无叶的去年枝条上，长 5~10 厘米，花序轴纤细；花柄长 4~5 毫米；花白色，萼片披针形，长 5.5 毫米，宽 1.5 毫米，先端尖，两侧有微毛；花瓣倒卵形，与萼片等长，上半部撕裂，裂片 14~16 条；雄蕊 25~30 枚，长 3 毫米，花

图 9-176　杜英

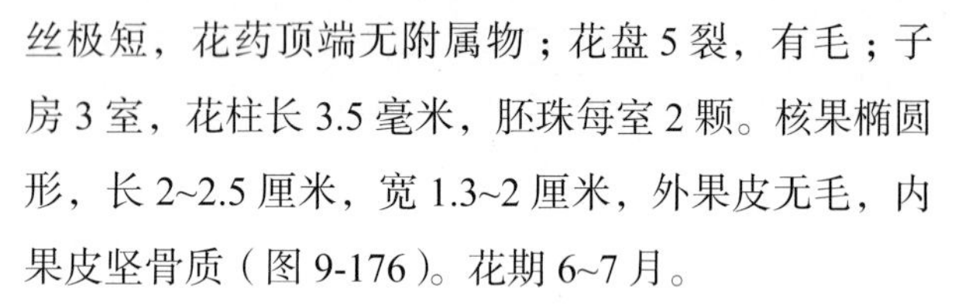

丝极短，花药顶端无附属物；花盘 5 裂，有毛；子房 3 室，花柱长 3.5 毫米，胚珠每室 2 颗。核果椭圆形，长 2~2.5 厘米，宽 1.3~2 厘米，外果皮无毛，内果皮坚骨质（图 9-176）。花期 6~7 月。

【生态习性】稍耐荫，喜温暖湿润气候，耐寒性不强；适生于酸性黄壤和红黄壤山区，若在平原栽植，必须排水良好；生长于海拔 400~700 米，在云南上升到海拔 2000 米的林中。

【分布及栽培范围】产于广东、广西、福建、台湾、浙江、江西、湖南、贵州和云南。日本有分布。

【繁殖】播种、扦插等法繁殖。

【观赏】树形修直，树冠开阔，花白而密集，强烈夺目。秋冬时老叶变红，植株绿中带红，缤纷夺目。

【园林应用】园路树、园景树、树林。主要用于绿地内部道路绿化，也可孤植成景或丛植成荫。

2. 长芒杜英 *Elaeocarpus apiculatus* Masters

【别名】尖叶杜英

【形态特征】常绿乔木，高达 30 米。小枝有多数圆形的叶柄遗留斑痕。叶聚生于枝顶，革质，倒卵状披针形，长 11~20 厘米，宽 5~7.5 厘米，先端钝，偶有短小尖头，中部以下渐变狭窄，基部窄而钝，或为窄圆形，上面深绿色而发亮，干后淡绿色，下面初时有短柔毛，不久变秃净，仅在中脉上面有微毛，全缘，或上半部有小钝齿，侧脉 12~14 对，与网脉

图 9-177　长芒杜英

在上面明显，在下面突起；叶柄长 1.5~3 厘米，有微毛。总状花序生于枝顶叶腋内，长 4~7 厘米，有花 5~14 朵，花序轴被褐色柔毛；花柄长 8~10 毫米，花长 1.5 厘米，直径 1~2 厘米；花芽披针形，长 1.2 厘米；萼片 6 片，狭窄披针形，长 1.4 厘米，宽 1.5~2 毫米，外面被褐色柔毛；花瓣倒披针形，长 1.3 厘米，内外两面被银灰色长毛，先端 7~8 裂，裂片长 3~4 毫米；雄蕊 45~50 枚，长 1 厘米。核果椭圆形，长 3~3.5 厘米，有褐色茸毛（图 9-177）。花期 4 月或 8 月，果实在 8 月或翌年 2 月成熟。

【生态习性】喜温暖至高温，湿润气候；阳性，幼时可耐荫；喜土质疏松湿润而富含有机质的土壤；根系发达，抗风强，抵抗大气污染。生于低海拔的山谷。

【分布及栽培范围】云南南部、广东和海南。中南半岛及马来西亚也有分布。

【繁殖】播种繁殖。

【观赏】板根发达，树干笔直，树冠层次较好，树荫浓郁。夏季白花繁密如星，散发清香。秋季果实累累，十分喜人。

【园林应用】园路树、园景树、风景林。主要用于道路，公园，庭院的绿化，可孤植、丛植、林植于草坪、园路边、林地。

【其它】木材结构好，用作建筑，家具和板材。

3. 水石榕 *Elaeocarpus hainanensis* Oliver

【别名】海南胆八树、水柳树

【形态特征】常绿小乔木。叶革质，狭窄倒披针形，长 7~15 厘米，宽 1.5~3 厘米，先端尖，基部楔形，幼时上下两面均秃净，老叶上面深绿色，干后发亮，下面浅绿色，侧脉 14~16 对，在上面明显，在下面突起，网脉在下面稍突起，边缘密生小钝齿；叶柄长 1~2 厘米。总状花序生当年枝的叶腋内，长 5~7 厘米，有花 2~6 朵；花较大，直径 3~4 厘米；苞片叶状，长 1 厘米，宽 7~8 毫米，边缘有齿突，基部圆形或耳形，宿存；花柄长约 4 厘米，有微毛；萼片 5 片，披针形，长约 2 厘米，被柔毛；花瓣白色，与萼片等长，倒卵形，外侧有柔毛，先端撕裂，裂片 30 条，长 4~6 毫米；雄蕊多数，约和花瓣等长；胚珠每室 2 颗。核果纺锤形，两端尖，长约 4 厘米，中央宽 1~1.2 厘米（图 9-178）。花期 6~7 月。

【生态习性】喜温暖湿润气候，喜水湿环境，但不耐积水，干旱也生长不良；最喜疏松湿润和排水良好的酸性沙壤或冲积土；深根性，抗风力强，萌芽力强；喜生于低湿处及山谷水边。

【分布及栽培范围】海南、广西南部及云南东南部。在越南、泰国也有分布。

【繁殖】播种繁殖。

【观赏】树形修直，枝叶秀丽，树姿优美。老叶在冬季变红，花朵洁白雅致，且具有芳香。

【园林应用】园路树、园景树、防护林。主要用于道路，公园，庭院的绿化，水边与山石配制最佳。

【其它】能耐暴风和怒潮的侵袭，根部巩固，枝叶茂盛，为沿海地区防风林的理想树种。

图 9-178　水石榕

4. 中华杜英 *Elaeocarpus chinensis* (Gardn.etChanp.) Hook. f. ex Benth.

【别名】华杜英、桃榅、羊屎乌

【形态特征】常绿小乔木，高 3~7 米。叶薄革质，卵状披针形或披针形，长 5~8 厘米，宽 2~3 厘米，先端渐尖，基部圆形，稀为阔楔形，上面绿色有光泽，下面有细小黑腺点，在芽体开放时上面略有疏毛，很快上下两面变秃净，侧脉 4~6 对，在上面隐约可见，在下面稍突起，网脉不明显，边缘有波状小钝齿；叶柄纤细，长 1.5~2 厘米，幼嫩时略被毛。总状花序生于无叶的去年枝条上，长 3~4 厘米，花序轴有微毛；花柄长 3 毫米；花两性或单性。两性花：萼片，片，披针形，长 3 毫米，内外两面有微毛；花瓣 5 片，长圆形，长 3 毫米，不分裂，内面有稀疏微毛；雄蕊 8~10 枚，长 2 毫米，花丝极短。雄蕊的萼片与花瓣和两性花的相同，雄蕊 8~10 枚。核果椭圆形，长不到 1 厘米（图 9-179）。花期 5~6 月。

【生态习性】喜湿润温暖气候，适合酸性及排水良好土壤，耐寒性较强。生长于海拔 350~850 米的常绿林中。

图 9-179　中华杜英

【分布及栽培范围】广东、广西、浙江、福建、江西、贵州、云南。老挝及越南北部有分布。

【繁殖】播种、扦插繁殖。

【观赏】树干修直，树冠分层明显，秋冬时老叶变为紫红。

【园林应用】行道树、园路树、景树、风景林、树林。主要用于道路，山体造林，公园及庭院的绿化。

【其它】木材纹理好，可作家具或建筑用材。

5. 山杜英 *Elaeocarpus sylvestris* (Lour.) Poir.

图 9-180　山杜英

【别名】羊屎树、羊仔树

【形态特征】小乔木，高约 10 米。小枝通常秃净无毛。叶纸质，倒卵形或倒披针形，长 4~8 厘米，宽 2~4 厘米，幼态叶长达 15 厘米，宽达 6 厘米，上下两面均无毛，干后黑褐色，不发亮，先端钝，或略尖，基部窄楔形，下延，侧脉 5~6 对。在上面隐约可见，在下面稍突起，网脉不大明显，边缘有钝锯齿或波状钝齿；叶柄长 1~1.5 厘米，无毛。总状花序生于枝顶叶腋内，长 4~6 厘米，花序轴纤细，无毛，有时被灰白色短柔毛；花柄长 3~4 毫米，纤细，通常秃净；萼片 5 片，披针形，长 4 毫米，无毛；花瓣倒卵形，上半部撕裂，裂片 10~12 条，外侧基部有毛；雄蕊 13~15 枚，长约 3 毫米；子房 2~3 室。核果细小，椭圆形，长 1~1.2 厘米（图 9-180）。花期 4~5 月。

【生态习性】喜光，也较耐荫、耐寒，喜温暖湿润气候；对土壤要求不严格，更喜酸性且排水良好的土壤。生于海拔 350~2000 米的常绿林里。

【分布及栽培范围】广东、海南、广西、福建、浙江，江西、湖南、贵州、四川及云南。越南、老挝、泰国有分布。

【繁殖】播种繁殖。

【观赏】树形修直，主干粗壮；树叶颜色斑驳，新叶到老叶的转化在叶色上呈现斑点的色块，由绿到红的渐变完全体现出来，野趣十足。

【园林应用】园路树、园景树、风景林、树林。主要用于工厂绿化，山体绿化，道路绿化及公园荫景树或背景树。

【生态功能】对二氧化硫耐受性很强，可在工厂矿区或者污染大的地区使用。

【其它】木材可作家具或建筑用材，也是蜜源植物和培育香菇等施用菌的良材。

6. 秃瓣杜英 *Elaeocarpus glabripetalus* Merr. *var.* glabripetalus

【形态特征】乔木，高 12 米。枝多少有棱，干后红褐色。叶纸质或膜质，倒披针形，长 8~12 厘米，宽 3~4 厘米，先端尖锐，尖头钝，基部变窄而下延，上面干后黄绿色，发亮，决不是暗褐色而暗晦无光，下面之浅绿色，多少发亮，侧脉 7~8 对，在下面突起，网脉疏，在上面不明显，在下面略突起，边缘有小钝齿；叶柄长 4~7 毫米，偶有长达 1 厘米，无毛，干后变黑色。总状花序常生于无叶的去年枝上，长 5~10 厘米，纤细，花序轴有微毛：花柄长 5~6 毫米；萼片 5 片，披针形，长 5 毫米，宽 1.5 毫米，外面有微毛；花瓣 5 片，白色，长 5~6 毫米，先端较宽，撕裂为 14~18 条，基部窄，外面无毛；雄蕊 20~30 枚，长 3.5 毫米，花丝极短；子房 2~3 室，被毛。核果椭圆形，长 1~1.5 厘米（图 9-181）。花期 7 月。

【生态习性】稍耐荫，喜温暖湿润气候，耐寒性较强；对土壤要求不严格，更喜酸性且排水良好土壤。生于海拔 400~750 米的常绿林里。

【分布及栽培范围】广东、广西、江西、福建、浙江、湖南、贵州及云南。

【繁殖】播种、扦插繁殖。

【观赏】树形修直，主干粗壮，一年四季常有红色老叶挂在枝头，可爱喜人。

【园林应用】园路树、园景树、风景林、树林。主要用于道路，山体造林，公园及庭院的绿化。

图 9-181 秃瓣杜英

（二）猴欢喜属 *Sloanea* Linn.

乔木。叶互生，具长柄，全缘或有锯齿，羽状脉，托叶不存在。花单生或数朵排成总状花序生于枝顶叶腋，有长花柄，通常两性；萼片 4~5 片，卵形，镊合状或覆瓦状排列，基部略连生；花瓣 4~5 片，有时或缺，倒卵形，覆瓦状排列，顶端全缘或齿状裂；雄蕊多数，插生在宽而厚的花盘上，花药顶孔开裂或从顶部向下开裂，药隔常突出成喙，花丝短；子房 3~7 室，表面有沟，被毛，花柱分离或连合，胚珠每室数颗。蒴果圆球形或卵形，表面多刺；针刺线形，被短刚毛；室背裂开为 3~7 爿；外果皮木质，较厚；内果皮薄，革质，干后常与外果皮分离；种子 1 至数颗，垂生，常有假种皮包着种子下半部；胚乳丰富；子叶扁平。

约 120 种，分布于东西两半球的热带和亚热带。我国有 13 种。

1. 猴欢喜 *Sloanea sinensis* (Hance) Hemsl.

【别名】猴板栗

【形态特征】常绿乔木，高 20 米。叶薄革质，形状及大小多变，通常为长圆形或狭窄倒卵形，长 6~9 厘米，最长达 12 厘米，宽 3~5 厘米，先端短急尖，基部楔形，或收窄而略圆，有时为圆形，亦有为披针形的，宽不过 2~3 厘米，通常全缘，有时上半部有数个疏锯齿，上面干后暗晦无光泽，下面秃净无毛，侧脉 5~7 对；叶柄长 1~4 厘米，无毛。花多朵簇生于枝顶叶腋；花柄长 3~6 厘米，被灰色毛；萼片 4 片，阔卵形，长 6~8 毫米，两侧被柔毛；花瓣 4 片，长 7~9 毫米，白色，先端撕裂，有齿刻；雄蕊与花瓣等长，花药长为花丝的 3 倍；子房被毛，卵形，长 4~5 毫米。蒴果的大小不一，长 2~3.5 厘米，厚 3~5 毫米；针刺长 1~1.5 厘米；种子长 1~1.3 厘米，

图 9-182 猴欢喜

黑色（图 9-182）。花期 9~11 月，果期翌年 6~7 月。

【生态习性】喜光，不耐严寒、干燥，在天然林中常居于林冠中下层；生长的土质一般为酸性、中性土壤；深根性，侧根发达，萌芽力强。生长于海

拔 700~1000 米的常绿林里。

【分布及栽培范围】广东、海南、广西、贵州、湖南、江西、福建、台湾和浙江。越南有分布。

【繁殖】播种法繁殖。

【观赏】树形美观，四季长青，尤其红色蒴果，外被长而密的紫红色刺毛，外形近似板栗的具刺壳斗，颜色鲜艳，十分美丽，在绿叶丛中，满树红果，生机盎然，非常可爱。

【园林应用】风景林、园路树、园景树、树林。主要用于道路及庭院的绿化，孤植、丛植、片植，亦可与其他观赏树种混植，栽植于假山、台地或池塘边，也可用于庭院栽植。

【其它】树皮和果壳含鞣质，可提取栲胶。种子含油脂，是栽培香菇等食用菌的优良原料。

四十、椴树科 Tiliaceae

乔木。灌木或草本。单叶互生，稀对生，具基出脉，全缘或有锯齿，有时浅裂；托叶存在或缺，如果存在往往早落或有宿存。花两性或单性雌雄异株，辐射对称，排成聚伞花序或再组成圆锥花序；苞片早落，有时大而宿存；萼片通常 5 数，有时 4 片，分离或多少连生，镊合状排列；花瓣与萼片同数，分离，有时或缺；内侧常有腺体，或有花瓣状退化雄蕊，与花瓣对生；雌雄蕊柄存在或缺；雄蕊多数，稀 5 数，离生或基部连生成束，花药 2 室，纵裂或顶端孔裂；子房上位，2~6 室，有时更多，每室有胚珠 1 至数颗，生于中轴胎座，花柱单生，有时分裂，柱头锥状或盾状，常有分裂。果为核果、蒴果、裂果，有时浆果状或翅果状，2~10 室。

约 52 属 500 种，主要分布于热带及亚热带地区。中国有 13 属 85 种。

科识别特征：木本全身被星毛，单叶互生托叶小。聚伞圆锥顶腋生，萼片 5 枚花两性。苞片宿存如扁担，花瓣数目同萼片。雄蕊 10 枚至多数，基部合生集成束。子房上位室数多，核果蒴果或浆果。

分属检索表

1 花瓣内侧基部无腺体，雌雄蕊柄有或无……………………………1 椴树属 *Tilia*

1 花瓣内侧基部有腺体，有雌雄蕊柄…………………………………2 扁担杆属 *Grewia*

（一）椴树属 *Tilia* Linn.

落叶乔木。单叶，互生，有长柄，基部常为斜心形，全缘或有锯齿；托叶早落。花两性，白色或黄色，排成聚伞花序，花序柄下半部常与长舌状的苞片合生；萼片 5 片；花瓣 5 片，覆瓦状排列，基部常有小鳞片；雄蕊多数，离生或连合成 5 束；退化雄蕊呈花瓣状，与花瓣对生；子房 5 室，每室有胚珠 2 颗，花柱简单，柱头 5 裂。果实圆球形或椭圆形，核果状，稀为浆果状，不开裂，稀干后开裂，有种子 1~2 颗。

约 80 种，主要分布子亚热带和北温带。我国有 32 种，主产黄河流域以南，五岭以北广大亚热带地区，只少数种类到达北回归线以南，华北及东北。

1. 白毛椴 *Tilia endochrysea* Hand.-Mazz.

【别名】湘椴

【形态特征】落叶乔木，高 12 米。叶卵形或阔卵形，长 9~16 厘米，宽 6~13 厘米，先端渐尖或锐尖，基部斜心形或截形，上面无毛，干后深褐色，下面

图9-183　白毛椴

被灰色或灰白色星状茸毛，有时变秃净，侧脉5~6对，边缘有疏齿，有时近先端3浅裂，裂片长1.5厘米，叶柄长3~7厘米，近秃净。聚伞花序长9~16厘米，有花10~18朵，花序柄近秃净；花柄长4~12毫米，有星状柔毛；苞片窄长圆形，长7~10厘米，宽2~3厘米，上面秃净或有疏毛，下面被灰白色星状柔毛，先端圆或钝，基部心形或楔形，下部1~1.5厘米与花序柄合生，有柄长1~3厘米；萼片长卵形，长6~8毫米，被灰褐色柔毛；花瓣长1~1.2厘米；退化雄蕊花瓣状，比花瓣略短；雄蕊与萼片等长。果实球形，5爿裂开（图9-183）。花期7~8月。

【生态习性】喜温暖气候，不耐寒，能耐一定干旱；喜土层深、腐殖质高、肥沃、排水好的土壤。常见于600~1150米海拔的山地常绿林里。

【分布及栽培范围】广西北部、广东北部、湖南、江西、福建、浙江。

【繁殖】播种繁殖。

【观赏】树形修直优美，果实被苞片覆盖，挂在枝头，青翠喜人。

【园林应用】园景树、树林。主要用于道路及庭院的绿化，可孤植、丛植于草坪、园路、林地等处。

【其它】树皮纤维可代麻、制人造棉等；可用于建筑用材。

（二）扁担杆属 *Grewia* Linn.

乔木或灌木；嫩枝通常被星状毛。叶互生，具基出脉，有锯齿或有浅裂；叶柄短；托叶细小，早落。花两性或单性雌雄异株，通常3朵组成腋生的聚伞花序；苞片早落；花序柄及花柄通常被毛；萼片5片，分离，外面被毛，内面秃净，稀有毛；花瓣5片，比萼片短；腺体常为鳞片状，着生于花瓣基部，常有长毛；雌雄蕊柄短，秃净；雄蕊多数，离生；子房2~4室，每室有胚珠2~8颗，花柱单生，顶端扩大，柱头盾形，全缘或分裂。核果常有纵沟，收缩成2~4个分核，具假隔膜；胚乳丰富，子叶扁平。

约90余种，分布于东半球热带。我国有26种，主产长江流域以南各地。

1. 扁担杆 *Grewia biloba* G.Don

【别名】孩儿拳头

【形态特征】落叶灌木或小乔木，高1~4米。多分枝；嫩枝被粗毛。叶薄革质，椭圆形或倒卵状椭圆形，长4~9厘米，宽2.5~4厘米，先端锐尖，基部楔形或钝，两面有稀疏星状粗毛，基出脉3条，两侧脉上行过半，中脉有侧脉3~5对，边缘有细锯齿；叶柄长4~8毫米，被粗毛；托叶钻形，长3~4毫米。聚伞花序腋生，多花，花序柄长不到1厘米；花柄长3~6毫米；苞片钻形，长3~5毫米；颧片狭长圆形，长4~7毫米，外面被毛，内面无毛；花瓣长1~1.5毫米；雌雄蕊柄长0.5毫米，有毛；雄蕊长2毫米；子房有毛，花柱与萼片平齐。核果红色，有2~4颗分核（图9-184）。花期5~7月。

【生态习性】喜光，略耐荫；耐寒性一般；耐瘠薄，不择土壤，常自生于平原，丘陵中。

【分布及栽培范围】江西、湖南、浙江、广东、台湾，安徽、四川等省。

【繁殖】播种、分株繁殖。

【观赏】果实红艳美丽，宿存枝头时间长，是很好的观果灌木。

【园林应用】园景树、绿篱。主要用于园路及庭院的绿化，可在路边，转角处丛植或篱植；也可与山石搭配，形成野趣。

图 9-184　扁担杆

【其它】枝叶供药用；茎皮纤维可作人造棉等原料。

四十一、梧桐科 Sterculiaceae

乔木或灌木，稀为藤本或草本。树皮常有粘液和富于纤维。叶互生，稀为掌状复叶，通常有托叶。花序腋生，稀顶生。花两性或单性，通常整齐，常成聚伞或圆锥花序，萼片 5 枚，稀 3~4 裂，花瓣 5 或缺；雄蕊的花丝常合生成管状；花丝合生成筒状或柱状；子房上位，由 5(2~10) 个合生或离生心皮组成，中轴胎座。多为蒴果或蓇葖果。

约 68 属，1100 种，主产热带地区。中国有 19 属 82 种 3 变种，多分布于华南至西南。

科的识别特征：单叶互生有托叶，两性单性常对称。果实开裂或聚合，心皮呈叶如灯笼。

圆锥聚伞花序生，花瓣 5 枚列回旋。雄蕊多数排 2 列，1 列退化 1 列合。子房上位 4\5 室，中轴胎座干果多。

分属检索表

1 聚伞或圆锥花序，整个花序不下垂
　2 花无花瓣
　　3 果膜质，稀为木质，成熟前早开裂如叶状……………………………… 1 梧桐属 *Firmiana*
　　3 果革质，稀为木质，成熟时始开裂…………………………………… 2 苹婆属 *Sterculia*
　2 花有花瓣…………………………………………………………………… 3 可可属 *Theobroma*
1 伞形花序下垂，每花球有 20 多朵花 ……………………………………… 4 非洲芙蓉属 *Dombeya*

（一）梧桐属 *Firmiana* Marsili

乔木。叶掌状 3~5 裂或全缘，互生。圆锥花序顶生；花单性同株，花萼 5 深裂，无花瓣；雄蕊 10~15，合生成筒状；雌蕊 5 心皮，基部离生，花柱合生；子房有柄，基部具退化雄蕊；蓇葖果成熟前沿腹缝线开裂；种子球形 3~4 枚着生于果皮边缘。

本属约 15 种，分布在亚洲和非洲东部；中国产 3 种，主要分布在广东、广西和云南。

1. 梧桐 *Firmiana simplex* (L.)W.F. Wight (Firmiana platanifoliaMarsili)

【别名】青桐

【形态特征】落叶乔木，高 16 米。树冠卵圆形，树干端直，树皮青绿色，平滑；侧枝每年阶状轮生；小枝粗壮，翠绿色。叶基部心形，掌状 3~5 裂，叶长 15~30 厘米，裂片三角形，顶端渐尖，两面均无毛或被短柔毛。叶柄约与叶片等长。圆锥花序顶生，花淡黄绿色，花萼裂片条形，向外卷曲，长约 1 厘米，外面密被淡黄色短柔毛；花梗与花几等长；花后心皮分离成 5 蓇葖果，远在成熟前开裂呈舟形。种子圆球形表面有皱纹，直径约 7 毫米（图 9-185）。花期 6 月。

栽培变种：斑叶梧桐 'Variegata' 叶有白斑。

【生态习性】喜光，喜温暖湿润气候，具一定耐寒性。喜肥沃、湿润、深厚而排水良好的土壤，在酸性、中性及钙质土上均能生长，但不宜在积水洼地或盐碱地栽种。积水易烂根，受涝 5 天即可致死。通常在平原、丘陵、山沟及山谷生长较好。深根性，萌芽力弱，不宜修剪。生长尚快，寿命较长，能活百年以上。发叶较晚，而秋天落叶早。对多种有毒气体都有较强抗性。

图 9-185 梧桐

图 9-186 梧桐在园林中的应用

【分布及栽培范围】原产中国及日本；华北至华南、西南各地区广泛栽培。

【繁殖】播种繁殖。

【观赏】梧桐树干端直，树皮光滑绿色，叶大而形美，绿荫浓密，洁净可爱，为观赏树种。

【园林应用】园路树，庭荫树，园景树（9-186）。主要用于草坪、庭院、宅前、坡地、湖畔孤植或丛植；与棕榈、修竹、芭蕉等配植尤感和谐，且颇具我国民族风味。

【文化】入秋则叶凋落最早，故有“梧桐一叶落，天下尽知秋”之说。《群芳谱》云：“梧桐皮青如翠，叶缺如花，妍雅华净，赏心悦目，人家斋阁多种之”。《相见欢》（李煜）无言独上西楼，月如钩，寂寞梧桐深院锁清秋。剪不断，理还乱，是离愁，别是一般滋味在心头。

【其它】木材轻韧，纹理美观，可供乐器、箱盒、家具等用材。种子可炒食及榨油；叶、花、根及种子等均可入药，有清热解毒、祛湿健脾等功效。树皮的纤维洁白，可用以造纸和编绳。

（二）苹婆属 *Sterculia* Linn.

乔木或灌木。叶为单叶，全缘、具齿、或掌状深裂，稀希为掌状复叶。花序通常排成圆锥花序，稀为总状花序，通常腋生；花单性或杂性，萼 5 浅裂或深裂；无花瓣；雄花的花药聚生于雌雄蕊柄的顶端，包围着退化雌蕊；雌花的雌雄蕊柄很短，顶端有轮生的不育的花药和发育的雌蕊，雌蕊通常由 5 个心皮粘合而成，每心皮有胚珠 2 个或多个，花柱基部合生，柱头与心皮同数而分离。蓇葖果革质或木质，但多为革质，成熟时始开裂，内有种子 1 个或多个。种子通常有胚乳。

本属约有 300 种，产于东西两半球的热带和亚热带地区。我国 23 种 1 变种，产云南、贵州、四川、广西、广东、福建和台湾，并于云南南部种类最多。

分种检索表

1 有明显的萼筒，叶为阔矩圆形或矩圆状椭圆形 ………………………………… 1 苹婆 *S. nobilis*

1 无明显的萼筒，叶为椭圆状矩圆形，近披针形 ………………………………… 2 假苹婆 *S.lanceolata*

1. 苹婆 *Sterculia nobilis* Smith

【别名】凤眼果、七姐果

【形态特征】常绿乔木。树皮褐黑色。叶薄革质，矩圆形或椭圆形，长 8~25 厘米，宽 5~15 厘米，顶端急尖或钝，基部浑圆或钝，两面均无毛；叶柄长 2~3.5 厘米，托叶早落。圆锥花序顶生或腋生，柔弱且披散，长达 20 厘米，有短柔毛；花梗远比花长；萼初时乳白色，后转为淡红色，钟状，外面有短柔毛，长约 10 毫米，5 裂，裂片条状披针形，先端渐尖且向内曲，在顶端互相粘合，与钟状萼筒等长；雄花较多，雌雄蕊柄弯曲，花药黄色；雌花较少，子房圆球形，有 5 条沟纹，密被毛，柱头 5 浅裂。蓇葖果鲜红色，厚革质，矩圆状卵形，长约 5 厘米，宽约 2~3 厘米，顶端有喙，每果内有种子 1~4 个，多数 3 枚，成熟果皮朱红色，皮红子黑，斜裂形如凤眼，故称"凤眼果"（图 9-187）。花期 5 月，果期 9~10 月。

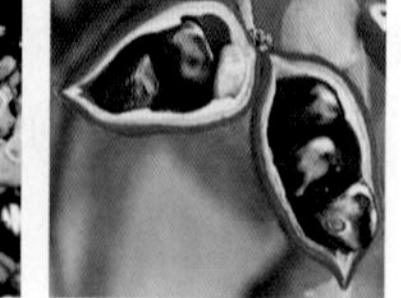

图 9-187　苹婆

【生态习性】喜光，喜温暖湿润气候，对土壤要求不严。根系发达，速生。喜排水良好、土层深厚的砂质壤土。喜高温多湿，发育适温约 23~32℃。

【分布及栽培范围】广东、广西的南部、福建东南部、云南南部和台湾。广州附近和珠江三角洲多有栽培。印度、越南、印度尼西亚也有分布，多为人工栽培。

【繁殖】播种、扦插、高压嫁接繁殖，也可利根蘖繁殖。

【观赏】树冠浓密，叶常绿，树形美观，果红色。

【园林应用】行道树、园路树、庭荫树、园景树（图 9-188）。

【文化】广东习俗中苹婆果实是七姐诞的祭品，

图 9-188　苹婆在园林中的应用

图 9-189　假苹婆

若没有便会用假苹婆果实代替。

【其它】叶可裹粽。种子可食，风味仿如树菠萝子、板栗。荚和蜜枣，陈皮煎服可治血痢。

2. 假苹婆 *Sterculia lanceolata* Cav.

【别名】鸡冠木、赛苹婆

【形态特征】乔木，小枝幼时被毛。叶椭圆形、披针形或椭圆状披针形，长 9~20 厘米，宽 3.5~8 厘米，顶端急尖，基本钝形或近圆形，上面无毛，下面几近无毛，侧脉每边 7~9 条，弯拱，在近叶缘不明显连结；叶柄长 2.5~3.5 厘米。圆锥花序腋生，长 4~10 厘米，密集且多分枝；花淡红色，萼片 5 枚，仅于基部连合，向外开展如星状，矩圆状披针形或矩圆状椭圆形，顶端钝或略有小短尖突，长 4~6 毫米，外面被短柔毛，边缘有缘毛；雄花花蕊柄长 2~3 毫米，花药约 10 个，雌花的子房圆球形，花柱弯曲，柱头不明显 5 裂。蓇葖果鲜红色，长卵形或长椭圆形，长 5~7 厘米，宽 2~2.5 厘米，顶端有喙，基部渐狭，密被短柔毛；种子黑褐色，椭圆状卵形，直径约 1 厘米。每果有种子 2~4 个（图 9-189）。花期 4~6 月。

【生态习性】喜光，喜温暖多湿气侯，不耐干旱，也不耐寒，喜土层深厚、湿润的富含有机质之壤土。喜生于山谷溪旁。

【分布及栽培范围】广东、广西、云南、贵州和四川南部，为我国产苹婆属中分布最广的一种，在华南山野间很常见。缅甸、泰国、越南、老挝也有分布。

【繁殖】播种繁殖。

【观赏】树冠广阔，树姿优雅，蓇葖果色泽明艳。

【园林应用】行道树、园路树、庭荫树、园景树。主要用于草坪、庭院、宅前、坡地以及街道两旁。

【文化】用假苹婆的果实作为“七姐诞”的祭品。

【其它】茎皮纤维可作为麻袋的原料，也可造纸;种子可食用，也可榨油。叶可入药，治跌打损伤、瘀血疼痛、青紫、肿胀等症。

（三）可可属 *Theobroma* Linn.

乔木。叶互生，大而全缘。花两性，小而整齐，单生或排成聚伞花序，常当在树干上或 粗枝上；萼 5 深裂而近于分离；花瓣 5 片，上部匙形，中部变窄，下部凹陷成盔状；雄蕊，1~3 枚聚成一组并与伸长的退化雄蕊互生，花丝的基部合生成筒状，退化雄蕊 5 枚；子房无 柄，5 室，每室有胚珠多个；柱头 5 裂。果为大的核果；种子多数，埋藏在果肉中。

约有 30 种，分布于美洲热带。我国在海南及云南南部栽培 1 种。

1. 可可 *Theobroma cacao* Linn.

【别名】可加树

【形态特征】常绿乔木，高达12米。叶具短柄，卵状长椭圆形至倒卵状长椭圆形，长20~30厘米，宽7~10厘米，顶端长渐尖，基部圆形、近心形或钝，两面均无毛或在叶脉上略有稀疏的星状短柔毛；托叶条形，早落。花排成聚伞花序，花的直径约18毫米；花梗长约12毫米；萼粉红色，萼片5枚，长披针形，宿存，边缘有毛；花瓣5片，淡黄色，略比萼长，下部盔状并急狭窄而反卷，顶端急尖；退化雄蕊线状；发育雄蕊与花瓣对生；子房倒卵形，稍有5棱，5室，每室有胚珠14~16个，排成两列，花柱圆柱状。核果椭圆形或长椭圆形，长15~20厘米，直径约7厘米，表面有10条纵沟，初为淡绿色，后变为深黄色或近于红色，干燥后为褐色；果皮 厚，肉质，干燥后硬如木质，厚4~8毫米，每室有种子12~14个（图9-190）。花期几乎全年。

【生态习性】喜生于温暖和湿润的气侯和富于有机质的冲积土所形成的缓坡上，在排水不良和重粘土上或常受台风侵袭的地方则不适宜生长。

图9-190 可可

【分布及栽培范围】海南和云南南部有栽培，生长良好。原产美洲中部及南部，现广泛栽培于全世界的热带地区。

【繁殖】播种、芽接繁殖。

【观赏】老茎开花、结实的种类。

【园林应用】园景树、树林。园林结合生产用的树木。

【其它】可可豆经发酵、粗碎、去皮等工序得到的可可豆碎片（通称可可饼），由可可饼脱脂粉碎之后的粉状物，即为可可粉。多用于咖啡和巧克力、饮料的生产。

（四）非洲芙蓉属 *Dombeya* Cav.

属特征见种。225种，产非洲、马达加斯加岛和马斯克林群岛。我国引入1种。

1. 非洲芙蓉 *Dombeya calantha* K.Schum.

【别名】吊芙蓉、热带绣球花

【形态特征】常绿中型灌木或小乔木，一般有几米高，但最高可达15米。间有明显主干但并不强健，如植株高于7米以上需用支撑物或经修剪。树冠圆形，枝叶密集。叶面质感粗糙，单叶互生，具托叶，心形，叶缘顿锯齿，掌状脉7至9条，枝及叶均被柔毛。花从叶腋间伸出，悬吊著一个花苞。花为伞形花序，因此开花时会长出花轴，花轴下辐射出具等长小花梗的小花。一个花球可包含二十多朵粉红色的小花，每朵小花有瓣5块，约1吋大，有一白色星顶状雄蕊及多枝雌蕊围绕。全开时聚生且悬吊而下，极像一个粉红色的花球，其俗名吊芙蓉及Pinkball等名均由此而来（图9-191）。冬季开花，花期为由12月至翌年3月。

【生态习性】喜光和肥沃、湿润之地，不抗风。种在半日照或全日照等地均生长迅速。可耐-2℃。

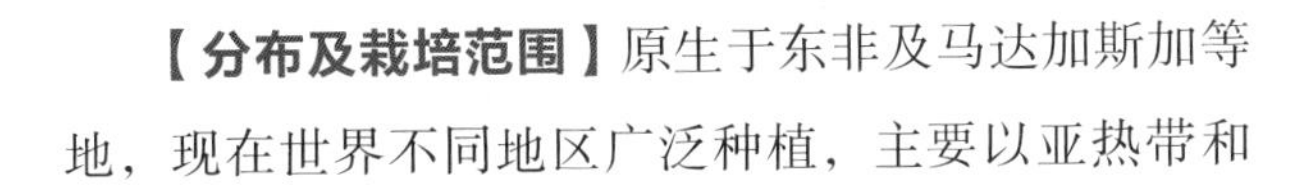

图 9-191 非洲芙蓉

【分布及栽培范围】原生于东非及马达加斯加等地，现在世界不同地区广泛种植，主要以亚热带和热带地区为主。

图 9-192 非洲芙蓉在园林中的应用

【繁殖】播种或扦插繁殖。

【观赏】枝干浓密，树冠伞状，花深红色，十分漂亮。

【园林应用】水边绿化、基础种植、地被植物、盆栽及盆景观赏（图 9-192）。

四十二、木棉科 Bombacaceae

乔木，主干基部常有板状根。叶互生，掌状复叶或单叶；托叶早落。花两性，大而美丽，辐射对称，腋生或近顶生，单生或簇生；花萼杯状，顶端截平或不规则的 3~5 裂；花萼 5 片，覆瓦状排列，有时基部与雄蕊管合生，有时无花瓣；雄蕊 5 至多数，退化雄蕊常存在，花丝分离或合生成雄蕊管，花药肾形至线形，常 1 室或 2 室；子房上位，2~5 室，每室有倒生胚珠 2 至多数，中轴胎座，花柱不裂或 2~5 浅裂。蒴果，室背开裂或不裂；种子常被内果皮的丝状绵毛所包围。

本科约有 20 属，180 种，广布于热带 (特别是美洲地区)。我国原产 1 属 2 种，引种栽培 5 属 5 种。

分属检索表

1 叶为掌状复叶

  2 花丝 40 枚以上

    3 雄蕊管上部花丝集为 5 束或散生，种子长不及 5 毫米……………1 木棉属 *Bombax*

    3 雄蕊管上部花丝集为多束，种子长在 2.5 厘米 …………… 2 瓜栗属 *Pachira*

  2 花丝 3~15……………………………………………………………… 3 吉贝属 *Ceiba*

1 叶为单叶 ……………………………………………………………… 4 榴莲属 *Durio*

（一）木棉属 *Bombax* Linn

落叶大乔木，幼树的树干通常有圆锥状的粗刺。叶为掌状复叶。花单生或簇生于叶腋或近顶生，花大，先叶开放，通常红色，有时橙红色或黄白色；无苞片；萼革质，杯状，截平或具短齿，花后基本周裂，连同花瓣和雄蕊一起脱落；花瓣 5 片，倒卵形或倒卵状披针形；雄蕊多数，合生成管，花丝排成若干轮，最外轮集生为 5 束，各束与花瓣对手，花药 1 室，肾形，盾状着生；子房 5 室，每室有胚珠多数，花柱细棒状，比雄蕊长，柱头星状 5 裂。蒴果室背开裂为 5 爿，果爿革质，内有丝状绵毛；种子小，黑色，藏于绵毛内。

本属约 50 种，主要分布于美洲热带，少数产亚洲热带、非洲和大洋洲。我国南部和西南部有 2 种。

1. 木棉 *Bombax malabaricum* DC.

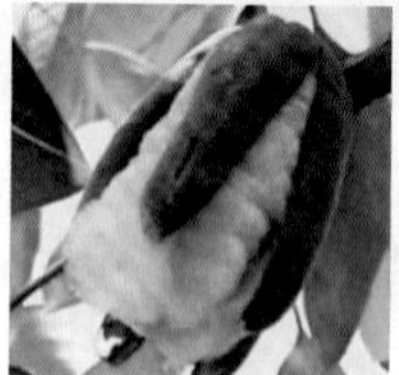

图 9-193 木棉

【别名】红棉、英雄树、攀枝花、斑之棉、斑之树、攀枝

【形态特征】落叶大乔木，高可达 25 米，树皮灰白色，幼树的树干通常有圆锥状的粗刺；分枝平展。掌状复叶，小叶 5~7 片，长圆形至长圆状披针形，长 10~16 厘米，宽 3.5~5.5 厘米，顶端渐尖，基部阔或渐狭，全缘，两面均无毛，羽状侧脉 15~17 对，上举，其间有 1 条较细的 2 级侧脉，网脉极细密，二面微凸起；叶柄长 10~20 厘米；小叶柄长 1.5~4 厘米；托叶小。花单生枝顶叶腋，通常红色，有时橙红色，直径约 10 厘米；萼杯状，长 2~3 厘米，外面无毛，内面密被淡黄色短绢毛，萼齿 3~5，半圆形，高 1.5 厘米，宽 2.3 厘米；花瓣肉质，倒卵状长椭圆形，长 8~10 厘米，宽 3~4 厘米，二面被星状柔毛，但内面较疏；雄蕊管短，花丝较粗，基部粗，向上渐细，内轮部分花丝上部 2 叉，中间 10 枚雄蕊较短，不分叉，外轮雄蕊多数，集成 5 束，每束花丝 10 枚以上。蒴果长圆形，钝，长 10~15 厘米，粗 4.5~5 厘米，密被灰白色长柔毛和星状柔毛(图 9-193)。花期 3~4 月，果夏季成熟。

【生态习性】喜温暖干燥和阳光充足环境。不耐寒，稍耐湿，忌积水。耐旱，抗污染、抗风力强，深根性，速生，萌芽力强。生长适温 20~30℃，冬季温度不低于 5℃，以深厚、肥沃、排水良好的砂质土壤为宜。树皮厚，耐火烧。

图 9-194 木棉在园林中应用

【分布及栽培范围】产亚洲南部至大洋洲；云南、四川、贵州、广西、广东、福建、台湾等省区亚热带均有分布，生于海拔 1400(~1700) 米以下的干热河谷及稀树草原，也可生长在沟谷季雨林内，也有栽

培作行道树的。

【繁殖】播种、分蘖、扦插繁殖。

【观赏】木棉树形高大，雄壮魁梧，枝干舒展，树冠整齐，多呈伞形，花红如血，硕大如杯，由于是先长花芽再长叶芽，盛开时冬天落尽的叶片几乎全未长出，远观好似一团团在枝头尽情燃烧、欢快跳跃的火苗，极有气势。

【园林应用】行道树、庭荫树、园景树（图 9-194）。主要用于草坪、庭院、宅前、坡地以及街道两旁。

【文化】杨万里有："即是南中春色别，满城都是木棉花。"的诗句。皇甫松的《竹枝》中云："木棉花尽荔支垂，千花万花待郎归。"

【其它】木材轻软，耐水湿，可供炊具、木桶、板料等用。果内绵毛可作垫褥、枕芯、救生圈等填充材料。种子油可作润滑油、制肥皂。花、根、皮入药，有祛湿之功效。

（二）瓜栗属 *Pachira* Aubl.

乔木。叶互生，掌状复叶，小叶 3~9，全缘。花单生叶腋，具梗；苞片 2~3 枚；花萼杯状，短、截平或具不明显的浅齿，内面无毛，果期宿存；花瓣长圆形或线形，白色或淡红色，外面常被茸毛；雄蕊多数，基部合生成管，基部以上分离为多束，每束再分离为多数花丝，花药肾形；子房 5 室，每室胚珠多数；花柱伸长，柱头 5 浅裂。果近长圆形，木质或革质，室背开裂为 5 爿，内面具长绵毛。种子大，近梯状楔形，无毛，种皮脆壳质，光滑；子叶肉质，内卷。

2 种，分布于美洲热带，我国引入 1 种。

1. 瓜栗 *Pachira macrocarpa* Walp.

【别名】马拉巴栗、发财树、中美木棉

【形态特征】小乔木，高 4~5 米，树冠较松散，幼枝栗褐色，无毛。小叶 5~11，具短柄或近无柄，长圆形至倒卵状长圆形，渐尖，基部楔形，全缘，上面无毛，背面及叶柄被锈色星状茸毛；中央小叶长 13~24 厘米，宽 4.5~8 厘米，外侧小叶渐小；中肋表面平坦，背面强烈隆起，侧脉 16~20 对，至边缘附近连结为一圈波状集合脉，其间网脉细密，均于背面隆起；叶柄长 11~15 厘米。花单生枝顶叶腋；花梗粗壮，长 2 厘米，被黄色星状茸毛，脱落；萼杯状，高 1.5 厘米，直径 1.3 厘米，截平或具 3~6 枚不明显的浅齿，宿存，基部有 2~3 枚圆形腺体;花瓣淡黄绿色，狭披针形至线形，长达 15 厘米，上半部反卷；雄蕊管较短，分裂为多数雄蕊束，每束再分裂为 7~10 枚细长的花丝，花丝连雄蕊管长 13~15 厘米，下部黄色，向上变红色，花药狭线形，弧曲，长 2~3 毫米，横生；花柱长于雄蕊，深红色，柱头小，5 浅裂。蒴果近梨形，

图 9-195　瓜栗

长 9~10 厘米，直径 4~6 厘米，果皮厚，木质，黄褐色，外面无毛，内面密被长绵毛，开裂，每室种子多数（图 9-195）。花期 5~11 月，果先后成熟。

品种斑叶瓜栗 'Variegata' 叶有乳黄色斑。

【生态习性】喜高温多湿和阳光充足，不耐寒，怕强光直射，较耐阴，有一定耐旱能力，土壤以肥沃、疏松的壤土为好，耐修剪，冬季温度不低于 10℃。

【分布及栽培范围】原产墨西哥至哥斯达黎加。我国华南和台湾有栽培。

【繁殖】播种、扦插和嫁接繁殖，以播种较多。

【观赏】株形美观，茎干叶片全年青翠，是十分流行的室内观叶植物，幼苗枝条柔软，耐修剪，可加工成各种艺术造型的桩景和盆景。

【园林应用】园路树、庭荫树、园景树（图 9-196）。

【其它】寓意着“财源滚滚，招财进宝”。

图 9-196　瓜栗在园林中的应用

（三）吉贝属 *Ceiba* Mill.

落叶乔木，树干有刺或无刺。叶螺旋状排列，掌状复叶，小叶 3~9，具短柄，无毛，背面苍白色，大都全缘。花先叶开放，单 1 或 2~15 朵簇生于落叶的节上，下垂，辐射对称，稀近两侧对称；萼钟状坛状，不规则的 3~12 裂，厚，宿存；花瓣基部合生并贴生于雄蕊管上，与雄蕊和花柱一起脱落，淡红色或黄白色，雄蕊管短；花丝 3~15，分离或分成 5 束，每束花丝顶端有 1~3 个扭曲的一室花药；子房 5 室，每室胚珠多数；花柱线形。蒴果木质或革质，下垂，长圆形或近倒卵形，室背开裂为 5 爿；果爿内面密被绵毛，由宿存的室隔基部以上脱落，室隔和中轴无毛；种子多数，藏于绵毛内，具假种皮；胚乳少。

10 种。大都分布于美洲热带，我国栽培 2 种。

1. 美丽异木棉 *Ceiba speciosa* St.hih.

【别名】美人树、南美木棉、美丽木棉

【形态特征】落叶大乔木，高 10~15 米，树干下部膨大，幼树树皮浓绿色，密生圆锥状皮刺，侧枝放射状水平伸展或斜向伸展。掌状复叶有小叶 5~7 片；小叶椭圆形，长 12~14 厘米。花单生，花冠淡紫红色，基部黄白色（有紫条纹），花径 10~15 厘米；成

图 9-197　美丽异木棉

顶生总状花序。秋天落叶后开花，可一直开到年底。蒴果椭圆形。种子次年春季成熟（图 9-197）。

【生态习性】强阳性，喜高温多湿气候，生长迅速，抗风，不耐旱、不耐寒。

【分布及栽培范围】原产南美洲，海南、台湾、嘉义、广州有引种栽培。

【繁殖】播种或嫁接繁殖。

【观赏】树干直立，主干有突刺，树冠伞形，叶色青翠，成年树树干呈酒瓶状；冬季盛花期满树姹紫，秀色照人，是优良的观花乔木。

【园林应用】行道树、庭荫树、园景树（图 9-198）。

【生态功能】具有滞尘功能，有很强的吸附有害浮沉和化解二氧化硫、二氧化碳而释放新鲜空气的能力。

图 9-198　美丽异木棉在园林中的应用

（四）榴莲属 *Durio* Adans

常绿乔木，无刺。叶二裂，单叶，全缘，革质，具羽状脉，背面密被鳞片，稀无鳞片；托叶早落。花大，单生、簇生或为聚伞花序，生于叶已落的节上或较粗壮的枝条上；副萼（苞片）蕾时闭合，然后不规则开裂或 2~3 裂，脱落；萼钟状，基部具刺，3~5 裂，革质，外面密被鳞片，花后环裂脱落；花瓣 4~5 或更多，有时缺如；雄蕊多数，分离或为 5 束与花瓣互生，全有或外面的变为花瓣化的假雄蕊，花药扭曲，1 室，纵裂或孔裂；子房 3~6 室，每室胚珠 2 至多数，花柱短，柱头头状。蒴果大，木质，椭圆形或卵形，外面具圆锥状的粗刺，室背开裂，果爿 3~5，厚，最后完全展开，无绵毛，每室种子 1 至多数；假种皮厚，肉质，几乎完全包住种子，有胚乳。

本属约 27 种，分布于缅甸至马来西亚西部。我国引入 1 种。

1. 榴莲 *Durio zibethinus* Murr.

【形态特征】常绿乔木，高可达 25 米。单叶全缘，革质，具羽状脉，托叶长 1.5~2 厘米，叶片长椭圆形，有时有倒卵状长圆形，短渐尖或急渐尖，基部圆形或钝，两面发亮，上面光滑，背面有贴生鳞片，侧脉 10~12 对，长 10~15 厘米，叶柄长 1.2~2.8 厘米，聚伞花序细长下垂，簇生与茎上或大枝上，每序有花 3~30 朵；花蕾球形；花梗被鳞片，长 2~4 厘米，苞片托住花萼，比花萼短；萼筒状，高 2.5~3 厘米，基部肿胀，内面密被柔毛，具 5~6 个短宽的萼齿；花瓣黄白色，长 3.5~5 厘米，为萼长的 2 倍，长圆状匙形，后期外翻，雄蕊 5 束，每束有花丝 4~18，花丝基部合生 1/4~1/2；蒴果椭圆状，淡黄色或黄绿色，长 15~30 厘米，粗 13~15 厘米，每室种子 2~6，有强烈的气味。（9-199）花果期 6~12 月。

图 9-199 榴莲

【生态习性】 喜温暖光照充足环境，无霜冻的地区可以种植，榴莲要终年高温的气候才能生长结实，即使在赤道海拔 600 米以上的高地，由于气温下降，也不能种植榴莲或不能结果。

【分布及栽培范围】 原产印度尼西亚，广东、海南栽培。

【繁殖】 播种、嫁接繁殖。

【观赏】 果大，具特殊的香气，可庭院观赏结合生产。

【园林应用】 庭荫树、园景树。

【其它】 果为成熟时供蔬食。种子可炒食。榴莲可入药，有滋阴强壮、疏风清热、利胆退黄、杀虫止痒、补身体的功效。

四十三、锦葵科 Malvaceae

草本、灌木或乔木。叶互生，单叶或分裂，通常为掌状脉，具托叶。花腋生或顶生，单生、簇生、聚伞花序至圆锥花序；花两性，辐射对称，萼片 3~5 枚，常有副萼 (总苞状的小苞片)3 至多数；花瓣 5 枚，彼此分离，但常与雄蕊管的基部合生；雄蕊多数，连合成一管称雄蕊柱，花药 1 室，花粉粒大而有刺；子房上位，2 至多室，但以 5 室为多，由 2~5 个或更多的心皮环绕中轴而成。每室有一枚或较多的倒生胚珠。果为蒴果，分裂成数个果爿，罕为浆果状；种子肾形或倒卵形，被毛至光滑无毛，有胚乳。

约有 50 属 1000 种，分布热带至温带。我国有 16 属 81 种和 36 变种或变型，以热带和亚热带地区种类较多。

科的识别特征：单叶互生叶掌裂，常被星毛 2 托叶。辐射对称花两性，单生簇生或集聚。常有总苞称副萼，萼片 5 枚基合生。单体雄蕊房上位，中轴胎座心皮多。蒴果分果或浆果，折叠子叶号分别。

分属检索表

1 果为蒴果……………………………………………………………………1 木槿属 *Hibiscus*

1 果分裂成分果

  2 花药仅外部着生，花柱分枝约为心皮的 2 倍………………………………2 悬玲花属 *Malvaviscus*

  2 花药着生至顶，花柱分枝与心皮同数…………………………………………3 苘麻属 *Abutilon*

（一）木槿属 *Hibiscus* L.

灌木或乔木。叶互生，不分裂或多少掌状分裂，有托叶；花两性，大，5 数，单生于叶腋间；萼下小苞片 5 或多数，分离或于基部合生；萼钟状，很少为浅杯状或管状，5 齿裂，宿存；花瓣 5，基部与雄蕊柱合生；雄蕊柱顶端截平或 5 齿裂，花药多数，生于柱顶；子房 5 室，每室有胚珠 3 至多颗，花柱 5 裂，柱头头状。蒴果，室背开裂成 5 果爿；种子肾形。

约 200 余种，分布于热带和亚热带地。我国有 24 种和 16 变种或变型 (包括引入栽培种)。产于全国各地。

分种检索表

1 小苞片离生

2 花瓣细裂如流苏状，小苞片不超过 2 毫米……………………………………1 吊灯花 *H.schizopetalus*

2 花瓣不分裂，副萼长达 5 毫米以上

3 叶卵状心形，掌状 3~5（7）裂，密被星状毛和短柔毛 ……………2 木芙蓉 *H.mutabilis*

3 叶卵形或菱状卵形，不裂或端部 3 浅裂

4 叶菱状卵形，端部 3 浅裂；蒴果密生星状绒毛…………………………3 木槿 *H.syriacus*

4 叶卵形，不裂；蒴果无毛…………………………………………………4 朱槿 *H.rosa-sinensis*

1 小苞片基部合生

5 常绿灌木或小乔木……………………………………………………………5 黄槿 *H.tiliaceus*

5 落叶灌木………………………………………………………………………6 海滨木槿 *H.hamabo*

1. 吊灯扶桑
Hibiscus schizopetalus(Mast.) Hook.f..

【别名】吊灯花、拱手花篮、吊篮花、灯笼花

【形态特征】常绿直立灌木，高达 3 米；小枝细瘦，常下垂，平滑无毛。叶椭圆形或长椭圆形，长 4~7 厘米，宽 1.5~4 厘米，先端短尖或短渐尖，基部钝或宽楔形，边缘具齿缺，两面均无毛；叶柄长 1~2 厘米，上面被星状柔毛；托叶钻形，长约 2 毫米，常早落。花单生于枝端叶腋间，花梗细瘦，下垂，长 8~14 厘米，平滑无毛或具纤毛，中部具节；小苞片 5，极小，披针形，长 1~2 毫米，被纤毛；花萼管状，长约 1.5 厘米，疏被细毛，具 5 浅齿裂，常一边开裂；花瓣 5，红色，长约 5 厘米，深细裂作流苏状，向上反曲；雄蕊柱长而突出，下垂，长 9~10 厘米，无毛；花柱枝 5。蒴果长圆柱形，长约 4 厘米，直径约 1 厘米（图 9-200）。花期全年。

【生态习性】喜温暖湿润的气候。不耐寒。喜光。

图 9-200 吊灯花

对土壤要求不严，适合在深厚、肥沃、疏松的砂质壤土上栽培。

【分布及栽培范围】原产东非热带。台湾、福建、广东、广西和云南南部各地有栽培。

【繁殖】扦插繁殖。

【观赏】其枝条柔软，绿叶婆娑，花朵形似风铃，色彩鲜艳，迎风摇曳，美丽而可爱，适合庭院栽培

或做大中型盆栽。

【园林应用】园景树、盆栽观赏。

【其它】吊灯花可入药，性味辛、凉，主治食积。

2. 木芙蓉 *Hibiscus mutabilis* Linn.

【别名】芙蓉花、酒醉芙蓉

【形态特征】落叶灌木或小乔木，高2~5米。小枝、叶柄、花梗和花萼均密被星状毛与直毛相混的细绵毛。叶宽卵形至圆卵形或心形，直径10~15厘米，常5~7裂，裂片三角形，先端渐尖，具钝圆锯齿，上面疏被星状细毛和点，下面密被星状细绒毛；主脉7~11条；叶柄长5~20厘米；托叶披针形，长5~8毫米，常早落。花单生于枝端叶腋间，花梗长约5~8厘米，近端具节，小苞片8，线形，长10~16毫米，宽约2毫米，密被星状绵毛，基部合生；萼钟形，长2.5~3厘米，裂片5，卵形，渐尖头；花初开时白色或淡红色，后变深红色，直径约8厘米，花瓣近圆形，直径4~5厘米，外面被毛；花柱枝5，疏被毛。蒴果扁球形，直径约2.5厘米，被淡黄色刚毛和绵毛，果爿5（图9-201）。花期8~10月。

图9-201　木芙蓉

栽培品种很多。单瓣的有纯白 'Totus Albus'、邹瓣纯白 'W.R.Smith'、大花纯白 'Diana'（花径约12厘米，多花）、白花褐心 'Monstrosus'、白花红心 'Red Heart'、白花深红心 'Dorothy crane'、蓝花红心 'Blue Bird'、浅蓝红心 'Hamabo'、紫蓝 'Coelestis'、大花粉红 'Pink Giant'（花径10~12厘米）、玫瑰红 'Wood-bridge'（花玫瑰红色，中心变深）；重瓣和半重瓣的有粉花重瓣 'Flore-plenus'（花瓣白色带粉红晕）、美丽重瓣 'Speciosus Plenus'（花重瓣，中间花瓣小）、白花重瓣 'usAlbo-plen'、白花褐心重瓣 'Elegantissimus'、白花红心重瓣 'Specious'、桃紫重瓣 'Amplissmus'、桃色重瓣 'Anemonaeflorus'、玫瑰重瓣 'Ardens'、桃红重瓣 'Paeoniflorus'（花桃色而带红晕）、紫花半重瓣 'Purpureus'、桃白重瓣 'Pulcherrimus'（花桃色而混合白色）、青紫重瓣 'Violaceus' 等。还有一种特殊的醉芙蓉：重瓣花，清晨和上午初开时花冠洁白，并逐渐转变为粉红色，午后至傍晚凋谢时变为深红色。因花朵一日三变其色，故名醉芙蓉，又名“三醉芙蓉”，是稀有的名贵品种。清代《花境》(1688年)里明确记有醉芙蓉。屈大均的《广东新语》也载有醉芙蓉“颜色不定，一日三换，又称三醉”，并赋诗云：“人家尽种芙蓉树，临水枝枝映晓妆。”

【生态习性】喜光，稍耐荫；喜肥沃、湿润而排水良好之中性或微酸性砂质壤土；喜温暖气候，不耐寒，在长江流域以北地区露地栽培时，冬季地上部分常冻死，但次年春季能从根部萌发新条，秋季能正常开花。生长较快，萌蘖性强。对二氧化硫抗性特强，对氯气、氯化氢也有一定的抗性。

【分布及栽培范围】湖南原产，黄河流域至华南均有栽培，尤其以四川一带为盛。日本和东南亚也有栽培。

【繁殖】扦插、压条、分株或播种繁殖。

【观赏】花期长，开花旺盛，品种多，其花色、花型随品种不同有丰富变化，是一种很好的观花树种。

【园林应用】园景树、基础种植、水边绿化、盆

图 9-202 木芙蓉在园林中的应用

栽观赏等（图 9-202）。由于花大而色丽，中国自古以来多在庭园栽植，可孤植、丛植于墙边、路旁、厅前等处。特别宜于配植水滨，开花时波光花影，相映益妍，分外妖娆。

【文化】木芙蓉晚秋开花，因而有诗说其是“千林扫作一番黄，只有芙蓉独自芳”。《长物志》云：“芙蓉宜植池岸，临水为佳”。因此有“照水芙蓉”之称。《花境》云：“芙蓉丽而开，宜寒江秋沼”。苏东坡也有：“溪边野芙蓉，花水相媚好。”的诗句。

四川成都因普遍栽植木芙蓉而有“蓉城”之称。

【其它】茎皮纤维洁白柔韧，可供纺织、制绳。造纸等用。花、叶及根皮供药用，有清肺、凉血、散热和清热解毒之功效。

3. 木槿 *Hibiscus syriacus* Linn.

【别名】木棉、荆条、朝开暮落花、喇叭花

【形态特征】落叶灌木，高 3~4 米，小枝幼时密被黄色星状绒毛，后脱落。叶菱形至三角状卵形，长 3~10 厘米，宽 2~4 厘米，具深浅不同 3 裂或不裂，先端钝，基部楔形，边缘具不整齐齿缺，下面沿叶脉微被毛或近无毛；叶柄长 5~25 毫米，上面被星状柔毛；托叶线形，长约 6 毫米，疏被柔毛。花单生于枝端叶腋间，花梗长 4~14 毫米，被星状短绒毛；小苞片 6~8，线形，长 6~15 毫米，宽 1~2 毫米，密被星状疏绒毛；花萼钟形，长 14~20 毫米，密被星状短绒毛，裂片 5，三角形；花钟形，淡紫色，直径 5~6 厘米，花瓣倒卵形，长 3.5~4.5 厘米，外面疏被纤毛和星状长柔毛；雄蕊柱长约 3 厘米；花柱枝无毛。蒴果卵圆形，直径约 12 毫米，密被黄色星状绒毛 图 9-203）。花期 7~10 月。

常见变种和变型有：

白花重瓣木槿 *f. albusplenus* 花白色，重瓣，直径 6~10 厘米。

粉紫重瓣木槿 *f. amplissimus* 花粉紫色，花瓣内面基部洋红色，重瓣。

雅致木槿 *f. elegantissimus* 花粉红色，重瓣，直径 6~7 厘米。

牡丹木槿 *f. paeoniflorus* 花粉红色或淡紫色，重瓣，直径 7~9 厘米。

紫花重瓣木槿 *f. violaceus* 花青紫色，重瓣。

大花木槿 *f. grandiflorus* 花桃红色，单瓣。

白花单瓣木槿 *f. totusalbus* 花纯白色，单瓣。

短苞木槿 *var. brevibracteatus* 叶菱形，基部楔形，小苞片极小，丝状，长 3~5 毫米，宽 0.5~1 毫米；花淡紫色，单瓣。

长苞木槿 *var. longibracteatus* 小苞片与萼片近于等长，长 1.5 2 厘米，宽 1~2 毫米；花淡紫色，单瓣。

【生态习性】喜温暖、湿润的气候，耐寒。喜光，耐半荫。耐干旱，不耐水湿。适应性强，以深厚、肥沃、疏松的土壤为好。萌芽性强，耐修剪。

【分布及栽培范围】原产我国中部各省。台湾、福建、广东、广西、云南、贵州、四川、湖南、湖北、

图 9-203 木槿

图 9-204　木槿在园林中的应用

安徽、江西、浙江、江苏、山东、河北、河南、陕西等省区均有栽培。

【繁殖】播种、扦插、压条等法繁殖，以扦插为主。

【观赏】夏、秋季开花，花期特长，且有很多花色、花型的变种和品种，是优良的园林观花树种。

【园林应用】园景树、绿篱、基础种植、盆栽及盆景、工厂绿化（图 9-204）。应用于草坪、路边、林缘，庭园、工厂。

【生态功能】对烟尘、二氧化硫和氯气多种有害气体具有很强的抗性，且有滞尘的功能。

【文化】唐代诗人李商隐的《槿花》诗曰："风露凄凄秋景繁，可怜荣落在朝昏。"诗人借木槿花之易落，喻红颜之易衰。《孟郊东野集》诗曰："小人槿花心，朝在夕不存。"诗人借木槿花朝开夕凋，因以形容人心易变。

【其它】嫩叶、花可食。茎皮纤维可作造纸原料；全株入药，有清热、凉血、利尿等功效。

4. 朱槿 *Hibiscus rosa-sinensis* Linn.

【别名】扶桑、佛桑、大红花、桑槿、状元红

【形态特征】常绿灌木，高约 1~3 米；小枝圆柱形，疏被星状柔毛。叶阔卵形或狭卵形，长 4~9 厘米，宽 2~5 厘米，先端渐尖，基部圆形或楔形，边缘具粗齿或缺刻，两面除背面沿脉上有少许疏毛外均无毛；叶柄长 5~20 毫米，上面被长柔毛；托叶线形，长 5~12 毫米，被毛。花单生于上部叶腋间，常下垂，花梗长 3~7 厘米；疏被星状柔毛或近平滑无毛，近端有节；小苞片 6~7，线形，长 8~15 毫米，疏被星状柔毛，基部合生；萼钟形，长约 2 厘米，被星状柔毛，裂片 5，卵形至披针形；花冠漏斗形，直径 6~10 厘米，玫瑰红色或淡红、淡黄等色，花瓣倒卵形，先端圆，外面疏被柔毛；雄蕊柱长 4~8 厘米，平滑无毛；花柱枝 5。蒴果卵形，长约 2.5 厘米，平滑无毛（图 9-205）。花期全年。

常见的有重瓣朱槿 *var. rubro-plenus Sweet.* 花重瓣，红色、淡红、橙黄等色。

美丽美利坚 (AmericanBeauty)，花深玫瑰红色。

橙黄扶桑 (Aurantiacus)，单瓣，花橙红色，具紫色花心。

黄油球 (Butterball)，重瓣，花黄色。

蝴蝶 (Butterfly)，单瓣，花小，黄色。

金色加州 (CaliforniaGold)，单瓣，花金黄色，具深红色花心。

快乐 (Cheerful)，单瓣，深玫瑰红色，具白色花心。

锦叶 (Cooperi)，叶狭长，披针形，绿色，具白、

图 9-205　朱槿

粉、红色斑纹。花小，鲜红色。

波希米亚之冠 (CrownofBohemia)，重瓣，花黄色可变为橙色。

金尘 (GoldenDust)，单瓣，橙色，具橙黄色中心。

呼拉圈少女 (HulaGirl)，单瓣，花大，花径 15 厘米，黄色变为橙红色，具深红花心。

砖红 (Lateritia)，花橙黄色，具黑红色花心。

纯黄扶桑 (Lute)，单瓣，花橙黄色。

马坦 (Matensis)，茎干红色，叶灰绿色，单瓣，花洋红色，具深红色脉纹及花心。

雾 (Mist)，重瓣，花大，黄色。

主席 (President)，单瓣，花红色，具深粉花心。

红龙 (RedDragon)，重瓣，花小，深红色。玫瑰 (Rosea)，重瓣，花玫瑰红色。

日落 (Sundown)，重瓣，花橙红色。

斗牛士 (Toreador)，单瓣，花大，花径 12~15 厘米，黄色具红色花心。

火神 (Vulcan)，单瓣，花大，红色。

白翼 (WhiteWings)，单瓣，花大，白色。

【生态习性】强阳性植物，性喜温暖、湿润，不耐荫，不耐寒、旱，在长江流域及以北地区，只能盆栽。室温低于 5℃时，叶片转黄脱落，低于 0℃，即遭冻害。耐修剪，发枝力强。喜富含有机质，pH6.5~pH7 的微酸性壤土。

图 9-206　朱槿在园林中的应用

【分布及栽培范围】原产我国南部。广东、广西、云南、台湾、福建、四川等省均有分布；现温带至热带地区均有栽培。

【繁殖】扦插、嫁接繁殖。

【观赏】美丽的观赏花木，花大鲜艳夺目，花期长，除红色外，还有粉红、橙黄、黄、粉边红心及白色等不同品种，朝开暮萎. 姹紫嫣红。

【园林应用】园景树、基础种植、水边绿化、盆栽观赏等（图 9-206）。多散植于池畔、亭前、道旁和墙边，盆栽扶桑适用于客厅和入口处摆设。

【文化】明代徐渭《闻里中有买得扶桑花者》诗之一："忆别汤江五十霜，蛮花长忆烂扶桑。"清 • 吴震方《岭南杂记》卷下："扶桑花，粤中处处有之，叶似桑而略小，有大红、浅红、黄三色，大者开泛如芍药，朝开暮落，落已复开，自三月至十月不绝。"

【其它】根、叶、花均可入药，有清热利水、解毒消肿之功效。

5. 黄槿 *Hibiscus tiliaceus* Linn.

【别名】桐花、海麻、万年春、盐水面头果、右纳

【形态特征】常绿灌木或乔木，高 4~10 米。叶革质，叶柄长 3~8 厘米；托叶叶状，长圆形，长约 2 厘米，宽约 12 毫米，早落；叶近圆形或广卵形，直径 8~15 厘米，先端突尖，有时短渐尖，基部心形，全缘或具不明显细圆齿，上面绿色，嫩时被极细星状毛，逐渐变平滑无毛，下面密被灰白色星状柔毛；叶脉 7 或 9 条。花序顶生或腋生，常数花排列成聚伞花序，总花梗长 4~5 厘米；花梗长 1~3 厘米，基部有 1 对托叶状苞片；小苞片 7~10，线状披针形，被绒毛，中部以下连合成杯状；萼长 1.5~2.5 厘米，基部合生，萼裂 5；花冠钟形，直径 6~7 厘米，花瓣黄色，内面基部暗紫色，倒卵形，长约 4.5 厘米，外面密被黄色星状柔毛；雄蕊长约 3 厘米；花柱枝 5。蒴果卵圆形，长约 2 厘米，被绒毛，果爿 5，木质（图 9-207）。花期 6~8 月。

常见花叶品种 cv. ' Tricolor '，叶面有乳白、粉、红、

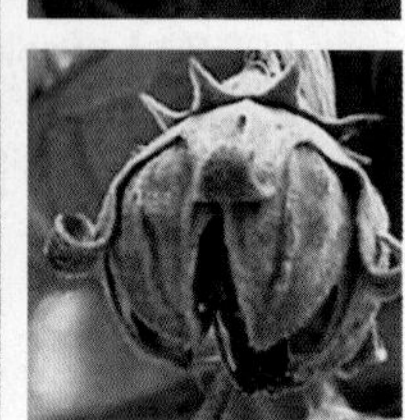

图 9-207　黄槿

图 9-208　海滨木槿

图 9-209　海滨木槿在园林中的应用

褐色等斑块或斑点。

【生态习性】阳性植物。性强健，耐旱、耐贫瘠。土壤以砂质壤土为佳。抗风力强，有防风定沙之效。耐盐碱能力好，适合海边种植。

【分布及栽培范围】台湾、广东、福建等省。菲律宾群岛、太平洋群岛、南洋群岛、印度、锡兰等地。

【繁殖】播种或扦插繁殖。

【观赏】叶呈心形，花黄色，花冠钟形，具有较强的观赏价值。

【园林应用】行道树、园路树、庭荫树、园景树、防护林。

【生态功能】多生于滨海地区，为海岸防沙、防潮、防风之优良树种。

【其它】树皮纤维供制绳索，嫩叶供蔬食。木材坚硬致密，耐朽力强，适于建筑、造船及家具等用。

6. 海滨木槿 *Hibiscus hamabo* Sieb. et Zucc.

【别名】海槿、日本黄槿

【形态特征】落叶灌木，高 1~2.5 米。小枝、叶柄、托叶、花梗、小苞片及花萼均密被灰白色或淡黄色星状绒毛和细伏毛。叶片厚纸质，倒卵形、扁圆形或宽倒卵形，长 3~6 厘米，宽 3.5~7 厘米，宽稍大于长，先端圆形或近平截，具突尖，基部圆形或浅心形，边缘中上部具细圆齿，中、下部近全缘，干时上面灰褐色至棕褐色，具星状毛，下面密被毡状绒毛和疏伏毛，灰绿色或灰黄色，具 5~7 脉；叶柄长 0.8~2 厘米；托叶披针状长圆形，长约 1 厘米，早落。花单生于枝端叶腋，花梗长 6~10 毫米；小苞片 8~10，线状披针形，中部以下连合成杯状，长约为萼的一半；花萼长约 2 厘米，基部 1/3 处合生，裂片三角状披针形；花冠钟状，直径 5~6 厘米，淡黄色，具暗紫色心，花瓣倒卵形；雄蕊柱光滑无毛，花药多数，肾形；花柱枝 5，柱头暗红色。蒴果三角状卵形，长约 2 厘米，密被黄褐色星状绒毛和细刚毛。种子肾形（图 9-208）。

花期 6~8 月，果期 8~9 月。

【生态习性】土壤的适应能力强。喜光，抗风力强，能耐短时期的水涝，也略耐干旱，能耐夏季 40℃的高温，也可抵御冬季— 10℃的低温。

【分布及栽培范围】原产在我国的浙江舟山群岛和福建的沿海岛屿，日本、朝鲜也有分布。

【繁殖】播种和扦插繁殖。

【观赏】花色鲜艳、花形漂亮，是优良的观花品种。

【园林应用】园景树、防护林、树林、水边绿化（图 9-209）。可植于海边，也可应用于庭园单株点缀或成片种植，林缘、溪边、草坪成片栽植。

【其它】全株可入药，清热，利湿，凉血。

（二）悬玲花属 *Malvaviscus* Dill. ex Adans.

灌木或粗壮草本。叶心形，浅裂或不分裂。花腋生，红色；小苞片 7~12，狭窄；萼裂片 5；花瓣直立而不张开；雄蕊柱突出于花冠外，顶端不育，具 5 齿，顶端以下多少沿生花药；子房 5 室，每室具胚珠 1 颗，花柱分枝 10。果为 1 肉质浆果状体，后变干燥而分裂。

本属约 6 种，产于美洲热带。我国引入栽培的有 2 变种。

1. 垂花悬铃花 *Malvaviscus arboreus* Carven var. *penduliflorus* (DC)Schery

【形态特征】灌木，高达 2 米，小枝被长柔毛。叶卵状披针形，长 6~12 厘米，宽 2.5~6 厘米，先端长尖，基部广楔形至近圆形，边缘具钝齿，两面近于无毛或仅脉上被星状疏柔毛，主脉 3 条；叶柄长 1~2 厘米，上面被长柔毛；托叶线形，长约 4 毫米，早落。花单生于叶腋，花梗长约 1.5 厘米；小苞片匙形，长 1~1.5 厘米，边缘具长硬毛，基部合生；萼钟状，直径约 1 厘米，裂片 5，较小苞片略长，被长硬毛；花红色，下垂，筒状，仅于上部略开展，长约 5 厘米；雄蕊柱长约 7 厘米；花柱分枝 10（图 9-210）。

栽培变种粉花悬铃花 'pink' 花粉红色。

【生态习性】性强健，喜高温多湿和阳光充足环境，耐热、耐旱、耐瘠、不耐寒霜、耐湿，稍耐荫，忌涝。耐修剪，抗烟尘和有害气体。它可供厂矿污染区绿化。

【分布及栽培范围】原产墨西哥和哥伦比亚，广东广州、云南西双版纳及陇川等等引种栽培。

【繁殖】扦插繁殖，也可嫁接或高压法。

图 9-210 垂花悬铃花

图 9-211 垂花悬铃花在园林中的应用

【观赏】枝繁叶茂，适应性强，鲜红色花朵，较为奇特，花美丽而永不开展，在热带地区全年开花不断，有较高的观赏价值。

【园林应用】园景树、绿篱、造型和盆栽观赏（图9-211）。常用于庭园、草坪、坡地、道旁、墙边、厂矿污染区。

【其它】根、皮、叶入药，具有拔毒消肿的效果。

（三）苘麻属 *Abutilon* Miller

草本、亚灌木状或灌木。叶互生，基部心形，掌状叶脉。花顶生或腋生，单生或排列成圆锥花序状；小苞片缺如；花萼钟状，裂片5；花冠钟形、轮形，很少管形，花瓣5，基部联合，与雄蕊柱合生；雄蕊柱顶端具多数花丝；子房具心皮8~20，花柱分枝与心皮同数，子房每室具胚珠2~9。蒴果近球形，陀螺状、磨盘状或灯笼状，分果爿8~20；种子肾形。

约150种，分布于热带和亚热带地区，中国有9种，南北均有产。

1. 金铃花
Abutilon atriatum Dickson (*A. pictum* Walp)

【别名】灯笼花、红脉商麻

【形态特征】常绿灌木，高达1米。叶掌状3~5深裂，直径5~8厘米，裂片卵状渐尖形，先端长渐尖，边缘具锯齿或粗齿，两面均无毛或仅下面疏被星状柔毛；叶柄长3~5厘米，无毛；托叶钻形，长约8毫米，常早落。花单生于叶腋，花梗下垂，长7~10厘米，无毛；花萼钟形，长约2厘米，裂片5，卵状披针形，深裂达萼长的3/4，密被褐色星状短柔毛；花钟形，桔黄色，具紫色条纹，长3~5厘米，直径约3厘米，花瓣5，倒卵形，外面疏被柔毛；雄蕊柱长约3.5厘米，花药褐黄色，多数，集生于柱端；花柱分枝10，紫色，柱头头状，突出于雄蕊柱顶端（图9-212）。果未见。花期5~10月。

图9-212　金铃花

图9-213　金铃花在园林中的应用

常见的品种有斑叶'Thompsonii'、重瓣'Pleniflorum'等品种。

【生态习性】喜温暖湿润气候，不耐寒，越冬最低为3~ 5℃；耐瘠薄，但以肥沃湿润、排水良好的微酸性土壤较好。耐修剪。

【分布及栽培范围】原产南美洲的巴西、乌拉圭等地。中国华南等引种栽培。长江流域局部可露地栽培。北方各大城市盆栽观赏。

【繁殖】扦插繁殖。

【观赏】花十分漂亮。

【园林应用】园景树、水边绿化、园景树、基础种植、绿篱、地被植物、盆栽及盆景观赏（图 9-213）。

【其它】叶和花可活血祛瘀，舒筋通络。用于跌打损伤。

四十四、大风子科（刺篱木科）Flacourtiaceae

常绿或落叶乔木或灌木，多数无刺，稀有枝刺或皮刺。单叶，互生，有时排成二列或螺旋式，全缘或有锯齿，多数在齿间有圆腺体，有的有透明的腺点和腺条，有时在叶基有腺体和腺点；叶柄常基部和顶部增粗，有的有腺点；托叶小，通常早落或缺，稀有大的和叶状的，或宿存。花通常小，稀较大，两性或单性，雌雄同株或杂性同株，单生或簇生，顶生或腋生，总状花序、圆锥花序或聚伞花序；萼片 2~7 或更多，覆瓦状排列，稀镊合状和螺旋状排列，分离或在基部联合成萼管；花瓣 2~7 片，稀更多或缺，稀有翼瓣片，分离或基部联合，通常花瓣与萼片相似而同数，稀比萼片更多，覆瓦状排列，或镊合状排列，稀轮状排列，排列整齐，早落或宿存，通常与萼片互生；花托通常有腺体，或腺体开展成花盘；雌蕊通常多数，有的与花瓣同数而和花瓣对生，花丝分离，稀联合成管状和束状与腺体互生；雌蕊由 2~10 个心皮形成；子房上位、半下位，稀完全下位，通常 1 室；具 2~10 侧膜胎，胚珠 2 至多数。果实为浆果或蒴果，稀为核果和干果（我国无）。种子 1 至多数，有时有假种皮。

本科约有 93 属，1300 余种，主要分布于热带和亚热带一些地区。我国现有 13 属和 2 栽培属，约 54 种。主产华南、西南，少数种类分布到秦岭和长江以南各省区。

分属检索表

1 掌状脉，叶柄有腺体……………………………………………… 1 山桐子属 *Idesia*

1 羽状脉，叶柄无腺体……………………………………………… 2 柞木属 *Xylosma*

（一）山桐子属 *Idesia* Maxim.

落叶乔木。单叶，互生，大型，边缘有锯齿；叶柄细长，有腺体；托叶小，早落。花雌雄异株或杂株；多数，呈顶生圆锥花序；苞片小，早落；花瓣通常无；雄花花萼 3~6 片，绿色，有柔毛；雄蕊多数，着生在花盘上，花丝纤细，有软毛，花药椭圆形，2 室，纵裂，有退化子房；雌花：淡紫色，花萼 3~6 片，两面有密柔毛；有多数退化雄蕊；子房 1 室，有 5(3~6) 个侧膜胎座，柱头膨大。浆果；种子多数，红棕色，外种皮膜质。

仅 1 种。分布于中国、朝鲜和日本。

1. 山桐子 *Idesia polycarpa* Maxim.

【别名】水冬瓜、水冬桐、椅树、椅桐、斗霜红

【形态特征】落叶乔木，高 8~21 米。枝条平展，近轮生。叶薄革质或厚纸质，卵形或心状卵形，或为宽心形，长 13~16 厘米，宽 12~15 厘米，先端渐尖或尾状，基部通常心形，边缘有粗的齿，齿尖有腺体，上面深绿色，光滑无毛，下面有白粉，沿脉有疏柔毛，脉腋有丛毛，基部脉腋更多，通常 5 基出脉，第二对脉斜升到叶片的 3/5 处；叶柄长 6~12 厘米，或更长，下部有 2~4 个紫色、扁平腺体，基部稍膨大。花单性，雌雄异株或杂性，黄绿色，有

芳香，花瓣缺，排列成顶生下垂的圆锥花序，花序梗有疏柔毛，长10~20厘米；雄花比雌花稍大，直径约1.2厘米；萼片3~6片，通常6片，长卵形，长约6毫米，宽约3毫米；雌花比雄花稍小，直径约9毫米；萼片3~6片，通常6片，卵形，长约4毫米，宽约2.5毫米。子房上位，花柱5或6，向外平展。浆果成熟期紫红色，扁圆形，高3~5毫米，直径5~7毫米，宽过于长，果梗细小，长0.6~2厘米；种子红棕色，圆形(图9-214)。花期4~5月，果熟期10~11月。

【生态习性】喜光和温暖湿润的气候，疏松、肥沃土壤，耐寒、抗旱，在轻盐碱地上可生长良好，为速生树种。

【分布及栽培范围】四川西部、甘肃南部、陕西南部、山西南部、河南南部、台湾北部和西南、中南、华东、华南等17个省区。朝鲜、日本的南部也有分布。

【繁殖】播种繁殖。

【观赏】树形优美，果实长序，结果累累，果色朱红，形似珍珠，风吹袅袅，为山地、园林的观赏树种。

【园林应用】园路树、园景树、庭荫树。主要用于草坪、庭院、宅前、坡地孤植或丛植，也可于道路两旁列植。

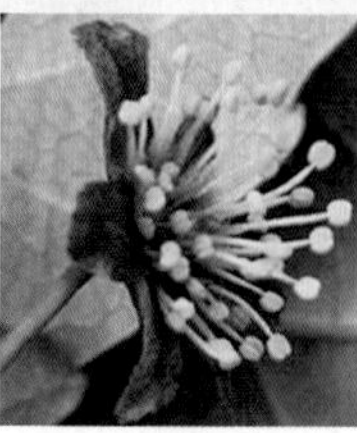
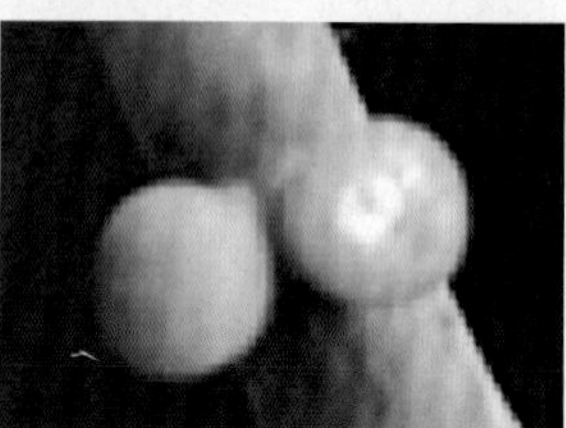
图9-214 山桐子

【其它】木材松软，可供建筑、家具、器具、纸浆等的用材。养蜂业的蜜源资源植物；种子油可制肥皂或做润滑油。

(二) 柞木属 *Xylosma* G. Forst.

小乔木或灌木，树干和枝上通常有刺，单叶，互生，薄革质，边缘有锯齿，稀全缘；有短柄；托叶缺。花小，单性，雌雄异株，稀杂性，排成腋生花束或短的总状花序、圆锥花序；苞片小，早落；花萼小4~5片，覆瓦状排列；花瓣缺；雄花的花盘通常4~8裂，稀全缘；雄蕊多数，花丝丝状，花药基部着生，顶端无附属物，退化子房缺；雌花的花盘环状，子房1室，侧膜胎座2，稀3~6个，每个胎座上有胚珠2至多数，花柱短或缺，柱头头状，或2~6裂。浆果核果状，黑色，果皮薄革质。

约40~50种，分布于热带和亚热带地区。我国4种和3个变种、变型，分布于秦岭以南、北回归线以北地区及横断山脉以东各省区。

1. 柞木 *Xylosma racemosum* (sieb.et Zucc.)

【别名】凿子树、蒙子树、葫芦刺、红心刺

【形态特征】常绿大灌木或小乔木，高4~15米。树皮棕灰色，不规则从下面向上反卷呈小片，裂片向上反卷；幼时有枝刺，结果株无刺。叶薄革质，雌雄株稍有区别，通常雌株的叶有变化，菱状椭圆形至卵状椭圆形，长4~8厘米，宽2.5~3.5厘

图 9-215　柞木

图 9-216　柞木在园林中的应用

米，先端渐尖，基部楔形或圆形，边缘有锯齿，两面无毛或在近基部中脉有污毛；叶柄短，长约 2 毫米。花小，总状花序腋生，长 1~2 厘米，花梗极短，长约 3 毫米；花萼 4~6 片，卵形，长 2.5~3.5 毫米，外面有短毛；花瓣缺；雄花有多数雄蕊，花丝细长，长约 4.5 毫米；花盘由多数腺体组成，包围着雄蕊；雌花的萼片与雄花同。浆果黑色，球形，顶端有宿存花柱，直径 4~5 毫米（图 9-215）。花期春季，果期冬季。

【生态习性】喜光、耐寒、能抗 -50℃，喜凉爽气候;耐干旱、耐瘠薄、喜中性至酸性土壤。耐火烧、根系发达、不耐盐碱。生于海拔 800 米以下的林边、丘陵和平原或村边附近灌丛中。

【分布及栽培范围】秦岭以南和长江以南各省区。朝鲜、日本也有分布。

【繁殖】播种繁殖。

【观赏】树干奇特苍劲，树形优美多姿，枝繁叶茂，耐修剪、易造型，造型后千姿百态，神韵独具。

【园林应用】园景树、防护林。主要用于草坪、庭院、宅前、坡地孤植或丛植（图 9-216）。

【生态功能】营造防风林、水源涵养林及防火林的优良树种

【其它】材质坚硬、比重大、纹理美观、具有抗腐耐水湿等特点。供家具、农具等用；叶入药能散瘀消肿，治跌打扭伤等；种子含油。蜜源植物。

四十五、柽柳科 Tamaricaceae

灌木或乔木。叶小，多呈鳞片状，互生，无托叶，通常无叶柄，多具泌盐腺体。花通常集成总状花序或圆锥花序，稀单生，通常两性，整齐；花萼 4~5 深裂，宿存；花瓣 4~5，分离，花后脱落或有时宿存；下位花盘常肥厚，蜜腺状；雄蕊 4、5 或多数，常分离，着生在花盘上，稀基部结合成束，或 连合到中部成筒，花药 2 室，纵裂；雌蕊 1，由 2~5 心皮构成，子房上位，1 室，侧膜胎座，稀具隔，或基底胎座；胚珠多数，稀少数，花柱短，通常 3~5，分离，有时结合。蒴果，圆锥形，室背分裂。种子多数。

3 属约 110 种。我国 3 属 32 种。

科识别特征：互生叶小如鳞片，穗状花序较明显。萼片花瓣 4 5 数，雄蕊互生于花瓣。雌蕊 1 室房上位，花柱离生常 3 枚。蒴果 1 室不完全，种子先端有毛被。生长环境耐干旱，西北沙地最常见。

（一）柽柳属 *Tamarix* Linn.

灌木或乔木，多分枝；枝条有两种；一种是木质化的生长枝，经冬不落，一种是绿色营养小枝，冬天脱落。叶小，鳞片状，互生，无柄，多具泌盐腺体；无托叶。花集成总状花序或圆锥花序，春季开花，总状花序侧生在去年生的生长枝上，或在当年生的生长枝上，集成顶生圆锥花序。花两性，4.5(~6) 数，通常具花梗。花萼草质或肉质，深 4~5 裂，宿存；花瓣与花萼裂片同数；雄蕊 4~5，单轮，与花萼裂片对生，外轮与花萼裂片对生，花丝常分离；雌蕊 1，由 3~4 心皮构成，子房上位，1 室，胚珠多数，基底一侧膜胎座，花柱 3~4。蒴果圆锥形，室背三瓣裂。种子多数，细小。

约 90 种。我国约产 18 种 1 变种，主要分布于西北、内蒙古及华北。

1. 柽柳 *Tamarix chinensis* Lour.

【别名】三春柳、西湖杨、观音柳、红筋条、红荆条

【形态特征】乔木或灌木，高 3~6(8) 米。叶鲜绿色，从生木质化生长枝上生出的绿色营养枝上的叶长圆状披针形或长卵形，长 1.5~1.8 毫米，稍开展，先端尖，基部背面有龙骨状隆起，常呈薄膜质。上部绿色营养枝上的叶钻形或卵状披针形，半贴生，先端渐尖而内弯，基部变窄，长 1~3 毫米，背面有龙骨状突起。每年开花两、三次。每年春季开花，总状花序侧生在生木质化的小枝上，长 3~6 厘米，宽 5~7 毫米，花大而少，较稀疏而纤弱点垂，小枝亦下倾；有短总花梗，或近无梗；苞片线状长圆形，或长圆形，渐尖，与花梗等长或稍长；花梗纤细，较萼短；花 5 出；萼片 5，较花瓣略短；花瓣 5，粉红色，通常卵状椭圆形或椭圆状倒卵形，长约 2 毫米，果时宿存；花盘 5 裂，紫红色；雄蕊 5。蒴果圆锥形（图 9-217）。花期 4~9 月。

【生态习性】喜生于河流冲积平原，海滨、滩潮湿盐碱地和沙荒地。

【分布及栽培范围】辽宁、河北、河南、山东、江苏、安徽等省。栽培于全国东部至西南部各省区。日本、美国也有栽培。

【繁殖】播种或扦插繁殖。

【观赏】枝叶纤细悬垂，婀娜可爱，一年开花三次，鲜绿粉红花相映成趣。

图 9-217　柽柳

图 9-218　柽柳在园林中的应用

【园林应用】园景树、基础种植、盆栽观赏（图 9-218）。

【生态功能】固沙造林树种。

【其它】木材密而重，可作薪炭柴，亦可作农

具用材。其细枝柔韧耐磨，多用来编筐，坚实耐用。 枝叶药用为解表发汗药，有去除麻疹之效。

四十六、番木瓜科 Caricaceae

小乔木，具乳汁，常不分枝。叶具长柄，聚生于茎顶，掌状分裂，稀全缘，无托叶。花单性或两性，同株或异株；雄花无柄，组成下垂圆锥花序；花萼5裂，裂片细长；花冠细长成管状；雄蕊10枚，互生呈二轮，着生于花冠上，花丝分离或基部连合，花药2室，纵裂；具退化子房或缺；雌花单生或数朵成伞房花序，花较大；花萼与雄花花萼相似；花冠管较雄花冠管短，花瓣初靠合，后分离；子房上位，1室或具假隔膜而成5室，胚珠多数或有时少数生于侧膜胎座上，花柱5，极短或几无花柱，柱头分枝或不分枝。两性花，花冠管极短或长；雄蕊5~10枚。果为肉质浆果，通常较大。

本科4属，约60种，产于热带美洲及非洲，现热带地区广泛栽培。我国南部及西南部引种栽培有1属1种。

（一）番木瓜属 *Carica* Linn.

小乔木或灌木；树干不分枝或有时分枝；叶聚生于茎顶端，具长柄，近盾形，各式锐裂至浅裂或掌状深裂，稀全缘。花单性或两性。雄花：花萼细小，5裂；花冠管细长，裂片长圆形或线形，镊合状或扭转状排列；雄蕊10枚，着生于花冠喉部，互生或与裂片对生，花丝短，着生于萼片上，花药2室，内向开裂，不育子房钻形。雌花：花萼与雄花相同；花冠5，线状长圆形，凋落，分离，无不育雄蕊；子房无柄，1室，柱头5，扩大或线形，不分裂或分裂；胚珠多数或有时仅少数，生于5侧膜胎座上。浆果大，肉质，种子多数，卵球形或略压扁，具假种皮，外种皮平滑多皱或具刺，胚包藏于肉质胚乳中，扁平，子叶长椭圆形。

本属约45种，原产于美洲热带地区。分布于中南美洲、大洋洲、夏威夷群岛、菲律宾群岛、马来西亚、中南半岛、印度及非洲。我国引种栽培1种。

1. 番木瓜 *Carica papaya* Linn.

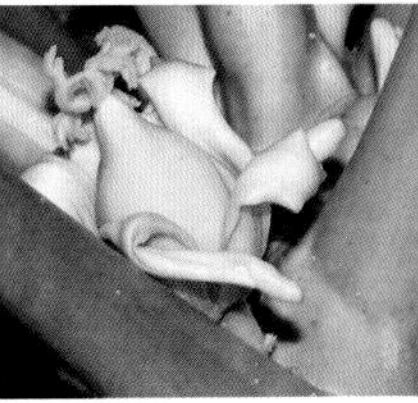

图9-219 番木瓜

【别名】木瓜、万寿果、番瓜、满山抛、树冬瓜

【形态特征】常绿软木质小乔木，高8~10米，具乳汁。茎不分枝或有时于损伤处分枝，具螺旋状排列的托叶痕。叶大，聚生于茎顶端，近盾形，直径可达60厘米，通常5~9深裂，每裂片再为羽状分裂；叶柄中空，长达60~100厘米。花单性或两性。植株有雄株、雌株和两性株。雄花：排列成圆锥花序，长达1米，下垂；花无梗；萼片基部连合；花冠乳黄色，花冠裂片5；雄蕊10，5长5短。雌花：单生或由数朵排列成伞房花序，着生叶腋内，具短梗或近无梗，萼片5；花冠裂片5，分离，乳黄色或黄白

色，长 5~6.2 厘米，宽 1.2~2 厘米。两性花：雄蕊 5 枚，着生于近子房基部极短的花冠管上，或为 10 枚着生于较长的花冠管上，排列成 2 轮，冠管长 1.9~2.5 厘米，花冠裂片长约 2.8 厘米，宽 9 毫米。浆果肉质，成熟时橙黄色或黄色，长圆球形，倒卵状长圆球形，梨形或近球形，长 10~30 厘米或更长，果肉柔软多汁，味香甜（图 9-219）。花果期全年。

【生态习性】喜高温多湿热带气候，不耐寒，遇霜即凋寒。根系较浅，忌大风、忌积水。喜疏松肥沃的砂质壤土或壤土。

【分布及栽培范围】原产热带美洲。福建南部、台湾、广东、广西、云南南部等省区已广泛栽培。

【繁殖】播种繁殖。

【观赏】树形奇特，叶大、果实大鲜艳可爱，是较好的观赏树种。

【园林应用】园景树、盆栽观赏。

【其它】果实营养丰富，维生素 C 含量高，可助消化、治胃病。青果含有丰富的木瓜蛋白酶，在医药、食品、制革、纺织及美容上广泛应用，是木瓜酶工业的主要原料。

四十七、杨柳科 Salicaceae

落叶乔木或直立、垫状和匍匐灌木。树皮光滑或开裂粗糙，通常味苦，有顶芽或无顶芽；芽由 1 至多数鳞片所包被。单叶互生，稀对生，不分裂或浅裂，全缘，锯齿缘或齿牙缘；托叶鳞片状或叶状，早落或宿存。花单性，雌雄异株，罕有杂性；葇荑花序，直立或下垂，先叶开放，或与叶同时开放，稀叶后开放，花着生于苞片与花序轴间，苞片脱落或宿存；基部有杯状花盘或腺体，稀缺如；雄蕊 2 至多数，花药 2 室，纵裂，花丝分离至合生；雌花子房无柄或有柄，雌蕊由 2~4(5) 心皮合成，子房 1 室，侧膜胎座，胚珠多数，花柱不明显至很长，柱头 2~4 裂。蒴果 2~4(5) 瓣裂。种子微小，基部围有多数白色丝状长毛。

3 属，约 620 多种。我国 3 属均有，约 320 余种，各省（区）均有分布，山地和北方较为普遍。

科识别特征：落叶木本树皮苦，单叶互生花单性。雌雄异株葇荑状，苞片膜质无花被。

雄花雄蕊 2 至多，雌花 2 皮合 1 室。早春飞絮状如雪，种子基部生长毛。

分索检索表

1 有顶芽，髓心五角形……………………………………………………1 杨属 *Populus*

1 无顶芽，髓心圆形…………………………………………………………2 柳属 *Salix*

（一）杨属 *Populus* Linn.

乔木，树干通常端直；树皮光滑或纵裂，常为灰白色。有顶芽（胡杨无），芽鳞多数，常有粘脂。枝有长短枝之分，圆柱状或具棱线。叶互生，多为卵圆形、卵圆状披针形或三角状卵形，在不同的枝上常为不同的形态，齿状缘；叶柄长，侧扁或圆柱形，先端有或无腺点。葇荑花序下垂，常先叶开放；雄花序较雌花序稍早开放；苞片先端尖裂或条裂，膜质，早落，花盘斜杯状；雄花有雄蕊 4 至多数，着生于花盘内，花药暗红色，花丝较短，离生；子房花柱短，柱头 2~4 裂。蒴果 2~4(5) 裂。种子小，多数，子叶椭圆形。

约 100 多种。我国约 62 种，其中引入栽培的约 4 种。

分种检索表

1 叶两面不为灰蓝色，花盘不为膜质，宿存，萌枝叶分裂或为锯齿状

2 叶背面无毛或仅有短柔毛，或幼叶背面有稀疏毛；芽无毛…… 1 加杨 *P.canadensis*

2 长枝之叶背面密被白色或灰白色绒毛；芽有柔毛

3 叶不裂，老叶背面毛渐脱落…………………………………… 2 毛白杨 *P.tomentosa*

3 叶掌状 3~5 裂，老叶背面仍有毛…………………………… 3 银白杨 *P.alba*

1 叶两面同为灰蓝色，花盘为膜质，早落，萌枝叶线状披针形或披针形，近全缘

……………………………………………………………………… 4 胡杨 *P.euphratica*

1. 加杨 *Populus* × *canadensis* Moench.

图 9-220 加杨

【别名】加拿大杨、欧美杨、加拿大白杨、美国大叶白杨

【形态特征】落叶乔木，高 30 多米。干直，树皮粗厚。单叶互生，叶三角形或三角状卵形，长 7~10 厘米，长枝萌枝叶较大，长 10~20 厘米，一般长大于宽，先端渐尖，基部截形或宽楔形，无或有 1~2 腺体，边缘半透明，有圆锯齿，近基部较疏，具短缘毛。上面暗绿色，下淡绿色，叶柄侧扁而长，带红色（苗期特明显）。雄花序长 7~15 厘米，花序轴光滑，每花有雄蕊 15~25(40)；苞片淡绿褐色，不整齐，丝状深裂，花盘淡黄绿色，全缘，花丝细长，白色，超出花盘；雌花序有花 45~50 朵，柱头 4 裂。果序长达 27 厘米；蒴果卵圆形，长约 8 毫米，先端锐尖，2~3 瓣裂。雌雄异株，雄株多，雌株少（图 9-220）。花期 4 月，果期 5~6 月。

【生态习性】喜温暖湿润气候，耐瘠薄及微碱性土壤；速生，4 年生苗可高达 15 米。

【分布及栽培范围】原产美洲。我国除广东、云南、西藏外，各省区均有引种栽培。

【繁殖】播种、扦插繁殖，扦插繁殖易活。

【观赏】树体高大，树冠宽阔，叶片大而具有光泽，夏季绿荫浓密，很适合作园林观赏树种。由于它具有适应性强、生长快等特点，已成为中国华北及江淮平原最常见的绿化树种之一。

【园林应用】行道树、庭荫树、防护林、风景林、工矿区绿化及四旁绿化（图 9-221）。草坪、工矿区、郊区、村旁、宅旁、路旁、水旁。

图 9-221 加杨的应用

【其它】木材轻软，纹理较细，易加工，可供建筑、箱板、家具，火柴杆、牙签和造纸等用。

2. 毛白杨 *Populus tomentosa* Carr.

【别名】大叶杨

【形态特征】落叶大乔木，高达30米。树皮灰白色，皮孔菱形散生，或2~4连生。长枝叶阔卵形或三角状卵形，长10~15厘米，宽8~13厘米，先端短渐尖，基部心形或截形，边缘深齿牙缘或波状齿牙缘，上面暗绿色，光滑，下面密生毡毛，后渐渐脱落；叶柄上部侧扁，长3~7厘米，顶端通常有2(3~4)腺点。短枝叶通常较小，长7~11厘米，宽6.5~10.5厘米（有时长达18厘米，宽15厘米），卵形或三角状卵形，先端渐尖，上面暗绿色有金属光泽，下面光滑，具深波状齿牙缘；叶柄稍短于叶片，侧扁，先端无腺点。雄花序长10~14(20)厘米，雄花苞片约具10个尖头，密生长毛，雄蕊6~12，花药红色；雌花序长4~7厘米。蒴果圆锥形或长卵形（图9-222）。花期3月，果期4月~5月。

【生态习性】强阳性，喜凉爽和较湿润气候，深根性。喜深厚肥沃、沙壤土。在特别干瘠或低洼积水处生长不良。耐烟尘，抗污染。深根性，萌芽力强，生长较快，寿命长达200年。垂直分布在海拔1500米以下的温和平原地区。

【分布及栽培范围】北起我国辽宁南部、南至长江流域，以黄河中下游为适生区。雌株以河南省中部最为常见，山东次之，其它地区较少，北京近年来引有雌株。

图9-222 毛白杨

【繁殖】播种、插条、埋条、留根、嫁接等方法繁殖。

【观赏】树干灰白、端直，树形高大广阔，颇具雄伟气概，大形深绿色的叶片在微风吹拂时能发出欢快的响声，给人以豪爽之感。

【园林应用】风景林、园景树、庭荫树、防护林、行道树。草坪、广场、道路旁、宅旁、水旁、郊区、工厂等场所。

【其它】木材白色，纹理直，纤维含量高，可作建筑、家具、箱板及火柴、造纸等用材，是人造纤维的原料。

3. 银白杨 *Populus alba* Linn.

【形态特征】乔木，高15~30米。树皮白色至灰白色，平滑。萌枝和长枝叶卵圆形，掌状3~5裂，长4~10厘米，宽3~8厘米，裂片先端钝尖，基部阔楔形、圆形或平截形，或近心形，中裂片远大于侧裂片，边缘呈不规则凹缺，侧裂片几呈钝角开展，不裂或凹缺状浅裂，初时两面被白绒毛，后上面脱落；短枝叶较小，长4~8厘米，宽2~5厘米，卵圆形或椭圆状卵形，先端钝尖，基部阔楔形、圆形、少微心形或平截，边缘有不规则且不对称的钝齿牙；上面光滑，下面被白色绒毛；叶柄短于或等于叶片，略侧扁，被白绒毛。雄花序长3~6厘米；花序轴有毛，苞片膜质，宽椭圆形，长约3毫米，边缘有不规则齿牙和长毛；雄蕊8~10，花丝细长，花药紫红色；雌花序长5~10厘米，花序轴有毛。蒴果细圆锥形，长约5毫米，2瓣裂（图9-223）。花期4~5月，果期5月。

【生态习性】喜大陆性气候，喜光，不耐荫。耐-40℃低温。耐干旱气候，但不耐湿热。喜湿润肥沃的砂质土壤。深根性，根系发达，固土能力强，根蘖强。杭风、抗病虫害能力强。

【分布及栽培范围】新疆有野生天然林分布，辽

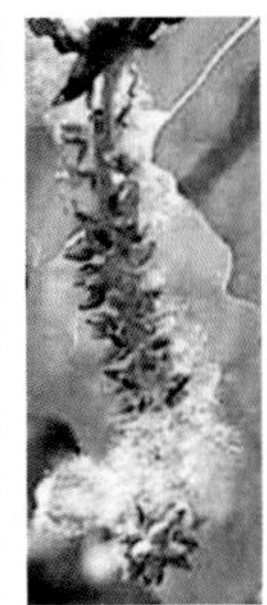

图 9-223　银白杨

宁南部、山东、河南、河北、陕西、山西、宁夏、甘肃、青海等地有栽培，欧洲、北非及亚洲西部、北部。

【繁殖】播种、扦插繁殖

【观赏】银白色的叶片和灰白色的树干都与众不同，叶子在微风中飘动有特殊的闪烁效果，高大的树形及卵圆形的树冠亦颇为美观。

【园林应用】庭荫树、行道树、防护林。草坪孤植、丛植，道路两旁列植均可，也可植于堤岸、荒沙。

【其它】材质松软，结构细，纹理直，但耐腐蚀性较差，可供建筑、家具、造纸等用。叶磨碎可驱臭虫。

4. 胡杨 *Populus euphratica* Oliv

【别名】三叶树。

【形态特征】落叶乔木，高 10~15 米。苗期和萌枝叶披针形或线状披针形，全缘或不规则的疏波状齿牙缘；成年树小枝泥黄色，有短绒毛或无毛，枝内富含盐量，嘴咬有咸味。叶形多变化，卵圆形、卵圆状披针形、三角状卵圆形或肾形，先端有粗齿牙，基部楔形、阔楔形、圆形或截形，有 2 腺点，两面同色；叶柄微扁，约与叶片等长，萌枝叶柄极短，长仅 1 厘米，有短绒毛或光滑。雄花序组圆柱形，长 2~3 厘米，轴有短绒毛，雄蕊 15~25，花药紫红色，花盘膜质，边缘有不规则齿牙；苞片略呈菱形，长约 3 毫米，上部有疏齿牙；雌花序长约 2.5 厘米，花序轴有短绒毛或无毛。蒴果长卵圆形，长 10~12 毫米（图 9-224）。花期 5 月，果期 7~8 月。

【生态习性】喜光、抗热、抗旱、抗盐碱、抗风沙。在湿热的气候条件和粘重土壤上生长不良。在水分好的条件下，寿命可达百年左右。

【分布及栽培范围】内蒙古西部、甘肃、青海、新疆。蒙古、中亚、埃及、叙利亚、印度、伊朗、阿富汗、巴基斯坦等地。

【繁殖】播种繁殖。

【观赏】树干通直，树形高大，颇具雄伟气质；树叶奇特，生长在幼树嫩枝上的叶片狭长如柳，大树老枝条上的叶却圆润如杨，在微风吹拂时能发出壮烈的声响，给人以豪迈之感。成片的胡杨林秋天金色精美绝伦，是一道美丽的风景线。

【园林应用】防护林、风景林、树林。沙漠地区、空旷之地或广阔的草坪上，能显出其特有的风姿，也能体现其壮观的气势。

【生态功能】能够防风固沙，减少土壤的侵蚀和流失。胡杨的细胞透水性较一般植物强，它从主根、侧根、躯干、树皮到叶片都能吸收很多的盐分，并能通过茎叶的泌腺排泄盐分，抑制了土壤盐渍化的进程，从而在一定程度上起到改良土壤的作用。

【文化】胡杨被人赞誉是“长着千年不死，死后千年不倒，倒地千年不腐”的英雄树。

【其它】木材供建筑、桥梁、农具、家具等用。很好的造纸原料。从树干切口流出的汁液是食用碱和制肥皂的原料。叶和花均可入药。

图 9-224　胡杨

（二）柳属 *Salix* Linn.

乔木或匍匐状、垫状、直立灌木。枝圆柱形，髓心近圆形。无顶芽，侧芽通常紧贴枝上，芽鳞单一。叶互生，稀对生，通常狭而长，多为披针形，羽状脉，有锯齿或全缘；叶柄短；具托叶，多有锯齿，常早落，稀宿存。葇荑花序直立或斜展，先叶开放，或与叶同放，稀后叶开放；苞片全缘，有毛或无毛，宿存，稀早落；雄蕊2至多数，花丝离生或部分或全部合生，花药多黄色；腺体1~2(位于花序轴与花丝之间者为腹腺，近苞片者为背腺)；雌蕊由2心皮组成，子房无柄或有柄，花柱长短不一，或缺，单1或分裂，柱头1~2，分裂或不分裂。蒴果2瓣裂；种子小。

本属世界约520多种，主产北半球温带地区，寒带次之，亚热带和南半球极少。我国257种，122变种，33变型。各省均产。

分种检索表

1 新叶绿色

  2 灌木，叶互生，长椭圆形；雄花序粗大，密被白色光泽绢毛…… 1 银芽柳 *S.leucopithecia*

  2 乔木，叶狭长，披针形至线状披针形，雄蕊2

    3 枝条直伸或斜展，子房背腹面各具1腺体……………………… 2 旱柳 *S.matsudana*

    3 小枝细长下垂，子房仅腹面具1腺体…………………………… 3 垂柳 *S.babylonica*

1 新叶白色……………………………………………………………… 4 花叶柳 *S. integra*.'Hakuro Nishiki'

1. 银芽柳 *Salix × leucopithecia* Kimura.

【别名】棉花柳

【形态特征】落叶灌木，高约2~3米，分枝稀疏。枝条绿褐色，具红晕，有时具绢毛，老时脱落。冬芽红紫色，有光泽。叶长椭圆形，长9~15厘米，先端尖，基部近圆形，缘具细浅齿，表面微皱，深绿色，背面密被白毛，半革质。雄花花序椭圆状圆柱形，长3~6厘米，早春叶前开放，初开时芽鳞疏展，包被于花序基部，红色而有光泽，盛开时花序密被银白色绢毛，颇为美观（图9-225）。

图9-225　银芽柳

【生态习性】喜光、耐荫、耐湿、耐寒、好肥，适应性强，在土层深厚、湿润、肥沃的环境中生长良好，一般宜于地栽。

【分布及栽培范围】原产于日本；中国上海、南京、杭州一带有栽培。

【繁殖】扦插繁殖。

【观赏】花芽肥大，苞片紫红色，先花后叶，柔荑花序，苞片脱落，露出银白色的未开放花序，十分美观，为观芽植物。

【园林应用】水边绿化、园景树。银芽柳在园林中常配植于池畔、河岸、湖滨、堤防绿化，冬季还可剪取枝条观赏。

【其它】用作鲜切花。

2. 旱柳 *Salix matsudana* Koidz.

【别名】柳树

【形态特征】乔木，高达 18 米。枝条直伸或斜展。叶披针形至狭披针形，长 5~10 厘米，先端长渐尖，基部窄圆形或楔形，上面绿色，无毛，下面苍白色，幼时有丝状柔毛，叶缘有细锯齿，齿端有腺体，叶柄短，长 5~8 毫米，上面有长柔毛；托叶披针形或无，缘有细腺齿。花序与叶同时开放；雄花序圆柱形，长 1.5~2.5 厘米，稀 3 厘米，粗 6~8 毫米，多少有花序梗，花序轴有长毛；雄蕊 2，花丝基部有长毛，花药黄色；苞片卵形，黄绿色，先端钝，基部多少被短柔毛；腺体 2，雌花序长达 2 厘米，粗约 4~5 毫米，3~5 小叶生于短花序梗上，花序轴有长毛；子房长椭圆形，近于无柄，无毛，无花柱或很短，柱头卵形，近圆裂；苞片同雄花，腺体 2，背生和腹生。果序长达 2.5 厘米（图 9-226）。花期 4 月；果期 4~5 月。

图 9-226　旱柳

旱柳常见以下栽培变种：

(1) 馒头柳 'Umbracnlifera' 分枝密，端梢变整，形成半圆形树冠，状如馒头。

(2) 绦柳 'Pendula' 枝条细长下垂，常被误认为是垂柳。小枝黄色，叶无毛，叶柄长 5~8 毫米，雌花有 2 腺体。

(3) 龙爪柳（龙须柳）'Tortuosa' 枝条扭曲上升，各地常栽培观赏。生长势较弱，易衰老，寿命

【生态习性】喜光，较耐寒，耐干旱。喜湿润排水、通气良好的沙壤土，稍耐盐碱。对病虫害及大气污染的抗性较强。萌芽力强，根系发达，扎根较深，具内生菌根。

【分布及栽培范围】东北、华北平原、西北黄土高原，西至甘肃、青海，南至淮河流域以及浙江、江苏。北方平原常见种。

【繁殖】播种、扦插和埋条繁殖。

【观赏】柔软嫩绿的枝叶，丰满的树冠，都给人以亲切优美之感，

【园林应用】水边绿化、防护林、沙荒造林、四旁绿化（图 9-227）。适合于庭前、道旁、河堤、溪畔、草坪栽植。

图 9-227　旱柳在园林中的应用

【其它】木材白色，轻软，纹理直，但不耐腐，可供建筑、农具、造纸等用；枝条可编筐；花有蜜腺，是早春蜜源树种之一；叶为冬季羊饲料。

3. 垂柳 *Salix babylonica* Linn.

【别名】垂枝柳、倒挂柳

【形态特征】垂柳是高大乔木，高度可达 12~18 米。树冠开展而疏散。树皮灰黑色，不规则开裂；小枝细长下垂，黄褐色，淡褐色，无毛。芽线形，先端急尖。叶狭披针形至线状披针形，长 9~16 厘米，先端渐长尖，基部楔形，两面无毛或微有毛，缘有细锯齿，表面绿色，背面色较淡；叶柄长 (3)5~10 毫米；

托叶仅生在萌发枝上，斜披针形或卵圆形，边缘有齿牙。花序先叶开放，或与叶同放；雄花具 2 雄蕊，2 腺体；雌花子房仅腹面具 1 腺体。蒴果长 3~4 毫米，带绿黄褐色（图 9-228）。花期 3~4 月；果熟期 4~5 月。

【生态习性】喜光，喜温暖湿润气候及潮湿深厚的酸性及中性土壤。较耐寒，特耐水湿，但亦能生于土层深厚的干燥地区。萌芽力强，根系发达。生长迅速，15 年生树高达 13 米，胸径 24 厘米。寿命较短，30 年后渐趋衰老。垂柳对有毒气体抗性较强。

国外有卷叶 'Crispa'、曲枝 'Tortuosa'、金枝 'Aurea' 等栽培变种。

【分布及栽培范围】长江流域与黄河流域，其它各地均栽培。

【繁殖】扦插为主，亦可用种子繁殖。

【观赏】枝条细长，柔软下垂，随风飘舞，姿态优美潇洒。在园林中，广泛用于河岸及湖池边绿化，柔条依依拂水，别有风致，自古即为重要的观赏树种。

【园林应用】庭荫树、水边绿化、工厂绿化（图 9-229）。用于庭前、道旁、河堤、溪畔、草坪栽植。

【文化】垂柳自古栽培，文化底蕴深厚。唐 · 贺知章《咏柳》提到："碧玉妆成一树高，万条垂下绿丝绦。"韩愈《早春呈水部张十八员外二首》云："最是一年春好处，绝胜烟柳满皇都。"欧阳修《蝶恋花》云："庭院深深深几许？杨柳堆烟，帘幕无重数。"

【其它】木枝条可编制篮、筐、箱等器具。枝、叶、花、果及须根均可入药。

图 9-228　垂柳

图 9-229　垂柳在园林中的应用

4. 花叶柳 *Salix integra* Thunb 'Hakuro Nishiki'

【别名】彩叶杞柳

【形态特征】落叶灌木，自然状态下呈灌丛状，无明显主干，树干金黄色。春季新叶白色，略透粉红色，色彩十分鲜艳，新叶先端粉白色基部黄绿色密布

图 9-230　花叶柳

图 9-231　花叶柳在园林中的应用

白色斑点，随风飘摆，景观效果亮丽，随着时间推移，叶色变为黄绿色带粉白色斑点（图 9-230）。

【生态习性】喜光或 25% 遮荫，耐寒性强，在我国北方大部分地区都可越冬，喜水湿，耐干旱，对土壤要求不严，PH5.0~7.0 的土壤或干褙沙地、低湿河滩和弱盐碱地上均能生长，以肥沃、疏松，潮湿土壤最为适宜。主根深，侧根和须根广布于各土层中，能起到很好的固土作用。

【分布及栽培范围】从国外引入，北京、上海、长沙生长良好。

【繁殖】扦插繁殖，夏季扦插 5 天就可生根。

【观赏】嫩叶花白色。

【园林应用】水边绿化、园景树、基础种植、绿篱、地被植物、特殊环境绿化、盆栽及盆景观赏（图 9-231）。

四十八、白花菜科（山柑科）Capparaceae

草本，灌木或乔木，常为木质藤本，毛被存在时分枝或不分枝，如为草本常具腺毛和有特殊气味。叶互生，很少对生，单叶或掌状复叶；托叶刺状，细小或不存在。花序为总状、伞房状、亚伞形或圆锥花序，或 (1)2~10 花排成一短纵列，腋上生，少有单花腋生；花两性，有时杂性或单性，辐射对称或两侧对称，常有苞片，但常早落；萼片 4~8，常为 4 片，排成 2 轮或 1 轮，相等或不相等，分离或基部连生，少有外轮或全部萼片连生成帽状；花瓣 4~8，常为 4 片，与萼片互生，在芽中的排列为闭合式或开放式，分离，无柄或有爪，有时无花瓣；花托扁平或锥形，或常延伸为长或短的雌雄蕊柄，常有各式花盘或腺体；雄蕊 (4)6 至多数，花丝分离，在芽中时内折或成螺旋形，着生在花托上或雌雄蕊柄顶上；花药以背部近基部着生在花丝顶上，2 室，内向，纵裂；雌蕊由 2(~8) 心皮组成，常有长或短的雌蕊柄，子房卵球形或圆柱形，1 室有 2 至数个侧膜胎座，少有 3~6 室而具中轴胎座；花柱不明显。果为有坚韧外果皮的浆果或瓣裂蒴果，球形或伸长，有时近念珠状；种子 1 至多数。

约 42~45 属，700~900 种，主产热带与亚热带。中国有 5 属约 44 种及 1 变种，主产西南部至台湾。大多数种类适应于旱生生境。

（一）鱼木属 *Crateva* Linn.

乔木或有时灌木，常绿或落叶，常无毛。小枝有髓或中空，圆形，有皮孔。叶为互生掌状复叶，有小叶 3 片，小叶有短柄或近无柄，幼时质薄，长成时变坚硬，侧生小叶偏斜，基部不对称；叶柄长，顶端向轴面上常有腺体；托叶细小，早落。总状或伞房状花序着生在新枝顶部，花序轴花后不生长或有时继续生长成有叶而花侧生的花枝，花梗脱落后常在序轴上留有明显的疤痕；花大，白色，有长花梗，两性或因一性不育而成单性，萼片与花瓣在芽中时的排列为开放式；苞片早落；花托内凹，盘状，有蜜腺，萼片与花瓣着生在花托边缘上；萼片 4，近相等，远比花瓣短小；花瓣 4，有爪，近相等；雄蕊 (8)12~50，花丝着生在雌雄蕊柄上，雌雄蕊柄长 1 至数毫米；花药内向，近基底着生；雌蕊柄长约 2~8 厘米或在雄花中退化；子房 1 室，侧膜胎座 2，胚珠多数；柱头明显，花柱短或无花柱。果为浆果，球形或椭圆形，果皮革质，坚硬，表面平滑或粗糙；花梗、花托与雄蕊柄在果时均木化增粗。种子多数。子叶半圆形，胚根短，圆锥形。

约 20 种，产全球热带与亚热带，但不产澳大利亚与新喀里多尼亚，也不产荒漠地区。我国产 4 种，多见于西南、华南至台湾。

1. 鱼木 *Crateva formosensis* (Jacobs.)B.S.Sun.

图 9-232　鱼木

【别名】台湾鱼木

【形态特征】灌木或乔木，高 2~20 米。小叶干后淡灰绿色至淡褐绿色，质地薄而坚实，不易破碎，两面稍异色，侧生小叶基部两侧很不对称，花枝上的小叶长 10~11.5 厘米，宽 3.5~5 厘米，顶端渐尖至长渐尖，有急尖的尖头，侧脉纤细，4~6(7) 对，干后淡红色，叶柄长 5~7 厘米，干后褐色至浅黑色，腺体明显，营养枝上的小叶略大，长 13-15 厘米，宽 6 厘米，叶柄长 8~13 厘米。花序顶生，花枝长 10~15 厘米，花序长约 3 厘米，有花 10~15 朵；花梗长 2.5~4 厘米；花不完全了解；雌蕊柄长 3.2~4.5 厘米。果球形至椭圆形，约 3~5 厘米 ×3~4 厘米，红色（图 9-232）。花期 6~7 月，果期 10~11 月。

【生态习性】喜光、暖热气候。生于海拔 400 米以下的沟谷、平地、低山水旁或石山密林中。

【分布及栽培范围】台湾、广东北部、广西东北部，重庆有栽培。

【繁殖】播种繁殖。

【观赏】树形优美，枝叶洁净，花大美丽。

【园林应用】园景树、庭荫树、行道树。适用于庭前、道路、草坪、坡地栽种。

【其它】木材质地轻软，可雕刻成小鱼状，用来钓乌贼，故名鱼木。叶、果、根、茎可入药，功效散淤消肿，祛腐生肌，祛风止痛。

四十九、杜鹃花科（石南科）Ericaceae

木本植物，灌木或乔木，体型小至大；陆生或附生；通常常绿，少有半常绿或落叶；叶革质，少有纸质，互生，极少假轮生，稀交互对生，全缘或有锯齿，不分裂。不具托叶。花单生或组成总状、圆锥状或伞形总状花序，顶生或腋生，两性，辐射对称或略微两侧对称；花萼通常 4~5 裂，宿存；花瓣通常鲜艳合生成钟状、坛状、漏斗状或高脚碟状，稀离生，花冠 5 裂或 4、6、8 裂，裂片覆瓦状排列；雄蕊为花冠裂片数的 2 倍，稀同数或更多，花丝分离，稀略粘合，内向顶孔开裂，稀纵裂；子房上位或下位，(2~)5(~12) 室，稀更多。蒴果或浆果，少有浆果状蒴果；种子小，粒状或锯屑状。胚圆柱形，胚乳丰富。

约 103 属 3350 种，全世界分布。我国有 15 属，约 757 种，分布全国各地，主产地在西南部山区，尤以四川、云南、西藏三省及相邻地区为盛。

分索检索表

1 子房上位，果为蒴果

　2 花大显著，蒴果室间开裂……………………………………1 杜鹃花属 *Rhododendron*

　2 花大显著，蒴果室背开裂……………………………………2 马醉木属 *Pieris*

1 子房下位，果为浆果……………………………………………3 越橘属 *Vaccinium*

（一）杜鹃花属 *Rhododendron* Linn.

灌木或乔木，有时矮小成垫状，地生或附生；植株无毛或被各式毛被或被鳞片。叶常绿或落叶、半落叶，互生，全缘，稀有不明显的小齿。花芽被多数形态大小有变异的芽鳞。花显著，形小至大，通常排列成伞形总状或短总状花序，稀单花，通常顶生，少有腋生；花萼5裂，罕6~10裂，或环状无明显裂片，宿存；花冠漏斗状、钟状、管状、高脚碟状，整齐或略两侧对称，裂片与花萼同数，裂片在芽内覆瓦状；雄蕊5~10枚，罕更多，着生花冠基部，花药无附属物，顶孔开裂或为略微偏斜的孔裂；花盘多少增厚而显著。子房通常5室，少有6~20室，花柱细长劲直或粗短而弯弓状，宿存。蒴果。种子多数。

约960种，广泛分布于欧洲、亚洲、北美洲，主产东亚和东南亚。我国约542种，（不包括种下等级），除新疆、宁夏外，各地均有，但集中产于西南、华南。

分种检索表

1 落叶灌木
  2 雄蕊5枚……………………………………………… 1 羊踯躅 *R.molle*
  2 雄蕊10枚 …………………………………………… 2 满山红 *R.mariesii*
1 常绿灌木或小乔木
    3 雄蕊5枚…………………………………………… 3 石岩杜鹃 *R.obtusum*
    3 雄蕊10枚或更多
      4 雄蕊14枚 ………………………………………… 4 云锦杜鹃 *R.fortunei*
      4 雄蕊10~12枚
        5 花腋生………………………………………… 5 鹿角杜鹃 *R.latoucheae*
        5 花生枝顶
          6 花1~5朵顶生枝端，径6厘米……………… 6 锦绣杜鹃 *R.pulchrum*
          6 花顶生呈密总状花序
            7 雄蕊10枚，等长 ………………………… 7 照山白 *R.micranthum*
            7 雄蕊10~12，不等长 ……………………… 8 猴头杜鹃 *R. simiarum*

1. 羊踯躅 *Rhododendron molle* (Bl.)G.Don.

【别名】黄杜鹃、闹羊花、羊不食草、玉枝

【形态特征】落叶灌木，高0.5~2米；分枝稀疏。叶纸质，长圆形至长圆状披针形，长5~11厘米，宽1.5-3.5厘米，先端钝，具短尖头，基部楔形，边缘具睫毛，幼时上面被微柔毛，下面密被灰白色柔毛，沿中脉被黄褐色刚毛，中脉和侧脉凸出；叶柄长2~6毫米，被柔毛和少数刚毛；总状伞形花序顶生，花多达13朵，先花后叶或与叶同时开放；花梗长1~2.5厘米，被微柔毛及疏刚毛；花萼裂片小，圆齿状；花冠阔漏斗形，长4.5厘米，直径5~6厘米，黄色或金黄色，内有深红色斑点，花冠管向基部渐狭，圆筒状，长2.6厘米，外面被微柔毛，裂片5，椭圆形或卵状长圆形，长2.8厘米，外面被微柔毛；雄蕊5，不等长，长不超过花冠。蒴果圆锥状长圆形，长2.5~3.5厘米，具5条纵肋，被微柔毛和疏刚毛（图9-233）。花期3~5月，果期7~8月。

【生态习性】生于海拔1000米的山坡草地或丘

图 9-233 黄杜鹃

图 9-234 满山红

陵地带的灌丛或山脊杂木林下。

【分布及栽培范围】产江苏、安徽、浙江、江西、福建、河南、湖北、湖南、广东、广西、四川、贵州和云南。

【繁殖】可用播种、扦插和嫁接法繁殖，也可行压条和分株。

【观赏】繁叶茂，色彩鲜艳、绮丽多姿，是优良的观花灌木。其萌发力强，耐修剪，根桩奇特，是优良的盆景材料。

【园林应用】园景树、绿篱、盆景观赏。园林中最宜在林缘、溪边、池畔及岩石旁成丛成片栽植，也可于疏林下散植。

【其它】全株有毒，人畜食之会死亡。叶、花捣烂外敷治皮肤癣病；花、茎、叶和根粉是昆虫的触杀毒和胃毒物。在医学上常作为麻醉、镇痛剂使用，可治疗风湿性关节炎、跌打损伤。

2. 满山红 *Rhododendron mariesii* Hemsl.et.Wils.

【别名】山石榴、马礼士杜鹃、守城满山红

【形态特征】落叶灌木，高 1~4 米；枝轮生，幼时被淡黄棕色柔毛，成长时无毛。叶厚纸质或近于革质，常 2~3 集生枝顶，椭圆形，卵状披针形或三角状卵形，长 4~7.5 厘米，宽 2~4 厘米，先端锐尖，具短尖头，基部钝或近于圆形，边缘微反卷，初时具细钝齿，后不明显，上面深绿色，下面淡绿色，幼时两面均被淡黄棕色长柔毛，后无毛或近于无毛，叶脉无毛。花通常 2 朵顶生，罕 3 朵，先花后叶，出自于同一顶生花芽；花梗直立，长 7~10 毫米，密被黄褐色柔毛；花萼环状，5 浅裂，密被褐色柔毛；花冠漏斗形，淡紫红色或紫红色，长 3~3.5 厘米，花冠管长约 1 厘米，基部径 4 毫米，裂片 5，深裂，长圆形，先端钝圆，上方裂片具紫红色斑点，两面无毛；雄蕊 10，不等长，花丝扁平，花药紫红色；子房卵球形。蒴果椭圆状卵球形，长 6~9 毫米，稀达 1.8 厘米，密被棕褐色长柔毛（图 9-234）。花期 4~5 月，果期 6~11 月。

【生态习性】喜凉爽、湿润气候，恶酷热干燥。要求富含腐殖质、疏松、湿润及 pH 值在 5.5~6.5 之间的酸性土壤。耐干旱、瘠薄，但在粘重或通透性差的土壤上，生长不良。需光，但不耐曝晒。是强酸性土指示植物之一。生于海拔 600~1500 米的山地稀疏灌丛。

【分布及栽培范围】河北、陕西、江苏、安徽、浙江、江西、福建、台湾、河南、湖北、湖南、广东、广西、四川和贵州。

【繁殖】播种、扦插、嫁接、压条和分株繁殖。

【观赏】花朵色彩鲜艳、绮丽多姿，是优良的观花灌木。

【园林应用】园景树、绿篱、盆景观赏。园林中适于在庭园单株点缀或成片种植，用于基础栽植，也可用于林缘、溪边、池畔及岩石旁成丛成片栽植，疏林下散植。

【其它】叶可入药，有活血调经、止痛、消肿、止血、平喘止咳、祛风利湿的功效。

3. 石岩杜鹃 *Rhododendron obtusum* (Lindl.)Planch.

【别名】钝叶杜鹃、雾岛杜鹃、朱砂杜鹃

【形态特征】矮灌木，高可达 1 米。小枝纤细，分枝多而密，常呈假轮生状，有时近于平卧，密被绣色糙伏毛。叶膜质，常簇生枝端，形状多变，椭圆形至椭圆状卵形或长圆状倒披针形至倒卵形，长 1~2.5 厘米，宽 4~12 毫米，先端钝尖或圆形，有时具短尖头，基部宽楔形，边缘有睫毛，上面鲜绿色，下面苍白绿色，两面散生淡灰色糙伏毛，沿中脉更明显，中脉在上面凹陷，下面凸起，侧脉在下面明显；叶柄长约 2 毫米，被灰白色糙伏毛，花芽卵球形，鳞片卵形，先端渐尖，边缘具糙伏毛，伞形花序，通常有 2~3 朵与新稍发自顶芽，花冠漏斗状，红色至粉红色或淡红色，有深色斑点；雄蕊 5，花药淡黄褐色，子房密被褐色糙伏毛，花柱无毛；萼片 5，绿色，被糙伏毛;蒴果圆锥形至阔椭圆球形，长 6 毫米，密被绣色糙伏毛（图 9-235）。花期 5~6 月。

著名的变种有：(1) 石榴杜鹃 var. *kaempferi* (Planch) Wils. 花暗红色，重瓣性极高，上海、杭州有露地栽培。(2) 矮红杜鹃 f. *amoenum* Komastu 花朵顶生，紫红色有二层花瓣，正瓣浓紫色斑，花丝淡此色，叶小。(3) 永留米杜鹃 var. *sakamotoi* Koniatsu 为日本久留米地方所栽的杜鹃总称，品种繁多，按其叶形、花色及花型进行分类，达数百种。

【生态习性】耐热，不耐寒，喜温凉湿润的气候，不耐强光曝晒，在深厚肥沃的微酸性砂质土壤上生长良好。

图 9-235　石岩杜鹃

【分布及栽培范围】原产日本，我国东部及东南部均有栽培，变种及园艺品种甚多。

【繁殖】扦插、压条繁殖。

【观赏】干形低矮，分枝紧密，叶片碧绿，花色鲜艳，具有极高的观赏价值。

【园林应用】园景树、绿篱。植于草坪、花坛、路边、林缘、林下均可。

4. 云锦杜鹃 *Rhododendron fortunei* Lindl.

【别名】天目杜鹃

【形态特征】常绿灌木或小乔木，高 3~12 米。叶厚革质，长圆形至长圆状椭圆形，长 8~14.5 厘米，宽 3~9.2 厘米，先端钝至近圆形，基部圆形或截形，上面深绿色，有光泽，下面淡绿色，中脉在上面微凹下，下面凸起，侧脉 14~16 对，在上面稍凹入，下面平坦；叶柄圆柱形，长 1.8~4 厘米，淡黄绿色，有稀疏的腺体，顶生总状伞形花序，有花 6~12 朵，有香味；总轴长 3~5 厘米，淡绿色，多少具腺体；总梗长 2~3 厘米，淡绿色，疏被短柄腺体；花萼小，长约 1 毫米，稍肥厚，边缘有浅裂片 7，具腺体；花冠漏斗状，长 4.5~5.2 厘米，直径 5~5.5 厘米，粉红色，外面有稀疏腺体，裂片 7；雄蕊 14，花丝白色，无毛，花药黄色；子房 10 室。蒴果长圆状卵形至长圆状椭圆形，长 2.5~3.5 厘米（图 9-236）。花期 4~5 月，果期 8~10 月。

【生态习性】喜温和气候，不耐严寒，喜酸性土。生于海拔 620~2000 米的山脊阳处或林下。

【分布及栽培范围】陕西、湖北、湖南、河南、安徽、浙江、江西、福建、广东、广西、四川、贵州及云南东北部。

【繁殖】播种繁殖。

【观赏】苍干如松柏，花姿若牡丹。林间种植，星星点点，丛丛簇簇，漫山遍野，似彩云洒落，在白云缭绕中观花有一种超脱凡尘之感。

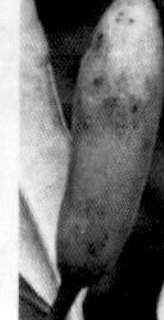

图 9-236　云锦杜鹃

【园林应用】风景林、园景树、树林。植于路边、道旁、岩上、林间、坡地上均可。

【文化】"翠岫从容出，名花次第逢。最怜红踯躅，高映碧芙蓉。琪树应同种，桃源许并。无人移上苑，空置白云封。"清初张联元这首《杜鹃花》诗将别名红踯躅的云锦杜鹃与仙界琪树、碧桃花相比，感慨它的超凡脱俗。

【其它】云锦杜鹃入药，有清热解毒，生肌敛疮的功效。

5. 鹿角杜鹃 *Rhododendron latoucheae* Franch.

【别名】岩杜鹃、鹿角杜鹃

【形态特征】常绿灌木或小乔木，高 2~3(5) 米。叶集生枝顶，近于轮生，革质，卵状椭圆形或长圆状披针形，长 5~8(~13) 厘米，宽 2.5~5.5 厘米，先端短渐尖，基部楔形或近于圆形，边缘反卷，上面深绿色，具光泽，下面淡灰白色，中脉和侧脉显著凹陷，下面凸出，两面无毛；叶柄长 1.2 厘米，无毛。花单生枝顶叶腋，枝端具花 1~4 朵；花梗长 1.5~2.7 厘米，无毛；花萼不明显；花冠白色或带粉红色，长 3.5~4 厘米，

图 9-237　鹿角杜鹃

直径约 5 厘米，5 深裂，裂片开展，长圆形，被微柔毛，花冠管长 1.2~1.5 厘米，向基部渐狭；雄蕊 10，不等长，长 2.7~3.5 厘米，部分伸出花冠外，花丝扁平；子房长 7~9 毫米，花柱长约 3.5 厘米，柱头 5 裂。蒴果圆柱形，长 3.5~4 厘米，直径约 4 毫米，具纵肋，花柱宿存（图 9-237）。花期 3~4 月，果期 7~10 月。

【生态习性】生于海拔 1000~2000 米的山坡疏林及林缘。

【分布及栽培范围】浙江、江西、福建、湖北、湖南、广东、广西、四川和贵州。

【繁殖】播种繁殖。

【观赏】花、叶兼美。花开时，花色鲜艳，绚丽，花谢后，叶色青青，轮生的叶片形态优美，又是美丽的观叶植物。

【园林应用】园景树。园林中适于在庭园单株点缀或成片种植，也可用于林缘、溪边、池畔及岩石旁成丛成片栽植，疏林下散植。

【其它】叶入药，有祛痰、镇咳之功效，可治慢性气管炎。木材坚硬，宜作薪碳柴。

6. 锦绣杜鹃 *Rhododendron pulchrum* Sweet.

【别名】鲜艳杜鹃、春鹃、毛鹃

【形态特征】半常绿灌木，高 1.5~2.5 米。枝开展，淡灰褐色，被淡棕色糙伏毛。叶薄革质，椭圆状长圆

形至椭圆状披针形或长圆状倒披针形，长 2~5(~7) 厘米，宽 1~2.5 厘米，先端钝尖，基部楔形，边缘反卷，全缘，上面深绿色，初时散生淡黄褐色糙伏毛，后近于无毛，下面淡绿色，被微柔毛和糙伏毛，中脉和侧脉在上面下凹，下面显著凸出；叶柄长 3~6 毫米，密被棕褐色糙伏毛。花芽卵球形，鳞片外面沿中部具淡黄褐色毛，内有粘质。伞形花序顶生，有花 1~5 朵；花梗长 0.8~1.5 厘米，密被淡黄褐色长柔毛；花萼大，绿色，5 深裂，裂片披针形，长约 1.2 厘米，被糙伏毛；花冠蔷薇紫色，阔漏斗形，长 4.8~5.2 厘米，直径约 6 厘米，裂片 5，阔卵形，长约 3.3 厘米，具深红色斑点；雄蕊 10，近于等长，长 3.5~4 厘米，下部被微柔毛；子房卵球形，长 3 毫米，径 2 毫米，密被黄褐色刚毛状糙伏毛，花柱长约 5 厘米，比花冠稍长或与花冠等长，无毛。蒴果长圆状卵球形，长 0.8~1 厘米（图 9-238）。花期 4~5 月，果期 9~10 月。

【生态习性】喜疏荫，忌暴晒，要求凉爽湿润气候，通风良好的环境。土壤以疏松、排水良好，pH 值 4.5~6.0 为佳，较耐瘠薄干燥，萌芽能力不强，根纤细有菌根。

【分布及栽培范围】江苏、浙江、江西、福建、湖北、湖南，广东和广西。著名栽培种，传说产我国，栽培变种和品种繁多。

【繁殖】播种或扦插繁殖。

【观赏】分枝紧密，叶片碧绿；花色鲜艳，绚丽多姿，具有极高的观赏价值。

【园林应用】园景树、绿篱、盆景观赏（图 9-239）。宜丛植于林下、溪旁、池畔、岩边、缓坡、陡壁、林缘、草坪，也宜在庭园之中植于台阶前、庭荫树下、墙角、天井，或植于花篱。

【其它】自唐宋以来，诗人，词人皆多题咏。美丽的杜鹃花始终闪烁于山野，妆点于园林，自古以来就博得人们的欢心。自唐宋诗人白居易、杜牧、苏东坡、辛弃疾、至明清杨升庵、康熙帝都有赞誉杜鹃花的佳作。大诗人李白见杜鹃花想起家乡的杜鹃鸟，触景生情，怀念家乡，写出了一首脍炙人口的诗“蜀国曾闻子规鸟，宣城还见杜鹃花。一叫一回肠一断，三春三月忆三巴。”

图 9-238　杜鹃

图 9-239　杜鹃在园林中的应用

市花：中国长沙、无锡、九江、镇江、大理、嘉兴等城市。

杜鹃花语：繁荣吉祥，坚韧乐观，事业兴旺。《草花谱》有云：“映山红若生满山顶，其年丰稔，人竞采之。”

西方对杜鹃也有特殊的爱好。他们认为杜鹃花繁。是“鸿运高照，生意兴隆”的好兆头，特别是全红的杜鹃更是如此。

对于白色的杜鹃，则认为清丽脱俗，男女之间相互赠送，更显得高雅。对于红白相间的杜鹃，则含义更为深沉，表示：希望与你融合无间，共同创造美好的明天。

7. 照山白 *Rhododendron micranthum* Turcz.

【别名】照白杜鹃

【形态特征】常绿灌木，高达 2.5 米。茎灰棕褐色；

图 9-240　照山白

图 9-241　猴头杜鹃

图 9-242　猴头杜鹃在园林中的应用

枝条细瘦。幼枝被鳞片及细柔毛。叶互生，近革质；倒披针形至披针形。长 1.5~6 厘米，先端钝，急尖或圆，基部楔形，上面绿色，有光泽，下面黄绿色，密生褐色鳞片，鳞片相互重叠。叶柄长 3~8 毫米，被鳞片。花顶生呈密总状花序；花萼 5 裂，裂片狭三角状披针形或披针状线形，外面被褐色鳞片及缘毛；花冠钟形白色，长 4~10 毫米，外面被鳞片，内面无毛，5 裂；雄蕊 10，花丝无毛；子房 5~6 室，密被鳞片。蒴果长圆形，疏被鳞片（图 9-240）。花期 5~6 月。果期 8~11 月。

【生态习性】喜荫，喜酸性土壤，耐干旱、耐寒、耐瘠薄，适应性强。生于山坡灌丛、山谷、峭壁及石岩上，海拔 1000~3000 米。

【分布及栽培范围】我国东北、华北及西北地区及山东、河南、湖北、湖南、四川等省。

【繁殖】播种繁殖

【观赏】枝条较细，且花小色白，惹人喜爱，具有观赏价值。

【园林应用】园景树。植于庭院、公园或植于路边、林间、岩上、坡地上均可。

【其它】有剧毒，幼叶更毒，牲畜误食易中毒死亡。枝叶入药，有祛风、通络、调经止痛，化痰止咳之效。

8. 猴头杜鹃 *Rhododendron simiarum* Hance

【别名】南华杜鹃

【形态特征】常绿灌木，高约 2~5 米。幼枝树皮光滑，淡棕色，老枝树皮有层状剥落，淡灰色或灰白色。叶常密生于枝顶，5~7 枚，厚革质，倒卵状披针形至椭圆状披针形，长 5.5~10 厘米，宽 2~4.5 厘米，先端钝尖或钝圆，基部楔形，微下延于叶柄，上面深绿色，无毛，下面被淡棕色或淡灰色的薄层毛被，中脉在上面下陷呈浅沟纹，在下面显著隆起，侧脉 10~12 对，微现；叶柄圆柱形，长 1.5~2 厘米，仅幼时被毛。顶生总状伞形花序，有 5~9 花；总轴长 1~2.5 厘米，被疏柔毛，淡棕色；花梗直而粗壮，长 3.5~5 厘米，粗约 2.5 毫米；花萼盘状，5 裂；花冠钟状，长 3.5~4 厘米，上部直径约 4~4.5 厘米，乳白色至粉红色，喉部有紫红色斑点，5 裂；雄蕊 10~12，长 1~3 厘米，不等长；子房圆柱状，长 5~6 毫米，基部有时具腺体。蒴果长椭圆形，长 1.2~1.8 厘米，直径 8 毫米，被锈色毛，后变无毛（图 9-241）。花期 4~5 月，果期 7~9 月。

【生态习性】生于海拔 500~1800 米的山坡林中

【分布及栽培范围】浙江南部、江西南部、福建、湖南南部、广东及广西。

【繁殖】播种繁殖、扦插繁殖。

【观赏】花乳白色至粉红色，具较强观赏价值。

【园林应用】园景树、绿篱、盆景观赏（图 9-242）。

【文化】江西省上饶市的三清山四季名花的主要品种，猴头杜鹃已经被尊为上饶市的市花。

（二）马醉木属 *Pieris* D. Don

常绿灌木或小乔木；冬芽有鳞片数个。叶互生，少对生，无柄，有锯齿或钝齿，少全缘；花排成顶生或腋生的圆锥花序，少退化为小总状花序；花萼 5 裂或萼片分离；花冠壶状，有 5 个短裂片；雄蕊 10，内藏，花药在背面有 2 个下弯的芒；花盘 10 裂；子房 5 室，球形，花柱圆柱状，柱头头状，胚珠每室多颗；蒴果近球形，室背开裂为 5 个果瓣；种子小，多数。

约 10 种，分布于北美东北部和亚洲东南部，我国约有 6 种，产东部至西南部。

1. 马醉木 *Pieris japonica* (Thunb.) D.Don

【别名】梫木、日本马醉木

【形态特征】常绿灌木或小乔木，高 2~4 米。树皮棕褐色，小枝开展，无毛；冬芽倒卵形，芽鳞 3~8 枚，呈覆瓦状排列。叶密集于枝顶;叶柄长 3~8 毫米，腹面有深沟;叶片革质，椭圆状披针形，或倒披针形，长 3~8 厘米，宽 1~2 厘米，先端短渐尖，基部狭楔形，边缘 2/3 以上具细圆齿，稀近于全缘，表面深绿色，有光泽，背面淡绿色，主脉在两面凸起，侧脉在表面下陷，背面不明显，小脉网状。总状花序或圆锥花序顶生或腋生，簇生于枝顶，长 8~14 厘米；萼片三角状卵形，长约 3.5 毫米；花冠白色，坛状，上部 5 浅裂；雄蕊 10，花丝有长柔毛；子房 1，近球形。蒴果近于扁球形，直径 3~5 毫米，室背开裂，花萼与花柱宿存（图 9-243）。花期 4~5 月，果期 7~9 月。

其栽培变种和品种繁多，叶色多变。我国引进的品种大体上可分为观叶和观花两大系列。观叶系列按叶色可分为红叶、花叶及绿叶三大系列。观花系列可分为红花、白花两大系列。

【生态习性】喜半荫、不耐寒、抗风、抗污染，萌发力强。生于海拔 800~1200 米的灌丛中。

图 9-243 马醉木

【分布及栽培范围】安徽、浙江、台湾等省。日本也有分布。

【繁殖】播种或扦插繁殖。

【观赏】叶色都随着叶的新老程度不同而变化，同一时期会同时拥有红色、粉红、嫩黄、绿色等叶片，色彩绚烂，极富观赏价值。许多品种树势极为紧密，枝叶繁茂，易于塑造各种各样的形状。

【园林应用】园景树、绿篱、绿篱及绿雕、盆栽及盆景观赏。在林地配置、块状种植、下层木配置和边缘灌木美化等方面都具有很不错的美化作用。

【文化】花语：牺牲、危险、清纯的爱

【其它】茎叶都有毒，人畜误食，会导致昏迷、呼吸困难、运动失调。叶有剧毒，其水煎剂可杀农业害虫，马若误食必致昏醉，故日本有马醉木之称。

（三）越桔属（乌饭树属）*Vaccinium* L.

常绿或落叶灌木；叶互生全缘；花单生或总状花序，花药常有芒状距；浆果球形，顶端有宿存萼片。约 450 种，我国 47 种，有些种类可食，有些种类供观赏。

分种检索表

1 果紫黑色……………………………………………………………1 乌饭树 *V. bracteatum*

1 果红色………………………………………………………………2 越桔 *V. vitis-idaea*

1. 乌饭树 *Vaccinium bracteatum* Thunb.

【别名】南烛、苞越桔、零丁子、乌米饭

【形态特征】常绿灌木，树高 1 米~3 米。多分枝，枝条细，灰褐带红色，幼枝有灰褐色细柔毛，老叶脱落。叶革质，椭圆状卵形、狭椭圆形或卵形，长 2.5~6 厘米，宽 1~2．5 厘米，顶端急尖，边缘具有稀疏尖锯齿，基部楔状，有光泽，中脉两面多少疏生短毛；叶柄短而不明显，总状花序腋生 2 厘米~5 厘米，具有 10 余花，有微柔毛；苞片披针形，长 1 厘米，边缘具不显锯齿。花柄长 0.2 厘米，具绒毛、萼钟状、5 浅裂，外被绒毛，花冠白色，壶状，长 5 毫米~7 毫米，具绒毛；先端 5 裂片反卷，雄蕊 10 枚，花药先端伸长，成管状，子房下位，花柱长 6 毫米，浆果球，成熟时紫黑色，直径约 5 毫米，萼齿宿存，白色种子数颗（图 9-244）。花期 6~7 月，果期 8~9 月。

【生态习性】喜光、耐旱、耐寒、耐瘠薄，我国大部分地区均可种植。多生于山坡灌木丛、马尾松林内或海拔 400~1400 米的的山地，向阳山坡路旁，土壤多为酸性。

【分布及栽培范围】长江以南各省区，福建、浙江、江苏、安徽、江西、湖南、湖北、广东，南至台湾、广东、海南岛；朝鲜、越南、日本、泰国也有。

图 9-244　乌饭树

【繁殖】播种或扦插繁殖。

【观赏】夏日叶色翠绿，秋季叶色微红，悬根露爪、苍古遒劲，根干灰褐色带红，姿态优美，古拙典雅。

【园林应用】园景树、基础种植、地被植物、盆栽及盆景观赏。

【文化】人们有每年阴历三月初三用其叶蒸乌饭食用而得名。

【其它】果酸、甘、平，无毒，强筋，益气，固精。根主治跌打损伤肿痛，鲜根捣烂水煎外洗。

2. 越桔 *Vaccinium vitis-idaea* Linn.

【别名】 温普、红豆、牙疙瘩

【形态特征】 常绿矮小灌木，高 10~30 厘米，地下有细长匍匐的根状茎。茎直立或下部平卧，枝及幼枝被灰白色短柔毛。叶密生，叶片革质，椭圆形或倒卵形，长 0.7~2 厘米，宽 0.4~0.8 厘米，顶端圆，有凸尖或微凹缺，基部宽楔形，边缘反卷，有浅波状小钝齿，表面无毛或沿中脉被微毛，背面具腺点状伏生短毛，中脉、侧脉在表面微下陷，在背面稍微突起，网脉在两面不显；叶柄短，长约 1 毫米，被微毛。花序短总状，生于去年生枝顶，长 1~1.5 厘米，稍下垂，有 2~8 朵花，有微毛；苞片红色，长约 3 毫米；小苞片 2，卵形，长约 1.5 毫米；花梗长 1 毫米；萼筒无毛，萼片 4，宽三角形，长约 1 毫米；花冠白色或淡红色，钟状；雄蕊 8，比花冠短；花柱稍超出花冠。浆果球形，直径 5~10 毫米，鲜红色（图 9-245）。花期 6~7 月，果期 8~9 月。

【生态习性】 耐寒、喜生湿润富有机质的酸性土中，在自然界中常见于亚寒带针叶林中。

【分布及栽培范围】 黑龙江、吉林、内蒙古、陕西、新疆。

【繁殖】 播种、分枝、扦插、压条。

图 9-245　越桔

【观赏】 花、果及秋色叶均美，可供观赏。

【园林应用】 水边绿化、园景树、基础种植、地被植物、盆栽及盆景观赏。

【其它】 可以防止血管破裂，也被誉为毛细血管的修理工，保护眼睛，防癌变，对慢性乙肝也有改善作用等。

五十、山榄科 Sapotaceae

乔木或灌木，有时具乳汁，髓部、皮层及叶肉有分泌硬橡胶的乳管，幼嫩部分常被锈色、通常 2 叉的绒毛。单叶，常互生，革质，全缘，羽状脉，托叶早落或无托叶。花单生、簇生或有时排列成聚伞花序，两性，稀单性或杂性，萼片通常 4~6，稀 12，略连合，覆瓦状排列，或成 2 轮；花冠合瓣，裂片与萼片同数或为其 2 倍，覆瓦状，全缘，有时其侧面或背部具撕裂状或裂片状附属物；能育雄蕊与花冠裂片同数对生，或多数排列成 2~3 轮，着生于花冠裂片基部或冠管喉部，分离；退化雄蕊鳞片状至花瓣状，与雄蕊互生，或无；子房上位，常 4~5 心皮合生，中轴胎座，花柱单生。果为浆果或有时为核果状。

约 35~75 属，800 种。我国 14 属 28 种，主产华南和云南，少数产台湾。

分属检索表

1 花萼 6 裂，2 轮排列……………………………………………1 铁线子属 *Manilkara*

1 花萼 5 裂，1 轮排列……………………………………………2 蛋黄果属 *Lucuma*

（一）铁线子属 *Manilkara* Adan.

乔木或灌木。叶革质或近革质，具柄，侧脉甚密；托叶早落。花数朵簇生于叶腋；花萼 6 裂，2 轮排列；花冠裂片 6，每裂片的背部有 2 枚等大的花瓣状附属物；能育雄蕊 6 枚，着生于花冠裂片基部或冠管喉部；退化雄蕊 6 枚，与花冠裂片互生，卵形，顶端渐尖至钻形，不规则的齿裂、流苏状或分裂，有时鳞片状；子房 6~14 室，每室 1 胚珠。果为浆果。种子 1~6 枚。

约 70 种，分布热带地区。我国产 1 种，引种栽培 1 种。

1. 人心果
Manilkara zapota (Linn) van Royen

【别名】赤铁果、奇果

【形态特征】乔木，高 15~20 米(栽培者常呈灌木状)，小枝茶褐色，具明显的叶痕。叶互生，密聚于枝顶，革质，长圆形或卵状椭圆形，长 6~19 厘米，宽 2.5~4 厘米，先端急尖或钝，基部楔形，全缘或稀微波状，两面无毛，具光泽，中脉在上面凹入，下面很凸起，侧脉纤细，多且相互平行，网脉极细密，两面均不明显；叶柄长 1.5~3 厘米。花 1~2 朵生于枝顶叶腋，长约 1 厘米；花梗长 2~2.5 厘米，密被黄褐色或锈色绒毛；花萼外轮 3 裂片长圆状卵形，长 6~7 毫米，内轮 3 裂片卵形，略短，外面密被黄褐色绒毛，花冠裂片卵形，长 2.5~3.5 毫米，先端具不规则的细齿；能育雄蕊着生于冠管的喉部，花丝长约 1 毫米，基部加粗，花药长卵形，长约 1 毫米；退化雄蕊花瓣状，长约 4 毫米；子房圆锥形，长约 4 毫米，密被黄褐色绒毛。浆果纺锤形、卵形或球形，长 4 厘米以上(图 9-246)。花果期 4~9 月。

【生态习性】喜高温和肥沃的砂质壤土。适应性较强。在 11~31℃都可正常开花结果，大树在 –4.5℃易受冻害，–2.2℃受寒害。深根系，耐旱，较耐贫瘠和盐分。

【分布及栽培范围】云南、广东、广西、福建、海南、台湾等省（区）的南部和中部。原产墨西哥犹卡坦州和中美洲地区，其它地区有栽培。

【繁殖】播种、压条繁殖。

【观赏】树叶茂密、树形美观，果形漂亮。

【园林应用】园路树、庭荫树、园景树、基础种植、盆栽及盆景观赏。

【其它】种仁含油率 20%；树皮含植物碱，可治热症。树干之乳汁为口香糖原料；果可食，味甜可口；也可做蔬菜食用。用人心果还可制成鲜果汁、罐头、饮料、果脯、果酱等。

图 9-246　人心果

（二）蛋黄果属 *Lucuma* Molina

仅有蛋黄果单一物种，属特征见种特征。

1. 蛋黄果 *Lucuma nervosa* A.DC.

【别名】 蛋果

【形态特征】 常绿小乔木，高 7~9 米，树冠半圆形或圆锥形；小枝圆柱形，灰褐色，嫩枝被褐色短绒毛。叶互生，螺旋状排列，厚纸质，长椭圆形或倒披针形，长 26~35 厘米，宽 6~7 厘米；叶缘微浅波状，先端渐尖；中脉在叶面微突起，在叶背则突出明显。花聚生于枝顶叶腋，每叶腋有花 1~2 朵；花细小，约 1 厘米，4~5 月开花。肉质浆果，形状变化大，果顶突起，常偏向一侧；未熟时果绿色，成熟果黄绿色至橙黄色，光滑，皮薄，长 5~8 厘米，果肉橙黄色，富含淀粉，味道和质地似蛋黄，且有香气，故名蛋黄果（图 9-247）。

【生态习性】 喜温暖多湿气候，能耐短期高温及寒冷，果熟期忌低温，冬季低温果实变硬，颇能耐旱，对土壤适应性强，但以沙壤土生长为好。

【分布及栽培范围】 原产古巴和北美洲热带，主要分布于中南美洲、印度东北部、缅甸北部、越南、柬埔寨、泰国、中国南部。中国在 20 世纪 30 年代引入，50 年代广州始有栽培。我国广东、广西、云南南部和海南有零星栽培

【繁殖】 播种繁殖。

【观赏】 枝叶茂密，树姿美丽，果奇特。

【园林应用】 园景树、盆栽及盆景观赏。

图 9-247　蛋黄果

五十一、柿树科 Ebenaceae

乔木或灌木，落叶，少常绿。单叶互生，全缘。花单性，多雌雄异株；萼片宿存，果时增大；花冠合生，裂片旋转状排列；子房上位，中轴胎座；浆果，种子胚乳丰富。

约 6 属 450 多种，分布热带、亚热带；我国仅有柿属，约 41 种。

科识别特征：单叶全缘常互生，雌雄常异花单性。宿存花萼果期大，花冠旋转 3\7 朵。雄蕊基生倍数生，子房上位有多室。浆果种子有薄皮，柿与君迁味道鲜。

（一）柿属 *Diospyros* Linn.

落叶或常绿乔木或灌木。无顶芽。叶互生，偶或有微小的透明斑点。花单性，雌雄异株 或杂性；雄花常较雌花为小，组成聚伞花序，雄花序腋生在当年生枝上，或很少在较老的枝上侧生，雌花常单生叶腋；萼通常深裂，4(3~7) 裂，有时顶端截平，绿色，雌花的萼结果时常增大；花冠壶形、钟形或管状，浅裂或深裂，4~5(3~7) 裂，裂片向右旋转排列，很少覆瓦状排列；雄蕊 4 至多数，通常 16 枚，常 2 枚连生成对而形成两列；子房 2~16 室；花柱 2~5 枚，分离或在基部合生，通常顶端 2 裂，每室有胚珠 1~2 颗；在雌花中有退化雄蕊 1~16 枚或无雄蕊。浆果肉质，基部通常有增大的宿存萼。

约200多种，广布热带地区；中国约50多种，主产南部。

分种检索表

1 无枝刺，叶先端钝圆
  2 果大，径3.5~7厘米，叶背有褐黄色毛 ………………………… 1 柿 *D. kaki*
  2 果小，径1.2~1.8厘米，叶背有灰色毛 ………………………… 2 君迁子 *D. lotus*
1 有枝刺，叶先端渐尖 …………………………………………………… 3 老鸦柿 *D. rhombifolia*

1. 柿 *Diospyros kaki* Thunb.

【别名】柿树

【形态特征】落叶乔木。主干暗褐色，树皮呈长方形方块状深裂，不易剥落；树冠开阔，球形或圆锥形。叶片宽椭圆形至卵状椭圆形，长6~18厘米，近革质，上面有深绿色光泽．下面淡绿色。叶片从枝先端到基部逐渐变小。花钟状．黄白色，多为雌雄同株异花。果卵圆形或扁球形。形状多变，大小不一，熟时橙黄色或鲜黄色；萼卵圆形，宿存（图9-248）。花期5~6月，果则9~10月。

图9-248 柿树

【生态习性】喜光，喜温暖亦耐寒．能耐-20℃的短期低温。对土壤要求不严，不耐水湿及盐碱。根系发达，寿命长，300年的古树还能结果。

【分布及栽培范围】原产我国。华南、西南、华中、华北、西北、东北南部均产，其中以华北栽培最多。

【繁殖】嫁接繁殖。

【观赏】树冠广展如伞，叶大荫浓，秋日叶色转红，丹实似火，悬于绿荫丛中。

【园林应用】园路树、庭荫树、园景树、风景林、树林、防护林、水边绿化、盆栽及盆景观赏。可孤植、群植，或配以常绿灌木，背衬以常绿乔木，深秋季节，别有风趣。

【生态功能】对有毒气体抗性较强，可用于厂矿绿化。

【其它】柿子可以缓解干咳、喉痛、高血压等症。果美味多汁、含有丰富的胡萝卜素、维生素C、葡萄糖、果糖和钙、磷、铁等矿物质。木材质细而坚硬，可制优质器具。

2. 君迁子 *Diospyros lotus* Linn.

【别名】黑枣、软枣、牛奶枣

【形态特征】落叶乔木，高可达30米。树皮暗褐色，深裂或成不规则厚块状剥落，小枝褐色或棕色，有纵裂的皮孔，嫩枝平滑或有时有黄灰色短柔毛。叶近膜质，椭圆形至长圆形，长5~13厘米，宽

图 9-249　君迁子

2.5~6 厘米，初时有柔毛后脱落，下面绿色或粉绿色。花淡黄色，簇生叶腋；花萼钟形，密生柔毛，4 深裂，裂片卵形。果实近球形，直径 1~2 厘米，熟时蓝黑色，有白蜡层（图 9-249）。花期 3~4，果熟期 10~11 月。

【生态习性】喜光，适应性强，较耐寒，耐低湿；深系发达，较浅。生长快，萌蘖性强。对有害气体二氧化硫及氯气的抗性弱。生于海拔 500~2300 米左右的山地、山坡、山谷的灌丛中，或在林缘。

【分布及栽培范围】山东、辽宁、河南、河北、山西、陕西、甘肃、江苏、浙江、安徽、江西、湖南、湖北、贵州、四川、云南、西藏等省区；亚洲西部、小亚细亚、欧洲南部亦有分布。

【繁殖】播种繁殖。

【观赏】树干挺直，树冠圆整，花果具一定观赏性。

【园林应用】园路树、庭荫树、园景树。

【其它】果实去涩生食或酿酒、制醋，含维生素 C，黑枣中含有丰富的维生素与矿物质，像是保护眼睛的维生素 A，帮助身体代谢的维生素 B 群，和促进生长的矿物质—钙、铁、镁、钾等。种子入药。

3. 老鸦柿 *Diospyros rhombifolia* Hemsl.

【别名】野山柿、野柿子

【形态特征】落叶小乔木，高可达 8 米左右。有枝刺；小枝略曲折。叶纸质，菱状倒卵形，长 4~8.5 厘米，宽 1.8~3.8 厘米，先端钝，基部楔形，上面深绿色，沿脉有黄褐色毛，后变无毛，下面浅绿色，疏生伏柔毛，中脉在上面凹陷，下面明显凸起，侧脉每边 5~6 条，上面凹陷，下面明显凸起，小脉结成不规则的疏网状；叶柄长 2~4 毫米。雄花生当年生枝下部；花萼 4 深裂；花冠壶形，长约 4 毫米；雄蕊 16 枚，每 2 枚连生。雌花散生当年生枝下部；花萼 4 深裂；花冠壶形。果单生，球形，直径约 2 厘米，柄纤细，长 1.5~2.5 厘米（图 9-250）。花期 4~5 月，果期 9~10 月。

【生态习性】生于山坡灌丛、山谷沟旁或林中。

【分布及栽培范围】江苏、安徽、浙江、江西、福建等地。

【繁殖】播种或扦插繁殖。

【观赏】花白色，果红色，具一定的观赏性。

【园林应用】园景树、盆栽及盆景观赏。

【其它】根、枝入药，具有清湿热、利肝胆、活血化瘀的效果。

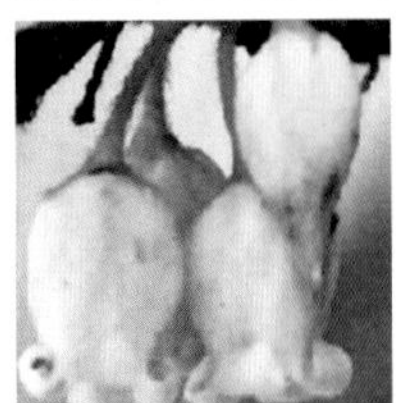

图 9-250　老鸦柿

五十二、野茉莉科（安息香科）Styracaceae

乔木或灌木，常被星状毛或鳞片状毛。单叶，互生，无托叶。总状花序、聚伞花序或圆锥花序，很少单花或数花丛生，顶生或腋生；花两性，辐射对称；花萼杯状、倒圆锥状或钟状，部分至全部与子房贴生或完全离生，通常顶端4~5齿裂，稀2或6齿或近全缘；花冠合瓣，极少离瓣，裂片通常4~5，很少6~8，花蕾时镊合状或覆瓦状排列，或为稍内向覆瓦状或稍内向镊合状排列；雄蕊常为花冠裂片数的2倍，稀4倍或为同数而与其互生，花药内向，两室，纵裂，花丝通常基部扁，部分或大部分合生成管，常贴生于花冠管上；子房上位、半下位或下位，3~5室或有时基部3~5室，而上部1室，，每室有胚珠1至多颗；胚珠倒生，直立或悬垂，生于中轴胎座上，珠被1或2层；花柱丝状或钻状，柱头头状或不明显3~3裂。核果而有一肉质外果皮或为蒴果，稀浆果，具宿存花萼。

约12属，130种。中国有9属，60种，9变种，分布广泛，主要于长江以南各地。

分属检索表

1 果实与宿存在花萼分离或仅基部稍合生；子房上位……………………1 安息香属 *Styrax*

1 果实的一部分或大部分与宿存在花萼合生；子房下位

　2 先叶后花

　　3 伞房状圆锥花序，花梗极短……………………2 白辛树属 *Pterostyrax*

　　3 总状聚伞花序，开展，花梗长……………………3 秤锤树属 *Sinojackia*

　2 先花后叶……………………4 陀螺果属 *Melliodendron*

（一）安息香属（野茉莉属）*Styrax* Linn.

乔木或灌木。单叶互生，多少被星状毛或鳞片状毛，极少无毛。总状花序、圆锥花序或聚伞花序，极少单花或数花聚生，顶生或腋生；小苞片小，早落；花萼杯状、钟状或倒圆锥状，与子房基部完全分离或稍合生;顶端常5齿，稀2~6裂或近波状;花冠常5深裂，稀4或6~7深裂，裂片在花蕾时镊合状或覆瓦状排列，花冠管短；雄蕊10枚，近等长，花丝基部联成管，贴生于花冠管上，稀离生；子房上位，上部1室，下部3室，每室有胚珠1至4颗，胚珠倒生，直立或悬垂；花柱钻状，柱头3浅裂或头状。核果肉质，干燥，不开裂或不规则3瓣开裂。

约130种。我国约有30种，7变种，主产于长江流域以南各省区。

分种检索表

1 花梗较长或等长于花……………………1 野茉莉 *S. japonicus*

1 花梗短于花……………………2 芬芳安息香 *S. odoratissimus*

1. 野茉莉 *Styrax japonicus* Sieb. et Zucc.

【别名】茉莉苞、君迁子、耳完桃、黑茶花

【形态特征】灌木或小乔木，高4~8米。枝暗紫色，圆柱形。叶互生，纸质或近革质，圆形或长圆状椭圆形至卵状椭圆形，长4~10厘米，宽2~5(6)厘米，

图 9-251 野茉莉

顶端急尖或钝渐尖，基部楔形或宽楔形，叶全缘或上半部具疏离锯齿，叶上叶脉疏被星状，稍粗糙；下面除主脉和侧脉汇合处有白色长髯毛外无毛，侧脉每边5~7条，第三级小脉网状，较密，两面均明显隆起；叶柄长5~10毫米，上面有凹槽。总状花序顶生，有花5~8朵，长5~8厘米；有时下部的花生于叶腋；花序梗无毛；花白色，下垂；花萼漏斗状，膜质；花冠裂片卵形、倒卵形或椭圆形，花蕾时作覆瓦状排列；花丝下部联合成管，上部分离。果实卵形，长8~14毫米，直径8~10毫米（图9-251）。花期4~7月，果期9~11月。有粉花 'Rosea'、垂枝 'Pendula' 等品种。

【生态习性】阳性树种，生长迅速，喜生于酸性、疏松肥沃、土层较深厚的土壤中。生于海拔400~1804米的林中。

【分布及栽培范围】北自秦岭和黄河以南，东起山东、福建，西至云南东北部和四川东部，南至广东和广西北部。朝鲜和日本也有。

【繁殖】播种繁殖。

【观赏】树形优美，花朵下垂，盛开时繁花似雪。

【园林应用】园景树、水边绿化。常用于水滨湖畔或阴坡谷地，溪流两旁，在常绿树丛边缘群植，白花映于绿叶中，饶有风趣。

【其它】果实入药。木材纹理致密，材质坚硬，可作器具、雕刻等细工用材；种子油可作肥皂或机器润滑油，油粕可作肥料。

2. 芬芳安息香
Styrax odoratissimus Champ. ex Benth.

【别名】郁香野茉莉

【形态特征】小乔木，高4~10米。叶互生，薄革质至纸质，卵形或卵状椭圆形，长4~15厘米，宽2~8厘米，顶端渐尖或急尖，基部宽楔形至圆形，边全缘或上部有疏锯齿，嫩时两面叶脉疏被星状短柔毛，以后脱落，或有时两面均无毛，成长叶上面仅中脉疏被星状毛，下面仅主脉和侧脉汇合处被白色星状长柔毛，其余无毛，或有时下面密被黄褐色星状短柔毛，侧脉每边6~9条，第三级小脉近平行，较密，上面平坦或稍凹入，下面隆起；叶柄长5~10毫米，被毛。总状或圆锥花序，顶生，长5~8厘米，下部的花常生于叶腋；花序梗、花梗和小苞片密被黄色星状绒毛；花白色，长1.2~1.5厘米；花梗长1.5~1.8厘米；花萼膜质，杯状；花冠裂片膜质，椭圆形或倒卵状椭圆形；雄蕊较花冠短。果实近球形，直径8~10毫米（图9-252）。花期3~4月，果期6~9月。

【生态习性】生于海拔600~1600米的阴湿山谷、

图 9-252 芬芳安息香

山坡疏林中。

【分布及栽培范围】安徽、湖北、江苏、浙江、湖南、江西、福建、广东、广西和贵州等省区。

【繁殖】播种繁殖。

【观赏】树形优美，花朵下垂，盛开时繁花似雪。

【园林应用】园景树、水边绿化。

【其它】木材坚硬，可作建筑，船舶、车辆和家具等用材；种子油供制肥皂和机械润滑油。

（二）白辛树属 *Pterostyrax* Sieb. et Zucc.

落叶乔木或灌木；叶互生，全缘或有齿缺；花芳香，排成圆锥花序；萼 5 齿裂；花冠 5 裂几达基部，裂片覆瓦状排列；雄蕊 10，突出，离生或基部合生成一短管；子房 3(－4－5) 室，几乎半下位，每室有胚珠 4 颗，花柱长；果为一有棱或有翅的坚果，有种子 1－2 颗。

约 4 种，我国 2 种。

1 小叶白辛树 *Pterostyrax corymbosus* Sieb. et Zucc.

【形态特征】乔木，高达 15 米。叶纸质，倒卵形、宽倒卵形或椭圆形，长 6~14 厘米，宽 3.5~8 厘米，顶端急渐尖或急尖，基部楔形或宽楔形，边缘有锐尖的锯齿，嫩叶两面均被星状柔毛，尤以背面被毛较密，成长后上面无毛，下面稍被星状柔毛，侧脉和网脉在两面均明显而稍隆起；叶柄长 1~2 厘米。圆锥花序伞房状，长 3~8 厘米；花白色，长约 10 毫米；花梗长 1~2 毫米；小苞片线形，长约 3 毫米；花萼钟状；花冠裂片近基部合生，顶端短尖，两面均密被星状短柔毛；雄蕊 10 枚，5 长 5 短，中部以下联合成管，内面被白色星状柔毛。果实倒卵形，长 1.2~2.2 厘米，5 翅，密被星状绒毛（图 9-253）。花期 3~4 月，果期 5~9 月。

图 9-253　小叶白辛树

【生态习性】喜光，适生于酸性土壤。生于海拔 400~1600 米的山区河边以及山坡低凹而湿润的地方。

【分布及栽培范围】江苏、浙江、江西、湖南、福建、广东（乳源）。日本也有。

【繁殖】播种或扦插繁殖。

【观赏】观叶、香花。

【园林应用】园景树、风景林、树林、防护林。

【生态功能】生长迅速，可利用作为低湿河流两岸造林树种。

【其它】散孔材，木材淡黄色，边材和心材无区别，材质轻软，可作一般器具用材。

（三）秤锤树属 *Sinojackia* Hu

落叶乔木或灌木。叶互生，近无柄或具短柄，边缘有硬质锯齿，无托叶。总状聚伞花序开展，生于侧生小枝顶端；花白色，常下垂；花梗长而纤细，与花萼之间有关节；萼管倒圆锥状或倒长圆锥状，几全部与子房合生；花冠4~7裂；雄蕊8~14枚，一列，着生于花冠基部；花丝下部联合成短管，上部分离；子房下位，3~4室，每室有胚珠6~8颗。果实木质，除喙外被宿存花萼所包围，并与其合生，不开裂。

4种，均产于我国。

1. 秤锤树 *Sinojackia xylocarpa* Hu

【别名】捷克木、秤陀树

【形态特征】乔木，高达7米。表皮常呈纤维状脱落。叶纸质，倒卵形或椭圆形，长3~9厘米，宽2~5厘米，顶端急尖，基部楔形或近圆形，边缘具硬质锯齿，生于具花小枝基部的叶卵形而较小，长2~5厘米，宽1.5~2厘米，基部圆形或稍心形，叶两面只有叶脉疏被星状短柔毛，侧脉5~7条；叶柄长约5毫米。总状聚伞花序生于侧枝顶端，有花3~5朵；花冠裂片长圆状椭圆形，顶端钝，两面均密被星状绒毛；雄蕊10~14枚。果实卵形，红褐色，有浅棕色的皮孔，无毛，顶端具圆锥状的喙，外果皮木质，不开裂（图9-254）。花期3~4月，果期7~9月。

图9-254　秤锤树

图9-255　秤锤树在园林中的应用

【生态习性】生于海拔500~800米的山坡、路旁的林缘或疏林中。

【分布及栽培范围】江苏，杭州、上海、武汉等曾有栽培。国家二级保护濒危种。

【繁殖】播种或扦插繁殖。

【观赏】花白色而美丽,果实形似秤锤,颇为奇特。

【园林应用】园景树、风景林、树林、盆景观赏（图9-255）。

（四）陀螺果属 *Melliodendron* Hand.-Mazz.

只有 2 种，我国一种。

1. 陀螺果
Melliodendron xylocarpum Hand.-Mazz.

【别名】鸦头梨、鸦陀梨、水冬瓜、冬瓜木、

【形态特征】落叶乔木，高 6~20 米。小枝红褐色。叶纸质，卵状披针形、椭圆形至长椭圆形，长 9.5~21 厘米，宽 3~8 厘米，顶端钝渐尖或急尖，基部楔形或宽楔形，边缘有细锯齿，嫩时两面密被星状短柔毛，尤以下面被毛较密，成长后除叶脉外无毛，侧脉和中脉、网脉均在下面隆起；叶柄长 3~10 毫米。花白色；花梗开始短，以后伸长达 2 厘米；花萼高 3~4 毫米，萼齿长约 2 毫米；花冠裂片长圆形，长 20~30 毫米，宽 8~15 毫米，顶端钝，两面均密被细绒毛；雄蕊长约 10 毫米；花柱长达 13 毫米。果实形状、大小变化较大，常为倒卵形、倒圆锥形或倒卵状梨形，长 (2)4~7 厘米，宽 (1.5)3~4 厘米，顶端短尖或凸尖，中部以下收狭，有时柄状，外面被星状绒毛，有 5~10 棱或脊。开花 3 月 ~4 月，花白色略带粉红色（图 9-256）。果期 9~10 月。

图 9-256 陀螺果

图 9-257　陀螺果在园林中的应用

【生态习性】喜光，喜温暖气候；生长快。生山谷水边疏林中。生于海拔 500~1700 米。

【分布及栽培范围】分布福建、江西、广东、西南、湖南。

【繁殖】播种、扦插、嫁接繁殖。

【观赏】花瓣下垂，且花粉红色，量大，早春开花十分漂亮，果形奇特，树形优美，极具观赏价值。

【园林应用】园路树、庭荫树、园景树、风景林、树林、水边绿化、盆栽观赏（图 9-257）。

五十三、山矾科 Symplocaceae

灌木或乔木，单叶，互生，无托叶。花辐射对称，两性，稀杂性，排成穗状花序、总状花序、圆锥花序或团伞花序，很少单生；萼通常 5 裂，宿存；花冠通常 5 裂，裂片分裂至近基部或中部；雄蕊多数，着生

于花冠筒上；子房下位或半下位，顶端常具花盘和腺体，通常3室，花柱1枚，胚珠每室2~4颗。果为核果，顶端冠以宿存的萼裂片，通常具薄的中果皮和木质的核（内果皮）；核光滑或具棱，1~5室，每室有种子1颗。

仅山矾属，约300种，广布于亚洲、大洋洲和美洲的热带或亚热带，非洲不产。中国产77种，分布于西南、华南、东南，其中以西南的种类较多。

（一）山矾属 *Symplocos* Jacq.

属特征同科特征。

分种检索表

1 棱细小………………………………………………………………… 1 山矾 *S. sumuntia*

1 棱粗壮，明显，具4~5条……………………………………………… 2 棱角山矾 *S. tetragona*

1. 山矾 *Symplocos sumuntia* Buch. Ham. Ex D.

【别名】七里香

【形态特征】乔木，嫩枝褐色。叶薄革质，卵形、狭倒卵形、倒披针状椭圆形，长3.5~8厘米，宽1.5~3厘米，先端常呈尾状渐尖，基部楔形或圆形，边缘具浅锯齿或波状齿，有时近全缘；中脉在叶面凹下，侧脉和网脉在两面均凸起，侧脉每边4~6条；叶柄长0.5~1厘米。总状花序长2.5~4厘米；苞片早落，阔卵形至倒卵形，长约1毫米，密被柔毛，小苞片与苞片同形；花萼长2~2.5毫米，萼筒倒圆锥形，无毛，裂片三角状卵形，与萼筒等长或稍短于萼筒，背面有微柔毛；花冠白色，5深裂几达基部，长4~4.5毫米，裂片背面有微柔毛；雄蕊25~35枚，花丝基部稍合生；花盘环状，无毛；子房3室。核果卵状坛形，长7~10毫米，外果皮薄而脆，顶端宿萼裂片直立，有时脱落（图9-258）。花期3~4月，果期6~7月。

图9-258 山矾

【生态习性】喜光，耐荫，喜湿润、凉爽的气候，较耐热也较耐寒。对土壤要求不严，但在瘠薄土壤上生长不良。对氯气、氟化氢、二氧化硫等抗性强。生于海拔200~1500米的山林间。

【分布及栽培范围】江苏、浙江、福建、台湾、广东（海南）、广西、江西、湖南、湖北、四川、贵州，云南。尼泊尔、不丹、印度也有。模式标本采自尼泊尔。

【繁殖】播种或扦插繁殖。

【观赏】树冠卵球形，枝叶茂密，花白色，量大，观赏性强。

【园林应用】风景林、树林（图9-259）。主要作为群落的中间层。

【文化】《花境》：江南有二十四番花信，大寒，一候瑞香，二候兰花，三候山矾。《本草》："山矾生江、淮、湖、蜀山野中，树高大者高丈许。叶似栀子，光泽坚强，略有齿，凌冬不凋。三月开花，繁白如雪，六出黄蕊，甚芬香"。黄庭坚《山矾花二首》序云："江

图 9-259　山矾在园林中的应用

湖南野中，有一小白花，木高数尺，春开极香，野人号为郑花。王荆公尝欲求此花栽，欲作诗而漏其名，予请名山矾。野人采郑花以染黄，不借矾而成色，故名山矾。”

【其它】果实榨油，可作机械润滑油。木材坚韧，可制家具、农具或其他工具。根、叶、花可入药，主治黄疸，咳嗽，关节炎。

2. 棱角山矾
Symplocos tetragona Chen ex Y.F. Wu

【别名】留春树

【形态特征】常绿乔木，小枝黄绿色，粗壮，具4~5条棱。单叶互生，厚革质，长椭圆形，长15~25厘米，宽3~5厘米，先端急尖，基部楔形，边缘具圆齿状锯齿，两面浅黄绿色，叶柄约1厘米。穗状花序被毛，基部有分枝，长约6厘米，花白色，果长圆形（图9-260）。花期3~4月，果期9~10月。

【生态习性】适应性强，喜温暖、湿润气候。耐寒力较强。喜光，稍耐荫；较耐干旱、贫瘠，对土壤适应性强。深根性，侧根发达，萌芽力较强。对二氧化硫、一氧化碳、氟化氢等有毒气体具很强抗性。生于海拔1000米以下的杂木林中。

【分布及栽培范围】湖南、江西、浙江。河南、湖北、上海、广州、福建、浙江杭州等地有引种且生长良好。

【繁殖】播种、扦插繁殖。

【观赏】春节期间开花，花形如桂，清香宜人，盛花如雪，观赏性强。其树形优美，且四季青翠，枝条自然分布稠密均匀，能形成独具风韵的树冠。群体效果好。其花多，色白且香，随风飘溢，令人赏心悦目。

【园林应用】园路树、庭荫树、园景树、树林、防护林。也广泛用于工厂厂区园林绿化。常孤植、列植或散植。

图 9-260　棱角山矾

五十四、紫金牛科 Myrsinaceae

灌木或乔木，有的为藤本。叶片通常具有明显的树脂腺或脉状腺条纹，花冠及果上亦有，形态特征复杂多样。单叶，互生，稀对生或轮生，无托叶。花通常两性或杂性，少数单性，有时雌雄异株或杂性异株，辐射对称，呈覆瓦状、镊合状或螺旋状排列，4~5枚；雄蕊与花冠裂片同数对生，分离或基部合生；花药2室，纵裂，罕孔裂，有的药室内具横隔（如蜡烛果属）；子房一室，柱头多样，胚珠多数，一或多轮，通常埋藏于多分支的胎座中，常 1 枚发育，稀多数发育。

约 1000 种，主要分布于南、北半球热带和亚热带地区，南非及新西兰也有。中国有 6 属，约 130 种，分布于西藏东南部、秦岭至长江流域以南各省区。

（一）紫金牛属 *Ardisia* Swartz

常绿灌木，稀为乔木；叶通常互生，单叶，全缘或有钝齿；花通常两性，排成总状、聚伞或伞形花序，5 数，稀 4 数；萼片分离或基部连合；花冠轮状，仅于基部合生；雄蕊着生于冠喉部；子房上位；果为一核果，有种子 1 颗。

400 种，分布于热带和亚热带地区，我国约 69 种，产长江以南地区。

分种检索表

1 叶边缘皱波状或波状齿，具明显的缘腺点 ………………………………… 1 硃砂根 *A. crenata*

1 叶缘有尖齿，多少具有腺点 ……………………………………………… 2 紫金牛 *A. japonica*

1. 硃砂根 *Ardisia crenata* Sims

【别名】朱砂根、大罗伞、平地木、石青子、凉散遮金珠

【形态特征】常绿灌木，高 0.5~1.5 米，茎粗壮，除侧生特殊花株外，无分枝。单叶互生，叶革质或坚纸质，狭椭圆形或倒披针形，长 6~13 厘米，宽 2~3.5 厘米，先端尖，基部楔形，边缘皱波状或波状齿，具明显的边缘腺点，下面淡绿色。伞形花序顶生；花萼 5 裂，裂片卵形或长圆形；花冠 5 裂，基部连合，淡紫白色；雄蕊 5，短于花冠裂片，花药披针形，红色。萼片、花瓣、花药上均有黑色腺点。浆果鲜红色，球形，有稀疏黑腺点（图 9-261）。花期 5~7 月，果期 9~12 月，有时 2~4 月。根柔软肉质，表面微红色，断面有小红点，故名“朱砂根”。

有白果 'Leueocarpa'、黄果 'Xanthoearpa'、粉

图 9-261　硃砂根

图 9-262　硃砂根在园林中的应用

果 'Pink'、斑叶 'Variegata' 等品种。

【生态习性】喜欢湿润或半燥的气候环境，要求生长环境的空气相对温度在 50~70%，空气相对湿度过低时下部叶片黄化、脱落。冬季温度 8℃以下停止生长。生于丘陵山地常绿阔叶、杉木林下或溪边、村边荫蔽潮湿灌木丛中。海拔范围 90~2400 米。

【分布及栽培范围】长江流域以南各省区，自西藏至台湾，湖北至海南。

【繁殖】播种或扦插繁殖。

【观赏】叶绿果红，果期长，颇为美观。

【园林应用】基础种植、地被植物、盆栽及盆景观赏（图 9-262）。

【其它】民间常用的中草药，全株入药，主治扁桃体炎、牙痛、跌打损伤、关节风痛、经痛诸病。果可食。

2. 紫金牛 *Ardisia japonica* (Thunb) Blume

【别名】小青、矮地茶、短脚三郎、不出林、凉伞盖珍珠

图 9-263 紫金牛

图 9-264 紫金牛在园林中的应用

【形态特征】小灌木或亚灌木，近蔓生。直立茎长达 30 厘米，不分枝。叶对生或近轮生，叶片坚纸质或近革质，椭圆形至椭圆状倒卵形，顶端急尖，基部楔形，长 4~7 厘米，宽 1.5~4 厘米，边缘具细锯齿，多少具腺点，两面无毛或有时背面仅中脉被细微柔毛，侧脉 5~8 对，细脉网状；叶柄长 6~10 毫米，被微柔毛。亚伞形花序，腋生或生于近茎顶端的叶腋，总梗长约 5 毫米，有花 3~5 朵；花梗长 7~10 毫米；花长 4~5 毫米，有时 6 数；花瓣粉红色或白色，广卵形，长 4~5 毫米，无毛，具密腺点；胚珠 15 枚，3 轮。果球形，直径 5~6 毫米，鲜红色转黑色，多少具腺点（图 9-263）。花期 5~6 月，果期 6~11 月，有时 5~6 月仍有果。

【生态习性】喜温暖、湿润环境，喜荫蔽，忌阳光直射。适宜生长于富含腐殖质、排水良好的土壤。

【分布及栽培范围】陕西及长江流域以南各省区，海南岛未发现；朝鲜，日本均有。

【繁殖】播种或扦插繁殖。

【观赏】枝叶常青，入秋后果色鲜艳，经久不凋，十分美丽。

【园林应用】基础种植、地被植物、盆栽及盆景观赏（图 9-264）。

【其它】民间常用中草药，全株药用，治肺结核、咯血、咳嗽、慢性气管、跌打风湿、黄胆肝炎、睾丸炎、白带、闭经、尿路感染等症。

V 蔷薇亚纲 Rosidae

五十五、海桐科 Pittosporaceae

乔木或灌木。单叶互生;无托叶。花两性,整齐,萼片、花瓣、雄蕊均为5;雌蕊由2或3~5心皮合生而成,子房上位,花柱单一。蒴果,或浆果状;种子通常多数,生于粘质的果肉中。约9属,200余种,广布于东半球的热带、亚热带地区。我国产1属,约34种。

科识别特征:木本皮有树脂道,全缘单叶为互生。辐射对称花两性,排成花序种类齐。萼片5枚花瓣5,雄蕊5枚相互生。子房上位成蒴果,2 3 5裂同心皮。

(一)海桐花属 *Pittosporum* Banks.

常绿灌木或乔木。叶互生,全缘或有波状齿缺,在小枝上的常轮生;花为顶生的圆锥花序或伞房花序,或单生于叶腋内或顶生;萼片、花瓣和雄蕊均5枚;花瓣狭,基部粘合或几达中部;子房上位,不完全的2室,稀3－5室,有胚珠数颗生于侧膜胎座上;果为一球形或倒卵形的蒴果,果瓣2－5,木质或革质;种子数颗,藏于胶质或油质的果肉内。

约160种,分布于东半球的热带和亚热带地区,我国有约34种,产西南部至台湾。

1. 海桐 *Pittosporum tobira* (Thunb.)Ait

【别名】海桐花

【形态特征】常绿灌木。高2~6米,树冠圆球形。

图9-265 海桐

图9-266 海桐在园林中的应用

叶革质,倒卵状椭圆形,长5~12厘米,先端圆钝,基部楔形,边缘反曲,全缘,无毛,表面深绿而有光泽。顶生伞房花序,花白色或淡黄绿色,径约1厘米,芳香。蒴果卵形,长1~1.5厘米,有棱角,熟时3瓣裂,种子鲜红色(图9-265)。花期在4~5月,10月果熟。

【生态习性】喜光,略耐荫,喜温暖湿润气候及肥沃湿润土壤,耐寒性不强。

【分布及栽培范围】原产江苏、浙江、福建、广东等地。长江中下流各省常见栽培。朝鲜、日本也有分布。

【繁殖】播种或扦插繁殖。

【观赏】枝叶繁茂，树冠球形，下枝覆地；叶色浓绿而又光泽，经冬不凋，初夏花朵清丽芳香，入秋果实开裂露出红色种子，也颇为美观。

【园林应用】园景树、基础种植、绿篱、地被植物、特殊环境绿化、盆栽及盆景观赏（图 9-266）。常孤植或丛植于草地边缘或林缘。

【生态功能】有抗海潮及有毒气体能力，故又为海岸防潮林、防风林及矿区绿化的重要树种，并宜作城市隔噪声和防火林带的下木。

五十六、八仙花科 Hydrangeaceae

灌木或乔木，有时攀援状；单叶对生或互生，稀轮生，无托叶；花小，两性或有些不发育，排成伞房花序式或圆锥花序式的聚伞花序，花瓣 4，稀有 5 — 12；雄蕊 5 至多数；果实为蒴果，顶部开裂，很少为浆果。

共有 17 属，约 200 种以上，分布于亚洲、北美和欧洲东南部。中国有 11 属，119 种，分布在全国各地。

分属检索表

1 小乔木或灌木

  2 花同型，均发育

    3 萼片、花瓣均为 4，雄蕊多数 ······························ 1 山梅花属 *Philadelphus*

    3 萼片、花瓣均为 5，雄蕊多数 10 ··························· 2 溲疏属 *Deutzia*

  2 花二型，可育花小，不育花大 ································ 3 八仙花属 *Hydrangea*

1 藤本 ·· 4 钻地风属 *Schizophragma*

（一）山梅花属 *Philadelphus* Linn.

直立灌木，稀攀援，少具刺；小枝对生，树皮常脱落。叶对生，全缘或具齿，离基 3 或 5 出脉；托叶缺；芽常具鳞片或无鳞片包裹。总状花序，常下部分枝呈聚伞状或圆锥状排列，稀单花；花白色，芳香，筒陀螺状或钟状，贴生于子房上；萼裂片 4(~5)；花瓣 4 (~5)，旋转覆瓦状排列；雄蕊 13~90，花丝扁平，分离，稀基部联合，花药卵形或长圆形，稀球形；子房下位或半下位，4 (~5) 室，胚珠多颗，悬垂，中轴胎座；花柱 (3)4 (~5)，合生，稀部分或全部离生，柱头槌形、棒形、匙形或桨形。蒴果 4(~5)，瓣裂，外果皮纸质，内果皮木栓质；种子极多。

约 75 种，分布于北温带，我国约有 15 种，产西南部至东北部，大部供观赏用。

1. 太平花 *Philadelphus pekinensis* Rupr.

【别名】京山梅花

【形态特征】落叶丛生灌木，高达 2 米。树皮栗褐色，薄片状剥落；小枝光滑无毛，长带紫褐色；叶卵状椭圆形，长 3~6 厘米，三主脉，先端渐尖，缘疏生小齿，通常两面无毛，或有时背面腺腋有簇毛；叶柄带紫色。花乳白色，有清香(图 9-267)。花期 6 月；果熟期 9~10 月。

【生态习性】喜光，稍耐荫，较耐寒，耐干旱，怕水湿，水浸易烂根。常生于海拔 1000~1700 米山地灌丛中。

【分布及栽培范围】辽宁、内蒙古、华北、四川、北京等地。朝鲜有分布。北京市园林绿地中应用较多。

【繁殖】播种、分株、压条、扦插繁殖。

【观赏】枝叶茂密，花乳黄而清香，花多朵聚集，颇为美丽，观赏期很长。

【园林应用】园景树。宜丛植于、林缘、园路拐角和建筑物前，亦可作自然式花篱或大型花坛之中心栽植材料。在古典园林中于假山石旁点缀，尤为得体。

【文化】太平花始植于庭院之中是在宋仁宗时期，据传宋仁宗赐名“太平瑞圣花”，流传至今。陆游诗句“扶床踉蹡出京华，头白车书未一家。宵旰至今芳圣主，泪痕空对太平花。”作者看到国家危急，人民处于水深火热之中，因而渲泄心中的悲愤。

【其它】根具有解热镇痛、截疟的效果。

图 9-267　太平花

（二）溲疏属 *Deutzia* Thunb.

落叶灌木，稀半常绿，通常被星状毛。小枝中空或具疏松髓心，表皮通常片状脱落；芽具数鳞片，覆瓦状排列。叶对生，具叶柄，边缘具锯齿，无托叶。花两性，组成圆锥花序，伞房花序、聚伞花序或总状花序，稀单花，顶生或腋生；萼筒钟状，与子房壁合生，木质化，裂片 5，直立，内弯或外反，果时宿存；花瓣 5，花蕾时内向镊合状或覆瓦状排列，白色，粉红色或紫色；雄蕊 10，稀 12~15，常成形状和大小不等的两轮，花丝常具翅，先端 2 齿，浅裂或钻形；花药常具柄，着生于花丝裂齿间或内侧近中部；花盘环状，扁平;子房下位，稀半下位，3~5 室，每室具胚珠多颗，中轴胎座;花柱 3~5，离生，柱头常下延。蒴果 3~5 室，室背开裂；种子多颗。

约 100 种，分布于北温带。中国约有 50 种，各省区都有分布，但以西南部最多。

分种检索表

1 圆锥花序……………………………………………………… 1 齿叶溲疏 *D. crenata*

1 花 1~3 朵聚伞状……………………………………………… 2 大花溲疏 *D. grandiflora*

1. 齿叶溲疏 *Deutzia crenata* Sieb. et Zucc.

【别名】溲疏、圆齿溲疏

【形态特征】落叶灌木，高达 3 米。树皮成薄片状剥落，小枝中空，红褐色，幼时有星状毛，老枝光滑。叶对生，有短柄；叶片卵形至卵状披针形，长 5~12 厘米，宽 2~4 厘米，顶端尖，基部稍圆，边缘有小齿，两面均有星状毛，粗糙。直立圆锥花序，花白色或带粉红色斑点;萼杯状，裂片三角形，早落，花瓣长圆形，外面有星状毛;花丝顶端有 2 长齿;花柱 3。蒴果近球形，

图 9-268 溲疏

顶端扁平（图 9-268）。花期 5~6 月，果期 10~11 月。

【生态习性】喜光、稍耐阴。喜温暖、湿润气候，但耐寒、耐旱。对土壤的要求不严，但以腐殖质 pH6~8 且排水良好的土壤为宜。性强健，萌芽力强，耐修剪。多见于山谷、路边、岩缝及丘陵低山灌丛中。

【分布及栽培范围】原产长江流域各省，朝鲜亦产。浙江、江西、安徽、山东、四川、江苏等地有分布。

【繁殖】扦插、播种、压条、分株繁殖。

【观赏】初夏白花繁密，素雅，十分漂亮。

【园林应用】水边绿化、园景树、基础种植、地被植物、盆栽及盆景观赏（图 9-269）。若与花期相近的山梅花配置，则次第开花，可延长树丛的观花期。宜丛植于草坪、路边、山坡及林缘，也可作花篱及岩石园种植材料。

【其它】花枝可供瓶插观赏。根、叶、果均可药用。民间用作退热药，有毒，慎用。

2. 大花溲疏 *Deutzia grandiflora* Bunge

【别名】华北溲疏

【形态特征】灌木，高 1~2 米。小枝褐色或灰褐色，光滑。叶对生，叶柄长 2~4 毫米；叶片卵形或卵状披针形，长 2~5 厘米，宽 1~2.5 厘米，基部广楔形或圆形，先端短渐尖或锐尖，边缘具大小相间或不整齐锯齿，表面有 4~6 条放射状星状毛，背面灰白色，密生 6~9(12) 条放射状星状毛，质粗糙。聚伞花序，1~3 花生于枝顶，花较大，直径 2.5~3 厘米、萼筒长 2~3 毫米，密被星状毛，裂片 5，披针状线形，长 4~5 毫米，花瓣 5，白色，长圆形或长圆状倒卵形，长 1~2 厘米，雄蕊 10，花丝上部具 2 齿，半下位子房，花柱 3~5。蒴果半球形，直径 4~5 毫米，具宿存花柱（图 9-270）。花期 4~6 月，果熟期 9~11 月。

【生态习性】喜光，稍耐荫，耐寒，耐旱，对土壤要求不严。忌低洼积水。生于海拔 800~1600 米山坡、山谷和路旁灌丛中。

【分布及栽培范围】湖北、山东、河北、陕西、内蒙古、辽宁等省区，朝鲜半岛也有分布。

【繁殖】扦插、播种、压条、分株繁殖。

【观赏】花朵洁白素雅，花量大，观赏性强。

【园林应用】水边绿化、基础种植、地被植物、盆栽及盆景观赏。可植于草坪、路边、山坡及林缘，也可作花篱或岩石园种植材料。

【其它】花枝可瓶插观赏，果人药。

图 9-269 溲疏在园林中的应用

图 9-270 大花溲疏

（三）绣球属（八仙花属）*Hydrangea* Linn.

常绿或落叶亚灌木、灌木或小乔木，少数为木质藤本或藤状灌木；落叶种类常具冬芽，冬芽有鳞片 2~3 对。叶常 2 片对生或少数种类兼有 3 片轮生，边缘有小齿或锯齿，有时全缘；托叶缺。聚伞花序排成伞形状、伞房状或圆锥状，顶生；苞片早落；花二型，极少一型，不育花存在或缺，具长柄，生于花序外侧，花瓣和雄蕊缺或极退化，萼片大，花瓣状，2~5 片，分离，偶有基部稍连合；孕性花较小，具短柄，生于花序内侧，花萼筒状，与子房贴生，顶端 4~5 裂，萼齿小；花瓣 4~5，分离，镊合状排列，花冠因雄蕊的伸长而整个被推落；雄蕊通常 10 枚，有时 8 枚或多达 25 枚，着生于花盘边缘下侧，花丝线形，花药长圆形或近圆形；子房 1/3~2/3 上位或完全下位，3~4 室，有时 2~5 室，胚珠多数，花柱 2~4，分离或基部连合，宿存。蒴果 2~5 室，于顶端花柱基部间孔裂，顶端截平或突出于萼筒。

约 80 种，分布于北半球的温带地区，我国有 45 种，各地均有分布。

1. 八仙花
Hydrangea macrophylla (Thunb.) Ser.

【别名】绣球、粉团花、紫绣球

【形态特征】落叶灌木，高 1~2 米，冠球形。枝绿色，粗壮，光滑，皮孔明显。叶卵状椭圆形，对生，上面绿色有光泽，下面色淡稍反卷，长 8~10 厘米，先端渐尖。顶生伞房花序，径达 20 厘米，绿色至粉红色，后变蓝色，花期 6~7 月。蒴果呈窄卵形，黄褐色，有棱角。花色与土壤酸碱性有较，碱性和高钾土中的绣球花颜色为深红色，酸性土绣球花颜色偏紫红色（图 9-271）。

图 9-271　八仙花

图 9-272　八仙花在园林中的应用

【生态习性】喜荫，喜温暖湿润，好肥沃、排水良好的疏松土壤，土壤的酸碱度对花色影响很大。

【分布及栽培范围】江苏、安徽、浙江、福建、湖南、湖北、四川、贵州、云南、广西、广东等省。日本、朝鲜有分布。

【繁殖】扦插、压条、分株繁殖。

【观赏】花大美丽，花色多样，观赏性强。

【园林应用】水边绿化、基础种植、地被植物、盆栽及盆景观赏（图 9-272）。可植于草坪、路边、山坡及林缘，也可作花篱或岩石园种植材料。

【文化】花语：八仙花取名于八仙，故寓意“八仙过海，各显神通”。此花被比喻为：希望、健康、有耐力的爱情、骄傲、冷爱、美满、团圆。

【其它】花可入药。

（四）钻地风属 *Schizophragma* Sieb. et Zucc.

落叶木质藤本；嫩枝的表皮紧贴，平滑，老枝具纵条纹，片状剥落；冬芽栗褐色，被柔毛。叶对生，具长柄，全缘或稍有小齿或锯齿。伞房状或圆锥状聚伞花序顶生，花二型或一型，不育花存在或缺；萼片单生或偶尔间有孪生，大，花瓣状，全缘；孕性花小，萼筒与子房贴生，萼齿三角形，宿存；花瓣分离，镊合状排列，早落；雄蕊10枚，分离，花丝丝状，略扁平，花药广椭圆形；子房近下位，倒圆锥状或陀螺状，4~5室，胚珠多数，垂直，着生于中轴胎座上；花柱单生，短，柱头大，头状，4~5裂。蒴果倒圆锥状或陀螺状，4~5室，具棱，顶端突出于萼筒外或截平，突出部分常呈圆锥状，成熟时于棱间自基部往上纵裂，除两端外，果爿与中轴分离；种子极多数，纺锤状，两端具狭长翅

约8种，分布于东亚，中国有6种，产长江以南各省。

1. 钻地风 *Schizophragma integrifolium* Oliv.

图9-273　钻地风

【别名】小齿钻地风、阔瓣钻地风

【形态特征】落叶本质藤本，借气根攀援，高至4米以上。叶对生，叶片卵圆形至阔卵圆形，长8~15厘米，先端渐尖，基部截形或圆形至心形，全缘或前半部疏生小齿，质厚，下面叶脉有细毛或近无毛；叶柄长3~8厘米。伞房式聚伞花序顶生；花2型；周边为不育花，有一片大形萼片，狭卵形至椭圆状技针形，长约4~6厘米，先端短尖，乳白色，老时棕色，萼片柄细弱，长2~4厘米；孕性花小，绿色；萼片4~5；花瓣4~5；雄蕊10；花柱1。蒴果陀螺状，长6毫米，有10肋。种子多数，线形（图9-273）。花期6~7月。果期10~11月。

【生态习性】生于山谷、山坡密林或疏林中，常攀援于岩石或乔木上，海拔200~2000米。

【分布及栽培范围】四川、云南、贵州、广西、广东、海南、湖南、湖北、江西、福建、江苏、浙江、安徽等省区。

【繁殖】播种或扦插繁殖。

【观赏】不孕花白色大，白色，具较强的观赏性。

【园林应用】地被植物、垂直绿化。

五十七、蔷薇科 Rosaceae

草本、灌木或乔木，落叶或常绿，有刺或无刺。冬芽常具数个鳞片，有时仅具2个。叶互生，稀对生，单叶或复叶，有显明托叶，稀无托叶。花两性，稀单性。通常整齐，周位花或上位花；花轴上端发育成碟状、钟状、杯状、罈状或圆筒状的花托（一称萼筒），在花托边缘着生萼片、花瓣和雄蕊；萼片和花瓣同数，通常4~5，覆瓦状排列，稀无花瓣，萼片有时具副萼；雄蕊5至多数，稀1或2，花丝离生，稀合生；心皮1至多数，离生或合生，有时与花托连合，每心皮有1至数个直立的或悬垂的倒生胚珠；花柱与心皮同数，有时连合，顶生、侧生或基生。果实为蓇葖果、瘦果、梨果或核果，稀蒴果；种子通常不含胚乳，极稀具少量胚乳；子叶为肉质，背部隆起，稀对褶或呈席卷状。

科的识别特征：多具托叶叶互生，蔷薇花冠有萼筒。花萼5枚基联合，花瓣5数或重瓣。花萼凹凸心皮数，四个亚科借此分。心皮1枚为桃李，心皮离生绣线梅。心皮合生苹果梨，花托凹陷为蔷薇。

分亚科检索表

1 果开裂，蓇葖果或蒴果；多数无托叶……………………… 1 绣线菊亚科 Spiracoideae

1 果不开裂；具托叶：

2 子房下位或半下位，梨果……………………………………… 2 苹果亚科 Maloideae

2 子房上位

3 心皮多数，多为聚合瘦果；常为复叶……………………… 3 蔷薇亚科 Rosoideae

3 心皮常为1，核果；单叶 ………………………………… 4 李亚科 Rrunoideae

（Ⅰ）绣线菊亚科 Spiraeoideae

灌木稀草本，单叶稀复叶，叶片全缘或有锯齿，常不具托叶，或稀具托叶；心皮1~5，离生或基部合生；子房上位，具2至多数悬垂的胚珠；果实成熟时多为开裂的蓇葖果。

分属检索表

1 蓇葖果；种子无翅；花径不超过2厘米

2 单叶……………………………………………………………… 1 绣线菊属 *Spiraea*

2 羽状复叶，有托叶……………………………………………… 2 珍珠梅属 *Sorbaria*

1 蒴果，种子有翅；花径约4厘米；单叶，无托叶……………… 3 白鹃梅属 *Exochorda*

（一）绣线菊属 *Spiraea* L.

落叶灌木；冬芽小，具2~8外露的鳞片。单叶互生，边缘有锯齿或缺刻，有时分裂，稀全缘，羽状叶脉，或基部有3~5出脉，通常具短叶柄，无托叶。花两性，稀杂性，成伞形、伞形总状、伞房或圆锥花序；萼筒钟状；萼片5，通常稍短于萼筒；花瓣5，常圆形，较萼片长；雄蕊15~60，着生在花盘和萼片之间；心皮5(3~8)，离生。蓇葖果5，常沿腹缝线开裂，内具数粒细小种子；种子线形至长圆形，种皮膜质，胚乳少或无。

分种检索表

1 花序为长圆形或金字塔形的圆锥花序……………………… 1 绣线菊 *S.salicifolia*

1 花序为广阔平顶的复伞房花序

2 新叶为彩色叶

3 春季新叶黄红相间，叶缘具尖锐重锯齿………………… 2 金焰绣线菊 *S.×bumada* 'Goldflame'

3 春季新叶金黄色，叶缘具桃形锯齿………………………… 3 金山绣线菊 *S.×bumada* 'GoldMound'

2 新叶绿色

4 花序有总梗伞形或伞形总状花序，基部常有叶

5 花序顶生与当年生直立的新枝，花粉红色……………… 4 粉花绣线菊 *S.japonica*

5 花序由去年生枝上的芽发生，花白色

6 叶片、花序、蓇葖果有毛 ································ 5 中华绣线菊 *S.chinensis*

6 叶片、花序、蓇葖果无毛

7 叶片先端急尖，卵状披针或卵状长圆形 ············ 6 麻叶绣线菊 *S.cantoniensis*

7 叶片先端圆钝

8 叶片近圆形，先端常 3 裂，有显著 3~5 出脉··· 7 三裂绣线菊 *S.trilobata*

8 叶菱状卵形至倒卵形，具羽状脉或不显著 3 出脉　8 绣球绣线菊 *S.blumei*

4 花序为无总梗伞形花序，基部无叶或具极少叶

9 叶片卵形至长圆披针形，下面具短柔毛 ······ 9 李叶绣线菊 *S.prunifolia*

9 叶片线状披针形，无毛 ························· 10 珍珠绣线菊 *S.thunbergii*

1. 绣线菊 *Spiraea salicifolia* L.

【别名】柳叶绣线菊、珍珠梅、空心柳、马尿溲

【形态特征】直立灌木，高 1~2 米；枝条密集，小枝稍有棱角，黄褐色，嫩枝具短柔毛，老时脱落；叶片长圆披针形，长 4~8 厘米，宽 1~2.5 厘米，先端急尖或渐尖，基部楔形，边缘密生锐锯齿，有时为重锯齿，两面无毛；花序为长圆形或金字塔形的圆锥花序，长 6~13 厘米，直径 3~5 厘米，被细短柔毛，花朵密集；花直径 5~7 毫米；花瓣卵形，先端通常圆钝，长 2~3 毫米，宽 2~2.5 毫米，粉红色；花盘圆环形，裂片呈细圆锯齿状；蓇葖果直立，无毛或沿腹缝有短柔毛（图 9-274）。花期 6~8 月，果期 8~9 月。

常见品种或变种有：有白花 'Alba'、红花 'Rosea' 等品种

【生态习性】喜光也稍耐荫，抗寒，抗旱，喜温暖湿润的气候和深厚肥沃的土壤。萌蘖力和萌芽力均强，耐修剪。生长于河流沿岸、湿草原、空旷地和山沟中，海拔 200~900 米。

【分布及栽培范围】蒙古、日本、朝鲜、苏联、西伯利亚以及欧洲东南部。辽宁、内蒙古、河北、山东、山西等地有栽培。

【繁殖】播种、分株、扦插繁殖

【观赏】夏季盛开粉红色鲜艳花朵，花色娇艳，

图 9-274 绣线菊

花朵繁多，栽培供观赏用。

【园林应用】绿篱、园景树、专类园、基础种植。可在花坛、花境、草坪及园路角隅等处构成夏日佳景，也可做。丛植于山坡、石边、草坪角隅、庭院中或建筑物前后，起到点缀或映衬作用。良好的蜜源植物，是营造城市园林中蝴蝶栖息地的好材料。

【文化】花语和象征意义：祈福、努力。

【其它】根、全草药用，用于关节痛，周身酸痛，咳嗽多痰，刀伤，闭经。

2. 粉花绣线菊 *Spiraea japonica* L.

【别名】日本绣线菊

【形态特征】直立灌木，高达1.5米。小枝近圆柱形。叶片卵形至卵状椭圆形，先端急尖至短渐尖，基部楔形，边缘有缺刻状重锯齿或单锯齿，上面暗绿色，下面色浅或有白霜，通常沿叶脉有短柔毛。复伞房花序生于当年生的直立新技顶端，花朵密集，密被短柔毛；花梗长4~6毫米；花瓣卵形至圆形，先端通常圆钝，粉红色；蓇葖果半开张，无毛或沿腹缝有稀疏柔毛(图9-275)。花期6~7月,果期8~9月。

常见品种或变种有：大叶'Macrophylla'、斑叶'Variegata'、魔毯'MagicCarpet'（植株较矮，枝叶密集，叶菱状披针形，嫩叶红色，后变金黄色）、矮生'Nana'高仅30厘米，叶和花序均较小，是良好的地被植物)等品种。

【生态习性】喜光，阳光充足则开花量大，耐半荫；能耐-10℃低温，喜四季分明的温带气候，在无明显四季交替的亚热带、热带地区生长不良;耐瘠薄、耐旱、不耐湿。生长季节需水分较多。但不耐积水，有一定的耐旱能力。

【分布及栽培范围】原产日本和朝鲜半岛，中国华东地区有引种栽培。

【繁殖】分株、扦插或播种繁殖。

【观赏】叶细花繁，花粉色，十分漂亮。

【园林应用】基础种植、绿篱、地被植物、盆栽（图9-276）。可植于建筑物周围作基础栽植，起到点缀或美化作用；可栽植于林缘、建筑物阴面或与其他花木混植；在草坪邻近道路边缘或道路两侧，可与其他植物组成各种各样的图案或花带，也可栽植在图案的外围作为轮廓，开花时节繁花似锦，颇为诱人。

图9-275 粉花绣线菊

图9-276 粉花绣线菊在园林中的应用

3. 金山绣线菊 *Spiraea × bumada* Burenich. 'GoldMound'

【形态特征】落叶小灌木。新枝黄色。单叶互生卵状，叶缘桃形锯齿。羽状脉；具短叶柄，无托叶。花两性，伞房花序；花瓣5，圆形较萼片长；雄蕊长于花瓣，着生在花盘与萼片之间；蓇葖果5，沿腹缝线开裂，内具数粒细小种子。植株较矮小，高仅25~35厘米，冠幅40~50厘米，枝叶紧密，冠形球状整齐；新生小叶金黄色，夏叶浅绿色，秋叶金黄色。花蕾及花粉红色，花序直径为4~8厘米（图9-277）。花期5月中旬~10月中旬。春季萌动后，新叶金黄、明亮，株型丰满呈半圆形，好似一座小小的金山，故名金山绣线菊。

【生态习性】喜深厚、疏松、肥沃的壤土。喜光，不耐荫。较耐旱，不耐水湿，抗高温，耐寒。

【分布及栽培范围】原产于北美。于1995年引种到济南，现中国多地有分布。

【繁殖】扦插、分株繁殖。

【观赏】春秋艳丽的彩色叶与夏季绚烂的花期，相得益彰。植株矮小，小巧玲珑，株型丰满呈半圆形，好似一座小小金山，非常壮观。

图 9-277 金山绣线菊

【园林应用】地被、模纹花坛。丛植、孤植、群植作色块或列植做绿篱。应用于路边林缘、公园道旁、庭院及湖畔或假山石旁，适合作观花色叶地被。

4. 金焰绣线菊 *Spiraea × bumada* 'Goldflame'

【形态特征】落叶小灌木，株高 60~110 厘米。新枝黄褐色，呈折线状，柔软。单叶互生，叶卵形至卵状椭圆形，边缘具尖锐重锯齿，羽状脉。具短叶柄，无托叶。花两性，玫瑰红，伞房花序 10~35 朵聚成复伞形花序，直径 10~20 厘米。花期 5 月中旬至 10 月中旬。枝叶较松散，呈球状，叶色鲜艳夺目，春季叶色黄红相间，夏季叶色绿，秋季叶紫红色（图 9-278）。

【生态习性】耐荫，喜潮湿气候，在温暖向阳而又潮湿的地方生长良好。能耐 37.7℃高温和 -30℃的低温。萌蘖力强，较耐修剪整形。耐干燥、耐盐碱，耐瘠薄，但在排水良好、土壤肥沃之处生长更繁茂。

【分布及栽培范围】原产美国，北京植物园 1990 年 4 月从美国引种，现中国各地均有种植。

【繁殖】扦插、播种、分株等方法繁殖。

【观赏】叶色季相变化丰富，橙红色新叶，金色叶片和冬季红叶颇具感染力。花期长，花量多，是花叶俱佳的新优小灌木。

图 9-278 金焰绣线菊

【园林应用】水边绿化、绿篱、基础种植、地被植物、盆栽及盆景观赏。可丛植、孤植或列植。应用于草坪、庭院、路边林缘、公园道旁、庭院及湖畔或假山石旁。是栽植彩篱、花篱的首选优良树种。

5. 麻叶绣线菊 *Spiraea cantoniensis* Lour.

【别名】麻叶绣球、石棒子

【形态特征】灌木，高达 1.5 米。小枝细瘦，圆柱形，呈拱形弯曲，幼时暗红褐色，无毛；叶片菱状披针形至菱状长圆形，先端急尖，基部楔形，边缘自近中部以上有缺刻状锯齿，上面深绿色，下面灰蓝色，两面无毛，有羽状叶脉；伞房花序呈球形；花瓣近圆形或倒卵形，先端微凹或圆钝，长与宽各约 2.5~4 毫米，白色；蓇葖果直立开张，无毛，花柱顶生，常倾斜开展，具直立开张萼片（图 9-279）。花期 4~5 月，果期 7~9 月。

常见品种或变种有：重瓣麻叶绣线菊 'Lanceata'，叶披针形，上部疏生细齿；花重瓣

【生态习性】喜温暖和阳光充足的环境。稍耐寒、耐荫，较耐干旱，忌湿涝。分蘖力强。生长适温 15~24℃，冬季能耐 ~5℃低温。

【分布及栽培范围】华中及东南沿海一带，如广东、广西、福建、浙江、江西等省，而河北、河南、陕西、安徽、江苏有栽培。日本也有分布。

图 9-279 麻叶绣线菊

【繁殖】播种、扦插和分株繁殖。

【观赏】花繁密，盛开时枝条全被细小的白花覆盖，形似一条条拱形玉带，洁白可爱，叶清丽，姿态优美。

【园林应用】绿篱、地被、专类园。通常丛植、孤植；可以将其修剪成球形、半球形等形状点缀于小面积草坪中，配以色彩鲜艳的宿根花卉，缤纷的色彩，增加草坪的魅力。可丛植于草坪、路边、斜坡、池畔、庭院、建筑物前后，也可单株或数株点缀花坛。

【其它】以根及嫩叶入药。用于目赤肿痛，头痛，牙痛，肺热咳嗽；外用治创伤出血。

6. 李叶绣线菊 *Spiraea prunifolia* Sieb. et Zucc.

【别名】笑靥花

【形态特征】灌木，高达 3 米。小枝细长，稍有棱角，幼时被短柔毛，以后逐渐脱落，老时近无毛；叶片卵形至长圆披针形，先端急尖，基部楔形，边缘有细锐单锯齿，上面幼时微被短柔毛，老时仅下面有短柔毛，具羽状脉；伞形花序无总梗，具花 3~6 朵，基部着生数枚小形叶片；花梗长 6~10 毫米，有短柔毛；花重瓣，直径达 1 厘米，白色（图 9-280）。花期 3~5 月。

常见变种：单瓣笑靥花 f. simpliciflora Nakai

【生态习性】喜温暖湿润气候，较耐寒，对土质要求不严，一般土壤均可种植。生于山坡及溪谷两旁、山野灌丛中、路旁及沟边。

图 9-280 李叶绣线菊

【分布及栽培范围】陕西、湖北、湖南、山东、江苏、浙江、江西、安徽、贵州、四川。福建、广东、台湾等地有应用。朝鲜、日本也有分布。

【繁殖】扦插、分株、播种繁殖。

【观赏】枝条蔓而柔软，纤长伸展，弯曲成拱形，繁花点点，眼目清凉，衬上绿叶翠枝，赏心悦目。晚春翠叶、白花，繁密似雪；秋叶橙黄色，亦璨然可观。

【园林应用】基础种植、地被。可丛植于池畔、山坡、路旁、崖边。多作基础种植用，或在草坪角隅应用。

【其它】根可入药，治咽喉肿痛。

7. 珍珠绣线菊 *Spiraea thunbergii* Sieb. ex Bl.

【别名】补氏绣线菊、珍珠花、喷雪花、

【形态特征】落叶灌木，高可达 1.5 米。枝条纤细而开展，呈弧形弯曲，小枝有棱角，幼时密被柔毛，褐色，老时红褐色，无毛。叶线状披针形，无毛，长 2~4 厘米，宽 0.5~0.7 厘米，先端长渐尖，基部狭楔形，边缘有锐锯齿，羽状脉。伞形花序无总梗或有短梗，基部有数枚小叶片，每花序有 3~7 花；花瓣宽倒卵形，长 2~4 毫米，白色；花盘环形，有 10 裂片。蓇葖果 5，开张（图 9-281）。花期 4~5 月；果期 7 月。

【生态习性】喜光，不耐荫荫，耐寒，喜生于湿润、排水良好的土壤。生长快，萌蘖性强，耐修剪。

图 9-281 珍珠绣线菊

【分布及栽培范围】浙江、江西和云南等地。陕西和辽宁等省也有栽培。日本也有分布。

【繁殖】播种、扦插繁殖。

【观赏】花白色密集，叶秋季变红，是优美的观赏花木。本种叶形似柳，花白如雪，故又称“雪柳”。

【园林应用】绿篱及绿雕、基础种植、地被植物。应用于草坪、建筑物周围，在开阔的广场中，与草坪邻近的道路边缘或道路两侧。

【其它】根部煎水治咽喉肿痛

8. 三裂绣线菊 *Spiraea trilobata* L.

【别名】三桠绣线菊、团叶绣球、三裂叶绣线菊

【形态特征】灌木，高 1~2 米。小枝细，开展，稍呈之字形弯曲。幼时褐黄色，无毛，老时暗灰褐色或暗褐色。叶片变异较大，上部者多为长大于宽或长宽近相等，基部广楔形或圆形；下部者多为宽大于长，基部近圆形或浅心形。先端钝、通常 3 裂，边缘自中部以上有少数圆钝锯齿，两面无毛，背面灰绿色，具明显 3~5 出脉。伞形花序具总梗，无毛，有花 15~30 朵；花瓣广倒卵形，先端常微凹，白色；蓇葖果开展，沿腹缝微被短柔毛或无毛（图 9-282）。花期 5~6 月，果期 7~8 月。

【生态习性】耐旱、耐瘠薄。生于多岩石向阳坡地或灌木丛中，海拔 450~2400 米。

【分布及栽培范围】黑龙江、辽宁、内蒙古、山东、

图 9-282 三裂绣线菊

山西、河北、河南、安徽、陕西、甘肃。苏联西伯利亚也有分布。

【繁殖】播种、扦插繁殖。

【观赏】花多、白色，极具观赏价值。

【园林应用】盆景、花坛、地被、盆栽观赏。可应用于岩石园内、庭院。是营造城市园林中蝴蝶栖息地的好材料。

【生态功能】有很强的防风固沙的能力，是水土保持、荒山绿化的优良植物材料

【其它】根状茎含单宁，为鞣料植物。

9. 绣球绣线菊 *Spiraea blumei* G.

【别名】珍珠绣球

【形态特征】灌木，高 1~2 米。小枝细，开张，稍弯曲，深红褐色或暗灰褐色，无毛；叶片菱状卵形至倒卵形，长 2~3.5 厘米，宽 1~1.8 厘米，先端圆钝，基部楔形，边缘自近中部以上有少数圆钝缺刻状锯齿或 3~5 浅裂，两面无毛，下面浅蓝绿色，基部具有不明显的 3 脉或羽状脉。伞形花序有总梗，无毛，具花 10 至 25 朵；花直径 5~8 毫米；花瓣宽倒卵形，

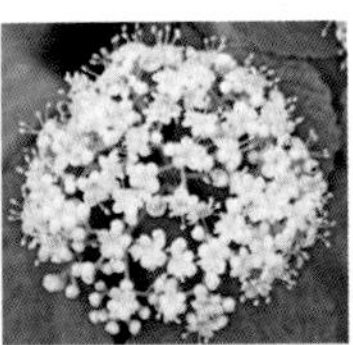

图 9-283　绣球绣线菊

先端微凹，长 2~3.5 毫米，宽几与长相等，白色；雄蕊 18~20，较花瓣短；蓇葖果较直立（图 9-283）。花期 4~6 月，果期 8~10 月。

【**生态习性**】喜温暖和阳光充足的环境。稍耐寒、耐荫，较耐干旱，忌湿涝。分蘖力强。生长适温 15~24℃，冬季能耐 -5℃低温。土壤以肥沃、疏松和排水良好的沙壤土为宜。生于海拔 1800~2200 米的半阴坡、半阳坡灌丛或林缘。

【**分布及栽培范围**】辽宁、河北、山东、山西、河南、安徽、广西等省。

【**繁殖**】播种、扦插、分株繁殖。

【**观赏**】姿态纤细、叶型秀丽，花多型美，不可多得的观花、观叶灌木。

【**园林应用**】盆景、基础种置、地被。若以深绿的树丛为背景尤为醒目。可于岩石园、山坡、小路两旁栽植应用，或植于水边，做基础栽植也佳。

【**其它**】叶可代茶，根及果实可供药用。

10. 中华绣线菊 *Spiraea chinensis* Maxim.

【**别名**】铁黑汉条

【**形态特征**】灌木，高 1.5~3 米。小枝拱形，红褐色，幼时被黄色红绒毛，有时无毛；叶片菱状卵形至倒卵形，长 2.5~6 厘米，宽 1.5~3 厘米，先端急尖或圆钝，基部宽楔形或圆形，边缘有缺刻状粗锯齿或具不明显 3 裂，上面暗绿色，被短柔毛，脉纹深陷，下面密被黄色绒毛，脉纹空起。伞形花序具花 16~25 朵；花瓣近圆形，先端微凹或圆钝，长与宽 2~3 毫米；雄蕊多数，约与花瓣等长。蓇葖果开张，被短柔毛（图 9-284）。花期 3~6 月，果期 6~10 月。

【**生态习性**】喜阳、喜温暖气候，耐旱、耐寒。喜生于土层深厚疏松、排水良好的砂质土壤。生于海拔 500~2000 米的山坡灌丛中、山谷溪边、田野路旁。

【**分布及栽培范围**】内蒙古、河北、河南、陕西、湖北、湖南、安徽、江西、江苏、浙江、贵州、四川、云南、福建、广东、广西。

【**繁殖**】扦插为主，也可播种、分株繁殖。

【**观赏**】花期长，春夏景观美丽，白花宛若积雪，形似一条条拱形玉带。

【**园林应用**】园景树、盆景、花坛、地被。丛植于山坡、石边、草坪角隅、庭院中或建筑物前后，起到点缀或映衬作用，构建园林主景。

【**其它**】其根、果实均可入药。

图 9-284　中华绣线菊

（二）珍珠梅属 *Sorbaria* (Ser.) A. Br. exAschers

落叶灌木；冬芽卵形，具数枚互生外露的鳞片。奇数羽状复叶，互生，小叶有锯齿，具托叶。花小型成顶生圆锥花序；萼筒钟状，萼片5，反折；花瓣5，白色，覆瓦状排列；雄蕊20-50；心皮5，基部合生，与萼片对生。蓇葖果沿腹缝线开裂，含种子数枚。

1. 珍珠梅 *Sorbaria sorbifolia* (L.)A.Br

【别名】东北珍珠梅、山高粱条子、高楷子、八本条

【形态特征】灌木，高达2米。小枝圆柱形。羽状复叶，小叶片11~17枚，对生，披针形至卵状披针形，先端渐尖，稀尾尖，边缘有尖锐重锯齿，上下两面无毛或近于无毛，羽状网脉；顶生大型密集圆锥花序，总花梗和花梗被星状毛或短柔毛；花直径10~12毫米；花瓣长圆形或倒卵形，长5~7毫米，宽3~5毫米，白色；雄蕊40~50，约长于花瓣1.5~2倍，生在花盘边缘；蓇葖果长圆形，有顶生弯曲花柱，长约3毫米，果梗直立（图9-285）。花期7~8月，果期9月。

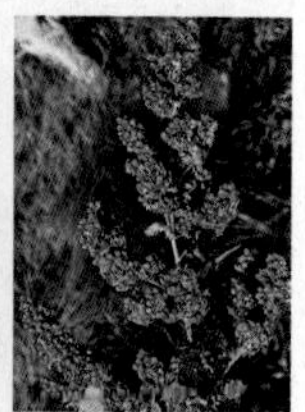

图9-285　珍珠梅

【生态习性】耐寒，耐半荫，耐修剪。在排水良好的砂质壤土中生长较好。生长快，易萌蘖。生于山坡疏林中，海拔250~1500米。

【分布及栽培范围】辽宁、吉林、黑龙江、内蒙古、河北、江苏、山西、山东、河南、陕西、甘肃均有分布。苏联、朝鲜、日本、蒙古亦有分布。

【繁殖】分株法为主，也可播种。

【观赏】花色似珍珠而得名。珍珠梅俏丽中不失高雅，凌霜傲雪，是良好的夏季观花植物

【园林应用】园景树、基础种植、盆栽及盆景观赏（图9-286）。可孤植，列植，丛植效果甚佳。因有耐荫的特性，是北方城市高楼大厦及各类建筑物北侧阴面绿化的花灌木树种。

图9-286　珍珠梅在园林中的应用

【文化】在万花凋谢风沙严重的秋天，唯其一枝独秀，成为坚强勇敢，勇于与困难作斗争的美丽标志，成为鼓舞人们人心的伙伴。

（三）白鹃梅属 *Exochorda* Lindl.

落叶灌木；冬芽卵形，无毛，具有数枚覆瓦状排列鳞片。单叶，互生，全缘或有锯齿，有叶柄，不具托叶或具早落性托叶。两性花，多大形，顶生总状花序；萼筒钟状，萼片5，短而宽；花瓣5，白色，宽卵形，

有爪，覆瓦状排列；雄蕊 15~30，花丝较短，着生在花盘边缘；心皮 5，合生，花柱分离，子房上位。蒴果具 5 脊，倒圆锥形，5 室，沿背腹两缝开裂，每室具种子 1~2 粒；种子扁平有翅。

1. 白鹃梅 *Exochorda racemosa* (Lindl.)Rehd.

【别名】茧子花、金瓜果

【形态特征】灌木，高达 3~5 米，全株无毛。叶椭圆形或倒卵状椭圆，长 3.5~6.5 厘米，全缘或上部有疏齿，先端钝或具短尖，背面粉蓝色。花白色，径约 4 厘米，6~10 朵成总状花序；花萼浅钟状，裂片宽三角形，花瓣倒卵形，基部有短爪；雄蕊 15~20，3~4 枚一束，着生于花盘边缘，并与花瓣对生。蒴果倒卵形，具 5 棱。花期 4~5 月，果期 9 月（图 9-287）。

【生态习性】喜光，耐半荫；喜肥沃、深厚土壤；耐寒性颇强，在北京可露地越冬。

【分布及栽培范围】江苏、浙江、江西、湖南、湖北等地。

【繁殖】播种、嫩枝扦插法繁殖。栽培管理简单。

【观赏】枝条柔软，蔓延匐生，姿态秀美，叶片光洁，花朵缀于枝间，开时雪白成丛，婀娜可喜，向为庭院种植，是良好的优良观赏树木。

【园林应用】基础种植、花篱、园景树（图 9-288）。用于草地边缘、林缘路边、庭院丛植。

【其它】根皮、枝此可供药用，治腰痛等症。

图 9-287　白鹃梅

图 9-288　白鹃梅在园林中的应用

（Ⅱ）苹果亚科 Maloideae Weber

灌木或乔木，单叶或复叶，有托叶；心皮 (1~)2~5，多数与杯状花托内壁连合；子房下位、半下位，稀上位，(1~)2~5 室，各具 2 稀 1 至多数直立的胚珠；果实成熟时为肉质的梨果，稀浆果状或小核果状。

本亚科有 20 属，我国产 16 属。

亚科下分属检索表

1 心皮在成熟时变为坚硬骨质，果实内含 1~5 小核

  2 叶边全缘；枝条无刺…………………………………………………… 1 栒子属 *Cotoneaster*

2 叶边有锯齿或裂片，稀全缘；枝条常有刺

3 叶常绿；心皮 5，各有成熟的胚珠 2 枚 ………………………………… 2 火棘属 *Pyracantha*

3 叶凋落，稀半常绿；心皮 1~5，各有成熟的胚珠 1 枚 ………………… 3 山楂属 *Crataegus*

1 心皮在成熟时变为革质或纸质，梨果 1~5 室，各室有 1 或多枚种子

4 复伞房花序或圆锥花序，有花多朵

5 单叶常绿，稀凋落

6 心皮一部分离生，子房半下位 ………………………………………… 4 石楠属 *Photinia*

6 心皮全部合生，子房下位

7 果期萼片宿存；心皮 (2)3~5；叶片侧脉直出 ………………… 5 枇杷属 *Eriobotrya*

7 果期萼片脱落；心皮 2(3)；叶片侧脉弯曲 ………………… 6 石斑木属 *Rhaphiolepis*

5 单叶或复叶均凋落 ………………………………………………………… 7 花楸属 *Sorbus*

4 伞形或总状花序，有时花单生

8 各心皮内含种子 4 至多数 ………………………………………………… 8 木瓜属 *Chaenomeles*

8 心皮内含 1~2 种子

9 花柱离生；果实常有多数石细胞 ………………………………… 9 梨属 *Pyrus*

9 花柱基部合生；果实多无石细胞 ………………………………… 10 苹果属 *Malus*

（一）栒子属 *Cotoneaster* B. Ehrhart

落叶、常绿或半常绿灌木，有时为小乔木状；冬芽小形，具数个覆瓦状鳞片。叶互生，有时成两列状，柄短，全缘；托叶细小，脱落很早。花单生，2~3 朵或多朵成聚伞花序，腋生或着生在短枝顶端；萼筒钟状、筒状或陀螺状，有短萼片 5；花瓣 5，白色、粉红色或红色，直立或开张，在花芽中覆瓦状排列；雄蕊常 20，稀 5~25；花柱 2~5，离生，心皮背面与萼筒连合，腹面分离，每心皮具 2 胚珠；子房下位或半下位。果实小形梨果状，红色、褐红色至紫黑色，先端有宿存萼片，内含 1~5 小核；小核骨质，常具 1 种子；种子扁平，子叶平凸。

约 90 余种，分布在亚洲（日本除外）、欧洲和北非的温带地区。产地中国西部和西南部，共 50 余种。

1. 平枝栒子 *Cotoneaster horizontalis* Decne

【别名】矮红子

【形态特征】落叶或半常绿匍匐灌木，高不超过 0.5 米。枝水平开张成整齐两列状；小枝圆柱形，幼时外被糙伏毛，老时脱落，黑褐色。叶片近圆形或宽椭圆形，稀倒卵形，长 5~14 毫米，宽 4~9 毫米，先端多数急尖，基部楔形，全缘，上面无毛，下面有稀疏平贴柔毛；叶柄长 1~3 毫米，被柔毛；托叶钻形，早落。花 1~2 朵，近无梗，直径 5~7 毫米；萼筒钟状，外面有稀疏短柔毛，内面无毛；萼片三角形，先端急尖，外面微具短柔毛，内面边缘有柔毛；花瓣直立，倒卵形，先端圆钝，长约 4 毫米，宽 3 毫米，粉红色；雄蕊约 12，短于花瓣；花柱常为 3，有时为 2，离生，短于雄蕊；子房顶端有柔毛。果实近球形，直径 4~6 毫米，鲜红色，常具 3 小核，稀 2 小核（图 9-289）。花期 5~6 月，果期 9~10 月。

常见品种有微型 'Minor'（植株及叶、果均变小）、

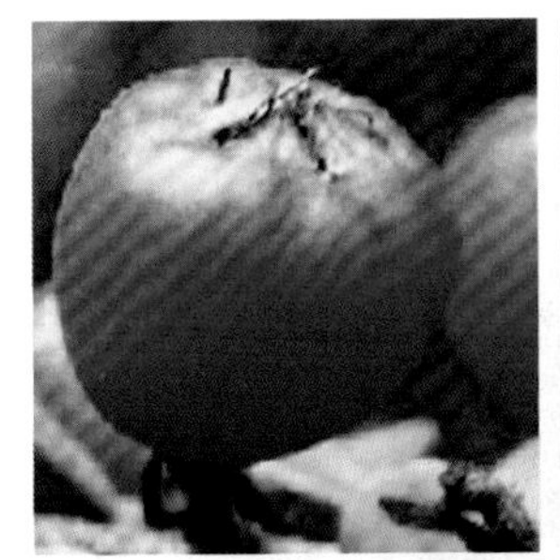

图 9-289　平枝栒子

斑叶 'Variegatus'（叶有黄白色斑纹）。

【生态习性】喜温暖湿润的半阴环境，耐干燥和瘠薄的土地，不耐湿热，有一定的耐寒性，怕积水。生于灌木丛中或岩石坡上，海拔 2000~3500 米。

【分布及栽培范围】陕西、甘肃、湖北、湖南、四川、贵州、云南。尼泊尔也有分布。

【繁殖】扦插和播种繁殖。春夏都能扦插，夏季嫩枝扦插成活率高。

图 9-290　平枝栒子在园林中的应用

【观赏】枝叶横展，叶小而稠密，花密集枝头，晚秋时叶色红色，红果累累，远远看去，好似一团火球，很是鲜艳。其花因开放在初夏，它的粉红花朵在群绿中却默默开放。粉花和绿叶相衬，分外绚丽。平枝栒子的果实为小红球状，终冬不落，雪天观赏，别有情趣。

【园林应用】基础种植或制作盆景（图 9-290）。布置岩石园、庭院、绿地和墙沿、角隅的优良材料。在园林中，和假山叠石相伴，在草坪旁、溪水畔点缀，相互映衬，景观绮丽。

【其它】根、茎、叶入药，具清热化湿，止血止痛的效果。用于泄泻、腹痛吐血、痛经。

（二）火棘属 *Pyracantha* Roem.

常绿灌木或小乔木，常具枝刺；芽细小，被短柔毛。单叶互生，具短叶柄，边缘有圆钝锯齿、细锯齿或全缘；托叶细小，早落。花白色，成复伞房花序；萼筒短，萼片 5；花瓣 5，近圆形，开展；雄蕊 15~20，花药黄色；心皮 5，在腹面离生，在背面约 1/2 与萼筒相连，每心皮具 2 胚珠，子房半下位。梨果小，球形，顶端萼片宿存，内含小核 5 粒。

共 10 种，产亚洲东部至欧洲南部。中国有 7 种。

分种检索表

1 叶边有圆钝锯齿，中部以上最宽，下面绿色…………………………… 1 火棘 *P.fortuneana*

1 叶边通常全缘，有时带细锯齿，中部或近中部最宽………………… 2 全缘火棘 *P.atalantioides*

1. 火棘 *Pyracantha fortuneana* (Maxim.)Li

【别名】火把果、救兵粮、救军粮、救命粮

【形态特征】常绿灌木，高达 3 米。侧枝短，先端成刺状，嫩枝外被锈色短柔毛，老枝暗褐色，无毛；芽小，外被短柔毛。叶片倒卵形或倒卵状长圆形，长 1.5~6 厘米，宽 0.5~2 厘米，先端圆钝或微凹，有时具短尖头，基部楔形，下延连于叶柄，边缘有钝锯齿，齿尖向内弯，近基部全缘，两面皆无毛；叶柄短，无毛或嫩时有柔毛。花集成复伞房花序，直径 3~4 厘米，花梗和总花梗近于无毛，花梗长约 1 厘米；花直径约 1 厘米；萼筒钟状，无毛；萼片三角卵形，先端钝；花瓣白色，近圆形，长约 4 毫米，宽约 3 毫米；雄蕊 20，花丝长 3~4 毫米，花药黄色；花柱 5，离生，与雄蕊等长，子房上部密生白色柔毛。果实近球形，直径约 5 毫米，桔红色或深红色（图 9-291）。花期 3~5 月，果期 8~11 月。

有橙叶火棘 'OrangeGlow'（果熟时橙红色）和斑叶火棘 'Variegata'（叶边有不规则的白色或黄白色条纹）等品种。

【生态习性】喜强光，耐贫瘠，抗干旱，不耐寒；温度可低至 0℃。喜排水良好、湿润、疏松的中性或微酸性壤土。生于山地、丘陵地阳坡灌丛草地及河

图 9-291　火棘

图 9-292　火棘在园林中的应用

沟路旁，海拔 500~2800 米。

【分布及栽培范围】陕西、河南、江苏、浙江、福建、湖北、湖南、广西、贵州、云南、四川、西藏。

【繁殖】播种繁殖

【观赏】春季白花朵朵，入秋红果满枝，经久不落。

【园林应用】基础种植、园景树、绿篱（图 9-292）。林缘、群落下层种植，与山石搭配。

【生态功能】火棘是治理山区石漠化的良好植物。

【其它】果实含有丰富的有机酸、蛋白质、氨基酸、维生素和多种矿质元素，可鲜食，也可加工成各种饮料。根可入药。树叶可制茶。

2. 全缘火棘 *Pyracantha atalantioides* (Hance) Stapf

【别名】救军粮、木瓜刺

【形态特征】常绿灌木或小乔木，高达 6 米。有枝刺。叶片椭圆形或长圆形，稀长圆倒卵形，长 1.5~4 厘米，宽 1~1.6 厘米，先端微尖或圆钝，有时具刺尖头，基部宽楔形或圆形，叶边通常全缘或有时具不显明的细锯齿，幼时有黄褐色柔毛，老时两面无毛，上面光亮，叶脉明显，下面微带白霜，中脉明显突起；叶柄长 2~5 毫米，通常无毛，有时具柔毛。花成复伞房花序，直径 3~4 厘米，花梗和花萼外被黄褐色柔毛；花梗长 5~10 毫米；萼筒钟状，外被柔毛；萼片浅裂，广卵形，先端钝，外被稀疏柔毛；花瓣白色，

图 9-293　全缘火棘

卵形，长 4~5 毫米，宽 3~4 毫米，先端微尖，基部具短爪；雄蕊 20，花丝长约 3 毫米，花药黄色；花柱 5，与雄蕊等长，子房上部密生白色绒毛。梨果扁球形，直径 4~6 毫米，亮红色（图 9-293）。花期 4~5 月，果期 9~11 月。

本种与火棘 *P.fortuneana* (Maxim.)Li 相似，唯后者叶片多倒卵形，先端圆钝，中部以上最宽，边缘有显明圆钝锯齿，花序上毛很少。而本种叶片多椭圆形，先端急尖，中部或近中部以下最宽，叶边全缘或有不明显锯齿，花序多被柔毛，易于区别。

品种黄果全缘火棘 'Aurea' 果黄色。

【生态习性】喜强光，耐贫瘠，抗干旱，不耐寒。喜土质疏松，富含有机质，较肥沃，排水良好，pH5.5~7.3 的微酸性土壤。生于山坡或谷地灌丛疏林中，海拔 500~1700 米。

【分布及栽培范围】产陕西、湖北、湖南、四川、贵州、广东、广西。

【繁殖】播种、扦插及压条繁殖。

【观赏】春季白花，秋季红果。

【园林应用】绿篱，基础种植，风景林地的配植。

（三）山楂属 *Crataegus* L.

落叶稀半常绿灌木或小乔木，通常具刺，很少无刺；冬芽卵形或近圆形。单叶互生，有锯齿，深裂或浅裂，稀不裂，有叶柄与托叶。伞房花序或伞形花序，极少单生；萼筒钟状，萼片 5；花瓣 5，白色，极少数粉红色；雄蕊 5~25；心皮 1~5，大部分与花托合生，仅先端和腹面分离，子房下位至半下位，每室具 2 胚珠，其中 1 个常不发育。梨果，先端有宿存萼片；心皮熟时为骨质，成小核状，各具 1 种子；种子直立，扁，子叶平凸。

广泛分布于北半球，北美种类很多，有人描写在千种以上。中国约产 17 种。

分种检索表

1 叶片羽状深裂，侧脉伸到裂片先端或者伸到裂片分裂处……………………1 山楂 *C.pinnatifida*

1 叶片浅裂或不分裂，侧脉伸至裂片先端，裂片分裂处无侧脉………………2 野山楂 *C.cuneata*

1. 山楂 *Crataegus pinnatifida* Bunge

【别名】山里红、红果

【形态特征】落叶乔木，高达 6 米。刺长约 1~2 厘米，有时无刺。叶片宽卵形或三角状卵形，稀菱状卵形，长 5~10 厘米，宽 4~7.5 厘米，先端短渐尖，基部截形至宽楔形，通常两侧各有 3~5 羽状深裂片，裂片卵状披针形或带形，先端短渐尖，边缘有尖锐稀疏不规则重锯齿，上面暗绿色有光泽，下面沿叶脉有疏生短柔毛或在脉腋有髯毛，侧脉 6~10 对，有的达到裂片先端，有的达到裂片分裂处；叶柄长 2~6 厘米，无毛；托叶草质，镰形，边缘有锯齿。伞房

图 9-294　山楂

图 9-295　山楂在园林中的应用

花序具多花，直径 4~6 厘米，总花梗和花梗均被柔毛，花后脱落，减少，花梗长 4~7 毫米；苞片膜质，线状披针形，长约 6~8 毫米，先端渐尖，边缘具腺齿，早落；花直径约 1.5 厘米；萼筒钟状，长 4~5 毫米，外面密被灰白色柔毛；萼片三角卵形至披针形；花瓣倒卵形或近圆形，长 7~8 毫米，宽 5~6 毫米，白色；雄蕊 20；花柱 3~5，基部被柔毛，柱头头状。果实近球形或梨形，直径 1~1.5 厘米，深红色，有浅色斑点（图 9-294）。花期 5~6 月，果期 9~10 月。

变种山里红（大山楂）var. *major* N.H.Br. 果形较大，直径可达 2.5 厘米，深亮红色；叶片大，分裂较浅；植株生长茂盛。

【生态习性】适应性强，喜凉爽，湿润的环境，即耐寒又耐高温，在 ~36℃ ~43℃之间均能生长。喜光也能耐荫。耐旱，水分过多时，枝叶容易徒长。对土壤要求不严格，但以土层深厚、质地肥沃、疏松、排水良好的微酸性砂壤土生长良好。生于山坡林边或灌木丛中。海拔 100~1500 米。

【分布及栽培范围】产黑龙江、吉林、辽宁、内蒙古、河北、河南、山东、山西、陕西、江苏。朝鲜和苏联西伯利亚也有分布。

【繁殖】用播种、分株、扦插、嫁接等方法繁殖。

【观赏】秋季红果累累，经久不凋，颇为美观。

【园林应用】园景树（图 9-295）。

【其它】果可生吃或作果酱果糕；干制后入药，有健胃、消积化滞、舒气散瘀之效。

2. 野山楂 *Crataegus cuneata* Siebold&Zucc.

【别名】小叶山楂、牧虎梨、红果子、浮萍果、猴楂、山梨

【形态特征】落叶灌木，高达 15 米。具细刺，

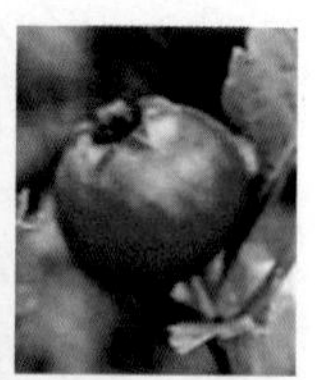

图 9-296　野山楂

刺长5~8毫米。枝有棱。叶片宽倒卵形至倒卵状长圆形，长2~6厘米，宽1~4.5厘米，先端急尖，基部楔形，下延连于叶柄，边缘有不规则重锯齿，顶端常有3或稀5~7浅裂片，上面无毛，有光泽，下面具稀疏柔毛，沿叶脉较密，以后脱落，叶脉显著；叶柄两侧有叶翼，长约4~15毫米；托叶大形。伞房花序，直径2~2.5厘米，具花5~7朵，总花梗和花梗均被柔毛。花梗长约1厘米；苞片草质，披针形，条裂或有锯齿，长8~12毫米，脱落很迟；花直径约1.5厘米；萼筒钟状，外被长柔毛；花瓣近圆形或倒卵形，长6~7毫米，白色，基部有短爪；雄蕊20；花药红色。果实近球形或扁球形，直径1~1.2厘米，红色或黄色（图9-296）。花期5~6月，果期9~11月。

【生态习性】宜生长在向阳山坡或山地灌木丛中。海拔250米~200毫米山谷或山地灌木丛中。

【分布及栽培范围】河南、湖北、江西、湖南、安徽、江苏、浙江、云南、贵州、广东、广西、福建。日本也有分布。

【园林应用】绿篱、基础种植、特殊环境绿化。

【生态功能】果实多肉可供生食，酿酒或制果酱，嫩叶可以代茶，茎叶煮汁可洗漆疮。

（四）石楠属 *Photinia* Lindl.

落叶或常绿乔木或灌木；冬芽小，具覆瓦状鳞片。叶互生，革质或纸质，多数有锯齿，稀全缘，有托叶。花两性，多数，成顶生伞形、伞房或复伞房花序，稀成聚伞花序；萼筒杯状、钟状或筒状，有短萼片5；花瓣5，开展，在芽中成覆瓦状或卷旋状排列；雄蕊20，稀较多或较少；心皮2，稀3~5，花柱离生或基部合生，子房半下位，2~5室，每室2胚珠。果实为2~5室小梨果，微肉质，成熟时不裂开，先端或三分之一部分与萼筒分离，有宿存萼片，每室有1~2种子；种子直立，子叶平凸。

全世界约有60余种，分布在亚洲东部及南部，我国约产40余种。

分种检索表

1 叶柄长2~4厘米……………………………………………………1 石楠 *P.serrulata*

1 叶柄长0.5~2厘米

　2 花瓣内面有毛……………………………………………………2 红叶石楠 *P.×fraseri*

　2 花瓣无毛…………………………………………………………3 椤木石楠 *P.davidsoniae*

1. 石楠 *Photinia serrulata* Lindl.

【别名】凿木、千年红、扇骨木、笔树、石眼树、将军梨、石楠柴、山官木

【形态特征】常绿灌木或小乔木，高4~6米。叶片革质，长椭圆形、长倒卵形或倒卵状椭圆形，长9~22厘米，宽3~6.5厘米，先端尾尖，基部圆形或宽楔形，边缘有疏生具腺细锯齿，近基部全缘，上面光亮，幼时中脉有绒毛，成熟后两面皆无毛，中脉显著，侧脉25~30对；叶柄粗壮，长2~4厘米，幼时有绒毛，以后无毛。复伞房花序顶生，直径10~16厘米；总花梗和花梗无毛，花梗长3~5毫米；花密生，直径6~8毫米；萼筒杯状，长约1毫米；萼片阔三角形，长约1毫米；花瓣白色，近圆形，直径3~4毫米，内外两面皆无毛；雄蕊20，外轮较花瓣长，内轮较花瓣短；花柱2，有时为3，基部合生，柱头头状，

图 9-297　石楠

图 9-298　石楠在园林中的应用

子房顶端有柔毛。果实球形，直径 5~6 毫米，红色，后成褐紫色，有 1 粒种子；种子卵形，长 2 毫米，棕色，平滑（图 9-297）。花期 4~5 月，果期 10 月。

栽培变种斑叶石楠 'Variegata' 叶有不规则的白或淡黄色斑纹。

【生态习性】喜光稍耐荫，深根性；喜肥沃、湿润、土层深厚、排水良好、微酸性的砂质土壤，能耐短期 -15℃的低温，在焦作、西安及山东等地能露地越冬。萌芽力强，耐修剪，对烟尘和有毒气体有一定的抗性。生于杂木林中，海拔 1000~2500 米。

【分布及栽培范围】陕西、甘肃、河南、江苏、安徽、浙江、江西、湖南、湖北、福建、台湾、广东、广西、四川、云南、贵州。日本、印度尼西亚也有分布。

【繁殖】播种、扦插繁殖

【观赏】树冠圆形，叶丛浓密，嫩叶红色，花白色、密生，冬季果实红色，鲜艳夺目，观赏价值高。

【园林应用】园路树、庭荫树、园景树、水边绿化（图 9-298）。在园林中孤植、丛栽使其形成低矮的灌木丛，可与金叶女贞、红叶小檗、扶芳藤、肖黄栌等配植。

【其它】木材坚密，可制车轮及器具柄；叶和根供药用。种子榨油供制油漆、肥皂或润滑油用；可作枇杷的砧木。

2. 红叶石楠 *Photinia × fraseri*

【形态特征】常绿小乔木，高度可达 12 米，株形紧凑。春季和秋季新叶亮红色。花期 4~5 月。梨果红色，能延续至冬季，果期 10 月（图 9-299）。

【生态习性】喜光，稍耐荫，喜温暖湿润气候，耐干旱瘠薄，不耐水湿。

【分布及栽培范围】华东、中南及西南地区有栽培，在北京、天津、山东、河北、陕西等地均有引种栽培。

【繁殖】组织培养或扦插繁殖。

【观赏】枝繁叶茂，树冠圆球形，早春嫩叶绛红，初夏白花点点，秋末累累赤实，冬季老叶常绿，园林观赏价值高。

【园林应用】园路树、庭荫树、园景树、水边绿化、绿篱及绿雕、基础种植、地被植物、盆栽及盆景观赏。

图 9-299　红叶石楠

图 9-300　椤木石楠

作为色块植物片植，或与其他彩叶植物组合成各种图案。群植成大型绿篱或幕墙，在居住区、厂区绿地、街道或公路绿化隔离带应用。红叶石楠还可培育成独干、球形树冠的乔木，在绿地中作为行道树或孤植作庭荫树。也可盆栽在门廊及室内布置。

【生态功能】对二氧化硫，氯气有较强的抗性，具有隔音功能。

3. 椤木石楠 *Photinia davidsoniae* Rehder et. Wilson

【别名】椤木、水红树花、梅子树、凿树、山官木

【形态特征】常绿乔木，高 6~15 米。幼枝具刺。叶片革质，长圆形、倒披针形、或稀为椭圆形，长 5~15 厘米，宽 2~5 厘米，先端急尖或渐尖，有短尖头，基部楔形，边缘稍反卷，有具腺的细锯齿，上面光亮，中脉初有贴生柔毛，后渐脱落无毛，侧脉 10~12 对；叶柄长 8~15 毫米，无毛。花多数，密集成顶生复伞房花序，直径 10~12 毫米；总花梗和花梗有平贴短柔毛，花梗长 5~7 毫米；花直径 10~12 毫米；萼筒浅杯状，直径 2~3 毫米，外面有疏生平贴短柔毛；花瓣圆形，直径 3.5~4 毫米，先端圆钝，基部有极短爪；雄蕊 20，较花瓣短；花柱 2，基部合生并密被白色长柔毛。果实球形或卵形，直径 7~10 毫米，黄红色，无毛；种子 2~4，卵形，长 4~5 毫米，褐色（图 9-300）。花期 5 月，果期 9~10 月。

【生态习性】喜温暖湿润和阳光充足的环境。耐寒、耐荫、耐干旱，不耐水湿，萌芽力强，耐修剪。生长适温 10~25℃，冬季能耐 -10℃低温。生于灌丛中，海拔 600~1000 米。

【分布及栽培范围】长江以南至华南地区。越南、缅甸、泰国也有分布。

【繁殖】播种、扦插和压条繁殖

【观赏】枝繁叶茂，树冠圆球形，早春嫩叶绛红，初夏白花点点，秋末赤实累累，艳丽夺目。冬季叶片常绿并缀有黄红色果实，颇为美观。

【园林应用】庭荫树、园景树、水边绿化、基础种植。

【生态功能】耐大气污染，适用于工矿区配植。

【其它】木材可作农具。根及叶入药，用于痈肿疮疖。

（五）枇杷属 *Eriobotrya* Lindl.

常绿乔木或灌木。单叶互生，边缘有锯齿或近全缘，羽状网脉显明；通常有叶柄或近无柄；托叶多早落。花成顶生圆锥花序，常有绒毛；萼筒杯状或倒圆锥状，萼片5，宿存；花瓣5，倒卵形或圆形，无毛或有毛，芽时呈卷旋状或双盖覆瓦状排列；雄蕊20~40；花柱2~5，基部合生，常有毛，子房下位，合生，2~5室，每室有2胚珠。梨果肉质或干燥，内果皮膜质，有1或数粒大种子。

本属约有30种，分布在亚洲温带及亚热带，我国产13种。

1 枇杷 *Eriobotrya japonica* (Thunb.) Lindl.

【别名】卢桔

【形态特征】常绿小乔木，高可达10米。小枝密生锈色或灰棕色绒毛。叶片革质，披针形、倒披针形、倒卵形或椭圆长圆形，长12~30厘米，宽3~9厘米，先端急尖或渐尖，基部楔形或渐狭成叶柄，上部边缘有疏锯齿，基部全缘，上面光亮，多皱，下面密生灰棕色绒毛，侧脉11~21对；叶柄短或几无柄，长6~10毫米，有灰棕色绒毛；托叶钻形，长1~1.5厘米，先端急尖，有毛。圆锥花序顶生，长10~19厘米，具多花；总花梗和花梗密生锈色绒毛；花梗长2~8毫米；苞片钻形，长2~5毫米，密生锈色绒毛；花直径12~20毫米；萼筒浅杯状，长4~5毫米，萼片三角卵形，长2~3毫米，先端急尖，萼筒及萼片外面有锈色绒毛；花瓣白色，长圆形或卵形，长5~9毫米，宽4~6毫米；雄蕊20，远短于花瓣；花柱5，离生。果实球形或长圆形，直径2~5厘米，黄色或桔黄色，外有锈色柔毛，不久脱落（图9-301）。花期10~12月，果期5~6月。

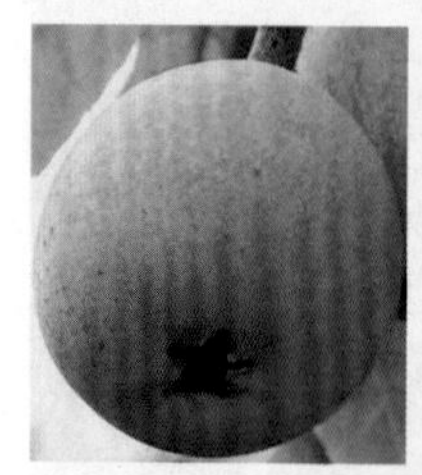

图9-301　枇杷

【生态习性】喜光，稍耐荫；喜温暖气候和肥水湿润、排水良好的土壤；不耐严寒，冬季不低-5℃，花期，幼果期不低于0℃的地区。喜肥沃土壤。

【分布及栽培范围】甘肃、陕西、河南、江苏、安徽、浙江、江西、湖北、湖南、四川、云南、贵州、广西、广东、福建、台湾。栽培适区是长江中下游及以南地区。日本、印度、越南、缅甸、泰国、印度尼西亚也有栽培。

【繁殖】播种繁殖为主，可嫁接。

【园林应用】常用于庭院栽植观赏

【文化】枇杷的英文Loquat来自芦橘的粤语音译。苏轼的诗中亦曾提及这种水果："罗浮山下四时春，芦橘杨梅次第新。日啖荔枝三百颗，不辞长作岭南人"。又有人认为芦橘这个名称为讹传。

【其它】果味甘酸，供生食、蜜饯和酿酒用；叶供药用，有化痰止咳，和胃降气之效。木材红棕色，可作木梳、手杖、农具柄等用。

（六）石斑木属 *Raphiolepis* Lindl.

常绿灌木或小乔木。单叶互生，革质，具短柄；托叶锥形，早落。花成直立总状花序、伞房花序或圆锥花序；萼筒钟状至筒状，下部与子房合生；萼片5，直立或外折，脱落；花瓣5，有短爪；雄蕊15~20；子房下位，2室，每室有2直立胚珠，花柱2或3，离生或基部合生。梨果核果状，近球形，肉质，萼片脱落后顶端有一圆环或浅窝；种子1~2，近球形，种皮薄，子叶肥厚，平凸或半球形。

本属约有15种，分布于亚洲东部，我国产7种。

1. 石斑木 *Rhaphiolepis indica* (L.) Lindl. ex Ker

【别名】春花、车轮梅、凿角、雷公树、白杏花、山花木、石棠木

【形态特征】常绿灌木，高可达4米。叶片集生于枝顶，卵形、长圆形，稀倒卵形或长圆披针形，长（2）4~8厘米，宽1.5~4厘米，先端圆钝，急尖、渐尖或长尾尖，基部渐狭连于叶柄，边缘具细钝锯齿，上面光亮，平滑无毛，网脉不明显或明显下陷，下面色淡，叶脉稍凸起，网脉明显；叶柄长5~18毫米；托叶钻形，长3~4毫米。顶生圆锥花序或总状花序，总花梗和花梗被锈色绒毛，花梗长5~15毫米；苞片及小苞片狭披针形，长2~7毫米，近无毛；花直径1~1.3厘米；萼筒筒状，长4~5毫米，边缘及内外面有褐色绒毛，或无毛；萼片5，三角披针形至线形，长4.5~6毫米，先端急尖；花瓣5，白色或淡红色，倒卵形或披针形，长5~7毫米，宽4~5毫米，先端圆钝，基部具柔毛；雄蕊15，与花瓣等长或稍长；花柱2~3，基部合生，近无毛。果实球形，紫黑色，直径约5毫米，果梗短粗，长5~10毫米（图9-302）。花期4月，果期7~8月。

图9-302 石斑木

【生态习性】喜光，耐水湿，耐盐碱土，耐热，抗风，耐寒，耐干旱瘠薄。在略有庇荫处则生长更好。生于山坡、路边或溪边灌木林中，海拔150~1600米。

【分布及栽培范围】安徽、浙江、江西、湖南、贵州、云南、福建、广东、广西、台湾。日本、老挝、越南、柬埔寨、泰国和印度尼西亚也有分布。

【繁殖】播种或扦插繁殖。

【园林应用】水边绿化、绿篱及绿雕、基础种植（图9-303）。

图9-303 石斑木在园林中的应用

【其它】木材带红色，质重坚韧；果实可食。

（七）花楸属 *Sorbus* L.

落叶乔木或灌木;冬芽大形,具多数覆瓦状鳞片。叶互生,有托叶,单叶或奇数羽状复叶,在芽中为对折状,稀席卷状。花两性，多数成顶生复伞房花序；萼片和花瓣各 5；雄蕊 15~25；心皮 2~5，部分离生或全部合生；子房半下位或下位，2~5 室，每室具 2 胚珠。果实为 2~5 室小形梨果，子房壁成软骨质，各室具 1~2 种子。

全世界约有 80 余种，分布在北半球，亚洲、欧洲、北美洲。中国产 50 余种。

1. 石灰花楸 *Sorbus folgneri* (Schneid.) Rehd.

图 9-304　石灰花楸

【别名】石灰树、白绵子树、毛栒子、石灰条子、粉背叶、反白树、傅氏花楸、华盖木

【形态特征】乔木，高达 10 米。叶片卵形至椭圆卵形，长 5~8 厘米，宽 2~3.5 厘米，先端急尖或短渐尖，基部宽楔形或圆形，边缘有细锯齿或在新枝上的叶片有重锯齿和浅裂片，上面深绿色，无毛，下面密被白色绒毛，中脉和侧脉上也具绒毛，侧脉直达叶边锯齿顶端;叶柄长 5~15 毫米,密被白色绒毛。复伞房花序具多花，总花梗和花梗均被白色绒毛；花梗长 5~8 毫米；花直径 7~10 毫米；萼筒钟状，外被白色绒毛，内面稍具绒毛;萼片三角卵形，先端急尖，外面被绒毛，内面微有绒毛；花瓣卵形，长 3~4 毫米，宽 3~3.5 毫米，先端圆钝，白色；雄蕊 18~20；花柱 2~3。果实椭圆形,直径 6~7 毫米,长 9~13 毫米,红色（图 9-304）。花期 4~5 月，果期 7~8 月。

【生态习性】耐寒，也耐荫。喜湿润肥沃土壤。生于山坡杂木林中，海拔 800~2000 米。

【分布及栽培范围】陕西、甘肃、河南、湖北、湖南、江西、安徽、广东、广西、贵州、四川、云南。

【繁殖】播种繁殖。

【观赏】树姿优美，春开白花，秋结红果，十分秀丽。

【其它】木材可制作高级家具。枝条可供药用。

（八）木瓜属 *Chaenomeles* Lindl.

落叶或半常绿，灌木或小乔木，有刺或无刺；冬芽小，具 2 枚外露鳞片。单叶，互生，具齿或全缘，有短柄与托叶。花单生或簇生。先于叶开放或迟于叶开放；萼片 5，全缘或有齿；花瓣 5，大形，雄蕊 20 或多数排成两轮；花柱 5，基部合生，子房 5 室，每室具有多数胚珠排成两行。梨果大形，萼片脱落，花柱常宿存，内含多数褐色种子；种皮革质，无胚乳。

本属约有 5 种，产亚洲东部。我国 4 种。

分种检索表

1 枝无刺；花单生，后于叶开放……………………………………………1 木瓜 *C.sinensis*

1 枝有刺；花簇生，先于叶或与叶同时开放……………………………2 贴梗海棠 *C.speciosa*

1. 木瓜 *Chaenomeles sinensis* (Thouin) Koehne

【别名】榠楂、木李、海棠

【形态特征】灌木或小乔木，高达 5~10 米。树皮成片状脱落；小枝无刺，圆柱形，幼时被柔毛，不久即脱落。叶片椭圆卵形或椭圆长圆形，稀倒卵形，长 5~8 厘米，宽 3.5~5.5 厘米，先端急尖，基部宽楔形或圆形，边缘有刺芒状尖锐锯齿，齿尖有腺，幼时下面密被黄白色绒毛，不久即脱落无毛；叶柄长 5~10 毫米，微被柔毛，有腺齿；托叶膜质，卵状披针形，先端渐尖，边缘具腺齿，长约 7 毫米。花单生于叶腋，花梗短粗，长 5~10 毫米，无毛；花直径 2.5~3 厘米；萼筒钟状外面无毛；萼片三角披针形，长 6~10 毫米，先端渐尖，边缘有腺齿；花瓣倒卵形，淡粉红色；雄蕊多数；花柱 3~5，基部合生，柱头头状，约与雄蕊等长或稍长。果实长椭圆形，长 10~15 厘米，暗黄色，木质，味芳香(图 9-305)。花期 4 月，果期 9~10 月。

【生态习性】喜光、不耐荫；耐寒、耐旱，生长环境要求雨水充沛，气候温暖，土壤肥沃。喜半干半湿，栽植地可选择避风向阳处。喜温暖环境，在江淮流域可露地越冬。

图 9-305　木瓜

【分布及栽培范围】产我国东部及中南部。

【繁殖】播种繁殖或嫁接繁殖。

【观赏】花红果香，干皮斑驳秀丽。

【园林应用】园景树、园路树。

【其它】果实味涩，水煮或浸渍糖液中供食用，入药有解酒、去痰、顺气、止痢之效。果皮干燥后仍光滑，不皱缩，故有光皮木瓜之称。木材坚硬可作床柱用。

2. 贴梗海棠 *Chaenomeles speciosa* (Sweet) Nakai

【别名】皱皮木瓜、木瓜、楙、贴梗海棠、贴梗木瓜、铁脚梨

【形态特征】落叶灌木，高达 2 米。枝条有刺。叶片卵形至椭圆形，长 3~9 厘米，宽 1.5~5 厘米，先端急尖稀圆钝，基部楔形至宽楔形，边缘具有尖锐锯齿，齿尖开展，无毛或在萌蘖上沿下面叶脉有短柔毛；叶柄长约 1 厘米；托叶大形，草质，肾形或半圆形，稀卵形，长 5~10 毫米，宽 12~20 毫米，边缘有尖锐重锯齿，无毛。花先叶开放，3~5 朵簇生于二年生老枝上；花梗短粗，长约 3 毫米或近于无柄；花直径 3~5 厘米；萼筒钟状，外面无毛；萼片直立，半圆形稀卵形，长 3~4 毫米。宽 4~5 毫米，长约萼筒之半，先端圆钝，全缘或有波状齿，及黄褐色睫毛；花瓣倒卵形或近圆形，基部延伸成短爪，长 10~15 毫米，宽 8~13 毫米，猩红色，稀淡红色或白色；雄蕊 45~50，长约花瓣之半；花柱 5，基部合生，无毛或稍有毛，柱头头状，有不明显分裂，约与雄蕊等长。

图 9-306 贴梗海棠

图 9-307 贴梗海棠在园林中的应用

果实球形或卵球形，直径 4~6 厘米，黄色或带黄绿色，有稀疏不显明斑点，味芳香；萼片脱落，果梗短或近于无梗（图 9-306）。花期 3~5 月，果期 9~10 月。

有白花 'Alba'、粉花 'Rosea'、红花 'Rubra'、朱红 'Sanguinea'、红白二色（'东洋锦'）'AlbaRosea'、粉花重瓣 'RoseaPlena' 及曲枝 'Tortuosa'、矮生 'Pygmaea' 等品种。

【生态习性】温带树种。适应性强，喜光，也耐半荫，耐寒，耐旱。在肥沃、排水良好的黏土、壤土中均可正常生长，忌低洼和盐碱地。

【分布及栽培范围】东部、中部至西南部。缅甸亦有分布。

【繁殖】扦插、压条、播种繁殖。

【观赏】早春先花后叶，很美丽。春季观花夏秋赏果，淡雅俏秀，多姿多彩。

【园林应用】园路树、园景树、风景林、盆栽及盆景观赏（图 9-307）。

【其它】果实含苹果酸、酒石酸、枸橼酸及丙朴维生素等，干制后入药，有驱风、舒筋、活络、镇痛、消肿、顺气之效。

（九）梨属 *Pyrus* L.

落叶乔木或灌木，稀半常绿乔木，有时具刺。单叶，互生，有锯齿或全缘，稀分裂，在芽中呈席卷状，有叶柄与托叶。花先于叶开放或同时开放，伞形总状花序；萼片 5，反折或开展；花瓣 5，具爪，白色稀粉红色；雄蕊 15~30，花药通常深红色或紫色；花柱 2~5，离生，子房 2~5 室，每室有 2 胚珠。梨果，果肉多汁，富石细胞，子房壁软骨质；种子黑色或黑褐色，种皮软骨质，子叶平凸。

全世界约有 25 种，分布亚洲、欧洲至北非，中国有 14 种。

分种检索表

1 果实上有萼片宿存；花柱 3~5 ……………………………………………………1 西洋梨 *P.communis*

1 果实上萼片多数脱落或少数部分宿存；花柱 2~5

2 叶边具有带刺芒的尖锐锯齿；花柱 4~5

3 果实黄色；叶片基部宽楔形……………………………………………2 白梨 *P.bretschneideri*

3 果实褐色；叶片基部圆形或近心形…………………………………………3 沙梨 *P.pyrifolia*

2 叶边有不带刺芒的尖锐锯齿或圆钝锯齿；花柱 2~4 ……………………………4 豆梨 *P.calleryana*

1. 西洋梨 *Pyrus communis* L.

【别名】洋梨

【形态特征】乔木，高达 15 米。小枝有时具刺。叶片卵形、近圆形至椭圆形，长 2~5(7) 厘米，宽 1.5~2.5 厘米，先端急尖或短渐尖，基部宽楔形至近圆形，边缘有圆钝锯齿，稀全缘，幼嫩时有蛛丝状柔毛，不久脱落或仅下面沿中脉有柔毛；叶柄细，长 1.5~5 厘米，幼时微具柔毛，以后脱落；托叶膜质，线状披针形，长达 1 厘米，微具柔毛，早落。伞形总状花序，具花 6~9 朵，总花梗和花梗具柔毛或无毛，花梗长 2~3.5 厘米；苞片膜质，线状披针形，长 1~1.5 厘米，被棕色柔毛，脱落早；花直径 2.5~3 厘米；萼筒外被柔毛，内面无毛或近无毛；萼片三角披针形，先端渐尖，内外两面均被短柔毛；花瓣倒卵形，长 1.3~1.5 厘米，宽 1~1.3 厘米，先端圆钝，基部具短爪，白色；雄蕊 20，长约花瓣之半；花柱 5，基部有柔毛。果实倒卵形或近球形，长 3~5 厘米，宽 1.5~2 厘米，绿色、黄色，稀带红晕，具斑点，萼片宿存（图 9-308）。花期 4 月，果期 7~9 月。

图 9-308 西洋梨

【生态习性】对土壤要求不严格。以 pH5.5~6.5 的土壤为佳。深根性，平伸展力强。

【分布及栽培范围】欧洲及亚洲西部，我国北部有引种。

【繁殖】播种繁殖。

【园林应用】庭荫树、园景树。孤植、林植、庭院栽培均可。

【其它】具有润肺凉心、消炎降火，解疮毒、醒酒和利尿等诸多功效。

2. 白梨 *Pyrus bretschneideri* Rehder

【别名】白挂梨、罐梨

【形态特征】乔木，高达 5~8 米。叶片卵形或椭圆卵形，长 5~11 厘米，宽 3.5~6 厘米，先端渐尖稀急尖，基部宽楔形，稀近圆形，边缘有尖锐锯齿，齿尖有刺芒，微向内合拢，嫩时紫红绿色，两面均有绒毛，不久脱落，老叶无毛；叶柄长 2.5~7 厘米，嫩时密被绒毛，不久脱落；托叶膜质，线形至线状披针形，先端渐尖，边缘具有腺齿，长 1~1.3 厘米，外面有稀疏柔毛，内面较密，早落。伞形总状花序，有花 7~10 朵，直径 4~7 厘米，总花梗和花梗嫩时有绒毛，不久脱落，花梗长 1.5~3 厘米；苞片膜质，线形，长 1~1.5 厘米，先端渐尖，全缘，内面密被褐色长绒毛；花直径 2~3.5 厘米；萼片三角形，先端渐尖，边

图 9-309 白梨

缘有腺齿；花瓣卵形，长 1.2~1.4 厘米，宽 1~1.2 厘米，先端常呈啮齿状，基部具有短爪；雄蕊 20；花柱 5 或 4。果实卵形或近球形，长 2.5~3 厘米，直径 2~2.5 厘米，先端萼片脱落，基部具肥厚果梗，黄色，有细密斑点（图 9-309）。花期 4 月，果期 8~9 月。

主要品种有‘鸭梨’、‘雪花梨’、‘秋白梨’、‘慈梨’、‘香水梨’、‘长把梨’等。

【生态习性】耐寒、耐旱、耐涝、耐盐碱。冬季最低温度在 -25℃以上的地区。根系发达，喜光喜温，宜选择土层深厚、排水良好的缓坡山地种植，尤以砂质壤土山地为理想。根系发达，垂直根深可达 2~3 米以上。适宜生长在干旱寒冷的地区或山坡阳处，海拔 100~2000 米。

【分布及栽培范围】河北、河南、山东、山西、陕西、甘肃、青海。

【繁殖】播种或嫁接繁殖。

【园林应用】园景树。孤植于庭院，或丛植于开阔地、亭台周边或溪谷口、小河桥头均相宜。

【其它】果可制成梨膏，均有清火润肺的功效。木材质优，是雕刻、家具及装饰良材。

3. 沙梨 *Pyrus pyrifolia* (Burm.f.) Nakai

【别名】麻安梨

【形态特征】乔木，高达 7~15 米。叶片卵状椭圆形或卵形，长 7~12 厘米，宽 4~6.5 厘米，先端长尖，基部圆形或近心形，稀宽楔形，边缘有刺芒锯齿。微向内合拢，上下两面无毛或嫩时有褐色绵毛；叶柄长 3~4.5 厘米，嫩时被绒毛，不久脱落；托叶膜质，线状披针形，长 1~1.5 厘米，先端渐尖，全缘，边缘具有长柔毛，早落。伞形总状花序，具花 6~9 朵，直径 5~7 厘米；总花梗和花梗幼时微具柔毛，花梗长 3.5~5 厘米；苞片膜质，线形，边缘有长柔毛；花直径 2.5~3.5 厘米；萼片三角卵形，长约 5 毫米，先端渐尖，边缘有腺齿；外面无毛，内面密被褐色绒毛；花瓣卵形，长 15~17 毫米，先端啮齿状，基部具短爪，白色；雄蕊 20，长约等于花瓣之半；花柱 5，稀 4，光滑无毛，约与雄蕊等长。果实近球形，浅褐色，有浅色斑点，先端微向下陷，萼片脱落（图 9-310）。花期 4 月，果期 8 月。

著名品种有‘酥梨’、‘雪梨’、‘黄樟梨’、‘宝珠梨’等。

【生态习性】喜光，喜温暖湿润气候，耐旱，也耐水湿，耐寒力差。根系发达，优良品种很多，形

图 9-310 沙梨

成南方沙梨系统。适宜生长在温暖而多雨的地区，海拔 100~1400 米。

【分布及栽培范围】长江流域，华南、西南地区也有栽培。分布中南半岛至日本。

【繁殖】繁殖多以豆梨为砧木进行嫁接。

【园林应用】园景树、水边绿化。常孤植、丛植。

【其它】果实、果皮具有清热、生津、润燥、化痰的效果。用于咳嗽、干咳、口干、汗多、喉痛、痰热惊狂、便秘、烦躁。

4. 豆梨 *Pyrus calleryana* Dcne.

【别名】鹿梨、阳槎、赤梨、糖梨、杜梨

【形态特征】乔木，高 5~8 米。叶片宽卵形至卵形，稀长椭卵形，长 4~8 厘米，宽 3.5~6 厘米，先端渐尖，稀短尖，基部圆形至宽楔形，边缘有钝锯齿，两面无毛；叶柄长 2~4 厘米，无毛；托叶叶质，线状披针形，长 4~7 毫米，无毛。伞形总状花序，具花 6~12 朵，直径 4~6 毫米，总花梗和花梗均无毛，花梗长 1.5~3 厘米；苞片膜质，线状披针形，长 8~13 毫米；花直径 2~2.5 厘米；萼筒无毛；萼片披针形，先端渐尖，全缘，长约，毫米，外面无毛，内面具绒毛，边缘较密；花瓣卵形，长约 13 毫米，

图9-311 豆梨

宽约 10 毫米，基部具短爪，白色；雄蕊 20，稍短于花瓣；花柱 2，稀 3，基部无毛。梨果球形，直径约 1 厘米，黑褐色，有斑点，萼片脱落，2(3) 室，有细长果梗（图 9-311）。花期 4 月，果期 8~9 月。

【生态习性】喜光，稍耐荫，耐寒，耐干旱、瘠薄。对土壤要求不严，在碱性土中也能生长。深根性。生长较慢。适生于温暖潮湿气候，生山坡、平原或山谷杂木林中，海拔 80~1800 米。

【分布及栽培范围】华中、华南及台湾北部丛林，分布中南半岛至日本。

【园林应用】园景树。

【其它】根、叶、果实入药；叶和花对闹羊花、藜芦有解毒作用；果实含糖量达 15~20%，可酿酒；木材坚硬，供制粗细家具及雕刻图章用。

（十）苹果属 *Malus* Mill.

落叶稀半常绿乔木或灌木，通常不具刺;冬芽卵形，外被数枚覆瓦状鳞片。单叶互生，叶片有齿或分裂，在芽中呈席卷状或对折状，有叶柄和托叶。伞形总状花序；花瓣近圆形或倒卵形，白色、浅红至艳红色；雄蕊 15~50，具有黄色花药和白色花丝;花柱 3~5，基部合生，无毛或有毛，子房下位，3~5 室，每室有 2 胚珠。梨果，通常不具石细胞或少数种类有石细胞，萼片宿存或脱落，子房壁软骨质，3~5 室，每室有 1~2 粒种子;种皮褐色或近黑色，子叶平凸。

本属约有 35 种，广泛分布于北温带，亚洲、欧洲和北美洲。我国约有 20 余种。

分种检索表

1 叶片不分裂，在芽中呈席卷状；果实内无石细胞

2 萼片脱落；花柱 3~5；果实较小，直径多在 1.5 厘米以下

3 萼片披针形，比萼筒长 …… 1 西府海棠 *M.micromalus*

3 萼片三角卵形，与萼筒等长或稍短；嫩枝有短柔毛，不久脱落

4 叶边有细锐锯齿；萼片先端渐尖或急尖；花柱 3 …… 2 湖北海棠 *M.hupehensis*

4 叶边有钝细锯齿；萼片先端圆钝；花柱 4 或 5 …… 3 垂丝海棠 *M.halliana*

2 萼片永存；花柱 (4~)5；果形较大，直径常在 2 厘米以上

5 叶边有钝锯齿；果实扁球形或球形，先端常有隆起，萼洼下陷 4 苹果 *M.pumila*

5 叶边锯齿常较尖锐；果实卵形，先端渐狭，或稍隆起 …… 5 花红 *M.asiatica*

1 叶片常分裂，在芽中呈对折状 …… 6 尖嘴林檎 *M.melliana*

1. 西府海棠 *Malus micromalus Makino*

【别名】海红、小果海棠、子母海棠

【形态特征】小乔木，高达 2.5~5 米，树枝直立性强。叶片长椭圆形或椭圆形，长 5~10 厘米，宽 2.5~5 厘米，先端急尖或渐尖，基部楔形稀近圆形，边缘有尖锐锯齿，嫩叶被短柔毛，下面较密，老时脱落；叶柄长 2~3.5 厘米；托叶膜质，线状披针形，先端渐尖，边缘有疏生腺齿，近于无毛，早落。伞形总状花序，有花 4~7 朵，集生于小枝顶端，花梗长 2~3 厘米，嫩时被长柔毛，逐渐脱落；苞片膜质，线状披针形，早落；花直径约 4 厘米；萼筒外面密被白色长绒毛；萼片三角卵形，三角披针形至长卵形，先端急尖或渐尖，全缘，长 5~8 毫米，内面被白色绒毛，外面较稀疏，萼片与萼筒等长或稍长；花瓣近圆形或长椭圆形，长约 1.5 厘米，基部有短爪，粉红色；雄蕊约 20，花丝长短不等，比花瓣稍短；花柱 5，基部具绒毛，约与雄蕊等长。果实近球形，直径 1~1.5 厘米，红色（图 9-312）。花期 4~5 月，果期 8~9 月。

图 9-312 西府海棠

【生态习性】喜光，耐寒，忌水涝，忌空气过湿，较耐干旱。

【分布及栽培范围】辽宁、河北、山西、山东、陕西、甘肃、云南。

【繁殖】嫁接或分株繁殖，亦可用播种、压条及根插等方法繁殖。

【观赏】树态峭立，似亭亭少女。花朵红粉相间，叶子嫩绿可爱，果实鲜美诱人。

【园林应用】园景树、水边绿化、基础种植、盆栽观赏。孤植、列植、丛植均极美观。最宜植于水滨及小庭一隅。

【文化】因生长于西府（今陕西省宝鸡市）而得名，海棠花是中国的传统名花之一，素有花中神仙、花贵妃有“国艳”之誉，历代文人墨客题咏不绝。

【其它】果实称为海棠果，味形皆似山楂，酸甜可口，可鲜食或制作蜜饯。

2. 湖北海棠 *Malus hupehensis* (Ramp.) Rehd.

【别名】野海棠、野花红、花红茶、秋子、茶海棠、小石枣

【形态特征】乔木，高达 8 米。叶片卵形至卵状椭圆形，长 5~10 厘米，宽 2.5~4 厘米，先端渐尖，基部宽楔形，稀近圆形，边缘有细锐锯齿，嫩时具稀疏短柔毛，不久脱落无毛，常呈紫红色；叶柄长 1~3 厘米，嫩时有稀疏短柔毛，逐渐脱落；托叶草质至膜质，线状披针形，早落。伞房花序，具花 4~6 朵，花梗长 3~6 厘米；苞片膜质，披针形，早落；花直径 3.5~4 厘米；萼筒外面无毛或稍有长柔毛；萼片三角卵形，先端渐尖或急尖，长 4~5 毫米，外面无毛，内面有柔毛，略带紫色，与萼筒等长或稍短；花瓣倒卵形，长约 1.5 厘米，基部有短爪，粉白色或近白色；雄蕊 20，花丝长短不齐，约等于花瓣之半；花柱 3，稀 4，基部有长绒毛，较雄蕊稍长。果实椭圆形或近球形，直径约 1 厘米（图 9-313）。花期 4~5 月，果期 8~9 月。

栽培变种粉花湖北海棠 'Rosea' 花粉红色，有香气。

【生态习性】喜光，耐涝，抗旱，抗寒，抗病虫灾害。能耐 -21℃的低温，并有一定的抗盐能力。生山坡或山谷丛林中，海拔 50~2900 米。

【分布及栽培范围】中部、西部至喜马拉雅山脉地区。

图 9-313 湖北海棠

图 9-314 湖北海棠在园林中的应用

【繁殖】播种繁殖。

【观赏】花蕾粉红、花开粉白，花梗细长，小果红色。春季满树缀以粉白色花朵，秋季结实累累，甚为美丽。

【园林应用】园景树、盆栽观赏（图 9-314）。

3. 垂丝海棠 *Malus halliana* (Voss.) Koehne

【别名】垂枝海棠

【形态特征】乔木，高达 5 米。树冠开展。叶片卵形或椭圆形至长椭卵形，长 3.5~8 厘米，宽 2.5~4.5 厘米，先端长渐尖，基部楔形至近圆形，边缘有圆钝细锯齿，中脉有时具短柔毛，其余部分均无毛，上面深绿色，有光泽并常带紫晕；叶柄长 5~25 毫米，幼时被稀疏柔毛，老时近于无毛；托叶小，膜质，披针形，内面有毛，早落。伞房花序，具花 4~6 朵，花梗细弱，长 2~4 厘米，下垂，紫色；花直径 3~3.5 厘米；萼筒外面无毛；萼片三角卵形，长 3~5 毫米；花瓣倒卵形，长约 1.5 厘米，粉红色，常在 5 数以上；雄蕊 20~25，花丝长短不齐，约等于花瓣之半；花柱 4 或 5，较雄蕊为长，基部有长绒毛，顶花有时缺少雌蕊。果实梨形或倒卵形，直径 6~8 毫米，略带紫色，萼片脱落；果梗长 2~5 厘米（图 9-315）。花期 3~4 月，果期 9~10 月。

常见变种：(1) 白花垂丝海棠 var. *Spontanea* Koidz. 叶较小，椭圆形至椭圆状倒卵形；花较小，近

图 9-315 垂丝海棠

白色，花柱 4，花梗较短。(2) 重瓣垂丝海棠 'Parkmanii' 花半重瓣至重瓣，鲜粉红色，花梗深红色。(3) 垂枝垂丝海棠 'Pendula' 小枝明显下垂。(4) 斑叶垂丝海棠 'Variegata' 叶面有白斑。

【生态习性】 喜光，不耐荫，也不甚耐寒，喜温暖湿润环境，适生于阳光充足、背风之处。微酸或微碱性土壤均可成长，但以土层深厚、疏松、肥沃、排水良好略带粘质的生长更好。生山坡丛林中或山溪边，海拔 50~1200 米。

【分布及栽培范围】 西南部，长江流域至西南各地均有栽培。

【繁殖】 扦插、分株、压条等繁殖方法。

【观赏】 垂丝海棠花色艳丽，花姿优美。花朵簇生于顶端，花瓣呈玫瑰红色，朵朵弯曲下垂，如遇微风飘飘荡荡，娇柔红艳。远望犹如彤云密布，美不胜收。

【园林应用】 园景树、水边绿化、特殊环境绿化、盆景及盆栽观赏（图 9-316）。

【生态功能】 对二氧化硫有较强的抗性。

【文化】 明代《群芳谱》记载：海棠有四品，皆木本，这四品指的是：西府海棠、垂丝海棠、木瓜海棠和贴梗海棠。垂丝海棠柔蔓迎风，垂英凫凫，

图 9-316 垂丝海棠在园林中的应用

如秀发遮面的淑女，脉脉深情，风姿怜人。宋代杨万里诗中："垂丝别得一风光，谁道全输蜀海棠。风搅玉皇红世界，日烘青帝紫衣裳。懒无气力仍春醉，睡起精神欲晓妆。举似老夫新句子，看渠桃杏敢承当。"形容妖艳的垂丝海棠鲜红的花瓣把蓝天、天界都搅红了，闪烁着紫色的花萼如紫袍，柔软下垂的红色花朵如喝了酒的少妇，玉肌泛红，娇弱乏力。其姿色、妖态更胜桃、李、杏。

【其它】 果实酸甜可食，可制蜜饯。

4. 苹果 *Malus pumila* Mill.

【别名】 奈、西洋苹果、智慧果

【形态特征】 乔木，高可达 15 米。叶片椭圆形、卵形至宽椭圆形，长 4.5~10 厘米，宽 3~5.5 厘米，先端急尖，基部宽楔形或圆形，边缘具有圆钝锯齿，幼嫩时两面具短柔毛，长成后上面无毛；叶柄粗壮，长约 1.5~3 厘米，被短柔毛；托叶草质，披针形，先端渐尖，全缘，密被短柔毛，早落。伞房花序，具花 3~7 朵，集生于小枝顶端，花梗长 1~2.5 厘米，密被绒毛；苞片膜质，线状披针形，先端渐尖，全缘，被绒毛；花直径 3~4 厘米；萼筒外面密被绒毛；萼片三角披针形或三角卵形，长 6~8 毫米，先端渐尖，全缘，内外两面均密被绒毛，萼片比萼筒长；花瓣倒卵形，长 15~18 毫米，基部具短爪，白色，含苞未放时带粉红色；雄蕊 20，花丝长短不齐；花柱 5，下半

图 9-317 苹果

图 9-318 苹果在园林中的应用

部密被灰白色绒毛，较雄蕊稍长。果实扁球形，直径在 2 厘米以上（图 9-317）。花期 5 月，果期 7~10 月。

【生态习性】喜光，喜微酸性到中性土壤，最适于土层深厚、富含有机质、通气排水良好的砂质土壤。适生于山坡梯田、平原矿野以及黄土丘陵等处，海拔 50~2500 米。

【分布及栽培范围】原产土耳其东部。辽宁、河北、山西、山东、陕西、甘肃、四川、云南、西藏常见栽培。

【繁殖】嫁接、播种育苗。

【园林应用】园景树、盆景及盆栽观赏（图 9-318）。

【文化】因为苹果的“苹”字和“平”同音，所以在中国吃苹果也有解作“平平安安”的说法。

5. 花红 *Malus asiatica* Nakai

【别名】林檎、文林郎果、沙果

【形态特征】小乔木，高 4~6 米。嫩枝密被柔毛。

图 9-319 花红

叶片卵形或椭圆形，长 5~11 厘米，宽 4~5.5 厘米，先端急尖或渐尖，基部圆形或宽楔形，边缘有细锐锯齿，上面有短柔毛，逐渐脱落，下面密被短柔毛；叶柄长 1.5~5 厘米，具短柔毛；托叶小，膜质，披针形，早落。伞房花序，具花 4~7 朵，集生在小枝顶端；花梗长 1.5~2 厘米，密被柔毛；花直径 3~4 厘米；萼筒钟状，外面密被柔毛；萼片三角披针形，长 4~5 毫米，先端渐尖，全缘，内外两面密被柔毛，萼片比萼筒稍长；花瓣倒卵形或长圆倒卵形，长 8~13 毫米，宽 4~7 毫米，基部有短爪，淡粉色；雄蕊 17~20，花丝长短不等，比花瓣短；花柱 4(~5)，比雄蕊较长。果实卵形或近球形，直径 4~5 厘米，黄色或红色（图 9-319）。花期 4~5 月，果期 8~9 月。

品种垂枝花红 'Pendula' 枝下垂，花深粉红色。

【生态习性】喜光，耐寒，耐干旱，亦耐水湿及盐碱。根系强健，萌蘖性强。适生范围广，在土壤排水良好的坡地生长尤佳。适宜生长山坡阳处、平原砂地，海拔 50~2800 米。

【分布及栽培范围】内蒙古、辽宁、河北、河南、山东、山西、陕西、甘肃、湖北、四川、贵州、云南、新疆。

【繁殖】播种繁殖。

【观赏】果实扁圆形如苹果，呈黄色或淡红色，香艳可爱，花果并美观赏树木。

【园林应用】园景树。

【其它】果除鲜食品外，还可以加工制成果干、果丹皮或酿酒。

6. 尖嘴林檎 *Malus melliana* (Hand.-Mazz.) Rehder

【别名】光萼林檎、麦氏海棠

【形态特征】灌木或小乔木，高 4~10 米。叶片椭圆形至卵状椭圆形，长 5~10 厘米，宽 2.5~4 厘米，先端急尖或渐尖，基部圆形至宽楔形，边缘有圆钝锯齿，嫩时微具柔毛，成熟脱落；叶柄长 1.5~2.5 厘米；托叶膜质，线状披针形，先端渐尖，全缘。花序近伞形，有花 5~7 朵，花梗长 3~5 厘米，无毛；苞片披针形，早落；花直径约 2.5 厘米；萼筒外面无毛；萼片三角披针形，长约 8 毫米，外面无毛，内面具绒毛，较萼筒长；花瓣倒卵形，长约 1~2 厘米，基部有短爪，紫白色；雄蕊约 30，花丝长短不等，比花瓣稍短；花柱 5，基部有白色绒毛。果实球形，直径 1.5~2.5 厘米（图 9-320）。花期 5 月，果期 8~9 月。

【生态习性】海拔 400~1100 米的山坡、谷地林中、林缘或疏林内。

图 9-320　尖嘴林檎

【分布及栽培范围】浙江、安徽、江西、湖南、福建、广东、广西、云南。

【繁殖】播种繁殖。

【观赏】春季花叶并发，嫩叶红艳，花乳白，红白分明，鲜艳夺目，入秋黄果满枝间，黄绿辉映，集叶、花、果的美于一身。

【园林应用】园景树。

（Ⅲ）蔷薇亚科—Rosoideae Focke

灌木或草本，复叶稀单叶，有托叶；心皮常多数，离生，各有 1~2 悬垂或直立的胚珠；子房上位，稀下位；果实成熟时为瘦果，稀小核果，着生在花托上或在膨大肉质的花托内。本亚科共有 35 属，我国产 21 属。

本亚科植物许多具有经济价值，如龙芽草属、委陵菜属和地榆属，有些种类是重要药材，如草莓属、悬钩子属和蔷薇属，有些种类是重要水果，如蔷薇属、棣棠花属，木本委陵菜属为常见园林观赏植物。

分属检索表

1 瘦果，生在杯状或坛状花托里面 ………………………… 1 蔷薇属 *Rosa*

1 瘦果或小核果，着生在扁平或隆起的花托上 ………………… 2 棣棠花属 *Kerria*

（一）蔷薇属 *Rosa* L.

直立、蔓延或攀援灌木，多数被有皮刺、针刺或刺毛，稀无刺，有毛、无毛或有腺毛。叶互生，奇数羽状复叶，稀单叶；小叶边缘有锯齿；托叶贴生或着生于叶柄上，稀无托叶。花单生或成伞房状，稀复伞房状或圆锥状花序；萼筒（花托）球形、坛形至杯形、颈部缢缩；萼片5，稀4，开展，覆瓦状排列，有时呈羽状分裂；花瓣5，稀4，开展，覆瓦状排列，白色、黄色，粉红色至红色；花盘环绕萼筒口部；雄蕊多数分为数轮，着生在花盘周围；心皮多数，稀少数，着生在萼筒内，无柄极稀有柄，离生；花柱顶生至侧生，外伸，离生或上部合生；胚珠单生，下垂。瘦果木质，多数稀少数，着生在肉质萼筒内形成蔷薇果；种子下垂。

全属约有200种，广泛分布亚、欧、北非、北美各洲。我国产82种。

分种检索表

1 托叶大部分贴生叶柄上，宿存
  2 花柱离生，不外伸或稍外伸，比雄蕊短
    3 花多数成伞房花序或单生均有苞片，小叶5~11 ………………… 1 玫瑰 *R.rugosa*
    3 花单生，无苞片，稀有数花 ……………………………………… 2 黄刺玫 *R.xanthina*
  2 花柱外伸
    4 花柱离生，短于雄蕊；小叶常3~5
      5 托叶边缘有腺毛；萼片常有羽裂片，稀全缘 ………………… 3 月季花 *R.chinensis*
      5 托叶边缘无腺毛或仅在游离部分有腺毛，萼片大部分全缘… 4 香水月季 *R.odorata*
    4 花柱合生，结合成柱，小叶5~9 ……………………………… 5 野蔷薇 *R.multiflora*
1 托叶离生或近离生，早落
      6 花梗和萼筒均光滑；花小，黄色或白色，多花成花序；托叶钻形
        7 伞房花序；萼片全缘 ………………………………………… 6 木香花 *R.banksiae*
        7 复伞房花序；萼片有羽状裂片 ………………………………… 7 小果蔷薇 *R.cymosa*
      6 花梗和萼筒被针刺；花大，白色，单生；托叶有齿 ……… 8 金樱子 *R.laevigata*

1. 玫瑰 *Rosa rugosa* Thunb.

【形态特征】直立灌木，高可达2米。茎粗壮，丛生；小枝密被绒毛，并有针刺和腺毛，有直立或弯曲、淡黄色的皮刺，皮刺外被绒毛。小叶5~9，连叶柄长5~13厘米；小叶片椭圆形或椭圆状倒卵形，长1.5~4.5厘米，宽1~2.5厘米，先端急尖或圆钝，基部圆形或宽楔形，边缘有尖锐锯齿，上面深绿色，无毛，叶脉下陷，有褶皱，下面灰绿色，中脉突起，网脉明显，密被绒毛和腺毛；叶柄和叶轴密被绒毛和腺毛；托叶大部贴生于叶柄，离生部分卵形，边缘有带腺锯齿，下面被绒毛。花单生于叶腋，或数朵簇生，苞片卵形，边缘有腺毛，外被绒毛；花梗长5~225毫米，密被绒毛和腺毛；花直径4~5.5厘米；萼片卵状披针形，先端尾状渐尖，常有羽状裂片而扩展成叶状，上面有稀疏柔毛，下面密被柔毛和腺毛；花瓣倒卵形，重瓣至半重瓣，芳香，紫红色至白色；花柱离生，被毛，稍伸出萼筒口外，比雄蕊短很多。果扁球形，直径2~2.5厘米，砖红色，肉质，平滑，萼片宿存（图9-321）。花期5~6月，果期8~9月。

栽培变种很多，有粉红单瓣R.rugosaThunb. f.roseaRehd.、白花单瓣f.alba(Ware)Rehd.，紫花重瓣f.plena(Regel)Byhouwer、白花重瓣f.albo-plenaRehd.等。

【生态习性】喜阳，耐旱，可耐-20℃的低温。喜排水良好、疏松肥沃的壤土或轻壤土，在粘壤土中生长不良，开花不佳。宜栽植在通风良好、

图 9-321 玫瑰

图 9-322 玫瑰在园林中的应用

离墙壁较远的地方，以防日光反射，灼伤花苞，影响开花。

【分布及栽培范围】原产我国华北以及日本和朝鲜。现各地均有栽培。

【繁殖】播种法、扦插法、嫁接法、压条法、分株法繁殖。

【观赏】花芳香，紫红色至白色。

【园林应用】园景树、基础种植、地被植物、专类园、盆栽及盆景观赏（图 9-322）。

【生态功能】玫瑰可分泌植物杀菌素，杀死空气中大量的病原菌、有益于人们身体健康。

【文化】玫瑰长久以来就象征美丽和爱情，古希腊和古罗马民族用玫瑰象征他们的爱神阿芙罗狄忒 (Aphrodite)、维纳斯 (Venus)。英国有名的 Lancaster 与 York 的玫瑰战争 (1455~1485)，也是各以红、白玫瑰各为象征。最后以亨利七世与伊丽莎白通婚收场，为了纪念英格兰以玫瑰为国花，并把皇室徽章改为红白玫瑰。

玫瑰总的来说象征美丽纯洁的爱情，不同的颜色代表不同的含义，是表达爱情的重点花材。可以用于任何场合，为情人节的专用花材。

【其它】玫瑰花中含有 300 多种化学成份，常食玫瑰制品中以柔肝醒胃，舒气活血，美容养颜，令人神爽。玫瑰果含有丰富的维生素 C 及维生素 P。用玫瑰花瓣以蒸馏法提炼而得的玫瑰精油（称玫瑰露），可活化男性荷尔蒙。

2. 黄刺玫 *Rosa xanthina* Lindl.

【别名】黄刺莓

【形态特征】直立灌木，高 2~3 米。小枝无毛，有散生皮刺，无针刺。小叶 7~13，连叶柄长 3~5 厘米；小叶片宽卵形或近圆形，稀椭圆形，先端圆钝，基部宽楔形或近圆形，边缘有圆钝锯齿，上面无毛，幼嫩时下面有稀疏柔毛，逐渐脱落；叶轴、叶柄有稀疏柔毛和小皮刺；托叶带状披针形，大部分贴生于叶柄，离生部分呈耳状，边缘有锯齿和腺。花单生于叶腋，重瓣或半重瓣，黄色，无苞片；花梗长 1~1.5 厘米，无毛，无腺；花直径 3~4(~5) 厘米；萼筒、萼片外面无毛，萼片披针形，全缘，先端渐尖，内面有稀疏柔毛，边缘较密；花瓣黄色，宽倒卵形，先端微凹，基部宽楔形；花柱离生，被长柔毛，稍伸出萼筒口外部，比雄蕊短很多。果近球形或倒卵圆形，紫褐色或黑褐色：直径 8~10 毫米，无毛，花后萼片反折（图 9-323）。花期 4~6 月，果期 7~8 月。

变种有：单瓣黄刺玫 *f.spontanea*Rehd.

【生态习性】喜光，稍耐荫，耐寒力强。对土壤要求不严，耐干旱和瘠薄，在盐碱土中也能生长，

图 9-323　黄刺玫

以疏松、肥沃土地为佳。不耐水涝。

【分布及栽培范围】东北、华北各地庭园习见栽培。

【繁殖】分株繁殖。也可播种、扦插、压条法繁殖。

【观赏】早春繁花满枝，颇为美观。

【园林应用】园景树、水边绿化、基础种植、盆栽及盆景观赏。

【其它】果实可食、制果酱。花可提取芳香油；花、果药用。

3. 月季花 *Rosa chinensis* Jacq.

【别名】月月红、月月花

【形态特征】直立灌木，高 1~2 米。小枝有短粗的钩状皮刺或无。小叶 3~5，稀 7，连叶柄长 5~11 厘米，小叶片宽卵形至卵状长圆形，长 2.5~6 厘米，宽 1~3 厘米，先端长渐尖或渐尖，基部近圆形或宽楔形，边缘有锐锯齿，两面近无毛，上面暗绿色，常带光泽，下面颜色较浅，顶生小叶片有柄，侧生小叶片近无柄，总叶柄较长，有散生皮刺和腺毛；托叶大部分贴生于叶柄，仅顶端分离部分成耳状，边缘常有腺毛。花几朵集生，直径 4~5 厘米；花梗长 2.5~6 厘米，近无毛或有腺毛，萼片卵形，先端尾状渐尖，有时呈叶状，边缘常有羽状裂片，稀全缘，外面无毛，内面密被长柔毛；花瓣重瓣至半重瓣，红色、粉红色至白色，倒卵形，先端有凹缺，基部楔形；花柱离生，约与雄蕊等长。果卵球形或梨形，长 1~2 厘米，红色，萼片脱落（图 9-324）。花期 4~9 月，果期 6~11 月。

图 9-324　月季

常见栽培变种有：(1) 月月红（紫月季）*'Semperflorens'* 茎较纤细，常带紫红晕；叶较薄，常带紫晕。花常单生，紫红至深粉红色，花梗细长而常下垂，花期长。(2) 小月季 *'Minima'* 植株矮小，一般不超过 25 厘米，多分枝。花较小，径约 3 厘米，玫瑰红色，单瓣或重瓣。(3) 绿月季 *'Viridiflora'* 花绿色，花瓣呈狭绿叶状，边缘有锯齿，颇为奇特。(4) 变色月季 *'Mutabilis'* 幼枝紫色，幼叶古铜色。花单瓣，初为硫磺色，继变橙红色，最后成暗红色。

【生态习性】喜温暖、日照充足、空气流通的环境。喜疏松、肥沃、富含有机质、微酸性、排水良好的的土壤。最适温度白天为 15~26℃，晚上为 10~15℃。有的品种能耐 -15℃的低温和耐 35℃的高温。冬季气温低于 5℃即进入休眠；夏季温度持续 30℃以上时，即进入半休眠。

【分布及栽培范围】中国是月季的原产地之一。在中国主要分布于湖北、四川和甘肃等省的山区，尤以上海、南京、常州、天津、郑州和北京等市种植最多。

【繁殖】播种、嫁接、分株法、扦插和压条繁殖。

图 9-325　月季在园林中的应用

【观赏】花期长，生长季节能陆续开花，色香俱佳。

【园林应用】水边绿化、基础种植、地被植物、垂直绿化、花篱、专类园、盆栽及盆景观赏（图 9-325)。

【生态功能】能净化空气，美化环境，还能大降低周围地区的噪音污染，能吸收硫化氢、氟化氢、苯、苯酚等有害气体，同时对二氧化硫、二氧化氮等有较强的抵抗能力。

【文化】为中国十大名花之一。月季被誉为“花中皇后”，而且有一种坚韧不屈的精神，花香悠远。

【其它】花可提取香料。根、叶、花均可入药，具有活血消肿、消炎解毒功效。而且是一味妇科良药。

4. 香水月季 *Rosa × odorata* (Andrews) Sweet

【别名】黄酴醾醒、芳香月季

【形态特征】常绿或半常绿攀援灌木，有长匍匐枝。枝有短钩状皮刺。小叶 5~9，连叶柄长 5~10 厘米；小叶片椭圆形、卵形或长圆卵形，长 2~7 厘米，宽 1.5~3 厘米，先端急尖或渐尖，稀尾状渐尖，基部楔形或近圆形，边缘有紧贴的锐锯齿，两面无毛，革质；托叶大部贴生于叶柄，无毛，边缘或仅在基部有腺，顶端小叶片有长柄，总叶柄和小叶柄有稀疏小皮刺和腺毛。花单生或 2~3 朵，直径 5~8 厘米；花梗长 2~3 厘米；萼片全缘，稀有少数羽状裂片，披针形，先端长渐尖，外面无毛，内面密被长柔毛；花瓣芳香，白色或带粉红色，倒卵形；心皮多数，被毛；花柱离生，约与雄蕊等长。果实呈压扁的球形，果梗短(图 9-326)。花期 6~9 月。

图 9-326　香水月季

【生态习性】适宜在阳光充足、空气流通的环境中生长，对土壤要求不严。

【分布及栽培范围】产云南。江苏、浙江、四川、云南有栽培。

【繁殖】扦插、压条和种子繁殖。

【观赏】花大，色彩艳丽，气味幽香驰名。

【园林应用】广泛用于垂直绿化。

【其它】根、叶、虫瘿入药。

5. 野蔷薇 *Rosa multiflora* Thunb.

【别名】多花蔷薇、刺花

【形态特征】攀援灌木。枝有短、粗稍弯曲皮束。小叶 5~9，近花序的小叶有时 3，连叶柄长 5~10 厘米；小叶片倒卵形、长圆形或卵形，长 1.5~5 厘米，宽 8~28 毫米，先端急尖或圆钝，基部近圆形或楔形，边缘有尖锐单锯齿，稀混有重锯齿，上面无毛，下面有柔毛。小叶柄和叶轴有柔毛或无毛，有散生腺毛；托叶篦齿状，大部分贴生于叶柄，边缘有或无腺毛。

图 9-327 野蔷薇

花多朵，排成圆锥状花序，花梗长 1.5~2.5 厘米，无毛或有腺毛，有时基部有篦齿状小苞片；花直径 1.5~2 厘米，萼片披针形，有时中部具 2 个线形裂片；花瓣白色，宽倒卵形，先端微凹，基部楔形；花柱结合成束，无毛，比雄蕊稍长。果近球形，直径 6~8 毫米，红褐色或紫褐色，有光泽，无毛，萼片脱落（图 9-327）。

常见变种有：粉团蔷薇 var. *cathayensis* Rehd. 花粉红，单瓣。白玉堂 var. *albo-plena* Yu 花白色，重瓣。

【生态习性】喜光、耐半荫、耐寒，对土壤要求不严。耐瘠薄，忌低洼积水。以肥沃、疏松的微酸性土壤最好。

【分布及栽培范围】华北、华中、华东、华南及西南地区，主产黄河流域以南各省区的平原和低山丘陵，品种甚多，宅院亭园多见。朝鲜半岛、日本均有分布。

【繁殖】播种或扦插繁殖。

【观赏】疏条纤枝、横斜披展、叶茂花繁、色香四溢，良好的春季观花树种。

【园林应用】水边绿化、造型树与绿篱、基础种植、地被植物、垂直绿化、盆栽及盆景观赏。可植于溪畔、路旁及园边、地角等处，或用于花柱、花架、花门、篱垣与栅栏绿化等。

【文化】明代顾磷曾经赋诗："百丈蔷薇枝，缭绕成洞房。蜜叶翠帷重，浓花红锦张。张著玉局棋，遣此朱夏长。香云落衣袂，一月留余香。"描绘出一幅青以缭绕、姹紫嫣红的画面。

【其它】果实可酿酒，花、果、根都供药用。

6. 木香藤 *Rosa banksiae* Ait.

【别名】木香、七里香

【形态特征】攀援小灌木，高可达 6 米。小枝有短小皮刺；老枝上的皮刺较大，坚硬，经栽培后有时枝条无刺。小叶 3~5，稀 7，连叶柄长 4~6 厘米；小叶片椭圆状卵形或长圆披针形，长 2~5 厘米，宽 8~18 毫米，先端急尖或稍钝，基部近圆形或宽楔形，边缘有紧贴细锯齿，上面无毛，深绿色，下面淡绿色，中脉突起，沿脉有柔毛；小叶柄和叶轴有稀疏柔毛和散生小皮刺；托叶线状披针形，膜质，离生，早落。花小形，多朵成伞形花序，花直径 1.5~2.5 厘米；花梗长 2~3 厘米，无毛；萼片卵形，先端长渐尖，全缘，萼筒和萼片外面均无毛，内面被白色柔毛；花瓣重瓣至半重瓣，白色，倒卵形，先端圆，基部楔形；心皮多数，花柱离生，密被柔毛，比雄蕊短很多（图 9-328）。花期 4~5 月。

常见变种有：(1) 单瓣白木香 var. *normalis* Regel 花白色，单瓣，味香；果球形至卵球形，直径 5-7 毫米，红黄色至黑褐色，萼片脱落。(2) 黄木香花 *F. lutea*

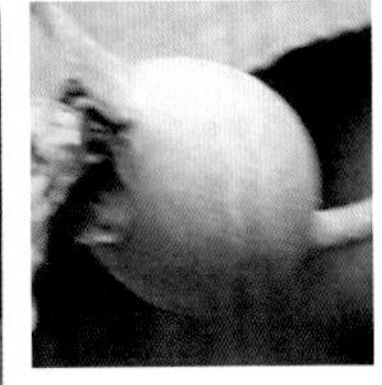

图 9-328 木香藤

图 9-329　木香在园林中的应用

(Lindl.)Rehd. 花黄色重瓣，无香味。(3) 单瓣黄木香 f. *lutescens* Voss. 花淡黄色，单瓣，近无香。

【生态习性】喜温暖湿润和阳光充足的环境，耐寒冷和半荫，怕涝。在疏松肥沃、排水良好的土壤中生长好。萌芽力强，耐修剪。生溪边、路旁或山坡灌丛中，海拔 500~1300 米。

【分布及栽培范围】西南地区及秦岭、大巴山。现各地均有栽培。

【繁殖】扦插繁殖为主，也可压条和嫁接。

【观赏】晚春至初夏开花，白者宛如香雪，黄者灿若披锦。

【园林应用】水边绿化、基础种植、绿篱、地被植物、垂直绿化、专类园、特殊环境绿化（图 9-329）。用于花架、花格墙、篱垣和崖壁作垂直绿化较多。

【其它】花含芳香油，可供配制香精化妆品用。

7. 小果蔷薇 *Rosa cymosa* Tratt.

【别名】倒钩竻、红荆藤、山木香

【形态特征】攀援灌木，高 2~5 米。小枝有钩状皮刺。小叶 3~5，稀 7；连叶柄长 5~10 厘米；小叶片卵状披针形或椭圆形，稀长圆披针形，长 2.5~6 厘米，宽 8~25 毫米，先端渐尖，基部近圆形，边缘有紧贴或尖锐细锯齿，两面均无毛，上面亮绿色，下面颜色较淡，中脉突起，沿脉有稀疏长柔毛；小叶柄和叶轴无毛或有柔毛，有稀疏皮刺和腺毛；托叶膜质，离生，线形，早落。花多朵成复伞房花序；花直径 2~2.5 厘米，花梗长约 1.5 厘米，幼时密被长柔毛，老时逐渐脱落近于无毛；萼片卵形，先端渐尖，常有羽状裂片，外面近无毛，稀有刺毛，内面被稀疏白色绒毛，沿边缘较密；花瓣白色，倒卵形，先端凹，基部楔形；花柱离生，稍伸出花托口外，与雄蕊近等长，密被白色柔毛。果球形，直径 4~7 毫米，红色至黑褐色，萼片脱落（图 9-330）。花期 5~6 月，果期 7~11 月。

图 9-330　小果蔷薇

【生态习性】喜温暖湿润气候及微酸性土壤，耐半荫；北方耐 -10℃左右低温，也耐 35℃以上高温。多生于向阳山坡、路旁、溪边或丘陵地，海拔 250~1300 米。

【分布及栽培范围】江西、江苏、浙江、安徽、湖南、四川、云南、贵州、福建、广东、广西、台湾。

【繁殖】播种或扦插繁殖。

【观赏】夏季盛开白色芳香的花朵，秋后红色球形果实。

【园林应用】水边绿化、基础种植、绿篱、地被植物、垂直绿化、专类园、特殊环境绿化。

8. 金樱子 *Rosa laevigata* Michx.

【别名】糖罐子、刺头、倒挂金钩、黄茶瓶

【形态特征】常绿攀援灌木，高可达5米。小枝散生扁弯皮刺，无毛。小叶革质，通常3，稀5，连叶柄长5~10厘米；小叶片椭圆状卵形、倒卵形或披针状卵形，长2~6厘米，宽1.2~3.5厘米，先端急尖或圆钝，边缘有锐锯齿，上面亮绿色，无毛，下面黄绿色，幼时沿中肋有腺毛，老时逐渐脱落无毛；小叶柄和叶轴有皮刺和腺毛；托叶离生或基部与叶柄合生，披针形，边缘有细齿，齿尖有腺体，早落。花单生于叶腋，直径5~7厘米；花梗长1.8~2.5厘米，偶有3厘米者，花梗和萼筒密被腺毛，随果实成长变为针刺；萼片卵状披针形，先端呈叶状，边缘羽状浅裂或全缘，常有刺毛和腺毛，内面密被柔毛，比花瓣稍短；花瓣白色，宽倒卵形，先端微凹；雄蕊多数；心皮多数，花柱离生，有毛，比雄蕊短很多。果梨形、倒卵形，稀近球形，紫褐色，外面密被刺毛，果梗长约3厘米，萼片宿存（图9-331）。花期4~6月，果期7~11月。

【生态习性】喜温暖干燥的气候。以排水良好、疏松、肥沃的砂质壤土为宜。喜生于向阳的山野、

图9-331　金樱子

田边、溪畔灌木丛中，海拔200~1600米。

【分布及栽培范围】西南、华南、华中等地。

【繁殖】播种和扦插繁殖。以扦插繁殖为主。

【其它】根皮含鞣质可制栲胶，果实可熬糖及酿酒。根、叶、果均入药；果能止腹泻并对流感病毒有抑制作用。

（二）棣棠花属 *Kerria* DC.

仅1种，属特征见种特征。产于中国和日本。欧美各地引种栽培。

1. 棣棠花 *Kerria japonica* (L.) DC.

【别名】棣棠、鸡蛋黄花

【形态特征】落叶灌木，高1~2米。小枝绿色，圆柱形，无毛，常拱垂，嫩枝有棱角。叶互生，三角状卵形或卵圆形，顶端长渐尖，基部圆形、截形或微心形，边缘有尖锐重锯齿，两面绿色，上面无毛或有稀疏柔毛，下面沿脉或脉腋有柔毛；叶柄长5~10毫米，无毛；托叶膜质，带状披针形，有缘毛，早落。单花，着生在当年生侧枝顶端，花梗无毛；花直径2.5~6厘米；萼片卵状椭圆形，顶端急尖，有小尖头，全缘，无毛，果时宿存；花瓣黄色，宽椭圆形，顶端下凹，比萼片长1~4倍。瘦果倒卵形至半球形，褐色或黑褐色，表面无毛，有皱褶（图9-332）。花期4~6月，果期6~8月。

栽培变种有：(1) 重瓣棣棠 'Pleniflora' 花重瓣，各地栽培最普遍。(2) 菊花棣棠 'Stellata' 花瓣6~8，细长，形似菊花。(3) 白边棣棠 'Albescens' 花变为白色。(4) 银边棣棠 'Argenteo-marginata' 叶边缘白色。(5) 银斑棣棠 'Argenteo-variegata' 叶有白斑。(6) 金边棣棠 'Aureo-marginata' 叶边缘黄色。(7) 金斑棣棠 'Aureo-striata' 叶有黄斑。(8) 斑枝棣棠 'Aureo-vittata' 小枝有黄色和绿色条纹。

【生态习性】喜温暖湿润和半荫环境，耐寒性较差，对土壤要求不严，以肥沃、疏松的砂壤土生长

最好。生山坡灌丛中，海拔 200~3000 米。

【分布及栽培范围】华北至华南，分布安徽、浙江、江西、福建、河南、湖南、湖北、广东、甘肃、陕西、四川、云南、贵州、北京、天津等省。日本也有分布。

【繁殖】分株、扦插和播种法繁殖。

【观赏】枝叶翠绿细柔，金花满树，别具风姿。

【园林应用】园景树、水边绿化、绿篱、基础种植、地被植物、盆栽观赏。群植于常绿树丛之前，古木之旁，山石缝隙之中或池畔、水边、溪流及湖沼沿岸成片栽种，均甚相宜。

图 9-332　棣棠花

（Ⅳ）李亚科 Prunoideae

乔木或灌木，单叶，有托叶；心皮 1，稀 2~5；子房上位，1 室，内含 2 悬垂的胚珠；果实为核果，成熟时肉质，多不裂开或极稀裂开。

分属检索表

1 果有沟，外被毛或蜡粉

2 果被柔毛

3 两侧为花芽，中间为叶芽，具顶芽；果核具孔穴……………………1 桃属 *Amygdalus*

3 叶芽和花芽并生，无顶芽；果核光滑或孔穴不显……………………2 杏属 *Armeniaca*

2 果被蜡粉；花叶梗，花叶同放；芽单生……………………………………3 李属 *Prunus*

1 果无沟，常无毛，无蜡粉

4 花单生，或短总状花序、伞房花序，基部有苞片……………………4 樱属 *Cerasus*

4 花小，长条的总状花序，苞片小，不明显：

5 落叶，花序顶生，花序下方常有叶片………………………………5 稠李属 *Padus*

5 常绿，花序腋生，花序下方无叶片…………………………………6 桂樱属 *Laurocerasus*

（一）桃属 *Amygdalus* L.

落叶乔木或灌木；枝无刺或有刺。腋芽常 3 个或 2-3 个并生，两侧为花芽，中间是叶芽。幼叶在芽中呈对折状，后于花开放，稀与花同时开放，叶柄或叶边常具腺体。花单生，稀 2 朵生于 1 芽内，粉红色，罕白色，几无梗或具短梗，稀有较长梗；雄蕊多数；雌蕊 1 枚，子房常具柔毛，1 室具 2 胚珠。果实为核果，外被毛，极稀无毛，成熟时果肉多汁不开裂，或干燥开裂，腹部有明显的缝合线，果洼较大；核扁圆、圆形至椭圆形，与果肉粘连或分离，表面具深浅不同的纵、横沟纹和孔穴，极稀平滑；种皮厚，种仁味苦或甜。

桃属全世界有 40 多种，分布于亚洲中部至地中海地区，栽培品种广泛分布于寒温带、暖温带至亚热带地区。我国有 12 种，主要产于西部和西北部，栽培品种全国各地均有。

分种检索表

1 灌木、叶缘为重锯齿，叶端常 3 裂状 ………………………………………… 1 榆叶梅 *A.triloba*

1 乔木或小乔木；叶缘为单锯齿。

2 树皮光泽，紫褐色 ……………………………………………………………… 2 山桃 *A.davidiana*

2 树皮粗糙

3 叶绿色 ……………………………………………………………………… 3 桃花 *A.persica*

3 叶紫红色 …………………………………………………………………… 4 紫叶桃 *A.persica* 'Atropurpurea'

1. 榆叶梅 *Amygdalus triloba* Lindl.

【别名】小榆梅、小桃红

【形态特征】灌木，高 2~3 米。枝条开展，具多数短小枝；短枝上的叶常簇生，一年生枝上的叶互生；叶片宽椭圆形至倒卵形，先端短渐尖，常 3 裂，基部宽楔形，叶边具粗锯齿或重锯齿；花 1~2 朵，先于叶开放或同放，花瓣近圆形或宽倒卵形，先端圆钝，有时微凹，粉红色；雄蕊约 25~30，短于花瓣；果实近球形，直径 1~1.8 厘米，顶端具短小尖头，红色，外被短柔毛（图 9-333）。花期 4~5 月，果期 5~7 月。

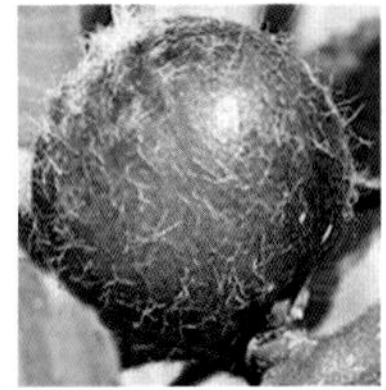

图 9-333 榆叶梅

常见品种或变种有：①鸾枝 'Atropurpurea' 小枝紫红色，花稍小而常密集成簇，紫红色，多为重瓣，萼片 5~10；有时大枝及老干也能直接开花。北京多栽培。②半重瓣榆叶梅 'Multiplex' 花粉红色，萼片多为 10，有时为 5，花瓣 10 或更多；叶端多 3 浅裂。③重瓣榆叶梅 'Plena' 花较大，粉红色，萼片通常为 10，花瓣很多；花朵密集艳丽。北京常见栽培。④红花重瓣榆叶梅 'Roseo-plena' 花玫瑰红色，重瓣，花期最晚。⑤截叶榆叶梅 *var.truncatumKom.* 叶端近截形，3 裂；花粉红色，花梗短于花萼筒。我国东北地区常有栽培。

【生态习性】喜光，稍耐荫，耐寒，能在 -35℃下越冬。以中性至微碱性而肥沃土壤为佳，也可耐轻度盐碱土，且忌低洼雨涝和排水不良的粘性土根系发达，耐旱力强。不耐涝。生于低至中海拔的坡地或沟旁乔、灌木林下或林缘。

【分布及栽培范围】黑龙江、吉林、辽宁、内蒙古、河北、山西、陕西、甘肃、山东、江西、江苏、浙江等省区。榆叶梅在中国已有数百年栽培历史，全国各地多数公园内均有栽植。中亚也有。

图 9-334 榆叶梅在园林中的应用

【繁殖】嫁接、播种、压条等方法繁殖，但以嫁接效果最好。

【观赏】因其叶片像榆树叶，花朵酷似梅花而得名。榆叶梅枝叶茂密，花繁色艳，是北方重要的观花灌木。

【园林应用】园景树、水边绿化、基础种植、盆栽及盆景观赏（图 9-334）。适宜种植在公园的草地、路边或庭园中的角落、假山等地。如将榆叶梅植于常绿树前，或配植于山石处，则能产生良好的观赏效果。与连翘搭配种植，盛开时红黄相映更显春意盎然。

2. 桃 *Amygdalus persica* Batsh.

【形态特征】乔木，高 3~8 米。小枝具大量小皮孔。叶片椭圆披针形，先端渐尖，基部宽楔形叶边具细锯齿或粗锯齿，齿端具腺体或无腺体；花单生，先于叶开放，花瓣长圆状椭圆形至宽倒卵形，粉红色，罕为白色；雄蕊约 20~30，花药绯红色；果实形状和大小均有变异，卵形、宽椭圆形或扁圆形，色泽变化由淡绿白色至橙黄色，常在向阳面具红晕，外面密被短柔毛，花期 3~4 月，果实成熟期因品种而异，通常为 8~9 月（图 9-335）。

图 9-335　桃

常见品种或变种有：(1) 白花桃 'Alba' 花白色，单瓣。(2) 粉花桃 'Rosea' 花粉红色，单瓣。(3) 红花桃 'Rubra' 花红色，单瓣。(4) 白碧桃 'Albo-plena' 花大，白色，重瓣，密生。(5) 碧桃 'Duplex' 花较小，粉红色，重瓣或半重瓣。(6) 红碧桃 'Rubro-plena' 花红色，近于重瓣。(7) 人面桃 'Dianthiflora' 花粉红色，不同枝上花色有深有浅，半重瓣。(8) 绯桃 'Magnifica' 花亮红色，但花瓣基部变白色，重瓣。(9) 绛桃 'Camelliaeflora' 花深红色，半重瓣，大而密生。(10) 花碧桃 'Versicolor' 花近于重瓣，同一树上有粉红与白色相间的花朵、花瓣或条纹。(11) 菊花桃 'Stellata' 花鲜桃红色，花瓣细而多，形似菊花。(12) 紫叶桃 'Atropurpurea' 嫩叶紫红色，后渐变为近绿色；花单瓣或重瓣，粉红或大红色。可进一步细分为紫叶桃（单瓣粉花）、紫叶碧桃（重瓣粉花）、紫叶红碧桃（重瓣红花）和紫叶红粉碧桃（重瓣红、粉二色花）等品种。(13) 寿星桃 'Densa' 植株矮小，条节间特短，花芽密集；花单瓣或半重瓣，并有红、桃红、白等不同花色及紫叶等品种。(14) 垂枝桃 'Pendula' 枝条下垂；花多近于重瓣，并有白、粉红、红、粉白二色等花色品种。(15) 塔形桃（帚桃）'Pyramidalis' 枝条近直立向上，成窄塔形或帚形树冠 5 花粉红色，单瓣或半重瓣。

此外，食用桃还有果形扁压状的蟠桃 (var. *compressa* Bean) 和果皮光滑无毛的油桃 (var. *nectarine* Maxim.) 等变种。随着杂交育种的进展，又产生了油蟠桃、寿星油桃、垂枝蟠桃等新品种。

【生态习性】喜光，分枝力强，生长快。

【分布及栽培范围】原产中国，各省区广泛栽培。世界各地均有栽植。桃在我国栽培历史长，分布广，其中以江苏、浙江、山东、河北、北京、陕西、山西、甘肃、河南等地栽培较多。

【繁殖】以嫁接为主，也可用播种、扦插和压条法繁殖。

【观赏】开花时红霞耀眼，芳菲满目，叶形优美，树体婆娑与柳树配在一起，桃红柳绿相映成趣，是优良的园林绿化树种。

【园林应用】园景树、水边绿化、基础种植、盆栽及盆景观赏（图 9-336）。栽植于庭院、公园草地、学校等或配置水榭、湖畔。

【文化】中国是桃的故乡，至今已有 3000 多年的栽培历史。世界上桃的品种有 3000 多种，中国占 1/4 以上，可分为食用桃和观赏桃两大类。桃始终被

图 9-336　桃树在园林中的应用

作为福寿吉祥的象征。人们认为桃子是仙家的果实，吃了可以长寿，故桃又有仙桃、寿果的美称。晋代文学家陶渊明的《桃花源记》，更把人们带入了一个令人神往的天地。

对桃的喜爱首先来自桃花，虽然花期短，但有最完美的女性气质，艳丽、妩媚、飘零，因此古人把桃花运作为男性获得异性缘的好运，认为是天下熙熙皆有所盼的一种缘分。如《诗经》："桃子夭夭，灼灼其华。"用桃花寓意美好的女子。

由于桃具有以上吉祥象征，千百年来一直被画家、雕刻家当做吉祥象征，或画上中堂，或雕上家居墙、具，特别在为老人祝寿时，献上一幅寿桃画、一件寿桃艺术品是必不可少的，老人一定会非常高兴。

【其它】桃树干上分泌的胶质，俗称桃胶，可用作粘接剂等，为一种聚糖类物质，水解能生成阿拉伯糖、半乳糖、木糖、鼠李糖、葡糖醛酸等，可食用，也供药用，有和血、益气之效。

3. 紫叶桃 *Amygdalus persica* 'Atropurpurea'

【别名】红叶碧桃、紫叶红碧桃

【形态特征】乔木，高 3~8 米；树冠宽广而平展；树皮暗红褐色，老时粗糙呈鳞片状；嫩叶紫红色，后渐变为近绿色。叶片长圆披针形、椭圆披针形或倒卵状披针形，先端渐尖，基部宽楔形，叶边具细锯齿或粗锯齿。花单生，先于叶开放；花粉红色，

图 9-337　紫叶桃

图 9-338　紫叶桃在园林中的应用

罕为白色；花药绯红色；果实外面密被短柔毛，稀无毛，腹缝明显（图 9-337）。花期 3~4 月，果实成熟期因品种而异，通常为 8~9 月。

【生态习性】喜光，喜排水良好的土壤，耐旱怕涝．如淹水 3~4 天就会落叶，甚至死亡；喜富含腐殖质的砂壤土及壤土，在粘重土壤上易发生流胶病。

【分布及栽培范围】原产我国，各省区广泛栽培。世界各地均有栽植。

【繁殖】嫁接繁殖。

【观赏】紫叶桃花多重瓣，花色艳丽，叶紫红色，是观赏桃中的极品。

【园林应用】园景树、水边绿化、基础种植、盆栽及盆景观赏（图 9-338）。栽植于庭院、公园草地、学校等或配置水榭、湖畔。

4. 山桃 *Amygdalus davidiana* Franch.

【别名】山毛桃、野桃

【形态特征】乔木，高可达 10 米。树皮暗紫色，光滑；小枝细长，直立，幼时无毛，老时褐色。叶片卵状披针形，先端渐尖，基部楔形，两面无毛，叶边具细锐锯齿；叶柄长无毛，常具腺体。花单生，先于叶开放；萼筒无毛钟形；萼片卵形至卵状长圆形，紫色，先端圆钝；花瓣倒卵形或近圆形，粉红色，先端圆钝，稀微凹；雄蕊多数，几与花瓣等长或稍短；果实近球形，直径 2.5~3.5 厘米，淡黄色，外面密被短柔毛（图 9-339）。花期 3~4 月，果期 7~8 月。

常见栽培种有：①白花山桃 'Alba' 花白色，单瓣。②红花山桃 'Rubra' 花深粉红色，单瓣。③曲枝山桃 'Tortuosa' 枝近直立而自然扭曲；花淡粉红色，单瓣。北京、锦州等地有栽培。④白花曲枝山桃 'AlbaTortuosa' 花白色，单瓣；枝近直立而自然扭曲。北京林业大学校园有栽培。⑤白花山碧桃 'AJboplena' 树体较大而开展，树皮光滑，似山桃；花白色，重瓣，颇似白碧桃，但萼外近无毛，而且花期较白碧桃早半月左右。北京园林绿地中有栽培。是桃花和山桃的天然杂交种，也有学者将其归入桃花 (*P*. *persica*) 类的。

【生态习性】喜光，耐寒，对土壤适应性强，耐旱、瘠薄，怕涝。耐盐碱，对土壤要求不严。生于山坡、山谷沟底或荒野疏林及灌丛内，海拔 800~3200 米。

【分布及栽培范围】黄河流域、内蒙古及东北南部，西北也有。

图 9-339　山桃

【繁殖】播种繁殖。

【观赏】花期早，花时美丽可观，并有曲枝、白花、柱形等变异类型，深受人们的喜爱。

【园林应用】园景树、水边绿化、基础种植、盆栽及盆景观赏。栽植于庭院、公园草地、学校等或配置水榭、湖畔。园林中宜成片植于山坡并以苍松翠柏为背景，方可充分显示其娇艳之美。

【生态功能】抗旱耐寒，又耐盐碱土壤、瘠薄，可用于盐碱地绿化，荒山造林。

【其它】木材质硬而重，可作各种细工及手杖。果核可做玩具或念珠。种子、根、茎、皮、叶、花可药用。

（二）杏属 *Armeniaca* Mill.

落叶乔木，极稀灌木；枝无刺，极少有刺；叶芽和花芽并生，2~3 个簇生于叶腋。幼叶在芽中席卷状；叶柄常具腺体。花常单生，稀 2 朵，先于叶开放，近无梗或有短梗；萼 5 裂；花瓣 5，着生于花萼口部；雄蕊 15~45；心皮 1，花柱顶生；子房具毛，1 室，具 2 胚珠。果实为核果，两侧多少扁平，有明显纵沟，果肉肉质而有汁液，成熟时不开裂，稀干燥而开裂，外被短柔毛，稀无毛，离核或粘核；核两侧扁平，表面光滑、粗糙或呈网状，罕具蜂窝状孔穴；种仁味苦或甜；子叶扁平。

本属约 8 种。我国有 7 种，分布范围大致以秦岭和淮河为界，淮河以北杏的栽培渐多，尤以黄河流域各省为其分布中心，淮河以南杏树栽植较少。

分种检索表

1 小枝红褐色；叶急尖……………………………………………………… 1 杏 *A.vulgaris*
1 小枝绿色，叶尾尖
　2 叶绿色……………………………………………………………………… 2 梅 *A.mume*
　2 叶紫红色…………………………………………………………………… 3 美人梅 *A.×blireana* 'Meiren'

1. 杏 *Armeniaca vulgaris* L.

【别名】杏子

【形态特征】乔木，高 5~8(12) 米。多年生枝浅褐色，皮孔大而横生。叶片宽卵形或圆卵形，先端急尖至短渐尖，基部圆形至近心形，叶边有圆钝锯齿；叶柄基部常具 1~6 腺体。花单生，先于叶开放；花瓣圆形至倒卵形，白色或带红色，具短爪；雄蕊约 20~45，稍短于花瓣；果实球形，稀倒卵形，直径约 2.5 厘米以上，白色、黄色至黄红色，常具红晕，微被短柔毛；果肉多汁，成熟时不开裂（图 9-340）。花期 3~4 月，果期 6~7 月。

栽培变种‘陕梅’杏 'Plena'('Meixin') 花重瓣，粉红色，似梅花；产陕西关中地区，华北及辽宁中南部有栽培。此外，还有垂枝杏 'Pendula'、斑叶杏 'Variegata' 等观赏品种。变种野杏（山杏）var. *ansu* Maxim. 叶较小，长 4~5 厘米，基部广楔形；花 2 朵稀 3 朵簇生；果较小，径约 2 厘米，密被绒毛，果肉薄，不开裂，果核网纹明显。

【生态习性】阳性树种，适应性强，深根性，喜光，耐旱，抗寒，抗风，寿命可达百年以上，为低山丘陵地带的主要栽培果树。在新疆伊犁一带野生成纯林或与新疆野苹果林混生，海拔可达 3000 米。

【分布及栽培范围】中国各地，多数为栽培，尤以华北、西北和华东地区种植较多，少数地区逸为野生，世界各地也均有栽培。

【繁殖】播种或扦插繁殖。

图 9-340　杏

【观赏】早春开花，先花后叶，满树白花，美丽可观。

【园林应用】园景树、园路树、水边绿化。配置水榭、湖畔，如“万树水边杏，照在碧波中”；也可植于山石崖边、公园、厂矿、机关、庭院等。可与苍松、翠柏配植于池旁湖畔或植于山石崖边、庭院堂前，具观赏性。还可与常绿针叶树、古树、山石等配景。

【文化】杏花的花语和象征代表意义为：少女的慕情、娇羞、疑惑。杏花有变色的特点，含苞待放时，朵朵艳红，随着花瓣的伸展，色彩由浓渐渐转淡，到谢落时就成雪白一片。杏花，因春而发，春尽而逝，既有绚丽灿烂的无限风光，也有凋零空寂的凄楚悲怆。

【其它】种子用于咳嗽气喘，胸满痰多，血虚津枯，肠燥便秘。杏木质地坚硬，是做家具的好材料。

2. 梅 *Armeniaca mume* Sieb. et Zucc.

图 9-341　梅花

【形态特征】小乔木，稀灌木，高 4~10 米。小枝绿色，光滑无毛。叶片卵形或椭圆形，先端尾尖，基部宽楔形至圆形，叶边常具小锐锯齿，花单生或有时 2 朵同生于 1 芽内，香味浓，先于叶开放；花萼通常红褐色，萼筒宽钟形；萼片卵形或近圆形，先端圆钝；花瓣倒卵形，白色至粉红色；雄蕊短或稍长于花瓣；果实近球形，黄色或绿白色，被柔毛，味酸（图 9-341）。花期冬春季，果期 5~6 月。

我国著名梅花专家陈俊愉院士经长期而深入的研究已经建立了一套完整的梅花分类系统。该系统将 300 余个梅花品种，首先按其种源组成分为真梅、杏梅和樱李梅 3 个种系 (Branch)，其下按枝态分为若干个类 (Group)，再按花的特征分为若干个型 (Form)。现将其主要类型简介如下：

(1) 直枝梅类 [UprightMeiGroup](P.mume var. *typzca*) 枝条直立或斜出。

①品字梅型 [PleiocarpaForm] 雌蕊具心皮 3~7，每花能结数果。品种如“品字”梅等。

②江梅型 [SingleFloweredForm] 花单瓣，呈红、粉、白等单色，花萼不为纯绿。品种如“江梅”“单粉”“白梅”“小玉蝶”等。

③官粉型 [PinkDoubleForm] 花重瓣或半重瓣，呈或深或浅的粉红色,花萼绛紫色。品种很多,如“红梅”“官粉”“粉皮宫粉”“千叶红”等。

④玉蝶型 [AlboplenaForm] 花重瓣或半重瓣，白色或近白色，花萼绛紫色。品种如“玉蝶”“三轮玉蝶”等。

⑤黄香型 (FlavescensForm) 花单瓣至重瓣，淡黄色。品种如“单瓣黄香”“南京复黄香”等。

⑥绿萼型 [GreenCalyxForm] 花白色，单瓣、半重瓣或重瓣，花萼纯绿色。品种如“小绿萼”“金钱绿萼”“二绿萼”等。

⑦洒金型 [VersicolorForm] 同一植株上开红白二色斑点、条纹之花朵，单瓣或半重瓣。品种如“单瓣跳枝”“复瓣跳枝”“晚跳枝”等。

⑧朱砂型 [CinnabarPurpleForm] 花紫红色，单瓣至重瓣；枝内新生木质部紫红色。品种如“骨里红”“粉红朱砂”“白须朱砂”等。

(2) 垂枝梅类 [PendulousMerGroup](P.mume var. *pendula*) 枝条自然下垂或斜垂。

①粉花垂枝型 [PinkPendulousForm] 花单瓣至重瓣，粉红，单色。品种如“单粉垂”“单红垂枝”“粉皮垂枝”等。

②五宝垂枝型 [VersicolorPendulousForm] 花复色。品种如“跳雪垂枝”等。

③残雪垂枝型 [CAlbifloraPendulousForm] 花白色，半重瓣，花萼绛紫色。品种如“残雪”等。

④白碧垂枝型 [ViridifloraPendulousForm] 花白色，单瓣或半重瓣，花萼纯绿色。品种如“双碧垂枝”“单碧垂枝”等。

⑤骨红垂枝型 [AtropurpureaPendulousForm] 花紫红色，花萼绛紫色；枝内新生木质部紫红色。品种如“骨红垂枝”“锦红垂枝”等。

(3) 龙游梅类 [TortuousDragonGroup](*P.mume* var. *tortuosa*) 枝条自然扭曲。品种如“龙游”梅（花白色，半重瓣）等。

(4) 杏梅类 [ApricotMeiGroup](*P.mume* var. *bungo*) 枝叶形态介于梅、杏之间；花较似杏，花托肿大，不香或微香，花期较晚。是梅与杏或山杏之天然杂交种，抗寒性较强。品种有单瓣的“北杏梅”，半重瓣或重瓣的“丰后”“送春”等。

(5) 樱李梅类 [BlireanaGroup](*P.blireana* Andre) 枝叶似紫叶李；花较似梅，淡紫红色，半重瓣或重瓣，花梗长约 1 厘米；花叶同放。适应性强，能抗 -30℃的低温。是紫叶李与‘宫粉’梅的人工杂交种，19 世纪末首先在法国育成。1987 年我国从美国引入，在北京、太原、兰州、熊岳等地可露地栽培。品种如“美人”梅“小美人”梅等。

【生态习性】喜光，性喜温暖而略潮湿的气候，有一定的耐寒力，在北京须种植于背风向阳的小气候良好处。对土壤要求不严格，较耐瘠薄。寿命较长，可达数百年至千年。为蜜源植物；果实可诱鸟。

【分布及栽培范围】各地均有栽培，但以长江流域以南各省最多，江苏北部和河南南部也有少数品种。北京局部能露地过冬。日本和朝鲜也有。

【繁殖】播种、嫁接等繁殖。

【观赏】梅苍劲古雅，疏枝横斜，花先叶开放，傲霜斗雪，色、香、态俱佳，是我国名贵的传统花木。梅花“色、香、韵、姿”俱佳，又具不畏严寒、迎着风雪而开放的特性，故有“万花敢向雪中出，一树独先天下春”的诗句；“梅寒而秀，竹瘦而寿，石丑而文，是为三益之友”，“疏影横斜水清浅，暗香浮动月黄昏”；被予以“花魁”“清客”“清友”。

【园林应用】园景树、水边绿化、基础种植、垂直绿化、专类园、盆栽及盆景观赏（图 9-342）。梅花最宜植于庭院、草坪、低山丘陵、岩间、池边。孤植、丛植、林植。或以松、竹、梅配置，或与山石、水、路、建筑物等相配，成片群植犹如香雪海，景观更佳。

【文化】梅原产我国南方，已有三千多年的栽培历史。赏梅贵在“探”字，品赏梅花一般着眼于色、香、形、韵、时等方面。梅，独天下而春，作为传春报喜、

图 9-342　梅花在园林中的应用

吉庆的象征，从古至今一直被中国人视为吉祥之物。梅具四德，初生为元，是开始之本；开花为亨，意味着通达顺利；结子为利，象征祥和有益；成熟为贞，代表坚定贞洁。此为梅之元亨利贞四德。梅开五瓣，象征五福，即快乐、幸福、长寿、顺利与和平。

关于梅的诗词较多，著名的有：

(1) 卜算子 · 咏梅 (宋 · 陆游) “驿外断桥边，寂寞开无主。已是黄昏独自愁，更著风和雨。无意苦争春，一任群芳妒。零落成泥辗作尘，只有香如故。”

(2) 卜算子 · 咏梅 (中国 · 毛泽东) “风雨送春归，飞雪迎春到。已是悬崖百丈冰，犹有花枝俏。俏也不争春，只把春来报。待到山花烂漫时，她在丛中笑。”

(3) 山园小梅 (林逋) “众芳摇落独暄妍，占尽风情向小园。疏影横斜水清浅，暗香浮动月黄昏。霜禽欲下先偷眼，粉蝶如知合断魂。幸有微吟可相狎，不须檀板黄金樽。”

(4) 梅 (北宋 · 王安石) “墙角数枝梅，凌寒独自开。遥知不是雪，为有暗香来。”

【其它】果实可食、盐渍或干制，或熏制成乌梅入药。

3. 美人梅 *Armeniaca × blireana* 'Meiren'

【形态特征】落叶小乔木。叶片卵圆形，长 5~9 厘米，紫红色，卵状椭圆形。花粉红色，着花繁密，

1~2朵着生于长、中及短花枝上，先花后叶，花期春季，花色浅紫，重瓣花，先叶开放，萼筒宽钟状，萼片5枚，近圆形至扁圆，花瓣15~17枚，雄蕊多数，自然花期自3月第一朵花开以后，逐次自上而下陆续开放至4月中旬。花色极浅紫至淡紫，反面略深，花心颜色也较深；萼片5枚，略扁之圆形，呈淡绿而略洒淡紫红晕，边具淡红紫晕，花具紫长梗，常呈垂丝状；花有香味，但非典型梅香（图9-343）。园艺杂交种，由重瓣粉型梅花与红叶李杂交而成。

【生态习性】阳性树种，抗寒、抗旱性较强，喜空气湿度大，不耐水涝。喜微酸性的黏壤土。不耐空气污染，对氟化物、二氧化硫和汽车尾气等敏感。对乐果等农药极为敏感。

【分布及栽培范围】1987年从美国引进。现广泛栽培。

【繁殖】扦插、压条繁殖。是红叶李与重瓣宫粉型梅花杂交后选育而成。

【观赏】花态近蝶形，瓣层层疏叠，瓣边起伏飞舞，花心常有碎瓣，婆娑多姿。美人梅其亮红的叶色和紫红的枝条是其它梅花品种中少见的，可供一年四季观赏。

图9-343 美人梅

【园林应用】园景树、水边绿化、基础种植、垂直绿化、专类园、盆栽及盆景观赏。梅花最宜植于庭院、草坪、低山丘陵、岩间、池边。孤植、丛植、林植。或以松、竹、梅配置，或与山石、水、路、建筑物等相配，成片群植犹如香雪海，景观更佳。

（三）李属 *Prunus* L.

落叶小乔木或灌木；分枝较多；顶芽常缺，腋芽单生，卵圆形，有数枚覆瓦状排列鳞片。单叶互生，幼叶在芽中为席卷状或对折状；有叶柄，在叶片基部边缘或叶柄顶端常有2小腺体；托叶早落。花单生或2~3朵簇生，具短梗，先叶开放或与叶同时开放；有小苞片，早落；萼片和花瓣均为5数，覆瓦状排列；雄蕊多数（20~30）；雌蕊1，周位花，子房上位，心皮无毛，1室具2个胚珠。核果，具有1个成熟种子，外面有沟，无毛，常被蜡粉；核两侧扁平，平滑，稀有沟或皱纹；子叶肥厚。

本属约有30余种，主要分布北半球温带，现已广泛栽培，我国原产及习见栽培者有7种，栽培品种很多。本属为温带的重要果树之一，除生食外，还可做李脯、李干或酿成果酒和制成罐头。早春开鲜艳的花朵，亦可做庭园观赏植物和绿化树种；也是优良的蜜源植物。

分种检索表

1 叶绿色，花常3朵簇生，白色……………………………………………1 李 *P. salicina*

1 花常单生，粉红色，叶紫红色…………………………………2 紫叶李 *P. cerasifera* 'Pissardii'

1. 李 *Prunus salicina* Lindl.

【别名】嘉庆子、玉皇李、山李子

【形态特征】落叶乔木，高 9~12 米；树冠广圆形，树皮灰褐色，起伏不平；老枝紫褐色或红褐色，无毛；小枝黄红色，无毛；叶片长圆倒卵形、长椭圆形，先端渐尖、急尖，基部楔形，边缘有圆钝重锯齿，常混有单锯齿，幼时齿尖带腺，上面深绿色，有光泽；花通常 3 朵并生；花瓣白色，长圆倒卵形，先端啮蚀状，有明显带紫色脉纹，具短爪，雄蕊多数，花丝长短不等，排成不规则 2 轮，比花瓣短；核果球形、卵球形或近圆锥形（图 9-344）花期 4 月，果期 7~8 月。

【生态习性】对气候的适应性强，对空气和土壤湿度要求较高，极不耐积水。生于山坡灌丛中、山谷疏林中或水边、沟底、路旁等处。海拔 400~2600 米。

【分布及栽培范围】辽宁、陕西、甘肃、四川、云南、贵州、湖南、湖北、江苏、浙江、江西、福建、广东、广西和台湾。中国各省及世界各地均有栽培，为重要温带果树之一。

【繁殖】嫁接、扦插、分株繁殖。

【观赏】观花、观果树种，早春洁白成簇的花、沁人心脾的香气，给人以特有的美感。

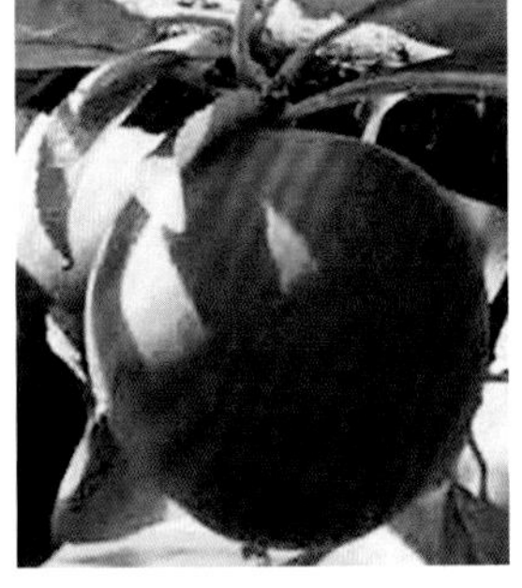

图 9-344 李

【园林应用】园景树、庭荫树。常孤植、对植或林植。应用于在庭院、宅旁、村旁或风景区栽植都很合适。

【文化】自古以来，李属植物都与哲学精神、诗词歌赋、绘画美学、文化活动存在密切关系。李属植物富于变化的花型、五彩缤纷的颜色、沁人心脾的香气，给人以特有的美感。

【其它】根皮、叶、种子、果实入药。

2. 紫叶李 *Prunus cerasifera* Ehrhar *f. atropurpurea* (Jacq.) Rehd.

【形态特征】落叶小乔木，高可达 8 米；多分枝，枝条细长，开展，暗灰色，有时有棘刺；小枝暗红色，无毛；叶片椭圆形、卵形或倒卵形，先端急尖，基部楔形或近圆形，边缘有圆钝锯齿，有时混有重锯齿，上面深绿色，无毛，下面颜色较淡；花 1 朵，稀 2 朵；花梗长 1~2.2 厘米；花瓣白色，长圆形或匙形，边

图 9-345 紫叶李

图 9-346 紫叶李在园林中的应用

缘波状，基部楔形，着生在萼筒边缘；雄蕊 25~30，花丝长短不等，紧密地排成不规则 2 轮，比花瓣稍短；核果近球形或椭圆形，长宽几相等，直径 1~3 厘米，黄色、红色或黑色，微被蜡粉（图 9-345）。花期 4 月，果期 8 月。

正种樱李 *P. cerasifera* Ehrh.[CherryPlum] 高达 7.5 米，叶绿色；花白色，果黄色或带红色，径达 2.5 厘米。产中亚至巴尔干半岛，我国新疆有分布。樱李还有黑紫叶李 'Nigra'(枝叶黑紫色)、红叶李 'Newportii'（叶红色，花白色）、垂枝樱李 'Pendula' 等品种。

【生态习性】生山坡林中或多石砾的坡地以及峡谷水边等处，海拔 800~2000 米。

【分布及栽培范围】新疆。中亚、天山、伊朗、小亚细亚、巴尔干半岛均有分布。

【繁殖】扦插、嫁接、高空压条法繁殖。

【观赏】紫色发亮的叶子，在绿叶丛中，像一株株永不败的花朵，在青山绿水中形成一道靓丽的风景线。紫叶李以叶色闻名，整个生长期紫叶满树，尤以春、秋二季叶色更艳。

【园林应用】园景树、基础种植、盆栽及盆景观赏（图 9-346）。孤植、群植、对植皆宜。紫叶李整个生长季节都为紫红色，宜于建筑物前及园路旁或草坪角隅处栽植。在园林中若以常绿树作背景，则会收到绿树红叶相映成趣的效果。

（四）樱属 *Cerasus* Mill.

落叶乔木或灌木；腋芽单生或三个并生，中间为叶芽，两侧为花芽。幼叶在芽中为对折状，后于花开放或与花同时开放；叶有叶柄和脱落的托叶，叶边有锯齿或缺刻状锯齿，叶柄、托叶和锯齿常有腺体。花常数朵着生在伞形、伞房状或短总状花序上，或 1~2 花生于叶腋内，常有花梗，花序基部有芽鳞宿存或有明显苞片；萼筒钟状或管状，萼片反折或直立开张；花瓣白色或粉红色，先端圆钝、微缺或深裂；雄蕊 15~50；雌蕊 1 枚，花柱和子房有毛或无毛。核果成熟时肉质多汁，不开裂；核球形或卵球形，核面平滑或稍有皱纹。

樱属有百余种，分布北半球温和地带，亚洲、欧洲至北美洲均有记录，

分种检索表

1 腋芽 3 ……………………………………………………1 郁李 *C.japonica*

1 腋芽单生；乔木或小乔木

  2 花冠浅杯状 ……………………………………………2 云南樱花 *C.cerasoidesvar.rubea*

  2 花冠不呈杯状

    3 萼片、苞片、花梗具黏液，树皮红棕色 ………………3 大山樱 *C.sargentii*

    3 萼片、苞片、花梗无黏液

      4 花先于叶开放

        5 花呈下垂性开展，花桃红色 ……………………4 福建山樱花 *C.campanulata*

        5 花不呈下垂壮，花白色或粉色 …………………5 樱桃 *C.pseudocerasus*

      4 花与叶同放

        6 花无香气，叶缘短芒 ……………………………6 樱花 *C.serrulata*

        6 花有香气，叶缘具长芒 …………………………7 日本晚樱 *C.lannesiana*

1. 郁李 *Cerasus japonica* Thunb.

【别名】爵梅、秧李

【形态特征】灌木，高 1~1.5 米。小枝灰褐色，嫩枝绿色或绿褐色。叶片卵形或卵状披针形，先端渐尖，基部圆形，边有缺刻状尖锐重锯齿，上面深绿色，下面淡绿色；花 1~3 朵，簇生，花叶同开或先叶开放；萼筒陀螺形，长宽近相等，无毛；花瓣白色或粉红色，倒卵状椭圆形；核果近球形，深红色，直径约 1 厘米；核表面光滑（图 9-347）。花期 5 月，果期 7~8 月。

常见品种或变种有：①白花郁李 'Alba' 花白色，单瓣。②白花重瓣郁李 'Albo-plena' 花白色，重瓣。③红花郁李 'Rubra' 花红色，单瓣。④红花重瓣郁李 'Roseo-plena' 花玫瑰红色，重瓣，与叶同放或稍早于叶。⑤长梗郁李 var. *nakaii* Rehd. (*P.nakaii* Levl.) 花梗有毛，长 1~2 厘米，花常 2~3 朵簇生；叶卵圆形，锯齿较深，叶柄长 3~5 毫米。产我国东北诸省；朝鲜也有分布。枝条纤细，花密集而美丽，可供观赏。⑥南郁李 (重瓣郁李)var. *kerii* Koehne 叶背无毛；花半重瓣，粉红色，花梗短，仅 3 毫米。

【生态习性】喜阳和温暖湿润的环境，适应性强，耐寒、耐热、耐旱、耐潮湿、耐烟尘，根系发达。对土壤要求不严，耐瘠薄，能在微碱性土中生长，尤其在石灰性土中生长最旺；在排水良好、中性、肥沃疏松的砂壤土中生长较好，对微酸性土壤也能适应。生于山坡林下、灌丛中或栽培，海拔 100~200 米。

【分布及栽培范围】黑龙江、吉林、辽宁、河北、山东、浙江。日本和朝鲜也有分布。

【繁殖】以分株繁殖为主，也可压条繁殖。

【观赏】花、果兼美的春、夏季优良观赏花木树种。开花之际，繁英压树，灿若云霞，恍若积雪；果实熟时呈红色，丹实满枝，宛如悬珠；叶色入秋呈紫红色，亦别具风格。

【园林应用】园景树、基础种植、盆栽及盆景观赏（图 9-348）。孤植、群植、丛植。植于亭际、水畔、山坡、路旁，或配植在阶前、屋旁，或点缀于林缘、草坪周围，都很美观。庭院中，郁李可配植于建筑物入口处，也可列植于建筑物前后。

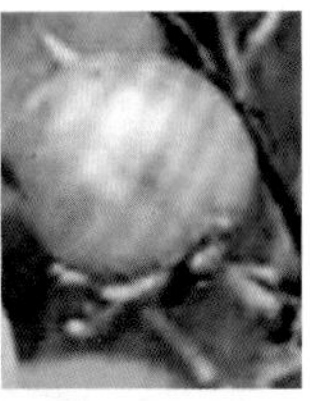

图 9-347 郁李

图 9-348 郁李在园林中的应用

【其它】种仁入药。

2. 云南樱花 *Cerasus cerasoides* Sok. var. *rubea*

【别名】细齿樱花、红花高盆樱花、西府海棠

【形态特征】乔木，树型开展，伞形，树皮灰褐色，皮孔横向较密，幼枝灰棕色，无毛，分枝较密；幼叶棕褐色，叶长圆卵形至长圆倒卵形，花先叶开放，

图 9-349　云南樱花

伞形总状花序，着花 2~5 朵；花色紫红，花冠浅杯状，花瓣先端凹裂。花梗长 1.5~2 厘米，下垂，无毛，红色，花瓣倒卵形，有旗瓣；萼筒钟状，深紫色，无毛，萼片直立，宽卵状三角形，无锯齿，偶有雌蕊叶化现象（图 9-349）。武汉地区 3 月中旬开放。

【生态习性】喜光；喜温暖湿润的气候，喜排水良好的酸性土，忌积水。生于海拔 2000~3700 米山坡、疏林、灌丛中。

【分布及栽培范围】云南。尼泊尔、不丹、缅甸也有分布。本种在昆明常见栽培。

【繁殖】扦插与嫁接繁殖。

【观赏】花紫红色，近半重瓣，盛花时红花满树，花团锦簇；垂枝累累颇似北方的红色海棠花；因有西府海棠之称，可视为本变种的园艺品种。

【园林应用】园路树、庭荫树、园景树、专类园、盆栽及盆景观赏。片植、孤植、丛植。对城市环境有较好的适应性，可在城市园林中大力推广，于庭院、草坪边、园路等。

【文化】昆明圆通山大名鼎鼎的樱花就是重瓣云南樱花，每年盛花时节都要吸引大量的游客。"圆通樱潮"也因此成为"昆明十八景"之一。位于昆明市区西北角的圆通山是四季花开的综合性公园，拥有国内长势最好、形态最美的一片樱花树林，每年 3 月初的"樱花潮"是昆明著名一景。

3. 大山樱 *Cerasus sargentii* Rehd.

【别名】山樱

【形态特征】落叶大乔木，高达 5~25 米。树皮红棕色，皮孔多，横向。小枝较粗，灰白色，无毛。叶柄红色，无毛，具 2 腺体；叶片较厚，卵状椭圆形，倒卵形或倒卵状椭圆形，基部圆形，先端尾状渐尖，叶缘为歪斜的三角状的重锯齿；幼叶红色。花 2~4 朵，无总梗或近无总梗；萼筒长钟形，红色；萼片红色，卵状三角形，花梗绿色，花瓣倒卵形，花微红色或玫瑰红色，先端微凹；核果近球形，黑紫色（图 9-350）。花期 3~4 月，果期 6~7 月。

【生态习性】喜光，稍耐荫，耐寒性强，怕积水，不耐盐碱，喜湿润气候及排水良好的肥沃土壤。

【分布及栽培范围】自然分布于日本、韩国、俄罗斯。中国辽宁的大连、丹东、沈阳和北京有栽培。

图 9-350　大山樱

图 9-351 大山樱在园林中的应用

【繁殖】嫁接繁殖。

【观赏】早春开花，极为美丽，秋叶变橙或红色，为樱花花类的上品，是很好的庭园观赏树。

【园林应用】园路树、庭荫树、园景树、专类园、盆栽及盆景观赏（图 9-351）。片植、孤植、丛植。适植于草坪、角隅、岔路口、山坡、河畔、石旁、庭院、建筑物前面等处。

【文化】1972 年中日邦交正常化，时任日本首相田中角荣先生将大山樱树作为礼品赠与中国，共 900 株，分别栽植于北京植物园、天坛公园、玉渊潭公园、紫竹院公园等处口。

4. 福建山樱花 *Cerasus campanulata* Maxim.

【别名】绯寒樱、钟花樱桃

【形态特征】树冠卵圆形至圆形，其株高 3 至 10 米，树干通直，树皮茶褐色，老化后呈片状剥落，并有水平方向排列的线性皮孔。叶纸质，卵形或卵状长椭圆形，单叶螺旋状互生。单叶互生，具腺状锯齿，每年冬末春初开花，先花后叶，花呈下垂性开展，腋出，单生或 3 至 5 朵形成伞房花序。花梗细长，花萼钟形，花瓣桃红色、绯红色或暗红色。椭圆形核果，成熟时深红色（图 9-352）。

图 9-352 福建山樱花

图 9-353 福建山樱花在园林中的应用

【生态习性】喜光照充足和温暖的环境，较耐高温和阴凉，并有很强的适应性和较强的抗污染性能力。

【分布及栽培范围】福建的邵武、蒲城一带。近年在福建、广东等地示范栽培。

【繁殖】播种、扦插、嫁接繁殖和组培快繁。

【观赏】植株优美漂亮，叶片油亮，花朵鲜艳亮丽，是园林绿化中优秀的观花树种。

【园林应用】园路树、庭荫树、园景树、风景林、专类园、盆栽及盆景观赏（图 9-353）。适用于庭院绿化美化，也可植于公园草坪上或街头绿地一隅。

5. 樱桃 *Cerasus pseudocerasus* (Lindl.) G.Don

【别名】英桃、牛桃、樱珠、楔桃、莺桃

【形态特征】乔木，叶片卵形或长圆状卵形，先端渐尖或尾状渐尖，基部圆形，边有尖锐重锯齿，齿端有小腺体；叶柄先端有 1 或 2 个大腺体；花序伞房状或近伞形，花 3~6 朵，先叶开放;萼筒有毛，钟状，绿色。总苞倒卵状椭圆形,褐色;花瓣白色,边缘微红，卵圆形，先端下凹或二裂；核果近球形，红色，直径 0.9~1.3 厘米（图 9-354)。花期 3~4 月，果期 5~6 月。

【生态习性】喜光、喜温、喜湿、喜肥的果树，冬季极端最低温度不低于 -20℃的地方都能生长良好，正常结果。根系浅、易风倒，土壤以土质疏松、土层深厚的砂壤土为佳。

【分布及栽培范围】中国主要产地有山东、安徽、江苏、浙江、河南、甘肃、陕西等。国外主要分布在美国、加拿大、智利、澳洲、欧洲等地。

图 9-354 樱桃

图 9-355 樱桃在园林中的应用

【繁殖】播种、扦插、嫁接繁殖。

【观赏】花如彩霞，新叶娇艳，果若珊瑚，秋叶丹红，是常见的观花、观果树种。

【园林应用】园路树、庭荫树、园景树、专类园、盆栽及盆景观赏（图 9-355）。宜于孤植、片植于湖滨、山坡、庭院、建筑物前及园路旁栽植。

【文化】樱桃代表很多美好的事物，可以代表特别有活力的女孩子，可以代表很鲜活的爱情，它不仅象征着爱情、幸福和甜蜜，更蕴含着珍惜这层含义。樱桃英文名 cherry，意思就是珍惜。

【其它】樱桃富含维生素 C 而闻名于世，是世界公认的“天然 VC 之王”和“生命之果”。樱桃含铁量高，每百克樱桃中含铁量多达 5.9 毫克，常食樱桃可补充体内对铁元素量的需求，促进血红蛋白再生，既可防治缺铁性贫血，又可增强体质，健脑益智。

6. 樱花 *Cerasus serrulat* a Lindl.

【别名】山樱花

【形态特征】落叶乔木，树皮暗栗褐色。小枝灰白色或淡褐色，无毛。叶卵形至卵状椭圆形，叶端尾尖，边有渐尖单锯齿及重锯齿，齿尖短刺芒状，上面深绿色，下面淡绿色;叶柄先端有 1~3 圆形腺体;花白色，花瓣先端凹缺。萼筒钟状，萼裂片有锯齿，花序伞房总状或近伞形，有花 2~3 朵;总苞片褐红色，倒卵长圆形；核果球形或卵球形，紫褐色。花期 4~5 月，与叶同放（图 9-356）。果期 6~7 月。

常见品种或变种有：①重瓣白樱花 'AJboplena' 花较大，径 3~4 厘米，白色，重瓣。②红白樱花 'Albo-rosea' 花先粉红后变白色，重瓣。③重瓣红樱花 'Roseoplena' 花粉红色，重瓣。④瑰丽樱花 'Superba' 花大，淡红色，重瓣；花梗较长。⑤垂枝樱花 'Pendula' 枝下垂，花粉红色，常重瓣。⑥山樱花 var.spontaneaWils. 花单瓣而小，径约 2 厘米，花瓣白色或浅粉红色，先端凹；花梗和花萼无毛或近无毛。产中国、朝鲜和日本，野生。⑦毛山樱花

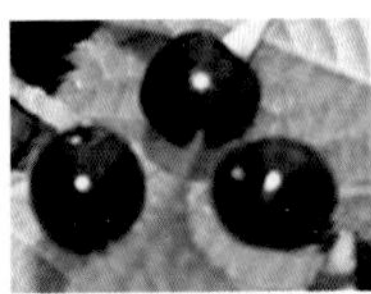

图 9-356　樱花

图 9-357　樱花在园林中的应用

var. *pubescens* Wils. 与山樱花相似，但叶背、叶柄、花梗和花萼均明显有毛。中国、朝鲜和日本均有野生。

【生态习性】大多生长在海拔 500~1500 米处。喜光。喜肥沃、深厚而排水良好的微酸性土壤，中性土也能适应，不耐盐碱。耐寒，喜空气湿度大的环境。根系较浅，忌积水与低湿。对烟尘和有害气体的抵抗力较差。

【分布及栽培范围】黑龙江、河北、山东、河南、安徽、江苏、浙江、江西、湖南、贵州、福建，栖息在海拔 500~1500 米处。日本、朝鲜也有分布。

【繁殖】嫁接繁殖。可用樱桃实生苗作砧木。

【观赏】植株优美漂亮，叶片油亮，花朵鲜艳亮丽，是园林绿化中优秀的观花树种。

【园林应用】园路树、庭荫树、园景树、专类园、盆栽及盆景观赏（图 9-357）。片植、孤植、丛植。

广泛用于绿化道路、小区、公园、庭院、河提等等，绿化效果明显，体现速度快。

【文化】唐代皮日休诗句“婀娜拔香拂酒壶，惟有春风独自扶”形容春日里樱花婀娜多姿。

7. 日本晚樱 *Cerasus lannesiana* Wils.

【别名】重瓣樱花

【形态特征】乔木，高 3~8 米，树皮灰褐色，较粗糙。叶片倒卵形，先端渐尖，呈长尾状，叶缘锯齿单一或重锯齿，齿端有长芒，叶柄端 1 对腺体。新叶略带红色。花形大而芳香，花单瓣或重瓣，常下垂，1~5 朵排成伞房花序；小苞片叶状，萼筒短，花瓣端凹形，花期长，3 月下旬至 4 月中下旬开放，果卵形，熟时黑色（图 9-358）。

常见品种或变种有：①绯红晚樱 'Hatzakura' 花半重瓣，白色而染绯红色。②白花晚樱 'Albida' 花白色，单瓣。③粉白晚樱 'Alborosea' 花由粉红褪为白色。④‘菊花’晚樱 'Chrysanthemoides' 花粉红至红色，花瓣细而多，形似菊花。⑤‘牡丹’晚樱 'Botanzakura'('Mou-tan') 花粉红或淡粉红色，重瓣；幼叶古铜色。在我国各地栽培较多。⑥‘杨贵妃’

图 9-358　日本晚樱

晚樱 'Yokihi'('Mollis') 花淡粉红色，外部较浓，重瓣。⑦‘日暮’晚樱 'Amabilis' 花淡红色，花心近白色，重瓣；幼叶黄绿色。变种大岛樱 var. *speciosa* (Koidz.) Mak. 花白色，单瓣，端 2 裂，径 3~4 厘米，有香气；3、4 月间与叶同放；果紫黑色。产日本伊豆诸岛，野生。

【生态习性】浅根性树种，喜阳光、深厚肥沃而排水良好的土壤，有一定的耐寒能力。

【分布及栽培范围】华北至长江流域。

【繁殖】嫁接、扦插繁殖。

【观赏】花大、重瓣、颜色鲜艳、气味芳香、花期长，是樱花中的优良品种。

【园林应用】园路树、园景树、树林、专类园、盆栽及盆景观赏（图 9-359）。宜植于庭园、校园、公园等城市绿化中或自然风景区内。

图 9-359　日本晚樱在园林中的应用

（五）稠李属 *Padus* Mill.

落叶小乔木或灌木；分枝较多；冬芽卵圆形，具有数枚覆瓦状排列鳞片。叶片在芽中呈对折状，单叶互生，具齿稀全缘；叶柄通常在顶端有 2 个腺体或在叶片基部边缘上具 2 个腺体；托叶早落。花多数，成总状花序，基部有叶或无叶，生于当年生小枝顶端；苞片早落；萼筒钟状，裂片 5，花瓣 5，白色，先端通常啮蚀状，雄蕊 10 至多数；雌蕊 1，周位花，子房上位，心皮 1，具有 2 个胚珠，柱头平。核果卵球形，外面无纵沟，中果皮骨质，成熟时具有 1 个种子，子叶肥厚。

本属有 20 余种，主要分布于北温带。我国有 14 种，全国各地均有，但以长江流域、陕西和甘肃南部较为集中。

1. 稠李 *Padus padus* L.

【别名】臭耳子、臭李子

【形态特征】落叶乔木，高可达 15 米；树皮粗糙而多斑纹，老枝紫褐色或灰褐色，有浅色皮孔；叶片椭圆形、长圆形或长圆倒卵形，先端尾尖，基部圆形或宽楔形，边缘有不规则锐锯齿，有时混有重锯齿，两面无毛；叶柄长顶端两侧各具 1 腺体；腋生总状花序具有多花，基部通常有 2~3 小叶；花瓣白色，先端波状，基部楔形，有短爪；雄蕊多数，花丝长短不等，排成紧密不规则 2 轮；核果卵球形，顶端有尖，红褐色至黑色，光滑（图 9-360）。花期 4~5 月，果期 5~10 月。

在欧洲和北亚长期栽培，有垂枝、花叶、大花、小花、重瓣、黄果和红果等变种，供观赏用。常见品种或变种有：毛叶稠李 var. *pubescens* Reg.etTiling 小枝、叶背、叶柄均有柔毛。

【生态习性】喜光也耐荫，抗寒力较强，怕积水涝洼，不耐干旱瘠薄，在湿润肥沃的砂质壤土上生长良好，萌蘖力强，病虫害少。生于山坡、山谷或灌丛中，海拔 880~2500 米。

【分布及栽培范围】黑龙江、吉林、辽宁、内蒙古、河北、山西、河南、山东等地。朝鲜、日本、苏联也有分布。

【繁殖】播种、扦插繁殖。

【观赏】花序长面美丽，秋叶变红色，果成熟时亮黑色，是一种耐寒性较强的观赏树。

【园林应用】园路树、庭荫树、园景树、树林（图

图 9-360　稠李

图 9-361　稠李在园林中的应用

9-361）。应用于阶前、屋旁，或点缀于林缘、草坪、庭院中。花有蜜，是蜜源树种。果实可招引鸟类。

【其它】稠李种子可提炼工业用油；叶入药，可镇咳。叶中含有挥发油，有杀虫作用。

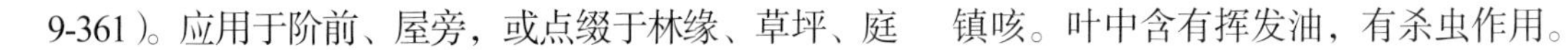

（六）桂樱属 *Laurocerasus* Tourn. Ex Duh.

常绿乔木或灌木，极稀落叶。叶互生，叶边全缘或具锯齿，下面近基部或在叶缘或在叶柄上常有 2 枚稀数枚腺体；托叶小，早落；花常两性，有时雌蕊退化而形成雄花，排成总状花序；总状花序无叶，常单生稀簇生，生于叶腋或去年生小枝叶痕的腋间；苞片小，早落，位于花序下部的苞片先端 3 裂或有 3 齿，苞腋内常无花；萼 5 裂，裂片内折；花瓣白色，通常比萼片长 2 倍以上；雄蕊 10~50，排成两轮，内轮稍短；心皮 1，花柱顶生，柱头盘状；胚珠 2，并生。果实为核果，干燥；核骨质，核壁较薄或稍厚而坚硬，外面平滑或具皱纹，常不开裂，内含 1 枚下垂种子。

此属全球约 80 种，主要产于热带，自非洲、南亚、东南亚、巴布亚新几内亚至中、南美，少数种分布到亚热带和冷温带。我国约有 13 种，主要产于黄河流域以南，尤以华南和西南地区分布的种类较多。

1. 毛背桂樱 *Laurocerasus* hypotricha (Rehd.) Yu et Lu

【形态特征】常绿乔木，树皮、木材均红褐色。冠形庞大浓密，树姿优美，高达 20 米，叶革质，宽卵形至椭圆形，长 10~19 厘米，叶缘具粗锯齿，齿顶有黑色硬腺体，叶柄及叶下面密被柔毛。总状花序，花瓣近圆形，白色；果实长圆形或卵状长圆形，顶端急尖并具短尖头，黑褐色；花序轴、花梗、萼筒及萼片密被白色长柔毛，叶翠绿，花期 9 至 10 月。果次年 5 月熟。因其叶片形状与桂、樱树相似，且叶片硕大，叶柄及叶下面密被柔毛而得名（图 9-362）。

【生态习性】阳性树种，幼苗较耐荫。喜深厚疏松肥沃土壤，酸性或微碱性土壤皆可生长，在丘陵区较干燥和土壤较瘠薄的条件下，也能生长，夏季能耐 40℃的高温，适生范围广。

【分布及栽培范围】大叶桂樱的变种，自然分布稀少，在石家庄、长沙等地有栽培。

【繁殖】播种繁殖，随采随播。

【观赏】观花、观干、观果的效果；叶色浓绿，花雅果艳，见之有形，赏之有韵。树型紧凑而丰富。其树有自然脱皮习性，脱皮后的枝、干均显红褐色，美丽奇特。春天新生嫩叶黄绿色，耸立于老叶顶端，十分醒目。秋天，花白色，集生枝顶，满树银花；夏天，成熟的果实紫红色，挂满枝头，犹如满树点缀着颗颗黑珍珠，观赏价值高。

【园林应用】园路树、庭荫树、园景树、专类园、盆栽及盆景观赏（图 9-363）。片植、孤植、丛植。适植于草坪、土丘、溪边、池畔，或植于墙隅、亭廊、山石间点缀，均十分得体，颇有自然淡雅之趣。若与红枫、紫玉兰等落叶树或白粉墙做背景衬托，尤感婆娑多姿。

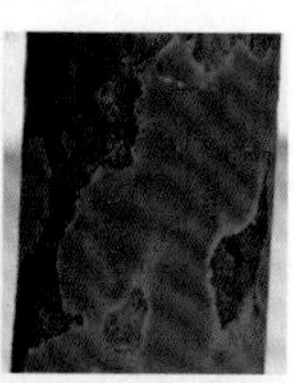

图 9-362　毛背桂樱

图 9-363　毛背桂樱在园林中的应用

豆目是一个大类，包括括三个科，分别是含羞草科、苏木科和蝶形花科。具有以下几个特点：(1) 木本或草本；具根瘤；(2) 叶互生，具托叶；(3) 花五基数；雄蕊常 10（8）；心皮 1；(4) 子房上位，1 心皮 1 室多数胚珠，边缘胚座，荚果。

豆目三科的分类依据是其花的形状和花瓣排列方式，三个科的特点如下：

(1) 含羞草科 Mimosoideae 二回羽状复叶，花小，组成头状花序，花冠辐对称，花瓣镊合状排列；雄蕊多数，花丝长，常超出花冠，分离，主产热带至亚热带。

(2) 苏木科 Caesalpinioideae 一回或二回羽复，稀单叶；花较大，组成总状、穗状或圆锥花序；花两侧对称，假蝶形花：最上面（近轴）的一枚在最里面，其余覆瓦状排列。雄蕊 10，分离或部分结合。主产热带至亚热带。

(3) 蝶形科 Papilionoideae 一回羽复为主；花两侧对称，蝶形花冠：最上面（近轴）的一枚为旗瓣，在最外面，两侧的为翼瓣，最内（下方）一对边缘合生成龙骨瓣。雄蕊 10，组成 5+5 或 9+1 的两体雄蕊。世界广布性大科。

科名	花冠类型	花瓣排列方式	雄蕊特点	代表植物
含羞草科	辐射对称	镊合状排列	常多数，合生或离生	合欢、山合欢
苏木科	假蝶形花	上升覆瓦状排列	10 枚分离	紫荆，皂荚
蝶形花科	蝶形花	下降覆瓦状排列	二体雄蕊	紫藤，刺槐、黄枝槐

五十八、含羞草科 Mimosaceae

常绿或落叶乔木或灌木，有时为藤本。叶互生，通常为二回羽状复叶，羽片通常对生；叶轴或叶柄上常有腺体。花小，两性，有时单性，辐射对称，组成头状、穗状或总状花序或再排成圆锥花序。子房上位，1室，胚珠数枚。果为荚果，开裂或不开裂。

约56属，2800种。分布于全世界热带、亚热带地区，少数分布于温带地区，以中、南美洲最多。我国连引入栽培的有17属66种，主产西南部至东南部。

分属检索表

1 花丝连合呈管状

2 荚果不开裂或迟裂……………………………………………… 1 合欢属 *Albizia*

2 荚果开裂为2瓣……………………………………………… 2 朱樱花属 *Calliandra*

1 花丝分离………………………………………………………… 3 金合欢属 *Acacia*

(一) 合欢属 *Albizia* Durazz.

落叶乔木或灌木。二回羽状复叶，互生，叶总柄下有腺体；羽片及小叶匀对生；全缘，近无柄；中脉常偏向一边。头状或穗状花序，花序柄细长；萼筒状，端5裂；雄蕊多数，花丝细长，基部合生。荚果呈带状，成熟后宿存枝梢，通常不开裂。

约150种，产亚洲、非洲、大洋洲及美洲的热带、亚热带地区。我国有17种，大部分产西南部、南部及东南部各省区。

分种检索表

1 花有柄

2 羽片4~12对，小叶中脉明显偏于一边……………………… 1 合欢 *A. julibrissin*

2 羽片2~3对，小叶中脉在中间……………………………… 2 山合欢 *A. kalkora*

1 花无柄………………………………………………………… 3 楹树 *A. chinensis*

1. 合欢 *Albizia julibrissin* Durazz.

【别名】绒花树、马樱树、夜合花

【形态特征】高达16米，树冠开展呈伞形。叶互生，二回偶数羽状复叶，小叶镰刀形，长6~12毫米，中脉明显偏于一边，叶缘及背面中脉被柔毛，小叶昼开夜合，酷暑或暴风雨则闭合。头状花序排成伞房状，花丝粉红色，细长如绒缨；花期6~9月（图9-364）。

【生态习性】阳性树，但干皮薄畏曝晒；耐干旱瘠薄，不耐水湿；有根瘤菌，具改良土壤之效；对二氧化硫、氯气、氟化氢的抗性和吸收能力强，对臭氧、氯化氢的抗性较强。生于路旁、林边及山坡上。

【分布及栽培范围】黄河流域及以南各地。全国各地广泛栽培。朝鲜、日本、越南、泰国、缅甸、印度、伊朗及非洲东部也有分布。

【繁殖】播种繁殖。

【观赏】树姿优雅，叶形秀丽又昼开夜合，夏日满树盛开粉红色的绒缨状花。古人常以合欢表示男女爱情。

图 9-364　合欢

图 9-365　合欢在园林中的应用

图 9-366　山合欢

图 9-367　山合欢的园林应用

【园林应用】庭园树、庭荫树、行道树、风景林、树林、盆栽及盆景观赏（图 9-365）。宜配植于溪边、池畔、河岸，工矿区绿化。

【文化】合欢是一种惹人喜欢的植物，它有很多别名，其中“爱情树”的别名还有着动人的传说。

【其它】花和皮入。嫩叶可食，老叶浸水可洗衣服。木材纹理通直，质地细密，经久耐用可供制造家具、农具、车船用。

2. 山合欢 *Albizzia kalkora* Prain.

【别名】山槐、白合欢

【形态特征】落叶乔木，小枝棕褐色，高 4~15 米。二回羽状复叶互生，羽片 2~3 对，小叶 5~14 对，线状长圆形，长 1.8~4.5 厘米，宽 7~20 毫米，顶端圆形而有细尖，基部近圆形，偏斜，中脉显著偏向叶片的上侧，两面密生短柔毛。头状花序，2~3 个生于上部叶腋或多个排成顶生伞房状；花丝白色。荚果长 7~17 厘米，宽 1.5~3 厘米，深棕色；种子 4~12 颗（图 9-366）。花期 5~7 月，果期 9~11 月。

【生态习性】喜光、喜温暖气候及肥沃湿润土壤，耐干旱瘠薄。生于溪沟边、路旁和山坡上。常与马尾松、黄檀等先锋树种混生。

【分布及栽培范围】华北、华东、华南、西南及陕西、甘肃等省。东南亚地区越南、缅甸、印度也有分布。

【繁殖】播种繁殖。

【观赏】树姿优雅，叶形秀丽又昼开夜合，夏日满树盛开白色的绒缨状花。

【园林应用】行道树、园路树、园景树、庭荫树及风景林（图 9-367）。

【其它】根、茎皮及花均可药用。

3. 楹树 *Albizia chinensis* Merr.

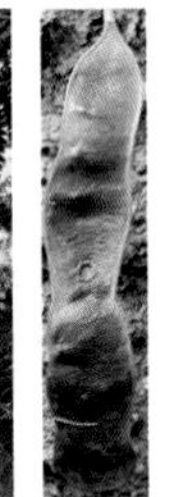

图 9-368 楹树

【别名】南洋楹

【形态特征】落叶乔木。高达 45 米。二回羽状复叶，羽片 6~12 对；总叶柄基部和叶轴上有腺体；小叶 20~35 对，无柄，长椭圆形，长 6~10 毫米，宽 2~3 毫米，先端渐尖，基部近截平，下面被长柔毛，中脉紧紧靠上边缘；头状花序有花 10~20 朵，排成顶生的圆锥花序；花淡白色，密被黄褐色茸毛；花萼漏斗状，长约 3 毫米；花冠长约为花萼到倍，裂片卵状三角形；雄蕊长约 25 毫米；子房被黄褐色柔毛；荚果扁平，长 10~15 厘米（图 9-368）。花期 4~5 月，种子 7~9 月成熟。

【生态习性】热带树种。喜光不耐荫，抗风力弱。喜高温多湿气候，对土壤要求不严，在适湿而排水良好的红壤及砂质土壤上均能生长良好。多生于林中，亦见于旷野、谷地、河溪边等地。

【分布及栽培范围】福建、湖南、广东、广西、云南、西藏；南亚至东南亚亦有分布。

【繁殖】播种繁殖。

【观赏】树姿优雅，叶形秀丽又昼开夜合，夏日满树盛开白色的绒缨状花。

【园林应用】行道树及庭荫树。

【其它】木材可作家具，箱板等用。树干可作培养白木耳的优良段木。

（二）朱樱花属 *Calliandra* Benth. nom. cons.

灌木或小乔木；二回羽状复叶互生，小叶对生，无腺体。花瓣合生至中部；雄蕊多数，长而显露，下部合生成管；头状花序或总状花序。种子的种皮硬，具马蹄形痕，无假种皮。

约 200 种，产美洲、西非、印度至巴基斯坦的热带、亚热带地区。我国台湾、广东、广西、福建等地引入栽培 3 个种。

分种检索表

1 羽片一对，小叶 7 对以上

  2 小叶披针形，长 2~4 厘米……………………………………………… 1 朱缨花 *C. haematocephala*

  2 小叶长椭圆形，长约 1 厘米…………………………………………… 2 粉扑花 *C. surinamensis*

1 羽片一对，每羽片小叶 3 枚………………………………………………… 3 红粉扑花 *C.emargimats*

1. 朱缨花 *Calliandra haematocephala* Hassk.

【别名】美蕊花

【形态特征】常绿灌木或小乔木，高 1~3 米。托叶卵状披针形，宿存。二回羽状复叶，总叶柄长 1~2.5 厘米；羽片 1 对，长 8~13 厘米；小叶 7~9 对，斜披针形，长 2~4 厘米，宽 7~15 毫米，中上部的小叶较大，下部的较小，先端钝而具小尖头，基部偏斜，边缘被疏柔毛；中脉略偏上缘；小叶柄长仅 1 毫米。头状花序腋生，直径约 3 厘米（连花丝），有花约

图 9-369 朱缨花

图 9-370 朱缨花在园林中的应用

25~40 朵，总花梗长 1~3.5 厘米；花萼钟状，长约 2 毫米，绿色；花冠管长 3.5~5 毫米，淡紫红色，顶端具 5 裂片，裂片反折，长约 3 毫米，无毛；雄蕊突露于花冠之外，雄蕊管长约 6 毫米，白色，管口内有钻状附属体，上部离生的花丝长约 2 厘米，深红色。荚果线状倒披针形，长 6~11 厘米，宽 5~13 毫米，暗棕色，成熟时由顶至基部沿缝线开裂，果瓣外反；种子 5~6 颗（图 9-369）。花期 8~9 月；果期 10~11 月。

【生态习性】热带树木。喜温暖、湿润和阳光充足的环境，不耐寒，要求土层深厚且排水良好。适生于深厚肥沃排水良好的酸性土壤。

【分布及栽培范围】原产美洲热带和亚热带，印度也有分布。世界热带亚热带地区广为栽培。我国广东、台湾有栽培。北方地区盆栽观赏。

【繁殖】播种、扦插繁殖。

【观赏】姿势优美，叶形雅致，花叶色亮绿又似绒球状，甚是可爱。盛夏绒花满树，有色有香，能形成轻柔舒畅的气氛。

【园林应用】园景树、水边绿化（图 9-370）。

2. 粉扑花 *Calliandra surinamensis* Benth

【别名】苏里南朱缨花

【形态特征】半常绿灌木，高达 2 米，枝斜展。二回羽状复叶，羽片仅一对，小叶 7~12 对，长刀形，长 1.2~1.8 厘米。花瓣小，花丝多而长，淡玫瑰红色，基部白色；腋生头状花序，形似合欢，荚果扁平，边缘增厚。花期特长，几乎全年不断开花（图 9-371）。

【生态习性】喜阳光充足，排水良好的地方生长，土壤以疏松肥沃的砂质壤土为佳。

【分布及栽培范围】原产南美圭亚那和巴西。华南植物园和云南西双版纳植物园先后引进栽培。

【繁殖】播种或扦插繁殖。

【观赏】花色艳丽引人，是非常优美的观花植物。可以盆栽，加以适当的修剪管理，维持小灌木形态，

图 9-371 粉扑花

图 9-372　粉扑花在园林中的应用

花开时用于活动性美化布置；也可植于庭园，在简易的管理下，便可生长开花良好，是一种美丽的景观树种。

【园林应用】园景树（图 9-372）。

3. 红粉扑花 *Calliandra emarginata* Benth.

【别名】凹叶红合欢

【形态特征】灌木或小乔木，高达 4 米。二回羽状复叶，具羽片一对，每羽片小叶 3 枚，椭圆或倒卵形，长达 5 厘米，先端锐尖或凹头，有时呈浅二裂。花瓣小，长约 6 毫米，雄蕊亮红色，长约 2.5 厘米；头状花序单生，艳红色（图 9-373）。

【生态习性】适合于阳光充足，排水良好的地方生长，土壤以疏松肥沃的砂质壤土为佳。

【分布及栽培范围】原产墨西哥南部至洪都拉斯。我国华南及台湾有栽培。

图 9-373　红粉扑花

图 9-374　红粉扑花在园林中的应用

【繁殖】播种或扦插繁殖。

【观赏】花色艳丽引人，是非常优美的观花植物。可以盆栽，加以适当的修剪管理，维持小灌木形态，花开时用于活动性美化布置；也可植于庭园，在简易的管理下，便可生长开花良好，是一种美丽的景观树种。

【园林应用】园景树（图 9-374）。

（三）金合欢属 *Acacia* Mill.

乔木、灌木或藤本。具托叶刺或皮刺，罕无刺。偶数 2 回羽状复叶，互生，或退化为叶状柄。花序头状或圆柱穗状，花黄色或白色；花瓣离生或基部合生；雄蕊多数，花丝分离，或于基部合生。荚果开或不开裂。

约 500 种，全部产于热带和亚热带，尤以大洋洲及非洲为多。中国产 10 种。

分种检索表

1 叶为二回羽状复叶

2 小枝上有托叶变成的针状刺……………………………………………………1 黑荆树 *A. mearnsii*

2 小枝上无刺……………………………………………………………………2 台湾相思 *A.confusa*

1 叶退化，叶柄变成叶状柄……………………………………………………3 大叶相思 *A. auriculiformis*

1. 黑荆树 *Acacia mearnsii* De Wilde

【别名】黑荆、澳洲白粉金合欢、澳洲金合欢

【形态特征】常绿乔木，高可达15米。树皮灰绿色、平滑。小枝绿色，有棱，被灰色短绒毛。二回羽状复叶，羽片8~25对，密集排列在羽片轴上，叶柄及每对羽片着生处均有1腺点；小叶片60~100枚，线形，长2.6~4.0毫米，宽0.4~0.5毫米，银灰绿色，被灰白色短柔毛。3~4月开花，由多数头状花序排列成腋生的总状花序或顶生的圆锥花序，花小，淡黄至深黄色。荚果红棕色或黑色，带状。种子椭圆形，扁平（图9-375）。

图9-375 黑荆树

图9-376 黑荆树在园林中的应用

【生态习性】喜温暖气候，在-50℃左右时会稍有落叶。生长迅速，抗逆性强。

【分布及栽培范围】产澳大利亚东南部，国内引种后长江以南地区种植。

【繁殖】播种繁殖或萌芽更新。

【观赏】银荆叶形纤细，叶色秀丽，四季常青，花色鲜艳。

【园林应用】可作行道树、园景树、树林（图9-376）。常在庭园作孤植、丛植布置。

【生态功能】适作荒山绿化先锋树及水土保持树种。

2. 台湾相思 *Acacia confusa* Merr.

【别名】相思树、台湾柳、相思仔

【形态特征】常绿乔木。高6~15米，无毛；枝灰色或褐色，无刺，小枝纤细。苗期第一片真叶为羽状复叶，长大后小叶退化，叶柄变为叶状柄，叶状柄革质，披针形，长6~10厘米，宽5~13毫米，直或微呈弯镰状，两端渐狭，先端略钝，两面无毛，有明显的纵脉3~5（8）条。枝叶细致紧密，如同一团团绿色的云朵，金黄色的花朵就像夕阳余晖下的云彩。头状花序腋生，圆球形；花瓣淡绿色，具香气；雄蕊多数，金黄色，伸出花冠筒外。荚果扁平，长4~11厘米，具光泽（图9-377）。花期3~10月，果期8~10月。

【生态习性】喜暖热气候，耐低温；喜光，耐半荫，耐旱瘠土壤，耐短期水淹，喜酸性土。在北纬25°~26°以南生长正常；垂直分布，则因纬度而异，在海南热带地区可栽至海拔800米以上，而纬度较

图 9-377 台湾相思

图 9-378 台湾相思在园林中的应用

高的地区一般只在海拔 200~300 米以下的低地栽植。

【分布及栽培范围】原产中国台湾，菲律宾、越南、缅甸、马来西亚等也有分布。中国广东、海南、广东、广西、福建、云南和江西等省的热带和亚热带地区均有栽培。

【繁殖】播种繁殖。

【观赏】树冠婆娑，叶形奇异，花黄色，繁多，盛花期一片金黄色，极具观赏价值。

【园林应用】行道树、防护林、特殊环境绿化（矿山恢复绿化）（图 9-378）。常用于道路绿化，为荒山绿化的先锋树种，又可作防风林带，水土保持及防火林带用。

【生态功能】长期载种能改善土壤条件。因而有："好地种桉树，差地种相思。"

【其它】材质坚硬，可为车轮，桨橹及农具等用；花含芳香油，可作调香原料。

3. 大叶相思 *Acacia auriculiformis* A. Cunn. Ex Benth.

【别名】耳叶相思

【形态特征】常绿乔木，枝条下垂，树皮平滑，灰白色；小枝无毛，皮孔显著。叶状柄镰状长圆形，长 10~20 厘米，宽 1.5~4(~6) 厘米，两端渐狭，比较显著的主脉有 3~7 条。穗状花序长 3.5~8 厘米，1 至数枝簇生于叶腋或枝顶；花橙黄色，细小，由五枚花瓣组成，花萼长 0.5~1 毫米，顶端浅齿裂；花瓣长圆形，长 1.5~2 毫米；花丝长约 2.5~4 毫米。荚果成熟时旋卷，长 5~8 厘米，宽 8~12 毫米，果瓣木质，每一果内有种子约12颗;种子黑色,围以折叠的珠柄。大叶相思宽大的假叶互生，呈椭圆形，长约 10 厘米；虽然它们在外貌上和真正的叶子没甚么分别，亦可进行光合作用,但其实那只是叶柄,不是真正的叶子。真叶只在幼苗时期才出现（图 9-379）。

【生态习性】适应性强、生长迅速，喜欢温暖潮

图 9-379 大叶相思

湿而阳光充足的环境，喜排水良好的砂质土壤。

【分布及栽培范围】原产于澳洲。海南、广东、广西、福建等省有引种。

【繁殖】播种、扦插繁殖。

【观赏】叶形和果形奇特，花金黄色，具较强的观赏价值。

【园林应用】防护林，园景树。常见于庭院、公园、公路、隧道。

【生态功能】改良土壤，涵养水源。

【其它】可作用材、薪材、纸材、饲料。

五十九、苏木科 Caesalpiniaceae

乔木、灌木或稀为草本；叶为一至二回羽状复叶，稀单叶或单小叶；托叶通常缺；花常美丽，稍左右对称，排成总状花序或圆锥花序，稀为聚伞花序；萼片 5 或上面 2 枚合生；花瓣 5 或更少或缺，上面 1 枚芽时位于最内面，其余的为覆瓦状排列；雄蕊通常 10，很少多数，花药各式，通常纵裂，有时顶孔开裂；子房上位，1 室；荚果各式，通常 2 瓣开裂。本科和豆目中的其他 2 科不同之点为花略左右对称，上面 1 枝花瓣在最内面，无旗瓣、翼瓣和龙骨瓣之分，雄蕊数有限。

我国连引入的共 22 属，92 种，南北均有分布，但主产地为西南部。

分属检索表

1 叶通常为二回羽状复叶；花托盘状
  2 花杂性或单性异株，落叶乔木
    3 植株无刺……………………………………………………1 肥皂荚属 *Gymnocladus*
    3 植株常具分枝的枝刺…………………………………………2 皂荚属 *Gleditaia*
  2 花两性
    4 植株无刺，高大乔木
      5 花小或中等大，直径不超过 3 厘米………………………3 盾柱木属 *Peltophorum*
      5 花特大，直径超过 7 厘米，鲜艳美丽；荚果大，近木质…………4 凤凰木属 *Eelonix*
    4 植株通常具刺，多为攀援灌木，亦有乔木
      6 花不整齐，两侧对称；胚珠 2 至多颗…………………………5 云实属 *Cacsalpinia*
      6 花近整齐；胚珠 1 颗……………………………………………6 老虎刺属 *Pterolobium.*
1 叶为一回羽状复叶或仅具单小叶，或为单叶
  7 萼片在花蕾时不分列；单叶
    8 荚果腹缝具狭翅……………………………………………7 紫荆属 *Cercis*
    8 荚果无翅……………………………………………………8 羊蹄甲属 *Bauhinia*
  7 萼片在花蕾时离生达基部；叶通常为一回羽状复叶，有时仅一对小叶或单小叶
    9 花药基生，稀背着；药室孔裂或短纵裂
      10 偶数羽状复叶，小叶对生 ………………………………9 决明属 *Cassia*
      10 奇数羽状复叶，小叶互生 ………………………………10 任豆属 *Zenia*
    9 花药背着，药室纵裂

11 小苞片覆瓦状排列，常早落

12 花有花瓣 ………………………………………… 11 仪花属 *Lysidice*

12 花无花瓣，萼片花瓣状 ………………………… 12 无忧花属 *Saraca*

11 小苞片镊合状排列，常宿存 …………………… 13 酸豆属 *Tamarindus*

（一）肥皂荚属 *Gymnocladus* Lam.

落叶乔木，无刺；枝粗壮。二回偶数羽状复叶；托叶小，早落。总状花序或聚伞圆锥花序顶生；花淡白色，杂性或雌雄异株，辐射对称；雄蕊 10 枚，分离，5 长 5 短；子房在雄花中退化或不存在，在雌花中或两性花中无柄，有胚珠 4~8 颗。荚果无柄，肥厚，坚实，近圆柱形，2 瓣裂；种子大，外种皮革质，胚根短，直立。全世界 4 种，中国有 1 种。

1. 肥皂荚 *Gymnocladus chinensis* Baill.

【别名】肥猪子、肉皂角、肥皂树

【形态特征】乔木，高 5~12 米，无刺。二回羽状复叶具羽片 6~10 枚；小叶 20~24，矩圆形至长椭圆形，长 1.5~4 厘米，宽 1~1.5 厘米，先端圆或微缺，基部略呈斜圆形，两面密被柔毛。花杂性，为顶生的总状花序；花有长柄，下垂；萼长 5~6 毫米，具短筒，有 10 条脉，密被短柔毛；雄蕊 10，5 长 5 短；子房长椭圆形，无毛，无子房柄，约有 4 个胚珠。荚果长椭圆形，长 7~12 厘米，宽约 3~4 厘米，扁中肥厚，具种子 2~4 粒（图 9-380）。花期 4 月 ~5 月，果期 9~10 月。

【生态习性】喜光不耐荫，耐干旱、耐酷暑、耐严寒，喜温暖湿润气候及肥沃土壤，生长较快。适应性强，深根性树种，对土壤要求不严，地下水位不可过高。在降水量 500 毫米左右的石质山地也能正常生长结实。寿命和结实期很长。

【分布及栽培范围】分布于江苏、浙江、江西、安徽、福建、湖北、湖南、广东、广西、四川等省区。

【繁殖】播种繁殖。

【观赏】花淡紫色，观赏性较强。早春嫩叶鹅黄绿色。

【园林应用】庭荫树、园景树（图 9-381）。

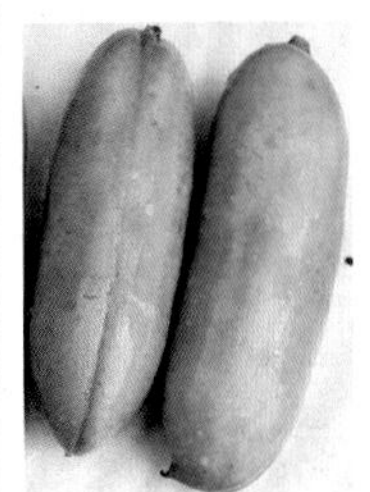

图 9-380 肥皂荚

图 9-381 肥皂荚在园林中的应用

【其它】种子可榨油供工业用，荚果富含皂素，可作洗涤用。

（二）皂荚属 *Gleditsia* Linn.，

落叶乔木或灌木；干和枝有单生或分枝的粗刺；叶互生，一回或二回羽状复叶；托叶早落；小叶多数，近对生或互生，常有不规则的钝齿或细齿；花杂性或单性异株，组成侧生的总状花序或穗状花序，很少为圆锥花序；萼片和花瓣 8~5；雄蕊 6~10，伸出，花药丁字着生；子房有胚珠 2 至多颗，柱头大 2 荚果扁平，大而不开裂或迟裂，有种子 1 至多颗。

约 16 种，分布于热带和温带地区，我国有 6 种，广布于南北各省区。

分种检索表

1 枝刺圆锥形 ………………………………………………………… 1 皂荚 *G. sinensis*

1 刺基部扁圆 ………………………………………………………… 2 山皂荚 *G. japonica*

1. 皂荚 *Gleditsia sinensis* Lam.

【别名】皂角、扁皂角、皂荚树

【形态特征】落叶乔木。树高达 30 米。枝刺圆锥形，通常分杈，长可达 16 厘米。一回羽状复叶，小叶 3~7 对，卵形至卵状长椭圆形，长 3~10 厘米。花黄白色，萼片、花瓣各 4。果皮较肥厚，直而不扭曲，长 12~30 厘米，棕黑色，木质，终冬不落（图 9-382）。花期 4~5 月，果期 5~10 月。

图 9-382　皂荚

【生态习性】喜光而稍耐荫，喜温暖湿润的气候及深厚肥沃适当的湿润土壤，但对土壤要求不严，在石灰质及盐碱甚至粘土或砂土均能正常生长。皂荚的生长速度慢但寿命很长，可达六七百年。深根性树种。多生于平原、山谷及丘陵地区。但在温暖地区可分布在海拔 2500 米处。

【分布及栽培范围】原产中国长江流域，分布极广，自中国河北至广东，西至四川、贵州、云南均有分布。

【繁殖】播种繁殖。

【观赏】树冠圆阔，叶密荫浓。

【园林应用】庭荫树（将基部刺去掉）、园景树、风景林（图 9-383）。

图 9-383　皂荚在园林中的应用

【其它】果荚、种子入药。果富含皂素，可代替肥皂。木材坚硬，为车辆、家具用材。嫩芽油盐调食。

2. 山皂荚 *Gleditsia japonica* Miq.

【别名】日本皂荚

【形态特征】落叶乔木，高可达 25 米。小枝紫褐色或脱皮后呈灰绿色；刺基部扁圆，中上部扁平，常分枝，黑棕色或深紫色，长 2~16 厘米，基径可达 1 厘米，且多密集。叶为一回或二回羽状复叶，长 10~25 厘米，一回羽状复叶常簇生，小叶 6~11 对，互生或近对生，卵状长椭圆形至长圆形，长 2~6 厘米，宽 1~4 厘米，先端钝尖或微凹，基部阔楔形至圆形，稍偏斜，边缘有细锯齿，稀全缘，两面疏生柔毛，中脉较多；二回羽状复叶具 2~6 对羽片，小叶 3~10 对，卵形或卵状长圆形，长约 1 厘米。雌雄异株；雄花成细长的总状花序，花萼和花瓣均为 4，黄绿色雄蕊 8；雌花成穗状花序，花萼和花瓣同雄花，有退化的雄蕊，子房有柄。荚果带状，长 20~36 厘米，宽约 3 厘米，棕黑色，常不规则扭转（图 9-384）。花期 4~6 月；果期 6~11 月。

变种绒毛皂荚 var. *velutina* L.C. 与山皂荚的不同点在于荚果上密被黄绿色绒毛。特产湖南衡山。生于海拔 950 米的山地，路边疏林中。

【生态习性】阳性，耐寒，耐干旱，喜肥沃深厚土壤，在石灰质及轻盐碱土上也能生长；深根性，少病旱害。抗污染力强。树冠宽广，叶密荫浓。

图 9-384 山皂荚

【分布及栽培范围】辽宁、河北、山西、山东、河南、江苏、浙江、安徽等省。日本、朝鲜也有分布。

【繁殖】播种繁殖。

【观赏】树冠广阔，树形优美，叶密荫浓。

【园林应用】庭荫树、园景树、风景林。

【生态功能】抗污染力强。

【其它】果荚、种子入药。果富含皂素，可代替肥皂。嫩叶可食，木材坚实，心材带粉红色，色泽美丽，可作建筑、器具、支柱等用材。

（三）盾柱木属 *Peltophorum* Benth.

落叶乔木，无刺。叶为大型二回偶数羽状复叶；羽片对生；小叶多数，对生，无柄。圆锥花序或总状花序；苞片小，脱落或宿存；无小苞片；花两性，黄色，美丽，具花盘；花托短；萼片 5；花瓣 5 片，与萼片均为覆瓦状排列；雄蕊 10 枚，离生，花丝稍伸出花冠外，基部密被簇状粗毛，花药长圆形，背着；子房无柄，与花托离生，有 3~8 个胚珠，花柱长、柱头大，盾状、头状或盘状。荚果披针状长圆形，扁平，薄而坚硬，不开裂，沿背腹两缝线均有翅；种子 2~8 颗，扁平，无胚乳。全世界 12 种，我国产 1 种，引种 1 种。

1. 盾柱木 *Peltophorum pterocarpum* Baker ex K. Heyne

【别名】双翼豆

【形态特征】乔木，高 4~15 米。二回羽状复叶长 30~42 厘米；叶柄粗壮，被锈色毛；叶轴长 25~35 厘米；羽片 7~15 对，对生，长 8~12 厘米；小叶（7~）10~21 对，无柄，排列紧密，小叶片革质，长圆状倒卵形，长 12~17 毫米，宽 5~7 毫米，先端圆钝，具凸尖，基部两侧不对称，边全缘，上面深绿色，下面浅绿色。圆锥花序顶生或腋生，密被锈色短柔毛；苞片长 5~8 毫米，早落；花梗长 5 毫米，与花蕾等长，相距 5~7 毫米；花蕾圆形，直径 5~8 毫米；萼片 5，卵形，外面被锈色茸毛，长 5~8 毫米，宽 4~7 毫米；花瓣 5，倒卵形，具长柄，两面中部密被锈色长柔毛，长 15~17 毫米，宽 8~10 毫米；雄蕊 10 枚，花丝长 12 毫米，基部被硬毛，花药长 3 毫米，基部箭形；子房具柄，被毛，花柱丝状，远较子房长，光滑，柱头盘状，3 裂；胚珠 3~4 颗。荚果红色，具翅，扁平，纺锤形，两端尖，中央具条纹，翅宽 4~5 毫米；种子 2~4 颗（图 9-385）。花黄色，7~8 月，果期 9~11 月。

图 9-385 盾柱木

图 9-386 盾柱木在园林中的应用

【生态习性】喜高温天气，能耐风、耐旱，但不耐荫。栽种于砂质壤土或以深层壤土为佳。

【分布及栽培范围】分布于越南、斯里兰卡、马来半岛、印度尼西亚和大洋洲北部。我国广州、西双版纳有栽培。

【繁殖】播种繁殖。

【观赏】树体高大、挺拔，冠幅广圆型，像把展开的大伞，树枝飒爽青翠。花姿清丽，是一种优美的庭园树种。

【园林应用】园景树、庭荫树、盆栽及盆景观赏（图 9-386）。

【其它】用材。树皮供药用，含一种黄褐色染料。

（四）凤凰木属 Delonix Raf.

高大乔木，无刺。大型二回偶数羽状复叶，具托叶；羽片多对；小叶片小而多。伞房状总状花序顶生；花两性，大而美丽，白色、橙色和鲜红色；苞片小，早落；花托盘状或陀螺状；萼片 5，倒卵形，近相等，镊合状排列；花瓣 5，与萼片互生，圆形，具柄，边缘皱波状；雄蕊 10 枚，离生，下倾；子房无柄，有胚珠多颗，花柱丝状，柱头截形。荚果带形，扁平，下垂，2 瓣裂，果瓣厚木质，坚硬；种子横长圆形。

全世界 2~3 种，分布于非洲和热带亚洲，我国引入栽培的有凤凰木。

1. 凤凰木 *Delonix regia* (Boj.) Raf.

【别名】凤凰花、红花楹、红花楹树、火树

【形态特征】树高达20米。树冠伞状，小枝稍被毛。复叶具羽状10~24对，小叶20~40对，均对生，小叶长圆形，长3~8毫米，基部偏斜，两面被柔毛，表面中脉凹下，边全缘；中脉明显；小叶柄短。花鲜红色，大而美丽，直径7~10厘米，具4~10厘米长的花梗，雄蕊红色。果长25~60厘米（图9-387）。花期5~8月，果期10月。

【生态习性】喜高温多湿和阳光充足环境，生长适温20~30℃，不耐寒，冬季温度不低于10℃。以深厚肥沃、富含有机质的沙质壤土为宜；怕积水，排水须良好，较耐干旱；耐瘠薄土壤。浅根性，但根系发达，抗风能力强。抗空气污染。萌发力强，生长迅速。一般1年生高可达1.5~2米，2年生高可达3~4米，种植6~8年始花。

【分布及栽培范围】原产非洲马达加斯加；我国福建、台湾、广东、广西、云南有引栽。

【繁殖】播种繁殖。

【观赏】树冠如伞，叶形似羽，花大而艳。是热带地区著名的观赏树。

【园林应用】风景林、庭荫树、行道树、园景树（图9-388）。

【生态功能】具有增肥改土的效果。

【文化】非洲马达加斯加共和国的国树、广东汕头市的市花、福建厦门市、台湾台南市、四川攀枝花市的市树。

图9-387 凤凰木

图9-388 凤凰木在园林中的应用

【其它】树皮、花用于药用。凤凰木的豆荚在加勒比海地区被用作敲打乐器，称为沙沙（shak-shak）或沙球。其木质致密，质轻有弹性，可作为家具、板材、造纸原料。种子有毒。

（五）云实属 *Caesalpinia* Linn.

乔木、灌木或藤本，通常有刺。二回羽状复叶。总状花序或圆锥花序腋生或顶生；花中等大或大，通常美丽，黄色或橙黄色；花托凹陷；萼片离生，覆瓦状排列，下方一片较大；花瓣5片，常具柄，展开，其中4片通常圆形，有时长圆形，最上方一片较小，色泽、形状及被毛常与其余四片不同；雄蕊10枚，离生，2轮排列；子房有胚珠1~7颗。荚果卵形、长圆形或披针形，有时呈镰刀状弯曲，扁平或肿胀，平滑或有刺，革质或木质，少数肉质；种子卵圆形至球形，无胚乳。

全世界约 100 种，分布于热带和亚热带地区，我国约 13 种，主产西南至南部，惟少数种分布较广。

分种检索表

1 落叶攀援灌木，枝密生钩刺，总状花序……………………………………1 云实 *C. decapetala*

1 常绿起立灌木，枝有疏刺，伞房花序……………………………………2 洋金凤 *C. pulcherrima*

1. 云实 *Caesalpinia decapetala* Alston

【别名】天豆、马豆、员实

【形态特征】落叶攀援灌木，密生倒钩状刺。二回羽状复叶，羽片 3~10 对，小叶 12~24，长椭圆形，顶端圆，微凹，基部圆形，微偏斜，表面绿色，背面有白粉。总状花序顶生，花冠不是蝶形，黄色，有光泽；雄蕊稍长于花冠，花丝下半部密生绒毛。荚果长椭圆形，木质，长 6~12 厘米，宽 2.3~3 厘米，顶端圆，有喙，沿腹缝线有宽 3~4 毫米的狭翅；种子 6~9 颗（图 9-389）。花期 5 月，果期 8~10 月。

【生态习性】喜光，适应性强。生于山坡灌丛中及平原、丘陵、河旁等地。

【分布及栽培范围】河北、河南、江西、甘肃、广东、广西、四川、江苏、福建、湖南等地。亚洲热带和温带地区有分布。

【繁殖】扦插和播种繁殖。

【观赏】黄色的花极具观赏价值。

【园林应用】绿篱、造型、垂直绿化。

【其它】根、茎及果药用。果皮和树皮含单宁，种子含油 35%，可制肥皂及润滑油。

图 9-389 云实

2. 洋金凤 *Caesalpinia pulcherrima* Sw

【别名】金凤花、蛱蝶花、黄蝴蝶

【形态特征】常绿灌木，高可达 3 米。二回羽状复叶，小叶长椭圆形。总状花序生枝顶，花瓣具柄，黄色，红色。雄蕊长两倍于花冠，伸展。枝上疏生刺。叶二回羽状复叶，小叶长椭圆形略偏斜，先端圆，微缺，基部圆形。总状花序开阔，顶生或腋生。花瓣圆形具柄，黄色或橙红色，边缘呈波状皱折，有明显爪。荚果近长条形，扁平。花期长，华南全年开花（图 9-390）。

图 9-390 洋金凤

图 9-391 洋金凤在园林中的应用

【生态习性】喜温暖、湿润环境。耐热，不耐寒。好阳光充足，耐微荫。宜种于排水良好、富含腐殖质、微酸性土壤中。对风及空气污染抵抗能力差。

【分布及栽培范围】原产热带，我国南方各地庭园常栽培。

【繁殖】播种或扦插繁殖。

【观赏】树姿轻盈婀娜，长期满布红色花簇，极具观赏价值。

【园林应用】垂直绿化、园景树、地被、盆栽观赏（图 9-391）。

【其它】种子可榨油及药用，根、茎、果均可入药。

（六）老虎刺属 *Pterolobium* R. Br. Ex Wight et Arn.

乔木或木质藤本，枝有散生、下弯的钩刺；二回偶数羽状复叶，互生；羽片和小叶多数；花小，组成总状花序或圆锥花序；萼 5 裂，下面 1 萼片较大，舟形；花瓣 5，白色（或变黄色），广展，长圆形或倒卵形，与萼片同为覆瓦状排列；雄蕊 10，分离，花药一式；子房无柄，有胚珠 1 颗；荚果无柄，扁平，翅果状，下部生种子之部斜卵形或披针形，不开裂，顶有一斜长圆形或镰状、膜质的翅；种子悬生于室顶。

共有约 10 余种，中国有 2 种，产西南部、中部和南部。

1. 老虎刺 *Pterolobium punctatum* Hemsl.

【形态特征】藤本或攀援灌木，高 7~15 米。叶轴、叶柄基部散生下弯的黑色钩刺。二回羽状复叶，羽片 20~28 个，每羽片有小叶 20~30 个，长椭圆形，两面疏被短柔毛后变无毛。花排列成大型、顶生的圆锥花序；花瓣 5，白色，花期 6~8 月，倒卵形，先端稍呈齿蚀状。荚果椭圆形，扁平，顶端的一侧具发达的膜质翅，有一个种子。种子椭圆形，扁平。果期 10~12 月（图 9-392）。

【生态习性】喜光、宜温暖气候，对土壤要求不严。多见于石灰岩山坡灌丛、溪边石缝中。生于海拔 300~2000 米的山坡疏林向阳处、路旁石山干旱及石灰岩山上。

【分布及栽培范围】广东、广西、云南、贵州、四川、湖南、湖北、江西、福建等省区。

【繁殖】扦插、播种、压条繁殖。

【观赏】翅果红色。

【园林应用】特殊环境绿化（岩石绿化、荒山、边坡绿化），地被植物。

【其它】根、茎、果均入药，有祛寒、发表、活血通经、解毒杀虫之效。

图 9-392 老虎刺

（七）紫荆属 *Cercis* Linn.

灌木或乔木，单生或丛生，无刺。叶互生，单叶，全缘或先端微凹，具掌状叶脉；托叶小，鳞片状或薄膜状，早落。花两侧对称，花瓣5，近蝶形，具柄，不等大，旗瓣最小，位于最里面；雄蕊10枚，分离，花丝下部常被毛，花药背部着生，药室纵裂；子房具短柄，有胚珠2~10颗，花柱线形。荚果扁狭长圆形，两端渐尖或钝，于腹缝线一侧常有狭翅，不开裂或开裂；种子2至多颗，近圆形，扁平。

世界上有约8种，分布于北美、东亚和南欧；我国有5种，产于西南和中南，为美丽的庭园观赏树。

分种检索表

1 灌木……………………………………………………………………1 紫荆 *C. chinensis*

1 乔木……………………………………………………………………2 巨紫荆 *C. glabra*

1. 紫荆 *Cercis chinensis* Bunge

【别名】满条红

【形态特征】落叶灌木或小乔木。叶近圆形，长5厘米~10厘米，基部心形，先端急尖。花先叶开放，4朵~12朵簇生为短总状花序，生于老枝上，玫瑰红色，有白色变种。花期3~4月。荚果扁狭长形，绿色，长4~8厘米。种子2~6颗，果期8~10月。鲜艳的花朵密集地生满全株各枝条；花形似蝶，密密层层，满树嫣红。是早春十分美丽的赏花灌木（图9-393）。

【生态习性】较耐寒，喜肥沃和排水良好的土壤。春季萌芽前移植，冬季移栽不易成活。

【分布及栽培范围】南北各地，河北以南，云南以东都有应用。

图9-393 紫荆

图9-394 紫荆在园林中的应用

【繁殖】分株或播种法繁殖。种子须砂藏后才能播种。

【观赏】先花后叶，鲜艳的花朵密满全株各枝条。

【园林应用】园景树（图9-394）。主要应用于建筑物周围（尤其白色、灰白色建筑）及草坪边缘，林缘。

【其它】紫荆的花、树皮和果实均可入药。木材纹理直，结构细，可供家具、建筑等用。

2. 巨紫荆 *Cercis glabra* Pamp.

【别名】湖北紫荆、云南紫荆

【形态特征】落叶乔木。胸径可达40厘米，高5~15米。因为巨大，又和常见的灌木状紫荆相像而

图 9-395 巨紫荆

图 9-396 巨紫荆在园林中的应用

得名巨紫荆。叶心脏形或近圆形，叶柄红褐色，花于3至4月在叶前开放，簇生于老枝上，花冠紫红色，形似紫蝶，花期达半月之久。小枝灰黑色，皮孔淡灰色。与紫荆的绿色果荚不同，巨紫荆果荚呈暗红色（图 9-395）。

【生态习性】适应能力很强，不耐寒、耐旱，对土质要求不高。不怕水渍，喜好阳光。常散生于山坡、沟谷两旁的天然杂木林中。

【分布及栽培范围】原产中国浙江、河南、湖北、广东、贵州等地。河南嵩县熊耳山、外方山和伏牛山北坡，野生分布较多。

【繁殖】播种繁育。

【观赏】花紫红色，十分漂亮。

【园林应用】园路树，庭荫树、园景树（图 9-396）。

（八）羊蹄甲属 *Bauhinia* Linn.

乔木，灌木或攀援藤本。托叶常早落；单叶，全缘，先端凹缺或分裂为2裂片；基出脉3至多条，中脉常伸出于2裂片间形成一小芒尖。花两性，很少为单性；萼杯状，佛焰状或于开花时分裂为5萼片；花瓣5片，略不等，常具瓣柄；能育雄蕊10、5或3枚；子房通常具柄，有胚珠2至多颗。荚果长圆形，带状或线形，通常扁平，开裂，稀不裂；种子圆形或卵形，扁平，有或无胚乳，胚根直或近于直。

约600种，分布于热带和亚热带地区，我国有40种，4亚种，11变种，大部分布于南部和西南部。

分种检索表

1 乔木或灌木

  2 能育雄蕊3枚……………………………………1 羊蹄甲 *B. purpurea*

  2 能育雄蕊5枚……………………………………2 红花羊蹄甲 *B.blakeana*

1 藤本或攀援性灌木

  3 叶脉基出脉5~7条，花瓣白色…………………3 龙须藤 *B. championii*

  3 叶脉掌状7~9条，花冠粉红色…………………4 鄂羊蹄甲 *B.glauca* subsp. *hupehana*

1. 羊蹄甲 *Bauhinia purpurea* L.

【别名】玲甲花、紫羊蹄甲

【形态特征】常绿小乔木，高达 10 米。叶近革质，宽椭圆形至近圆形，长 5~12 厘米，先端分裂至 1/3~1/2 处，掌状脉 9~13 条。花大，淡玫瑰红色，芳香；花瓣倒披针形，发育雄蕊 3~4。果长 13~24 厘米，略弯曲（图 9-397）。花期 9~11 月，果期 12 月。

变种有白花洋紫荆 var. *candida* Buch.

【生态习性】喜光，喜暖热湿润气候，喜肥沃而排水良好的壤土，亦耐干旱。

【分布及栽培范围】产福建、广东、广西、云南等地，海南、台湾有栽培。马来半岛、有中南半岛、印度、斯里兰卡也分布。

【繁殖】播种及扦插繁殖。

【观赏】树冠秀丽，枝丫低垂，叶形奇持。形如羊蹄，花大色艳，是很有特色的观赏树种。

【园林应用】行道树、园景树、园路树、庭荫树。

【其它】树皮、花和根供药用，为烫伤及脓疮的洗涤剂、嫩叶汁液或粉末可治咳嗽，但根皮剧毒，忌服。

图 9-397　羊蹄甲

2. 红花羊蹄甲 *Bauhinia blakeana* Dunn.

【别名】红花紫荆

【形态特征】常绿乔木，高达 15 米。树冠广卵形。小枝细长下垂，被毛。叶圆形或阔心形，长阔约为 8~15 厘米，革质，青绿色，背面疏被短柔毛，腹面无毛，通常有脉 11~13 条，顶端 2 裂，裂片约为全长的 1/3~1/4，有钝头。总状花序长约 20 厘米，花紫红色，芳香，径 12~15 厘米，通常不结实（图 9-398）。在广州地区花期 10 月上旬至次年 6 月下旬。

【生态习性】喜光。不甚耐寒，喜肥厚、湿润的土壤，忌水涝。萌蘖力强，耐修剪。

【分布及栽培范围】世界广布。中国广东、福建、海南有分布。

【繁殖】扦插、压条繁殖。

【观赏】秋冬季节开花，花期长，且繁盛艳丽，满树红花，极具观赏价值。

【园林应用】行道树、园路树、庭荫树、园景树、特殊环境绿化（海滨绿化）（图 9-399）。种植方式丛植、行植、片植均可。

【文化】红花羊蹄甲是香港市市花。最早在广州发现，后在香港普遍栽培。不结种子，只能用营养繁殖。

【其它】树皮、花、根入药；木材坚硬，适于精木工及工艺品。

图 9-398　红花羊蹄甲

图 9-399　红花羊蹄甲在园林中的应用

3. 龙须藤 *Bauhinia championii* Benth.

【别名】钩藤、乌郎藤、五花血藤

【形态特征】攀援、木质大藤本。有卷须，叶纸质，卵形，先端锐尖、圆钝或2裂至全叶的1/2~1/3，基部圆形或截形，基出脉5~7条，在下面突起；叶柄长2~3.5厘米。总状花序顶生或与叶对生或数个再组成复总状花序，长10~20厘米；花梗长约10~15毫米；花形小，径6~8毫米；萼深裂，裂片长尖，长3毫米；花瓣白色，长约4毫米；能育雄蕊3，雌蕊长约6毫米，仅沿背缝线有短绒毛。荚果扁平（图9-400）。花期5~7月，果期7~10月。

【生态习性】喜光，较耐荫湿；适应性强，常生于低海拔至中海拔的丘陵灌丛、山地疏林、林缘、灌丛、溪边石缝中。

【分布及栽培范围】长江以南各地。海拔700米以下。越南、印度等国也有分布。

【繁殖】扦插、播种、压条进行。

【观赏】叶形优美。

【园林应用】垂直绿化（棚架、门廊、枯树及岩石绿化）、地被、水边绿化（图9-401）。

【其它】木材茶褐色，纹理细，横断面木质部与韧皮部交错呈菊花状，称为“菊花木”，供作手杖、烟盒、茶具等用。龙须藤的藤可入药。

4. 鄂羊蹄甲 *Uauhinia glauca* Benth. subsp. *hupehana* T.Chen

【别名】湖北羊蹄甲

【形态特征】木质藤本，被稀疏红棕色柔毛。茎纤细，四棱，卷须1个或2个对生。单叶互生；叶柄长3.5~4.5厘米；叶片肾形或圆形，长3~8厘米，宽4~9厘米，先端分裂，裂片顶端圆形，全缘，基部心形至截平，两面疏生红褐色柔毛，后上面无毛；叶片分裂仅及叶长的1/4~1/3。叶脉掌状，7~9条，伞房花序顶生，长5~8厘米，花序轴、花梗密被红棕色柔毛；苞片与小苞片丝状，被红棕色柔毛，长7毫米；萼管状，有红棕色毛，筒部长1.3~1.7厘米，裂片2个；花冠粉红色，花瓣5，匙形，两面除边缘外，均被红棕色长柔毛，边缘皱波状，基部楔形，长1~1.5厘米；能育雄蕊仅

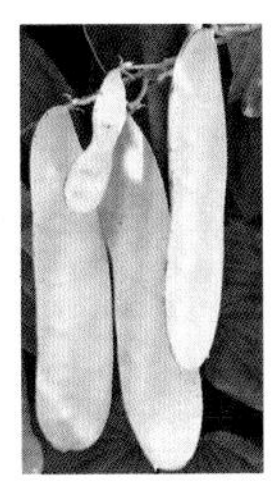

图9-400 龙须藤

图9-401 龙须藤在园林中的应用

图9-402 湖北羊蹄甲

3枚，花丝长约1.5~2厘米，花药瓣裂；雌蕊单一，子房长柱形，具长柄，无毛；柱头头状。荚果条形，扁平，无毛，有明显的网脉，长14~30厘米，宽4~5厘米，种子多数(图9-402)。花期4~6月，果期8~9月。

【生态习性】喜温暖气候，不耐严寒。对土壤选择不严，砂质壤土、粘壤土均可栽培。

【分布及栽培范围】分布四川、湖南、湖北、江西、云南、贵州、广东等地。

【繁殖】播种繁殖，也可扦插、播种、压条繁殖。

【观赏】花粉红色，形态优美，十分漂亮。

【园林应用】垂直绿化(棚架、门廊、枯树及岩石绿化)、地被、水边绿化。

(九)决明属 *Cassia* Linn.

乔木、灌木或草本。叶为偶数羽状复叶；叶柄和叶轴上常有腺体；花两性，近辐射对称，单生或排成总状花序或圆锥花序；萼管短，裂片5，覆瓦状排列；花瓣5枚，黄色，近相等或下面的较大，具柄；雄蕊5~10，常不等长，有些无花药，能育的花药常顶裂或顶孔开裂；子房无柄或有柄，有胚珠多数；荚果圆柱形或扁平，通常2瓣裂，有时不开裂，有四棱或翅，果瓣木质、革质或膜质。

约600种，分布于热带、亚热带和温带地区。我国原产的约10余种，广布于各地，引入栽培以供观赏的约在10种左右。

分种检索表

1 小叶长8~15厘米，两面同色或有的背面稍带白色 ……………………1 腊肠树 *C. fistula*

1 小叶长2.5~8厘米，背面多呈粉白色

  2 叶柄和叶轴上有腺体1至多枚

    3 叶柄和叶轴上仅在第一对小叶间有腺体1枚……………………2 双荚决明 *C. bicpsulris*

    3 叶柄和叶轴上有腺体2至多枚……………………3 黄槐 *C. surattensis*

  2 叶柄和叶轴上没有腺体……………………4 铁刀木 *C. siamea*

1. 腊肠树 *Cassia fistula* Linn.

【别名】阿勃勒、牛角树、波斯皂荚

【形态特征】落叶乔木，高达22米。树皮呈灰白色，易生蔓枝。偶数羽状复叶，一个叶柄上有4~8对小叶，小叶对生，而且小叶很大，叶面平滑，全缘，颜色鲜亮，基部略澎大，长卵形或长椭圆形，长6~16厘米，先端渐钝尖。花黄色，成下垂总状花序，长30~60厘米。荚果柱形，状如腊肠，长40~70厘米(图9-403)。花期6~8月；果期10月。

【生态习性】喜温树种，以砂质壤土最佳，排水、日照需良好，有霜冻害地区不能生长。生长于海拔1,000米的地区。

【分布及栽培范围】南部和西南部各省区均有栽培。原产印度、缅甸和斯里兰卡。

【繁殖】扦插或播种繁殖。

【观赏】树形优美。花期在5月，初夏满树金黄色花，花序随风摇曳、花瓣随风而如雨落，所以又名“黄金雨”。

【园林应用】园路树、庭荫树和园景树(图9-404)。

【文化】泰国的国花，当地称为“Dok Khuen”，其黄色的花瓣象征泰国皇室。

图 9-403 腊肠树

图 9-404 腊肠树在园林中的应用

【其它】果实入药。木材坚重，耐朽力强，光泽美丽，可作支柱、桥梁、车辆及农具等用材。

2. 双荚决明 *Cassia bicapsulris* L.

【别名】金边黄槐、腊肠仔树

【形态特征】直立灌木，多分枝，无毛。叶长7~12 厘米，有小叶 3~4 对；叶柄长 2.5~4 厘米；小叶倒卵形或倒卵状长圆形，膜质，长 2.5~3.5 厘米，宽约 1.5 厘米，顶端圆钝，基部渐狭，偏斜，下面粉绿色，侧脉纤细，在近边缘处呈网结；在最下方的一对小叶间有黑褐色线形而钝头的腺体 1 枚。总状花序生于枝条顶端的叶腋间，常集成伞房花序状，长度约与叶相等，花鲜黄色，直径约 2 厘米；雄蕊 10 枚，7 枚能育，3 枚退化而无花药，能育雄蕊中有 3 枚特大，高出于花瓣，4 枚较小，短于花瓣。荚果圆柱状，膜质，直或微曲，

图 9-405 双荚决明

图 9-406 双荚决明在园林中的应用

长 13~17 厘米，直径 1.6 厘米，缝线狭窄；种子二列（图 9-405）。花期 9~11 月；果期 11 月至翌年 3 月。

【生态习性】喜光，根系发达，萌芽能力强，适应性较广，耐寒，耐干旱瘠薄的土壤，有较强的抗风、抗虫害和防尘、防烟雾的能力，尤其适应在肥力中等的微酸性或砖红壤中生长。

【分布及栽培范围】原产于南美，主要分布于华南、热带季雨林及雨林区，现长沙、杭州、上海等地有应用。

【繁殖】播种繁殖、扦插繁殖。

【观赏】花期长；花金黄色，艳丽迷人。

【园林应用】园景树、绿篱、盆栽及盆景观赏（图 9-406）。

【生态功能】有防尘、防烟雾的作用。

【其它】种子药用，具有清肝而明目、泻下导滞的药效。用于治疗目疾、便秘。

3. 黄槐决明 *Cassia surattensis* Burm. F

【别名】黄槐

【形态特征】小乔木，高 5~7 米。双数羽状复叶；叶柄及最下 2~3 对小叶间的叶轴上有 2~3 枚棍棒状腺体；小叶 14~18 枚，长椭圆形或卵形，长 2~5 厘米，宽 1~1.5 厘米，先端圆，微凹，基部圆，常偏斜，背面粉绿色，有短毛。伞房状花序生于枝条上部的叶腋，长 5~8 厘米；花黄色或深黄色，长 1.5~2 厘米；雄蕊 10，全部发育；下面的 2~3 枚雄蕊的花药较大；子房有毛。荚果条形，长 7~10 厘米，宽 0.8~1.2 厘米。种子间微缢缩，先端有喙。全年开花结果（图 9-407）。

【生态习性】喜高温高湿、光照，不耐寒。2℃~5℃易受冻害，在华南北部正常年份可越冬。对土壤要求不严，以砂壤土为最好，耐干旱，耐水湿，喜肥。

【分布及栽培范围】原产印度、斯里兰卡、东南亚及大洋洲。中国东南部及南部栽培。印度、锡兰、印度尼西亚、菲律宾和大洋洲也有分布。

【繁殖】播种或扦插繁殖。

【观赏】枝叶茂密，树姿优美，花期长，花色金黄灿烂，富热带特色，极具观赏价值。

【园林应用】园景树、庭荫树、园路树（图 9-408）。

图 9-407 黄槐

图 9-408 黄槐在园林中的应用

4. 铁刀木 *Cassia siamea* Lam.

【别名】黑心树、孟买黑檀

【形态特征】常绿乔木。树高可达 20 米。树皮深灰色，近光滑小枝粗壮，稍具棱，疏被短柔毛。偶数羽状复叶，小叶 6~11 对，薄革质，长椭圆形，长 3.5~7 厘米，宽 1.5~2 厘米，顶端圆钝，微凹陷而有短尖头，基部近圆形，叶背稍被脱落性的短柔毛；托叶早落。花为伞房状总状花序，腋生或顶生，排成圆锥状，花序轴被灰黄色短柔毛；萼片 5 深裂，花径约 2.5 厘米，花瓣 5，黄色，雄蕊 10 枚，7 枚发育，3 枚不发育，子房无柄。荚果条状，扁平，两端渐尖，长 15~30 厘米，宽 1~1.5 厘米。有种子 10~20 粒（图 9-409）。

【生态习性】喜光、不耐荫蔽。喜温，凡有霜冻、寒害的地方均不能生长。萌芽力强。生长迅速，萌芽力强，枝干易燃。

【分布及栽培范围】福建、台湾的南部，广东的广州市，海南，广西南部，云南南部和西部都有种植。印度、泰国、斯里兰卡、马来西亚、缅甸有分布。

【繁殖】播种繁殖。

【观赏】终年常绿、叶茂花美。

图 9-409 铁刀木

【园林应用】行道树、庭荫树、防护林树种。

【生态功能】用作防护林。

【其它】心材坚实耐腐、耐湿、耐用，为建筑和制作工具、家具、乐器等良材。树皮、荚果含单宁，可提取栲胶。枝上可放养紫胶虫，生产紫胶。

（十）任豆属 *Zenia* Chun.

仅1种。属特征见种特征。

1. 任豆 *Zenia insignis* Chun

【别名】任木、翅荚木、砍头树

【形态特征】落叶乔木，高达30米，胸径1米，幼树皮灰绿色，老叶棕褐色。纵纹状浅裂。芽纺缍状椭圆形，密被柔毛，一回奇数羽状复叶，互生，长25~45厘米，小叶19~27枚，互生，膜质，矩圆状披针形，长6~10厘米，宽2~3厘米，先端急尖或渐尖，基部圆形，表面无毛，背面密被白色或灰褐色至棕褐色毛；小叶柄长2~3毫米，疏被柔毛，花长约14毫米，萼片5，长圆形，长10~12毫米，花瓣稍长，倒卵形，最上面的一枚花瓣较阔；雄蕊4(5)。荚果红棕色，长圆形或椭圆状长圆形，长10~15厘米，宽3~3.8厘米，翅宽0.6~1厘米，网纹明显，种子6~8粒(图9-410)。花期5月，果期6~8月。

【生态习性】强阳性树种，耐干旱，但在肥沃湿润的土壤上生长良好。萌芽力强，生长快。深根性，根系发达，有较强的穿透能力。

【分布及栽培范围】我国特产。广西西部、云南东部、湖南南部、广东北部及贵州。

【繁殖】播种繁殖。

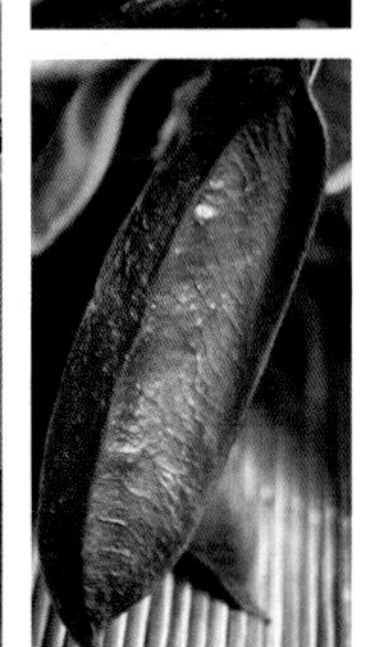

图9-410 任豆

【观赏】花黄棕色，适于观赏，又能分泌蜜汁，为良好的观赏和蜜源树种。

【园林应用】行道树、园路树、庭荫树、园景树、风景林、树林、防护林。

【生态功能】具有涵养水源，防风固沙的作用。吸收有毒气体。

【其它】木材很坚实，纹理密致，是优良木材。木材经水泡阴干后，能避虫蛀，不翘不裂。树叶含蛋白质，嫩枝叶可作饲料喂养牛羊。

（十一）仪花属 *Lysidice* Hance

乔木；叶为偶数羽状复叶；小叶对生；花组成腋生或顶生的圆锥花序；苞片绯红色；花萼管状，肉质，裂片4，覆瓦状排列，开花时反曲；花瓣5，紫红色，上面3枚倒卵形，具长柄，下面2枚很小；发育雄蕊2枚，余者为退化雄蕊；子房具柄，有胚珠9~12；花柱长，头状，在花蕾时旋卷；荚果长倒卵形，扁平，革质至木质，

2 瓣裂，种子间有隔膜；种子扁平，横长圆形。

只有 2 种，产我国南部至西南部，越来也有分布。

分种检索表

1 苞片、小苞片粉红色，萼管长 1.2~1.5 厘米 ………………………………… 1 仪花 *L. rhodostegia*

1 苞片、小苞片粉白色，萼管长 5~9 毫米………………………………………… 2 短萼仪花 *L. brevicalyx*

1. 仪花 *Lysidice rhodostegia* Hance

【别名】单刀根

【形态特征】灌木或小乔木，高 2~5 米。小叶 3~5 对，纸质，长椭圆形或卵状披针形，长 5~16 厘米，宽 2~6.5 厘米，先端尾状渐尖，基部圆钝；侧脉纤细，近平行，两面明显；小叶柄粗短，长 2~3 毫米。圆锥花序长 20~40 厘米，总轴、苞片、小苞片均被短疏柔毛；苞片、小苞片粉红色，卵状长圆形或椭圆形，苞片长 1.2~2.8 厘米，宽 0.5~1.4 厘米，小苞片小，长 2~5 毫米，极少超过 5 毫米；萼管长 1.2~1.5 厘米，比萼裂片长 1/3 或过之，萼裂片长圆形，暗紫红色；花瓣紫红色，阔倒卵形，连柄长约 1.2 厘米，先端圆而微凹；能育雄蕊 2 枚，花药长约 4 毫米；退化雄蕊通常 4 枚，钻状；子房被毛，有胚珠 6~9 颗，花柱细长，被毛。荚果倒卵状长圆形，长 12~20 厘米，基部 2 缝线不等长，腹缝较长而弯拱，开裂，果瓣常成螺旋状卷曲；种子 2~7 颗，长圆形，长 2.2~2.5 厘米，宽 1.2~1.5 厘米，褐红色，边缘不增厚（图 9-411）。花期 6~8 月；果期 9~11 月。

图 9-411　仪花

【生态习性】喜光，喜温暖湿润的气候，不耐寒。耐瘠薄，但以在深厚肥沃排水良好的土壤上生长较好。生于海拔 500 米以下的山地丛林中，常见于灌丛、路旁与山谷溪边。

【分布及栽培范围】广东的高要、茂名、五华，广西龙州和云南。广州近郊庭园中有少量栽培。越南也有分布。

【繁殖】播种繁殖。

【观赏】花美丽。

【园林应用】庭荫树、行道树、园景树。

2. 短萼仪花 *Lysidice brevicalyx* Wei.

【别名】麻轧木

【形态特征】乔木，高 10~20 米。小叶 3~4(~5) 对，近革质，长圆形、倒卵状长圆形或卵状披针形，长 6~12 厘米，宽 2~5.5 厘米，先端钝或尾状渐尖，基部楔形或钝。圆锥花序长 13~20 厘米，披散，苞片和小苞片白色，阔卵形、卵状长圆形或长圆形，苞片长 1.5~3.1 厘米，小苞片长 0.5~1.5 厘米；萼管较短，长 5~9 毫米，裂片长圆形至阔长圆形，比萼管长；花瓣倒卵形，连柄长 1.6~1.9 厘米，先端近截平而微凹，紫色；能育雄蕊的花药长 3~4 毫米，药室边缘紫红色；退化雄蕊 8 枚或 5~6 枚，不等长。荚果长圆形或倒卵状长圆形，长 15~26 厘米，宽 3.5~5 厘米，基部圆，二缝线等长或近等长，开裂，果瓣平或稍扭转；种子 7~10 颗，长圆形、斜阔长圆形至近圆形，长 2~2.8 厘米，宽 1.5~2.2 厘米(图 9-412)。花期 4~5 月;果期 8~9 月。

【生态习性】喜光照足、温暖和潮湿的环境。常生于山谷或溪边。

【分布及栽培范围】广东茂名、封开、云浮、高要、广州，香港，广西隆林、田林、百色、都安、龙州、容县，贵州贞丰、望谟、安龙，云南等。

【繁殖】播种繁殖。

【观赏】花美丽。

【园林应用】适作行道树，庭荫树、园景树。

【其它】木材黄白色,坚硬,是优良建筑用材。根、茎、叶亦可入药，性能如仪花。

图 9-412 短萼仪花

(十二) 无忧花属 *Saraca* Linn.

乔木；叶革质，偶数羽状复叶；小叶通常数对，革质；花组成无柄的伞房花序或圆锥花序，有花瓣状、红色的小苞片;萼管圆柱状，裂片 4 枚，花瓣状，卵形，近等大，覆瓦状排列;花冠缺;雄蕊 9~3，分离，突出，有长花丝；子房具柄，有胚珠多数，花柱长；荚果长圆形或带状，扁平或略肿胀，2 瓣裂，果瓣革质至木质。

约 25 种，分布于热带亚洲，我国有 2 种，产云南和两广南部。

1. 中国无忧花 *Saraca dives* Pierre

【别名】火焰花

【形态特征】常绿乔木，高达 5~20 米，胸径达 25 厘米。叶有小叶 5~6 对，嫩叶略带紫红色，下垂；

图 9-413 中国无忧花

图 9-414 中国无忧树在园林中的应用

小叶近革质，长椭圆形、卵状披针形或长倒卵形，长15~35厘米，宽5~12厘米，基部1对常较小，先端渐尖、急尖或钝，基部楔形，侧脉8~11对；小叶柄长7~12毫米。花序腋生，较大，总轴被毛或近无毛；总苞大，阔卵形，被毛，早落。荚果棕褐色，扁平，长22~30厘米，宽5~7厘米；种子5~9颗，扁平（图9-413）。花期4~5月有，果期7~10月。

【生态习性】 喜温暖、湿润的亚热带气候，不耐寒。要求排水良好、湿润肥沃、阳性、疏松肥沃的砂质土壤。

【分布及栽培范围】 南亚热带和热带乡土树种。

【繁殖】 扦插、播种或压条繁殖，均宜在春季进行。

【观赏】 树枝雄伟，叶大翠绿；花序大型，花期长。着花多而密，红似火焰，是高雅的木本花卉。

【园林应用】 园路树、庭荫树、园景树（图9-414）。

【文化】 印度教认为无忧树是圣树，如爱神卡玛手里拿的五支箭中，其中有一支就是无忧树做成，人们都相信这种树能消除悲伤，因此称之为“无忧树”。佛经中所说的甄叔迦树，也被认为是无忧树的异名。

（十三）酸豆属 *Tamarindus* Linn

只有1种；中国1种。属特征见种特征。

1. 酸豆 *Tamarindus indica* Linn

【别名】 罗望子、酸角

【形态特征】 乔木，可高达25米。小叶小，长圆形，长1.3~2.8厘米，宽5~9毫米，先端圆钝或微凹，基部圆糄偏斜，无毛。花黄色或杂以紫红色条纹，少数；总花梗和花梗被黄绿色短柔毛；小苞片2枚，长约1厘米，开花前紧包着花蕾。花瓣倒卵形，与萼片近等长，边缘波状，皱状。荚果肥厚，扁圆筒状，外果皮薄脆，中果皮厚肉质；种子椭圆状，每果中含3~14颗，深褐色，具光泽。状如豆荚，味道酸中带甜，成熟后的豆荚呈红色（图9-415）。花期5~8月有，果期12月至翌年5月。

【生态习性】 最适宜在温度高、日照长、气候干燥，干湿季节分明的地区生长。对土壤条件要求不很严，在粘土和瘠薄土壤上生长发育较差。繁殖力强、生长快、结果早。

【分布及栽培范围】 原产印度及热带非洲。中国广州、云南、广西等省区有引种栽培。

【繁殖】 播种繁殖。

【观赏】 树形优美，花色漂亮。

【园林应用】 园路树、庭荫树、园景树、风景林、树林。

【生态功能】 具有很强的抗风挡雨、固土截流、涵养水源、绿化荒山、荒沟的作用。

【其它】 果实中的果肉除直接生食外，还可加工成高级饮料和食品，具有多种药用和保健功能。

图9-415 酸豆

六十、蝶形花科 Fabaceae

草本、灌木或乔木，直立或攀援状；叶通常互生，一回羽状复叶，很少为单叶，常有托叶；花两性，两侧对称，具蝶形花冠；常组成总状花序或圆锥花序，少为头状花序或穗状花序；萼管通常5裂，上部2裂齿常多少合生；花瓣5，覆瓦状排列；雄蕊10，合生为单体或二体（通常9枚合生为一管，对着旗瓣的1枚离生而成9+1的二体，稀为5枚各自合生为相等的二体），很少为全部离生。有时1枚退化，余9枚合生为单体，花药同型或异型，2室，药室常纵裂，有时顶孔开裂；雌蕊1，子房上位。荚果。

约480余属，12000种，广布于全世界。我国连引入的有118属，1097种，各省均有。

分属检索表

1 雄蕊10，花丝分离

2 荚果两侧压扁或凸起，成熟时果瓣开裂或不开明……………………1 红豆属 *Ormosia*

2 荚果圆柱形，种子间波状紧宿或深缢为串珠状…………………………2 槐属 *Sophora*

1 雄蕊10，花丝合生为单体或二体

3 完整的蝶形花冠，植物通常不具透明油点

4 偶数羽状复叶，叶轴顶端和托叶均硬化成针刺………………………3 锦鸡儿属 *Caragana*

4 奇数羽状复叶或三小叶，稀单叶

5 奇数羽状复叶

6 无托叶……………………………………………………………………4 鱼鳔槐属 *Colutea*

6 有托叶

7 托叶刚毛状或刺状………………………………………………………5 刺槐属 *Robinia*

7 托叶非刺状

8 荚果不开裂………………………………………………………………6 黄檀属 *Dalbergia*

8 荚果开裂或迟开裂

9 圆锥花序直立……………………………………………………………7 崖豆藤属 *Millettia*

9 总状花序下垂……………………………………………………………8 紫藤属 *Wisteria*

5 三小叶，稀为单叶

10 荚果多荚节或为1荚节，荚节不裂或开裂

11 荚果具果颈，多为线状长圆形，镰刀形，在种子间收缩或成波状
……9 刺桐属 *Erythrina*

11 荚果扁平，卵形或圆形，不开裂，果瓣常有网纹
……10 胡枝子属 *Lespedeza*

10 荚果无明显荚节，两辩开裂

12 叶下面无腺点 ……………………………………………………11 黧豆属 *Mucuna*

12 叶下面有腺点 ……………………………………………………12 葛属 *Pueraria*

3 花仅具旗瓣，排成密集的穗状花序；植物通常有透明油点………13 紫穗槐属 *Amorpha*

（一）红豆属 *Ormosia* Jacks.

乔木；奇数羽状复叶，很少单小叶 (O. simplicifolia Merr. et Chun)；小叶对生；花通常排成顶生或腋生的总状花序或圆锥花序；萼钟形，裂齿 5，近相等或上面 2 齿连合而成二唇形；花瓣白色或紫色，伸出萼管外；雄蕊 10，彼此分离，很少仅有 5 枚；子房无柄或具柄，有胚珠 1~3(10) 颗，花柱长，末端拳卷；荚果的形状和质地种种，基部有宿萼，果瓣脆壳质至木质，光滑或被毛，通常可分为外、中、内 3 层果皮；种子 1~10 颗，形状和大小不一，种皮通常红色。

约 120 种，分布于全世界的热带地区，我国约 35 种，产西南部经中部至东部，但主产地为两广，大部种类的木材坚硬适中，有些供庭园观赏用，有些种类的根、枝、叶供药用。

1. 花榈木 *Ormosia henryi* Prain

【别名】花梨木、红豆树

【形态特征】常绿乔木，高 16 米。小枝、叶轴、花序密被茸毛。奇数羽状复叶，长 13~32.5(~35) 厘米；小叶 2~3 对，革质，椭圆形或长圆状椭圆形，长 4.3~13.5 (~17) 厘米，宽 2.3~6.8 厘米，先端钝或短尖，基部圆或宽楔形，叶缘微反卷，上面深绿色，光滑无毛，下面及叶柄均密被黄褐色绒毛，侧脉 6~11 对，与中脉成 45° 角。圆锥花序顶生，或总状花序腋生；长 11~17 厘米，密被淡褐色茸毛；花长 2 厘米，径 2 厘米；花梗长 7~12 毫米；花冠中央淡绿色，边缘绿色微带淡紫；雄蕊 10，分离；子房扁，沿缝线密被淡褐色长毛，胚珠 9~10 粒，花柱线形，柱头偏斜。荚果扁平，长椭圆形，长 5~12 厘米，宽 1.5~4 厘米，顶端有喙，果瓣革质，厚 2~3 毫米，紫褐色，有种子 4~8 粒，种皮鲜红色，有光泽（图 9-416）。花期 7~8 月，果期 10~11 月。

【生态习性】喜温暖，但有一定的耐寒性。对光照的要求有较大的弹性，全光照或阴暗均能生长，但以明亮的散射光为宜。喜湿润土壤，忌干燥。

【分布及栽培范围】国家二级保护。分布于长江以南地区。海南、云南及两广地区已有引种栽培。越南亦有分布。主要产地东南亚及南美、非洲。

【繁殖】播种繁殖。

【观赏】树冠开展，枝叶浓荫，树干光洁，种皮红色，十分漂亮。

【园林应用】园路树、庭荫树、园景树（图 9-417）。

【其它】以根、根皮、茎及叶入药，用于跌打损伤，腰肌劳损，风湿关节痛等病。叶外用治烧烫伤。木材为桔红至红褐色，质地优良，气干密度 0.75g/cm^3，花纹色泽美观，为国产珍贵名材。

图 9-416　花榈木

图 9-417　花榈木在园林中的应用

(二) 槐属 *Sophora* Linn.

灌木或小乔木，很少为草本；奇数羽状复叶，小叶对生，全缘；花排成顶生的总状花序或圆锥花序；萼5齿裂；花冠白色或黄色，少为蓝紫色，旗瓣圆形或阔倒卵形，通常比龙骨瓣短，翼瓣斜长圆形，龙骨瓣近于直立；雄蕊10，分离或很少于基部合生为环状；子房具短柄，有胚珠多数，花柱内弯；荚果具短柄，圆柱形、念珠状或稍扁，肉质至木质，不开裂或迟开裂；种子倒卵形或球形。

约70种，分布于温带和亚热带地区，我国约21种，14变种，2变型，南北均产之。

分种检索表

1 小枝绿化

  2 枝条直立 …………………………………………………… 1 国槐 *S. japonica*

  2 枝条扭曲下垂 ……………………………………………… 2 龙爪槐 *S. japonica* var. *pendula*

1 小枝黄色 …………………………………………………… 3 黄枝槐 *S. japonica* 'Chrysoclada'

1. 槐 *Sophora japonica* L.

图 9-418 槐

图 9-419 槐树在园林中的应用

【别名】国槐、守宫槐、槐花木、槐花树、豆槐、金药树

【形态特征】落叶乔木，高达25米。小枝绿色；有明显淡黄褐色皮孔；柄下芽。小叶7~17枚，卵圆形至卵状披针形，长2.5~5厘米，先端急尖，基部圆或阔楔形。叶下面有白粉及平伏毛。圆锥花序；花淡黄绿色，翼瓣、龙骨瓣边缘稍带紫色。果长2~8厘米，果皮内质，不开裂。常悬挂树上，经久不落（图9-418）。花期6~8月，果期9~10月。常见的变种有龙爪槐、紫花槐、五叶槐等。

(1) 龙爪槐 'Pendula' 枝条扭转下垂，树冠伞形，颇为美观。常于庭园门旁对植或路边列植观赏。繁殖常以槐树作砧木进行高干嫁接。

(2) 曲枝槐 'Tortuosa' 枝条扭曲

(3) 紫花槐 'Violacea' 花期甚晚，翼瓣及龙骨瓣玫瑰紫色。

(4) 五叶槐（畸叶槐）*f. oligophylla* France. 小叶3~5，常簇集在一起，

【生态习性】喜光、喜干冷气候及深厚、肥沃、排水良好的沙质土壤，但在干燥贫瘠的山地及低洼积水处生长不良。耐寒、耐旱，深根性，萌芽性强，耐修剪，寿命长。对二氧化硫、氯气、氯化氢等有害气体及烟尘抗性较强。

【分布及栽培范围】在不少国家都有，尤其在亚洲。北自辽宁，南至广东，台湾;东自山东西至甘肃，四川、云南都有种置。

【繁殖】播种为主，也可分蘖，变种可嫁接。

【观赏】姿态优美，绿荫如伞。

【园林应用】行道树、园路树、园景树、庭荫树（图 9-419）。广泛应用于街头绿地、住宅区、厂矿的建筑前、草坪边缘等场所。

【文化】《周礼 . 秋官》记载：周代宫廷外种有三棵槐树，三公朝见天子时，站在槐树下面。三公是指太师、太傅、太保，是周代三种最高官职的合称。后人因此用三槐比喻三公，成为三公宰辅官位的象征，槐树因此成为中国著名的文化树种。

【其它】槐花可入药、蜜源植物和染料。用材树种。

2. 龙爪槐 *Sophora japonica* L. var. *pendula* Hort

【别名】蟠槐、垂槐、盘槐

【形态特征】多年生乔木，小枝柔软下垂，树冠如伞，状态优美，枝条构成盘状，上部蟠曲如龙，老树奇特苍古。树势较弱，主侧枝差异性不明显，大枝弯曲扭转，小枝下垂，冠层可达 50~70 厘米厚，层内小枝易干枯。枝条柔软下垂，其萌发力强，生长速度快（图 9-420）。

【生态习性】喜光，稍耐荫。能适应干冷气候。喜生于土层深厚，湿润肥沃、排水良好的沙质壤土。深根性，根系发达，抗风力强，萌芽力亦强，寿命长。

【分布及栽培范围】沈阳以南、广州以北各地均有栽培，而以江南一带较多。日本、欧洲、美洲有引种。

图 9-420 龙爪槐

图 9-421 龙爪槐在园林中的应用

【繁殖】用国槐作砧木，嫁接繁殖，二年成苗。

【观赏】树形观赏价值很高；开花季节，米黄花序布满枝头，似黄伞蔽目，则更加美丽可爱。

【园林应用】园景树（图 9-421）。自古以来，多对称栽植于庙宇，所堂等建筑物两侧，以点缀庭园。

3. 黄枝槐 *Sophora japonica* L. 'Chrysoclada'

【别名】金枝国槐，金枝槐

【形态特征】树冠近圆球形；树皮光滑，枝条金黄色。叶互生，6~16 片组成羽状复叶，小叶椭圆形，长 2.5~5 cm，光滑，淡黄绿色（图 9-422）。

图 9-422 黄枝槐

图 9-423 黄枝槐在园林中的应用

【生态习性】性耐寒，能抵抗 -30℃的低温；耐干旱，耐瘠薄。树干挺直，树形自然开张，树态苍劲挺拔，树繁叶茂；主侧根系发达。

【分布及栽培范围】沈阳以南、广州以北各地均有栽培。

【繁殖】一般采用国槐作砧木嫁接繁殖。

【观赏】叶黄绿色，秋季变黄；枝条黄色，落叶后尤为醒目，颇富园林木本花卉之风采，具有很高的观赏价值。

【园林应用】园路树、庭荫树、园景树、风景林、树林（图 9-423）。常见种植方式为孤植、丛植，与其它树木群植。

（三）锦鸡儿属 *Caragana* Fabr.

落叶灌木，有时为小乔木，有刺或无刺；偶数羽状复叶；总轴顶常有一刺或刺毛；花单生，很少为 2~3 朵组成小伞形花序，着生于老枝的节上或腋生于幼枝的基部；萼背部稍偏肿，裂齿近相等或上面 2 枚较小；花冠黄色，稀白带红色，旗瓣卵形或近圆形，直展，边微卷，基部渐狭为长柄，翼瓣斜长圆形，龙骨瓣直，钝头；雄蕊 10，二体 (9+1)；子房近无柄，花柱直或稍内弯，无髯毛；荚果线形，成熟时圆柱状，2 瓣裂；种子横长圆形或近球形。

全世界约 100 余种。我国共有 62 种，9 变种，12 变型。主产我国东北、华北、西北、西南各省。

分种检索表

1 小叶 4，上面一对较大 ………………………………………………… 1 锦鸡儿 *C. sinica*

1 小叶 4，掌状排列，一样大 ………………………………………… 2 红花锦鸡儿 *C. rosea*

1. 锦鸡儿 *Caragana sinica* Rehd.

【别名】黄雀花

【形态特征】落叶丛生灌木，高达 1.5 米。枝开展，有棱，皮有丝状剥落。托叶成针刺状，偶数羽状复叶，小叶 4 枚，上面一对小叶较大；小叶倒卵形，先端圆或微凹，暗绿色。4~5 月开花，花单生，黄色稍带红，凋谢时褐红色（图 9-424）。荚果圆筒状，果期 5~6 月。

【生态习性】喜光，耐寒，适应性强，耐旱，耐瘠薄，喜温暖、湿润，排水良好的沙质壤土，忌湿涝。萌蘖力强，能自行繁衍成片。自然分布于山坡和灌丛。

【分布及栽培范围】河北、陕西、河南、江苏、浙江、福建、江西、四川、贵州、云南等省区。

【繁殖】播种、扦插、分株、压条等法繁殖。

【观赏】枝繁叶茂，花冠蝶形，黄色带红，展开

图 9-424　锦鸡儿

时似金雀。

【园林应用】园景树、盆栽及盆景观赏、造型树。丛植于岩石旁、坡地、路边，岩石园，绿篱，先锋树种，野趣园。亦可作盆景材料。锦鸡儿盆景的造型，以独于虬枝、姿态古雅者为佳，也可制作成枝叶纷披下垂之势；或提根露爪，显其老态；或剪扎枝叶，呈朵云状；以达到形美花艳之效。

【其它】良好的蜜源植物。

图 9-425　红花锦鸡儿

2. 红花锦鸡儿 *Caragana rosea* Turcz.

【别名】金雀儿

【形态特征】落叶灌木，高达 1~2 m；小枝细长，有棱；长枝上托叶刺宿存，叶轴刺脱落或宿存。叶状复叶互生，小叶 4，呈掌状排列，楔状倒卵形，长 1~2.5 厘米，先端圆或微凹，具短刺尖，背面无毛。花单生，橙黄带红色，花谢时变紫红色，旗瓣狭长，萼筒常带紫色(图 9-425)。5~6 月开花。果期 7~8 月。

【生态习性】喜光，耐寒，耐干旱瘠薄。

【分布及栽培范围】北部或东北部；多生于山坡或灌丛中。

【繁殖】播种或扦插。

【观赏】花金黄色，极具观赏价值。

【园林应用】园景树、基础种植、绿篱、地被植物。

（四）鱼鳔槐属 *Colutea* Linn.

落叶灌木；奇数羽状复叶；小叶全缘，对生，无小托叶；花排成腋生的总状花序；萼钟状，5 裂，裂齿近等长或上面 2 枚较短；花冠黄色或红色，旗瓣近圆形，广展，瓣柄之上有皱折或小痂体，翼瓣镰状长圆形，龙骨瓣极内弯，钝；雄蕊 10，二体 (9+1)，花药同型；子房具柄，花柱沿内弯面有髯毛，先端屈折或旋卷；荚果肿胀如膀胱，不开裂或先端 2 瓣裂，果瓣膜质，有种子数颗。

约 28 种，分布于南欧至喜马拉雅和非洲东北部。我国有 2 种，引入栽培 2 种。

1. 鱼鳔槐 *Colutea arborescens* Linn.

【形态特征】落叶灌木。植株高达 4 米，小枝幼时有毛，小叶 9~13 枚，椭圆形，长 1.5~3.0 厘米，先端微凹或圆钝，有突尖，叶背有突毛。总状花序具 3~8 花，旗瓣向后反卷，有红条纹，翼瓣与龙骨瓣等长。荚果扁囊状，有宿存花柱（图 9-426）。花鲜黄色，花果期 4~10 月。

【生态习性】性强健，喜光照充足的环境。

图 9-426　鱼鳔槐

【分布及栽培范围】原产北非及南欧。我国北京、青岛、南京、上海等地有栽培。

【繁殖】播种或分株繁殖。

【观赏】花鲜艳美丽，果似鱼鳔也属罕见，极具观赏性。

【园林应用】基础种植、园景树。

（五）刺槐属 *Robinia* Linn.

落叶乔木或灌木；叶互生，奇数羽状复叶，常有刺状的托叶；小叶全缘，有小托叶；花组成腋生、弯垂的总状花序，有时部分花为闭花受精；萼钟状，5 齿裂，稍 2 唇形；花冠白色或紫红色，各瓣具柄，旗瓣圆形，外反，无附属体，翼瓣镰状长圆形，龙骨瓣钝，内弯；雄蕊 10，二体 (9+1)，花药同型或互生的 5 枚略小；子房具柄，有胚珠多颗，花柱内弯，先端有毛；荚果线形，扁平，沿腹缝有狭翅，2 瓣裂，果瓣薄，有时密布刚毛；种子数颗，长圆形或肾形，偏斜，无种阜。

约 20 种，分布于北美洲至中美洲。我国栽培 2 种，2 变种。

1. 刺槐 *Robinia pseudoacacia* Linn.

【别名】洋槐

【形态特征】落叶乔木，高 10~25 米；树皮褐色，有纵裂纹。枝条具托叶刺。羽状复叶有小叶 7~25，互生，椭圆形或卵形，长 2~5.5 厘米，宽 1~2 厘米，顶端圆或微凹，有小尖头，基部圆形。花白色，花萼筒上有红色斑纹（图 9-427）。花果期 4~6 月。果期 8~9 月。

国外观赏种刺槐选育观赏品种较丰富的还是欧共体国家，在许多街道、庭院、公园、植物园都可以看到这些品种（无性系）。

(1)“直干”刺槐 ('Bessouiana')：树干笔直挺拔，花朵黄白色。

(2)“金叶”刺槐 ('Frisia')：中等高度乔木，叶片全年呈黄色。

(3)“曲枝”刺槐 ('Tortuosa')：枝条扭曲生长，国内有近似种，称疙瘩刺槐。

(4)“柱状”刺槐 ('Pyramidalis')：侧枝细，树冠呈圆柱状，花白色。

(5)“球冠”刺槐 ('Umbraculifera')：树冠呈圆球状，老年呈伞状。

(6)“龟甲皮”刺槐 ('Stricta')：树皮呈龟甲状剥落，黄褐色。

图 9-427　刺槐

(7)“小叶”刺槐 ('Unifolia')：叶片较小，约为普通刺槐的 1/3~1/4。

国内观赏品种有：

(1)“红花”刺槐 ('decaisneana')：花冠蝶形，紫红色。南京、北京、大连、沈阳有栽培。

(2) 无刺刺槐 (R. pseudoacacia var. *inermis* DC)：树冠开张，托叶刺已退化。青岛、北京、大连有栽培，扦插繁殖，多用于行道树。

(3) 小叶刺槐 (*R.pscudoacacia* var. *microphylla*)：小叶长 1~3 厘米，宽 0.5~1.5 厘米。复叶自顶部至基部逐渐变小，荚果长 2.5~4.5 厘米，宽不及 1 厘米，山东枣庄市有栽培。

(4)“箭杆”刺槐 ('upright')：树干挺直，分枝细而稀疏，在青岛市胶南县有栽植。

(5)“黄叶”刺槐 ('yellow')：在山东东营市广饶县选出，叶常年呈黄绿色。

【生态习性】强阳性树；耐干旱瘠薄；根具有根瘤菌，是很好的绿肥树种保持水土能力很强。对有毒气体抗性较强，并对臭氧及铅蒸气具有一定吸收能力，滞粉尘、烟尘能力亦很强；造林先锋树种。蜜源树种，果实可诱鸟。

【分布及栽培范围】华北、西北、东北南部的广大地区。在 27 个省都有栽培，而以黄河中下游和淮河流域为中心。

【繁殖】播种、扦插繁殖。

【观赏】4 月白花芳香。

图 9-428　刺槐在边坡绿化中的应用

【园林应用】庭荫树、园景树、特殊环境绿化、防护林（图 9-428）。

【生态功能】水源涵养林。

【其它】花具有止血功效。刺槐木材坚硬，耐水湿。可供矿柱、枕木、车辆、农业用材。叶含粗蛋白，是许多家畜的好饲料。花是优良的蜜源植物。嫩叶、花可食，现已成为城市居民的绿色蔬菜。

（六）黄檀属 *Dalbergia* Linn.

乔木、灌木或木质藤本。奇数羽状复叶；托叶通常小且早落；小叶互生；无小托叶。花小，通常多数，组成顶生或腋生圆锥花序。苞片和小苞片通常小，脱落，稀宿存；花萼钟状，裂齿 5，下方 1 枚通常最长，稀近等长，上方 2 枚常较阔且部分合生；花冠白色、淡绿色或紫色，花瓣具柄；雄蕊 10 或 9 枚，通常合生为一上侧边缘开口的鞘（单体雄蕊），或鞘的下侧亦开裂而组成 5+5 的二体雄蕊，对旗瓣的 1 枚雄蕊稀离生而组成 9+1 的二体雄蕊；子房具柄，有少数胚数。荚果不开裂，长圆形或带状，翅果状，对种子部分多少加厚且常具网纹，其余部分扁平而薄，稀为近圆形或半月形而略厚，有 1 至数粒种子。

约 100 种，分布于亚洲、非洲和美洲的热带和亚热带地区。中国有 28 种，1 变种，产西南部、南部至中部。

分种检索

1 雄蕊 10 枚，成 5 与 5 的二体雄蕊 ………………………………………… 1 黄檀 *D. hupeana*

1 雄蕊 9 或 10 枚，单体

　2 叶较小，长度在 2 厘米以下，多数在 10 对上 ………………………… 2 象鼻藤 *D.mimosoides*

　2 叶较大，长度在 2 厘米以上，少数，通常在 7 对以下 ……………… 3 降香黄檀 *D. odorifera*

1. 黄檀 *Dalbergia hupeana* Hance

【别名】白檀、不知春、檀树、望水檀

【形态特征】落叶乔木，高达20米。树皮条状纵裂，小枝无毛。小叶9~11枚，长圆形至宽椭圆形，长3~5.5厘米，叶先端钝圆或微凹，叶基圆形，两面被伏贴短柔毛；托叶早落。圆锥花序顶生或生于近枝顶处叶腋；花冠淡紫色或黄白色。果长圆形，3~7厘米，褐色(图9-429)。花期6月，果期9~10月。

【生态习性】喜光，耐干旱瘠薄，在酸性、中性及石灰性土壤上均能生长；深根性，萌芽件强。由于春季发叶迟，故又名“不知春”。生于山地林中或灌丛中，山沟溪旁及有小树森的坡地，海拔600~1400米。

【分布及栽培范围】山东、安徽、江苏、浙江、江西、湖南、四川、贵州、云南、广东、广西、福建等省。

【繁殖】播种或萌芽更新。

【观赏】观花。

【园林应用】园景树、防护林、特殊环境绿化(图9-430)。

【生态功能】荒山、荒地绿化先锋树种。

图9-429 黄檀

图9-430 黄檀在园林中的应用

【其它】茎皮和根皮有毒。木材坚韧、致密，民间利用此材作斧头柄、农具等。

2. 象鼻藤 *Dalbergia mimosoides* Franch.

【别名】含羞草叶黄檀

【形态特征】落叶灌木，高4~6米，或为藤本，多分枝。幼枝密被褐色短粗毛。羽状复叶长6~8(~10)厘米;叶轴、叶柄和小叶柄初时密被柔毛，后渐稀疏;托叶膜质，卵形，早落;小叶10~17对，线状长圆形，长6~12(~18)毫米，宽(3~)5~6毫米，先端截形、钝或凹缺，基部圆或阔楔形，嫩时两面略被褐色柔毛，尤以下面中脉上较密，老时无毛或近无毛，花枝上的幼嫩小叶边缘略呈波状。圆锥花序腋生，比复叶短，长1.5~5厘米，分枝聚伞花序状；花冠白色或淡黄色，花瓣具短柄；雄蕊9，偶有10枚，单体；子房具柄，有胚珠2~3粒。荚果无毛，长圆形至带状，扁平，长3~6厘米，宽1~2厘米，顶端急尖，基部钝或楔形，

图 9-431　象鼻藤

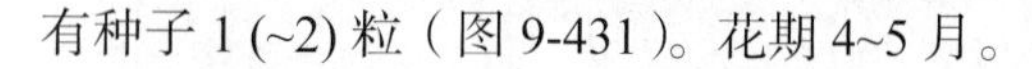

图 9-432　降香黄檀

图 9-433　降香黄檀在园林中的应用

有种子 1 (~2) 粒（图 9-431）。花期 4~5 月。

【生态习性】生于山沟疏林或山坡灌丛中，海拔 800~2000 米。

【分布及栽培范围】云南、贵州、四川、广东、广西、湖南、江西、浙江、陕西、甘肃。印度、锡金也有分布。

【繁殖】播种繁殖。

【观赏】叶多，排列紧密，花白色，具观赏价值。

【园林应用】园景树、盆栽及盆景观赏。在园林绿地中体现野趣。

3. 降香黄檀 *Dalbergia odorifera* T. Chen

【别名】降香檀、花梨母、花梨木

【形态特征】乔木，高 10~20（25）米，胸径可达 80 厘米。树冠广伞形，分枝较 . 树皮浅灰黄色，略粗糙 . 小枝具密极小皮孔，老枝有近球形侧芽。奇数羽状复叶，长 15~26 厘米 . 小叶（7）9~13，近纸质，卵形或椭圆形，长 3.5~8 厘米，宽 1.5~4.0 厘米，先端急尖，钝头，基部圆形或宽楔形。圆锥花序腋生，由多数聚伞花序组成，长 4~10 厘米；花淡黄色或乳白色；花瓣近等长，均具爪；雄蕊 9，1 组。荚果舌状，长椭圆形，扁平，不开裂，长 5~8 厘米，宽 1.5~1.8 厘米，果瓣革质，有种子部分明显隆起，通常有种子 1 颗，种子肾形（图 9-432）。

【生态习性】对立地条件要求不严，在陡坡、山脊、岩石裸露、干旱瘦瘠地均能适生。阳性树种。萌芽力较强。土壤为褐色砖红壤和赤红壤。国家二级重点保护野生植物，濒危树种。易成活，但极难成材，真正成材需要成百上千年的生长期，所以早在明末清初，就濒临灭绝。黄花梨木与紫檀木、鸡翅木、铁力木并称中国古代四大名木。

【分布及栽培范围】海南中部和南部。华南主要城市有栽培。

【繁殖】播种繁殖。

【观赏】枝繁叶茂，树形优美，开花繁密而持久。

【园林应用】庭荫树、园路树、园景树（图 9-433）。

【其它】木材质优，边坡淡黄色，质略松，心材红褐色，坚重，纹理致密，为上等家具良材。有香味，可作香料。根部心材名降香，供药用。为良好的镇痛剂，又治刀伤出血。

（七）崖豆藤属 *Millettia* Wight et Arn

乔木或灌木，常攀援状；奇数羽状复叶；小叶对生，全缘；小托叶具存或缺；花美丽，组成顶生的圆锥花序；萼钟状或管状，4~5 齿裂，很少近截平；花冠紫色、玫瑰红色或白色；旗瓣阔，外面秃净或被毛，基部内面有时具小痂体，翼瓣镰状长圆形，龙骨瓣内弯，钝；雄蕊 10，单体或二体（9+1）；子房无柄或很少具柄，线形，有胚珠多数，花柱长或短，直或内弯；荚果扁平或肿胀，开裂、迟裂或不裂，有种子 1 至数颗。

全世界约 200 种，分布于热带和亚热带地区。我国有 35 种，11 变种；产西南部至台湾，西南部最盛，有些可为杀虫剂，有些供药用，有些供观赏用。

1. 香花崖豆藤 *Millettia dielsiana* Harms.

【别名】山鸡血藤

【形态特征】常绿攀援灌木。小叶 5，长椭圆形、披针形或卵形，长 5~15 厘米，宽 2.5~5 厘米，先端急尖，基部圆形，下面疏生短柔毛或无毛，叶柄、叶轴有短柔毛，小托叶锥形，与小叶柄几等长。圆锥花序顶生，长达 40 厘米，密生黄褐色绒毛，花单生于序轴的节上，萼钟状，花冠紫色；花萼阔钟状，外面有毛；花冠紫红色，旗瓣阔倒卵形，外部银褐色绢毛。荚果带状，长 7~12 厘米，宽约 2 厘米，密被灰色绒毛。种子 3~5，扁圆形，径 1~1.5 厘米，熟时深褐色，光滑（图 9-434）。花期 6~7 月，果期 10~11 月。

【生态习性】耐荫；适应性强。生长在海拔 500~1400 米的山坡灌木丛中、岩石缝或沟边上。

【分布及栽培范围】陕西南部、甘肃南部、长江中下流、西南、华南、海南。越南、老挝也有分布。

【繁殖】播种或扦插。

【观赏】花大，暗紫红色。

【园林应用】地被、垂直绿化、特殊环境绿化（图 9-435）。常应用棚架、门廊、枯树及岩石绿化。

【其它】根药用，有驱风除湿、舒筋活络功效。

图 9-434　香花崖豆藤

图 9-435　香花崖豆藤在园林中的应用

（八）紫藤属 *Wisteria* Nutt.

落叶木质藤本；奇数羽状复叶互生，有早落的托叶；小叶 9~19 枚，互生，全缘，有小托叶；花组成顶生、下垂的长总状花序；萼钟状，短 5 齿裂，下面裂齿较长；花冠伸出萼外，蓝色或淡紫色，很少为白色，旗瓣镰状，基部有耳，龙骨瓣钝；雄蕊 10，二体（9+1）；子房具柄，有胚珠多数，花柱内弯，无毛；荚果具柄，扁平，念珠状，2 瓣裂，有种子数颗。

全世界共 10 种，分布于东亚、澳洲和美洲东北部，我国有 5 种，1 变型，引进栽培 1 种。

1. 紫藤 *Wisteria sineneis* Sweet

【别名】藤萝

【形态特征】缠绕大藤本，长可达 30 余米。小枝被柔毛。小叶 7~13，对生，全缘，卵状长圆形至卵状披针形，长 4.5~8 厘米，先端渐尖，幼时密被平伏白色柔毛，老时近无毛；叶缘波浪状。花序长 10~30 厘米，花序轴、花梗及萼均被白色柔毛；花淡紫色，芳香。果长 10~15 厘米，密被银灰色有光泽之短绒毛（图 9-436）。花期 4~6 月，果期 5~8 月。

常见变种及栽培变种：(1) 银藤 var. *alba* Linal. 花白色，香气浓郁。(2) 粉花紫藤 'Rosea' 花粉红至玫瑰粉红色。(2) 重瓣紫藤 cv. *plena* 花重瓣，紫堇色。(3) 丰花紫藤 'Prolific' 开花丰盛，淡紫色，花序长而尖；生长健壮。在荷兰德育成，现在欧洲广泛栽培。

图 9-436　紫藤

【生态习性】喜光，对气候和土壤适应性强；喜温暖，也耐寒。在中国大部分地区均可露地越冬。有一定耐干旱、瘠薄和水湿能力，但以深厚肥沃而排水良好的壤土为佳主根深，侧根少，不耐移植。生长快，寿命长。对二氧化硫、氟化氢和氯气等有害气体抗性强。

【分布及栽培范围】浙江、山东、安徽、湖南、湖北、四川、广东、河南、河北、山西、内蒙古等地。现各地广为栽培。

【繁殖】播种繁殖为主，亦可扦插、分根、压条或嫁接繁殖。

【观赏】藤枝虬屈盘结，枝叶茂盛，紫花串串下垂且芬香；荚果形大，为著名观花藤本植物。

图 9-437　紫藤在园林中的应用

【园林应用】地被植物、垂直绿化、盆栽及盆景观赏（图 9-437）。常用于棚架、门廊、凉亭、枯树、灯柱及山石绿化材料上。或修整成灌木状，栽植于草坪、门庭两侧、假山石畔，或点缀于湖边池畔，别有风姿。

【生态功能】对二氧化硫、氟化氢和氯气等有害气体抗性强。

【文化】紫藤花语：为情而生，为爱而亡。

【其它】花可提炼芳香油，解毒、止吐泻等功效。花枝可作插花材料。紫藤花可食用。民间将紫色花朵经水焯凉拌，或者裹面油炸，作为添加剂，制作“紫萝饼”、“紫萝糕”等风味面食。

（九）刺桐属 *Erythrina* Linn.

乔木或灌木，常有刺；叶互生，有羽状小叶3片；小托叶腺体状；花通常大，排成总状花序，在花序轴上数朵簇生或成刺桐(5张)对着生；萼常偏斜或2唇形；花瓣鲜红色，极不相等，旗瓣阔或狭，翼瓣短，有时极小或缺，龙骨瓣远较旗辩短小；雄蕊10，单体或二体(9+1)子房具柄，有胚珠多数；荚果具长柄，线形，于种子间收缩成念珠状。

约200种，分布于全球的热带和亚热带地区，我国有5种，产西南至南部，引入栽培5种。本属植物花很美丽，多为观赏植物；木材可作器具或造纸原料。

1. 龙牙花 *Erythrina corallodendron* Linn.

【别名】象牙红、珊瑚树、珊瑚刺桐

【形态特征】灌木，高达4米；树干上有疏而粗的刺。小叶3，菱状卵形，先端渐尖而钝；叶柄有刺。总状花序腋生；萼钟状；花冠红色，长可达6厘米。荚果长约10厘米，有数个种子，在种子间收缢；种子深红色，有黑斑(图9-438)。花期6月~11月。

【生态习性】喜高温、多湿和光充足环境，不耐寒，稍耐荫，喜排水良好、肥沃的沙壤土中生长。

【分布及栽培范围】原产美洲热带地区；我国广州、云南有栽培。

【繁殖】扦插繁殖。

图9-438　龙牙花

图9-439　龙牙花在园林中的应用

【观赏】象牙红叶扶疏，初夏开花，深红色的总状花序好似一串红色月牙，艳丽夺目。

【园林应用】园景树、盆栽及盆景观赏(图9-439)。适用于公园和庭院栽植，盆栽可用来点缀室内环境。

【其它】木材质地柔软，可代软木作木栓。树皮含龙牙花素，能药用，有麻醉、镇静作用。树皮及新鲜种子汁液会破坏动物神经系统，误服会产生头昏的症状。

（十）胡枝子属 *Lespedeza* Michx.

多年生草本至灌木；羽状 3 小叶；托叶小，宿存；无小托叶；花小，组成腋生的总状花序或花束；苞片小，宿存；小苞片 2，着生于花梗先端；花常 2 型，一种有花冠，结实或不结实，另一种无花冠，结实；萼钟状，5 裂，裂片近相等；花瓣白、黄、红或紫色，龙骨瓣先端钝。荚果卵形、倒卵形或椭圆形，常有网纹；种子 1 颗，不开裂。

约 90 种以上，分布于亚洲、澳大利亚和北美，我国有约 65 余种，广布于全国，有些供观赏用，有些可为饲料。

分种检索表

1 小叶先端通常钝圆或凹

  2 小叶下面被短柔毛，花萼浅裂至中裂 ………………………………… 1 胡枝子 *L. bicolor*

  2 小叶下面密被丝状毛，花萼深裂 ……………………………………… 2 大叶胡枝子 *L. davidii*

1 小叶先端急尖至长渐尖或稍尖，稀稍钝 ………………………………… 3 美丽胡枝子 *L. formosa*

1. 胡枝子 *Lespedeza bicolor* Turcz.

【别名】随军茶、胡枝条、杭子梢

【形态特征】灌木，高 0.5~2 米。3 小叶，顶生小叶宽椭圆形或卵状椭圆形，长 3~6 厘米，宽 1.5~4 厘米，先端圆钝，有小尖，基部圆形，上面疏生伞状短毛，下面毛较密；倒生叶较小。总状花序腋生，花冠紫色，旗瓣长约 1.2 厘米，无爪，翼瓣长约 1 厘米，有爪，龙骨瓣与旗瓣等长，基部有长爪。荚果斜卵形，长约 10 毫米，宽约 5 毫米，网脉明显，有密柔毛（图 9-440）。

图 9-440　胡枝子

【生态习性】喜光，耐半荫；耐干旱瘠薄，适应性强。可改良土壤。

【分布及栽培范围】河北、东北、内蒙古、华北、西北、湖北、湖南、浙江、江西、福建等省，在国外，蒙古、前苏联、朝鲜、日本也有分布。

【繁殖】播种、扦插繁殖。

【观赏】花淡紫色小而多，淡雅秀丽，自然野趣。

【园林应用】防护林、园景树、基础种植、绿篱、地被植物、特殊环境绿化。往往丛植于岩石旁、坡地、路边、岩石园。

【生态功能】水土保持树种和生态固氮作用。

【其它】嫩叶可代茶用（所以称为随军茶）。根或根皮药用。治风湿痹痛，跌打损伤。植株可作绿肥、固氮树种、蜜源植物及饲料。还可用作薪炭树种、水土保持树种、生态固氮、蜜源植物、饲料和油料作物。

2. 大叶胡枝子 *Lespedeza davidii* Franch.

【形态特征】落叶灌木。枝条密生柔毛。三出复叶；顶生小叶宽椭圆形，长 3.5~9 厘米，两面密生黄色绢毛，托叶卵状针形。总状花序腋生，花萼阔种形；萼齿 5 深裂，有柔毛；花冠蝶形，紫色；雄蕊 10，柱头少顶生；不具无瓣花。荚果倒卵形；种子椭圆形（图 9-441）。花期 7~9 月，果期 9~11 月。

【生态习性】生于较高的向阳山坡，路边，草丛中。

【分布及栽培范围】江苏、安徽、浙江、江西、福建、河南、湖南、广东、广西、四川、贵州等省区。

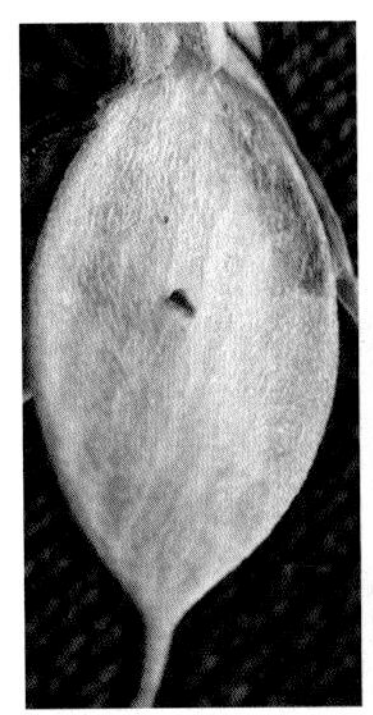

图 9-441 大叶胡枝子

【繁殖】种子繁育

【观赏】从生状灌木，枝条披散，夏季开紫色小花，密集繁芜，十分美观。

【园林应用】防护林、园景树。体现野趣。

【生态功能】根系发达兼有水土保持的作用。

3. 美丽胡枝子 *Lespedeza formosa* Koehne

【形态特征】直立灌木，高 1~2 米。多分枝，枝伸展，被疏柔毛。托叶披针形至线状披针形，长 4~9 毫米，褐色，被疏柔毛；叶柄长 1~5 厘米；被短柔毛；小叶椭圆形、长圆状椭圆形或卵形，稀倒卵形，两端稍尖或稍钝，长 2.5~6 厘米，宽 1~3 厘米，上面绿色，稍被短柔毛，下面淡绿色，贴生短柔毛。总状花序单一，腋生，比叶长，或构成顶生的圆锥花序；总花梗长可达 10 厘米，被短柔毛；苞片卵状渐尖，长 1.5~2 厘米，密被绒毛；花梗短，被毛；花萼钟状，长 5~7 毫米，5 深裂，裂片长圆状披针形，长为萼筒的 2~4 倍，外面密被短柔毛；花冠红紫色，长 10~15 毫米旗瓣近圆形或稍长，先端圆，基部具明显的耳和瓣柄，翼瓣倒卵状长圆形，短于旗瓣和龙骨瓣，长 7~8 毫米，基部有耳和细长瓣柄，龙骨瓣比旗瓣稍长，在花盛开时明显长于旗瓣，基部有耳和细长瓣柄。荚果倒卵形或倒卵状长圆形，长 8 毫米，宽 4 毫米，表面具网纹且被疏柔毛。花期 7~9 月，果期 9~10 月。

图 9-442 美丽胡枝子

【生态习性】喜光，喜肥，较耐寒，较耐干旱，但在温厚湿润肥沃土壤中生长尤显良好。

【分布及栽培范围】河北、山西、山东、河南等省山区均有野生分布。华东、华南、西南地区也有分布。

【繁殖】播种繁育为主。

【观赏】从生状灌木，枝条披散，夏季开紫红色小花，密集繁芜，十分美观，花期甚长，大约能开放 90 天左右，是盛夏秋初良好的观花植物。

【园林应用】防护林、园景树。体现野趣。

【生态功能】根系发达兼有水土保持的作用。

【其它】叶可作饲料，根可以入药。

（十一）黧豆属 *Mucuna* Adanson

多年生或一年生木质或草质藤本。托叶常脱落。叶为羽状复叶，具 3 小叶，小叶大，侧生小叶多少不对称。花序腋生或生于老茎上，近聚伞状，或为假总状或紧缩的圆锥花序；花大而美丽，苞片小或脱落；花萼钟状，4~5 裂，2 唇形，上面 2 齿合生；花冠伸出萼外，深紫色、红色、浅绿色或近白色；旗瓣通常比翼瓣、龙骨瓣为短，具瓣柄，基部两侧具耳；雄蕊二体，对旗瓣的一枚雄蕊离生。荚果膨胀或扁，边缘常具翅，种子之间具隔膜或充实。种子肾形、圆形或椭圆形。

约 100~160 种，多分布于热带和亚热带地区。我国约 15 种，广布于西南部经中南部至东南部。

1. 常春油麻藤 *Mucuna sempervirens* Hemsl.

图 9-443 常春油麻藤

图 9-444 常春油麻藤在园林中的应用

【别名】常绿油麻藤、油麻藤、棉麻藤、牛马藤

【形态特征】常绿木质藤本；粗达 30 厘米。茎棕色或黄棕色，粗糙；小枝纤细，淡绿色，光滑无毛。复叶互生，小叶 3 枚；顶端小叶卵形或长方卵形，长 7~12 厘米，宽 5~7 厘米，先端尖尾状，基部阔楔形；两侧小叶长方卵形，先端尖尾状，基部斜楔形或圆形，小叶均全缘，绿色无毛。总状花序，花大，下垂；花萼外被浓密绒毛，钟裂，裂片钝圆或尖锐；花冠深紫色或紫红色；雄蕊 10 枚，二体；子房有锈色长硬毛。荚果扁平，木质，密被金黄色粗毛，长 30~60 厘米，宽 2.8~3.5 厘米。种子扁，近圆形，棕色（图 9-443）。花期 3~4 月。果期 8~10 月。

【生态习性】喜光，较耐荫湿；适应性强。生于海拔 300~3000 米的亚热带森林，灌木丛，溪谷，河边。

【分布及栽培范围】陕西、四川、贵州、云南、湖南、广东、广西、福建等省。日本也有分布。

【繁殖】播种、扦插或压条繁殖。

【观赏】花量多，紫色。它的枝干苍劲、叶片葱翠，特别是每年 4 月在老枝上绽放出一串串的紫色花朵，形成“老茎开新花”的奇观，令人流连忘返。到 8~9 月，又变幻成另外一番景象，一根根长条状的荚果悬挂于老枝上，随风摇摆。甚是壮观。

【园林应用】垂直绿化、地被、园景树等。常用于棚架、门廊、枯树及岩石绿化（图 9-444）。

【其它】藤茎具药用功能，治关节风湿痛、跌打损伤、血虚、月经不调及经闭。

（十二）葛属 *Pueraria* DC.

缠绕藤本，茎草质或基部木质。叶为具 3 小叶的羽状复叶；托叶基部着生或盾状着生，有小托叶；小叶大，卵形或菱形，全裂或具波状 3 裂片。总状花序或圆锥花序腋生而具延长的总花梗或数个总状花序簇生于枝顶；花序轴上通常具稍凸起的节；苞片小或狭，极早落；小苞片小而近宿存或微小而早落；花通常数朵簇生于花序轴的每一节上，花萼钟状，上部 2 枚裂齿部分或完全合生；花冠伸出于萼外，天蓝色或紫色，旗瓣基部有附属体及内向的耳，翼瓣狭，长圆形或倒卵状镰刀形，通常与龙骨瓣中部贴生，龙骨瓣与翼瓣相等大，稍直或顶端弯曲，或呈喙状，对旗瓣的 1 枚雄蕊仅中部与瓣裂；果瓣薄革质；种子间有或无隔膜，或充满软组织；种子扁，近圆形或长圆形。

约 20 种以上，分布于亚洲热带地区至日本，我国有 8 种，2 变种。

1. 葛 *Pueraria lobata* Ohwi

图 9-445 葛

【别名】野葛、葛藤

【形态特征】落叶缠绕藤本，块根肥厚；全株有黄色长硬毛。三出复叶互生，顶生小叶菱状卵形，全缘或波状3浅裂；侧生小叶偏斜，2~3裂；托叶盾形。花紫红色，成腋生总状花序，8~9月开花，果期11~12月（图9-445）。

【生态习性】喜生于阳光充足的阳坡。对土壤适应性广，忌排水不良的粘土，喜湿润和排水通畅的土壤为宜。耐酸性强，土壤pH值4.5左右时仍能生长。耐旱，耐寒。

【分布及栽培范围】我国除新疆、西藏外，分布全国。

【繁殖】整株移植与扦插相结合。

【观赏】花的观赏性较强。

【园林应用】地被、垂直绿化。常用于覆盖护坡、岩石，别适用于荒坡土地的绿化。

【生态功能】优良的水土保持、改良土壤的植物。

【其它】入药治病。制糖浆、提淀粉、织藤篮。

（十三）紫穗槐属 *Amorpha* Linn.

灌木或亚灌木，有腺点；奇数羽状复叶互生，小叶多数，小，全缘；花小，组成顶生、密集的穗状花序；萼钟形，5齿裂；花冠退化，仅存旗瓣叠抱着雄蕊，翼瓣和龙骨瓣缺；雄蕊10，单体，花药同型；子房有胚珠2颗；荚果短，长圆形、镰刀状或新月形，不开裂，果瓣密布腺状小疣点，有种子1~2颗。

世界共有25种，中国有1种。

1. 紫穗槐 *Amorpha fruticosa* Linn.

图 9-446 紫穗槐

【别名】棉槐、棉条

【形态特征】落叶灌木。高1~4米，丛生、枝叶繁密，直伸，皮暗灰色，平滑，小枝灰褐色，有凸起锈色皮孔，幼时密被柔毛；侧芽很小，常两个叠生。叶互生，奇数羽状复叶，小叶11~25，卵形，狭椭圆形，先端圆形，全缘，叶内有透明油腺点。总状花序密集顶生或要枝端腋生，花轴密生短柔毛，萼钟形，常具油腺点，旗瓣蓝紫色，翼瓣，龙骨瓣均退化。荚果弯曲短，长7~9毫米、棕褐色，密被瘤状腺点，不开裂，内含1种子（图9-446）。花果期 5~10 月。

【生态习性】喜光，耐寒、耐旱、耐湿、耐盐碱、抗风沙、抗逆性极强的灌木，在荒山坡、道路旁、河岸、盐碱地均可生长。

【分布及栽培范围】东北、华北、河南、华东、湖北、四川等省，是黄河和长江流域很好的水土保持植物。

【繁殖】播种繁殖、根萌芽无性繁殖。

【观赏】花暗紫色。

【园林应用】防护林、特殊环境绿化（图 9-447）。

【生态功能】很好的水土保持植物。能固氮。

【其它】枝叶作绿肥；枝条用以编筐；果实含芳香油，种子含油 10%。蜜源植物。

图 9-447　紫穗槐在园林中的应用

六十一、胡颓子科 Elaeagnaceae

灌木或乔木，稀为藤本，被银白色或褐色至锈色盾形鳞片，有的有星状绒毛。单叶互生，稀对生或轮生，全缘。花单生或几朵组成腋生伞形花序或短总状花序；两性或单性，整齐，淡白色或黄褐色，具香气，花萼常联合成筒，顶端 4 裂（胡颓子属）或 2 裂（沙棘属），在子房上面缢缩;无花瓣;子房上位，包被于萼筒内，1 心皮 1 胚珠。瘦果或坚果，为增厚而肉质的萼筒所包被，核果状。

有 3 属，80 余种，主要分布于亚洲东南部热带和亚热带的丘陵或低海拔地区，亚洲其他地区、欧洲和北美洲也有。中国有 2 属 60 种，广布全国。园林中常用的是胡颓子属的植物。本科植物的经济价值较大，是野生核果类植物，多数种类果实含丰富的维生素、糖类和有机酸。可生食及作果酱、果糕、果汁和酿酒。

科的识别特征:木本植物生西北,全身鳞片色银灰。全缘单叶无托叶,不惧日晒与风吹。花朵小型颜色绿,形成总状穗花序。花被管状 2~4 朵，子房上位仅 1 室。果期花被要收缩，先端肉质包浆果。

（一）胡颓子属 *Elaeagnus* Linn.

茎直立或攀援，通常具刺，稀无刺，全体被银白色或褐色鳞片或星状绒毛。单叶互生，膜质，纸质或革质，披针形至椭圆形或卵形，全缘、稀波状，上面幼时散生银白色或褐色鳞片或星状柔毛，成熟后通常脱落，下面灰白色或褐色，密被鳞片或星状绒毛，通常具叶柄。花两性，稀杂性，单生或 1~7 花簇生于叶腋或叶腋短小枝上，成伞形总状花序；通常具花梗；花萼筒状，上部 4 裂，下部紧包围子房，在子房上面通常明显收缩；雄蕊 4，着生于萼筒喉部，与裂片互生，花丝极短，花药矩圆形或椭圆形，丁字形状的花药，内向，2 室纵裂，花柱单一，细弱伸长，顶端常弯曲，无毛或具星状柔毛，稀具鳞片，柱头偏向一边膨大或棒状。花盘一般不甚发达。果实为坚果，为膨大肉质化的萼管所包围，呈核果状，矩圆形或椭圆形、稀近球形、红色或黄红色；果核椭圆形，具 8 肋，内面通常具白色丝状毛。

该属共有 2 组 80 种。多分布于热带及亚热带，中国有 55 种。

分种检索表

1 常绿性，花通常秋季或冬季开放 ………………………………………… 1 胡颓子 *E. pungens*

1 落叶性，花春夏季开放

 2 叶片下面无毛，侧脉在上面通常不凹下

  3 枝无刺 . 果实长 5~7 毫米；萼筒漏斗形或圆筒状漏斗形 ……………… 2 木半夏 *E. multiflora*

  3 枝有刺 . 果实长 12~16 毫米，萼筒圆筒形或钟形 ………………………… 3 秋胡颓子 *E. umbellate*

 2 叶片下面或多或少有绒毛或柔毛，侧脉在上面通常凹下 ………………… 4 佘山羊奶子 *E. argyi*

1. 胡颓子 *Elaeagnus pungens* Thunb.

【别名】半春子、甜棒槌、雀儿酥、羊奶子

【形态特征】常绿灌木，高 4 米。树冠开展，具棘刺。小枝锈褐色，被鳞片。叶革质，椭圆形或长圆形，长 5~10 厘米，叶端钝或尖，叶基圆形，叶缘微波状，叶表初时有鳞片后变绿色而有光泽，叶背银白色，被褐色鳞片；叶柄长 5~8 毫米 . 花银白色，下垂，芳香，萼筒较裂片长，1~3 朵簇生叶腋。果椭圆形，长 1.2~1.4 厘米。被锈色鳞片，熟时红色（图 9-448）。花期 9~12 月，果次年 3~6 月成熟。有金边、银边、金心等观叶变种。

【生态习性】性喜光，耐半荫，喜温暖气候，不耐寒。对土壤适应性强，耐干旱又耐水湿。对有毒气体抗性强。果鸟喜食。

图 9-449 胡颓子在园林中的应用

图 9-448 胡颓子

【分布及栽培范围】长江以南各省。日本也有。

【繁殖】播种和扦插繁殖。

【观赏】叶背银白色或褐色；花白色芳香，果红色。

【园林应用】园景树、基础种植、绿篱（图 9-449）。

【生态功能】对有毒气体抗性强。

【其它】具有食疗价值，用于胃阴不足，口渴舌干；久泻久痢，大肠不固；肺虚喘咳。用法：生食，煎汤，或熬膏服。

2. 木半夏 *Elaeagnus multiflora* Thunb.

【别名】牛脱、羊不来

图 9-450 木半夏

【形态特征】落叶灌木，高达 3 米，常无刺；枝密生褐锈色鳞片，叶纸质，椭圆形或卵形或倒卵状长椭圆形，长 3~7 厘米，宽 2~4 厘米，顶端钝或短尖，基部阔楔形，表面幼时有银白色星状毛和鳞片，后脱落，背面银白色，杂有褐色鳞片，叶柄长 4~6 厘米。花腋生，1 一 3 朵，黄白色，外面有银白色和褐色鳞片，萼筒约与裂片等长或稍长，裂片顶端圆形，基部收缩，雄蕊 4；花柱直立，无毛。果实长倒卵形至椭圆形，密被锈色鳞片，成熟后红色；果梗细长，可达 3 厘米（图 9-450）。花期 4~5 月，果熟期 6 月。

【生态习性】喜光略耐荫。在自然界常生于山地向阳疏林或灌木丛中。

【分布及栽培范围】各地野生，分布于我国长江中下游及河南各省。

【繁殖】播种、扦插繁殖。

【观赏】叶背银白色或褐色；花白色芳香，果红色。

【园林应用】园景树、基础种植、绿篱。

【其它】果实可食或酿酒；果、根、叶供药用，治跌打损伤、痢疾、哮喘。

3. 秋胡颓子 *Elaeagnus umbellata* Thunb.

【别名】牛奶子

【形态特征】落叶灌木，高达 4 米，通常有刺；小枝黄褐色或带银白色。叶长椭圆形，长 3~8 厘米，

图 9-451 秋胡颓子

表面幼时有银白色鳞斑，背面银白色或杂有褐色鳞斑。花黄白色，芳香，花被筒部较裂片为长；1~7 花簇生新枝基部成伞形花序。果卵圆形或近球形，长 5~7 毫米，橙红色（图 9-451）。花期 4~5 月，果期 7~8 月。

【生态习性】阳性，喜温暖气候，不耐寒。

【分布及栽培范围】长江流域及以北地区，北至辽宁、内蒙古、甘肃、宁夏；朝鲜、日本、越南、泰国、印度也有分布。

【繁殖】播种、扦插繁殖。

【观赏】果红色美丽。

【园林应用】园景树、基础种植、绿篱。作防护林下木。

【其它】果可食，也可酿酒和药用。

4. 佘山羊奶子 *Elaeagnus argyi* L é vl.

【别名】羊奶子、佘山胡颓子

【形态特征】落叶或半常绿灌木 2~3 米。树冠伞形，有棘刺。发叶于春秋两季，大小不一，薄纸质；小叶倒卵状长椭圆形，长 6~10 厘米，宽 3~ 厘米，两端钝形，边缘全缘，稀皱卷，上面幼时具灰白色鳞毛，成

熟后无毛，淡绿色，下面幼时具白色星状柔毛或鳞毛，成熟后常脱落，被白色鳞片，侧脉 8~10 对，上面凹下，近边缘分叉而互相连接；叶柄黄褐色，长 5~ 毫米。果长椭球形，长 1~1.5 厘米，红色。10~11 月开花；翌年 4 月果熟（图 9-452）。

【生态习性】适应性强。生于海拔 100~300 米林下、路边和村旁。

【分布及栽培范围】长江中下流地区，浙江、江苏、安徽、江西、湖北、湖南。

【繁殖】播种或扦插繁殖。

【观赏】树形优美，花白色，果红色，极具观赏价值。

【园林应用】园景树、基础种植、绿篱。

图 9-452 佘山羊奶子

六十二、千屈菜科 Lythraceae

灌木或乔木，草本。枝通常四棱形，有时具棘状短枝。叶对生，少有互生或轮生，全缘；无托叶；花两性，通常辐射对称，很少左右对称，单生或簇生，或组成穗状花序、总状花序、圆锥花序，花萼管状或钟状，平滑或有棱，有时有距，宿存，3~6（16）裂，镊合状排列，裂片间常有附属体，花瓣与花萼裂片同数，很少无花瓣；雄蕊少数至多数，着生于萼管上；子房上位，2~6 室，有胚珠多颗；果革质或膜质，开裂或不开裂，种子多数，有翅或无翅，无胚乳。

约 25 属，550 种，主要分布于热带和亚热带地区，尤以热带美洲最盛。我国有 9 属，48 种，广布于各地，有些是著名的观赏植物。

科的识别特征：全缘叶片常对生，辐射花冠花两性。花朵单生在枝顶，或成花序顶腋生。

花萼裂片 4/6 片，花瓣同数生边部。雄蕊数目常较多，大小不同样式奇。子房上位与萼离，每室胚珠有多粒。

分属检索表

1 花辐射对称……………………………………………………………1 紫薇属 *Lagerstroemia*

1 花左右对称……………………………………………………………2 萼距花属 *Cuphea*

（一）紫薇属 *Lagerstroemia* L.

灌木或乔木；叶对生或上部的互生，全缘；花两性，辐射对称，常艳丽，组成腋生或顶生的圆锥花序；花萼半球形或陀螺形，常有棱，或棱增宽成翅，5~9 裂；花瓣通常 6 片，或和花萼裂片同数，常具皱，基部有细长的爪；雄蕊 6 枚至极多数；子房 3~6 室，每室有胚珠多颗；花柱长，柱头头状；蒴果木质，基部为宿存的花萼包围，多少和花萼粘合，成熟时室背开裂为 3~6 果瓣；种子多数，顶端有翅。

约55种，分布亚洲东部至南部和澳大利亚北部，我国有16种，引入栽培的有2种，产西南部至台湾。

分种检索表

1 雄蕊通常6~40，其中5~6枚花丝较粗较长；蒴果直径小于1厘米

2 叶的侧脉在叶缘处不互相连接……………………………………………… 1 紫薇 *L. indica*

2 叶的侧脉在近边缘处分叉而明显连接…………………………………… 2 尾叶紫薇 *L. caudata*

1 雄蕊通常100枚以上，近等长；蒴果大，直径达2厘米…………………… 3 大花紫薇 *L. speciosa*

1. 紫薇 *Lagerstroemia indica* L.

【别名】百日红、痒痒树、无皮树

【形态特征】灌木或小乔木，高达3~6(8)米。树皮光滑;幼枝4棱，稍成翅状。叶互生或对生，近无柄，椭圆形、倒卵形或长椭圆形，顶端尖或钝，基部阔楔形或圆形，光滑无毛或沿主脉上有毛。圆锥花序顶生，长4~20厘米；花萼6裂，裂片卵形，外面平滑无棱；花瓣6，红色或粉红色，边缘皱缩，基部有爪；雄蕊多数，外侧6枚花丝较长。蒴果椭圆状球形，长9~13毫米，宽8~11毫米（图9-453)。花期6~9月。

栽培品种丰富，花除紫色外还有白花的 'Abla'、粉红花的 'Rosea'、红花的 'Rubra'、亮紫蓝色的 'Purpuea'、天蓝色的 'Cacrulea' 以及二色 'Versilolor'、斑叶 'Variegata'、矮生 'Nana'、匍匐 'Prostrata' 等品种。

【生态习性】喜光，稍耐荫；喜温暖气候，耐寒性不强；喜肥沃、湿润而排水良好的石灰性土壤，耐旱，怕涝。萌芽性强，生长较慢，寿命长。对二氧化硫、氟化氢及氮气的抗性强，能吸入有害气体。

【分布及栽培范围】原产亚洲热带地区；我国广东、广西、湖南、湖北、福建、江西、浙江、江苏、河南、河北、山东、安徽、陕西、四川、云南、贵州及吉林均有生长和栽培。

【繁殖】播种或扦插繁殖，也可分株及压条繁殖。

【观赏】“盛夏绿遮眼，此花红满堂”对它观赏的赞语，是观花、观干、观根的盆景良材。

【园林应用】水边绿化、绿篱及绿雕、园景树、

图9-453 紫薇

基础种植、地被植物、盆栽及盆景观赏等（图9-454）。常植于建筑物前、院落内、池畔、河边、草坪旁及公园中小径两旁均很相宜。紫薇枯峰式盆景，虽桩头朽枯，而枝繁叶茂，色艳而穗繁，如火如荼，令人精神振奋。

【生态功能】能较大量吸收二氧化硫、氟化氢及氮气，并吸滞粉尘。

【文化】白居易有诗《紫薇花》：“紫薇花对紫微翁，名目虽同貌不同。独占芳菲当夏景，不将颜色托春风。浔阳官舍双高树，兴善僧庭一大丛。何似苏州安置处，花堂栏下月明中。”宋代诗人杨万里诗赞颂：“似痴如醉丽还佳，露压风欺分外斜。谁道花无红百日，紫薇长放半年花。”明代薛蕙也写过：“紫薇花最久，烂熳十旬期，夏日逾秋序，新花续放枝。”

图 9-454 紫薇在园林中的应用

【其它】根、树皮入药。用于各种出血，骨折，乳腺炎，湿疹，肝炎，肝硬化腹水。

2. 大花紫薇 *Lagerstroemia speciosa* Pers.

【别名】大叶紫薇、百日红

【形态特征】大乔木，高可达 25 米；树皮灰色，平滑；小柱圆柱形，无毛或微被糠批状毛。叶革质，矩圆状椭圆形或卵状椭圆形，稀披针形，甚大，长 10~25 厘米，宽 6~12 厘米，顶端钝形或短尖，基部阔楔形至圆形，两面均无毛，侧脉 9~17 对，在叶缘弯拱连接；叶柄长 6~15 毫米，粗壮。花淡红色或紫色，直径 5 厘米，顶生圆锥花序长 15~25 厘米，有时可达 46 厘米；花梗长 1~1.5 厘米，花轴、花梗及花萼外面均被黄褐色糠粃状的密毡毛；花萼有棱 12 条，被糠粃状毛，长约 13 毫米，6 裂，裂片三角形，反曲，内面无毛，附属体鳞片状；花瓣 6，近圆形至矩圆状倒卵形，长 2.5~3.5 厘米，长约 5 毫米；雄蕊多数，达 100~200；子房球形，4~6 室，无毛，花柱长 2~3 厘米。蒴果球形至倒卵状矩圆形，长 2~3.8 厘米，直径约 2 厘米，褐灰色，6 裂；种子多数，长 10~15 毫米（图 9-455）。花期 5~7 月，果期 10~11 月。

【生态习性】喜光，应栽种于背风向阳处或庭院的南墙根下。耐旱，怕涝。易于栽培，对土壤要求不严，但喜深厚肥沃的砂质壤土。在休眠期应对其整形修剪。

图 9-455 大花紫薇

图 9-456 大花紫薇在园林中的应用

【分布及栽培范围】原产印度、中国、澳洲。印度、斯里兰卡、澳洲、马来西亚、越南、菲律宾及中国的广东、广西、福建。

【繁殖】播种或压条繁殖。

【观赏】花大，美丽，秋日叶脉变红，冬日球形蒴果累累。

【园林应用】园路树、庭荫树、园景树、树林、绿篱及绿雕、基础种植、盆栽及盆景观赏（图 9-456）。

【其它】木材坚硬，耐腐力强，常用于家具、舟车、桥梁、电杆、枕木及建筑等。树皮及叶可作泻药；种子具有麻醉性。

3. 尾叶紫薇 *Lagerstroemia caudata* Chun et How

【别名】米杯、米结爱（广西壮语）

【形态特征】落叶大乔木，全体无毛，高 18 米，可达30米，胸径约40厘米；树皮光滑，褐色，成片状剥落；小枝圆柱形，褐色，光滑。叶纸质至近革质，互生，稀近对生，阔椭圆形，稀卵状椭圆形或长椭圆形，长7~12厘米，宽3~5.5厘米，顶端尾尖或短尾状渐尖，基部阔楔形至近圆形，稍下延，萌蘖上的叶较大，矩圆形或卵状矩圆形，顶端尾尖较长，上面深绿色，有光泽，下面淡绿色，中脉在上面稍下陷，在下面凸起，侧脉5~7对，在近边缘处分叉而互相连接，全缘或微波状；叶柄长6~10毫米。圆锥花序生于主枝及分枝顶端，长3.5~8厘米；花瓣5~6，白色，阔矩圆形；雄蕊18~28，花丝长3~4毫米，其中有3~6枚长达9毫米。蒴果矩圆状球形，长8~11毫米，直径6~9毫米，成熟时带红褐色；种子连翅长5~7毫米，宽2.5毫米（图9-457）。花期4~5月，果期7~10月。

【生态习性】生长林边或疏林中，在广西东北部常见于石灰岩山上。

【分布及栽培范围】广东（乳源、阳春）、广西（桂林、灵川、全州）、江西（庐山）等地。

【繁殖】播种或压条繁殖。

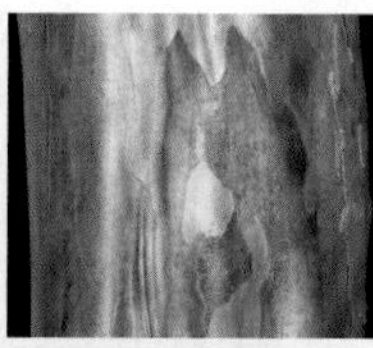

图9-457　尾叶紫薇

【观赏】花白色，树形优美，枝叶浓密。

【园林应用】园路树、庭荫树、园景树、风景林、树林、防护林、特殊环境绿化（石灰岩石山优良绿化树种之一）。

【其它】木材坚硬，纹理细致，淡黄色，适于作上等家具、室内装修、细工或雕刻等用材。

（二）萼距花属 *Cuphea* Adans. ex P. Br.

灌木或草本，多数有粘质的腺毛；叶对生或轮生；花左右对称，单生或排成总状花序；花萼延长而呈花冠状，有棱，基部有距，顶端6齿裂并常有同数的附属体；花瓣6，不相等，很少2片或全缺；雄蕊11枚，稀9、6或4枚；子房通常上位，不等的2室，每室有胚珠数颗至多颗；蒴果长椭圆形，包藏于萼内。

本属约300馀种，原产美洲和夏威夷群岛。我国引种栽培的有7种，花美丽，是常见的室内观赏植物。

1. 萼距花 *Cuphea hookeriana* Walp

【别名】细叶雪茄花、紫花满天星

【形态特征】高30~60厘米；茎具粗毛及短小硬毛，分枝细，密被短柔毛。叶对生，披针形或卵状披针形，顶部的线状披针形，长2~4厘米，中脉在下面凸起，有叶柄。花顶生或腋生；花萼被粘质柔毛或粗毛，基部有距；花瓣紫红色。花期自春至秋，随枝稍的生长而不断开花（图9-458）。

【生态习性】喜光，稍耐荫；喜高温，不耐寒，在5℃以下常受冻害；耐贫瘠土壤；耐修剪。

【分布及栽培范围】原产墨西哥，现热带、南亚热带地区园林中广泛应用。

【繁殖】播种或扦插。

图 9-458　细叶雪茄花

图 9-459　细叶雪茄花在园林中的应用

【观赏】 枝繁叶茂，叶色浓绿；花美丽而周年开花不断，可引蝶。

【园林应用】 地被植物、盆栽及盆景观赏（图 9-459）。

【其它】 种子含有大量的饱和脂肪酸。可用于生产肥皂和清洁剂。

六十三、瑞香科 Thymelaeaceae

落叶或常绿灌木或小乔木。单叶对生或互生，革质或纸质，全缘，基部具关节，羽状叶脉，具短叶柄，无托叶。花辐射对称，两性或单性，雌雄同株或异株，头状、穗状、总状、圆锥或伞形花序，花萼通常为花冠状，白色、黄色或淡绿色，常连合成钟状漏斗状筒状的萼筒，裂片 4~5，花瓣缺或鳞片状，与萼裂片同数；雄蕊通常为萼裂片的 2 倍或同数，花药卵形或线形，2 室，向内直裂。子房上位，心皮 2~5 个合生。浆果、核果或坚果；种子下垂或倒生。

约 48 属 650 种以上，广布于南北两半球的热带和温带地区。我国有 10 属，100 种左右，主要产于长江流域及以南地区。

识别要点：单叶全缘为木本，偶为草本茎强韧。花序头状或总状，花冠辐射而对称。 花萼下位花冠状，花冠退化如鳞片。雄蕊花丝不明显，着生萼管排两列。子房上位 1\2 室，内生胚珠各 1 枚。花萼如管味奇香，本科植物最相像。

分属检索表

1 花柱及花丝极短或近于无，柱头头状，较大 ………………………………… 1 瑞香属 *Daphne*

1 花柱长，柱头圆柱状线形，其上密被疣状突起 ………………………… 2 结香属 *Edgeworthia*

（一）瑞香属 *Daphne* Linn.

灌木或亚灌木；叶互生，有时近对生或群集于分枝的上部；花芳香，聚集成头状花序、聚伞花序或短总状花序，腋生或顶生；花萼管状或钟状，顶端 4 裂，少有 5 裂；无花瓣；雄蕊 8，少有 10，2 列，着生于萼管的近顶部；下位花盘环状或杯状，全缘或有波状缺刻；子房 1 室，有下垂的胚珠 1 颗；核果，外果皮肉质或干燥。

约 95 种，分布于欧洲、北非和亚洲温带和亚热带地区至大洋洲。我国有 44 种，大部产西南部和西北部。有些种类的韧皮纤维为制纸的原料，有些供观赏。

分种检索表

1 常绿性，叶互生，顶生头状花序……………………………………………………1 瑞香 *D. odora*

1 落叶性，叶对生，花簇生枝侧……………………………………………………2 芫花 *D. genkwa*

1. 瑞香 *Daphne odora* Thunb.

【别名】千里香、瑞兰、风流树、睡香

【形态特征】常绿灌木，高达 2 米。小枝细长近圆柱形，带紫色，通常二歧分枝。叶互生，长椭圆形至倒披针形，长 5~8 厘米。先端钝或短尖，基部窄楔形，质较厚。无毛，上面深绿色。头状花序，顶生，白色或带紫红色、甚芳香。果肉质，圆球形（图 9-460）。花期 3~5 月，果期 7~8 月。

常见园林品种有：白花瑞香（花色纯白）、红花瑞香（花红色）、紫花瑞香（花紫色）、黄花瑞香（花黄色）、金边瑞香（叶缘金黄色，花蕾红色，开后白色）、毛瑞香（花白色，花被外侧密被灰黄色绢状柔毛）、蔷薇瑞香（花瓣内白外浅红）、凹叶瑞香（叶缘反卷，先端钝而有小凹缺）。

【生态习性】喜阴凉通风环境，不耐阳光曝晒。耐寒性差。要求排水良好、富含腐殖质的土壤，不耐积水。萌芽力强，耐修剪，易造型。

【分布及栽培范围】瑞香原产中国和日本，为中国传统名花。分布于长江流域以南各省区，现在日本亦有分布。江西省赣州市将其列为“市花”。

【繁殖】扦插为主，也可压条，嫁接或播种。

【观赏】瑞香树姿优美，树冠圆形，条柔叶厚，枝干婆娑，花繁馨香，寓意祥瑞，观赏以早春二月开花期为佳。

【园林应用】园景树、基础种植、盆栽及盆景观赏（图 9-461）。最适合种于林间空地，林缘道旁，山坡台地及假山阴面，若散植于岩石间则风趣益增。

图 9-460　金边瑞香

图 9-461　瑞香的盆栽观赏

日本的庭院中也十分喜爱使用瑞香，多将它修剪为球形，种于松柏之前供点缀之用。

【文化】宋《清异录》记载：“庐山瑞香花，始缘一比丘，昼寝磐石上，梦中闻花香酷烈，及觉求得之，因名睡香。四方奇之，谓为花中祥瑞，遂名瑞香。”

【其它】瑞香的根、茎、叶、花均可入药。

2. 芫花 *Daphne genkwa* Sieb.et Zucc.

图 9-462 芫花

【别名】闷头花、泥秋树、闹鱼花、头痛花

【形态特征】落叶灌木，高通常 35~100 厘米。嫩枝密被淡黄色绢毛，老枝脱净。叶通常对生，很少互生，有短柄或近无柄；叶片纸质，长圆形至卵状披针形，长 3~4 厘米或稍过之，嫩叶下面密被黄色绢毛，老叶仅下面中脉上略被绢毛。花于春季先叶开放，淡紫色，3~6 朵簇生叶腋；花被管状，长 14~16 毫米，外面被绢毛，顶部 4 裂，裂片卵形，长约 5 毫米，顶端钝圆；雄蕊 8，排成 2 轮；子房长约 2 毫米，被绢毛。核果成熟时白色（图 9-462）。花期 3~5 月，果期 6~7 月。

【生态习性】喜光，不耐庇荫；耐寒性较强。生于林中或林缘，亦见于山地灌丛中。

【分布及栽培范围】分布山东、河南、陕西以及长江流域各省区。

【繁殖】分株法繁殖，也可播种或扦插繁殖。

【观赏】春天叶前开花，颇似紫丁香。

【园林应用】园景树、基础种植。常见于庭院观赏。

【其它】具有药用价值，花蕾为泻下利尿药；枝皮能活血、解毒，可治乳腺炎等；全株亦可作土农药。茎皮纤维柔韧，为高级文化用纸的原料，也可作人造棉原料。

（二）结香属 *Edgeworthia* Meisn.

落叶灌木，多分枝；树皮强韧。叶互生，厚膜质，窄椭圆形至倒披针形，常簇生于枝顶，具短柄。花两性，组成紧密的头状花序，顶生或生于侧枝的顶端或腋生，具短或极长的花序梗；苞片数枚组成 1 总苞，小苞片早落，花梗基部具关节，先叶开放或与叶同时开放；花萼圆柱形，常内弯，外面密被银色长柔毛；裂片 4，伸张，喉部内面裸露，宿存或凋落；雄蕊 8，2 列，着生于花萼筒喉部，花药长圆形，花丝极短；子房 1 室，无柄，被长柔毛，花柱长，有时被疏柔毛，柱头棒状，具乳突，下位花盘杯状，浅裂。果干燥或稍肉质，基部为宿存萼所包被。

结香属共有 5 种植物，主产亚洲，中国有 4 种植物。

1. 结香 *Edgeworthia chrysantha* Lindl.

【别名】打结花、打结树、黄瑞香、梦花、金腰带、三椏皮

【形态特征】落叶灌木，高达 2 米。枝棕红色，常呈三叉状分枝，有皮孔。叶互生，通常簇生于枝端，纸质，椭圆状长圆形或椭圆状披针形，长 8~20 厘米，宽 2~3.5 厘米，基部楔形，下延，行端急尖或钝，全缘，叶脉隆起。顶生头状花序下垂；总花梗粗壮，总苞被柔毛，花梗无或极短；花多数，黄色，芳香；花被圆筒状，裂片 4，花瓣状；雄蕊 8，二轮，着生于筒上部，花线极短；子房上位，1 室，胚珠 1。

图 9-463　结香

核果卵形，包于花被基部（图 9-463）。花期 2~3 月，果期春夏间。

【生态习性】喜半荫，也耐日晒。暖温带植物，喜温暖，耐寒性略差。根肉质，忌积水，宜排水良好的肥沃土壤。萌蘖力强。

【分布及栽培范围】北自河南、陕西，南至长江流域以南各省区。

【繁殖】分株或于早春、初夏扦插。

【观赏】结香树冠球形，枝叶美丽，姿态优雅，柔枝可打结，十分惹人喜爱。

【园林应用】园景树、基础种植、绿篱、地被植物、盆栽及盆景观赏（图 9-464）。适植于庭前、路旁、水边、石间、墙隅。北方多盆栽观赏。枝条柔软，弯之可打结而不断，常整成各种形状。

图 9-464　结香在园林中的应用

【文化】结香的花语和象征意义是：喜结连枝。

在我国，结香被称作中国的爱情树。因为很多恋爱中的人们相信，若要得到长久的甜蜜爱情和幸福，只要在结香的枝上打两个同向的结，这个愿望就能实现。

【其它】全株供药用。树皮可取纤维，供造纸；枝条柔软，可供编筐。

六十四、桃金娘科 Myrtaceae

灌木或乔木；叶常绿，对生，稀互生，全缘，常有透明的腺点（照于光下更为明显），揉之有香气，无托叶；花两性，有时杂性，单生于叶腋内或排成各式花序；萼管与子房合生，萼片 4~5 或更多，宿存；花瓣 4~5，很少无花瓣；雄蕊多数，常成数束插生于花盘边缘，与花瓣对生，花药纵裂或顶裂，药隔末端常有 1 腺体；子房下位或半下位，心皮 2 至多个，1 至多室，每室有胚珠 1 至多颗；果为浆果、核果、蒴果或坚果，顶端常有凸起的萼檐；种子 1 至多颗。

有 100 属 3000 种，泛热带性分布，尤以大洋洲、亚洲及美洲 3 个中心最盛。中国原产 9 属 126 种，8 变种。另一驯化了的番石榴属，分布于南部各省。

分属检索表

1 果为蒴果或干果

　2 叶宽大，羽状脉，对生，稀互生 …………………………… 1 桉属 *Eucalyptus*

　2 叶细小，具 1~5 条直脉，互生，稀对生

　　3 雄蕊离生，多列 …………………………………………… 2 红千层属 *Callistemon*

　　3 雄蕊连成 5 束与花辩对生 ………………………………… 3 白千层属 *Melaleuca*

1 果为浆果或核果

4 胚有丰富胚乳，球形或卵圆形，稀为弯棒形

5 胚不分化，呈单子叶状………………………………… 4 番樱桃属 *Eugenia*

5 胚分化，有明显的肉质子汁……………………………… 5 蒲桃属 *Syzygium*

4 胚缺乏胚乳或有少量胚乳，肾形或马蹄形…………………… 6 番石榴属 *Psidium*

（一）桉属 *Eucalyptus* L. Herit.

乔木或灌木，常有含鞣质的树脂。叶片多为革质，多型性，幼态叶与成长叶常截然两样，还有过渡型叶，幼态叶多为对生，3至多对，有短柄或无柄或兼有腺毛；成熟叶片常为革质，互生，全缘，具柄，阔卵形或狭披针形，常为镰状，侧脉多数，有透明腺点，具边脉。花数朵排成伞形花序，腋生或多枝集成顶生或腋生圆锥花序，白色，少数为红色或黄色；有花梗或缺；花瓣与萼片合生成一帽状体或彼此不结合而有2层帽状体，花开放时帽状体整个脱落；雄蕊多数，多列，常分离，着生于花盘上；子房与萼管合生，顶端多少隆起，3~6室。蒴果全部或下半部藏于扩大的萼管里。

约600余种，集中分布于澳大利亚及塔斯马尼亚。为其主要森林树种，生长迅速，材质优良，用途广泛，枝叶含挥发油为工业 和医药原料。我国引入近80种。

分种检索表

1 树皮薄，光滑，条状或片状逐年脱落

2 圆锥花序…………………………………………………………… 1 柠檬桉 *E. citriodora*

2 单伞花序

3 叶先端渐尖

4 花较小，有梗，花蕾表面光滑 ……………………………… 2 赤桉 *E. camaldulensis*

4 花较大，无梗或梗极短，花蕾表面被白粉 …………………… 3 蓝桉 *E. globulus*

3 叶先端尾尖…………………………………………………… 4 尾叶桉 *E. urophylla*

1 树皮厚，粗糙，宿存……………………………………………… 5 桉 *E. robusta*

1. 柠檬桉 *Eucalyptus citriodora* Hook. f.

【形态特征】大乔木，高28米，树干挺直；树皮光滑，灰白色，大片状脱落。幼态叶片披针形，有腺毛，基部圆形，叶柄盾状着生；成熟叶片狭披针形，宽约1厘米，长10~15厘米，稍弯曲，两面有黑腺点，揉之有浓厚的柠檬气味；过渡性叶阔披针形，宽3~4厘米，长15~18厘米；叶柄长1.5~2厘米。圆锥花序腋生；花梗长3~4毫米，有2棱；花蕾长倒卵形，长6~7毫米；萼管长5毫米，上部宽4毫米；帽状体长1.5毫米，比萼管稍宽，先端圆，有1小尖突；雄蕊长6~7毫米，排成2列，花药椭圆形，背部着生，药室平行。蒴果壶形，长1~1.2厘米，宽8~10毫米，果瓣藏于萼管内（图9-465）。花期4~9月。

【生态习性】喜高温多湿气候，不耐低温。适于年均温度18℃以下，绝对最低温度0℃以上，全年无霜或基本无霜，月均降雨量在1000毫米以上，相对温度80%左右的温湿条件。

图 9-465 柠檬桉

【分布及栽培范围】原产澳大利亚，中国引种已有 70 多年的历史，是桉树大家族中的佼佼者。

【繁殖】播种、组织培养繁殖。

【观赏】树形高大，枝叶浓密，枝杆光滑，具较强的观赏价值。

【园林应用】行道树、园路树、庭荫树。

【其它】柠檬桉的叶具强烈的柠檬味，可用来提炼香油，制造香皂。又因其柠檬味非常浓烈，令蚊子和苍蝇等不敢接近。

柠檬桉叶具有消炎解毒、驱风活血的功效；对肺炎球菌、伤寒杆菌、绿浓杆菌有明显抑制作用；对顽疥、癣疾、烫伤等有特殊疗效。一年两次开花，是重要的蜜源树种。

2. 赤桉 *Eucalyptus camaldulensis* Dehnh.

【形态特征】大乔木，高 25 米；树皮平滑，暗灰色，片状脱落，树干基部有宿存树皮；嫩枝圆形，最嫩部分略有棱。幼态叶对生，叶片阔披针形，长 6~9 厘米，宽 2.5~4 厘米；成熟叶片薄革质，狭披针形至披针形，长 6~30 厘米，宽 1~2 厘米，稍弯曲，两面有黑腺点，侧脉以 45 度角斜向上，边脉离叶缘 0.7 毫米；叶柄长 1.5~2.5 厘米，纤细。伞形花序腋生，

图 9-466 赤桉

有花 5~8 朵，总梗圆形，纤细，长 1~1.5 厘米；花梗长 5~7 毫米；雄蕊长 5~7 毫米，花药椭圆形。蒴果近球形，宽 5-6 毫米，果缘突出 2~3 毫米，果瓣 4，有时为 3 或 5（图 9-466）。花期 12 月 ~8 月。

【生态习性】生长快，适应性强，喜光，耐高温、干旱，稍耐碱。

【分布及栽培范围】南亚热带常绿阔叶林区(主要城市：福州、厦门、泉州、漳州、广州、佛山、顺德、东莞、惠州、汕头、台北、柳州、桂平、个旧)和热带季雨林及雨林区。

【繁殖】播种繁殖、扦插繁殖、组织培养繁殖。

【观赏】常绿大乔木，树干端直，枝叶疏而下垂，姿态优美。

【园林应用】庭荫树、园路树。

3. 蓝桉 *Eucalyptus globulus* Labill.

【形态特征】大乔木；树皮灰蓝色，片状剥落；嫩枝略有棱。幼态叶对生，叶片卵形，基部心形，无柄，有白粉；成长叶片革质，披针形，镰状，长 15~30 厘米，宽 1~2 厘米，两面有腺点，侧脉不很明显，以 35~40° 开角斜行，边脉离边缘 1 毫米；叶

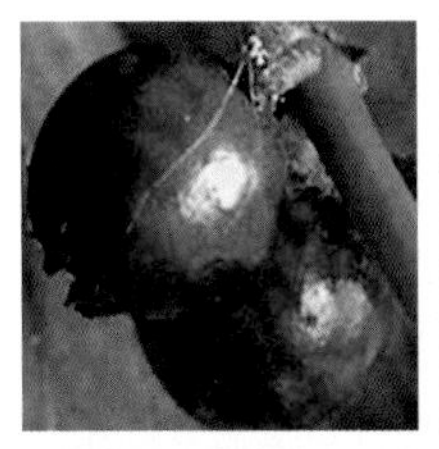

图 9-467 蓝桉

柄长 1.5~3 厘米，稍扁平。花大，宽 4 毫米，单生或 2~3 朵聚生于叶腋内；无花梗或极短；雄蕊长 8~13 毫米，多列，花丝纤细；花柱长 7~8 毫米。蒴果半球形，有 4 棱，宽 2~2.5 厘米（图 9-467）。

【生态习性】不适于低海拔及高温地区，能耐零下低温，生长迅速。蓝桉是一种需水量大的植物，它还会降低其他物种可获得的水量，若种植于缺水地区，将加剧干旱、水土流失，最终导致荒漠化。有毒植物，因为它具有异种抑制性，通过释放树根、枯枝落叶中的化学抑制素抑制其它树种的萌芽生长，减少其他植物包括农作物生存力，而且还对土壤中宏观或微观的动物区系有害。

【分布及栽培范围】原产于澳大利亚，现西班牙、葡萄牙、刚果、南非、中国的云南、广东、广西、福建、浙江、江西均有栽培。

【繁殖】播种殖、组织培养繁殖。

【观赏】树干端直，枝叶疏而下垂，姿态优美。

【园林应用】庭荫树、园路树、行道树。

【其它】木材用途广泛，但略扭曲，抗腐力强，尤适于造船及码头用材；花是蜜源植物；叶含油量 0.92%，制作白树油；也作杀虫剂及消毒剂，有杀菌作用。

4. 尾叶桉 *Eucalyptus urophylla* S.T.Blake

【形态特征】常绿乔木。树皮红棕色，上部剥落，基部宿存。幼态叶披针形，对生；成熟叶披针形或卵形，互生，长 10~23 厘米，先端常尾尖，边脉细。花白色，伞状花序顶生，总状更扁，帽状花等腰圆锥形，顶端突兀。蒴果近球形，果瓣内陷（图 9-468）。花期 12 月至次年 5 月。

【生态习性】喜温暖湿润气候。

【分布及栽培范围】尾叶桉是仅有 2 个不属于澳大利亚天然分布的桉树树种之一，分布于印度尼西亚东部的小岛上。我国广东、广西有栽培。

【繁殖】播种繁殖、组织培养繁殖。

【观赏】常绿大乔木，树干端直，树叶疏而下垂，姿态优美。

【园林应用】庭荫树、园路树。

【其它】枝叶含油，木材可制人造板、纸浆，叶可提取芳香油，树木可美化环境，是集经济、生态、社会效益为一体的速生经济树种。为速生用材林、荒山绿化树种。

图 9-468 尾叶桉

5. 桉 *Eucalyptus robusta* Smith

【别名】大叶桉、大叶有加利

【形态特征】密荫大乔木，高 20 米；树皮宿存，深褐色，有不规则斜裂沟；嫩枝有棱。幼态叶对生，叶片厚革质，卵形，长 11 厘米，宽达 7 厘米，有柄；成熟叶卵状披针形，厚革质，不等侧，长 8~17 厘米，

图 9-469 桉

宽 3~7 厘米，侧脉多而明显，以 80° 开角缓斜走向边缘，两面均有腺点，边脉离边缘 1~1.5 毫米；叶柄长 1.5~2.5 厘米。伞形花序粗大，有花 4~8 朵，总梗压扁，长 2.5 厘米以内；花梗短、长不过 4 毫米，有时较长，粗而扁平；花蕾长 1.4~2 厘米，宽 7~10 毫米；雄蕊长 1~1.2 厘米，花药椭圆形，纵裂。蒴果卵状壶形，长 1~1.5 厘米（图 9-469）。花期 4-9 月。

【生态习性】喜温暖湿润气候。

【分布及栽培范围】原产澳大利亚。我国西南部和南部有栽培。

【繁殖】播种、组织培养繁殖。

【观赏】常绿大乔木，树干端直，姿态优美。

【园林应用】园路树、庭荫树，防护林（防风林树种）。

【生态功能】防风树种。

【其它】世界著名的速生树种，木材坚韧耐腐，可作枕木、电杆、矿柱、建筑、家具等用材和造纸用材。桉树叶可提取桉油。

（二）红千层属 *Callistemon* R Br.

乔木或灌木。叶互生，条形或披针形，有油腺点；全缘；叶柄短。穗状或头状花序，顶生，顶端有芽，继续生长成叶枝；两性花，苞片脱落，花无柄；花无梗，常组成生于枝顶的穗状花序或头状花序，花开后花序轴能继续生长延长；萼管阔卵状或钟状，萼齿 5，脱落；花瓣 5，圆形，脱落；雄蕊极多数，数列，红色或黄色，分离或基部合生，常比花瓣长数倍，花药背着，纵裂；子房下位，与萼管合生，3~4 室，每室有胚珠多数；蒴果全部包藏于萼管内，球形或半球形，先端截平，顶裂；种子条状，种皮薄。

约 20 余种，原产澳大利亚，我国引入栽培 3 种，花极美丽。

分种检索表

1 枝条直立……………………………………………………………1 红千层 *C. rigidus*

1 枝条细长且柔软，下垂如垂柳状…………………………………2 串钱柳 *C. viminalis*

1. 红千层 *Callistemon rigidus* R Br.

【别名】瓶刷木、金宝树

【形态特征】小乔木。树皮灰褐色；嫩枝有棱，初时有长丝毛。叶片坚革质，线形，长 5~9 厘米，宽 3~6 毫米，先端尖锐，初时有丝毛，油腺点明显，干后突起，中脉在两面均突起，侧脉明显，边脉位于边上，突起；叶柄极短。穗状花序生于枝顶；萼齿半圆形，近膜质；花瓣绿色，卵形，长 6 毫米，宽 4.5 毫米，有油腺点；雄蕊长 2.5 厘米，鲜红色；花柱比雄蕊稍长，先端绿色，其余红色。蒴果半球形，长 5 毫米，宽 7 毫米，果瓣稍下陷，3 爿裂开，果爿脱落（图 9-470）。花期集中在春末夏初。

【生态习性】能耐 -10℃低温和 45℃高温，生长适温为 25℃左右，对水份要求不严，但在湿润的条件下生长较快。极耐旱耐瘠薄。

图 9-470 红千层

图 9-471 红千层在园林中的应用

【分布及栽培范围】原产澳大利亚，属热带树种。引进中国后，在中国南亚热带常绿阔叶林区和热带季雨林及雨林区都有栽种。

【繁殖】播种繁殖。

【观赏】红红千层株形飒爽美观，开花珍奇美艳，花期长（春至秋季），每年春末夏初，火树红花，满枝吐焰，盛开时千百枝雄蕊组成一支支艳红的瓶刷子，甚为奇特。

【园林应用】园景树、风景林、水边绿化、基础种植，防护林（防风林）、盆栽及盆景观赏等（图 9-471）。

【其它】枝叶入药，用于治疗感冒、咳喘、跌打肿痛。

2. 串钱柳 *Callistemon viminalis* Cheel.

【别名】垂枝红千层、瓶刷子树、多花红千层、红瓶刷

【形态特征】常绿灌木或小乔木，株高约 2~5 米。树皮呈灰色。枝条细长且柔软，下垂如垂柳状。叶互生，披针形或狭线形。花顶生於树枝末梢，圆柱形穗状花序；树枝和花序柔软下垂，几乎每个枝条都能够开花，盛开时悬垂满树，色彩非常醒目，花期约在春至秋季（3~10 月）。花期四月，木质蒴果（图 9-472）。

【生态习性】性喜暖热气候。耐寒。

【分布及栽培范围】原产澳大利亚的新南威尔士及昆士兰，现时在全球不少城市或花园中担当当地的显花观赏植物。

【繁殖】播种、扦插繁殖。

【观赏】干形曲折苍老，小枝密集成丛。叶似柳而终年不凋，花艳丽而形状奇特，花序着生在树梢，只看雄蕊而不见花朵。雄蕊数量很多，花丝很长，颜色鲜艳，排列稠密，整个花序犹如一把瓶刷子，挺立于灌丛之中，随风摇拽，妖艳夺目，风韵独特，姣美殊常。

【园林应用】园路树、园景树、水边绿化、基础种植。

【文化】串钱柳这名字得名于它独特的果实。木质蒴果结成时在枝条上紧贴其上，略圆且数量繁多，好像把中国古时的铜钱串在一起的感觉，加上柔软的枝条如扬柳一般。

图 9-472 串钱柳

（三）白千层属 *Melaleuca* Linn.

乔木或灌木；叶互生，少数对生，革质，有油腺点，揉之有香气，基出脉数条；花无梗，排成稠密的穗状花序或头状花序，开花时雄蕊多而伸长使花序形如试管刷，花后花序轴继续生长而为叶枝；萼管近球形或钟形；花瓣 5，小，脱落；雄蕊多数，绿白色，花丝基部合生成 5 束与花瓣对生，花药背着，纵裂；子房下位或半下位，与萼管合生，3 室；蒴果半球形或圆形，顶端开裂，包藏于宿存萼管内。

约 100 种，分布于大洋洲，我国引入栽培的有白千层等 2 种。

分种检索表

1 叶绿色，树皮薄层状剥落 ………………………………… 1 白千层 *M. leucadendron*

1 叶金黄色，树皮不剥落 ………………………………… 2 黄金香柳 *M. bracteata*. 'Revolution Gold'

1. 白千层 *Melaleuca leucadendron* Linn.

【别名】千层皮、脱皮树

【形态特征】乔木，高 18 米；树皮灰白色，厚而松软，呈薄层状剥落；嫩枝灰白色。叶互生，叶片革质，披针形或狭长圆形，长 4~10 厘米，宽 1~2 厘米，两端尖，基出脉 3~5(~7) 条，多油腺点，香气浓郁；叶柄极短。花白色，密集于枝顶成穗状花序，长达 15 厘米，花序轴常有短毛；萼管卵形，长 3 毫米，有毛或无毛，萼齿 5，圆形，长约 1 毫米；花瓣 5，卵形，长 2~3 毫米，宽 3 毫米；雄蕊约长 1 厘米，常 5~8 枚成束；花柱线形，比雄蕊略长。蒴果近球形，直径 5~7 毫米。花期每年多次（图 9-473）。

图 9-473　白千层

【生态习性】喜温暖潮湿环境，要求阳光充足，适应性强，能耐干旱高温及瘠瘦土壤，亦可耐轻霜及短期 0℃左右低温。对土壤要求不严。

【分布及栽培范围】产澳大利亚。中国福建、台湾、广东、广西，云南等地有栽培。

【繁殖】播种繁殖。

【观赏】白千层树冠椭状圆锥形，树姿优美整齐，叶浓密，树皮奇特，极具观赏价值。

图 9-474　白千层在园林中的应用

【园林应用】行道树、园路树、园景树、防护林（图 9-474）。

【其它】树皮易引起火灾，不宜于造林。茶树油是从白千层的枝叶中加工提炼出的一种芳香油，具有抗菌、消毒、止痒、防腐等作用。

2. 黄金香柳 *Melaleuca bracteata* F. Muell. 'Revolution Gold'

图 9-475　黄金香柳

图 9-476　黄金香柳在园林中的应用

【别名】千层金

【形态特征】常绿乔木，树高可达 6~8 米。叶互生，披针形或狭线形，金黄色，夏至秋季开花，红色，但以观叶为主，树冠金黄柔美，风格独具（图 9-475）。

【生态习性】抗盐碱、抗水涝、抗寒热、抗台风等自然灾害。喜光。适应的气候带范围广，可耐 -7℃ ~-10℃的低温。

【分布及栽培范围】原产于荷兰、新西兰等濒海国家。适宜中国南方大部分地区。成都、重庆、岳阳能安全越冬。

【繁殖】播种或扦插繁殖。

【观赏】形态优美的彩色树种，具极高观赏价值，有金黄、芳香、新奇等特点。枝条柔软密集，随风飘逸，四季金黄，经冬不凋。黄金香柳根深，主干直立，枝条密集细长柔软，嫩枝红色，新枝层层向上扩展，金黄色的叶片分布于整个树冠，形成锥形，树形优美。

【园林应用】园景树、风景林、水边绿化、基础种植、盆栽及盆景观赏（图 9-476）。

【其它】气味芳香怡人，采其枝叶可提取香精，是高级化妆品原料；也可用其作香薰、熬水、沐浴，香气清新，舒筋活络，有良好的保健功效。

（四）番樱桃属 *Eugenia* Linn.

常绿乔木或灌木；叶对生，羽状脉；花单生或数朵簇生于叶腋；萼裂片 4；雄蕊多数，花丝于花蕾内不甚弯曲，药室纵裂；子房 2~3 室，每室有横裂胚珠多数；浆果顶部有宿存萼片，果皮薄，易碎，与种子分离，种皮平滑而有光泽。

约 100 种，绝大部分产美洲，我国南部引入有红果仔及吕宋番樱桃 *E. aherniana* C. B. Rob。

1. 红果仔 *Eugenia uniflora* Linn.

【别名】巴西红果

【形态特征】灌木或小乔木，高可达 5 米，全株无毛。叶对生，叶片纸质，卵形至卵状披针形，长 3.2~4.2 厘米，宽 2.3~3 厘米，先端渐尖或短尖，钝头，基部圆形或微心形，上面绿色发亮，下面颜色较浅，两面无毛，有无数透明腺点，侧脉每边约 5 条，稍明显，以近 45° 开角斜出，离边缘约 2 毫米处汇成边脉；叶柄极短，长约 1.5 毫米。新生嫩叶红色，渐变绿。

花白色，稍芳香，单生或数朵聚生于叶腋，短于叶；萼片 4，长椭圆形，外反。浆果球形，直径 1~2 厘米，有 8 棱，熟时深红色，有种子 1~2 颗（图 9-477）。花期春季。

【生态习性】喜温暖湿润的环境，在阳光充足处和半阴处都能正常生长，不耐干旱，也不耐寒。

【分布及栽培范围】原产巴西。在我国南部有少量栽培。

【繁殖】播种繁殖和根插繁殖。

【观赏】花白、果红，具有较强的观赏价值。

【园林应用】园路树、庭荫树、园景树、盆栽及盆景观赏等。

【其它】果肉多汁，稍带酸味，可食，并可制软糖。

图 9-477　红果仔

（五）蒲桃属 *Syzygium* Gaertn.

常绿灌木或乔木；叶对生，很少轮生，革质，有透明的腺点，网状脉；花大或小，3 至多朵排成聚伞花序再组成圆锥花序；萼管倒圆锥形，有时棒状，裂片 4~5，稀更多，常钝而短；花瓣 4~5，稀更多，多少粘合而一起脱落；雄蕊多数，分离，花丝稍长，在花蕾时卷曲，花药丁字着生，纵裂，顶有腺体；子房下位，2 室或 3 室，每室有胚珠多数；浆果或核果状，顶冠以残留的环状萼檐；种子通常 1~2 颗，种皮与果皮的内壁粘合。

500 余种，主要分布于热带亚洲，少数在大洋洲和非洲，我国约有 72 种，产长江以南各地，多见于两广和云南，其中蒲桃 *S. jambos* 和洋蒲桃 *S. samarangense* 为栽培的果树。

分种检索表

1 花大，花萼肉质，花后宿存 ………………………… 1 蒲桃 *S. jambos*

1 花小，花萼不明显，花后脱落

  2 嫩枝有棱

    3 叶片椭圆形，宽 1~2 厘米 ………………………… 2 赤楠 *S. buxifolium*

    3 叶片狭披针形或狭倒披针形，宽 5~10 毫米 ………………………… 3 轮叶赤楠 *S. grijsii*

  2 嫩枝圆形，无棱

    4 花瓣连成帽状体 ………………………… 4 红枝蒲桃 *S. rehderianum*

    4 花瓣离生

      5 果实梨形，叶片长 10~22 厘米 ………………………… 5 洋蒲桃 *S. samarangense*

      5 果实球形，叶片短于 9 厘米 ………………………… 6 红鳞蒲桃 *S. hancei*

1. 蒲桃 *Syzygium jambos* Alston

【别名】水蒲桃、香果、响鼓、铃铛果

【形态特征】常绿乔木，高 10 米；小枝圆形。叶片革质，披针形或长圆形，长 12~25 厘米，宽 3~4.5 厘米，先端长渐尖，基部阔楔形，叶面多透明细小腺点，侧脉 12~16 对，以 45 度开角斜向上，靠近边缘 2 毫米处相结合成边脉，在下面明显突起，网脉明显；叶柄长 6~8 毫米。聚伞花序顶生，有花数朵，总梗长 1~1.5 厘米；花梗长 1~2 厘米，花白色，直径 3-4 厘米；萼齿 4，半圆形；花瓣分离，阔卵形，长约 14 毫米；雄蕊长 2~2.8 厘米；花柱与雄蕊等长。果实球形，果皮肉质，直径 3~5 厘米，成熟时黄色，有油腺点(图 9-478)。花期 3~4 月，果熟 5~6 月。

成熟果实水分较少，有特殊的玫瑰香味，故称之为“香果”。种子的种皮干化，呈中空状态，只有一肉质连丝与果肉相连接，可以在果腔内随意滚动，并能摇出声响，因此又称其为“响鼓”。当果实出现这种“响鼓”的现象，则说明其已经成熟。

中国蒲桃栽培品种有 3 类：①黑核种。叶长，成熟果实带淡红色，肉甜脆，化渣、香气浓，核小至无核，品质最优。②近金种。叶细长，成熟果黄绿色，肉薄、品质尚佳。③白核种。叶较宽，果大，圆球形，肉薄，核大，产量不稳。

【生态习性】热带树种，喜暖热气候。喜光、耐旱瘠和高温干旱、对土壤要求不严、根系发达、生长迅速、适应性强，以肥沃、深厚和湿润的土壤为最佳。耐水湿，喜生河边及河谷湿地。

图 9-478 蒲桃

图 9-479 蒲桃在园林中的应用

【分布及栽培范围】原产于印度、马来群岛及中国的海南岛。中国栽培蒲桃至少已有几百年的历史，现主要分布于台湾、海南、广东、广西、福建、云南、贵州和重庆等省；除台湾、广东和广西有小面积连片栽培外，其他省区多处于半野生状态。

【繁殖】播种繁殖，亦可扦插，但成活率不高。

【观赏】周年常绿，树姿优美；花期长，花浓香，花形美丽；挂果期长，果实累累，果形美，果色鲜。

【园林应用】庭荫树、园景树、风景林、防护林树种（图 9-479）。

【其它】果实的可食用率高达 80% 以上，并具有一定的营养价值。果味酸甜多汁，具有特殊的玫瑰香气，颇受人们欢迎。果实除鲜食外，还可利用这种独特的香气，与其他原料制成果膏、蜜饯或果酱。果汁经过发酵后，可酿制高级饮料。

花、种子和树皮也具有一定的药用价值，可治疗糖尿病、痢疾和其他疾病。此外，蒲桃开花量大，花粉和蜜均多，香气浓，是良好的蜜源植物。木材也是上等的家具用材。

2. 赤楠 *Syzygium buxifolium* Hook et Arn.

【形态特征】灌木或小乔木植物。高1~6米。嫩枝有棱，干后黑褐色。叶片革质，阔椭圆形至椭圆形，有时阔倒卵形，长1.5~3厘米，宽1~2厘米，先端圆或钝，有时有钝尖头，基部阔楔形或钝，上面干后暗褐色，无光泽，下面稍浅色，有腺点，侧脉多而密，脉间相隔1~1.5毫米，斜行向上，离边缘1~1.5毫米处结合成边脉，在上面不明显，在下面稍突起；叶柄长2毫米。聚伞花序顶生，长约1厘米，有花数朵；花梗长1~2毫米；花蕾长3毫米；萼管倒圆锥形，长约2毫米，萼齿浅波状；花瓣4，分离，长2毫米；雄蕊长2.5毫米；花柱与雄蕊同等。果实球形，直径5~7毫米(图9-480)。花期6~8月。

【生态习性】喜温暖、潮湿环境和富含腐殖层土壤。生于低山疏林或灌丛，温度30℃时生长迅速，稍耐寒。

【分布及栽培范围】栽培在中国秦岭以南各省区，如安徽、浙江、台湾、福建、江西、湖南、广东、广西、贵州等省区。越南及日本琉球群岛也有分布。

【繁殖】播种繁殖。

【观赏】叶似黄杨，果成熟后紫色。植于庭院观赏。

【园林应用】园景树、绿篱及绿雕、基础种植、盆栽及盆景观赏等。

【其它】其根和树皮可以入药，有平喘化痰的药用价值。

图9-480 赤楠

3. 轮叶赤楠 *Syzygium grijsii* Merr. et Perry

【别名】轮叶蒲桃

【形态特征】常绿灌木或小乔木；小枝四棱形。3叶轮生，狭椭圆至倒披针形，长1.5~3厘米，先端钝，基部楔形。花小，白色；成顶生聚伞花序；5~6月开花。果球形，径4~5毫米(图9-481)。

【生态习性】喜温暖、潮湿环境和富含腐殖层土壤。主要生于低山疏林或灌丛，适温30℃时生长迅速，稍耐寒。

【分布及栽培范围】浙江、湖南、江西、广东、广西等地。

【繁殖】播种繁殖。

【观赏】叶似黄杨，果成熟后紫色。植于庭院观赏。

【园林应用】园景树、绿篱及绿雕、基础种植、盆栽及盆景观赏等(图9-482)。

图9-481 轮叶赤楠

图9-482 轮叶赤楠在园林中的应用

4. 红枝蒲桃 *Syzygium rehderianum* Merr. et Perry

【别名】红车

【形态特征】常绿灌木至小乔木。嫩枝红色，干后褐色，圆形，稍压扁，老枝灰褐色。叶革质，椭圆形至狭椭圆形，长4~7厘米，宽2.5~3.5厘米，先端急渐尖，尖尾长1厘米，尖头钝，基部阔楔形。叶下面多腺点，上面叶脉不明显，下面略突起，以50°开角斜向边缘，边脉离边缘1~1.5毫米。叶柄长7~9毫米。聚伞花序腋生或生于枝顶叶腋内，每分枝顶端有无梗的花3朵。果实椭圆状卵形，长1.5~2厘米，宽1厘米（图9-483）。花期6~8月。

株型丰满而茂密，叶片跟红叶石楠有些相似。其新叶红润鲜亮，随生长变化逐渐呈橙红或橙黄色，老叶则为绿色，一株树上的叶片可同时呈现红、橙、绿3种颜色，非常美丽。

【生态习性】阳性植物，比较耐高温，喜欢阳光充足的肥沃土壤，喜疏松肥沃的土壤。生长于海拔160米的地区，见于疏林中、林中、山谷、常绿阔叶林中、山坡或溪边。

【分布及栽培范围】广东、福建、广西等地。

【繁殖】播种、扦插繁殖。

【观赏】叶色十分漂亮。

【园林应用】园景树、水边绿化、绿篱及绿雕、基础种植、地被植物、盆栽及盆景观赏等。

图9-483 红枝蒲桃

5. 洋蒲桃 *Syzygium samarangense* Merr. et Perry

【别名】莲雾

【形态特征】乔木，高12米；嫩枝压扁。叶片薄革质，椭圆形至长圆形，长10~22厘米，宽5~8厘米，先端钝或稍尖，基部变狭，圆形或微心形，上面干后变黄褐色，下面多细小腺点，侧脉14~19对，以45度开角斜行向上，离边缘5毫米处互相结合成明显边脉，另在靠近边缘1.5毫米处有1条附加边脉，侧脉间相隔6~10毫米，有明显网脉；叶柄极短，不超过4毫米，有时近于无柄。聚伞花序顶生或腋生，长5~6厘米，有花数朵；花白色，花梗长约5毫米；萼齿4，半圆形；雄蕊极多，长约1.5厘米。果实梨形或圆锥形，肉质，洋红色，发亮，长4~5厘米，顶部凹陷，有宿存的肉质萼片。花期3~4月，果实5~6月成熟。（图9-484）。

【生态习性】一年多次开花、结果。正常3~5月开花，5~7月果熟。通过特殊处理能调节花期，使果熟期提早到12月至次年4月。喜温怕寒，最适生长温度25~30℃。

【分布及栽培范围】原产马来西亚及印度。我国广东、台湾及广西有栽培。

【繁殖】空中压条法繁殖。

【观赏】树干通直，树冠优美、花朵清香，果实漂亮，极具观赏价值。

【园林应用】行道树、园路树、庭荫树、园景树。

图9-484 洋蒲桃

【其它】果实色泽鲜艳，外形美观，果品汁多味美，营养丰富，含少量蛋白质、脂肪、矿物质，不但风味特殊，亦是清凉解渴的圣品。同时，还具有开胃、爽口、利尿、清热以及安神等食疗功能，以鲜食为主，也可盐渍、制罐及脱水蜜饯或果汁，亦可当菜炒肉丝、炒鱿鱼。

6. 红鳞蒲桃 *Syzygium hancei* Merr. et Perry

图 9-485 红鳞蒲桃

【别名】红鳞树

【形态特征】灌木或中等乔木，高达 20 米。叶片革质，狭椭圆形至长圆形或为倒卵形，长 3~7 厘米，宽 1.5~4 厘米，先端钝或略尖，基部阔楔形或较狭窄，上面干后暗褐色，不发亮，有多数细小而下陷的腺点，下面同色，侧脉相隔约 2 毫米，以 60 度开角缓斜向上，在两面均不明显，边脉离边缘约 0.5 毫米；叶柄长 3~6 毫米。圆锥花序腋生，长 1~1.5 厘米，多花；无花梗；花蕾倒卵形，长 2 毫米；花瓣 4，分离，圆形，长 1 毫米，雄蕊比花瓣略短；花柱与花瓣同长。果实球形，直径 5~6 毫米（图 9-485）。花期 7~9 月。

【生态习性】喜温暖湿润气候，对土壤要求不严，适应性较强。常见于低海拔疏林中。

【分布及栽培范围】产福建、广东、广西等省区，湖南有引种。越南也有。

【繁殖】播种繁殖。

【观赏】树形雅致，枝繁叶茂，叶厚光亮，终年翠绿，其嫩枝嫩叶鲜红色，艳丽可爱，是绿篱、球冠类型的上好佳材，亦是优良的庭园绿化、观赏树种。

【园林应用】园路树、庭荫树、园景树、风景林、树林。

【其它】树皮含鞣质，可制栲胶。

（六）番石榴属 *Psidium* Linn.

灌木或乔木；叶对生，羽状脉；花较大，1~3 朵聚生于腋生或侧生的花序上；萼管钟形或梨形，裂片 4~5，花前常闭合而呈不规则的分裂；花瓣白色，4~5 片；雄蕊多数，分离，排成多列，着生于花盘上，花药近基部着生，纵裂；子房下位，与萼管合生，4~5 室或更多，每室有胚珠多颗；浆果球形或梨形，顶有宿存萼片，胎座肉质；种子多数，种皮坚硬。

约 150 种，分布于热带美洲，我国引种有 2 种，其中番石榴 P. guajava L. 我国南部和台湾时见栽培，已驯化，常见有野生的，果甜美可食。

1. 番石榴 *Psidium guajava* Linn

【别名】喇叭番石榴

【形态特征】常绿小乔木或灌木，高达 13 米；树皮薄鳞片状剥落，平滑；小枝四棱形。单叶对生，叶背有绒毛并中肋侧脉隆起（叶脉表面下凹），长 6~12 厘米，长椭圆形，全缘。花白色，芳香，单生或 2~3 朵聚生叶腋，花两性，雄蕊多数，雌蕊 1 枚。浆果卵形或洋

图 9-486　番石榴

图 9-487　番石榴在园林中的应用

梨形，长 3~8 厘米，种子多数，小而坚硬（图 9-486）。

【生态习性】适应性很强的热带果树。耐旱亦耐湿，好光，阳光充足，结果早、品质好。对土壤水分要求不严，土壤 pH 值 4.5~8.0 均能种植。最适温度 23~28℃，最低月平均温度 15.5℃以上才有利于生长。年降雨量以 1000~2000 毫米为宜。

【分布及栽培范围】17 世纪末传入中国。现台湾、海南、广东、广西、福建、江西等省均有栽培，有的地方已逸为野生果树。原产美洲热带，16~17 世纪传播至世界热带及亚热带地区，如北美洲、大洋洲、新西兰、太平洋诸岛、印尼、印度、马来西亚、北非、越南等。

【繁殖】播种或扦插、压条、嫁接繁殖均可。中国以高枝压条繁殖为主。

【观赏】花白色，芳香，果大，具有较强的观赏性，是园林结合生产的良好树种。

【园林应用】园景树、树林、水边绿化、基础种植、盆栽及盆景观赏（图 9-487）。

【其它】果的营养丰富，可增加食欲，促进儿童生长发育。种子中铁的含量更胜于其它水果。果实具有治疗糖尿病及降血糖的药效，叶片也可治腹泻。果实除鲜食外，还可加工成果汁、浓缩汁、果粉、果酱、浓缩浆、果冻等。

六十五、石榴科 Punicaceae

落叶乔木或灌木；冬芽小，有 2 对鳞片。单叶，通常对生或簇生，有时呈螺旋状排列，无托叶。花顶生或近顶生，单生或几朵簇生或组成聚伞花序，两性，辐射对称；萼革质，萼管与子房贴生，且高于子房，近钟形，裂片 5~9，镊合状排列，宿存；花瓣 5~9，多皱褶，覆瓦状排列；雄蕊生萼筒内壁上部，多数，花丝分离，子房下位或半下位，心皮多数，1 轮或 2-3 轮，初呈同心环状排列，后渐成叠生，胚珠多数。浆果球形，顶端有宿存花萼裂片，果皮厚；种子多数，种皮外层肉质，内层骨质；胚直，无胚乳，子叶旋卷。

仅石榴属 1 属 2 种，其中原石榴为南也门的索科特拉岛所特有；另一种即石榴，起源于西亚地区，产于地中海区及亚洲西部至喜马拉雅，中国很早即有栽培 。

（一）石榴属 *Punica* Linn.

属特征见科特征。2 种，我国引入栽培 1 种 。

1. 石榴 *Punica granatum* Linn.

【别名】安石榴、若榴、丹若

【形态特征】叶灌木或乔木，高通常3~5米，稀达10米，枝顶常成尖锐长刺，幼枝具棱角，无毛，老枝近圆柱形。叶通常对生，纸质，矩圆状披针形，长2~9厘米，顶端短尖、钝尖或微凹，基部短尖至稍钝形，上面光亮，侧脉稍细密；叶柄短。花大，1~5朵生枝顶；萼筒长2~3厘米，通常红色或淡黄色，裂片略外展，卵状三角形，长8~13毫米，外面近顶端有1黄绿色腺体；花瓣通常大，红色、黄色或白色，长1.5~3厘米，宽1~2厘米，顶端圆形；花丝无毛，长达13毫米；花柱长超过雄蕊。浆果近球形，直径5~12厘米，通常为淡黄褐色或淡黄绿色。种子肉质的外种皮供食用(图9-488)。花期5~7月,果期9~10月。

(1) 月季石榴 'Nana' 丛生矮小灌木要，枝、叶、花均小；花红色，也有粉红、浅黄、白色等品种，花期长，易结果。是盆栽观赏的好材料。

(2) 千瓣月季石榴 'Nana Plea' 植株矮小，性状同月季石榴，惟花重瓣；是盆栽观赏好材料。

(3) 白花石榴 'albescens' 花白色，单瓣。

(4) 黄花石榴 'Flavescens' 花黄色。

(5) 千瓣黄花石榴 'Flavescins Plena' 花黄色，重瓣。

(6) 千瓣白花石榴 'Alba Plena' 花白色，重瓣。

(7) 千瓣红花石榴 'Plena' 花红色，重瓣。

(8) 千瓣橙红石榴 'Chico' 花橙红色，重瓣，径2.5~5厘米；夏天连续开花，不结果。

(9) 大花千瓣橙红石榴 'Wonderful' 花橙红色，重瓣，径达7.5厘米；果也较大。

(10) 玛瑙石榴 'Legrellei' 花重瓣，花瓣橙红色而且有黄白色条纹，边缘也黄白色。

(11) 墨石榴 'Nigra' 矮生种，枝较细软，叶狭小；花也小，多为单瓣；果熟时紫黑色，皮薄，子味酸不堪食。主要供观赏。

(12)"牡丹"石榴 'Mudan' 花冠大，重瓣，形似牡丹，状如绣球，花径8~15厘米，花色。

图9-488 石榴

图9-489 石榴在园林中的应用

【生态习性】喜光、有一定的耐寒能力，在北京向阳的小气候处能露地过冬，但经-20℃左右的低温则枝干死亡。有一定的耐旱能力。喜湿润肥沃排水良好的土壤，不适宜于山区栽培。寿命可达200年以上。在江南，一年有2~3次生长，春梢开花结实率最高。

【分布及栽培范围】原产亚洲中部。黄河流域及以南各省都有栽培。

【繁殖】播种、分株、压条、嫁接、扦插均可，但以扦插较为普遍。

【观赏】枝繁叶茂，花果期长达4~5个月之久。初春新叶红嫩，入夏花繁似锦，仲秋硕果高挂，深冬枝干虬枝。果被喻为繁荣昌盛、和睦团结的吉庆佳兆。重瓣的多难结实，以观花为主;单瓣的易结食，以观果为主。

【园林应用】园景树、水边绿化、基础种植、盆栽及盆景观赏(图9-489)。可丛植于阶前、庭中、窗前或亭台、山石、路廊之侧。

【生态功能】对有毒气体抗性较强，为有污染地区的重要观赏树种之一。

【文化】石榴有许多美丽的名字：丹若、沃丹、安石榴、若榴、丹若、金罂、金庞、天浆等。丹是红色的意思，石榴花有大红、桃红、橙黄、粉红、白色等颜色，火红色的最多，所以留给人们的颜色是火红的，农历的五月，是石榴花开最艳的季节，五月因此又雅称"榴月"。

石榴花果并丽，火红可爱，又甘甜可口，被人们喻为繁荣、昌盛、和睦、团结、吉庆、团圆的佳兆，是我国人民喜爱的吉祥之果，在民间形成了许多与石榴有关的乡风民俗和独具特色的民间石榴文化：石榴籽粒丰满，在民间象征多子和丰产；人们常用"连着枝叶、切开一角、露出累累果实的石榴"的图案，以象征多子多孙，谓之"榴开百子"；石榴又是我国人民彼此馈赠的重要礼品，中秋佳节送石榴，成为应节吉祥的象征；石榴的榴原作"留"，故被人赋予"留"之意，"折柳赠别"与"送榴传谊"，成为有中原特色的民俗。

石榴与中国的服饰文化也有着密切的联系，这也许是因人有人说石榴花像舞女的裙裾。梁元帝的《乌栖曲》中有"芙蓉为带石榴裙"之填词，"石榴裙"的典故，缘此而来。古代妇女着裙，多喜欢石榴红色，而当时染红裙的颜料，也主要是从石榴花中提取而成，因此人们也将红裙称之为"石榴裙"，久而久之，"石榴裙"就成了古代年轻女子的代称，人们形容男子被女人的美丽所征服，就称其"拜倒在石榴裙下"。

石榴也是西班牙、利比亚国花。

【其它】果实可供食用，有甜、酸、酸甜等品种，维生素 C 的含量比苹果、梨均高 1~2 倍，富含钙质及磷质。叶炒后可代茶叶。

六十六、野牡丹科 Melastomataceae

草本、灌木或小乔木，直立或攀援，枝条对生。单叶，对生或轮生，通常为 3~5(7) 基出脉，侧脉通常平行，多数；无托叶。花两性，辐射对称，通常为 4~5 数；呈聚伞花序、伞形花序、伞房花序，或由上述花序组成的圆锥花序，或蝎尾状聚伞花序；花萼漏斗形、钟形或杯形，常四棱，与子房基部合生，常具隔片；花瓣通常具鲜艳的颜色，与萼片互生，通常呈螺旋状排列或覆瓦状排列，常偏斜；雄蕊为花被片的 1 倍或同数，与萼片及花瓣两两对生，或与萼片对生；花丝丝状，常向下渐粗；花药 2 室；子房下位或半下位，子房室与花被片同数或 1 室；中轴胎座或特立中央胎座，胚珠多数或数枚。蒴果或浆果，通常顶孔开裂，与宿存萼贴生。

约 240 属，3000 余种，分布于热带和亚热带地区，中国有 25 属，156 种。

本科的雄蕊是最好的认识标志，花药虽具 2 室，但为孔裂，稀纵裂，雄蕊的这一奇异特征，不但是本科与其他科极明显的区别特征，同时，也是科内分属的重要依据。

（一）野牡丹属 *Melastoma* L.

灌木，茎四棱形或近圆形，通常被毛或鳞片状糙伏毛。叶对生，被毛，全缘，5~7 基出脉；具叶柄。花单生或组成圆锥花序顶生或生于分枝顶端，5 数；花萼坛状球形，被毛或鳞片状糙伏毛；花瓣淡红色至红色，或紫红色，通常为倒卵形，常偏斜；雄蕊 10，5 长 5 短；子房半下位，卵形，5 室；花柱与花冠等长，柱头点尖。蒴果卵形，顶孔最先开裂或宿存萼中部横裂；宿存萼坛状球形。

约 70 种，分布于热带亚洲和大洋洲。我国有 9 种，产长江以南各省区，有些供观赏。

分种检索表

1 植株直立，高 0.5~3 米，叶长 4~15 厘米，宽 1.4~5 厘米 ………………… 1 牡丹 *M. candidum*

1 植株矮小，茎匍匐上升，高 10~60 厘米，叶长 4 厘米，宽小于 2 厘米 2 地稔 *M. dodecandrum*

1. 野牡丹 *Melastoma candidum* D.Don

【别名】山石榴

【形态特征】灌木，高 0.5~1.5 米。茎钝四棱形或近圆柱形，茎、叶柄密被紧贴的鳞片状糙毛。叶对生；叶柄长 5~15 毫米；叶片坚纸质，卵形或广卵形，长 4~10 厘米，宽 2~6 厘米，先端急尖，基部浅心形或近圆形，全缘，两面被糙伏毛及短柔毛；基出脉 7 条。伞房花序生于分枝顶端，近头状，有花 3~5 朵，基部具叶状总苞 2；苞片、花梗及花萼密被鳞片产太糙伏毛；花梗长 3~20 毫米；花 5 数，花萼长约 2.2 厘米，裂片卵形或略宽，与萼管等长或略长，先端渐尖，两面均被毛；花瓣玫瑰红色或粉红色，倒卵形。蒴果坛状球形，与宿存萼贴生，长 1~1.5 厘米，直径 8~12 毫米，密被鳞片状糙伏毛（图 9-490）。花期 5-7 月，果期 10-12 月。

【生态习性】喜温暖湿润的气候，稍耐旱和耐瘠。喜疏松而含腐殖质多的土壤。耐瘠薄。多生长于海拔约 120 米以下的山坡松林下或开阔的灌草丛中，是酸性土常见的植物。

【分布及栽培范围】云南、广西、广东、福建、台湾。

图 9-490 野牡丹

图 9-491 野牡丹在园林中的应用

印度支那也有。

【繁殖】播种繁殖，也可扦插。

【观赏】观花植物。

【园林应用】园景树、基础种植、绿篱、地被植物、盆栽及盆景观赏（图 9-491）。可孤植、片植、或丛植布置园林绿地。

【其它】根、果实可药用，有以下功效：消积利湿、清热解毒、主食积等。

2. 地菍 *Melastoma dodecandrum* Lour.

【别名】铺地锦、山地菍、地樱子、地枇杷

【形态特征】披散或匍匐状亚灌木。技秃净或被疏粗毛。叶小，卵形、倒卵形残椭圆形，长 1.2~3 厘米，宽 8~20 毫米，先端短尖，基部浑圆，3~5 条主脉，除上面边缘和背脉上薄被疏粗毛外，余均秃净；叶柄长 2~4 毫米，被粗毛。花 1~3 朵生于枝梢，直径约 2.5 厘米；萼管长约 5 毫米，被短粗毛，裂片 5，披针形，短于萼管；花瓣 5，紫红色，倒卵圆形，长约 1.2 厘米；雄蕊 10，5 强，花药顶孔开裂；子房与萼管合生，5 室，外表有粗毛。浆果球形，径约 7 毫米，熟时紫色，

图 9-492 地稔

图 9-493 地稔在园林中的应用

被祖毛（图 9-492）。花期 5 月。果期 6~7 月。

盛开时，繁茂的茎叶丛中怒放着无数的娇艳美丽的花朵，形成了百花争艳，万紫千红的繁华景色，故又名“地红花”。

【生态习性】适应性强，生长速度快。耐旱耐瘠、耐荫耐践踏，可粗放管理。自然生长于坡地、石崖，特别适宜边坡绿化中，能充分体现乡土气息与自然韵味。

【分布及栽培范围】我国长江以南各省区。越南也有分布。

【繁殖】播种或分株繁殖。

【观赏】地稔在早春就已茎叶繁茂；夏季又有鲜花吐艳；秋天果实累累；严冬来临依旧绿意盎然。叶中有花，花中有果的景色长达半年之久，象征着“四季吉利”、“多福多寿”、“好景长存”。

【园林应用】基础种植、地被植物、特殊环境绿化、盆栽及盆景观赏（图 9-493）。

【其它】地稔的果可食，亦可酿酒。果实可作为新一代水果开发利用。根及全株均能入药，捣碎外用可治疮、痈、疽、疖，根可解木薯中毒。

六十七、使君子科 Combretaceae

乔木、灌木或稀木质藤本，有些具刺。单叶对生或互生，全缘或稍呈波状，稀有锯齿，具叶柄，无托叶。叶基、叶柄或叶下缘齿间具腺体。花通常两性，有时两性花和雄花同株，辐射对称，偶有左右对称，由多花组成头状花序、穗状花序、总状花序或圆锥花序，花萼裂片 4~5(8)，镊合状排列，宿存或脱落；花瓣 4~5 或不存在，覆瓦状或镊合状排列，雄蕊通常插生于萼管上，2 枚或与萼片同数或为萼片数的 2 倍；子房下位。坚果、核果或翅果。常有 2~5 棱。

约 18 属，约 450 种左右，主要产于热带，其中亚洲、非洲较多。中国有 6 属 25 种，7 变种，主产华南和西南。

分属检索表

1 花瓣不存在，叶互生或近对生 ························· 1 榄仁树属 *Terminalia*

1 花瓣 4~5，叶对生 ························· 2 使君子属 *Quisqualis*

（一）榄仁树属 *Terminalia* Linn.

大乔木，具板根，稀灌木。叶通常互生，常成假轮状聚生枝顶，稀对生或近对生，全缘或稍有锯齿，间或具细瘤点及透明点。叶柄上或叶基部常具 2 枚以上腺体。穗状花序或总状花序腋生或顶生，有时排成圆锥花序状；花小，5 数，稀为 4 数，两性，稀花序上部为雄花，下部为两性花，雄花无梗。苞片早落，萼管杯状，萼齿 5 或 4。雄蕊 10 或 8，2 轮。子房下位，胚珠 2，稀 3~4。假核果，大小形状悬珠，通常肉质，有时革质或木栓质，具棱或 2~5 翅；内果皮具厚壁组织（与使君子属不同）；种子 1。无胚乳，子叶旋卷。

约 200 种，广布于热带地区，我国有 8 种，产西南部至台湾。

分种检索表

1 果近球形，有 5 条纵翅……………………………………………………… 1 阿江榄仁 *T. arjuna*

1 果近球形，有 3 膜质翅

  2 叶小，叶长 3~4 厘米……………………………………………………… 2 小叶榄仁 *T. mantaly*

  2 叶大，叶长达 10 厘米 ……………………………………………………… 3 莫氏榄仁 *T. muelleri*

1. 阿江榄仁 *Terminalia arjuna* Wight et Arn.

【别名】 柳叶榄仁

【形态特征】 落叶大乔木，高度可达 25 米，具有板根。叶片长卵形，冬季落叶前，叶色不变红。核果果皮坚硬，近球形，有 5 条纵翅（图 9-494）。

【生态习性】 喜温暖湿润、光照充足的气候环境，耐寒性好。喜欢疏松湿润肥沃土壤，可耐较高地下水位。根系发达，具有较好的抗风性。

【分布及栽培范围】 原产东南亚地区。广东、广西有引种栽培。

【繁殖】 播种繁殖。

【观赏】 树形优美，资态优雅。

【园林应用】 行道树、园路树、庭荫树、园景树、树林、水边绿化、盆栽及盆景观赏。单植、列植或群植均可。

2. 小叶榄仁 *Terminalia mantaly* H. Perrier

【别名】 细叶榄仁、非洲榄仁

【形态特征】 落叶乔木，株高可达 15 米。其花小而不显著，呈穗状花序，主干浑圆挺直，枝丫自然分层轮生于主干四周，层层分明有序水平向四周开展，枝椏柔软，小叶枇杷形，具短绒毛，冬季落叶后光秃柔细的枝椏美，益显独特风格；春季萌发青翠的新叶，随风飘整树外观逸，姿态甚为优雅。果近球形，有 3 膜质翅。叶小，叶长 3~4 厘米（图 9-495）。

图 9-494 阿江榄仁

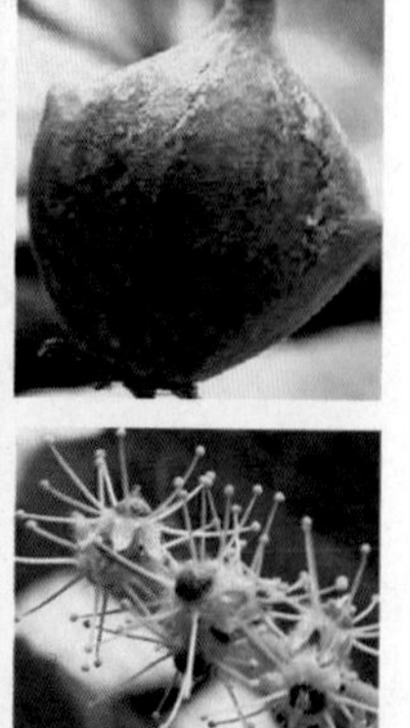

图 9-495 小叶榄仁

图 9-496 小叶榄仁在园林中的应用

【生态习性】阳性植物，需强光。耐热、耐湿、耐碱、耐瘠、抗污染、易移植。生长适温 23~32℃。生长慢，寿命长。

【分布及栽培范围】热带地区。

【繁殖】播种、嫁接繁殖。

【观赏】树形优美，资态优雅。

【园林应用】行道树、园路树、庭荫树、园景树、树林、水边绿化、特殊绿化(海岸树种)、盆栽及盆景观赏(图 9-496)。单植、列植或群植均可。

3. 莫氏榄仁 *Terminalia muelleri* Benth.

【别名】中叶榄仁、澳洲榄仁树、美洲榄仁

【形态特征】落叶乔木，高 5 米。树干通直，枝叉分枝均匀。主干浑圆挺直，枝椏自然分层轮生于主干四周，层层分明有序水平向四周开展，枝椏柔软，冬季落叶后光秃柔细的枝椏美，显独特风格。叶革质，10 厘米，前头尖圆，落叶前转红色。花：小，1 厘米，花瓣肉厚，白色带红。果成熟时蓝色，直径 3 厘米，有 3 膜质翅(图 9-489)。

图 9-497 莫氏榄仁

莫氏榄仁的叶子明显比小叶榄仁的叶子大，可以理解为小叶榄仁的放大版。

【生态习性】喜光，喜排水良好的土壤；耐风；耐盐碱。

【分布及栽培范围】热带地区。

【繁殖】播种、嫁接繁殖。

【观赏】树形优美，资态优雅。

【园林应用】行道树、园路树、庭荫树、园景树、树林、水边绿化、特殊绿化(海岸树种)、盆栽及盆景观赏。单植、列植或群植均可。

(二)使君子属 *Quisqualis* Linn.

木质藤本或蔓生灌木。叶膜质，对生或近对生，全缘；叶柄在落叶后宿存。花较大，两性，白色或红色，组成长的顶生或腋生的穗状花序(稀分枝)；萼管细长，管状，脱落，具广展、外弯、小形的萼片 5 枚；花瓣 5，远较萼大，在花时增大；雄蕊 10，成 2 轮，插生于萼管内部或喉部，花药丁字着；花盘狭管状或缺；子房 1 室，胚珠 2~4，倒悬于子房室的顶端；珠柄有时具乳突，花柱丝状，部分和萼管内壁贴生。果革质，长圆形，两端狭。

世界 17 种，我国 2 种。

1. 使君子 *Quisqualis indica* Linn.

图 9-498　使君子

【别名】留求子、史君子

【形态特征】攀援状灌木，高 2~8 米；小枝被棕黄色短柔毛。叶对生或近对生，叶片膜质，卵形或椭圆形，长 5~11 厘米，宽 2.5~5.5 厘米，先端短渐尖，基部钝圆，表面无毛，背面有时疏被棕色柔毛；叶柄长 5~8 毫米，无关节，幼时密生锈色柔毛。顶生穗状花序，组成伞房花序式；萼管长 5~9 厘米，被黄色柔毛，先端具广展、外弯、小形的萼齿 5 枚；花瓣 5，长 1.8~2.4 厘米，宽 4~10 毫米，先端钝圆，初为白色，后转淡红色；雄蕊 10，不突出冠外，外轮着生于花冠基部，内轮着生于萼管中部；子房下位。果卵形，短尖，长 2.7~4 厘米，径 1.2~2.3 厘米，无毛，具明显的锐棱角 5 条（图 9-498）。花期 5~9 月，果期 6~10 月。

【生态习性】不耐寒。生于平地、山坡、路旁等向阳灌丛中。

【分布及栽培范围】福建、台湾（栽培）、江西南部、湖南、广东、广西、四川、云南、贵州。长江中下游以北无野生记录。印度、缅甸至菲律宾有分布。

【繁殖】播种、分株、扦插和压条繁殖。

【观赏】花美丽，具较强的观赏价值。

图 9-499　使君子在园林中的应用

【园林应用】垂直绿化、地被植物、盆栽及盆景观赏（图 9-499）。

【其它】著名的驱虫药，已有 1600 多年历史。

六十八、八角枫科 Alangiaceae

落叶乔木或灌木，极稀有刺。枝圆柱形，有时略呈“之”字形。单叶互生，有叶柄，无托叶，全缘或掌状分裂，基部两侧常不对称，羽状叶脉或由基部生出 3~7 条主脉成掌状。花序腋生，聚伞状，极稀伞形或单生，小花梗常分节。苞片线形、钻形或三角形，早落。花两性，淡白色或淡黄色，通常有香气。花萼小，萼管钟形与子房合生；萼片 4~10 齿状小裂片；花瓣 4~10，镊合状排列；雄蕊与花瓣同数而互生或为花瓣数目的 2~4 倍；子房下位，1(~2) 室，花柱 1，不分裂或 2~4 裂；子房每室具一胚珠。果为核果。

仅有八角枫属 1 属，因其叶具八角而得名，事实上五裂或五角比较常见。

（一）八角枫属 *Alangium* Lam.

本属的特征与科相同。本属有 30 余种，分布亚洲、大洋洲和中非洲东部。中国有 9 种。

分种检索表

1 每花序有 7~30(50) 朵花，花瓣长 1~1.5 厘米……………………………1 八角枫 *A. chinense*

1 每花序仅有少数几朵花，花瓣长 1.8 厘米 以上…………………………2 瓜木 *A. platanifolium*

1. 八角枫 *Alangium chinense* Harms

【别名】华瓜木、櫙木

【形态特征】落叶乔木或灌木，高 3~5 米。小枝略呈"之"字形，幼枝紫绿色，无毛或有稀疏的疏柔毛。叶纸质，近圆形或椭圆形、卵形，顶端短锐尖或钝尖，基部两侧常不对称，一侧微向下扩张，另一侧向上倾斜，阔楔形、截形、稀近于心脏形，长 13~19 (26) 厘米，宽 9~15 (22) 厘米，不分裂或 3~7 (9) 裂，裂片短锐尖或钝尖，叶上面深绿色，无毛，下面淡绿色，除脉腋有丛状毛外，其余部分近无毛；基出脉 3~5 (7)，成掌状，侧脉 3~5 对；叶柄长 2.5~3.5 厘米，紫绿色或淡黄色，幼时有微柔毛，后无毛。聚伞花序腋生，长 3~4 厘米，被稀疏微柔毛，有 7~30（50）花，花梗长 5~15 毫米；总花梗长 1~1.5 厘米；花冠圆筒形，长 1~1.5 厘米，花萼长 2~3 毫米，顶端分裂为 5~8 枚齿状萼片；花瓣 6~8，线形，初为白色，后变黄色；子房 2 室。核果卵圆形，长约 5~7 毫米，直径 5~8 毫米，成熟后黑色（图 9-500）。花期 5~7 月和 9~10 月，果期 7~11 月。

常见亚种有：伏毛八角枫 *A. chinense* Harms subsp. strigosum Fang、稀毛八角枫 *A. chinense* Harms subsp. pauciflorum Fang、深裂八角枫 *A. chinense* Harms subsp. triangularc Fang.

【生态习性】喜光、稍耐荫，对土壤要求不严，喜肥沃、疏松、湿润的土壤，具一定耐寒性，萌芽力强，耐修剪，根系发达，适应性强。伴生植物主要有紫荆、白杜、核桃、栾树等。

【分布及栽培范围】河南、陕西、甘肃、长江中下流、华南、西南、台湾、西藏南部。东南亚及非洲东部各国有分布。

【繁殖】播种繁殖。

【观赏】八角枫的叶片形状较美，花虽不大，但花期较长，具有一定的观赏价值。

图 9-500　八角枫

【园林应用】园景树、树林、防护林、基础种植。常种植于建筑物的四周、路边等。

【生态功能】根部发达适宜于山坡地段造林，对涵养水源，防止水土流失有良好的作用。

【其它】侧根、须状根及叶、花入药。夏、秋采叶及花，晒干备用或鲜用。可祛风除湿、散瘀止痛。主治风湿筋骨疼痛，跌打损伤。木材可用于造纸、家具、建筑、胶合板等。

2. 瓜木 *Alangium platanifolium* Harms.

【别名】八角枫

【形态特征】落叶灌木或小乔木，高 5~7 米。树皮平滑，灰色，小枝略呈"之"形弯曲。叶互生，纸质，近圆形，稀阔卵形或倒卵形，长 11~13(18) 厘米，宽 8~11(18) 厘米，不分裂或稀分裂，先端钝尖，基部近心形或圆形，边缘波状或钝锯齿状，两面沿脉或脉腋幼时有柔毛，主脉 3~5 条；叶柄长 3.5~5(10) 厘米。聚伞花序腋生，长 3~3.5 厘米，有 3~5 花；花萼近钟形，外被稀疏短柔毛，裂片 5，三角形；花瓣 6~7，线形，白色，外被短柔毛，近基部较密，花瓣长 1.8 厘米以上，宽 1~2 毫米，基部粘合，上部开放时反卷；雄蕊 6~7，较花瓣短，花丝扁平，长 8~14 毫米，微有短柔毛，花药长 1.5~2.1 厘米；花盘肥厚；子房 1 室，花柱粗壮，长 2.6~3.6 厘米，柱头扁平。核果长卵形或长椭圆形，长 8~12 毫米，直径 4~8 毫米，顶端有宿存花萼裂片(图 9-501)。花期 3~7 月，果期 7~9 月。

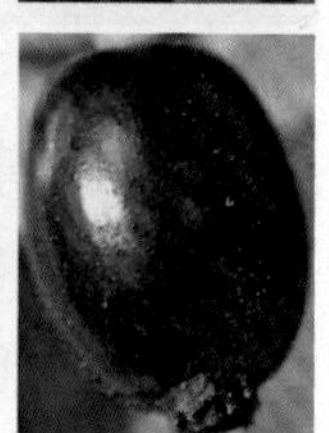

图 9-501　瓜木

【生态习性】阳性树。稍耐荫，对土壤要求不严，喜肥沃、疏松、湿润的土壤，具一定耐寒性，萌芽力强，耐修剪，根系发达，适应性强。自然分布在海拔 2000 米的地区。

【分布及栽培范围】吉林、辽宁、河北、山西、河南、陕西、甘肃、山东、浙江、台湾、江西、湖北、四川、贵州、云南东北部。朝鲜、日本也有分布。

【繁殖】播种繁殖。

【观赏】瓜木的叶片形状较美，花虽不大，但花期较长，具有一定的观赏价值。

【园林应用】园景树、树林、防护林、基础种植。常种植于建筑物的四周、路边等。

【其它】木材可用于人造丝、造纸、家具、建筑、胶合板等。

六十九、蓝果树科（珙桐科）Nyssaceae

落叶乔木，稀灌木。单叶互生，有叶柄，无托叶，卵形、椭圆形或矩圆状椭圆形，全缘或边缘锯齿状。花序头状、总状或伞形；花单性或杂性，异株或同株，常无花梗或有短花梗。雄花：花萼小，裂片齿牙状或短裂片状或不发育；花瓣 5 稀更多，覆瓦状排列；雄蕊常为花瓣的 2 倍或较少，常排列成 2 轮，花丝线形或钻形，花药内向，椭圆形；花盘肉质，垫状，无毛。雌花：花萼的管状部分常与子房合生，上部裂成齿状的裂片 5；花瓣小，5 或 10，排列成覆瓦状；花盘垫状，无毛，有时不发育；子房下位，1 室或 6~10 室，每室有 1 枚下垂的倒生胚珠，花柱钻形，上部微弯曲，有时分枝。果实为核果或翅果，顶端有宿存的花萼和花盘，1 室或 3~5 室，每室有下垂种子 1 颗，外种皮很薄，纸质或膜质；胚乳肉质，子叶较厚或较薄，近叶状，胚根圆筒状。

3 属 10 余种，分布于亚洲和美洲。中国有 3 属 8 种。

科识别特征：单叶互生无托叶，木本植物有叶柄。头状花序最常见，亦为总状或伞形。雄花萼小不发育，花瓣 5 枚相离生。雄蕊 2 轮常 10 枚，雌花花萼裂片 5。

分属检索表

1 翅果，两侧具窄翅，多数聚集成头状 ……………………………… 1 喜树属 *Camptotheca*

1 核果，常单生或数个着生成头序果序

　2 果小，长 1~2 厘米，径 5~10 毫米，常数个着生成头状果序 … 2 蓝果树属 *Nyssa*

　2 果大，长 3~4 厘米，径 1.5~2 厘米，常单生 ……………………… 3 珙桐属 *Davidia*

（一）喜树属 *Camptotheca* Decne.

仅有 1 种，我国特产。属特征见种特征。

1. 喜树 *Camptotheca acuminata* Decne.

【别名】旱莲、旱莲子、千丈树

【形态特征】落叶大乔木。树皮灰色或浅灰色，纵裂成浅沟状。小枝圆柱形，平展。叶互生，卵状长方形或卵状椭圆形，长 12-28 厘米，宽 6-12 厘米，顶端短锐尖，基部近圆形或阔楔形，全缘，上面亮绿色，幼时脉上有短柔毛，其后无毛，下面淡绿色，疏生短柔毛，叶脉上更密，中脉在上面微下凹，在下面凸起，侧脉 11-15 对，在上面显著，在下面略凸起；叶柄红色或略带红色，有疏毛。花单性同株，成球形头状花序；花萼 5 齿裂；花瓣 5，绿色；雄花雄蕊 10；雌花子房下位。果序球状（图 9-502）。花期 6~8 月，果期 10~11 月。

【生态习性】暖地速生树种。喜光，稍耐荫，不耐严寒干燥。喜土层深厚、湿润而肥沃的土壤；在干旱瘠薄地生长发育不良。深根性，萌芽率强。较耐水湿。在石灰岩风化土及冲积土生长良好。自然生于海拔 1000 米以下较潮湿处。

【分布及栽培范围】浙江、江苏、江西、湖北、湖南、四川西部、贵州、广东、广西、云南、福建。

【繁殖】播种繁殖。

【观赏】主干通直，树冠宽展，叶荫浓郁，是良好的四旁绿化树种。

【园林应用】园路树、庭荫树、园景树、风景林、树林（图 9-503）。

图 9-502 喜树

图 9-503 喜树在园林中的应用

【其它】木材可制家具及造纸原料；根含喜树碱，供药用。

（二）蓝果树属 *Nyssa* Gronov. ex Linn.

乔木或灌木。叶互生，全缘或有锯齿，常有叶柄，无托叶。花杂性，异株，无花梗或有短花梗，成头状花序、伞形花序或总状花序；雄花的花托盘状、杯状或扁平，雌花或两性花的花托较长，常成管状、壶状或钟状；花萼细小，裂片 5~10；花瓣通常 5~8，卵形或矩圆形，顶端钝尖；雄蕊在雄花中与花瓣同数或为其 2 倍，花丝细长，常成线形或钻形，花药阔椭圆形，纵裂，在雌花和两性花中雄蕊与花瓣同数或不发育，花盘肉质，垫状，全缘或边缘成圆齿状或裂片状；在两性花和雌花中子房下位和花托合生，1 室稀 2 室，每室有胚珠 1 颗，花柱近钻形，不分裂或上部 2 裂，弯曲或反卷，柱头有纵沟纹，在雄花中雌蕊不发育。核果矩圆形、长椭圆形或卵圆形，顶端有宿存的花萼和花盘，内果皮骨质，扁形，有沟纹；胚乳丰富，子叶矩圆形或卵形，胚根短圆筒形。

本属约 10 余种，产亚洲和美洲。我国有 7 种。

1. 蓝果树 *Nyssa sinensis* Oliv.

图 9-504　蓝果树

图 9-505　蓝果树在园林中的应用

【别名】紫树、柅萨木

【形态特征】落叶乔木，高达 20 米，树皮常裂成薄片脱落；小枝圆柱形。叶纸质或薄革质，互生，椭圆形或长椭圆形，长 12~15 厘米，宽 5~6 厘米，顶端短急锐尖，基部近圆形，边缘略呈浅波状，上面无毛，深绿色，干燥后深紫色，下面淡绿色，有很稀疏的微柔毛，中脉和 6~10 对侧脉均在上面微现，在下面显著；叶柄淡紫绿色，长 1.5~2 厘米，上面稍扁平或微呈沟状，下面圆形。花序伞形或短总状，总花梗长 3~5 厘米 c；花单性；雄花着生于叶已脱落的老枝上，花梗长 5 毫米；花瓣早落，窄矩圆形，较花丝短；雄蕊 5-10 枚，生于肉质花盘的周围。雌花生于具叶的幼枝上，基部有小苞片，花梗长 1~2 毫米；花萼的裂片近全缘；花瓣鳞片状，约长 1.5 毫米；子房下位。核果矩圆状椭圆形或长倒卵圆形，长 1~1.2 厘米，宽 6 毫米，成熟时深蓝色，后变深褐色；果梗长 3~4 毫米，总果梗长 3~5 厘米（图 9-504)。花期 4 月下旬，果期 9 月。

【生态习性】喜光，喜温暖湿润气候及深厚、肥沃而排水良好的酸性土壤，耐干旱瘠薄，生长快。常与香榧、银杏、金钱松、杜英、木莲、木荷、光皮桦等混生。对二氧化硫抗性强。果实可诱鸟。

【繁殖】播种繁殖。

【观赏】嫩叶、秋叶均为红色，果熟时蓝色。

【园林应用】庭荫树、风景林、树林（图 9-505）。在园林中可与常绿阔叶树混植，作为上层骨干树种，构成林丛。

【其它】木材，结构细匀，材质轻软适中，可作食品、茶叶包装箱。树皮中提取的蓝果碱有抗癌作用。

（三）珙桐属 *Davidia* Baill.

属特征见种特征。只有珙桐 1 种，产我国西南和鄂西。

1. 珙桐 *Davidia involucrata* Baill.

【别名】鸽子树、鸽子花树、

【形态特征】落叶乔木，高 15~20 米；胸高直径约 1 米。叶纸质，互生，无托叶，阔卵形或近圆形，常长 9~15 厘米，宽 7~12 厘米，顶端急尖或短急尖，基部心脏形或深心脏形，边缘有三角形而尖端锐尖的粗锯齿，下面密被淡黄色或淡白色丝状粗毛，中脉和 8~9 对侧脉均在上面显著，在下面凸起；叶柄长 4~5 厘米。两性花与雄花同株，由多数的雄花与 1 个雌花或两性花成近球形的头状花序，直径约 2 厘米，着生于幼枝的顶端，两性花位于花序的顶端，雄花环绕于其周围，基部具纸质、矩圆状卵形或矩圆状倒卵形花瓣状的苞片 2~3 枚，长 7~15 厘米，宽 3~5 厘米，初淡绿色，继变为乳白色，后变为棕黄色而脱落。雄花无花萼及花瓣，有雄蕊 1~7，长 6~8 毫米；雌花或两性花具下位子房，6~10 室，与花托合生，子房的顶端具退化的花被及短小的雄蕊，花柱粗壮，分成 6~10 枝，柱头向外平展，每室有 1 枚胚珠，常下垂。果实为长卵圆形核果，长 3~4 厘米，直径 15~20 毫米，紫绿色具黄色斑点，种子 3~5 枚；果梗粗壮，圆柱形（图 9-506）。花期 4 月，果期 10 月。

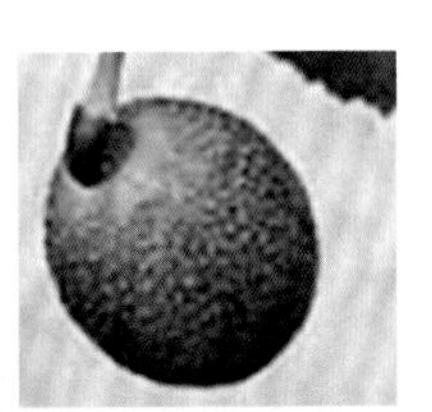

图 9-506　珙桐

图 9-507　珙桐在园林中的应用

【生态习性】喜半荫和温凉湿润气候。喜深厚、肥沃、湿润而排水良好的酸性或中性土壤。忌碱性和干燥土壤。不耐阳光曝晒。不耐瘠薄，不耐干旱。成年树趋于喜光。

【分布及栽培范围】陕西东南部，湖北、湖南、贵州、四川、云南等地。常混生于海拔 1500~2200 米的阔叶林中，偶有小片纯林。

【繁殖】播种、扦插及压条繁殖。

【观赏】著名的珍贵观赏树，树形高大端整，开花时白色苞片远观似许多白色的鸽子栖于树端，蔚为奇观，故有鸽子树之称，寓意“和平友好”。

【园林应用】庭荫树、园景树（图 9-507）。宜植于温暖地带的较高海拔地区的庭院、山坡、休疗养所、宾馆、展览馆前作庭荫树，象征和平的含意。

【文化】珙桐是第四纪冰川南移时幸存的“遗老”，为中国特有的树种，有“植物活化石”、“绿色大熊猫”之称，是国家一级濒危保护野生植物。

【其它】根皮、树皮及果实含生物碱，有抗癌作用。

七十、山茱萸科 Cornaceae

落叶或常绿乔、灌木，极稀草本。单叶对生或互生，少数近于轮生；叶脉羽状，稀掌状；边缘全缘或有锯齿；无托叶或有托叶，分裂或不裂。花两性或单性异株，常组成圆锥、伞形、聚伞花序，个别属为头状花序，具苞片或总苞片；花萼管状，与子房合生，先端具 3~5 萼片；花瓣 3~5，镊合状或覆瓦状排列；雄蕊与花瓣同数而互生，子房下位。果实为核果或浆果状核果。

共 15 属，100 种，分布于温带和热带高山上，我国有 7 属，约 60 种左右，广布于各省，有些供观赏用。

科识别特征：木本单叶常对生，辐射对称花两性。排列各式花序形，常具苞片花瓣形。花萼裂片 4\5 片，花瓣分离同雄蕊。雌蕊心皮 2\4 片，子房下位花柱 1。果实核果或浆果，种子胚小胚乳多。

分属检索表

1 子房 2~5 室；非上述花序

2 花两性；子房 2 室

3 叶互生或对生；伞房状聚伞花序无总苞片；核果球形或近于球形

4 叶对生；核果球形或近于卵圆形；核的顶端无孔穴……………… 1 梾木属 *Cornus*

4 叶互生；核果球形；核顶端有一个方形孔穴……………………… 2 灯台树属 *Bothrocaryum*

3 叶对生；伞形花序或头状花序有芽鳞状或花瓣状的总苞片

5 伞形花序，总苞片绿色；核果长椭圆形…………………………… 3 山茱萸属 *Macrocarpium*

5 头状花序，总苞片白色；果实为聚合状核果……………………… 4 四照花属 *Dendrobenthamia*

2 花单性异株；子房 3~5 室…………………………………………………… 5 青荚叶属 *Aucuba*

1 子房 1 室；直立圆锥花序……………………………………………………… 6 桃叶珊瑚属 *Helwingia*

（一）梾木属 *Cornus* Linn.

落叶乔木或灌木，稀常绿。冬芽顶生或腋生，卵形或狭卵形。叶对生，纸质，稀革质，卵圆形或椭圆形，边缘全缘，通常下面有贴生的短柔毛。伞房状或圆锥状聚伞花序，顶生，无花瓣状总苞片；花小，两性；花萼管状，顶端有齿状裂片 4；花瓣 4，白色，卵圆形或长圆形，镊合状排列；雄蕊 4，着生于花盘外侧，花丝线形，花药长圆形，2 室；花盘垫状；花柱圆柱形，柱头头状或盘状；子房下位，2 室。核果球形或近于卵圆形，稀椭圆形；核骨质，有种子 2 枚。

本属 40 余种，产北温带，中国 25 种 20 变种 (包括引入栽培)。

分种检索表

1 灌木，花柱圆柱形……………………………………………………………1 红瑞木 *C. alba*

1 乔木，花柱成棍棒形…………………………………………………………2 光皮梾木 *C. wilsoniana*

1. 红瑞木 *Cornus alba* L.

【别名】凉子木、红梗木

【形态特征】落叶灌木，高达 3 米；树皮紫红色；幼枝有淡白色短柔毛，老枝红白色，散生灰白色圆形皮孔及略为突起的环形叶痕。叶对生，纸质，椭圆形，长 5~8.5 厘米，宽 1.8~5.5 厘米，先端突尖，基部楔形或阔楔形，边缘全缘或波状反卷，上面暗绿色，有极少的白色平贴短柔毛，下面粉绿色，被白色贴生短柔毛，有时脉腋有浅褐色髯毛，中脉在上面微凹陷，下面凸起，侧脉（4~）5（~6）对，弓形内弯，在上面微凹下，下面凸出。伞房状聚伞花序顶生，较密，宽 3 厘米，被白色短柔毛;总花梗圆柱形，长 1.1~2.2 厘米;花小，白色或淡黄白色，长 5~6 毫米，直径 6~8.2 毫米；雄蕊 4；花柱圆柱形，长 2.1~2.5 毫米，子房下位，花托倒卵形，长 1.2 毫米；花梗纤细，长 2~6.5 毫米。核果长圆形，长约 8 毫米，直径 5.5~6 毫米，成熟时乳白色或蓝白色，花柱宿存；果梗细圆柱形，长 3~6 毫米（图 9-508）。花期 6~7 月；果期 8~10 月。

【生态习性】喜光，耐寒，喜略湿润土壤。生于海拔 600~1700 米的杂木林或针阔叶混交林。

【分布及栽培范围】东北、华北、北京温带针阔叶混交林区、北部暖温带落叶阔叶林区、南部暖带落叶阔叶林区。俄罗斯、朝鲜、朝鲜、俄罗期及欧洲其它地区也有分布。

【繁殖】播种、扦插和压条法繁殖。

【观赏】秋叶鲜红，小果洁白，落叶后枝干红艳如珊瑚，是少有的观茎植物。庭院观赏、丛植。

图 9-508　红瑞木

图 9-509　红瑞木在园林中的应用

【园林应用】园景树、基础种植、绿篱、盆栽观赏等（图 9-509）。园林中多丛植草坪上或与常绿乔木相间种植，得红绿相映之效果。枝干全年红色，是园林造景的异色树种。与常绿乔木相间种植，得红绿相映之效果。

【其它】红色茎皮入药。种子含油量约为 30%，可供工业用。

2. 光皮梾木 *Cornus wilsoniana* Wanger.

【别名】光皮树

【形态特征】落叶乔木，高 5~18 米；树皮灰色至青灰色，块状剥落；幼枝灰绿色，略具 4 棱，小枝圆柱形，深绿色。叶对生，纸质，椭圆形或卵状椭圆形，长 6~12 厘米，宽 2~5.5 厘米，先端渐尖或突尖，基部楔形或宽楔形，边缘波状，微反卷，上面深绿色，有散生平贴短柔毛，下面灰绿色，密被白色乳头状突起及平贴短柔毛，主脉在上面稍显明，下面凸出，弓形内弯，在上面稍显明，下面微凸起；叶柄细圆柱形，长 0.8~2 厘米。顶生圆锥状聚伞花序，宽 6~10 厘米，被灰白色疏柔毛；总花梗长 2~3 厘米；

图 9-510　光皮梾木

花小，白色，直径约 7 毫米；花萼裂片 4，三角形；花瓣 4，长披针形，长约 5 毫米；雄蕊 4；花柱圆柱形；子房下位，花托倒圆锥形。核果球形，直径 6~7 毫米，成熟时紫黑色至黑色（图 9-510）。花期 5 月；果期 10~11 月。

【生态习性】喜光，耐旱，喜排水良好的壤土，深根性，萌芽力强。对土壤适应性较强。耐寒，一般可忍受 -18℃至 -25℃低温。垂直分布在海拔 1130 米以下。

【分布及栽培范围】黄河流域及以南地区、华南、四川、贵州等省区，以湖南、江西、湖北等省最多。

【繁殖】播种繁殖。

【观赏】枝叶茂密、树姿优美、树冠舒展、干直挺秀，树皮斑斓，叶茂荫浓，初夏满树银花，观赏性极强。

【园林应用】园路树、庭荫树、园景树、风景林、树林。

【其它】① 果肉和种子可以生产生物柴油。② 生产食用油：果肉及种子富含油脂，可供食用及药用。③ 光皮树木材细致均匀、纹理直，坚硬，易干燥，车旋性能好，可供建筑、家具、雕刻、农具及胶合板等用。④ 光皮树还是良好的蜜源植物。⑤榨油后得到的油饼是良好的生物肥料或饲料。⑥ 嫩叶可以食用。

（二）灯台树属 *Bothrocaryum* (Koehne) Pojark.

落叶乔木或灌木。冬芽顶生或腋生，卵圆形或圆锥形，无毛。叶互生，纸质或厚纸质，阔卵形至椭圆状卵形，边缘全缘，下面有贴生的短柔毛。伞房状聚伞花序，顶生，无花瓣状总苞片；花小，两性；花萼管状，顶端有齿状裂片 4；花瓣 4，白色，长圆披针形，镊合状排列；雄蕊 4，着生于花盘外侧，花丝线形，花药椭圆形，2 室；花盘褥状；花柱圆柱形，柱头小，头状，子房下位，2 室。核果球形，有种子 2 枚；核骨质，顶端有一个方形孔穴。

本属有 2 种，分布于东亚及北美亚热带及北温带地区。我国有 1 种。

1. 灯台树 *Bothrocaryum controversa* Hemsl.

【别名】六角树、瑞木

【形态特征】高达 20 米，树冠阔圆锥形；侧枝轮状着生，层次分明；枝条紫红色。叶互生，广卵形或长圆状卵形，长 6~13 cm，叶面深绿，叶背灰绿色，疏生短柔毛，全缘或为波状，常集生于枝梢。花白色，伞房状聚伞花序顶生；核果球形，初为紫红，熟后变蓝黑色（图 9-511）。花期 5~6 月，果熟期 8~9 月。

【生态习性】喜光，稍耐荫；常生于阔叶林中与溪谷旁，与枫香、化香、栓皮栎、黄檀、冬青、红果钓樟、青冈等混生；防火性能较好，有一定抗污染能力。

【分布及栽培范围】辽宁、河北、陕西、甘肃、山

图 9-511　灯台树

东、安徽、台湾、河南、广东、广西及长江以南各省。

【繁殖】播种、扦插繁殖。

【观赏】大枝平展延伸似灯台；夏季白花，秋季核果紫红鲜艳；冬季细长的小枝紫红色。

【园林应用】园路树、庭荫树、园景树、风景林、树林、防护林、特殊环境绿化（图 9-512）。常见种植方式为孤植、丛植和林植。

【其它】树皮含鞣质。木材可供建筑、家具、玩具、雕刻、农具及制胶合板等用，果肉及种子含油量高，可供食用药并作轻工业及化工原料，叶作饲料及肥料，花是蜜源。

图 9-512 灯台树在园林中的应用

（三）山茱萸属 *Macrocarpium*（Spach）Nakai

落叶乔木或灌木；枝常对生。叶纸质，对生，卵形、椭圆形或卵状披针形，全缘；叶柄绿色。花序伞形，常在发叶前开放，有总花梗；总苞片 4，芽鳞状，革质或纸质，两轮排列，外轮 2 枚较大，内轮 2 枚稍小，开花后随即脱落；花两性，花萼管陀螺形，上部有 4 枚齿状裂片；花瓣 4，黄色，近于披针形，镊合状排列；雄蕊 4；子房下位，2 室，每室有 1 枚胚珠；花柱短，圆柱形；柱头截形。核果长椭圆形。

4 种，我国有 2 种。

1. 山茱萸
Macrocarpium officinalis Sieb. et Zucc.

【别名】药枣、萸肉

【形态特征】落叶灌木或小乔木，高达 10 米。树皮灰褐色，片状剥落。叶对生，纸质，卵状披针形或卵状椭圆形，长 5.5~10 厘米，宽 2.5~4.5 厘米，先端渐尖，基部宽楔形或近于圆形，全缘，上面绿色，无毛，下面浅绿色，稀被白色贴生短柔毛，脉腋密生淡褐色丛毛，中脉在上面明显，下面凸起，近于无毛，侧脉 6~7 对，弓形内弯；叶柄细圆柱形，长 0.6~1.2 厘米，上面有浅沟，下面圆形，稍被贴生疏柔毛。伞形花序生于枝侧，有总苞片 4。花金黄色，花瓣小，花蕊突出。核果椭圆形，红色至紫红色（图 9-513）。花期 3~4 月，果熟期 9~10 月。

图 9-513 山茱萸

【生态习性】喜温暖、湿润及半阴的环境。较耐寒。宜肥沃、湿润而疏松的砂质壤土，在干燥瘠薄地方生长不良。生长在海拔400米~1500米阴湿溪边、林缘、林内。

【分布及栽培范围】中国山西、山东、河南、陕西、甘肃南部、浙江、安徽、江西、湖南等地，江苏、四川等省有栽培。日本及朝鲜半岛也有。

【繁殖】播种繁殖。

【观赏】先花后叶，秋有红果，是优良的观花、观果树种。

【园林应用】园景树、盆栽及盆景观赏。常植于庭园角隅、草坪、林缘或在甬路边行植。

【其它】果肉酸、涩，微温，具有补益肝肾，涩精固脱之功效。

（四）四照花属 *Dendrobenthamia* Hutch.

小乔木或灌木。叶对生，亚革质或革质，稀纸质，卵形，椭圆形或长圆披针形，侧脉3-~6(7)对；具叶柄。头状花序顶生，有白色花瓣状的总苞片4，卵形或椭圆形；花小，两性；花萼管状，先端有齿状裂片4，钝圆形、三角形或截形；花瓣4，分离；雄蕊4，花丝纤细；子房下位。果为聚合状核果，球形或扁球形。

10种产喜马拉雅至东亚，我国有10种12变种。

分种检索表

1 叶纸质，下面脉腋具白色簇生的绢状毛……………………………… 1 四照花 *D. japonica* var. *chinensis*

1 叶革质，叶下面密被白色贴生短柔毛………………………………… 2 尖叶四照花 *D. anguatata*

1. 四照花

Dendrobenthamia japonica (DC.) Fang. var. *chinensis* (Osb.)Fang.

【别名】山荔枝、日本四照花、东瀛四照花

【形态特征】落叶灌木或小乔木。高可达9米，小枝细，绿色，后变褐色，光滑，嫩枝被白色短绒毛。叶纸质，对生，卵形或卵 状椭圆形，表面浓绿色，疏生白柔毛，叶背粉绿色，有白柔毛，并在脉腋簇生。白色的总苞片4枚；花瓣状，卵形或卵状披针形；5~6月开花，光彩四照，所以名曰“四照花”。核果聚为球形的聚合果，肉质，9~10月成熟后变为紫红色，俗称“鸡素果”（图9-514）。

正种日本四照花 *D.japonica* (DC.) Fang与四照花的区别是：叶薄纸质，背面淡绿色，脉腋有白色或淡黄色簇毛，侧脉3~4(5)对，吸缘波状；花序总苞较宽短。产日本和朝鲜；北京及华东偶有栽培。

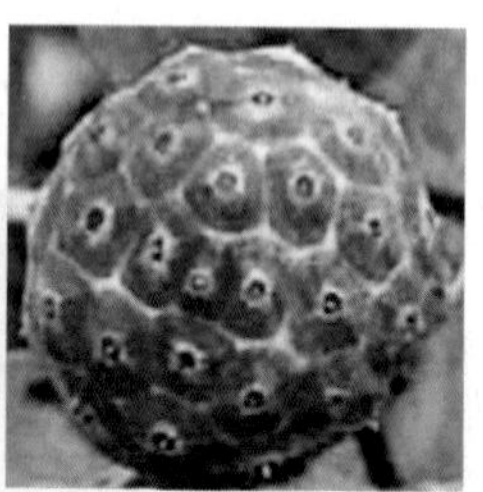

图9-514　四照花

【生态习性】喜光，耐半荫，较耐寒。适应性强，能耐一定程度的寒、旱、瘠薄，耐-15℃低温。

【分布及栽培范围】长江流域、陕西、山西、甘肃、江苏、安徽、浙江、江西、福建、台湾、河南、湖北、湖南、四川、贵州、云南等省。

【繁殖】分蘖、扦插繁殖，也可用播种繁殖。

【观赏】树形美观、整齐，初夏开花，白色苞片覆盖全树，微风吹动如同群蝶翩翩起舞，十分别致；秋季红果满树，能使人感受到硕果累累、丰收喜悦的气氛，是一种美丽的庭园观花、观果树种。

【园林应用】园路树、庭荫树、园景树、风景林、树林、基础种植。可孤植或列植，观赏其秀丽之叶形及奇异之花朵和红灿灿的果实；也可丛植于草坪、路边、林缘、池畔，与常绿树混植，至秋天叶片变为褐红色，分外妖娆。

【其它】药、食两用树种；鲜叶敷伤口，可消肿；根及种子煎水服用可补血，治妇女月经不调和腹痛。

图 9-515 尖叶四照花

2. 尖叶四照花
Dendrobenthamia angustata (Chun) Fang.

【别名】狭叶四照花

【形态特征】常绿乔木或灌木，高 4~12 米；树皮灰色或灰褐色，平滑；幼枝灰绿色，被白贴生短柔毛，老枝灰褐色，近于无毛。叶对生，革质，长圆椭圆形，稀卵状椭圆形或披针形，长 7~9 (12) 厘米，宽 2.5~4.2(5) 厘米，先端渐尖形，具尖尾，基部楔形或宽楔形，中脉在上面明显，弓形内弯，有时脉腋有簇生白色细毛；叶柄细圆柱形。头状花序球形，总苞片 4，长卵形至倒卵形，初为淡黄色，后变为白色，两面微被白色贴生短柔毛；总果梗纤细，长 6~10.5 厘米，紫绿色，微被毛（图 9-515）。花期 6~7 月；果期 10~11 月。

【生态习性】生于海拔 340~1400 米的密林内或混交林中。

【分布及栽培范围】陕西南部、甘肃南部以及浙江、安徽、江西、福建、湖北、湖南、广东、广西、四川、贵州、云南等省区。

【繁殖】播种繁殖。

【观赏】树形美观、整齐，初夏开花，秋季红果满树，是庭园观花、观果树种。

【园林应用】园路树、庭荫树、园景树、风景林、树林、基础种植。常见孤植或列植，观叶及花和红果；也可丛植于草坪、路边、林缘、池畔，与常绿树混植，至秋天叶片变为褐红色。

（五）青荚叶属 *Helwingia* Willd,.

灌木，稀小乔木，高 1~2 米。单叶互生，卵形、椭圆形、披针形、倒披针形或线状披针形，边缘有腺状锯齿；叶柄圆柱形；托叶 2，幼时可见，后脱落。花小，3~4(5) 数，绿色或紫绿色，单性，雌雄异株；花萼小，花瓣三角状卵形，镊合状排列，花盘肉质；雄花 4~20 枚呈伞形或密伞花序，生于叶上面中脉上或幼枝上部及苞叶上，雄蕊 3~4(5)；雌花 1-4 枚呈伞形花序，着生于叶上面中脉上。浆果状核果卵圆形或长圆形，幼时绿色，后为红色，成熟后黑色。

本属共 5 种，产喜马拉雅区至日本，我国 5 种，分布于西北部、西南部至东部。

1. 青荚叶 *Helwingia japonica* Dietr.

图 9-516 青荚叶

【别名】 叶上花、叶上珠、绿叶托红珠

【形态特征】 落叶灌木，高 1~2 米；幼枝绿色，无毛，叶痕显著。叶纸质，卵形、卵圆形，稀椭圆形，长 3.5~9（18）厘米，宽 2~6(8.5) 厘米，先端渐尖，基部阔楔形或近于圆形，边缘具刺状细锯齿；叶上面亮绿色，下面淡绿色；中脉及侧脉在上面微凹陷，下面微突出；叶柄长 1~5(6) 厘米；托叶线状分裂。花淡绿色，3~5 数，花萼小，花瓣长 1~2 毫米，镊合状排列；雄花 4~12，呈伞形或密伞花序，常着生于叶上面中脉的 1/2~1/3 处，稀着生于幼枝上部；花梗长 1~2.5 毫米；雄蕊 3~5，生于花盘内侧；雌花 1~3 枚，着生于叶上面中脉的 1/2-1/3 处；花梗长 1~5 毫米；子房卵圆形或球形，柱头 3~5 裂。浆果幼时绿色，成熟后黑色，分核 3~5 枚（图 9-516）。花期 4~5 月；果期 8~9 月。

【生态习性】 生长期喜阴湿凉爽环境，要求腐殖质含量高的森林土，忌高温、干燥气候。常生于海拔 3300 米以下的林中。

【分布及栽培范围】 黄河流域以南各省区。日本、不丹、缅甸亦有分布。

【繁殖】 播种繁殖，也可扦插、压条。

【观赏】 花绿白色，花果着生部位奇特，有很高的观赏价值。

【园林应用】 园景树、地被植物、盆栽及盆景观赏。

【其它】 全株入药。

（六）桃叶珊瑚属 *Aucuba* Thunb.

常绿小乔木或灌木，枝、叶对生，小枝绿色，圆柱形。叶厚革质至厚纸质，上面深绿色，有光泽，干后常为暗褐色，下面淡绿色，边缘具粗锯齿、细锯齿或腺状齿；羽状脉；叶柄较粗壮。花单性，雌雄异株，常 1~3 束组成圆锥花序或总状圆锥花序，雌花序常短于雄花序；花四数；花瓣镊合状排列，紫红色、黄色至绿色，先端常具短尖头或尾状；花下具关节及 1~2 枚小苞片；子房下位。核果肉质，圆柱状或卵状，幼时绿色，成熟后红色，干后黑色。

本属共 11 种，分布喜马拉雅地区至日本，我国均有。

分种检索表

1 叶片为绿色 ·································· 1 桃叶珊瑚 *A. chinensis*

1 叶为绿色，叶上有黄色斑点 ·································· 2 洒金东瀛珊瑚 *A. japonica* 'Variegata'

1. 桃叶珊瑚 *Aucuba chinensis* Benth.

【别名】 青木、东瀛珊瑚

【形态特征】常绿灌木。小枝粗圆，光滑；皮孔白色。叶对生，薄革质，椭圆状卵圆形至长椭圆形，先端急尖或渐尖，边缘疏生锯齿，两面油绿有光泽，叶痕大，显著。圆锥花序顶生，花小，紫红或暗紫色。花期 1 月 ~2 月。果鲜红色。果熟期 11 月至翌年 2 月

图 9-517 桃叶珊瑚

（图 9-517）。

【生态习性】喜温暖湿润环境，耐荫性强，不耐寒，要求肥沃湿润、排水良好的土壤。常生于海拔 1000 米以下的常绿阔叶林中。

【分布及栽培范围】福建、台湾、广东、海南、广西等省区。

【繁殖】扦插繁殖，也可播种繁殖，种子宜随采随播。

【观赏】枝繁叶茂，凌冬不凋，叶色深绿，金黄色斑点撒布其间，是珍贵的耐荫灌木。

【园林应用】园景树、基础种植、地被植物、特殊环境绿化、盆栽及盆景观赏。桃叶珊瑚是优良的室内观叶植物及有灌木，宜盆栽或庭院中栽植。其枝叶可用于插花。

2. 洒金东瀛珊瑚
Aucuba japonica Thunb 'Variegata'

【形态特征】常绿灌木，高可达 5 米。小枝绿色，无毛。叶对生，椭圆状卵形到长椭圆形，长 8~20 厘米，基部广楔形，缘疏生粗齿，暗绿色，叶面有黄色斑点。革质而有光泽。雌雄异株，花紫红色，圆锥花序密生刚毛。核果长圆形，红色（图 9-518）。

为青木的栽培品种，青木为 *Aucuba japonica* Thunb。生产上接近的品种还有洒银 'Crotonifolia'、金边 'Oucta'、金叶 'Goldieana'、大黄斑 'Picurata'、狭长叶 'Longifolia'、白果 'Leucocarpa'/ 黄果 'Leteocarpa'、矮生 'Nana' 等品种。

【生态习性】喜荫植物。性喜温暖阴湿环境，不甚耐寒，在林下疏松肥沃的微酸性土或中性壤土生长繁茂，阳光直射而无庇荫之处，则生长缓慢，发育不良，甚至死亡。耐修剪，病虫害极少。且对烟害的抗性很强。

【分布及栽培范围】原产日本，中国长江中下游地区广泛栽培，华北地区多为盆栽。

【繁殖】播种或扦插繁殖。

【观赏】枝繁叶茂，凌冬不凋，叶色深绿，金黄色斑点撒布其间，是珍贵的耐阴灌木。

【园林应用】园景树、基础种植、绿篱、地被植物、盆栽及盆景观赏等。宜配植于门庭两侧树下。庭院墙隅、池畔湖边和溪流林下，凡阴湿之处无不适宜，若配植于假山上，作花灌木的陪衬，或作树丛林缘的下层基调树种，亦甚协调得体。可盆栽，其枝叶常用于瓶插。

图 9-518 洒金东瀛珊瑚

七十一、卫矛科 Celastraceae

常绿或落叶乔木、灌木或藤本灌木及匍匐小灌木。单叶对生或互生，少为三叶轮生并类似互生；托叶细小，早落或无，稀明显而与叶俱存。花两性或退化为功能性不育的单性花，杂性同株，较少异株；聚伞花序1至多次分枝，具有较小的苞片和小苞片；花4～5数，花部同数或心皮减数，花萼花冠分化明显，极少萼冠相似或花冠退化，花萼基部通常与花盘合生，花萼分为4～5萼片，花冠具4～5分离花瓣，少为基部贴合，常具明显肥厚花盘，极少花盘不明显或近无，雄蕊与花瓣同数，着生花盘之上或花盘之下，花药2室或1室，心皮2～5，合生，子房下部常陷入花盘而与之合生或与之融合而无明显界线，或仅基部与花盘相连，大部游离，子房室与心皮同数或退化成不完全室或1室，倒生胚珠，通常每室2～6，少为1，轴生、室顶垂生，较少基生。多为蒴果，亦有核果、翅果或浆果。

本科约有60属，850种。中国有12属201种，全国均产。

科识别特征：乔木灌木或藤本，单叶对生也互生。托叶小形常早落，淡绿花被常两性。辐射对称偶单生，聚伞圆锥顶腋生。萼片花瓣4~5片，雄蕊互生且同数。子房上位4~5室，核果蒴果偶有翅。

分属检索表

1叶对生，蒴果开裂后果皮不卷曲…………………………………………… 1卫矛属 *Euonymus*

1叶互生，蒴果开裂后留有宿存中轴………………………………………… 2南蛇藤属 *Celastrus*

（一）卫矛属 *Euonymus* L.

常绿、半常绿或落叶灌木或小乔木，或倾斜、披散以至藤本。叶对生，极少为互生或3叶轮生。花为3出至多次分枝的聚伞圆锥花序；花两性，较小，直径一般5～12毫米；花部4～5数，花萼绿色，多为宽短半圆形；花瓣较花萼长大，多为白绿色或黄绿色，偶为紫红色；花盘发达，一般肥厚扁平，圆或方，有时4～5浅裂；雄蕊着生花盘上面，多在靠近边缘处，少在靠近子房处，花药“个”字着生或基着；子房半沉于花盘内，4～5室，胚珠每室2～12，轴生或室顶角垂生，花柱单1，明显或极短。蒴果近球状、倒锥状，不分裂或上部4～5浅凹，或4～5深裂至近基部，果皮平滑或被刺突或瘤突；种子每室多为1～2个成熟，种子外被红色或黄色肉质假种皮；假种皮包围种子的全部，或仅包围一部分而成杯状、舟状或盔状。

本属约有220种，分布亚热带和温暖地区。中国有111种，10变种，4变型。

分种检索表

1落叶性

  2灌木，小枝常具2～4行木栓质阔翅；叶近无柄…………………………… 1卫矛 *E. alatus*

  2小乔木，小枝无木栓质阔翅；叶柄长1.5～3㎝ …………………………… 2丝绵木 *E.bungeanus*

1常绿或半常绿性

  3直立灌木或小乔木；小枝近四棱形，无细根及小瘤状突起……………… 3大叶黄杨 *E. japonicus*

  3低矮匍匐或攀援灌木

    4叶长卵形至椭圆状倒卵形，长3～7厘米，叶缘有钝齿 …………… 4扶芳藤 *E. jortunei*

    4叶长椭圆形，长1.5～3厘米，叶缘有尖而明显的锯齿 …………… 5爬行卫矛 *E. scandens*

1. 卫矛 *Euonymus alatus* (Thunb.) Sieb.

【别名】鬼箭羽

【形态特征】灌木，高 1 ～ 3 米。小枝常具 2 ～ 4 列宽阔木栓翅；冬芽圆形，长 2 毫米左右，芽鳞边缘具不整齐细尖齿。叶卵状椭圆形、窄长椭圆形，偶为倒卵形，长 2 ～ 8 厘米，宽 1 ～ 3 厘米，边缘具细锯齿，两面光滑无毛；叶柄长 1 ～ 3 毫米。聚伞花序 1 ～ 3 花；花序梗长约 1 厘米，小花梗长 5 毫米；花白绿色，直径约 8 毫米，4 数；萼片半圆形；花瓣近圆形；雄蕊着生花盘边缘处，花丝极短，开花后稍增长，花药宽阔长方形，2 室顶裂。蒴果 1 ～ 4 深裂，裂瓣椭圆状，长 7 ～ 8 毫米；种子椭圆状或阔椭圆状，长 5 ～ 6 毫米，种皮褐色或浅棕色，假种皮橙红色，全包种子(图 9-519)。花期 5 ～ 6 月，果期 7 ～ 10 月。

【生态习性】喜光、喜光，也稍耐荫；对气候和土壤适应性强，能耐干旱、瘠薄和寒冷。萌芽力强，耐修剪，对二氧化硫有较强抗性。生长于山坡、沟地边沿。

【分布及栽培范围】除东北、新疆、青海、西藏、广东及海南以外，全国名省区均产。分布达日本、朝鲜。

【繁殖】播种繁殖，也可扦插、分株繁殖。

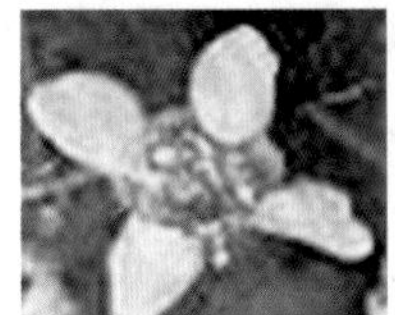
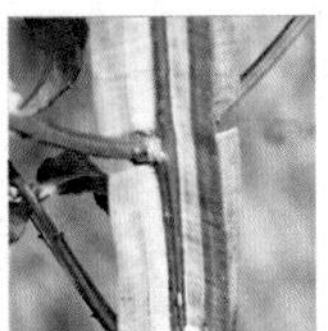

图 9-519　卫矛

图 9-520　卫矛在园林中的应用

【观赏】枝翅奇特如箭羽，秋叶红艳耀目，冬果裂亦红，甚为美观，堪称观赏佳木。

【园林应用】园景树、盆栽及盆景观赏(图 9-520)。主要用于草坪、斜坡、水边、或于山石间、庭廊边配植均合适。

【其它】枝上的木栓翅为活血破淤药；种子榨油可供工业用。

2. 丝棉木 *Euonymus maackii* Rupr.

【别名】白杜、明开夜合

【形态特征】落叶小乔木，高 6 ～ 8 米。树冠圆形与卵圆形，幼时树皮灰褐色、平滑，老树纵状沟裂。小枝绿色，近四棱形，二年生枝四棱，每边各有白线。叶对生，卵状至卵状椭圆形、或窄椭圆形，先端长渐尖，基部阔楔形或近圆形，缘有细锯齿，有时极深而锐利；叶柄细长约为叶片长的 1/4 ～ 1/3，秋季叶色变红。聚伞花序 3 至多花，花序梗略扁，长 1 ～ 2 厘米；花 4 数，淡白绿色或黄绿色，直径约 8 毫米；小花梗长 2.5 ～ 4 毫米；雄蕊花药紫红色，花丝长 1 ～ 2 毫米。蒴果倒圆心状，长 5 ～ 6 毫米，直径约 4 毫米，种皮棕黄色，假种皮橙红色，全包种子，成熟后顶端常有小口，稍露出种子(图 9-521)。花期 5 ～ 6 月，果熟期 9 ～ 10 月。

【生态习性】喜光，稍耐荫；耐寒，对土壤要求不严，耐干旱，也耐水湿，喜肥沃、湿润而排水良

图 9-521　丝棉木

图 9-522　丝棉木在园林中的应用

好的土壤。深根性，能抗风；根蘖萌发力强。对二氧化硫的抗性中等。生于山坡林缘、山麓、山溪路旁。

【分布及栽培范围】北起黑龙江，南到长江南岸各省区，西至甘肃、陕西，西南和两广未见野生种。长江以南常以栽培为主。

【繁殖】播种、扦插繁殖为主。

【观赏】枝叶娟秀细致，姿态幽丽，秋季叶色变红，果实挂满枝梢，开裂后露出桔红色假种皮，甚为美观。

【园林应用】庭荫树、园景树、水边绿化（图 9-522）。庭院中可配植于屋旁、墙垣、庭石及水池边，亦可作绿荫树栽植。

【其它】树皮及根皮均含硬橡胶；种子可榨油，供工业用。木材白色，细致，可供雕刻等细木工用。

3. 大叶黄杨 *Euonymus japonicus* Thunb.

【别名】正木、冬青卫矛

【形态特征】常绿灌木或小乔木，高可达 3 米，；小枝绿色，稍四棱形，具细微皱突。光滑、无毛。叶革质有光泽，倒卵形或椭圆形，长 3 ~ 5 厘米，宽 2 ~ 3 厘米，先端圆形或急尖，基部楔形，边缘具有浅细钝齿；叶柄长约 1 厘米。聚伞花序 5 ~ 12 朵，花序梗长 2 ~ 5 厘米，2 ~ 3 次分枝，分枝及花序梗均扁壮，第三次分枝常与小花梗等长或较短；小花梗长 3 ~ 5 毫米；花白绿色，直径 5 ~ 7 毫米；花瓣近卵圆形，长宽各约 2 毫米，雄蕊花药长圆状，内向；花丝长 2 ~ 4 毫米；子房每室 2 胚珠，着生中轴顶部。蒴果近球状，直径

图 9-523　大叶黄杨

约8毫米，淡红色；种子每室1，顶生，椭圆状，长约6毫米，直径约4毫米，假种皮橘红色，全包种子（图9-523）。花期6～7月，果熟期9～10月。

栽培变种有：(1) 金边大叶黄杨 'Ovatus Aureus' 叶缘金黄色。(2) 金心大叶黄杨 'Aureus' 叶中脉附近金黄色，有时叶柄及枝端也变为黄色。(3) 银边大叶黄杨 'Albo-marginatus' 叶缘有窄白条边。(4) 银斑大叶黄杨 '.Latifolius Albo-marginatus' 叶阔椭圆形，银边甚宽。(5) 斑叶大叶黄杨 'Duc d' Anjou' 叶较大，深绿色，有灰色和黄色斑。

【生态习性】喜光，稍耐荫，喜温暖湿润的海洋性气候及肥沃湿润土壤，也能耐干旱瘠薄，耐寒性不强，温度低达 -17℃左右即受冻害。极耐修剪整形，寿命长。对各种有毒气体及烟尘有很强的抗性。

【分布及栽培范围】原产日本南部。我国南北各省均有栽培，长江流域尤多。

【繁殖】扦插、嫁接、压条繁殖，以扦插繁殖为主。

【观赏】枝叶茂密，四季长青，叶色亮绿，且有许多花叶、斑叶变种，是美丽的观叶树种。

【园林应用】基础种植、绿篱、地被、盆栽及盆景（图9-524）。其花叶、斑叶变种更宜盆栽，用于室内绿化及会场装饰等。

【其它】木材细腻质坚，色泽洁白，不易断裂，是制作筷子、棋子的上等木料。

图9-524 大叶黄杨在园林中的应用

4. 扶芳藤
Euonymus fortunei (Turcz.) Hand.-Mazz.

【形态特征】常绿藤本灌木，高1至数米。叶薄革质，椭圆形、长方椭圆形或长倒卵形，宽窄变异较大，可窄至近披针形，长3.5～8厘米，宽1.5～4厘米，先端钝或急尖，基部楔形，边缘齿浅不明显，侧脉细微和小脉全不明显；叶柄长3～6毫米。聚伞花序3～4次分枝；花序梗长1.5～3厘米，第一次分枝长5～10毫米，第二次分枝5毫米以下，最终小聚伞花密集，有花4～7朵，分枝中央有单花，小花梗长约5毫米；花白绿色，4数，直径约6毫米；花盘方形，直径约2.5毫米；花丝细长，长2～5毫米，花药圆心形；子房三角锥状，四棱，粗壮明显，花柱长约1毫米。蒴果粉红色，果皮光滑，近球状，直径6～12毫米；果序梗长2～3.5厘米；小果梗长5～8毫米；种子长方椭圆状，棕褐色，假种皮鲜红色，全包种子（图9-525）。花期6月，果期10月。

变种有 (1) 爬行卫矛 var.racicans Rehd.: 叶较小而厚，背面叶脉不如原种明显。(2) 花叶爬行卫矛 cv.Gracilis: 叶有白色、黄色或粉红色边缘。

【生态习性】性耐荫，喜温暖，耐寒性不强，对土壤要求不严，能耐干旱、瘠薄。

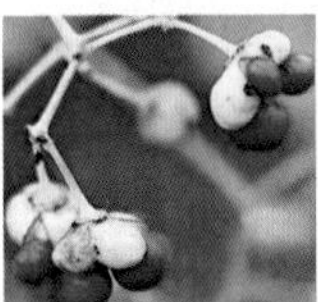

图9-525 扶芳藤

图 9-526　扶芳藤在园林中的应用

【分布及栽培范围】江苏、浙江、安徽、江西、湖北、湖南、四川、陕西等省。生长于山坡丛林中。

【繁殖】扦插繁殖，也可播种、压条繁殖。

【观赏】叶色油绿光亮，入秋红艳可爱。

【园林应用】地被植物、垂直绿化、特殊环境绿化、盆栽及盆景观赏（图 9-526）。有较强之攀援能力，在园林中用以掩覆墙面、坛缘、山石或攀援于老树、花格之上，均极优美。也可将其修剪成悬崖式、圆头形等，作为室内绿化颇为雅致。

5. 爬行卫矛 *Euonymus fortunei* (Turcz.) Hand.-Mazz. var. *racicans* Rehd.

【形态特征】与扶芳藤相似，但叶较小，长椭圆形，长 1.5 ~ 3 厘米，先端较钝，叶缘钝齿尖而明显，背面叶脉不明显（图 9-527）。

图 9-527　爬行卫矛

【生态习性】耐荫，喜温暖，耐寒性不强，对土壤要求不严，能耐干旱、瘠薄。

【分布及栽培范围】江苏、浙江、安徽、江西、湖北、湖南、四川、陕西等省。生长于山坡丛林中。

【繁殖】扦插繁殖

【观赏】叶色油绿光亮，入秋红艳可爱。

【园林应用】地被植物、垂直绿化、特殊环境绿化、盆栽及盆景观赏。

（二）南蛇藤属 *Celastrus* L.

落叶或常绿藤状灌木，高 1 ~ 10 米以上；小枝圆柱状，稀具纵棱，除幼期及个别种外，通常光滑无毛，具多数明显长椭圆形或圆形灰白色皮孔。单叶互生，边缘具各种锯齿，叶脉为羽状网脉；托叶小，线形，常早落。花通常功能性单性，异株或杂性，稀两性，聚伞花序成圆锥状或总状，有时单出或分枝，腋生或顶生，或顶生与腋生并存；花黄绿色或黄白色，直径 6 ~ 8 毫米，小花梗具关节；花 5 数；花萼钟状，5 片，三角形、半圆形或长方形；花瓣椭圆形或长方形，全缘或具腺状缘毛或为啮蚀状；花盘膜质，浅杯状，稀肉质扁平，全缘或 5 浅裂；雄蕊着生花盘边缘．稀出自扁平花盘下面，花丝一般丝状，在雌花中花丝短，花药不育；子房上位，与花盘离生，稀微连合，通常 3 室稀 1 室，每室 2 胚珠或 1 胚珠。蒴果类球状，通常黄色，顶端常具宿存花柱，基部有宿存花萼，熟时室背开裂；果轴宿存；种子 1 ~ 6 个，椭圆状或新月形到半圆形，假种皮肉质红色。

本属30余种，分布于亚洲、大洋洲、南北美洲及马达加斯加的热带及亚热带地区。我国约有24种和2变种，除青海、新疆尚未见记载外，各省区均有分布，而长江以南为最多。

1. 南蛇藤 *Celastrus orbiculatus* Thunb.

【别名】蔓性落霜红、南蛇风、大男蛇、香龙草、果山藤

【形态特征】小枝光滑无毛，灰棕色或棕褐色，具稀而不明显的皮孔；腋芽小，卵状到卵圆状，长1～3毫米。叶通常阔倒卵形，近圆形或长方椭圆形，长5～13厘米，宽3～9厘米，先端圆阔，具有小尖头或短渐尖，基部阔楔形到近钝圆形，边缘具锯齿，两面光滑无毛或叶背脉上具稀疏短柔毛，侧脉3～5对；叶柄细长1～2厘米。聚伞花序腋生，花序长1～3厘米，小花1～3朵，偶仅1～2朵，小花梗关节在中部以下或近基部；雄花萼片钝三角形；花瓣倒卵椭圆形或长方形，长3～4厘米，宽2～2.5毫米；雄蕊长2～3毫米，退化雌蕊不发达；雌花花冠较雄花窄小，花盘稍深厚，肉质，退化雄蕊极短小；子房近球状，花柱长约1.5毫米，柱头3深裂，裂端再2浅裂。蒴果近球状，直径8～10毫米；种子椭圆状稍扁，长4～5毫米，直径2.5～3毫米，赤褐色（图9-528）。花期5～6月，果期7～10月。

【生态习性】喜阳耐荫，抗寒耐旱，对土壤要求不严。喜背风向阳、湿润而排水好的肥沃沙质壤土环境。一般多野生于山地沟谷及边缘灌木丛中。垂直分布可达海拔1500米。

【分布及栽培范围】东北、华北、华中、华东、西南等省。朝鲜、日本也有分布。

【繁殖】压条、分株和播种繁殖。

【观赏】植株姿态优美，茎、蔓、叶、果都具有较高的观赏价值。秋季叶片经霜变红或变黄时，美丽壮观；成熟的累累硕果，竞相开裂，露出鲜红色的假种皮，宛如颗颗宝石。

【园林应用】水边绿化、地被植物、垂直绿化、特殊环境绿化、盆栽及盆景观赏。作为攀援绿化材料，南蛇藤宜植于棚架、墙垣、岩壁等处；如在湖畔、塘边、溪旁、河岸种植南蛇藤，倒映成趣。种植于坡地、假山、石隙等处颇具野趣。

【其它】根、茎、叶、果均可入药。茎皮可制优质纤维。种子含油高达50%，可榨油供工业用。

图9-528 南蛇藤

七十二、冬青科 Aquifoliaceae

乔木或灌木，常绿或落叶；单叶，互生，稀对生或假轮生，叶片通常革质、纸质，稀膜质，具锯齿、腺状锯齿或具刺齿，或全缘，具柄；托叶无或小，早落。花小，辐射对称，单性，稀两性或杂性，雌雄异株，

排列成腋生，腋外生或近顶生的聚伞花序、假伞形花序、总状花序、圆锥花序或簇生，稀单生；花萼4 ~ 6片，覆瓦状排列，宿存或早落；花瓣4 ~ 6，分离或基部合生，通常圆形，或先端具1内折的小尖头，覆瓦状排列；雄蕊与花瓣同数，且与之互生，花丝短，花药2室，内向，纵裂；或4 ~ 12，一轮，花丝短而粗或缺，药隔增厚，花药延长或增厚成花瓣状；花盘缺；子房上位，心皮2 ~ 5，合生，2至多室，每室具1，稀2枚悬垂、横生或弯生的胚珠，花柱短或无，柱头头状、盘状或浅裂(雄花中败育雌蕊存在，近球形或叶枕状)。果通常为浆果状核果，具2至多数分核，通常4枚，每分核具1粒种子。

4属约400 ~ 500种，其中绝大部分种为冬青属。中国产1属约204种，主产西南地区。

科识别特征:多为常绿小乔木，单叶互生花异株。花萼裂片三角形，覆瓦排列常宿存。花瓣分离稍结合，雄蕊花瓣相互生。子房上位结核果，胚乳肉质种皮薄。

(一)冬青属 *Ilex* L.

常绿或落叶乔木或灌木；单叶互生，稀对生；叶片革质、纸质或膜质，长圆形、椭圆形、卵形或披针形，全缘或具锯齿或具刺，具柄或近无柄；托叶小，胼胝质，通常宿存。花序为聚伞花序或伞形花序，单生于当年生枝条的叶腋内或簇生于2年生枝条的叶腋内，稀单花腋生；花小，白色、粉红色或红色，辐射对称，异基数，常由于败育而呈单性，雌雄异株。雄花：花萼盘状，4 ~ 6裂，覆瓦状排列；花瓣4 ~ 8枚，基部略合生；雄蕊通常与花瓣同数，且互生，花丝短，花药长圆状卵形，纵裂；败育子房上位，具喙。雌花：花萼4 ~ 8裂;花瓣4 ~ 8，伸展，基部稍合生;败育雄蕊箭头状或心形;子房上位，卵球形，1 ~ 10室，通常4 ~ 8室，无毛或被短柔毛，花柱稀发育，柱头头状、盘状或柱状。果为浆果状核果。

本属约有400种以上，分布于热带至温带地区。中国约200余种，分布于秦岭以南地区。

分种检索表

1 叶有锯齿或刺齿，或在同一株上有全缘叶
  2 叶缘有尖硬大刺齿2 ~ 3对 ………………………… 1 枸骨 *I. cornuta*
  2 叶缘有锯齿，但非大刺齿：
    3 叶薄革质，干后成红褐色 ………………………… 2 冬青 *I.chinensis*
    3 叶薄革质，干后非红褐色 ………………………… 3 钝齿冬青 *I.crenata*
1 叶全缘；小枝有棱，幼枝极叶柄常带紫黑色 ………………………… 4 铁冬青 *I.rotunda*

1. 枸骨 *Ilex cornuta* Lindl.

【别名】鸟不宿、猫儿刺、老虎刺、八角刺、狗骨刺、猫儿香、老鼠树

【形态特征】常绿灌木或小乔木，高1 ~ 3米；幼枝具纵脊及沟。叶片厚革质，二型，四角状长圆形或卵形，长4 ~ 9厘米，宽2 ~ 4厘米，先端具3枚尖硬刺齿，中央刺齿常反曲，基部圆形或近截形，两侧各具1 ~ 2刺齿，有时全缘，叶面深绿色，具光泽，背淡绿色，无光泽，两面无毛，主脉在上面凹下，背面隆起，侧脉5或6对，于叶缘附近网结，在叶面不明显，在背面凸起，网状脉两面不明显；叶柄长4 ~ 8毫米。花序簇生于二年生枝的叶腋内，基部宿存鳞片近圆形，被柔毛，具缘毛；苞片卵形，

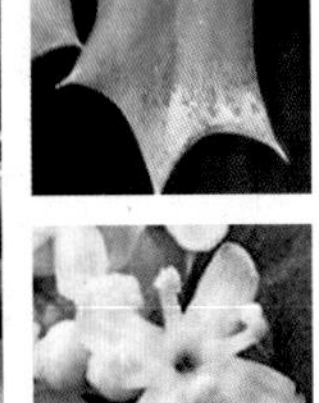

图 9-529 枸骨

先端钝或具短尖头，被短柔毛和缘毛；花淡黄色，4基数。雄花：花萼盘状；花冠辐状，直径约 7 毫米，基部合生；雄蕊与花瓣近等长或稍长，花药长圆状卵形，长约 1 毫米；退化子房近球形，先端钝或圆形，不明显的 4 裂。雌花：花萼与花瓣像雄花；退化雄蕊长为花瓣的 4/5，略长于子房；子房长圆状卵球形，长 3 ~ 4 毫米，直径 2 毫米，柱头盘状，4 浅裂。果球形，直径 8 ~ 10 毫米，成熟时鲜红色，果梗长 8 ~ 14 毫米（图 9-529）。花期 4 ~ 5 月，果期 10 ~ 12 月。

【生态习性】喜光、稍耐荫；喜温暖气候及肥沃、湿润而排水良好之微酸性土壤，耐寒性不强；对有害气体有较强抗性。萌蘖力强，耐修剪。生于海拔 150 ~ 1900 米的山坡、丘陵等的灌丛中、疏林中以及路边、溪旁和村舍附近。

图 9-530 枸骨在园林中的应用

【分布及栽培范围】江苏、上海市、安徽、浙江、江西、湖北、湖南等省区；云南昆明等城市庭园有栽培。欧美、朝鲜等也有栽培。

【繁殖】播种、扦插繁殖。

【观赏】枝叶稠密，叶形奇特，深绿光亮，入秋红果累累，经冬不凋，鲜艳美丽，是良好的观叶、观果树种。

【园林应用】园景树、绿篱及绿雕、基础种植、绿篱、专类园、特殊环境绿化、盆栽及盆景观赏等（图 9-530）。宜作基础种植及岩石园材料，也可孤植于花坛中心、对植于前庭、路口，或丛植于草坪边缘。果枝可供瓶插，经久不凋。

【其它】叶、果实和根都供药用。种子含油，可作肥皂原料，树皮可作染料和提取栲胶，木材软韧，可用作牛鼻栓。

2. 冬青 *Ilex chinensis* Sims

【别名】冻青

【形态特征】常绿乔木，一般高达 13 米。小枝淡绿色，无毛。二至多年生枝具不明显的小皮孔，叶痕新月形，凸起。叶片薄革质至革质，椭圆形或披针形，稀卵形，长 5 ~ 11 厘米，宽 2 ~ 4 厘米，先端渐尖，基部楔形或钝，边缘具圆齿，或有时在幼叶为锯齿，叶面绿色，有光泽，干时深褐色，背面淡绿色，主脉在叶面平，背面隆起，侧脉 6 ~ 9 对，在叶面不明显，叶背明显，无毛，或有时在雄株幼枝顶芽、幼叶叶柄及主脉上有长柔毛；叶柄长 8 ~ 10 毫米。雄花：花序具 3 ~ 4 回分枝，每分枝具花 7 ~ 24 朵；花淡紫色或紫红色，4 ~ 5 基数；花冠辐状，直径约 5 毫米，花瓣卵形，基部稍合生；雄蕊短于花瓣，长 1.5 毫米；雌花：花序具 1 ~ 2 回分枝，具花 3 ~ 7 朵，总花梗长约 3 ~ 10 毫米；子房卵球形，柱头具不明显的 4 ~ 5 裂。果长球形，成熟时红色，长 10 ~ 12 毫米，直径 6 ~ 8 毫米（图 9-531）。花期 4 ~ 6 月，果期 7 ~ 12 月。

图 9-531　冬青

图 9-532　钝齿冬青

【生态习性】喜光，稍耐荫；喜温暖湿润气候及肥沃之酸性土壤，较耐潮湿，不耐寒。萌芽力强，耐修剪；生长较慢。深根性，抗风能力强，对二氧化碳及烟尘有一定抗性。生于海拔 500 ~ 1000 米的山坡常绿阔叶林中和林缘。

【分布及栽培范围】江苏、安徽、浙江、江西、福建、台湾、河南、湖北、湖南、广东、广西和云南等省区。

【繁殖】播种繁殖。

【观赏】枝叶茂密，四季长青，入秋又有累累红果，经冬不落，十分美观。

【园林应用】园景树、基础种植、绿篱、盆栽及盆景观赏等。可应用于公园、庭园、绿墙和高速公路中央隔离带。在草坪上孤植，门庭、墙边、园道两侧列植，或散植于叠石、小丘之上，葱郁可爱。

【其它】木材坚韧致密，可作细木工用料。叶有清热解毒作用，可治气管炎等症。

3. 钝齿冬青 *Ilex crenata* Thunb.

【别名】齿叶冬青、波缘冬青、圆齿冬青、假黄杨

【形态特征】常绿灌木或小乔木，高 5 米。多分枝，小枝有灰色细毛。叶较小，厚革质，椭圆形至长倒卵形，长 1 ~ 2.5 厘米，先端钝，缘有浅钝齿，背面有腺点。花小，白色；雄花 3 ~ 7 朵成聚伞花序生于当年生枝叶腋，雌花单生。果球形，熟时黑色（图 9-532）。花期 5 ~ 6 月，果熟期 10 月。

图 9-533　钝齿冬青在园林中的应用

变种：(1) 龟甲冬青（豆瓣冬青）var.convexa Makino：矮灌木，树冠半圆球形，多分枝；枝叶密生；叶面凸起；喜光，耐荫，耐修剪；孤植、丛植、建筑物周围荫蔽处；是很好的盆景材料。(2) 金叶冬青 'Golden Gem'。(3) 斑叶冬青 'Variegata'。(4) 阔叶冬青 'Latifolia'。(5) 白果冬青 'Ivory Tower'。

【生态习性】喜光，稍耐荫；喜温暖湿润气候及肥沃之酸性土壤，较耐潮湿，不耐寒。萌芽力强，耐修剪；生长较慢。生于海拔 700 ~ 2100 米的山丘，山地杂木林或灌木丛中。

【分布及栽培范围】安徽、浙江、江西、福建、台湾、湖北、湖南、广东、广西、海南。山东青岛有栽培，分布于日本和朝鲜。

【繁殖】播种繁殖。

【观赏】枝叶茂密，四季长青，冬可观果。

【园林应用】园景树、绿篱、盆栽及盆景等（图 9-533）。江南庭园中时见栽培观赏，或作盆景材料。

4. 铁冬青 *Ilex rotunda* Thunb.

【别名】救必应、熊胆木、白银香、白银木、过山风、红熊胆、羊不食、消癀药

【形态特征】常绿灌木或乔木，高可达 20 米。小枝圆柱形，叶痕倒卵形或三角形，稍隆起。叶仅见于当年生枝上，叶片薄革质或纸质，卵形、倒卵形或椭圆形，长 4 ~ 9 厘米，宽 1.8 ~ 4 厘米，先端短渐尖，基部楔形或钝，全缘，稍反卷，叶面绿色，背面淡绿色，两面无毛，主脉在叶面凹陷，背面隆起，侧脉在两面明显；叶柄长 8 ~ 18 毫米，无毛，稀多少被微柔毛，上面具狭沟，顶端具叶片下延的狭翅；托叶钻状线形，长 1 ~ 1.5 毫米，早落。聚伞花序或伞形状花序 4 ~ 13 花，单生于当年生枝的叶腋内。雄花序：总花梗长 3 ~ 11 毫米，无毛，花梗长 3 ~ 5 毫米；花白色，4 基数；花萼盘状，4 浅裂；花冠辐状，直径约 5 毫米，花瓣长圆形，基部稍合生；雄蕊长于花瓣，花药卵状椭圆形，纵裂；退化子房垫状，中央具长约 1 毫米的喙，喙顶端具 5 或 6 细裂片。雌花序：具 3 ~ 7 花，总花梗长约 5 ~ 13 毫米，无毛。花白色，5(7）基数；花萼浅杯状；花冠辐状，直径约 4 毫米，花瓣倒卵状长圆形，长约 2 毫米，基部稍合生；退化雄蕊长约为花瓣的 1/2；子房卵形，长约 1.5 毫米。果近球形或稀椭圆形，直径 4 ~ 6 毫米，成熟时红色，宿存花萼平展（图 9-534）。花期 4 月，果期 8 ~ 12 月。

【生态习性】耐荫，喜生于温暖湿润气候和疏松肥沃、排水良好的酸性土壤。适应性较强，耐瘠、耐旱、耐霜冻。生于海拔 400 ~ 1100 米的山坡常绿阔叶林中和林缘。

【分布及栽培范围】江苏、浙江、安徽、江西、福建、台湾、湖北、湖南、广东各地、香港、广西、海南和云南等省。分布于朝鲜、日本和越南北部。

图 9-534 铁冬青

图 9-535 铁冬青在园林中的应用

【繁殖】播种繁殖。

【观赏】枝繁叶茂，四季常青，花后果由黄转红，果熟时红若丹珠，赏心悦目。

【园林应用】庭荫树、园景树、风景林、树林（图 9-535）。宜丛植于草坪、土丘、山坡，适宜在园林中孤植或群植，亦可混植于其它树群尤其是色叶树群中。此外可在郊区山地、水库周围营造大面积的观果观叶风景林。

【其它】本种叶和树皮入药。枝叶作造纸糊料原料。木材作细工用材。

七十三、黄杨科 Buxaceae

常绿灌木、小乔木或草本。单叶，互生或对生，全缘或有齿牙，羽状脉或离基三出脉，无托叶。花小，整齐，无花瓣；单性，雌雄同株或异株；花序总状或密集的穗状，有苞片；雄花萼片 4，雌花萼片 6，均二轮，覆瓦状排列，雄蕊 4，与萼片对生，分离，花药大，2 室，花丝多少扁阔；雌蕊通常由 3 心皮组成，子房上位，3 室，花柱 3，常分离，宿存，具多少向下延伸的柱头，子房每室有 2 枚并生、下垂的倒生胚珠，脊向背缝线。果实为室背裂开的蒴果，或肉质的核果状果。种子黑色、光亮。有 4 属约 100 种。我国产 3 属 27 种。

科识别特征：常绿木本无乳汁，不具托叶近革质。单叶对生对互生，全缘或者有锯齿。

花不完全且绿色，萼片花瓣常缺失。雄花雄蕊 4~ 6 柱，雌花 3 室房上位。

（一）黄杨属 *Buxus* L.

常绿多分枝灌木，偶有小乔木；小枝四棱形，大多被柔毛。叶对生，革质或薄革质，全缘，叶脉羽状；具短柄。花序腋生，总状，穗状或密集成头状，其下通常有数对苞片。花单性，雌雄同序，上部为 1 朵雌花，下部为数朵雄花。雄花：具 1 枚小苞片；萼片 4 枚，覆瓦状，2 轮排列；外轮通常短狭；雄蕊 4 枚与萼片对生，并长于萼片；花药背部着生或近基部着生，不育雌蕊长短形状不一。雌花：通常有 3 枚小苞片。萼片 6 枚，排列二轮；外轮较小；子房 3 室；花柱 3 枚，疏离，宿存，结果时角状；柱头线形或倒心形，有时下延至花柱中部。蒴果卵状球形或椭圆状球形，顶端具 3 枚宿存角状花柱，室背三瓣开裂，干时外果皮与软骨质内果皮分离，每室有种子 2 颗，黑色，有光泽，胚乳肉质，子叶长圆形。

本属约有 70 种。我国约有 17 种及几个亚种和变种，主要分布于我国西部和西南部。

分种检索表

1 叶倒卵形、倒卵状椭圆形至广卵形，通常中部以上最宽 ……………… 1 黄杨 *B. sinica*

1 叶椭圆形、卵状长椭圆形或狭长、倒披针形至倒卵状长椭圆形

　2 叶椭圆形至卵状长椭圆形，中部或中下部最宽 ……………………… 2 锦熟黄杨 *B.sempervirens*

　2 叶狭长，倒披针形至倒卵状长椭圆形 ………………………………… 3 雀舌黄杨 *B.bodinieri*

1. 黄杨 *Buxus sinica* (Rehd. et Wils.) Cheng

【别名】瓜子黄杨、千年矮

【形态特征】灌木或小乔木，高 1 ~ 6 米；枝圆柱形，有纵棱，灰白色；小枝四棱形，全面被短柔毛或外方相对两侧面无毛，节间长 0. 5 ~ 2.5 厘米。叶革质，阔椭圆形、阔倒卵形、卵状椭圆形或长圆形，大多数长 1. 5 ~ 3. 5 厘米，宽 0. 8 ~ 2 厘米，先端圆或钝，常有小凹口，不尖锐，基部圆或急尖或楔形，叶面光亮，中脉凸出，下半段常有微细毛，侧脉明显，叶背中脉平坦或稍凸出，中脉上常密被白色短线状钟乳体，全无侧脉，叶柄长 1 ~ 2 毫米，上面被毛。花序腋生，头状，花密集，花序轴长 3 ~ 4 毫米，被毛，苞片阔卵形 . 长 2 ~ 2. 5 毫米，背部多少有毛；雄花：约 10 朵，无花梗，外萼片卵状椭圆形，内萼片近圆形，长 2. 5 ~ 3 毫米，无毛，雄蕊连花药长 4 毫米，不育雌蕊有棒状柄，末端膨大，高 2 毫米左右（高度约为萼片长度的 2/3 或和萼片几等长）；雌花：萼片长 3 毫米，子房较花柱稍长，无毛，花柱粗扁，柱头倒心形，下延达花柱中部。蒴果近球形，

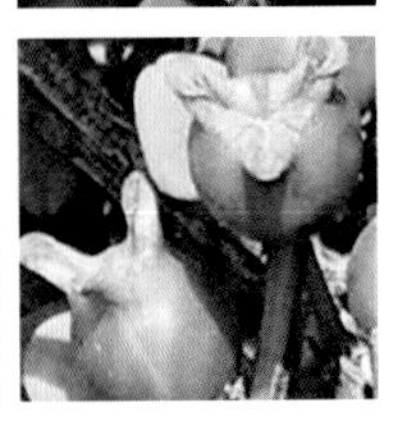

图 9-536　黄杨

图 9-537　黄杨在园林中的应用

长 6 ~ 8(~ 10）毫米，宿存花柱长 2 ~ 3 毫米（图 9-536）。花期 3 月，果期 5 ~ 6 月。

【生态习性】喜半荫，在无庇荫处生长叶常发黄；喜温暖湿润气候及肥沃的中性及微酸性土，有一定耐寒性。生长缓慢，耐修剪，对多种有毒气体抗性强。多生山谷、溪边、林下，海拔 1200 ~ 2600 米。

【分布及栽培范围】陕西、甘肃、湖北、四川、贵州、广西、广东、江西、浙江、安徽、江苏、山东各省区。

【繁殖】播种或扦插繁殖。

【观赏】枝叶青翠可爱。

【园林应用】绿篱及绿雕、园景树、基础种植、绿篱、盆栽及盆景观赏等（图 9-537）。在草坪、庭前孤植、丛植，或于路旁列植、点缀山石都很合适，也可用作绿篱及基础种植材料。

【其它】木材坚实紧密，黄色，供雕刻机梳、篦等细木工用料。根、枝、叶供药用。

2. 锦熟黄杨 *Buxus sempervirens* L.

【别名】窄叶黄杨

【形态特征】常绿灌木或小乔木，高可达 6 米，最高 9 米。小枝近四棱形，黄绿色，具条纹，近于无毛。叶革质，长卵形或卵状长圆形，长 1.5 ~ 2 厘米，宽 1 ~ 1.2 厘米，顶端圆形，偶有微凹，基部楔形，叶面暗绿色光亮，中脉突起，叶背苍白色，中脉扁平，初时被细毛，侧脉两面不明显；具短柄，被疏毛。总状花序腋生。雄花：萼片 4 枚，覆瓦状，2 轮排列；外轮卵圆形，长 2 毫米，膜质，内凹，背部具疏柔毛，内轮近圆形，长 2 毫米，宽近 2 毫米，内凹，边缘不具纤毛；雄蕊 4 枚，长 3 毫米，略长于萼片；花药椭圆形，端不具尖头；不育雌蕊棒状，长为萼片的 2/3，顶端膨大。雌花：萼片 6 枚，排列 2 轮；子房 3 室，花柱 3 枚，柱头倒心形。蒴果球形，3 瓣室背开裂（图 9-538）。花期 4 月，果期 7 月。有金边、斑叶、金尖、垂枝、长叶等栽培变种。

【生态习性】较耐荫，阳光不宜过于强烈；喜温暖湿润气候及深厚、肥沃及排水良好的土壤。耐干旱，不耐水湿，较耐寒，在北京可露地栽培。生长很慢，耐修剪。

【分布及栽培范围】原产南欧、北非及西亚；华北园林中有栽培。

图 9-538　锦熟黄杨

图 9-539　锦熟黄杨在园林中的应用

【繁殖】播种和扦插繁殖。

【观赏】枝叶茂密而浓绿，经冬不凋，又耐修剪，观赏价值极高。

【园林应用】园景树、基础种植、绿篱、盆栽及盆景观赏等（图 9-539）。宜于庭园作绿篱及花坛边缘种植，也可在草坪孤植、丛植及路边列植、点缀山石，或组成模纹图案或文字，或作盆栽、盆景用于室内绿化。在欧洲园林中应用十分普遍。

3. 雀舌黄杨 *Buxus bodinieri* Levl.

【别名】细叶黄杨、匙叶黄杨

【形态特征】灌木，高 3 ~ 4 米；枝圆柱形；小枝四棱形，被短柔毛，后变无毛；叶薄革质，通常匙形，亦有狭卵形或倒卵形，大多数中部以上最宽，长 2 ~ 4 厘米，宽 8 ~ 18 毫米，先端圆或钝，往往有浅凹口或小尖凸头，基部狭长楔形，有时急尖，叶面绿色，光亮，叶背苍灰色，中脉两面凸出，侧脉极多，在两面或仅叶面显著，与中脉成 50 ~ 60 度角，叶面中脉下半段大多数被微细毛；叶柄长 1 ~ 2 毫米。花序腋生，头状，长 5 ~ 6 毫米，花密集，花序轴长约 2.5 毫米；苞片卵形，背面无毛，或有短柔毛；雄花约 10 朵，花梗长仅 0.4 毫米，萼片卵圆形，长约 2.5 毫米，雄蕊连花药长 6 毫米，和萼片近等长，或稍超出；雌花：外萼片长约 2 毫米，内萼片长约 2.5 毫米，受粉期间，子房长 2 毫米。蒴果卵形，长 5 毫米（图 9-540）。花期 2 月，果期 5 ~ 8 月。

【生态习性】喜温暖湿润和阳光充足环境，耐干旱和半荫，耐寒性不强，常生于温润而腐殖质丰富的溪谷岩间。浅根性，萌蘖力强，生长极慢。生平地或山坡林下，海拔 400 ~ 2700 米。

【分布及栽培范围】云南、四川、贵州、广西、广东、江西、浙江、湖北、河南、甘肃、陕西。

【繁殖】扦插繁殖，也可压条和播种繁殖。

【观赏】枝叶繁茂，叶形别致，四季常青。

【园林应用】绿篱及绿雕、盆栽及盆景等（图 9-541）。常用于绿篱材料，最适宜布置模图案及花坛边缘。若任其自然生长，则适宜点缀草地、山石，或与落叶花木配置。也可修剪成各种形状，点缀小庭院和入口处的好材料，或制成盆景观赏。

【其它】其根、茎、叶可供药用。

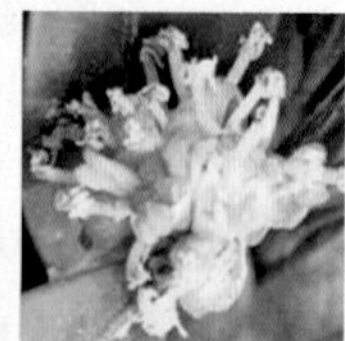

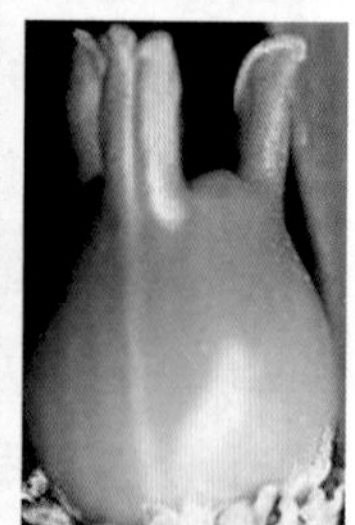

图 9-540　雀舌黄杨

图 9-541　雀舌黄杨在园林中的应用

七十四、大戟科 Euphorbiaceae

乔木、灌木或草本，稀为木质或草质藤本；木质根，稀为肉质块根；通常无刺；常有乳状汁液，白色，稀为淡红色。叶互生，少有对生或轮生，单叶，稀为复叶，或叶退化呈鳞片状，边缘全缘或有锯齿，稀为掌状深裂；具羽状脉或掌状脉；叶柄长至极短，基部或顶端有时具有 1 ~ 2 枚腺体；托叶 2，着生于叶柄的基部两侧，早落或宿存，稀托叶鞘状，脱落后具环状托叶痕。花单性，雌雄同株或异株，单花或组成各式花序，通常为聚伞或总状花序，在大戟类中为特殊化的杯状花序；萼片分离或在基部合生，覆瓦状或镊合状排列，在特化的花序中有时萼片极度退化或无；花瓣有或无；花盘环状或分裂成为腺体状；雄蕊 1 枚至多数，花丝分离或合生成柱状；雄花常有退化雌蕊；子房上位，3 室，稀 2 或 4 室或更多或更少，花柱与子房室同数，分离或基部连合，顶端常 2 至多裂。果为蒴果，常从宿存的中央轴柱分离成分果爿，或为浆果状或核果状。

本科约 300 属，5000 种，但主产于热带和亚热带地区。中国引入栽培共约有 70 多属，约 460 种，分布于全国各地，但主产地为西南至台湾。

科识别特征：植物通常具乳汁，花序杯状聚伞形。单叶互生花单性，同株着生亦不同。

花序外围具总苞，雄蕊数目随种异。子房上位 3 心皮，中轴胎座为蒴果。

分属检索表

1 子房每室 2 颗胚珠；植株无内生韧皮部 ………………………………………… 1 秋枫属 *Bischofia*

1 子房每室 1 颗胚珠；植株通常存在内生韧皮部

 2 植株无乳汁管组织；单叶，稀复叶

  3 叶具散生颗粒状腺体，无小托叶 ………………………………………… 2 野桐属 *Mallotus*

  3 叶无颗粒状腺体

   4 嫩枝、叶被星状毛 ………………………………………………………… 3 蝴蝶果属 *Cleidiocarpon*

   4 嫩枝、叶被柔毛，稀无毛

    5 药室彼此分离 ……………………………………………………… 4 铁苋菜属 *Acalypha*

    5 药室合生 …………………………………………………………… 5 山麻杆属 *Alchornea*

 2 植株具有乳汁管组织；单叶全缘至掌状分裂，或复叶

  6 液汁透明至淡红色或乳白色；二歧圆锥花序至穗状花序

     7 雄花花萼裂片镊合状排列；花排成聚伞圆锥花序

      8 嫩枝被柔毛；花长于 1.5 厘米 ………………………………… 6 油桐属 *Vernicia*

      8 嫩枝被星状毛；花较小，长不及 1 厘米 ……………………… 7 石栗属 *Aleurites*

     7 雄花花萼裂片或萼片覆瓦状排列

      9 总状花序，两性花 ……………………………………………… 8 变叶木属 *Codiaeum*

      9 聚伞状花序或聚伞圆锥花序；若为总状花序，则为单性的 9 麻疯树属 *Jatropha*

  6 乳汁白色；总状花序、穗状花序或大戟花序

      10 穗状花序，稀总状花序；雄花萼片 2 ~ 5 枚，分离或合生；雄蕊 2 ~ 3 枚

       11 雄花萼片离生，通常 3 片，罕为 2 片 ……………………… 10 海漆属 *Excoecaria*

11 雄花花萼杯状或管状 2 ~ 3 浅裂或为 2 ~ 3 细齿 ··· 11 乌桕属 *Sapium*

10 杯状聚伞花序；雄花无花萼；雄蕊 1 枚 ················ 12 大戟属 *Euphorbia*

（一）秋枫属 *Bischofia* Bl.

大乔木，有乳管组织，汁液呈红色或淡红色。叶互生，三出复叶，稀 5 小叶，具长柄，小叶片边缘具有细锯齿；托叶小，早落。花单性，雌雄异株，稀同株，组成腋生圆锥花序或总状花序；花序通常下垂；无花瓣及花盘；萼片 5，离生；雄花：萼片镊合状排列，初时包围着雄蕊，后外弯；雄蕊 5，分离，与萼片对生，花丝短，花药大，药室 2，平行，内向，纵裂；退化雌蕊短而宽，有短柄；雌花：萼片覆瓦状排列，形状和大小与雄花的相同；子房上位，3 室，稀 4 室，每室有胚珠 2 颗，花柱 2 ~ 4，长而肥厚，顶端伸长，直立或外弯。果实小，浆果状，圆球形，不分裂，外果皮肉质，内果皮坚纸质；种子 3 ~ 6 个，长圆形，无种阜，外种皮脆壳质，胚乳肉质，胚直立，子叶宽而扁平。染色体基数 X=7。

本属 2 种，分布于亚洲南部及东南部至澳大亚利和波利尼西亚。我国全产，分布于西南、华中、华东和华南等省区。

分种检索表

1 常绿或半常绿乔木，叶缘每 1 厘米长有细锯齿 2 ~ 3 个；圆锥花序 ············1 秋枫 *B.javanica*

1 落叶乔木，叶缘每 1 厘米长有细锯齿 4 ~ 5 个；总状花序 ························2 重阳木 *B. polycarpa*

1. 秋枫 *Bischofia javanica* Bl.

【别名】万年青树、赤木、茄冬、加冬、秋风子、木梁木、加当

【形态特征】常绿或半常绿大乔木，高达 40 米，胸径可达 2.3 米。砍伤树皮后流出汁液红色，干凝后变瘀血状。三出复叶，稀 5 小叶，总叶柄长 8 ~ 20 厘米；小叶片纸质，卵形、椭圆形、倒卵形或椭圆状卵形，长 7 ~ 15 厘米，宽 4 ~ 8 厘米，顶端急尖或短尾状渐尖，基部宽楔形至钝，边缘有浅锯齿，每 1 厘米长有 2 ~ 3 个，幼时仅叶脉上被疏短柔毛，老渐无毛；顶生小叶柄长 2 ~ 5 厘米，侧生小叶柄长 5 ~ 20 毫米；托叶膜质，披针形，长约 8 毫米，早落。花小，雌雄异株，多朵组成腋生的圆锥花序；雄花序长 8 ~ 13 厘米，被微柔毛至无毛；雌花序长 15 ~ 27 厘米，下垂；雄花：直径达 2.5 毫米；花丝短；退化雌蕊小，盾状；雌花：萼片长圆状卵形；子房光滑无毛，3 ~ 4 室，花柱 3 ~ 4。果实浆果状，圆球气形或近圆球形，直径 6 ~ 13 毫米（图 9-542）。花期 4 ~ 5 月，果期 8 ~ 10 月。

【生态习性】喜阳，稍耐荫，喜温暖而，耐寒力

图 9-542　秋枫

图 9-543　秋枫在园林中的应用

较差，对土壤要求不严，能耐水湿，根系发达，抗风力强，在湿润肥沃壤土上生长快速。常生于海拔800米以下山地潮湿沟谷林中或平原栽培，尤以河边堤岸或行道树为多。

【分布及栽培范围】陕西、长江中下流、华南、西南等省区有分布。东南亚、日本、澳大利亚和波利尼西亚等也有。

【繁殖】播种繁殖。

【观赏】秋枫树叶繁茂，树冠圆盖形，树姿壮观，秋叶红色，美丽如枫。

【园林应用】行道树、庭荫树、园景树、风景林、树林、水边绿化等（图 9-543）。常见应用于庭园院、道路，也可在草坪、湖畔、溪边、堤岸栽植。

【其它】木材可供建筑、桥梁、车辆、造船、矿柱、枕木等用。果肉可酿酒。种子含油量 30 ~ 54%，供食用，也可作润滑油。树皮可提取红色染料。叶可作绿肥。

2. 重阳木 *Bischofia polycarpa* (Levl.) Airy Shaw

【别名】乌杨、茄冬树、红桐、水枧木

【形态特征】落叶乔木，高达 15 米。当年生枝绿色，皮孔明显，灰白色。三出复叶；叶柄长 9 ~ 13.5 厘米；顶生小叶通常较两侧的大，小叶片纸质，卵形或椭圆状卵形，有时长圆状卵形，长 5 ~ 9(14) 厘米，宽 3 ~ 6(9) 厘米，顶端突尖或短渐尖，基部圆或浅心形，边缘具钝细锯齿每 1 厘米长 4 ~ 5 个；顶生小叶柄长 1.5 ~ 4(6) 厘米，侧生小叶柄长 3 ~ 14 毫米；托叶小，早落。花雌雄异株，春季与叶同时开放，组成总状花序；花序通常着生于新枝的下部，花序轴纤细而下垂；雄花序长 8 ~ 13 厘米；雌花序 3 ~ 12 厘米；雄花：萼片半圆形，膜质，向外张开；有明显的退化雌蕊；雌花：萼片与雄花的相同，有白色膜质的边缘；子房 3 ~ 4 室，每室 2 胚珠。果实浆果状，圆球形，直径 5 ~ 7 毫米，成熟时褐红色（图 9-544）。花期在 4 ~ 5 月，果期 10 ~ 11 月。

【生态习性】暖温带树种。喜光，稍耐荫。喜温暖气候，耐寒性较弱。对土壤的要求不严，喜湿润、肥沃的土壤。耐旱、耐瘠薄、耐水湿、抗风，根系发达。对二氧化硫有一定的抗性。生于海拔 1000 米以下山地林中或平原栽培，在长江中下游平原或农村四旁常见。

【分布及栽培范围】秦岭、淮河流域以南至两广北部。

图 9-544　重阳木

图 9-545　重阳木在园林中的应用

【繁殖】播种繁殖。

【观赏】树姿优美，冠如伞盖，花叶同放，花色淡绿，秋叶转红，艳丽夺目。

【园林应用】园路树、庭荫树、园景树、风景林、树林、水边绿化等（图 9-545）。用于堤岸、溪边、湖畔和草坪周围作为点缀树种极有观赏价值。孤植、丛植或与常绿树种配置，秋日分外壮丽。在住宅绿化中可用于园路树，也可以用做住宅区内的河岸、溪边、湖畔和草坪周围作为点缀树种极有观赏价值。

【其它】木材质重而坚韧，是很好的建筑、造船、车辆、家具等珍贵用材，常替代紫檀木制作贵重木器家具。根、叶可入药能行气活血，消肿解毒。

（二）野桐属 *Mallotus* Lour.

灌木或乔木；通常被星状毛。叶互生或对生，全缘或有锯齿，有时具裂片，下面常有颗粒状腺体，近基部具 2 至数个斑状腺体，有时盾状着生；掌状脉或羽状脉。花雌雄异株或稀同株，无花瓣，无花盘；花序顶生或腋生，总状花序，穗状花序或圆锥花序；雄花在每一苞片内有多朵，花萼在花蕾时球形或卵形，开花时 3 ~ 4 裂，裂片镊合状排列；雄蕊多数，花丝分离，花药 2 室，近基着，纵裂，药隔截平、突出或 2 裂；无不育雌蕊。雌花在每一苞片内 1 朵，花萼 3 ~ 5 裂或佛焰苞状，裂片镊合状排列；子房 3 室，稀 2 ~ 4 室，每室具胚珠 1 颗，花柱分离或基部合生。蒴果具 (2 ~) 3 (~ 4) 个分果爿，常具软刺或颗粒状腺体；种子卵形或近球形，种皮脆壳质，胚乳肉质，子叶宽扁。

约 140 种，主要分布于亚洲热带和亚热带地区。我国 25 种，11 变种，主产南部各省区。

1. 石岩枫 *Mallotus repandus* (Willd.) Muell. Arg.

【别名】倒挂茶、倒挂金钩

【形态特征】攀缘状灌木。嫩枝、叶柄、花序和花梗均密生黄色星状柔毛。叶互生，纸质或膜质，卵形或椭圆状卵形，长 3.5 ~ 8 厘米，宽 2.5 ~ 5 厘米，顶端急尖或渐尖，基部楔形或圆形，边缘全缘或波状，嫩叶两面均被星状柔毛，成长叶仅下面叶脉腋部被毛和散生黄色颗粒状腺体；基出脉 3 条，有时稍离基；叶柄长 2 ~ 6 厘米。花雌雄异株，总状花序或下部有分枝；雄花序顶生，长 5 ~ 15 厘米；苞片钻状，

图 9-546　石岩枫

长约2毫米，苞腋有花2～5朵；花梗长约4毫米；雄花：花萼裂片3～4，卵状长圆形，长约3毫米，外面被绒毛；雄蕊40～75枚，花丝长约2毫米，花药长圆形，药隔狭。雌花序顶生，长5～8厘米，苞片长三角形；雌花：花梗长约3毫米；花萼裂片5，卵状披针形，长约3.5毫米，外面被绒毛，具颗粒状腺体；花柱2(～3)枚，柱头长约3毫米，被星状毛，密生羽毛状突起。蒴果具2个分果爿，直径约1厘米，密生黄色粉末状毛和具颗粒状腺体（图9-546）。花期3～5月，果期8～9月。

【生态习性】喜光，耐干旱瘠薄。生于海拔250～300米山地疏林中或林缘。

【分布及栽培范围】广西、广东南部、海南和台湾。亚洲东南部和南部各国。

【繁殖】播种繁殖。

【观赏】棕色果实，量大，具有一定的观赏性。

【园林应用】垂直绿化。

【其它】根或茎叶能祛风，治毒蛇咬伤、风湿病痛、慢性溃疡。全株有毒。

（三）蝴蝶果属 *Cleidiocarpon* Airy Shaw

乔木；嫩枝被微星状毛。叶互生，全缘，羽状脉；叶柄具叶枕；托叶小。圆锥状花序，顶生，花雌雄同株，无花瓣，花盘缺，雄花多朵在苞腋排成团伞花序，稀疏地排列在花序轴上，雌花1～6朵，生于花序下部；雄花：花萼花蕾时近球形，萼裂片3～5枚，镊合状排列；雄蕊3～5枚，花丝离生，花药背着，4室，药隔不突出；不育雌蕊柱状，短，无毛；雌花：萼片5～8枚，覆瓦状排列，宿存；副萼小，与萼片互生，早落；子房2室，每室具胚珠1颗，花柱下部合生，顶部3～5裂，裂片短并叉裂。果核果状，近球形或双球形，基部急狭呈柄状，具宿存花柱基，外果皮壳质，具微皱纹，密被微星状毛；种子近球形。

本属2种，分布于缅甸北部、泰国西南部、越南北部。我国产1种。

1. 蝴蝶果 *Cleidiocarpon cavaleriei* (Levl.) Airy-Shaw

【别名】山板栗、唛别

【形态特征】常绿乔木，高达25米。幼嫩枝、叶疏生微星状毛，后变无毛。叶纸质，椭圆形，长圆状椭圆形或披针形，长6～22厘米，宽1.5～6厘米，顶端渐尖，稀急尖，基部楔形；小托叶2枚，钻状，长0.5毫米，上部凋萎，基部稍膨大；叶柄长1～4厘米，顶端枕状，基部具叶枕；托叶钻状，长1.5～2.5毫米，有时基部外侧有1个腺体。圆锥状花序，长10～15厘米，各部均密生灰黄色微星状毛，雄花7～13朵密集成的团伞花序，疏生于花序轴，雌花1～6朵，生于花序的基部或中部；苞片披针形，长2～4(8)毫米，小苞片钻状，长约1毫米；雄花：花萼裂片(3)4～5枚，长1.5～2毫米；雄蕊(3)4～5枚，花

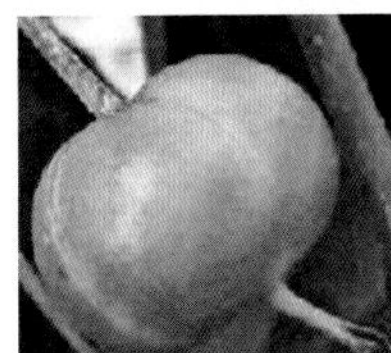

图9-547　蝴蝶果

丝长 3 ~ 5 毫米，花药长约 0.5 毫米；不育雌蕊柱状，长约 1 毫米；花梗短或几无；雌花：萼片 5 ~ 8 枚，卵状椭圆形或阔披针形，长 3 ~ 5 毫米；被短绒毛；副萼 5 ~ 8 枚，披针形或鳞片状，长 1 ~ 4 毫米，早落；子房被短绒毛，2 室，通常 1 室发育，花柱长约 7 毫米，上部 3 ~ 5 裂，裂片叉裂为 2 ~ 3 枚短裂片，密生小乳头。果呈偏斜的卵球形或双球形，具微毛，直径约 3 厘米或 5 厘米，长 0.5 ~ 1.5 厘米，外果皮革质，不开裂；种子近球形（图 9-547）。花果期 5 ~ 11 月。

【生态习性】喜光，喜温暖多湿气候，耐寒，但抗风较差，速生，抗病力强。生于海拔 150 ~ 750(1000) 米山地或石灰岩山的山坡或沟谷常绿林中。

【分布及栽培范围】贵州南部、广西西北部、西部和西南部、云南东南部。越南北部有分布。

【繁殖】播种繁殖、也可扦插繁殖。

【观赏】树形美观，枝叶浓绿，绿荫效果好，花果清雅，是华南城乡绿化的好树种。

【园林应用】行道树、园路树、庭荫树、园景树等。

【其它】蝴蝶果是一种粮油兼用的经济树木。种子含油率 33 ~ 39%，蛋白质 15 ~ 18%，淀粉 21 ~ 40%，糖分 2.5 ~ 12%，精制过的油可供食用。木材材质轻软，可作建筑等用材。

（四）铁苋菜属 *Acalypha* L.

一年生或多年生草本，灌木或小乔木。叶互生，通常膜质或纸质，叶缘具齿或近全缘，具基出脉 3 ~ 5 条或为羽状脉；叶柄长或短；托叶披针形或钻状，有的很小，凋落。雌雄同株，稀异株，花序腋生或顶生，雌雄花同序或异序；雄花序穗状，雄花多朵簇生于苞腋或在苞腋排成团伞花序；雌花序总状或穗状花序，通常每苞腋具雌花 1 ~ 3 朵，雌花的苞片具齿或裂片，花后通常增大；雌花的雄花同序（两性的），花的排列形式多样，通常雄花生于花序的上部，呈穗状，雌花 1 ~ 3 朵，位于花序下部；花无花瓣，无花盘；雄花：花萼花蕾时闭合的，花萼裂片 4 枚，镊合状排列；雄蕊通常 8 枚，花丝离生，花药 2 室，药室叉开或悬垂，细长、扭转，蠕虫状；不育雌蕊缺；雌花；萼片 3 ~ 5 枚，覆瓦状排列，近基部合生；子房 3 或 2 室，每室具胚珠 1 颗，花柱离生或基部合生，撕裂为多条线状的花柱枝。蒴果，小，通常具 3 个分果爿，果皮具毛或软刺；种子近球形或卵圆形，种皮壳质。

约 450 种，广布于世界热带、亚热带地区。我国约 17 种，其中栽培 2 种，除西北部外，各省区均有分布。

1. 红桑 *Acalypha wilkesiana* Muell. -Arg.

【别名】铁苋菜

【形态特征】灌木，高 1 ~ 4 米；嫩枝被短毛。叶纸质，阔卵形，古铜绿色或浅红色，常有不规则的红色或紫色斑块，长 10 ~ 18 厘米，宽 6 ~ 12 厘米，顶端渐尖，基部圆钝，边缘具粗圆锯齿，下面沿叶脉具疏毛；基出脉 3 ~ 5 条；叶柄长 2 ~ 3 厘米，具疏毛；托叶长约 8 毫米，基部宽 2 ~ 3 毫米。雌雄同株，通常雌雄花异序，雄花序长 10 ~ 20 厘米，各部均被微柔毛，苞片卵形，长约 1 毫米，苞腋具雄花 9 ~ 17 朵，排成团伞花序；雌花序长 5 ~ 10 厘米，花序梗长约 2 厘米，雌花苞片阔卵形，长 5 毫米，宽约 8 毫米具粗齿 7 ~ 11 枚，苞腋具雌花 1 (~ 2) 朵；花梗无；雄花：花萼裂片 4 枚，长卵形，长约 0.7 毫米；雄蕊 8 枚；花梗长约 1 毫米；雌花：萼片 3 ~ 4 枚，长 0.5 ~ 1 毫米，具缘毛；子房密生毛，花柱 3，长 6 ~ 7 毫米，撕裂 9 ~ 15 条。花期几全年。

图 9-548 红桑

图 9-549 红桑在园林中的应用

蒴果直径约 4 毫米，具 3 个分果爿（图 9-548）。

常见品种有：金边 'Marginata'、线叶 'Heterophylla'、乳叶 'Java White'、彩叶 'Mussaica' 等品种。

【生态习性】喜光、喜暖热多湿气候，耐干旱，忌水湿，不耐寒，最低温度为 16℃。

【分布及栽培范围】原产于太平洋岛屿（波利尼西亚或斐济）；现广泛栽培于热带、亚热带地区；台湾、福建、广东、海南、广西和云南的公园和庭园有栽培。

【繁殖】扦插繁殖。

【观赏】叶片红色，形态优美。

【园林应用】园景树、基础种植、绿篱、盆栽及盆景观赏等（图 9-549）。在南方地区常作庭院、公园中的绿篱和观叶灌木，可配置在灌木丛中点缀色彩；长江流域以盆栽作室内观赏。

【其它】营养丰富，增强体质，富含蛋白质、脂肪、糖类及多种维生素和矿物质，其所含的蛋白质比牛奶更能充分被人体吸收，所含胡萝卜素比茄果类高 2 倍以上，可为人体提供丰富的营养物质，有利于强身健体，提高机体的免疫力，有"长寿菜"之称。

（五）山麻杆属 *Alchornea* Sw.

乔木或灌木；嫩枝无毛或被柔毛。叶互生，纸质或膜质，边缘具腺齿，基部具斑状腺体，具 2 枚小托叶或无；羽状脉或掌状脉；托叶 2 枚。花雌雄同株或异株，花序穗状或总状或圆锥状，雄花多朵簇生于苞腋，雌花 1 朵生于苞腋，花无花瓣；雄花：花萼花蕾时闭合的，开花时 2 ~ 5 裂，萼片镊合状排列；雄蕊 4 ~ 8 枚，花丝基部短的合生成盘状，花药长圆状，背着，2 室，纵裂；无不育雌蕊；雌花：萼片 4 ~ 8 枚，有时基部具腺体；子房 (2 ~) 3 室，每室具胚珠 1 颗，花柱 (2 ~) 3 枚，离生或基部合生，通常线状，不分裂。蒴果具 2 ~ 3 个分果爿，果皮平滑或具小疣或小瘤；种子无种阜，种皮壳质，胚乳肉质，子叶阔，扁平。

本属约 70 种，分布于全世界热带、亚热带地区。中国产 7 种、2 变种，分布于西南部和秦岭以南热带和暖温带地区。

1. 山麻杆 *Alchornea davidii* Franch.

【别名】荷包麻

【形态特征】落叶灌木，高1～4(5)米；嫩枝被灰白色短绒毛，一年生小枝具微柔毛。叶薄纸质，阔卵形或近圆形，长8～15厘米，宽7～14厘米，顶端渐尖，基部心形、浅心形或近截平，边缘具粗锯齿或具细齿，齿端具腺体，上面沿叶脉具短柔毛，下面被短柔毛，基部具斑状腺体2或4个；基出脉3条；小托叶线状，长3～4毫米，具短毛；叶柄长2～10厘米，具短柔毛，托叶披针形，长6～8毫米，基部宽1～1.5毫米，具短毛，早落。雌雄同株，雄花序穗状，1～3个生于一年生枝已落叶腋部，长1.5～2.5厘米，花序梗几无，呈葇荑花序状，苞片卵形，长约2毫米，顶端近急尖，具柔毛，未开花时覆瓦状密生，雄花5～6朵簇生于苞腋，花梗长约2毫米，无毛，基部具关节；小苞片长约2毫米；雌花序总状，顶生，长4～8厘米，具花4～7朵，各部均被短柔毛；苞片三角形，长3.5毫米，小苞片披针形，长3.5毫米；花梗短，长约5毫米；雄花：花萼花蕾时球形，无毛，直径约2毫米，萼片3(～4)枚；雄蕊6～8枚；雌花：萼片5枚，长三角形，长2.5～3毫米，具短柔毛；子房球形，花柱3枚，合生部分长1.5～2毫米。蒴果近球形，具3圆棱，直径1～1.2厘米，密生柔毛(图9-550)。花期3～5月，果期6～7月。

【生态习性】阳性树种，喜光照，稍耐荫，喜温暖湿润的气候环境，对土壤的要求不严，在深厚肥沃的沙质土壤中生长最佳。萌蘖性强，抗旱能力低。生于海拔300～700米沟谷或溪畔、河边的坡地灌丛中。

【分布及栽培范围】陕西南部、四川、云南、贵州、广西、河南、湖北、湖南、江西、江苏、福建。

【繁殖】分株繁殖，也可扦插或播种。

【观赏】树形秀丽，新枝嫩叶俱红，茎干丛生，茎皮紫红，早春嫩叶紫红，后转红褐，是一个良好的观茎、观叶树种。

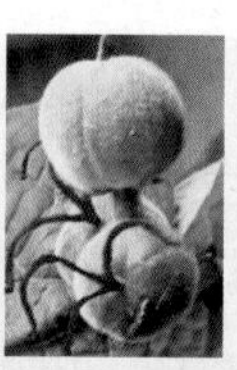

图9-550　山麻杆

图9-551　山麻杆在园林中的应用

【园林应用】园景树、基础种植等(图9-551)。丛植于庭院、路边、山石之旁具有丰富色彩有效果，若与其他花木成丛或成片配植，则层次分明，色彩丰富。但因畏寒怕冷，北方地区宜选向阳温暖之地定植。

【其它】茎皮纤维可供造纸或纺织用，种子榨油供工业用，叶片可入药。

（六）油桐属 *Vernicia* Lour.

落叶乔木，嫩枝被短柔毛。叶互生，全缘或 1 ~ 4 裂；叶柄顶端有 2 枚腺体。花雌雄同株或异株，由聚伞花序再组成伞房状圆锥花序；雄花：花萼花蕾时卵状或近圆球状，开花时多少佛焰苞状，整齐或不整齐 2 ~ 3 裂；花瓣 5 枚，基部爪状；腺体 5 枚；雄蕊 8 ~ 12 枚，2 轮，外轮花丝离生，内轮花丝较长且基部合生；雌花：萼片、花瓣与雄花同；花盘不明显或缺；子房密被柔毛，3(~ 8）室，每室有 1 颗胚珠，花柱 3 ~ 4 枚，各 2 裂。果大，核果状，近球形，顶端有喙尖，不开裂或基部具裂缝，果皮壳质，有种子 3(~ 8）颗。

本属 3 种，分布于亚洲东部地区。我国有 2 种，分布于秦岭以南各省区。

分种检索表

1 叶全缘或 3 浅裂；叶柄顶端的腺体扁球形；果无棱，平滑 ………………… 1 油桐 *V. fordii*

1 叶全缘或 2 ~ 5 浅裂；叶柄顶端有杯状腺体；果皮有皱纹 ………………… 2 木油桐 *V. montana*

1. 油桐 *Vernicia fordii* (Hemsl.) Airy-Shaw

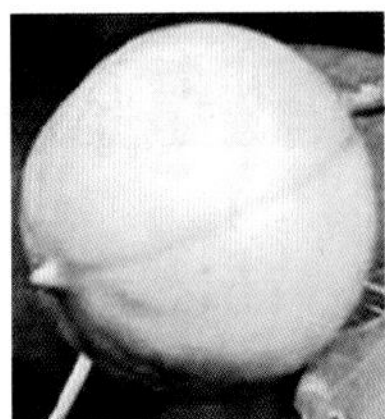
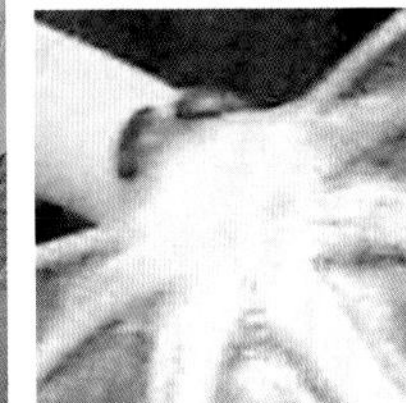

图 9-552 油桐

【别名】桐油树、桐子树、罂子桐、荏桐

【形态特征】落叶乔木，高达 10 米；树皮灰色，近光滑；枝条粗壮，无毛，具明显皮孔。叶卵圆形，长 8 ~ 18 厘米，宽 6 ~ 15 厘米，顶端短尖，基部截平至浅心形，全缘，稀 1 ~ 3 浅裂，嫩叶上面被很快脱落微柔毛，下面被渐脱落棕褐色微柔毛，成长叶上面深绿色，无毛，下面灰绿色，被贴伏微柔毛；掌状脉 5(~ 7）条；叶柄与叶片近等长，几无毛，顶端有 2 枚扁平、无柄腺体。花雌雄同株，先叶或与叶同时开放；花萼长约 1 厘米，2(~ 3）裂；花瓣白色，有淡红色脉纹，倒卵形，长 2 ~ 3 厘米，宽 1 ~ 1.5 厘米，顶端圆形，基部爪状；雄花：雄蕊 8 ~ 12 枚，2 轮；雌花：子房密被柔毛，3 ~ 5 室，每室有 1 颗胚珠，花柱与子房室同数，2 裂。核果近球状，直径 4 ~ 6(8）厘米，果皮光滑；种子 3 ~ 4(8）颗，种皮木质（图 9-552）。花期 3 ~ 4 月，果期 8 ~ 9 月。

【生态习性】喜光。喜温暖，忌严寒。冬季短暂的低温 (-8 ~ 10℃）有利于油桐发育，但长期处在 -10℃以下会引起冻害。适生于缓坡及向阳谷地，盆地及河床两岸台地。富含腐殖质、土层深厚、排水良好、中性至微酸性沙质壤土最适油桐生长。油桐栽培方式有桐农间作、营造纯林、零星种植和林桐间作等。

【分布及栽培范围】陕西、河南、江苏、安徽、浙江、江西、福建、台湾、湖南、湖北、广东、海南、广西、四川、贵州、云南等省区。通常栽培于海拔 1000 米以下丘陵山地。越南也有分布。

【繁殖】播种繁殖。

【观赏】树冠圆整，叶大荫浓，花大而美丽，落花洁白，花絮飘飞，宛如飘雪。

图 9-553　木油桐

图 9-554　木油桐在园林中的应用

【园林应用】园路树、庭荫树、园景树、风景林、树林等。可在庭园栽植，或园林结合生产。

【其它】种仁含油，高达 70%，桐油是重要工业用油，制造油漆和涂料，经济价值特高。油桐也是我国的外贸商品。

2. 木油桐 *Vernicia montana* Lour.

【别名】千年桐、皱果桐

【形态特征】落叶乔木，高达 20 米。枝条无毛，散生突起皮孔。叶阔卵形，长 8 ~ 20 厘米，宽 6 ~ 18 厘米，顶端短尖至渐尖，基部心形至截平，全缘或 2 ~ 5 裂。裂缺常有杯状腺体，两面初被短柔毛，成长叶仅下面基部沿脉被短柔毛，掌状脉 5 条；叶柄长 7 ~ 17 厘米，无毛，顶端有 2 枚具柄的杯状腺体。花序生于当年生已发叶的枝条上，雌雄异株或有时同株异序；花萼，长约 1 厘米，2 ~ 3 裂；花瓣白色或基部紫红色且有紫红色脉纹，倒卵形，长 2 ~ 3 厘米，基部爪状，雄花：雄蕊 8 ~ 10 枚，外轮离生，内轮花丝下半部合生；雌花；子房密被棕褐色柔毛，3 室，花柱 3 枚。核果卵球状，直径 3 ~ 5 厘米，具 3 条纵棱，棱间有粗疏网状皱纹，有种子 3 颗（图 9-553）。花期 4 ~ 5 月。

【生态习性】喜光，不耐荫蔽；喜暖热多雨气候，耐寒性比油桐差，抗病性强，生长快，寿命比油桐长。生于海拔 1300 米以下的疏林中。

【分布及栽培范围】浙江、江西、福建、台湾、湖南、广东、海南、广西、贵州、云南等省区。越南、泰国、缅甸也有分布。华南的热带丘陵山地较多栽培。

【繁殖】嫁接繁殖，也可播种繁殖。

【观赏】树形优美，满树白花，绿叶丛中一片雪白，十分漂亮。

【园林应用】园路树、庭荫树、园景树、风景林、树林等（图 9-554）。可在庭园栽植，或园林结合生产。

【其它】种子榨油，用途同油桐。常作嫁接油桐之砧木。

（七）石栗属 *Aleurites* J. R. et G. Forst

常绿乔木，嫩枝密被星状柔毛。单叶，全缘或 3 ~ 5 裂；叶柄顶端有 2 枚腺体。花雌雄同株，组成顶生的圆锥花序，花蕾近球形，花萼整齐或不整齐的 2 ~ 3 裂；花瓣 5 枚；雄花：腺体 5 枚；雄蕊 15 ~ 20 枚，排成 3 ~ 4 轮，生于突起的花托上；无不育雌蕊；雌花：子房 2（~ 3）室，每室有 1 颗胚珠，花柱 2 裂。核果近圆球状，外果皮肉质，内果皮壳质，有种子 1 ～ 2 颗。本属 2 种，分布于亚洲和大洋洲热带、亚热带地区。中国产石栗 1 种。

1. 石栗 *Aleurites moluccana* (L.) Willd.

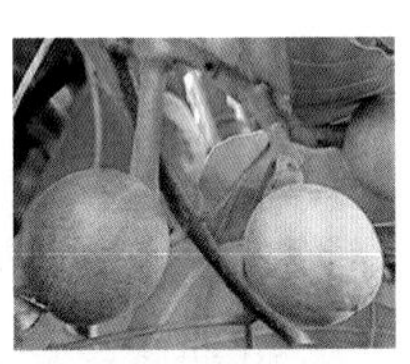

图 9-555 石栗

【别名】烛果树、油桃、黑桐油树

【形态特征】常绿乔木，高达 18 米，树皮暗灰色，浅纵裂至近光滑；嫩枝密被灰褐色星状微柔毛，成长枝近无毛。叶纸质，卵形至椭圆状披针形（萌生枝上的叶有时圆肾形，具 3 ～ 5 浅裂），长 14 ～ 20 厘米，宽 7 ～ 17 厘米，顶端短尖至渐尖，基部阔楔形或钝圆，稀浅心形，全缘或 (1 ～) 3(～ 5) 浅裂，嫩叶两面被星状微柔毛，成长叶上面无毛，下面疏生星状微柔毛或几无毛；基出脉 3 ～ 5 条；叶柄长 6 ～ 12 厘米，密被星状微柔毛，顶端有 2 枚扁圆形腺体。花雌雄同株，同序或异序，花序长 15 ～ 20 厘米；花萼在开花时整齐或不整齐的 2 ～ 3 裂，密被微柔毛；花瓣长圆形，长约 6 毫米，乳白色至乳黄色；雄花：雄蕊 15 ～ 20 枚，排成 3 ～ 4 轮，生于突起的花托上，被毛；雌花：子房密被星状微柔毛，2(～ 3) 室，花柱 2 枚，短 2 深裂。核果近球形或稍偏斜的圆球状，长约 5 厘米，直径 5 ～ 6 厘米，具 1 ～ 2 颗种子；种子圆球状（图 9-555）。花期 4 ～ 10 月。

【生态习性】喜光，喜暖气候，不耐寒，深根性，生长快。

【分布及栽培范围】福建、台湾、广东、海南、广西、云南等省区。分布于亚洲热带、亚热带地区。

【繁殖】播种和扦插繁殖。

【观赏】树干挺直，树冠浓密，有很好的遮荫效能。

【园林应用】行道树、庭荫树、风景林等。在华南地区多作行道树、风景林及庭荫树。

【其它】种子外形似贝壳的化石，灰色，可做成装饰品。木材灰白色，质轻软，可作家具等。石栗树果实含油量达 65 ～ 70%，所榨油可用作油漆、肥皂、蜡烛等工业的原料。还可用作提取生物柴油。

（八）变叶木属 *Codiaeum* A. Juss.

灌木或小乔木。叶互生，全缘，稀分裂；具叶柄；托叶小或缺，花雌雄同株，稀异株，总状花序；雄花：数朵簇生于苞腋，萼 3 ～ 5(6）裂，裂片覆瓦状排列；花瓣细小，5 ～ 6 枚，稀缺；花盘裂为 5 ～ 15 个分离的腺体；雄蕊 15 ～ 100，无不育雌蕊；雌花：单生于苞腋，花萼 5 裂，无花瓣；花盘近全缘或分裂；子房 3 室，每室有 1 胚珠，花柱 3，不分裂，稀 2 裂。蒴果；种子具种阜，子叶阔，扁平。

本属 15 种，分布于亚洲南部至大洋洲北部。我国栽培 1 种。

1. 变叶木 *Codiaeum variegatum*(L.)A.Juss.

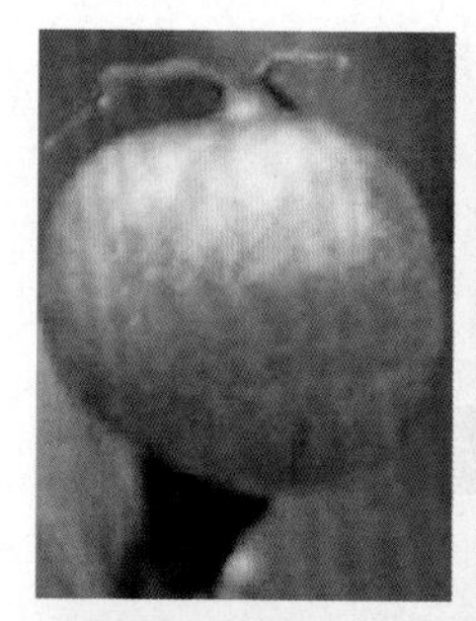

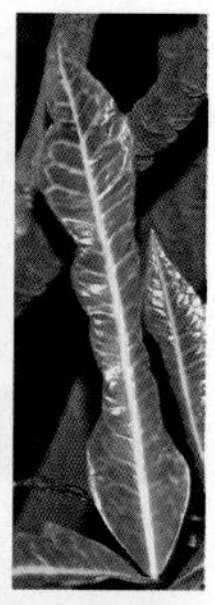

图 9-556 变叶木

图 9-557 变叶木在园林中的应用

【别名】洒金榕

【形态特征】灌木或小乔木，高可达 2 米。叶薄革质，形状大小变异很大，线形、线状披针形、长圆形、椭圆形、披针形、卵形、匙形、提琴形至倒卵形，有时由长的中脉把叶片间断成上下两片。长 5 ~ 30 厘米，宽 0.3 ~ 8 厘米，顶端短尖、渐尖至圆钝，基部楔形、短尖至钝，边全缘、浅裂至深裂，两面无毛，绿色、淡绿色、紫红色、紫红与黄色相间、黄色与绿色相间或有时在绿色叶片上散生黄色或金黄色斑点或斑纹；叶柄长 0.2 ~ 2.5 厘米。总状花序腋生，雌雄同株异序，长 8 ~ 30 厘米，雄花：白色，萼片 5 枚；花瓣 5 枚，远较萼片小；腺体 5 枚；雄蕊 20 ~ 30 枚；花梗纤细；雌花：淡黄色，萼片卵状三角形；无花瓣；花盘环状；子房 3 室，花往外弯；花梗稍粗。蒴果近球形，稍扁，无毛，直径约 9 毫米；种子长约 6 毫米（图 9-556）。花期 9 ~ 10 月。

【生态习性】喜高温、湿润和阳光充足的环境。土壤以肥沃、保水性强的黏质壤土为宜，不耐寒，冬季温度不低于 13℃。

【分布及栽培范围】原产于亚洲马来半岛至大洋洲；现广泛栽培于热带地区。我国南部各省区常见栽培。

【繁殖】播种、扦插、压条等方法繁殖。

【观赏】叶形、叶色上变化显示出色彩美、姿态美，在观叶植物中深受人们的喜爱。

【园林应用】园景树、基础种植、绿篱、地被植物、盆栽及盆景观赏等(图 9-557)。华南地区多用于公园、绿地和庭园美化。中型盆栽，陈设于厅堂、会议厅、宾馆酒楼，平添一份豪华气派；小型盆栽也可置于卧室、书房的案头、茶几上。

【其它】乳汁有毒，人畜误食叶或其液汁，有腹痛、腹泻等中毒症状；乳汁中含有激活 EB 病毒的物质，长时间接触有诱发鼻咽癌的可能。

（九）麻疯树属 *Jatropha* L.

乔木、灌木、亚灌木或为具根状茎的多年生草本。叶互生，掌状或羽状分裂，稀不分裂，被毛或无毛；具叶柄或无柄；托叶全缘或分裂为刚毛或为有柄的一列腺体，或托叶小。花雌雄同株，稀异株，伞房状聚伞圆锥花序，顶生或腋生，在二歧聚伞花序中央的花为雌花，其余花为雄花；萼片5枚，覆瓦状排列，基部多少连合；花瓣5枚，覆瓦状排列，离生或基部合生；腺体5枚，离生或合生环状花盘；雄花；雄蕊8～12枚，优势较多，排成2～6轮，花丝多少合生，优势最内轮花丝合生成柱状，不育雄蕊丝状或缺；不育雌蕊缺；雌花：子房2～3(5)室，每室有1颗胚珠，花柱3枚，基部合生，不分裂或3裂。蒴果：种子有种阜。

本属约175种；生产于美洲热带、亚热带地区。我国常见栽培或逸为野生的有3种。

1. 琴叶珊瑚 *Jatropha pandurifolia* Andre

【别名】日日樱

【形态特征】灌木，高1～2米。叶互生，倒卵状长椭圆形，全缘，近基两侧各具1尖齿。花红色，花瓣5，卵形；聚伞花序顶生；几乎全年开花。果球形，有纵棱（图9-558）。

【生态习性】喜光、耐半荫、喜高温多湿气候，也耐干旱，不择土壤，适应性强。

图9-558 琴叶珊瑚

图9-559 琴叶珊瑚在园林中的应用

【分布及栽培范围】原产于西印度群岛，华南地区有栽培。

【繁殖】播种或扦插

【观赏】红花美丽，四季开放。

【园林应用】园景树、盆栽及盆景观赏等（图9-559）。庭园常见的观赏花卉，适合庭植或大型盆栽。

（十）海漆属 *Excoecaria* Linn.

乔木或灌木，具乳状汁液。叶互生或对生，具柄，全缘或有锯齿，具羽状脉。花单性，雌雄异株或同株异序，极少雌雄同序者，无花瓣，聚集成腋生或顶生的总状花序或穗状花序。雄花萼片3，稀为2，细小，彼此近相等，覆瓦状排列；雄蕊 3 枚，花丝分离，花药纵裂，无退化雄蕊。雌花花萼 3 裂、3 深裂或为 3 萼片；子房 3 室，每室具 1 胚珠，花柱粗，开展或外弯，基部多少合生。蒴果自中轴开裂而成具 2 瓣裂的分果爿，分果爿常尖硬而稍扭曲，中轴宿存，具翅；种子球形，无种阜，种皮硬壳质，胚乳肉质。

本属约 40 种，分布于亚洲、非洲和大洋洲热带地区。我国有 6 种和 1 变种，产西南部经南部至台湾。

1. 红背桂 *Excoecaria cochinchinensis* Lour

【别名】红紫木、紫背桂

【形态特征】常绿灌木，高达 1 米。枝无毛，具多数皮孔。叶对生，稀兼有互生或近 3 片轮生，纸质，叶片狭椭圆形或长圆形，长 6 ~ 14 厘米，宽 1.2 ~ 4 厘米，顶端长渐尖，基部渐狭，边缘有疏细齿，齿间距 3 ~ 10 毫米，两面均无毛，腹面绿色，背面紫红或血红色；中脉于两面均凸起，侧脉 8 ~ 12 对，弧曲上升，离缘弯拱连接，网脉不明显；叶柄长 3 ~ 10 毫米，无腺体；托叶卵形，顶端尖，长约 1 毫米。花单性，雌雄异株，聚集成腋生或稀兼有顶生的总状花序，雄花序长 1 ~ 2 厘米，雌花序由 3 ~ 5 朵花组成，略短于雄花序。雄花：花梗长约 1.5 毫米；苞片阔卵形，长和宽近相等，约 1.7 毫米，顶端凸尖而具细齿，基部于腹面两侧各具 1 腺体，每一苞片仅有 1 朵花；小苞片 2，线形，长约 1.5 毫米，顶端尖，上部具撕裂状细齿，基部两侧亦各具 1 腺体；萼片 3，披针形，长约 1.2 毫米，顶端有细齿；雄蕊长伸出于萼片之外，花药圆形，略短于花丝。雌花：花梗粗壮，长 1.5 ~ 2 毫米，苞片和小苞片与雄花的相同；萼片 3，基部稍连合，卵形，长 1.8 毫米，宽近 1.2 毫米；子房球形，无毛，花柱 3，分离或基部多少合生，长约 2.2 毫米。蒴果球形，直径约 8 毫米，基部截平，顶端凹陷；种子近球形（图 9-560）。花期几乎全年。

【生态习性】不耐干旱，不甚耐寒，生长适温 15 — 25℃，冬季温度不低于 5℃。耐半荫，忌阳光曝晒，夏季放在庇荫处，可保持叶色浓绿。要求肥沃、排水好的沙壤土。

【分布及栽培范围】台湾、广东、广西、云南等地普遍栽培，广西龙州有野生，生于丘陵灌丛中。亚洲东南部各国也有。

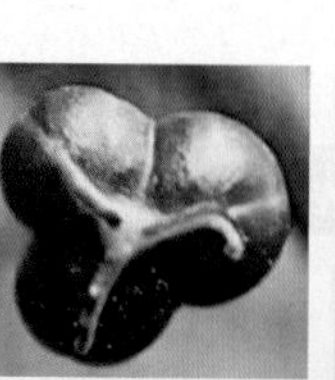
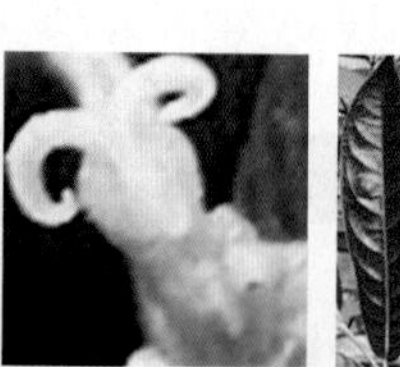

图 9-560 红背桂

图 9-561 红背桂在园林中的应用

【繁殖】扦插繁殖。

【观赏】桂枝叶飘飒，清新秀丽，盆栽常"点缀"室内厅堂、居室。

【园林应用】园景树、基础种植、绿篱、盆栽及盆景观赏等（图 9-561）。南方用于庭园、公园、居住小区绿化，茂密的株丛，鲜艳的叶色，与建筑物或树丛构成自然、闲趣的景观。

【其它】促癌变类植物，可诱发鼻咽癌和食管。红背桂乳汁毒性较大，含有激活 EB 病毒的物质。

（十一）乌桕属 *Sapium* P. Br.

乔木或灌木。叶互生，罕有近对生，全缘或有锯齿，具羽状脉；叶柄顶端有 2 腺体或罕有不存在；托叶小。花单性，雌雄同株或有时异株，若为雌雄同序则雌花生于花序轴下部，雄花生于花序轴上部，密集成顶生的穗状花序，穗状圆锥花序或总状花序，稀生于上部叶腋内，无花瓣和花盘；苞片基部具 2 腺体。雄花小，黄色，或淡黄色，数朵聚生于苞腋内，无退化雌蕊；花萼膜质，杯状，2 ~ 3 浅裂或具 2 ~ 3 小齿；雄蕊 2 ~ 3 枚，花丝离生，常短，花药 2 室，纵裂。雌花比雄花大，每一苞腋内仅 1 朵雌花；花萼杯状，3 深裂或管状而具 3 齿，稀为 2 ~ 3 萼片；子房 2 ~ 3 室，每室具 1 胚珠，花柱通常 3 枚，分离或下部合生，往头外卷。蒴果球形、梨形或 3 个分果爿，稀浆果状，通常 3 室，室背弹裂、不整齐开裂或有时不裂；种子近球形，常附于三角柱状、宿存的中轴上，迟落，外面被蜡质的假种皮或否。

本属约 120 种，广布于全球，但主产热带地区。我国有 9 种，多分布于东南至西南。

1. 乌桕 *Sapium sebiferum* (Linn.) Roxb.

【别名】腊子树、柏子树、木子树

【形态特征】乔木，高可达 15 米。叶互生，纸质，叶片菱形、菱状卵形或稀有菱状倒卵形，长 3 ~ 8 厘米，宽 3 ~ 9 厘米，顶端骤然紧缩具长短不等的尖头，基部阔楔形或钝，全缘；中脉两面微凸起，侧脉离缘 2 ~ 5 毫米弯拱网结，网状脉明显；叶柄长 2.5 ~ 6 厘米，顶端具 2 腺体；托叶顶端钝，长约 1 毫米。花单性，雌雄同株，聚集成顶生、长 6 ~ 12 厘米的总状花序，雌花通常生于花序轴最下部或罕有在雌花下部亦有少数雄花着生，雄花生于花序轴上部或有时整个花序全为雄花。雄花：花梗长 1 ~ 3 毫米；苞片阔卵形，每一苞片内具 10 ~ 15 朵花；小苞片 3，不等大；花萼杯状，3 浅裂；雄蕊 2 枚。雌花；花梗长 3 ~ 3.5 毫米；苞片深 3 裂，每一苞片

图 9-562 乌桕

图 9-563 乌桕在园林中的应用

内仅1朵雌花,间有1雌花和数雄花同聚生于苞腋内;花萼3深裂，子房卵球形，3室。蒴果梨状球形，成熟时黑色，直径1 ~ 1.5厘米。具3种子，分果爿脱落后而中轴宿存；种子扁球形，外被白色、蜡质的假种皮（图9-562）。花期4 ~ 8月。

【生态习性】喜光，不耐荫。喜温暖环境，不甚耐寒。适生于深厚肥沃、含水丰富的土壤，对酸性、钙质土、盐碱土均能适应。主根发达，抗风力强，耐水湿。寿命较长。生于旷野、塘边或疏林中。

【分布及栽培范围】黄河以南各省区，北达陕西、甘肃。日本、越南、印度、欧洲、美洲和非洲亦有栽培。

【繁殖】播种繁殖，优良品种用嫁接法。

【观赏】树冠整齐，叶形秀丽，秋叶经霜时如火如荼，十分美观，有“乌桕赤于枫，园林二月中”之赞名。冬日白色地乌桕子挂满枝头，经久不凋，也颇美观，古人就有“偶看桕树梢头白，疑是江海小着花”的诗句。

【园林应用】园路树、庭荫树、园景树、风景林、树林、水边绿化等（图9-563)。与亭廊、花墙、山石等相配，易协调。可孤植、丛植于草坪和湖畔、池边。

【其它】种子外被之蜡质称为“桕蜡”,可提制“皮油”，供制高级香皂、蜡纸、蜡烛等；种仁榨取的油，供油漆、油墨等用。木材白色，坚硬，可作车辆、家具和雕刻等用材。根皮治毒蛇咬伤。

（十二）大戟属 *Euphorbia* Linn.

一年生、二年生或多年生草本，灌木，或乔木；植物体具乳状液汁。根圆柱状，或纤维状，或具不规则块根。叶常互生或对生，少轮生，常全缘，少分裂或具齿或不规则；叶常无叶柄，少数具叶柄；托叶常无，少数存在或呈钻状或呈刺状.杯状聚伞花序，单生或组成复花序，复花序呈单歧或二歧或多歧分枝，多生于枝顶或植株上部，少数腋生；每个杯状聚伞花序由1枚位于中间的雌花和多枚位于周围的雄花同生于1个杯状总苞内而组成，为本属所特有，故又称大戟花序；雄花无花被，仅有1枚雄蕊，花丝与花梗间具不明显的关节；雌花常无花被，少数具退化的且不明显的花被；子房3室，每室1个胚株；花柱3，常分裂或基部合生；柱头2裂或不裂。蒴果，成熟时分裂为3个2裂的分果爿(极个别种成熟时不开裂);种子每室1枚，常卵球状，种皮革质，深褐色或淡黄色，具纹饰或否；种阜存在或否。

本属约2000种，是被子植物中特大属之一，遍布世界各地，其中非洲和中南美洲较多；我国原产约66种，另有栽培和归化14种，计80种，南北均产。

分种检索表

1 总苞的腺体具花瓣状附属物……………………………………1 紫锦木 *E. cotinifolia*

1 总苞的腺体无附属物…………………………………………2 一品红 *E. pulcherrima*

1. 紫锦木 *Euphorbia cotinifolia* Linn.

【别名】肖黄栌

【形态特征】常绿乔木，高13 ~ 19米。叶3枚轮生，圆卵形，长2 ~ 6厘米，宽2 ~ 4厘米，先端钝圆，基部近平截；主脉于两面明显，侧脉数对，生自主脉两侧，近平行，不达叶缘而网结；边缘全缘；两面红色；叶柄长2 ~ 9厘米，略带红色。花序生于二歧分枝的顶端，具长约2厘米的柄；总苞阔钟状，高2.5 ~ 3毫米，直径约4毫米，边缘4 ~ 6裂，裂片三角形，边缘具毛；

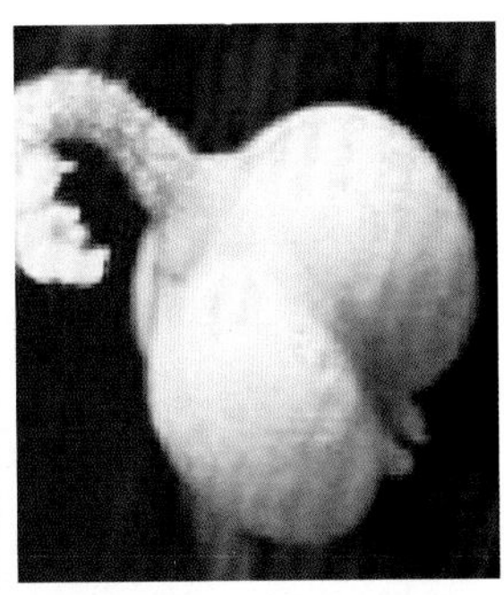

图 9-564 紫锦木在园林中的应用

腺体 4 ~ 6 枚，半圆形，深绿色，边缘具白色附属物，附属物边缘分裂。雄花多数；苞片丝状；雌花柄伸出总苞外；子房三棱状。蒴果三棱状卵形，高约 5 毫米，直径约 6 毫米，光滑无毛（图 9-564）。

【生态习性】喜阳光充足、温暖、湿润的环境，不耐寒。要求土壤疏松、肥沃、排水良好。

【分布及栽培范围】原产热带美洲；中国福建、台湾、广州有栽培。

【繁殖】扦插、播种繁殖。

【观赏】常年观红叶树种。

【园林应用】园路树、庭荫树、园景树、盆栽及盆景观赏等。

2. 一品红 *Euphorbia pulcherrima* Willd.

【别名】老来娇、圣诞花、圣诞红、猩猩木

【形态特征】灌木。叶互生，卵状椭圆形、长椭圆形或披针形，长 6 ~ 25 厘米，宽 4 ~ 10 厘米，先端渐尖或急尖，基部楔形或渐狭，绿色，边缘全缘或浅裂或波状浅裂，叶面被短柔毛或无毛，叶背被柔毛；叶柄长 2 ~ 5 厘米，无毛；无托叶；苞叶 5 ~ 7 枚，狭椭圆形，长 3 ~ 7 厘米，宽 1 ~ 2 厘米，通常全缘，极少边缘浅波状分裂，朱红色；叶柄长 2 ~ 6 厘米。花序数个聚伞排列于枝顶；花序柄长 3 ~ 4 毫米；总苞坛状，淡绿色，高 7 ~ 9 毫米，直径 6 ~ 8 毫米，边缘齿状 5 裂；腺体常 1 枚，极少 2 枚，黄色。雄花多数，常伸出总苞之外；苞片丝状，具柔毛；雌花 1 枚，子房柄明显伸出总苞之外，无毛；子房光滑；花柱 3，中部以下合生；柱头 2 深裂。蒴果，三棱状圆形，长 1.5 ~ 2.0 厘米，直径约 1.5 厘米（图 9-565）。花果期 10 至次年 4 月。

【生态习性】喜暖热气候，不耐寒。华南可露地栽培，长江流域及其以北地区多温室盆栽观赏。

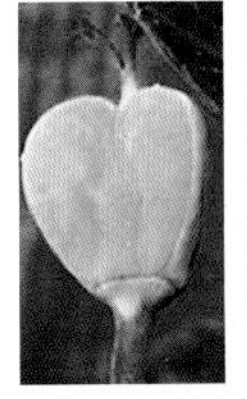
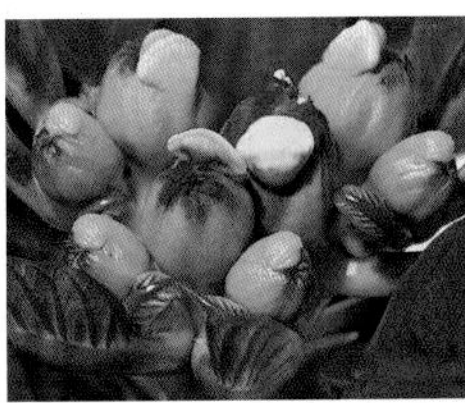

图 9-565 一品红

图 9-566 一品红在园林中的应用

【分布及栽培范围】原产中美洲墨西哥塔斯科地区，广泛栽培于热带和亚热带。我国华南栽培。

【繁殖】扦插繁殖。

【观赏】变色型观叶植物。

【园林应用】园景树、盆栽及盆景观赏等（图9-566）。优良的园林变色型观叶植物，常见于公园、植物园及温室中，供观赏。

【其它】茎叶可入药，可治跌打损伤。

七十五、鼠李科 Rhamnaceae

灌木、藤状灌木或乔木，稀草本，通常具刺，或无刺。单叶互生或近对生，全缘或具齿。具羽状脉，或三至五基出脉；托叶小，早落或宿存，或有时变为刺。花小，整齐，两性或单性，稀杂性，雌雄异株。常排成聚伞花序、穗状圆锥花序聚伞总状花序、聚伞圆锥花序，或有时单生或数个簇生，通常4基数，稀5基数；萼钟状或筒状，淡黄绿色，萼片镊合状排列，常尖硬，内面中肋中部有时具喙状突起，与花瓣互生；花瓣通常较萼片小，极凹，匙形或兜状，基部常具爪，或有时无花瓣，着生于花盘边缘下的萼筒上；雄蕊与花瓣对生，为花瓣抱持；花丝着生于花药外面或基部，与花瓣爪部离生，花药2室，纵裂；花盘明显发育，薄或厚，贴生于萼筒上，或填塞于萼筒内面，杯状、壳斗状或盘状，全缘，具圆齿或浅裂；子房上位、半下位至下位，通常3或2室，稀4室，每室有1基生的倒生胚珠，花柱不分裂或上部3裂。核果、浆果状核果、蒴果状核果或蒴果，沿腹缝线开裂或不开裂，或有时果实顶端具纵向的翅或具平展的翅状边缘，基部常为宿存的萼筒所包围，1至4室，具2 ~ 4个开裂或不开裂的分核，每分核具1种子；种子背部无沟或具沟，或基部具孔状开口。

约58属，900种以上，广泛分布在温带和热带地区。我国有14属，130种，32变种和1变形，全国各省区均有分布，以西南河华南的种类最为丰富。

科识别特征:木本单叶常具刺，叶脉犹如三叉戟。花小整齐常两性，萼筒5裂不分离。花瓣同数生萼筒，雄蕊对生数目同。花盘发达为肉质，子房上位藏其中。萼筒宿存包果实，部分种类缘有翅。最为常见浆核果，大枣拐枣和鼠李。

分属检索表

1 浆果状核果，具2 ~ 4分核……………………………………1 枳椇属 *Hovenia*

1 核果，无分核

  2 常具托叶刺果实无翅，为肉质核果……………………………2 枣属 *Ziziphus*

  2 常具托叶刺，果实周围具平展的杯状或草帽状的翅……………3 马甲子属 *Paliurus*

（一）枳椇属 *Hovenia* Thunb.

落叶乔木，稀灌木，高可达25米。幼枝常被短柔毛或茸毛。叶互生，基部有时偏斜，边缘有锯齿，基生3出脉，中脉每边有侧脉4 ~ 8条，具长柄。花小，白色或黄绿色，两性，5基数，密集成顶生或兼腋生聚伞圆锥花序；萼片三角形，透明或半透明，中肋内面凸起；花瓣与萼片互生，生于花盘下，两侧内卷，基部具爪，雄蕊为花瓣抱持，花丝披针状线形，基部与爪部离生，背着药;花盘厚，肉质，盘状，近圆形，有毛，边缘与萼筒离生；子房上位，1/2 ~ 2/3藏于花盘内，仅基部与花盘合生，3室，每室具1胚珠，花柱3浅裂至深裂。浆果状核果近球形，顶端有残存的花柱，基部具宿存的萼筒，外果皮革质，常与纸质或膜质的内果皮分离；花序轴在结果时膨大，扭曲，种子 3 粒，扁圆球形，褐色或紫黑色，有光泽。

本属有 3 种，2 变种，分布于中国、朝鲜、日本和印度。中国除东北、内蒙古、新疆、宁夏、青海和台湾外，各省区均有分布。在世界各国也常有栽培。

1. 拐枣 *Hovenia acerba* Lindl.

【别名】枳椇

【形态特征】高大乔木，高 10 ~ 25 米。叶互生，厚纸质至纸质，宽卵形、椭圆状卵形或心形，长 8 ~ 17 厘米，宽 6 ~ 12 厘米，顶端长渐尖或短渐尖，基部截形或心形，边缘常具整齐浅而钝的细锯齿，上部或近顶端的叶有不明显的齿，上面无毛，下面沿脉或脉腋常被短柔毛或无毛；叶柄长 2 ~ 5 厘米，无毛。二歧式聚伞圆锥花序，顶生和腋生，被棕色短柔毛；花两性，直径 5 ~ 6.5 毫米；萼片具网状脉或纵条纹，无毛，长 1.9 ~ 2.2 毫米，宽 1.3 ~ 2 毫米；花瓣椭圆状匙形，长 2 ~ 2.2 毫米，宽 1.6 ~ 2 毫米，具短爪；花盘被柔毛；花柱半裂。浆果状核果近球形，直径 5 ~ 6.5 毫米，无毛，成熟时黄褐色或棕褐色；果序轴明显膨大；种子暗褐色或黑紫色(图 9-567)。花期 5 ~ 7 月，果期 8 ~ 10 月。

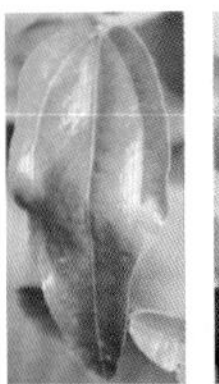

图 9-567 拐枣

【生态习性】喜温暖湿润的气候。但不耐空气过于干燥 . 喜阳光充足、潮湿环境，生长适宜温度 20 ~ 30℃，对土壤要求不严，但在土层深厚、温润而排水良好处生长快。深根性，萌芽力强。生于海拔 2100 米以下的空旷地、山坡林缘或疏林中。

【分布及栽培范围】陕西以南各地区。印度、尼泊尔、锡金、不丹和缅甸北部也有分布。

【繁殖】播种、扦插、分蘖繁殖。

【观赏】叶大而圆，叶色浓绿，树形优美。

【园林应用】行道树、庭荫树、园景树(图 9-568)。可在观光果园中种植(但在酒厂附近不宜种植，因其枝叶、果实有败酒作用)。

【其它】木材纹理粗而美观，材质坚硬，适合作家具及装饰用材。果序梗肥大肉质，富含糖分，可生食和酿酒。果实为清凉、利尿药。

图 9-568 拐枣在园林中的应用

（二）枣属 *Ziziphus* Mill.

落叶或常绿乔木，或藤状灌木；枝常具皮刺。叶互生，具柄，边缘锯齿，或稀全缘，具基生三出、稀五出脉；托叶通常变成针刺。花小，黄绿色，两性，5 基数，常排成腋生具总花梗的聚伞花序，或腋生或顶生聚伞总状或聚伞圆锥花序；萼片卵状三角形或三角形，内面有凸起的中肋；花瓣具爪，倒卵圆形或匙形，有时无花瓣，与雄蕊等长；花盘厚，肉质，5 或 10 裂；子房球形，下半部或大部藏于花盘内，且部分合生，2 室，稀 3 ~ 4 室，每室有 1 胚珠，花柱 2，稀 3 ~ 4 浅裂或半裂，稀深裂。核果圆球形或矩圆形，不开裂，顶端有小尖头，基部有宿存的萼筒，中果皮肉质或软木栓质，内果皮硬骨质或木质，1 ~ 2 室，稀 3 ~ 4 室，每室具 1 种子；种子无或有稀少的胚乳。枣属为鼠李科植物中最具经济价值的一属。

约 100 种，主要分布于亚洲和美洲的热带和亚热带地区。中国是世界上枣属植物较丰富的国家，原产 12 种，3 变种。除枣和无刺枣在全国各地栽培外，主要分布西南和华南地区。

1. 枣 *Ziziphus jujuba* Mill.

【别名】枣树、枣子、大枣、红枣树、刺枣、枣子树、贯枣、老鼠屎

【形态特征】落叶小乔木，高达 10 米。有长枝，短枝和无芽小枝（即新枝）比长枝光滑，呈之字形曲折，具 2 个托叶刺，长刺可达 3 厘米，粗直，短刺下弯，长 4 ~ 6 毫米；短枝短粗，矩状，自老枝发出；当年生小枝绿色，下垂。叶纸质，卵形，卵状椭圆形，或卵状矩圆形；长 3 ~ 7 厘米，宽 1.5 ~ 4 厘米，顶端钝或圆形，稀锐尖，具小尖头，基部稍不对称，近圆形，边缘具圆齿状锯齿，上面深绿色，无毛，下面浅绿色，无毛或仅沿脉稍被疏微毛，基生三出脉；叶柄长 1 ~ 6 毫米，或在长枝上的可达 1 厘米，无毛或有疏微毛；托叶刺纤细，后期常脱落。花黄绿色，两性，5 基数，无毛，具短总花梗，单生或 2 ~ 8 个密集成腋生聚伞花序；花梗长 2 ~ 3 毫米；萼片卵状三角形；花瓣倒卵圆形，基部有爪，与雄蕊等长；花盘肉质，5 裂；子房下部与花盘合生，2 室。核果矩圆形或长卵圆形，长 2 ~ 3.5 厘米，直径 1.5 ~ 2 厘米，成熟时红色，后变红紫色，中果皮肉质，厚，味甜，核顶端锐尖，基部锐尖或钝，2 室，具 1 或 2 种子，果梗长 2 ~ 5 毫米；种子扁椭圆形，长约 1 厘米，宽 8 毫米（图 9-569）。花期 5 ~ 7 月，果期 8 ~ 9 月。

变种：(1) 无刺枣 'Inermis' 枝无托叶刺，果较大；各地栽培的大多为此变种。(2) 葫芦枣 'Lagenaria' 果实中部收缩成葫芦形，食用。(3) 龙枣 'Tortuosa' 小枝卷曲如蛇游状；果实较小而质差。嫁接繁殖。宜植于庭园观赏。(4) 酸枣 var.spinosa (Bunge) Hu et H. F. Chow：灌木，高 1 ~ 3 米，也可长成乔木状；小枝具托叶刺。叶较小，长 1.5 ~ 3.5 厘米。核果小，近球形，长 0.7 ~ 1.5 厘米，味酸，核两端钝。

【生态习性】强阳性，对气候、土壤适应性较强。喜干冷气候及中性或微酸性的沙壤土，耐干旱、瘠薄，对酸性、盐碱土及低湿地都有一定的忍耐性。黄河

图 9-569 枣

图 9-570　枣在园林中的应用

流域的冲积平原是枣树的适生地区，在南方湿热气候下能生长，但品质较差。根系发达，根萌蘖力强；能抗风沙。生长于海拔 1700 米以下的山区、丘陵或平原。

【分布及栽培范围】吉林、辽宁、河北、山东、山西、陕西、河南、甘肃、新疆、安徽、江苏、浙江、江西、福建、广东、广西、湖南、湖北、四川、云南、贵州。原产中国，但亚洲、欧洲和美洲也有栽培。

【繁殖】分蘖或根插法繁殖，也可嫁接，砧木可用酸枣或枣树实生苗。

【观赏】枝梗劲拔，翠叶垂荫，果实累累。

【园林应用】园路树、庭荫树、园景树、盆栽及盆景观赏等（图 9-570）。宜在庭园、路旁散植或成片栽植，亦是结合生产的好树种。其老根古干可作树桩盆景。

【其它】枣的果实味甜，含有丰富的维生素 C、P，除供鲜食外，常可以制成蜜枣、红枣、熏枣、黑枣、酒枣及牙枣等蜜饯和果脯，还可以作枣泥、枣面、枣酒、枣醋等。枣又供药用，有养胃、健脾、益血、滋补、强身之效，枣仁和根均可入药，枣仁可以安神，重要药品之一。

（三）马甲子属 *Paliurus* Tourn. ex Mill.

落叶乔木或灌木。单叶互生，有锯齿或近全缘，具基生三出脉，托叶常变成刺。花呈两性，花瓣数 5 基数，排成腋生或顶生聚伞花序或聚伞圆锥花序，花梗短，结果时常增长；花萼 5 裂，萼片有明显的网状脉，中肋在内面凸起；花瓣匙形或扇形，两侧常内卷；雄蕊基部与瓣爪离生；花盘厚、肉质，与萼筒贴生，五边形或圆形，无毛，花萼边缘具有 5 或 10 齿裂或浅裂，中央下陷与子房上部分离，子房上位，大部分藏于花盘内，基部与花盘愈合，顶端伸出于花盘上，花朵子房具有 3 室（极少数物种具有 2 室），每室具 1 胚珠，花柱柱状或扁平，花柱通常具有 3 条深裂。核果杯状或草帽状，周围具木栓质或革质的翅，基部有宿存的萼筒，果实基部具有 3 室，每室有 1 种子。

本属约 6 种，分布于欧洲南部和亚洲东部及南部。我国有 5 种和 1 栽培，分布于西南、中南、华东等省区。

1. 马甲子 *Paliurus ramosissimus* (Lour.) Poir.

【别名】白棘、铁篱笆、铜钱树、马鞍树、熊虎刺、簕子、棘盘子

【形态特征】灌木，高达 6 米。叶互生，纸质，卵状椭圆形或近圆形，长 3 ~ 5.5 (7) 厘米，宽 2.2 ~ 5

厘米，顶端钝或圆形，基部宽楔形、楔形或近圆形，稍偏斜，边缘具钝细锯齿或细锯齿，稀上部近全缘，上面沿脉被棕褐色短柔毛，幼叶下面密生棕褐色细柔毛，后渐脱落仅沿脉被短柔毛或无毛，基生三出脉；叶柄长 5 ～ 9 毫米，被毛，基部有 2 个紫红色斜向直立的针刺，长 0.4 ～ 1.7 厘米。腋生聚伞花序，被黄色绒毛；萼片宽卵形，长 2 毫米，宽 1.6 ～ 1.8 毫米；花瓣匙形，短于萼片，长 1.5 ～ 1.6 毫米，宽 1 毫米；雄蕊与花瓣等长或略长于花瓣；花盘圆形，边缘 5 或 10 齿裂；子房 3 室，每室具 1 胚珠。核果杯状，被黄褐色或棕褐色绒毛，周围具木栓质 3 浅裂的窄翅，直径 1 ～ 1.7 厘米，长 7 ～ 8 毫米；果梗被棕褐色绒毛；种子紫红色或红褐色（图 9-571）。花期 5 ～ 8 月，果期 9 ～ 10 月。

【生态习性】强阳性，对气候、土壤适应性较强。耐干旱、瘠薄，喜干冷气候及中性或微酸性的沙壤土，对低湿地都有一定的忍耐性。生于海拔 2000 米以下的山地和平原。

【分布及栽培范围】江苏、浙江、安徽、江西、湖南、湖北、福建、台湾、广东、广西、云南、贵州、四川。朝鲜、日本和越南也有分布。

【繁殖】播种繁殖。

图 9-571　马甲子

【观赏】叶色浓绿。

【园林应用】绿篱、盆栽及盆景等。常用马甲子作绿篱围护果园等场地，综合效果比砖土竹等作围篱优越。还可用于高速公路两旁作篱笆之用。

【其它】木材坚硬，可作农具柄；根、枝、叶、花、果药用，治痈肿溃脓等症，根可治喉痛。

（四）鼠李属 *Rhamnus* L.

灌木或乔木，无刺或小枝顶端常变成针刺；芽裸露或有鳞片。叶互生或近对生，稀对生，具羽状脉，边缘有锯齿或稀全缘；托叶小，早落，稀宿存。花小，两性，或单性、雌雄异株，稀杂性，单生或数个簇生，或排成腋生聚伞花序、聚伞总状或聚伞圆锥花序，黄绿色；花萼钟状或漏斗状钟状，4 ～ 5 裂，萼片卵状三角形，内面有凸起的中肋；花瓣 4 ～ 5，短于萼片，兜状，基部具短爪，顶端常 2 浅裂，稀无花瓣；雄蕊 4 ～ 5 枚，背着药，为花瓣抱持，与花瓣等长或短于花瓣；花盘薄，杯状；子房上位，球形，着生于花盘上，不为花盘包围，2 ～ 4 室，每室有 1 胚珠，花柱 2 ～ 4 裂。浆果状核果倒卵状球形或圆球形，基部为宿存萼筒所包围，具 2 ～ 4 分核，分核骨质或软骨质，开裂或不开裂，各有 1 种子；种子倒卵形或长圆状倒卵形，背面或背侧具纵沟，或稀无沟。

本属约 200 种分布于温带至热带，主要集中于亚洲东部和北美洲的西南部。我国有 57 种和 14 变种，分布于全国各省区，其中以西南和华南种类最多。

1. 鼠李 *Rhamnus davurica* Pall.

图 9-572 鼠李

【别名】臭李子、大绿、老鹳眼、女儿茶、牛李子

【形态特征】灌木或小乔木，高达 10 米。小枝对生或近对生，枝顶端常有大的芽而不形成刺，或有时仅分叉处具短针刺。叶纸质，对生或近对生，或在短枝上簇生，宽椭圆形或卵圆形，稀倒披针状椭圆形，长 4 ~ 13 厘米，宽 2 ~ 6 厘米，顶端突尖或短渐尖至渐尖，基部楔形或近圆形，有时稀偏斜，边缘具圆齿状细锯齿，齿端常有红色腺体，上面无毛或沿脉有疏柔毛，下面沿脉被白色疏柔毛，侧脉每边 4 ~ 5 (6) 条，两面凸起，网脉明显；叶柄长 1.5 ~ 4 厘米，无毛或上面有疏柔毛。花单性，雌雄异株，4 基数，有花瓣，雌花 1 ~ 3 个生于叶腋或数个至 20 余个簇生于短枝端，有退化雄蕊，花柱 2 ~ 3 浅裂或半裂；花梗长 7 ~ 8 毫米。核果球形，黑色，直径 5 ~ 6 毫米，具 2 分核，基部有宿存的萼筒；果梗长 1 ~ 1.2 厘米；种子卵圆形（图 9-572）。花期 5 ~ 6 月，果期 7 ~ 10 月。

【生态习性】喜光。适应性强，深根性树种，对土质要求不高，在湿润而富有腐殖质的微酸性沙质土壤上更适于生长。怕湿热，有一定耐旱能力，但不耐积水。耐寒，零下 10℃无冻害。生于山坡林下，灌丛或林缘和沟边阴湿处，海拔 1800 米以下。

【分布及栽培范围】黑龙江、吉林、辽宁、河北、山西。西伯利亚、蒙古和朝鲜也有分布。

【繁殖】播种繁殖。

【观赏】枝密叶繁，入秋有累累黑果。

【园林应用】树林、园景树、绿篱、盆栽及盆景等。园林绿化的优良观赏灌木树种，可植于庭园观赏，亦是制作盆景的佳木，也是我国重要的造林树种。

【其它】木材坚实致密，可作家具、车辆及雕刻等用材；果肉可入药；种子含脂及油和蛋白质，榨油供制润滑油和油墨，肥皂。

七十六、葡萄科 Vitaceae

攀援木质藤本，稀草质藤本，具有卷须，或直立灌木，无卷须。单叶、羽状或掌状复叶，互生；托叶通常小而脱落，稀大而宿存。花小，两性或杂性同株或异株，排列成伞房状多歧聚伞花序、复二歧聚伞花序或圆锥状多歧聚伞花序，4 ~ 5 基数；萼呈碟形或浅杯状，萼片细小；花瓣与萼片同数，分离或凋谢时呈帽状粘合脱落；雄蕊与花瓣对生，在两性花中雄蕊发育良好，在单性花雌花中雄蕊常较小或极不发达，败育；花盘呈环状或分裂；子房上位，通常 2 室，每室有 2 颗胚珠，或多室而每室有 1 颗胚珠，果实为浆果，有种子 1 至数颗。

本科有 16 属，约 700 余种，主要分布于热带和亚热带。我国有 9 属 150 余种，南北各省均产，野生种类主要集中分布于华中、华南及西南各省区。

科识别特征：藤本攀援凭卷须，聚伞伞房穗花序。枝条有棱或条纹，茎节增大具关节。互生单叶或复叶，托叶贴柄有或缺。两性单性花整齐，萼裂 4 ~ 5 或 3 ~ 7 片。花瓣同数基合生，雄蕊花瓣相对生。子房上位为浆果，种子坚硬胚乳多。

分属检索表

1 花瓣粘合，凋谢时呈帽状脱落，花序呈典型的聚伞圆锥花序………………… 1 葡萄属 *Vitis*

1 花瓣分离，凋谢时不粘合呈帽状脱落

2 花通常 5 数

3 卷须为 4 ~ 7 总状分枝，顶端遇附着物扩大成吸盘……………………… 2 地锦属 *Parthenocissus*

3 卷须多为 2 叉状分枝或不枝，通常顶端不扩大为吸盘…………………… 3 俞藤属 *Yua*

2 花通常 4 数，柱头通常 4 裂……………………………………………………… 4 崖爬藤属 *Tetrastigma*

（一）葡萄属 *Vitis* L.

木质藤本，有卷须。叶为单叶、掌状或羽状复叶；有托叶，通常早落。花 5 数，通常杂性异株，稀两性，排成聚伞圆锥花序；萼呈碟状，萼片细小；花瓣凋谢时呈帽状粘合脱落；花盘明显，5 裂；雄蕊与花瓣对生，在雌花中不发达，败育；子房 2 室，每室有 2 颗胚珠；花柱纤细，柱头微扩大。果实为一肉质浆果，有种子 2 ~ 4 颗。种子倒卵圆形或倒卵椭圆形。

葡萄属有 60 余种，分布于世界温带或亚热带。中国约 38 种。

1. 葡萄 *Vitis vinifera L.*

【别名】蒲陶、草龙珠、赐紫樱桃、菩提子、山葫芦

【形态特征】木质藤本。小枝圆柱形，有纵棱纹，无毛或被稀疏柔毛。卷须 2 叉分枝。每隔 2 节间断与叶对生。叶卵圆形，显著 3 ~ 5 浅裂或中裂，长 7 ~ 18 厘米，宽 6 ~ 16 厘米，中裂片顶端急尖，裂片常靠合，裂缺狭窄，间或宽阔，基部深心形，基缺凹成圆形，两侧常靠合，边缘有 22 ~ 27 个锯齿，齿深而粗大，不整齐，齿端急尖，上面绿色，下面浅绿色，无毛或被疏柔毛；基生脉 5 出，中脉有侧脉 4 ~ 5 对，网脉不明显突出。叶柄长 4 ~ 9 厘米，托叶早落。圆锥花序密集或疏散，多花，与叶对生，基部分枝发达，长 10 ~ 20 厘米，花序梗长 2 ~ 4 厘米，几无毛或疏生蛛丝状绒毛。花梗长 1.5 ~ 2.5 毫米，无毛；花蕾倒卵圆形，高 2 ~ 3 毫米，顶端近圆形；萼浅碟形，边缘呈波状，外面无毛；花瓣 5，呈帽状粘合脱落；雄蕊 5，

图 9-573　葡萄

花丝长 0.6 ~ 1 毫米，花药黄色，在雌花内显著短而败育或完全退化；花盘发达，5 浅裂；雌蕊 1，在雄花中完全退化，子房卵圆形，花柱短，柱头扩大。果实球形或椭圆形，直径 1.5 ~ 2 厘米（图 9-573）。花期

4 ~ 5月，果期8 ~ 9月。颜色有紫色，白色等。

【生态习性】喜光，喜干燥及夏季高温的大陆性气候；冬季需要一定低温，但严寒是又必须埋土防寒。喜土层深厚、排水良好而湿度适中的微酸性至微碱性沙质或砾质壤土。耐干旱、怕涝。深根性。寿命长。

【分布及栽培范围】原产亚洲西部地区，世界上大部分葡萄园分布在北纬20 ~ 52°之间及南纬30 ~ 45°之间，绝大部分在北半球。中国葡萄多在北纬30 ~ 43°之间。

【繁殖】扦插、压条、嫁接或播种等繁殖。

【观赏】葡萄是很好的园林棚架植物，既可观赏、遮荫，又可结合果实生产。

【园林应用】垂直绿化、盆栽及盆景观赏等（图9-574）。庭院、公园、疗养院及居民区均可栽植，但最好选用栽培管理较粗放的品种。

图9-574 葡萄在园林中的应用

【其它】果实多汁，营养丰富，富含糖分和多种维生素，除生食外，还可酿酒及制葡萄干、汁、粉等。根、叶及茎蔓可入药，有安胎、止呕之效。

（二）地锦属 *Parthenocissus* Planch.

木质藤本。卷须总状多分枝，嫩时顶端膨大或细尖微卷曲而不膨大，后遇附着物扩大成吸盘。叶为单叶、3小叶或掌状5小叶，互生。花5数，两性，组成圆锥状或伞房状疏散多歧聚伞花序；花瓣展开，各自分离脱落；雄蕊5；花盘不明显或偶有5个蜜腺状的花盘；花柱明显；子房2室，每室有2个胚珠。浆果球形，有种子1 ~ 4颗。种子倒卵圆形，种脐在背面中部呈圆形，腹部中棱脊突出，两侧洼穴呈沟状从基部向上斜展达种子顶端。

地锦属约13个种，分布于亚洲和北美。我国有10种，其中1种由北美引入栽培。

分种检索表

1 叶为单叶，通常3裂或两型叶

  2 叶为单叶，通常3裂，或深裂成3小叶，仅在植株基部2 ~ 4个短枝上着生有3出复叶……………………………………1 爬山虎 *P. tricuspidata*

  2 有显著的两型叶，主枝或短枝上集生有三小叶组成的复叶，侧出较小的长枝上常散生有较小的单叶；卷须嫩时顶端膨大成圆珠状………………………2 异叶地锦 *P.dalzielii*

1 叶为掌状5小叶；花序主轴明显，为典型的圆锥状多歧聚伞花序：

  3 卷须嫩时顶端细尖且微卷曲；嫩芽为红色或淡红色…………3 五叶地锦 *P.quinquefolia*

  3 卷须嫩时顶端膨大成块状；嫩芽为绿色或绿褐色……………4 绿叶地锦 *P. laetevirens*

1. 爬山虎 *Parthenocissus tricuspidata* (S. et Z.) Planch.

【别名】地锦、土鼓藤、红葡萄藤、趴墙虎

【形态特征】木质藤本植物。卷须5 ~ 9分枝，相

隔2节间断与叶对生。卷须顶端嫩时膨大呈圆珠形，后遇附着物扩大成吸盘。叶为单叶，通常着生在短枝上为3浅裂，时有着生在长枝上者小型不裂，叶片通常倒卵圆形，长4.5～17厘米，宽4～16厘米，顶端裂片急尖，基部心形，边缘有粗锯齿，上面绿色，无毛，下面浅绿色，无毛或中脉上疏生短柔毛；基出脉5，中央脉有侧脉3～5对，网脉上面不明显，下面微突出；叶柄长4～12厘米，无毛或疏生短柔毛。花序着生于两叶间的短枝上，基部分枝，形成多歧聚伞花序，长2.5～12.5厘米，主轴不明显；花序梗长1～3.5厘米，几无毛；花梗长2～3毫米，无毛；花蕾倒卵椭圆形，高2～3毫米，顶端圆形；萼蝶形，边缘全缘或呈波状；花瓣5，长椭圆形，高1.8～2.7毫米，无毛；雄蕊4，花丝长约1.5～2.4毫米；花盘不明显；子房椭球形，花柱明显，基部粗，柱头不扩大。果实球形，直径1～1.5厘米，有种子1～3颗（图9-575）。花期5～8月，果期9～10月。

【生态习性】喜阴湿环境，但不怕强光，耐寒，耐旱，耐贫瘠，在暖温带以南冬季也可以保持半常绿或常绿状态。耐修剪，怕积水，在阴湿、肥沃的土壤中生长最佳。生山坡崖石壁或灌丛，海拔150～1200米。

【分布及栽培范围】吉林、辽宁、河北、河南、山东、安徽、江苏、浙江、福建、台湾。原产于亚洲东部、喜马拉雅山区及北美洲，朝鲜、日本也有分布。

【繁殖】播种法、扦插及压条繁殖。

图9-575 爬山虎

图9-576 爬山虎在园林中的应用

【观赏】春天，爬山虎长得郁郁葱葱；夏天，开黄绿色小花；秋天，爬山虎的叶子变成橙黄色。

【园林应用】地被植物、专类园、特殊环境绿化、垂直绿化等（图9-576）。配植于宅院墙壁、围墙、庭园入口处、桥头石堍等处。可用于绿化房屋墙壁、公园山石，既可美化环境，又能降温，调节空气，减少噪音。

【生态功能】爬山虎在立体绿化中发挥着举足轻重的作用，发挥着增氧、降温、减尘、减少噪音等作用，对二氧化硫和氯化氢等有害气体有较强的抗性，吸尘能力也较强。

【其它】根、茎可入药，有破血、活筋止血、消肿毒之功效。果可酿酒。

2. 异叶地锦 *Parthenocissus dalzielii* Gagnep.

【别名】异叶爬山虎、上树蛇、白花藤子

【形态特征】木质藤本。小枝圆柱形，无毛。卷须总状5～8分枝，相隔2节间断与叶对生，卷须顶端嫩时膨大呈圆珠形，后遇附着物扩大呈吸盘状。两型叶，着生在短枝上常为3小叶，较小的单叶常着生在长枝上，叶为单叶者叶片卵圆形，长3～7厘米，宽2～5厘米，顶端急尖或渐尖，基部心形或微心形，边缘有4～5个细牙齿，3小叶者，中央小叶长椭圆形，长6～21厘米，宽3～8厘米，最宽处在近中部，顶端渐尖，基部楔形，边缘在中

部以上有 3 ~ 8 个细牙齿，侧生小叶卵椭圆形，长 5.5 ~ 19 厘米，宽 3 ~ 7.5 厘米，最宽处在下部，顶端渐尖，基部极不对称，近圆形，外侧边缘有 5 ~ 8 个细牙齿，内侧边缘锯齿状；单叶有基出脉 3 ~ 5，中央脉有侧脉 2 ~ 3 对，3 小叶者小叶有侧脉 5 ~ 6 对，网脉两面微突出，无毛；叶柄长 5 ~ 20 厘米，中央小叶有短柄，长 0.3 ~ 1 厘米，侧小叶无柄，完全无毛。花序假顶生于短枝顶端，基部有分枝，主轴不明显，形成多歧聚伞花序，长 3 ~ 12 厘米；花梗长 1 ~ 2 毫米，无毛；花瓣 4，高 1.5 ~ 2.7 毫米，无毛；雄蕊 5，花丝长 0.4 ~ 0.9 毫米，花药黄色；花盘不明显；子房近球形，花柱短，柱头不明显扩大。果实近球形，直径 0.8 ~ 1 厘米，成熟时紫黑色，有种子 1 ~ 4 颗（图 9-577）。花期 5 ~ 7 月，果期 7 ~ 11 月。

【生态习性】生山崖陡壁、山坡或山谷林中或灌丛岩石缝中，海拔 200 ~ 3800 米。

【分布及栽培范围】华南、长江中下流、台湾、四川、贵州。

【繁殖】播种繁殖。

【观赏】吸着能力很强，多横向分枝，幼叶及秋叶均为紫红色，十分美丽，观赏价值极大。

【园林应用】地被植物、垂直绿化。卷须成熟后成圆盘状吸着山崖石壁或林中树木攀援到林冠上层，可引入城市栽培，特别适宜用作城市垂直绿化。

图 9-577 异叶地锦

3. 五叶地锦 *Parthenocissus quinquefolia* (L.) Planch.

【别名】五叶爬山虎

【形态特征】木质藤本。小枝圆柱形，无毛。卷须总状 5 ~ 9 分枝，相隔 2 节间断与叶对生，卷须顶端嫩时尖细卷曲，后遇附着物扩大成吸盘。叶为掌状 5 小叶，小叶倒卵圆形、倒卵椭圆形或外侧小叶椭圆形，长 5.5 ~ 15 厘米，宽 3 ~ 9 厘米，最宽处在上部或外侧小叶最宽处在近中部，顶端短尾尖，基部楔形或阔楔形，边缘有粗锯齿，上面绿色，下面浅绿色，两面均无毛或下面脉上微被疏柔毛；侧脉 5 ~ 7 对，网脉两面均不明显突出；叶柄长 5 ~ 14.5 厘米，无毛，小叶有短柄或几无柄。花序假顶生形成主轴明显的圆锥状多歧聚伞花序，长 8 ~ 20 厘米；花序梗长 3 ~ 5 厘米，无毛；花梗长 1.5 ~ 2.5 毫米，无毛；花蕾椭圆形，高 2 ~ 3 毫米，

图 9-578 五叶地锦

顶端圆形；萼碟形，边缘全缘，无毛；花瓣5，长椭圆形，高1.7 ~ 2.7毫米，无毛；雄蕊5，花丝长0.6 ~ 0.8毫米，花药长1.2 ~ 1.8毫米；花盘不明显；子房卵锥形，柱头不扩大。果实球形，直径1 ~ 1.2厘米，有种子1 ~ 4颗（图9-578）。花期6 ~ 7月，果期8 ~ 10月。

【生态习性】喜光，稍耐荫，耐寒，对土壤和气候适应性强，喜肥沃的沙质土壤。

【分布及栽培范围】原产美国。华北及东北有栽培。

【繁殖】扦插繁殖，也可播种、压条。

【观赏】蔓茎纵横，密布气根，翠叶遍盖如屏，秋后入冬，叶色变红或黄，十分艳丽。

【园林应用】地被植物、垂直绿化、特殊环境绿化。适于配植宅院墙壁、围墙、庭园入口处、桥头石墩等处。也是垂直绿化主要树种之一。对二氧化硫等有害气体有较强的抗性。

图9-579 绿叶地锦

图9-580 绿叶地锦在园林中的应用

4. 绿叶地锦 *Parthenocissus laetevirens* Rehd.

【别名】绿叶爬山虎、青叶爬山虎

【形态特征】木质藤本。卷须总状5 ~ 10分枝，相隔2节间断与叶对生，卷须顶端嫩时膨大呈块状，后遇附着物扩大成吸盘。叶为掌状5小叶，小叶倒卵长椭圆形或倒卵披针形，长2 ~ 12厘米，宽1 ~ 5厘米，最宽处在近中部或中部以上，顶端急尖或渐尖，基部楔形，边缘上半部有5 ~ 12个锯齿，上面深绿色，无毛，显著呈泡状隆起，下面浅绿色，在脉上被短柔毛；侧脉4 ~ 9对；叶柄长2 ~ 6厘米，被短柔毛，小叶有短柄或几无柄。多歧聚伞花序圆锥状，长6 ~ 15厘米，中轴明显，假顶生；花序梗长0.5 ~ 4厘米，被短柔毛；花梗长2 ~ 3毫米；萼碟形，边缘全缘；花瓣5，椭圆形，高1.6 ~ 2.6毫米；雄蕊5，花丝长1.4 ~ 2.4毫米；子房近球形，花柱明显。果实球形，直径0.6 ~ 0.8厘米，有种子1 ~ 4颗（图9-579）。花期7 ~ 8月，果期9 ~ 11月。

【生态习性】生山谷林中或山坡灌丛，攀援树上或崖石壁上，海拔140 ~ 1100米。

【分布及栽培范围】河南、安徽、江西、江苏、浙江、湖北、湖南、福建、广东、广西。

【繁殖】播种繁殖。

【观赏】叶大色浓，具较强的观赏价值。

【园林应用】地被植物、垂直绿化、特殊环境绿化（图9-580）。垂直绿化主要树种之一。

（三）俞藤属 *Yua* C. L. Li.

木质藤本，树皮有皮孔，髓白色。卷须2叉分枝。叶互生，掌状5小叶。复二歧聚伞花序与叶对生，最后一级分枝顶端近乎集生成伞形，花两性；萼杯形，边缘全缘；花瓣通常5，花蕾时粘合，以后展开脱落；

雄蕊通常5枚，花盘发育不明显；雌蕊1，花柱明显，柱头扩大不明显；子房2室，每室胚珠2颗，胚乳横切面呈M形。浆果圆球形，多肉质，味甜酸。种子呈梨形，背腹侧扁，顶端微凹，基部有短喙；腹面洼穴从基部向上达种子2/3处。

本属有3种和1个变种，产中国亚热带地区、印度阿萨姆卡西山区和尼泊尔中部。

1. 粉叶爬山虎 *Yua thomsonii* (Laws.) C. L. Li

【别名】俞藤

【形态特征】木质藤本。小枝圆柱形，褐色，嫩枝略有棱纹，无毛；卷须2叉分枝，相隔2节间断与叶对生。叶为掌状5小叶，草质，小叶披针形或卵披针形，长2.5～7厘米，宽1.5～3厘米，顶端渐尖或尾状渐尖，基部楔形，边缘上半部每侧有4～7个细锐锯齿，上面绿色，无毛，下面淡绿色，常被白色粉霜，无毛或脉上被稀疏短柔毛，网脉不明显突出，侧脉4～6对；小叶柄长2～10厘米，有时侧生小叶近无柄，无毛；叶柄长2.5～6厘米，无毛。花序为复二歧聚伞花序，与叶对生，无毛；萼碟形，边缘全缘，无毛；花瓣5，雄蕊5，稀4，长约2.5毫米，花药长椭圆形，长约1.5毫米；雌蕊长约3毫米，花柱细，柱头不明显扩大。果实近球形，直径1～1.3厘米，紫黑色，味淡甜。种子梨形（图9-581）。花期5～6月，果期7～9月。

【生态习性】生山坡林中，攀援树上，海拔250～1300米。

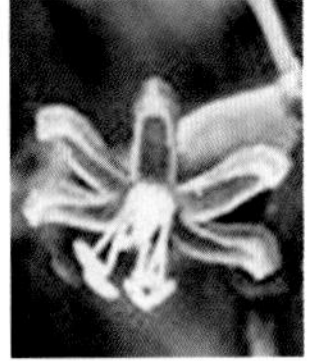

图9-581 粉叶地锦

【分布及栽培范围】安徽、江苏、浙江、江西、湖北、广西、贵州东南部、湖南、福建西南部和四川东南部。印度和尼泊尔也有分布。

【繁殖】扦插、压条、嫁接或播种繁殖。

【观赏】枝叶幼时带紫色，秋叶紫红色。

【园林应用】垂直绿化。

【其它】根入药，治疗关节炎等症。

（四）崖爬藤属 *Tetrastigma* Planch.

木质稀草质藤本。卷须不分枝或2叉分枝。叶通常掌状3～5小叶或鸟足状5～7小叶，稀单叶，互生。花4数，通常杂性异株，组成多歧聚伞花，亦或伞形或复伞形花序；花瓣展开，各自分离脱落；雄蕊在雌花中败育，形态上退化，短小或仅残存呈龟头形；在雄花中花盘发达，在雌花中较小或不明显；花柱明显或不明显，柱头通常4裂，稀不规则分裂，子房2室，每室有2胚株。浆果球形、椭圆形或倒卵形，有种子1～4颗。种子椭圆形、倒卵椭圆形或倒三角形，表面光滑、有皱纹、瘤状突起或锐棱。

本属约100余种，分布亚洲至大洋洲。我国有45种，主要分布在我国长江流域以南各区，大多集中在广东、广西和云南等省区。

1. 扁担藤 *Tetrastigma planicaule* (Hook. f.) Gagnep.

图 9-582　扁担杆

【别名】扁藤、过江扁龙

【形态特征】茎如扁担，通常缠绕在树干上，藤长约 5 ~ 6 米，藤面呈灰白色，叶色深绿，叶面宽约 3 ~ 4 厘米，呈椭圆形，比一般树叶稍厚。扁担藤为热带雨林中为数不多的具有老茎开花、老茎结果现象的藤本植物之一，它的花果都仅仅出现在较粗壮的藤茎基部，甚至贴地而生。花十分细小，但数量极多，呈淡紫色，成丛成簇，它的果实大小如鸽卵，圆球形，串状或团状，果实幼嫩时绿色，较酸，成熟时棕红色，变软，汁多微甜可食 (图 9-582)。

【生态习性】生河谷、季雨林中，林缘，攀援于树上，山谷密林下，山坡常绿阔叶林中，山坡林中，石灰岩山密林中。海拔 340 ~ 1550 米。

【分布及栽培范围】福建、湖北、海南、广东、广西、贵州、云南、西藏自治区。印度东北部、越南也有分布。

【繁殖】扦插、压条、嫁接或播种等法。

【观赏】茎形状如同扁担，果实幼嫩时绿色，较酸，成熟时棕红色。

【园林应用】地被植物、垂直绿化 (图 9-583)。

【其它】全株入药，可祛风除湿，舒筋活络，可治风湿骨痛，腰肌劳损，跌打损伤。

图 9-583　扁担杆在园林中的应用

七十七、省沽油科 Staphyleaceae

乔木或灌木。叶对生或互生，奇数羽状复叶或稀为单叶，有托叶或稀无托叶；叶有锯齿。花整齐，两性或杂性，稀为雌雄异株，在圆锥花序上花少 (但有时花极多)；萼片 5，分离或连合，覆瓦状排列；花瓣 5，覆瓦状排列；雄蕊 5，互生，花丝有时多扁平，花药背着，内向；花盘通常明显，且多少有裂片，有时缺；子房上位，3 室，稀 2 或 4，联合，或分离 (Euscaphis)，每室有 1 至几个倒生胚珠，花柱各式分离到完全联合。果实为蒴果状，常为多少分离的蓇葖果或不裂的核果或浆果；种子数枚，肉质或角质。

5 属，约 60 种，产热带亚洲和美洲及北温带。我国有 4 属 22 种，主产南方各省。

科识别特征：奇数羽叶对互生，有时退化为单身。具有托叶小托叶，总状花序顶腋生。整齐花冠 5 出数，雄蕊花瓣相互生。心皮 2~3 房上位，上部分离下合生。倒生胚珠中轴座，蒴果核果蓇葖果。

分属检索表

1 叶对生，有托叶……………………………………………………1 野鸦椿属 *Euscaphis*

1 叶互生，无托叶……………………………………………………2 瘿椒树属 *Tapiscia*

（一）野鸦椿属 *Euscaphis* Sieb. et Zucc.

落叶灌木或小乔木，平滑无毛，芽具二鳞片。叶对生，有托叶，脱落，奇数羽状复叶，小叶革质，有细锯齿，有小叶柄及小托叶。圆锥花序顶生，花两性，花萼宿存，5 裂，覆瓦状排列，花盘环状，具圆齿，雄蕊 5，着生于花盘基部外缘，花丝基部扩大，子房上位，心皮 2 ~ 3 枚，裂片全裂，成为一室，无柄，花柱 2 ~ 3 枚，在基部稍连合，柱头头状，胚珠 2 列，蓇葖 1 ~ 3，基部有宿存的花萼，展开，革质，沿内面腹缝线开裂，种子 1 ~ 2，具假种皮黑色，白色，近革质，子叶圆形。3 种，产日本至中南半岛。我国产 2 种。

1. 野鸦椿 *Euscaphis japonica* (Thunb.) Dippel

【别名】酒药花、鸡肾果、鸡眼睛、小山辣子、山海椒、芽子木、红棕

【形态特征】落叶小乔木或灌木，高 2 ~ 8 米。枝叶揉碎后发出恶臭气味。叶对生，奇数羽状复叶，长 8 ~ 32 厘米，叶轴淡绿色，小叶 5 ~ 9 厘米，稀 3 ~ 11 厘米，厚纸质，长卵形或椭圆形，稀为圆形，长 4 ~ 9 厘米，宽 2 ~ 4 厘米，先端渐尖，基部钝圆，边缘具疏短锯齿，齿尖有腺体，两面除背面沿脉有白色小柔毛外余无毛，主脉在上叶面明显、叶背面突出，侧脉 8 ~ 11，在两面可见，小叶柄长 1 ~ 2 毫米，小托叶线形，基部较宽，先端尖。圆锥花序顶生，花梗长达 21 厘米，花多，较密集，黄白色，径 4 ~ 5 毫米，萼片与花瓣均 5，椭圆形，萼片宿存，花盘盘状，心皮 3，分离。蓇葖果长 1 ~ 2 厘米，每一花发育为 1 ~ 3 个蓇葖，果皮软革质，紫红色，有纵脉纹，种子近圆形，径约 5 毫米，假种皮肉质（图 9-584）。花期 5 ~ 6 月，果期 8 ~ 9 月。

【生态习性】喜湿润，日照时间短，喜肥沃、疏松、排水良好的典型土壤，在贫瘠的酸性土壤中长势较弱。生于海拔 500 米以上的山地、山坡、山谷、河边的灌木丛或阔叶林中。

【分布及栽培范围】除西北各省外，全国均产，主产江南各省。日本、朝鲜也有。

图 9-584 野鸦椿

【繁殖】播种繁殖。

【观赏】春夏之际，花黄白色，集生于枝顶，满树银花，十分美观。秋天，果布满枝头，果成熟后果荚开裂，果皮反卷，露出鲜红色的内果皮，黑色的种子粘挂在内果皮上，犹如满树红花上点缀着颗颗黑珍珠，十分艳丽，令人感到赏心悦目。

【园林应用】园景树、树林等。野鸦椿作为观赏树种，应用范围广，可群植、丛植于草坪，也可用

于庭园，公园等地布景。

【其它】木材可为器具用材，种子油可制皂，根及干果入药，用于祛风除湿。

（二）瘿椒树属 *Tapiscia* Oliv.

落叶乔木，小枝无毛。奇数羽状复叶，互生，无托叶；小叶常3～10对，具短柄，狭卵形或卵形，边缘具锯齿，两面无毛或仅背面脉腋被毛，背面密被近乳头状的粉点，有小托叶。花极小，黄色，圆锥花序腋生；两性花或雌雄异株，辐射对称；雄花序由长而纤弱的总状花序组成，花密聚，花单生于苞腋内；萼管状，5裂；花瓣5，雄蕊5，突出，花盘小或缺；子房上位；子房1室。雄花较小，有退化子房。果实不开裂，为浆果状的浆果或浆果。

3种，均产于我国江南各省。

1. 瘿椒树 *Tapiscia sinensis* Oliv.

【别名】银鹊树、银雀树、瘿漆树、泡花

【形态特征】落叶乔木，高8～15米。奇数羽状复叶，长达30厘米；小叶5～9，狭卵形或卵形，长6～14厘米，宽3.5～6厘米，基部心形或近心形，边缘具锯齿，两面无毛或仅背面脉腋被毛，上面绿色，背面带灰白色，密被近乳头状白粉点；侧生小叶柄短，顶生小叶柄长达12厘米。圆锥花序腋生，雄花与两性花异株，雄花序长达25厘米，两性花的花序长约10厘米，花小，长约2毫米，黄色，有香气；两性花：花萼钟状，长约1毫米，5浅裂；花瓣5，狭倒卵形；雄蕊5，与花瓣互生，伸出花外；子房1室，有1胚珠，花柱长过雄蕊；雄花有退化雌蕊。果序长达10厘米，核果近球形或椭圆形，长仅达7毫米（图9-585）。

图9-585　瘿椒树

【生态习性】中性树种，较耐荫，喜肥沃湿润环境，不耐高温和干旱。生山地林中。

【分布及栽培范围】浙江、安徽、湖北、湖南、广东、广西、四川、云南、贵州。

【繁殖】播种繁殖。

【观赏】树姿优美，秋叶黄色，花芳香。

【园林应用】园景树。可植于园林绿地观赏。

七十八、伯乐树科 Bretschneideraceae

乔木，叶互生，奇数羽状复叶；小叶对生或下部的互生，有小叶柄，全缘，羽状脉；无托叶。花大，两性，两侧对称，组成顶生、直立的总状花序；花萼阔钟状，5浅裂；花瓣5片，分离，覆瓦状排列，不相等，后

面的2片较小，着生在花萼上部；雄蕊8枚，基部连合，着生在花萼下部，较花瓣略短，花丝丝状，花药背着；雌蕊1枚，子房无柄，上位，3 ~ 5室，中轴胎座，每室有悬垂的胚珠2颗，花柱较雄蕊稍长，柱头头状，小。果为蒴果，3 ~ 5瓣裂，木质；种子大。1属，1种，分布于中国和越南。中国1属1种。

（一）伯乐树属 *Bretschneidera* Hemsl.

属的特征与科同。

1. 伯乐树 *Bretschneidera sinensis* Hemsl.

图9-586 伯乐树

【别名】钟萼木、冬桃

【形态特征】乔木，高10 ~ 20米。羽状复叶通常长25 ~ 45厘米，总轴有疏短柔毛或无毛；叶柄长10 ~ 18厘米，小叶7 ~ 15片，纸质或革质，狭椭圆形，菱状长圆形，长圆状披针形或卵状披针形，多少偏斜，长6 ~ 26厘米，宽3 ~ 9厘米，全缘，顶端渐尖或急短渐尖，基部钝圆或短尖、楔形，叶面绿色，无毛，叶背粉绿色或灰白色，有短柔毛，常在中脉和侧脉两侧较密；叶脉在叶背明显，侧脉8 ~ 15对；小叶柄长2 ~ 10毫米，无毛。花序长20 ~ 36厘米；总花梗、花梗、花萼外面有棕色短绒毛；花淡红色，直径约4厘米，花梗长2 ~ 3厘米；花萼直径约2厘米，长1.2 ~ 1.7厘米，顶端具短的5齿，内面有疏柔毛或无毛，花瓣阔匙形或倒卵楔形，顶端浑圆，长1.8 ~ 2厘米，宽1 ~ 1.5厘米，无毛，内面有红色纵条纹；花丝长2.5 ~ 3厘米，基部有小柔毛；子房有光亮、白色的柔毛，花柱有柔毛。果椭圆球形，近球形或阔卵形，长3 ~ 5.5厘米，直径2 ~ 3.5厘米；种子椭圆球形，平滑，成熟时长约1.8厘米，直径约1.3厘米（图9-586）。花期3 ~ 9月，果期5月至翌年4月。

【生态习性】中性偏荫，喜温凉湿润环境，能耐-8℃的低温，但不耐高温；深根性，抗风能力强。生于低海拔至中海拔的山地林中。

【分布及栽培范围】四川、云南、贵州、广西、广东、湖南、湖北、江西、浙江、福建等省区。越南北部也有分布。

【繁殖】播种繁殖。

【观赏】树冠开展，绿荫如盖，花果美丽，可引入园林栽培观赏。

【园林应用】园景树、树林等。

七十九、无患子科 Sapindaceae

乔木或灌木，有时为草质或木质藤本。羽状复叶或掌状复叶，很少单叶，互生，通常无托叶。聚伞圆锥花序顶生或腋生；苞片和小苞片小；花通常小，单性，很少杂性或两性，辐射对称或两侧对称；雄花：萼片4或5，有时6片，等大或不等大，离生或基部合生，覆瓦状排列或镊合状排列；花瓣4或5，很少6片，有时无花瓣或只有1～4个发育不全的花瓣，离生，覆瓦状排列，内面基部通常有鳞片或被毛；花盘肉质，环状、碟状、杯状或偏于一边，全缘或分裂，很少无花盘；雄蕊5～10，通常8，偶有多数，着生在花盘内或花盘上，常伸出，花丝分离，极少基部至中部连生，花药背着，纵裂，退化雌蕊很小，常密被毛；雌花：花被和花盘与雄花相同，不育雄蕊的外貌与雄花中能育雄蕊常相似，但花丝较短，花药有厚壁，不开裂；雌蕊由2～4心皮组成，子房上位，通常3室，很少1或4室，全缘或2～4裂，花柱顶生或着生在子房裂片间，柱头单一或2～4裂；胚珠每室1或2颗，偶有多颗，通常上升着生在中轴胎座上，很少为侧膜胎座。果为室背开裂的蒴果，或不开裂而浆果状或核果状，全缘或深裂为分果爿，1～4室；种子每室1颗。

约150属2000种，分布于全世界的热带和亚热带。中国有25属53种2亚种3变种，多数分布在西南部至东南部，北部很少，但文冠果属和栾树属分布至华北和东北。

科识别特征：木本多为羽状叶，小叶全缘或齿缺。花小两性无托叶，各式花序顶腋生。

萼片分离4~6片，花瓣同数偶没有。基部内侧有附属，雄蕊8枚连基部。2~3心皮房上位，龙眼荔枝属此类。

分属检索表

1 蒴果，室背开裂

  2 果膨胀，果皮膜质或纸质，有脉纹……………………………………… 1 栾树属 *Koelreuteria*

  2 果不膨胀，果皮革质或木质……………………………………………… 2 文冠果属 *Xanthoceras*

1 果不开裂，核果状或浆果状

  3 果皮肉质，种子无假种皮，花瓣有鳞片………………………………… 3 无患子属 *Sapindus*

  3 果皮革质或脆壳质，假种皮与种皮分离

    4 萼片镊合状排列，小叶背面脉腋内无腺孔…………………………… 4 荔枝属 *Litchi*

    4 萼片覆瓦状排列，小叶背面侧脉内有腺孔…………………………… 5 龙眼属 *Dimocarpus*

（一）栾树属 *Koelreuteria* Laxm.

落叶乔木或灌木。叶互生，一回或二回奇数羽状复叶，无托叶；小叶互生或对生，通常有锯齿或分裂，很少全缘。聚伞圆锥花序大型，顶生，很少腋生；分枝多，广展；花中等大，杂性同株或异株，两侧对称；萼片，或少有4片，镊合状排列，外面2片较小；花瓣4或有时5片，略不等长，具爪，瓣片内面基部有深2裂的小鳞片；花盘厚，偏于一边，上端通常有圆裂齿；雄蕊通常8枚，有时较少，着生于花盘之内，花丝分离，常被长柔毛；子房3室，花柱短或稍长，柱头3裂或近全缘；胚珠每室2颗，着生于中轴的中部以上。蒴果膨胀，卵形、长圆形或近球形，具3棱；种子每室1颗。4种，中国有3种及1变种；1种产斐济。

分种检索表

1 一回或不完全的二回羽状复叶；小叶边缘有稍粗大、不规则的钝锯齿，近基部的齿常疏离而呈深缺刻状；蒴果圆锥形，顶端渐尖……………………………………………………… 栾树 *K. paniculata*

1 二回羽状复叶；小叶边缘有小锯齿；蒴果椭圆形、阔卵形或近球形，顶端圆或钝

2 小叶基部略偏斜，先端短尖至短渐尖；花瓣 4 片，很少 5 片，小叶边缘有稍密、内弯的小锯齿 ………………………………………………………………………………… 2 复羽叶栾树 *K. bipinnata*

2 小叶基部极偏斜，先端长渐尖至尾尖；花瓣 5 片 ………………… 3 台湾栾树 *K. elegans*

1. 栾树 *Koelreuteria paniculata* Laxm.

【别名】木栾、栾华、五乌拉叶、乌拉胶，黑色叶树、石栾树、黑叶树、木栏牙

【形态特征】叶丛生于当年生枝上，平展，一回、不完全二回或偶有为二回羽状复叶，长可达 50 厘米；小叶 (7) 11 ~ 18 片 (顶生小叶有时与最上部的一对小叶在中部以下合生)，无柄或具极短的柄，对生或互生，纸质，卵形、阔卵形至卵状披针形，长 (3 ~) 5 ~ 10 厘米，宽 3 ~ 6 厘米，顶端短尖或短渐尖，基部钝至近截形，边缘有不规则的钝锯齿，齿端具小尖头，有时近基部的齿疏离呈缺刻状，或羽状深裂达中肋而形成二回羽状复叶，上面仅中脉上散生皱曲的短柔毛，下面在脉腋具髯毛，有时小叶背面被茸毛。聚伞圆锥花序长 25 ~ 40 厘米，密被微柔毛，分枝长而广展，在末次分枝上的聚伞花序具花 3 ~ 6 朵，密集呈头状；苞片狭披针形，被小粗毛；花淡黄色，稍芬芳；花梗长 2.5 ~ 5 毫米；萼裂片卵形，边缘具腺状缘毛，呈啮蚀状；花瓣 4，开花时向外反折，线状长圆形，长 5 ~ 9 毫米，瓣爪长 1 ~ 2.5 毫米，被长柔毛，瓣片基部的鳞片初时黄色，开花时橙红色，参差不齐的深裂，被疣状皱曲的毛；雄蕊 8 枚，在雄花中的长 7 ~ 9 毫米，雌花中的长 4 ~ 5 毫米，花丝下半部密被白色、开展的长柔毛；花盘偏斜，有圆钝小裂片；子房三棱形，除棱上具缘毛外无毛，退化子房密被小粗毛。蒴果圆锥形，具 3 棱，长 4 ~ 6 厘米 (图 9-587)。花期 6 ~ 8 月，果期 9 ~ 10 月。

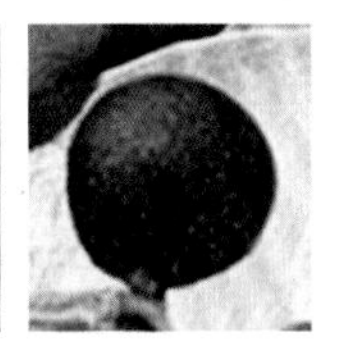

图 9-587　栾树

图 9-588　栾树在园林中的应用

【生态习性】喜光，稍耐半荫的植物；耐寒，可抗 -25℃低温；但是不耐水淹，耐干旱和瘠薄。耐盐渍及短期水涝。深根性，萌蘖力强，生长速度中等。抗风能力较强。有较强抗烟尘能力。对粉尘、二氧化硫和臭氧均有较强的抗性。多分布在海拔 1500 米以下的低山及平原，最高可达海拔 2600 米。

【分布及栽培范围】北部及中部大部分省区，东北自辽宁起经中部至西南部的云南，以华中、华东

较为常见。世界各地有栽培。

【繁殖】播种繁殖为主，也可分蘖、根插。

【观赏】树形端正，枝叶茂密而秀丽，春季嫩叶多为红叶，夏季黄花满树，入秋叶色变黄，果实紫红，形似灯笼，十分美丽；季相明显。

【园林应用】行道树、园路树、庭荫树、园景树、防护林、特殊环境绿化等（图 9-588）。栾树也是工业污染区配植的好树种。同时也作为居民区、工厂区及村旁绿化树种。

【其它】木材黄白色，可制家具。种子榨油，供制肥皂及润滑油。果能做佛珠用。

2. 复羽叶栾树 *Koelreuteria bipinnata* Franch.

【别名】灯笼树、摇钱树

【形态特征】乔木，高可达 20 米。叶平展，二回羽状复叶，长 45 ~ 70 厘米；叶轴和叶柄向轴面常有一纵行皱曲的短柔毛；小叶 9 ~ 17 片，互生，很少对生，纸质或近革质，斜卵形，长 6.5 ~ 7 厘米，宽 2 ~ 3.5 厘米，顶端短尖至短渐尖，基部阔楔形或圆形，略偏斜，边缘有内弯的小锯齿，两面无毛或上面中脉上被微柔毛，下面密被短柔毛，有时杂以皱曲的毛；小叶柄长约 3 毫米或近无柄。圆锥花序大型，长 35 ~ 70 厘米，分枝广展，与花梗同被短柔毛；萼 5 裂达中部，裂片阔卵状三角形或长圆形，有短而硬的缘毛及流苏状腺体，边缘呈啮蚀状；花瓣 4，长圆状披针形，瓣片长 6 ~ 9 毫米，宽 1.5 ~ 3 毫米，顶端钝或短尖，瓣爪长 1.5 ~ 3 毫米，被长柔毛，鳞片深 2 裂；雄蕊 8 枚，长 4 ~ 7 毫米，花丝被白色、开展的长柔毛，下半部毛较多，花药有短疏毛；子房三棱状长圆形，被柔毛。蒴果椭圆形或近球形，具 3 棱，老熟时褐色，长 4 ~ 7 厘米，宽 3.5 ~ 5 厘米（图 9-589）。花期 7 ~ 9 月，果期 8 ~ 10 月。

【生态习性】喜光，喜温暖湿润气候，深根性，适应性强，耐干旱，抗风，抗大气污染，速生。生于海拔 400 ~ 2500 米的山地疏林中。

图 9-589　复羽叶栾树

图 9-590　复羽叶栾树在园林中的应用

【分布及栽培范围】云南、贵州、四川、湖北、湖南、广西、广东等省区。

【繁殖】播种繁殖。

【观赏】春季嫩叶多呈红色，夏叶羽状浓绿色，秋叶鲜黄色，花黄满树，国庆节前后其蒴果的膜质果皮膨大如小灯笼，鲜红色，成串挂在枝顶，如同花朵。

【园林应用】行道树、园路树、庭荫树、园景树、防护林、特殊环境绿化等（图 9-590）。

【其它】木材可制家具；种子油工业用。根和花入药。

3. 台湾栾树 *Koelreuteria elegans* (Seem.) A. C. Smith subsp. *formosana* (Hayata) Meyer

图 9-591 台湾栾树

【形态特征】乔木，高 15 ~ 17 米或更高；小枝具棱，被短柔毛。二回羽状复叶连叶柄长可达 50 厘米；叶柄长 2 ~ 2.5 厘米；小叶 5 ~ 13 片，近革质，长圆状卵形，长 6 ~ 8 厘米，宽 2.5 ~ 3 厘米，形状和大小有变异，顶端长渐尖至尾尖，基部极偏斜，边缘有稍内弯的锯齿或中部以下齿不明显而近全缘，两面无毛或仅于下面脉腋有髯毛。圆锥花序顶生，大，长达 25 厘米；分枝和花梗被短柔毛；花黄色，直径约 5 毫米；萼片 5，广卵形或卵状三角形，具缘毛；花瓣 5 片，披针形或长圆形，内侧基部有 2 裂、顶端具疣状小齿的鳞片，瓣爪被毛；雄蕊 7 ~ 8 枚，花丝有毛；子房被毛。蒴果膨胀，椭圆形，具 3 棱，长约 4 厘米，果瓣近圆形；种子球形，直径约 5 毫米（图 9-591）。花期 10 月。

【生态习性】性强健，耐旱性强，抗风，生长快。

【分布及栽培范围】中国特有种，仅分布于台湾，深圳等地有引种栽培。生于低海拔阔叶林内。

【繁殖】播种或扦插繁殖。

【观赏】从满株绿叶到开花时呈黄色，结果时又转为红褐色，直至蒴果干枯成为褐色而掉落，共有四色，观赏期特长。

【园林应用】行道树、园路树、庭荫树、园景树等。

（二）文冠果属 *Xanthoceras* Bunge

单种属，产我国北部和朝鲜。属特征见种特征。

1. 文冠果 *Xanthoceras sorbifolia* Bunge

【别名】文冠树、文冠花、崖木瓜、文光果

【形态特征】落叶灌木或小乔木，高 2 ~ 5 米；小枝粗壮，褐红色，无毛，顶芽和侧芽有覆瓦状排列的芽鳞。叶连柄长 15 ~ 30 厘米；小叶 4 ~ 8 对，膜质或纸质，披针形或近卵形，两侧稍不对称，长 2.5 ~ 6 厘米，宽 1.2 ~ 2 厘米，顶端渐尖，基部楔形，边缘有锐利锯齿，顶生小叶通常 3 深裂，腹面深绿色，无毛或中脉上有疏毛，背面鲜绿色，嫩时被绒毛和成束的星状毛；侧脉纤细，两面略凸起。花序先叶抽出或与叶同时抽出，两性花的花序顶生，雄花序腋生，长 12 ~ 20 厘米，直立，总花梗短，基部常有残存芽鳞；花梗长 1.2 ~ 2 厘米；苞片长 0.5 ~ 1 厘米；萼片长 6 ~ 7 毫米，两面被灰色绒毛；花瓣白色，基部紫红色或黄色，有清晰的脉纹，长约 2 厘米，宽 7 ~ 10 毫米，爪之两侧有须毛；花盘的角状附属体橙黄色，长 4 ~ 5 毫米；雄蕊长约 1.5 厘米。蒴果长达 6 厘米（图 9-592）。花期春季，果期秋初。

【生态习性】喜阳，耐半荫，耐瘠薄、耐盐碱，抗寒能力强；抗旱能力极强，但不耐涝、怕风，在排水

图 9-592　文冠果

不好的低洼地区、重盐碱地和未固定沙地不宜栽植。野生于丘陵山坡等处。

【分布及栽培范围】北部和东北部，西至宁夏、甘肃，东北至辽宁，北至内蒙古，南至河南。各地也常栽培。

【繁殖】播种繁殖，分株、压条和根插也可。

【观赏】树姿秀丽，花序大，花朵稠密，花期长，甚为美观。

【园林应用】庭荫树、园景树、风景林等。可于公园、庭园、绿地孤植或群植。

【其它】其种子含油量达 50% ~ 70%，油供点佛灯之用，食用。很好的蜜源植物。木材坚实致密，纹理美，是制作家具及器具的好材料。

（三）无患子属 *Sapindus* Linn.

乔木或灌木。偶数羽状复叶，很少单叶。互生，无托叶；小叶全缘协对生或互生。聚伞圆锥花序大型，多分枝，顶生或在小枝顶部丛生；苞片和小苞片均小而钻形；花单性，雌雄同株或有时异株，辐射对称或两侧对称；萼片 5 或有时 4，覆瓦状排列，外面 2 片较小；花瓣 5，有爪，内面基部有 1 个大型鳞片；花盘肉质，碟状或半月状，有时浅裂；雄蕊（雄花）8，很少更多或较少，伸出，花丝中部以下或基部被毛；子房（雌花）倒卵形或陀螺形，通常 3 浅裂，3 室，花柱顶生；胚珠每室 1 颗，上升。果深裂为 3 分果爿，通常仅 1 或 2 个发育，发育果爿近球形或倒卵圆形，背部略扁，内侧附着有 1 或 2 个半月形的不育果爿，成熟后果爿彼此脱离，接合面淡褐色，阔椭圆形或近圆形，果皮肉质，富含皂素，内面在种子着生处有绢质长毛；种子黑色或淡褐色。

约 13 种，分布于美洲、亚洲和大洋洲较温暖的地区。中国有 4 种和 1 变种，产长江流域及其以南各省区。

1. 无患子 *Sapindus mukorossi* Gaertn.

【别名】黄目树、洗手果、苦患树、木患子、油患子、目浪树、油罗树

【形态特征】落叶大乔木，高可达 20 余米，树皮灰褐色或黑褐色；嫩枝绿色，无毛。单回羽状复叶，叶连柄长 25 ~ 45 厘米或更长，叶轴稍扁，上面两侧有直槽，无毛或被微柔毛；小叶 5 ~ 8 对，通常近对生，叶片薄纸质，长椭圆状披针形或稍呈镰形，长 7 ~ 15 厘米或更长，宽 2 ~ 5 厘米，顶端短尖或短渐尖，基部楔形，稍不对称，腹面有光泽，两面无毛或背面被微柔毛；侧脉纤细而密，约 15 ~ 17 对，近平行；小叶柄长约 5 毫米。花序顶生，圆锥形；花小，辐射对称，花梗常很短；萼片卵形或长圆状卵形，大的长约 2 毫米，外面基部被疏柔毛；花瓣 5，披针形，有长爪，长约 2.5 毫米，外面基部被长柔毛或近无毛，鳞片 2 个，小耳状；花盘碟状，无毛；雄蕊 8，伸出，花丝长约 3.5 毫米，中部以下密被长柔毛；子

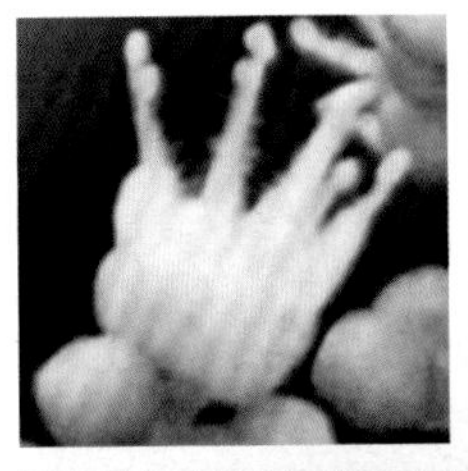

图 9-593　无患子

图 9-594　无患子在园林中的应用

房无毛。果的发育分果爿近球形，直径 2 ~ 2.5 厘米（图 9-593）。花期春季，果期夏秋。

【生态习性】喜光，稍耐荫，耐寒能力较强。对土壤要求不严，深根性，抗风力强。不耐水湿，能耐干旱。萌芽力弱，不耐修剪。生长较快，寿命长。对二氧化硫抗性较强。

【分布及栽培范围】中国东部、南部至西南部。日本、朝鲜、中南半岛和印度等地也常栽培。

【繁殖】播种繁殖。

【观赏】树干通直，枝叶广展，绿荫稠密。到了冬季，满树叶色金黄，故又名黄金树。到了 10 月，果实累累，橙黄美观。

【园林应用】行道树、园路树、庭荫树、园景树、风景林、特殊环境绿化等（图 9-594）。各地寺庙、庭园和村边常见栽培，可孤植、丛植在草坪、路旁或建筑物附近都很合适，也可与其它秋色叶树种及常绿树种配植，也是工业城市生态绿化的首选树种。

【文化】相传以无患树的木材制成的木棒可以驱魔杀鬼，因此名为无患。而拉丁学名 Sapindus 是 soap indicus 的缩写，意思是“印度的肥皂”，因为它那厚肉质状的果皮含有皂素，只要用水搓揉便会产生泡沫，可用于清洗，是古代的主要清洁剂之一。

【其它】根和果入药，能清热解毒、化痰止咳。果皮含有皂素，可代肥皂。木材质软，可做箱板和木梳等。

（四）荔枝属 *Litchi* Sonn.

乔木。偶数羽状复叶，互生，无托叶。聚伞圆锥花序顶生，被金黄色短绒毛；苞片和小苞片均小；花单性，雌雄同株，辐射对称；萼杯状，4 或 5 浅裂，裂片镊合状排列，早期张开；无花瓣；花盘碟状，全缘；雄蕊（雄花）6 ~ 8，伸出，花丝线状，被柔毛；子房（雌花）有短柄，倒心状，2 裂，很少 3 裂，2 室，很少 3 室，花柱着生在子房裂片间，柱头 2 或 3 裂；胚珠每室 1 颗。果深裂为 2 或 3 果爿，通常仅 1 或 2 个发育，卵圆形或近球形，果皮革质（干时脆壳质），外面有龟甲状裂纹，散生圆锥状小凸体，有时近平滑；种子与果爿近同形，种皮褐色，光亮，革质，假种皮肉质，包裹种子的全部或下半部。

2 种，我国和菲律宾各 1 种。

1. 荔枝 *Litchi chinensis* Sonn.

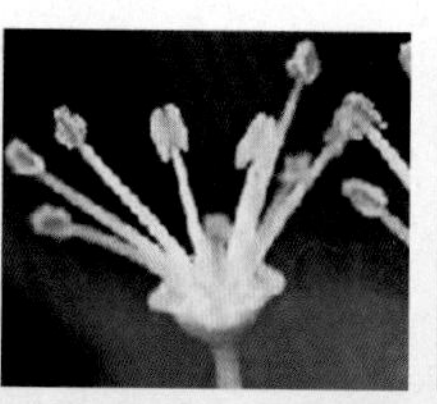

图 9-595 荔枝

图 9-596 荔枝在园林中的应用

【别名】离枝

【形态特征】常绿乔木，高通常不超过 10 米，有时可达 15 米或更高。小枝密生白色皮孔。叶连柄长 10 ~ 25 厘米或过之；小叶 2 或 3 对，较少 4 对，薄革质或革质，披针形或卵状披针形，有时长椭圆状披针形，长 6 ~ 15 厘米，宽 2 ~ 4 厘米，顶端骤尖或尾状短渐尖，全缘，腹面深绿色，有光泽，背面粉绿色，两面无毛；侧脉常纤细，在腹面不很明显，在背面明显或稍凸起；小叶柄长 7 ~ 8 毫米。花序顶生，阔大，多分枝；花梗纤细，长 2 ~ 4 毫米，有时粗而短；萼被金黄色短绒毛；雄蕊 6 ~ 7，有时 8，花丝长约 4 毫米；子房密覆小瘤体和硬毛。果卵圆形至近球形，长 2 ~ 3.5 厘米，成熟时通常暗红色至鲜红色；种子全部被肉质假种皮包裹（图 9-595）。花期春季，果期夏季。

【生态习性】喜高温、高湿，喜光向阳；要求花芽分化期有相对低温，但最低气温在 -2 ~ 4℃又会遭受冻害；开花期湿度过低、阴雨连绵、天气干热或强劲北风均不利开花授粉。

【分布及栽培范围】西南部、南部和东南部，尤以广东、广西和福建南部（厦门、漳州、泉州地区）栽培最盛。亚洲东南部、非洲、美洲和大洋洲有引种记录。

【繁殖】播种繁殖。

【观赏】树冠广阔、枝叶茂密，是华南重要的果树。

【园林应用】行道树、园路树、园景树等（图 9-596）。应用于公园、庭园、农业观光园等。

【其它】果除鲜食外可制成果干或罐头。木材坚重，是名贵用材，供造舟、车、家具等。根及果核可供药用。

（五）龙眼属 *Dimocarpus* Lour.

乔木。叶互生，偶数羽状复叶；小叶对生或近对生，全缘。聚伞圆锥花序常阔大，顶生或近枝顶丛生，被星状毛或绒毛；苞片和小苞片均小而钻形；花单性，雌雄同株，辐射对称；萼杯状，深 5 齿裂，裂片覆瓦状排列，被星状毛或绒毛；花瓣 5 或 1 ~ 4，通常匙形或披针形，无鳞片，有时无花瓣；花盘碟状；雄蕊通常 8，伸出，花丝被硬毛，花药长圆形；子房倒心形，2 或 3 裂，2 或 3 室，密覆小瘤体，小瘤体上有成束的星状毛或绒毛，花柱生子房裂片间，柱头 2 或 3 裂；胚珠每室 1 颗。果深裂为 2 或 3 果爿，通常仅 1 或 2 个发育，发育果爿浆果状，近球形，基部附着有细小的不育分果爿，外果皮革质，内果皮纸质；种子近球形或广椭圆形，假种皮肉质，包裹种子的全部或一半。

约 2 种，分布在亚洲热带。我国有 4 种。

1. 龙眼 *Dimocarpus longan* Lour.

图 9-597　龙眼

【别名】圆眼、桂圆、羊眼果树

【形态特征】常绿乔木，高通常 10 余米，间有高达 40 米、胸径达 1 米、具板根的大乔木；小枝粗壮，被微柔毛，散生苍白色皮孔。叶连柄长 15 ~ 30 厘米或更长；小叶 4 ~ 5 对，很少 3 或 6 对，薄革质，长圆状椭圆形至长圆状披针形，两侧常不对称，长 6 ~ 15 厘米，宽 2.5 ~ 5 厘米，顶端短尖，有时稍钝头，基部极不对称，上侧阔楔形至截平，几与叶轴平行，下侧窄楔尖，腹面深绿色，有光泽，背面粉绿色，两面无毛；侧脉 12 ~ 15 对，仅在背面凸起；小叶柄长通常不超过 5 毫米。花序大型，多分枝，顶生和近枝顶腋生，密被星状毛；花梗短；萼片近革质，三角状卵形，长约 2.5 毫米，两面均被褐黄色绒毛和成束的星状毛；花瓣乳白色，披针形，与萼片近等长，仅外面被微柔毛；花丝被短硬毛。果近球形，直径 1.2 ~ 2.5 厘米，通常黄褐色或有时灰黄色，外面稍粗糙，或少有微凸的小瘤体；种子茶褐色，光亮，全部被肉质的假种皮包裹（图 9-597）。花期春夏间，果期夏季。

【生态习性】耐旱、耐酸、耐瘠、忌浸。喜暖热湿润气候，稍比荔枝耐寒和耐旱。温度是影响其生长、结实的主要因素，一般年平均温度超过 20℃的地方，均能使龙眼生长发育良好。在红壤丘陵地、旱平地生长良好，栽培容易，寿命长。广西南部亦见野生或半野生于疏林中。

【分布及栽培范围】西南部至东南部栽培很广，以福建最盛，广东次之；云南及广东、亚洲南部和东南部也常有栽培。

【繁殖】嫁接繁殖。

【观赏】树冠广阔、枝叶茂密，是华南重要的果树。

【园林应用】行道树、园路树、园景树等。公园、庭园、农业观光园等。

【其它】假种皮富含维生素和磷质，有益脾、健脑的作用，故亦入药。木材坚实造船、家具、细工等的优良材。

八十、七叶树科 Hippocastanaceae

乔木稀灌木，落叶稀常绿。冬芽大形，顶生或腋生，有树脂或否。叶对生，系 3 ~ 9 枚小叶组成的掌状复叶，无托叶，叶柄通常长于小叶，无小叶柄或有长达 3 厘米的小叶柄。聚伞圆锥花序，侧生小花序系蝎尾状聚伞花序或二歧式聚伞花序。花杂性，雄花常与两性花同株；木整齐或近于整齐；萼片 4 ~ 5，基部联合成钟形或管状抑或完全离生，整齐或否，排列成镊合状或覆瓦状；花瓣 4 ~ 5，与萼片互生，大小不等，基部爪状；

雄蕊 5 ~ 9，着生于花盘内部，长短不等；花盘全部发育成环状或仅一部分发育，不裂或微裂；子房上位，卵形或长圆形，3 室，每室有 2 胚珠，花柱 1，柱头小而常扁平。蒴果 1 ~ 3 室，平滑或有刺，常于胞背 3 裂；种子球形，常仅 1 枚稀 2 枚发育。2 属 30 多种。我国 1 属 10 余种。

科的识别特征：落叶乔木或灌木，掌状七叶枝条粗。总状圆锥花顶生，两侧对称花两性。

萼片 4 ~ 5 覆瓦列，花瓣离生不等形。雄蕊长短不一致，子房上位 3 心皮。果实 3 裂为蒴果，种子大型无胚乳。

（一）七叶树属 *Aesculus* Linn.

落叶乔木，稀灌木。冬芽大形，顶生或腋生，外部有几对鳞片。叶对生，系 3 ~ 9 枚（通常 5 ~ 7 枚）小叶组成掌状复叶，有长叶柄，无托叶；小叶长圆形，倒卵形抑或披针形，边缘有锯齿。具短的小叶柄。聚伞圆锥花序顶生，直立，侧生小花序系蝎尾状聚伞花序。花杂 性，雄花与两性花同株，大形，不整齐；花萼钟形或管状，上段 4 ~ 5 裂，大小不等，排列成镊合状；花瓣 4 ~ 5，倒卵形、倒披针形或匙形，基部爪状，大小不等；花盘全部发育成环状或仅一部分发育，微分裂或不分裂；雄蕊 5 ~ 8，通常 7，着生于花盘的内部；子房上位，无柄，3 室，花柱细长，不分枝，柱头扁圆形，胚珠每室 2 枚，重叠。蒴果 1 ~ 3 室，平滑稀有刺，胞背开裂；种子仅 1 ~ 2 枚发育良好，近于球形或梨形。

本属约 30 余种，广布于亚、欧、美三洲。我国产 10 余种。

分种检索表

1 小叶具有叶柄，蒴果平滑：

  2 聚伞圆锥花序，花白色

    3 小叶通常 7 枚，倒卵状长椭圆形，无毛……………………………… 1 七叶树 *A.chinensis*

    3 小叶通常 5 ~ 7(9) 枚，长倒卵形至倒披针形，有毛 ………… 2 天师栗 *A. wilsonii*

  2 聚伞圆锥花序，花红色……………………………………………… 3 红花七叶树 *A. carnea* 'Briotii'

1 小叶无柄或近无柄，蒴果近球形，有刺………………………………… 4 欧洲七叶树 *A. hippocastanum*

1. 七叶树 *Aesculus chinensis* Bunge

【别名】桉椤树

【形态特征】落叶乔木，高达 25 米。掌状复叶，由 5 ~ 7 小叶组成，叶柄长 10 ~ 12 厘米，有灰色微柔毛；小叶纸质，长圆披针形至长圆倒披针形，稀长椭圆形，先端短锐尖，基部楔形或阔楔形，边缘有钝尖形的细锯齿，长 8 ~ 16 厘米，宽 3 ~ 5 厘米，上面深绿色，无毛，下面除中肋及侧脉的基部嫩时有疏柔毛外，其余部分无毛；中肋在上面显著，在下面凸起，侧脉 13 ~ 17 对，在上面微显著，在下面显著；中央小叶的小叶柄长 1 ~ 1.8 厘米，两侧的小叶柄长 5 ~ 10 毫米，有灰色微柔毛。花序圆筒形，连同长 5 ~ 10 厘米的总花梗在内共长 21 ~ 25 厘米，小花序常由 5 ~ 10 朵花 . 组成，长 2 ~ 2.5 厘米，花梗长 2 ~ 4 毫米。花杂性，雄花与两性花同株，花萼管状钟形，长 3 ~ 5 毫米，外面有微柔毛，不等地 5 裂，裂片钝形，边缘有短纤毛；花瓣 4，白色，长圆倒卵形至长圆倒披针形，长约 8 ~ 12 毫米，宽 5 ~ 1.5 毫米，边缘有纤毛，基部爪状；雄蕊 6，长

图 9-598　七叶树

1.8 ~ 3 厘米。果实球形或倒卵圆形，直径 3 ~ 4 厘米，黄褐色，种子常 1 ~ 2 粒发育，近于球形，直径 2 ~ 3.5 厘米（图 9-598）。花期 4 ~ 5 月，果期 10 月。

【生态习性】喜光，稍耐荫；喜温暖气候，也能耐严寒，喜肥沃深厚、温润而排水良好的土壤。深根性，萌芽力不强。生长速度中等偏慢，寿命长。自然分布在海拔 700 米以下之山地。

【分布及栽培范围】河北南部、山西南部、河南北部、陕西南部均有栽培，仅秦岭有野生的。

【繁殖】播种繁殖，也可扦插、高压繁殖。

【观赏】树干耸直，冠大荫浓，初夏开花，花如塔状，又像烛台，每到花开之时，如手掌般的叶子托起宝塔，又象供奉着烛台。四片淡白色的小花瓣尽情绽放，花芯内七个橘红色的花蕊向外吐露芬芳，花瓣上泛起的黄色，使得小花更显俏丽，而远远望去，整个花串又白中泛紫，像是蒙上了一层薄薄的面纱。

【园林应用】行道树、园路树、庭荫树、园景树、风景林、树林、特殊环境绿化（图 9-599）。既可孤植也可群植，或与常绿树和阔叶树混种。在中国，七叶树与佛教有着很深的渊源，因此很多古刹名寺如杭州灵隐寺、北京卧佛寺、大觉寺中都有千年以上的七叶树。

图 9-599　七叶树在园林中的应用

【其它】叶芽可代茶饮。皮、根可制肥皂，叶、花可做染料。种子可提取淀粉、榨油，也可食用，味道与板栗相似。木材质地轻，可用来造纸、雕刻、制作家具及工艺品等。

2. 天师栗 *Aesculus wilsonii* Rehd.

【别名】猴板栗、娑罗果、娑罗子

【形态特征】落叶乔木，常高 15 ~ 20 米。掌状复叶对生，有长 10 ~ 15 厘米的叶柄，嫩时微有短柔毛，渐老时无毛；小叶 5 ~ 7 枚，稀 9 枚，长圆倒卵形、长圆形或长圆倒披针形，先端锐尖或短锐尖，基部阔楔形或近于圆形，稀近于心脏形，边缘有很密的、微内弯的、骨质硬头的小锯齿，长 10 ~ 25 厘米，宽 4 ~ 8 厘米，上面深绿色，有光泽，除主脉基部微有长柔毛外其余部分无毛，下面淡绿色，有灰色绒毛或长柔毛，侧脉 20 ~ 25 对在上面微凸起，在下面很显著地凸起，小叶柄长 1.5 ~ 2.5 厘米。花序顶生，直立，圆筒形，长 20 ~ 30 厘米，基部的直径 10 ~ 12，总花梗长 8 ~ 10 厘米，基部的小花序长约 3 ~ 4 稀达 6 厘米；花梗长约 5 ~ 8 毫米。花有很浓的香味，杂性，雄花与两性花同株，雄花多生于花序上段，两性花生于其下段，

图 9-600　天师栗

图 9-601　红花七叶树

不整齐；花萼管状，长 6 ~ 7 毫米；花瓣 4，倒卵形，长 1.2 ~ 1.4 厘米，外面有绒毛；花盘微裂，两性花的子房上位。蒴果黄褐色，卵圆形或近于梨形，长 3 ~ 4 厘米（图 9-600）。花期 4 ~ 5 月，果期 9 ~ 10 月。

【生态习性】弱阳性，喜温暖湿润气候，不耐寒，深根性，生长慢，寿命长。生于海拔 1000 ~ 1800 米的阔叶林中。

【分布及栽培范围】河南、湖北、湖南、江西、广东北部、四川、贵州和云南东北部。

【繁殖】播种繁殖，也可扦插、高压繁殖。

【观赏】树形美观，冠如华盖，开花时硕大的白色花序又似一盏华丽的烛台，蔚为奇观。

【园林应用】行道树、园路树、庭荫树、园景树、风景林等。

【其它】木材坚硬细密可制造器具。木材可供建筑，细木工等用。种子脱涩后可食，中医上入药，名娑罗子。

3. 红花七叶树 *Aesculus carnea* 'Briotii'

【形态特征】树皮灰褐色，有片状剥落。小枝粗壮，栗褐色，光滑无毛。小叶通常 7 枚，倒卵状长椭圆形，春季新叶初上时，叶色殷红如血。花期为 5 月。花小，红色 。果球形或倒卵形，红褐色，9 ~ 10 月成熟（图 9-601）。

【生态习性】喜光、耐遮荫，耐寒、适应城市环境，抗风性强，喜排水良好的土壤。适于气候温暖、湿润地区，也能耐零下 43 摄氏度低温。

【分布及栽培范围】原产欧洲巴尔干半岛，在我国华北地区已引种成功

【繁殖】播种、嫁接繁殖。

【观赏】树冠圆形，枝繁叶茂，三月末开花，红色圆锥形花序缀满树冠，绿树红妆，非常美丽，叶秋季叶色澄黄如金。

【园林应用】行道树、园路树、庭荫树、园景树、风景林等。适用于人行步道，公园，广场绿化，孤植或成行栽植都可。

4. 欧洲七叶树 *Aesculus hippocastanum* Linn.

【形态特征】落叶乔木，通常高达 25 ~ 30 米。小枝淡绿色或淡紫绿色，嫩时被棕色长柔毛，其后无毛。冬芽卵圆形，有丰富的树脂。掌状复叶对生，有 5 ~ 7 小叶；小叶无小叶柄，倒卵形，长 10 ~ 25 厘米，

图 9-602 欧洲七叶树

宽 5 ~ 12 厘米，先端短急锐尖，基部楔形，边缘有钝尖的重锯齿，上面深绿色，无毛，下面淡绿色，近基部有铁锈色绒毛，主脉凸起，侧脉约 18 对，在两面均显著；叶柄长 10 ~ 20 厘米，无毛。圆锥花序顶生，长 20 ~ 30 厘米，基部直径约 10 厘米，无毛或有棕色绒毛。花较大，直径约 2 厘米；花萼钟形，长 5 ~ 6 毫米，5 裂；花瓣 4 或 5，白色，有红色斑纹，爪初系黄色，后变棕色，边缘有长柔毛，中间的花瓣和其余 4 花瓣等长或不发育；雄蕊 5 ~ 8，生于雄花者较长，长 11 ~ 20 毫米，花丝有长柔毛；雌蕊有长柔毛，子房具有柄的腺体。果实系近于球形的蒴果，直径 6 厘米，褐色（图 9-602）。花期 5 ~ 6 月，果期 9 月。

【生态习性】喜光，稍耐荫，耐寒，喜深厚、肥沃而排水良好的土壤。

【分布及栽培范围】原产阿尔巴尼亚和希腊。中国引种，在上海和青岛等城市都有栽培。

【繁殖】播种繁殖为主。

【观赏】树体高大雄伟，树冠宽阔，绿荫浓密，花序美丽。

【园林应用】行道树、庭荫树、园景树等。在欧美广泛作为行道树及庭院观赏树。

【其它】木材良好，可作各种器具；花、果实、叶入药。树皮可治发烧，还可产生黄色染色剂。

八十一、槭树科 Aceraceae

落叶或少数常绿乔木或灌木。叶对生，有叶柄，无托叶，单叶或复叶，不裂或分裂。花小，辐射对称，两性、杂性或单性，雄花与两性花同株或异株，或伞房状、穗状或聚伞花序。萼片 5 或 4。花瓣 5 或 4。雄蕊 4 ~ 12，多为 8，生于花盘的外部或内部。两性花或雌花子房 2 室，每室 2 胚珠，中轴胎座。花柱 2。翅果、成熟后开裂成二分果，各含 1 种子。

3 属，约 300 种，分布于北温带和热带高山地区。我国 2 属，约 140 多种。

科识别特征：落叶木本无托叶，叶片 3 裂或掌裂。雌雄同株同花生，也可异株为单性。花冠整齐黄绿色，萼片花冠 45 片。雄蕊通常为 8 枚，柱头 2 裂房上位。2 室子房成分果，具翅坚果好定科。

分属检索

1 果实仅一侧具长翅；叶常为单叶，稀复叶小叶 3 ~ 7……………………………1 槭树属 *Acer*

1 果实的周围具圆形的翅；叶为羽状复叶，小叶 7 ~ 15…………………2 金钱槭属 *Dipteronia*

（一）槭树属 *Acer* L.

乔木或灌木，多为落叶性。叶对生，单叶掌状裂或不裂，或奇数羽状复叶，稀掌状复叶。雄花与两性花同株或雌雄异株，萼片 5，花瓣 5，稀无花瓣，成总状、圆锥状、伞房状花序；花盘环状或无花盘。果实两侧具长翅，成熟时由中间分裂为二，各具 1 果翅 1 种子。

共约 200 种．我国约 140 种。

槭属植物中，有很多是世界闻名的观赏树种。自古以来，我国的文人学士、骚人墨客便对槭树的秋叶十分青睐，吟咏描绘之诗文屡见不鲜。如明人的"萧萧浇绛初碎，槭槭深红雨复然，染得千秋林一色，还家只当是春天。"由于槭树之美得到历代人们的共识，在各地园林风景中栽培的槭树也较普遍。

分种检索表

1. 常绿乔木
  2 圆锥花序；翅果成熟时紫红色……………………………………………1 红翅槭 *A. fabri*
  2. 伞房花序；翅果嫩时紫色，成熟时淡黄褐色 ………………………………2 光叶槭 *A. laevigatum*
1. 落叶乔木
    3. 单叶，齿状缘或掌状裂
      4 树皮有青色条纹，叶缘具不整齐的钝圆齿………………………………3 青榨槭 *A. davidii*
      4 树皮无青色条纹，叶全缘或有大而深的掌状裂片
        5. 叶裂片全缘，或疏生浅齿：
          6 叶柄折断有乳法汁…………………………………………………………4 五角枫 *A.mono*
          6 叶柄折断无乳汁
            7. 叶掌状 5 ～ 7 裂，裂片全缘或疏生浅齿
              8 叶 5 ～ 7 裂，基部常截形；果翅长等于果核……………………5 元宝枫 *A.truncatum*
              8 叶常 5 裂，叶基心形………………………………………………6 中华槭 *A. sinense*
            7 叶掌状 3 裂，裂片全缘或有浅齿……………………………………7 三角枫 *A. buergerianum*
        5 叶裂片具单锯齿或重锯齿：
              9 叶掌 3 裂或不显 5 裂…………………………………………………8 茶条槭 *A. ginnala*
              9 叶掌状 5 ～ 11 裂：
                10 叶 5 ～ 7 深裂；叶柄、花梗及子房均光滑无毛 ……9 鸡爪槭 *A. palmatum*
                10 叶 7 ～ 11 裂；叶柄花梗及子房有毛…………………10 日本槭 *A. japonicum*
    3 羽状复叶，小叶 3 ～ 7；小枝无毛 …………………………………………11 复叶槭 *A. negundo*

1. 红翅槭 *Acer fabri* Hance

【别名】罗浮槭

【形态特征】常绿乔木，高达 10 米。树皮淡褐色或暗灰色，幼枝紫绿色，老枝绿褐色或绿色。单叶对生，全缘，革质，披针形或矩圆状披针形。雄花及两性花同株，组成圆锥花序；萼片 5，矩圆形，紫色，微有短柔毛；花瓣 5，倒卵形；雄蕊 8；翅果红色，两翅果张开成钝角（图 9-603）。花期 4 月，果期 5 月上旬至 10 月底。

【生态习性】喜肥沃的微酸性土壤，具有较强的耐寒和耐阴性能，但在阳光充沛、水肥好的条件下生长快，结果多而饱满。生于海拔 500 ～ 1800 米的疏林中。

【产地及栽培范围】广东、广西、江西、湖北、湖南、四川。

图 9-603　红翅槭

【繁殖】播种繁殖为主。

【观赏】树形优美，叶形秀丽。在春夏季节，紫红色的翅果在绿叶的衬托下格外醒目，就像千万只蝴蝶，嬉戏在绿叶丛中。老叶在冬季凋落之前，转变成鲜红色，在众多绿叶中，有几片醒目的红叶，犹如万绿丛中点点红星。

【园林应用】园景树、水边绿化、基础种植、盆栽及盆景观赏。红翅槭作第二层林冠配置最为理想。如植于草坪绿地和土丘中，溪边、池畔，或孤植于墙隅、亭廊、山石间，亦十分得体；若与红枫、白玉兰等落叶树种搭配，或以白粉墙作背景衬托，更显美丽多姿；若选取干形奇特的古桩，制作盆景，更具神韵。

【其他】木材做高档家具、乐器、农具、胶合板。

2. 光叶槭 *Acer laevigatum* Wall.

【别名】长叶槭树

【形态特征】常绿乔木，常高 10 米。当年生枝绿色或淡紫绿色；多年生枝淡褐绿色或深绿色。叶革质，全缘或近先端有稀疏的细锯齿，披针形或长圆披针形。花杂性，雄花与两性花同株，成伞房花序；萼片 5，淡紫绿色；花瓣 5，白色；雄蕊 6 ~ 8。翅果嫩时紫色，成熟时淡黄褐色，张开成锐角至钝角（图 9-604）。花期 4 月，果期 8 ~ 9 月。

【生态习性】喜光、喜湿润环境，耐荫能力强。

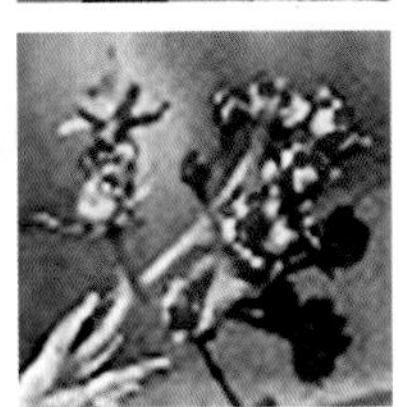

图 9-604　光叶槭

生于海拔 1000 ~ 2000 米较潮湿的溪边或山谷林中。

【产地及栽培范围】陕西南部、湖北西部、四川、贵州和云南。尼泊尔、锡金、印度北部、缅甸也有分布。

【繁殖】播种播殖为主。

【园林应用】园景树、水边绿化、基础种植、盆栽及盆景观赏。

3. 青榨槭 *Acer davidii* Franch.

【别名】青虾蟆、大卫槭

【形态特征】落叶乔木，高约 10 ~ 15 米。树皮黑褐色或灰褐色；当年生的嫩枝紫绿色或绿褐色，多年生的老枝黄褐色或灰褐色。叶纸质，长圆卵形或近于长圆形，常有尖尾，嫩时被红褐色短柔毛，渐老则脱落。花黄绿色，杂性，雄花与两性花同株，成下垂的总状花序，顶生于着叶的嫩枝，开花与嫩叶的生长大约同时，雄花通常 9 ~ 12 朵常成总状花序；两性花通常 15 ~ 30 朵常成总状花序；萼片 5；花瓣 5，倒卵形。翅果嫩时淡绿色，成熟后黄褐色，展开成钝角或成水

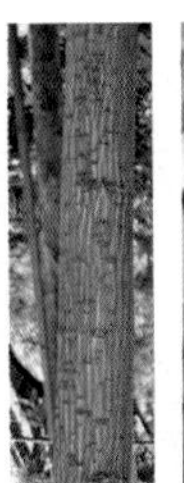

图 9-605　青榨槭

平（图 9-605）。花期 4 月，果期 9 月。

【生态习性】耐半荫，喜湿润溪谷。耐寒，能抵抗 -30 ～ -35℃的低温。耐瘠薄，对土壤要求不严，适宜中性土。主、侧根发达，萌芽性强。生长快。常生于海拔 500 ～ 1500 米的疏林中。

【产地及栽培范围】华北、华东、中南、西南各省区。

【繁殖】播种繁殖。

【观赏】树皮为竹绿或蛙绿色，似竹而胜于竹，具有极佳的观赏效果。树干端直，树形自然开张，树态苍劲挺拔，枝繁叶茂、优美的树形、绿色的树皮、银白色枝条与繁茂的叶片，巧妙而完美的组合，具有很高的观赏价值。

【园林应用】庭荫树、园景树。用于园林绿化可培育主干型或丛株型。

【其他】树皮纤维较长，又含丹宁，可作工业原料。

4. 五角枫 *Acer mono* Maxim.

【别名】色木槭、水色树、地锦槭、五角槭

【形态特征】落叶乔木，高可达 20 米。叶通常掌状 5 裂，基部常为心形，裂片卵状三角形，全线、两面无毛或仅背面脉腋有簇毛，网脉两面明显隆起。叶柄有乳汁。花黄绿色，多花成顶生伞房花序。果核扁平，果翅展开成钝角，长约为果核的 2 倍（图 9-606）。花期在 4 月；果 9 月～ 10 月成熟。

【生态习性】温带树种，喜温凉湿润气候，较喜光，稍耐荫；抗旱，耐严寒，耐贫瘠。喜土层深厚、肥沃、疏松、湿润的山地褐土。生于海拔 800 ～ 1500 米的山坡或山谷疏林中。

图 9-606　五角枫

图 9-607　五角枫在园林中的应用

【产地及栽培范围】东北、华北和长江流域各省。西伯利亚东部、蒙古、朝鲜和日本有分布。

【繁殖】播种繁殖。

【观赏】秋季叶变红色或黄色。树形优美，叶、果秀丽，入秋叶色变为红色或黄色。

【园林应用】庭荫树、园路树、园景树（图 9-607）。

【生态功能】较好的防火树种。

【文化】具不屈不挠，不畏严寒，拼搏奋斗，昂扬向上之内含，又有红红火火，团结祥和之意蕴。

【其他】树皮纤维良好，可作人造棉及造纸的原料。可供建筑、车辆、乐器和胶合板等制造之用。木材坚韧，用途较广，嫩叶可作菜和代茶。

5. 元宝枫 *Acer truncatum* Bunge

【别名】平基槭

【形态特征】落叶乔木。高达 8 ～ 10 米；树冠伞形或倒广卵形。干皮灰黄色，浅纵裂；小枝淡土黄色，光滑无毛。叶掌状 5 裂，长 5 ～ 10 厘米，有时中裂片又 3 裂，裂片先端渐尖，叶基通常截形，两面无毛；叶柄细长，3 ～ 5 厘米。花黄绿色，径约 1 厘米，成

图 9-608　元宝枫

顶生伞房花序。翅果扁平，两翅展开约成直角，翅较宽，略长于果核（图 9-608）。花期在 4 月，果 10 月成熟。

【生态习性】弱阳性，耐半荫，喜生于阴坡及山谷；较抗风，不耐干热和强烈日晒；在潮湿、肥沃及排水良好的土壤中生长良好。深根性，生长速度中等，病虫害较少。

【分布及栽培范围】华北、辽宁南部、河北、山西、陕西、河南、山东、安徽南部均有分布。

【繁殖】播种繁殖。

【观赏】树姿优美，叶形秀丽，嫩叶红色，秋季叶又变成黄色或红色，为著名的秋色叶树种。

【园林用途】庭荫树、行道树、园景树或风景林。在堤岸，湖边，草地及建筑附近配植皆都雅致。

【生态功能】对二氧化硫、氟化氢的抗性较强，吸附粉尘的能力亦较强。

【文化】招财进宝的美好寓意。

【其他】木材坚硬，为优良的建筑、家具、雕刻、细木工用材。树皮纤维可造纸及代用棉。

6. 中华槭 *Acer sinense* Pax

【别名】华槭、华槭树

【形态特征】落叶乔木，高 3 ～ 5 米。树皮平滑，淡黄褐色或深黄褐色。当年生枝淡绿色或淡紫绿色，多年生枝绿褐色或深褐色，平滑；叶近于革质，基部心脏形或近于心脏形，稀截形；裂片长圆卵形或三角状卵形；花杂性，雄花与两性花同株，多花组成下垂的顶生圆锥花序；萼片 5，淡绿色；花瓣 5，白色；雄蕊 5 ～ 8。翅果淡黄色，常生成下垂的圆锥果序，张开成钝角或近于水平（图 9-609）。花期 5 月；果期 8 ～ 9 月。

【生态习性】喜较为荫庇、湿润而肥沃环境。生于海拔 1200 ～ 2000 米的混交林中。

【产地及栽培范围】湖北西部、四川、湖南、贵州、广东、广西。

【繁殖】播种播殖为主。

【观赏】枝条横展，树姿优美，是风景林中表现秋色的重要中层树木。

【园林应用】庭荫树、行道树、园景树或风景林。大型公园或名胜古迹、天然公园、植物园内群植成林最能显示其红叶之美，可结合植物引种，建设专门的"槭树园"。常与鸡爪槭混杂在花卉苗圃内，可供观赏。

【文化】自古以来，中国的文人学士、骚人墨客便对槭树的秋叶十分青睐，吟咏描绘之诗文屡见不鲜。如明人的"萧萧浇绛初碎，槭槭深红雨复然，染得千秋林一色，还家只当是春天。"由于槭树之美得到历代人们的共识，在各地园林风景中栽培的槭树也较普遍。

【其他】木材可做器具。枝叶也入药。

图 9-609　中华槭

7. 三角枫 *Acer buergerianum* Miq.

【别名】三角槭

【形态特征】落叶乔木，高 5 ~ 10 米；树皮暗灰色，片状剥落。叶倒卵状三角形、三角形或椭圆形，长 6 ~ 10 厘米，宽 3 ~ 5 厘米，通常 3 裂，裂片三角形，近于等大而呈三叉状，顶端短渐尖，全缘或略有浅齿，表面深绿色，无毛，背面有白粉，初有细柔毛，后变无毛。伞房花序顶生，有柔毛；花黄绿色，发叶后开花；子房密生柔毛。翅果棕黄色，两翅呈镰刀状，中部最宽，基部缩窄两翅开展成锐角，小坚果突起，有脉纹（图 9-610）。花期 4 ~ 5月，果熟期 9 ~ 10月。

【生态习性】暖带树种，喜光也耐荫，喜温暖湿润的气候和深厚肥沃、排水良好的土壤，较耐水湿，萌芽力强，耐修剪。生于海拔 300 ~ 1000 米的阔叶林中。

【产地及栽培范围】山东、河南、江苏、浙江、安徽、江西、湖北、湖南、贵州和广东等省。日本也有分布。

【繁殖】播种繁殖为主。也可扦插和压条繁殖。

【观赏】树姿优雅，干皮美丽，春季花色黄绿，入秋叶片变红，是良好的园林绿化树种和观叶树种。

【园林应用】行道树、园路树、庭荫树、园景树、风景林、树林、水边绿化、专类园、盆栽及盆景观赏（图 9-611）。草坪中点缀较为适宜，或群植于公园内，与常绿树配植。耐修剪，可盘扎造型，用作树桩盆景。

【生态功能】对二氧化硫能力强，抗氟化氢能力中等，滞尘能力中等。

【其他】叶片可做成精美的工艺品；树木木材优良，可制农具；种子可榨油。

图 9-610 三角枫

图 9-611 三角枫在园林中的应用

8. 茶条槭 *Acer ginnala* Maxim.

【别名】茶条子

【形态特征】落叶大灌木或小乔木，高达 6 米。树皮灰褐色。幼枝绿色或紫褐色，老枝灰黄色。单叶对生，卵形或长卵状椭圆形，通常 3 裂或不明显 5 裂，或不裂，中裂片特大而长，基部圆形或近心形，边缘为不整齐疏重锯齿，近基部全缘;叶柄细长。花杂性同株，顶生伞房花序，多花，淡绿色或带黄色。翅果深褐色；两翅直立，展开成锐角或两翅近平行，相重叠（图 9-612）。花期 5 ~ 6 月。果熟期 9 月。

【生态习性】喜全光，耐轻度遮荫。耐寒。易移栽，适合各种土壤，在潮湿、排水良好的土壤长势较好，耐干旱及碱性土壤。生于海拔 800 米以下的丛林中。

【产地及栽培范围】黑龙江、吉林、辽宁、内蒙古、河北、山西、河南、陕西、甘肃。蒙古、苏联西伯利亚东部、朝鲜和日本也有分布。

【繁殖】播种繁殖。

【观赏】树干直而洁净，花有清香，夏季果翅红色美丽，秋季叶片鲜红色。

【园林应用】园景树、风景林、水边绿化、专类园、

图 9-612　茶条槭

图 9-613　鸡爪槭

盆栽及盆景观赏。常孤植、丛植、群植、绿篱和高大建筑旁栽植。

【其他】木材可供细木加工。嫩叶加工制成茶叶。树皮纤维可代麻及做纸浆、人造棉等原料。花为良好蜜源。

9. 鸡爪槭 *Acer palmatum* Thunb.

【别名】鸡爪枫

【形态特征】落叶小乔木。树皮深灰色。当年生枝紫色或淡紫绿色；多年生枝淡灰紫色或深紫色。叶纸质，直径 7 ~ 10 厘米，基部心脏形或近于心脏形稀截形，5 ~ 9 掌状分裂，通常 7 裂，裂片长圆卵形或披针形，先端锐尖或长锐尖，边缘具紧贴的尖锐锯齿；裂片间的凹缺钝尖或锐尖，深达叶片的直径的 1/2 或 1/3；花紫色，杂性，雄花与两性花同株，生于无毛的伞房花序，叶发出以后才开花；萼片和花瓣均为 5；雄蕊 8。翅果嫩时紫红色，成熟时淡棕黄色；小坚果球形；翅果张开成钝角(图 9-613)。花期 5 月，果期 9 月。

变种和变型很多，其中有红枫（变型）*f. atropurpureum* (Van Houtte) Schwerim 和羽毛槭（变种）var. *dissectum* (Thunb.) K. Koch 均在我国东南沿海各省庭一园中已经广泛栽培。

图 9-614　鸡爪槭在园林中的应用

【生态习性】弱阳性树种，耐半荫，在阳光直射处孤植夏季易遭日灼之害；喜温暖湿润气候及肥沃、湿润而排水良好之土壤，耐寒性不强，酸性、中性及石灰质土均能适应。生于海拔 200 ~ 1200 米的林边或疏林中。

【产地及栽培范围】山东、河南南部、江苏、浙江、安徽、江西、湖北、湖南、贵州等省。朝鲜和日本也有分布。现被广泛引种栽培。

【繁殖】播种繁殖。

【观赏】树姿婆娑优美，叶形秀丽，入秋叶色变红，色艳如花，灿烂如霞，颇为美观，为珍贵的观叶树种。

【园林应用】园景树、风景林、水边绿化、基础种植、专类园、盆栽及盆景观赏（图 9-614）。植于草坪、土丘、溪边、池畔和路隅、墙边、亭廊、山石间点缀，均十分得体，若以常绿树或白粉墙作背景衬托，尤感美丽多姿。

【生态功能】对二氧化硫和烟尘抗性较强。

【其他】根、叶、果药用。木材用于建筑材料或器材材料，乐器材料，雕塑材料等。

10. 日本槭 *Acer japonicum* Thunb.

【别名】羽扇槭、舞扇槭、鸭掌槭

【形态特征】落叶小乔木；幼枝、叶柄、花梗及幼果均被灰白色柔毛。叶较大，长 8 ~ 14 厘米，掌状 7 ~ ll 裂，基部心形，裂片长卵形，边缘有重锯齿，幼时有丝状毛，不久即脱落，仅背面脉上有残留。花较大，紫红色，径约 l ~ 1.5 厘米，萼片大而花瓣状，子房密生柔毛；雄花与两性花同株，成顶生下垂伞房花序。果核扁平或略突起，两果翅长而展开成钝角或几成水平。花期 4 ~ 5 月，与叶同放。果 9 ~ 10 月成熟（图 9-615）。

【生态习性】喜光，耐半荫。喜温暖湿润气候和排水良好、肥沃、湿润的土壤。生长较慢。

【产地及栽培范围】原产日本和朝鲜。在辽宁及江苏已引种栽培。

【繁殖】播种或扦插法繁殖。

【观赏】春天开花，花朵大而紫红色，花梗细长，累累下垂，颇为美观；树姿优美，如秋叶色又变为深红，是极优美的庭园观赏树种。

【园林应用】园景树、风景林、水边绿化、基础种植、专类园、盆栽及盆景观赏。

11. 复叶槭 *Acer negundo* L.

【别名】梣叶槭、美国槭、白蜡槭、糖槭

【形态特征】落叶乔木，高达 20 米。树皮黄褐色或灰褐色。当年生枝绿色，多年生枝黄褐色。奇数羽状复叶，有 3 ~ 7(稀 9) 枚小叶；小叶纸质，卵形或椭圆状披针形，边缘常有 3 ~ 5 个粗锯齿，稀全缘。雄花的花序聚伞状，雌花的花序总状，雌雄异株。果翅狭长，张开成锐角或近于直角（图 9-616）。花期 4 ~ 5 月，果期 9 月。

【生态习性】喜光，喜干冷气候，暖湿地区生长不良，耐寒。生长迅速。

【产地及栽培范围】原产北美洲。近百年内始引入我国，辽宁、内蒙古、河北以南各地区有栽培。在东北和华北各省市生长较好。

【繁殖】播种播殖为主。

【观赏】早春开花，枝直茂密，入秋叶呈金黄色，观赏价值极高。

【园林应用】园景树、风景林、水边绿化、基础种植、专类园、盆栽及盆景观赏。

【其他】花蜜丰富，是很好的蜜源植物。

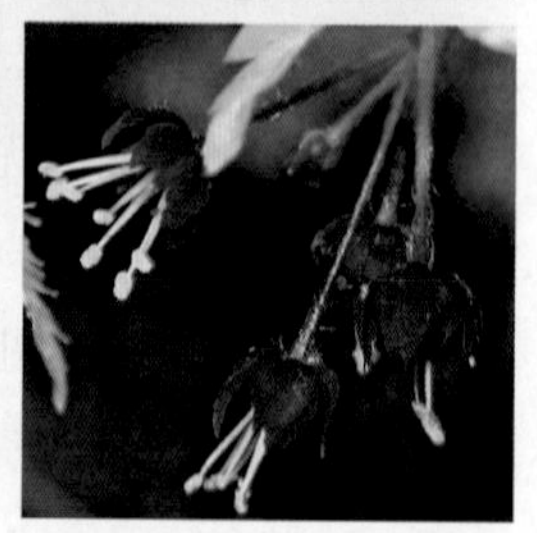

图 9-615　日本槭

图 9-616　复叶槭

（二）金钱槭属 *Dipteronia* Oliv.

落叶乔木。冬芽很小、卵圆形，裸露，叶系对生的奇数羽状复叶。花小，杂性，雄花与两性花同株，成顶生或腋生的圆锥花序；萼片 5，卵形或椭圆形；花瓣 5，肾形、基部很窄；花盘盘状，微凹缺；雄花与雄蕊 8，生于花盘内侧、花丝细长，常伸出于花外，子房不发育；两性花具扁形的子房，2 室、花柱的顶端 2 裂，反卷。果实为扁形的小坚果，通常 2 枚，在基部联合，周围环绕着圆形的翅，形状很似古代的钱。本属 2 种，我国特产。

1. 金钱槭 *Dipteronia sinensis* Oliv.

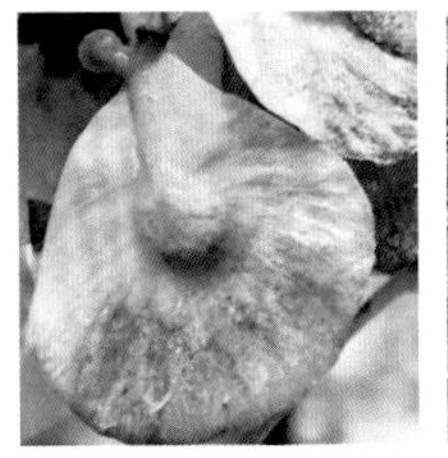

图 9-617　金钱槭

【别名】双轮果

【形态特征】落叶小乔木，高 5 ~ 10 米。小枝幼嫩部分紫绿色，较老的部分褐色或暗褐色。叶为对生的奇数羽状复叶；小叶纸质，通常 7 ~ 13 枚，长圆卵形或长圆披针形，边缘具稀疏的钝形锯齿；花序为顶生或腋生圆锥花序；花白色，杂性，雄花与两性花同株，花瓣 5，阔卵形。果实为翅果，常有两个扁形的果实生于一个果梗上，果实的周围围着圆形或卵形的翅，嫩时紫红色，成熟时淡黄色；种子圆盘形（图 9-617）。花期 4 月，果期 9 月。

【生态习性】喜温凉湿润环境和深厚肥沃、排水良好的土壤。喜生于阴坡潮湿的杂木林或灌木林中，喜散射光和光片、光斑的生境；在强光条件下，金钱槭逐渐消失。海拔 1000 ~ 2000 米。

【产地及栽培范围】河南、陕西、甘肃、湖北西部、四川、贵州、湖南等省。

【繁殖】播种繁殖。

【观赏】树姿优美，翅果圆形，入夏绿叶红果，如同一串串小铜钱，微风吹拂，沙沙作响，别有一番情趣。

【园林应用】园景树、风景林、水边绿化、基础种植、专类园、盆栽及盆景观赏。

【文化】名贵珍稀树种，中国特有植物，为国家二级保护植物。具有招财进宝的寓意。

八十二、漆树科 Anacardiaceae

落叶或常绿乔木或灌木。树皮多含树脂。复叶，少数单叶、互生，稀对生；无托叶。花小，单性异株、杂性同株或两性，整齐，常为圆锥花序；萼 3 ~ 5(7）深裂；花瓣与萼片同数，稀无花瓣。雄蕊 5 ~ 10 或更多；子房上位，通常1室，稀 2 ~ 6 室，每室 1 倒生胚珠。核果或坚果。种子多无胚乳，胚弯曲。

约 66 属，500 余种，分布于热带、亚热带及温带各地。我国 16 属 34 种，另引种栽培 2 属 4 种。

分属检索表

1. 羽状复叶
  2 落叶乔木
    3. 无花瓣；常为偶然羽状复叶 ………………………………………… 1 黄连木属 *Pistacia*
    3 有花瓣；奇数羽状复叶
      4 植物体有乳液；核果小，径不及 7 毫米，扁球形；子房 1 室…… 2 盐肤木属 *Rhus*
      4 植物体无乳液；核果大，径约 1.5 厘米，椭球形 ………………… 3. 南酸枣属 *Choerospondias*
  2 常绿乔木……………………………………………………………………… 4 人面子属 *Dracontomelon*
1. 单叶，全缘
      5 落叶灌木或小乔木；叶倒卵形至卵形………………………………… 5 黄栌属 *Cotinus*
      5 常绿乔木；叶长椭圆形至披针形……………………………………… 6 杧果属 *Mangifera*

(一) 黄连木属 *Pistacia* L.

乔木或灌木。偶数羽状复叶，稀 3 小叶或单叶，互生，小叶全缘，对生。花单性异株，圆锥或总状花序腋生，无花瓣，雄蕊 3 ~ 5，子房 1 室，花柱 3 裂。核果近球形，种子扁。

共 20 种。我同产 2 种，引人栽培 1 种。

1. 黄连木 *Pistacia chinensis* Bunge

【别名】楷木

【形态特征】落叶乔木。高达 30 米；树皮薄片剥落；树冠近圆球形。通常为偶数羽状复叶，小叶 10 ~ 14，披针形或卵状披针形，长 5 ~ 9 厘米，光端渐尖，基部偏斜、全缘。圆锥花序，雌花序红色，雄花序淡绿色。核果径 6 毫米，初为黄色，后变红色或蓝紫色，红果多空粒(图 9-618)。花期 3 月 ~ 4 月，先叶开放；9 月 ~ 11 月果熟。

【生态习性】喜光，不耐庇荫，畏严寒；耐干旱瘠薄，对土壤要求不严。喜肥沃、湿润而排水良好的石灰岩山地。深根性，主根发达，抗风力强；萌芽力强。生长较慢，寿命可长达 300 年以上。

【产地及栽培范围】黄河流域至华南、西南均有分布。常散生于低山丘陵及平原。

【繁殖】播种繁殖，也可扦插繁殖。

【观赏】树冠浑圆，树姿雄伟，枝叶繁茂而秀丽，早春嫩叶红色，入秋叶变或深红色或橙色，兼具春色叶树与秋色叶树之美；红色的雌花序也极其美观。

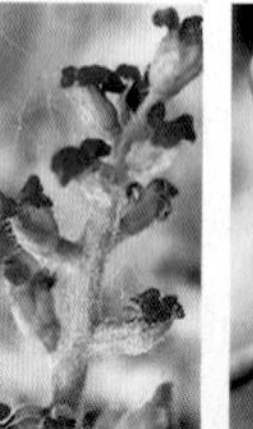
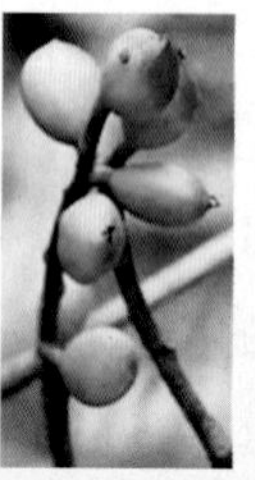

图 9-618 黄连木

【园林应用】园路树、庭荫树、园景树、风景林、树林、防护林、水边绿化。在园林中植于草坪、坡地、山谷或于山石、亭阁旁配植无不相宜。若构成大片秋色红叶林，可与槭类、枫香等混植，效果更好。

【生态功能】对二氧化硫、氯化氢抗性较强，净化空气功能较强，抗煤烟性较强，具有一定的滞尘功能。

【其他】木材致密，耐腐，可供建筑、家具、雕刻等用；嫩叶有香味，可制代茶或腌制作蔬菜。

（二）盐肤木属 *Rhus* L.

乔木或灌木。多数种类体内含乳液。叶互生，通常为奇数羽状复叶；无托叶。花单性异株或杂性同株。圆锥花序，花萼5裂，宿存；花瓣5，雄蕊5、子房3心皮，1室，1胚珠。核果。共约150种，产亚热带及暖温带。我国产13种，引人栽培1种。

分种检索表

1 叶轴有狭翅，小叶 17 ~ 13 ………………………………………… 1 盐肤木 *R.chinensis*

1 叶轴无翅，小叶 11 ~ 31 ………………………………………… 2 火炬树 *R.typhina*

1. 盐肤木 *Rhus chinensis* Mill.

【别名】五倍子树、山梧桐、盐树根、土椿树、倍子柴、角倍、肤杨树、盐肤子

【形态特征】落叶小乔木。高达8 ~ 10米；树冠圆形，小枝有毛。奇数羽状复叶，叶轴有狭翅，小叶7 ~ 13，卵状椭圆形，长6 ~ 14厘米。边缘有粗钝锯齿，背面密被灰褐色毛。近无柄，圆锥花序顶生，密生柔毛；花小而乳白色。核果扁球形，径约5毫米，桔红色，密被毛（图9-619）。花期7 ~ 8月，10 ~ 11月果熟。

【生态习性】喜光，喜温暖湿润气候，也能耐寒冷和干旱；不择土壤。在酸性、中性及石灰性土壤以及瘠薄干燥的砂砾地上都能生长，但不耐水湿。深根性，萌蘖性很强；生长快，寿命较短。是荒山瘠地常见树种。

【产地及栽培范围】北自东北南部、黄河流域，南达广东、广西、海南省，西至甘肃南部、四川中部、云南。朝鲜、日本、越南、马来西亚也有。

【繁殖】播种、分蘖、扦插等法繁殖。

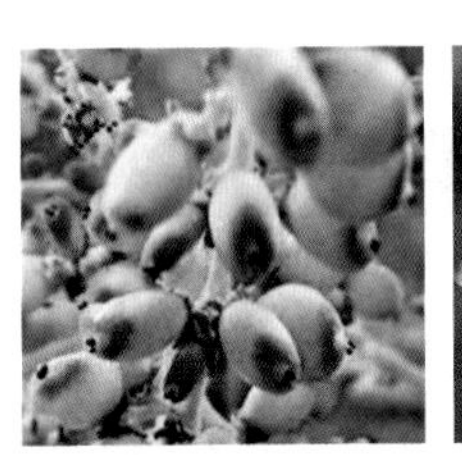

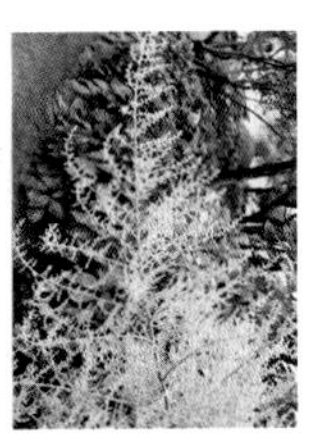

图9-619 盐肤木

【观赏】枝翅奇特，早春初发嫩叶及秋叶均为紫红色，十分艳丽。落叶后有橘红色果实悬垂枝间，颇为美观。

图 9-620　盐肤木在园林中的应用

【园林应用】园景树（图 9-620）。可植于园林绿地观赏或用来点缀山林风景。孤植或丛植于草坪、斜坡、水边，或于山石间、亭廊旁配置，均甚适宜。

【其他】重要的特殊经济树种。主要供药用，种子榨油，供制肥皂及润滑油用。

2. 火炬树 *Rhus typhina* L.

【别名】鹿角漆

【形态特征】落叶小乔木，高达 8 米左右。分枝少，小枝粗壮，密生长绒毛。羽状复叶，小叶 19 ~ 23(11 ~ 31)，长椭圆状披针形，长 5 ~ 13 厘米，缘有锯齿，先端长渐尖，背面有白粉，叶轴无翅。雌雄异株，顶生圆锥花序，密生有毛。核果深红色，密生绒毛，密集成火炬形（图 9-621）。花期 6 ~ 7 月；果 8 ~ 9 月成熟。

【生态习性】喜光，适应性强，抗寒，抗旱，耐盐碱。根系发达，萌蘖力强。生长快，但寿命短，约 15 年后开始衰老。

【产地及栽培范围】原产北美洲，现欧洲、亚洲及大洋洲许多国家都有栽培。中国自 1959 年引入栽培，目前已推广到华北、西北等许多省市栽培。

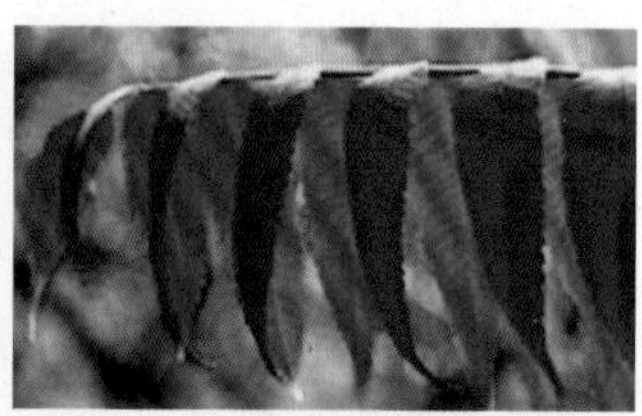

图 9-621　火炬树

【繁殖】播种繁殖。

【观赏】因雌花序和果序均红色且形似火炬而得名，鲜红的雌花序和果实从夏至秋缀满枝顶，即使在冬季落叶后，在雌株树上仍可见到满树“火炬”，颇为奇特。秋季叶色红艳或橙黄，较黄栌、枫香等树种更易变色，是著名的秋色叶树种。

【园林应用】园景树、风景林、树林、水边绿化、基础种植、盆栽及盆景观赏。宜丛植于坡地、公园角落，以吸引鸟类觅食，增加园林野趣，也是固堤、固沙、保持水土的好树种，或用以点缀山林秋色。

【生态功能】能大量吸附大气中的浮尘及有害物质，是理想的封山育林环保树种和天然的护林防火隔离带树种。能起到保持水土、涵养水源、改善生态的作用。

【其他】木材黄色而具绿色花纹，可作细木工及装饰用料。树皮内层可作止血药。

（三）南酸枣属 *Choerospondias* Burtt et Hill

乔木。奇数羽状复叶，互生；小叶对生或近对生，全缘。花杂性异株，花序腋生；单性花组成圆锥花序，两性花则组成总状花序；萼5裂，花瓣5，雄蕊10，子房5室。核果椭圆状卵形，核端有5个大小相等之小孔。

仅1种，产中国南部及印度。

1. 南酸枣 *Choerospondias axillaris* (Roxb.) Burtt et Hill

【别名】山枣、山桉果、五眼果、酸枣、鼻涕果、花心木、醋酸果、棉麻树、啃不死

【形态特征】落叶乔木，高达30米，胸径1米。树干端直，树皮灰褐色，浅纵裂，老则条片状剥落。小叶7～15，卵状披针形，长8～14厘米，先端长尖，基部稍歪斜，全缘，或萌芽枝上叶有锯齿，背面脉腋有簇毛。核果成熟时黄色，长2～3厘米（图9-622）。花期4月；果8～10月成熟。

【生态习性】喜光，稍耐荫，喜温暖湿润气候，不耐寒；喜土层深厚、排水良好之酸性及中性土壤，不耐水淹和盐碱。浅根性；萌芽力强。对二氧化硫、氯气抗性强。亚热带低山、丘陵及平原习见树种。

【产地及栽培范围】华南及西南，浙江南部、安徽南部、江西、湖北、湖南、四川、贵州、云南及两广均有分布；印度也产。

【繁殖】播种繁殖。

【观赏】树干端直，冠大荫浓。

图9-622 南酸枣

【园林应用】庭荫树、园路树、园景树。孤植或丛植于草坪、坡地、水畔，或与其它树种混交成林都很合适，并可用于厂矿区绿化。

【其他】木材纹理宜，花纹美，可供建筑、车厢、家具等用。果肉酸甜可食，并可酿酒；树皮、根皮和果均供药用。

（四）人面子属 *Dracontomelon* Bl.

乔木；小枝具三角形叶痕。叶互生，奇数羽状复叶大，有小叶多对；叶对生或互生，具短柄，全缘，稀具齿。圆锥花序腋生或近顶生；花小，两性，具花梗；花萼5裂，裂片覆瓦状排列，较大，内凹；花瓣5，比萼片长，在芽中基部镊合状排列，上部覆瓦状排列，先端外卷；雄蕊10，与花瓣等长，花丝线状钻形，花药线状长圆形，丁字着生，内侧向纵裂；花盘碟状，不明显浅裂；心皮5，合生，子房5室，每室具1胚珠，胚珠倒生悬垂，花柱5。核果近球形，先端具花柱残迹，中果皮肉质，果核压扁，近5角形，上面具5个卵形凹点，边缘具小孔，形如人面，通常5室；种子椭圆状三棱形，略压扁。

约8种，分布于中南半岛、马来西亚至斐济岛。我国西南和南部有2种。

1. 人面子 *Dracontomelon duperreanum* Pierre

【别名】人面树、银莲果

【形态特征】常绿大乔木，高达20余米。奇数羽状复叶长30～45厘米，有小叶5～7对，叶轴和叶柄具条纹，疏披毛；小叶互生，近革质，长圆形，自下而上逐渐增大，长5～14.5厘米，宽2.5～4.5厘米，先端渐尖，基部常偏斜，阔楔形至近圆形，全缘，两面沿中脉疏被微柔毛，叶背脉腋具灰白色髯毛，侧脉8～9对，近边缘处弧形上升，侧脉和细脉两面突起；小叶柄短，长2～5毫米。圆锥花序顶生或腋生，比叶短，长10～23厘米，疏被灰色微柔毛；花白色，花梗长2～3毫米，被微柔毛；萼片阔卵形或椭圆状卵形，长3.5～4毫米，宽约2毫米，先端钝，两面被灰黄色微柔毛，花瓣披针形或狭长圆形，长约6毫米，宽约1.7毫米，无毛，芽中先端彼此粘合，开花时外卷，具3～5条暗褐色纵脉；花丝线形，长约3.5毫米；子房无毛，长2.5～3毫米。核果扁球形，长约2厘米，径约2.5厘米，成熟时黄色（图9-623）。

【生态习性】喜阳、高温多湿环境，喜湿润肥沃酸性土壤，萌芽力强，不耐寒。生于海拔(93～)120～350米的林中。

【产地及栽培范围】云南（东南部）、广西、广东；广西和广东亦有引种栽培。分布于越南。

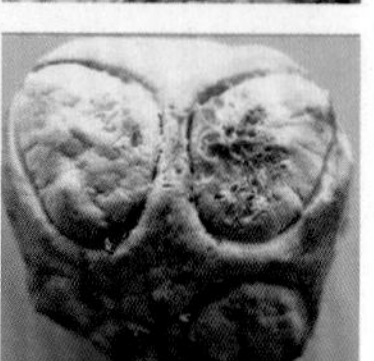

图9-623　人面子

【繁殖】播种繁殖。

【观赏】树形雄伟塔形，枝叶茂盛，树冠宽广浓绿，遮荫效果好，叶片层次清晰，终年常绿有光泽，具热带风光。

【园林应用】园路树、庭荫树、园景树。

【生态功能】萌芽力强，适应性颇强，耐寒，抗风，抗大气污染，是“四旁”和庭园绿化的优良树种。

【其他】果肉可食或盐渍作菜或制其他食品，入药能醒酒解毒。木材适供建筑和家具用材。种子油可制皂或作润滑油。

（五）黄栌属 *Cotinus* Adans.

落叶灌木或小乔木。单叶互生，全缘。花杂性或单性异株，成顶生圆锥花序；萼片、花瓣、雄蕊各为5，子房1室，1胚珠，具3偏于一侧之花柱。果序上有许多羽毛状不育花之伸长花梗；核果歪斜。共约3种，中国产2种。

1. 黄栌 *Cotinus coggygria* Scop. var. *cinerea* Egnl.

【形态特征】落叶灌木或小乔木，高达5～8米。树冠圆形；树皮暗灰褐色。小枝紫褐色，被蜡粉。单叶互生，通常倒卵形，长3～8厘米，先端圆或微凹，全缘，无毛或仅背面脉上有短柔毛，侧脉顶端常2叉状；叶柄细长，1～4厘米。花小，杂性，黄绿色；

成顶生圆锥花序。果序长 5 ~ 20 厘米，有多数不育花的紫绿色羽毛状细长花梗宿存；核果肾形；径 3 ~ 4 毫米（图 9-624）。花期 4 ~ 5 月；果 6 ~ 7 月成熟。

【生态习性】喜光，耐半荫；耐寒，耐干旱瘠薄和碱性土壤，但不耐水湿。以深厚、肥沃而排水良好之沙质壤土生长最好。生长快，根系发达。萌蘖性强，砍伐后易形成次生林。对二氧化硫有较强抗性，对氯化物抗性较差。多生于海拔 500 ~ 1500 米之向阳山林中。

【产地及栽培范围】西南、华北和浙江；南欧、叙利亚、伊朗、巴基斯坦及印度北部亦产。

【繁殖】播种繁殖为主，压条、根插、分株也可。

【观赏】叶子秋季变红，鲜艳夺目，著名的北京香山红叶即为本种。每值深秋，层林尽染，游人云集。初夏花后有淡紫色羽毛状的伸长花梗宿存树梢很久，成片栽植时，远望宛如万缕罗纱缭绕林间，故英名有“烟树”(Smoke-tree) 之称。

【园林应用】园路树、庭荫树、园景树、风景林、树林、水边绿化、防护林、基础种植、盆栽及盆景观赏。在园林中宜丛植于草坪、土丘或山坡，亦可混植于其它树群，尤其是常绿树群中，能为园林增添秋色。此外，可在郊区山地、水库周围营造大面积的风景林，或作为荒山造林先锋树种。

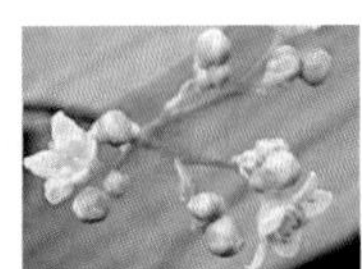

图 9-624 黄栌

【其他】木材可提制黄色染料，并可作家具及雕刻用材等；枝叶入药，能消炎、清湿热；叶含芳香油，为调香原料。嫩芽可炸食。

（六）杧果属 *Mangifera* L.

常绿乔木。单叶互生，全缘，具柄。圆锥花序顶生，花小，杂性，4 ~ 5 基数，花梗具节；苞片小，早落，萼片 4 ~ 5，覆瓦状排列，有时基部略合生；花瓣 4 ~ 5，稀 6，着生在花盘基部，分离或与花盘合生，芽中覆瓦状排列，里面具 1 ~ 5 条或更多的黄揭色突起脉纹，有时末端呈疣状隆起；雄蕊 5，稀 10 ~ 12，着生于花盘里面，分离或基部与花盘合生，通常仅 1 个发育，稀 2 ~ 5 个发育，花丝线形，花药卵形，侧向纵裂，不育雄蕊小或退化为小齿状或极稀不存；花盘膨胀，垫状，4 ~ 5 裂，宽于子房或狭小，退化呈子房柄状，稀不存；子房无柄，偏斜，1 室，1 胚珠，花柱 1，顶生或近顶生，与发育雄蕊相对，钻形，内弯。核果多形，中果皮肉质或纤维质，果核木质；种子大，种皮薄。

约 50 余种，产热带亚洲，以马来西亚为多，西至印度和斯里兰卡，东达菲律宾和伊里安岛，北经印度至我国西南和东南部，南抵印度尼西亚。我国东南至西南部有 5 种。

1. 杧果 *Mangifera indica* L.

【别名】马蒙、抹猛果、莽果、望果、蜜望

【形态特征】常绿大乔木，高 10 ~ 20 米。叶薄革质，常集生枝顶，叶形和大小变化较大，通常为长圆形或长圆状披针形，长 12 ~ 30 厘米，宽 3.5 ~ 6.5 厘米，

先端渐尖、长渐尖或急尖，基部楔形或近圆形，边缘皱波状，无毛，叶面略具光泽，侧脉 20 ~ 25 对，斜升，两面突起，网脉不显，叶柄长 2 ~ 6 厘米，上面具槽，基部膨大。圆锥花序长 20 ~ 35 厘米，多花密集，被灰黄色微柔毛，分枝开展，最基部分枝长 6 ~ 15 厘米；苞片披针形，长约 1.5 毫米，被微柔毛；花小，杂性，黄色或淡黄色；花梗长 1.5 ~ 3 毫米，具节；萼片卵状披针形，长 2.5 ~ 3 毫米，宽约 1.5 毫米，渐尖，外面被微柔毛，边缘具细睫毛；花瓣长圆形或长圆状披针形，长 3.5 ~ 4 毫米，宽约 1.5 毫米，无毛，里面具 3 ~ 5 条棕褐色突起的脉纹，开花时外卷；花盘膨大，肉质，5 浅裂；雄蕊仅 1 个发育，长约 2.5 毫米，花药卵圆形，不育雄蕊 3 ~ 4；子房斜卵形，径约 1.5 毫米。核果大，肾形，压扁，长 5 ~ 10 厘米，宽 3 ~ 4.5 厘米，成熟时黄色，果核坚硬（图 9-625）。

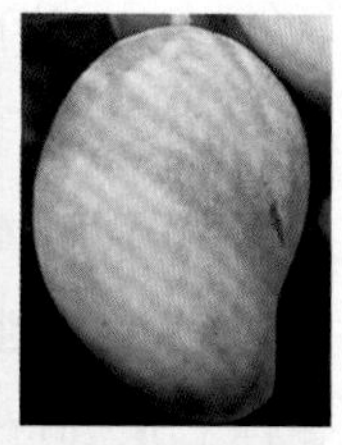

图 9-625 杧果

【生态习性】喜光、高温、干湿季明显而光照充足的环境，不耐寒霜。低于 5℃会遭寒害，高于 37℃并干旱时果实和叶片会受日灼。对土壤适应性较强，以土层深厚、肥沃、排水良好、pH 值 5.5 ~ 7.5 的壤土最宜。生于海拔 200 ~ 1350 米的山坡，河谷或旷野的林中。

【产地及栽培范围】云南、广西、广东、福建、台湾，分布于印度、孟加拉、中南半岛和马来西亚。

【繁殖】播种繁殖。

【观赏】杧果花、果、叶均具有独特的观赏性。叶色变化丰富，幼叶为古铜色，接着转变为嫩绿色，而后变为深绿色。花期长达一个多月，花梗颜色有黄绿、红色或红带绿等多种颜色，其观赏独具特色。

【园林应用】庭荫树、园路树、园景树、行道树。在道路、广场、居住区、工厂及公园中可采用群植或林植形成林荫生态绿色走廊，或种植时常与草坪类地被植物或以灌木植物种植的绿篱、色块等搭配形成立体的绿化景观效果。孤植作为园景树。

【其他】热带著名水果，汁多味美。果可制罐头、果酱或盐渍供调味，亦可酿酒。果皮入药。木材坚硬，耐海水，宜作舟车或家具等。

八十三、苦木科 Simaroubaceae

乔木或灌木，树皮有苦味。羽状复叶，稀为单叶，互生，罕对生。花单性或杂性，整齐，通常形小，排成圆锥或穗状花序；萼 3 ~ 5 裂；花瓣 3 ~ 5，罕缺如；雄蕊常与花瓣同数或为其 2 倍；子房上位，常为明显花盘所围绕；心皮 2 ~ 5，分离或合生，每心皮常具 1 胚珠。核果、蒴果或翅果。

共 30 属，200 种。主产于热带、亚热带，少数产于温带。中国产 4 属，10 种。

（一）臭椿属 *Ailanthus* Desf.

落叶乔木，小枝粗壮，芽鳞 2 ~ 4。奇数羽状复叶互生，小叶基部每边常具 1 ~ 4 缺齿，缺齿先端有腺体。花小，杂性或单性异株，顶生圆锥花序；花萼 5 裂，花瓣 5 ~ 6，雄蕊 10，花盘 10 裂；子房 2 ~ 6 深裂。翅果条状矩圆形，中部具 1 扁形种子。

约 10 种，产亚洲及澳洲；中国产 6 种，温带至亚热带。

1. 臭椿 *Ailanthus altissima* (Mill.) Swingle

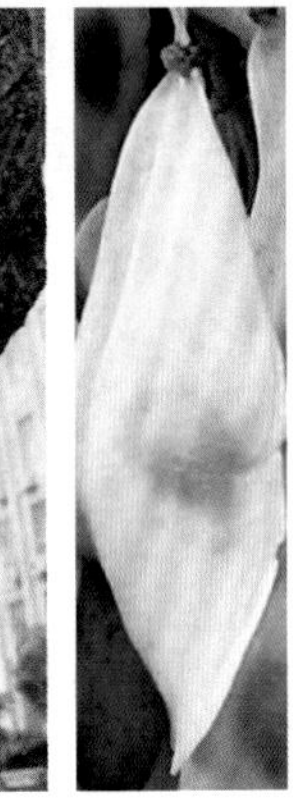

图 9-626 臭椿

【别名】樗

【形态特征】落叶乔木，高达 30 米；树皮较光滑。小枝粗壮，缺顶芽；叶痕大而倒卵形，内具 9 维管束痕。奇数羽状复叶，小叶 13 ~ 25，卵状被针形，长 4 ~ 15 厘米，先端渐长尖，基部具 1 ~ 2 对腺齿，中上部全缘；背面稍有白粉，无毛或沿中脉有毛。花杂性异株，成顶生圆锥花序。翅果长 3 ~ 5 厘米，熟时淡褐黄色或淡红褐色（图 9-626）。花期 4 ~ 5 月，果 9 ~ 10 月成熟。

常见品种：①黑椿（黑皮臭椿）：树皮黑灰色，厚而粗糙，生长速度较慢但适应性较强；材质较差。②白椿（白皮臭椿）：树皮灰白色，薄而较平滑，生长较迅速，适应性较弱。③无味臭椿：叶片基部缺刻处虽有腺点，但臭味极轻或近于无味；本品种极少见。

【生态习性】喜光。分布为北纬 22° ~ 43° 之间，垂直分布在华北可到海拔 1500 米，在西北可到海拔 1800 米。耐干旱、瘠薄，但不耐水湿。能耐中度盐碱土。能耐 -35℃的绝对最低温度。根系发达，深根性树种，萌蘖性强。

【产地及栽培范围】东北南部、华北、西北至长江流域各地均有分布。朝鲜、日本也有。

【繁殖】播种繁殖。

【观赏】树干通直而高大，树冠圆整如半球状，颇为壮观。叶大荫浓，秋季红果满树，虽叶及开花时有微臭但并不严重，故仍是一种很好的观赏树和庭荫树。

【园林应用】行道树、园路树、庭荫树、园景树、风景林、树林、防护林（图 9-627）。在印度、英国、法国、德国、意大利、美国等国常作行道树用，颇受赞赏而称为天堂树。工矿区绿化的良好树种。又因它适应性强、萌蘖力强，故为山地造林的先锋树种，也是盐碱地的水土保持和土壤改良用树种。

图 9-627 臭椿在园林中的应用

【生态功能】可作石灰岩地区的造林树种，对氯气抗性中等，对氟化氢及二氧化硫抗性强，可作工业园区、隔离带树种。

【其他】木材轻韧有弹性，可制农具、家具、建筑等。木材为造纸的上等材料。根皮可入药。

八十四、楝科 Meliaceae

乔木或灌木，稀为草本。叶互生，稀对生，羽状复叶，很少单叶，花整齐，两性，稀单性，多为圆锥状聚伞花序；花萼 4 ~ 5(3 ~ 7) 裂，花瓣与萼裂片同数，分离或基部合生；雄蕊常为花瓣数之 2 倍，花丝常合生成筒状；子房上位，通常 2 ~ 5 室，每室 2 胚珠，稀 1 或多数；具花盘。蒴果、核果或浆果；种子有翅或无翅。

共约 50 属，1400 余种，产热带和亚热带，少数产温带。中国产 15 属，约 62 种，多分布于长江以南各地。大部为优良速生用材及绿化树种，世界著名的桃花心木 (Swietenia spp.) 即属本科。

分属检索表

1 二至三回奇数羽状复叶；核果 ······························· 1. 楝属 *Melia*

1 一回羽状复叶或 3 小叶复叶；蒴果或浆果：

2 偶数或奇数羽状复叶；蒴果，5 裂，种子有翅

3 通常为偶数，稀奇数羽状复叶；花丝分离 ······························· 2. 香椿属 *Toona*

3 偶数羽状复叶；花丝合生成壶状 ······························· 3. 桃花心木属 *Swietenia*

2 奇数羽状复叶或 3 小叶复叶；浆果，种子无翅 ······························· 4. 米仔兰属 *Aglaia*

（一）楝属 *Melia* L.

乔木；小枝具明显而大的叶痕和皮孔。2 ~ 3 回奇数羽状复叶互生，小叶全缘或有齿裂。花两性，成腋生复聚伞花序；花萼 5 ~ 6 裂，花瓣 5 ~ 6，离生；雄蕊为花瓣数之 2 倍，花丝合生成筒状，顶端有 10 ~ 12 齿裂，花药着生于裂片间内侧；子房 3 ~ 6 室，每室 2 胚珠。核果，种子无翅。共约 20 种，主产东南亚及大洋洲；中国产 3 种，分布于东南至西南部。

分种检索表

1 二至三回奇数羽状复叶；核果，种子无翅 ······························· 1 苦楝 *M. azedarach*

1. 一回羽状复叶或 3 小叶复叶；蒴果，种子有翅 ······························· 2 麻楝 *M. tabularis*

1. 苦楝 *Melia azedarach* Linn.

【别名】楝、楝树、紫花树

【形态特征】形态：落叶乔木，高 15 ~ 20 米，枝条广展，树冠近于平顶。树皮暗褐色，浅纵裂。小枝粗壮，皮孔多而明显，幼枝有星状毛。2 ~ 3 回奇数羽状复叶，小叶卵形至卵状长椭圆形，长 3 ~ 8 米，先端渐尖，基部楔形或圆形，缘有锯齿或裂。花淡紫色，长约 1 厘米，有香味；成圆锥状复聚伞花序，长 25 ~ 30 厘米。核果近球形，径 1 ~ 1.5 厘米，熟时黄色，宿存树枝，经冬不落（图 9-628）。花期 4 ~ 5 月；果 10 ~ 11 月成熟。

【生态习性】喜光，不耐荫。喜温暖湿润气候，耐寒力不强，华北地区幼树易遭冻害。稍耐干旱、瘠薄，也能生于水边。喜深厚、肥沃、湿润土壤。萌芽力强，抗风。寿命短，30 ~ 40 年即衰老。多生于低山及平原。

【产地及栽培范围】华北南部至华南，西至甘肃、四川、云南均有分布。印度、巴基斯坦及缅甸等国亦产。

【繁殖】播种繁殖，也可分蘖法繁殖。

【观赏】树形优美，叶形秀丽，春夏之交开淡紫色花朵，颇为美丽，且有淡香。

【园林应用】庭荫树、行道树、园景树、防护林。在草坪孤植、丛植，或配植于池边、路旁、坡地均为合适。

图 9-628　苦楝

图 9-629　麻楝

【生态功能】耐烟尘，抗二氧化硫能力强，楝与其他树种混栽，能起到对树木虫害的防治作用。

【其他】木材轻软，可供家具、建筑、乐器等用。树皮、叶和果实均可入药，有驱虫、止痛等功效。

2. 麻楝 *Chukrasia tabularis* A. Juss.

【别名】白皮香椿

【形态特征】乔木，高达 25 米。幼枝赤褐色，具白色的皮孔。叶通常为偶数羽状复叶，小叶互生，纸质，卵形至长圆状披针形，长 7 ~ 12 厘米，先端渐尖，基部圆形，偏斜，两面均无毛或近无毛。圆锥花序顶生，苞片线形，早落；花有香味；萼浅杯状；花瓣黄色或略带紫色；雄蕊管圆筒形。蒴果灰黄色或褐色，近球形或椭圆形；种子扁平，有膜质的翅，连翅长 1.2 ~ 2 厘米（图 9-629）。花期 4 ~ 5 月，果期 7 月至翌年 1 月。

【生态习性】喜光，幼树耐荫；适生湿润、疏松、肥沃的壤土；耐寒性差，幼树在 0℃以下即受冻害。速生。生于海拔 380 ~ 1530 米的山地杂木林或疏林中。

【产地及栽培范围】广东、广西、云南和西藏。分布于尼泊尔、印度、斯里兰卡、中南半岛和马来半岛等。

【繁殖】播种繁殖。

【观赏】树姿雄伟，叶形优美，淡紫色花朵，颇为美丽。

【园林应用】庭荫树、园路树、行道树、园景树。

【其他】木材黄褐色或赤褐色，芳香，坚硬，有光泽，耐腐，为建筑、家具等良好用材。

（二）香椿属 *Toona* Roem

落叶乔木。偶数或奇数羽状复叶。花小，两性，白色或黄绿色，复聚伞花序；萼裂片、花瓣、雄蕊各为 5，花丝分离；子房 5 室，每室 8 ~ 10 胚珠。蒴果 5 裂，中轴粗，具多数带翅种子。共约 15 种，产亚洲及澳大利亚；中国产 4 种，分布于华北至西南。

分种检索表

1 雄蕊子 10，蒴果长 1.5 ~ 2.5 厘米，种子上端有膜 ………………………………… 1 香椿 *T.sinensis*

1 雄蕊子 5，蒴果长 2.5 ~ 3.5 厘米，种子两端有翅 ……………………………… 2 红椿 *T. ciliatai*

1. 香椿 *Toona sinensis* (A. Juss.) M. Roem.

【别名】香椿子

【形态特征】落叶乔木，高达 25 米。树皮暗褐色，条片状剥落。小枝粗壮；叶痕大，扁圆形，内有 5 维管束痕。偶数(稀奇数)羽状复叶，有香气，小叶 10 ~ 20，长椭圆形至广披针形，长 8 ~ 15 厘米，先端渐长尖，基部不对称，全缘或具不明显钝锯齿。花白色，有香气，子房、花盘均无毛。蒴果长椭球形，长 1.5 ~ 2.5 厘米，5 瓣裂；种子一端有膜质长翅（图 9-630）。花期 5 ~ 6 月；果 9 ~ 10 月成熟。

【生态习性】喜光，不耐荫。适生于深厚、肥沃、湿润之砂质壤土。能耐轻盐渍，较耐水湿，有一定的耐寒力。深根性，萌芽、萌蘖力均强。对有毒气体抗性较强。

【产地及栽培范围】原产中国中部，现辽宁南部、华北至东南和西南各地均有栽培。

【繁殖】播种、分蘖、扦插、埋根繁殖。

【观赏】枝叶茂密，树干耸直，树冠庞大，嫩叶红艳，颇为美丽。

【园林应用】庭荫树、园景树、防护林、盆栽及盆景观赏。华北、华中与西南的低山、丘陵及平原地区的重要用材及四旁绿化树种，在庭前、院落、草坪、斜坡、水畔均可配植。

【其他】木材黄褐色而具红色环带，坚重而富弹性，纹理美丽，有光泽，不翘不裂而耐水湿，耐腐力强，优良用材，有"中国桃花心木"之美称。根皮及果入药，有收敛止血、祛湿止痛之功效。其幼芽、嫩叶芳香可口，供蔬菜食用。

2 红椿 *Toona ciliata* M. Roem.

【别名】红楝子

图 9-630　香椿

图 9-631　红椿

【形态特征】落叶或半常绿乔木，高可达 35 米。与香椿的主要区别点是本种小叶全缘，子房和花盘有毛，种子两端有翅，蒴果长 2.5 ~ 3.5 厘米（图 9-631）。

【生态习性】喜光，耐半荫；喜暖热气候，稍耐寒，耐干旱，抗瘠薄；根系发达，喜深厚肥沃湿润的土壤。对有毒气体特别对氯气的抗性最强。多生于低海拔沟谷林中或山坡疏林中。

【产地及栽培范围】广东、广西、贵州、云南等省区。印度、中南半岛、马来西亚、印度尼西亚等有分布。

【繁殖】播种、埋根繁殖，也可在原圃地留根育苗。

【观赏】树干挺直，树皮光滑，冠如伞盖，叶大荫浓，夏季黄花，初秋果红，是良好的园林绿化树种。

【园林应用】园路树、庭荫树、园景树、树林、防护林、特殊环境绿化。在荒旱、轻盐碱地区和厂矿附近作为庭荫树及行道树种最为适宜。

【其他】我国南方重要速生用材树种。木材赤褐色，纹理通直，质软，耐腐，适宜建筑、车舟、茶箱、家具、雕刻等用材。

（三）桃花心木属 *Swietenia* Jacq.

高大乔木，具红褐色的木材。叶互生，偶数羽状复叶，无毛；小叶对生或近对生，有柄，偏斜，卵形或披针形，先端长渐尖。花小，两性，排成腋生或顶生的圆锥花序；萼小，5 裂，裂片覆瓦状排列；花瓣 5，分离，广展，覆瓦状排列；雄蕊管壶形，顶端 10 齿裂，花药 10，着生于管口的内缘而与裂齿互生，花盘环状或浅杯状；子房无柄，卵形，5 室，每室有下垂的胚珠多颗，花柱圆柱状，柱头盘状，顶端 5 出，放射状。果为一木质的蒴果，卵状，由基部起胞间开裂为 5 果爿，果爿与具 5 棱而宿存的中轴分离；种子多数，2 裂。

本属约 7 ~ 8 种，分布于美洲热带和亚热带地区等地。我国广东和云南等地引种栽培 1 种。

1. 桃花心木 *Swietenia mahagoni* (Linn.) Jacq.

【形态特征】常绿大乔木，高达 30 米，树冠圆球形，树皮红褐色，片状剥落。偶数羽状复叶，小叶 6 ~ 12，卵形或卵状披针形，先端渐锐，基部歪形，长 11 ~ 19 厘米。圆锥花序腋生，长 13 ~ 19 厘米，雄蕊筒壶形，花小、黄绿色，花期 3 ~ 4 月。蒴果木质，卵状矩圆形，翌年 3 ~ 4 月成熟，栗褐色（图 9-632）。

【生态习性】喜光，喜温暖湿润气候，幼苗能耐 1℃低温，宜土层深厚、肥沃、排水良好的砂壤土。主根发达，约 10 年生开始出现板根，抗风力强。

【产地及栽培范围】产美洲热带，中国 19 世纪末引入，栽培于福建、台湾、广东、广西、海南及云南等省区。

【繁殖】播种繁殖。

【观赏】枝叶繁茂，树形优美。

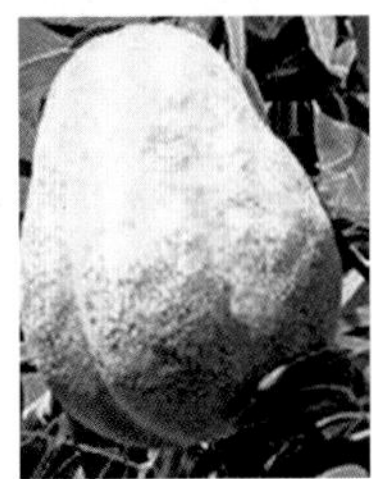

图 9-632　桃花心木

【园林应用】庭荫树、行道树、园路树、园景树。

【其他】世界上著名木料之一，色泽美丽，硬度适宜，易于打磨，且皱缩量少，能抗虫蚀，宜作装饰、家具、舟车等用。

（四）米仔兰属 *Aglaia* Lour.

乔木或灌木；各部常被盾状小鳞片。羽状复叶或 3 小叶复叶，互生；小叶对生，全缘。花小，近球形，杂性异株，成圆锥花序；雄蕊 5，花丝合生成坛状；子房 1 ~ 3(5) 室，每室 1 ~ 2 胚珠，无花柱。浆果，内具种子 1 ~ 2，常具肉质假种皮。

约 200 余种，主产印度、马来西亚和大洋洲，中国约产 10 种，分布于华南。

1. 米仔兰 *Aglaia odorata* Lour.

【别名】树兰、米兰

【形态特征】常绿灌木或小乔木，多分枝，高 4 ~ 7 米，树冠圆球形。顶芽、小枝先端常被褐色星形盾状鳞。羽状复叶，叶轴有窄翅，小叶 3 ~ 5，倒卵形至长椭圆形，长 2 ~ 7 厘米，先端钝，基部楔形，全缘。花黄色，径约 2 ~ 3 毫米，极芳香，成腋生圆锥花序，长 5 ~ 10 厘米。浆果卵形或近球形，长约 1.2 厘米，无毛。夏秋开花（图 9-633）。

图 9-633　米仔兰

【生态习性】喜光，略耐荫，喜暖怕冷，冬季温度不低于 10℃。阳光充足，温度较高（30℃左右），开出来的花就有浓香。喜深厚肥沃酸性土壤，不耐旱。

【产地及栽培范围】原产东南亚，现广植于世界热带及亚热带地区。华南庭园习见栽培观赏，也有野生；长江流域及其以北各大城市常盆栽观赏，温室越冬。

【繁殖】嫩枝扦插、高压等法繁殖。

【观赏】枝叶繁密常青，花香馥郁，花期特长。

【园林应用】园景树、水边绿化、园景树、基础种植、盆栽及盆景观赏（图 9-634）。

图 9-634　米仔兰在园林中的应用

【其他】花可用以熏茶和提炼香精。木材黄色，致密，可供雕刻、家具等用。

八十五、芸香科 Rutaceae

乔木或灌木，罕为草本，具挥发性芳香油。叶多互生，少对生，单叶或复叶，常有透明油腺点；无托叶。花两性，稀单性，常整齐，单生或成聚伞花序、圆锥花序；萼 4 ~ 5 裂，花瓣 4 ~ 5；雄蕊常与花瓣同数或为其倍数，着生于花盘基部，花丝分离或基部合生；子房上位，心皮 2 ~ 15，分离或合生。柑果、蒴果、蓇葖果、核果或翅果。

约150属，1,700种，产热带和亚热带，少数产温带；我国产28属，约150种。

科识别特征:茎常具刺。叶上常见透明油点，无托叶。萼片花瓣常4～5片，花盘明显，果多为柑果或浆果。

分属检索表

1. 奇数羽状复叶或单生复叶
 2 奇数羽状复叶
  3 叶互生
   4 枝有皮刺；小叶对生；蓇葖果……………………………………………1 花椒属 *Zanthoxylum*
   4 枝无皮刺，小叶互生……………………………………………………2 九里香属 *Murraya*
  3 叶对生……………………………………………………………………3 吴茱萸属 *Evodia*
 2 小叶复叶，落叶性；茎枝有刺；柑果密被短柔毛…………………………4 枳属 *Poncirus*
1 单身复叶，常绿性；柑果极少被毛
   5 子房8～15室，每室4～12胚珠；果较大………………………………5 柑桔属 *Citrus*
   5 子房2～6室，每室2胚珠；果较小……………………………………6 金橘属 *Fortunella*

（一）花椒属 *Zanthoxylum* L.

落叶或常绿，小乔木或灌木。茎枝具皮刺。奇数羽状复叶或3小叶，互生，有透明油腺点，有锯齿，稀全缘。花小，单性异株或杂性，聚伞花序、圆锥花序或族生；萼3～5(8)裂，花瓣3～5(8)；雄蕊3～5(8)；子房上位，1～5心皮。聚合蓇葖果1～5，外被油腺点，种子1，黑色而有光泽。约250种，广布于热带、亚热带。中国约产45种，主产黄河流域以南。

分种检索表

1. 落叶
 2 枝具宽扁而尖锐皮刺……………………………………………1 花椒 *Z. bungeanum*
 2 茎干有鼓钉状锐刺………………………………………………2 椿叶花椒 *Z. ailanthoides*
1. 常绿；小叶倒卵形，长0.7～1厘米；果实绿褐色…………………2 胡椒木 *Z .odorum*

1. 花椒 *Zanthoxylum bungeanum* Maxim.（*Z.simulans* Hance）

【别名】椴、大椒、秦椒、蜀椒、川椒

【形态特征】落叶灌木或小乔木，高3~8米。枝具宽扁而尖锐皮刺。小叶5~9(11)，卵形至卵状椭圆形，长1.5~5厘米，先端尖，基部近圆形或广楔形，锯齿细钝，齿缝处有大透明油腺点，表面无刺毛，背面中脉基部两侧常簇生褐色长柔毛；叶轴具窄翅。聚伞状圆锥花序顶生；花单性，花被片4~8，1轮；子房无柄。蓇葖果球形，红色或紫红色，密生疣状腺体（图9-635）。花期3~5月，果7~11月成熟。

【生态习性】喜光，喜温暖气候及肥沃湿润而排水良好的壤土。不耐严寒，大树约在-25℃低温时冻死。在过分干旱瘠薄、冲刷严重处生长不良。最不耐涝，短期积水即死亡。

图 9-635 花椒

图 9-636 椿叶花椒

【产地及栽培范围】原产我国北部及中部。北起辽南，南达两广，西至云南、贵州、四川、甘肃均有栽培，尤以黄河中下游为主要产区。

【繁殖】播种、扦插和分株繁殖，以播种为主。

【观赏】枝上皮刺独特，果实成熟时红色或紫红色果皮。

【园林应用】绿篱。因枝干多刺，耐修剪，也是刺篱的好材料。

【其他】果皮、种子为调味香料，并可人药。种子榨油供食用及制肥皂等。木材坚实，可作手杖、擂木、器具等。

2. 椿叶花椒 *Zanthoxylum ailanthoides* Sieb. et. Zucc.

【别名】樗叶花椒、满天星、刺椒、食茱萸

【形态特征】落叶乔木，高稀达 15 米。茎干有鼓钉状、基部宽达 3 厘米，长 2 ~ 5 毫米的锐刺，当年生枝的髓部甚大，常空心，花序轴及小枝顶部常散生短直刺，各部无毛。叶有小叶 11 ~ 27 片或稍多；小叶整齐对生，狭长披针形或位于叶轴基部的近卵形，长 7 ~ 18 厘米，宽 2 ~ 6 厘米，顶部渐狭长尖，基部圆，对称或一侧稍偏斜，叶缘有明显裂齿，油点多，肉眼可见，叶背灰绿色或有灰白色粉霜，中脉在叶面凹陷，侧脉每边 11 ~ 16 条。花序顶生，多花，几无花梗；萼片及花瓣均 5 片；花瓣淡黄白色，长约 2.5 毫米；雄花的雄蕊 5 枚；退化雌蕊极短，2 ~ 3 浅裂；雌花有心皮 3 个，稀 4 个，果梗长 1 ~ 3 毫米；分果瓣淡红褐色，干后淡灰或棕灰色，径约 4.5 毫米，油点多（图 9-636）。花期 8 ~ 9 月，果期 10 ~ 12 月。

【生态习性】见于海拔 500 ~ 1500 米山地杂木林中。常生于以山茶属及栎属植物为主的常绿阔叶林中。

【繁殖】播种繁殖。

【分布及栽培范围】云南、贵州、浙江、福建、广东、广西，长江以南各地。

【观赏】锐刺独特，树形优美。

【园林应用】庭荫树、园景树。

【其它】根皮及树皮均作入药，治风湿骨痛、跌打肿痛。台湾居民用以治中暑、感冒。

3. 胡椒木 *Zanthoxylum piperitum* DC.

【别名】一摸香、清香木

图 9-637 胡椒木

【形态特征】常绿灌木，高约 30 ~ 90 厘米，奇数羽状复叶，叶基有短刺 2 枚，叶轴有狭翼。小叶对生，倒卵形，长 0.7 ~ 1 厘米，革质，叶面浓绿富光泽，全叶密生腺体。雌雄异株，雄花黄色，雌花橙红色，子房 3 ~ 4 个。果实椭圆形，绿褐色（图 9-637）。

【生态习性】喜光，不耐水涝。耐热，耐风，耐修剪，易移植。喜肥沃的砂质壤土。夏季高温闷热（35℃以上，相对湿度在 80% 以上）不利于它的生长。冬季在霜冻下不能安全越冬。

【产地及栽培范围】从日本引入，长江以南地区广为栽培。

【繁殖】扦插、高压法繁殖，春季为适期。

【观赏】叶色浓绿细致，质感佳，并能散发香味，开花金黄色。适于花槽栽植、低篱、地被、修剪造型观赏。

【园林应用】园景树、水边绿化、绿篱及绿雕、基础种植、地被植物、盆栽及盆景观赏。单植、列植、群植皆美观；全株具浓烈胡椒香味，枝叶青翠适合作整形。

（二）九里香属 *Murraya* Linn.

灌木或小乔木，无刺。奇数羽状复叶，小叶互生，有柄。花排为腋生或顶生的聚伞花序；萼小，5 深裂；雄蕊 10 枚，生于伸长花盘的周围子房 2 ~ 5 室，每室具 1 ~ 2 胚球。果肉质，有种子 1 ~ 2 粒。约 5 种，产亚洲热带地区及马来西亚。

1. 九里香 *Murraya exotica* L.

【别名】石桂树、九树香

【形态特征】灌木或小乔木，高 3 ~ 8 米，小枝无毛嫩枝略有毛。奇数羽状复叶；小叶 3 ~ 9，互生，小叶形变异大，由卵形至倒卵形至菱形，长 2 ~ 7 厘米，宽 1 ~ 3 厘米，全缘。聚伞花序短，腋生或顶生，花大而少，白色，极芳香，长 1.2 ~ 1.5 厘米，径达 4 厘米；萼极小，5 片，宿存；花瓣 5，有透明腺点。果肉质，红色长 8 ~ 12 毫米，内含种子 1 ~ 2 粒（图 9-638）。花期 4 ~ 8 月，也有秋后开花，果期 9 ~ 12 月。

图 9-638 九里香

【生态习性】喜暖热气候，不耐寒，冬季气温不低于0℃，喜光亦较耐荫耐旱。多生于疏林下。

【产地及栽培范围】中国云南、贵州、湖南、广东、广西、福建、台湾 海南等南部及西南部。

【繁殖】播种、扦插繁殖。

【观赏】株姿优美，枝叶秀丽，花香浓郁，果实鲜红夺目。

【园林应用】园景树、绿篱及绿雕、基础种植、盆栽及盆景观赏。

【其他】材质坚硬细致可供雕刻。花、叶、果可提取精油；叶可作调味香料；全株均可入药。

（三）枳属 *Poncirus* Raf.

落叶灌木或小乔木，具枝刺。叶为3小叶，具油点，叶柄有箭叶。花白色，单生叶腋，叶前开发；萼片、花瓣5；雄蕊8至多数，离生；子房6～8室。柑果密被短柔毛。

本属仅1种，产中国。

1. 枸桔 *Poncirus trifoliata*(L.)Raf.

【别名】枳、臭橘、臭杞、雀不站、铁篱寨

【形态特征】落叶灌木或小乔木，高1～5米。茎枝具粗大腋生的棘刺，刺长3～4厘米，基部扁平；幼枝光滑无毛，青绿色，扁而具棱；老枝浑圆。3出复叶，总叶柄长1～3厘米，具翼；顶生小叶片椭圆形至倒卵形，长2.5～6厘米，宽1.5～3厘米，先端圆或微凹，基部楔形，侧生小叶较小，基部偏斜边缘均有波形锯齿。花生于二年生枝上叶腋，通常先叶开放；萼片5，卵状三角形；花瓣5，白色，长椭圆状倒卵形，长8～10毫米；雄蕊8～10；子房上位，具短柔毛，6～8室，花柱粗短。柑果圆球形，直径2～4厘米，熟时黄色，芳香（图9-639）。花期4～5月。9～10月果熟。

【生态习性】喜光，耐荫。喜温暖气候，能耐-20～-28℃低温。喜微酸性土壤，不耐碱，在土壤干燥、瘠薄、低洼积水处生长不良。深根性，耐修剪。对有害气体抗性强。

【产地及栽培范围】原产中国中部，在黄河流域以南地区多有栽培。

【繁殖】播种、扦插法繁殖。

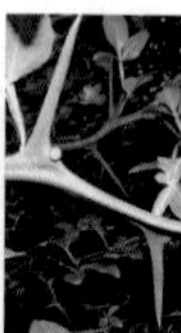

图9-639 枸桔

【观赏】枝条绿色多刺，春季叶前开花，秋季黄果累累十分美丽。

【园林应用】园景树、绿篱、盆栽及盆景观赏。

【其他】果可入药，有破气消积之效。种子榨油可供制肥皂及作润滑油用。又常作柑桔类地耐寒砧木用。

（四）柑桔属 *Citrus* L.

常绿乔木或灌木，常具刺。叶互生，原为复叶，仅退化成单叶状（称为单身复叶），革质，具油腺点；叶柄常有翼。花常两性，单生或簇生叶腋，偶有排成聚伞或圆锥花序者；花白色或淡红色，常为5数；雄蕊15或更多，成数束，子房无毛，8～15室，每室4～12胚珠。柑果较大，无毛，稀有毛。约20种，产东南亚；中国约产10种。

分种检索表

1 单叶，无翼叶，叶柄顶端无关节……………………1 香橼 *C.medica*

1 单身复叶，有宽或狭但长度不及叶身一半的冀叶；叶柄顶端有关节

  2 叶柄多少有翼；花芽白色：

    3 小枝有毛，叶柄翼宽大；果极大，径在10厘米以上，果皮滑 ………2 柚 *C. maxima*

    3 小枝无毛，果中等大小；果皮较粗糙……………………3 柑桔 *C. reticulata*

  2 叶柄只有狭边缘，无翼；花芽外面带紫色；果极酸……………………4 柠檬 *C. limon*

1. 香橼 *Citrus medica* L.

【别名】拘橼、枸橼子

【形态特征】常绿小乔木或灌木。枝有短刺。叶长椭圆形，长8～15厘米，叶端钝或短尖，叶缘有钝齿，油点显著，叶柄短，无翼，柄端无关节。花单生或成总状花序;花白色，外面淡紫色。果近球形，长10～25厘米，顶端有1乳头状突起，柠檬黄色，果皮粗厚而芳香（图9-640）。

变种：佛手 var.*sarcodactylus* Swingle，又名九爪木、五指橘、佛手柑。常绿小乔木，叶长圆形，长约10厘米，叶端钝，叶面粗糙，油点极显著。果实长形，分裂如拳或张开如指，其裂数即代表心皮之数。裂纹如拳者称拳佛手,张开如指者叫做开佛手，富芳香（图9-641）。

【生态习性】喜光，喜温暖气候。喜肥沃适湿而排水良好土壤。

【产地及栽培范围】闽、粤、川、江浙等省的佛手，其中浙江金华佛手最为著名，被称为“果中之仙品，世上之奇卉”，雅称“金佛手”。印度、缅甸至地中海地区也有分布。

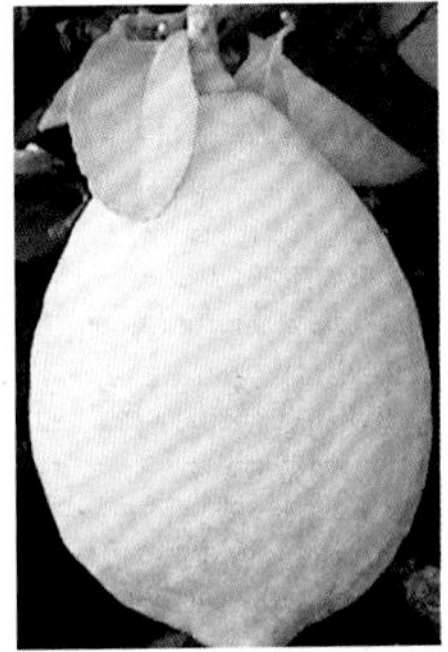

图9-640 香橼

【繁殖】扦插、嫁接繁殖。

【观赏】花有白、红、紫三色。白花素洁，红花沉稳，紫花淡雅。佛手的叶色泽苍翠，四季常青。佛手的果实色泽金黄，香气浓郁，形状奇特似

图 9-641 佛手

手，千姿百态，让人感到妙趣横生。有诗赞曰："果实金黄花浓郁，多福多寿两相宜，观果花卉唯有它，独占鳌头人欢喜。"佛手的名也由此而来。

【园林应用】园景树、基础种植、地被植物、专类园、盆栽及盆景观赏。

【其他】果皮和叶含有芳香油，有强烈的鲜果清香，为调香原料；果实及花朵均供药用或作蜜饯；果、叶、花均可泡茶、泡酒，有舒筋活血的功效；果实还能提炼佛手柑精油，是良好的美容护肤品。

2. 柚 *Citrus maxima* (Burm.) Merr.

【别名】文旦、抛

【形态特征】常绿小乔木、高 5 ~ 10 米。小枝有毛，刺较大。叶卵状椭圆形，长 6 ~ 17 厘米，叶缘有钝齿；叶柄具宽大倒心形之翼。花两性，白色，单生或族生叶腋。果极大，球形、扁球形或梨形，径 15 ~ 25 厘米，果皮平滑，淡黄色（图 9-642）。春季开花，果 9 ~ 10 月成熟。

品种：①文旦：果呈扁圆形，纵横径为 13.6x16.4 厘米，酸味略强，10 月上旬成熟。树势中等，枝条较长而开展。产于福建、台湾等省。②沙田柚：果呈倒卵形似巴梨状，味甜美，肉色白，产于广西容县沙田，是很著名的品种。③四季柚：树形小，叶片厚，每年可开花 4 次，结实 3 次。果呈倒卵圆形，纵径 16.4 厘米、横径 12.6 厘米，果肉软，甜酸合宜而多汁，11 月成熟；产于浙江平阳。

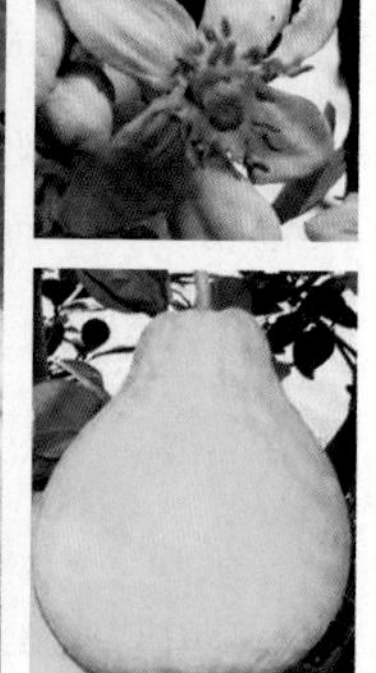

图 9-642 柚

【生态习性】喜暖热湿润气候及深厚、肥沃而排水良好的中性或微酸性砂质壤土或粘质壤土，但在过分酸性及粘土地区生长不良。

【产地及栽培范围】原产印度，中国南部地区有较久的栽培。

【繁殖】播种、嫁接、扦插、空中压条等法繁殖。

【观赏】树形优美，春季白花，秋季黄果，极其观赏价值。

【园林应用】园路树、庭荫树、园景树、水边绿化。

【其他】果实可鲜食，果皮可作蜜饯，硕大的果实且有很强的观赏价值。根、叶、果皮均可入药，有消食化痰、理气散结之效。种子榨油供制皂、润滑及食用。木材坚实致密，为优良的家具用材。

3. 柑橘 *Citrus reticulata* Blanco

【别名】柑桔、蜜橘

【形态特征】常绿小乔木或灌木，高约 3 米。小枝较细弱，无毛，通常有刺。叶长卵状披针形，长 4 ~ 8

图 9-643 柑桔

厘米，叶端渐尖而钝，叶基楔形，全缘或有细钝齿；叶柄近无翼，花黄白色，单生或簇生叶腋。果扁球形，径 5 ~ 7 厘米，橙黄色或橙红色；果皮薄易剥离（图 9-643）。春季开花，10 ~ 12 月果熟。

柑桔在果树园艺上又常分为两大类，一为柑类，指果较大，直径在 5 厘米以上，果皮较粗糙而稍厚，剥皮稍难。另一为桔类，指果较小，直径常小于 5 厘米，果皮薄而平滑，剥皮容易的种类。常见品种：①南丰蜜桔：果形小，径约 4 厘米余，无核成少核，味甜而芳香，主产于江西南丰。②卢柑（潮州蜜桔）：果形大，扁圆形，皮厚，果面粗糙，品质最佳。产于广东、福建、云南、台湾、湖南、四川、江西、浙江等地。③温州蜜柑（温州蜜桔）：果扁圆形，橙黄色，甜而多汁，种子少。主产于浙江温州。④蕉柑（招柑）：果圆或扁圆，果皮略粗糙，汁多，味极甜。主产于广东、福建、台湾。

【生态习性】喜温暖湿润气候，耐寒性较柚、酸橙、甜橙稍强，在长江以南栽培而生长良好。

【产地及栽培范围】长江以南各省。

【繁殖】播种、嫁接法繁殖。

【观赏】中国著名果树之一。柑桔四季常青，枝叶茂密，树姿整齐，春季满树盛开香花，秋冬黄果累，黄绿色彩相间极为美丽。

【园林应用】园景树、水边绿化、专类园、盆栽及盆景观赏。果园经营观赏，也宜于供庭园、绿地及风景区栽植，既有观赏效果又获经济收益。在美国南部的大柑桔园中，常辟出一部分区域供游赏用，收入极多。

【其他】果皮晒干后可入药，即中药之陈皮，有理气化痰、和胃之效；核仁及叶也有活血散结、消肿效。

4. 柠檬 *Citrus limon* Osbeck

【形态特征】常绿灌木或小乔木；枝具硬刺。叶较小，椭圆形，叶柄端有关节，有狭翼。花瓣内面白色，背面谈紫色。果近球形，果项有不发达的乳头突起，直径约 5 厘米，黄色至朱红色，果皮球形而易剥。果味极酸（图 9-644）。

品种：①白黎檬：果熟时呈淡黄绿色。②红黎檬：果熟时呈朱红色。③香黎檬（北京柠檬）：是黎檬与柑桔属中某种的杂交种，成熟时赭黄色，皮略厚。

【生态习性】主根较深，但侧根系分布浅吸肥力强。耐湿性强，宜植于潮湿之砂壤土。寿命短且易生根蘖。

【产地及栽培范围】原产亚洲，中国南部有栽培，华北常盆栽观赏。

【园林应用】园景树、盆栽观赏。

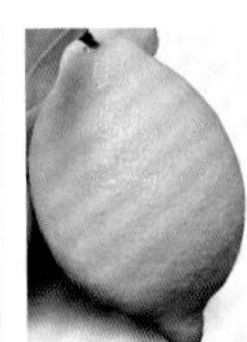

图 9-644 柠檬

（六）金橘属 *Fortunella* Swingle

灌木或小乔木，枝圆形，无枝或偶有刺。单叶，叶柄有狭翼。花瓣 5，罕为 4 或 6，雄蕊 18 ~ 20 或成不规则束。果实小，内瓤 3 ~ 6，罕为 7。共 4 种；中国原产，分布于浙江、福建、广东等省，现各地常盆栽观赏。

1. 金橘 *Fortunella margaqrita* (Thunb.)Swingle

【别名】罗浮、长寿金柑、公孙橘

【形态特征】常绿灌木，高可达 3 米，通常无刺。叶长椭圆状批针形，两端渐尖，长 4 ~ 9 厘米，叶全缘但近叶端处有不明显浅齿；叶柄具极狭翼。花 1 ~ 3 朵腋生，白色，花瓣 5，子房 5 室。果倒卵形，长约 3 厘米，熟时橙黄色；果皮肉质（图 9-645）。

【生态习性】性较强健，对旱、病的抗性均较强，亦耐瘠薄土，易开花结实。

【产地及栽培范围】华南，现各地有盆栽。

【繁殖】扦插、嫁接繁殖。

【观赏】观果植物。

【园林应用】园景树、盆栽观赏。

图 9-645　金橘

【其他】果皮厚而肉质，可连皮生食，略甜而带酸味，有爽口开胃之效。

（三）吴茱萸属 *Evodia* J. R. et G. Forst.

常绿（单小叶或 3 小叶种）或落叶（羽状复叶种）灌木或乔木，无刺。叶及小叶均对生，常有油点。聚伞圆锥花序；花单性，雌雄异株；萼片及花瓣均 4 或 5 片；花瓣镊合或覆瓦状排列，花盘小；雄花的雄蕊 4 或 5 枚，花丝被疏长毛，退化雌蕊短棒状，不分裂，或 4 ~ 5 裂；雌蕊由 4 或 5 个离生心皮组成，每心皮有并列或上下叠置的胚珠 2 颗，退化雄蕊有花药而无花粉，或无花药则呈鳞片状，花柱彼此贴合，柱头头状。蓇葖果，成熟时沿腹、背二缝线开裂，顶端有或无喙状芒尖，每分果瓣种子 1 或 2 粒，外果皮有油点，内果皮干后薄壳质或呈木质，干后蜡黄色或棕色；种子贴生于增大的珠柄上，种皮脆壳质，褐至蓝黑色，有光泽，外种皮有细点状网纹。

约 150 种，分布于亚洲、非洲东部及大洋洲。我国有约 20 种 5 变种，除东北北部及西北部少数省区外，各地有分布。

1. 臭辣吴萸 *Evodia fargesii* Dode

【别名】臭辣树、臭吴萸、野吴萸、臭桐子树、野茶辣

【形态特征】高达 17 米的乔木。树皮平滑，暗灰色，嫩枝紫褐色，散生小皮孔。叶有小叶 5 ~ 9 片，很少 11 片，小叶斜卵形至斜披针形，长 8 ~ 16 厘米，宽 3 ~ 7 厘米，生于叶轴基部的较小，小叶基部通

常一侧圆，另一侧楔尖，两侧甚不对称，叶面无毛，叶背灰绿色，干后带苍灰色，沿中脉两侧有灰白色卷曲长毛，或在脉腋上有卷曲丛毛，油点不显或甚细小且稀少，叶缘波纹状或有细钝齿，叶轴及小叶柄均无毛，侧脉每边 8 ~ 14 条；小叶柄长很少达 1 厘米。花序顶生，花甚多；5 基数；萼片卵形，长不及 1 毫米，边缘被短毛；花瓣长约 3 毫米，腹面被短柔毛；雄花的雄蕊长约 5 毫米，花丝中部以下被长柔毛，退化雌蕊顶部 5 深裂，裂瓣被毛；雌花的退化雄蕊甚短，通常难于察见，子房近圆球形，无毛，花柱长约 0.5 毫米。成熟心皮 5 ~ 4、稀 3 个，紫红色，干后色较暗淡，每分果瓣有 1 种子；种子长约 3 毫米，宽约 2.5 毫米，褐黑色，有光泽（图 9-646）。花期 6 ~ 8 月，果期 8 ~ 10 月。

图 9-646 臭辣吴萸

【生态习性】阳性树种。喜欢在温暖湿润的环境中生长，对土壤的要求不严，一般的山坡地、平原、房前屋后、路旁均可种植。生于海拔 600 ~ 1500 米山地山谷较湿润地方、疏林中或林缘的空旷地带。

【产地及栽培范围】安徽、浙江、湖北、湖南、江西、福建、广东北部（乳源）、广西、贵州、四川、云南。常与杜鹃及鼠刺属植物混生。

【繁殖】扦插、分蘖繁殖。

【观赏】观果、观树姿。

【园林应用】园景树、防护林、水边绿化。南方地区可栽植于江河沿岸，既能起到固岸护堤的作用，又是良好的蜜源和观赏树种。在气候温暖、排水良好的向阳坡地、地角、溪边、宅边均可种植。

【其他】种子可榨油。叶可提芳香油或作黄色染料。果实可供药用。

八十六、五加科 Araliaceae

乔木、灌木或木质藤本，稀多年生草本，有刺或无刺。叶互生，稀轮生，单叶、掌状复叶或羽状复叶；托叶通常与叶柄基部合生成鞘状，稀无托叶。花整齐，两性或杂性，稀单性异株，聚生为伞形花序、头状花序、总状花序或穗状花序，通常再组成圆锥状复花序；苞片宿存或早落；花瓣 5 ~ 10，通常离生，稀合生成帽状体；雄蕊与花瓣同数而互生，有时为花瓣的两倍，或无定数，着生于花盘边缘；果实为浆果或核果。

本科约有 80 属 900 多种，分布于两半球热带至温带地区。我国有 22 属 160 多种，除新疆未发现外，分布于全国各地。

分属检索表

1 藤本植物或蔓性植物

  2 藤本植物

    3 叶为单叶……………………………………………………………1 常春藤属 *Hedera*

3 叶为掌状复叶

4 植物体有刺……………………………………………………………2 五加属 *Acanthopanax*

4 植物体无刺……………………………………………………………3 鹅掌柴属 *Schefflera*

2 蔓性植物…………………………………………………………………4 熊掌木属 *Fatshedera*

1 直立植物

5 叶为单叶或掌状复叶

6 叶为单叶，叶不全裂……………………………………………5 通脱木属 *Tetrapanax*

6 叶为掌状复叶或为单叶但叶片全为掌状分裂

7 植物体有刺……………………………………………………6 刺楸属 *Kalopanax*

7 植物体无刺

8 托叶与叶柄合生，子房 2 室…………………………………7 八角金盘属 *Fatsia*

8 无托叶，子房 5 或 10 室 ……………………………………8 大参属 *Macropanax*

5 叶为羽状复叶…………………………………………………………9 幌伞枫属 *Heteropanax*

（一）常春藤属 *Hedera* Linn.

常绿攀援灌木，有气生根。叶为单叶，叶片在不育枝上的通常有裂片或裂齿，在花枝上的常不分裂；叶柄细长，无托叶。伞形花序单个顶生，或几个组成顶生短圆锥花序；苞片小；花梗无关节；花两性；萼筒近全缘或有 5 小齿；花瓣 5，在花芽中镊合状排列；雄蕊 5；子房 5 室，花柱合生成短柱状。果实球形。种子卵圆形；胚乳嚼烂状。

本属约有 5 种，分布于亚洲、欧洲和非洲北部。我国有 2 变种。

分种检索表

1 幼枝的柔毛为鳞片状，叶全缘或 3 裂……………………………… 1 常春藤 *H. nepalensis* var. *sinensis*

1 幼枝的柔毛星状，叶 3 ~ 5 裂……………………………………… 2 洋常春藤 *H. helix*

1. 常春藤 *Hedera nepalensis* K. Koch var. *sinensis* (Tobler) Rehder

【别名】爬树藤、爬墙虎、三角枫、三角藤、爬崖藤

【形态特征】常绿攀援灌木；茎长 3 ~ 20 米，灰棕色或黑棕色，有气生根。叶片革质，在不育枝上通常为三角状卵形或三角状长圆形，稀三角形或箭形，先端短渐尖，基部截形，边缘全缘或 3 裂，花枝上的叶片通常为椭圆状卵形至椭圆状披针形，略歪斜而带菱形，稀卵形或披针形，极稀为阔卵形、圆卵形或箭形，先端渐尖或长渐尖，基部楔形或阔楔形，稀圆形，全缘或有 1 ~ 3 浅裂，上面深绿色，有光泽，下面淡绿色或淡黄绿色，无毛或疏生鳞片，侧脉和网脉两面均明显；叶柄细长，有鳞片，无托叶。伞形花序单个顶生，或总状排列或伞房状排列成圆锥花序；总花梗通常有鳞片；花淡黄白色或淡绿白色，芳香；花瓣 5，三角状卵形，外面有鳞片；子房 5 室。果实球形，红色或黄色（图 9-647）。花期 9 ~ 11 月，果期次年 3 ~ 5 月。

图 9-647 常春藤

【生态习性】喜暖、荫蔽的环境，也能在光照充足之处生长，较耐寒，抗性强，对土壤和水分的要求不严，以中性和微酸性为最好。

【产地及栽培范围】北自甘肃东南部、陕西南部、河南、山东，南至广东、江西、福建，西自西藏波密，东至江苏、浙江的广大区域内均有生长。越南也有分布。

【繁殖】扦插、分株和压条法繁殖。

【观赏】叶色和叶形变化多端，四季常青，是优美的攀缘性植物。

【园林应用】地被植物、垂直绿化、盆栽观赏。

【生态功能】可以净化室内空气、有效清除室内的三氯乙烯、硫比氢、苯、苯酚、氟化氢和乙醚等。常春藤能有效抵制尼古丁中的致癌物质。

【文化】在以前被认为是一种神奇的植物，并且象征忠诚的意义。在希腊神话中，常春藤代表酒神：迪奥尼索司 (Dionysus)，有着欢乐与活力的象征意义。它同时也象征著不朽与恒的青春。

【其他】全株供药用。茎叶含鞣酸，可提制栲胶。

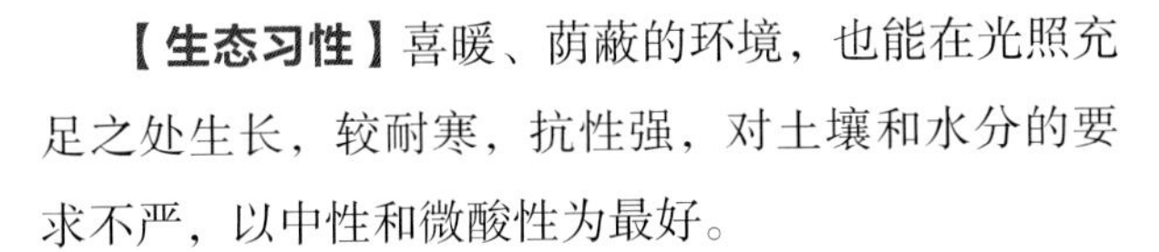

2. 洋常春藤 *Hedera helix* L.

【别名】长春藤

【形态特征】常绿攀援藤本，借气生根攀援。幼枝上有星状柔毛。营养枝上的叶 3 ~ 5 浅裂。花果枝上的叶无裂而成为卵状棱形。果球形，径约 6 毫米，熟时黑色（图 9-648）。

图 9-648 洋常春藤

图 9-649 洋常春藤在园林中的应用

【生态习性】极耐荫，也能在光照充足之处生长。喜温暖、湿润环境，稍耐寒，能耐短暂的 -5 ~ -7℃ 低温。耐干旱、耐贫瘠，具有抗烟、耐尘、减弱日光反射、降低气温的作用。对土壤要求不高，但喜肥沃疏松的土壤。

【产地及栽培范围】原产欧洲。我国主要分布在华中、华南、西南、甘肃和陕西等地。

【繁殖】扦插繁殖。

【观赏】枝蔓茂密青翠，姿态优雅，让其枝叶悬垂，如同绿帘，也可种于树下，让其攀于树干上，另有一种趣味。整个植株红、绿相嵌，非常壮观，更具观赏价值。

【园林应用】地被植物、垂直绿化、盆栽观赏（图 9-649）。攀援墙垣、山石。南方多地栽于建筑物前，为立体绿化的优良植物材料，北方多盆栽。由于叶形、叶色变化多端，常作为垂植物，吊挂于厅、廊、棚架上，又可立支架点缀客厅、会议室的墙角。

【其他】全株可入药。

（二）五加属 *Acanthopanax* Miq.

灌木，直立或蔓生，稀为乔木；枝有刺，稀无刺。叶为掌状复叶，有小叶 3 ~ 5。花两性，稀单性异株；伞形花序或头状花序通常组成复伞形花序或圆锥花序；花瓣 5，稀 4；子房 2 ~ 5 室。果实球形或扁球形，有 2 ~ 5 棱。约有 35 种，分布于亚洲。我国有 26 种，分布几乎遍及全国。

分种检索表

1 花黄绿色；伞形花序单生……………………………………………………1 五加 *A. gracilistylus*

1 花紫黄色；伞形花序常组成复伞形花序或短圆锥花序…………………2 刺五加 *A.senticosus*

1. 五加 *Acanthopanax gracilistylus* W. W. Smith

【别名】五叶木

【形态特征】灌木，高 2 ~ 3 米，有时蔓生状；枝无刺或在叶柄基部有刺。掌状复叶在长枝上互生，在短枝上簇生；小叶 5，稀 3 ~ 4，叶柄常有细刺；小叶片膜质至纸质，倒卵形至倒披针形，边缘有细钝齿。伞形花序单生于叶腋或短枝的顶端；花瓣 5，花黄绿色；子房 2 室。果实扁球形，黑色（图 9-650）。花期 4 ~ 8 月，果期 6 ~ 10 月。

图 9-650 五加

【生态习性】喜温暖湿润气候，耐寒、稍耐荫蔽。喜向阳、腐殖质层深厚、土壤微酸性的砂质壤土。

【产地及栽培范围】华东、华中、华南及西南。

【繁殖】播种繁殖。

【观赏】掌状复叶叶形优美雅致。

【园林应用】基础种植、地被。

【其他】根皮供药用，祛风湿、强筋骨，泡酒制五加皮酒（或制成五加皮散）。

2. 刺五加 *Acanthopanax senticosus* (Rupr. Maxim.) Harms

【别名】五加参、五加皮

【形态特征】灌木，高 1 ~ 6 米；分枝多，通常密生刺；叶有小叶 5，稀 3，纸质，椭圆状倒卵形或长圆形，边缘有锐利重锯齿，侧 6 ~ 7 对。伞形花序单个顶生，或 2 ~ 6 个组成稀疏的圆锥花序；花瓣 5，花紫黄色；子房 5 室。果实球形或卵球形，有 5 棱，黑色（图 9-651）。花期 6 ~ 7 月，果期 8 ~ 10 月。

【生态习性】喜温暖湿润气候，耐寒、稍耐荫蔽。

宜选向阳、腐殖质层深厚、土壤微酸性的砂质壤土。生于森林或灌丛中，海拔数百米至2000米。

【产地及栽培范围】东北地区、河北、河北和山西等地。朝鲜、日本和苏联也有分布。

【繁殖】播种、扦插和分株繁殖。

【观赏】掌状复叶叶形优美雅致。

【园林应用】基础种植、地被，体现野趣。

【其他】根皮亦可代“五加皮”，供药用。

图9-651 刺五加

（三）鹅掌柴属 *Schefflera* J. R. G. Forst.

直立无刺乔木或灌木，有时攀援状。叶为单叶或掌状复叶。花聚生成总状花序、伞形花序或头状花序，稀为穗状花序，再组成圆锥花序；萼筒全缘或有细齿；花瓣5～11；子房通常5室，稀4室或多至11室。果实球形，近球形或卵球形。种子通常扁平。

本属约有200种，广布于两半球的热带地区。我国有37种，分布于西南部和东南部的热带和亚热带地区，主要产地在云南。

1. 鹅掌柴 *Schefflera octophylla* (Lour.) Harms

【别名】鸭脚木

【形态特征】乔木或灌木，高2～15米。小叶6～9，最多至11，纸质至革质，椭圆形、长圆状椭圆形或倒卵状椭圆形，稀椭圆状披针形，边缘全缘，但在幼树时常有锯齿或羽状分裂。圆锥花序顶生；花白色；花瓣5～6，开花时反曲，无毛；子房5～7室，稀9～10室。果实球形，浆果黑色（图9-652）。花期11～12月，果期12月。

【生态习性】喜温暖、湿润、半荫环境。宜生于土质深厚肥沃的酸性土中，稍耐瘠薄。热带、亚热带地区常绿阔叶林常见的植物。

【产地及栽培范围】西藏、云南、广西、广东、浙江、福建和台湾。日本、越南和印度也有分布。现广泛植于世界各地。

图9-652 鹅掌柴

【繁殖】播种、扦插繁殖，但以扦插法为主。

【观赏】植株丰满优美、叶面光亮、四季常春。

【园林应用】园景树、水边绿化、绿篱、基础种植、地被植物、盆栽及盆景观赏。适用于宾馆大厅、图书馆的阅览室和博物馆展厅摆放，呈现自然和谐的绿色环境。春、夏、秋也可放在庭院蔽荫处和楼房阳台上观赏。

【生态功能】叶片可以从烟雾弥漫的空气中吸收尼古丁和其他有害物质，并通过光合作用将之转换为无害的植物自有的物质。

【其他】枝叶可作插花陪衬材料；蜜源植物；叶及根皮民间供药用，治疗流感、跌打损伤等症。

（四）熊掌木属 *Fatshedera* Guill.

属特征见种特征。仅 1 种。

1. 熊掌木 *Fatshedera lizei* (Cochet) Guill.

【别名】五角金盘

【形态特征】常绿藤蔓植物。高可达 1 米以上。单叶互生，叶掌状，五裂，叶端渐尖，叶基心形，全缘，波状有扭曲，新叶密被毛茸，老叶浓绿而光滑。花小，淡绿色，秋季开花（图 9-653）。

【生态习性】喜半荫环境，忌强烈日光直射，阳光直射时叶片会黄化，耐荫性好，在光照极差的场所也能良好生长。喜温暖和冷凉环境，忌高温，有一定的耐寒力，过热时，枝条下部的叶片易脱落。喜较高的空气湿度。

【产地及栽培范围】原产墨西哥。本种为八角金盘与常春藤杂交而成。

【繁殖】扦插繁殖。

【观赏】叶形优美雅致、四季青翠碧绿。

【园林应用】垂直绿化、地被植物（图 9-654）。

图 9-653　熊掌木

图 9-654　熊掌木在园林中的应用

（五）通脱木属 *Tetrapanax* K. Koch

无刺灌木或小乔木，地下有匍匐茎。叶为单叶，叶片大，掌状分裂；叶柄长；托叶和叶柄基部合生，锥形。

花两性，聚生为伞形花序，再组成顶生的圆锥花序；花梗无关节；萼筒全缘或有齿；花瓣 4 ~ 5，在花芽中镊合状排列；雄蕊 4 ~ 5；子房 2 室；花柱 2，离生。果实浆果状核果。本属系我国特产属，仅 2 种，分布于我国中部以南。

1. 通脱木 *Tetrapanax papyrifer* (Hook.) K. Koch

【别名】通草、木通树、天麻子

【形态特征】常绿灌木或小乔木，高 1 ~ 3.5 米。叶大，集生茎顶；叶片纸质或薄革质，掌状 5 ~ 11 裂，裂片通常为叶片全长的 1/3 或 1/2，稀至 2/3，倒卵状长圆形或卵状长圆形，通常再分裂为 2 ~ 3 小裂片，先端渐尖，上面深绿色，无毛，下面密生白色厚绒毛，边缘全缘或疏生粗齿；叶柄粗壮；托叶和叶柄基部合生，锥形，密生淡棕色或白色厚绒毛。伞形花序聚生成顶生或近顶生大型复圆锥花序；花淡黄白色；花瓣 4，稀 5，三角状卵形；雄蕊和花瓣同数；子房 2 室；花柱 2，离生，先端反曲。果实球形，紫黑色（图 9-655）。花期 10 ~ 12 月，果期次年 1 ~ 2 月。

【生态习性】喜光，喜温暖。在湿润、肥沃的土壤上生长良好。根的横向生长力强，并能形成大量根蘖。

【产地及栽培范围】长江以南各省区，陕西也有。

【繁殖】播种繁殖，或挖取根蘖移植。

图 9-655　通脱木

【观赏】叶片、果序较大，形态奇特。

【园林应用】基础种植、地被植物、庭园中少量配植。宜在公路两旁、庭园边缘的大乔木下种植。

【生态功能】根的横向生长力强，并能形成大量根蘖，具有抑制杂草生长、减少土壤冲蚀的作用。

【其他】制宣纸的原料。中药用通草作利尿剂，并有清凉散热功效。

（六）刺楸属 *Kalopanax* Miq.

本属仅 1 种，分布于亚洲东部。属特征见种特征。

1. 刺楸 *Kalopanax septemlobus* (Thunb.) Koidz.

【别名】刺枫树、刺桐、辣楸、鼓钉刺、云楸、茨楸、辣枫树

【形态特征】落叶乔木，高约 10 米，最高可达 30 米，树皮暗灰棕色；小枝淡黄棕色或灰棕色，散生粗刺。叶片纸质，在长枝上互生，在短枝上簇生，圆形或近圆形，掌状 5 ~ 7 浅裂，茁壮枝上的叶片分裂较深，裂片长超过全叶片的 1/2，先端渐尖，基部心形。伞形花序聚生成顶生圆锥花序，花白色或淡绿黄色；花瓣 5；子房下位，2 室。果实球形，直径约 5 毫米，蓝黑色（图 9-656）。花期 7 ~ 10 月，果期 9 ~ 12 月。

【生态习性】适应性很强，喜阳光充足和湿润的

环境，稍耐荫，耐寒冷，适宜在含腐殖质丰富、土层深厚、疏松且排水良好的中性或微酸性土壤中生长。

【产地及栽培范围】北自东北起，南至广东、广西、云南，西自四川西部，东至海滨的广大区域内均有分布。朝鲜、苏联和日本也有分布。

【繁殖】播种繁殖为主，也可用根插繁殖。

【观赏】叶形美观，叶色浓绿，树干通直挺拔，满身的硬刺在诸多园林树木中独树一帜，既能体现出粗犷的野趣，又能防止人或动物攀爬破坏。

【园林应用】园景树。

【其他】木质坚硬细腻、花纹明显，是制作高级家具、乐器、工艺雕刻的良好材料。刺楸树根、树皮可入药，有清热解毒、消炎祛痰、镇痛等功效。

图 9-656　刺楸

（七）八角金盘属 *Fatsia* Decne. et Planch.

灌木或小乔木。叶为单叶，叶片掌状分裂，托叶不明显。花两性或杂性，聚生为伞形花序，再组成顶生圆锥花序；花梗无关节；萼筒全缘或有 5 小齿；花瓣 5；子房 5 或 10 室。果实卵形。本属有 2 种，一种分布于日本，另一种系我国台湾特产。

1. 八角金盘 *Fatsia japonica* (Thunb.) Decne. et Planch.

【形态特征】常绿灌木或小乔木，高可达 5 米。茎光滑无刺。叶柄长 10 ~ 30 厘米；叶片大，革质，近圆形，掌状 7 ~ 9 深裂，裂片长椭圆状卵形，先端短渐尖，基部心形，边缘有疏离粗锯齿，上表面暗绿色，下面色较浅，边缘有时呈金黄色。花瓣 5，花黄白或淡绿色，集生成圆锥状聚伞花序，顶生；子房下位，5 室。果近球形，熟时黑色（图 9-657）。花期 10 ~ 11 月，果翌年 4 月成熟。

【生态习性】喜温暖湿润环境，耐荫，不耐干旱，具有一定耐寒能力。适宜生长于肥沃疏松而排水良好的土壤中。萌蘖力尚强。

【产地及栽培范围】原产于日本，台湾引种栽培，

图 9-657　八角金盘

现全世界温暖地区已广泛栽培。我国长江以南地区广泛栽培。

【繁殖】播种、扦插或分株繁殖。

【观赏】优良的观叶植物，叶形奇特、四季青翠。花期较长，花白色呈圆锥状聚伞花序顶生，此起彼落甚为美观。

【园林应用】基础种植、地被植物、盆栽及盆景观赏（图 9-658）。适宜配植于庭院、门旁、窗边、墙隅及建筑物背阴处，也可点缀在溪流滴水之旁，还可成片群植于草坪边缘及林地。另外还可盆栽供室内观赏。

【生态功能】对二氧化硫抗性较强，适于厂矿区、街坊种植。

图 9-658　八角金盘在园林中应用

【文化】其花语为：八方来财，聚四方才气，更上一层，为财气的化身。

【其他】叶片是插花的良好配材。

（八）大参属 *Macropanax* Miq.

常绿乔木或小乔木，无刺。叶为掌状复叶，托叶和叶柄基部合生或不存在。花杂性，伞形花序组成顶生圆锥花序；花瓣 5，稀 7 ~ 10；子房 2 室，稀 3 室。果实球形或卵球形。种子扁平。本属约 6 ~ 7 种，分布于亚洲南部和东部。我国有 6 种。

1. 短梗大参
Macropanax rosthornii (Harms) C. Y. Wu

【别名】七叶风、七叶莲、节梗大蓡、卢氏梁王茶

【形态特征】常绿灌木或小乔木，高 2 ~ 9 米。小叶 3 ~ 5，稀 7；小叶片纸质，倒卵状披针形，先端短渐尖或长渐尖。伞形花序组成顶生圆锥花序，顶生；花白色；花瓣 5；子房 2 室。果实卵球形（图 9-659）。花期 7 ~ 9 月，果期 10 ~ 12 月。

【生态习性】生于森林、灌丛和林缘路旁，海拔 500 ~ 1300 米。

【产地及栽培范围】甘肃南部、四川西部和西南部、贵州西南部、广西东北部和湖南、湖北、江西至广东北部和福建北部、中部的广大地区，均有分布。

【繁殖】播种、扦插和分株繁殖。

【观赏】叶形优美雅致。

【园林应用】基础种植、地被植物、庭园中少量配植。

【其他】民间草药，治骨折、风湿关节炎。

图 9-659　短梗大参

（九）幌伞枫属 *Heteropanax* Seem.

灌木或乔木，无刺。叶大，三至五回羽状复叶，稀二回羽状复叶。花杂性，聚生为伞形花序，再组成大圆锥花序，顶生的伞形花序通常为两性花，结实，侧生的伞形花序通常为雄花；花瓣 5；子房 2 室。果实侧扁。种子扁平。

本属约有 5 种，分布于亚洲南部和东南部。我国有 5 种，其中 3 种为特产种。

1. 幌伞枫 *Heteropanax fragrans* (Roxb.)

【别名】凉伞木、罗伞枫、五加通

【形态特征】常绿乔木，高 5 ~ 30 米。叶大，三至五回羽状复叶；叶柄长 15 ~ 30 厘米；小叶片在羽片轴上对生，纸质，椭圆形，边缘全缘。圆锥花序顶生；花淡黄白色，芳香；花瓣 5；子房 2 室。果实卵球形，黑色（图 9-660）。花期 10 ~ 12 月，果期次年 2 ~ 3 月。

【生态习性】喜光，性喜温暖湿润气候；亦耐荫，不耐寒，能耐 5 ~ 6℃低温及轻霜，不耐 0℃以下低温。较耐干旱，贫瘠，但在肥沃和湿润的土壤上生长更佳。

【产地及栽培范围】云南、广西、广东等地。印度、不丹、锡金、孟加拉、缅甸和印度尼西亚亦有分布。广州常见栽培。

【繁殖】播种繁殖为主，也可扦插繁殖,。

【观赏】树冠圆整，行如罗伞，羽叶巨大，奇特，为优美的庭园观赏树种。

【园林应用】园景树、庭荫树、行道树。树形端正，枝叶茂密，在庭院中即可孤植，也可片植。幼年植株也可盆栽观赏，多用在庄重肃穆的场合，置大厅，大门两侧，可显示热带风情。冬季圣诞节前后，多置放在饭店、宾馆和一些家庭中作圣诞树装饰。

图 9-660　幌伞枫

【其他】根皮治烧伤、疖肿、蛇伤及风热感冒，髓心利尿。

八十七、马钱科 Loganiaceae

乔木、灌木、藤本或草本；根、茎、枝和叶柄通常具有内生韧皮部；植株无乳汁，毛被为单毛、星状毛或腺毛；通常无刺，稀枝条变态而成伸直或弯曲的腋生棘刺。单叶对生或轮生，稀互生，全缘或有锯齿；通常为羽状脉，稀 3 ~ 7 条基出脉；具叶柄；托叶存在或缺，分离或连合成鞘，或退化成连接 2 个叶柄间的托叶线。花通常两性，辐射对称，单生或孪生，或组成2～3歧聚伞花序，再排成圆锥花序、伞形花序或伞房花序、总状或穗状花序，有时也密集成头状花序或为无梗的花束；有苞片和小苞片；花萼4～5裂，裂片覆瓦状或镊合状排列；合瓣花冠，4～5裂，少数8～16裂，裂片在花蕾时为镊合状或覆瓦状排列，少数为旋卷状排列；雄蕊通常着生于花冠管内壁上，与花冠裂片同数，且与其互生，稀退化为1枚，内藏或略伸出，花药基生或略呈背部着生，2室，稀4室，纵裂，内向，基部浅或深2裂，药隔凸尖或圆；无花盘或有盾状花盘；子房上位，稀半下位，通常2室，花柱通常单生，柱头头状，全缘或2裂，胚珠每室多颗。果为蒴果、浆果或核果；种子通常小有时具翅。

28属550多种。中国有8属，54种，9种。

（一）灰莉属 *Fagraea* Thunb.

乔木或灌木，有时攀援状；叶对生；花稍大，排成总状花序式或伞房花序式的圆锥花序，很少退化为单花；萼5裂，下有小苞片2；花冠管顶部通常扩大，裂片5，稍不等，覆瓦状排列；雄蕊5，通常短突出；子房1室，具2个侧膜胎座，或2室而为中轴胎座，每室有胚珠数颗；花柱单生，柱头盾状；果肉质，不开裂。

该属有50种，分布于亚洲、大洋洲及太平洋岛屿。我国1种，产云南、广西、广东和台湾。

1. 灰莉 *Fagraea ceilanica* Thunb.

【别名】非洲茉莉、鲤鱼胆、灰刺木、小黄果

【形态特征】乔木，高达15米。小枝粗厚，圆柱形，老枝上有凸起的叶痕和托叶痕；全株无毛。叶片稍肉质，干后变纸质或近革质，椭圆形、卵形、倒卵形或长圆形，有时长圆状披针形，长5~25厘米，宽2~10厘米，顶端渐尖、急尖或圆而有小尖头，基部楔形或宽楔形，叶面深绿色，干后绿黄色；叶面中脉扁平，叶背微凸起，侧脉每边4~8条，不明显；叶柄长1~5厘米，基部具有由托叶形成的腋生鳞片，鳞片长约1毫米，宽约4毫米，常多少与叶柄合生。花单生或组成顶生二歧聚伞花序；花序梗短而粗，基部有长约4毫米披针形的苞片；花梗粗壮，长达1厘米，中部以上有2枚宽卵形的小苞片；花萼绿色，肉质，长1.5~2厘米，裂片卵形至圆形，长约1厘米；花冠漏斗状，长约5厘米，白色；雄蕊内藏，花丝丝状，长5~7毫米；子房椭圆状或卵状，长5毫米。浆果卵状或近圆球状（图9-661）。花期4~8月，果期7月至翌年3月。

图9-661 灰莉

【生态习性】喜光，耐荫。耐寒力不强，在南亚热带地区终年青翠碧绿，长势良好。对土壤要求不

严，适应性强，粗生易栽培。生海拔500~1800米山地密林或石灰岩地区阔叶林中。

【分布及栽培范围】台湾、海南、广东、广西和云南南部。分布于印度、斯里兰卡、缅甸、泰国、老挝、越南、柬埔寨、印度尼西亚、菲律宾、马来西亚。

【繁殖】扦插、播种、压条、分株繁殖。

【观赏】枝繁叶茂，树形优美，叶片近肉质，叶色浓绿有光泽；花大型，芳香。

【园林应用】园景树、绿篱、盆栽及盆景观赏（图9-662）。

图9-662 灰莉的盆栽观赏

八十八、夹竹桃科 Apocynaceae

乔木，直立灌木或木质藤本，也有多年生草本；具乳汁或水液；无刺，稀有刺。单叶对生、轮生，稀互生，全缘，稀有细齿；羽状脉；通常无托叶或退化成腺体，稀有假托叶。花两性，辐射对称，单生或多杂组成聚伞花序，顶生或腋生；花萼裂片5枚，稀4枚，基部合生成筒状或钟状，裂片通常为双盖覆瓦状排列，基部内面通常有腺体；子房上位，稀半下位，1~2室，或为2枚离生或合生心皮所组成；胚珠1至多颗，着生于腹面的侧膜胎座上。果为浆果、核果、蒴果或蓇葖；种子通常一端被毛，稀两端被毛或仅有膜翅或毛翅均缺。

约250属2000多种，分布于全世界热带、亚热带地区，少数在温带地区。中国有47属约180种，主要分布于长江以南各省区及台湾等，少数分布于北部及西北部。

科的识别特征：草木藤本多年生，乳汁水液遍全身。草叶全缘对或轮，托叶常退脉羽状。大花两性形整齐，萼常5裂冠合瓣。花冠喉部有附属，5枚雄蕊生于上。子房上位心皮2，浆核朔果蓇葖果。

分种检索表

1 叶互生
  2 枝不为肉质，花冠筒喉部具被毛的鳞片5枚，核果……1 黄花夹竹桃属 *Thevetia*
  2 枝肥厚肉质，花冠筒喉部无鳞片，蓇葖果……2 鸡蛋花属 *Plumeria*
1 叶对生或轮生
  3 叶对生，藤本
    4 灌木或藤本
      5 花冠白色或紫色……3 络石属 *Trachelospermum*
      5 花冠蓝色……4 蔓长春花属 *Vinca*
    4 乔木……5 盆架树属 *Wincha*
  3 叶轮生，兼对生，灌木或乔木
      6 蒴果，花盘厚，肉质环状……6 黄蝉属 *Allemanda*
      6 蓇葖果，无花盘……7 夹竹桃属 *Nerium*

（一）黄花夹竹桃属 *Thevetia* Linn.

灌木或小乔木；叶互生；花大，黄色，排成顶生的聚伞花序；萼里面有腺体；花冠漏斗状，喉部有被毛的鳞片；雄蕊着生于花冠筒的喉部，花药与花柱分离；花盘缺；子房2室，2裂，每室有胚珠2颗；核果。共15种。分布于热带美洲和热带亚洲，现全世界热带和亚热带地区均有栽培，中国引入栽培的有黄花夹竹桃2种，1栽培变种。

1. 黄花夹竹桃 *Thevetia peruviana* (Pers.) K. Schum.

【别名】酒杯花、黄花状元竹、柳木子

【形态特征】灌木或小乔木，高2~5米，有乳汁。叶互生，线形或狭披针形，长10~15厘米，宽6~12毫米，光亮无毛，边缘稍反卷，无柄。聚伞花序顶生；花萼5深裂；花冠色，漏斗状，裂片5，左旋，喉部有5枚被毛鳞片；雄蕊5，着生于花冠喉部；子房2室，柱头盘状，花盘黄绿色，5浅裂。核果扁三角状球形，直径3~4厘米，熟时浅黄色，内有种子3~4粒。种子两面凸起，坚硬（图9-663）。花期5~12月，果期8月至次年春季。

图9-663 黄花夹竹桃

【生态习性】喜温暖湿润的气候。耐寒力不强，在中国长江流域以南地区可以露地栽植。在北方只能盆栽观赏，室内越冬。喜湿润而肥沃的土壤；耐旱力强，亦稍耐轻霜。生长于干热地区，路旁、池边、山坡疏林下。

【分布及栽培范围】原产美洲热带、西印度群岛及墨西哥一带。台湾、福建、云南、广西和广东均有栽培，有时有野生。

【繁殖】扦插繁殖为主，也可分株和压条。

【观赏】叶片如柳似竹，花冠黄色，有特殊香气，树形优美。

【园林应用】树林、防护林、水边绿化、园景树、基础种植、特殊环境绿化（工矿区绿化）、盆栽及盆景观赏（图9-664）。丛植或墙边种植为常见的种植

图9-664 黄花夹竹桃在园林中的应

方式。

【生态功能】抗空气污染的能力较强，对二氧化硫、氯气、烟尘等有毒有害气体具有很强的抵抗力，吸收能力也较强。

【文化】黄花夹竹桃代表深刻的友情。

【其它】树液和种子有毒，误食可致命。果仁含黄花夹竹桃素，有强心、利尿、祛痰、发汗、催吐等作用。

（二）鸡蛋花属 *Plumeria* Linn.，

灌木或小乔木，枝粗厚而带肉质；叶互生，羽状脉；花大，排成顶生的聚伞花序；萼小，5深裂，内面无腺体；花冠漏斗状，喉部无鳞片亦无毛；花盘缺；心皮2，分离，有胚珠多颗；果为一双生蓇葖；种子多数，顶端具膜质的翅。

约7种，分布于西印度群岛和美洲，我国引入栽培有红鸡蛋花 *P. rubra* L. 及鸡蛋花 *P. rubra* L. 'Acutifolia' 1种及1栽培品种，福建、广东、广西及云南常见栽培。

分种检索表

1 花冠深红色……………………………………………………1 红鸡蛋花 *P. rubra*

1 花冠里面深黄色，外面白色…………………………………2 鸡蛋花 *P. rubra* 'Acutifolia'

1. 红鸡蛋花 *Plumeria rubra* Linn.

【形态特征】小乔木，高达5米。叶厚纸质，长圆状倒披针形，顶端急尖，基部狭楔形，长14~30厘米，宽6~8厘米，叶面深绿色；中脉凹陷，侧脉扁平，叶背浅绿色，中脉稍凸起，侧脉扁平，仅叶背中脉边缘被柔毛，侧脉每边30~40条，近水平横出，未达叶缘网结；叶柄长4~7厘米，被短柔毛。聚伞花序顶生，长22~32厘米，直径10~15厘米，总花梗三歧，长13~28厘米，肉质，被老时逐渐脱落的短柔毛；花梗被短柔毛或毛脱落，长约2厘米；花萼裂片小，阔卵形，顶端圆，不张开而压紧花冠筒；花冠深红色，花冠筒圆筒形，长1.5~1.7厘米，直径约3毫米；花冠裂片狭倒卵圆形或椭圆形，比花冠筒长，长3.5~4.5厘米，宽1.5~1.8厘米；雄蕊着生在花冠筒基部，花丝短，花药内藏。蓇葖双生，广歧，长圆形，顶端急尖，长约20厘米（图9-665）。花期3~9月，果期栽培极少结果，一般为7~12月。

图 9-665 红花鸡蛋花

图 9-666 红鸡蛋花在园林中的应用

【生态习性】喜湿热气候，耐干旱，喜生于石灰岩石地。喜腐殖质较多的疏松土壤。喜温暖、湿润、阳光充足的生长环境。喜湿润．亦耐旱。但怕涝。

【分布及栽培范围】原产于南美洲，现广植于亚洲热带和亚热带地区。我国南部有栽培。

【繁殖】播种或嫁接繁殖。

【观赏】花鲜红色，枝叶青绿色，树形美观。

【园林应用】园景树、水边绿化、绿篱及绿雕、基础种植、盆栽及盆景观赏（图 9-666）。

【其它】花、树皮药用；鲜花含芳香油，作调制化妆品及高级皂用香精原料。白色乳汁有毒，误食或碰触会产生中毒现象。

图 9-667 鸡蛋花

图 9-668 鸡蛋花在园林中的应用

2. 鸡蛋花 *Plumeria rubra* Linn. 'Acutifolia'

【别名】缅栀子、蛋黄花、大季花

【形态特征】落叶小乔木，高约 5 米，最高可达 8 米。枝条粗壮，带肉质，具丰富乳汁，绿色。叶厚纸质，长圆状倒披针形或长椭圆形，长 20~40 厘米，宽 7~11 厘米，顶端短渐尖，基部狭楔形，叶面深绿色，叶背浅绿色，两面无毛;中脉在叶面凹入，在叶背略凸起，侧脉两面扁平，每边 30~40 条，未达叶缘网结成边脉；叶柄长 4~7.5 厘米，上面基部具腺体。聚伞花序顶生，长 16~25 厘米，宽约 15 厘米，无毛；总花梗三歧，长 11~18 厘米，肉质，绿色；花梗长 2~2.7 厘米，淡红色；花萼裂片小，卵圆形，顶端圆，长和宽约 1.5 毫米，不张开而压紧花冠筒；花冠外面白色，花冠筒外面及裂片外面左边略带淡红色斑纹，花冠内面黄色，直径 4~5 厘米，花冠筒圆筒形，长 1~1.2 厘米，直径约 4 毫米，外面无毛，内面密被柔毛，喉部无鳞片；花冠裂片阔倒卵形，顶端圆，基部向左覆盖，长 3~4 厘米，宽 2~2.5 厘米；每心皮有胚珠多颗。蓇葖双生，圆筒形，长约 11 厘米，直径约 1.5 厘米（图 9-667）。花期 5~10 月，果期栽培极少结果，一般为 7~12 月。

【生态习性】喜高温高湿、阳光充足、排水良好的环境。耐干旱，但畏寒冷、忌涝渍，喜酸性土壤，但也抗碱性。栽培以深厚肥沃、通透良好、富含有机质的酸性沙壤土为佳。气温低于 15℃以下，植株开始落叶休眠，直至来年 4 月左右。

【分布及栽培范围】原产墨西哥。现广植于亚洲热带及亚热带地区。我国广东、广西、海南、云南、福建等省区有栽培，在云南南部山中有逸为野生的。

【繁殖】插条或压条繁殖，极易成活。

【观赏】花白色黄心，芳香，叶大深绿色，树冠美观。

【园林应用】园景树、水边绿化、绿篱及绿雕、基础种植、盆栽及盆景观赏（图 9-668）。

【文化】老挝国花。是广东肇庆的市花。鸡蛋花花语：孕育希望，复活。

【其它】广西民间常采其花晒干泡茶饮，有治湿热下痢和解毒、润肺。

（三）络石属 *Trachelospermum* Lem.

常绿木质藤本，长可达 10 米，具气根。茎圆柱形，全株有白色乳汁。老枝红褐色，有皮孔，幼枝有黄色柔毛。叶革质或近革质，椭圆形或类椭圆形，长 2 至 8.5 厘米，宽 1 至 4 厘米，先端急尖、渐尖或钝，有微凹或小凸尖，基部楔形或圆形。叶对生，叶片正面无毛，背面具毛，具 6 至 12 对羽状脉，全缘。聚伞形花序圆锥状，顶生或腋生。花期 4 至 6 月，花白色或紫色，芳香，呈高脚碟状，花冠筒中部膨大，5 裂，雄蕊 5，着生于花冠筒中部。花萼裂片反卷。果期 8 至 10 月。果双生，叉开，果长 5 至 18 厘米。种子褐色，细长，并具长毛。

约 30 种，分布于亚洲热带和亚热带地区，我国有 10 种，主产长江以南各省。

1. 络石
Trachelospermum jasminoides (Lindl.)

【别名】石龙藤、万字茉莉

【形态特征】常绿木质藤本，茎赤褐色，幼枝被黄色柔毛，常有气生根。叶革质，卵圆形或卵状披针形，长 2.5~8 厘米，宽 1.5~3.5 厘米，表面无毛，背面有柔毛。花白色，有香气；花萼 5 深裂，裂片线状披针形，花后外卷；花冠筒中部以上扩大，喉部有毛，5 裂片开展并右旋，形如风车；花药内藏。蓇葖果圆柱形，长约 15 厘米；种子线形而扁，顶端有白色种毛（图 9-669）。花期 3~7 月，果熟期 7~12 月。

【生态习性】喜温暖、湿润、疏荫环境，忌北方狂风烈日。具有一定的耐寒力，在华北南部可露地

图 9-669 络石

图 9-670 络石在园林中的应用

越冬。对土壤要求不严，但以疏松、肥沃、湿润的壤土栽培表现较好。

【分布及栽培范围】华北以南各地，在我国中部和南部地区的园林中栽培较为普遍。生于山野林中，常攀援于树上、墙壁或岩石上。

【繁殖】分株、扦插繁殖。

【观赏】观叶、观花。

【园林应用】水边绿化、地被植物、垂直绿化、特殊环境绿化、盆栽及盆景观赏（图 9-670）。常见可植于庭园、公园，院墙、石柱、亭、廊、陡壁等攀附点缀，十分美观。可做疏林草地的林间、林缘地被。同时，络石叶厚革质，适应范围广。可做污染严重厂区绿化，公路护坡等环境恶劣地块的绿化首选用苗。由于络石耐修剪，四季常青，可搭配作色带色块绿化用。

【其它】乳汁有毒，对心脏有毒害作用。

2. 花叶络石 *Trachelospermum jasminoides* (Lindl.) Lem. 'Variegatum'

【形态特征】叶革质，椭圆形至卵状椭圆形或宽倒卵形，长 2~6 厘米，宽 1~3 厘米。老叶近绿色或淡绿色，第一轮新叶粉红色，少数有 2~3 对粉红叶，第二至第三对为纯白色叶，在纯白叶与老绿叶间有数对斑状花叶，整株叶色丰富，可谓色彩斑斓（图 9-671）。

【生态习性】喜排水良好的酸性、中性土壤环境。抗病能力强，生长旺盛。有较强的耐干旱、抗短期洪涝、抗寒能力。其叶色的变化与光照、生长状况相关，艳丽的色彩表现需要有良好的光照条件和旺盛的生长条件。

【分布及栽培范围】长江流域以南露天栽培。

【繁殖】分株、扦插繁殖。

【观赏】观赏价值体现在三个层次的叶色，即由红叶、粉红叶、纯白叶、斑叶和绿叶所构成的色彩群，极似盛开的一簇鲜花，极其艳丽、多彩，尤其以春、夏、秋三季更佳。为达到最佳的色彩效果，春季需要通过强度修剪以促进萌枝，增加观赏枝，同时形成紧密型植株丛。

【园林应用】水边绿化、地被植物、垂直绿化、特殊环境绿化、盆栽及盆景观赏（图 9-672）。可在城市行道树下隔离带种植；或作为护坡藤蔓覆盖；可以代替目前公园、现代设施上盆花布景，以克服盆花观赏期短、经常换用的高成本缺点。

图 9-671 花叶络石的叶

图 9-672 花叶络石在园林中的应用

（四）蔓长春花属 *Vinca* Linn.

多年生草本或半灌木。茎直立，多分枝高 30~70 厘米，幼枝绿色或红褐色，全株无毛。叶对生，倒卵状矩圆形，长 3~4 厘米，宽 1.5~2.5 厘米，全缘或微波状，先端常圆而具短尖头，基部狭窄成短柄。长春花的嫩枝顶端，每长出一叶片，叶腋间即冒出两朵花，因此它的花朵特多，花期特长，花势繁茂，生机勃勃。从春到秋开花从不间断，所以有“日日春”之美名。花玫蓝，花序有花 2~3 朵；萼 5 裂。花冠高脚蝶状，裂片 5，左旋；雄蕊 5，着生于花冠筒中部以上；花盘为 2 片舌状腺体组成。蓇葖果 2，圆柱形，长 2~3 厘米。花期 6~9 月。

约 10 种，分布欧洲，我国东部栽培 2 种，1 变种。

1. 蔓长春花 *Vinca major* Linn.

【别名】攀缠长春花

【形态特征】蔓性的半灌木植物，植株丛生，茎细长，匍匐生长，长可达 1 米以上，枝节间可着地生根，快速覆盖地面；叶全缘对生，厚革质，椭圆形，亮绿有光泽；花单生于叶脉，淡蓝色，花期 3~5 月。蓇葖果长约 5 厘米（图 9-673）。

【生态习性】喜温暖湿润。喜阳光，也较耐阴；稍耐寒冷；喜欢生长在深厚肥沃湿润的生境中。在半阴湿润处的深厚土壤中生长迅速。

【分布及栽培范围】原产地中海沿岸、印度、热带美洲。现广东、江苏、浙江、湖南和台湾等地有栽培。

图 9-673 蔓长春花

【繁殖】扦插繁殖。

【观赏】花叶蔓长春花全年呈现浓绿，3~5 月，从叶丛中开出朵朵蓝花，显得十分幽雅。

【园林应用】基础种植、地被植物、垂直绿化、盆栽及盆景观赏。

2. 花叶蔓长春花 *Vinca major* Linn. 'Variegatum'

【别名】花叶长春蔓

【形态特征】矮生、枝条蔓性、匍匐生长，长达 2 米以上。叶椭圆形，对生，有叶柄，亮绿色，有光泽，叶缘乳黄色，分蘖能力十分强。花单生于叶脉，淡蓝色，花期 3~5 月。蓇葖骨长约 5 厘米（图 9-674）。

【生态习性】喜温暖和阳光充足环境。喜肥沃、湿润的土壤。且耐低温，在 -7℃气温条件下，露地种植也无冻害现象。

【分布及栽培范围】原产欧洲地中海沿岸、印度

图 9-674 花叶蔓长春花

图 9-675 花叶蔓长春花在园林中的应用

和热带美洲。现广泛栽培，在长江中下流地域及长沙表现良好。

【繁殖】分株、压条和扦插繁殖。

【观赏】花叶蔓长春花全年呈现浓绿，镶嵌根边，4~5 月，从叶丛中开出朵朵蓝花，显得十分幽雅。

【园林应用】基础种植、地被植物、垂直绿化、盆栽及盆景观赏（图 9-675）。

（五）盆架树属 *Wincha* A. DC.

常绿乔木；枝轮生；叶对生至轮生；侧脉纤细而密生，几平行。花组成顶生聚伞花序；花萼 5 裂；花冠高脚碟状；雄蕊与柱头离生，内藏；雌蕊由 2 个合生心皮组成；子房半下位，胚珠多数；蓇葖果合生，有两端被缘毛的种子。2 种，分布于印度、缅甸、越南和印度尼西亚，中国产 1 种。

1. 盆架树 *Wincha calophylla* A. DC

【别名】盆架子、黑板树、山苦常、摩那、列驼牌、马灯盆、亮叶面盆架子

【形态特征】常绿乔木，高达 30 米。树皮受伤后流出大量白色乳汁，有浓烈的腥臭味；小枝绿色。叶 3~4 片轮生，间有对生，薄纸质，长圆状椭圆形，顶端渐尖呈尾状或急尖，基部楔形或钝，长 7~20 厘米、宽 2.5~4.5 厘米，叶面亮绿色，叶背浅绿色稍带灰白色，两面无毛；侧脉每边 20~50 条，横出近平行，叶缘网结，两面凸起；叶柄长 1~2 厘米。花多朵集成顶生聚伞花序，长约 4 厘米；总花梗长 1.5~3 厘米；花萼裂片卵圆形，长 0.7~1.5 毫米，外面无毛或被微柔毛，具缘毛；花冠高脚碟状，花冠筒圆筒形，长 5~6 毫米，外面被柔毛，内面被长柔毛，喉部更密，花冠裂片广椭圆形，白色，长 3~6 毫米，宽约 2.5 毫米，外面被微毛，内面被柔毛；雄蕊着生在花冠筒中部，花药长 1~1.5 毫米，顶端不伸出花冠喉外，花丝丝状，短；无花盘；子房由 2 枚合生心皮组成，无毛，花柱圆柱状，长约 3 毫米，每心皮胚珠多数。蓇葖合生，长 18~35 厘米，直径 1~1.2 厘米，外果皮暗褐色（图 9-676）。花期 4~7 月，果期 8~12 月。

图 9-676 盆架树

图 9-677 盆架树在园林中的应用

【生态习性】喜光，喜高温多湿气候，抗风。有一定的耐污染能力。生于热带和亚热带山地常绿林中或山谷热带雨林中，常以海拔 500~800 米的山谷和山腰静风湿度大缓坡地环境为多，常呈群状分布。

【分布及栽培范围】云南及广东南部；印度，缅甸，印度尼西亚也有。

【繁殖】播种繁殖。

【观赏】树干挺拔竖直，具有分层效果，很像古代人洗脸用的脸盆架(用来放脸盆的那种脸盆架)，所以取名盆架子。植株整体观赏性较强。叶色亮绿，具有一定的观赏效果。

【园林应用】行道树、园路树、园景树(图 9-677)。

【其它】木材淡黄色、纹理通直，结构细致，质软而轻，适于作文具、小家具、木展等用材。

(六) 黄蝉属 *Allemanda* Linn.

直立或藤状灌木；叶生或轮生；花大而美丽，黄色，数朵排成总状花序，萼 5 深裂，基部里面无腺体；花冠钟状或漏斗状，喉部有被毛的鳞片；花药与花柱分离；花盘环状，全缘或 5 裂；子房 1 室，具两个侧膜胎座，有胚珠多颗；果为一有刺的蒴果，开裂为 2 果瓣；种子有翅。约 15 种，分布于热带美洲，中国引入栽培 2 种，广州极常见。

分种检索表

1 直立灌木；花冠筒长不超过 2 厘米……………………………………1 黄蝉 *A. neriifolia*

1 藤状灌木；花冠筒长 3~4 厘米……………………………………2 软枝黄蝉 *A. cathartica*

1. 黄蝉 *Allemanda neriifolia* Hook.

【别名】硬枝花蝉

【形态特征】常绿直立或半直立灌木，高约 1 米，也有高达 2 米的。具乳汁，叶 3 枚 ~5 枚轮生，椭圆形或倒披针状矩圆形，全缘，长 5~12 厘米，宽达 4 厘米，被短柔毛，叶脉在下面隆起。聚伞花序顶生，花冠鲜黄色，花冠基部膨大呈漏斗状，中心有红褐色条纹斑。裂片 5，长 4~6 厘米，冠筒基部膨大，喉部被毛；5 枚雄蕊生喉部，花药与柱头分离。蒴果球形，直径 2~3 厘米，具长刺(图 9-678)。花期 5~8 月，果期 10~12 月。

【生态习性】喜高温、多湿，阳光充足。适于肥沃、排水良好的土壤。具有抗贫瘠，抗污染特性。

【分布及栽培范围】原产于巴西。我国福建、广西、广东有种植。

【繁殖】扦插繁殖。

【观赏】观花、观叶植物。

【园林应用】园景树、基础种植、绿篱、地被植

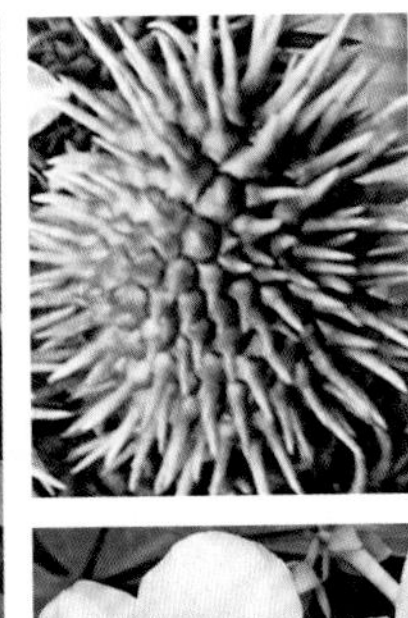

图 9-678 黄蝉

图 9-679 黄蝉在园林中的应用

物、特殊环境绿化、盆栽及盆景观赏（图 9-679）。适合在工厂矿区作为绿化植物，因为有毒，所以不适合家庭栽种。

【其它】植株乳汁有毒。

2. 软枝黄蝉 *Allemanda cathartica* Linn.

【别名】软枝花蝉、黄莺、小黄蝉

【形态特征】常绿藤状灌木，株高 2 米，枝条柔软、披散，长可达 4 米，向下俯垂；茎叶具乳汁，有毒；叶近无柄，对生或轮生，叶片倒卵形，长 10~15 厘米；聚伞花序顶生，花冠漏斗状，黄色，中心有红褐色条斑，花冠基部不膨大，花蕊藏于冠喉中；蒴果球形，密生锐刺，结果率很低；种子扁平，黑色（图 9-680）。花期 4~11 月。

【生态习性】喜光、畏烈日，不耐寒，宜肥沃排水良好的酸性土，但是若过于遮阴将导致开花数目减少，而且枝叶也会显得稀疏。

【分布及栽培范围】原产巴西至中美洲，中国福建、广东、广西、云南、台湾等地有栽培。

【繁殖】扦插繁殖。

【观赏】姿态优美，枝条柔软，披散，花明黄色，花径大，具有较高的观赏价值。

【园林应用】园景树、基础种植、绿篱、地被植物、特殊环境绿化、盆栽及盆景观赏（图 9-681）。可用于庭园美化、围篱美化、花棚、花廊、花架、绿篱等攀爬栽培。

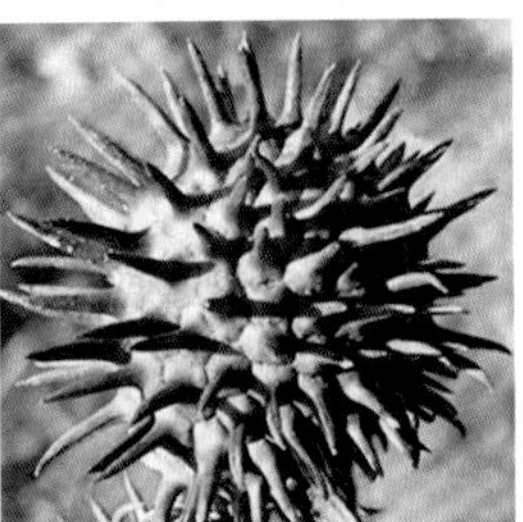

图 9-680 软枝黄蝉

图 9-681 软枝黄蝉在园林中的应用

（七）夹竹桃属 *Nerium* Linn.

灌木，含水液；叶革质，对生或3~4枚轮生，羽状脉，侧脉密生而平行；花美丽，排成顶生伞房花序式的聚伞花序；花萼5裂，裂片基部内面有腺体；花冠漏斗状，喉部有撕裂状的附属体5；雄蕊内藏，花药粘合，顶有长的附属体；心皮2。本属共4种，分布于地中海沿岸及亚洲热带、亚热带地区。夹竹桃 *N. indicum* Mill. 和欧洲夹竹桃 *N. oleander* L. 2种，中国各地常见栽培供观赏用，含有多种毒性极强的配糖体，人畜食之常可致命。

1. 夹竹桃 *Nerium indicum* Mill

【别名】洋桃、柳叶树、枸那

【形态特征】直立灌木，高可达5米。叶3~4片轮生，在枝条下部常为对生，线状披针形至长被针形，长7~15厘米，宽1~3厘米，中脉于背面突起，侧脉密生而平行，边缘稍反卷。花红色（栽培品种有白花的），常为重瓣，芳香，蓇葖果长10~20厘米；种子顶端有黄褐色种毛。花期几乎全年，夏秋为最成盛；果期一般在冬春季，栽培很少结果（图9-682）。

有白花'Album'、粉花'Roseum'、紫花'Atropurpureum'、橙红'Carneum'、白花重瓣'Madonna Granduflorum'、粉花重瓣'Plenum'、橙红重瓣'Carneum Flore pleno'、玫红重瓣'Splendens'、斑叶'Variegatum'、斑叶玫红重瓣'Splendens Variegatum'、矮粉'Petite Pink'、矮红'Petite Salmon'等品种。

【生态习性】喜光；喜温暖湿润气候。不耐寒；畏水涝；耐旱力强。对土壤要求不严，耐烟尘，抗有毒气体。

【分布及栽培范围】原产伊朗，现广植于热带及亚热带地区。我国南方各省区均有栽培，长江以北栽培必需在温室越冬。

【繁殖】扦插繁殖为主，也可分株和压条。

【观赏】叶片如柳似竹，红花灼灼，胜似桃花，花冠粉红至深红或白色，有特殊香气。

【园林应用】防护林、水边绿化、园景树、基础种植、绿篱、特殊环境绿化（图9-683）。通常用作背景树种和工矿区绿化树种。

【生态功能】对二氧化硫，氯气等有毒气体有较强的抗性，对粉尘烟尘有较强的吸附力，因而被誉为“绿色吸尘器”。

图9-682 夹竹桃

图9-683 夹竹桃在园林中的应用

【文化】原名应为"甲子桃”，传说60年结一次果，因甲子桃果实极为少见，有的地方误称“夹竹桃”。但也有地方保留甲子桃的称呼。因为它的叶片像竹，花朵如桃，故而得其名。

【其它】其茎、叶、花朵都有毒，它分泌出的乳白色汁液含有一种叫夹竹桃苷的有毒物质，误食会中毒。

八十九、茄科 Solanaceae

草本、灌木或小乔木；叶互生或在开花枝段上有大小不等的二叶双生，全缘或各式的分裂或为复叶，无托叶；花两性或稀杂性，辐射对称，单生或排成聚伞花序或花束；萼5裂或截平形，常宿存；花冠合瓣，形状种种，裂片5，常折叠；雄蕊5，稀4枚，着生于冠管上；子房2室，或不完全的1~4室，稀3~5(6)室，2心皮不位于正中线上而偏斜，中轴胎座有胚珠极多数，很少为1枚；胚珠倒生、弯生或横生；果为浆果或蒴果；种子圆盘形或肾形，有肉质而丰富的胚乳；胚弯曲成钩状、环状或螺旋状卷曲。约30属3 000余种，分布于全世界温带及热带地区。我国24属105种35变种。

分科特征：双韧维管叶互生，聚伞花序叶腋成。合瓣花冠常成筒，雄蕊5枚相互生。中轴胎座两心皮，每室多胚果实生。浆果常可作蔬菜，烟草常用蒴果栽。

分种检索表

1 枝有刺……………………………………………………………………… 1 枸杞属 *Lycium*

1 枝无刺

2 雄蕊4 …………………………………………………………………… 2 鸳鸯茉莉属 *Brunfelsia*

2 雄蕊5 …………………………………………………………………… 3 曼陀罗木属 *Brugmansia*

（一）枸杞属 *Lycium* L.

落叶或常绿灌木，有刺或无刺；叶互生，常成丛，小而狭；花淡绿色至青紫色，腋生，单生或成束；萼钟状，2~5齿裂，裂片花后不甚增大；花冠漏斗状，稀筒状或近钟状，5裂，很少4裂，裂片基部常有显著的耳片，冠筒喉部扩大，雄蕊5，着生于冠筒的中部或中部以下，花丝基部常有毛环，药室纵裂；子房2室，柱头2浅裂，胚珠多数或少数；果为一浆果，有种子数至多颗，通常大红色。

约80种，分布于温带地区，我国有7种，主产西北部和北部，其中枸杞 *L. chinense* Mill. 广植于各地，取其嫩叶供蔬食，或取其果供药用。

分种检索表

1 叶卵形、卵状菱形至卵状披针形；花萼常3中裂或4~5齿裂……………… 1 枸杞 *L. chinense*

1 叶披针形、长椭圆状披针形，花萼常2中裂……………………………… 2 宁夏枸杞 *L. barbarum*

1. 枸杞 *Lycium chinense* Mill.

【别名】枸杞菜、狗牙子、枸杞子

【形态特征】落叶小灌木，高达1米多。枝细长，常弯曲下垂，有棘刺。叶互生或簇生于短枝上，卵形或卵状披针形，长1.5~5厘米，宽1~2厘米；叶柄长

3~10 毫米。花单生或 2~4 朵簇生叶；花萼钟状，3~5 齿裂；花冠紫红色，漏斗状，裂片长与筒几相等，长 9~12 毫米，有缘毛；雄蕊 5，花丝基部密生绒毛。浆果卵形或长椭圆状卵形，长 1~2 厘米，成熟时红色；种子肾形，黄白色（图 9-684）。花果期 6~11 月。

【生态习性】喜光照。对土壤要求不严，耐盐碱、耐肥、耐旱、怕水渍。以肥沃、排水良好的中性或微酸性轻壤土栽培为宜，盐碱土的含盐量不能超过 0.2%，在强碱性、粘壤土、水稻田、沼泽地区不宜栽培。

【分布及栽培范围】广布于全国各省区，是钙质土的指示植物。生于山坡、荒地、路旁及村边或有栽培。

【繁殖】播种繁殖。

【观赏】果红色，十分漂亮。

【园林应用】水边绿化、园景树、基础种植、地被植物、盆栽及盆景观赏。常见丛植于池畔、台坡，也可作河岸护坡，或作绿篱栽植。可做树桩盆栽。

【其它】枸杞是名贵的药材和滋补品，中医很早就有“枸杞养生”的说法。

图 9-684 枸杞

2. 宁夏枸杞 *Lycium barbarum* Linn.

【别名】中宁枸杞、山枸杞、津枸杞

【形态特征】灌木，高 2~3 米。栽培者茎粗本洞 15~20 厘米；分枝较密，披散，略斜上升或弓曲，有纵棱纹，灰白色或灰黄色，有棘刺。单叶互生或丛生于短枝上，长椭圆状披针形或卵状矩圆形，长 2~6 厘米，宽 4~7 毫米，先端短渐尖或急尖，基部楔形，全缘，叶脉不明显。花腋生，常 2~6 朵簇生于短枝上；花梗长 4~15 毫米；花萼钟状，长 3.5~5 毫米，通常 2 中裂，裂片具小齿或顶端又 2~3 齿裂；花冠漏斗状，粉红色或紫堇色，具暗紫色条纹，长 1~1.5 厘米，5 裂，花冠筒稍长于檐部裂片，裂片卵形，顶端稍圆钝，基部有耳，边缘无缘毛；雄蕊 5，着生在花筒上部，花丝基部稍上处及花冠筒内壁生一圈密绒毛；子房 2 室。浆果宽椭圆形，长 10~20 毫米，直径 5~10 毫米，红色

图 9-685 宁夏枸杞

或橘红色，果皮肉质，多汁液；种子常20余粒（图9-685）。花期5~10月，果期7~10月。

【生态习性】喜光，喜水肥，耐寒，耐旱，耐盐碱；萌蘖性强。生于向阳湿润的沟岸、山坡、农田地埂及渠旁。

【分布】宁夏、内蒙古、新疆、山西、陕西、甘肃、青海、新疆。我国中部和南部不少省区有引种栽培。现在欧洲及地中海地区普遍栽培并成为野生。

【繁殖】播种繁殖。

【观赏】果红色。

【园林应用】园景树、基础种植、盆栽及盆景观赏。

【其它】果实、根皮及嫩叶入药。

（二）鸳鸯茉莉属 *Brunfelsia* L.

灌木或小乔木；叶互生，单叶，全缘；花常大，单生或排成顶生、疏散或稠密的聚伞花序；萼管状或钟状；5裂；花冠漏斗状，檐部5裂，裂片阔，钝头；雄蕊4，内藏；子房2室，有胚珠多颗；果蒴果状或浆果状。本属约25~30种，分布于热带美洲，我国引入栽培的有鸳鸯茉莉 *B. acuminata* Benth. 和 *B. calycina* Benth. 2种，供庭园观赏用。

1. 鸳鸯茉莉 *Brunfelsia acuminata* Benth.

【别名】二色茉莉、变色茉莉

【形态特征】常绿灌木，叶互生，长椭圆形，全缘，平滑，钝头，基部渐细，长6~8厘米，宽2.5~3.5厘米，背面浓绿色，背部中肋隆起特甚。花顶生，花冠高盆状，先端5裂，裂片略呈圆形，边缘呈波形，始为深紫色，渐次退为白色，而有芬香，不结果（图9-686）。花期5~6月、果期10~11月。

图9-686 鸳鸯茉莉

【生态习性】喜高温、湿润、光照充足的气候条件，喜疏松肥沃、排水良好的微酸性土壤，耐半荫，耐干旱，耐瘠薄，忌涝，畏寒冷。

【分布及栽培范围】原产热带美洲，现各地均有引种栽培。在华南可地栽也可盆植，在长江流域及其以北，只能盆植。

【繁殖】扦插、高压法繁殖；春、秋两季最合适。

【观赏】其花朵开放的过程中会变颜色，每朵花由初开时的深紫色，渐变为浅紫色，或粉红色，在转变为白色。因此就好像同一植株上开满了不同颜色的花朵一般，所以又叫做“变色茉莉”或“五彩

图9-687 鸳鸯茉莉在园林中的应用

茉莉”。极具观赏价值。

【园林应用】水边绿化、园景树、基础种植、绿篱、地被植物、花境、盆栽及盆景观赏（图 9-687）。

【其它】根皮以及茎叶有毒。

（三）曼陀罗属 *Brugmansia* Pers.

灌木或小乔木；单叶互生，有叶柄；花大型，单生于枝叉或叶腋，常下垂；花萼佛焰苞状，基部不周裂，脱落或宿存而包围在果的基部如一外壳；花冠近钟形，白色或其他颜色，单瓣或重瓣；雄蕊 5，内藏或外伸，花丝基部与花冠管紧贴，上部分离，花药纵裂；子房 2 室，柱头略膨大；果为浆果，平滑，球形至细长圆形，不规则开裂；种子大，外面被一层软木状物所覆盖。有 14 个种，我国 1 种。

1. 木本曼陀罗 *Brugmansia arborea*(L.)steud.

【形态特征】小乔木，高 2 米余。茎粗壮，上部分枝。叶卵状披针形、矩圆形或卵形，顶端渐尖或急尖，基部不对称楔形或宽楔形，全缘、微波状或有不规则缺刻状齿，两面有微柔毛，侧脉每边 7~9 条，长 9~22 厘米，宽 3~9 厘米；叶柄长 1~3 厘米。花单生，俯垂，花梗长 3~5 厘米。花萼筒状，中部稍膨胀，长 8~12 厘米，直径 2~2.5 厘米，裂片长三角形，长 1.5~2.5 厘米；花冠白色，脉纹绿色，长漏斗状，筒中部以下较细而向上渐扩大成喇叭状，长达 23 厘米，裂片有长渐尖头，直径 8~10 厘米；雄蕊不伸出花冠筒，花药长达 3 厘米；花柱伸出花冠筒，柱头稍膨大。浆果状蒴果，表面平滑，广卵状，长达 6 厘米（图 9-688）。

图 9-688 木本曼陀罗

【生态习性】喜温暖，好阳光，不耐寒，对土壤要求不高，在肥沃湿润排水良好的深厚的土壤中生长茂盛。

【分布及栽培范围】原产美洲热带；我国北京、青岛等市盆栽培，冬季放在温室。福州，广州等市及云南西双版纳等地区则终年可在户外栽培生长。

【繁殖】播种或扦插繁殖。

【观赏】洁白硕大的花朵下垂悬吊，犹如灯笼，极具观赏价值。

【园林应用】园景树、基础种植、水边绿化、盆栽及盆景观赏（图 9-689）。

图 9-689 曼陀罗在园林中的应用

【其它】“天使的号角”，号称全球十大最危险植物。含有一系列强大的毒素、颠茄碱、天仙子胺以及车莨菪碱。东莨菪碱会让人根本不知道自己在做什么，即使他们处于完全有意识状态。

九十、紫草科 Boraginaceae

大多数是草本，少数为灌木或乔木。通常被有糙毛或刚毛。单叶互生。花大多集成螺状聚伞花序，两性，辐射对称，极少两侧对称；花萼5裂；花冠多少呈筒状，檐部5裂，筒内常有封闭喉部的附属物，雄蕊5，子房上位，2室。果实为核果状或为4个分离的小坚果。花粉差异极大。花粉粒类型较多，近球形、长球形或超长球形。

约100属2000余种，分布于全世界的温带和热带地区，地中海地区和北美太平洋区为其分布中心。中国产48属268种，主要分布于西南部和西北部。

分种检索表

1 花柱2裂不达中部，内果皮分裂为……………………………………………… 1 厚壳树属 *Ehretia*

1 花柱2裂至中部以下，内果皮不分裂……………………………………………… 2 基及树属 *Carmona*

（一）厚壳树属 *Ehretia* L.

灌木或乔木；叶互生；花单生于叶腋内或排成顶生或腋生的伞房花序或圆锥花序；萼5裂；花冠管短，圆筒状或钟状，5裂，裂片扩展或外弯；雄蕊5，着生于冠管上；子房2室，每室有胚珠2颗，花柱2枚，合生至中部以上，柱头2枚；果为核果，内果皮分裂成具2粒种子或4个具1粒种子的分核。

50种，大部产东半球热带地区，我国有12种，1变种，分布于西南部经中南部至东部。

分种检索表

1 叶表疏生平伏粗毛，叶背仅脉腋有毛，果较小，径4毫米………………… 1 厚壳树 *E. thyrsiflora*

1 叶表面密被平伏刚毛，叶背密被粗毛，果较大，径1.5厘米 ……………… 2 粗糠树 *E. dicksoni*

1. 厚壳树 *Ehretia thyrsiflora* (Sieb. Et Zucc) Nakai

【别名】梭椤树

【形态特征】落叶乔木，高达15米，干皮灰黑色纵裂。枝黄褐色或赤褐色，无毛，有明显的皮孔，单叶互生，叶厚纸质，长椭圆形，长7~16厘米，宽3~8厘米，先端急尖，基部圆形，叶表沿脉散生白短毛，背面疏生黄褐毛，脉腋有簇毛，缘具浅细尖锯齿。叶柄短有纵沟。花两性，顶生或腋生圆锥花序，有疏毛，花小无柄，密集，花冠白色，有5裂片，雄蕊伸出花冠外，花萼钟状，绿色，5浅裂，缘具白毛，核果，近球形，橘红色，熟后黑褐色，径3~4毫米（图9-690）。花期4月，果熟7月。

【生态习性】亚热带及温带树种，喜光也稍耐荫，喜温暖湿润的气候和深厚肥沃的土壤，耐寒，较耐瘠薄，根系发达，萌蘖性好，耐修剪。自然生长于海拔100~1700米丘陵、平原疏林、山坡灌丛及山谷密林。

【分布及栽培范围】中国原产种，主产中国的中部及西南地区。山东、河南两省有少量栽培分布。日本、越南也有分布。

【繁殖】播种繁殖。

【观赏】枝叶繁茂，叶片绿薄，春季白花满枝，秋季红果遍树。由于具有一定的耐荫能力，可与其他的树种混栽，形成层次景观。

【园林应用】园路树、庭荫树、园景树、风景林、树林。

【其它】嫩叶可食，幼叶可代茶。树皮可作染料。木材供建筑及家具用。树枝性苦，可收敛止泻，主治肠炎腹泻。

图 9-690 厚壳树

2. 粗糠树 *Ehretia dicksoni* Hance (Ehretia macrophylla Wall.)

【别名】破布子

【形态特征】落叶乔木，高达 10 米。小枝幼时稍有毛。叶互生，椭圆形，长 9~25 厘米，边缘具锯齿，表面粗糙。背面密生粗毛。花小，白色，芳香。伞房状圆锥花序顶生，长 4~7 厘米，宽 5~8 厘米，被毛。核果绿色转黄色，近球形，直径约 1~1.5 厘米，外面平滑，成熟时分裂成各具 2 种子的 2 个核（图 9-691）。花果期 5~9 月。

图 9-691 粗糠树

【生态习性】生于海拔 125~2300 米之山坡疏林及土质肥沃的山脚阴湿处。

【分布及栽培范围】西南、华南、华东、台湾、河南、陕西、甘肃、青海。日本、越南、不丹、尼泊尔有分布。

【繁殖】播种繁殖。

【观赏】树形优美，花、果具有一定的观赏性。

【园林应用】庭荫树、园景树。

【其它】叶和果实捣碎加水可作土农药，防治棉蚜虫，红蜘蛛。

（二）基及树属 *Carmona* Cav.

只有 1 种，产亚洲南部和我国广东、台湾。属特征见种特征。

1. 基及树 *Carmona microphylla*(Lam) Don.

【别名】福建茶

【形态特征】叶在长枝上互生，在短枝上簇生，革质，倒卵形或匙状倒卵形，长 0.9~5 厘米，宽 0.6~2.3 厘米，基部渐狭成短柄，边缘上部有少数牙齿，脉在叶上面下陷，在下面稍隆起。聚伞花序腋生或生短枝上，具细梗；花萼长约 4 毫米，裂片 5，比萼

图 9-692 基及树

筒长，匙状条形；花冠白色，钟状，长约 6 毫米，裂片 5，披针形；雄蕊 5，稍伸出花冠之外；花柱二深裂。核果球形，直径 3~4 毫米（图 9-692）。

【生态习性】 喜光，喜温暖、湿润的气候，不耐寒，适生于疏松肥沃及排水良好的微酸性土壤。萌芽力强，耐修剪。

图 9-693 基及树在园林中的应用

【分布及栽培范围】 广东、福建和台湾等省。亚洲热带其他地区也有。

【繁殖】 扦插繁殖，也可枝插、根插。

【观赏】 树形矮小，枝条密集，绿叶白花，叶翠果红，风姿奇特。且花期长，春花夏果，夏花秋果，形成绿叶白花、绿果红果相映衬。

【园林应用】 园景树、基础种植、绿篱、地被植物、盆栽及盆景（图 9-693）。

九十一、马鞭草科 Verbenaceae

木或乔木，有时为藤本，极少数为草本。叶常对生，稀轮生或互生，无托叶。花常两性，左右对称，很少辐射对称；花萼常宿存，结果时增大而呈现鲜艳色彩；花冠下部联合呈圆柱形，上部 4~5 或更多裂，裂片全缘或下唇中间裂片边缘呈流苏状；雄蕊 (2)~4~(6)，着生于花冠管上；花盘不显著，子房上位，由 2 或 4~5 心皮组成 2~5 室或因假隔膜分为 4~10 室，每室有 2 胚珠或因假隔膜而为一胚珠 。果实为核果、蒴果或浆果状核果。

约 80 属 3000 种，主要分布于热带和亚热带地区。中国有 21 属 175 种 31 变种 10 变型。

科的特征：单叶对生茎具棱，常无托叶叶对生。花序穗状或聚伞，花萼杯状果宿存。

花冠合生 4 5 裂，雄蕊 4 枚为二强。子房上位两心皮，坚果成熟才分离。

分种检索表

1 花序由花序下面或外围向顶端开放，形成穗状、总状花序或短缩近头状的无限花序

  2 花序穗状或近头状 …………………………………………………… 1 马樱丹属 *Lantana*

  2 花序总状 ……………………………………………………………… 2 假连翘属 *Duranta*

1 花序由花序顶端呀中心向外围开放形成聚伞花序，或由聚伞花序再排成其它花序有时

为单花

3 花辐射对称；4~6 枚雄蕊近等长 ………………………………………………… 3 紫珠属 *Callicarpa*

3 花多少两侧对称或偏斜；雄蕊 4，多少二强

4 花萼绿色，结果时不增大或稍增大，果实为 2~4 室的核果

5 单叶；花冠下唇中央 1 裂不特别大，或仅稍大 …………………………… 4 豆腐柴属 *Premna*

5 掌状复叶；花冠 5 裂成二唇形，下唇中央 1 裂片特别大 ………… 5 牡荆属 *Vitex*

4 花萼在结果时增大，各种颜色，果实常有 4 分核

6 花冠管通常不弯曲；花萼钟状或杯状 ………………………………… 6 大青属 *Clerodendrum*

6 花冠管显著弯曲；花萼由基部向上扩展成喇叭状或碟状 ……… 7 冬红属 *Holmskioldia*

（一）马樱丹属 *Lantana* Linn.

直立或半藤状灌木，有强烈气味。茎四方形，有或无皮刺。单叶对生，缘有圆钝齿，表面多皱。花密集成头状，顶生或腋生，具总梗；苞片长于花萼；花萼小，膜质；花冠筒细长，顶端 4~5 裂；雄蕊 4，着生于花冠筒中部，内藏；子房 2，花柱短，柱头歪斜近头状。核果球形。约 150 种，主产热带美洲。中国引种栽培 2 种。

1. 五色梅 *Lantana camara* Linn.

图 9-694 五色梅

图 9-695 五色梅在园林中的应用

【别名】 马缨丹、臭草、五彩花、七姊妹

【形态特征】 常绿灌木，高 1~2 米，有时枝条生长呈藤状。茎枝呈四方形，有短柔毛，通常有短而倒钩状刺。单叶对生，卵形或卵状长圆形，先端渐尖，基部圆形，两面粗糙有毛，揉烂有强烈的气味，头状花序腋生于枝梢上部，每个花序 20 多朵花，花冠筒细长，顶端多五裂，状似梅花。花冠颜色多变，黄色、橙黄色、粉红色、深红色。花期较长，在南方露地栽植几乎一年四季有花，北京盆栽 7~8 月花量最大。果为圆球形浆果，熟时紫黑色（图 9-694）。

有园艺品种多个：蔓五色梅 (*L. montevidensis*) 半藤蔓状，花色玫瑰红带青紫色。白五色梅 (cv. 'Nivea') 花以白 色为主。黄五色梅 (cv. 'Hybrida') 花以黄色为主。

【生态习性】 喜光，喜温暖湿润气候。耐干旱瘠薄，但不耐寒，在疏松肥沃排水良好的砂壤土中生长较好。在南方基本是露地栽培，北方可作盆栽摆

设观赏。喜肥沃、疏松的沙质土壤。

【分布及栽培范围】产美洲热带，中国广东、海南、福建、台湾、广西等省区有栽培，且已逸为野生。

【繁殖】播种、扦插、压条等方法繁殖花苗。

【观赏】五色梅花色美丽，观花期长，绿树繁花，常年艳丽。

【园林应用】园景树、基础种植、绿篱、地被植物、盆栽及盆景观赏（图 9-695）。常见植于公园、庭院中做花篱、花丛，也可于道路两侧、旷野形成绿化覆盖植被。盆栽可置于门前、厅 堂、居室等处观赏，也可组成花坛。

【生态功能】抗尘、抗污力强。

【其它】以根或全株入药。

（二）假连翘属 *Duranta* Linn.

灌木或小乔木；枝有刺或无刺，常下垂；叶对生或轮生，全缘或有齿；总状花序常顶生，长而疏散；萼有短齿，宿存；花冠高脚碟状，管稍弯曲，顶端 5 裂，裂片不相等，向外开展；雄蕊 4，2 长 2 短，着生于冠管中部，内藏；子房 8 室，每室有胚珠 1 颗；核果肉质，有种子 8 颗。36 种，产热带美洲，我国引入栽培的假连翘 *D. repens*1 种。

1. 假连翘 *Duranta repens* L.

【别名】番仔刺、篱笆树、洋刺、花墙刺

【形态特征】常绿灌木，植株高 1.5~3 米。枝条常下垂，有刺或无刺，嫩枝有毛。叶对生，稀为轮生；叶柄长约 1 厘米，有柔毛；叶片纸质，卵状椭圆形、倒卵形或卵状披针形，长 2~6.5 厘米，宽 1.5~3.5 厘米，基部楔形，叶缘中部以上有锯齿，先端短尖或钝，有柔毛。核果球形，无毛，有光泽，直径约 5 毫米，熟时红黄色，有增大宿存花萼包围（图 9-696）。花、果期 5~10 月，在南方可为全年。

图 9-696 假连翘

【生态习性】喜温暖湿润气候，抗寒力较低，遇 5~6℃长期低温或短期霜冻，植株受寒害。

【分布及栽培范围】原产热带美洲地区，华南城市有栽培。上海、北京等地常在温室盆栽观赏。

【繁殖】播种育苗为主，也可扦插繁殖。

【观赏】树姿优美、生长旺盛；早春先叶开花，且花期长、花量多，盛开时满枝金黄，芬芳四溢，令人赏心悦目，在早春季相变化中起着重要作用。总状果序，悬挂梢头，橘红色或金黄色，有光泽，如串串金粒，经久不脱落，极为艳丽。

【园林应用】园景树、基础种植、绿篱、地被植物、盆栽及盆景观赏。常用于绿墙、花廊，或攀附于花架上，或悬垂于石壁、砌墙上，均很美丽。枝条柔软，耐修剪，可卷曲为多咱形态，作盆景栽植，或修剪培育作桩景，效果尤佳。

【其它】果入药，治疟疾，叶捣烂可敷治痈肿。

（三）紫珠属 *Callicarpa* Linn.

灌木，稀为乔木，除被各种毛茸外，常有黄色或红色腺点；叶通常对生；花小，多为4数，排成聚伞花序；苞片尖细或是叶状；萼宿存，杯状或钟状，深裂或浅裂或截平；花冠形状各式，颜色多种，顶部4裂；雄蕊4，着生于花冠管内近基部，花丝与花冠等长或长突出，花药纵裂；果为肉质核果，内果皮骨质，形成4个分核。约190种，主产东南亚热带和亚热带地区，我国约有46种，产西南部至台湾，大部产南部。

1. 紫珠 *Callicarpa bodinieri* Levl. var. bodinieri

【别名】 珍琼枫、爆竹紫

【形态特征】 落叶灌木，高约2米。小枝、叶柄和花序均被粗糠状星状毛。叶片卵状长椭圆形至椭圆形，长7~18厘米，宽4~7厘米，顶端长渐尖至短尖，基部楔形，边缘有细锯齿，有短柔毛，背面灰棕色，密被星状柔毛，两面密生暗红色或红色细粒状腺点；叶柄长0.5~1厘米。聚伞花序宽3~4.5厘米，4~5次分歧，花序梗长不超过1厘米；苞片细小，线形；花柄长约1毫米；花萼长约1毫米，外被星状毛和暗红色腺点，萼齿钝三角形；花冠紫色，长约3毫米，被星状柔毛和暗红色腺点；雄蕊长约6毫米。果实球形，熟时紫色，径约2毫米（图9-697）。花期6~7月，果期8~11月。

图9-697 紫珠

【生态习性】 喜温、喜湿、怕风、怕旱，适宜气候条件为年平均温度15~25℃，年降雨量1000~1800毫米，土壤以红黄壤为好。常与马尾松、油茶、毛竹、山竹、映山红、山苍子、芭茅、枫香等混生。

【分布及栽培范围】 陕西、甘肃、江苏、安徽、浙江、江西、福建、河南、湖北、湖南、广东、广西、四川、贵州、云南等省。日本、越南也有分布。

【繁殖】 播种、扦插繁殖。

【观赏】 株形秀丽，花色绚丽，果实色彩鲜艳，珠圆玉润，犹如一颗颗紫色的珍珠。

【园林应用】 园景树、基础种植、绿篱、地被植物、盆栽及盆景观赏。其果穗还可剪下瓶插或作切花材料。

【其它】 根治目红、发热、口渴、痢疾、止痒。用叶治吐血，咯血，便血，崩漏，创伤出血。

（四）豆腐柴属 *Premna* Linn.

灌木或乔木，有时藤本，很少匍匐地上而近草本；枝圆柱形，有腺状皮孔；叶对生，单叶，大部全缘；花小，排成顶生的圆锥花序或对生的聚伞花序或形成一穗状花序式的密锥花序，有苞片；萼多少杯状、截平或有波状钝齿，花后略增大且宿存；花冠管短，喉部有毛，上部通常4裂，裂片略呈二唇形，上唇1片全缘或稍下凹，下唇3片近等长，有时中间1片较长；雄蕊4，2长2短，药室平行或基部叉开；子房4室，有胚珠4颗；果为一小核果，核硬。约200种，分布于东半球热带和亚热带地区，我国约44种5变种，产西南部至台湾，但主产地为西南部。

1. 豆腐柴 *Premna microphylla* Turcz.

图 9-698 豆腐柴

【别名】臭黄荆、观音柴、豆腐草、腐婢

【形态特征】直立灌木，植被高 2~6 米。幼枝有柔毛，老枝渐无毛，老枝渐无毛。单叶对生；叶柄长 0.5~2 厘米；叶片卵状披针形、倒卵形、椭圆形或形，有臭味，长 3~13 厘米，宽 1.5~6 厘米，基部渐狭，全缘或具不规则粗齿，先端急尖至长渐尖，无毛或有短柔毛。聚伞花序组成塔形的圆锥花序，顶生；花萼杯状，绿色或有时带紫色，密被毛至几无毛，边缘常有睫毛，5 浅裂；花冠淡黄以，呈二唇形，裂片 4，外被柔毛和腺点，内面具柔毛，尤以喉部较密；雄蕊 4，2 长 2 短，着生于花冠管上。核果球形至倒卵形，紫色，径约 6 毫米（图 9-698）。花期 5~6 月，果期 6~10 月。

【生态习性】生长于海拔 500~1500 米向阳干燥的山坡疏林下、林缘、沟谷边、路旁、荒山、丘陵、灌木丛中。土壤以红壤土为主，其次是黄壤土和淋性碳酸盐土，PH 值可从 4.5~7.5，适应性强。

【分布及栽培范围】华东、中南及西南各省，生山坡林下或林缘。

【繁殖】扦插繁殖。

【观赏】花淡黄色，具一定的观赏价值。

【园林应用】园景树、基础种植、地被植物、特殊环境绿化（荒山绿化）。体现野趣。

【其它】叶可制豆腐，俗称豆腐柴。轻工业生产中还可用来制造化妆品以及替代琼脂作某些微生物的培养基。

（五）牡荆属 *Vitex* Linn.

灌木或乔木；小枝通常四棱柱形；叶对生，掌状复叶，有小叶 3~8 枚，很少单小叶；花白色至浅蓝色，组成顶生或腋生的圆锥花序；萼钟状或管状，顶端截平或 5 齿裂，有时 2 唇形；花冠小，二唇形，下唇的中间裂片最长；雄蕊 4，2 长 2 短；子房 2~4 室，有胚珠 4 颗；果为一球形或卵状的核果。250 种，分布于热带地区，少数产温带地区，我国约 20 种，南北均产之，西南部尤盛。

1. 黄荆 *Vitex negundo* Linn.

【别名】牡荆、荆条、蔓荆条、黄荆子、黄荆柴

【形态特征】落叶灌木或小乔木，高可达 6 米，枝叶有香气。新枝方形，灰白色，密被细绒毛。叶对生；掌状复叶，具长柄，通常 5 出，有时 3 出；小叶片椭圆状卵形，长 4~9 厘米，宽 1.5~3.5 厘米，中间的小叶片最大，两侧次第减小，先端长尖，基部楔形，全缘或浅波状，或每侧具 2~5 浅锯齿，上面淡绿色，有稀疏短毛和细油点。下面白色，密被白色绒毛。圆锥花序，顶生；萼钟形，5 齿裂；花冠淡紫色，唇形，长约 6 毫米，上唇 2 裂，下唇 3 裂；雄蕊 4，2 强；子

房4室，花柱线形，柱头2裂。核果，卵状球形，褐色，径约2.5毫米，下半部包于宿萼内（图9-699）。花期4~6月，果期8~9月。

【生态习性】喜光，耐寒，耐干旱瘠薄的土壤。

【分布及栽培范围】长江以南地区、北达秦岭淮河；非洲东部经马达加斯加、亚洲东南部及南美洲的玻利维亚。

【繁殖】播种繁殖。

【观赏】淡紫色的花。

【园林应用】园景树、基础种植、特殊环境绿化（荒山绿化）、盆栽及盆景观赏。体现野趣。

【其它】根、茎、叶、果实入药，具清热止咳等功效。

图9-699 黄荆条

（六）大青属（赪桐属） *Clerodendrum* Linn.

落叶或半常绿灌木或小乔木，少为攀援状藤本或草本。幼枝四棱形至近圆柱形，有浅或深的棱槽。单叶对生或轮生，全缘或具锯齿。聚伞或具锯齿。聚伞花序或由聚伞花序组成的伞房或圆锥状花序，顶生或腋生；苞片宿存或早落；花萼钟状、杯状，有色泽，宿存，花后多少增大；花冠筒通常细长，顶端有5等形或不等形的裂片；雄蕊4，伸出花冠外；子房4室。浆果状核果，包于宿存增大的花萼内。约400种，分布于热带和亚热带，少数分布温带。中国有34种6变种，大多分布在西南、华南地区。

分种检索表

1 花序10朵以上，由聚伞花序组成头状

2 聚伞花序疏展排列不成头状……………………………………………1 海州常山 *C. trichotomum*

2 聚伞花序紧密排列呈头状

3 花萼外面常具盘状腺体……………………………………………2 臭牡丹 *C. bungei*

3 花萼外面无盘状腺体……………………………………………3 灰毛大青 *C. canescens.*

1 花序具3~10朵，由聚伞花序组成伞房状 ……………………………4 龙吐珠 *C. thomsonae.*

1. 海州常山 *Clerodendrum trichotomum* Thunb.

【别名】臭梧桐、臭桐

【形态特征】落叶灌木或小乔木，高可达8米。嫩枝近四棱形，被短柔毛，枝髓淡黄色片隔状。单叶对生，叶片宽卵形，长5~6厘米，宽3~13厘米，先端渐尖，基部宽契形，叶表成皱无毛，背面脉上密生柔毛，叶全缘。花两性，腋生伞房状聚伞花序。花

图 9-700 海州常山

图 9-701 海州常山在园林中的应用

管状漏斗形，白色略带粉红，雄蕾 4 枚，伸出冠外。花具卵形叶状苞片和花萼，萼与花冠筒进等长，5 裂，红色、宿存。核果球形，熟时蓝紫色，光亮，并为宿存的紫红色萼片所包围。花果期 6~11 月。6 月下旬开始白色花冠罩满枝头，且香气四溢，9 月下旬增大的五瓣紫红宿存鄂托以蓝紫色亮果持续到 11 月初，花果期持续可达 5 个月（图 9-700）。

【生态习性】喜光也稍耐荫，喜凉爽湿润、向阳的气候环境。对土壤要求不严，无论酸性、中性石灰性或轻盐碱土壤可良好生长，抗寒、抗旱和抗有毒气体。

【分布及栽培范围】亚热带树种。中国南北各地均有分布，主产华北、华东、中南、西北各省区，华北地区的山野丘陵、荒坡沟谷常见，城市公园多有栽培。

【繁殖】播种繁殖。

【观赏】花期长，花色美丽。由于具宿存性红色花萼，花落后，蓝紫色的核果为红色花萼所包围，仍如朵朵红花鲜艳照人，十分美丽。在园林绿化中具有特殊的观赏价值，夏秋观花、冬季赏萼、看果。

【园林应用】园路树、庭荫树、园景树、风景林、水边绿化、基础种植（图 9-701）。其颜丽的景观适用布置林景色，小区美化，庭院绿化，是具有绿化、美化、香化、药化的珍稀乡土树种。

【其它】花香有驱蚊蝇之功效，其根茎叶均能入药，有治疗高血压、风湿疼，解毒了疮等药用价值。

2. 臭牡丹 *Clerodendrum bungei* Steud.

【别名】矮桐子、大红袍、臭八宝

【形态特征】小灌木。嫩枝稍有柔毛，枝内白色中髓坚实。叶宽卵形或卵形，有强烈臭味，长 10~20 厘米，宽 5~15 厘米，边缘有锯齿。聚伞花序紧密，顶生，花冠淡红色或红色、紫色，有臭味。核果倒卵形或卵形，直径 0.8~1.2 厘米，成熟后蓝紫色（图 9-702）。

图 9-702 臭牡丹

【生态习性】喜阳光充足和湿润环境，适应性强，耐寒耐旱，也较耐阴，宜在肥沃、疏松的腐叶土中生长。生于海拔 100 米 ~2600 米的山坡、林缘或沟旁。

【分布及栽培范围】越南、印度、马来西亚以及中国大陆的安徽、江西、湖南、华北、西南、西北、江苏、浙江、广西、湖北等地。

【繁殖】分株繁殖，也可根插和播种繁殖。

【观赏】叶色浓绿，顶生紧密头状红花，花朵优美，花期亦长。

【园林应用】基础种植、地被植物、盆栽及盆景观赏。常见于坡地、林下或树从旁。

【其它】根、茎、叶入药，有祛风解毒、消毒止痛之效。

3. 灰毛大青 *Clerodendrum canescens* Wall.

【别名】毛赪桐、粘毛赪桐、灰毛臭茉莉、六灯笼

【形态特征】灌木，高 1~3.5 米；小枝略四棱形，全体密被平展或倒向灰褐色长柔毛，髓疏松，干后不中空。叶片心形或宽卵形，少为卵形，长 6~18 厘米，宽 4~15 厘米，顶端渐尖，基部心形至近截形，两面都有柔毛，脉上密被灰褐色平展柔毛，背面尤显著；叶柄长 1.5~12 厘米。聚伞花序密集成头状，通常 2~5 枝生于枝顶，花序梗较粗壮，长 1.5~11 厘米；苞片叶状，卵形或椭圆形，具短柄或近无柄，长 0.5~2.4 厘米；花萼由绿变红色，钟状，有 5 棱角，长约 1.3 厘米，有少数腺点，5 深裂至萼的中部，裂片卵形或宽卵形，渐尖，花冠白色或淡红色，外有腺毛或柔毛，花冠管长约 2 厘米，纤细，裂片向外平展，倒卵状长圆形，长 5~6 毫米；雄蕊 4 枚。核果近球形，径约 7 毫米，绿色，成熟时深蓝色或黑色，藏于红色增大的宿萼内（图 9-703）。花果期 4~10 月。

【生态习性】喜光、喜温暖湿润气候及排水良好的土壤，耐寒性较差。生于海拔 220~880 米的山坡路边或疏林中。

图 9-703 灰毛大青

图 9-704 灰毛大青在园林中的应用

【分布及栽培范围】浙江、江西、湖南、福建、台湾、广东、广西、四川、贵州、云南。印度和越南北部等地也有分布。

【繁殖】种子繁殖。

【观赏】株形优美，花萼红色，果黑色，十分美丽。

【园林应用】园路树、庭荫树、园景树、风景林（图 9-704）。

【其它】全株治毒疮、风湿病，有退热止痛的功效。

4. 龙吐珠 *Clerodendrum thomsonae* Balf.

【别名】白萼赪桐

图 9-705 龙吐珠

图 9-706 龙吐珠在园林中的应用

【形态特征】攀援状灌木，高 2~5 米；幼枝四棱形，被黄褐色短绒毛，老时无毛，小枝髓部嫩时疏松，老后中空。叶片纸质，狭卵形或卵状长圆形，长 4~10 厘米，宽 1.5~4 厘米，顶端渐尖，基部近圆形，全缘，表面被小疣毛，略粗糙，背面近无毛，基脉三出；叶柄长 1~2 厘米。聚伞花序腋生或假顶生，二歧分枝，长 7~15 厘米，宽 10~17 厘米；苞片狭披针形，长 0.5~1 厘米；花萼白色，基部合生，中部膨大，有 5 棱脊，顶端 5 深裂，外被细毛，裂片三角状卵形，长 1.5~2 厘米，宽 1~1.2 厘米，顶端渐尖；花冠深红色，外被细腺毛，裂片椭圆形，长约 9 毫米，花冠管与花萼近等长；雄蕊 4，与花柱同伸出花冠外；柱头 2 浅裂。核果近球形，径约 1.4 厘米，内有 2~4 分核，外果皮光亮，棕黑色；宿存萼不增大，红紫色（图 9-705）。花期 3~5 月。

【生态习性】喜温暖、湿润和阳光充足的半阴环境，不耐寒。龙吐珠的生长适温为 18~24℃，2~10 月为 18~30℃，10 月至翌年 2 月为 13~16℃。冬季温度不低于 8℃，5℃以上茎叶易遭受冻害，轻者引起落叶，重则嫩茎枯萎。营养生长期温度可以较高，30℃以上高温，只需供水充足，仍可正常生长。而生殖生长，即开花期的温度宜较低，约在 17℃左右。

土壤用肥沃、疏松和排水良好的砂质壤土。盆栽用培养土或泥炭土和粗沙的混合土。

【分布及栽培范围】中国各地温室栽培。原产非洲西部、墨西哥。

【繁殖】播种或扦插繁殖，种子寿命短，采后即播。

【观赏】开花时深红色的花冠由白色的萼内伸出，状如吐珠。

【园林应用】地被植物、垂直绿化、盆栽及盆景观赏（图 9-706）。

【其它】具有清热解毒；散瘀消肿的功效。治疗疔疮疖肿；跌打肿痛。

（七）冬红属 *Holmskioldia* Retz.

灌木，小枝被毛。叶对生，全缘或有锯齿，具叶柄。聚伞花序腋生或聚生于枝顶；花萼膜质，由基部向上扩大成碟状，近全缘，有颜色；花冠管弯曲，顶端 5 浅裂；雄蕊 4，二强，着生于花冠管基部，与花柱同伸出花冠外，花药纵裂；花柱细长，柱头顶端浅 2 裂；子房稍压扁，有 4 胚珠。果实 4 裂几达基部。

约 3 种，分布于印度、马达加斯加和热带非洲。我国引种栽培。

1. 冬红 *Holmskioldia sanguinea* Retz.

【别名】阳伞花、帽子花

【形态特征】常绿灌木，高3~7米；小枝四棱形，具四槽，被毛。叶对生，膜质，卵形或宽卵形，基部圆形或近平截，叶缘有锯齿，两面均有稀疏毛及腺点，但沿叶脉具毛较密；叶柄长1~2厘米，具毛及腺点，有沟槽。聚伞花序常2~6个再组成圆锥状，每聚伞花序有3花，中间的一朵花柄较两侧为长，花柄及花序梗具短腺毛及长单毛；花萼砵红色或橙红色，由基部向上扩张成一阔倒圆锥形的碟，直径可达2厘米，边缘有稀疏睫毛，网状脉明显；花冠砵红色，花冠管长2~2.5厘米，有腺点；雄蕊4，花丝长2.5~3厘米，具腺点。果实倒卵形，长约6毫米，4深裂，包藏于宿存、扩大的花萼内（图9-707）。花期冬末春初。

【生态习性】喜光，喜温热及排水良好的环境。

【分布及栽培范围】原产喜马拉雅。现我国广东、广西、台湾等地有栽培，供观赏。

图9-707 冬红

【繁殖】播种或扦插繁殖。

【观赏】花顶生，花萼伞形，花冠喇叭形，橙红色，盛开时极为鲜艳夺目。

【园林应用】水边绿化、园景树、基础种植、垂直绿化、地被植物、盆栽及盆景观赏。

九十二、醉鱼草科 Buddlejaceae

大部分为灌木，也有少数种类为乔木，但一般不足5米高，也有几个种类会超过30米高。常被星状毛，单叶对生，稀互生，1~30厘米长；花萼4裂，花冠漏斗状或高脚碟状，约1厘米长，组成各种花序；果实为蒴果，2瓣裂，稀浆果。基本分为两个群类，生长在美洲的一般为雌雄异株，而生长在东半球的一般为雌雄同株。

约100种，分布于美洲、非洲和非洲的热带至温带地区。我国只有醉鱼草属1个属，29种，4变种，除东北地区和新疆外，几乎全国各省都有分布。

（一）醉鱼草属 *Buddleja* L.

灌木，植株通常被腺毛、星状毛或叉状毛。枝条通常对生，叶柄通常短；托叶着生在两叶柄基部之间，花多朵组成圆锥状、穗状、总状或头状的聚伞花序；苞片线形；花萼钟状，花冠高脚碟状或钟状，花冠管圆筒形，直立或弯曲，雄蕊着生于花冠管内壁上，花丝极短，花药内向，花柱丝状或缩短，柱头头状、圆锥状或棍棒状，蒴果。我国29种，4变种。

1. 醉鱼草 *Buddleja lindleyana* Fortune

图 9-708 醉鱼草

【别名】闭鱼花、痒见消、鱼尾草、五霸蔷

【形态特征】落叶灌木，高 1~2.5 米。树皮茶褐色，多分枝，小枝四棱形，有窄翅。棱的两面被短白柔毛，老则脱落。单叶对生；具柄，柄上密生绒毛；叶片纸质，卵圆形至长圆状披针形，长 3~8 厘米，宽 1.5~3 厘米，先端尖，基部楔形，全缘或具稀疏锯齿；幼叶嫩时叶两面密被黄色绒毛，老时毛脱落。穗状花序顶生，长 4~40 厘米，花倾向一侧；花萼管状，4 或 5 浅裂，有鳞片密生；花冠细长管状，紫色，长约 15 毫米，外面具有白色光亮细鳞片，内面具有白色细柔毛，先端 4 裂，裂片卵圆形；雄蕊 4；雌蕊 1，花柱线形，子房上位。蒴果长圆形，基部有宿萼（图 9-708）。花期 4~7 月，果期 10~11 月。

【生态习性】适应性强，耐土壤瘠薄，抗盐碱：对土壤要求不严，在土壤通透性较好的壤土、沙壤土、沙土、砾石土等生长良好。

【分布及栽培范围】西南及江苏、安徽、浙江、江西、福建、湖北、湖南、广东等地。

【繁殖】播种、扦插或分株繁殖。

【观赏】枝叶婆娑，花朵繁茂，幽雅芳香，具有野趣情调。

【园林应用】园景树、基础种植、绿篱、地被植物、花境（图 9-709）。适宜栽植于坡地、桥头、墙边，或作中型绿篱，或草地丛植、密植作花篱、花带。

图 9-709 醉鱼草在园林中的应用

【其它】醉鱼草对某些昆虫有杀灭效果。全株药用，具有祛风解毒、驱虫、化骨鲠的功效。

九十三、木犀科 Oleaceae

木本，直立或藤本。叶对生，很少互生（素馨属互生），单叶或复叶；托叶无。花两性或单性，辐射对称，常组成圆锥、聚伞或丛生花序，稀单生；花萼常 4；花冠合瓣，裂片 4~9，有时缺；雄蕊 2，稀 3~5；子房上位，2 室，每室 1~3 个胚珠，常 2；花柱单一，柱头 2 尖裂。果为浆果、核果、蒴果或翅果。种子具胚乳或无胚乳。

共 27 属 400 余种，广布于温带和热带各地，中国有 12 属约 200 种，其中连翘属、丁香属、女贞属和木犀属的绝大部分种类均产我国，我国为上述各属的分布中心。

分属检索表

1 子房每室具胚珠 2 枚或多枚下垂，胚珠着生子房上部；果为翅果、核果或浆果状核果，若为蒴果，则不呈扁圆形

2 果为翅果或蒴果

3 翅果

4 翅生于果四周，单叶 …………………………………………………………… 1 雪柳属 *Fontanesia*

4 翅生于果顶端，叶为奇数羽状复叶 ……………………………………………… 2 梣属 *Fraxinus*

3 蒴果；种子有翅

5 花黄色，枝中空或具片状髓 ……………………………………………………… 3 连翘属 *Foraythia*

5 花紫色、红色、粉红色或白色，枝实心 …………………………………………… 4 丁香属 *Syringa*

2 果为核果或浆果状核果

6 核果；花序多腋生，少数顶生 …………………………………………………… 5 木犀属 *Osmanthus*

6 浆果状核查或核果状而开裂；花序机生，稀腋生 ………………………… 6 女贞属 *Ligustrum*

1 子房每室具向上胚珠 1~2 枚，胚珠着生子房基部或近基部；果为浆果 …… 7 素馨属 *Jasminum*

（一）雪柳属 *Fontanesia* Labill.

落叶灌木。小枝四棱形。叶对生，全缘；花小，两性，组成具叶的圆锥花序；萼小，4 裂；花瓣 4，白色；仅于基部稍合生，花蕾时内向镊合状排列;雄蕊 2，着生于花冠基部，花丝伸出花冠外很多;子房上位，2 室，柱头 2 裂；胚珠每室 2 颗，悬垂于室顶；翅果阔椭圆形或卵形，扁平，周围有狭翅。2 种，分布于西西里和西亚，我国有雪柳。

1. 雪柳 *Fontanesia fortunei* Carr.

图 9-710 雪柳

【别名】五谷树、挂梁青

【形态特征】落叶灌木或小乔木，高达 8 米；树皮灰褐色。枝灰白色，圆柱形，小枝淡黄色或淡绿色，四棱形或具棱角，无毛。叶片纸质，披针形、卵状披针形或狭卵形，长 3~12 厘米，宽 0.8~2.6 厘米，先端锐尖至渐尖，基部楔形，全缘，两面无毛，中脉在上面稍凹入或平，下面凸起，侧脉 2~8 对，斜向上延伸，两面稍凸起，有时在上面凹入；叶柄长 1~5 毫米，上面具沟，光滑无毛。圆锥花序顶生或腋生，顶生花序长 2~6 厘米，腋生花序较短；花两性或杂性同株；苞片锥形或披针形，长 0.5~2.5 毫米；花冠深裂至近基部，裂片卵状披针形，长 2~3 毫米，宽 0.5~1 毫米，先端钝，基部合生；雄蕊花丝长 1.5~6 毫米，伸出或不伸出花冠外。果黄棕色，倒卵形至倒卵状椭圆形，扁平，长 7~9 毫米，先端微凹，花柱宿存，边缘具窄翅；种子长约 3 毫米，具三棱（图 9-710）。花期 4~6 月，果期 6~10 月。

【生态习性】喜光，稍耐荫；喜肥沃、排水良好的土壤；喜温暖，但亦较耐寒。生水沟、溪边或林中，海拔在800米以下。

【分布及栽培范围】河北、陕西、山东、江苏、安徽、浙江、河南及湖北东部。

【繁殖】分株、扦插或压条繁殖均可。

【观赏】叶形似柳，花白繁密如雪，故又称“珍珠花”，为优良观花灌木。

【园林应用】园景树、风景林、树林、防护林、水边绿化、基础种植、绿篱（图9-711）。常见丛植于池畔、坡地、路旁、崖边或树丛边缘，颇具雅趣。若作基础栽植，丛植于草坪角隅及房屋前后，也很相宜。

【生态功能】防风林的树种。

【其它】嫩叶可代茶；枝条可编筐；茎皮可制人造棉。

图9-711 雪柳在园林中的应用

（二）梣属（白蜡树属）*Fraxinus* Linn.

落叶乔木，稀灌木要。芽大，多数具芽鳞2~4对，稀为裸芽。叶对生，奇数羽状复叶，稀在枝梢呈3枚轮生状，有小叶3至多枚；叶柄基部常增厚或扩大；小叶叶缘具锯齿或近全缘。花小，圆锥花序机生或腋生于枝端。花冠4裂至基部，白色至淡黄色。子房2室，每室具下垂胚珠2枚，柱头多少2裂。果含1枚或偶有2枚种子的坚果。

约60余种，大多数分布在北半球暖温带。我国27种，1变种，其中1种系栽培。

分种检索表

1 复叶叶轴中间无凹槽

  2 花无花冠，与叶同放 ………………………………………… 1 白蜡树 *F. chinensis*

  2 花有花冠，先叶后花 ………………………………………… 2 苦枥木 *F. insularis*

1 复叶叶轴中间有凹槽 ………………………………………… 3 对节白腊 *F. hupehensis*

1. 白蜡树 *Fraxinus chinensis* Roxb.

【别名】白荆树

【形态特征】落叶乔木，高10~12米。树冠卵圆形，树皮黄褐色。小枝光滑无毛。奇数羽状复叶，对生，小叶5~7枚，通常7枚，硬纸质，卵圆形或卵状披针形，长3~10厘米，先端渐尖，基部钝圆或楔形，不对称，缘有齿及波状齿，表面无毛，背面沿脉有短柔毛；顶生小叶与侧生小叶近等大或稍大。圆锥花序侧生或顶生于当年生枝上，大而疏松；椭圆花序顶生

图 9-712 白蜡树

图 9-713 苦枥木

及侧生，下垂，夏季开花。花萼钟状；无花瓣。翅果倒披针形，长 3~4 厘米。花期 3~5 月；果期 7~9 月。翅果扁平，披针形（图 9-712）。

【生态习性】喜光，稍耐荫，喜温暖湿润气候，颇耐寒，喜湿耐涝，也耐旱，对土壤要求不严。多分布于山洞溪流旁，生长快。

【分布及栽培范围】我国特产，北自中国东北中南部，经黄河流域、长江流域，南达广东、广西，东南至福建，西至甘肃均有分布。越南、朝鲜也有分布。

【繁殖】播种、插条、埋条等法繁殖。

【观赏】树形体端正，树干通直，枝叶繁茂而鲜绿，秋叶橙黄。

【园林应用】行道树、园路树、庭荫树、园景树、风景林、树林、防护林、水边绿化、特殊环境绿化（工矿区绿化）。

【生态功能】耐水湿，抗烟尘。

【其它】木材坚韧，供制家俱、农具、车辆、胶合板等。枝条可编筐；树皮称“春皮””。

经济用途为放养白蜡虫生产白蜡，尤以西南各省栽培最盛。

2. 苦枥木 *Fraxinus insularis* Hemsl.

【形态特征】落叶大乔木，高 20~30 米。树皮灰色。羽状复叶长 10~30 厘米；叶柄长 5~8 厘米，基部稍增厚，变黑色；小叶 (3)5~7 枚，嫩时纸质，后期变硬纸质或革质，长圆形或椭圆状披针形，长 6~9(13) 厘米，宽 2~3.5(4.5) 厘米，顶生小叶与侧生小叶近等大，先端急尖、渐尖以至尾尖，基部楔形至钝圆，两侧不等大，叶缘具浅锯齿，或中部以下近全缘，两面无毛，上面深绿色，下面色淡白，散生微细腺点，中脉在上面平坦，下面凸起，侧脉 7~11 对，细脉网结甚明显；小叶柄纤细，长 (0.5)1~1.5 厘米。圆锥花序生于当年生枝端，顶生及侧生叶腋，长 20~30 厘米，分枝细长，多花，叶后开放；花序梗扁平而短，基部有时具叶状苞片；花梗丝状，长约 3 毫米；花芳香；花萼钟状；花冠白色，裂片匙形；雄蕊伸出花冠外，花药长 1.5 毫米，顶端钝，花丝细长；雌蕊长约 2 毫米，花柱与柱头近等长，柱头 2 裂。翅果红色至褐色，长匙形，长 2~4 厘米，宽 3.5~4(5) 毫米，先端钝圆，坚果近扁平；花萼宿存（图 9-713）。花期 4~5 月，果期 7~9 月。

【生态习性】适应性强，生于各种海拔高度的山地、河谷等处，在石灰岩裸坡上常为仅见的大树。

【分布及栽培范围】长江以南，台湾至西南各省区，日本（九州、冲绳）也有分布。

【繁殖】播种繁殖。

【观赏】树形体端正，树干通直，枝叶繁茂而鲜绿，秋叶橙黄。

【园林应用】行道树、园路树、庭荫树、园景树、风景林、树林、防护林、水边绿化、特殊环境绿化（工矿区绿化）。

3. 对节白蜡 *Fraxinus hupehensis* Ch'u Shang et Su

图 9-714 对节白蜡

图 9-715 对节白蜡的应用

【别名】湖北梣

【形态特征】落叶乔木，高可达 19 米。树皮深灰色，老时纵裂，枝近无毛，侧生小枝常呈棘刺状，奇数羽状复叶对生，长达 7~15 厘米，小叶 7~9 枚（可达 11 枚），小叶柄很短，被毛，叶轴与叶柄交叉处有短柔毛，叶片披针形至卵状披针形，长 1.7~5 厘米，宽 0.6~1.8 厘米，先端渐尖，缘具细锐锯齿，齿端微内曲，叶表无毛，侧脉 4~6 对，背面稍显。花簇生，花两性，有苞片和花萼，但无花冠，雄蕊 2 枚，花丝细长，5.5~6.0 毫米，柱头棒状，花药长 1.5~2.0 毫米，先端 2 裂，翅果，长 4~5 厘米，先端尖，花萼宿存，浅皿状（图 9-714）。花期 2~3 月，果熟 9 月。

【生态习性】喜光，也稍耐荫，喜温和湿润的气候和土层深厚之处，在原产地常与马尾松、栎类等树种混交生长。萌芽力极强。海拔 130~500 米处。

【分布及栽培范围】湖北省荆州地区之大洪山余脉。北京有引起栽培，生长状况良好。

【繁殖】播种繁殖。

【观赏】春秋夏季枝繁叶茂，情景产融，别具风韵，蔚为壮观；冬季落叶后曲干虬枝风骨傲然，苍劲古朴，意蕴深远。

【园林应用】园路树、庭荫树、园景树、风景林、树林、防护林、水边绿化、盆栽及盆景观赏（图 9-715）。用对节白腊树桩制成的盆景，无论半成品、成品或精品，都具有或庄重肃穆，或刚劲坚毅，或苍老挺秀，或平阔怡情，或飘逸婆娑，或风骨傲然的艺术效果。

【其它】珍贵的用材树种。

（三）连翘属 *Forsythia* Vahl.

落叶灌木或为蔓性。枝髓部中空或呈薄片状。叶对生，单叶或羽状三出复对，全缘或 3 裂；先叶开花，花具梗，2~5 朵生于叶腋；萼 4 深裂；花冠黄色，深 4 裂，裂片狭长圆形或椭圆形；雄蕊 2，着生于花冠管基部；子房 2 室，柱头 2 裂，胚珠每室 4~10 颗，悬垂于室顶；果卵球形或长圆形，室背开裂为 2 片木质或革质的果瓣；种子有狭翅。

11 种，分布于欧洲至日本，我国有 7 种，1 变型。产西北至东北和东部。

分种检索表

1 枝髓中空 …………………………………………………………… 1 连翘 *F. suspensa*

1 枝髓片状枝 ………………………………………………………… 2 金钟 *F. viridissima*

1. 连翘 *Forsythia suspensa* Vahl.

【别名】黄花杆、黄寿丹

【形态特征】枝髓中空。小枝黄褐色，稍四棱，皮孔明显。单叶或三出复叶，缘有粗锯齿。叶柄长 8~20 毫米；叶片卵形、长卵形、广卵形以至圆形，长 3~7 厘米，宽 2~4 厘米，先端渐尖、急尖或钝。基部阔楔形或圆形，边缘有不整齐的锯齿；半革质。花先叶开放，腋生，金黄色，通常具橘红色条纹。蒴果狭卵形略扁，长约 15 厘米，先端有短喙，成熟时 2 瓣裂。花期 3~4 月（图 9-716）。蒴果卵球形，果期 7~9 月。

【生态习性】喜光，有一定程度的耐荫性；耐寒；耐干旱极薄，怕涝；不择土壤；抗病虫害能力强。

【分布及栽培范围】分布辽宁、河北、河南、山东、江苏、湖北、江西、云南、山西、陕西、甘肃等地。

【繁殖】扦插繁殖。

【观赏】枝条拱形开展，早春先花后叶，满枝金黄，艳丽可爱，是北方常见的早春观花灌木。

【园林应用】园景树、水边绿化、绿篱及绿雕、基础种植、地被植物、专类园、盆栽及盆景观赏。常见于宅旁、亭阶、墙隅、篱下与路边配置，也宜于溪边、池畔、岩石、假山下栽种。因根系发达，可作花蓠或护堤树栽植。

【其它】茎、叶、果实、根均可入药。有抗炎、抗菌、抗病毒、解热、镇痛、强心、利尿、抑制磷酸二酯酶、降血压、抑制弹性蛋白酶活力、抗内毒素等作用，常用连翘治疗急性风热感冒、痈肿疮毒、淋巴结结核等症。

图 9-716 连翘

2. 金钟花 *Forsythia viridissima* Lindl.

【别名】金钟、迎春条、金梅花

【形态特征】落叶灌木。茎丛生，枝开展，拱形下垂，小枝绿色，微有四棱状，髓心薄片状。单叶对生，椭圆形至披针形，先端尖，基部楔形，中部以上有锯齿，中脉及支脉在叶面上凹入，在叶背隆起。花期 3~4 月，先叶开放，深黄色，1~3 朵腋生。蒴果卵球形，先端嘴状（图 9-717）。

【生态习性】喜光，略耐阴。喜温暖、湿润环境，较耐寒。适应性强，对土壤要求不严，耐干旱，较耐湿。根系发达，萌蘖力强。生山地、谷地或河谷边林缘，溪沟边或山坡路旁灌丛中，海拔 300~2600 米。

【分布及栽培范围】除华南地区外，全国各地均有栽培。

【繁殖】扦插、压条、分株、播种繁殖，以扦插为主。硬枝或嫩枝扦插均可，于节处剪下，插后易于生根。

【观赏】金黄色花十分漂亮。

【园林应用】水边绿化、园景树、基础种植、绿篱、地被植物、盆栽及盆景观赏（图 9-718）。常见丛植于草坪、墙隅、路边、树缘，院内庭前等处。

图 9-717 金钟

图 9-718 金钟在园林中的应用

（四）丁香属 *Syringa* Linn.

落叶灌木或小乔木。小枝具皮孔。单叶，对生，全缘，稀羽状深裂。花两性，组成顶生或侧生的圆锥花序；萼钟状 4 裂，宿存；花冠紫色、淡红色或白色，漏斗状，裂片 4，广展，比花冠管短；镊合状排列；雄蕊 2，着生于花冠管口部；蒴果长圆形或近圆柱形，室背开裂为 2 瓣，果瓣革质；种子每室 2 颗，有翅。生于温带及寒带，圆球形树冠。单叶对生，卵圆形，圆锥花序，白色、紫色，花冠筒状，芳香。蒴果 9 月成熟。

约 19 种，不包括自然杂交种，分布于欧洲和亚洲。我国约 20 余种，产西南部至东北部。

1. 紫丁香 *Syringa oblata* Lindl.

【别名】华北紫丁香、紫丁白

【形态特征】高 4~5 米；小枝较粗壮，无毛。单叶对生，广卵形，宽通常大于长，宽 5~10 cm，基部近心形，全缘。花紫色，花筒细长，长 1~1.2 cm，成密集圆锥花序；芳香。花期 4 月（图 9-719）。常见品种：(1) 白丁香 'Alba' 花白色，叶较小。(2) 紫萼丁香 var. *giraldii* Rehd. 花序轴及花萼紫蓝色，圆锥花序细长；叶端狭尖，背面常微有短柔毛。(3) 朝鲜丁香 var. *dilatata* Rehd. 叶卵形，长达 12 厘米，先端长渐尖，基部通常截形，无毛；花序松散，花冠筒长 1.2~1.5 厘米。产朝鲜。(4) 湖北紫丁香 var. *hupehensis* Pamp. 叶卵形，基部楔形，花紫色。产湖北。

图 9-719 紫丁香

图 9-720 紫丁香在园林中的应用

【生态习性】喜光，稍耐荫；耐干旱。耐寒。开花早，又具有美丽秋叶。但在夏热地区生长不良。

【分布及栽培范围】我国华北地区，分布以秦岭为中心，北到黑龙江，南到云南和西藏均有。现广泛栽培于世界各温带地区。

【繁殖】播种、扦插、嫁接、压条和分株法繁殖。

【观赏】花芬芳袭人，为著名的观赏花木之一。春季紫花满树，芳香四溢。

【园林应用】园景树、树林、水边绿化、基础种植、专类园、盆栽及盆景观（图 9-720）。园林中可植于建筑物的南向窗前，开花时，清香入室，沁人肺腑。

【其它】叶可入药，味苦，性寒，有清热燥湿的作用，民间多用于止泻。

（五）木犀属 *Osmanthus* Lour.

常绿灌木或小乔木；叶对生，全缘或有锯齿；花芳香，两性或单性，雌雄异株或雄花、两性花异株，簇生于叶腋或组成聚伞花序，有时成总状花序或圆锥花序；萼杯状，顶4齿裂；花冠白色、黄色至橙黄色，钟形或管状钟形，4浅裂或深裂至近基部而冠管极短，裂片花蕾时覆瓦状排列；雄蕊2，很少4枚，花丝短，花药近外向开裂；子房2室，每室有胚珠2颗；核果的内果皮坚硬或骨质。约30余种，分布于亚洲、美洲，我国有25种3变种，主产南部和西南地区。

1. 桂花 *Osmanthus fragrans* (thunb.)Lour.

【别名】木犀

【形态特征】常绿乔木或灌木，高3~5米，最高18米。树皮灰褐色，小枝干灰白色，枝上皮孔明显，无毛。叶对生；革质，椭圆形、长椭圆形或椭状披针形，长7~14.5厘米，宽2.6~4.5厘米，先端渐尖，基部渐狭楔形或宽楔形，全缘或上半部疏生细锯齿。花序簇生于叶腋（图9-721）。花期9~10月，果期次年3~4月。核果椭圆形，紫黑色。花可作香料和入药。

特产我国的著名观赏植物，常见的优良品种如下（图9-722）：

图9-721 桂花

图9-722 桂花的品种：依次为银桂、金桂、丹桂、四季桂

(1) 四季桂品种群

Ⅰ日香桂 灌木，叶狭长呈披针形，花淡黄色，全株几乎日日有花，花香气浓，当为桂中珍品，雌蕊退化，花后无实。

Ⅱ 佛顶珠 花序顶生，状若佛珠，故得名，花色淡白，雌蕊退化，花后无实。该品种树姿与花形态均很优美。

(2) 丹桂品种群

Ⅰ籽丹桂 小乔木，叶腋内有花芽1~2个，每花芽有小花4~9朵，花量繁多，花色橙红，雌蕊发育正常，花后有实。

Ⅱ大花丹桂 灌木，叶全缘或有疏齿。叶腋内有花芽1~2个，每花芽有小花6~8朵，花色橙红，花明显大于普通丹桂。雌蕊退化，花后无实。

Ⅲ宽叶红小乔木，叶腋内有花芽1~2个，每花芽有小花5~9朵。花色深红，花朵稠密。子房退化，花后无实。

(3) 金桂品种群

Ⅰ 早金桂 小乔木，叶缘上部有疏齿。花期8月下旬至9月上旬。

Ⅱ 晚金桂 小乔木，花梗紫红色，花色中黄。

Ⅲ 大花金桂 灌木，花色金黄，明显大于普通金桂，且花的香气甚浓。子房退化，花后无实。

Ⅳ 金狮桂 大灌木，花色金黄，花瓣圆阔内扣，状若金狮，十分艳丽，花量多。雌蕊退化，花后无实。

Ⅴ 球金桂 灌木，花芽几乎同时开放，状若球形。花量繁密而艳丽，子房退化，花后无实。

Ⅵ 亮叶金桂 大灌木，叶波状全缘，花色金黄，花繁叶茂，雌蕊退化，花后无实。

(4) 银桂品种群

Ⅰ 晚银桂 灌木，叶边全缘或中、上部位有疏齿。花色淡白，香气较淡。雌蕊退化，花后无实。花期10月上旬，延续时间较长。

Ⅱ 早银桂 树体构造与特征同于一般银桂，但花期为8月下旬，属早花品种。与晚桂搭配可延长花期。

Ⅲ 九龙桂 小灌木，枝条自然扭曲呈游龙状。

Ⅳ 白桂 大灌木，叶波状全缘，且反卷。花量很多，为当地生产鲜花的主产品种。

Ⅴ 雪桂 灌木至小乔木。花银白色。花期迟至11月上旬，为典型晚花品种。

【生态习性】 喜温暖，湿润气候。忌碱性土和低洼地或过于粘重、排水不畅的土壤，喜深厚、疏松肥沃、排水良好的微酸性砂质土壤。

图 9-723 桂花在园林中的应用

【分布及栽培范围】 亚热带气候广大地区，北可抵黄河下游，南可至两广、海南。原产我国西南喜马拉雅山东段，印度，尼泊尔，柬埔寨也有分布。

【繁殖】 播种繁殖。

【观赏】 桂花终年常绿，枝繁叶茂，秋季开花，芳香四溢，可谓“独占三秋压群芳”。

【园林应用】 园景树、庭荫树、风景林、树林、基础种植、绿篱、地被植物、盆栽及盆景观赏(图9-723)。常孤植、对植，也有成丛成林栽种。在我国古典园林中，桂花常与建筑物，山、石机配，以丛生灌木型的植株植于亭、台、楼、阁附近。旧式庭园常用对植，古称"双桂当庭"或"双桂留芳"。在住宅四旁或窗前栽植桂花树，能收到：金风送香"的效果。在校园取“蟾宫折桂”之意，也大量的种植桂花。桂花对有害气体二氧化硫、氟化氢有一定的抗性，也是工矿区的一种绿化的好花木。

（六）女贞属 *Ligustrum* Linn.

灌木或小乔木。叶对生，全缘；花小，两性，组成聚伞花序再排成顶生的圆锥花序；萼钟形，不规则齿裂或4齿裂；花冠白色，近漏斗状，裂片4，花蕾时内向镊合状排列；雄蕊2，着生于花冠管上端接近裂片之罅口处，花丝长或短，花药伸出或内藏；子房球形，2室，每室有悬垂的倒生胚珠2颗，柱头近2裂；果为浆果状核果，有种子1~4颗。

约45余种，分布于欧洲和亚洲，我国约29种，多分布于南部和西南部。

分种检索表

1 嫩叶绿色

2 小枝和花轴无毛…………………………………………………… 1 女贞 *L. lucidum.*

2 小枝和花轴有柔毛或短柔毛
3 常绿，小枝疏生短柔毛……………………………………………… 2 日本女贞 *L. japonicum*
3 落叶或半常绿，小枝密生短柔毛
4 花具花梗，叶背中脉有毛………………………………………… 3 小蜡 *L. sinense*
4 花无梗，叶背无毛…………………………………………………… 4 小叶女贞 *L. quihour*
1 嫩叶金黄色……………………………………………………………… 5 金叶女贞 *L.× vicaryi*

1. 女贞 *Ligustrum lucidum* Ait.

【别名】白蜡树、蜡树

【形态特征】常绿乔木，树冠卵形。树皮灰绿色，平滑不开裂。枝条开展，光滑无毛。单叶对生，卵形或卵状披针形，先端渐尖，基部楔形或近圆形，全缘，表面深绿色，有光泽，无毛，叶背浅绿色，革质。5~6月开花，花白色，圆锥花序顶生。浆果状核果近肾形，10~11 月果熟，熟时深蓝色(图 9-724)。

图 9-724 女贞

图 9-725 女贞在园林中的应用

【生态习性】喜光，稍耐阴。喜温暖湿润气候，稍耐寒。不耐干旱和瘠薄，适生于肥沃深厚、湿润的微酸性至微碱性土壤。根系发达。萌蘖、萌芽力均强。生海拔 2900 米以下的疏林、密林中。

【分布及栽培范围】主要分布长江以南至华南、西南各省区，向西北分布至陕西、甘肃。朝鲜有分布，印度、尼泊尔有栽培。

【繁殖】播种、扦插繁殖。植株可作为丁香、桂花的砧木。

【观赏】枝叶清秀，终年常绿，夏日满树白花。

【园林应用】行道树、园路树、庭荫树、园景树、风景林、树林、防护林、绿篱、特殊环境绿化(工矿区的抗污染树种)(图 9-725)。

【生态功能】抗氯气、二氧化硫和氟化氢。

【其它】花用于治疗牙痛，咳喘痰多，经闭腹痛。种子油可制肥皂；花可提取芳香油；果含淀粉，可供酿酒或制酱油；枝、叶上放养白蜡虫，能生产白蜡。

2. 日本女贞 *Ligustrum japonicum* Thunb.

【形态特征】常绿灌木，高 3~5 米，幼嫩部分有毛，枝条纤细而质硬，小枝灰褐色，散布皮孔。单叶对生，广卵形或卵状长椭圆形，具叶柄，叶基锐形，先端钝或锐，全缘，新叶鹅黄色，老叶呈绿色；中脉在上面凹入，下面凸起，侧脉 4~7 对，两面凸起。多数小花密生成圆锥花序，顶生于小枝末梢，花冠白色 4 裂，裂片较冠筒短，漏斗状，筒部呈长筒形，先端4裂，雄

图 9-726 日本女贞

图 9-727 日本女贞在园林中的应用

蕊 2 枚，挺出，子房 2 室，各具胚株 2 枚，柱头 2 裂。果实：核果状，长椭圆形，细而圆，直径约半公分，成熟时紫黑色 (图 9-726)。花期 4~5 月，果期 11 月。

【生态习性】喜光稍耐阴湿，耐寒力较强，生长慢。生低海拔的林中或灌丛中。

【分布及栽培范围】原产日本。全国各地有栽培。

【繁殖】扦插或播种繁殖。

【观赏】枝叶密集，叶色浓绿。

【园林应用】绿篱、地被植物、盆栽及盆景观赏 (图 9-727)。

【其它】树皮、叶和果实有毒。家畜误食枝叶及树皮後，会四肢无力、瞳孔放大、2~3 天後死亡，误食果实会下痢、全身不适。

3. 小蜡 *Ligustrum sinense* Lour

【别名】水黄杨

【形态特征】半常绿灌木，高 2 米左右，可高达 6~7 米。枝条幼时密被淡黄色柔毛，老时近无毛。叶薄革质，椭圆形至椭圆状矩圆形，长 3~7 厘米，顶端锐尖或钝，基部圆形或宽楔形，叶下面，特别沿中脉有短柔毛。圆锥花序长 4~10 厘米，有短柔毛；花白色，花梗明显；花冠筒比花冠裂片短；雄蕊超出花冠裂片。核果近圆状，直径 4~5 毫米 (图 9-728)。花期 4~5 月。果期 9~12 月。

【生态习性】喜光，稍耐荫，较耐寒，耐修剪。抗二氧化硫等多种有毒气体。对土壤湿度较敏感，干燥瘠薄地生长发育不良。

【分布及栽培范围】长江以南各省区。北京小气候良好处可露地栽培。越南也有分布，马来西亚也有栽培。

【繁殖】播种、扦插、分株繁殖。

【观赏】其枝叶紧密、圆整，庭院中常栽植观赏；抗多种有毒气体，是优良的抗污染树种。

【园林应用】园景树、绿篱及绿雕、基础种植、绿篱、地被植物、盆栽及盆景观赏 (图 9-729)。小叶女贞亦可作桂花、丁香等树的砧木。

图 9-728 小蜡

图 9-729 小蜡在园林中的应用

【生态功能】抗二氧化硫等多种有毒气体。

【其它】果实可酿酒，种子可制肥皂，茎皮纤维可制人造棉。叶药用，可抑菌抗菌、去腐生肌。

4. 小叶女贞 *Ligustrum quihoui* Carr.

【形态特征】落叶灌木，高 2~3 米。小枝密生细柔毛，后脱落。叶薄革质，椭圆形或倒卵状长圆形，长 1.5~5 厘米，宽 0.8~1.5 厘米，无毛，顶端钝，基部楔形；叶柄无毛或被微柔毛。圆锥花序长 7~22 厘米，有细柔毛；花白色，芳香，无柄；花冠筒和裂片等长，花药略伸出花冠外。核果宽椭圆形，黑色，长 5~9 毫米（图 9-730）。花期 5~7 月，果期 10~11 月。

【生态习性】喜光照，稍耐荫，较耐寒，华北地区可露地栽培；对二氧化硫、氯等毒气有较好的抗性。耐修剪，萌发力强。生沟边、路旁或河边灌丛中，或山坡，海拔 100~2500 米。

【分布及栽培范围】中部、东部和西南部。陕西、山东、江苏、安徽、浙江、江西、河南、湖北、四川、贵州西北部、云南、西藏察隅。

【繁殖】播种、扦插、分株繁殖。可作桂花、丁香的砧木。

【观赏】其枝叶紧密、圆整，庭院中常栽植观赏。

【园林应用】绿篱及绿雕、园景树、基础种植、绿篱、地被植物、盆栽及盆景观赏。亦可作桂花、丁香等树的砧木。

图 9-730 小叶女贞

【其它】叶有清热、解毒功能。可以治烫伤、外伤。

5. 金叶女贞 *Ligustrum × vicaryi* Rehder

【形态特征】高 1~2 米，冠幅 1.5~2 米。叶片较大叶女贞稍小，单叶对生，椭圆形或卵状椭圆形，长 2~5 厘米。总状花序，小花白色。核果阔椭圆形，紫黑色。金叶女贞叶色金黄，尤其在春秋两季色泽更加璀璨亮丽（图 9-731）。金叶女贞是由金边卵叶女贞与欧洲女贞杂交育成的。

【生态习性】喜光，稍耐阴。耐寒能力较强。对土壤要求不严格。在我国长江以南及黄河流域等地的气候条件均能适应。在京津地区，小气候好的楼前避风处，冬季可以保持不落叶。

【分布及栽培范围】华北南部至我国南方均能栽培。

【繁殖】播种、扦插、分株繁殖。

图 9-731 金叶女贞

图 9-732 金叶女贞在园林中的应用

【观赏】生长季节叶色呈鲜丽的金黄色。

【园林应用】绿篱及绿雕、基础种植、绿篱、地被植物、盆栽及盆景观赏(图9-732)。可与红叶的紫叶小檗、红花继木、绿叶的龙柏、黄杨等组成灌木状色块,形成强烈的色彩对比,具极佳的观赏效果,也可修剪成球形。由于其叶色为金黄色,所以大量应用在园林绿化中,主要用来组成图案和建造绿篱。

(七)素馨属(茉莉属)*Jasminum* Linn.

小乔木,直立或攀援状灌木。小枝圆柱形或具棱角和沟。叶对生或互生,稀轮生,单叶,三出复叶或为奇数羽状复叶,全缘或深裂;叶柄有时具关节,无托叶。花两性,排成聚伞花序,聚伞花序再排列成圆锥状、总状、伞房状、伞状或头状;苞片常呈锥形或线形,有时花序基部的苞片呈小叶状;花常芳香;花萼钟状、杯状或漏斗状,具齿4~12枚。

该属共约约200余种,分布于非洲、亚洲、澳大利亚以及太平洋南部诸岛屿;南美洲仅有1种。中国产47种,1亚种,4变种,4变型,其中2种系栽培,分布于秦岭以南各省区。

分种检索表

1 复叶对生

  2 落叶,花径2~2.5厘米……………………………………1 迎春 *J. nudiflorum*

  2 常绿或半常绿,花径3~4厘米 ……………………………2 云南黄馨 *J.mesnyi*

1 复叶叶互生……………………………………………………3 探春花 *J. floridum*

1. 迎春花 *Jasminum nudiflorum* Lindl.

【别名】北迎春

【形态特征】落叶灌木。高可达5米,枝条软而开张,枝绿色四棱形;叶对生,小叶3片,长圆形或卵圆形,长约3厘米;叶缘有短睫毛,表面有基部突起的短刺毛。花黄色单生,展叶前开放,萼齿叶状,长约1厘米与冠筒等长,花冠5裂~6裂,倒卵形,裂片短于花筒;早春开花(图9-733)。在春季花卉中比较领先开放,故名迎春。

【生态习性】耐干旱、耐盐碱、较耐寒,北京地区可露地越冬。

【分布及栽培范围】原产中国,现世界各地均引种栽培。

【繁殖】扦插、分株或压条法繁殖。

图9-733 迎春花

【观赏】植株铺散,枝条鲜绿,不论强光及背阴处都能成长,冬季绿枝婆娑,早春黄花可爱,对我国冬季漫长的北方地区,装点冬春之景意义很大。

【园林应用】水边绿化、花篱、基础种植、地被

图 9-734 迎春在园林中的应用

图 9-735 云南黄馨

植物、盆栽及盆景（图 9-734）。园林中宜配置在湖边、溪畔、桥头、墙隅或在草坪、林缘、坡地。房周围也可栽植，可供早春观花。南方可与腊梅、山茶、水仙同植一处，构成新春佳境；与银芽柳、山桃同植，早报春光；种植于碧水萦回的柳树池畔，增添波光倒影，为山水生色；或栽植于路旁、山坡及窗户下墙边；或作花篱密植；或做开花地被、或植于岩石园内，观赏效果极好。将山野多年生老树桩移入盆中，做成盆景；或编枝条成各种形状，盆栽于室内观赏；也可作切花插瓶。

【其它】花、叶、嫩枝均可入药。

2. 云南黄馨 *Jasminum mesnyi* Hance (J. primulium Hemsl.)

【别名】野迎春、金腰带、南迎春

【形态特征】常绿半蔓性灌木。枝条垂软柔美，有四棱。三出复叶，小叶椭圆状披针形，叶纸质、表面光滑。春季开金黄色花，腋生，花冠裂片枚，单瓣或复瓣。性耐阴，全日照或半日照均可，喜温暖到高温。花期过后应修剪整枝，有利再生新枝及开花（图 9-735）。

【生态习性】喜光稍耐荫，喜温暖湿润气候。

【分布及栽培范围】原产云南，南方庭园中颇常见。耐寒性不强。北方温室栽植。

【繁殖】8~9 月以扦插法繁殖，以砂质壤土最佳，性喜多湿。

图 9-736 云南黄馨在园林中的应用

【观赏】枝条细长拱形，四季长青，春季黄花绿叶相衬，艳丽可爱。

【园林应用】水边绿化、基础种植、地被植物、盆栽及盆景（图 9-736）。宜植于水边驳岸，细枝拱形下垂水平，倒影清晰，可遮蔽驳岸平直呆板等不足。植地路边、坡地及石隙等处均极优美。

3. 探春花 *Jasminum floridum* Bunge

【别名】迎夏、鸡蛋黄、牛虱子

【形态特征】半常绿直立或攀援灌木，高 0.4~3 米。当年生枝条草绿色，扭曲，四棱，无毛。叶互生，奇数羽状复叶，小叶通常为 3 枚至 5 枚，小枝基部常有单叶；叶柄长 2~10 毫米；叶片和小叶上面光亮；小叶卵形或长椭圆状卵形，先端尖；中脉上面凹入，下面凸起，侧脉不明显。顶生聚伞花序，花冠金黄色，有花 3~25 朵，花形比迎春花稍大。果长圆形或球形，长 5~10 毫米，径 5~10 毫米，成熟时黑色（图 9-737）。花期5~9月，果期9~10月。

【生态习性】适应性强，较耐寒。生海拔2000米以下的坡地、山谷或林中。

【分布及栽培范围】河北、陕西南部、山东、河南西部、湖北西部、四川、贵州北部。

【繁殖】播种繁殖。

【观赏】花金黄色，花多量大，极具观赏价值。

【园林应用】基础种植、地被植物、盆栽及盆景观赏。

图9-737 探春花

九十四、玄参科 Scrophulariaceae

草本、灌木或乔木。叶互生、对生或轮生，无托叶；花两性，常左右对称，排成各式的花序；萼4-5齿裂，宿存；花冠合瓣，辐状或阔钟状或有圆柱状的管，4-5裂，裂片多少不等或二唇形，或广展；雄蕊通常4，2长2短，有时2或5枚发育或第5枚退化；花盘存在或无；子房上位，不完全或完全的2室，每室有胚珠多颗；果为蒴果，少有浆果。

约200属，3000种以上，广布于全球，我国约60属，634种，全国均产之，西南部尤盛，很多供观赏用，有些入药。

识别特征：草多稀有树木生，单叶多为相对生。两性花成各花序，萼片宿存冠合生。二唇裂片4~5，二强雄蕊冠筒生。子房上位有2室，中轴胎座蒴果成。唇形与之多相似，茎圆而非四方棱。

（一）泡桐属 *Paulownia* Sieb. Et Zucc.

落叶乔木，树冠圆锥形。枝对生，常无顶芽，通常假二叉分枝。小枝粗壮，髓腔大。单叶对生，大而有长柄，生长旺盛的新枝上有时3叶轮生，全缘，波状或3~5浅裂。花3~5朵成聚伞花序，由大，花萼厚革质，花冠筒长，上部扩大成唇形5裂，二强雄蕊；顶生聚伞圆锥花序。蒴果2瓣裂；种子小而多，有翅。

共7种，均产中国，除黑龙江、内蒙古、新疆北部、西藏等地区外，分布及栽培几乎遍布全国。越南、老挝北部、朝鲜、日本也产。

分种检索表

1 花白色……………………………………………………… 1 泡桐 *P. fortunei*

1 花紫色……………………………………………………… 2 紫花泡桐 *P. tomentosa*

1. 泡桐 *Paulownia fortunei* (Seem.) Hemsl.

【别名】白花泡桐、大果泡桐

【形态特征】落叶乔木，高达20~25米。树皮灰色、灰褐色或灰黑色，幼时平滑，老时纵裂。假二权分枝。小枝粗壮，中空，幼时被黄色星状毛，后渐光滑。单叶对生，叶大，卵形，全缘或有浅裂，具长柄，柄上有绒毛。花大，淡紫色或白色，顶生圆

图 9-738 泡桐

图 9-739 泡桐在园林中的应用

锥花序，由多数聚伞花序复合而成。花萼钟状或盘状，肥厚，5 深裂，裂片不等大。花冠钟形或漏斗形，上唇 2 裂、反卷，下唇 3 裂，直伸或微卷；雄蕊 4 枚，2 长 2 短，着生于花冠筒基部；雌蕊 1 枚，花柱细长。蒴果卵形或椭圆形，熟后背缝开裂。种子多数为长圆形，小而轻，两侧具有条纹的翅 (图 9-738)。花期 3~4 月，果期 9~10 月。

【生态习性】喜光，稍耐荫；对粘重瘠薄的土壤适应性较其它种强，耐干旱能力较强。但泡桐不太耐寒。在海拔 1200 米以下的山地、丘陵、岗地、平原生长良好。

【分布及栽培范围】原产我国，分布广，大致分布于北纬 20~40° 、东经 98~125° 之间，一般分布在海河流域南部和黄河流域以南。

【繁殖】播种繁殖。

【观赏】树干端直，树冠宽大，叶大荫浓，花大而美丽。

【园林应用】庭荫树、园景树、风景林、树林、防护林、特殊环境绿化 (图 9-739)。宜作行道树、庭荫树，也是重要的速生用材树种，四旁绿化，结合生产的优良树种。是黄河流域防风固沙的最好树种。

【生态功能】有较强的净化空气和抗大气污染的能力，是城市和工矿区绿化的好树种。

【其它】叶、花、果和树皮可入药。木材纹理通直，结构均匀，不挠不裂，易于加工，可供建筑、家具、人造板和乐器等用材。

2. 紫花泡桐 *Paulownia tomentosa* (Thunb.) Steud.

【别名】毛泡桐

【形态特征】落叶乔木，高达 15~20 米。树皮灰褐色。叶广卵形至卵形，长 20~29 厘米，基部心形，全缘，有时三浅裂，表面有柔毛及腺毛，背面密被具有长柄的树枝状毛，幼叶有黏腺毛，叶柄常有粘性腺毛。聚伞圆锥花序的侧枝不发达，小具伞花序具有 3~5 朵花，花萼浅钟状，密被星状绒毛，5 裂至中部，花冠紫色漏斗状钟形；蒴果卵圆形，外果皮革质 (图 9-740)。花期 4~5 月，果期 8~9 月。

【生态习性】喜光、耐寒、耐旱，耐盐碱，耐风沙，抗性很强，生长迅速。对气候的适应范围很大，高温 38℃以上生长受到影响，绝对最低温度在 -25℃时受冻害。

【分布及栽培范围】我国特产，分布很广。主产我国淮河流域至黄河流域。朝鲜、日本也有分布。

【繁殖】播种繁殖。

【观赏】疏叶大，树冠开张，四月间盛开簇簇紫花，清香扑鼻。

【园林应用】庭荫树、园景树、风景林、树林、防护林、特殊环境绿化。

【生态功能】叶片被毛，分泌一种粘性物质，能吸附大量烟尘及有毒气体，是城镇绿化及营造防护林的优良树种。

图 9-740 紫花泡桐

【其它】是做乐器和飞机部件的特殊材料，根皮入药治跌打伤。

九十五、爵床科 Acanthaceae

草本、灌木或藤本，稀为小乔木。叶对生，稀互生，无托叶；叶片、小枝和花萼上常有条形或针形的钟乳体。花两性，左右对称，无梗或有梗；通常组成总状花序，穗状花序，聚伞花序，伸长或头状，有时单生或簇生而不组成花序；苞片通常大，有时有鲜艳色彩；花萼通常 5 裂或 4 裂；花冠合瓣；花冠有高脚碟形，漏斗形，不同长度的多种钟形；发育雄蕊 4 或 2(稀 5 枚)，通常为 2 强，花药背着，花粉粒具多种类型，大小均有；子房上位，中轴胎座，每室有 2 至多粒、倒生、成 2 行排列的胚珠，花柱单一，柱头通常 2 裂。蒴果室背开裂为 2 果爿，或中轴连同爿片基部一同弹起。共有 250 属，3450 种。我国有 68 属，311 种、亚种 或变种。主产长江以南各省区，云南最多。

分属检索表

1 叶脉橙黄色……………………………………………………………………… 1 金脉爵床属 *Sanchezia*

1 叶脉绿色………………………………………………………………………… 2 金苞花属 *Pachystachys*

（一）金脉爵床属（黄脉爵床属）*Sanchezia* Ruiz et Pav.

属特征同金脉爵床。约 20 种，产热带美洲，中国引入栽培 1 种。

1. 金脉爵床 *Sanchezia speciosa* J. Léonard

【别名】斑马爵床、金脉单药花

【形态特征】直立灌木状，盆栽种植株高一般 50~80 厘米。多分枝，茎干半木质化。叶对生，无叶柄，阔披针形，长 15~30 厘米、宽 5~10 厘米，先端渐尖，基部宽楔形，叶缘锯齿；叶片嫩绿色，叶脉橙黄色。夏秋季开出黄色的花，花为管状，簇生于

图 9-741 金脉爵床

图 9-742 金脉爵床在园林中的应用

短花茎上，每簇 8~10 朵，整个花簇为一对红色的苞片包围 (图 9-741)。

【生态习性】喜光、喜高温多湿环境。生长适温 20~25℃。越冬温度在 10℃以上。忌日光直射。要求排水良好的砂质壤土。

【分布及栽培范围】原产南美巴西，我国热带地区广泛栽培。

【繁殖】扦插或分株繁殖。

【观赏】叶色深绿，叶脉淡黄色，十分美丽，花穗金黄，极具观赏价值。

【园林应用】水边绿化、基础种植、地被植物、盆栽及盆景观赏 (图 9-742)。

（二）金苞花属 *Pachystachys* Nees.

植株可达 1 米，盆栽仅 15~20 厘米。叶对生，卵形或长卵形，先端锐形，革质，中肋与羽状侧脉黄白色。夏、秋季花开，顶生，花苞金黄色，花期持久，花叶俱美。艳苞花株高 50~80 厘米，盆栽 15~30 厘米。叶长椭圆形或披针形，中用银白色，夏，秋季开花，顶生，花苞红色，花期持久。约 12 种，产热带美洲；中国引入栽培 2 种。

1. 金苞花 *Pachystachys lutea* Nees

【别名】金苞爵床、黄虾衣、金苞虾衣花

【形态特征】常绿亚灌木，茎节膨大，叶对生，长椭圆形，有明显的叶脉，因其茎顶穗状花序的黄色，苞片层层叠叠，并伸出白色小花，形似虾体而得名 (图 9-743)。

【生态习性】喜高温、高湿和阳光充足的环境，比较耐荫，适宜生长于温度为 18、25℃的环境。冬季要保持 5℃以上才能安全越冬。适合栽种在肥沃排水良好的轻壤土中。

【分布及栽培范围】原产秘鲁和墨西哥。我国华

图 9-743 金苞花

南有栽培。常见于温室栽培。

【繁殖】扦插繁殖。

【观赏】株丛整齐，花色鲜黄，花期较长，观赏性极强。

【园林应用】水边绿化、基础种植、地被植物、盆栽及盆景观赏(图 9-744)。常用于会场、厅堂、居室、阳台装饰，也用于布置花坛、庭园栽植和温室盆栽。

图 9-744 金苞花在园林中的应用

九十六、紫葳科 Bignoniaceae

多乔木、灌木、藤本、稀草本。常具各式卷须及气生根。叶对生，稀互生，单叶或 1~3 回羽状复叶。花两性，二唇形，总状花序或圆锥花序，子房上位，蒴果常 2 裂，细长圆柱形或阔椭圆形扁平，种子极多，有膜质翅或丝毛。无胚乳。花粉长球形或扁球形，具 (2~)3(~4) 孔沟(如凌霄属等)；或具 6~9(12) 沟(如角蒿属)；或四合花粉，不具萌发孔(如梓树属)；外壁表面经常具网状雕纹。

约有 120 属 560 种，广泛分布于热带、亚热带地区。中国约有 12 属 35 种，引进栽培有 16 属，19 种。该科大多数种类花大而美丽，色彩鲜艳，可栽培供庭园观赏或作行道树。

科的识别特征：乔木灌木稀草本，单叶复叶稀互生。两性花大多美丽，左右对称多花序。

雄蕊 5 枚生冠基，裂片互生 1 不育。子房位于花盘上，1 至 2 室多胚珠。家种梓树与楸树，凌霄攀上是大户。

分属检索表

1 单叶或掌装复叶具 3 或 5 枚小叶

  2 小叶为单叶 ……………………………………………… 1 梓属 *Catalpa*

  2 小叶为复叶

    3 掌状复叶，小叶为 3 ……………………………… 2 炮弹果属(葫芦树属)*Cresentia*

    3 掌状复叶，小叶为 5 ……………………………… 3 掌叶紫薇属(风铃木属)*Tabebuia*

1 叶为一回至二回羽状复叶

      4 藤本

        5 叶和茎无大蒜味

          6 植物有卷须，小叶 3~5 个 ………………… 4 炮仗藤属 *Pyrostegia*

          6 植物无卷须，小叶 3 个或更多

            7 雄蕊伸出花外 …………………………… 5 硬骨凌霄属 *Tecomaria*

            7 雄蕊内藏 ………………………………… 6 凌霄属 *Campsis*

        5 叶和茎无大蒜味 ……………………………… 7 蒜香藤属 *Saritaea*

      4 起立乔木或灌木

8 子房 1 室 ………………………………………… 8 吊灯树属（吊瓜树属）*Kigelia*

8 子房 2 室

9 花萼佛焰苞状 ………………………………… 9 猫尾木属 *Dolichandrone*

9 花萼钟状

10 蒴果不狭长，花冠蓝色 …………………… 10 蓝花楹属 *Jacaranda*

10 蒴果狭长，花冠不为蓝色

11 花大型，花冠直径 1.5~4 厘米；花萼宽 1~2 厘米

……………………………………………………………… 11 火焰树属 *Spathodea*

11 花小型，花冠喉部直径小于 1 厘米；花萼直径小于 1 厘米

……………………………………………………………… 12 菜豆树属 *Radermachera*

（一）梓属 *Catalpa* Scop.

落叶乔木；叶对生，稀轮生，单叶，揉之有不快气味；花两性，排成顶生的圆锥花序；萼二唇形或不规则的开裂；花冠钟形，二唇形，上唇 2 裂，下唇 3 裂；发育雄蕊 2 枚，内藏；子房 2 室，有胚珠多颗；果为一长柱形的蒴果，2 裂；种子两端有束毛。

13 种，分布于美洲和东亚，我国有 5 种 1 变型（包括引入栽培种）。

分种检索表

1 聚伞圆锥花序或圆锥花序，花淡黄色或洁白色

2 花黄白色，蒴果宽 4~5 毫米 ……………………………… 1 梓树 *C. ovata*

2 花纯白色，蒴果宽 10 毫米 ……………………………… 2 黄金树 *C. speciosa*

1 伞房花序或总状花序，花淡红色至淡紫色 ……………… 3 楸树 *C. bungei*

1. 梓 *Catalpa ovata* G.Don

【别名】梓树、臭梧桐、河楸、花楸、黄花楸

【形态特征】乔木，高达 15 米；树冠伞形，主干通直，嫩枝具稀疏柔毛。叶对生或近于对生，有时轮生，阔卵形，长宽近相等，长约 25 厘米，顶端渐尖，基部心形，全缘或浅波状，常 3 浅裂，叶片上面及下面均粗糙，微被柔毛或近于无毛，侧脉 4~6 对，基部掌状脉 5~7 条；叶柄长 6~18 厘米。顶生圆锥花序；花序梗微被疏毛，长 12~28 厘米。花萼蕾时圆球形，2 唇开裂，长 6~8 毫米。花冠钟状，淡黄色，内面具 2 黄色条纹及紫色斑点，长约 2.5 厘米，直径约 2 厘米。子房上位，棒状。蒴果线形，下垂，长 20~30 厘米，粗 5~7 毫米（图 9-745）。花期 4~5 月，果熟期 8~9 月。

【生态习性】喜光，稍耐荫，耐寒，适生于温带地区，在暖热气候下生长不良，深根性。喜深厚肥沃、湿润土壤，不耐干旱和瘠薄，能耐轻盐碱土。抗污染性较强。

【分布及栽培范围】长江流域及以北地区。日本也有。

【繁殖】播种繁殖。

【观赏】春日满树白花，秋冬荚垂如豆。树体端正，冠幅开展，叶大荫浓极具观赏价值。

图 9-745 梓树

图 9-746 梓树在园林中的应用

【园林应用】行道树、园路树、庭荫树、园景树、防护林(图 9-746)。

【文化】古来以为木莫良于梓，书以“梓材”名篇，礼以“梓人”名匠，宅旁喜植桑与梓，以为养生送死之具，故迄今以桑梓名故乡。

【其它】根、韧皮部、叶、果实入药，具降逆止吐、杀虫止痒、清热解毒的效果。嫩叶可食。

2. 黄金树 *Catalpa speciosa* Ward.

【别名】白花梓树

【形态特征】乔木，高 6~10 米；树冠伞状。叶卵心形至卵状长圆形，长 15~30 厘米，顶端长渐尖，基部截形至浅心形，上面亮绿色，无毛，下面密被短柔毛；叶柄长 10~15 厘米。圆锥花序顶生，有少数花，长约 15 厘米；苞片 2，线形，长 3~4 毫米。花萼 2 裂，裂片 2，舟状，无毛。花冠日色，喉部有 2 黄色条纹及紫色细斑点，长 4~5 厘米，口部直径 4~6 厘米，裂片开展。蒴果圆柱形，黑色，长 30~55 厘米，宽 10~20 毫米，2 瓣开裂。种子椭圆形，长

图 9-747 黄金树

图 9-748 黄金树在园林中的应用

25~35 毫米，宽 6-10 毫米，两端有极细的白色丝状毛(图 9-747)。花期 5~6 月，果期 8~9 月。

【生态习性】喜温暖湿润气候，喜深厚肥沃土壤，荒山荒地种生长不良。

【分布及栽培范围】原产美国东部。我国河北以南、云南等省有栽培，生长不及梓树和楸树。

【繁殖】播种繁殖。

【观赏】梓树树体端正，冠幅开展，叶大荫浓，春夏黄花 满树，秋冬荚果悬挂，是具有一定观赏价值的树种。

【园林应用】园路树、庭荫树、园景树、防护林(图 9-748)。

3. 楸 *Catalpa bungei* C.A.Mey

图 9-749 楸树

【别名】楸树

【形态特征】落叶乔木，高达 30 米，胸径达 60 厘米。树冠狭长倒卵形。树干通直，主枝开阔伸展。树皮灰褐色、浅纵裂，小枝灰绿色。叶三角状的卵形、上 6~16 厘米，先端渐长尖，叶基部背面有多个紫斑。总状花序伞房状排列，顶生。花冠浅粉紫色，内有紫红色斑点。种子扁平，具长毛(图 9-749)。花期 4~5 月。果期 6~10 月。

【生态习性】喜光，较耐寒。适生长于年平均气温 10~15℃，降水量 700~1200 毫米的环境。喜深厚肥沃湿润的土壤，不耐干旱、积水，忌地下水位过高，稍耐盐碱。萌蘖性强，侧根发达。耐烟尘、抗有害气体能力强。寿命长。自花不孕，往往开花而不结实。

【分布及栽培范围】黄河流域和长江流域，北京、河北、内蒙古、安徽、浙江等地也有分布。

【繁殖】嫁接繁殖。

【观赏】楸树树姿俊秀，高大挺拔，枝繁叶茂，花多盖冠，其花形若钟，红斑点缀白色花冠，如雪似火，每至花期，繁花满枝，随风摇曳，令人赏心悦目。

【园林应用】园路树、庭荫树、园景树、风景林、树林。

【生态功能】叶被密毛、皮糙枝密，有利于隔音、减声、防噪、滞尘。

【其它】叶、树皮、种子均为中草药，有收敛止血，祛湿止痛之效。根、皮煮汤汁，外部涂洗治瘘疮及一切肿毒。

(二)炮弹果属(葫芦树属) *Cresentia* L.

乔木或灌木，无卷须。掌状复叶或单叶，对生或互生。花簇生于叶丛中或老茎上。花萼在花期 2~5 深裂。花冠左右对称，筒状，喉部膨大，前端有深横皱，檐部裂片 5，边缘具齿。雄蕊 4，2 强，内藏或略外露；花药叉开。花盘浅，环状。子房 1，侧膜胎座，胚珠多数。果实近球形，葫芦状，不开裂，果皮坚硬，内有纤维状组织。种子多数，不具长毛。

5 种，产热带美洲，我国广东引入栽培有 2 种，其中炮弹果(瓠瓜木)*C. cujete* L. 的果实可以当水瓢用。

分种检索表

1 叶为指状 3 小叶；花单生或簇生于老茎上，早落 ………………………… 1 十字架树 *C. alata*

1 叶为单叶，匙状倒披针形；花生于叶丛中，不早落 ……………………… 2 炮弹果树 *C. cujete*

1. 十字架树 *Crescentia alata* H.B.K.

【别名】叉叶树、三叉木

【形态特征】小灌木，高 3~6 米，胸径 15~25 厘米。叶簇生于小枝上；小叶 3 枚，长倒披针形至倒匙形，几无柄，侧生小叶 2 枚，长 1.5~6 厘米，宽 1.5~2 厘米，顶生小叶长 5~8 厘米，宽 1.5~2 厘米；叶柄长 4~10 厘米，具阔翅。花 1~2 朵生于小枝或老茎上；花梗长约 1 厘米。花萼 2 裂达基部，淡紫色。花冠褐色，具有紫褐色脉纹，近钟状，具褶皱，喉部常膨胀成淡囊状，长 5~7 厘米，檐部成五角形。雄蕊 4，插生于花冠筒下部，花药个字形着生，外露。花盘环状，淡黄色。花柱长 6 厘米，柱头薄片状，2 裂；子房淡黄色。果近球形，直径 5~7 厘米，光滑，不开裂，淡绿色（图 9-750）。

【生态习性】喜光、喜高温湿润气候，不耐干旱和寒冷。

【分布及栽培范围】原产墨西哥至哥斯达黎加。我国广东、福建、云南（景洪）有栽培。现菲律宾、爪哇、印度尼西亚、大洋洲广泛栽培。

【繁殖】播种繁殖。

【观赏】叶形奇特，花多而密，花期长久，具有较高的观赏价值。

【园林应用】园景树、水边绿化、盆栽及盆景观赏。

【其它】果入药。

图 9-750 十字架树

2. 炮弹果树 *Crescentia cujete* L.

【别名】葫芦树、瓠瓜木、红椤

【形态特征】乔木，高 5~18 米，主干通直，胸径 28 厘米；枝条开展，分枝少。叶丛生，2~5 枚，大小不等，阔倒披针形，长 10~16 厘米，宽 4.5~6 厘米，顶端微尖，基部狭楔形，具羽状脉，中脉被棉毛。花单生于老干上，下垂。花萼 2 深裂，裂片圆形。花冠钟状，微变，一侧膨大，一侧收缩，淡绿黄色，具有褐色脉纹，长 5 厘米，直径 2.5~3 厘米，裂片 5，不等大，花冠夜间开放，发出一种恶臭气体，蝙蝠传粉。果近球形，浆果，径约 30 厘米，黄色至

图 9-751 炮弹果树

黑色，果壳坚硬 (图 9-751)。

【生态习性】生于路边、河谷、灌木丛中。喜温暖湿润环境，抗寒性不强。

【分布及栽培范围】原产美洲热带及亚热带地区；广东、海南、云南、福建有栽培。

【繁殖】播种繁殖。

【观赏】老茎生花，果实硕大，具较强的观赏性。观果期可长达 6~7 个月。

【园林应用】园景树、水边绿化、盆栽及盆景观赏 (图 9-752)。

【其它】因外壳坚硬，成熟果实也常被挖空用作水瓢。成熟后会爆开 其威力可以将小鸟炸死炸残。它果皮坚硬，果肉粘稠状，有异味，口感不良，主要用于园林观赏。

图 9-752 炮弹树在园林中的应用

（三）掌叶紫薇属（风铃木属）*Tabebuia* Gomes ex DC.

乔木，株高可达 25 米，径可达 30~50 厘米，树干直立，分枝多，树冠呈圆伞形，树皮有灰白斑点，平滑；小枝条细长，圆柱形，直立或斜上升。掌状复叶对生，小叶 2~5 枚，椭圆状长椭圆形至椭圆状卵形，长 20~25 厘米，宽 6~9 厘米，先端渐尖，基部钝或渐狭，纸质，全缘；表面呈有光泽的绿色，背面淡绿色；表面光滑无毛，背面则散生毛茸或光滑无毛茸；中肋于表面略凹下而于背面显着隆起，侧脉每边 6~9 条及细脉皆略显明显而细致；叶柄长 3~5 厘米，光滑无毛茸；小叶柄细长。花多数，紫红色至粉红色，有时呈白色，中型，不具香味，开放时径约 3~5 厘米，多同一时间内开放；花冠阔漏斗形或风铃状，长 7~7.5 厘米，先端 5 裂；雄蕊 4 枚。蒴果或蓇葖果。

约 100 种，我国引入栽培 2 种。

1. 黄花风铃木
Tabebuia chrysantha (Jacq.) Nichols.

【别名】金花风铃木、掌叶紫薇、黄金风铃木

【形态特征】落叶乔木。高达 15 米。树冠圆伞形。掌状复叶对生，小叶 5(4) 枚，倒卵形，纸质有疏锯齿，叶色黄绿至深绿，全叶被褐色细茸毛。冬天落叶。春季约 3~4 月间开花，花冠漏斗形，也像风铃状，花缘皱曲，花色鲜黄；花季时花多叶少，颇为美丽。果实为蓇葖果，向下开裂，有许多绒毛以利种子散播。花期仅十余天，蓇葖果，开裂时果荚多重反卷，种子带薄翅 (图 9-753)。

【生态习性】喜光，喜高温，不耐寒。生长适温 23~30℃。栽培土质以富含有机质之砂质壤土为最佳。排水、日照需良好。

【分布及栽培范围】原产墨西哥、中美洲、南美洲。我国华南有引种栽培。

【繁殖】播种繁殖，也可用扦插或高压法繁殖。

图 9-753 黄花风铃木

【观赏】春天枝条叶疏，清明节前后会开漂亮的黄花；夏天长叶结果荚；秋天枝叶繁盛，一片绿油油的景象；冬天枯枝落叶，呈现出凄凉之美。

图 9-754 黄花风铃木的园林应用

【园林应用】行道树、园路树、园景树、水边绿化、风景林、树林(图 9-754)。常应用于公园，绿地等路边，水岸边的栽培观赏。

【繁殖】播种繁殖。

(四)炮仗藤属 *Pyrostegia* Presl.

攀援木质藤本。叶对生；小叶 2~3 枚，顶生小叶常变 3 叉的丝状卷须。顶生圆锥花序。花橙红色，密集成簇。花萼钟状，平截或具 5 齿。花冠筒状，略弯曲，裂片 5，镊合状排列，花期反折。雄蕊 4 枚，2 强，药室平行。花盘环状。子房上位，线形，有胚珠多颗，排成 2 列或 1~3 列。蒴果线形，室间开裂，隔膜与果瓣平行，果瓣扁平、薄或稍厚，革质，平滑并有纵肋。种子具翅。约 5 种，产南美洲。我国南方引入栽培一种。

1. 炮仗花 *Pyrostegia venusta* (Ker-Gawl.)Miers.

【别名】黄鳝藤

【形态特征】常绿木质藤本，茎长达 8 米以上，茎枝纤细，多分枝。三出复叶对生，顶生小叶常变为 2~3 分叉的叶卷须，常藉以攀附它物；小叶卵圆形至长椭圆形，长 4~10 厘米。多花组成圆锥状聚伞花序；花冠长筒形，桔红色，长约 5~7 厘米，先端略唇状，雄蕊 4，伸出花冠外；花繁密，成串下垂，故名。花期 5~6 月，果长达 30 厘米，但少见结实(图 9-755)。

图 9-755 炮仗花

【生态习性】喜温暖、湿润气候；喜光，耐半荫，不耐寒，越冬温度约为10℃。忌水湿，在肥沃的酸性土壤中生长好。

【分布及栽培范围】原产巴西。我国广东、海南、广西、云南、福建有露地栽培，其余地区多作温室花卉。

【繁殖】扦插、压条、分株繁殖。

【观赏】因花密集成串，状似鞭炮而得名，是华南及西南地区冬季温暖少霜地区优良的庭院绿化植物。

【园林应用】基础种植、地被植物、垂直绿化、盆栽及盆景观赏。常见用大盆栽植，置于花棚、花架、茶座、露天餐厅、庭院门首等处，作顶面及周围的绿化，景色殊佳。也宜地植作花墙，覆盖土坡、石山，或用于高层建筑的阳台作垂直或铺地绿化。

（五）硬骨凌霄属 *Tecomaria* Spach

半攀援状灌木；叶对生，奇数羽状复叶；小叶有锯齿；花黄色或橙红色，排成顶生的总状花序或圆锥花序；萼钟状，5齿裂；花冠漏斗状，二唇形；雄蕊伸出花冠筒外，花盘杯状，子房2室；蒴果线形，压扁。2种，产非洲，我国引入硬骨凌霄1种，广州常见栽培。

1. 硬骨凌霄 *Tecomaria capensis* (Thunb.) Spach

【别名】南非凌霄

【形态特征】半藤状或近直立灌木。枝带绿褐色，常有上痂状凸起。叶对生，单数羽状复叶；总叶柄长3~6厘米，小叶柄短；小叶多为7枚，卵形至阔椭圆形，长1~2.5厘米，先端短尖或钝，基部阔楔形，边缘有不甚规则的锯齿，秃净或于背脉腋内有绵毛。总状花序顶生；萼钟状，5齿裂；花冠漏斗状，略弯曲，橙红色至鲜红色，有深红色的纵纹，长约4厘米，上唇凹入；雄蕊突出。蒴果线形，长2.5~5厘米，略扁。花期春季和秋季。在云南省西双版纳可全年开花，北方盆栽温度适宜时，花期为6~9月；蒴果扁线形，多不结实（图9-756)。

图9-756 硬骨凌霄

【生态习性】喜温暖、湿润和充足的阳光。不耐寒，不耐荫。对土壤选择不严，喜排水良好的砂壤土。忌积水。冬季温度不可低于8度。萌发力强。

【分布及栽培范围】原产南非西南部，本世纪初引入我国，华南和西南各地多有栽培。长江流域 及其以北地区多行盆栽。

【繁殖】播种或扦插繁殖。

【观赏】花橙红色，色艳量多，极具观赏价值。

【园林应用】垂直绿化、盆景观赏。常见于棚架、假山、花廊、墙垣绿化。

【其它】花、叶、茎、根入药，能凉血去瘀，治经闭小腹胀痛，有清血消炎之功效。

（六）凌霄属 *Campsis* Lour.

攀援木质藤本，以气生根攀援，落叶。叶对生，为奇数1回羽状复叶，小叶有粗锯齿。花大，红色或橙红色，组成顶生花束或短圆锥花序。花萼钟状，近革质，不等的5裂。花冠钟状漏斗形，檐部微呈二唇形，裂片5，大而开展，半圆形。雄蕊4，2强，弯曲，内藏。子房2室，基部围以一大花盘。蒴果，室背开裂，由隔膜上分裂为2果瓣。种子多数，扁平，有半透明的膜质翅。该属共有2种，1种产北美洲，另1种产中国和日本。

1. 凌霄 *Campsis grandiflora* (Thunb.)Schum.

【别名】紫葳、堕胎花、过路蜈蚣、凌霄花

【形态特征】攀援藤本；茎木质，表皮脱落，枯褐色，以气生根攀附于它物之上。叶对生，为奇数羽状复叶；小叶7~9枚，卵形至卵状披针形，顶端尾状渐尖，基部阔楔形，两侧不等大，长3~6(9)厘米，宽1.5~3 (5) 厘米，侧脉6~7对，两面无毛，边缘有粗锯齿；叶轴长4~13厘米；小叶柄长5(~10)毫米。顶生疏散的短圆锥花序，花序轴长15~20厘米。花萼钟状，长3厘米，分裂至中部，裂片披针形，长约1.5厘米。花冠内面鲜红色，外面橙黄色，长约5厘米，裂片半圆形。雄蕊着生于花冠筒近基部，花丝线形，细长，长2~2.5厘米。蒴果顶端钝(图9-757)。花期6~8月，果期11月。

图9-757 凌霄

图9-758 凌宵在园林中的应用

【生态习性】喜光，稍耐荫；耐寒，喜温暖湿润的环境。喜欢排水良好土壤，较耐水湿；有一定的耐盐碱能力。

【分布及栽培范围】黄河和长江流域、广东、广西、贵州，各地有栽培。

【繁殖】扦插、压条繁殖，也可分株或播种繁殖。

【观赏】花橙红色，色艳量多，极具观赏价值。

【园林应用】垂直绿化、盆景观赏(图9-758)。常见于棚架、假山、花廊、墙垣绿化。

【文化】凌霄花寓意慈母之爱，经常与冬青、樱草放在一起，结成花束赠送给母亲，表达对母亲的热爱之情。

【其它】其茎、叶、花均可入药，行血去瘀，凉血祛风。用于经闭症瘕、产后乳肿、风疹发红、皮肤瘙痒、痤疮。花粉有毒，能伤眼睛。

（七）蒜香藤属 *Dugand*

属特征同蒜香藤。2种，产南美洲；中国引入1种。

1. 蒜香藤 *Saritaea magnifica* Dug. (*Pseudocalymma alliaceum* Sandw.)

【别名】紫铃藤

【形态特征】常绿攀缘灌木。茎叶揉之有大蒜香味。复叶对生，小叶 2 枚，卷须 1 或缺，小叶倒卵形至长椭圆形，长 6~10 分宽 2~5 公分，全缘，革质而有光泽，先端尖。花冠漏斗状 5 裂，长达 7.5 厘米，淡紫色至粉红色，雌蕊 4；聚伞花序状圆锥花序。蒴果长条形，长约 28 厘米，径约 1.5 厘米 (图 9-759)。

【生态习性】喜光，喜暖热气候，喜水肥充足。

【分布及栽培范围】原产哥伦比亚，热带地区广泛栽培，华南及台湾有引种。

【繁殖】扦插繁殖。

图 9-759 蒜香藤

【观赏】姿态秀丽，一年开花数次，盛花期花团锦簇，灿烂夺目。

【园林应用】地被植物、垂直绿化、盆栽及盆景观赏等。

（八）吊灯树属（吊瓜树属）*Kigelia* DC.

乔木。叶对生，奇数 1 回羽状复叶。圆锥花序，疏散，下垂，具长柄。花萼钟状，微 2 唇形，肉质，萼齿 5，不等大。花冠钟状漏斗形，巨大，花冠裂片 5，开展，二唇形。雄蕊 4，2 强。花盘环状。子房 1 室，胚珠多数。果长圆柱形，腊肠状，肿胀，坚硬，不开裂，悬挂于小枝之顶，具长柄。种子无翅，坚陷入木质果肉之中。

3~10 种，分布于热带非洲，我国引入栽培 1 种。

1. 吊灯树 *Kigelia africana* (Lam.) Benth.

【别名】吊瓜木、腊肠树

【形态特征】乔木，高 13~20 米，枝下高约 2 米，胸径约 1 米。奇数羽状复叶交互对生或轮生，叶轴长 7.5~15 厘米；小叶 7~9 枚，长圆形或倒卵形，顶端急尖，基部楔形，全缘，叶面光滑，亮绿色，背面淡绿色，被微柔毛，近革质，羽状脉明显。圆锥花序生于小枝顶端，花序轴下垂，长 50~100 厘米；花稀疏，6~10 朵。花萼钟状，革质，长 4.5~5 厘米，直径约 2 厘米，3~5 裂齿不等大，顶端渐尖。花冠桔黄色或褐红色，裂片卵圆形，上唇 2 片较小，下唇 3

图 9-760 吊灯树

片较大，开展，花冠筒外面具凸起纵肋。雄蕊4，2强。柱头2裂，子房1室。果下垂，圆柱形，长38厘米左右，直径12~15厘米，坚硬，肥硕，不开裂，果柄长8厘米（图9-760）。花期4月~5月，果期9月~10月。

【生态习性】喜光，喜温暖湿润气候，速生，耐粗放管理。

【分布及栽培范围】原产非洲，我国广东、海南、云南、台湾、福建等地均有种植。

【繁殖】播种、扦插、压条等方法繁殖。

【观赏】吊树姿优美，夏季开花成串下垂，花大艳丽，特别是其悬挂之果形似吊瓜，经久不落，新奇有趣，蔚为壮观。

【园林应用】园路树、园景树、水边绿化（图9-761）。

【其它】果肉可食；树皮入药可治皮肤病。

图9-761 吊灯树在园林中的应用

（九）猫尾木属 *Dolichandrone* (Fenzl) Seem.

乔木。叶对生，为奇数1回羽状复叶。花大，黄色或黄白色，由数花排成顶生总状聚伞花序。花萼芽时封闭，开花时一边开裂至基部而成佛焰苞状，外面密被灰褐色棉毛。花冠筒短，钟状，裂片5，近相等，圆形，厚而具皱纹。雄蕊4，2强，两两成对。蒴果长柱形，扁，外面被灰黄褐绒毛，似猫尾状，隔膜木质，扁，中间有1中肋凸起。种子两端具白色透明膜质阔翅。约12种，分布于非洲和热带亚洲。我国产2种及2变种。

1. 猫尾木 *Dolichandrone cauda felina* (Hance) Benth. et Hook. f.

【别名】猫尾

【形态特征】乔木，高达10米以上。叶近于对生，奇数羽状复叶，长30~50厘米，小叶6~7对，无柄，长椭圆形或卵形，长16~21厘米，宽6~8厘米，顶端长渐尖，基部阔楔形至近圆形，有时偏斜，全缘纸质，两面均无毛侧脉8~9对，在叶面微凹，顶生小叶柄长达5厘米；托叶缺，但常有退化的单叶生于叶柄基部而极似托叶。花大，直径10~14厘米，组成顶生、具数花的总状花序。花萼长约5厘米，与

图9-762 猫尾

花序轴均密被褐色绒毛。花冠黄色，长约10厘米，口

部直径10~15厘米，花冠筒基部直径1.5~2厘米，漏斗形，下部紫色，无毛，花冠外面具多数微凸起的纵肋，花冠裂片椭圆形，长约4.5厘米，开展。雄蕊及花柱内藏。蒴果极长，达30~60厘米，宽达4厘米，厚约1厘米，悬垂，密被褐黄色绒毛(图9-762)。花期10~11月，果期4~6月。

【生态习性】生于疏林边、阳坡;海拔200-300米。

【分布及栽培范围】广东、海南、广西、云南。福建有栽培。在泰国老挝，越南北部至中部也有分布。

【繁殖】播种繁殖。

【观赏】树形优美，花漂亮，果形奇特。

【园林应用】园路树、庭荫树、园景树

【其它】木材纹理通直，结构细致，适于作梁、柱、门、窗、家具等用材。

(十) 蓝花楹属 *Jacaranda* Juss.

乔木或灌木。叶互生或对生，2回羽状复叶，稀为1回羽状复叶；小叶多数，小。花蓝色或青紫色，组成顶生或腋生的圆锥花序。花萼小，截平形或5齿裂，萼齿三角形。花冠漏斗状，檐部略呈2唇形，裂片5，外面密被细柔毛。雄蕊4，2强，退化雄蕊棒状。花盘厚，垫状。子房2室，上位，柱头棒状；胚珠多数，每室1~2列。蒴果木质，扁卵圆球形，迟裂;种子周围具透明的翅。约50种，分布于热带美洲。我国引入栽培2种。

1. 蓝花楹 *Jacaranda mimosifolia* D.Don

【别名】含羞草叶蓝花楹

【形态特征】落叶乔木，高达15米。叶对生，二回羽状复叶，羽片在16对以上，每一羽片有小叶16~24对；小叶长约6~12毫米，宽2~7毫米，顶端急尖，基部楔形，全缘。花蓝色，花序长达30厘米，直径约18厘米。花萼筒状，长宽约5毫米，萼齿5。花冠筒细长，蓝色，下部微弯，上部膨大，长约18厘米，花冠裂片圆形。雄蕊4，2强，花丝着生于花冠筒中部。子房圆柱形，无毛。蒴果木质，扁卵圆形，中部较厚，四周逐渐变薄，不平展(图9-763)。花期5~6月。

图9-763 蓝花楹

【生态习性】对土壤条件要求不严，在一般中性和微酸性的土壤中都能生长良好。阳性，喜高温干

图9-764 蓝花楹在园林中的应用

燥气候；抗风，耐干旱，不耐寒。

【分布及栽培范围】原产热带南美洲，目前我国四川南部（主要是西昌市）、两广、云南南部、海南、福建等地引入栽培。

【繁殖】播种、扦插、组织培养等方法进行繁殖。

【观赏】观赏、观叶、观花树种

【园林应用】行道树、园路树、庭荫树和风景林（图9-764）。

（十一）火焰树属 *Spathodea* Beauv.

常绿乔木。奇数羽状复叶大型，对生。伞房状总状花序顶生，密集。花萼大，佛焰苞状。花冠阔钟状，桔红色，基部急骤收缩为细筒状，裂片5，不等大，阔卵形，具纵皱褶。雄蕊4体，2强，着生于花冠筒上，花丝无毛光滑，花药大，个字形着生。子房狭卵球形，2室，柱头2片开裂，扁平。蒴果，细长圆形，扁平，室背开裂；果瓣与隔膜垂直，近木质。种子多数，具膜质翅。

约20种，大部分产热带非洲、巴西，在印度、澳大利亚也有少量分布。我国栽培1种。

1. 火焰树 *Spathodea campanulata* Beauv.

【别名】火烧花、喷泉树、火焰木

【形态特征】乔木，高10米。奇数羽状复叶，对生，连叶柄长达45厘米；小叶13~17枚，叶片椭圆形至倒卵形，长5~9.5厘米，宽3.5~5厘米，顶端渐尖，基部圆形，全缘，背面脉上被柔毛，基部具2~3枚脉体；叶柄短，被微柔毛。伞房状总状花序，顶生，密集；花序轴长约12厘米，被褐色微柔毛，具有明显的皮孔；花梗长2~4厘米；苞片披针形，长2厘米；小苞片2枚，长2~10毫米。花萼佛焰苞状，外面被短绒毛，顶端外弯并开裂，基部全缘，长5~6厘米，宽2~2.5厘米。花冠一侧膨大，基部紧缩成细筒状，檐部近钟状，直径约5~6厘米，长5~10厘米，桔红色，具紫红色斑点，外面桔红色，内面桔黄色。雄蕊4，花丝长5~7厘米。花柱长6厘米。花盘环状，高4毫米。蒴果黑褐色，长15~25厘米，宽3.5厘米（图9-765）。花期4~5月。

【生态习性】喜光，耐热、耐旱、耐湿、耐瘠、枝脆不耐风、易移植。适合于23~30℃环境中生长。生长快。

【分布及栽培范围】原产非洲，现广泛栽培于印度、斯里兰卡。中国广东、福建、台湾、云南均有栽培。

图9-765 火焰树

【繁殖】播种繁殖。

【观赏】树高冠幅较大，花朵杯形硕大，深红色的花瓣边缘有一圈金黄色的花纹，异常绚丽。

【园林应用】园路树、庭荫树、园景树、水边绿化、盆栽及盆景观赏。

（十二）菜豆树属 *Radermachera* Zoll. et Mor.

直立乔木，当年生嫩枝具粘液。叶对生，为1~3回羽状复叶；小叶全缘，具柄。聚伞圆锥花序顶生或侧生，但决不生于下部老茎上，具线状或叶状苞片及小苞片。花萼在芽时封闭，钟状，顶端5裂或平截。花冠漏斗状钟形或高脚碟状，花冠筒短或长，檐部微呈二唇形，裂片5，圆形，平展。雄蕊4，2强，花柱内藏。花盘环状，稍肉质。子房圆柱形，胚珠多数，花柱细长，柱头舌状，扁平，2裂。蒴果细长，圆柱形，有时旋扭状，有2棱。

约16种，分布于亚洲热带地区，我国有7种，产西南部和南部。

1. 菜豆树 *Radermachera sinica* (Hance) Hemsl.

【别名】幸福树、豆角树、接骨凉伞、朝阳花、山菜豆、牛尾木

【形态特征】小乔木，高达10米。二回羽状复叶，稀为3回羽状复叶，叶轴长约30厘米左右；小叶卵形至卵状披针形，长4~7厘米，宽2~3.5厘米，顶端尾状渐尖，基部阔楔形，全缘，侧脉5~6对，向上斜伸，两面均无毛，侧生小叶片在近基部的一侧疏生少数盘菌状腺体；侧生小叶柄长在5毫米以下，顶生小叶柄长1~2厘米。顶生圆锥花序，直立，长25~35厘米，宽30厘米；苞片线状披针形，长可达10厘米，早落，苞片线形，长4~6厘米。花萼蕾时封闭，锥形，内包有白色乳汁，萼齿5。花冠钟状漏斗形，白色至淡黄色，长约6~8厘米左右，裂片5，圆形，具皱纹，长约2.5厘米。雄蕊4，2强，光滑，退化雄蕊存在。蒴果细长，下垂，圆柱形，长达85厘米，径约1厘米(图9-766)。花期5~9月，果期10~12月。

图9-766 菜豆树

【生态习性】喜高温多湿、阳光足的环境。耐高温，畏寒冷，宜湿润，忌干燥。栽培宜用疏松肥沃、排水良好、富含有机质的壤土和沙质壤土。生于山谷或平地疏林中，海拔340~750米。

【分布及栽培范围】原产于台湾、广东、海南、广西、贵州、云南等地。印度、菲律宾、不丹等国也有分布。

【繁殖】播种、扦插、压条繁殖都可。

【观赏】叶呈卵形或卵状披针形，花冠钟状漏斗形，白色或淡黄色，蒴果革质，呈圆柱状长条形似菜豆，稍弯曲、多沟纹。

图9-767 菜豆树的应用

【园林应用】园路树、庭荫树、园景树、盆栽及盆景观赏(图9-767)。树形优美，名字吉利，花语象征幸福、平安，是广泛应用的室内观赏植物。

九十七、茜草科 Rubiaceae

乔木、灌木或草本。单叶，对生或轮生，常全缘；位于叶柄间或叶柄内分离或合生，明显而常宿存，稀脱落。花两性，辐射对称，常4或5(偶6)基数；花萼与子房合生；花冠合瓣，筒状、漏斗状、高脚碟状或辐状，裂片常4~5，镊合状或旋转状排列，偶覆瓦状排列。雄蕊与花冠裂片同数而互生，着生于花冠筒上。子房下位，1~数室，常2室，胚珠多数~1；花柱丝状；柱头头状或分歧。蒴果、核果或浆果。共500属6000种；我国98属676种。

科的识别特征：单叶对生或轮生，两片托叶柄基生。花多两性辐射称，4 5基数样式多。

雄蕊花冠相互生，子房下位常2室。蒴果核果和浆果，胚珠多数至1枚。

分属检索表

1 花多数，组成圆球形头状花序，总花梗顶端膨大成球形……………………… 1 水团花属 *Adina*

1 花序与上同不，总花梗顶端不膨大

  2 花冠裂片镊合状排列

    3 子房每室有1胚珠，果实每室1颗种子……………………………………… 2 白马骨属 *Serissa*

    3 子房每室有胚珠2至多数，果实通常每室有2至多颗种子

      4 果成熟时不开裂……………………………………………………………… 3 玉叶金花属 *Mussaenda*

      4 果成熟时开裂………………………………………………………………… 4 五星花属 *Pentas*

  2 花冠裂片旋转状排列或覆瓦状排列

    5 花冠裂片旋转状排列

      6 子房每室有2至多数胚珠 ……………………………………………… 5 栀子属 *Gardenia*

      6 子房每室有1颗胚珠……………………………………………………… 6 龙船花属 *Ixora*

    5 花冠裂片覆瓦状排列

      7 有些花的萼裂片中有一片增大成叶状，白色而有柄 ……… 7 香果树属 *Emmenopterys*

      7 花序上花的萼裂片不增大成叶状…………………………………… 8 长隔木属 *Hamelia*

(一)水团花属 *Adina* Salisb.

灌木或小乔木。叶对生；托叶窄三角形，深2裂达全长2/3以上，常宿存。头状花序顶生或腋生，或两者兼有，总花梗1~3，不分枝，或为二歧聚伞状分枝，或为圆锥状排列。花5数，近无梗；小苞片线形至线状匙形；花萼管相互分离，萼裂片线形至线状棒形或匙形，宿存；花冠高脚碟状至漏斗状，花冠裂片在芽内镊合状排列，但顶部常近覆瓦状；雄蕊着生于花冠管的上部，花丝短，无毛；花柱伸出，柱头球形，子房2室，胎座位于隔膜上部1/3处，每室胚珠多达40颗。果序中的小蒴果疏松；小蒴果具硬的内果皮。

本属有3种，国外分布于日本和越南；我国2种。

1. 细叶水团花 *Adina rubella* Hance

图 9-768 细叶水团花

【别名】木本水杨梅、水杨梅

【形态特征】落叶小灌木，高 1~3 米；小枝延长，具赤褐色微毛，后无毛；顶芽不明显，被开展的托叶包裹。叶对生，近无柄，薄纸质，卵状披针形或卵状椭圆形，表面深绿色，有光泽，背面侧脉有微毛，全缘，全长 2.5~4 厘米，宽 8~12 毫米。头状花序，单生或兼有腋生。花萼疏生短柔毛；花冠紫红色。蒴果长卵状楔形 (图 9-768)。花果期 5~12 月。

【生态习性】喜光，好湿润。耐水淹，较耐寒。耐冲击。喜沙质土，酸性、中性都能适应。常生长在溪边、沙滩或山谷沟旁。

【分布及栽培范围】浙江、江苏、安徽、福建、湖南及广东、广西等省区。朝鲜也有。

【繁殖】播种、扦插繁殖。

【观赏】细叶水团花枝条披散，俏丽婀娜；叶狭长质厚，绿油油而闪闪泛光；花时紫红球花满吐长蕊，奇丽夺目。

【园林应用】园景树、水边绿化、绿篱 (图 9-769)。体现野趣。

图 9-769 细叶水团花用作盆景

【其它】茎皮纤维可造纸和做人造棉等。全株入药，枝干通经；花球清热解毒，治菌痢和肺热咳嗽；根煎水服治小儿惊风症。

（二）白马骨属 *Serissa* Comm. ex. A. L. Jussieu

分枝多的灌木，无毛或小枝被微柔毛，揉之发出臭气。叶对生，近无柄，通常聚生于短小枝上，近革质，卵形；托叶与叶柄合生成一短鞘，不脱落。花腋生或顶生，单朵或多朵丛生，无梗；萼管倒圆锥形，萼檐 4~6 裂，宿存；花冠漏斗形，顶部 4~6 裂；雄蕊 4~6 枚，生于冠管上部；花盘大；子房 2 室；胚珠每室 1 颗，由基部直立，倒生。果为球形的核果。

本属 2 种，分布于中国和日本。

1. 六月雪 *Serissa japonica* Thunb.

【别名】满天星、白马骨

【形态特征】小灌木，高 60~90 厘米，有臭气。叶革质，卵形至倒披针形，长 6~22 毫米，宽 3~6 毫米，顶端短尖至长尖，边全缘，无毛；叶柄短。花单生或数朵丛生于小枝顶部或腋生，有被毛、边缘浅波状的苞片；萼檐裂片细小，锥形，被毛；花冠淡红色或白色，长 6~12 毫米，裂片扩展，顶端 3 裂；雄蕊突出冠管喉部外；花柱长突出 (图 9-770)。花期 5-7 月。

常见栽培品种：(1) 金边六月雪 'Aureo-marginata' 叶边缘黄色或淡黄色；(2) 斑叶六月雪 'Variegata' 叶面及叶边有白色或黄白色斑纹；(3) 重瓣六月雪 'Pleniflora' 花重瓣，白色；(4) 粉花六月雪 'Rubescens' 花粉红色，单瓣；(5) 荫木 'Crassiramea' 小枝上伸，叶细小而密生小枝上，花单瓣；(6) 重瓣荫木 'Crassiramea Plena' 枝叶如荫木，花重瓣。

【生态习性】喜温暖、阴湿环境，不耐严寒。适应性较强，对土壤要求不严，但在肥沃的沙质壤土上生长良好，不耐积水。萌芽力、萌蘖力均强，耐修剪扎型。

【分布及栽培范围】长江流域湖南、江苏、浙江、江西、广东、台湾等东南以南各地；北京、山东有盆栽。日本、越南也有栽培。

【繁殖】扦插或分株繁殖。

【观赏】枝叶密集，初夏白花盛开，宛如雪花满树，雅洁可爱。

【园林应用】基础种植、绿篱、地被植物、盆栽及盆景观赏（图 9-771）。

【其它】根、茎、叶均可入药，具有健脾利湿，舒肝活血的功效。

图 9-770 金边六月雪

图 9-771 金边六月雪在园林中的应用

（三）玉叶金花属 *Mussaenda* Linn.

乔木、灌木或缠绕藤本。叶对生或偶有 3 枚轮生；托叶生叶柄间，全缘或 2 裂。聚伞花序顶生；苞片和小苞片脱落；花萼管长圆形或陀螺形，萼裂片 5 枚，其中有些花的萼裂片中有 1 枚极发达呈花瓣状，很少全部均成花瓣状，且有长柄，通常称花叶；花冠黄色、红色或稀为白色，高脚碟状，花冠管通常较长，外面有绢毛或长毛，里面喉部密生黄色棒形毛，花冠裂片 5 枚，在芽内摄合状排列；雄蕊 5 枚，着生于花冠管的膨胀部位，内藏，花丝很短或无，花药线形；子房 2 室，花柱丝状。花盘大，环形。浆果肉质。

约 120 种，分布于热带亚洲、非洲和波利尼西亚，我国约有 31 种、1 变种、1 变型，产西南部至台湾。

分种检索表

1 花萼白色 ………………………………………………… 1 大叶白纸扇 *M. esquirolli*

1 花萼红色或粉红色

  2 花萼红色 ……………………………………………… 2 红纸扇 *M. erythrophylla*

  2 花萼粉红色 …………………………………………… 3 粉叶金花 *M. hybrida* cv. 'Alicia'

1. 大叶白纸扇 *Mussaenda esquirolli* Levl

【别名】穪花

【形态特征】直立或攀援灌木，高 1~3 米；嫩枝密被短柔毛。叶对生，薄纸质，广卵形或广椭圆形，长 10~20 厘米，宽 5~10 厘米，顶端骤渐尖或短尖，基部楔形或圆形，上面淡绿色，下面浅灰色，幼嫩时两面有稀疏贴伏毛，老时两面均无毛；侧脉 9 对，向上拱曲；叶柄长 1.5~3.5 厘米，有毛；托叶卵状披针形，常 2 深裂或浅裂，短尖，长 8~10 毫米，外面疏被贴伏短柔毛。聚伞花序顶生，有花序梗；苞片托叶状，较小；花梗长约 2 毫米；萼裂片近叶状，白色，披针形，长渐尖或短尖，长达 1 厘米，宽 2~2.5 毫米，外面被短柔毛；花冠黄色，花冠管长 1.4 厘米，花冠裂片卵形；雄蕊着生于花冠管中部。浆果近球形，直径约 1 厘米（图 9-772）。花期 5~7 月，果期 7~10 月。

【生态习性】生于山坡水沟边或竹林下阴湿处。但适应性较强。

【分布及栽培范围】长江以南各地。

【繁殖】播种繁殖。

【观赏】观白色花萼裂片。

【园林应用】园景树、水边绿化。

【其它】茎叶药用。主治感冒、中暑高热；咽喉肿痛；小便不利；无名肿毒；毒蛇咬伤。

图 9-772 大叶白纸扇

2. 红纸扇 *Mussaenda erythrophylla* Schumach et Thonn

【别名】红玉叶金花

【形态特征】常绿或半落叶直立性或攀缘状灌木，叶纸质，披针状椭圆形，长 7~9 厘米，宽 4~5 厘米，顶端长渐尖，基部渐窄，两面被稀柔毛，叶脉红色。聚伞花序。花冠黄色。一些花的一枚萼片扩大成叶状，深红色，卵圆形，长 3.5~5 厘米。顶端短尖，被红色柔毛，有纵脉 5 条。花期夏秋季（图 9-773）。

【生态习性】喜高温，适生温度为 20~30℃，冬季气温低至 10℃时即落叶休眠，低至 5~7℃时则极易受冻干枯死亡。故越冬温度最好在 15℃以上。耐寒性差。不耐干旱。对土壤要求不高。

【分布及栽培范围】西南至台湾一带。分布于热带亚洲和非洲。

【繁殖】播种或扦插繁殖。

【观赏】扩大的叶状萼片鲜红色，极具观赏价值。红纸扇变态的叶状红色萼片迎风摇曳，托着白色小花甚为美观。

【园林应用】水边绿化、园景树、基础种植、地被植物、垂直绿化、盆栽及盆景观赏。配置于林下，草坪周围或小庭院内，颇具野趣。

图 9-773 红纸扇

3. 粉叶金花 *Mussaenda hybrida* Hort. 'Alicia'

【别名】粉萼金花、粉纸扇

【形态特征】株高 1~2 米。半落叶灌木，叶对生，长

图 9-774 粉叶金花图

图 9-775 粉叶金花在园林中的应用

椭形，全缘，叶面粗，尾锐尖，叶柄短，小花金黄色，高杯形合生呈星形，花小很快掉落，经常只看到其萼片，且萼片肥大，盛开时满株粉红色，非常醒目。花期夏至秋冬，聚散花序顶生，很少结果(图 9-774)。

【生态习性】喜光照充足，阴蔽处生育开花不良。喜高温，耐热，耐旱，忌长期积水或排水不良。喜排水良好的土壤或砂质壤土为佳。

【分布及栽培范围】原产热带非洲、亚洲。华南地区有引种。

【繁殖】扦插繁殖。

【观赏】叶色翠绿，生长快速，花姿美，花期长，适应性强，极具观赏价值。

【园林应用】水边绿化、园景树、基础种植、地被植物、垂直绿化、盆栽及盆景观赏(图 9-775)。

(四) 五星花属 *Pentas* Benth.

草本或亚灌木，直立或平卧，被糙硬毛或绒毛。叶对生，有柄；托叶多裂或刚毛状。聚伞花序通常复合成伞房状，萼裂片 4~6，不等大；花冠具长管，喉部扩大，被长柔毛，裂片 4~6，镊合状排列；雄蕊 4~6，着生在喉部以下；花柱伸出；花盘在花后延伸成一圆锥状体。蒴果膜质或革质，2 室，成熟时室背开裂；种子多数，细小。

约 50 种，国外分布于非洲和马达加斯加。我国栽培 1 种。

1. 五星花 *Pentas lanceolata* (Forsk.) K.Schum.

【别名】繁星花

【形态特征】直立或外倾的亚灌木，高 30~70 厘米，被毛。叶对生，叶卵形、椭圆形或披针状长圆形，长可达 15 厘米，有时仅 3 厘米，宽达 5 厘米，有时不及 1 厘米，顶端短尖，基部渐狭成短柄。聚伞花序密集，顶生；花无梗，二型，花柱异长，长约 2.5 厘米；花冠淡紫色，喉部被密毛，冠檐开展，直径约 1.2 厘米。花期夏秋(图 9-776)。花有粉红、浅紫、白色等品种。

图 9-776 五星花

【生态习性】喜高温、高湿、阳光充足的气候条件，不耐寒。

【分布及栽培范围】原产非洲热带和阿拉伯地区，我国南部栽培。

【繁殖】播种或扦插繁殖。

【观赏】花小、星状，约色美丽而繁多，极具观赏价值。

【园林应用】水边绿化、园景树、基础种植、地被植物、盆栽及盆景观赏。

（五）栀子属 *Gardenia* Ellis

灌木植物（少数是乔木），无刺或很少具刺。叶对生，少有 3 片轮生或与总花梗对生的 1 片不发育；托叶生于叶柄内，三角形，基部常合生。花大，腋生或顶生，单生、簇生或很少组成伞房状的聚伞花序；萼管常为卵形或倒圆锥形，萼檐管状或佛焰苞状，裂片宿存；花冠高脚碟状、漏斗状或钟状，裂片 5~12；雄蕊与花冠裂片同数；子房下位，1 室，胚珠多数，2 列。浆果常大，平滑或具纵棱，革质或肉质；种子多数。共有约 250 种，分布于东半球的热带和亚热带地区。中国有 5 种、1 变种，产于长江以南各省区。

分种检索表

1 叶倒卵状长椭圆形，长 7-13 厘米 ································ 1 栀子 *G. jasminoides*

1 叶倒披针表，长 4 ~ 8 厘米 ······································ 2 雀舌栀子 *G. jasminoides* var. *radicans*

1. 栀子 *Gardenia jasminoides* Ellis

图 9-777 栀子

【别名】水横枝、山栀子、山栀、黄果子、山黄枝、黄栀

【形态特征】常绿灌木，高达高 0.3~3 米。叶革质，倒卵形至矩圆状倒卵形，长 5~14 厘米，翠绿色，上面光亮，叶脉上面下陷明显。花单生枝顶，白色，芳香。果卵形或长椭圆形，黄色，具 5~9 纵棱（图 9-777)。花期 3~7 月，果期 5 月至翌年 2 月。

变种：(1) 玉荷花（白荷，重瓣栀子）'Fortuneana'('Flore Pleno') 花较大而重瓣，径达 7~8 厘米；庭园栽培较普通；(2) 大花栀子 'Grandiflora' 花较大，径达 4~7 厘米，单瓣，叶也较大；(3) 雀舌栀子（水栀子）var. *radicans* Mak.('Prostrata') 植株矮小，枝常平展匍地；叶较小，倒披针形，长 4~8 厘米；花也小，重瓣。宜作地被材料，也常盆栽观赏。花可熏茶，称雀舌茶；(4) 单瓣雀舌栀子 var. *radicans* f. simpliciflora Mak. 花单瓣，其余特征同雀舌栀子。

【生态习性】喜光，但要求避免强烈阳光直晒；

图 9-778 栀子的园林应用

图 9-779 雀舌栀子

图 9-780 栀子在园林中的应用

喜温暖湿消气候，耐寒性较差，温度在 -12℃以下，叶片即受冻害而脱落是典型的酸性土植物。萌芽力、萌蘖力均强，耐修剪。

【分布及栽培范围】长江流域以南各地。山东青岛、济南及河南有栽培。

【繁殖】扦插、压条繁殖为主，亦可播种或分根繁殖。

【观赏】枝繁叶茂，翠绿光亮，花色洁白芳香，是庭园绿化、美化、香化的好树种。

【园林应用】水边绿化、绿篱及绿雕、基础种植、绿篱、地被植物、特殊环境绿化、盆栽及盆景观赏 (图 9-778)。常见应用方式为丛植、列植。

【生态功能】对氯化氢有一定杭性，可作街道、厂矿绿化。

【其它】根、叶、果均可入药，具有泻火除烦、清热利湿、凉血解毒的功效，治疗口舌生疮；疮疡肿毒；扭伤肿痛。

2. 雀舌栀子 *Gardenia jasminoides* Ellis var. *radicans*. Mak.

【别名】小花栀子、雀舌花

【形态特征】常绿灌木，植株矮生平卧，通常不超过 20 厘米 。枝丛生，干灰色，小枝绿色。叶小狭长，倒披针形，对生或三叶轮生，有短柄，革质，色深绿，有光泽，托叶鞘状。花期 4~6 月，白色，重瓣，具浓郁芳香，有短梗，单生于枝顶。果实卵形，果熟期为 10~11 月 (图 9-779)。

【生态习性】喜温暖湿润气候。喜光，耐高温，喜疏松、肥沃、排水良好、轻粘性酸性土壤。典型酸性植物。稍耐寒，温度在 -12℃以下叶片会受冻害而脱落。萌蘖力均强，耐修剪。具有抗烟尘、抗二氧化硫能力。

【分布及栽培范围】我国长江流域及以南各省区。

【繁殖】播种或扦插繁殖。

【观赏】叶终年常绿、青翠欲滴，花色洁白、花香浓郁，是深受大众喜爱、花叶俱佳的观赏植物。

【园林应用】基础种植、地被植物、盆栽及盆景观赏盆景 (图 9-780)。

【其它】花香浓郁，除可供观赏，也可供佩带。果药用，有消炎解毒之功效。

（六）龙船花属 *Ixora* Linn.

常绿灌木或小乔木；小枝圆柱形或具棱。叶对生，很少3枚轮生；托叶在叶柄间，基部阔，常常合生成鞘，顶端延长或芒尖。排成顶生稠密或扩展伞房花序式或三歧分枝的聚伞花序，常具苞片和小苞片；萼管通常卵圆形，萼檐裂片4，宿存；花冠高脚碟形，顶部4裂，扩展或反折，芽时旋转排列；雄蕊与花冠裂片同数，生于冠管喉部，花丝短或缺，花药背着，2室，突出或半突出冠管外；花盘肉质，肿胀；子房2室，每室有胚珠1颗，花柱线形，柱头2。核果球形或略呈压扁形，有2纵槽，革质或肉质。

约400种，主产热带亚洲和非洲，少数产美洲，我国约有11种，产西南部至东部。

1. 龙船花 *Ixora chinensis* Lam.

【别名】卖子木、山丹

【形态特征】灌木，高0.8~2米。叶对生，有时由于节间距离极短几成4枚轮生，披针形、长圆状披针形至长圆状倒披针形，长6~13厘米，宽3~4厘米，顶端钝或圆形，基部短尖或圆形；中脉在上面扁平成略凹入，在下面凸起，侧脉每边7~8条，纤细，明显，近叶缘处彼此连结，横脉松散，明显；叶柄极短而粗或无；托叶长5~7毫米，基部阔，合生成鞘形，顶端长渐尖，渐尖部分成锥形，比鞘长。花序顶生，多花，具短总花梗；总花梗长5~15毫米，与分枝均呈红色，基部常有小型叶2枚承托；苞片和小苞片微小，生于花托基部的成对；花有花梗或无；花冠红色或红黄色，盛开时长2.5~3厘米，顶部4裂；花丝极短，花药长圆形，长约2毫米。果近球形，双生，中间有1沟，成熟时红黑色（图9-781）。花期5~7月。每到端午节赛龙舟时盛开，故名龙船花。

图9-781 龙船花

图9-782 龙船花在园林中的应用

【生态习性】喜温暖、湿润和较充足的阳光，不耐寒。是酸性土壤的指示植物。北方温室盆栽观赏。生于海拔200~800米山地灌丛中和疏林下。

【分布及栽培范围】台湾、广东、福建、广西等地。龙船花原产我国南部地区和马来西亚。在17世纪末被引种到英国，后传入欧洲各国。广泛用于盆栽观赏。目前，荷兰、美国和日本栽培较多。

【繁殖】扦插或播种繁殖。

【观赏】顶生伞房状聚伞花序，花序分枝红色，花期长，极具观赏价值。

【园林应用】园景树、基础种植、绿篱、地被植物、盆栽及盆景观赏（图9-782）。适合庭院、宾馆、风景区布置，高低错落，花色鲜丽，景观效果极佳。

【其它】根、茎叶能清肝，活血，止痛。用于高血压，月经不调，筋骨折伤，疮疡的治疗。

（七）香果树属 *Emmenopterys* Oliv.

约 2 种。我国只有香果树 1 种。

1. 香果树 *Emmenopterys henryi* Oliv.

【别名】 小冬瓜、茄子树

【形态特征】 落叶大乔木，高达 30 米。叶纸质或革质，阔椭圆形、阔卵形或卵状椭圆形，长 6~30 厘米，宽 3.5~14.5 厘米，顶端短尖或骤然渐尖，基部短尖或阔楔形，全缘，上面无毛或疏被糙伏毛，下面较苍白，被柔毛或仅沿脉上被柔毛，或无毛而脉腋内常有簇毛；侧脉 5~9 对，在下面凸起；叶柄长 2~8 厘米；托叶大，三角状卵形，早落。圆锥状聚伞花序顶生；花芳香，花梗长约 4 毫米；变态的叶状萼裂片白色、淡红色或淡黄色，纸质或革质，匙状卵形或广椭圆形，长 1.5~8 厘米，宽 1~6 厘米，有纵平行脉数条，有长 1~3 厘米的柄；花冠漏斗形，白色或黄色，长 2~3 厘米。蒴果长圆状卵形或近纺锤形，长 3~5 厘米，径 1~1.5 厘米 (图 9-783)。花期 6~8 月，果期 8~11 月。

图 9-783 香果树

【生态习性】 喜光、喜温暖和或凉爽的气候和湿润肥沃的土壤。能耐极端低温 -15℃。国家二级重点保护植物。

【分布及栽培范围】 陕西，甘肃，江苏，安徽，浙江，江西，福建，河南，湖北，湖南，广西，四川，贵州，云南东北部至中部。

【繁殖】 播种繁殖。

【观赏】 树姿态优美，花色艳丽，也是很好的观赏植物。

【园林应用】 园路树、庭荫树、园景树、风景林、树林 (图 9-784)。

图 9-784 香果树在园林中的应用

【其它】 英国植物学家威尔逊 (EH. Wilson) 把香果树誉为“中国森林中最美丽动人的树”。

（八）长隔木属 *Hamelia* Jacq.

灌木或草本。叶对生或 3~4 片轮生，有叶柄；托叶多裂或刚毛状，常早落。聚伞花序顶生，二或三歧分枝，分枝蝎尾状，花偏生于分枝一侧；花有梗或几无梗；小苞片通常小；萼管卵圆状至陀螺状，裂片 4~6，通常短而直立，宿存；花冠管状或钟状，裂片4~6，覆瓦状排列；雄蕊4~6，生冠管基部，花丝稍短，花药基着；花盘肿胀；子房5室，每室有多数胚珠。浆果小，冠以肿胀的花盘，5裂，5室。约40种，中国引入栽培1种。

1. 长隔木 *Hamelia patens* Jacq.

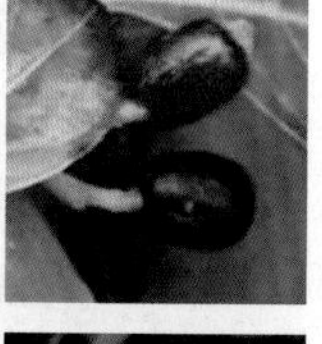

图9-785 希茉莉

【别名】希茉莉、醉娇花、希美丽、希美莉

【形态特征】红色灌木，高2~4米，嫩部均被灰色短柔毛。叶通常3枚轮生，椭圆状卵形至长圆形，长7~20厘米，顶端短尖或渐尖。聚伞花序有3~5个放射状分枝；花无梗，沿着花序分枝的一侧着生；萼裂片短，三角形；花冠橙红色，冠管狭圆筒状，长1.8~2厘米；雄蕊稍伸出。浆果卵圆状，直径6~7毫米，暗红色或紫色。花期几乎全年，或花期5~10月。全株具白色乳汁(图9-785)。

【生态习性】喜高温、高湿、阳光充足的气候条件，喜土层深厚、肥沃的酸性土壤，耐荫蔽，耐干旱，忌瘠薄，畏寒冷，生长适温为18~30℃。耐半荫。耐修剪。

【分布及栽培范围】原产美国佛罗里达洲、西印度群岛，南至玻利维亚和马拉圭。我国南部和西部有栽培。

【繁殖】播种或扦插繁殖。

【观赏】花美丽，极具观赏价值。

图9-786 希茉莉在园林中的应用

【园林应用】园景树、基础种植、绿篱、地被植物、盆栽及盆景观赏(图9-786)。

九十八、忍冬科 Caprifoliaceae

灌木、小乔木或木质藤本，很少草本。常有发达的髓部。叶对生，多为单叶，全缘、具齿或有时羽状或掌状分裂，具羽状脉，有时为单数羽状复叶；叶柄短，有时两叶柄基部连合，无托叶。聚伞或轮伞花序，或由聚伞花序集合成伞房式或圆锥式复花序。花两性，极少杂性；萼筒贴生于子房，萼裂片或萼齿5~4枚；花冠合瓣，辐状、钟状、筒状、高脚碟状或漏斗状，覆瓦状或稀镊合状排列，有时两唇形，上唇二裂，下唇三裂，或上唇四裂，下唇单一；雄蕊5枚，或4枚而二强，着生于花冠筒；子房下位。果实为浆果、核果或蒴果

约14属，400余种，主产北半球。我国有12属，200余种。分布于南北各省区。

科的识别特征：灌木缠绕或直立，本质柔软大髓心。对生叶来无托叶，两性花称聚簇生。花筒子房基处合，雄蕊4~5与互生。子房下位浆核果，药用观赏价值多。

分属检索表

1 浆果或核果

  2 浆果或浆果状核果

    3 浆果状核果

      4 叶为奇数羽状复叶……………………………………………… 1 接骨木属 *Sambucus*

      4 叶为单叶……………………………………………………… 2 荚蒾属 *Viburnum*

    3 浆果…………………………………………………………… 3 忍冬属 *Lonicera*

  2 具 1 种子的瘦果状核果

      5 果两个合生，外面密生刺刚毛 ……………………………4 蝟实属 *Kolkwitzia*

      5 果分离，外面无刺刚毛 …………………………………… 5 六道木属 *Abelia*

1 开裂的蒴果…………………………………………………………… 6 锦带花属 *Weigela*

（一）接骨木属 *Sambucus* Linn.

落叶乔木或灌木，很少多年生高大草本；茎干常有皮孔，具发达的髓。单数羽状复叶，对生；托叶叶状或退化成腺体。花序由聚伞合成顶生的复伞式或圆锥式；花小，白色或黄白色，整齐；萼筒短，萼齿 5 枚；花冠辐状，5 裂；雄蕊 5，开展，很少直立，花丝短，花药外向；子房 3~5 室，花柱短或几无，柱头 2~3 裂。浆果状核果红黄色或紫黑色。

约 20 种，分布于两半球的温带和亚热带地区，我国有 4~5 种，南北均产之。另从国外引种栽培 1~2 种。

1. 接骨木 *Sambucus williamsii* Hance

【别名】续骨木

【形态特征】落叶灌木或小乔木，高 5~6 米；老枝淡红褐色，具明显的长椭圆形皮孔，髓部淡褐色。羽状复叶有小叶 2~3 对，有时仅 1 对或多达 5 对，侧生小叶片卵圆形、狭椭圆形至倒矩圆状披针形，长 5~15 厘米，宽 1.2~7 厘米，顶端尖、渐尖至尾尖，边缘具不整齐锯齿，有时基部或中部以下具 1 至数枚腺齿，基部楔形或圆形，有时心形，两侧不对称，最下一对小叶有时具长 0.5 厘米的柄，顶生小叶卵形或倒卵形，顶端渐尖或尾尖，基部楔形，具长约 2 厘米的柄，叶搓揉后有臭气；托叶狭带形，或退化成带蓝色的突起。花与叶同出，圆锥形聚伞花序顶生，长 5~11 厘米，宽 4~14 厘米，具总花梗，花序分枝多成直角开展；花小而密；萼筒杯状；花冠蕾时带粉红色，开后白色或淡黄色；雄蕊与花冠裂片等长，开展；子房 3 室，花柱短，柱头 3 裂。果实红色，极少蓝紫黑色，卵圆形或近圆形（图 9-787）。花期一般 4~5 月，果熟期 9~10 月。

图 9-787 接骨木

【生态习性】喜光，耐寒，耐旱。根系发达，萌蘖性强。生于海拔 800~2000 米的林下、灌丛中。

【分布及栽培范围】东北至南岭以北，西至甘肃、四川和云南。

【繁殖】播种、扦插、分株繁殖均可。

【观赏】春季白花满树，夏秋红果累累，是良好的观赏灌木。

【园林应用】园景树、防护林、水边绿化、基础种植、盆栽及盆景观赏。植于草坪、林缘或水边。

【其它】茎枝能祛风、利湿、活血、止痛，治风湿筋骨疼痛、腰痛、水肿、跌打肿痛、骨折。

（二）荚蒾属 *Viburnum* Linn.

灌木或小乔木，被簇状毛，茎干有皮孔。单叶，对生，全缘或有锯齿或牙齿，有时掌状分裂，有柄；托叶微小或不存在。花小，两性，整齐；花序由聚伞合成顶生或侧生的伞形式、圆锥式或伞房式，有时具白色大型的不孕边花或全部由大型不孕花组成；苞片和小苞片通常微小而早落；花冠白色，较少淡红色，辐状、钟状、漏斗状或高脚碟状，裂片 5 枚，通常开展；雄蕊 5 枚。果实为核果，卵圆形或圆形，冠以宿存的萼齿和花柱。

约 200 种，分布于北半球温带和亚热带地区。我国约 74 种，南北均产之，其中有些供观赏用，尤以具有放射状大型不孕花的种类最为美丽。

分种检索表

1 花由可孕花，或中间可孕花、边缘不孕花组成
  2 叶三裂…………………………………………………… 1 天目琼花 *V sargentii*
  2 叶不裂
    3 花全由可孕花构成
      4 落叶…………………………………………………… 2 南方荚蒾 *V. fordiae*
      4 常绿…………………………………………………… 3 珊瑚树 *V. odoratissimum var. awabuki.*
    3 花中间可孕花、边缘不孕花组成
      5 边花不孕性，大型，似蝴蝶………………………… 4 蝴蝶戏珠花 *V. plicatum f.tomentosum*
      5 边花不孕花 8 朵，图形不是蝴蝶形……………… 5 琼花 *V. macrocephalum f. keteleeri*
1 花全部为不孕花…………………………………………… 6 绣球荚蒾 *V. macrocephalum*

1. 天目琼花 *Viburnum sargentii* Koehne

【别名】鸡树条荚蒾、鸡树条

【形态特征】落叶灌木，高约 3 米。灰色浅纵裂，小枝有明显皮孔。叶宽卵形至卵圆形，长 6~12 厘米，通常 3 裂，裂片边缘具不规则的齿，掌状 3 出脉。复聚伞形花序，径 8~12 厘米，生于侧枝顶端，边缘有大型不孕花，中间为两性花；花冠乳白色，辐状；核果近球形，径约 1 厘米，鲜红色（图 9-788）。花期 5~6 月；果期 8~9 月。

【生态习性】喜光又耐荫；耐寒，对土壤要求不严，微酸性及中性土壤都能生长。根系发达，移植容易成活。多生于夏凉湿润多雾的灌木丛中。

【分布及栽培范围】原产中国，发现于浙江天目

图 9-788 天目琼花

图 9-789 天目琼花在园林中的应用

山地区。因花着生于顶端，故又称佛头花、并头花。天然分布于内蒙古、河北、甘肃及东北地区，国外分布于朝鲜、日本、俄罗斯等国。

【繁殖】播种、扦插繁殖。

【观赏】树态清秀，叶形美丽，花开似雪，果赤如丹。天目琼花的复伞形花序很特别，边花（周围一圈的花）白色很大，非常漂亮但却不能结实，心花（中央的小花）貌不惊人却能结出累累红果，两种类型的花使其春可观花、秋可观果。

【园林应用】园路树、庭荫树、园景树、水边绿化、园景树、基础种植、盆栽及盆景观赏（图 9-789）。宜在建筑物四周、草坪边缘配植，也可在道路边、假山旁孤植、丛植或片植。

2. 南方荚蒾 *Viburnum fordiae* Hance

【别名】东南荚蒾

【形态特征】落叶灌木或小乔木，高 3~5 米。幼枝、芽、叶柄、花序、萼和花冠外面均被由暗黄色或黄褐色的簇状毛。叶对生；叶柄长 5~12 毫米；叶纸质至厚纸质，叶片宽卵形或鞭状卵形，长 4~7 厘米，宽 2.5~5 厘米，先端尖至渐尖，基部钝或圆形，边缘基部以上疏生浅波状小尖齿，上面绿色，有时沿脉散生有柄的红褐色小腺点，下面淡绿色，沿各级脉上具簇状绒毛，侧脉每边 5~7 条，伸达齿端，与中脉在叶上面凹陷，在下面突起。复伞形式降伞花序顶生叶生于具 1 对叶的侧生小枝之顶，直径 3~8 厘米；总梗长 1~3.5 厘米，第 1 级辐射枝 5 条；花着生于第 3~4 级辐射枝上；花冠白色，直径 4~5 毫米，裂

图 9-790 南方荚蒾

片卵形，长约1.5毫米；雄蕊5，近等长或超出花冠。核果卵状球形，长6~7毫米，红色；核扁，长约6毫米，直径约4毫米，有2条腹沟和1条背沟(图9-790)。花期4~5月，果期10~11月。

【生态习性】喜温暖湿润气候，抗寒性不强。生于海拔200~1300米的山谷溪涧旁疏林、山坡灌丛中或平原旷野。

【分布及栽培范围】江西、福建、台湾、湖南、广东、广西、贵州。

【繁殖】播种或扦插繁殖。

【观赏】观花和果。

【园林应用】园景树、水边绿化、基础种植、盆栽及盆景观赏。宜在建筑物四周、草坪边缘配植，也可在道路边、假山旁孤植、丛植或片植。

3. 珊瑚树 *Viburnum odoratissimum* Ker-Gawl. var. *awabuki* K. Koch

【别名】法国冬青

【形态特征】常绿灌木或小乔木，高15米。枝皮灰色。枝有小瘤状皮孔。叶革质，对生，长椭圆形，长7~15厘米，先端急尖或钝，基部阔楔形，全缘或近顶部有不规则的浅波状钝齿，表面深绿而有光泽，背面浅绿色。圆锥状聚伞花序顶生，萼筒钟状；花冠辐状，白色，芳香，5裂。核果卵圆形或卵状椭圆形，长约8毫米，直径5~6毫米，先红后黑(图9-791)。花期4~5月，果熟期7~9月。

【生态习性】喜光、稍能耐荫；喜温暖，不耐寒；喜湿润肥沃土壤。对有毒气体有一定的抗性。根系发达，萌蘖能力强强，易整形，耐修剪，耐移植。

【分布及栽培范围】华南、华东、西南等省区。日本、印度也产。长江流域有栽培。

【繁殖】扦插繁殖，也可播种繁殖。

【观赏】观花、果。枝繁叶茂，终年碧绿发光，春日开以白花，深秋果实鲜红，累累垂于枝头，状如珊瑚，十分美观。

图9-791 珊瑚树

图9-792 珊瑚树用作绿篱

【园林应用】园景树、风景林、防护林(防风林)、绿篱、基础种植、特殊环境绿化(防火、隔音及厂矿绿化)(图9-792)。

【生态功能】防火树种。隔音及抗污染力强，也是工厂绿化的好树种。

4. 蝴蝶戏珠花 *Viburnum plicatum* Thunb. f.*tomentosum* Rehd.

【别名】蝴蝶树

【形态特征】落叶灌木。叶对生，叶片宽卵形或长圆状卵形，叶背面具星状毛，先端尖，边缘有锯齿。聚伞形花序，外围有4朵大的黄白色不孕花，裂片2大2小，中部的可孕花白色，芳香。核果椭圆形，先红色后渐变黑色。得名于边花不孕性，大型，似

图 9-793 蝴蝶戏珠花

蝴蝶。中部为淡黄色两性花，似珍珠(图 9-793)。花期 4~6 月份。果期 8~10 月。

【生态习性】喜湿润气候，较耐寒，稍耐半阴。宜栽培于富含腐殖质的壤土中。移栽容易成活。

【分布及栽培范围】原产中国陕西，河南和长江流域以南一区，日本和朝鲜南部也有分布。

【繁殖】播种或扦插繁殖。

【观赏】花白色，似蝴蝶飞舞；果深红色；极具观赏价值。

【园林应用】园景树、水边绿化、基础种植、盆栽及盆景观赏。宜在建筑物四周、草坪边缘配植，也可在道路边、假山旁孤植、丛植或片植。

5. 绣球荚蒾 *Viburnum macrocephalum* Fort.

【别名】绣球、木绣球、八仙花、紫阳花

【形态特征】落叶或半常绿灌木，高达 4 米；树皮灰褐色或灰白色；芽、幼枝及花序密被灰白色或黄白色簇状短毛，后渐变无毛。叶卵形或椭圆，长 5~11 厘米，端钝，基圆形，边缘有细齿。大型聚伞

图 9-794 绣球荚蒾

图 9-795 绣球荚蒾在园林中的应用

花序呈球形，几全由白色不孕花组成，直径约 5~15 厘米；花萼筒无毛；花冠辐射，纯白(图 9-794)。花期 4 月。

【生态习性】喜光略耐荫，性强健，颇耐寒，华北南部可露地栽培；常生于山地林间的微酸性土壤，也能适应平原向阳而排水较好的中性土。移植修剪时注意保持圆整的树姿，管理较为粗放，如能适量施肥、浇水，即可年年开花。

【分布及栽培范围】原产我国长江流域。南北各地都有栽培。

【繁殖】扦插、压条、分株繁殖。

【观赏】树姿开展圆整，春日繁花聚簇，团团如球，犹如雪花压树，枝垂近地，尢饶幽趣。

园林应用：最宜孤植于草坪及空旷地，使其四面开展，体现个体美；如群体一片。花开之时有白

云翻滚之效，十分壮观。

【园林应用】园景树、水边绿化、基础种植、盆栽及盆景观赏(图9-795)。栽于园路两侧，使其拱形枝条形成花廊，人们漫步于其花下，顿觉心旷神怡；配植于庭中堂前，墙下窗前，也极相宜。

6. 琼花 *Viburnum macrocephalum* Fort. f. *keteleeri* Rehd.

【别名】木绣球、聚八仙、蝴蝶木

【形态特征】半常绿灌木，高2~3米；小枝、叶柄、叶下面、花序均密被毛。叶厚纸质，卵状椭圆形，长5~10 cm，叶脉在上面凹陷，边缘有尖锯齿。聚伞花序组成伞形或圆锥式，花序直径7~10 cm；外缘不孕花径3~4 cm，白色；中间为可孕花。核果近球形，深红色。花期4月。果期10月~11月。一般4、5月间开花，花大如盘，洁白如玉，晶莹剔透。10、11月果实鲜红，果实诱鸟(图9-796)。

【生态习性】喜光，稍耐荫。为暖温带半阴性树种。较耐寒，能适应一般土壤，好生于湿润肥沃的地方。长势旺盛，萌芽力、萌蘖力均强，种子则有隔年发芽习性。

【分布及栽培范围】原产于四川、甘肃、江苏、河南，山东以南等地。江苏、浙江、湖北等地。

【繁殖】播种、扦插、压条、分株繁殖。

【观赏】花白色而繁密，果红色而艳丽。

【园林应用】园景树、水边绿化、基础种植、盆栽及盆景观赏(图9-797)。常孤植、丛植。常见于群落中下层、水边。

图9-796 琼花

图9-797 琼花在园林中的应用

【文化】琼花为扬州市花，昆山三宝之一。自古以来有“维扬一株花，四海无同类”的美誉。琼花是我国特有的名花，文献记载唐朝就有栽培。它以淡雅的风姿和独特的风韵，以及种种富有传奇浪漫色彩的传说和逸闻逸事，博得了世人的厚爱和文人墨客的不绝赞赏，被称为稀世的奇花异卉和“中国独特的仙花”。1998年琼花选为扬州市花。

【其它】枝、叶、果均可入药，具有通经络、解毒止痒的疗效。

(三) 忍冬属 *Lonicera* Linn.

小枝髓部白色或黑褐色，枝有时中空，老枝树皮常作条状剥落。叶对生，很少3或者4枚轮生，纸质、厚纸质至革质，全缘。花通常成对生于腋生的总花梗顶端，简称“双花”，或花无柄而呈轮状排列于小枝顶，每轮3至6朵；每双花有苞片和小苞片各1对，苞片小或形大叶状；花冠白色(或由白色转为黄色)、黄色、淡红色或紫红色，钟状、筒状或漏斗状，花冠筒长或短，基部常一侧肿大或具浅或深的囊;雄蕊5;子房有3至2个室，最多有5个，花柱纤细，有毛或无毛，柱头头状。果实为浆果，红色、蓝黑色或黑色，具少数至多数种子。

共约200种，中国有98种，广布于全国各省区，而以西南部种类最多。

分种检索表

1 藤本……………………………………………………………………………… 1 金银花 *L. japonica*

1 灌木或小乔

2 叶两面无毛，基部圆形或近心脏形 …………………………………………… 2 新疆忍冬 *L. tatarica*

2 叶多少具毛，基部常楔形 …………………………………………………… 3 金银木 *L. maackii*

1. 金银花 *Lonicera japonica* Thunb.

【别名】忍冬、金银藤、银藤、二色花藤、二宝藤、右转藤、子风藤、鸳鸯藤

【形态特征】半常绿木质藤本植物。小枝细长，中空，幼枝洁红褐色，密被黄褐色、开展的硬直糙毛、腺毛和短柔毛，下部常无毛。叶对生，卵形或长卵形。先端渐尖，全缘，两面有短柔毛，入冬叶片略带红色。花成对着生叶腋，花冠 呈筒状，上端4小裂片，下端一片向下翻卷。4~7月间开放，花初开放时呈白色，逐渐转为金黄 色，新旧相参，黄白相间，故称“金银花”，气味芳香。8~9月份果熟，小浆果球形，黑紫色(图9-798)。

【生态习性】喜光耐荫，具有一定耐寒能力。对土壤要求不严，既耐旱又耐水湿，酸、碱土壤均可，肥沃、瘠薄均能生长，以湿润沙壤土生长为好。生于山坡灌丛或疏林中、乱石堆、山足路旁及村庄篱笆边，海拔最高达1500米。也常人工栽培。

图9-799 金银花在园林中的应用

图9-798 金银花

【分布及栽培范围】除黑龙江、内蒙古、宁夏、青海、新疆、海南和西藏无自然生长外，全国各省均有分布。

【繁殖】播种、扦插、压条、分株等方法繁殖。

【观赏】春夏开花不断，花色先白后黄，在植株上黄白相映，气味芳香，具较强的观赏价值。

【园林应用】水边绿化、园景树(灌木型金银花)、地被植物、垂直绿化、特殊环境绿化(荒山绿化)、盆栽及盆景观赏(图9-799)。常见依附山石、坡

地生长，也可缠绕攀援成花栅，为庭院绿化布景的优美植物，也可种成盆栽，置于大厅的 窗前和阳台上，或攀援。

【生态功能】荒山、荒地的绿化。

【其它】清热解毒，凉散风热。用于痈肿疔疮，喉痹，丹毒，热血毒痢，风热感冒，温病发热。

2. 新疆忍冬 *Lonicera tatarica* Linn.

【别名】鞑靼忍冬、桃色忍冬

【形态特征】落叶灌木，高达3米，全体近于无毛。冬芽小，约有4对鳞片。叶纸质，卵形或卵状矩圆形，有时矩圆形，长2~5厘米，顶端尖，稀渐尖或钝形，基部圆或近心形，稀阔楔形，两侧常稍不对称，边缘有短糙毛；叶柄长2~5毫米。总花梗纤细，长1~2厘米；苞片条状披针形或条状倒披针形，长与萼筒相近或较短，有时叶状而远超过萼筒；相邻两萼筒分离，长约2毫米，萼檐具三角形或卵形小齿；花冠粉红色或白色，长约1.5厘米，唇形，筒短于唇瓣，长5~6毫米；雄蕊和花柱稍短于花冠。果实红色，圆形，直径5-6毫米(图9-800)。花期5~6月，果熟期7~8月。

【生态习性】耐寒。生石质山坡或山沟的林缘和灌丛中，海拔900~1600米。

【分布及栽培范围】原产欧洲及西伯利亚、中国新疆北部，北京等地有栽培。

【繁殖】播种或扦插法繁殖。

【观赏】花美叶秀，常栽培于庭院、花境观赏。

【园林应用】园景树、水边绿化、基础种植、绿篱、盆栽及盆景观赏。

3. 金银木 *Lonicera maackii* (Rupr.) Maxim.

【别名】金银忍冬、王八骨头

【形态特征】落叶灌木，高达6米；凡幼枝、叶两面脉上、叶柄、苞片、小苞片及萼檐外面都被短柔毛和微腺毛。叶纸质，形状变化较大，通常卵状椭圆形至卵状披针形，稀矩圆状披针形或倒卵状矩圆形，更少菱状矩圆形或圆卵形，长5~8厘米，顶端渐尖或长渐尖，基部宽楔形至圆形；叶柄长2~5 (8)毫米。花芳香，生于幼枝叶腋，总花梗长1~2毫米，短于叶柄；苞片条形，有时条状倒披针形而呈叶状，长3~6毫米；花冠先白色后变黄色，长(1~) 2厘米，外被短伏毛或无毛，唇形；雄蕊与花柱长约达花冠的2/3，花丝中部以下和花柱均有向上的柔毛。果实暗红色，圆形，直径5~6毫米(图9-801)。花期5~6月，果熟期8~10月。花开之时初为白色，后变为黄色，故得名“金银木”。

【生态习性】喜光，耐半荫，稍耐旱，耐寒。喜湿润肥沃及深厚之土壤。生于林中或林缘溪流附近的灌木丛中，海拔达1800米。

【分布及栽培范围】南北各省，北自哈尔滨，南至广州。

图9-800 鞑靼忍冬

图9-801 金银木

【繁殖】播种和扦插繁殖。

【观赏】花果并美，具有较高的观赏价值。春天可赏花闻香，秋天可观红果累累。春末夏初层层开花，金银相映，远望整个植株如同一个美丽的大花球。花朵清雅芳香，引来蜂飞蝶绕。金秋时节，红果挂满枝条，煞是惹人喜爱。

【园林应用】园景树、水边绿化、基础种植、绿篱、盆栽及盆景观赏。在园林中，常将金银木丛植于草坪、山坡、林缘、路边或点缀于建筑周围，观花赏果两相宜。

（四）蝟实属 *Kolkwitzia* Graebn.

为我国特有的单种属。属特征见种特征。

1. 蝟实 *Kolkwitzia amabilis* Graebn.

【别名】猬实

【形态特征】落叶灌木，高 1.5~3 米；幼枝被柔毛，老枝皮剥落。叶对生，有短柄，椭圆形至卵状长圆形，长 3~8 厘米，宽 1.5~3(~5.5) 厘米，近全缘或疏具浅齿，先端渐尖，基部近圆形，上面疏生短柔毛，下面脉上有柔毛。伞房状的聚伞花序具长 1~1.5 厘米的总花梗，花梗几不存在；萼筒外密生刚毛，上部缢缩似颈；裂片钻状披针形，长 0.5 厘米，有短柔毛；花冠钟状，淡红色，长 1.5~2.5 厘米，直径 1~1.5 厘米，外有短柔毛。果实密实皮黄色刺刚毛，顶端伸长如角，冠以宿存的萼齿（图 9-802)。花期 5~6 月，果期 8~9 月。

【生态习性】耐寒、耐旱。在相对湿度过大、雨量多的地方生不良。喜光，在林荫下生长细弱，不能正常开花结实。生于海拔 350~1340 米的山坡、路边和灌丛中。

【分布及栽培范围】华中、华北和西北，山西，陕西、河南、湖北及安徽等省。

【繁殖】播种、扦插、分株、压条繁殖。

【观赏】花密色艳，开花期正值初夏百花凋谢之时，更感可贵，夏秋全树挂满形如刺猬的小果，甚为别致。

图 9-802 蝟实

图 9-803 蝟实在园林中的应用

【园林应用】园景树、水边绿化、基础种植、绿篱、地被植物、盆栽及盆景观赏（图 9-803)。在园林中可于草坪、角坪、角隅、山石旁、园路交叉口、亭廊附近列植或丛植，也可盆栽所赏或作切花。

（五）六道木属 *Abelia* R. Br.

落叶灌木。叶对生，全缘或齿牙或圆锯齿，具短柄，无托叶。具单花、双花或多花的总花梗顶生或生于侧枝叶腋，也有三歧分枝的聚伞花序或伞房花序；苞片 2~4 枚；花整齐或稍呈二唇形；花冠白色或淡玫瑰红色，筒状漏斗形或钟形，挺直或弯曲，基部两侧不等或一侧膨大成浅囊，4-5 裂；雄蕊 4 枚，等长或二强，着生于花冠筒中部或基部；子房 3 室，仅 1 室具 1 枚能育的胚珠。果实为革质瘦果，矩圆形，冠以宿存的萼裂片。

约 20 种，我国 9 种，大部分分布于中部和西南部，东南和北部较少见。

分种检索表

1 花多数密集成圆锥状聚伞花序………………………………………… 1 糯米条 *A. chinensis*

1 花 2 朵并生于小枝顶端

　2 花冠筒状，端 4 裂……………………………………………………… 2 六道木 *A. biflora*

　2 花冠筒状，端 5 裂……………………………………………………… 3 大花六道木 *A. grandiflora*

1. 糯米条 *Abelia chinensis* R. Br.

【形态特征】落叶多分枝灌木，高达 2 米。嫩枝红褐色，被短柔毛。叶有时三枚轮生，圆卵形至椭圆状卵形，顶端急尖或长渐尖，基部圆或心形，长 2~5 厘米，宽 1~3.5 厘米，边缘有稀疏圆锯齿，上面初时疏被短柔毛，下面基部主脉及侧脉密被白色长柔毛，花枝上部叶向上逐渐变小。聚伞花序生于小枝上部叶腋，由多数花序集合成一圆锥状花簇，总花梗被短柔毛，果期光滑；花芳香，具 3 对小苞片；小苞片矩圆形或披针形，具睫毛；萼筒圆柱形，被短柔毛，稍扁，具纵条纹，萼檐 5 裂，裂片椭圆形或倒卵状矩圆形，长 5-6 毫米，果期变红色；花冠白色至红色；雄蕊着生于花冠筒基部。果实具宿存而略增大的萼裂片 (图 9-804)。花期 9 月，果期 10 月。

图 9-804 糯米条

【生态习性】原产中国，喜光，较耐荫，忌强光曝晒；喜温暖、湿润气候，稍耐寒；对土壤要求不严，喜 肥沃的沙质壤。有一定的耐旱、耐贫瘠能力。生于海拔 170~1500 米的山地。

【分布及栽培范围】长江以南地区：浙江、江西、福建、台湾、湖北、湖南、广东、广西、四川、贵州、云南。长江以北温室中栽培。

【繁殖】播种和扦插繁殖。

【观赏】树形丛状，枝条细弱柔软，大团花序生于枝前，小花洁白秀雅，阵阵飘香，该花期正值夏秋少花季节，花期时间长，花香浓郁，可谓不可多得的秋花树木 .

【园林应用】水边绿化、绿篱及绿雕、园景树、基础种植、地被植物、绿篱、盆栽及盆景观赏。可群植或列植于池畔、路边、草坪等处加以点缀。糯米条也是一种良好的盆景材料。

【其它】茎叶入药，具有清热解毒、凉血止血的效果。

2. 六道木 *Abelia biflora* Turcz.

【别名】六条木

【形态特征】落叶灌木，高 1~3 米；幼枝被倒生硬毛，老枝无毛。叶矩圆形至矩圆状披针形，长 2~6 厘米，宽 0.5~2 厘米，顶端尖至渐尖，基部钝至渐狭成楔形，全缘或中部以上羽状浅裂而具 1~4 对粗齿，上面深绿色，下面绿白色，两面疏被柔毛，脉上密被长柔毛，边缘有睫毛；叶柄长 2~4 毫米，基部膨大且成对相连，被硬毛。花单生于小枝上叶腋，无总花梗；花梗长 5~10 毫米，被硬毛；小苞片三齿状，齿 1 长 2 短，花后不落；萼筒圆柱形，疏生短硬毛，萼齿 4 枚，狭椭圆形或倒卵状矩圆形，长约 1 厘米；花冠白色、淡黄色或带浅红色，狭漏斗形或高脚碟形，外面被短柔毛，杂有倒向硬毛，4 裂，裂片圆形，筒为裂片长的三倍，内密生硬毛；雄蕊 4 枚，二强；子房 3 室，仅 1 室发育，花柱长约 1 厘米，柱头头状。果实具硬毛 (图 9-805)。早春开花，8~9 月结果。

【生态习性】耐半荫，耐寒，耐旱，生长快，耐修剪。喜温暖、湿润气候，亦耐干旱瘠薄。根系发达，萌芽力、萌蘖力均强。生于海拔 1000~2000 米的山坡灌丛、林下及沟边。

【分布及栽培范围】我国黄河以北的辽宁、河北、山西等省。

【繁殖】播种繁殖。

【观赏】叶秀花美，极具观赏价值。

【园林应用】水边绿化、绿篱及绿雕、园景树、基础种植、地被植物、绿篱、盆栽及盆景观赏。

图 9-805 六道木

3. 大花六道木 *Abelia × grandiflora* (Andre)Rehd

【别名】大罗伞树

【形态特征】半常绿灌木，高达 2 米；幼枝红褐色，有短柔毛。叶卵形至卵状椭圆形，长 2~4 厘米，缘有疏齿，表面暗绿而有光泽。花冠白色或略带红晕，钟形，长 1.5~2 厘米，端 5 裂；花萼 2~5，多少合生，粉红色；雄蕊通常不伸出；成松散的顶生圆锥花序；7 月至晚秋开花不断 (图 9-806)。糯米条与单花六道木 (A. uniflora 萼片 2) 的杂交种。1880 年在意大利育成。

【生态习性】耐半荫，耐寒，耐旱。生长快，根

图 9-806 大花六道木

系发达，移栽易活。耐修剪。它对土壤要求不高，酸性和中性土都可以；对肥力的要求也不严格。

【分布及栽培范围】我国华东、西南及华北可露地栽培，华东地区应用较多。

【繁殖】播种繁殖。

【观赏】枝条柔顺下垂，树姿婆娑。开花时节满树白花，玉雕冰琢，晶莹剔透。白花凋谢，红色的花萼还可宿存至冬季，极为壮观。

【园林应用】水边绿化、绿篱及绿雕、园景树、基础种植、地被植物、绿篱、盆栽及盆景观赏（图 9-807）。

图 9-807 大花六道木在园林中的应用

（六）锦带花属 *Weigela* Thunb.

落叶灌木；幼枝稍呈四方形。冬芽具数枚鳞片。叶对生，边缘有锯齿，具柄或几无柄，无托叶。花单生或由 2~6 花组成聚伞花序生于侧生短枝上部叶腋或枝顶；萼筒长圆柱形，萼檐 5 裂，裂片深达中部或基底；花冠白色、粉红色至深红色，钟状漏斗形，5 裂，不整齐或近整齐，筒长于裂片；雄蕊 5 枚，花药内向；子房上部一侧生 1 球形腺体，子房 2 室，含多数胚珠，花柱细长，常伸出花冠筒外。蒴果圆柱形，革质或木质，2 瓣裂，中轴与花柱基部残留；种子小而多，无翅或有狭翅。10 种；中国有 2 种，另有庭院栽培者 1~2 种。

1. 锦带花 *Weigela florida* (Bunge) A. DC.

【别名】锦带、海仙

【形态特征】落叶灌木，高达 1~3 米；幼枝稍四方形，有 2 列短柔毛；树皮灰色。芽顶端尖，具 3~4 对鳞片，常光滑。叶矩圆形、椭圆形至倒卵状椭圆形，长 5~10 厘米，顶端渐尖，基部阔楔形至圆形，边缘有锯齿，上面疏生短柔毛，下面密生短柔毛或绒毛，具短柄至无柄。花单生或成聚伞花序生于侧生短枝的叶腋或枝顶；萼筒长圆柱形，疏被柔毛，萼齿长约 1 厘米，不等，深达萼檐中部；花冠紫红色或玫瑰红色，长 3~4 厘米，直径 2 厘米，外面疏生短柔毛，裂片不整齐，开展，内面浅红色。果实长 1.5~2.5 厘米（图 9-808）。花期 4~6 月。

【生态习性】喜光，耐荫，耐寒；对土壤要求不严，能耐瘠薄土壤，但以深厚、湿润而腐殖质丰富的土壤生长最好，怕水涝。萌芽力强，生长迅速。生于海拔 100~1450 米的杂木林下或山顶灌木丛中。

图 9-808 锦带花

【分布及栽培范围】许多国家都有生长。原产华

图 9-809 锦带花在园林中的应用

北及东北，长江中下流地区有栽培。

【繁殖】扦插、分株、压条方法繁殖。

【观赏】锦带花枝叶茂密，花色艳丽，花期可长达连个多月，在园林应用上是华北地区主要的早春花灌木。

【园林应用】园景树、水边绿化、基础种植、绿篱、盆栽及盆景观赏 (图 9-809)。适宜庭院墙隅、湖畔群植；也可在树丛林缘作花篱、丛植配植；点缀于假山、坡地。

【文化】宋代王禹诗句："何年移植在僧家，一簇柔条缀彩霞……" 形容锦花枝条柔长，花团锦簇。宋代杨万里诗句："天女风梭织露机，碧丝地上茜栾枝，何曾系住春皈脚，只解萦长客恨眉，小树微芳也得诗。" 形容锦带花似仙女以风梭露机织出的锦带，枝条细长柔弱，缀满红花，尽管花美却留不住春光，只留得像镶嵌在玉带上宝石般的花朵供人欣赏。宋代杨巽斋诗句："鹄袍换绿契初心，旋赐银绯与紫金。堪念纷纷名利客，对花应是叹侵寻。"

九十九、棕榈科 Palmae(槟榔科 Arecaceae)

常绿乔木或灌木，稀为藤本。叶常绿，大形，互生，掌状分裂或为羽状复叶，芽时内向或外向折叠，多集生于树干顶部，形成"棕榈型"树冠。叶柄基部常扩大成纤维状的鞘。花小，通常淡黄绿色，两性或单性，同株或异株，3 基数，整齐或有时稍不整齐，组成分枝或不分枝的肉穗花序，外为 1 至数枚大形的佛焰状总苞包着，生于叶丛中或叶鞘束下；花被片 6，排成 2 轮，分离或合生；雄蕊 6，2 轮，花丝分离或基部连合成环，花药 2 室；心皮 3，子房上位，每室有 1 胚珠；花柱短，柱头 3。果为核果或浆果，外果皮肉质或纤维质，有时覆盖以覆瓦状排列的鳞片。

棕榈科约 210 属，2800 余种，分布于热带和亚热带，以热带美洲和热带亚洲为分布中心。我国有 28 属 (包括栽培)，约 100 余种，主要分布于南部至东南部各省，多为重要纤维、油料、淀粉及观赏植物。

棕榈类植物在热带地区中是非常重要的，且为该地植物界特有的景色。具有十分重要的经济价值和景观价值。如椰子和枣椰子的种子或果子可食；桄榔和有些种类的茎内富含淀粉，可提取供食用；砂糖椰子和某些鱼尾葵种类的花序刈伤后可流出大量的液汁，蒸发后制成砂糖或经发酵后变成烧酒；有些种类的木材很硬，可为建筑材料；叶可为屋顶的遮盖物或织帽或编篮等；蒲葵的叶可为扇；叶鞘的纤维 (即棕衣) 和椰子的果壳的纤维可编绳或编簑衣或为扫帚；椰子肉可榨油供工业用或食用；槟榔子入药或为染料；油棕的果皮及核仁可榨油，供工业用或食用。

棕榈科的特征：木本茎直主干明，叶基宿存常抱茎。鞘片纤维用处广，棕垫棕绳与棕箱。叶似圆扁簇生顶，掌状分裂皱褶长。花序常为圆锥状，花小整齐性难分。6 片花被 6 雄蕊，两轮排列单雌蕊。子房上位多 3 室，浆果核果长圆状。

分属检索表

1 茎的形状不像酒瓶
  2 叶下垂形状不是弓形
    3 叶掌状或羽状；花决不 3 朵聚生
      4 叶羽状分裂，花单性，二形………………………………………… 1 刺葵属 *Phoenix*
      4 叶掌状分裂或全缘
        5 心皮离生
          6 叶的裂片单折；果实或种子通常肾形………………………… 2 棕榈属 *Trachycarpus*
          6 叶的裂片单折至数折；果实或种子非肾形…………………… 3 棕竹属 *Rhapis.*
        5 心皮合生
          7 心皮基部离生，仅在花柱部分合生………………………… 4 蒲葵属 *Livistona*
          7 心皮基部合生或完全合生…………………………………… 5 丝葵属 *Washingtonia*
    3 叶羽状，罕掌状；花 3 朵聚生
          8 一次或多次开花结实，叶内外折叠………………………… 6 鱼尾葵属 *Caryota*
          8 多次开花结实，叶外向折叠
            9 雌蕊通常为假 1 室、1 胚珠，果实通常具 1 种子
（在具 3 胚珠的属中罕见 2~3 颗种子，则果实具裂片）
              10 雌花花瓣基部合生，顶端镊合状 ………………………… 7 王棕属 *Roystonea*
              10 雌花花瓣离生，覆瓦状
                11 雄花对称，圆形或小圆形 ……………………………… 8 散尾葵属 *Chrysalidocarpus*
                11 雄花不对称，或不为圆形或小球形
                  12 花序不扩展，雄花长是雌花的 3 倍以上 ………… 9 槟榔属 *Areca*
                  12 花序扩展，雄花仅稍大于雌花 …………………… 10 假槟榔属 *Archontophoenix*
            9 雌蕊 3 室、3 胚珠；果实不具裂片，包着 1~3 颗种子 …… 11 椰子属 *Cocos*
  2 叶羽状复叶，下垂如弓形 ,2 列 ……………………………………… 12 布迪椰子属 *Butia*
1 茎的形状如酒瓶…………………………………………………………… 13 酒瓶椰子属 *Hyophore*

（一）刺葵属 *Phoenix* Linn.

灌木或小乔木。茎单生或丛生，有时很短，直立或倾斜。叶羽状全裂，裂片芽时内折，下部的小叶退化为针刺；佛焰花序分枝，生于叶丛中，由革质的佛焰苞内抽出；花单性异株；萼 3 裂；花瓣 3，常分离；雄蕊 6；心皮 3，分离；果长圆形或长椭圆形，有具槽纹的种子 1 颗。约 17 种，分布于亚洲与非洲的热带及亚热带地区。我国有 2 种，产广东、广西、海南、云南和台湾，引入 3 种。

分种检索表

1 基部小叶成针刺状，叶坚硬………………………………………… 1 加那利海枣 *P. canariensis*
1 基部的叶片退化成细长的刺，叶柔软下垂………………………… 2 软叶刺葵 *P. roebelenii*

1. 加那利海枣 *Phoenix canariensis* Hort. Ex Chabaud

【别名】长叶刺葵、加拿利刺葵、槟榔竹

【形态特征】常绿乔木，高可达10~15米，粗可达60~80厘米。杆单生，其上覆以不规则的老叶柄基部。叶大型，长可达4~6米，呈弓状弯曲，集生于茎端。单叶，羽状全裂，成树叶片的小叶有150~200对，形窄而刚直，端尖，上部小叶不等距对生，中部小叶等距对生，下部小叶每2~3片簇生，基部小叶成针刺状。叶柄短，基部肥厚，黄褐色。叶柄基部的叶鞘残存在干茎上，形成稀疏的纤维状棕片。5~7月开花，肉穗花序从叶间抽出，多分枝。果期8~9月，果实卵状球形，先端微突，成熟时橙黄色，有光泽。种子椭圆形，中央具深沟，灰褐色(图9-810)。

【生态习性】阳性，植株耐热、耐寒性均较强，成龄树能耐受-10℃低温。

【分布及栽培范围】生长在非洲西岸的加拿利岛。1909年引种到台湾，20世纪80年代引入中国大陆。中国热带至亚热带地区可露地栽培，在长江流域冬季需稍加遮盖，黄淮地区则需室内保温越冬。

图9-810 加那利海枣

图9-811 加那利海枣的园林应用

【繁殖】播种繁殖。

【观赏】富有热带风韵，其树形优美舒展，茎干胸径常达50厘米以上，具紧密排列的扁菱形叶痕而较为平整；叶绿壮旺，羽片坚韧；树形张开呈半圆形，远观如同撑开了的罗伞，富有热带风情。其球形树冠、金黄色的果穗、菱形叶痕、粗壮茎干以及长长的羽状叶极具观赏价值。

【园林应用】园路树、园景树、水边绿化、基础种植、盆栽及盆景观赏(图9-811)。常应用于公园造景、行道绿化。在中国长江流域及以南地区特别是上海、重庆、长沙等地，常用其营造热带风景。

2. 软叶刺葵 *Phoenix roebelenii* O' Brien

【别名】江边刺葵、美丽针葵

【形态特征】茎丛生，栽培时常为单生，高1~3米，稀更高，直径达10厘米，具宿存的三角状叶柄基部。叶羽状全裂，长1米，常下垂，裂片长条形，柔软，2排，近对生，长20~30厘米，宽1厘米，顶端渐尖而成一长尖头，背面沿叶脉被灰白色鳞秕，下部的叶片退化成细长的刺。肉穗花序生于叶丛中，长30~50厘米，花序轴扁平，总苞1，上部舟状，下部管状，与花序等长，雌雄异株，雄花花萼长1毫米，3齿裂，裂片3角形，花瓣3，披针形，稍肉质，长9毫米，具尖头，雄蕊6，雌花卵圆形，长4毫米。果

图 9-803 软叶刺葵

矩圆形，长 1.4 厘米，直径 6 毫米，具尖头，枣红色，果肉薄，有枣味（图 9-812)。花期 4~5 月，果期 6~9 月。

【生态习性】喜阳，喜湿润、肥沃土壤。不耐寒。

【分布及栽培范围】原产印度、缅甸、泰国及中国云南西双版纳等地。我国华南有栽培。

【繁殖】播种繁殖。

【观赏】全年观叶、观形。树势挺拔，叶色葱茏，适于四季观赏。

图 9-813 软叶刺葵在园林中的应用

【园林应用】园景树、风景林、盆栽观赏（图 9-813)。树栽于庭院、路边及花坛之中。

（二）棕榈属 *Trachycarpus* H. Wendl.

乔木状或灌木状，树干被覆永久性的下悬的枯叶或部分地裸露；叶鞘解体成网状的粗纤维，环抱树干并在顶端延伸成一个细长的干膜质的褐色舌状附属物。叶片呈半圆或近圆形，掌状分裂成许多具单折的裂片，内向折叠，叶柄两侧具微粗糙的瘤突或细圆齿状的齿，顶端有明显的戟突。花雌雄异株，偶为雌雄同株或杂性；花序粗壮，生于叶间，雌雄花序相似，多次分枝或二次分枝；佛焰苞数个，包着花序梗和分枝；花 2~4 朵成簇着生罕为单生于小花枝上；雄蕊 6 枚，花丝分离；雌花的花萼与花冠 6 枚，胚珠基生。果实阔肾形或长圆状椭圆形。种子形如果实，胚乳均匀，角质，在种脊面有一个稍大的珠被侵入，胚侧生或背生。

约 8 种，分布于印度、中南半岛至中国和日本。我国约 3 种，其中 1 种普遍栽培于南部各省区。

1. 棕榈 *Trachycarpus fortunei* (Hook.) H. Wendl.

【别名】栟榈、棕树

【形态特征】常绿乔木 3~10 米或更高，树干圆柱形，被不易脱落的老叶柄基部和密集的网状纤维，除非人工剥除，否则不能自行脱落。叶片呈 3/4

圆形或者近圆形，深裂成30~30片具皱折的线状剑形，宽约2.5~4厘米，长60~70厘米的裂片，裂片先端具短2裂或2齿，硬挺甚至顶端下垂。簇竖干顶，形如扇，掌状裂深达中下部。雌雄异株，圆锥状肉穗花序腋生，花小而黄色。核果肾状球形，蓝褐色，被白粉（图9-814）。花期4~5月，10~11月果熟。

图9-814 棕榈

【生态习性】喜温暖湿润的气候，极耐寒，较耐荫，成年树极耐旱。栽培土壤要求排水良好、肥沃。棕榈对烟尘、二氧化硫、氟化氢等多种有害气体具较强的抗性，并具有吸收能力，适于空气污染区大面积种植。垂直分布在海拔300~1500米，西南地区可达2700米。

图9-815 棕榈在园林中的应用

【分布及栽培范围】原产中国，现世界各地栽培，乃世界上最耐寒的棕榈科植物之一。秦岭、长江流域以南温暖湿润多雨地区，四川、云南、贵州、湖南、湖北、陕西最多。

【繁殖】播种繁殖，在原产地可自播繁衍。

【观赏】树势挺拔，叶色葱茏，适于四季观赏。

【园林应用】园景树、水边绿化、风景林（图9-815)。树栽于庭院、路边及花坛之中。

【其它】树干纹理致密，外坚内柔，耐潮防腐，是优良的建材。叶鞘纤维可制扫帚、毛刷、蓑衣、枕垫、床垫、水塔过滤网等。棕皮可制绳索；棕叶可用作防雨棚盖。种子蜡皮则可提取出工业上使用的高熔点蜡。未开花的花苞还可作蔬菜食用。花、果、棕根及叶基棕板入药，主治金疮、疥癣、痢疾等疾病。

（三）棕竹属 *Rhapis* Linn. F. ex Ait.

丛生灌木，茎小，直立，上部被以网状纤维的叶鞘。茎细如竹，多数聚生；叶掌状深裂几达基部，芽时内摺。花常单性异株，生于短而分枝、有苞片的花束上由叶丛中抽出；花萼和花冠3浅裂；雄蕊6，在雌花中的为退化雄蕊；心皮3，离生；果为浆果，有种子1颗；胚乳均匀。约15种，分布于东亚。我国有7种，产南部至西南部，其中棕竹栽培广。

1. 棕竹 *Rhapis excelsa* (Thunb.) Henry ex Rehd.

【别名】观音竹、筋头竹

【形态特征】丛生灌木，茎干直立，高1~3米。茎纤细如手指，不分枝，有叶节，包以有褐色网状纤维的叶鞘。叶集生茎顶，掌状，深裂几达基部，有裂片3~12枚，长20~25厘米、宽1~2厘米；叶柄细长，约8~20厘米。肉穗花序腋生，花小，淡黄色，极多，单性，雌雄异株。浆果球形，种子球形 (图 9-816)。花期 4~5 月，果 10~12 月成熟。

同属其它的种 : (1) 多裂棕竹 *Rh.Multifida* Burret 产广西西部及云南东南部。可作庭园绿化材料。(2) 矮棕竹 *Rh.Humilis* El. 产中国南部至西南部。各地常见栽培。树形优美，可作庭园绿化观赏。(3) 细棕竹 *Rh.Graeilis* Burret 产广东西部，海南及广西南部。树形矮小优美，可作庭园绿化材料。(4) 粗棕竹 *Rh.Robusta* Burret 产广西西南部。可作庭园观赏。须根可接骨。(5) 丝状棕竹 *Rh.Filiformis* Burret 产广西南部十万大山。

图 9-816 棕竹

【生态习性】喜温暖湿润及通风良好的半阴环境，不耐积水，极耐阴，夏季炎热光照强时棕竹，应适当遮荫。适宜温度 10~30℃，气温高于 34 ℃时，叶片常会焦边，生长停滞，越冬温度不低于 5℃。生长缓慢。要求疏松肥沃的酸性土壤，不耐瘠薄和盐碱，要求较高的土壤湿度和空气温度。它常繁生山坡、沟旁阴蔽潮湿的灌木丛中。

【分布及栽培范围】原产我国广东、云南等地，日本也有。主要分布于东南亚。

【繁殖】播种和分株繁殖

【观赏】棕竹株丛繁茂，叶片铺散开张如扇，有热带棕榈的韵味，是很好的观叶植物。

【园林应用】园景树、基础种植、绿篱、地被植物、盆栽及盆景观赏 (图 9-817)。适宜配置廊隅、厅堂、会议室，每月轮换两次。在长江流域以南，是庭院、窗前、路旁等半阴处常绿装饰植物。

图 9-817 棕竹在园林中的应用

【其它】叶药用，具镇痛，止血药效。

(四) 蒲葵属 *Livistona* R. Br.

乔木，单生，有环状叶痕。叶大，有阔肾状扇形，有多数 2 裂的裂片；叶柄的边缘有刺；花小，两性，为具长柄、分枝的圆锥花序由叶丛中抽出；佛焰苞多数，管状；花萼和花瓣 3 裂几达基部；雄蕊 6，花药心形；子房由 3 个近离生的心皮所成，花柱短；胚珠单生；果为一球形或长椭圆形的核果。30 种，分布于亚洲及大洋洲。我国有 4 种，产南部至台湾。

1. 蒲葵 *Livistona chinensis* (Jacq.) R. Br.

【别名】扇叶葵

【形态特征】乔木，高 10~20 米，胸径可达 30 厘米。叶掌状中裂，圆扇形，灰绿色，向内折叠，裂片先端再二浅裂，向下悬垂，软纯状，叶柄粗大，两

图 9-818 蒲葵

图 9-819 蒲葵在园林中的应用

侧具相互分离的尖锐倒刺（逆刺）。肉穗花序，作稀疏分歧，小花淡黄色、黄白色或青绿色。果核椭圆形，熟果黑褐色。每年有两次开花，主花季 3 月上旬至 5 月上旬，副花季 9 月中旬至 10 月下旬，出现机会较少（图 9-818）。

【生态习性】阳性植物，需充足光照。喜高温多湿，耐荫，耐寒能力差，能耐短期 0℃低温及轻霜。喜含腐殖质质之壤土或砂质壤土最佳，要求排水需良好。

【分布及栽培范围】中国特产，原产地秦岭～淮河以南。

【繁殖】播种繁殖。

【观赏】全年观叶、观形。

【园林应用】庭荫树、园景树、风景林、水边绿化、基础种植、特殊环境绿化（厂矿绿化）、盆栽及盆景观赏（图 9-819）。常丛植或行植，作广场和行道树及背景树，也可用作厂区绿化。

【其它】嫩芽可食。叶可制扇。种子具有抗癌效果。用于食道癌、绒毛膜上皮癌，恶性葡萄胎，白血病。根可止痛。

（五）丝葵属 *Washingtonia* H. Wendl.

植株高大、粗壮，乔木状，单生，无刺，多次开花结实；茎通常部分或全部被覆宿存的枯叶，具密集的环状叶痕，有时基部膨大。叶为具肋掌状叶，内向折叠，凋存；叶片不整齐地分裂至 1/3~2/3 处而成线形具单折的裂片，裂片先端 2 裂，裂片边缘有丝状纤维，背面的中脉突起，横小脉不明显；叶柄延长，上面平扁至稍凹，背面圆，边缘具明显的弯齿，向上部齿变小而稀疏；叶柄顶端上面的戟突大，膜质，三角形，边缘不整齐和撕裂状，背面的戟突由于被一层厚绒毛而呈不明显的低脊状；叶鞘被密集的早落绒毛，边缘变成纤维状。花序生于叶间，上举，结果时下垂，分枝达 3(~4) 级。果实小，宽椭圆形、卵球形至球形。

原产于美国西南部和墨西哥西北部。该属有两个种：华盛顿棕榈 (*Washingtonia fifífera*) 和大丝葵 (*Washingtonia robusta*)。两个物种均被栽培作为观赏树木，广泛种植。

1. 丝葵 *Washingtonia filifera* (Lind. Ex Andre) H. Wendl.

【别名】华盛顿棕榈、老人葵

【形态特征】高大乔木，高达 18~21 米。树干粗壮通直，近基部略膨大。树冠以下被以垂下的枯叶。叶簇生干顶，斜上或水平伸展，下方的下垂，灰绿色，掌状中裂，圆形或扇形折叠，边缘具有白色丝状纤维。肉穗花序，多分枝。花小，白色。核果椭圆形，熟时黑色 (图 9-820)。花期 6~8 月。

【生态习性】喜温暖、湿润、向阳的环境。较耐寒，在 -5℃的短暂低温下。较耐旱和耐瘠薄土壤。不宜在高温、高湿处栽培。

【分布及栽培范围】华南地区。

【繁殖】播种繁殖。

【观赏】干枯的叶子下垂覆盖于茎干似裙子，有人称之为“穿裙子树”，奇特有趣；叶裂片间具有白色纤维丝，似老翁的白发，又名“老人葵”。

图 9-820 丝葵

【园林应用】园路树、庭荫树、园景树、水边绿化、基础种植、盆栽及盆景观赏。

（六）鱼尾葵属 *Caryota* Linn.

乔木，干单生或丛生。叶 2 回羽状全裂，聚生于干顶，小叶半菱形，状如鱼尾；佛焰花序常有多数悬垂的分枝或不分枝，生于叶丛中；花单性，3 朵聚生，中央的为雌花；雄蕊 9 至多数；子房 3 室；果为一浆果状核果，近球形，直径达 1.2 厘米以上，有种子 1~2 颗。

12 种，分布于亚洲南部、东南部至澳大利亚热带地区，我国有 4 种。

分种检索表

1 杆单生……………………………………………………………1 鱼尾葵 *C. ochlandra*

1 杆丛生……………………………………………………………2 短穗鱼尾葵 *C. mitis*

1. 鱼尾葵 *Caryota ochlandra* Hance

【别名】假桄榔、青棕

【形态特征】常绿大乔木，高可达 20 米。单干直立，有环状叶痕。二回羽状复叶，大而粗壮，先端下垂，羽片厚而硬，形似鱼尾。花序长达约 3 米，多分枝，悬垂。花 3 朵聚生，黄色。果球形，成熟后淡红色 (图 9-821)。花期 7 月。

【生态习性】喜疏松、肥沃、富含腐殖质的中性土壤，不耐盐碱，不耐干旱，不耐水涝。喜温暖，不

图 9-821 鱼尾葵

图 9-822 鱼尾葵在园林中的应用

耐寒。耐荫性强，忌阳光直射。喜湿，在干旱的环境中叶面粗糙，并失去光泽，生长期每 2 天浇水，并向叶面喷水。

【分布及栽培范围】原产亚洲热带、亚热带及大洋洲。中国南部、西南部有分布。

【繁殖】播种繁殖。

【观赏】树势挺拔，叶色葱茏，适于四季观赏。

【园林应用】庭荫树、园景树、水边绿化、基础种植、特殊环境绿化（厂矿绿化）、盆栽及盆景观赏（图 9-822）。常栽于庭院、路边及花坛之中，

【其它】根具有强筋壮骨的功效。

2. 短穗鱼尾葵 *Caryota mitis* Lour.

【别名】丛生鱼尾葵、酒椰子

【形态特征】丛生，小乔木状，高 5~8 米，直径 8~15 厘米；茎绿色，表面被微白色的毡状绒毛。叶长 3~4 米，下部羽片小于上部羽片；羽片呈楔形或斜楔形，外缘笔直，内缘 1/2 以上弧曲成不规则的齿缺，且延伸成尾尖或短尖，淡绿色，幼叶较薄，老叶近革质；叶柄被褐黑色的毡状绒毛；叶鞘边缘具网状的棕黑色纤维。佛焰苞与花序被糠秕状鳞秕，花序短，长 25~40 厘米，具密集穗状的分枝花序；雄花萼片宽倒卵形，长约 2.5 毫米，宽 4 毫米，顶端全缘，具睫毛，花瓣狭长圆形，长约 11 毫米，宽 2.5 毫米，淡绿色，雄蕊 15~20(~25) 枚，几无花丝；雌花萼片宽倒卵形，长约为花瓣的 1/3 倍，顶端钝圆，花瓣卵状三角形，长 3~4 毫米；退化雄蕊 3 枚，长约为花瓣的 1/2(~1/3) 倍。果

图 9-823 短穗鱼尾葵

图 9-824 短穗鱼尾葵在园林中的应用

球形，直径1.2~1.5厘米，成熟时紫红色，具1颗种子(图9-823)。花期4~6月，果期8~11月。

【生态习性】阳性树种，喜温暖，但具有较强的耐寒力。生长适宜温度为18~30℃，越冬温度为3℃。

【分布及栽培范围】我国广东、广西及海南，南方其他省区有种植。中南半岛及印度也有分布。热带亚洲和马来西亚。

【繁殖】播种和分株繁殖。

【观赏】叶色葱茏，适于四季观叶。

【园林应用】庭荫树、园景树、水边绿化、基础种植、特殊环境绿化(厂矿绿化)、盆栽及盆景观赏(图9-824)。

(七)王棕属 *Roystonea* O.F.Cook

乔木；干单生；叶极大，羽状全裂，叶鞘极延长，呈2列或数列，羽片多数狭长。花雌雄同株，多次开花结实。花序生于叶下冠茎叶鞘的基部，多分枝；花小，生于下部的常3朵聚生，生于上部的成对或单生；花被裂片6；雄蕊6~12；退化雄蕊在雌花中6，鳞片状或齿状突起；子房3室；退化雌蕊在雄花中球形或卵形；果小，近球形至长椭圆形，长不过1.2厘米。约17种，产热带美洲，我国引入栽培的有2种。

1. 王棕 *Roystonea regia* (Kunth) O.F.Cook

【别名】大王椰子

【形态特征】常绿乔木，高达20米。茎挺直，不分枝，淡灰色，中部最粗，向上及向下稍细，基部膨大，环形叶痕略可见。叶羽状全裂，互生，长约3米，螺旋状簇生于茎顶端，下部的叶下垂；裂片线形，长约100厘米，宽约4厘米，在叶轴上不整齐地排成4行，全缘，有数条明显的纵脉，扭卷；叶柄基部形成叶鞘，长约2米，绿色，紧密包裹茎顶端。花单性，雌雄同株，辐射对称，细小，多数，白色，花3朵簇生于花序分枝上，雌花在中央，雄花在两侧；肉穗花序腋生于叶鞘基部，多分枝，起初直立并包藏在两片大佛焰苞内，佛焰苞张开后，花序伸展直径达1米并下垂，较大的佛焰苞宿存。浆果球形，直径13毫米，肉质，熟时蓝紫色(图9-825)。花期3~4月，果期10月。

图9-825 王棕

图9-826 王棕在园林中的应用

【生态习性】喜阳，喜温暖气候，不耐寒；对土壤适应性强，但以疏松、湿润、排水良好，土层深厚。富含机质的肥沃冲积土或粘壤土最为理想。

【分布及栽培范围】原产于古巴，世界热带地区栽培。华南、西南栽培。

【繁殖】播种繁殖。

【观赏】十分独特景观，两头细，中间粗，基部又膨大，象花瓶，如导弹，又似西双版纳傣族的象脚鼓。观杆、花、叶。

【园林应用】行道树、园路树、庭荫树、园景树、水边绿化(图 9-826)。

【其它】种子在原产地是家鸽的主要饲料。其茎和叶为茅舍的建造材料。

(八)散尾葵属 *Chrysalidocarpus* H. Wendl.

茎丛生如竹，高达数米。叶羽状全裂，羽片多数，线形或披针形，外向折叠，羽片边缘常变厚，上面无毛，背面常常沿中肋被扁平鳞片，横小脉不明显；叶柄上具沟槽，背面圆；叶轴上面具棱角，背面圆。花单性同株，花序生于叶鞘束之下，分枝达 3~4 级；萼片和花瓣 6；雄蕊 6；子房有短的花柱和阔的柱头；果近球形或稍为陀螺形，橙黄色至紫黑色。

约 20 种，主产马达加斯加，我国引入栽培的只有散尾。

1. 散尾葵 *Chrysalidocarpus lutescens* H. Wendl.

【别名】黄椰子

【形态特征】丛生灌木，高 2~5 米，茎粗 4~5 厘米，基部略膨大。茎干光滑，黄绿色，无毛刺，嫩时披蜡粉，上有明显叶痕，呈环纹状。叶面滑细长，羽状复叶，全裂，长 40~150 厘米，叶柄稍弯曲，先端柔软；裂片条状披针形，左右两侧不对称，中部裂片长约 50 厘米，顶部裂片仅 10 厘米，端长渐尖，常为 2 短裂，背面主脉隆起；叶柄、叶轴、叶鞘均淡黄绿色；叶鞘圆筒形，包茎。肉穗花序圆锥状，生于叶鞘下，多分枝，长约 40 厘米，宽 50 厘米；花小，金黄色。果近圆形，长 1.2 厘米，宽 1.1 厘米，橙黄色。种子 1~3 枚，卵形至阔椭圆形。基部多分蘖，呈丛生状生长(图 9-827)。花期 5 月，果期 8 月。

图 9-827 散尾葵

图 9-828 散尾葵在园林中的应用

【生态习性】喜温暖、潮湿、半荫环境。耐寒性不强，气温 20℃以下叶子发黄，越冬最低温度需在 10℃以上，5℃左右就会冻死。适宜疏松、排水良好、肥沃的土壤。适宜生长在疏松、排水良好、富含腐殖质的土壤。

【分布及栽培范围】原产非洲的马达加斯加岛，世界各热带地区多有栽培。我国引种栽培广泛。

【繁殖】播种繁殖和分株繁殖。

【观赏】枝叶茂密，四季常青。全年观叶、观形。

【园林应用】园景树、水边绿化、基础种植、盆栽及盆景观赏(图 9-828)。株形秀美，在华南地区多作庭园栽植，可栽于建筑物阴面。可作观赏树栽种于草地、树荫、宅旁，其他地区可作盆栽观赏，是布置客厅、餐厅、会议室、家庭居室、书房、卧室或阳台的高档盆栽观叶植物。在明亮的室内可以较长时间摆放观赏，在较阴暗的房间也可连续观赏 4~6 周，观赏价值较高。

【其它】叶鞘纤维入药。

（九）槟榔属 *Areca* Linn.

直立乔木状或丛生灌木状，茎有环状叶痕。叶簇生于茎顶，羽状全裂，羽片多数，叶轴顶端的羽片合生。花序生于叶丛之下，佛焰苞早落；花单性，雌雄同序；雄花多，单生或 2 朵聚生，生于花序分枝上部或整个分枝上，花瓣 3，镊合状排列，雄蕊 3、6、9 或多达 30 枚或更多；雌花大于雄花，少，萼片 3，覆瓦状排列，花瓣 3，镊合状排列；果实球形、卵形或纺锤形，顶端具宿存柱头；种子卵形或纺锤形，胚乳深嚼烂状，胚基生。

约 60 种，分布于亚洲热带和澳大利亚北部。我国 2 种。

分种检索表

1 茎单生，乔木状；雄蕊 6 枚……………………………………………………1 槟榔 *A. catechu*

1 茎丛生，较矮小；雄蕊 3 枚……………………………………………………2 三药槟榔 *A. triandra*

1. 槟榔 *Areca catechu* Linn.

【别名】槟榔子、大腹子、宾门、橄榄子、青仔

【形态特征】乔木状，高 10 多米，最高可达 30 米，有明显的环状叶痕。叶簇生于茎顶，长 1.3~2 米，羽片多数，两面无毛，狭长披针形，长 30~60 厘米，宽 2.5~4 厘米，上部的羽片合生，顶端有不规则齿裂。雌雄同株，花序多分枝，花序轴粗壮压扁，分枝曲折，长 25~30 厘米，上部纤细，着生 1 列或，2 列的雄花，而雌花单生于分枝的基部；雄花小，无梗，通常单生，很少成对着生，萼片卵形，长不到 1 毫米，花瓣长圆形，长 4~6 毫米，雄蕊 6 枚，花丝短，退化雌蕊 3 枚，线形；雌花较大，萼片卵形，花瓣近圆形，长 4~6 毫米，退化雄蕊 6 枚，合生；子房长圆形。果实长圆形或卵球形，长 3~5 厘米，橙黄色，中果皮厚，纤维质。种子卵形，基部截平 (图 9-829)。花果期 3~4 月。

【生态习性】喜高温湿润气候，耐肥，不耐寒，16℃就有落叶现象，5℃就受冻害，最适宜生长温度为 25~28℃。成年树应全光照。以土层深厚，有机质丰富的砂质壤上栽培为宜。

图 9-829 槟榔

【分布及栽培范围】主要分布在中非和东南亚。我国引种栽培已有 1500 年的历史，海南、台湾两省栽培较多，广西、云南、福建等省也有栽培。

【繁殖】播种繁殖。

【观赏】树势挺拔，叶色葱茏，适于四季观赏。全年观叶、观形、观果。

图 9-830 槟榔在园林中的应用

【园林应用】园路树、庭荫树、园景树、水边绿化(图 9-830)。

2. 三药槟榔 *Areca triandra* Roxb. Ex Buch.

【形态特征】茎丛生,高 3~4 米或更高,直径 2.5~4 厘米,具明显的环状叶痕。叶羽状全裂,长 1 米或更长,约 17 对羽片,顶端 1 对合生,羽片长 35~60 厘米或更长,宽 4.5~6.5 厘米,具 2~6 条肋脉,下部和中部的羽片披针形,镰刀状渐尖,上部及顶端羽片较短而稍钝,具齿裂;叶柄长 10 厘米或更长。佛焰苞 1 个,革质,压扁,光滑,长 30 厘米或更长,开花后脱落。花序和花与槟榔相似,但雄花更小,只有 3 枚雄蕊。果实比槟榔小,卵状纺锤形,长 3.5 厘米,直径 1.5 厘米,具小乳头状突起,果熟时由黄色变为深红色。种子椭圆形至倒卵球形,长 1.5~1.8 厘米,直径 1~1.2 厘米(图 9-831)。果期 8~9 月。

【生态习性】喜温暖、湿润和背风、半荫蔽的环境。不耐寒。耐荫性很强,无论是幼苗或成树都应在树荫下栽培。抗寒性比较弱,但全随着树的成长而不断提高。4 年龄植株能忍受 4℃的低温。

【分布及栽培范围】产印度、中南半岛及马来半岛等亚洲热带地区。中国台湾、广东、广西、云南等省区有栽培

图 9-831 三药槟榔

图 9-832 三药槟榔在园林中的应用

【繁殖】播种或分株法繁殖。

【观赏】形似翠竹,姿态优雅,树形美丽,极具观赏价值。

【园林应用】园路树、园景树、风景林、水边绿化、盆栽及盆景观赏(图 9-832)。常用于庭园、别墅绿化,也摆放于会议室、展厅、宾馆、酒店等豪华建筑物厅堂。

(十)假槟榔属 *Archontophoenix* H. Wendl. Et Drude

乔木状,单生,茎高而细,无刺,具明显环状叶痕。叶生于茎顶,整齐的羽状全裂,裂片线状披针形,先

端渐尖或具2齿，叶面绿色，其背面由于被极小的银色鳞片而呈灰色，中脉明显，横小脉不明显；叶轴很长，上面扁平，侧面具沟槽，被鳞片和褐色小斑点；叶柄短，上面具沟槽，背面圆形，叶鞘管状，形成明显的冠茎，常常在基部稍膨大。花雌雄同株，多次开花结实。花序生于叶下，具短花序梗，三回分枝，分枝花序和小穗轴弯曲，下垂，无毛；花序梗的佛焰苞管状，压扁，早落；花序轴上的佛焰苞短，具波缘或突出锐利的齿；小穗轴上的小佛焰苞基部杯状，短而圆或具短尖，小穗轴下部的花3朵聚生(2雄1雌)，由小佛焰苞衬托着，上部的则为雄花，单生或成对着生。雄花不对称，萼片3，离生，覆瓦状排列，阔卵形，具龙骨突起，具顶尖；花瓣3，离生，约5倍长于萼片，狭卵形，里面具沟，顶端较粗，具尖；雄蕊9~24；退化雌蕊长于雄蕊一半或等长；雌花小于雄花，卵形，萼片3，离生；雌蕊为不整齐的卵状。果实球形至椭圆形，淡红色至红色，柱头残留于顶端，外果皮光滑。种子椭圆形至球形。约14种，分布于澳大利亚东部。我国常见栽培1种。

1. 假槟榔 *Archontophoenix alexandrae* H. Wendl. et Drude

【别名】亚历山大椰子

【形态特征】常绿乔木，植株高10~25米，茎粗约15厘米，单干直立如旗杆状，落叶处有环状痕。叶簇生于干的顶端，伸展如盖，叶长约2.5米，羽状全裂，叶鞘宽大，可作睡椅，羽叶扁平，条状披针形，2列，整齐，线状披针形，长达45厘米，宽1.2~3.5厘米，先端渐尖，全缘或有缺刻，叶面绿色，叶背面被灰白色鳞秕状物，中脉明显。花序生于叶鞘下，呈圆锥花序式，下垂，长30~40厘米，多分枝，花序轴具2个鞘状佛焰苞，长45厘米；花雌雄同株，白色，雄花萼片3，三角状圆形；花瓣3；雌花萼片和花瓣各3片，圆形。果实小、圆形，鲜红色(图9-833)。花期4月，果期4~7月。

图9-833 假槟榔

图9-834 假槟榔在园林中的应用

【生态习性】喜高温，耐寒力稍强，能耐5~6℃的长期低温及极端0℃左右低温，幼苗及嫩叶忌霜冻，老叶可耐轻霜。抗风力强，能耐10~12级强台风袭击。

【分布及栽培范围】原产于澳大利亚，中国福建、台湾、广东、海南、广西、云南有栽培。

【繁殖】播种繁殖。

【观赏】植株挺拔隽秀，叶片四季常绿，果红色，是全年观叶、观果、观形的乔木。

【园林应用】行道树、园路树、庭荫树、园景树、风景林、防护林(防风林)、水边绿化、盆栽及盆景观赏(图9-834)。大树多露地种植作行道树以及建筑物旁、水滨、庭院、草坪四周等处，单株、小丛或成行种植均宜，但树龄过大时移植不易恢复。

【生态功能】防海风林植物。

【其它】叶可以治外伤出血。

（十一）椰子属 *Cocos* Linn.

乔木，茎有明显的环状叶痕。叶羽状全裂；佛焰花序圆锥状，生于叶丛中，具一木质、舟状的佛焰苞；花单性同株，雌花散生于花序分枝的下部，雄花生于上部，或雌雄花混生；雄花左右对称，有雄蕊 6；子房 3 室；果大，有种子 1，果皮厚，纤维质，内果皮（即椰壳）极硬，有 3 个基生孔迹。这 3 个孔迹相当于子房的 3 室，其中 2 个渐次消失，在此孔之一的下面是胚胎。种皮薄。只有椰子 1 种。

1. 椰子 *Cocos nucifera* Linn,.

图 9-835 椰子

【别名】可可椰子

【形态特征】常绿乔木。树干挺直，高 15~30 米，单项树冠，整齐。叶羽状全裂，长 3~4 米，裂片多数，革质，线状披针形，长 65~100 厘米，宽 3~4 厘米先端渐尖；叶柄粗壮，长超过 1 米。佛焰花序腋生，长 1.5~2 米，多分枝，雄花聚生于分枝上部，雌花散生于下部；雄花具萼片 3，鳞片状，长 3~4 毫米，花瓣 3，革质，卵状长圆形，长 1~1.5 厘米；雄蕊 6 枚；雌花基部有小苞片数枚，萼片革质，圆形，宽约 2.5 厘米，花瓣与萼片相似，但较小。果倒卵形或近球形，顶端微具三棱，长 15~25 厘米，内果皮骨质，近基部有 3 个萌发孔，种子 1 粒；胚乳内有一富含液汁的空腔（图 9-835）。

【生态习性】热带喜光作物，在高温、多雨、阳光充足和海风吹拂的条件下生长发育良好。干旱对椰子产量的影响长达 2~3 年，长期积水也会影响椰于的长势和产量。适宜的土壤是冲积土，其次是砂壤土。

【分布及栽培范围】亚洲、非洲、大洋洲及美洲的热带滨海及内陆地区。我国种植椰子已有 2000 多年的历史。现主要集中分布于海南各地，此外还有台湾南部、广东雷州半岛，云南西双版纳、德宏、保山、河口等地。

【繁殖】播种繁殖。

【观赏】全年观叶、观果、观树形。

【园林应用】园路树、庭荫树、园景树、风景林、树林、水边绿化、专类园。反映热带亚热带风光的庭院树木等。

【其它】椰汁及椰肉含大量蛋白质、果糖、葡萄糖、蔗糖、脂肪、维生素 B1、维生素 E、维生素 C、钾、钙、镁等。椰肉、椰汁是老少皆宜的美味佳果。以果肉汁和果壳入药。用于心脏病水肿，口干烦渴。

（十二）布迪椰子属（果冻椰子属）*Butia* Becc.

约 10 种，产南美洲东部；中国引入栽培 1 种。

1. 布迪椰子 *Butia capitata* (Mart.) Becc

【别名】冻子椰子

【形态特征】单干型。株高 7~8 米。茎干：灰色，粗壮，平滑，但有老叶痕。叶片为最典型的羽状叶，长约 2 米，叶柄明显弯曲下垂如弓，叶柄具刺，叶片蓝绿色。花序源于下层的叶腋，逐渐往上层叶腋生长。果实椭圆形，长 2.5 厘米，黄至红色，肉甜。 种子 18 毫米 (3/4 英寸) 长，椭圆，一端是三个芽孔 (图 9-836)。

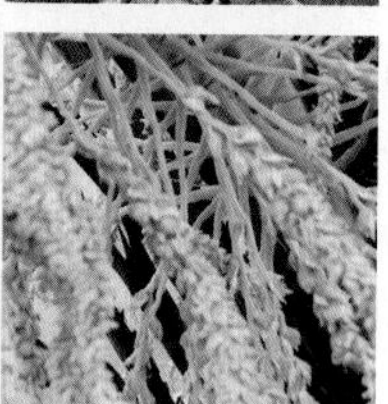

图 9-836 布迪椰子

【生态习性】喜阳光，是抗冻性最强的棕榈植物之一。可耐 -22℃干冷两周之久。适合海滨地区以及干旱地区种植。对土壤要求不严，但在土质疏松的壤土中生长最好。

【分布及栽培范围】巴西南部及乌拉圭。我国南方各省有引种栽培，表现良好。

【繁殖】播种繁殖。

【观赏】形态优美，全年观杆、观形和观叶。

【园林应用】园路树、园景树、水边绿化、盆栽及盆景观赏 (图 9-837)。

图 9-837 布迪椰子在园林中的应用

【其它】其果实可食，在原产地常将其加工成果冻食用。

（十三）酒瓶椰子属 *Hyophorbe* Gaertn.

茎干单生，基部或近中部常膨大，具环纹。羽状复叶，具明显的叶鞘束。雌雄同株；花序具早落的佛焰苞数枚。

约 5 种，产西印度洋的马斯克林群岛；中国引入 3 种。

1. 酒瓶椰子 *Hyophorbe lagenicaulis* (Bailey) H.E. Moore (*Mascarena lagenicaulis* Bailey)

【别名】德利椰子

【形态特征】单干，树干短。上部细，中下部膨大似酒瓶，高可达 3 米以上，最大茎粗 38~60 厘米。羽状复叶集生茎端，叶数较少，常不超过 5 片；小叶披针形，40~60 对小叶线状披针形，淡绿色，叶鞘圆筒形。小苗时叶柄及叶而均带淡红褐色。肉穗花序多分枝,油绿色。浆果椭圆,熟时黑褐色(图9-838)。花期8月，果期为翌年3~4月。

【生态习性】喜高温、湿润、阳光充足的环境，怕寒冷，耐盐碱、生长慢，冬季需在10℃以上越冬，怕霜冻耐寒程度为3 ℃左右。酒瓶椰子生长慢，怕移栽。栽培土质要求以富含腐殖质的壤土或砂壤土，排水需良好。喜湿怕涝。

【分布及栽培范围】原产莫里西斯、马斯加里尼岛。我国海南省以及广东南部、福建南部、广西东南部和台湾中南部可露地栽培。

【繁殖】播种繁殖。

【观赏】杆形似酒瓶，非常美观，是一种珍贵的观赏棕榈植物。全年观杆、观形和观叶。

【园林应用】园景树、水边绿化、基础种植、盆栽及盆景观赏。既可盆栽用于装饰宾馆的厅堂和大型商场，也可孤植于草坪或庭院之中，观赏效果极佳。此外，酒瓶椰子与华棕、皇后葵等植物一样，还是少数能直接栽种于海边的棕榈植物。

图9-838 酒瓶椰子

【其它】根具有强筋壮骨的功效。

一百、露兜树科 Pandanaceae

乔木或灌木,直立,有时藤本,当具有坚强的气生根时,即将树干举离地面,此气生根也可自树枝发生。叶常螺旋状3~4列，集生枝梢，线形，无叶柄，纤维质和革质，有强龙骨凸起，大都沿龙骨和边缘有小刺。花单性，雌雄异株，圆锥花序或成密集的花簇，花被片仅存遗迹或缺，花序初时为佛焰状或叶状苞所包，雄花几乎难以各个区别开来，雄蕊多数，花丝分离或结合，雌性肉穗花序简单，雌蕊多个结合成束，或为单个，子房上位。1室，有1至多数的倒生胚珠。果实为聚花果，由多数核果状或木质果集合而成。

约3属800种，为东半球热带产物。我国有2属，10种2变种。

(一) 露兜树属 *Pandanus* Linn. f.

常绿乔木或灌木，直立，分枝或不分枝；茎常具气根。叶常聚生于枝顶；叶片革质，狭长呈带状，边缘及背面沿中脉具锐刺，无柄，具鞘。花单性，雌雄异株，无花被；花序穗状、头状或圆锥状，具佛焰苞；雄花多数，每花雄蕊多枚；雌花无退化雄蕊，心皮1至多数，有时以不定数的联合而成束；子房上位，1至多室，每室胚珠1，着生于近基底胎座上。果实为1或大或小、圆球形或椭圆形的聚花果，由多数木质、有棱角的核果或核果束组成；宿存柱头头状、齿状或马蹄状等。约600种，分布于东半球热带。我国8种。

1. 露兜树 *Pandanus tectorius* Sol.

【别名】林投、露兜簕

【形态特征】常绿分枝灌木或小乔木，常左右扭曲，具多分枝或不分枝的气根。叶簇生于枝顶，三行紧密螺旋状排列，条形，长达80厘米，宽4厘米，先端渐狭成一长尾尖，叶缘和背面中脉均有粗壮的锐刺。雄花序由若干穗状花序组成，每一穗状花序长约5厘米；佛焰苞长披针形，长10~26厘米，宽1.5~4厘米，近白色，先端渐尖，边缘和背面隆起的中脉上具细锯齿；雄花芳香，雄蕊常为10余枚，多可达25枚，着生于长达9毫米的花丝束上，呈总状排列，分离花丝长约1毫米，花药条形，长3毫米，宽0.6毫米，基着药，药基心形，药隔顶端延长的小尖头长1~1.5毫米；雌花序头状，单生于枝顶，圆球形；佛焰苞多枚，乳白色，长15~30厘米，宽1.4~2.5厘米，边缘具疏密相间的细锯齿，心皮5~12枚合为一束，中下部联合，上部分离，子房上位，5~12室，每室有1颗胚珠。聚花果大，向下悬垂，由40~80个核果束组成，圆球形或长圆形，长达17厘米，直径约15厘米，幼果绿色，成熟时桔红色；核果束倒圆锥形，高约5厘米，直径约3厘米(图9-839)。花期1~5月。

图9-839 露兜树

图9-840 露兜树在园林中的应用

【生态习性】喜光，喜高温、多湿气候，适生于海岸砂地，常生于海边沙地。

【分布及栽培范围】福建、台湾、广东、海南、广西、贵州和云南等省区。也分布于亚洲热带、澳大利亚南部。

【繁殖】播种或分株繁殖。

【观赏】杆形奇特，花白色，果桔红色，具有较强的观赏价值。

【园林应用】园景树、防护林、水边绿化、绿篱、盆栽及盆景观赏(图9-840)。

【生态功能】很好的滩涂、海滨绿化树种。海岸植物，生长在海岸林的最前线，常成丛聚生，构成海岸灌丛的一部份，是优良的防风定砂植物。

【其它】根可治感冒发热、眼热疼痛；叶芽可治烂脚。叶片柔韧扁长，可以编织成字台垫、帽子、草席、袋子、手提包及睡房拖鞋等也宜制作童玩或盛器。鲜花可提取芳香油。果可食。其茎顶芽稍可做菜肴，味如春笋。

一百零一、禾本科 Gramineae

一年生、二年生或多年生草本，少亦有木本。茎常称为禾秆，圆柱形，节与节间区别明显，节间常中空。常于基部分枝，称为分蘖。单叶互生，成2列，叶鞘包围秆，边缘常分离而覆盖，少有闭合。叶舌膜质或退化为一圈毛状物，很少没有。叶耳位于叶片基部的两侧或没有。叶片常狭长，叶脉平行。花序种种，由多数小穗组成。

本科是被子植物中的大科之一，约有 700 多属，10000 多种。中国约 200 余属，1200 多种。

禾本科的识别特征：此科常有禾与竹，农工绿化功勋著。秆空有节基分枝，单叶互生成两列。叶鞘舌耳有或缺，脉纵平行好分别。两性花小装小穗，颖包稃片裹浆片。雄蕊常 3 药丁字，子房上位一珠室。颖果常作粮食用，稻麦黍粟见四处。

竹亚科、Bambusoideae

分布在亚热带地区，又称竹类或竹子。有低矮似草，又有高如大树。通常通过地下匍匐的根茎成片生长。也可以通过开花结籽繁衍。为多年生植物。有一些种类的竹笋可以食用。

已知全球约有 150 属，1225 种。竹子主要分布在地球的北纬 46° 至南纬 47° 之间的热带、亚热带，尤以季风盛行的地区为多。世界上除了欧洲大陆以外，其他各大洲均可发现第四次冰川以前的乡土竹种。

竹亚科地下茎的类型　竹亚科根据地下茎的着生方式分为：单轴散生型、合轴散生型、合轴丛生型和复轴混生型四种类型 (图 9-841)。

(1) 单轴散生型：地下有细长横向生长的竹鞭，鞭上生根长芽，芽生新鞭或长笋生竹，新竹杆基不发笋，地上竹散生。

(2) 合轴散生型：与合轴丛生型相似，但杆柄在地下延伸相当长的距离后才向上长竹，杆柄无芽无根，地上竹散生。

(3) 合轴丛生型：芽长笋，笋长竹，杆柄短，地上竹杆密集丛生。

(4) 复轴混生型：地上有竹鞭，鞭上课生根长芽，芽可生鞭长竹，新杆基的芽可生芽长竹，地上竹散生。

竹亚科植物分类的主要形态特征主要是笋箨，进一步分为：箨鞘、箨耳、箨舌和箨叶。

竹亚科单叶互生，每叶分为叶鞘、叶片和叶舌三部分 (图 9-842)。

叶鞘包着秆，包着竹秆的称箨鞘，叶鞘常在一边开裂；

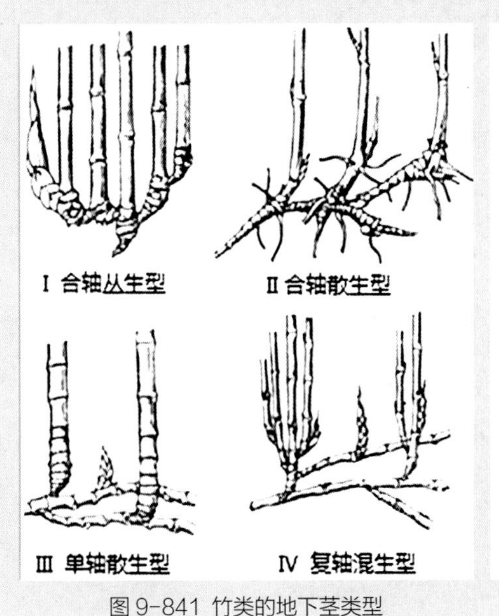

图 9-841 竹类的地下茎类型

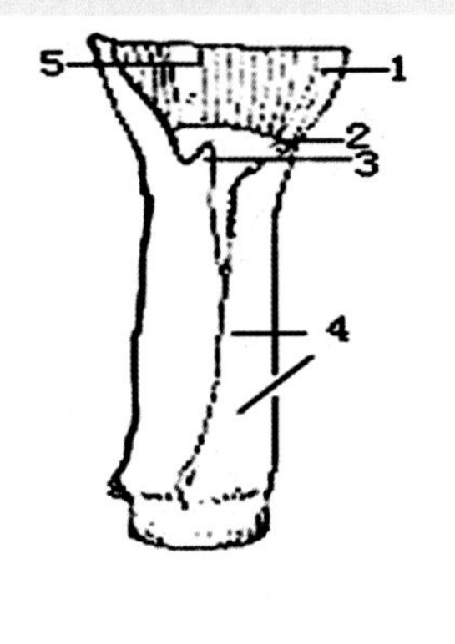

图 9-842 竹叶的组成

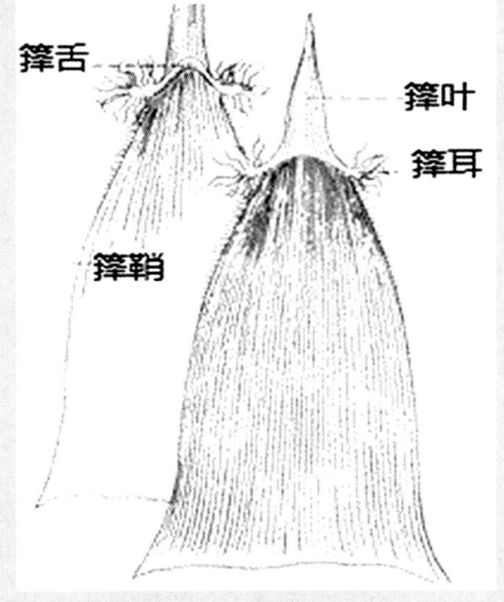

图 9-843 秆箨的构造

箨鞘顶端的叶片称箨叶；箨鞘和箨叶连接处的内侧舌状物称箨舌；叶鞘顶端的两侧各具一耳状突起，称叶耳；箨鞘顶端两侧的的耳状物称箨耳。叶舌和叶耳常用作区别竹亚科的重要特征 (图 9-843)。

竹的园林应用：竹，虽无梅的俏姿，菊的艳丽，兰的芳香，松的雄伟。然而，竹的高节心虚，正直的性格和婆娑，惹人喜爱，受人赞诵。所谓"松、竹、梅"岁寒三友，"梅、兰、菊、竹"四君子，构成中国园林的特色。纵观古今，爱竹、书竹、画竹、诗竹之士，不仅喜竹之外形，更爱竹之内涵，无不把竹子当作做人之楷模。因此，人们喜欢在房屋周围、庭园、公园里种植竹子。园艺爱好者用竹子制作盆景。宜作盆景的竹子品种很多，如盆景中被列为十八学士之一的凤尾竹、娟秀文雅的观音竹、潇洒飘逸的佛肚竹，情韵幽深的湘妃竹、骨节劲奇的罗汉竹、秆紫古朴的紫竹等。

分属检索表

1 地下茎合轴型，秆丛生……………………………………………………1 簕竹属 *Bambusa*

1 地下茎单轴或复轴型，秆散生

 2 秆每节 2 分枝及以上

  3 秆每节 2 分枝……………………………………………………………2 刚竹属 *Phyllostachys*

  3 秆每节 3 分枝以上

   4 秆每节 3~5 分枝，分枝短，着 1~2 片叶…………………………3 鹅毛竹属 *Shibataea*

   4 秆每节 5 分枝，分枝长，具次级分枝……………………………4 方竹属 *Chimonobambusa*

 2 秆每节 1 分枝

    5 秆环较平，雄蕊 3 ……………………………………………………5 箬竹属 *Indocalamus*

    5 秆环隆起，雄蕊 6 ……………………………………………………6 赤竹属 *Sasa*

(一) 簕竹属 (孝顺竹属) *Bambusa* Retz. corr. Schreber

灌木或乔木状竹类，地下茎合轴型。秆丛生，通常直立，稀可顶梢为攀援状；节间圆筒形，竿环较平坦；竿每节分枝为数枝乃至多枝，簇生，主枝较为粗长，且能再分次级枝，竿下部分枝上所生的小枝或可短缩为硬刺或软刺，但亦有无刺者。本属种有较大经济利用价值，有的以畸形称奇，有的以色泽悦人，皆为园艺珍品，可供观赏。

本属 100 余种，分布于亚洲、非洲和大洋洲的热带及亚热带地；我国有 60 余种，主产华东、华南及西南部。

分种检索表

1 秆表面光滑无白粉，节间长较短

 2 各节间极其缩短，形如算盘珠状

  3 秆径可达 4~5 厘米…………………………………… 1 大佛肚竹 *B. vulgaris* 'Wamin'

  3 秆径 0.5~2 厘米 …………………………………… 2 小佛肚竹 *B. ventricosa*

 2 各节间不缩短

   4 杆绿色或黄色，但颜色纯

    5 枝条着生较均匀…………………………………… 3 龙头竹 *B. vulgaris*

5 枝条多数簇生于一节
6 秆径 1~3 厘米…………………………………… 4 孝顺竹 *B. multiplex*
6 竹秆直径间于牙签和筷子之间 ………………… 5 凤尾竹 *B. multiplex* 'Fernleaf'
4 杆绿色或黄色，间着其它颜色
7 秆金黄色，间绿纵条纹
8 秆径 1~4 厘米，绿色纵纹不规则………… 6 小琴丝竹 *B. multiplex* 'Alphonse-Karr'
8 秆径粗达 10 公分，绿条纹规则 ………… 7 黄金间碧玉竹 *B. vulgaris* 'Vittata'
7 秆绿色，间黄条纹 …………………………… 8 碧玉间黄金竹 *B. vulgaris* var. *striata*
1 秆表面幼时密被白粉，节间长 30~60 厘米………… 9 粉单竹 *B. chungii*

1. 大佛肚竹 *Bambusa vulgaris* Schrader ex Wendland 'Wamin'

【形态特征】中型丛生竹，高仅 2~3 米，直径可达 4~5 厘米，下部各节间极其缩短，形如算盘珠状，形态奇特，颇为美观，竹株生长粗壮密集，为观赏珍品(图 9-844)。

【生态习性】冬季不能耐受 5℃以下的低温。

【分布及栽培范围】华南地区。

【繁殖】母竹移植栽培。

【观赏】竹杆奇特，极具观赏价值。

【园林应用】园景树、基础种植、盆栽观赏(图 9-845)。适于别墅、公园、风景区的园林绿化。

【其它】做工艺品的上等材料。秆可作台灯柱、笔筒等工艺美术品。

图 9-844 大佛肚竹

图 9-845 大佛肚竹在园林中的应用

2. 小佛肚竹 *Bambusa ventricosa* McClure

【别名】佛竹

【形态特征】具两种秆形：正常秆常生于野外，高可达 8~10 米，径 5~7 厘米，节间长 20~35 厘米，下部略呈"之"字形曲折；秆下部者具软刺，中部为多枝簇生，但其中 3 枝较粗长。畸形植株常用于盆栽，秆高 25~60 厘米，径 0.5~2 厘米，节间短缩肿胀呈花瓶状，长 2~5 厘米。两种秆初时均被薄白粉，光滑无毛，秆环和箨环下有一圈易脱落的棕灰色毯毛状毛环。箨鞘硬脆，橄榄色，无毛，先端为近非对称的宽弧形拱凸或近截形；箨耳不等大，大耳约比不耳大一倍，皱褶，边缘具波折状 毛；箨舌中部隆起，边缘有纤毛；箨叶松散直立或外展，宽卵状三角形，基部呈心形。叶片线

图 9-846 小佛肚竹

图 9-847 小佛肚竹在园林中的应用

状披针形至披针形，长 6~18 厘米，宽 1~2 厘米，背面披短柔毛 (图 9-846)。笋期 7~9 月。

【生态习性】不耐严寒，0℃以下低温易受冻害，北方地区冬天须放在室内养护。

【分布及栽培范围】广西、广东、福建。现全国各地乃至世界多国有引种。

【繁殖】母竹移植栽培。

【观赏】竹杆奇特，极具观赏价值。

【园林应用】园景树、基础种植、盆栽观赏 (图 9-847)。

【其它】秆可作烟嘴等工艺品。

3. 龙头竹 *Bambusa vulgaris* Schrader ex Wendland

【别名】泰山竹

图 9-848 龙头竹

【形态特征】秆高 8~15 米，径 5~9 厘米，节间长 20~30 厘米，绿色，光滑无毛，基部节上具根点；箨环隆起，初时有一圈棕色刺毛。箨鞘硬脆，背面密被棕色刺毛尤以上部为密，鞘口截平形或中部略隆起呈弓形；箨耳发达，圆形至镰刀状向上耸起，边缘有淡棕色曲折毛；箨舌高 1~2 毫米，边缘锯齿状；箨叶直立，三角形，基部两边缘有灰色曲折毛，腹面有向上的短硬毛。叶片披针形，长 10~30 厘米，宽 1.5~2.5 厘米 (图 9-848)。笋期 5 月，花期 5~10 月。

【生态习性】多生于河边或疏林中。

【分布及栽培范围】云南南部。东南亚广为栽培。亚洲热带地区和非洲马达加斯加岛有分布。

【繁殖】母竹移植栽培。

【观赏】树体高大，叶绿翠绿，可四季观赏。

【园林应用】园景树、树林、基础种植、风景林。

【其它】秆高大坚硬，用作扛挑及建筑用材。

4. 孝顺竹 *Bambusa multiplex* (Lour.) Raeuschel ex J. A. et J. H. Schult

【别名】凤凰竹、蓬莱竹、慈孝竹

【形态特征】灌木型丛生竹，地下茎合轴丛生。竹秆密集生长，秆高 2~7 米，径 1~3 厘米。幼秆微被白粉，节间圆柱形，上部有白色或棕色刚毛。秆绿色，老时变黄色 (二年生以上的竹秆)，梢稍弯曲。枝条多数簇生于一节，每小枝叶 5~10 片，叶片线状披

图 9-849 孝顺竹

图 9-850 孝顺竹在园林中的应用

针形或披针形，顶端渐尖，叶表面深绿色，叶背粉白色，叶质薄 (图 9-849)。

【生态习性】喜光，稍耐阴。喜温暖、湿润环境，不甚耐寒。上海能露地栽培，但冬天叶枯黄。喜深厚肥沃、排水良好的土壤。多生在山谷间，小河旁。

【分布及栽培范围】原产中国，主产于广东、广西、福建、西南等省区。长江流域及以南栽培能正常生长。山东青岛有栽培，是丛生竹中分布最北缘的竹种。

【繁殖】母竹移植栽培。

【观赏】竹秆丛生，四季青翠，姿态秀美，宜于宅院、草坪角隅、建筑物前或河岸种植。若配置于假山旁侧，则竹石相映，更富情趣。

【园林应用】园景树、绿篱、基础种植、盆栽及盆景观赏 (图 9-850)。

5. 凤尾竹 *Bambusa multiplex* (Lour.) Raeusch. ex Schult. 'Fernleaf' R. A. Young

【别名】观音竹、米竹、筋头竹

【形态特征】丛生竹，为孝顺竹的一种变异。它的株型矮小，绿叶细密婆娑，风韵潇洒，好似凤尾。竹杆直径间于牙签和筷子之间，叶色浓密成球状，粗生易长，年产竹可达 100 支。此竹由于富有灵气而被命名为“观音”竹，正所谓山有水则灵，庙旁有观音竹球则有仙气 (图 9-851)。

【生态习性】喜温暖湿润和半阴环境。耐寒性稍差，不耐强光曝晒，怕渍水，宜肥沃、疏松和排水良好的壤土. 冬季温度不低于 0℃。

【分布及栽培范围】广东、广西、四川、福建、湖南等地，江、浙一带也有栽培，地栽、盆栽均可。

【繁殖】母竹移植栽培。

【观赏】支干纤细，竹竿上端由于枝繁叶茂，干细，加之负担过重，形成向下低垂，状似少女含羞把头低下，默默无言。体态潇洒，观赏价值较高。枝杆稠密，纤细而下弯。叶细小，长约 3 厘米，常 20 片排生于枝的两侧，似羽状。

图 9-851 凤尾竹

图 9-852 凤尾竹在园林中的应用

【园林应用】园景树、基础种植、盆栽观赏 (图 9-852)。宜作庭院丛栽，也可作盆景植物，配以山石，摆件，很有雅趣。

【文化】凤尾竹常使人想起佛教里的观世音菩萨，因为这个竹名的来历是和观世音菩萨有直接联系的。

【其它】叶、叶芽具有清热除烦，清热利尿的功效。

6. 小琴丝竹 *Bambusa multiplex* (Lour.) Raeuschel ex J. A. et J. H. Schult 'Alphonse Karr'

【别名】花孝顺竹

【形态特征】丛生竹。秆高 2~8 米，径 1~4 厘米。新秆浅红色，老秆金黄色，并不规则间有绿色纵条纹 (图 9-853)。

为孝顺竹的变种，其区别在于秆与枝金黄色，并间有粗细不等的纵条纹，初夏出笋不久，竹箨脱落，秆呈鲜黄色，在阳光照耀下显示鲜红色。

【生态习性】喜光，稍耐阴。喜温暖、湿润环境，不甚耐寒。喜深厚肥沃、排水良好的土壤。多生在山谷间，小河旁。

【分布及栽培范围】原产我国的广东、广西、福建、西南等省区。长江流域及以南栽培能正常生长。山东青岛有栽培，是丛生竹中分布最北缘的竹种。

图 9-853 小琴丝竹

图 9-854 小琴丝竹在园林中的应用

【繁殖】母竹移植栽培。

【观赏】丛态优美且秆色秀丽，为庭园观赏或盆栽的上佳材料。

【园林应用】园景树、绿篱、基础种植、盆栽及盆景观赏 (图 9-854)。

7. 黄金间碧竹 *Bambusa vulgaris* Schrader ex Wendland 'Vittata'

【别名】青丝金竹

【形态特征】丛生竹，竹秆鲜黄色具显著绿色纵条纹。秆径粗达 10 公分 (图 9-855)。

【生态习性】阳性，喜肥沃排水良好的壤土或沙壤土 。

【分布及栽培范围】我国广西、海南、云南、广东和台湾等省区的南部地区庭园中有栽培。

【繁殖】母竹移植栽培。

【观赏】黄色竹杆中有绿色条纹，极具观赏价值。

【园林应用】园景树 (图 9-856)。常植于庭园曲径、池畔、溪涧、山坡、石际、天井、景门，以至室内盆栽观赏。

图 9-855 黄金间碧竹

图 9-856 黄金间碧竹在园林中的应用

8. 碧玉间黄金竹 *Bambusa vulgaris* var. *Striata*

【别名】绿皮黄筋竹

【形态特征】南方大型丛生竹，竹秆绿色，节金黄色条纹。碧玉间黄金竹粗达 10 公分，高达 18 米（图 9-857）。

【生态习性】阳性，喜肥沃排水良好的壤土或沙壤土。

【分布及栽培范围】华南南亚热带常绿阔叶林区热带季雨林及雨林区。

【繁殖】母竹移植栽培。

【观赏】绿色竹杆中有金黄色条纹，极具观赏价值。

【园林应用】园景树、盆栽观赏。常植于庭园曲径、池畔、溪涧、山坡、石际、天井、景门，以至室内盆栽观赏。

图 9-857 碧玉间黄金竹

9. 粉单竹 *Bambusa chungii* McClure

【别名】单竹

【形态特征】秆高 3~7 米，径约 5 厘米，顶端下垂甚长，秆表面幼时密被白粉，节间长 30~60 厘米。每节分枝多数且近相等。箨鞘坚硬，鲜时绿黄色，被白粉，背面遍生淡色细短毛；箨落后箨环上有一圈较宽的木栓质环；箨耳长而狭窄；箨叶反转，卵状披针形，近基部有刺毛。每小枝有叶 4~8 枚，叶片

图 9-858 粉单竹

线状披针形，长 20 厘米，宽 2 厘米，质地较薄，背面无毛或疏生微毛 (图 9-858)。

【生态习性】喜温暖湿润环境。具有生长快，成林快、伐期短、适性强、繁殖易等特点。其垂直分布达海拔 500 米，但以 300 米以下的缓坡地、平地、山脚和河溪两岸生长为佳，无论在酸性土或石灰质土壤上均生长正常，其分布区年均温 18.9~20.0℃年，降水量 999.1~2136 毫米。

【分布及栽培范围】华南特产，分布湖南、福建、广东、广西。

【繁殖】母竹移植栽培。

图 9-859 粉单竹在园林中的应用

【观赏】观杆、观形

【园林应用】园景树、基础种植、盆栽观赏 (图 9-859)。植于山坡、院落或道路、立交桥边。

【其这它】竹材韧性强，节间长，节平，适合劈篾编辑精巧竹器，绞制竹绳等，是两广主要篾用竹种，亦是造纸业的上等原料。

（二）刚竹属 *Phyllostachys* Sieb. Et Zucc.

乔木或灌木状；秆散生，圆筒形，节间在分枝一侧扁平或有沟槽，每节有两分枝。杆箨革质，早落，箨叶明显，有箨舌、箨耳，肩毛发达或无。叶披针形或长披针形，有小横脉，表面光滑，被面稍有灰白色毛。花圆锥状、复穗状或头状，由多数小随组成，小穗外被叶状苞片或苞片佛焰苞状；小花 2~6；颖片 1~3 或发育不全；外稃先端锐尖；内稃有 2 脊，2 裂片先端锐尖；鳞被 3，形小；雄蕊 3；雌蕊花柱细长，柱头三裂，羽毛状，颖果。

约 50 种，大部分分布于东南亚，中国为分布中心，均产。

分种检索表

1 竹杆交互连接成不规则相连的龟甲状……………………………1 龟甲竹 *P.edulis 'Heterocycla'*

1 竹杆不是龟甲状

2 竹杆紫黑色 ………………………………………………………… 2 紫竹 *P. nigra*

2 竹杆绿色或绿色上有紫斑

3 竹杆绿色上有紫斑 ·· 3 斑竹 *P. bambussoides 'tanakae'*

3 竹杆绿色，上面无紫斑 ··· 4 毛竹 *P. heterocycla*

1. 龟甲竹 Phyllostachys edulis cv. Heterocycla

【别名】龟文竹

【形态特征】秆直立，粗大，高可达 20 公尺，表面灰绿，节粗或稍膨大，从基部开始，下部竹竿的节间歪斜，节纹交错，斜面突出，交互连接成不规则相连的龟甲状，愈基部的节愈明显；叶披针形，2~3 枚一束。地径 8~12 分，高 2.5~4.5 米。竹杆的节片像龟甲又似龙鳞，凹凸，有致，坚硬粗糙（图 9-860）。

【生态习性】阳性，喜温湿气候及肥沃疏松土壤。

【分布及栽培范围】长江中下游，秦岭、淮河以南，南岭以北，毛竹林中偶有发现。

【繁殖】母竹移植栽培。

【观赏】与其他灵秀、俊逸的竹相比，少了份柔弱飘逸，多了些刚强与坚毅。象征长寿健康，其竹的清秀高雅，千姿百态，令人叹为观止。此竹种易种植成活但难以繁植，且极为罕见，为我国的珍稀观赏竹种。

图 9-860 龟甲竹

图 9-861 龟甲竹在园林中的应用

【园林应用】园景树、基础种植、盆栽观赏（图 9-861）。点缀园林，以数株植于庭院醒目之处，也可盆栽观赏。

【其它】竹材可以制作各种高级竹工艺品。如刻写书联，尤属雅品。

2. 紫竹 *Phyllostachys nigra* (Lodd. Ex Lindl.) Munro

【别名】黑竹

【形态特征】散生竹。秆高 4~10 米，径 2~5 厘米。新竹绿色，当年秋冬即逐渐呈现黑色斑点，以后全秆变为紫黑色。有两个品种，秆一年变紫和三年变紫，我国两种皆有（图 9-862）。

【生态习性】阳性，喜温暖湿润气候，稍耐寒。

【分布及栽培范围】黄河流域以南各地，北京亦有栽培。

【繁殖】母竹移植栽培。

【观赏】传统的观杆竹类，竹杆紫黑色，柔和发亮，隐于绿叶之下，甚为绮丽。观秆色竹种，为优良园林观赏竹种。

【园林应用】园景树、基础种植、盆栽观赏（图

图 9-862 紫竹

图 9-863 紫竹在园林中的应用

9-863)。此竹宜种植于庭院山石之间或书斋、厅堂、小径、池水旁，也可栽于盆中，置窗前、几上，别有一番情趣。紫竹杆紫黑，叶翠绿，颇具特色，若植于庭院观赏，可与黄槽竹、金镶玉竹、斑竹等杆具色彩的竹种同植于园中，增添色彩变化。

【其它】竹材较坚韧，宜作钓鱼竿、手杖等工艺品及箫、笛、胡琴等乐器用品。笋可供食用。

3. 斑竹 *Phyllostachys bambussoides* Sieb. Et Zucc 'Tanakae'

【别名】湘妃竹、泪竹

【形态特征】中小型竹，竿高达 5~10 米，径达 3~5 厘米。竿环及箨环均隆起；竿箨黄褐色，有黑

图 9-864 斑竹

褐色斑点，疏生直立硬毛。箨耳较小，矩圆形或镰形，有长而弯曲之遂毛。箨叶三角形或带形，桔红色，边缘绿色，微皱，下垂。每小枝 2~4 片，叶带状披针形，长 7~15 厘米，宽 1.2~2.3 厘米。叶舌发达，有叶耳及长肩毛。笋期 5 月 ~6 月。是我国竹家具的优质用材 (图 9-864)。

【生态习性】适应性强，对土壤要求不严，喜酸性、肥沃和排水良好的砂壤土。

【分布及栽培范围】产于湖南、河南、江西、浙江等地。

【繁殖】母竹移植栽培。

【观赏】绿色竹杆上有黑色斑点，具较强的观赏价值。

【园林应用】园景树、基础种植、盆栽观赏。

【其它】其秆可制作工艺品。

4. 毛竹 *Phyllostachys heterocycla* (Carr.) H. De Leh.

【别名】楠竹、孟宗竹、茅竹

图 9-865 毛竹

图 9-866 毛竹在园林中的应用

【形态特征】秆箨厚革质，密被糙毛和深褐色斑点和斑块，箨耳和繸毛发达，箨舌发达，箨片三角形，披针形，外翻。高大，秆环不隆起，叶披针形，笋箨有毛(图 9-865)。

【生态习性】喜温暖湿润气候，在深厚肥沃、排水良好的酸性土壤上生长良好，忌排水不良的低洼地。南海拔 1000 米以下的广大酸性土山地、丘陵、低山山麓地带。

【分布及栽培范围】秦岭、汉水流域至长江流域。

【繁殖】母竹移植栽培。

【观赏】毛竹四季常青，竹秆挺拔秀伟，潇洒多姿，卓雅风韵，独有情趣。另外，其观赏价值还表现在竹秆虚心。高风亮节，品格高尚；竹秆刚强正直，不屈不挠，不畏冰封雪裹，依然本色，和松、梅并列为岁寒三友，这些特殊价值，是人们取之不尽用之不竭宝贵精神财富的源泉。

【园林应用】园景树、基础种植、风景林、盆栽观赏(图 9-866)。常置于庭园曲径、池畔、溪涧、山坡、石迹、天井、景门，以及室内盆栽观赏。常与松、梅共植，被誉为“岁寒三友”。毛竹根浅质轻，是屋顶绿化的极好材料。无毛无花粉，在精密仪器厂、钟表厂也极适宜。

【生态功能】地下系统盘根错节，交互相连，形成整体，地上部分竹株林立，互相照应，竹冠郁葱，山地造林可大大减少径流量，是营造水土保持的优良竹种。

【文化】竹赏一个“清”字(“日出有清荫，月照有清影，风来有清声，雨来有清韵，露凝有清光，雪停有清趣”)，在赏竹、观笋、听竹涛时，竹所产生的内蕴和意境以及雨后春笋破土断石，一夜千尺拂青云，一节复一节，吐水凝烟雾成雨，蒸蒸日上，生机勃勃，而具有强大生命力的自然景观生境美、意境美，使人产生微妙而深远的意想，回味无穷；“宁可食无肉，不可居无竹。无肉令人瘦，无竹使人俗”则是另一种高尚境界。

【其它】材质坚韧，富弹性，大量用于建筑、农用、家具制作和生活用品等。鞭、根、蔸、枝、箨等具有极高的工艺加工价值，竹笋味道鲜美，制作的“玉兰片”是极好的馈赠佳品。

(三)鹅毛竹属(倭竹属) *Shibataea* Makino ex Nakai

小型灌木状竹类。地下茎复轴型。竿高通常在 1 米以下，偶有较高者亦多不超过 2 米；竿每节具 2 芽；节间在竿下部不具分枝者呈细瘦圆筒形，在竿有分枝的各节间则略呈三棱形，在接近枝条的一侧具纵沟槽，竿壁厚，空腔小；竿环甚隆起；竿每节分 3~5 枝，枝短而细，常不具次级分枝。箨鞘早落性，纸质；箨耳及繸毛均不发达；箨舌较发达，略呈三角形。枝具 1 或 2 叶，当为 2 叶时，下方的叶片因其叶鞘较长反而超出上方叶片；叶鞘质稍硬，紧卷而边缘愈合，呈叶柄状，易被人误认为无叶鞘，鞘顶端具席卷呈锥状的叶舌，鞘内包裹着败育的枝之顶芽，鞘口繸毛不存在；叶片厚纸质，长圆形或卵状长圆形，先端锐尖，边缘具小锯齿，有明显呈方格状的小横脉；叶柄短。花枝生于具叶枝的下部各节，且可再分枝，后者的下方托以佛焰苞状的苞片；小穗含3~7朵小花。颖果。笋期4~6月，花期3~5月。

7种，2变种及1栽培型。分布在我国及日本。

1. 鹅毛竹 *Shibataea chinensis* Nakai

图9-867 鹅毛竹

图9-868 鹅毛竹在园林中的应用

【别名】倭竹、小竹

【形态特征】地下茎(竹鞭)呈棕黄色或淡黄色；节间长仅1~2厘米，粗5~8毫米，中空极小或几为实心。竿直立，高1米，直径2~3毫米，中空亦小，表面光滑无毛，淡绿色或稍带紫色；竿下部不分枝的节间为圆筒形，竿上部具分枝的节间在接近分枝的一侧具沟槽，因此略呈三棱型；竿环甚隆起；竿边缘生纤毛，分枝基部留有枝箨，后者脱落性或迟落。箨鞘纸质，早落，背部无毛，无斑点，边缘生短纤毛；箨舌发达，高可达4毫米上下；箨耳及鞘口缝毛均无；箨片小，锥状；每枝仅具1叶，偶有2叶；叶鞘厚纸质或近于薄革质，光滑无毛；叶耳及鞘口缝毛俱缺；叶舌膜质，长4~6毫米或更长，披针形或三角形，一侧较厚并席卷为锥状，被微毛；外叶舌密被短毛；叶片纸质，幼时质薄，鲜绿色，老熟后变为厚纸质乃至稍呈革质，卵状披针形，长6~10厘米，宽1~2.5厘米，基部较宽且两侧不对称，先端渐尖，两面无毛，次脉5~8(9)对，再次脉10条，小横脉明显，叶缘有小锯齿。笋期5~6月(图9-867)。

【生态习性】喜温暖湿润气候，不耐寒。自然生于山坡或林缘，亦可生于林下。

【分布及栽培范围】江苏、安徽、江西、福建等省。上海、南京、杭州、长沙等城市已栽培于园林绿地中。

【繁殖】母竹移植栽培。

【观赏】叶片卵状披针形，形似鹅毛。

【园林应用】基础种植、地被、盆栽观赏(图9-868)。

(四)方竹属(寒竹属) *Chimonobambusa* Makino

地下茎为复轴型。竿高度中等，中部以下或仅近基部数节的节内环生有刺状气生根；不具分枝的节间圆筒形或在竿基部者略呈四方形，其长度一般在20厘米以内，当节具分枝时则节间在具分枝的一侧有2纵脊和3沟槽(系与竿每节具3主枝相呼应)，竿环平坦或隆起；箨环常具箨鞘基部残留物；竿芽每节3枚，嗣后成长为3主枝，并在更久之后成为每节具多枝，枝节多强隆起。箨鞘薄纸质而宿存，或为纸质至厚纸质，此时则为脱落性，背面纵肋明显，小横脉通常在上部清晰可见，被小刺毛或少数种类无毛，并常具异色的斑纹或条纹。

本属现知20种，我国已有其全部种类。分布在秦岭以南各省区，西藏南部亦有，但较集中的地区是在西南各省区。日本、越南及缅甸等国亦有分布，多生于林下。

1. 方竹 *Chimonobambusa quadrangularis* (Fenzi) Makino

图9-869 方竹

【别名】方苦竹、四方竹、四角竹（日本汉字名称）

【形态特征】竿直立，高3~8米，粗1~4厘米，节间长8~22厘米，呈钝圆的四棱形，幼时密被向下的黄褐色小刺毛，毛落后仍留有疣基，故甚粗糙（尤以竿基部的节间为然），竿中部以下各节环列短而下弯的刺状气生根；竿环位于分枝各节者甚为隆起，不分枝的各节则较平坦；箨鞘纸质或厚纸质，早落性，短于其节间，鞘缘生纤毛，纵肋清晰，小横脉紫色，呈极明显方格状；箨耳及箨舌均不甚发达；箨片极小，锥形，长3~5毫米，基部与箨鞘相连接处无关节。末级小枝具2~5叶；叶鞘革质，光滑无毛，具纵肋，在背部上方近于具脊，外缘生纤毛（图9-869）。

【生态习性】喜光，喜温暖湿润气候。适生于土质疏松肥厚、排水良好的沙壤土，低丘及平原均可栽培。

【分布及栽培范围】江苏、安徽、浙江、江西、福建、台湾、湖南、广东和广西等省区。日本也有分布。欧美一些国家有栽培。

【繁殖】母竹移植栽培。

【观赏】竹秆形四方，别具风韵，为庭院常见观赏竹种。

【园林应用】园景树、基础种植、盆栽观赏。江南各地造园均可选用。可植于窗前、花 台中、假山旁，甚为优美。

【其它】竿可作手杖。因质地较脆，故不宜用劈篾编织；笋肉丰味美。

（五）箬竹属 *Indocalamus* Nakai

灌木状或小灌木状竹。地下茎复轴型；秆散生或复丛生，直立，节不甚隆起，具一分枝，分枝粗度与主秆相若；秆箨宿存；圆锥花序生于核顶；小穗具柄，有数至多朵小花；小穗轴具关节；颖常2片；外稃近革质，内稃具2脊，顶端常2齿裂；鳞被3片；雄蕊3，花丝分离；子房无毛，花柱2枚，其基部分离或稍有连合，柱头2，羽毛状。

约20种，均产我国，分布于印度、斯里兰卡以及菲律宾等地。

分种检索表

1 箨鞘近纸质，叶片在下表面于中脉之两侧无成纵行的毛茸……………… 1 阔叶箬竹 *I. latifolius*

1 箨鞘近革质，叶片在下表面于中脉之一侧密生成 1 纵行的毛茸 ……… 2 箬竹 *I. tessellatus f.*

1. 阔叶箬竹 *Indocalamus latifolius* (Keng) McClure Sunyatsenia

【别名】寮竹、箬竹、壳箬竹

【形态特征】竿高可达 2 米，直径 0.5~1.5 厘米；节间长 5~22 厘米，被微毛，尤以节下方为甚；竿环略高，箨环平；竿每节每 1 枝，惟竿上部稀可分 2 或 3 枝，枝直立或微上举。箨鞘硬纸质或纸质，下部竿箨者紧抱竿，而上部者则较疏松抱竿，背部常具棕色疣基小刺毛或白色的细柔毛。箨耳无或稀可不明显，疏生粗糙短繸毛；箨舌截形，高 0.5~2 毫米，先端无毛或有时具短繸毛而呈流苏状；叶舌截形，高 1~3 毫米，先端无毛或稀具繸毛；叶耳无；叶片长圆状披针形，先端渐尖，长 10~45 厘米，宽 2~9 厘米，下表面灰白色或灰白绿色，次脉 6~13 对，小横脉明显，形成近方格形，叶缘生有小刺毛。圆锥花序长 6~20 厘米。笋期 4~5 月。地下茎为复轴形，有横走之鞭 (图 9-870)。

【生态习性】阳性竹类，喜温暖湿润的气候，宜生长疏松、排水良好的酸性土壤，耐寒性较差。生于山坡、山谷、疏林下。

【分布及栽培范围】山东、江苏、安徽、浙江、江西、福建、湖北、湖南、广东、四川等省。

【繁殖】母竹移植栽培。

【观赏】丛状密生，叶片翠绿雅丽，极具观赏价值。

【园林应用】基础种植、盆栽观赏 (图 9-871)。适宜种植于林缘、水滨，也可点缀山石。也可作绿篱；或地被。

【其它】竿宜作毛笔杆或竹筷，叶片巨大者可作斗笠，以及船蓬等防雨工具，也可用来包裹粽子。

图 9-870 阔叶箬竹

图 9-871 阔叶箬竹在园林中的应用

2. 箬竹 *Indocalamus tessellatus* (Munro) Keng f.

【别名】篃竹

【形态特征】竿高 0.75~2 米，直径 4~7.5 毫米；节间长约 25 厘米，圆筒形，在分枝一侧的基部微扁，一般为绿色；竿环较箨环略隆起，节下方有红棕色贴竿的毛环。箨鞘长于节间，上部宽松抱竿，无毛，下部紧密抱竿，密被紫褐色伏贴疣基刺；箨耳无；箨舌厚膜质，截形，高 1~2 毫米，背部有棕色伏贴微毛；箨片大小多变化，窄披针形，竿下部者较窄，竿上部者稍宽，易落。小枝具2~4叶；叶鞘紧密抱竿，有纵肋，背面无毛或被微毛；无叶耳；叶舌高1~4毫米，截形；叶片在成长植株上稍下弯，宽披针形或长圆状披针形，长20~46厘米，宽4~10.8厘米，先端长尖，基部楔形，下表面灰绿色，密被贴伏的短柔毛或无毛，中脉两侧或仅一侧生有一条毡毛，次脉8~16对，小横脉明显，形成方格状，叶缘生有细锯齿（图9-872）。笋期4~5月，花期6~7月。

图9-872 箬竹

【生态习性】喜温暖湿润的气候，宜生长疏松、排水良好的酸性土壤，耐寒性较差。生于山坡路旁，海拔300~1400米。

【分布及栽培范围】浙江天目山、衢县和湖南零陵阳明山。

【繁殖】分株繁殖或母竹移植栽培。

【观赏】叶大色绿，极具观赏价值。

【园林应用】地被、基础种植、盆栽观赏（图9-873）。

图9-873 箬竹在园林中的应用

【其它】箬竹叶可用作食品包装物（如粽子）、茶叶、斗笠、船篷衬垫等。笋可作蔬菜（笋干）或制罐头。

（六）赤竹属 *Sasa* Makino et Shibata

小型灌木状竹类。地下茎复轴型；竿高多在2米以下，通常高1米左右；节间圆筒形，无沟槽，光滑无毛或少数种类可在节下具疏短毛；竿壁较厚；竿每节仅分1枝，枝粗壮，并常可与主竿同粗。竿箨宿存，质地厚硬，牛皮纸质或近于革质；箨耳及繸毛可存在或否；箨片披针形。叶片通常大型，带状披针形或宽椭圆形，厚纸质或薄革质，以3~5叶或更多叶集生于枝顶，叶柄短。圆锥花序排列疏散，或简化为总状花序，整个花序通常有数枚至10余枚小穗，甚至有可超过20至30枚小穗者，花序轴在分枝基部常可具1或2小型苞片；小穗柄较长，花序轴及小穗柄常可具毛，华箬竹亚属所具的毛茸较长并可兼具白粉；小穗成熟后呈紫红色、含4~8朵小花；颖2，质厚，多少具毛，边缘有长睫毛；外稃近革质，卵形或长圆披针形，先端具短芒或为一小尖头；内稃纸质，等长或稍长于外稃；背部具2脊；鳞被3，卵形，膜质透明，边缘具纤毛；雄蕊6，花丝细长，花药线状、黄色，2室纵裂开；花柱1，较短，柱头3，羽状。颖果较小，成熟后深褐色。

本属过去曾先后发表过500个以上的种和变种，后经铃木贞雄Sadao Suzuki整理、加以归并后连同*Sasamorpha*属两者仅有37种。本属的极大多数种类产于日本，也分布于朝鲜及俄罗斯乌苏里、萨哈林岛等地。我国现知连同引入计有10种。

分种检索表

1 叶绿色底上有黄白色纵条纹……………………………………………1 菲白竹 *S. fortunei*

1 嫩叶纯黄色，具绿色条纹，老后叶片变为绿色…………………………2 菲黄竹 *S. auricoma*

1. 菲白竹 *Sasa fortunei* (Van Houtte) Fiori

【形态特征】丛生状，节间无毛，秆每节具 2 至数分枝或下部为 1 分枝。箨片有白色条纹，先端紫色。末级小枝具叶 4~7 枚；叶鞘无毛；鞘口有白色繸毛；叶片长 5~9 厘米，宽 7~10 毫米，叶片狭披针形，绿色底上有黄白色纵条纹，边缘有纤毛，两面近无毛，有明显的小横脉，叶柄极短；叶鞘淡绿色，一侧边缘有明显纤毛，鞘口有数条白缘毛 (图 9-874)。笋期 4~6 月。

图 9-874 菲白竹

图 9-875 菲白竹在园林中的应用

【生态习性】喜温暖湿润气候，好肥，较耐寒，忌烈日，宜半阴，喜肥沃疏松排水良好的砂质土壤。

【分布及栽培范围】原产日本。中国华东地区有栽培。

【繁殖】分株繁殖。

【观赏】菲白竹植株低矮，叶片秀美，极具观赏价值。叶面上有白色或淡黄色纵条纹，菲白竹即由此得名。

【园林应用】地被植物、基础种植、盆栽观赏 (图 9-875)。常植于庭园观赏；栽作地被、绿篱或与假石相配都很合适；也是盆栽或盆景中配植的好材料。它端庄秀丽，案头、茶几上摆置一盆，别具雅趣，它是观赏竹类中一种不可多得的贵重品种。

2. 菲黄竹 *Sasa auricoma* E.G.Camus

【形态特征】混生竹。地被竹种，秆高 30~50 厘米，径 2~3 毫米。嫩叶纯黄色，具绿色条纹，老后叶片变为绿色。园林绿化彩叶地被、色块或做山石盆景栽观赏 (图 9-876)。

图 9-876 菲黄竹

【生态习性】喜温暖湿润气候，较耐寒，忌烈日，宜半阴，喜肥沃疏松排水良好的砂质土壤。

【分布及栽培范围】原产日本。我国长江中下流地区能露地栽培。

【繁殖】埋蔸移鞭法繁殖。

【观赏】新叶纯黄色，非常醒目，秆矮小，极具观赏价值。

【园林应用】基础种植、地被植物、盆栽观赏(图 9-877)。

图 9-877 菲黄竹在园林中的应用

一百零二、百合科 Liliaceae

大多数为草本。地下具鳞茎或根状茎，茎直立或呈攀援状，叶基生或茎生，茎生叶常互生，少有对生或轮生。具根状茎、块茎或鳞茎。花常两性，辐射对称，各部为典型的 3 出数，花被片 6 枚，花瓣状，两轮，离生或合生。雄蕊 6 枚，花丝分离或连合。子房上位，常为 3 室，蒴果或浆果。

本科包括多种花卉植物，如百合、郁金香、万年青、玉簪等；药用植物如黄精、贝母、天门冬等；以及常见的食用植物如葱、蒜、韭、洋葱和黄花菜(金针菜)等。

约 230 属，3500 种，全球分布，但以温带和亚热带最丰富。中国 60 属，560 种，遍布全国，以西南地区最盛。百合科中知母属、鹭鸶兰属、白穗花属等为中国特有。

科的识别特征：多年草本稀木本，基生单叶基互生。辐射对称花两性，6 枚花被两轮生。

同数雄蕊与花对，子房大多安上位。3 室子房中轴座，心皮 3 数雌蕊复。茎大花美蒴果浆，葱蒜百合郁金香。

分属检索表

1 叶坚挺，顶端有明显变成黑色的刺，花被片长 3~4 厘米……………………1 丝兰属 *Yucca*

1 叶一般顶端不明显变成黑色的刺，花被片长 5~25 毫米

 2 叶柄长 1~6 厘米或不明显，子房每室具 1~2 颗胚珠……………………2 龙血树属 *Dracaena*

 2 叶柄长 10~30 厘米或更长，子房每室具多胚珠…………………………3 朱蕉属 *Cordyline*

(一) 丝兰属 *Yucca* L.

无茎或有茎植物；叶坚挺，旋叠于地面或茎枝之顶，边缘常有刺或有丝状纤维；花杯状，通常蜡质，白色至青紫色，芳香，晚间开放，通常悬挂于直立的圆锥花序上；花被片 6，分离或于基部合生；雄蕊 6；子房上位，3 室，每室有胚珠多数，花柱厚，顶部 3 裂；果为一蒴果或稍肉质。约 40 种，分布于美洲，我国引入栽培的有 4 种。

分种检索表

1 叶缘有丝状纤维，叶片较软……………………………………1 丝兰 *Y smalliana*

1 叶缘无丝状纤维，叶片较硬……………………………………2 凤尾兰 *Y glorisa*

1. 凤尾兰 *Yucca gloriosa* L.

【别名】厚叶丝兰、凤尾丝兰

【形态特征】灌木或小乔木。干短，有时分枝，高可达 5 米。叶密集，螺旋排列茎端，质坚硬，有白粉，剑形，长 40~70 厘米，顶端硬尖，边缘光滑，老叶有时具疏丝。圆锥花序高 1 米多，花大而下垂，乳白色，常带红晕，花期 8~10 月。蒴果干质，下垂，椭圆状卵形，不开裂 (图 9-878)。

【生态习性】耐水湿。喜温暖湿润和阳光充足环境，亦耐阴。抗污染，萌芽力强。性强健，耐寒、耐旱、耐湿、耐瘠薄，对土壤、肥料要求不严。生长强健，对土壤肥料要求不高，但喜排水良好的沙土。能抗污染。对有害气体如 SO_2、HCl、HF 等都有很强的抗性，除盐碱地外均能生长。

【分布及栽培范围】原产北美东部及东南部，现长江流域各地普遍栽植。

【繁殖】扦插或分株繁殖。

【观赏】常年浓绿，花、叶皆美，树态奇特，数株成丛，高低不一，叶形如剑，花时花茎高耸挺立，花色洁白，繁多的白花下垂如铃，姿态优美，花期持久，幽香宜人。

【园林应用】园景树、基础种植、绿篱、地被植物、盆栽及盆景观赏 (图 9-879)。常植于花坛中央、建筑前、草坪中、池畔、台坡、建筑物、路旁及绿篱等栽植用。

图 9-878 凤尾兰

图 9-879 凤尾兰在园林中的应用

【其它】叶纤维洁白、强韧、耐水湿，称“白麻棕”，可作缆绳。叶片还可提取甾体激素。

2. 丝兰 *Yucca smalliana* Fern

【别名】软叶丝兰、毛边丝兰、

【形态特征】常绿灌木，茎短，叶基部簇生，呈螺旋状排列，叶片坚厚，长 50~80 厘米，宽 4~7 厘米，边缘常有刺或有丝状纤维，顶端具硬尖刺，叶面有皱纹，相对较柔软。夏秋间开花，花轴发自叶丛间，直立高 1~1.5 米，圆锥花序，花杯形，下垂，白色，外缘绿白色略带红晕，径 8~10 厘米。花瓣匙形 6 枚，6 个扁平状离生雄蕊，三根三角形棒状组成复雌蕊，子房上位。蒴果长圆状卵形，有沟 6 条，长

图 9-880 丝兰

5~6 厘米，不裂开 (图 9-880)。

【生态习性】喜阳光充足及通风良好的环境，又极耐寒冷，在华北地区能露地栽培。性强健，容易成活，对土壤适应性很强，任何土质均能生长良好。丝兰根系发达，生命力强。它的叶片有一层较厚的角质层和蜡质层，能减少蒸发，所以抗旱能力特强。

【分布及栽培范围】原产北美洲，现温暖地区广泛作露地栽培。华北以南地区均能种植。

【繁殖】扦插或分株繁殖。

【观赏】花、叶皆美，树态奇特，姿态优美，花期持久，幽香宜人。

【园林应用】园景树、基础种植、绿篱、地被植物、盆栽及盆景观赏、特殊环境绿化 (厂矿绿化)。常植于花坛中央、建筑前、草坪中、池畔、台坡、建筑物、路旁及绿篱等栽植用。

【生态功能】丝兰对有害气体如二氧化硫、氟化氢、氯气、氨气等均有很强的抗性和吸收能力。

【文化】凤尾兰是塞舌尔国家的国花。

(二) 朱蕉属 *Cordyline* Comm. ex .Juss.

灌木或小乔木，茎直立，一般不分枝。根茎匍匐块状，根白色。叶剑状，或革质，或坚硬，密生于枝的先端，叶常具斑纹。花小，略带绿色、白色或黄色；圆锥花序。浆果具 1 至几颗种子。约 15 种，分布于大洋洲、亚洲南部和南美洲。我国 1 种。

1. 朱蕉 *Cordyline fruticosa* A. Cheval.

【别名】千年木、红竹、铁树

【形态特征】灌木状，直立，高 1~3 米。茎粗 1~3 厘米，有时稍分枝。叶聚生于茎或枝的上端，矩圆形至矩圆状披针形，长 25~50 厘米，宽 5~10 厘米，绿色或带紫红色，叶柄有槽，长 10~30 厘米，基部变宽，抱茎。圆锥花序长 30~60 厘米，侧枝基部有大的苞片，每朵花有 3 枚苞片；花淡红色、青紫色至黄色，长约 1 厘米；花梗通常很短，较少长达 3~4 毫米；外轮花被片下半部紧贴内轮而形成花被筒，上半部在盛开时外弯或反折；雄蕊生于筒的喉部，稍短于花被；花柱细长 (图 9-881)。花期 11 月至次年 3 月。

图 9-881 朱蕉

【生态习性】喜高温多湿气候，属半荫植物，既不能忍受北方地区烈日曝晒，完全蔽荫处叶片又易发黄。不耐寒，除广东、广西、福建等地外，均只宜置于温室内盆栽观赏，要求富含腐殖质和排水良好的酸性土壤，忌碱土，植于碱性土壤中叶片易黄，新叶失色，不耐旱。

【分布及栽培范围】广泛栽种于亚洲热带地区。分布于广东、广西、福建、台湾等省区常见栽培，供观赏。

【繁殖】扦插、压条和播种繁殖。

【观赏】株形美观，叶片色彩华丽高雅。

【园林应用】园景树、基础种植、绿篱、地被植物、盆栽及盆景观赏 (图 9-882)。盆栽适用于室内装饰。盆栽幼株，点缀客室和窗台，优雅别致。成片摆放会场、公共场所、厅室出入处，端庄整齐，清新悦目。数盆摆设橱窗、茶室，更显典雅豪华。栽培品种很多，叶形也有较大的变化，是布置室内场所的常用植物。

【文化】朱蕉花语：青春永驻，清新悦目。

【其它】叶、根入药；性甘、淡，微寒；具有凉血止血、散瘀定痛的功效。主治咳血、吐血、尿血、便血、筋骨痛、跌打肿痛。

图 9-882 朱蕉在园林中的应用

（三）龙血树属 *Dracaena* Vand. ex L.

亚灌木、灌木或乔木。叶长剑形，有短叶柄，叶面常具各种斑点和条纹，叶密生顶枝，花小，圆锥花序。子房 3 室，浆果球形。该属约有 150 种，著名种有香龙血树、龙血树等。

分种检索表

1 叶缘无波纹

　2 叶无叶柄……………………………………………………………… 1 龙血树 *D. draco*

　2 叶有叶柄……………………………………………………………… 2 富贵竹 *D. sanderiana*

1 叶缘具波纹…………………………………………………………… 3 香龙血树 *D. fragrans*

1. 龙血树 *Dracaena draco* L.

图 9-883 龙血树

【别名】非洲龙血树

【形态特征】多年生常绿灌木或乔木。株形矮壮，茎干挺直，幼树高不及 100 厘米。叶片剑形，长 45~60 厘米，宽 3~4.5 厘米，基部抱茎，无叶柄；密生枝端，幼时，色泽鲜绿，成型时，则变为鲜红色或紫红色、乳白色、青铜色、粉红色、五彩缤纷，美丽观。子房为三室，每室具有一个胚珠，每个果实只孕育三粒种子 (图 9-883)。

【生态习性】喜高温多湿，喜光，光照充足，叶片色彩艳丽。不耐寒，冬季温度约 15℃，最低温度 5~10℃。温度过低，因根系吸水不足，叶尖及叶缘会出现黄褐色斑块。龙血树喜疏松、排水良好、含腐殖质营养丰富的土壤。

图 9-884 龙血树在园林中的应用

【分布及栽培范围】 原产加那利群岛、热带和亚热带非洲、亚洲与澳洲之间的群岛。我国华南有栽培。

【繁殖】 高压、插条及组织培养的方法进行无性繁殖。

【观赏】 株形优美规整，叶形叶色多姿多彩，为现代室内装饰的优良观叶植物。

【园林应用】 园景树、基础种植、盆栽及盆景观赏(图 9-884)。中、小盆花可点缀书房、客厅和卧室，大中型植株可美化、布置厅堂。

2. 香龙血树 *Dracaena fragrans* (L.) Ker-Gawl.

【别名】 巴西木、巴西铁

【形态特征】 直立单茎灌木。叶狭长椭圆形，丛生于茎顶，长宽线形，无柄，叶缘具波纹，深绿色，叶长 40~90 厘米，宽 5~10 厘米(图 9-886)。常见品种有黄边香龙血树 (Linderii)，叶缘淡黄色。中斑香龙血树 (Massangeana)，叶面中央具黄色纵条斑。金边香龙血树 (Victoriae)，叶缘深黄色带白边。还有银边、金心、银心等品种。

【生态习性】 冬季温度低于 13℃进入休眠，5℃以下植株受冻害。喜湿，怕涝。对光照的适应性较强，在阳光充足或半阴情况下，茎叶均能正常生长发育，但斑叶种类长期在低光照条件下，色彩变浅或消失。土壤以肥沃、疏松和排水良好的砂质壤土为宜。盆栽以腐叶土、培养土和粗沙的混合土最好。

图 9-885 香龙血树

【分布及栽培范围】 原产非洲西部的加那利群岛。我国华南有栽培，华南以北盆栽观赏。

【繁殖】 扦插繁殖。

【观赏】 叶色深绿，是典型的室内观叶植物。

【园林应用】 园景树、基础种植、盆栽及盆景观赏。

【文化】 坚贞不屈，坚定不移，长寿富贵，吉祥如意。

3. 富贵竹 *Dracaena sanderiana* Sander ex Mast.

【别名】 仙达龙血树、辛氏龙树、竹蕉、万年竹

【形态特征】 多年生常绿小灌木观叶植物。株高 1 米以上，植株细长，直立上部有分枝(如作商品、艺术品观赏，栽培高度为 80~100 厘米为宜)。根状茎横走，结节状。叶互生或近对生，纸质，叶长披针形，长 10~15 厘米，宽 1.8~3.2 厘米，有明显 3~7 条主脉，具柄 7~9 厘米，基部抱茎，叶浓绿色。伞形花序有花 3~10 朵生于叶腋或与上部叶对花，花被 6，花冠钟状，紫色。浆果近球球，黑色(图 9-886)。其品种有绿叶、绿叶白边(称银边)、绿叶黄边(称金边)、绿叶银心(称银心)，绿叶富贵竹又称万年竹，其叶片

浓绿色，长势旺，栽培较为广泛。

【生态习性】喜阴湿。该品种管理粗，可选择土壤疏松、肥沃的稻田，坡地栽培。

【分布及栽培范围】原产于非洲西部的喀麦隆。现我国广华南地区泛栽培观赏。华南以北地区盆栽观赏。

【繁殖】扦插繁殖。

【观赏】细长潇洒的叶子，翠绿的叶色，其茎节表现出貌似竹节的特征，却不是真正的竹。中国有“花开富贵，竹报平安”的祝辞，由于富贵竹茎叶纤秀，柔美优雅，极富竹韵，故而很得人们喜爱。富贵竹管理粗放，病虫害少，容易栽培，并象征着“大吉大利”。

图 9-886 富贵竹

【园林应用】园景树、绿篱及绿雕、基础种植、地被植物、盆栽及盆景观赏。

Ⅰ 植物学分类基础知识

一、树形

(一)针叶树类

1. 乔木类

Ⅰ 圆柱形 如杜松、塔柏等。

Ⅱ 尖塔形 如雪松、窄冠侧柏等。

Ⅲ 圆锥形 如圆柏。

Ⅳ 广卵形 如圆柏、侧柏等。

Ⅴ 卵圆形 如球柏。

Ⅵ 盘伞形 如老年期油松。

Ⅶ 苍虬形 如高山区一些老年期树木。

2. 灌木类

Ⅰ 密球形 如万峰桧。

Ⅱ 倒卵形 如千头柏。

Ⅲ 丛生形 如翠柏。

Ⅳ 偃卧形 如鹿角桧。

Ⅴ 匍伏形 如铺地柏。

(二)阔叶树类

1. 乔木类

(1) 有中央领导干(主导干)

Ⅰ 圆柱形 如钻天杨。

Ⅱ 笔形如塔杨。

Ⅲ 圆锥形如毛白杨。

Ⅳ 卵圆形如加拿大杨。

Ⅴ 棕榔形如棕榈。

(2) 无中央领导干的(无主导干)

Ⅰ 倒卵形 如刺槐。

Ⅱ 球形如 五角枫。

Ⅲ 扁球形 如栗。

Ⅳ 钟形 如欧洲山毛榉。

Ⅴ 倒钟形 如槐。

Ⅵ 馒头形 如馒头柳。

Ⅶ 伞形 如龙爪槐。

Ⅷ 风致形 由于自然环境因子的影响而形成的各种富于艺术风格的体形，如高山上或多风处的树木以及老年树或复壮树等；一般在山脊多风处常呈旗形。

2. 灌木及丛木类

Ⅰ 圆球形 如黄刺玫。

Ⅱ 扁球形 如榆叶梅。

Ⅲ 半球形(垫状)如金老梅。

Ⅳ 丛生形如玫瑰。

Ⅴ 拱枝形如连翘。

Ⅵ 悬崖形 如生于高山岩石隙中之松树等。

Ⅶ 匍匐形 如平枝枸子(铺地蜈蚣)。

3. 藤木类(攀援类)如紫藤。

4. 其他类型在上述之各种自然树形中，其枝条有的具有特殊的生长习性，对树形姿态及艺术效果起着很大的影响，习见的有二类型：

Ⅰ垂枝型 如垂柳。

Ⅱ 龙枝型如龙爪柳。

将上述各类树木的树形归纳起来，可分为 25 个基本树形

在乔木方面，凡具有尖塔状及圆锥状树形者，多有严肃端庄的效果；具有柱状狭窄树冠者，多有高耸静谧的效果；具有圆钝、钟形树冠者，多有雄伟浑厚的效果;而一些垂枝类型者,常形成优雅、和平的气氛。

在灌木、丛木方面，呈团簇丛生的，多有朴素、浑实之感，最宜用在树木群丛的外缘，或装点草坪、路缘及屋基。呈拱形及悬崖状的。多有潇洒的姿态，宜供点景用，或在自然山石旁适当配植。一些匍匐生长的，常形成平面或坡面的绿色被覆物，宜作地被植物用；此外，其中许多种类又可供作岩石园配植用。至于各式各样的风致形，因其别具风格，常有特定的情

趣，故须认真对待，用在恰当的地区，使之充分发挥其特殊的美化作用。

二、根

1. 根的类型

根据根的发育起源可以分为主根、侧根和不定根。

由种子的胚直接发育成的根叫主根。主根周围着生的根叫侧根。从茎、叶、较老的跟或胚轴上生出的根，这些根发生的位置不固定，称为不定根。

2. 根系类型

根系可以分为直根系和须根系。

直根指主根发达，较各级侧根粗壮，能明显区别出主根和侧根。大多数双子叶植物和裸子植物的根系为直根系，如华山松、苹果等。由直根构成的根系称为直根系。

须根凡是主根不发达或早期停止生长，由茎基部生长的不定根组成的根系。如小麦、玉米、葱等大部分单子叶植物。由须根构成的根系为须根系。

3. 根的变态

(1) 贮藏根

根体肥大多汁，形状多样，贮藏大量养分，贮藏的有机物有的为淀粉，有的为糖分和油滴。这些物质多半贮存在髓部、皮层以及木质部和韧皮部的基本组织中；有些植物经栽植驯化后根部特别发达，往往膨大变成贮存有营养物质的场所，在结构上有发达的贮藏组织。多见于 2~3 年或多年生草本植物中，根据发生来源不同，又可分两种。

Ⅰ肉质直根：由主根和下胚轴膨大发育而成，外形呈圆锥状或纺锤状、球状等。萝卜、芜菁、胡萝卜的肉质直根很发达，为日常蔬菜。

Ⅱ块根：由侧根或不定根发育而来。菊芋、大丽花的块根中含有菊糖，甘薯、木薯块根的薄壁组织中含有大量淀粉。其他如乌头块根中含乌头碱，为镇痉、镇痛药，麦冬根中含有多种甾体皂甙，有滋阴生津，润肺止咳功能。

(2) 气生根

气生根是生长在地面以上空中的根，这种根在生理功能和在结构上与其他根有所不同，又可分以下几种：

Ⅰ支持根：像玉米从节上生出一些不定根，表皮往往角质化，厚壁组织发达，不定根伸入土中，继续产生侧根，成为增强植物体支持力量的辅助根系。另像榕树从枝上产生多数

下垂的气生根，部分气生根也伸进土壤，由于以后的次生生长，成为粗大的木质支持根，树冠扩展的大榕树能呈“一树成林”的壮观。还有甘蔗等植物也属这类型的根。

Ⅱ板根：板根常见于热带树种中，如香龙眼、臭楝、漆树科和红树科中的一些种类。板根是在特定的环境下，主根发育不良，侧根向上侧隆起生长，与树干基部相接部位形成发达的木质板状隆脊。有的板根可达数米，增强了对巨大树冠的支持力量。

Ⅲ 攀援根：像常春藤、络石、凌霄等植物的茎细长柔弱，不能直立，生出不定根。这些根顶端扁平，有的成为吸盘状，以固着在其他树干、石山或墙壁表面，而攀援上升，有攀援吸附作用，故称攀援根。

Ⅳ 附生根：在热带森林中，像兰科、天南星科植物生有附生根。附贴在木本植物的树皮上，并从树皮缝隙内吸收蓄存的水分，这种根的外表形成根被，由多层厚壁死细胞组成，可以贮存雨水、露水供内部组织用，干旱时根被失水而为空气所充满。附生根内部的细胞往往含有叶绿素，有一定的光合作用能力。

Ⅴ 呼吸根：分布于沼泽地区或海岸低处的一些植物；例如水龙、红树、落羽松等。在它们的根系中，有一部分根向上生长，露出地面，成为呼吸根。呼吸根外有呼吸孔，内有发达的通气组织，有利于通气和贮存气体，以适应土壤中缺气的情况，维持植物的正常生活。还有海桑、水龙等植物。

(3) 寄生根

高等寄生植物所形成的一种从寄主体内吸收养料的变态根，常又称为吸器。菟丝子苗期产生的根，生长不久即枯萎，以后从缠绕茎上由不定根变态而形成一些突起的垫状物，紧贴寄生豆科植物的茎表面，并

由其中形成吸器。吸器顶端的长形菌丝状细胞伸入寄主内部组织，吸取其水分和养料。寄生根构造简单，除少量输导组织外，并无其他复杂构造。寄生根还有桑寄生、槲寄生、列当和独脚金。

三、茎

茎可以分为地上茎和地下茎。

1. 地上茎的类型

类型较多，结构也比较复杂。

(1) 茎（枝）刺：观察皂荚等标本。茎刺由腋芽发育而成，不易剥落。

(2) 茎卷须：观察葡萄、南瓜等标本。茎卷须由顶芽或腋芽变态而来，多发生在腋芽。由于顶芽变成卷须，腋芽代之继续发育，使茎成为合轴式生长，因而茎卷须挤到与叶相对的位置上。

(3) 叶状枝（茎）：观察竹节蓼等标本。茎扁化成绿色叶状体，叶完全退化或不发达，而由叶状枝代替叶进行光合作用。

(4) 肉质茎：观察仙人掌等标本。茎变得肉质多汁，呈扁圆形、柱状或球状，能进行光合作用，而叶往往退化为刺。

(5) 匍匐茎：观察蛇莓等标本。匍匐茎细长，匍匐生于地面上，顶端生根出芽，节上也生根。

2. 地下茎的类型

地下茎生活于土壤中，形态结构常发生了明显变化，但仍保持茎的基本特征不变。

(1) 块茎：观察马铃薯等标本。马铃薯由匍匐茎末端膨大而成，其上有顶芽，叶退化留有叶痕，其叶腋部是凹陷的芽眼，每个芽眼内可产生一至多个腋芽，芽眼下面有退化的鳞叶称芽眉。芽眼在马铃薯块茎上螺旋排列。马铃薯横切面结构与茎一致，为双韧维管束。

(2) 根状茎：观察莲藕、竹鞭等标本。根状茎匍匐生于地下，形似根，具有明显的节和节间，节上有鳞片状退化的叶，其内方有腋芽，可发育成地上枝和地下枝，同时节上生有不定根。

(3) 鳞茎：观察洋葱等标本。鳞茎圆盘状，节间极短称鳞茎盘，其顶端有一个顶芽，周围生有许多肥厚的鳞叶，最外围有膜质鳞叶保护。肉质鳞叶叶腋有腋芽，鳞茎盘下生有不定根。既具变态茎，又具变态叶。

(4) 球茎：观察荸荠等标本。球茎为球形或扁球形肉质茎，节和节间明显，节上生有干膜状鳞片叶和腋芽。

四、枝条

1. 枝条各部分名称

枝条各部分分为顶芽、侧芽（腋芽）、叶痕、托叶痕、芽鳞痕、皮孔和髓心等。

指某些在茎轴顶端形成的芽之总称，相对于侧芽而言。当幼胚进行极性分化时，形成最初的是顶芽。

侧芽是指茎轴的侧面发生分枝的芽的总称，为顶芽的对应词。

叶痕指叶脱落后，茎上留下着生叶柄的痕迹。

托叶痕指托叶脱落后，茎上留下着生托叶的痕迹。

芽鳞是包在芽的外面，起保护作用的鳞片状变态叶。芽鳞脱落后留下的痕迹，叫作芽鳞痕，常在茎的周围排列成环，一般顶芽的芽鳞痕比较明显，侧芽长成侧枝后芽鳞痕位于枝掖处不明显。

皮孔指枝干表面、肉眼可见的一些裂缝状的突起。为茎与外界交换气体的孔隙。

髓心指枝条中间部分，可能是实心的，也可能是片状的、中空的、五角形等。

2. 分枝类型

分枝类型可以分为总状分枝（单轴分枝）、合轴分枝和假二叉分枝三种类型。

总状分枝指主轴始终保持生长优势的分枝方式。如大部分松柏类植物的分枝方式。总状分枝可使部分木本植物形成高大、挺直的主干。

合轴分枝：主枝和各级侧枝都不保持生长优势的分枝方式。节间很短，而花芽往往较多，能多结果，为丰产的分枝方式。

假二叉分枝指具对生叶的植物的顶芽形成一段枝条后停止发育或转而成花，由其下方的一对腋芽发育为一对侧枝，这对侧枝的顶芽、腋芽的生长活动又如此。

3. 芽的类型

芽是尚未萌发的枝、叶和花的雏体。其外部包被的鳞片，称为芽鳞，通常由叶变态而成。

(1) 芽的类型：

I　顶芽：生于主杆或侧枝端的芽。

II　假顶芽：顶芽退化或枯死后，能代替顶芽生长发育的最靠近枝顶的腋芽，如板栗、柳等。

III 腋芽：生于叶腋的腋芽，一般较顶芽小，又叫侧芽。

IV 柄下芽：隐藏于叶柄内的芽，直到叶落后，芽才显露出来，如黄菠萝、山梅花等。

V　并生芽：数个芽并生在一起的芽，如胡枝子、桃、杏等。其中位于外侧的芽叫副芽，当中的叫主芽。

VI 裸芽：不具芽鳞的芽，称裸芽。如黄瓜、枫杨等。

VII 叠生芽：数个芽上下重叠在一起，如枫杨、皂荚。其中位于上部的芽叫副芽，最下面的芽叫主芽。

VIII 单芽：单个独生于一处的芽。

IX 花芽：将发育成花或花的芽，内含花原基。

X　叶芽：将发育成枝、叶的芽，内含叶原基。

XI 混合芽：将同时发育成枝、叶和花的芽。

(2) 芽的形态

芽的外形可以分为纺锤形、椭圆形、扁三角形、圆球形、卵形、圆锥形等类型。

五、叶

1. 叶各部分名称

被子植物叶片的各部分包括叶先端、叶缘、叶基、叶柄、托叶、腋芽、中脉、侧脉、细脉。

2. 叶在枝上的着生状态

叶在枝上着生的状态可以分为互生、对生、轮生、簇生、散生。

3. 叶脉及脉序

叶脉就是生长在叶片上的维管束，它们是茎中维管束的分枝。这些维管束经过叶柄分布到叶片的各个部份。位于叶片中央大而明显的脉，称为中脉或主脉。由中脉两侧第一次分出的许多较细的脉，称为侧脉。自侧脉发出的、比侧脉更细小的脉，称为小脉或细脉。细脉全体交错分布，将叶片分为无数小块。每一小块都有细脉脉梢伸入，形成叶片内的运输通道。

叶脉根据其结构及形态分为羽状脉、平行脉、掌状脉、三出脉、离基三出脉。

4. 叶形

根据先端和基部的宽窄，可以分为以下类型：

(1) 针形：叶细长，先端尖税，如白皮松、雪松等。

(2) 条形：叶片狭长，两侧叶缘近平行，如水仙、冷杉的叶

(3) 披针形：叶片较线形较宽，中部以下最宽向上渐狭。如柳、桃的叶；叶部以上最宽，向下渐狭，称为倒披针形叶。

(4) 椭圆形：叶片中部最宽，两端较窄，两侧叶缘成弧形，如樟树、苹果等。

(5) 卵形：叶片下部圆阔，上部稍狭，如向日葵、芝麻、稠李的叶片。若卵形倒转，称为倒卵形，如白三叶草的小叶；

(6) 菱形：叶片成等边斜方形，如菱、乌桕的叶；

(7) 肾形：叶片基部凹形，先端钝圆，横向较宽，似肾形，如灰杨、冬葵的叶。

(8) 盾形：凡叶柄着生在叶片背面的中央或近中央（非边缘），不论叶形如何，均称为盾形叶，如莲、蓖麻的叶；

(9) 圆形：长宽近相等，形如圆盘，如莲叶、圆叶锦葵叶；

(10) 扇形：形状如扇，顶端宽而圆，向基部渐狭，如

银杏的叶；

(11) 三角形：基部宽呈平截状，三边或两侧近相等，如加拿大杨；

(12) 剑形：长而稍宽，先端尖，常稍厚而强壮，形似剑，如鸢尾属植物的叶；

(13) 钻形：锐尖如欣锥或短且窄的三角形状，叶常革质，如柳杉；

(14) 鳞形：叶状如鳞片，如圆柏、柽柳的叶；

(15) 矩圆形：长 2-4 倍于宽，两边近平行，两端均圆形，如紫穗槐的小叶；

(16) 匙形：形似勺，先端圆形向基部变狭，如补血草的叶；

(17) 心形：与卵形相似，但叶片下部更为广阔，基部凹入，似心形，如紫荆的叶。

5. 叶先端

(1) 渐尖：尖头延长有内弯的边，如杏。

(2) 锐尖：叶尖锐角形而有直边，如桑。

(3) 尾尖：先端成尾状延长，如郁李。

(4) 钝形：先端钝或狭圆形，如冬青。

(5) 尖凹：先端稍凹入，如黄檀。

(6) 例心形：先端宽圆而凹缺，如酢浆草。

(7) 硬尖：利尖头，如锦鸡儿。

(8) 微缺 (凹缺)：叶端缺刻，如车轴草。

(9) 凸尖：中脉延伸短尖头，如胡枝子。

(10) 截形：叶端平截，如鹅掌秋。

6. 叶基

(1) 心形：于叶柄连接处凹入成缺口，两侧各有一圆裂片。

(2) 垂耳形：基部两侧各有一耳垂形的小裂片。

(3) 箭形：基部两侧的小裂片向后并略向内。

(4) 楔形：中部以下向基部两边渐变狭状如楔子。

(5) 戟形：基部两侧的小裂片向外。

(6) 圆形：基部呈半圆形。

(7) 偏形：基部两侧不对称。

7. 叶缘类型

常见的类型有全缘、浅波状、波状、深波状、皱波状、圆齿状、锯齿状、细锯齿状、牙齿状、睫毛状、重锯齿状等。

(1) 全缘 周边平滑或近于平滑的叶缘 (如女贞)。

(2) 睫状缘 周边齿状，齿尖两边相等，而极细锐的叶缘 (如石竹)。

(3) 齿缘 周边齿状，齿尖两边相等，而较粗大的叶缘 (如 Nying 麻)。

(4) 细锯齿缘 周边锯齿状，齿尖两边不等，通常向一侧倾斜，齿尖细锐的叶缘 (如茜草)。

(5) 锯齿缘 周边锯齿状，齿尖两边不等，通常向一侧倾斜，齿尖粗锐的叶缘 (如茶)。

(6) 钝锯齿缘 周边锯齿状，齿尖两边不等，通常向一侧倾斜，齿尖较圆钝的叶缘 (如地黄叶)。

(7) 重锯齿缘 周边锯齿状，齿尖两边不等，通常向一侧倾斜，齿尖两边两边亦呈锯齿状的叶缘 (如刺儿菜)。

(8) 曲波缘 周边曲波状，波缘为凹凸波交互组成的叶缘。(如茄)。

(9) 凸波缘 周边凸波状，波全为凸波组成。(如连钱草)。

(10) 凹波缘 周边凹波状，波缘全为凹波组成，(如曼陀罗)。

8. 叶缘分裂方式

叶缘的分裂方式可以分为：浅裂、深裂和全裂 (叶裂没裂过叶片二分之一宽度 (从中心到边沿) 叫浅裂，超过二分之一，但没裂到叶柄端部的，叫深裂，一直裂到叶柄端部的叫全裂)。

再根据叶片中脉的形式，可以分为羽状浅裂、羽状深裂和羽状全裂；掌状浅裂、掌状深裂和掌状全裂。

9. 脉序

脉序指叶片中叶脉分布的类型，可分为网状脉、平行脉和叉状脉。

(1) 网状脉序：叶片上有1条或几条主脉，主脉向两侧分出许多侧脉，侧脉再分出许多细脉，相互连接成网状。双子叶植物的叶脉大多数属此类型(网状脉序又因主脉数和侧枝分支的不同，再分为羽状脉和掌状脉，前者如梨、枇杷、茶、桑、柳等的叶脉；后者如棉、南瓜、蓖麻的叶脉)。

(2) 平行脉序：叶片上中脉和侧脉都自叶片的基部发出，大致互相平行，至叶片的顶端汇合，或侧脉平行与中脉呈一定角度。各平行脉间有细脉横向连接，但不成网状。单子叶植物的叶脉大多属此类型。平行脉又可分为直出(平行)脉，中脉与侧脉平行地自叶基直达叶尖，如水稻、小麦、玉米等的叶脉；有的为侧出(平行)脉，侧脉与中脉垂直，自中脉平行地直达叶缘，如芭蕉、香蕉等的叶脉；有的为射出(平行)脉，各叶脉从基部辐射而出，如棕榈的叶脉；有的平行脉自基部发出，在叶的中部彼此距离逐渐增大，呈弧状分布，最后在叶尖汇合，如车前、紫萼等的叶脉。

(3) 叉状脉：由二叉分枝构成的叉状分枝的叶脉，如银杏，全部叶脉间无主从关系，仅由叉状脉构成。

10. 复叶

有2至多个叶片生在一个总叶柄或总叶轴上的叶称为复叶。复叶可分为以下类型：

(1) 羽状复叶：小叶排列在总叶柄两侧，呈羽毛状。

①奇数羽状复叶：顶生小叶存在，小叶数目为单数。

②偶数羽状复叶：顶生小叶缺乏，小叶数目为双数，如花生。

总叶轴的两侧有羽状排列的分枝，分枝上再生羽状排列的小叶，其分枝叫羽片，这样的叶子称为二回羽状复叶，依此又有三回羽状或多回羽状复叶。

(2) 掌状复叶：小叶都生于总叶柄的顶端，同样有二回三出复叶，三回三出复叶。

(3) 三出叶：仅有三个小叶生于总叶柄上。有羽状三出复叶与掌状三出复叶。

(4) 单身复叶：两个侧生小叶退化，总叶柄与顶生小叶连接处有关节。

11. 叶的变态

叶的变态有以下几种类型：

(1) 叶刺　由叶或托叶变成的刺状物。如仙人掌类植物肉质茎上的刺，小檗属茎上的刺，以及洋槐、酸枣叶柄两侧的托叶刺等。叶刺都着生于叶的位置上，叶腋有腋芽，可发育为侧枝。

(2) 叶卷须　由叶或叶的一部分变成的卷须。如豌豆和野豌豆属的卷须由羽状复叶先端的一些小叶片变态而成，又如菝葜属的卷须由托叶变态形成，有助于植物攀援向上。

(3) 叶状柄　叶片退化，由叶柄变态为扁平的叶状体，代行叶的功能。如我国南方的台湾相思树。

(4) 捕虫叶　由叶变态为捕食小虫的器官。具有盘状、瓶状或囊状捕虫叶的植物，称食虫植物，它们既有叶绿素、能行光合作用；又能分泌消化液来消化分解动物性食物。如茅膏菜和猪笼草等。

(5) 鳞叶　地下茎上着生的变态叶。百合的鳞叶肉质肥厚，贮有大量养料。水仙、洋葱除有肥厚的肉质鳞叶外，还有一些膜质鳞叶包于外面。

五、花

1. 花的构成

花一般由花梗、花托、花被(包括花萼、花冠)、雄蕊群、雌蕊群几个部分组成。

(1) 花梗：又称为花柄，为花的支持部分，自茎或花轴长出，上端与花托相连。其上着生的叶片，称为苞叶、小苞叶或小苞片。

(2) 花托：为花梗上端着生花萼、花冠、雄蕊、雌蕊的膨大部分。其下面着生的叶片称为付萼。花托常有凸起、扁平、凹陷等形状。

(3) 花被：包括花萼与花冠。Ⅰ花萼：为花朵最外层着生的片状物，通常绿色，每个片状物称为萼片，分离或联合。Ⅱ花冠：为紧靠花萼内侧着生的片状物，每个片状物称为花瓣。花冠有离瓣花冠与台瓣花冠之分。

(4) 雄蕊群：由花药和花丝构成。

(5) 雌蕊群：由柱头、花柱、子房、胚珠构成。

2. 花的基本类型

(1) 依花的组成分类，可分为不完全花和完全花。

不完全花:花萼、花冠、雄蕊和雌蕊缺其一的花；

完全花：由花萼、花冠、雄蕊和雌蕊组成的花。

(2) 依花雌蕊与雄蕊分尖，可分为两性花、单性花、中性花、杂性花、孕性花、不孕性花

两性花：有雌蕊和雄蕊；

单性花：只有雌蕊或雄蕊；

中性花：一朵花中雌蕊和雄蕊均不完备或缺少；

杂性花:在同一花序中既有单性花又有两性花，如槭树 (Acer sp.) 的；

孕性花：可受精发育成为果实和种子的花；

不孕性花：不能受精发育为果实和种子的花。

(3) 依花被分，可分为两被花、单被花、无被花(裸花)、重被花

两被花：花中具花萼和花冠；

单被花：只有花萼无花冠；

无被花(裸花)：无花萼和花冠，

重被花：花辩层数增多。

(4) 依花瓣的排列分，可分为辐射对称花和左右对称花

(5) 依花的子房位置分，可分为下位子房上位花、上位子房下位花、上位子房周位花或半下位子房周位花。

下位子房上位花指凹陷的花托包围子房壁并与之愈合，仅花柱和柱头露在花托外等子房在下面者的花称为下位子房上位花。

上位子房下位花指花托凸起，花萼、花冠和雄蕊着生点都排在子房的下面，称之为上位子房下位花。

上位子房周位花和半下位子房周位花指(子房壁下部与花托愈合，花萼花冠及雄蕊生于子房上半部的周围)子房有一半左右与杯状花托或花管相贴生，花的其它部分着生在子房的周围，故为子房半下位，其花为周位花。

(6) 依组成雌蕊的心皮数目、离合分，可分为单雌蕊、离心皮雌蕊和复雌蕊

单雌蕊指只有一个心皮。

离心皮雌蕊:一朵花中有多数彼此分离的单雌蕊。

复雌蕊(合生)：一朵花中只有一个雌蕊，但由2个或2个以上的心皮组成。

3. 花冠的类型

植物花冠的分类主要依据：

根据花瓣的数目、形状及离合状态，以及花冠筒的长短、花冠裂片的形态等特点进行分类。

以下是一些常见的花冠类型：

(1) 十字花冠

花瓣4，具爪，排列成十字形(瓣爪直立，檐部平展成十字形)，为十字花科植物的典型花冠类型，如二月蓝、菘蓝等。

(2) 蝶形花冠

花瓣5，覆瓦状排列，最上一片最大，称为旗瓣；侧面两片通常较旗瓣为小，且与旗瓣不同形，称为翼瓣;最下两片其下缘稍合生，状如龙骨，称龙骨瓣。常见于豆科植物如黄芪、甘草、苦参等。

(3) 唇形花冠

花冠下部合生成管状，上部向一侧张开，状如口唇，上唇常2裂，下唇常3裂。常见于唇形科植物如薄荷、黄芩、丹参等。

(4) 高脚碟形花冠

花冠下部合生成狭长的圆筒状，上部忽然成水平扩大如碟状。常见于报春花科、木犀科植物如报春花、迎春花等。

(5) 漏斗状花冠

花冠下部合生成筒状，向上渐渐扩大成漏斗状。常见于旋花科植物如牵牛、打碗花等。

(6) 钟状花冠

花冠合生成宽而稍短的筒状，上部裂片扩大成钟

状。常见于桔梗科、龙胆科植物如桔梗、沙参、龙胆等。

(7) 辐状花冠或轮状花冠

花冠下部合生形成一短筒，裂片由基部向四周扩展，状如轮辐。常见于茄科植物如西红柿、马铃薯、辣椒、茄、枸杞等。

(8) 管状花冠

花冠大部分合生成一管状或圆筒状。见于菊科植物如向日葵、菊花等头状花序上的盘花(靠近花序中央的花)。

(9) 舌状花冠

花冠基部合生成一短筒，上部合生向一侧展开如扁平舌状。见于菊科植物如蒲公英、苦荬菜的头状花序的全部小花，以及向日葵、菊花等头状花序上的边花(位于花序边缘的花)。

(10) 蔷薇型花冠

花瓣 5 片或更多，分离，成辐射对称，如桃。

(11) 坛状花冠

花冠筒膨大成卵形，上部收缩成一短颈，然后短小的冠裂片向四周辐射状伸展。

4. 雄蕊

(1) 雄蕊的类型

雄蕊群：由一定数目的雄蕊组成，雄蕊为紧靠花冠内部所着生的丝状物，其下部称为花丝，花丝上部两侧有花药，花药中有花粉囊，花粉囊中贮有花粉粒，而两侧花药间的药丝延伸部分则称为药隔。

雄蕊可分为以下类型：

Ⅰ 分生雄蕊：即雄蕊多数，彼此分离，长短相近(如桃)。

Ⅱ 四强雄蕊：即雄蕊 6 枚，彼此分离，4 枚较长，2 枚较短(如油菜)。

Ⅲ 二强雄蕊：即雄蕊 4 枚，彼此分离，2 枚较长，2 枚较短(如茺蔚)。

Ⅳ 体雄蕊：即雄蕊多数，于花丝下部彼此联合成多束(如金丝梅)。

Ⅴ 二体雄蕊：即雄蕊 10 枚，于花丝下部 9 枚彼此联合，另 1 枚单独存在，形成 2 束(如葛)。

Ⅵ 单体雄蕊：即雄蕊多数，于花丝下部彼此联合成管状(如黄蜀葵)。医学教|育网收集整理

Ⅶ 聚药雄蕊：即雄蕊 5 枚，于花药，甚至上部花丝彼此联合成管状(如半边莲、旋覆花)。

(2) 花药着生状态

花药在花丝上的着生方式主要有：

Ⅰ 全着药：花药全部着生于花丝上，如莲。

Ⅱ 底着药：花丝顶端直接与花药基部相连，如莎草、小檗。

Ⅲ 贴着药：花药背部全部贴着在花丝上，如油桐。

Ⅳ 丁字着药：花丝顶端与花药背面的一点相连，整个雄蕊犹如丁字形，易于摇动，如小麦，水稻。

Ⅴ 广歧药：药室完全分离成一直线，并着生于花丝顶端，如地黄。

Ⅵ 个字着药：药室基部张开，上面着生于花丝顶上，在十字花科植物中较常见，如荠菜。

Ⅶ 冠生雄蕊：雄蕊花丝与花冠结合，花药着生在花冠上，并与花冠分离，如：茄。

(3) 花药开裂方式

花药开裂方式分为以下四种：

Ⅰ 纵裂：沿二花粉囊交界处成纵行裂开，如油菜、牵牛、百合等。

Ⅱ 横裂：沿花药中部成横向裂开，如木槿，蜀葵等。

Ⅲ 孔裂：在花药顶端开一小孔，花粉由小孔散出，如茄、番茄等。

Ⅳ 瓣裂：在花药的侧壁上裂成几个小瓣，花粉由瓣下的小孔散出，如香樟等。

5. 雌蕊

(1) 雌蕊的类型及胎座

雌蕊常分单雌蕊、离生单雌蕊和复雌蕊等类型。

胎珠在子房内着生的位置称胎座。胚珠在子房内

着生的方式称胎座式，常见的有 6 种类型：

Ⅰ边缘胎座：雌蕊由单心皮构成，子房 1 室，胚珠着生在腹缝线上，如蚕豆、豌豆等豆类植物的胎座式。

Ⅱ中轴胎座：雌蕊由多心皮构成，各心皮互相连合，在子房中形成中轴和隔膜，子房室数与心皮数相同，胚珠着生在中轴上，如棉、柑桔等的胎座式。

Ⅲ 侧膜胎座：雌蕊由多心皮构成，各心皮边缘合生，子房 1 室，胚珠着生在腹缝线上，如油菜、三色堇和瓜类植物的胎座式。

Ⅳ 特立中央胎座：雌蕊由多心皮构成，子房 1 室，心皮基部和花托上部贴生，向子房内伸突，成为特立于子房中央的中轴，但不达子房的顶部，胚珠着生在中轴上；有的因子房内隔或中轴上部消失而形成，交前者如樱草，后者如石竹等的胎座式。

Ⅴ 基生胎座：雌蕊由 2 心皮构成，子房 1 室，胚珠着生在子房的基部。如向日葵等菊科、莎草科植物的胎座式。

Ⅵ 顶生胎座：雌蕊由 2 心皮构成，子房 1 室，胚珠着生在子房的顶部呈悬垂状态，如桑等植物的胎座式。

(2) 胚珠的类型

胚珠可以分为以下几个类型：

直生胚珠：胚珠各部分均匀生长，整个胚珠直立地着生在株柄上，即珠孔、珠心、合点和珠柄处于同一直线上，如荞麦、胡桃胚珠。

倒生胚珠：胚珠一侧生长快，另一侧生长慢，胚珠向生长慢的一侧倒转约 180°，珠心并不弯曲，珠孔在珠柄基部的一侧，合点在珠柄相对的一侧，靠近珠柄一侧的外珠被常与珠柄贴生，形成一条珠脊，向外隆起。合点、珠心和珠孔的连接线几乎和珠柄平行。大多数的被子植物的胚珠属此类型。如稻、麦、百合、棉等的胚珠。

横生胚珠：胚珠的一侧生长较快，胚珠在珠柄上扭转约 90°，珠孔、珠心和合点的连接线与珠柄几乎成直角，如锦葵、毛茛等的胚珠。

弯生胚珠：胚珠的下半部生长较均匀，上半部向生长慢的一侧弯曲，胚囊也有一定程度的弯曲，珠孔向珠柄方向下倾，如油菜、蚕豆、扁豆等豆类的胚珠。

(3) 子房在花托上着生位置

可分为上位子房下位花、上位子房周位花、下位子房周位花和下位子房上位花。

6. 花被在花芽内的排列方式

花序在花芽内的排列方式可分为：镊合状、内向镊向状、外向镊合状、旋转状、覆瓦状、重瓦状。

7. 花序

花在花序轴（总花柄）上有规律的排列顺序称为花序。

(1) 花序的基本类型

花序根据花在其上的着生方式，可以分为无限花序、有限花序和混合花序。

Ⅰ 无限花序 (indefinite inflorescence)

无限花序也称总状花序，它的特点是花序的主轴在开花期间，可以继续生长，向上伸长，不断产生苞片和花芽，犹如单轴分枝，所以也称单轴花序。各花的开放顺序是花轴基部的花先开，然后向上方顺序推进，依次开放。如果花序轴缩短，各花密集呈一平面或球面时，开花顺序是先从边缘开始，然后向中央依次开放。无限花序又可以分为以下几种类型：

A 总状花序

花轴单一，较长，自下而上依次着生有柄的花朵，各花的花柄大致长短相等，开花顺序由下而上，如紫藤、荠菜、油菜的花序。

B 穗状花序

花轴直立，其上着生许多无柄小花。小花为两性花。禾本科、莎草科、苋科和蓼种中许多植物都具有穗状花序。

C 柔荑花序

花轴较软，其上着生多数无柄或具短柄的单性花（雄花或雌花），花无花被或有花被，花序柔韧，下垂或直立，开花后常整个花序一起脱落。如杨、柳的花序；栎、榛等的雄花序。

D 伞房花序

或称平顶总状花序，是变形的总状花序，不同于总状花序之处在于花序上各花花柄的长短不一，下部花花柄最长，愈近花轴上部的花花柄愈短，结果使得整个花序上的花几乎排列在一个平面上。花有梗，排列在花序轴的近顶部，下边的花梗较长，向上渐短，花位于一近似平面上，如麻叶绣球、山楂等。如几个伞房花序排列在花序总轴的近顶部者称复伞房花序，如绣线菊。一种变形的总状花序。开花顺序由外向里。如梨、苹果、樱花等的花序。

E 头状花序

花轴极度缩短而膨大，扁形，铺展，各苞片叶常集成总苞，花无梗，多数花集生于一花托上，形成状如头的花序。如菊、蒲公英、向日葵等。

F 隐头花序

花序轴特别膨大而内陷成中空头状，许多无柄小花隐生于凹陷空腔的腔壁上，几乎全部隐没不见，整个花序仅留顶端一小孔与外方相通，为昆虫进出腔内传布花粉的通道。小花多单性，雄花分布内壁上部，雌花分布在下部，如无花果、薜荔等。

G 伞形花序

花轴缩短，大多数花着生在花轴的顶端。每朵花有近于等长的花柄，从一个花序梗顶部伸出多个花梗近等长的花，整个花序形如伞，称伞形花序。每一小花梗称为伞梗。如报春、点地梅、人参、五加、常春藤等。

H 肉穗花序

基本结构和穗状花序相同，所不同的是花轴粗短，肥厚而肉质化，上生多数单性无柄的小花，如玉米、香蒲的雌花序、有的肉穗花序外面还包有一片大型苞叶，称佛焰苞 (spathe)，因而这类花序又称佛焰花序，如半夏、天南星、芋等。

(2) 有限花序

有限花序也称聚伞类花序，它的特点合无限花序相反，花轴顶端或最中心的花先开，因此主轴的生长受到限制，而由侧轴继续生长，但侧轴上也是顶花先开放，故其开花的顺序为由上而下或由内向外。又可以分为以下几种类型：

A 单歧聚伞花序

主轴顶端先生一花，然后在顶花的下面主轴的一侧形成一侧枝，同样在枝端生花，侧枝上有可分枝着生花朵如前，所以整个花序是一个合轴分枝。如果分枝时，各分枝成左、右间隔生出，而分枝与花不在同一平面上，这种聚伞花序称蝎尾状聚伞花序，如委陵菜、唐菖蒲的花序。如果各次分出的侧枝，都向着一个方向生长，则称螺状聚伞花序，如勿忘草的花序。

B 二歧聚伞花序

也称歧伞花序。顶花下的主轴向着两侧各分生一枝，枝的顶端生花，每枝再在两侧分枝，如此反复进行，如卷耳、繁缕、大叶黄杨等。

C 多歧聚伞花序

主轴顶端发育一花后，顶花下的主轴上右分出三数以上的分枝，各分枝又自成一小聚伞花序，如泽漆、益母草等的花序。泽漆短梗花密集，称密伞花序；益母草花无梗，数层对生，称轮伞花序。

(3) 混合花序

以上所列各种花序的花轴都不分枝，所以是简单花序。另有一些无限花序的花轴具分枝，每一分枝上又呈现上述的一种花序，这类花序称复合花序。多数植物都是混合花序。常见的有以下几种：

A 圆椎花序

又称复总状花序。长花轴上分生许多小枝，每个分枝又自成一总状花序，如南天竺、稻、燕麦、丝兰等。

B 复伞形花序

花轴顶端丛生若干长短相等的分枝，各分枝又成为一个伞形花序，一分枝又自成一伞房花序，如胡萝卜、前胡、小茴香等。

C 复伞房花序

花序轴的分枝成伞房状排列，每一分枝又自成一伞房花序，如花楸属。

D 复穗状花序

花序轴有 1 或 2 次穗状分枝，每一分枝自成一穗状花序，也即小穗，如小麦、马唐等。

E 复头状花序

单头状花序上具分枝，各分枝又自成一头状花序，如合头菊。

七、果实

果实可分为单果和复果两大类型。

1. 单果

单果根据果实含水量的多少又分为干果和肉果。

(1) 干果

干果根据果实开裂与否，再分为裂果和闭果。

Ⅰ 裂果下面可再分为

裂果又可分为蓇葖果、荚果、角果和蒴果。

A 蓇葖果：由 1 心皮组成，成熟时沿背、腹缝线中其中一个开裂，如飞燕草、马得筋。

B 荚果：由 1 心皮组成，成熟时沿背腹线同时开裂，如豆科植物的果实。其中槐树、苦豆子的荚果，在种子间收缩变狭细，呈节状，成熟时则断裂成具一粒种子的断片，叫节荚。荚果也有不开裂的，如苜蓿、骆驼刺等植物的果实。

C 角果：由 2 心皮组成，心皮边缘向中央产生假膜，将子房分为 2 室。果实成熟时沿假隔膜自下向上开裂，如十字花科植物的果实。

D 蒴果由两个以上合生心皮的子房形成，一室或多室，种子多数。成熟时的开裂方式有室背开裂，如百合、棉花；室间开裂，如杜鹃花、曼陀罗；孔裂，如罂粟；盖裂，如马齿苋、车前等。

Ⅱ 闭果

闭果又可分为翅果、颖果、坚果、分果和瘦果。

A 翅果：果皮伸展成翅，瘦果状，如单翅的水曲柳，周翅的榆树

B 颖果：由 2-3 心皮组成，一室一粒种子，果皮和种子愈合，不能分离，如禾本科植物的种子。

C 坚果：果皮木质化，坚硬，具一室一粒种子，如板栗。

D 分果：由 2 个以上心皮发育而成，各室含 1 粒种子，成熟时各心皮沿中轴分开，如蜀葵、锦葵属的植物。

E 瘦果：由单雌蕊或 2-3 个心皮合生的复雌蕊而仅具一室的子房发育而成，内含一粒种子，果皮与种皮分离，如向日葵、荞麦的果实。

(2) 肉果

肉果又可分为浆果、柑果、核果和瓠果。

A 浆果：由单雌蕊或复雌蕊的子房发育而成，外果皮膜质，中果皮和内果皮肉质多汁，内含 1 粒至多粒种子 . 如葡萄、枸杞、荔枝

B 柑果：是柑橘类植物特有的一类肉质果，由复雌蕊发育而成。外果皮革质，分布许多分泌腔；中果皮疏松，具多分枝的维管束；内果皮膜质，分为若干室，向内产生许多多汁的毛囊，是食用的主要部分，每室有多个种子。

C 核果：是由具坚硬果核的一类肉质果，由 1 至多心皮组成，外果皮较薄，中果皮厚，多为肉质化，内果皮坚硬，包于种子之外而成果核，通常含一粒种子，如桃、杏、李等。

D 瓠果：为瓜类所特有的果实，由 3 个心皮组成，是具侧膜胎座的下位子房发育而来的假果。花托与外果皮常愈合成坚硬的果壁，中果皮和内果皮肉质，胎座右发达。南瓜、冬瓜和甜瓜的食用部分为肉质的中果皮和内果皮，西瓜的主要食用部分为发达的胎座。

2. 复果

由整个花序形成的果实。如桑椹是由一个葇荑花序上散生着多数单性花，每朵花有 4 萼片和 1 子房，子房成熟为小坚果，而萼片变为肉质多浆，包被小坚果；再如凤梨和无花果。

复合又分为聚合果和聚花果。

(1) 聚合果

聚合果，是指一朵花的许多离生单雌蕊聚集剩余花托，并与花托共同发育的果实。每一离生雌蕊各

发育成一个单果，根据单果的种类可将其分为聚合瘦果、聚合核果、聚合坚果和聚合蓇葖果。

聚合果又分为聚合蓇葖果、聚合瘦果和聚合核果。

A 聚合蓇葖果：聚合果中的单果为蓇葖果，如八角，芍药等。

B 聚合瘦果：聚合果中的单果为瘦果，如草莓。

C 聚合核果：聚合果中的单果为核果，如悬钩子等。

D 聚合坚果：聚合果中的单果为坚果，如莲等。

(2) 聚花果：聚花果也称花序果、复果，是指由整个花序发育成的果实。如桑的果实是由雌花序发育成的聚花果，每一雌花的子房发育成一个小单果 (又称作核果)，包藏在厚而多汁的花萼中，食用复果的肉质多汁部分为雌花花萼，但这些果实到成熟时会结合成一颗较大的果。例如：凤梨、面包树、无花果，又如：桑椹、榕树、雀榕、桑橙等桑科植物。

八、附属物

植物体上的附属物主要是各种各样的毛，典型的有短柔毛、绒毛、茸毛、疏柔毛、绢毛、刚伏毛、硬毛、星状毛、短柔毛、刚毛、皮刺、木栓翅、腺鳞等。

九、裸子植物的形态术语

1. 树皮开裂方式

树皮开裂的方式常见有：纵裂、浅纵裂、长条状浅裂、片状剥落、鳞片状开裂。

(1) 树皮纵裂　指植物树皮沿着树体茎的方向分裂的现象，如银杏树皮的纵裂。

(2) 树皮的浅纵裂　指树皮部分向里稍微凹陷，如圆柏、福建柏树皮的浅纵裂。

(3) 树皮的长条状浅裂　指树皮部分向里凹陷，而且长度较长，如杉树树皮的开裂。

(4) 树皮片状剥落　指植物树皮小块开裂的方式，如白皮松的树皮的开裂。

(5) 树皮的鳞片状开裂　指树皮如鳞片状开裂，典型的如马尾松树皮的开裂。

2. 枝条类型

分为长枝和短枝（节间极 不发育的枝条）两种类型。

3. 叶形

裸子植物常见的叶形狭窄，多为条形、针形、刺形、鳞形、钻形、披针形，稀见扇形、椭圆形，因此，常将此类树种称之为针叶树，组成的森林为针叶林。

4. 叶着生的方式

针叶束生、螺旋状互生、叶在长枝上互生，短枝上簇生等几种类型。

5. 球花

球花是裸子植物的有性生殖器官。

雄球花：由多数雄蕊着生在中轴上形成。

雌球花：由多数着生胚珠的鳞片组成：

在松科、柏、杉科和南洋杉科中，雌球花由多数着生胚珠的珠鳞和苞鳞组成。

6. 球果

球果是松、杉、柏科成熟的雌球花。由多数腹面着生种子的种鳞和种鳞背面的苞鳞组成。

种鳞和苞鳞在松科和杉科 (除水杉属) 为螺旋状着生；柏科和水杉属为交互对生。

松科球果特征：种鳞与苞鳞完全分离。

杉科和柏科球果特征：种鳞与苞鳞愈合。

松、杉、柏科的种子具翅或无翅。

拉丁学名索引

A

B

C

L

M

中文学名索引

主要参考文献

1. 中国植物志编写组 . 中国植物志 1-80 卷 . 北京 : 科学出版社 .

2. 陈有民 . 园林树木学 . 北京 ：中国林业出版社，1990

3. 张天麟 . 园林树木 1600 种 . 北京 ：中国建筑工业出版社，2010

4. 李景侠 康永祥 . 观赏植物学 . 北京 ：中国林业出版社 .2005 年 2 月

5. 高润清 . 园林树木学 . 北京气象出版社 2001 年 3 月

6. 陈月华，王晓红 . 园林植物识别与应用 . 北京 ：中国林业出版社 , 2008,4

7. 卓丽环，陈龙清 . 园林树木学 . 北京 ：中国农业出版社，2003.11